중대재해처벌법에 따른 중대산업재해 예방 지침서

새로운 안전관리론

이론과 실행사례

양정모

SAFETY MANAGEMENT

박영사

추천사

　산업현장에서는 여러 계층의 사람들이 복잡하고 다양한 기술과 여러 가지 기계기구 시설 및 물질을 활용하여 생산 및 비즈니스 활동을 수행하고 있습니다. 산업현장에서의 이러한 활동 중에는 인간의 실수, 기계기구 및 시설의 건전성 미흡, 물질 및 에너지의 부적절한 취급 등으로 인한 위험요인이 많습니다. 이러한 위험요인은 제대로 관리하지 못하면 막대한 인적·물적인 피해를 가져오는 산업재해로 이어질 수 있습니다. 따라서 이들 위험요인을 철저하게 파악하고 그 위험이 어떻게 하면 사고로 전이될 수 있는가를 알아내어 적절한 조치를 취한 후 산업 활동을 수행해야 합니다.

　그러나 이러한 활동은 쉽지 않습니다. 모든 사고는 인적, 물적, 관리적, 교육적인 여러 가지 요인이 복잡하게 얽히어 일어나는 경우가 많기 때문입니다. 따라서 안전보건관리 업무를 수행하려 할 때에는 무엇을 언제 어디에서 어떻게 하여야 할지 몰라 당황하는 경우가 많습니다. 이런 때 도움을 주는 것이 안전관리 이론과 경험입니다. 안전 관련 저서나 논문은 많이 발간되었으나 최근에 안전관리를 종합적이고 체계적으로 접근한 안전관리론에 관한 저서는 극소수에 불과합니다. 이러한 상황에서 "새로운 안전관리론"이라는 저서가 나왔습니다.

　저자는 안전관련 학부와 대학원에서 안전을 전공하고 해외기업과 국내기업의 현장과 본사에서 28년 이상의 안전 관련 실무경험을 쌓고 국제안전보건자격(NEBOSH)과 미국 안전전문가(ASP)자격을 취득한 전문가로서, 평소에 현장에서 경험하고 연구한 내용과 수백 여개의 참고문헌을 기반으로 「새로운 안전관리론-이론과 실행사례」라는 책자를 내놓았습니다.

　이 저서는 안전관리의 역사와 이론, 리스크 관리, 안전 관련 국내·외의 법규 등 11개의 장(Chapter)과 해외 안전보건 자격증 취득방법에 이르기까지 자세히 설명한 800여 쪽의 방대한 내용을 담은 안전관리의 이론과 실무를 잘 정리한 책입니다. 이 책은 안전에 관심이 있거나 안전을 공부하려는 사람 또는 안전 전문가가 되려는 사람 등은 물론 사업장의 사업경영자, 관리감독자, 근로자 등에게 안전관리를 체계적으로 이해하여 전문가가 지녀야 할 것들을 습득, 활용하게 할 수 있는 이론과 실제를 제공해 줄 수 있는 저서라고 생각합니다. 즉, 안전에 관심이 있거나 안전을 공부하려는 사람, 안전 전문가가 되려는 사람은 물론 안전전문가들에게도 자기계발이나 실무에 큰 도움이 될 수 있는 서적이라 사료됩니다. 위와 관련되는 모든 분들에게 일독을 권합니다.

전 안전보건공단 이사장 이영순

안전이란 우리가 내일의 희망을 믿음 가운데 추구할 수 있게 하는 사회의 기본 조건이다. 경제, 산업, IT, 문화, 교육 등 모든 분야에서 누가 봐도 분명히 선진국이라는 우리 한국인데, 사실은 이제 막 중진국 그늘에서 벗어나는 중이라는 것을 못 감추고 있는 분야가 바로 안전이다. 사고 통계가 사실을 말해 주고 있으며, 통계는 오늘도 매일 모든 산업과 건설 현장에서 우리가 하는 일의 방식 때문에 일어나고 있다. 우리 자신이 무언가 변하기 전에는 저절로 선진적 안전 수준이 이루어지지 않을 것이며, 인식이 바뀌지 않고 지식이 그대로인데 저절로 개선이 일어날 수도 없을 것이다.

이러한 상황에서 양정모 박사 같은 전문가이자 실무와 학문을 겸비한 저자가 자신의 경험과 비전을 실어서 이 책을 선사하는 것은 참으로 귀중한 기여이다. 20세기 초 산업사회에서 시작했던 안전의 틀은 문명 발전에 따라 도저히 맞지 않는 옷이 되어 몇 번의 허물벗기를 한 끝에 21세기에 들자마자 대대적인 패러다임의 전환이 일어났다. 그 변화는 세계관적이고 거대해서 그 이전의 안전 세계관을 Safety-I이라고 하고 새로운 개념와 실행의 방향을 Safety-II라고도 한다. 혹은 안전탄력성의 시대가 왔다고도 한다. 저자는 현재까지의 안전 이론과 실무에 대한 사례를 곁들여 충실한 리뷰를 하고, 이에 기반을 두고 Safety-II적이며 안전탄력성 공학적인 발전 방향을 소개한다. 특히 사고분석과 위험성평가에 대한 최근의 시각과 방법론을 담았다.

저자 양정모 박사는 근 30년 가까이 안전에 매진해 왔으며, 미국의 안전전문가 자격을 보유하고, 국내 기업은 물론 외국계 기업에서 근무하며 선진적 안전관리 업무를 현장에서 익혀 온 분이다. 믿고 읽을 수 있으며 읽는 시간을 아낄 필요가 없다. 안전은 전문적 분야이다. 전문가가 되려는 학생과 전문가다워지려는 현장의 실무자들에게 이 책은 더 없이 귀중한 반려가 될 줄 믿는다.

KAIST 산업 및 시스템공학과 명예교수 윤완철

저자 양정모 박사가 저술한 원고의 추천사를 의뢰 받고, 나와 그의 오랜 관계를 생각해 보았다. 학부에서 처음 그를 보았을 때와 학부 졸업 후에, 그에게 대학원에 진학하면 연락하라고 했던 때와 진학하겠다던 그의 연락을 받고 출장 중이던 울산에서 서울로 비행기로 날아와 W호텔에서 만났던 때, 그리고 대학원에 입학하여 석사와 박사를 나의 지도로 최우수 졸업생으로서 석사와 박사 졸업식장에서 상장을 받았을 때를... 정말 10년이 넘는 시간을 그와 사제지간으로 만나왔다.

최근에 그는 인간공학 연구회의 회장이 되어 이 연구회를 이끌고 있으며, 나는 여기서 자문을 맡고 있다. 시스템안전 학회의 이사도 맡으며, 이 시대에 중요한 역할을 하고 있다. 그래서 누구보다도 그를 잘 알고 그가 이 시대의 안전의 역사에 한 획을 그을 기여를 할 것이라고 생각해 왔다. 서울과학기술대학교 안전공학과가 배출한 최고의 인재라고 나 자신은 그렇게 생각해 왔다. 나의 모든 수업을 다 이수했고, 10년간 수많은 토의를 그와 해 왔었다.

처음에는 그가 저술한 책의 서문만을 읽었다가 나중에 초고 원문을 다 읽게 되었다. 이 책은 내가 그에게 10년간 가르쳤고, 대학원에서 수업시간에 토의한 모든 내용이 압축되어 있었고, 거기에 추가해서 그가 회사에서 몸으로 체험한 경험도 제시되어 있어서 놀랐다. 예를 들자면 Aloca 회사의 최고경영자 선발 과정에 대한 이야기와 같은 것이다. 그에게 가르쳤던 Safety II의 개념과 이를 그가 땀 흘리고 노력하여 소화한 내용과 그가 박사과정에서 독창적으로 완성한 HFACS-OGAPI 수정 방법론(OGAPI는 술을 좋아하는 내가 이름을 붙여 주었음)과 FRAM과 STAMP-CAST의 내용도 잘 서술되어 있었다. 그리고 고전인 클라우스(Klaus) 박사와 겔러(Geller) 박사의 BBS 이론의 소개도 잊지 않고 덧붙였고, 휴먼에러의 내용도 잘 서술되어 있다. 또한 미국 에너지청(DOE)의 사고조사 매뉴얼에 나오는 사건원인요인 차트(ECFCA)와 사고조사 방법까지도 서술되어 있다.

이 책에 서술한 내용이 그가 알고 있는 지식을 잘 서술하고 정리한 것이라고 보면 틀림이 없다. 나 역시 안전공학과 인간공학에 관한 저서를 12권 이상을 저술하였다. 하지만 그의 저서는 나의 과거 관점의 교재들을 현대적인 관점에서 잘 정리하고 압축 요약하여 저술된 교재로도 볼 수 있을 것이다. 그만큼 이 교재는 현대적 관점의 안전을 잘 서술하고 있다. 나 역시 23년 12월에 사고조사 개론이라는 비교적 최신 관점의 저서를 출간하였다. 그러므로 이 책을 부연 설명하면서 체계적으로 서술한 교재가 바로 지금 여러분이 읽게 될 이 책이라는 것이다.

800페이지에 달하는 이 책을 읽으면서 나는 약간의 전율을 느꼈다. 안전과 관련한 업무를 하는 사람들이 이 책에 저술된 정도의 지식을 가질 수가 있다면 대한민국은 안전 선진국이 될 수 있다고 확신한다. 대학원생들은 이해가 될 때까지 몇 번의 정독을 해 보기를 권하며, 회사와 실무에 계신 분들은 관련 있는 주제의 내용을 읽고 잘 이해한다면 정말 회사에 도움이 될 것으로 확신한다.

나 역시 24년 1학기 서울과학기술대학교 대학원의 인간공학적 위험관리 강의과목에서 이 교재를 필독서로 추천하고자 한다. 이 정도를 이해한다면 내가 굳이 추가 설명을 하지 않아도 될 정도이다. 데커(Sydney Dekker) 교수가 말한 미래지향적인 안전 방향을 이 교재의 내용이 일관되게 제시하고 있으며, 안전의 기본인 Safety I의 개념에서 홀나겔(Hollnagel) 교수의 Safety II(Resilience & FRAM을 포함한)를 압축해서 잘 서술하고 있으므로 어떻게 발전해 왔는가를 파악하면서 이해한다면 많은 도움이 될 것으로 보인다. 마지막 부록 부분에 해외 자격증을 따는 방법도 그의 경험을 토대로 서술하였으므로 이런 분야에 관심이 있는 독자라면 매우 유익할 것으로 생각한다.

이 책의 내용을 다시 간략히 요약해 보자면, 안전의 현대적 관점과 위험요소(hazard)의 개념, 위험성(risk)의 개념, 안전보건관리와 안전보건경영시스템의 개요도 잘 설명하고 있다. 그리고 사고조사 방법과 안전탄력성(resilience)의 4대 핵심 역량(대응, 관찰, 학습, 예측), 휴먼에러, 행동기반안전(BBS), 인적요인 평가분류시스템(HFACS)과 수정 버전인 HFACS−OGAPI, 사건원인요인 차트(ECFCA), AcciMap, STAMP−CAST, FRAM까지도 잘 서술되어 있다.

이 시대에 안전과 관련한 유익한 한 권의 저서가 세상에 나올 수 있게 한 저자의 엄청난 에너지와 노력에 찬사를 보내고 싶다. 멋진 한 권의 책을 만들어 낸다는 것이 보통 노력으로 되는 작업이 아니다. 스승보다 나은 제자가 있다면 바로 이 책의 저자인 양정모 박사가 아닐까 싶다.

이 책으로 안전 1과 안전 2의 개념을 보다 잘 이해하도록 하는 것이 이 책의 묘미가 아닐까 싶다. 현존하는 최고의 안전 정보 지식 교재라고 자신 있게 독자들에게 권하고 싶다. 이 책은 안전의 시원한 사이다 같은 교재라고 평하고 싶다. 만일 여러분이 바빠서 한 권의 안전교재 밖에 읽을 시간이 없다면, 주저없이 바로 이 책을 읽어보라고 강력히 권하고 싶다.

회사에서 중요한 역할을 하고 있는 많은 안전 제자들이 꼭 한 번 읽어보고 자신의 지식을 갱신(update)하라고 권하고 싶은 한 권의 가치 있는 책이다. 요즈음 중처법(중대재해 처벌법) 시행으로 고생하고 있는 현장의 안전실무자들이 잘 읽으셔서 회사의 실무에 많은 도움이 되기를 바란다.

서울과학기술대학교 안전공학과 명예교수 권영국

"새로운 안전관리론−이론과 실행사례"는 양정모 박사님이 직접 경험하고 연구한 내용을 기반으로 집필한 책으로, 실제 안전 관리 현장에서의 적용 가능성과 효과성을 높여줄 국내 안전 분야에 있어 혁신적이고 중요한 기여를 할 것으로 기대되는 작품입니다.

이 책은 안전 관리의 이론적 기반과 다양한 산업 분야에서의 실질적인 실행 사례를 통해, 안전 관리의 중요성과 방법론을 심도 있게 제시하고 있습니다. 인적 요인을 포함한 다양한 안전 관리 요소들에 대한 깊이 있는 분석은 항공 안전은 물론 모든 산업 분야에서의 사고 예방과 위험 관리에 필수적인 요소입니다.

이는 사고 예방 및 시스템 안전성 향상에 크게 기여할 것입니다. 특히, 한국의 산업 안전 보건법과 국제적인 안전 관리 기준에 대한 비교 분석은 한국의 안전 관리 수준을 국제적인 수준으로 끌어올리는 데 중요한 역할을 할 것으로 기대합니다.

아울러 이 책에서는 NEBOSH, ASP와 같은 국제 안전 보건 자격증에 대한 지침을 제공함으로써, 한국의 안전 전문가들이 국제적인 관점에서 안전 관리를 이해하고 준비하는 데 큰 도움을 줄 것입니다. 이는 국제적인 안전 관리 기준을 한국에 도입하고 적용하는 데 중요한 발판이 되리라고 생각합니다.

안전에 대한 관심이 사회 전반에서 커지고 있는 상황에서 이 책은 안전 관리 분야의 전문가, 학생, 실무자들에게 귀중한 지침서 역할을 할 뿐만 아니라, 안전 관리의 중요성을 일반 대중에게도 인식시키는 데 기여할 것입니다. 양 박사님의 통찰력과 경험은 한국의 안전 관리 연구와 실천에 큰 영향을 미치며, 이 분야의 발전을 가속화하는 데 중요한 역할을 할 것입니다.

바쁘신 와중에도 심혈을 기울여 국가 안전에 기여할 소중한 지침서를 집필해 주신 양정모 박사의 열정과 전문성이 담긴 이 책은 국내 안전 관리의 질적 향상을 위한 중요한 이정표가 될 것입니다. 출간을 진심으로 축하드리고, 추천사를 쓸 기회를 주신 양정모 박사님께 감사드립니다.

한국시스템안전학회 회장 권보헌

머리말

영국과 미국 등 해외 선진국의 안전관리론과 관련한 책자는 선진 수준으로 사업장의 다양한 유해위험요인을 관리하기 위해 체계적인 내용을 담고 있다. 하지만, 국내의 경우 대체로 오래되거나 현실에 적용하기 어려운 이론을 담고 있고, 출처를 알 수 없는 비현실적인 내용으로 구성되어 있는 것으로 보인다. 이로 인해 기업의 안전을 책임지는 CEO, 경영층, 관리감독자, 안전보건관리자 그리고 기업의 안전을 감독하는 관련기관 종사자는 선진 수준의 안전보건 관련 정보와 현실에 적용할 만한 내용을 접하기 어려운 것이 현실이다. 이러한 사유로 인해 국내의 안전관리 수준은 선진국에 비해 상당히 뒤처지고, 산업재해 지표와 중대재해와 관련한 수치는 OECD 국가 중 하위 수준에 머물러 있다고 생각한다.

이러한 배경에서 저자는 국내의 안전관리 수준을 선진 수준으로 올리고, 산업재해 예방에 도움이 될 만한 안전관리론 관련 책자가 필요하다고 생각하게 되었다. 이에 저자가 해외기업과 국내기업의 현장과 본사에서 28년 이상 경험한 내용, 국제안전보건자격(NEBOSH) 취득 경험, 미국 안전전문가(ASP)자격 취득 경험 그리고 안전관련 학부와 대학원(석사와 박사)에서 배우고 연구한 내용을 골자로 한「새로운 안전관리론-이론과 실행사례」라는 책자를 발간하게 되었다.

책자의 주요 내용으로는 선진적인 기준에서 안전이라는 용어를 정의하고 미래의 안전관리 방향을 조망하였다. 그리고 안전관리의 중요성을 도덕적 측면, 윤리적 측면, 법적 측면 그리고 경제적 측면에서 종합적으로 살펴보았다. 또한 영국, 미국 및 한국의 산업안전보건 관련법을 소개하였다. 또한 저자가 판단하는 세계적 수준의 안전관련 학자인 Heinrich, Bird, Rasmussen, Reason, Hollnagel, Geller, Leveson 및 Dekker의 이력과 대표적인 이론에 대해서 설명하였다. 안전보건경영시스템의 정의, 역사, 종류와 ILO, 영국, 미국의 안전보건경영시스템 체계를 구체적으로 살펴보았다.

사고예방의 핵심은 사람과 직접적인 관련이 있으므로 안전문화를 기반으로 하는 안전관리, 인적오류 개선, 행동기반안전관리 및 안전탄력성(resilience)에 대한 설명을 하였다. 사업장에 존재하는 고소작업, 밀폐공간, 단독작업, 미끄러짐과 넘어짐, 차량, 운전, 비계, 사다리), 신체 및 건강위험(소음, 진동), 화재위험 요인, 전기위험 요인, 작업장비 위험요인, 화학 및 생물학 위험 요인 및 근골격계 유해위험 요인을 살펴보고, 이에 대한 개선대책인 공학적 개선, 행정적 개선 그리고 보호구 사용과 관련한 다양한 정보와 실행사례를 소개하였다. 그리고 다양한 유해위험요인을 체계적으로 관리할 수 있는 안전작업허가와 변경관리와 관련한 내용을 설명하였다.

위험성평가와 관련한 다양한 접근방식과 시행 절차에 대해서 검토하였다. 그리고 국내의 위험성평가 시행의 문제점인 i) 사업 전체를 조망하지 못하는 위험성평가(분절된 위험성평가) 시행, ii) 본사 조직과 사람에 의한 인적오류 발생, iii) 지식기반 근로자의 오류 상존, iv) 위험성 감소조치의 효과가 낮음, v) 집중화된(Centralized control) 관리로 인해 효과적이지 못한 위험성평가 시행, vi) 현재의 위험분석 방법론으로는 변동성을 파악하기 어려운 점 등을 소개하였다.

안전교육의 중요성, 교육프로그램의 정의, 교육 프로그램 개발, 교육 시행 방법, 교육동기 부여, 교육참여 강화 및 실습과 교육에 대해서 설명하였다. 그리고 경영층, 관리감독자, 신규채용자 대상의 안전교육에 대해서 설명하고, 안전보건관리자의 Skill-up 교육 방안에 대해서 설명하였다. 또한 사업장에서 시행하는 검사와 감사의 특징과 차이점을 설명하였다. 사업장에서 유해위험요인을 확인하고 개선하기 위해 왜 검사와 감사가 각각 별도로 수행되어야 하는지 사유를 설명하였다.

사고조사, 사고분석 그리고 대책수립 방식인 선형적 모델과 역학적(epidemic) 모델을 검토하고, 최근 선진적으로 활용되는 시스템적(systemic) 방식인 FRAM 및 STAMP에 대한 설명을 하였다. 그리고 사업장에서 발생했던 사고를 미국 에너지부가 발간한(2012) 사고조사 핸드북 기준에 따라 사건 및 원인요인 도표 및 분석(ECFCA)을 시행하였다. 그리고 이 분석을 기반으로 FRAM 및 STAMP 방법을 활용한 실행사례를 소개하였다. 또한 부가적으로 AcciMap 방식을 적용하여 소개하였다. 그리고 안전관리 수준을 확인할 수 있는 모니터링과 안전관리 성과평가 방법에 대하여 소개하였다.

본 책자만이 갖는 특징은 국제 안전보건자격(NEBOSH)과 미국 안전전문가 자격(CSP/ASP) 취득을 원하는 사람들이 반드시 봐야 할 지침서라는 점이다. 본 책자의 목차별 내용과 국제 안전보건자격 및 미국 안전전문가 자격 시험 내용을 상호 비교하여 시험내용과의 상관관계를 설명하였다.

책자를 발간하면서 아쉬운 점은 사정으로 인하여 저자가 경험한 많은 사례를 담지 못한 점이다. 책의 부족한 점이 있다면 pjmyang1411@daum.net으로 알려주기 바란다. 그리고 「새로운 안전관리론-이론과 실행사례」 정보를 공유하기 위하여 네이버 카페에 안전관리론(https://cafe.naver.com/newsafetymanagement)을 개설하였으니, 관심이 있는 독자는 가입신청을 해 주기 바란다.

서문

제1장 안전의 정의

국가, 사회 그리고 조직이 사용하는 특정 용어가 서로 다르거나 명확하지 않을 경우, 달성하고자 하는 목적이나 목표에 도달하기 어렵다. 우리는 안전에 대한 정의를 잘 알고 있다고 생각하지만, 실제로는 다양하고 수많은 사람들의 정의가 존재하고 있다는 것을 간과하고 있다. 더욱이 안전은 공학적, 심리적, 법적, 인문학적 상호 작용에 의한 복잡 다양한 관계를 통해 작용하므로 이에 대한 정의는 매우 중요하다. 이 장에서는 안전에 대한 다양한 정의를 국제적인(ISO, ILO, IEC 등) 관점에서 조망한다.

제2장 안전이 중요한 이유

사람의 생명은 고귀한 것으로 어떤 사람도 사업장에서 다치거나 죽는 일은 없어야 한다. 안전관리가 왜 중요한지 그 의미를 해석하기 위해 도덕적/윤리적 측면, 법적인 측면과 경제적 측면에서 조망한다. 또한 한국, 영국 및 미국의 산업안전보건법 체계를 설명하고, 산업안전보건법과 관련한 범죄성립 요건과 관련한 법적 이론을 살펴본다. 그리고 중대재해처벌법에 대한 내용을 간략히 설명하였다.

제3장 안전보건관리의 정의, 역사 및 이론

영국과 미국의 산업안전보건법 체계가 만들어지게 된 배경 그리고 안전보건청 설립 이후 다양한 안전보건관리 활동 현황을 살펴본다. 그리고 한국의 산업안전보건법 체계가 만들어지게 된 배경 그리고 그동안의 주요 안전관리 진행경과를 살펴본다. 미국 산업안전보건청 주관으로 시행된 자발적 보호 프로그램(Voluntary Protection Programs)을 통한 기업의 자율안전관리 활동과 정부의 지원 방안을 살펴본다. 마지막으로 저자가 생각하는 세계적인 안전관련 학자(Heinrich, Bird, Rasmussen, Reason, Hollnagel, Geller, Leveson, Dekker)들의 이력과 대표적인 이론을 설명한다.

제4장 안전보건경영시스템

안전보건경영시스템의 정의, 역사 그리고 이에 대한 종류와 개요를 살펴본다. 세계적인 수준의 안전보건경영시스템으로 알려져 있는 HSG 65(1991), BS 8800(1996), OHSAS 18001(1999), ILO-OSH(2001), ANSI/AIHA Z10(2005), ISO 45001(2018)에 대한 소개를 한다. 그리고 OHSAS 18001과 ISO 45001간의 비교를 통한 장단점과 PDCA와 DMAIC에 대한 내용을 설명한다. 그리고 작업안전 시스템(Safe System of Work) 구축 시 필요한 다양한 요건들을 설명한다.

제5장 사람을 대상으로 하는 안전보건관리

사고예방의 핵심 요인은 사람과 관련이 있다. 그동안의 안전관리는 주로 기술적인 개선과 안전보건경영시스템과 같은 관리적 수단에 의존하여 왔다. 하지만, 사람을 대상으로 하는 안전관리 없이는 우리가 원하는 사고예방이라는 궁극적인 목적과 목표를 달성하는 데에는 한계가 있을 것으로 판단한다.

사람을 대상으로 하는 안전보건관리를 대표하는 안전문화, 인적오류 개선 및 안전탄력성(Resilience)에 대한 이론과 실행사례를 살펴본다. 그리고 인적오류와 관련한 이론인 조직사고 모델, 스위스 치즈 모델, 인적요인분석 및 분류시스템(HFACS)을 살펴본다. 마지막으로 안전탄력성(resilience)과 관련한 이론과 안전문화와의 상관관계를 소개하고 이에 대한 개선방안을 제시한다.

제6장 위험(Hazard)요인 관리

사업장에 존재하는 고소작업, 밀폐공간, 단독작업, 미끄러짐과 넘어짐, 차량, 운전, 비계 및 사다리와 관련한 주요 위험(Hazard) 요인을 설명한다. 그리고 건강(소음, 진동), 화재, 전기, 작업장비, 화학 및 생물학 및 근골격계 위험과 관련해 설명한다. 그리고 이러한 위험요인에 대한 제거/대체/공학적 조치/행정적 조치/보호구 사용 등과 관련한 위험성감소조치를 설명한다. 또한 다양한 위험요인을 체계적으로 관리할 수 있는 안전작업허가와 변경관리와 관련한 내용을 설명한다.

제7장 위험성(Risk) 관리

위험요인에 대한 적절한 개선조치를 마련하기 위한 위험성(Risk) 관리에 대한 내용을 설명한다. 그리고 국내에서 시행하고 있는 위험성평가에 대한 문제점인 사업 전체를 조망하지 못하는 위험성평가, 낮은 위험성 감소조치 효과, 집중화된(Centralized control) 관리로 인해 효과적이지 못한 위험성평가 시행, 현재의 위험분석 방법론으로는 변동성을 파악하기 어려운 점 등을 설명한다. 그리고 이에 대한 개선조치인 CEO 산하 전사 위험성평가 위원회 구축,

지식기반 근로자의 업무 위험성평가, 위험성 감소조치 고도화, 행동공학 모델 원칙 적용, 탈 집중화된 관리로의 전환(참여, 대응을 위한 준비, 동기화, 적극적인 배움, 안전관리자의 인식 전환) 및 시스템적 위험분석 방법론 적용(사업장 적용 사례를 통한 시사점) 등을 설명한다.

제8장 안전교육

안전교육은 사람을 대상으로 하는 안전관리에서 빠질 수 없는 핵심 활동이다. 안전교육이 중요한 이유, 교육프로그램의 정의 및 경영층의 공약과 근로자 참여의 중요성을 설명한다. 교육 프로그램을 개발하고 교육을 시행하는 과정에서 교육 시행 방법, 교육동기 부여와 교육참여 강화 및 실습과 교육에 대해서 설명한다. 그리고 경영층, 관리감독자, 신규채용자 교육에 대해서 설명하고, 안전보건관리자의 Skill-up 방안에 대해서 설명한다.

제9장 검사와 감사

사업장에서 시행하는 검사와 감사의 특징과 차이점을 설명한다. 사업장에서 유해위험요인을 확인하고 개선하기 위해 왜 검사와 감사가 각각 별도로 수행되어야 하는지에 대한 설명을 한다. 그리고 감사자 양성교육, 감사준비, 감사팀의 책임, 감사 프로토콜, 추적, 발견사항 보고, 점수부여, 종료미팅 및 사후관리 등의 사업장 사례를 소개한다. 그리고 사업장에서 운영했던 중대재해예방감사 시행 내용을 소개한다.

제10장 사고 조사·분석 그리고 대책수립

사고조사와 관련한 순차적 모델, 역학적 모델 및 시스템적 사고조사 방법(FRAM 및 STAMP)을 소개한다. 그리고 사고조사를 시행할 때 반드시 준수해야 하는 가이드라인(장소 보존/문서화, 정보수집, 근본원인 결정, 재발 방지 조치)을 설명한다. 또한 사업장에서 발생했던 사고를 미국 에너지부가 발간한(2012) 사고조사 핸드북 기준에 따라 사건 및 원인요인 도표 및 분석(ECFCA)과 이 분석을 기반으로 AcciMap, FRAM 및 STAMP 분석을 시행한 사례를 소개한다.

제11장 안전보건관리 모니터링과 측정

모니터링과 측정은 PDCA의 계획-실행-점검-조치 관리 프로세스와 관련이 있는 과정이다. 안전보건과 관련한 모니터링과 측정을 하는 주요 목적은 안전보건을 위한 다양한 활동들이 효과적으로 시행되고 있는지 객관적으로 확인하고 개선하기 위한 목적이다. 안전보건경영시스템 모니터링과 측정이 필요한 이유, 후행지표, 선행지표 및 경영층과 관리자의 역할에 대해서 알아본다. 그리고 일반적인 안전보건경영시스템 평가 방법과 ISO 45001이 추천하는 평가방식에 대해서 설명한다. 그리고 사업장에 시행되었던 안전보건경영시스템 감사 결과를 설명한다.

별첨. 해외 안전보건 자격증 취득

본 책자는 저자가 현장과 본사에서 28년 이상 경험한 내용과 안전공학 학부, 대학원 석사 및 박사 과정을 거치면서 학습한 내용을 담았다. 그리고 저자가 국제 안전보건 자격 (NEBOSH IGC) 및 미국 안전전문가 자격(ASP)을 취득하는 과정에서 익힌 내용을 담았다.

독자 중 전술한 자격증을 취득하기 위한 준비를 한다면, 해당 자격증의 시험과목과 본 책자의 목차 내용을 참조하여 공부하기 바란다. 다만, 본 책자는 안전관리 전반에 대한 이론과 실무를 다루고 있으므로 자격증 시험과목 내용을 전부 수용하기에는 한계가 있다. 따라서 본 책자의 목차 내용과 자격증 시험과목 내용의 상관성을 상, 중, 하로 표기하였으니 참조하기 바란다. 독자 중 해외 국제 안전보건자격과 미국 안전전문가 자격을 취득하고자 한다면, 본 책자가 다루는 자격증 개요, 자격증 취득의 필요성, 자격 취득 요건, 시험과목, 합격기준, 시험 응시 방법, 시험 문제 예시와 추천 답안 및 시험 응시 요령 및 추천 답안을 참조하기 바란다.

차
례

제5장
**사람을
대상으로
하는
안전보건관리**

제6장
위험요인 관리

**제8장
안전교육**

제1장

안전의 정의

제1장 안전의 정의

국가, 사회 그리고 조직에서 사용하는 특정 용어가 서로 다르거나 명확하지 않을 경우, 우리가 달성하고자 하는 목적이나 목표에 도달하기 어렵다. 우리는 안전에 대한 정의를 잘 알고 있다고 생각하지만, 실제로는 다양하고 수많은 사람들의 정의가 존재하고 있다는 것을 간과하고 있다.

I. 선행연구

'안전'이라는 용어는 다양한 맥락에서 사용되고 있어 우리는 이 용어를 잘 이해하고 있다고 믿고 있는 것이 현실이다. 더욱이 안전이라는 용어는 그 자체로 주는 의미가 있으므로 용어에 대한 부가적인 해석이 필요 없을 것이라고 생각한다. 마치 우리가 안전을 말할 때 아무도 반문하지 않는 이치와 같다. 이러한 사유로 다양한 규정, 절차 그리고 문서에 안전에 대한 별도의 정의를 하지 않는 경우가 많다.

안전(safety)이라는 용어는 고대 프랑스어 sauf에서 유래하여 라틴어 salvus로 변화된 것으로 보인다. sauf는 '부상을 입지 않는' 또는 '무해한'의 의미이고, salvus는 '부상을 입지 않는', '건강한' 또는 '안전한'의 의미이다. 14세기 후반 즈음에는 "위험에 노출되지 않는다는" 것과 같은 현대적인 안전의 의미가 생겨났다. 그리고 "위험이 없는" 것과 같은 상황을 특징짓는 형용사인 '안전한'을 사용한 것도 비슷한 시기로 보인다.

해외 메리엄-웹스터, 캠브리지, 브리타니카, 콜린스, 위키백과와 국내 네이버사전과 두산백과 등 다양한 안전의 정의가 다음 표와 같이 존재한다.

사전	안전의 정의
메리엄-웹스터 (Merriam Webster)	부상 또는 손실을 입거나 야기하는 것으로부터 안전한 상태(the condition of being safe from undergoing or causing hurt, injury, or loss)
캠브리지 사전(Cambridge dictionary)	위험 또는 위험에 처하지 않고 안전한 상태 또는 장소 (a state in which or a place where you are safe and not in danger or at risk)
브리타니카 사전 (The Britannica dictionary)	위해나 위험으로부터의 자유: 안전한 상태 (freedom from harm or danger: the state of being safe)
콜린스 영어사전(Collins English dictionary)	안전은 위해나 위험으로부터 안전한 상태이다. (Safety is the state of being safe from harm or danger)
위키백과(Wikipedia)	안전은 "안전한" 상태, 즉 위해나 다른 위험으로부터 보호되는 상태이다. 안전은 또한 허용 가능한 위험 수준을 달성하기 위해 인식된 위험의 통제를 의미할 수 있다. (Safety is the state of being "safe", the condition of being protected from harm or other danger. Safety can also refer to the control of recognized hazards in order to achieve an acceptable level of risk)
네이버 사전	위험이 생기거나 사고가 날 염려가 없음. 또는 그런 상태.
두산백과(Doopedia)	안전한 상태란 위험 원인이 없는 상태 또는 위험 원인이 있더라도 인간이 위해를 받는 일이 없도록 대책이 세워져 있고, 그런 사실이 확인된 상태를 뜻한다. 단지, 재해나 사고가 발생하지 않고 있는 상태를 안전이라고는 할 수 없으며, 잠재 위험의 예측을 기초로 한 대책이 수립되어 있어야만 안전이라고 할 수 있다.

헌법 제10조는 모든 국민은 인간으로서의 존엄과 가치를 가지며, 행복을 추구할 권리를 갖는다고 하고 있다. 그리고 제34는 모든 국민은 인간다운 생활을 할 권리를 갖는다고 하고 있다. 국가는 재해를 예방하고 위험으로부터 국민을 보호하기 위하여 노력하여야 한다. 이러한 내용은 광의적인 안전의 정의에 포함될 수 있다.

국제표준화기구(ISO IEC), 미국국립표준협회(ANSI), 미국국방부(DoD), 국제민간항공기구(ICAO) 등 다양한 기구나 부처는 아래 표와 같이 안전의 정의를 하고 있다.

구분	안전의 정의
국제표준화기구(ISO IEC)	허용할 수 없는 위험으로부터의 자유 (freedom from risk which is not tolerable)
미국국립표준협회(ANSI)	수용할 수 없는 위험으로부터의 자유 (freedom from unacceptable risk)

미국국방부 (DoD, Department of Defense)	사망, 부상, 직업병, 장비 또는 재산의 손상 또는 손실 또는 환경 피해를 유발할 수 있는 조건으로부터의 자유 (Freedom from conditions that can cause death, injury, occupational illness, damage to or loss of equipment or property, or damage to the environment)
국제민간항공기구(ICAO)	항공기 운영과 관련되거나 항공기 운영을 직접 지원하는 항공 활동과 관련된 위험이 감소되고 수용 가능한 수준으로 통제되는 상태 (The state in which risks associated with aviation activities, related to, or in direct support of the operation of aircraft, are reduced and controlled to an acceptable level)

안전이라는 용어를 형용사로 사용 시 구체적인 위험요인을 지칭하거나 개선하기 어려운 경우가 있으므로 주의해야 한다. 예를 들면 통로 바닥에 부착하는 안전바닥재는 미끄러짐 방지 바닥재로 표현해야 한다. 전기 안전커버는 감전방지 커버로 표현해야 한다. 그리고 가스안전 감지기는 가스누출 감지기로 표현해야 한다.

미국의 안전전문가인 Montante(2006)는 안전과 관련한 업무에 종사하는 담당자 130명이 생각하는 안전에 대한 정의를 접수하여 분석한 결과를 아래 표와 같이 요약하였다.

영문	국문
Preventing accidents or injuries	사고나 재해 예방
Freedom from harm or injury	위험이나 재해로부터 자유
Being safe	안전하기
Being aware of your surroundings	주변환경에 대한 인식
Not getting hurt	다치지 않기
It is number one	안전제일
Following procedures and rules	절차와 규칙준수
It is a state of being	우리가 지금처럼 있는 상태
Looking out for each other	서로를 돌보는 것
Complying with Occupational Safety and Health Act(OSHA)	안전보건법령 준수
Going home the same way you came to work	우리가 출근했을 때처럼 집에 가는 것

Montante가 조사한 안전의 정의는 일반적으로 통용되는 것으로 보인다. 다만 저자가 생

각하는 실질적인 안전의 정의와는 거리가 있다고 생각한다. 그 예로 "안전제일", "안전을 생각하라", "무사고", "무재해", "집에 여자가 있어 편안하고, 임금이 궁 안에 있어 완전무결한 상태", "SAFETY 단어의 앞 글자를 선정한 Supervise, Attitude, Fact, Evaluation, Training, You are the owner" 그리고 "안전은 당신의 책임" 등의 정의는 실제 안전의 본질을 효과적으로 정의할 수 없을 뿐만 아니라 실천하기 어려운 모호한 의미를 갖고 있기 때문이다.

II. 국제적으로 통용되는 안전의 정의

선행연구를 검토한 결과, 세계적으로 다양한 안전의 정의가 존재한다는 것을 알 수 있다. 일반적으로 사건이나 사고와 같은 원치 않는 결과가 없는 상황(means the absence of un-wanted outcomes such as incidents or accidents)을 안전이라고 정의하는 경향이 많이 있는 것으로 보인다. 하지만 이러한 정의는 안전에 대한 명확한 의미를 부여하지 못한다고 생각한다. 그 이유는 원치 않는 사건이나 사고의 결과는 일상에서 빈번하게 발생하지 않으며, 이미 그러한 사건이나 사고가 발생한 경우 사전에 조치할 기회를 갖지 못하기 때문이다.

저자는 안전에 대한 정의와 관련한 다양한 선행연구 중 국제표준화기구인 ISO IEC의 "허용할 수 없는 위험으로부터의 자유(freedom from risk which is not tolerable)"라는 내용이 안전의 정의에 보다 구체적이라고 생각한다. 그 이유는 허용(tolerable)과 위험(risk)이라는 단어를 조합하여 안전에 대한 정의를 하고 있기 때문이다. 수용(acceptable)과 위험(risk)이라는 단어는 안전을 정의할 수 있는 중요한 용어이므로 추가적인 검토를 하려고 한다. 한편, Hollnagel, Dekker 그리고 Woods는 안전을 "변동성이 있는 상황에서 성공하는 능력(ability to succeed under varying conditions)"이라고 정의하고 있다. 향후 우리가 추구할 안전은 허용과 위험이라는 관점을 넘어서 변동성(variability)을 다뤄 안전에 있어 탄력성을 추구해야 할 필요가 있다.

1. 위험의 분류

ISO 45001(2018)은 안전보건 분야에서 사용되는 위험이라는 용어를 영어로 hazard와 risk로 구분하여 설명하고 있다.

1.1 Hazard

Hazard는 부상과 건강 악화를 유발할 가능성이 있는 요인으로 위험의 잠재적 근원, 위험원, 위험요인, 유해 위험요인 등으로 정의할 수 있다. 아래 그림과 같이 사람이 통행하는 도로 위로 절벽의 낙석이 존재하고 떨어질 수 있는 상황을 hazard라고 할 수 있다.

Hazard는 내적 요인(internal factors)과 외적 요인(external factors)으로 구분할 수 있다. 아래 그림과 같이 내적 요인(internal factors)은 원재료, 유해 화학물질 및 에너지를 투입하여 사람이나 기계에 의한 공정 활동을 거쳐 제품 또는 서비스 형태의 출력과정을 거치는 동안 기계적 위험, 화학적 위험, 전기적 위험 등으로 나타난다. 외적 요인(external factors)은 안전보건방침, 안전절차 및 규칙 등의 위반으로 인한 안전보건경영시스템상의 결함, 인허가 조건 및 정부 기관 등에 보고를 누락하는 등의 결함으로 나타난다.

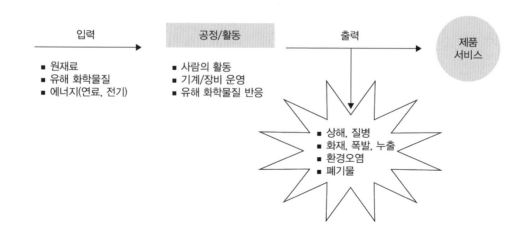

1.2 Risk

Risk는 hazard의 심각도(severity)와 빈도(likelihood)의 조합이다. 심각도와 빈도의 조합으로 평가된 risk 수준은 일반적으로 널리 수용할 수 있는 정도의 'acceptable risk' 영역(수용할 수 있는 위험), 추가적인 대책으로 허용 가능한 'tolerable risk' 영역(허용할 수 있는 위험) 그리고 특별한 경우를 제외하고는 허용이 불가능한 'intolerable risk' 영역(허용할 수 없는 위험) 등 세 가지로 구분할 수 있다.[1] 아래 그림은 전술한 risk 수준을 세 가지 수준으로 구분한 그림이다.

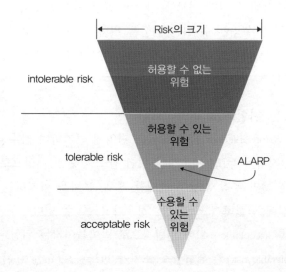

(1) 수용할 수 있는 위험(acceptable risk)

여러 선행연구를 살펴보면, 수용할 수 있는 위험과 허용할 수 있는 위험을 상호 보완적으로 사용하는 경우가 있는데 영국 안전보건청(HSE)은 이 두 위험의 차이를 구분하여 정의하고 있다.

수용할 수 있는 위험(acceptable risk)은 기대 편익에 따라 감수할 만한 위험이며, 이를 줄이기 위한 새로운 방법을 찾는 투자와 노력에 한계가 있거나 존재하지 않는 것이다. 예를 들면 우리가 주방에서 사용하는 칼은 위험하지만 칼 사용과 관련한 위험을 줄이기 위한 특별한 조치를 하지 않는 것과 마찬가지이다. 또 다른 예는 자동차 운전과 같다. 자동차 운전

---

1) 여러 선행연구를 살펴보면, Unacceptable risk와 Intolerable risk를 상호 보완적으로 사용하고 있는 것으로 보인다. Intolerable risk는 허용할 수 없는 위험으로 해석할 수 있고, Unacceptable risk는 수용할 수 없는 위험으로 해석할 수 있다. 여기에서 '허용과 수용의'이라는 의미의 차이가 있는 것으로 보인다. ISO IEC는 1999년도에 "Freedom from unacceptable risk"에서 2014년 "Freedom from risk which is not tolerable"로 수정하여 정의하고 있다. 따라서 Unacceptable risk보다는 Intolerable risk로 사용하는 것이 risk를 수용한다는 의미보다는 허용이라는 의미를 부여하므로 안전을 정의하는 데 있어 구체적이다.

자에게 면허증 시험을 보도록 하고, 도로 곳곳에 신호등 설치, 주의표지 설치 그리고 과속 방지 CCTV설치에도 불구하고 자동차 사고율은 매우 높은 수준이다. 그럼에도 불구하고 우리는 자동차 운전을 기대 편익에 따라 감수할 만한 위험으로 간주하는 것과 같다.

수용할 수 있는 위험(acceptable risk)에 대해서 미국의 안전 컨설턴트 로렌스(1976)는 "수용할 수 있는 위험이라는 것은 사물이 안전한 것이라고 했다. 국제연합(2019)은 "기존의 사회적, 경제적, 정치적, 문화적, 기술적, 환경적 조건을 고려할 때 사회나 공동체가 받아들일 수 있는 잠재적 손실 수준"이라고 했다. 호주와 뉴질랜드 AS/NZD 4360(2004)은 "특정 위험의 결과와 가능성을 수용하기 위한 정보에 입각한 결정"이라고 했다. 미국 교통부 산하 위험물질 안전보건관리국은 수용할 수 있는 위험은 위험, 비용 그리고 공개 의견을 고려하여 설정된다고 했다. 미국국립표준협회 ANSI PMMI는 주어진 작업 또는 위험에 대해 수용되는 위험이라고 했다.

(2) 허용할 수 있는 위험(tolerable risk)

허용할 수 있는 위험(tolerable risk)은 예상되는 편익에 근거하여 감수할 가치가 있는 위험 수준이지만 여전히 감시하에 두고, 지속적인 위험 감소 수단의 대상으로 보는 것이다. 예를 들면 작업위치가 높은 곳의 추락 위험이 존재할 경우, 추락을 방지하는 난간대를 설치하거나 안전벨트를 지지점에 연결하여 작업하는 경우라고 볼 수 있다.

수용할 수 있는 위험(acceptable risk)이 일반적으로 받아들여지는 위험 수준이라고 하면, 허용할 수 있는 위험(tolerable risk)은 위험감소 조치가 반드시 필요한 요인으로 위험을 감시하에 두고 지속적인 위험 감소 수단의 대상으로 보는 위험이다. 아래 좌측 사진은 발전소 시설에 설치된 추락 방지 안전난간대의 모습이고, 우측 사진은 추락의 위험이 있는 장소에서 안전벨트를 지지점에 고정한 모습으로 위험 감소 수단이 적용된 사례로 볼 수 있다.

(3) 허용할 수 없는 위험(Intolerable risk)

허용할 수 없는 위험(intolerable risk)은 어떠한 근거로도 정당화할 수 없는 위험수준이다. 이 위험은 어떠한 상황에서 임박한(imminent) 위험으로 즉시 조치를 취하지 않으면 사망 또는 심각한 신체적 상해의 위협이 있거나 심각한 오염이 존재하는 경우이다. 임박한 위험은 즉각적으로 짧은 시간 안에 죽음이나 심각한 신체적 상해가 발생할 수 있다는 것을 의미한다. 여기에서 심각한 신체적 상해는 신체의 일부가 심하게 손상되어 회복할 수 없거나 잘 사용할 수 없는 것을 말한다. 건강 위험의 경우 독성 물질 또는 기타 건강 위험이 존재하고 이에 노출되면 수명이 단축되거나 신체적 또는 정신적 효율성이 크게 감소할 것이라는 합리적인 예상이 있는 경우이다. 건강 위험으로 인한 피해는 즉시 나타나기도 하지만, 오랜 기간이 지난 후에 나타나기도 한다.

(4) ALARP

전술한 수용할 수 있는 위험, 허용할 수 있는 위험 및 허용할 수 없는 위험, 세 가지 구분 중 허용할 수 있는 위험(tolerable risk)영역에 있는 ALARP은 안전을 정의하기 위해 반드시 짚고 넘어가야 할 중요한 용어이다. ALARP은 위험이 합리적으로 실행 가능한(Reasonably Practicable) 한 낮은 수준으로 감소되어야 한다는 원칙으로 위험수준을 확인하기 위하여 널리 사용되어 왔다.

ALARP이라는 용어가 공식적으로 처음 등장한 것은 영국 법원이었다. 1949년 당시 에드워드의 항소 법원과 국가석탄위원회 판사의 판결에서 ALARP이라는 용어가 등장했다. ALARP은 As Low As Reasonably Practical의 영어 약자로 합리적이고 실행가능한 수준으로 위험을 낮춘다는 의미를 담고 있다. 여기에서 "합리적이고 실행가능한(Reasonably Practicable)"이라는 의미는 아래와 같이 해석할 수 있다.

> '합리적으로 실행 가능한'이라는 의미는 '물리적으로 가능한'보다 협소하게 소유자가 위험을 평가해야 한다는 의미를 담고 있다. 위험의 양을 한 저울에 놓고 위험을 방지하는 데 필요한 조치와 관련된 희생(돈, 시간 또는 문제)을 다른 저울에 두는 것이다. 그리고 소유자의 위험 감소조치의 노력이 적다고 판단되면, 소유자가 책임을 져야 한다는 의미를 담고 있다. 따라서 소유자는 이러한 위험 평가를 사고 전에 시행해야 한다.

ALARP은 1972년 로벤스 보고서(Robens report) 권고에 따라 1974년 영국의 보건안전 법령 요건으로 규제화되었다. 영국에서는 사업장 밖의 사람이 심각한 부상을 입을 가능성을 1/10,000 수준으로 ALARP을 설정하고 있으며, 사업장의 경우는 1/1,000 수준으로 ALARP을 설정하고 있다. SFAIRP는 영국 보건안전 법규에 사용되며 So Far As Is Reasonably

Practicable의 영어 약자로 합리적이고 실행가능한 정도의 의미를 담고 있다. ALARA는 As Low As Reasonably Achievable의 영어 약자로 실용적으로 달성가능한 낮은 수준의 위험 정도의 의미를 담고 있다. 여러 선행연구를 살펴본 결과, 세계적으로 ALARP, SFAIRP 그리고 ALARA는 상호 유사한 의미를 갖고 있지만, ALARP을 통상적으로 자주 사용하는 것으로 보인다. ALARP 수준을 달성하기 위해서는 위험성평가를 시행하고 미국 국립산업안전보건연구원 NIOSH가 제안한 위험관리 위계(Hierarchy of Control)에 따라 제거, 대체, 공학적 조치, 행정적 조치 및 보호구 사용 등 여러 위험감소 방안을 적용한다. 그리고 위험감소 방안 수립 시 위험 감소효과와 비용편익 등을 평가한다.

Zaki와 Yuri(2020)가 제안하는 바와 같이 인명위험, 제품위험, 자산 위험 그리고 비용편익 등 네 가지 측면에서 분석적 계층 절차인 AHP(Analytic Hierarchy Process)를 활용하여 위험을 구분하고 개선조치를 할 수 있다.

아래 그림은 세로축의 위험과 가로축의 비용과 이익적인 측면을 고려하기 위한 ALARP 도표이다. 위험감소 수준과 자원투입 수준이 만나는 곳이 바로 동그라미로 표기된 ALARP 영역이다.

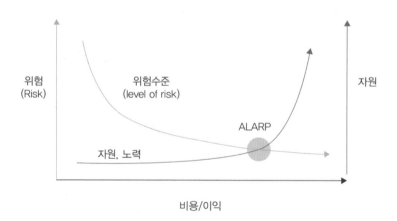

ALARP 방안을 적용한다고 하여도 위험이 완벽하게 없어지는 것은 아니다. 따라서 위험이 ALARP 영역에 있을 경우에도 위험으로 인해 사고가 발생할 수 있다. 따라서 ALARP 방안을 적용하였다고 안심하면 안 된다. 또한 위험수준을 낮추기 위해 취한 조치가 오히려 또 다른 위험을 초래하는 경우도 있으니, 위험수준을 낮추는 활동 시 주의를 기울여야 한다 (Risk Homeostasis theory).

2. 소결

전술한 바와 같이 다양한 안전의 정의를 살펴본 결과, 세계적으로 다양한 사전적 의미와 세계 여러 기관이 다양한 시각에서 안전을 정의하고 있다. 통상적으로 "안전제일", "안전을 생각하라", "무사고", "무재해", "집에 여자가 있어 편안하고, 임금이 궁 안에 있어 완전무결한 상태", "SAFETY 단어의 앞 글자를 선정한 Supervise, Attitude, Fact, Evaluation, Training, You are the owner" 그리고 "안전은 당신의 책임" 등으로 정의하고 있으나, 이러한 정의는 안전의 본질을 효과적으로 정의할 수 없고 실천하기 어려운 모호한 정의를 하고 있다. 그리고 사건이나 사고와 같은 원치 않는 결과가 없는 상황(means the absence of un-wanted outcomes such as incidents or accidents)을 묘사한 무사고 또는 무재해 등을 안전이라고 정의하게 되면, 사건이나 사고가 일어나기 전의 위험을 관리하지 못하는 상황이 발생할 수 있으므로 적절한 정의라고 보기 어렵다.

이에 따라 저자는 안전에 대한 정의와 관련한 다양한 선행연구 중 ISO IEC의 "허용할 수 없는 위험으로부터의 자유(freedom from risk which is not tolerable)"라는 정의가 명확하고 효과적이라고 생각한다. 그 이유는 허용(tolerable)과 위험(risk)이라는 단어를 조합하여 안전에 대한 정의를 하고 있기 때문이다. 허용할 수 없는 위험으로부터의 자유는 위험을 허용할 수 있는 수준에서 관리한다는 의미로도 해석할 수 있다. 그렇다면 위험을 허용한다는 것은 어떤 의미인가? 그리고 위험은 무엇인가? 이 두 가지의 핵심 용어를 이해하는 것이 안전을 효과적으로 정의할 수 있는 방법이라고 생각한다.

여기에서 위험은 ISO 45001(2018)이 정의한 바와 같이 영어로 hazard와 risk로 구분한다. Hazard는 부상과 건강 악화를 유발할 가능성이 있는 요인으로 위험의 잠재적 근원, 위험원, 위험요인, 유해 위험요인 등이다. 그리고 Risk는 hazard의 심각도(severity)와 빈도(likelihood)의 조합이다. 그리고 Risk 수준에 따라 일반적으로 널리 수용할 수 있는 정도의 'acceptable risk' 영역(수용할 수 있는 위험), 추가적인 대책으로 허용 가능한 'tolerable risk' 영역(허용할 수 있는 위험) 그리고 특별한 경우를 제외하고는 허용이 불가능한 'intolerable risk' 영역(허용할 수 없는 위험) 등 세 가지로 구분할 수 있다.

전술한 수용할 수 있는 위험, 허용할 수 있는 위험 및 허용할 수 없는 위험, 세 가지 구분 중 허용할 수 있는 위험(tolerable risk)영역은 ALARP영역으로 볼 수 있다. ALARP는 As Low As Reasonably Practical의 영어 약자로 합리적이고 실행가능한 수준으로 위험을 낮춘다는 의미를 담고 있고 있어 안전을 정의하는 데 효과적이라고 볼 수 있다. 여기에서 "합리적이고 실행가능한(Reasonably Practicable)"이라는 의미는 아래와 같이 해석할 수 있다.

'합리적으로 실행 가능한'이라는 의미는 '물리적으로 가능한'보다 협소하게 소유자가 위험을 평가해야 한다는 의미를 담고 있다. 위험의 양을 한 저울에 놓고 위험을 방지하는 데 필요한 조치와 관련된 희생(돈, 시간 또는 문제)을 다른 저울에 두는 것이다. 그리고 소유자의 위험 감소조치의 노력이 적다고 판단되면, 소유자가 책임을 져야 한다는 의미를 담고 있다. 따라서 소유자는 이러한 위험 평가를 사고 전에 시행해야 한다.

  저자가 생각하는 합리적인 안전의 정의는 사업장에 존재하는 여러 위험요인의 가능성과 심각도를 평가하고, 해당하는 위험을 허용가능한 ALARP 수준으로 유지하기 위한 노력이라고 본다.

참조 문헌과 링크

Ale, B. J. M., Hartford, D. N. D., & Slater, D. (2015). ALARP and CBA all in the same game. *Safety science*, 76, 90-100.

ANSI/Packaging Machinery Manufacturers Institute (PMMI). (2006) American national standard for safety requirements for packaging machinery and packaging-related converting machinery (ANSI/PMMI B155.1-2006.) Arlington, VA: Author.

Bowles, D. S. (2007, March). Tolerable risk for dams: How safe is safe enough. In *US Society on dams annual conference*.

Health and Safety Executive (1992). The tolerability of risk from nuclear power station, 1-65.

Hollnagel, E., Wears, R. L., & Braithwaite, J. (2015). From Safety-I to Safety-II: a white paper. *The resilient health care net: published simultaneously by the University of Southern Denmark, University of Florida, USA, and Macquarie University, Australia.*

Hollnagel, E. (Ed.). (2013). *Resilience engineering in practice: A guidebook*. Ashgate Publishing, Ltd.

Hopkin, D., Fu, I., & Van Coile, R. (2021). Adequate fire safety for structural steel elements based upon life-time cost optimization. *Fire Safety Journal, 120*, 103095.

ISO/IEC Guide GUIDE 51(2014). Safety aspects - Guidelines for their inclusion in standards.

Jones-Lee, M., & Aven, T. (2011). ALARP—What does it really mean?. *Reliability Engineering & System Safety, 96*(8), 877-882.

Klinke, A., & Renn, O. (2012). Adaptive and integrative governance on risk and uncertainty. *Journal of Risk Research, 15*(3), 273-292.

Langdalen, H., Abrahamsen, E. B., & Selvik, J. T. (2020). On the importance of systems thinking when using the ALARP principle for risk management. *Reliability Engineering & System Safety, 204*, 107222.

Lowrance, W.F. (1976). *Of acceptable risk: Science and the determination of safety*. Los Altos, CA: William Kaufman Inc.

Main, B. W. (2004). Risk assessment. *Professional safety, 49*(12), 37.

MIL-STD-882E 11 May 2012 SUPERSEDING MIL-STD-882D 10 February 2000 DEPARTMENT

OF DEFENSE STANDARD PRACTICE SYSTEM SAFETY.

Montante, W. M. (2006). The Essence of Safety: What's in your mental model?. *Professional Safety, 51*(11), 36.

Noh, Y., & Chang, D. (2019). Methodology of exergy-based economic analysis incorporating safety investment cost for comparative evaluation in process plant design. *Energy, 182*, 864-880.

Pike, H., Khan, F., & Amyotte, P. (2020). Precautionary principle (PP) versus as low as reasonably practicable (ALARP): Which one to use and when. *Process Safety and Environmental Protection*, 137, 158-168.

Risks, R. (2001). Protecting People. Norwich, UK: Health and Safety Executive.

Risktec (2003). So What is ALARP? RISKworld issue 4 autumn, 6.

Selvik, J. T., Elvik, R., & Abrahamsen, E. B. (2020). Can the use of road safety measures on national roads in Norway be interpreted as an informal application of the ALARP principle? *Accident Analysis & Prevention, 135*, 105363.

Syed, Z., & Lawryshyn, Y. (2020). Multi-criteria decision-making considering risk and uncertainty in physical asset management. *Journal of Loss Prevention in the Process Industries, 65*, 104064.

Tchiehe, D. N., & Gauthier, F. (2017). Classification of risk acceptability and risk tolerability factors in occupational health and safety. Safety science, 92, 138-147.

Van Coile, R., Jomaas, G., & Bisby, L. (2019). Defining ALARP for fire safety engineering design via the Life Quality Index. Fire Safety Journal, 107, 1-14.

Xu, Y., Huang, Y., Li, J., & Ma, G. (2021). A risk-based optimal pressure relief opening design for gas explosions in underground utility tunnels. *Tunnelling and Underground Space Technology, 116*, 104091.

DOT. (2005). Risk management definitions. Washington, DC: Author, Pipeline and Hazardous Materials Safety Administration. Retrieved March 19, 2010, from http://www.phmsa.dot.gov/-hazmat/risk/definitions.

HSE. (2021). ALARP at a glance. Retrieved from: URL: https://www.hse.gov.uk/managing/theory/alarpglance.htm.

RISKOPE. (2022). A Case Study on ALARP Optimization. Retrieved from: URL: https://www.riskope.com/2022/07/06/a-case-study-on-alarp-optimization.

United Nations/International Strategy for Disaster Reduction (UN/ISDR). (2009). UNISDR terminology on disaster risk reduction. New York: Author. Retrieved March 19, 2010, from http://www.unisdr.org/eng/library/lib-terminology-eng.htm.

제2장

안전이 중요한 이유

제2장   안전이 중요한 이유

　2020년 고용노동부의 산업재해 현황 통계를 보면, 사업장 2,876,635개소에 종사하는 근로자 19,378,565명 중에서 4일 이상 요양해야 하는 산업재해자가 122,713명이 발생(사망 2,080명, 부상 101,182명, 업무상 질병 요양자 19,183명)하였다. 산업재해로 인한 근로 손실일수는 60,492,479일에 달한다. 그리고 산업재해로 인한 직접 손실액(산재 보상금 지급액)은 6,452,940백만 원으로 전년 대비 7.61% 증가하였다. 이에 대한 간접손실액은 25,811,760백만 원에 이른다.

　여기에서 간접손실액 산출기준은 직접 손실액을 4배 곱한 비용으로 1926년도 하인리히가 설정한 계상 기준에 의해 산출되었다. 하지만 그동안의 임금인상, 기회비용 및 보험비용 증가 등을 따져보면, 직접 손실액의 8배에서 36배까지 계상하는 것이 현실적이라는 연구가 있다. 아래 그림은 AVITUS GROUP이 발표한 직접 손실액(Direct Costs)과 간접 손실액(Indirect Costs)을 보여준다.

출처: [2023년 AVITUS GROUP] The Iceberg Impact: The Direct and Indirect Costs of Workplace Injuries [Infographic]

이런 사정으로 살펴보면 고용노동부가 계상한 간접손실액은 훨씬 높은 수준일 것으로 판단한다.

사고로 인한 직접 비용에는 보험금 청구, 건물과 장비 피해 및 근로자의 부재 등이 있다. 그리고 사고로 인한 간접 비용에는 아래와 같은 손실이 존재한다.

- 영업이익 손실
- 근로자 대체
- 영업권 상실과 기업 이미지 악화
- 사고 조사 후속 조치
- 생산 지연과 사고 조사 등으로 인한 초과 근무 수당 지급
- 사고보고를 위한 서류 작성 비용
- 법령 위반으로 인한 과징금
- 공공기관의 점검 대응
- 구성원 사기 저하로 인한 생산성 하락 등

안전이 중요한 이유를 선진적 관점에서 도덕적/윤리적 측면, 법적/사회적 측면 그리고 경제적 측면으로 살펴보고자 한다.

I. 도덕적/윤리적 이유

도덕과 윤리라는 단어는 한자어의 전통적인 의미에서 외래어로서 번역되면서 구체화되었다. 도덕은 라틴어 mores에 어원을 둔 단어 morality의 번역어이다. 그리고 윤리는 희랍어 ethos에 어원을 둔 ethics의 번역어로 간주된다. 본래의 뜻을 따지자면, mores와 ethos 모두 풍속이나 관습을 뜻하는 말이기에 morality나 ethics의 뜻도 그 연장에서, 한 사회 내부에 존재하는 관습적인 질서나 그것을 지키는 일로 볼 수 있다.

윤리(Ethics)와 도덕(Morales)은 "올바른" 행동과 "그른" 행동과 관련이 있다. 때로는 같은 의미로 사용되기도 하지만 윤리는 직장에서의 행동 강령이나 종교의 원칙과 같이 외부 출처에서 제공하는 규칙으로 인간 행위의 특정 부류나 특정 집단 또는 문화와 관련하여 인정되는 행동 규칙을 의미한다. 도덕은 일반적으로 옳고 그른 행동에 관한 원칙이나 습관으로 해야 할 일과 하지 말아야 할 일을 규정한다.

그리스 작품 ethikos(도덕의 또는 도덕을 위한)에서 파생된 윤리(ethics)는 가치 또는 도덕 연구와 관련된 철학의 한 분야로 알려져 있다. 윤리 연구를 개척한 고대 철학자들은 대체로 사회 전체의 기능과 그 안에서의 개인의 역할에 관심을 가졌다. 오늘날 윤리는 기업의 사회적 책임과도 관련이 있다. 직원, 고객, 주주 및 지역 사회 전체에 대한 기업의 의무이며, 장기적인 지속 가능성을 보장하고 있다.

이러한 사유로 경영을 책임지는 사람들과 리더는 기업의 사회적 책임에 대한 윤리의식에서 안전을 보게 되었다. 도덕/윤리적 측면에서 안전을 바라보는 가장 쉬운 잣대는 산업재해로 인한 사고와 질병 관련 자료이다. 국제노동기구인 ILO가 추산하는 산업재해 관련 사망자는 매년 약 2,780,500명에 이르는 것으로 아래 표와 같이 알려져 있다. 이중 사고로 인한 사망자는 380,500명이고 질병으로 인한 사망자는 2,400,000명이다. 한편 부상자는 270,000,000명이고 질병자는 104,000,000명이다.

구분		연간(단위: 명)
사망자	사고	380,500

	질병	2,400,000
부상자		270,000,000
질병자		104,000,000

사고를 입는 사람들은 농업, 건설, 광업 등에서 위험한 작업을 하는 개발도상국 출신의 가난하고 보호받지 못하는 사람들이다. 국제노동기구는 집계되는 사고가 빙산의 일각으로 더 많은 사고가 있을 것으로 추정하고 있다.

한편, 대한민국은 소득 3만불 선진국 규모에 걸맞지 않게 사고사망자 만인율이 '21년 0.43‰로 OECD 38개국 중 34위로 영국의 1970년대, 독일 및 일본의 1990년대 수준에 정체되어 있다. 고용노동부가 발표한 산업재해 관련 사망자는 다음 표와 같이 매년 (3개년 평균) 약 2,054명에 이른다. 이중 사고로 인한 사망자는 894명이고 질병으로 인한 사망자는 1,160명이다. 그리고 부상자는 95,117명이고 질병자는 16,010명이다.

구분		연간(단위: 명)
사망자	사고	894
	질병	1,160
부상자		95,117
질병자		16,010

모든 사람은 직장을 선택할 때 안전하다고 느끼는 곳을 가고 싶어한다. 따라서 고용주, 사업주 또는 경영책임자는 일하는 사람을 안전하게 할 도덕적 의무를 갖고 있다. 일하는 곳이 안전하다면 모든 사람이 오고 싶어하는 회사가 될 것이고 작업의 생산성 또한 증대될 것이다. 사람이 일하는 곳에서 고통, 괴로움, 부상 및 건강 악화를 초래하는 위험에 노출된다는 것은 도덕적으로 용인할 수 없다. 그 이유는 사람은 안전한 환경에서 일하고 가족과 친지들에게 건강하게 돌아가야 할 것을 기대하기 때문이다.

일하는 사람이 어떤 사고로 죽거나 다치거나 끔찍한 질병에 걸리면 그 자신만 고통받는 것이 아니라 그의 가족, 친구, 동료들이 엄청난 충격과 고통을 받는다. 따라서 일하는 사람이 고통을 겪지 않도록 합리적인 수준의 보살핌을 제공해야 한다. 따라서 경영을 책임지는 사람은 도덕/윤리적 이유를 충분히 공감하고 아래의 내용을 유념하여 안전을 확보해야 한다.

- 타인의 생명을 보호하는 것은 경영을 책임지는 사람의 의무이다.
- 일하는 사람은 안전하고 건강한 직장에서 일할 권리가 있다.
- 안전하지 않은 환경에서 일하도록 강제하거나 허용하는 것은 비도덕적인 처사이다.
- 예방 조치를 취하지 않아 발생하는 사고의 책임은 경영책임자에게 있다.
- 사람은 실수할 수 있다는 가정을 하고 시설, 설비, 작업관리 등을 한다.
- 일하는 사람은 나의 가족이거나 친지일 수 있다는 생각을 하고 안전 배려를 한다.
- 주기적으로 일하는 사람의 작업 현장을 방문하고 어려움을 해결한다.

Ⅱ. 법적/사회적인 이유

1. 법적인 이유

모든 국가에서 사업주는 구성원과 계약자 및 일반 대중 등 자신의 사업에 의해 영향을 받을 수 있는 모든 사람에 대한 안전주의 의무(duty of care)를 다해야 한다. 아래 내용은 사업주가 지켜야 하는 기본적인 안전주의 의무이다.

1. 안전한 작업 장소 제공
2. 안전한 시설과 장비 제공
3. 안전한 작업 시스템 제공
4. 구성원에 대한 안전관련 교육과 훈련 제공
5. 적절한 수준의 감독과 정보제공

법률은 사업과 조직의 행동을 지배하는 틀을 정의하여 인권을 보호하기 위한 목적으로 만들어졌다. 국가는 이러한 법률을 유지하고 운영하기 위하여 사업주에게 사업과 관련한 면허를 주고 운영 기준을 준수하도록 하고 있다. 이에 따라 사업주는 법률이 정한 최소 기준을 충족해야 한다. 사업주는 구성원, 고객 및 기타 이해 관계자의 건강과 안전을 보장할 법적 책임이 있다. 만일 그렇게 하지 않는다면 법적 의무 위반에 따라 징역 또는 벌금 등 징벌적 처벌을 받는다. 그리고 사고를 당한 구성원이나 계약자는 사업주의 법적 의무 위반 사실을 증명하여 보상 소송을 제기할 수 있다. 전술한 법적 책임과 관련한 대한민국의 주요 안전 법률에는 산업안전보건법과 중대재해 처벌법이 존재한다. 이에 대한 간략한 개요와 주요 책임을 살펴본다.

1.1 산업안전보건법

(1) 산업안전보건법 입법

대한민국의 산업안전보건법은 1945년 일본으로부터 해방된 이후 미군의 군정법령 아동법규(제102호, 1946년 9월 18일)와 최고노동시간에 관한 법령(제121호, 1946년 11월 7일)을 시작으로 입법되었다.

1953년 근로기준법 제정(1953년 5월 10일)을 계기로 제6장에(제64조부터 제73조) 10개(위험방지, 안전장치, 특히 위험한 작업, 유해물, 위험작업의 취업제한, 안전위생교육, 병자의 취업금지, 건강진단, 안전보건관리자와 보건관리자, 감독상의 행정조치 등)의 조문을 두었다. 이후 근로보건관리규칙이 대통령령으로 1961년 9월 11일 공포되었다. 그리고 1962년 5월 7일 근로안전보건관리규칙이 제정되면서 대한민국의 산업안전과 관련한 법적 제도가 마련되었다. 이러한 시기에는 산업안전 관리와 사고 예방적인 측면보다는 산재보상을 고려하여 만들어진 법령이라고 볼 수 있다.

대한민국이 경제 성장기에 접어 들면서 기존의 생산방식을 탈피하여 기계설비의 대형화, 유해화학물질 대량 사용 그리고 대규모 건설공사 시행 등으로 인해 산업재해가 증가하였다. 전체 산업의 재해자는 1970년에 37,752명이었으나, 1980년에는 113,375명으로 3배 증가하였다. 그리고 사망자는 1970년에 639명이었으나, 1980년에는 1,273명으로 2배 늘었다. 또한 직업병에 걸린 사람은 1970년에는 780명이었으나 1980년에는 4,828명으로 6.2배 늘었다. 이로 인한 경제적 손실 추정액은 1970년에 92억 1,500만원이었으나 1980년에는 3,125억 2,300만원으로 33.9배 증가되어 산업재해로 인한 경제적 손실의 심각성을 보여주었다. 이로 인하여 기존 근로기준법에 속해 운영되었던 안전보건 관련 기준을 독립법으로 제정하는 것이 필요하다는 사회적 분위기가 강화되었다.

이에 따라 1981년 11월 29일 국회 보건사회 위원회 소속 김집 의원 외 35인의 발의로 1981년 12월 18일 국회의 본 회의를 통과하여 1981년 12월 31일 대한민국의 산업안전보건에 관한 독립법인 산업안전보건법이 입법되었다.

이후 1987년 원진레이온에서 발생한 이황화탄소 중독 재해 그리고 1988년 문송면군 수은 중독 재해 등의 사고가 보여준 직업병 예방 제도 허술, 형식적 교육 시행 및 유해화학물질 정보 제공 미 시행 등의 제도적 결함을 보완하기 위하여 산업안전보건법 전부 개정안이 발의된다. 이에 따라 산업안전보건법은 행정 규제 위주의 운영을 넘어서 근로자의 안전보건 보호 성격을 강화하기 위하여 1990년 1월 13일 전부 개정법이 통과되었다.

그리고 2019년 1월 15일 산업안전보건법 전면 개정법이 시행되었다. 이 전면 개정은 대한민국의 새로운 산업과 고용구조 변화에 대응하기 위한 목적이었다. 특히 사고의 위험성이 높은 작업을 외주화하면서 생겨난 여러 사망사고로 인한 사회적인 성찰이 계기가 되었다.

정부는 산업안전보건법 전면 개정을 통해 사고사망자를 획기적으로 줄이려는 국정목표와 근로자의 생명과 안전을 보장하는 핵심과제를 달성하고자 2018년 2월 9일에 산업안전보건법 전부 개정안을 입법예고하였다. 개정안에는 원청과 하청 간의 책임체계 명확화와 산업안전법 체계 등을 정비하는 방안이 포함되었다. 하지만 이러한 개정안을 두고 노동계와 경영계의 입장 차이가 컸다. 그리고 국회 환경노동위원회의 여야 위원들의 입장 차이로 인해 개정 작업이 원활하지 못했다. 그런 동안 태안의 한 화력발전소에서 하청 근로자가 2018년 12월 11일에 사망하면서 국민적 공분(원청의 산업재해 예방 책임을 다하지 못한 원인)이 일어나게 되었다. 이러한 분위기로 인해 국회 환경노동위원회는 여야간 협의를 통해 신속한 개정안을 도출하였다. 그 결과 산업안전보건법 전부개정법률(안)은 2018년 12월 27일에 국회 본회의를 통과하여 법률 제16272호로 2019년 1월 15일 시행되었다.

(2) 산업안전보건법의 특징

산업안전보건법은 근로기준법과의 연계, 전문기술성, 복잡성과 방대성, 의무주체의 다양성, 강행성, 자율안전보건관리 그리고 근로자 참여 등과 같은 특징이 있다.

가. 근로기준법과의 연계

1981년 12월 31일 산업안전보건법이 독립법으로 입법되었지만, 근로기준법 제6장 제76조 안전과 보건에서 "근로자의 안전과 보건에 관하여는 산업안전보건법에서 정하는 바에 따른다"라는 기준을 여전히 두고 있다. 근로자의 안전과 보건을 보장하기 위해 산업안전보건법이 마련되어 운영되고 있으나, 근로기준법이 규정하는 임금, 근로시간 그리고 휴게시간 등은 근로자의 안전보건과 긴밀한 관계가 있다.

나. 전문기술성

현장에는 폭발, 화재 및 누출 등 공정과 관련한 여러 유해 위험요인이 존재한다. 그리고 추락, 감전, 낙하, 충돌, 화상 및 넘어짐 등으로 인해 사람이 다치는 위험이 존재한다. 따라서 산업안전보건법은 각종 생산설비나 작업 시행 중에 존재하는 유해위험요인에 대한 관리기준을 정의하고, 그에 상응하는 대책을 수립할 수 있도록 지침을 제공해야 한다(이러한 내용을 법 기준으로 마련한 것이 산업안전보건 기준에 관한 규칙으로 673개 조항에 달한다). 이러한 기준과 지침은 전기, 기계, 건설, 화학 및 생물학 등과 관련한 전문지식이 필요한 영역이다. 더욱이 회사의 조직, 생산운영 그리고 사람들에게 적절한 책임과 역할을 부여하는 등에 필요한 인문학, 심리학 및 사회학 등의 학문적 지식이 요구된다.

다. 복잡성과 방대성

산업안전보건법은 건설, 기계, 화학, 전기 그리고 인간공학 등 다양한 학문과 기술을 기반으로 위험요인을 정의하고, 안전 기준을 정의하고 있다. 산업안전보건법은 대통령령인 시행령, 고용노동부령(산업안전보건법 시행규칙, 산업안전보건기준에 관한 규칙 그리고 유해위험작업의 취업 제한에 관한 규칙)이 있다. 그리고 고시, 예규 및 훈련 등 60가지의 행정규칙이 있다. 따라서 산업안전보건법은 상당히 복잡하고 방대하다고 볼 수 있어 이를 관리하는 사람들의 학문적, 법적 그리고 기술적 이해가 충분히 있어야 한다.

라. 의무주체의 다양성

산업안전보건법상 의무주체는 사업주, 근로자 그리고 사업주와 근로자를 제외한 근로자의 안전보건을 확보해야 할 의무가 있는 자로 볼 수 있다. 사업주는 사업과 경영을 통해 수익을 창출하는 귀속주체로서 산업안전보건법상의 안전보건 확보의 주요 책임을 갖는다. 근로자는 법에서 정한 기준에 따라 안전행동 그리고 안전조치를 취해야 할 의무가 있다. 예를 들면 감전의 위험이 있는 장소에서는 전원차단과 보호구 착용 등을 해야 하고, 추락의 위험이 있는 장소에서는 안전벨트를 착용해야 한다. 사업주와 근로자를 제외한 근로자의 안전보건을 확보해야 하는 자는 위험한 기계나 설비를 제조하는 자, 원재료를 수입하는 자, 건설물을 설계하는 자 등으로 관련한 안전보건을 확보해야 한다.

마. 강행성

산업안전보건법은 근로자의 생명과 직결되는 안전보건 기준을 정의하고 있으므로 그 어떤 법령보다 그 강제성은 크다. 강행성은 다양한 행정형벌과 행정질서벌(과태료)로 구분되어 적용된다.

바. 자율안전보건관리

산업안전보건법 제4조 정부의 책무에는 기본적인 법 준수 기준 외에도 사업주의 자율안전 체제 확립을 위한 지원과 안전문화 확산과 관련한 조항이 있다. 이 조항을 통해 정부는 사업장의 자율안전보건관리를 유도하고 있다. 그리고 산업안전보건법 제158조 산업재해 예방활동의 보조와 지원에서 사업주의 자율적인 산업재해 예방 활동에 대한 경비를 지원하는 조항을 두고 있다.

사. 근로자 참여

산업안전보건법이 설령 완벽하고 좋다고 하여도 실제 그 기준을 이행하는 사람들은 근로자이다. 이상적인 안전보건 기준을 설정하고 이행을 강제하여도 현장 준수가 어렵다면, 그 기준은 있으나마나 한 것이다. 따라서 근로자의 안전보건에 대한 의견을 청취하고 개선할 수 있는 방안이 필요하다. 이러한 의미에서 산업안전보건법 제24조 산업안전보건위원회 조항을 두고 있다. 이 조항에 따라 사업장의 산업재해 예방계획의 수립에 관한 사항, 제25조 및 제26조에 따른 안전보건관리규정의 작성 및 변경에 관한 사항, 제29조에 따른 안전보건 교육에 관한 사항, 작업환경측정 등 작업환경의 점검 및 개선에 관한 사항, 제129조부터 제 132조까지에 따른 근로자의 건강진단 등 건강관리에 관한 사항, 산업재해의 원인 조사 및 재발 방지대책 수립에 관한 사항, 유해하거나 위험한 기계·기구·설비를 도입한 경우 안전 및 보건 관련 조치에 관한 사항, 사업장 근로자의 안전 및 보건을 유지·증진시키기 위하여 필요한 사항 등에 대한 근로자의 의견이 반영되어야 한다.

(3) 산업안전보건법 범죄의 성립요건

산업안전보건법은 행정형벌로서 법규 위반으로 인한 행위자를 대상으로 범죄 여부를 적용한다. 범죄 여부를 적용하기 위해서는 법규에 대한 구성요건 해당성, 위법성 그리고 책임성 세 가지 요건이 성립되어야 한다.

가. 구성요건 해당성

구성요건 해당성은 산업안전보건법 조항을 위반한 행위에 대해 형벌을 부과할 수 있는 기준을 설정해 놓은 것을 의미한다. 예를 들면 "산업안전보건법 제14조 이사회 보고 및 승인과 관련하여 ① 「상법」 제170조에 따른 주식회사 중 대통령령으로 정하는 회사의 대표이사는 대통령령으로 정하는 바에 따라 매년 회사의 안전 및 보건에 관한 계획을 수립하여 이사회에 보고하고 승인, ② 제1항에 따른 대표이사는 제1항에 따른 안전 및 보건에 관한 계획을 성실하게 이행, ③ 제1항에 따른 안전 및 보건에 관한 계획에는 안전 및 보건에 관한 비용, 시설, 인원 등의 사항 포함 등의 기준을 위반하여 안전 및 보건에 관한 계획을 이사회에 보고하지 아니하거나 승인을 받지 아니한 자"로 기술해 놓은 기준이 구성요건의 해당성이다. 그리고 "산업안전보건법 제129조 일반건강진단과 관련하여 ① 사업주는 상시 사용하는 근로자의 건강관리를 위하여 건강진단 실시, ② 사업주는 제135조제1항에 따른 특수건강진단기관 또는 「건강검진기본법」 제3조제2호에 따른 건강검진기관에서 일반건강진단 실시, ③ 일반건강진단의 주기·항목·방법 및 비용, 그 밖에 필요한 사항은 고용노동부령으로 정하는 규정에 따른 근로자 건강진단을 하지 아니한 자"로 기술해 놓은 기준이 구성요건의 해당성이다.

산업안전보건법령 위반으로 인한 범죄사실이 법률적 구성 요건에 합치된다면 구성요건 해당성이 있다고 할 수 있다. 반면 합치하지 않는다면 구성요건 해당성이 없다고 할 수 있다. 이 경우 구성요건 해당성이 부정 또는 배제된다고 할 수 있다.

나. 위법성

구성요건 해당성이 있는 범죄 행위는 위법하다고 할 수 있다. 다만, 위법성조각사유 또는 정당화 사유가 있다. 어떤 범법 행위가 구성요건에 해당한다고 하여도 어떤 상황에서는 허

용되는 경우가 있다. 즉, 구성요건에는 해당하지만 위법성이 없다는 것이다. 아래는 전술한
내용을 열거한 형법 제20조에서 제24조의 내용이다.

형법 제20조(정당행위) 법령에 의한 행위 또는 업무로 인한 행위 기타 사회상규에 위배되
지 아니하는 행위는 벌하지 아니한다. 제21조(정당방위) ① 현재의 부당한 침해로부터 자기
또는 타인의 법익(法益)을 방위하기 위하여 한 행위는 상당한 이유가 있는 경우에는 벌하지
아니한다. ② 방위행위가 그 정도를 초과한 경우에는 정황(情況)에 따라 그 형을 감경하거나
면제할 수 있다. ③ 제2항의 경우에 야간이나 그 밖의 불안한 상태에서 공포를 느끼거나 경
악(驚愕)하거나 흥분하거나 당황하였기 때문에 그 행위를 하였을 때에는 벌하지 아니한다.
제22조(긴급피난) ①자기 또는 타인의 법익에 대한 현재의 위난을 피하기 위한 행위는 상당
한 이유가 있는 때에는 벌하지 아니한다. ②위난을 피하지 못할 책임이 있는 자에 대하여는
전항의 규정을 적용하지 아니한다. ③전조 제2항과 제3항의 규정은 본 조에 준용한다. 제23
조(자구행위) ① 법률에서 정한 절차에 따라서는 청구권을 보전(保全)할 수 없는 경우에 그
청구권의 실행이 불가능해지거나 현저히 곤란해지는 상황을 피하기 위하여 한 행위는 상당
한 이유가 있는 때에는 벌하지 아니한다. ② 제1항의 행위가 그 정도를 초과한 경우에는 정
황에 따라 그 형을 감경하거나 면제할 수 있다. 제24조(피해자의 승낙) 처분할 수 있는 자의
승낙에 의하여 그 법익을 훼손한 행위는 법률에 특별한 규정이 없는 한 벌하지 아니한다.

다. 책임성

산업안전보건법 위반에 대한 범죄가 성립되려면 구성요건의 해당성 외에도 위법행위를
한 사람을 비난할 만한 사유가 있는지 확인해야 한다. 여기에서 범죄 행위를 위반한 사람에
게 책임성을 부과하기에 불가능한 사유가 존재한다면 "책임조각(阻却)사유" 또는 "면책사
유"라고 한다.

(4) 고의범과 과실범

범죄는 고의범과 과실범 두 범주로 나눌 수 있다. 다만 형법은 원칙적으로 고의범을 처벌
하고 과실범의 경우 형법 제13조와 14조에 따라 예외적으로 처벌한다. 어떤 행위로 사람을
사망하게 한 경우, 고의가 인정되면 형법 제250조 1항에 따라 보통 살인죄로 사형이나 무기
또는 5년 이상의 징역형을 받는다. 다만, 형법 제267조에 따라 과실이 인정된다면 과실치사
죄로 2년 이하의 금고형 또는 700만원 이하의 벌금을 받는다. 따라서 고의범과 과실범으로
분류되는 바에 따라 형벌 부과의 큰 차이가 있다.

가. 고의범

고의는 확정적 고의와 불확정적 고의로 나눌 수 있다. 여기에서 확정적 고의는 구성요건
적 결과를 확정적으로 인식·인용한 경우(甲을 살해할 의사로 甲에게 총을 발사하여 사살한 경우)를

말한다. 그리고 불확정적 고의는 구성요건적 결과에 대한 인식·인용이 불확정적인 것을 말하며, 여기에는 미필적 고의, 택일적 고의 및 개괄적 고의가 있다.

미필적 고의(未必的 故意)란, 자신의 행위로 인해 어떤 결과가 발생할 것이라는 가능성을 인식하거나 예견하였음에도 불구하고 그 결과로 인해 어떤 피해나 사고가 있더라도 어쩔 수 없다고 용인하는 심리 상태를 말한다. 이는 불확정적 고의로 조건부 고의라고도 한다.

세월호 침몰사고를 미필적 고의 측면에서 살펴보면, 선장은 승객의 안전을 끝까지 책임져야 하는 의무를 알고 있었다. 그리고 선내 대기 중이던 승객이 배에서 빠져나오지 않으면 익사할 것이라는 알고 있었다. 그럼에도 불구하고 선장은 해경 등의 퇴선 요청을 무시하고 선실 내에 승객을 대기하도록 하고 자신은 승객보다 먼저 퇴선한 것이다. 선장은 자신이 해야 할 일을 무시(부작위)하고 승객을 사망에 이르게 하였으므로 미필적 고의가 인정된다.

산업안전보건법은 특성상 확정적 고의범에 해당하는 경우보다는 미필적 고의범에 해당하는 경우가 많다. 산업안전보건법상 미필적 고의범으로 구분되는 상황은 근로자가 법상 안전보건 기준을 위반하는 상황에서 어쩔 수 없다 또는 그럴 수 있다는 인식을 하는 경우이다. 그러나 이 기준에서 위반하지 않을 것으로 생각하는 것이 인정받게 되면 미필적 고의가 있다고 볼 수 없게 된다.

나. 과실범

과실의 개념은 "행위 당시의 구체적 상황하에서 사려 깊고 양심적인 사람이라면 취할 수 있는 주의력을 집중하여 위험을 인식하여, 위험을 회피하기 위한 적절한 조치를 취하여야 할 의무를 태만히 하는 것"이라고 정의할 수 있다. 즉 과실이란 주의를 태만히 하여 죄의 성립요건을 인식하지 못하는 경우를 말한다.

과실범이란 행위의 주체자가 주의를 태만히 하여 자신의 행위가 범죄의 구성요건에 포함되는 것을 인식하거나 예견하지 못한 결과적 범죄를 말한다. 여기에서 과실의 본질은 부주의로 인한 주의의무위반에 있다. 주의의무위반이란 범죄의 구성요건적 결과 발생을 인식하고 예견하였음에도 불구하고 그 결과발생을 회피하지 않은 결과적 법적 평가이다. 형법 제14조에서 정상의 주의를 태만함으로 인하여 죄의 성립요소인 사실을 인식하지 못한 행위는 법률에 특별한 규정이 있는 경우에 한하여 처벌한다고 규정하고 있다.

형법상 과실은 인식 있는 과실과 인식 없는 과실로 구분할 수 있다. 인식 있는 과실은 자신의 행위가 범죄의 구성요건에 포함되는 것을 인식하였으나 발생하지 않을 것으로 믿고 결과발생을 회피하지 않은 주의의무 위반이 있다. 예를 들면 어떤 사람이 총알이 장전된 총을 들고 총알이 빗나갈 것으로 생각하고 부주의로 총의 방아쇠를 당겨 사람을 사망하게 한 경우이다. 인식 없는 과실은 자신의 행위가 범죄의 구성요건에 포함될 가능성을 인식조차 하지 못한 경우이다. 예를 들면 어떤 사람이 총알이 장전된 줄 모르고 장남삼아 총의 방아쇠를 당겨 사람을 사망하게 한 경우이다.

(5) 결과적 가중범

결과적 가중범은 고의의 기본적인 범죄에 더해 행위자가 예견가능한 중대한 결과가 발생한 경우, 그 중요한 결과를 이유로 형벌이 가중되는 범죄를 말한다. 결과적 가중범의 범위는 고의의 기본행위가 존재, 중대한 결과 발생, 기본행위와 중대한 결과 사이에 인과관계 존재 등의 사유가 필요하다. 산업안전보건법 제38조와 제39조를 위반하여 근로자가 사망한 경우 사업주는 제167조에 따라 7년 이하의 징역 또는 1억원 이하의 벌금에 처해지고, 죄로 형을 선고받고 그 형이 확정된 후 5년 이내에 다시 동법의 죄를 저지른 자는 그 형의 2분의 1까지 가중처벌을 받는다.

(6) 양벌규정

양벌규정이란 위법행위에 대하여 행위자를 처벌하는 것에 더해 그 업무의 주체인 법인 또는 개인도 함께 처벌하는 규정이다. 형사범의 경우 범죄를 행한 자를 대상으로 하지만, 산안전보건법은 특성상 직접 범법 행위를 한 자 외에 법인 또는 사업주를 처벌하는 것으로 규정하고 있다. 양벌규정을 두는 이유는 위반행위자 또는 법인 또는 사업주 어느 한쪽만 처벌하는 것으로 범죄의 중함을 처벌하기 힘들다는 판단에서 양쪽 다 처벌함으로써 범죄예방의 실효성을 높이는 데 있다.

(7) 상상적 경합

형법 제40조에 따른 상상적 경합은 한 개의 행위가 여러 개의 죄에 해당하는 경우에는 가장 무거운 죄에 대하여 정한 형으로 처벌한다고 규정하고 있다. 한편 법조경합은 1개의 범죄행위가 외관상 수개의 죄의 구성요건에 해당하는 것으로 보이나 실제로는 1개의 범죄를 구성하는 경우를 말한다. 예를 들면 산업안전보건법상의 안전보건관리책임자가 산업안전보건법 제38조와 제39조를 위반하여 근로자가 사망에 이르게 되면, 동법 제167조와 제168조에 따라 7년 이하의 징역 또는 1억원 이하의 벌금과 5년 이하의 징역 또는 5천만원 이하의 벌금을 부과하는 규정이 있다. 한편 전술한 사망관련으로 업무상과실치사상죄는 "5년 이하의 금고 또는 2천만원 이하의 벌금"을 규정하고 있다. 이때 상상적 경합에 따라 업무상 과실치사상죄의 법 조항 대신 산업안전보건법 제167조와 제168조에서 정한 높은 처벌을 받는다.

(8) 벌칙

행정법규는 국가가 국민에 대하여 행정적인 명령과 금지를 규정한 것이다. 여기에는 행정형벌과 과태료 부과인 행정질서벌 두가지로 나누어 볼 수 있다. 행정형벌은 형법 제41조의 징역, 금고, 사형, 자격상실, 자격정지, 벌금, 구류, 몰수, 과료 등 9가지로 구성되어 있다. 산업안전보건법은 형법으로서 제167조부터 제174조까지 벌칙을 두고 있고, 175조의 행정질서벌(과태료)을 두고 있다.

산업안전보건법상 행정형벌을 요약하면 제167조 관련 7년 이하의 징역 또는 1억원 이하의 벌금, 제168조 관련 5년 이하의 징역 또는 5,000만원 이하의 벌금, 제169조 관련 3년 이하의 징역 또는 2,000만원 이하의 벌금, 제170조 관련 1년 이하의 징역 또는 1,000만원 이하의 벌금 그리고 제171조 관련 1,000만원 이하의 벌금으로 구성되어 있다. 또한 행정질서벌(과태료)을 요약하면 제175조 제1항 관련 5천만원 이하의 과태료, 175조 제2항 관련 3천만원 이하의 과태료, 제175조 제3항 관련 1천 500만원 이하의 과태료, 제175조 제4항 관련 1천만원 이하의 과태료, 제175조 제5항 관련 500만원 이하의 과태료 그리고 제175조 제6항 관련 300만원 이하의 과태료로 구성되어 있다.

사업주(법인)에게 산업안전보건법 위반에 대하여 행정형벌이 부과된다. 그리고 업무상으로 주의의무를 준수하지 않아 근로자가 재해를 입게 되면, 형법 제268조에 따라 그에 상응하는 업무상과실치사상죄가 적용된다. 여기에 더해 산업재해로 인한 민사적인 손해배상을 청구 받는다(불법행위책임, 안전 배려의무 위반 등).

1.2 중대재해처벌법

(1) 중대재해처벌법 입법

1994년부터 2011년까지 17년 동안 판매된 가습기 살균제로 영유아가 사망하거나 폐손상을 입는 등 심각한 건강 피해를 입는 사고가 있었다. 그런 동안 2006년 의료계가 어린이들의 원인 미상 급성 간질성 폐렴에 주목하기 시작하였다. 2016년 기준으로 사건의 피해자는 약 2,000여 명에 달했다. 2003년 2월 18일 오전 대구지하철 1호선 중앙로역에서 우울증을 앓던 50대 남성의 방화로 사망자 192명 등 340명의 사상자를 낸 대형 참사가 있었다. 단순한 방화로 인한 사고라고 보기보다 지하철 공사 관계자들의 무책임하고 서툰 대처 능력, 비상대응기관 직원들의 허술한 위기 대응, 전동차의 내장재 불량 등 전반적인 안정망의 허점과 정책상의 오류가 참사를 발생시킨 '인재'로 기록됐다. 2014년 4월 16일 안산 단원고 학생 325명을 포함해 476명의 승객을 태우고 인천을 출발해 제주도로 향하던 세월호가 전남 진도군 앞바다에서 침몰, 304명이 사망한 사고가 있었다. 구조를 위해 해경이 도착했을 때, '가만히 있으라'는 방송을 했던 선장과 선원들이 승객들을 버리고 가장 먼저 탈출했다. 배가 침몰한 이후 구조자는 단 한 명도 없었다. 2016년 5월 28일 서울 지하철 2호선 구의역 내선순환 승강장에서 스크린도어를 혼자 수리하던 외주업체 직원(간접고용 비정규직, 1997년생, 향년 19세)이 출발하던 전동열차에 치어 사망하였다. 한국발전기술 소속의 24세 비정규직 노동자 김용균이 한국서부발전이 운영하는 태안화력발전소에서 2018년 12월 10일 밤 늦은 시간 태안화력 9·10호기 트랜스퍼 타워 04C 구역 석탄이송 컨베이어벨트에서 기계에 끼어 사망하였다.

　우리 사회를 둘러싼 어처구니 없는 다양한 재해는 우리 사회에 만연한 위험 불감 주의와 함께 현장책임자 위주의 낮은 처벌 그리고 법인기업에 대한 실효성 없는 경제적 제재 등이 지목되어 왔다. 더욱이 중대재해 발생 시 처벌 수위가 낮고, 경영구조가 복잡한 대규모 조직의 경우 최종 의사결정권자가 처벌되는 경우는 거의 없는 것이 현실이었다. 산업재해가 발생하면 산업안전보건법 조항 위반에 대해서는 고용부 감독관이 조사를 하고, 형법상 업무상 과실치사상죄에 대해서는 경찰이 수사를 진행하여 왔다. 이러한 수사를 거쳐 검찰이 공소 사실을 제기하면 법원이 산업안전보건법 위반과 업무상 과실치사상죄에 대한 판결을 하였다. 그러나 이러한 판결은 대다수가 징역형 또는 금고형이 선고되는 경우에도 집행유예가 되는 경우가 대부분이었다. 더욱이 법인사업주에게는 1,000만 원을 넘지 않는 벌금이 부과되는 경우가 고작이었다. 이러한 사유로 산업안전보건법 위반 범죄에 대하여 기존의 처벌만으로는 범죄억지력을 기대하기 어렵다는 다양한 비판이 존재하여 존재해 왔다.

　이러한 사회적 분위기에 따라 더불어민주당은 2020년 12월 24일 국회 법제사법위원회 법안심사1소위를 독자적으로 열어 중대재해처벌법 제정 심사를 하였다. 그리고 2021년 1월 8일 국회 본회의에서 법제사법 위원장 원안으로 가결되어 1월 26일 중대재해처벌법이 공포되었다.

　중대재해처벌법 제1조(목적)를 살펴보면, 사업 또는 사업장, 공중이용시설 및 공중교통수단을 운영하거나 인체에 해로운 원료나 제조물을 취급하면서 안전보건 조치의무를 위반하여 인명 피해를 발생하게 한 사업주, 경영책임자, 공무원 및 법인의 처벌 등을 규정함으로써 중대재해를 예방하고 시민과 종사자의 생명과 신체를 보호함을 목적으로 하고 있다. 이는 사업주와 경영책임자등에게 사업 또는 사업장, 공중이용시설 및 공중교통수단 운영, 인체에 해로운 원료나 제조물을 취급함에 있어서 일정한 안전조치의무를 부과하고 이를 위반하여 인명피해가 발생한 경우에는 이들을 처벌하여 근로자와 일반시민의 생명과 신체를 보호하겠다는 의지가 담겨 있다.

(2) 중대재해처벌법 체계
　중대재해처벌법은 총 4장과 16개 조문으로 구성되어 있다. 각 장과 조문은 다음 표와 같다.

구분	내용
제1장 총칙	제1조 목적, 제2조 정의
제2장 중대산업재해	제3조(적용범위) 제4조(사업주와 경영책임자등의 안전 및 보건 확보의무) 제5조(도급, 용역, 위탁 등 관계에서의 안전 및 보건 확보의무) 제6조(중대산업재해 사업주와 경영책임자등의 처벌) 제7조(중대산업재해의 양벌규정) 제8조(안전보건교육의 수강)
제3장 중대시민재해	제9조(사업주와 경영책임자등의 안전 및 보건 확보의무) 제10조(중대시민재해 사업주와 경영책임자등의 처벌) 제11조(중대시민재해의 양벌규정)
제4장 보칙	제12조(형 확정 사실의 통보) 제13조(중대산업재해 발생사실 공표) 제14조(심리절차에 관한 특례) 제15조(손해배상의 책임) 제16조(정부의 사업주 등에 대한 지원 및 보고)

여기에서 중대재해의 정의를 요약하면 아래의 표와 같다.

중대재해란? [법 제2조(정의)]
"중대재해"란 "중대산업재해"와 "중대시민재해"를 말한다.
"중대산업재해"란 「산업안전보건법」 제2조제1호에 따른 산업재해 중
   ① 사망자가 1명 이상 발생
   ② 동일한 사고로 6개월 이상 치료가 필요한 부상자가 2명 이상 발생
   ③ 동일한 유해요인으로 급성중독 등 대통령령으로 정하는 직업성질병자*가 1년 이내 3명 이상 발생
* 같은 법 시행령[별표 1]에서 정하는 24종의 직업성 질병에 걸린 사람

---

(3) 중대재해처벌법의 특징

중대재해처벌법은 산업안전보건법에 비해 법정형을 상향하였다. 그리고 산업안전보건법이 사업장 단위로 이루어진다면 중대재해처벌법은 사업 전반을 관리하는 의무를 부과하였다. 따라서 중대재해처벌법상의 수범자인 경영책임자 등은 안전보건과 관련한 의무를 총괄하는 자로서 산업안전보건법과는 달리 자신에게 부과된 의무를 주기적으로 이행했다는 사실을 소명해야 한다. 더욱이 중대재해처벌법은 도급, 용역, 위탁 등을 행한 경우 제3자의 근로자(종사자)에 대해서까지 안전 및 보건 확보의무를 확보해야 한다.

(4) 벌칙

중대재해처벌법 제6조 중대산업재해 사업주와 경영책임자등의 처벌과 관련 ① 제4조 또는 제5조를 위반하여 제2조제2호가목의 중대산업재해에 이르게 한 사업주 또는 경영책임자등은 1년 이상의 징역 또는 10억원 이하의 벌금에 처한다. 이 경우 징역과 벌금을 병과할 수 있다고 되어 있다. ② 제4조 또는 제5조를 위반하여 제2조제2호나목 또는 다목의 중대산업재해에 이르게 한 사업주 또는 경영책임자등은 7년 이하의 징역 또는 1억원 이하의 벌금에 처한다고 되어 있다. ③ 제1항 또는 제2항의 죄로 형을 선고받고 그 형이 확정된 후 5년 이내에 다시 제1항 또는 제2항의 죄를 저지른 자는 각 항에서 정한 형의 2분의 1까지 가중한다고 되어 있다. 그리고 동법 제7조(중대산업재해의 양벌규정) 법인 또는 기관의 경영책임자등이 그 법인 또는 기관의 업무에 관하여 제6조에 해당하는 위반행위를 하면 그 행위자를 벌하는 외에 그 법인 또는 기관에 다음 각 호의 구분에 따른 벌금형을 과(科)한다고 되어 있다. 다만, 법인 또는 기관이 그 위반행위를 방지하기 위하여 해당 업무에 관하여 상당한 주의와 감독을 게을리하지 아니한 경우에는 그러하지 아니하다(제6조제1항의 경우: 50억원 이하의 벌금, 제6조제2항의 경우: 10억원 이하의 벌금). 벌칙을 요약하면 아래의 표와 같다.

처벌 대상 및 내용	사업주 또는 경영책임자 등 • 사망자가 발생한 경우: 1년 이상의 징역 또는 10억원 이하의 벌금 • 부상 또는 질병이 발생한 경우: 7년 이하의 징역 또는 1억원 이하의 벌금 법인 또는 기관 • 사망자가 발생한 경우: 50억원 이하의 벌금형 • 부상 또는 질병 발생한 경우: 10억원 이하의 벌금형
손해배상	• 사업주 또는 경영책임자 등이 고의 또는 중대한 과실로 안전 및 보건확보 의무를 위반하여 중대재해를 발생하게 한 경우, 손해액의 5배를 넘지 않는 범위 내에서 배상 책임

1.3 산업안전보건법과 중대재해처벌법 비교

이상과 같이 산업안전보건법과 중대재해처벌법의 입법과정, 체계, 특징 및 벌칙 등을 살펴보았다. 아래는 두 법의 특징을 핵심으로 요약한 내용이다.

의무주체의 경우 산업안전보건법은 사업주(법인사업주와 개인사업주 포함)인 반면, 중대재해처벌법은 개인사업주와 경영책임자 등이다. 보호대상의 경우 산업안전보건법은 노무를 제공하는 자로서 근로자, 수급인의 근로자, 특수형태 근로자 등이고, 중대재해처벌법은 종사자로서 근로자, 노무제공자, 수급인, 수급인의 근로자 및 노무제공자이다. 적용범위의 경우 산업안전보건법은 전사업 또는 사업장에 적용하고, 중대재해처벌법은 50인 이상 사업 또는

50억이상 공사에 적용된다(2024.1.27부터는 50인 미만 사업 또는 50억 미만 사업장에도 적용된다. 다만 5인 미만 사업 또는 사업장은 법 적용 제외). 중대재해의 정의로 산업안전보건법은 중대재해라고 부르고 있고, 사망자 1인 이상, 3개월 이상 요양이 필요한 부상자 동시 2명 이상, 부상자 또는 직업성 질병자가 동시 10명 이상인 경우를 말하고 있고, 중대재해처벌법은 산업안전보건법상 산업재해 중 사망자 1명 이상, 동일한 사고로 6개월 이상 치료가 필요한 부상자 2명 이상 그리고 동일한 유해요인으로 급성중독 등 직업병 질병자가 1년 내 3명 이상인 경우를 말하고 있다. 전술한 내용을 다음과 같은 표로 요약하였다.

구분	산업안전보건법	중대재해처벌법
의무주체	사업주(법인사업주 + 개인사업주)	개인사업주, 경영책임자 등 ※ 법인은 양벌규정으로처벌
보호대상	노무를 제공하는 자(근로자, 수급인 근로자, 특수형태근로종사자(사행령 67조) 등)	종사자(근로자, 노무제, 공자, 수급인, 수급인의 근로자 및 노무제공자)
적용범위	전 사업 또는 사업장 적용 (사행령 별표1, 업종·규모 등에 따라 일부 적용 제외)	5명 이상 사업 또는 사업장 적용 50억 이상 공사 적용
재해정의	- 중대재해: 산업재해 중 ① 사망자 1명 이상 ② 3개월 이상 요양이 필요한 부상자 동시 2명 이상 ③ 부상자 또는 직업성 질병자 동시 10명 이상 * 산업재해: 노무를 제공하는 자가 업무와 관계되는 건설물, 설비 등에 의하거나 작업 또는 업무로 인하여 사망·부상·질병	- 중대산업재해: 산업안전보건법상 산업재해중 ① 사망자 1명 이상 ② 동일한 사고로 6개월 이상 치료가 필요한 부상자 2명 이상 ③ 동일한 유해요인으로 급성중독 등 직업성 질병자 1년 내 3명 이상

의무내용의 경우 산업안전보건법은 사업주 등이 지켜야 하는 산업안전보건에 관한 구체적 기준과 의무 규정으로 구성되어 있다. 여기에서 사업주는 프레스·공작기계 등 위험기계나 폭발성 물질 등 위험물질 사용 시, 굴착·발파 등 위험한 작업 시 그리고 추락하거나 붕괴할 우려가 있는 등 위험한 장소에서 작업 시 안전조치를 확보해야 한다. 그리고 사업주는 유해가스나 병원체 등 위험물질, 신체에 부담을 주는 등 위험한 작업 그리고 환기·청결 등 적정기준 유지 등의 보건조치를 해야 한다. 이러한 구체적인 기준은 산업안전보건기준에 관한 규칙에 정의되어 있다. 중대재해처벌법은 사업운영 주체가 지켜야 하는 안전보건 확보 등 관리상의 의무 규정으로 구성되어 있다. 개인사업주 또는 경영책임자등의 종사자에 대한

안전확보의 의무는 안전보건관리체계의 구축 및 이행에 관한 조치, 재해 재발방지 대책의 수립 및 이행에 관한 조치, 중앙행정기관 등이 관계 법령에 따라 시정 등을 명한 사항 이행에 관한 조치 그리고 안전·보건 관계 법령상 의무이행에 필요한 관리상의 조치이다. 전술한 내용을 다음과 같은 표로 요약하였다.

구분	산업안전보건법	중대재해처벌법
의무내용	▶ 사업주 등이 지켜야 하는 산업안전 보건에 관한 구체적 기준과 의무 규정 － 사업주의 안전조치 　① 프레스·공작기계 등 위험기계나 폭발성 물질 등 위험물질 사용 시 　② 굴착·발파 등 위험한 작업 시 　③ 추락하거나 붕괴할 우려가 있는 등 위험 한 장소에서 작업 시 － 사업주의 보건조치 　① 유해가스나 병원체 등 위험물질 　② 신체에 부담을 주는 등 위험한 작업 　③ 환기·청결 등 적정기준 유지 → 산업안전보건기준에 관한 규칙에서 구체적으로 규정	▶ 사업운영 주체가 지켜야 하는 안전·보건 확보 등 관리상의 의무 － 개인사업주 또는 경영책임자등의 종사자에 대한 의무(법 제4조) 　① 안전보건관리체계의 구축 및 이행에 관한 조치 　② 재해 재발방지 대책의 수립 및 이행에 관한 조치 　③ 중앙행정기관 등이 관계 법령에 따라 시정 등을 명한 사항 이행에 관한 조치 　④ 안전·보건 관계 법령상 의무이행에 필요한 관리상의 조치 － 도급·용역·위탁 등 관계에서의 제3자의 종사자에 대한 의무(법 제5조) → 법 제4조 및 시행령 제4조(안전보건관리체계의 구축 및 이행 조치)의 조치

처벌내용의 경우 산업안전보건법에 따라 자연인의 경우 사망 시 7년 이하 징역 또는 1억원 이하 벌금이 부과된다. 안전보건조치 위반 시 5년 이하 징역 또는 5천만원 이하 벌금이 부과된다. 법인의 경우 사망 시 10억 이하의 벌금이 부과된다. 안전보건 조치 위반 시 5천만원 이하의 벌금이 부과된다. 중대재해처벌법에 따라 자연인의 경우 사망 시 1년 이상 징역 또는 10억원 이하의 벌금이 부과된다. 부상질병 발생 시 7년 이하의 징역 또는 1억원 이하의 벌금이 부과된다. 법인의 경우 사망 시 50억원 이하의 벌금에 부과된다. 부상질병의 경우 10억원 이하의 벌금에 부과된다.

2. 국가별 산업안전보건법 체계

국가적으로 안전과 관련한 법령은 시대적 상황과 대형 사고 이후 입법되었다. 영국, 미국 그리고 한국의 산업안전보건법 체계를 간략히 소개하고자 한다.

2.1 영국의 산업안전보건법 체계

영국의 산업안전보건법 체계는 사업장 안전보건법(The Health and Safety at Work etc. Act)이 있고, 그 하위에 시행규칙(regulation)인 산업안전보건관리 규칙(Management of Health and Safety at Work Regulations, 1999), 산업 안전·보건·복지에 관한 규칙(Workplace Health, Safety and Welfare Regulations, 1992) 및 부상, 질병 및 위험발생 보고 규정(RIDDOR, 1985) 등이 있다. 그리고 그 하위에 시행명령(order)이 있다. 또한 규칙을 보완하기 위한 목적의 승인된 실무 코드 (ACoPs, Approved Codes of Practice)와 기준과 표준(standard)이 존재한다. 아래 표는 전술한 영국의 산업안전보건법 체계를 요약한 내용이다.

구분	내용
법(Act)	사업장 안전보건법(The Health and Safety at Work etc. Act)
시행규칙(Regulation)	산업안전보건관리 규칙(Management of Health and Safety at Work Regulations, 1999), 산업 안전·보건·복지에 관한 규칙(Workplace Health, Safety and Welfare Regulations, 1992) 및 부상, 질병 및 위험발생 보고 규정(RIDDOR, 1985) 등
시행명령(Order)	사업장 안전보건법(The Health and Safety at Work etc. Act) 하위 명령
승인된 실무코드 (ACoPs)	승인된 실무코드(ACoPs, Approved Codes of Practice) 및 가이던스
기준과 표준 (Standard)	영국표준(British standard) 등

2.2 미국의 산업안전보건법 체계

미국의 산업안전보건법(OSHA, Occupational Safety and Health Act)은 상·하원을 통과하여 대통령이 서명·공포하는 법(Act)으로 그 하위에 주무장관이 정하는 연방 규칙(CFR, Code of Federal Regulation) 제29장에 존재한다. 미연방규칙 제29장은 노동부 소관규정으로써 29CFR1910은 일반사업장 전체에 적용되는 수평적기준(Horizontal Standards)이며, 29CFR1915는 조선업(Shipyards), 29CFR1917은 해양터미널(Marine terminals), 29CFR 1918은 항만작업(Longshoring), 29CFR1926은 건설업(Construction), 29CFR1928은 농업(Agriculture)에 적용된다. 그리고 규칙을 보완하기 위한 목적의 미국국립표준협회(ANSI, American National Standards Institute)와 국가화재예방(NFP, National Fire Protection) 등의 기관이 발간한 기준 등이 있다. 아래 표는 전술한 미국의 산업안전보건법 체계를 요약한 내용이다.

구분	내용
법 (Act)	산업안전보건법(Occupational Safety and Health Act)
연방규칙(Federal Regulation)	29CFR1910은 일반사업장 전체에 적용되는 수평적기준(Horizontal Standards)이며, - 29CFR1915: 조선업(Shipyards) - 29CFR1917: 해양터미널(Marine terminals) - 29CFR1918: 항만작업(Longshoring) - 29CFR1926: 건설업(Construction) - 29CFR1928: 농업(Agriculture)
참조기준 (Standard)	미국국립표준협회(ANSI, American National Standards Institute)와 국가화재예방(NFP, National Fire Protection) 등

2.3 한국의 산업안전보건법 체계

산업안전보건법은 헌법 제32조 제3항에 따른 헌법적 근거를 가지고 있다. 산업안전보건법의 하위(下位)에는 한 개 대통령령(시행령), 세 개 고용노동부령과 약 60개의 행정규칙인 고시(告示)·예규·훈령 등으로 구성되어 있다. 아래 표는 전술한 한국의 산업안전보건법 체계를 요약한 내용이다.

구분	내용
법률	산업안전보건법
대통령령	산업안전보건법 시행령
고용부령	산업안전보건기준에 관한 규칙, 산업안전보건법 시행규칙, 유해위험작업 취업제한에 관한 규칙
고시, 예규 및 훈령	유해위험기계기구 안전인증, 공정안전보고서, 물질안전보건자료, 안전보건교육, 사업장 위험성 평가 등

3. 사회적 이유

1994년부터 2011년까지 17년 동안 판매된 가습기 살균제 사고, 2003년 대구지하철 방화로 인한 사망자 192명 등 340명의 사상자를 낸 사고, 2014년 세월호 침몰로 304명이 사망한 사고, 2016년 서울 지하철 2호선 구의역 내선순환 승강장에서 스크린도어를 혼자 수리하던 외주업체 직원 사고, 2018년 한국발전기술 소속의 24세 비정규직 노동자 김용균이 한국서부발전이 운영하는 태안화력발전소에서 사망하는 사고가 발생하였다. 최근 들어 이러한 산업현장이나 사회에서 발생하는 사고를 보는 시각에 많은 변화가 발생하였다. 이러한 사고로 직접적인 피해뿐만 아니라 기업이 오랫동안 쌓아온 좋은 이미지가 한순간에 무너지게 되며, 영업에 큰 영향을 미치게 되었다.

2010년 영국BP의 석유 시추선 Deepwater Horizon호 폭발 사고는 이러한 변화를 보여주는 좋은 사례이다. 시추선의 석유를 누르는 압력이 낮아지면 유정의 꼭대기로 석유와 가스가 분출되므로 해저 바닥에 가스 분출 방지기를 설치하였다. 이 가스 분출 방지기는 공기주입식 튜브를 이용해 유정을 임시 봉인하며, 튜브가 제대로 작동하지 않을 시에는 마지막 수단으로 유정 파이프를 절단하는 역할을 한다. 이 역할을 하는 것이 비상 분리 스위치 EDS(Emergency Disconnect Switch)이다. 사고 당시 시추장에서 일하던 근로자는 작업을 하던 중 시추관에서 이상 징후를 감지했다. 그것은 석유와 가스가 감당하기 어려운 수준으로 무섭게 올라오는 것이었다. 이로 인해 경보가 울리기 시작했고, 당장 EDS를 작동시켜야 했지만 그러지 못하였다. EDS가 너무 늦게 작동되었고, 유정을 봉인하는 데 실패하였다. 그리고 화재와 폭발 사고가 발생하였다. 이로 인해 11명이 사망하고 400일 동안 석유 500만 배럴이 멕시코 만으로 흘러 들어가는 참사가 발생하였다. 이 사고가 발생한 일로부터 50일 만에 BP의 주가는 50%가 폭락하게 되고 CEO인 헤이워드(Anthony Bryan Hayward)는 사직하게 된다. 한순간의 잘못된 사고는 기업이 그동안 쌓아온 신뢰를 한번에 무너뜨리는 참사로 이어진다.

최근 ESG(Environment, Social, Governance) 경영이 기업의 핵심 가치로 자리매김하고 있다. 지난 25년 동안 세계적으로 Environment(예: 탄소 배출, 물 소비, 폐기물 생성 등), Social(예: 직원의 건강과 안전, 제품, 고객 관련 등) 그리고 Governance(예: 정치 로비, 부패 방지 위원회 등) 등을 측정하고 보고하는 회사의 수가 증가하였다. 1990년대 초 ESG 관리현황을 공개한 기업은 20개 미만이었지만 2016년까지 약 9,000개로 증가하였다. 이러한 추세로 인하여 ESG 관리현황은 투자자의 관심을 끌기 시작하였다. ESG 원칙은 환경(E), 사회(S), 거버넌스(G) 요소를 포함하는 프레임워크로 다음 표와 같은 내용으로 구성되어 있다.

구분	요인	정의
환경(E)	- 온실가스 배출량 - 에너지 소비 및 효율성 대기 오염 물질 - 물 사용 및 재활용 - 폐기물 생성 및 관리(물, 고체, 유해) - 생물다양성에 미치는 영향과 의존성 - 생태계에 대한 영향과 의존성 - 친환경 제품 및 서비스 혁신	기업, 국가 또는 개인의 재무 성과 또는 지급 능력에 긍정적이거나 부정적인 영향을 미칠 수 있는 환경 문제

사회(S)	– 직원 결사의 자유 – 아동 노동 – 강제 노동 – 직장 건강 및 안전 – 고객의 건강과 안전 – 차별, 다양성, 평등 – 기회 – 빈곤과 지역사회에 미치는 영향 – 공급망 관리 – 훈련 및 교육 – 고객 프라이버시 – 커뮤니티 영향	기업, 국가 또는 개인의 재무 성과 또는 지급 능력에 긍정적이거나 부정적인 영향을 미칠 수 있는 사회적 문제
거버넌스(G)	– 행동 강령 및 비즈니스 원칙 – 책임 – 투명성 및 공개 – 임원 급여 – 이사회 다양성 및 구조 – 뇌물 및 부패 – 이해관계자 참여 – 주주 권리	기업, 국가 또는 개인의 재무 성과 또는 지급 능력에 긍정적이거나 부정적인 영향을 미칠 수 있는 거버넌스 문제

　사회영역 속해 있는 건강 및 안전과 관련한 사항은 ESG 원칙으로서 중요한 요소라고 볼 수 있다. 건강과 안전은 최근 코로나 팬데믹 이후 그 중요성이 더욱 강조되었다. 그 결과 사회, 대중 그리고 대규모 투자자들의 시각은 사업이 건강하고 안전하다는 믿음이 있는 기업을 존중하고, 비도적이거나 비인륜적인 사고가 발생하는 기업을 신뢰하지 않게 된다.

III. 경제적 이유

　1987년 알루미늄 대기업 Alcoa는 기발한 아이디어를 가진 새로운 CEO(O'Neill)를 영입하였다. 그는 주주, 기자와 이사회 사람들이 모인 장소에서 CEO로서 첫 번째로 연설하였다. 하지만, 이 첫 번째 연설은 완전한 실패였다.

　월 스트리트에서 멀지 않은 호텔 연회장에서 연설이 시작되었고, 사업을 하는 투자자와 분석가들이 참여하였다. 지난 몇 년 동안 알루미늄 제조 대기업은 실적이 좋지 않았기 때문에 투자자들은 긴장했고 많은 사람들이 이 새로운 CEO가 영업이익을 극대화해 줄 참신한 아이디어를 갖고 있을 것이라고 믿었다.

연설에서 신임 CEO의 첫 마디는 "근로자 안전에 관해 이야기하고 싶습니다."였다. 연회장의 분위기는 싸늘하게 바뀌었다. 모든 사람의 기대와 에너지가 사라진 것처럼 보였고 조용했다. 그는 이러한 분위기에서 매년 수많은 Alcoa 근로자들이 너무 심하게 다쳐서 생산을 효과적으로 할 수 없다는 말을 이어갔다. 그리고 그는 Alcoa를 미국에서 가장 안전한 회사로 만들어 부상 없는 작업장을 만드는 것이 목표라고 발표하였다.

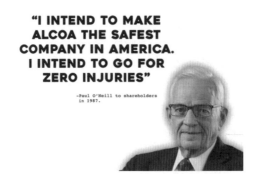

출처: [2020년 WorkClout] How Alcoa quintupled their revenue by focusing on worker safety (그는 1987년 주주와의 만남에서 다음과 같이 말하였다. "I intend to make Alcoa the safest company in America. i intend to go for zero injuries" - "나는 Alcoa를 미국에서 가장 안전한 회사로 만들려고 합니다. 그리고 나는 어느 누구도 다치는 일이 없이 운영할 것입니다)

그의 첫 연설이 끝났을 때, 대부분 청중은 여전히 어리둥절하고 혼란스러웠다. 몇몇 베테랑 투자자들과 비즈니스 언론인들은 회의를 정상적으로 되돌리도록 노력하였다. 그들은 손을 들고 회사의 자본 비율과 제품의 재고 수준에 대해 질문하였다. 하지만 CEO는 "Alcoa가 어떻게 하고 있는지 이해하려면 작업장 안전 수칙을 살펴봐야 합니다."라고 주저하지 않고 답하였다.

회의가 끝나자 당황한 참석자들은 서둘러 자리를 비웠다. 몇 분도 안되어 투자자들은 동료와 고객에게 Alcoa의 제품을 주문하지 말도록 권유하였다. 기자들은 새로운 CEO가 어떻게 정신을 잃었는지에 대한 기사 초안을 작성하고 있었다.

당시 Alcoa는 알루미늄 업계에서 최고의 안전 기록을 보유하고 있었지만 재무 성과는 좋지 않았다. Alcoa는 약 100년 전에 설립되었으며, 미국에서 알루미늄 생산을 사실상 독점했었다. 그러나 반독점 규제, 더 치열한 경쟁, 공급 과잉으로 인해 재정 위기를 맞게 된 것이다.

CEO는 Alcoa와 모든 직원이 프로세스에 더 깊이 집중할 필요가 있다는 믿음으로 전략을 설정했다. 그는 안전보건관리를 통해 근로자의 마음을 얻을 수 있을 것으로 판단하였다. 프로세스의 모든 단계를 이해하고 잠재된 위험을 확인하고 개선한다면, 근로자들의 동기 수준을 높일 수 있을 것으로 생각하였다. 그래서 그는 위험(hazards)요인과의 전쟁을 선포한 것이다.

그는 사업 프로세스에 존재하는 위험 정도를 "허용가능한 위험(tolerable risk)"[1] 정도로 관리될 수 있도록 개념을 설정하였다. 당시 그는 이 전쟁을 승리로 이끌 수 있도록 모든 근로자에게 사업장에 존재하는 위험을 찾는 것이 중요하다고 설득하기 시작하였다. 그리고 그는 영업이익 극대화보다는 우선 근로자의 안전 확보가 우선이라고 강조하였다. 그러나 그의 이러한 전쟁은 순식간에 여러 관계자의 질책과 검증을 받게 되는 어려운 현실에 처하게 되었다.

그의 임기 약 6개월 후, CEO는 한밤중에 애리조나에 있는 공장 관리자의 전화를 받게 된다. 알루미늄 생산 과정에서 알루미늄 파편이 기계에 있는 큰 암(arm)의 경첩에 끼어 작동을 멈춘 상황이었다. 이것을 본 신입 근로자는 즉시 수리를 제안하였다. 그는 알루미늄 파편 걸림을 제거하기 위해 안전 벽(fence)을 뛰어넘었다. 그가 파편 걸림을 제거하자 기계가 다시 작동하기 시작하였는데, 이때 육중한 기계의 암이 그의 머리를 강타하여 사망하는 사고가 발생한 것이다.

사고가 발생하고 하루가 끝나갈 무렵 CEO는 공장 경영진과 회의를 하였다. 그리고 그는 다음과 같이 말하였다. "우리가 이 사람을 죽였어요", "이 사고는 저의 리더십 문제입니다", "제가 그의 죽음을 방치하였습니다", "그리고 그것은 지휘계통에 있는 여러분 모두의 문제입니다"라고 말했다. 그리고 그는 사고는 절대 용납될 수 없는 중차대한 일이라고 강조하였다.

그 회의에서 CEO와 경영진은 사고가 일어난 모든 세부 사항을 살펴보았다. 그들은 CCTV에 촬영된 사고 장면을 반복해서 보았다. 그들은 사고와 관련하여 여러 근로자가 저지른 수십 가지 이상의 실수 목록을 작성하였다. 그리고 사고 당시 두 명의 관리자는 재해자가 안전 벽을 뛰어넘는 것을 목격하였지만, 막지 않았던 것도 확인하였다. 이러한 일련의 과정들은 안전보건관리의 심각한 문제를 보여주는 것이었다.

작동이 멈춘 기계 수리를 하기 전에 관리자에게 보고하는 절차가 없었다. 또한 사람이 안전 벽 내부에 있을 때 기계가 자동으로 멈추지 않았던 설비적인 문제이기도 하였다.

사고 조사 이후 효과적인 예산 반영으로 주요 문제가 신속하게 개선되었다. 공장의 모든 안전 난간은 밝은 노란색으로 다시 칠해졌다. 새로운 안전정책과 절차가 만들어졌다. 특히 CEO는 관리자가 근로자의 안전 개선 아이디어를 듣고도 무시하거나 개선하지 않으면 그 책임을 묻겠다고 선언하였다.

이러한 그의 노력에도 불구하고 사고는 계속 일어났다. 멕시코의 한 공장에서 일산화탄소가 누출되어 150명의 직원이 중독되어 응급 진료소에서 치료받았지만, 다행히 사망자는

---

1) 허용가능한 위험(risk)은 IEC(International Electrotechnical Commission: 국제전기기술위원회) 기관이 제시하는 기준이다.

없었다. 당시 공장을 담당하는 임원은 안전보건관리 성과를 유지하기 위하여 해당 사고를 보고하지 않았다. 하지만, 이러한 사실을 다른 경로를 통해 접한 CEO는 정확한 원인 조사를 위해 조사 팀을 멕시코로 보냈다. 조사 팀은 사실을 수집하고 검토한 결과, 공장 임원이 의도적으로 사고를 은폐했다고 결론 지었다. 그 결과 공장의 임원은 해고되었다.

CEO의 지속적인 노력으로 인해 조직의 안전보건경영시스템과 안전문화 수준은 점차 향상되었다. 안전을 확보한다는 것은 공정이나 작업에 잠재된 유해 위험요인을 조사하고 개선하는 과정으로 생산 프로세스를 검토하는 과정이다. 공정이나 작업이 안전하다는 것은 곧 공장을 보다 효율적으로 운영할 수 있다는 것이다.

CEO의 위험과의 전쟁은 사고율을 줄이는 데 그치지 않고 회사 전체 생산 프로세스를 개선하는 데 많은 도움이 되었다. 2000년 CEO가 Alcoa를 떠날 무렵 회사 수익은 그가 새로운 CEO로서 일을 시작했을 때보다 5배나 많았다. 그리고 회사의 시장 가치는 30억 달러에서 270억 달러 이상으로 증가하였다. 이것은 거의 불가능한 반전이었다.

CEO가 부임 당시 영업이익을 창출하려고 안전을 기반으로 하는 생산 프로세스를 개선하지 않는 다른 방식을 취했다면, 이러한 성과를 창출하기는 어려웠을 것이다. 그는 위험과의 전쟁에서 Alcoa를 승리로 이끌었고, 수많은 근로자의 생명을 구함과 동시에 Alcoa를 구했다.

골드만 삭스의 연구결과에 따르면, 작업장 안전보건을 적절하게 관리하지 못한 기업은 적절하게 관리한 기업보다 재정적으로 더 나쁜 성과를 냈다고 보고하였다. 투자자들은 보고서에서 회사가 작업장 안전보건 관리를 했다면 동일 기간에 수익을 더 높일 수 있을 것이라고 조언했다.

리버티 뮤추얼 보험회사가 시행한 설문조사에 따르면, 재무 최고책임자(CFO)의 60%는 사고예방에 1달러를 투자할 때마다 2달러 이상을 회수한다고 하였고, 40% 이상은 작업장 안전 프로그램 운영으로 생산성이 좋아진다고 하였다. 미국 안전전문가 협회는 안전보건에 대한 투자와 그에 따른 투자 수익 사이에는 직접적인 상관 관계가 있다고 하였다.

참조 문헌과 링크

고용노동부 (2020). 산업재해 현황분석.

관계부처합동 (2022). 산업안전 선진국으로 도약하기 위한 중대재해 감축 로드맵.

고용노동부 (2019). 산업재해 현황분석.

고용노동부 (2020). 산업재해 현황분석.

고용노동부 (2021). 산업재해 현황분석.

고용노동부. (2022). 중대재해처벌법 및 시행령 주요내용-중대산업재해를 중심으로.

김진영. (2021). 중대재해처벌법의 제정과 향후 과제. *법이론실무연구*, 9(4), 43-66.

김준성. (2009). 결과적 가중범의 특수문제. *한국치안행정논집*, 6(1), 207-228.

김재봉. (2007). 양벌규정과 기업처벌의 근거. *법학논총*, 24(3), 31-48.

고시계. (2021). 형법총론, 66(2), 22-34.

권오성. (2022). 중대재해처벌법의 해석상 쟁점-제6 조와 제7 조를 중심으로. *노동법포럼*, (35), 191-229.

권혁. (2021). 산업안전보건법 상 산업재해 예방 기능강화를 위한 실효적 제재 방안-과징금 제도를 중심으로. *법학연구*, 62(1), 341-367.

김·장 법률사무소. (2022). 중대재해처벌법, 박영사.

김·장 법률사무소. (2022). 중대재해처벌법, 박영사 조흠학. (2010). 한국과 영국의 산업안전보건법 처벌에 관한 비교 연구. *노동법논총*, 18, 297-371.

류부곤. (2020). 과실범의 주의의무위반과 결과귀속-이론적 정체상황을 풀어내기 위한 구조적 재검토. *형사법연구*, 32(3), 27-54.

백연주. (2007). 상상적 경합에 관한 연구.

신동일. (2015). 과실범 이론의 역사와 발전에 대하여: 형법 제14 조의 구조적 해석. *강원법학*, 44, 309-346.

서정근. (2018). 항공안전법의 양벌규정에 관한 연구. *한국항공경영학회 춘계학술발표논문집*, 2018, 234-242.

이규호. (2019). 형법상 결과적가중범의 처벌유형. *사법행정*, 60(12), 28-35.

윤종행. (2008). 과실범에서의 객관적 주의의무위반과 예견가능성· 회피가능성. *법학연구*, 18(3),

77-100.

이규호. (2016). 과실범의 구성요건. *사법행정*, 57(6), 42-50.

Jo, H. H., & Lee, G. H. (2010). 산업안전보건법 위반에 따른 처벌현황 비교 연구-한국과 미국을 중심으로. In *Proceedings of the Safety Management and Science Conference* (pp. 33-50). Korea Safety Management & Science.

조재호. (2022). 중대재해처벌법상 경영책임자등에 관한 검토. *노동법연구*, (53), 39-74.

Jeong, J. U. (2014). 지상강좌-산업안전보건법 해설 1-산업안전보건법 개관. *월간산업보건*, 28-37.

정진우. (2016). 산업안전보건법, ㈜중앙경제.

정진우. (2019). 안전과 법, 청문각.

정진우. (2022). 중대재해처벌법, 중앙경제.

Jeong, J. U. (2016). 지상강좌 _ 산업안전보건법 해설 27-벌칙. *월간산업보건*, 24-32.

장영민. (2015). 미필적 고의에 관한 약간의 고찰. *형사판례연구*, 23, 55-86.

준호. (2013). 과실범의 구성요건해당성. 형사법의 *신동향*, 41, 28-57.

Jeong, J. U. (2016). 지상강좌 _ 산업안전보건법 해설 28-양벌규정. *월간산업보건*, 21-26.

최준혁. (2018). 상상적 경합과 양형. *사법*, 1(45), 47-75.

홍정우, & 이상희. (2022). 중대재해처벌법 도입결정과정 분석과 법정책적 시사점. *노동법논총*, 55, 409-441.

Amel-Zadeh, A., & Serafeim, G. (2018). Why and how investors use ESG information: Evidence from a global survey. *Financial Analysts Journal*, 74(3), 87-103.

Beyer, J., Trannum, H. C., Bakke, T., Hodson, P. V., & Collier, T. K. (2016). Environmental effects of the Deepwater Horizon oil spill: a review. *Marine pollution bulletin*, 110(1), 28-51.

Chief Financial Officer Survey. Liberty Mutual Insurance Company, (2005).

Goldman Sachs JBWere Finds Valuation Links in Workplace Safety and Health Data. Goldman Sachs JBWere Group, (October 2007). See Press Release).

Hughes, P., & Ferrett, E. (2016). *International Health and Safety at Work: The Handbook for the NEBOSH International General Certificate*. Routledge.

Hughes, P., & Ferrett, E. (2013). *International Health and Safety at Work: The Handbook for the NEBOSH International General Certificate*. Routledge.

Hughes, P., & Ferrett, E. (2022). *International Health and Safety at Work: The Handbook for the NEBOSH International General Certificate*. Routledge.

Ismail, Z., Kong, K. K., Othman, S. Z., Law, K. H., Khoo, S. Y., Ong, Z. C., & Shirazi, S. M. (2014). Evaluating accidents in the offshore drilling of petroleum: Regional picture and reducing impact. *Measurement*, 51, 18-33.

Korea Industrial Health Association. (2004). 미국, 일본, 한국의 산업안전보건법 체계 및 차이점. *The Safety technology*, (79), 86-91.

White Paper on Return on Safety Investment. American Society of Safety Engineers (ASSE), (June 2002).

EBA (2023). EBA Report on Management and Supervision of ESG Risks for Credit Institutions and Investment Firms. Retrieved from: URL: https://www.eba.europa.eu/sites/default/documents/-files/document_library/Publications/Reports/2021/1015656/EBA%20Report%20on%-20ESG%20risks%20management%20and%20supervision.pdf?retry=1.

Diffen. Ethics vs. Morals. Retrieved from: URL: https://www.diffen.com/difference/Ethics_vs_Morals.

Shehzad Zafar. (2018). Why We Manage Health And Safety?. Retrieved from: URL: https://www.hseblog.com/why-we-manage-health-and-safety/

안전보건관리의 정의,
역사 및 이론

제3장 안전보건관리의 정의, 역사 및 이론

I. 관리(Management)

관리란 기업, 비영리 조직, 정부 기관 등의 업무와 관련이 있고, 사업(business)의 자원을 관리하는 기술이자 과학이다. 관리에는 조직의 전략을 설정하고 목표를 달성하기 위한 자원, 기술, 인력 등의 지원을 조정하는 활동이 포함된다. 일반적으로 관리를 하는 목적은 규율과 도덕성 유지, 자원의 최적 활용, 규칙적인 작업 흐름 보장, 최고의 인재 확보, 위험 요소 최소화, 성능 향상 그리고 연구 개발 촉진 등을 하기 위함이다. 한편 관리하다(manage)라는 영어 동사는 maneggiare라는 이탈리아어에서 유래했으며, 이는 '손'을 의미하는 라틴어 manus에서 파생되었다. 이후 프랑스어 mesnagement는 17세기와 18세기 영국에서 "management"라는 단어로 파생되는데 영향을 주어 현재의 management가 되었다.

관리는 고대 이집트나 메소아메리카에서 피라미드를 건설할 때에도 목표를 달성하기 위해 사용되었고, 오늘날 사회적, 정치적, 경제적 모든 유형의 조직은 활동을 계획하고 구성하기 위해 관리 기술을 사용한다. 관리는 사람적 측면과 기능적 측면으로 나누어 생각할 수 있다. 사람적 측면은 관리자인 사람들, 특히 임원, 사장 또는 총지배인과 같이 조직을 위해 중요한 결정을 내리는 전략적 위치에 있는 사람들과 관계가 있다. 그리고 기능적 측면은 조직의 목표를 달성하기 위한 조직의 활동 및 기능과 관계가 있다.

1. 사람적 측면

조직의 전반적인 방향을 결정하는 책임과 권한을 가진 사람을 흔히 조직의 경영진(management of organization)이라고 한다. 경영진은 조직의 목표가 무엇이고 그 목표를 달성하는 방법을 결정할 권한이 있다. 경영진은 조직 환경의 조건을 인식하고 조직의 자원을 활용해야 한다.

집을 떠나 한두 주 동안 휴가 계획을 고려하는 가족을 상정하여 사람적 측면의 관리를 생각해 본다면, 가족의 의사 결정권자는 성공적인 휴가 목표를 달성하기 위해 자신의 결정을 가족 구성원에게 일방적으로 통보하기보다는 가족 구성원과 협의를 통해 여행계획을 수립해야 한다. 어디로 갈 것인가? 어떻게 갈 것인가? 어디에 머무를 것인가? 그리고 거기 있는 동안 무엇을 할 것인가? 등의 결정이 여기에 해당한다고 볼 수 있다. 그리고 가족의 의사 결정권자는 숙박시설 예약, 비행기 예약, 렌트 및 장비구입 등 가족 구성원 중 해당 경험이나 지식을 보유한 사람이 적절한 업무 지원을 하도록 역할과 책임을 분배한다. 그리고 여행지에서 계획한 일들이 잘 진행되는지 확인하고, 지원하는 일을 한다. 전술한 일들 중 가족의 의사 결정권자가 하는 일이 일반적으로 사업에서는 경영진이 하는 일이라고 할 수 있다.

2. 기능적 측면

관리의 기능적 측면은 목표를 달성하기 위해 계획을 수립하고, 실행에 필요한 자원을 확보하는 것이다. 예를 들면 기업의 조직 관리 측면에서 살펴보면, 2년 내에 시장 점유율을 12% 늘리기 위해 핵심 역량을 전년 대비 5% 상승시키는 것을 목표로 설정하는 것이다. 관리의 기능적 측면이 효과적으로 발휘되기 위해서는 조직 자원을 효과적으로 배분하고, 법적, 윤리적, 사회적 책임 준수를 위한 검토 그리고 전략과 계획을 실행하기 위해 사람들과의 관계 증진이 필요하다. 관리의 기능에는 재무관리, 인력관리, 마케팅 관리, 품질 관리, 자재 관리, 구매 관리, 유지 관리, 사무실 관리, IT 관리, 기술 관리, 환경 관리, 안전보건관리 등 다양한 분야가 존재한다.

3. 관리원칙

효과적인 관리의 원칙은 업무 구분 명확화, 권한과 책임의 균형, 규율, 명령의 통일성, 업무 방향의 통일성, 업무 중앙 집중화, 질서, 형평성, 구성원의 업무 안정성 그리고 업무 주도권 등이다.

4. 관리의 특징

일반적으로 관리의 특징에는 사람과 작업 관리, 다차원, 전면적, 운영 관리, 지속적인 프로세스, 동적 기능, 그룹 활동, 무형의 힘 그리고 목표 지향적인 프로세스가 있다.

5. 관리와 관련한 명언

세계적으로 유명한 Rockfeller, Lido Anthony, Jack Welch 그리고 Anthea Turner가 남긴 관리와 관련한 명언이다.

이름	명언
미국의 사업가이자 박애주의자인 John D. Rockefeller(1839-1937)	훌륭한 관리는 평범한 사람들에게 뛰어난 사람들이 하는 일을 어떻게 하는지 보여주는 것이다.
Ford Mustang과 Ford Pinto 자동차를 설계하고 1980년대에 Chrysler Corporation을 부활시킨 미국인 사업가인 Lido Anthony(1924년생)	관리는 다른 사람들에게 동기를 부여하는 것 이상 이다.
1981년부터 2001년까지의 기간 제너럴 일렉트릭(GE)의 대표인 잭 웰치(Jack Welch, 1935년생)	단기적으로 성공할 수 없다면 장기적으로 성장할 수 없다. 누구나 짧게 관리할 수 있고, 누구나 오래 버틸 수 있다. 이 두 가지의 균형을 맞추는 것이 관리이다.
영국 TV 발표자이자 미디어 인물인 Anthea Turner(1960년생)	관리의 제1원칙은 위임이다. 당신은 모든 것을 할 수 없기 때문에 모든 것을 스스로 하려고 하지 말아야 한다.

6. 관리의 수준

관리수준은 높은 수준, 중간 수준 그리고 낮은 수준으로 구분할 수 있다.

높은 수준의 관리(top level management)는 이사회와 최고 경영자를 포함하는 조직 계층의 수준으로 사업이나 목적의 목표 정의, 계획 수립, 전략 및 정책적인 역할을 한다. 중간 수준의 관리(middle level management)는 높은 수준과 낮은 수준의 중간에 위치하며, 높은 수준과 낮은 수준의 관리를 상호 연결시켜 주는 역할을 한다. 여기에는 최고 경영진이 공식화한 계획과 전략을 구현하고 통제하는 책임이 있는 부서 및 부서장과 관리자가 위치한다. 낮은 수준의 관리(lower level management)는 기능 또는 운영 수준의 관리이다. 여기에는 일선 관리자, 감독자가 위치한다. 하위 경영진은 근로자와 직접 상호 작용하면서 작업의 질과 양을 향상시키는 역할을 한다.

II. 안전보건관리

1. 정의

안전보건관리는 일반적으로 서비스 또는 제품 사용으로 인해 발생할 수 있는 사고, 작업과 관련한 부상 등을 방지하기 위한 일련의 원칙, 프레임워크, 프로세스 및 조치를 적용하는 활동이다. 그리고 사업장에 존재하는 유해하거나 위험한 요인을 찾아 과학적인 기술이나 기법을 적용하여 위험수준을 최소화하는 체계적인 활동이다. 안전보건관리는 필요한 조직구조, 책임, 정책 및 절차를 포함하여 안전 관리에 대한 체계적인 접근 방식을 의미한다.

일반적으로 안전관리라고 하면 보건관리를 포함하는 용어이다. 안전관리는 통상 사업장을 대상으로 하는 관리 범주이므로 산업안전보건관리로도 사용되기도 한다. 여기에서 산업안전이라는 용어는 통상적인 수준에서 이해의 간격이 크지 않으나, 산업보건의 경우는 다르다. 즉, 산업보건과 산업위생이라는 두 가지 용어가 건강과 관련하여 사용되고 있기 때문이다.

산업보건과 산업위생 전문가들은 산업보건은 직업병을 예방하고 근로자의 건강을 보호하는 분야로 이해하고, 산업위생은 근로자 건강보호를 위한 작업환경 개선의 공학 기술적인 면을 다루는 분야로 이해한다. 그래서 영어의 'occupational health'는 '산업보건'으로, 'occupational hygiene'은 '산업위생'으로 번역한다.

보건과 건강의 차이가 궁금해지는 이유는 영어의 'health'를 '건강' 또는 '보건'으로 번역하기 때문이다. 단어 뜻으로만 보면 '보건'은 '건강을 보호하는 것'이므로 건강보다는 포괄적인 개념이다. 위생에 대해서도 혼동이 생긴다. 환경오물관리를 뜻하는 'sanitation'도 '위생'으로 번역해서 그렇다. 'hygiene'도 '위생'이고, 'sanitation'도 '위생'이다. 일반적으로 hygiene은 청결, 개인위생이란 의미로 사용되고, sanitation은 오물관리 등 환경위생의 의미를 갖는다.

오늘날 서로 다른 의미로 사용되는 'hygiene, sanitation, health'란 단어는 각각 그리스어, 라틴어, 고대 영어의 '건강'이란 의미에서 출발했다. 이 세 단어는 서로 다른 언어에서 모두 건강이란 의미로 출발했으나, 오늘날 영어에서는 각기 다른 뜻으로 사용된다. 그리스어나 라틴어에서 출발한 hygiene과 sanitation은 서유럽어에서 비슷한 철자로 사용된다. 반면, 영어에서 출발한 health는 프랑스의 sante나 독일어의 Gesundheit처럼 서유럽국가에서도 서로 다른 철자로 사용된다. 각 단어는 근대에 들어 국가별로 의미가 바뀌었다. 아직도 국가에 따라서는 hygiene을 health보다 더 포괄적인 건강 또는 보건이라는 개념이라고 주장하는 전문가도 있다.

이제는 대부분의 국가에서 용어의 정의가 비슷하게 이루어졌지만 아직도 나라나 문화에 따라 health, hygiene이나 보건, 건강, 위생이 의미하는 뉘앙스에 차이가 있을 수 있다.

2. 안전보건관리의 역사

2.1 안전보건관리의 시초

기원전 1700년경 작성된 바빌론 제1왕조의 여섯 번째 왕의 이름을 딴 함무라비 법전(Code of Hammurabi)의 내용은 안전보건관리의 시초라고 볼 수 있는 내용이 언급되어 있다. 282개 법률 중 약 40개는 안전보건관리와 관련한 내용으로 법률 6에 언급된 "회사(당시는 상인)"는 직원의 안전과 위험한 작업 조건에 책임이 있다. 그리고 법률 117조에 언급된 "사고를 일으킨 근로자에게 책임을 물을 수 있다" 등의 내용이다.

기원전 750년 유대인의 토라인 모세 오경의 다양한 맥락에서도 안전보건관리와 관련한 내용이 있다. 출애굽기 22장 4절과 22장 5절은 화재에 대한 과실 보상을 다루고 있다.

고대 로마 시대인 기원전 20년경에 로마 건축가 Marcus Vitruvius Pollio의 글에도 안전과 관련한 내용이 있다. 그의 작품 'De architectura'에서 Marcus Vitruvius Pollio는 로마의 대형 온천탕에서 사고를 방지하기 위해 몇 가지 안전 조치를 설명했다. 여기에는 욕조 내 인화성 물질 금지 및 엄격한 청소 기준 준수가 포함된다. 하지만 이러한 기준으로는 근로자를 사고로부터 보호하는 데 필요한 안전 예방 조치가 종종 부족했다. 그리고 위험하거나 건강에 해로운 작업 조건은 용인되었다. 이로 인해 많은 노동자들이 다치거나 심지어 사망하기도 했다. 이러한 문제를 해결하기 위해 고대 로마의 상인들은 작업장을 점검하고 필요한 안전 조치를 스스로 취해야 했다. 이에 따라 치안 판사(로마 시 정부의 대표자)는 기업이 직원의 안전보건을 확보할 수 있도록 구체적인 지침을 마련하였다. 그 내용으로는 1일 노동시간의 상한 설정, 직원의 휴식 시간 계획 수립, 적절한 장비 및 숙소 제공 그리고 지나친 악천후에서 작업하는 것을 금지하는 것을 포함하고 있다.

2.2 영국의 안전보건관리 역사

(1) 공장법(Factory Act 1802) - 안전보건관리의 태동

1760년 산업혁명이 시작되기 전에는 농업을 통해 생계를 유지하거나 집에서 제품을 만들고 판매하는 것이 일반적이었다. 그 후 영국은 산업 혁명을 거치면서 공장 시스템을 통해 대량 생산이 가능했다. 새로운 공장에서 일하기 위해 사람들은 도시로 이동하면서 일자리를 찾는 사람들이 증가하게 되었다. 값싼 노동력을 찾는 수요가 급증하였고 이로 인한 근무 시간은 길고 작업조건 또한 열악했다.

일하는 사람들의 복지를 위한 영국의 첫 번째 법은 1802년도 공장법(Factory Act)이다. 산업혁명의 본격화 이후 공장들이 분주해지면서 부족한 일손을 충원하기 위한 노동력은 빈곤한 견습생(pauper apprentices)으로 알려진 10세 미만의 아동이었다. 1800년에는 약 20,000명의 견습생이 면직 공장에 고용되었고 그 후 10년 동안 면직 산업 근로자의 1/5이 13세 미만의 어린이였다. 이러한 유형의 산업은 기계 기술을 사용하므로 다양하고 많은 사고로 인해 사망을 포함한 중대재해를 초래하였다. 아이들은 종종 기계 밑으로 기어 들어가야 했고, 이로 인해 팔다리를 잃고 짓눌리거나 목이 잘리기까지 했다. 당시 공장 소유주인 로버트 필(Robert Peel) 경은 공장법으로 알려진 '견습생의 건강 도덕법(Health and Morales of Apprentices Act)'을 1802년에 도입하였다. 공장법 1802는 3명 이상의 견습생 또는 20명의 직원을 고용하는 섬유 공장과 공장에 적용되며, 법에서 요구하는 사항은 아래와 같다.

- 생석회를 사용하여 연 2회 구내 청소
- 환기를 통해 충분한 신선한 공기 제공
- 모든 견습생에게 충분하고 적합한 의복 제공
- 숙박 시설 제공
- 견습생 야간근무 금지
- 견습생은 하루 12시간으로 근무 제한

하지만, 이 법은 실효성을 거두지는 못하였고, 국가가 직원의 안전보건에 대한 문제를 해결하기 위한 관심을 가져야 한다는 원칙을 제시한 수준에 그쳤다.

(2) 공장법(Factories Act 1833)

1802년 공장법이 도입된 이후 영국 정부는 제한적으로 방앗간에서 일하는 아이들의 안전을 확보하기 위하여 일련의 법률을 도입하기 시작했다. 1833년 공장법 조항에 따라 최초의 공장 감독관이 임명되었다. 그들의 주요 업무는 아동 노동의 과로를 방지하는 것이었다. 이 법은 모직 및 리넨 공장으로 확장되었다. 처음에 임명된 4명의 공장 감독관은 약 3,000개의 섬유 공장을 담당했다. 이후 1868년에는 35명의 공장 감독관이 선임되어 고유의 영역을 담당하였다.

(3) 최초의 사고 보상 사례(A Case of First Impression: Priestley v. Fowler, Factories Act 1837)

1835년 5월 30일 영국 Charles Priestley라는 직원이 업무 관련 부상으로 정육점을 운영하던 사업주인 Thomas Fowler를 최초로 고소한 사례가 있었다. 사고 당일 William Beeton은 네 마리의 말로 구성된 마차를 운전하였고, Charles Priestley는 동승하였다. 그들은 상점을 출발하여 Peterborough에서 20마일 떨어진 Buckden를 거쳐 최종 목적지인 런던에 도착할 예정이었다. Peterborough에 도착할 즈음 마차는 사고로 인해 전복되었다. 그 결과 William Beeton은 심각한 부상을 입지 않았지만, Charles Priestley는 허벅지가 골절되고 어깨가 탈구되는 부상을 입었다. Charles Priestley는 당시 19세 미성년자이었고, 그의 아버지 Brown Priestley는 아들을 대신해 사업주를 상대로 한 손해배상 소송을 최초로 제기하였다. 법원의 판결결과, 마차에 고기를 과적하여 발생한 사고로 사업주가 주의의무를 성실히 이행하지 않았으므로 £100를 지급하라는 결정이 최초로 내려졌다. 이 사례는 사업주가 안전과 관련한 주의 의무(duty of care)를 다해야 한다는 최초의 법원 판결이라는 점에서 의미가 있다.

(4) 사업주 책임법 1880(The Employer's Liability Act 1880)

당시, 사업주는 근로자가 저지른 자의적 혹은 비 자의적인 행동으로 인해 발생한 사고에 대하여 책임을 지지 않았다. 하지만 1880년도 사업주 책임법이 시행되면서 사고로 인해 부상을 입은 근로자 또는 그의 직계 가족은 보상을 받을 수 있게 되었다. 이 법은 근로자 또는 직계 가족이 부상 또는 사망에 대한 보상을 받을 자격이 있다고 명시했다는 측면에서 그 의미가 중요하다. 그 내용은 장비 또는 기계의 결함으로 인한 사고, 사업주가 근로자의 안전보건관리 감독을 부여한 사람의 업무 태만으로 인해 발생한 사고 그리고 사업주 또는 그 대리인의 명령이나 조례에 따라 해야 할 일을 하지 않아 발생한 사고 등이다.

(5) 안전보건법 1974(The Health and Safety at Work Act 1974)

1974년 안전보건법을 통해 기본적인 안전보건관리체계가 구축하였다. 이 법률은 1972년 일명 로벤스 보고서가 '고용과정에 있어 사람의 안전보건'이라는 제목으로 출간되면서 전폭적인 지지를 얻게 되었다. 당시에는 이전과 비교할 수 없을 정도로 많은 산업재해와 직업병으로 인한 문제가 부각되는 시기이기도 하였다. 따라서 실질적인 산업재해 예방 활동을 하기 위해 사업장 스스로가 유해 위험요인을 확인하고 과학적 방식에 따라 위험 수준을 낮추는 자율 안전보건관리 체계의 중요성이 부각되었다. 이 법은 공장법 이후 안전보건과 관련한 매우 중요한 입법으로 법의 구체적인 실행 내용과 관련 기관을 신설하는 등 영국의 안전보건관리에 있어 중대한 분수령이 되었다.

이 법은 여러 차례의 개정을 통해 4개의 장으로 구성(2019년 기준)되어 있다. 1장은 일과 관련한 보건, 안전 그리고 복리, 2장은 고용의료자문 서비스, 3장은 건축 명령 그리고 4장은 기타 사항을 포함하고 있다. 영국은 보통법원에서 만들어진 판례집을 중심으로 보통법이 형성되어 있으므로 보통법(common law)이라고 부르고 있다. 따라서 판례법 또는 불문법주의를 적용하고 있다고 볼 수 있다. 영국의 산업안전관련법 또한 보통법에 해당한다. 영국의 법령 체계는 법(act), 시행규칙(regulation) 및 명령(order)으로 구성되어 있다. 그리고 집행을 위한 승인된 실무규범(ACoPs, Approved Codes of Practice)과 지침(guidance), 그리고 법규는 아니지만 법에서 규격으로 인용하거나 법 해석 시 참조하는 민간의 기준(standard)이 있다. 아래 표는 영국의 법령체계 위계에서 안전보건법의 체계를 보여주는 표이다.

위계	내용
법(Act)	The Health and Safety at Work
시행규칙(Regulation)	HSW Act 하위 각종 Regulations - 산업안전보건관리 규칙(Management of Health and Safety at Work Regulations, 1999) - 산업 안전·보건·복지에 관한 규칙(Workplace Health, Safety and Welfare Regulations, 1992) - 상해, 질병 및 위험사고 보고규칙(RIDDOR, 1985) 등
시행명령(Order)	HSW Act 하위 각종 Orders
승인실무규범(ACoPs)	Approved Codes of Practice, Guidance
기준/표준(Standards)	유럽연합 입법과 지침: European Legislation, British Standards

(6) 안전보건청 설립 1975(HSE, Health and Safety Executive)

안전보건에 대한 종합적이고 전문적인 조직인 안전보건청이 1975년 1월 1일 설립되었다. 이 청의 역할은 안전보건과 관련한 영국의 국가 규제 기관으로 사람과 장소를 보호하고 모든 사람이 더 안전하고 건강한 삶을 영위할 수 있도록 돕기 위한 것이다. 그리고 근로자의 안전보건을 확보하는 것을 넘어서 공적 보증(public assurance)을 포함하는 것이다.

(7) 안전보건 응급처치 법률 시행 1981(Health and Safety (First Aid) Regulations)

1982년 7월 1일부터 시행된 안전보건 응급처치 규정에 따라 사업주는 직원들이 부상을 입거나 질병에 걸렸을 때 이에 대한 효과적인 응급처치를 할 수 있는 적절한 장비와 시설을 제공해야 했다. 사업주는 또한 응급처치를 위한 시설, 인력 및 장비의 위치 등 준비 사항을 직원들에게 알려야 했다. 게다가, 자영업자(self-employed people)들도 이 법률에 적용을 받았다. 안전보건과 관련한 사고예방을 물론 사고로 인한 부상이나 질병에서 빠른 조치를 통한 건강회복을 목적으로 한 법률 시행이라는 점에서 중요한 의미를 담고 있었다.

(8) 부상, 질병 및 위험발생 보고 규정 시행 1985(RIDDOR, Reporting of Injuries, Diseases and Dangerous Occurrences Regulations)

1985년 부상, 질병 및 위험발생 보고 규정(이하, RIDDOR) 시행으로 책임자는 업무 활동과 관련하여 사망하거나 부상 또는 특정 질병에 걸린 경우 또는 위험한 사건이 발생한 경우 집행 당국에 보고해야 한다. 전술한 책임자는 부상자, 자영업자 또는 작업이 수행되는 장소를 관리하는 사람의 사업주 또는 고용주일 수 있다. 사고와 질병에 대한 보고의 의무가 있는 책임자를 설명한 내용은 아래 표와 같다.

보고가능한 사고 (Reportable incident)	부상자 (Injured person)	보고책임자 (Responsible person)
사망, 특정한 부상, 7일 이상의 부상 또는 질병(Death, specified injury, over-seven-day injury or case of disease)	사업장 직원 (An employee at work)	부상자의 사업주(That person's employer)
사망, 특정한 부상 또는 7일 이상의 부상(Death, specified injury or over-seven-day injury)	타인의 지배하에 있는 사업장에서 일하는 자영업자(A self-employed person at work in premises under someone else's control)	사업장을 관리하는 사람(The person in control of the premises)
특정한 부상, 7일 이상의 부상 또는 질병(Specified injury, over-seven-day injury or case of disease)	그들의 통제하에 있는 구내에서 일하는 자영업자(A self-employed person at work in premises under their control)	자영업자 또는 그들을 대신하여 활동하는 사람(The self-employed person or someone acting on their behalf)
치료를 위해 병원으로 후송해야 하는 사망 또는 부상-또는 병원에서 발생하는 특정 부상(Death or injury which means you have to be taken to hospital for treatment (or a specified injury occurring at a hospital)	근무중이 아닌 환자, 자원봉사자 또는 방문객(다른 사람의 업무에 영향을 받는 사람)(A person not at work (but affected by the work of someone else), eg patient, volunteer or visitor)	사업장을 관리하는 사람 또는 사업장 내에서 사업 활동을 관리하는 사업주(The person in control of the premises or, in domestic premises, the employer in control of the work activity)
위험발생 (Dangerous occurrence)		위험한 사건이 발생한 (또는 그 작업과 관련하여) 사업장을 관리하는 사람(The person in control of the premises where (or in connection with the work at which) the dangerous occurrence happened)

RIDDOR보고 규정에 따라 보고 가능한 부상, 위험한 발생 또는 질병을 보고하지 않을 경우, 형사 범죄로 간주되어 기소될 수 있다. 다만, 사고를 보고한다는 것이 그 사고의 책임을 인정하는 것이 아니다.

규정에 따라 다양한 유형의 사고별로 보고 시간이 명시되어 있지만, 가능한 한 빨리 사고를 보고하는 것이 좋다. 보고된 사망, 특정 부상 또는 위험한 사건이 발생한 경우에는 지체 없이 집행 기관에 통보해야(notify) 하며, 최대 10일 이내에 보고해야 한다. 7일 이상의 부상은 사고 발생 후 15일 이내에 보고해야(report) 한다. 질병의 경우, 등록된 의사(RMP)의 서면 검토가 완료된 이후 즉시 보고해야 한다. 모든 사고는 HSE 홈페이지 www.hse.gov.uk/riddor를 통해 온라인으로 보고하되, 사망사고나 특정한 부상의 경우 유선으로도 가능하다. 사업주는 3일 이상의 부상(보고 가능한), 질병 그리고 위험발생과 관련한 서류를 3년간 보관해야 한다. 해당 서류에는 신고일시와 방법, 사건일자, 시간 및 장소, 관련자의 인적 사항, 부상정도 및 사고나 질병에 대한 간략한 설명이 포함되어야 한다. 다만, 사회보장 규정 1979에 따라 사고기록을 보관하는 경우 해당 기록은 RIDDOR 기록으로 인정받을 수 있다.

(9) 유해한 물질 통제를 위한 건강 규정 1988(COSHH, Control of Substances Hazardous to Health Regulations)

이 규정은 업무 활동으로 인해 유해한 물질에 노출될 수 있는 사람들의 건강을 보호하기 위해 도입되었다. 사업주는 유해한 물질의 노출을 막기 어려울 경우, 적절한 보호 장비와 통제 조치를 제공하고 그러한 장비가 적절하게 유지, 검사 및 시험하고 시험 결과를 기록 및 보관해야 할 의무가 있다.

환경 위험(Dangerous to the environment)은 야생 동물, 식물, 사람, 기상 시스템과 같은 환경 측면에 즉각적이거나 지연된 영향을 줄 수 있는 화학 물질이다. 독성(Toxic)은 건강에 해를 끼치는 화학 물질로 소량으로도 심각한 피해를 줄 수 있다. 심볼의 왼쪽 상단 모서리에 T＋가 포함되어 있으면 매우 낮은 수준으로도 건강에 해를 끼칠 수 있는 화학 물질을 의미한다. 압력을 받고 있는 가스(Gas under pressure)의 심볼은 가스 실린더를 의미하고, 가스가 압력을 받고 있는 상황을 나타낸다. 부식성(Corrosive)은 화학 반응을 통한 접촉으로 다른 물질을 손상시키거나 파괴할 수 있는 물질이다. 부식성은 액체, 고체, 기체, 미스트 및 증기를 포함한 모든 물질 상태로 존재할 수 있다. 폭발물(Explosives)의 심볼은 폭탄을 의미하고, 폭발을 일으킬 수 있는 화학 물질이나 기타 물질에 의해 폭발이 일어난다. 대량 폭발 위험, 심각한 돌출 위험, 화재, 폭발 또는 돌출 위험, 화재로 인한 대량 폭발 그리고 불안정한 폭발 등 다양한 연관성이 있다. 그리고 폭발의 속도에 따라 폭연(deflagration)과 폭굉(detonation)으로 구분한다. 인화성(Flammable)의 심볼은 불꽃을 의미하고 공기가 존재하는 하는 장소에서 점화원으로 인해 발화하는 인화성 화학물질 또는 기타 물질을 의미하며, 인화점이 낮거나 물과 접촉하면 인화성이 높은 가스를 만들어 낼 수 있다. 주의-건강에 덜 유해한 물질 사용 (caution - used for less serious health hazards like skin irritation)은 건강에 즉각적이거나 심각한 위협을 가하지 않을 수 있지만 작업장 내에서 조심스럽게 다루어야 하는 약간 덜 위험한 물질과 관련이 있다. 산화(oxidizing)는 다른 화학 물질과 발열 반응을 하는 화학 물질 및 조제품으로 종종 연소를 일으킨다. 일반적인 산화제로는 산소, 과산화수소 및 할로겐 등이 있다. 장기적인 건강 위험(Longer-term health hazards)은 암 유발(발암성) 인자 또는 시간이 지남에 따라 손상(만성 또는 장기적 건강 위험)을 유발하는 호흡기, 생식 또는 기관 독성이 있는 물질의 존재를 나타낸다.

(10) 인력취급 작업 규정 1992(Manual Handling Operations Regulations)

인력취급과 관련한 부상은 광범위한 근골격계 질환(MSD, musculoskeletal disorders)의 일부이다. 근골격계 질환은 상지/하지 또는 등의 관절 또는 기타 조직의 모든 부상, 손상 또는 장애를 포함한다. 일부 근골격계 질환은 업무 활동으로 인해 발생하지만 일부는 업무 외 활동으로 인해 발생하거나 업무와 관련 없는 질병의 결과일 수 있다. 사람이 근골격계 질환의 영향을 받는 정도는 매우 다양하며, 정상적인 활동을 할 수도 있지만 그렇지 않을 경우도 있다. 더욱이 이러한 인력취급 작업과 관련한 부상은 전체 부상에서 상당한 부분을 차지하고 있다. 이에 따라 인력취급 작업 규정이 1992년에 신설되었다. 사업주는 인력취급 작업 규정에 따른 조치를 해야 한다. 조치는 합리적으로 실행 가능한 정도(so far as is reasonably practicable) 수준으로 위험성(risk)을 낮추어야 한다. 이러한 조치는 작업과 관련한 위험성평가를 통한 위험성 감소조치를 포함한다.

(11) 디스플레이 화면 장비 규정 1992(DSE, Display Screen Equipment Regulations)

디스플레이 화면 장비(DSE)는 숫자 또는 그래픽 디스플레이 화면이 있는 장치 또는 장비이며 디스플레이 화면, 랩톱, 터치 스크린 및 기타 유사한 장치를 포함한다. 일부 작업자는 DSE의 남용 또는 부적절한 사용으로 인해 피로, 눈의 피로, 상지 문제 및 요통을 경험할 수 있다. 이러한 문제는 잘못 설계된 워크스테이션이나 작업 환경에서도 발생할 수 있다. 원인은 항상 명확하지 않을 수 있으며 여러 요인의 조합으로 인해 발생할 수 있다. 이러한 사유로 디스플레이 화면 장비 규정이 1992년도에 신설되었다.[1]

---

1) 디스플레이 화면 장비(DSE)라는 용어를 미국과 국내에서는 영상표시단말기(VDT, Visual Display Terminal)로 표현하고 있다. 국내는 1997년 5월 12일 고시된 영상표시단말기(VDT) 취급 근로자의 작업관리지침에 따라 상세한 규정이 만들어졌다. 자동화와 IT기술의 발달로 인한 컴퓨터 및 인터넷 활용이 많아지면서 여러 부상과 질병을 예방하기 위한 목적으로 법제화되어 적용되고 있다(2011년 안전보건공단이 발간한 VDT 따른 근골격계질환 유해요인 관리방안 연구).

(12) 현재

1974년 안전보건법이 만들어진 이래 매년 많은 규정, 법률 및 법령이 신설되면서 더 많은 안전보건 기준을 포함하고 있다. 이 법은 영국의 안전과 보건에 관한 근본적인 법으로 자리 매김을 하며, 사업장의 사고를 예방하는 데 일조하고 있다. 이 법이 생긴 1974년 시점의 중대재해는 651건이었고, 부상은 336,722건으로 보고되었다. 한편, 2019년 시점의 중대재해는 147건이었고, 부상은 69,208건으로 상당히 많은 중대재해와 부상재해가 줄었다. 하지만, 더 많은 사고와 재해를 줄이기 위해 매년 더 많은 규정, 법률 및 법령이 신설되어 운영되고 있다.

2.3 미국의 안전보건관리 역사

(1) 매사추세츠 공장법 1877(Massachusetts Factory Acts)

미국의 산업 혁명 과정에서 근로자는 불결하고 위험한 작업 환경에 노출된 상태로 작업을 했어야 했다. 이로 인해 산업재해가 증가함에 따라 몇 개의 주에서 근로자를 보호하기 위한 다양한 입법이 있었으며, 연방 차원에서 산업안전보건에 관한 입법이 추진되었다. 특히 1870년 매사추세츠 노동 통계국은 "무방비 상태의 기계로 인한 위험, 환기 부족으로 건강 위험, 화재 시 비상탈출 구 확보 미흡 등의 사업장을 개선하는 것은 구체적인 법제정으로만 가능하다"는 의견을 제시하였다. 여러 차례 법안이 불가결되던 과정에서 매사추세츠 주는 1877년 미국 최초로 주 공장감독법을 제정하였다. 이 법은 1833년 제정된 영국의 공장법을 모태로 상당 부분을 차용하여 만들어졌다. 이후 북부의 다른 주에서도 관련 입법이 추진되었고, 1897년까지 18개 주에서 유사한 입법이 완료되었다.

(2) 연방 사업주 책임법 1908(Federal Employers Liability Act)

연방 사업주 책임법(FELA, Federal Employers Liability Act)은 철도 근로자의 안전을 확보하기 위하여 1908년 의회에서 제정되었다. 연방 사업주 책임법에 따라 사업주는 근로자의 부상과 사망에 대한 책임을 갖는다. 연방 사업주 책임법은 부상당한 근로자 또는 유가족에게 보상을 제공할 책임을 사업주에게 부여했다. 하지만, 이러한 보상을 받기 위한 근로자(또는 그 가족)는 사업주의 과실을 입증해야만 했다.

(3) 트라이앵글 셔츠 웨이스트 공장 화재 1911(Triangle Shirtwaist Factory Fire)

1911년 3월 25일 뉴욕 맨해튼 그리니치 빌리지 인근에 있던 트라이앵글 셔츠 웨이스트(Triangle Shirtwaist) 공장 화재는 미국 역사상 가장 치명적인 산업재해이다. 이 화재로 인해 146명(여성과 소녀 123명과 남성 23명)이 화재, 연기 흡입, 추락으로 사망했다. 사망자 대부분은 이탈리아 유민 혹은 유대인 이민자이다. 화재 당시 공장에는 비상 탈출구가 하나 밖에 없었고, 직원들이 휴식을 취하지 못하도록 대부분의 계단과 출구가 잠겨 있었다. 이러한 열악한 근무 환경에서 비롯된 대형 화재로 인해 대중의 분노 수준은 높았다. 트라이앵글 셔츠 웨이스트 공장 화재로 근로자 보상, 건축 및 화재 안전 규정, 그리고 궁극적으로 안전보건과 관련한 법령체계를 구축해야 한다는 사회적 요구가 있었다.

(4) 위스콘신 근로자 보상법 1911(Wisconsin Workmen's Compensation Act)

산업화와 기계화로 인해 근로자가 작업 중 부상을 입는 상황이 증가하는 시점에서 국가적인 사회보장 제도가 필요하다는 인식이 있었다. 이에 따라 1908년 연방정부 차원에서 근로자 보상을 시작으로 1911년 위스콘신주가 가장 먼저 근로자보상법(Worker's Compensation Act)을 통과시켰고, 1948년 33개 주에서 시행되었다. 독일의 경우 이미 1870년도 근로자 보상법을 도입하여 유럽 전역으로 빠르게 확산된 바 있다.

(5) 국가안전위원회 1913(National Safety Council)

1912년 위스콘신 주 밀워키에서 산업계와 정부를 대표하는 200명의 사람이 모여 미국 산업계에서 인간의 생명과 안전을 증진하기 위한 상설 기구인 국가산업안전협의회(National Council for Industrial Safety)가 설립되었다. 그리고 국가산업안전협의회를 전신으로 작업장 안전 이외에도 처방약 남용, 청소년 운전, 운전 중 휴대전화 사용, 가정 및 지역사회의 안전을 포함하여 예방 가능한 부상과 사망사고를 예방하기 위한 목적의 비영리 조직인 국가안전위원회가 1913년 창설되었다.

(6) 금문교 설치 공사 1933(Golden Gate Bridge)

샌프란시스코의 교통 체증을 해결하기 위한 목적으로(프랭클린 D. 루스벨트 대통령의 지시 사항) 1933년 1월 5일 금문교 설치 공사가 시작되었다. 그리고 2월 26일 크리시 필드(현재의 골든게이트 국립 레크리에이션 지역) 근처에서 최소 10만 명이 참석한 가운데 공식적인 금문교 설치 공사 착공식이 열렸다. 공사를 시행하기 위한 인허가와 계획이 수립되었고, 수석 엔지니어인 Joseph Strauss는 금문교와 고속도로 국 이사회에 금문교 설치 공사 최종보고서를 제출하였다. 당시 금문교 설치공사 비용은 약 23,843,905달러였다.

금문교 설치 공사를 해안에서 하는 사유로 혹독한 날씨와 기상조건으로 인한 어려움이 있었다. 더욱이 이 다리는 바다의 탑에 의해 지탱되는 최초의 현수교로 여러 위험한 조건이 많았다. 더욱이 공사를 전문으로 하는 근로자 이외에도 불특정 다수가 이 공사에 지원하는 계기가 되었다(당시는 대공항 시대로 노동력의 24.9%가 실업 상태에 있을 때 공사가 시행되어 비 전문인력을 고용할 수밖에 없는 조건이었다). 그들은 높은 철 구조물을 오르고 험한 날씨와 위험한 발판에서 두려움을 느끼지 않고 일을 해야만 했다. 또한 금문교 설치 공사 이전에는 건설 노동자들, 특히 높은 곳에서 일하는 사람들에 대한 안전 조치가 거의 없었다.

Joseph Strauss는 교량 건설 역사상 가장 광범위한 안전 예방 조치를 적용해야 한다고 주장하였다. Joseph Strauss는 안전 장비 제조업자인 에드워드 W. 불라드가 채굴용 헬멧을 산업용으로 개조한 것을 금문교 설치공사 작업자가 사용해야 한다고 주장하였다. 그리고 추가적인 안전 대책으로는 눈부심이 없는 고글, 바람으로부터 보호하기 위한 특별한 손과 얼굴 크림, 그리고 어지럼증을 퇴치하는 특별한 식단 구성, 추락을 방지하는 안전선, 다리 밑 전체에 설치한 추락 방지망 그리고 현장 의료진 배치 등이 포함되었다.

이 모든 예방 조치는 공사 중에 발생할 수 있는 사망사고를 줄이는 효과가 있었다. 그의 안전 예방 조치는 많은 생명을 구하고 새로운 작업장 안전 기준을 설정하는 데 도움을 주었다. 그리고 그가 적용한 안전 장비가 생명을 구한다는 것을 세상에 증명한 계기가 되었다. 금문교는 1937년 5월 27일 개통되었다. 그날, 거의 200,000명의 사람들이 당시 세계에서 가장 긴 현수교를 건넜다. 오늘날, 거의 3천 9백만 대의 차량이 매년 이 다리를 건넌다.

(7) 탄광 안전법 1952(Coal Mine Safety Act)

1951년 12월 일리노이주의 오리엔트 2호 광산에서 폭발이 일어나 지하에서 일하던 광부 256명 중 119명이 사망했다. 누적된 메탄가스에 전기 장비의 아크로 인한 폭발로 알려져 있다. 이를 계기로 미국 제33대 대통령인 해리 트루먼 대통령은 1952년도 '탄광의 주요 재해 방지에 관한 법안인 S. 1310'에 서명하였다. 이 법은 지하 탄광에 대한 정기적인 안전검사를 승인하고, 위험이 임박한 경우 광산국으로 하여금 광산을 폐쇄할 수 있는 권한을 부여하는 것이었다. 또한 메탄가스를 관리하기 위하여 환기를 의무화하고 석탄 먼지 수준을 제한하기 위한 조치를 취했다.

(8) 산업안전보건법 1970(Occupational Safety and Health Act)

산업안전보건법(OSHA, Occupational Safety and Health Act)이 통과되기 전 미국에는 연방 정부를 차원에서 근로자 건강과 안전을 보호하는 법적 제도가 별로 없었다. 대부분의 사업주는 안전 장치나 설비를 도입하는 비용보다는 사망이나 부상으로 인한 보상 비용이 훨씬 저렴했기 때문에 자발적으로 투자를 통해 개선하는 것을 꺼렸다. 이 법이 생기된 목적은 사업주로 하여금 독성 화학 물질에 대한 노출, 과도한 소음 수준, 기계적 위험, 열 또는 추위 스트레스 또는 비위생적 조건과 같은 위험한 환경을 개선하도록 하는 것이다. 산업안전보건법은 1970년 의회에서 제정되었으며 1970년 12월 29일 리처드 닉슨 대통령의 서명을 통해 공포되었다. 이 법은 미국의 민간 부문 및 연방 정부에서 안전보건에 관한 연방법을 규율하는 미국 노동법이다. 이 법이 공포된 이후 미국의 산업안전보건청(OSHA, Occupational Safety and Health Administration)과 국립산업안전보건연구소(NIOSH, National Institute for Occupational Safety and Health)가 설립되었다.

산업안전보건청은 산업안전보건법이 발효되는 시점인 1971년 4월 28일에 설립되었다. 이

청의 전신은 1922년 설립된 노동부 산하 노동기준국(Bureau of Labor Standards)으로 그동안 많은 안전보건 문제를 연구해 왔다. 이 청은 사고 예방을 위해 다양한 교육 지원, 규정 준수 지원, 건강 및 안전 인식 프로그램 등을 운영해 왔다. 또한 1972년 산업안전보건청 산하 산업안전보건청 교육 연구소(OSHA Training Institute)가 업무를 개시하였다.

미국 국립 직업안전위생연구소는 산업안전보건법이 공포되는 시점인 1970년 12월 29일에 창립되었다. 이 연구소는 작업이나 업무 관련한 부상과 질병 예방을 위한 연구를 수행하고 권장하는 미국 연방 기관으로 미국 보건복지부 내의 질병통제 및 예방센터(CDC, Center for Disease Control and Prevention) 소속이다.

(9) 석면표준 1972(Asbestos Standard)

산업안전보건청은 석면 섬유가 폐와 복부의 암을 유발하는 요인으로 지목하고 1971년 석면의 위험에서 근로자들을 보호하기 위해 긴급 임시 표준을 수립하였다. 이 표준에는 규칙 제정에 대한 주요 통지와 석면과 관련된 31개의 연방 관보 통지를 발행했다. 그리고 석면과 관련한 안전보건 기준 준수 여부를 확인하였다. 이후 1972년 6월 최종적으로 포괄적인 석면표준이 안내되었고, 1976년 7월 공포되었다. 석면 표준에는 허용가능한 노출 한계(PEL, Permissible Exposure Limit) 설정, 엔지니어링 제어, 개인 보호 장비, 공기 또는 노출 모니터링, 의료 감시, 작업 관행, 라벨, 폐기물 처리 및 기록 보관과 같은 보호 조치에 대한 요구 사항이 효과적으로 담겨 있어 OSHA의 건강 규정 모델 역할을 했다.

(10) 자발적 보호 프로그램(Voluntary Protection Programs, VPP)

1982년경 산업안전보건청은 사업장의 자발적인 안전보건 활동을 격려하고 인정하기 위하여 자발적 보호 프로그램(Voluntary Protection Programs, 이하 VPP)을 시행하였다.

VPP의 입법적 토대는 1970년에 공포된 산업안전보건법 섹션 (2)(b)(1)에 아래와 같이 언급되어 있다.

사업장에서 산업 안전보건과 관련한 위험을 줄이기 위해 사업주와 근로자를 격려하고, 새로운 프로그램을 도입하여 안전하고 건강한 작업환경을 제공한다. (By encouraging employers and employees in their efforts to reduce the number of occupational safety and health hazards at their places of employment, and to stimulate employers and employees to institute new and to perfect existing programs for providing safe and healthful working conditions)

VPP는 민간 산업과 연방 기관이 자발적으로 위험확인과 통제, 위험성 평가 시행, 교육과 훈련 시행 그리고 관리자와 근로자 간의 협력을 통한 사고예방 활동을 하도록 권장하는 관

리 방안이다. VPP는 각 산업별 평균 재해율보다 낮은 수준으로 관리하기 위해 근로자의 참여를 적극적으로 권장한다. 이 프로그램은 1979년 캘리포니아에서 실험적 프로그램으로 시작되었다. 그리고 산업안전보건청은 1982년 공식적인 프로그램으로 발표하였고, 1998 미국 연방 사업장을 대상으로 확장하였다. VPP 자격을 얻기 위해서는 현장에 효과적인 안전보건 관리 시스템이 구축되어 있어야 하고 근로자의 참여와 재해율이 평균 수준 미만이어야 한다. VPP는 모든 유형의 산업에 개방되어 있으며 모든 규모의 기업이 자격을 얻을 수 있다. VPP는 세 가지 자격인증으로 구성되어 있다. 첫 번째는 가장 우수한 인증인 STAR로 사업장의 위험요인을 효과적으로 통제 및 관리하여 지속적인 개선을 통한 모범적인 성과를 보인 사업주 및 근로자에 대한 인정이다. 아래 사진은 아이오와 주(Iowa)에 있는 Cargill Cedar Rapids가 STAR 인증을 받은 모습이다.

두 번째로 우수한 인증은 MERIT로 우수한 안전 및 건강 관리 시스템을 개발하고 구현했지만 STAR 인증 수준에 도달하기 위해 추가 조치를 취해야 하는 사업주 및 근로자에 대한 인정이다. 다음 사진은 아이오와 주 마하스카군 오스카루사(Oskaloosa) 지역의 Clow Valve 회사가 MERIT 인증을 받은 모습이다.

세 번째 인증은 DEMONSTRATION으로 현재 VPP 요구사항과는 다른 효과적인 안전보건 관리 시스템을 운영하는 사업주 및 근로자에 대한 인정이다.

한편, 안전보건성취인증프로그램(Safety and Health Achievement Recognition Program, 이하 SHARP)은 VPP와 유사하지만 소규모 기업을 대상으로 적용한다. SHARP는 VPP와 마찬가지로 모범적인 안전보건 관리 시스템을 갖춘 사업주를 인정하기 위한 프로그램이다. SHARP는 VPP와 달리 하나의 현장에서 근무하는 근로자가 250명 미만, 회사 전체 근로자가 500명 미만의 사업주만이 참여할 수 있는 프로그램이다. VPP와 달리 SHARP인증은 주 컨설팅 프로젝트 관리자가 시행한다. SHARP 인증 기준은 위험 식별, 프로세스에 근로자 참여, 확인된 모든 위험 개선, 산업안전보건청의 지침을 충족하는 안전보건 관리시스템이 구비되어야 하고 재해율이 국가 평균 미만이 되어야 한다. SHARP 인증은 소규모 회사들이 좋은 안전보건 관리시스템을 구비하고 있지만, VPP 요구조건을 모두 충족하지 못할 경우 신청할 수 있는 좋은 프로그램이다. 다음 사진은 플로리다 주에 있는 PalletOne이라는 회사가 SHARP인증을 받은 모습이다.

Jennifer Schneider(2004) 등은 산업안전보건청의 VPP와 SHARP 프로그램을 현장에 적용한 사업장을 대상으로 전화 인터뷰 연구를 시행하였다. 연구 대상은 한 현장에 250명 미만의 근로자가 근무하고 총 근로자가 500명 미만인 중소기업을 대상으로 하였다. 인터뷰 내용은 아래 표와 같다.

---

1. 귀사가 VPP/SHARP 프로그램을 시행하게 된 주된 동기는 무엇입니까?
2. VPP/SHARP 요구 조건을 충족하기 위해 무엇이 가장 필요합니까?
3. 안전보건 관리 프로그램을 실행하는 데 문제가 있었습니까? 그 문제를 지속적으로 개선하고 있나요?
4. 귀사에서 누가 안전보건 관리를 하고 있나요? 몇 명이 관리하고 있나요?
5. 귀사에서 효과적인 안전보건 관리를 시행하는데 필요한 노력을 측정하고 있나요?(예: 안전 관련 작업에 소요되는 인시, 사람 수, 주당 시간)
6. VPP/SHARP프로그램을 시행한 이후 개선된 점이 있습니까? 어떤 부분이 가장 많이 개선되었나요?
7. 안전보건 성과는 어떻게 측정하나요?

다양한 업종의 15개 중소기업이 설문조사에 참여했다. 3개는 건설 회사, 3개는 의료 시설, 나머지는 일반 산업 또는 제조업이었다. 조사 대상 현장 중 10곳은 VPP 인증을 받았고, 5개는 SHARP 인증을 받았다. 일곱 가지 질문에 대한 답변 결과는 다음 표와 같다.

질문	답변
1. 귀사가 VPP/SHARP 프로그램을 시행하게 된 주된 동기는 무엇입니까?	- 부상자 수를 줄이고 근로자 보상 비용을 줄이는 것을 주된 동기로 답변하였다. - 사고건수 감소, 보험 비용 감소, 법규 위반 과태료 감소, 구성원의 참여 증진 그리고 구성원의 안전을 보장하기 위한 목적이라고 답변하였다. - SHARP 인증을 받은 기업은 무료 상담 서비스에 관심을 가졌다는 답변을 하였다. - 3개 건설회사는 VPP인증을 취득함으로써 영업 경쟁우위를 점할 수 있었다는 답변을 하였다. - 기존의 안전보건 관리 프로그램 시행으로 별 다른 효과가 없어 프로그램을 신청하게 되었다고 답변하였다. - 두 개의 건설회사는 안전보건이 회사의 중요한 가치임을 일깨우고 새로운 것을 도전하기 위해 신청하게 되었다고 답변하였다.
2. VPP/SHARP 요구 조건을 충족하기 위해 무엇이 가장 필요합니까? 3. 안전보건 관리 프로그램을 실행하는 데 문제가 있었습니까? 그 문제를 지속적으로 개선하고 있나요?	- VPP 요구 사항을 충족하기 위해 가장 많은 작업이 필요한 영역은 문서화라고 답변하였다. 서류 작업이 가장 어렵다고 답한 사람은 8명이었다. - 세 회사는 교육이 가장 부족하다고 답변하였다. - 프로그램을 신청하는 단계에서 상당히 많은 양의 서류를 제출해야 하는 어려움이 있었다는 답변이 있었다. 다만, 초기에 많은 서류를 구비하면, 이후 점차 서류의 양은 줄어든다는 답변 또한 있었다. - 프로그램 초기 구성원의 협조와 관심을 이끌어 내는 것이 어렵다고 답변하였다. 이에 대한 해결방안으로 안전 위원회 개최, 무료 도넛이 있는 안전 회의 시행, 근로자 피크닉 참여 시 하루를 쉬는 보상을 제공 등이 있었다고 답변하였다. - 프로그램을 운영하면서 지속적인 리마인드가 필요하다. 만일 그렇지 않으면 다시 예전으로 복귀된다는 답변이 있었다. - 2개의 의료 서비스 회사는 24시간 시설을 운영하고 많은 교대 근무를 하기 때문에 구성원들이 안전 회의에 참석하는 데 어려움을 겪고 있다고 말했다.
4. 귀사에서 누가 안전보건 관리를 하고 있나요? 몇 명이 관리하고 있나요? 5. 귀사에서 효과적인 안전보건 관리를 시행하는데 필요한 노력을 측정하고 있나요?(예: 안전 관련 작업에 소요되는 인시, 사람 수, 주당 시간)	- 상당수의 중소기업은 안전보건을 전담으로 하는 사람이 없었고, 기타 업무를 수행하는 사람이 겸직을 하는 경우가 있었다. - 일반적으로 1명에서 3명 사이의 감독자 또는 관리자가 자신의 업무 외에 안전 업무를 맡았다. 대기업일수록 전담 안전보건관리자가 상주할 가능성이 크다. - 세 개의 제조 회사는 프로그램을 더 효율적으로 운영하기 위해 ISO 9001과 같은 품질 프로그램의 요구 사항을 포함했다고 답변하였다. - 안전을 전담으로 하는 관리자가 없어 감독자나 관리자는 안전업무를 수행해야 했는데, 그들은 자신이 현장업무와 안전업무를 조화롭게 할 수 있는 기회가 되었다고 답변하였다. 실제로 안전업무는 실제 업무와 떨어져 있지 않고 같이 조화롭게 운영되어야 하는 것으로 답변하였다. - 근로자들에게 안전과 건강에 대한 책임이 준다면, 그들은 더 많은 관심을 갖게 될 것이라고 답변하였다. - 소규모 기업에서 효과적인 안전보건 관리 시스템을 구현하고 운영하는

	데 있어, 초기에는 상당한 시간이 걸렸다고 답변하였다. 그러나 일단 프로그램이 구성되면, 관리하는 데 걸리는 시간이 훨씬 줄어들었다고 답변하였다. - 프로그램 초기에는 서류작성과 구성원 교육에 많은 시간을 할애했다고 답변하였다. 한 시설은 주당 약 4~6시간으로 추정했고 다른 시설은 처음에 주당 2~3시간이라고 했다. - 제조 공장들은 안전과 관련된 일에 더 많은 시간을 소비했다. 한 회사는 일주일에 8시간, 각 부서장 주관으로 일주일에 2~3시간을 할애하였다. - VPP 요구사항은 SHARP 요구사항보다 더 엄격하기 때문에 VPP의 적용 단계가 상당히 길어질 수 있다. - 한 건설 회사는 VPP를 준비하는 데 2년이 걸렸다고 말했다.
6. VPP/SHARP프로그램을 시행한 이후 개선된 점이 있습니까? 어떤 부분이 가장 많이 개선되었나요?	- 조사 대상 기업들은 모두 VPP나 SHARP에 프로그램을 시작한 후 많은 개선이 있다고 했다. - 근로자가 의사 결정을 내리고 안전 팀이 업무 지원을 하며, 경영진이 지원을 하였다. - 7개 기업은 근로자들의 자부심과 사기 향상이 있었다고 답변하였다. - 구체적인 성과는 근로자의 위험인식과 교육 수준이 개선과 사고율이 감소되었다는 것이다. 그리고 근로자 사고보상 비용이 감소하였다. - 근로자는 자발적으로 위험요인을 보고하였다. - 아차사고와 응급처치 수준의 사고를 추적하고 검토하였다. 이전에는 이런 사고는 경영진에게 보고되지 않았다. - VPP 인증을 받은 건설회사는 영업 마케팅에 많은 도움이 되었다고 하였다. - VPP프로그램을 시작으로 건설현장의 근로자는 더 이상 산업안전보건청 직원들을 감시자로 보지 않았다. - 3개 회사는 VPP 인증을 받고 6년 이내에 25만 달러의 비용을 절감할 수 있다고 하였다. 책임보험료도 감소하였다. - SHARP 프로그램을 시작한 공장의 경우, 연간 10,000달러 이상을 절감할 수 있었다.
7. 안전보건 성과는 어떻게 측정하나요?	- 산업안전보건법에 따른 부상이나 질병 기록을 기본적으로 유지한다고 답변했다. - 총근무 시간 중 일어난 근로손실 일수를 산정(근로손실율)하는 방식으로 성과를 측정한다고 답변했다. - 아차사고나 응급처치 보고 건수를 산정한다고 답변했다. - 네 개의 회사는 년간 보험료 추정치를 기반으로 측정한다고 답변했다. - 사업장 세 곳은 사고율이 안전보건관리 시스템의 정확한 반영이 아니므로 성과측정에 반영하지 않는다고 답변하였다. 대신 안전보건 활동에 근로자의 이해와 참여수준을 성과측정에 반영한다고 했다(이 사업장은 사고가 극히 드물게 발생하는 곳이다). - 구성원의 위험인지 수준, 위험 커뮤니케이션 개방 수준 및 경영진의 빠른 조치 수준을 성과측정 요인으로 포함한다고 답변했다. - 근로자의 안전보건 만족도를 성과측정 요소에 포함한다고 답변했다.

Jennifer Schneider(2004) 등의 인터뷰 연구 결과, VPP 프로그램을 시행한 사업장은 전술한 일곱 가지 질문에 대부분 긍정적인 영향을 있었음을 답변하였다. 그럼에도 불구하고 추가적인 보완이 필요하다는 연구 내용도 있다. 그 핵심 내용으로는 VPP 인증을 경영 마케팅으로 활용, 부상과 질병 관련된 성과측정에 구성원의 참여, 사기진작, 경영진과의 커뮤니케이션 등의 요인 추가 설정 등이다. 그리고 중소기업의 경우 먼저 SHARP 프로그램을 적용한 이후 VPP 프로그램을 시행하는 것이 보다 효과적이라는 검토사항이 있었다.

2.4 한국의 안전보건관리 역사

(1) 일제 강점기 안전보건관리

일제강점기에 광산, 부두, 운수, 토목, 건설현장 등에서 임금근로자 수가 증가하였다. 이 시기의 근로자들을 중심으로 노동조합의 결성과 노동운동이 전국적 규모로 나타났다. 조선총독부 식산국[2] 조선광업의 1938년 통계자료를 보면, 1930년 광산재해 건수가 2,812건으로 부상자가 3,052명(사망 76명 포함)에 이르렀다. 1938년에 재해 건수는 9,571건(3.4배)으로 부상자가 9,631명으로 약 3.2배가 늘었다. 그리고 사망자는 366명으로 약 4.8배 증가할 정도로 작업환경이 열악했으며, 안전보건관리는 전무했다고 볼 수 있다.

(2) 산업안전보건법 최초 입법 1945

산업안전보건법 최초 입법은 1945년 일본으로부터 해방된 이후 미군의 군정법령 아동법규(제102호, 1946년 9월 18일)와 최고노동시간에 관한 법령(제121호, 1946년 11월 7일)을 시작으로 입법되었다.

(3) 근로기준법 제정으로 안전보건 조치 포함 1953

1953년 근로기준법 제정(1953년 5월 10일)을 계기로 제6장에(제64조부터 제73조) 10개(위험방지, 안전장치, 특히 위험한 작업, 유해물, 위험작업의 취업제한, 안전위생교육, 병자의 취업금지, 건강진단, 안전보건관리자와 보건관리자, 감독상의 행정조치 등)의 조문을 두었다. 이후 근로보건관리규칙이 대통령령으로 1961년 9월 11일 공포되었다.

(4) 산업안전보건과 관련한 법적 제도 마련 1962

1962년 5월 7일 근로안전보건관리규칙이 제정되면서 대한민국의 산업안전과 관련한 법적 제도가 마련되었다. 이러한 시기에는 산업안전 관리와 사고 예방적인 측면보다는 산재보상을 고려하여 만들어진 법령이라고 볼 수 있다.

---

2) 1910년 10월 1일 한일 병합 조약이 체결되어 조선총독부가 설치되면서 농상공부(農商工部)에 속하는 국으로서 상공국(商工局)과 함께 식산국이 설치되었다. 이후 광공국(鑛工局)으로 이름이 변경되어 조선총독부가 폐지될 때까지 존재한 내부부국의 하나이다.

(5) 경제성장과 함께 부상과 사망자로 인한 경제적 손실 1960~1970

대한민국이 경제 성장기에 접어 들면서 기존의 생산방식을 탈피하여 기계설비의 대형화, 유해화학물질 대량 사용 그리고 대규모 건설공사 시행 등으로 인한 산업재해 현황을 살펴보면, 전체 산업의 재해자는 1970년에 37,752명이었으나, 1980년에는 113,375명으로 3배 증가하였다. 그리고 사망자는 1970년에 639명이었으나, 1980년에는 1,273명으로 2배 늘었다. 또한 직업병에 걸린 사람은 1970년에는 780명이었으나 1980년에는 4,828명으로 6.2배 늘었다. 이로 인한 경제적 손실 추정액은 1970년에 92억 1,500만원이었으나 1980년에는 3,125억 2,300만원으로 33.9배 증가되어 산업재해로 인한 경제적 손실의 심각성을 보여주었다. 아래 표는 1970년대와 1980년대의 산업재해자, 직업병, 사망자 및 경제적 손실을 요약한 내용이다.

연도	산업재해자	직업병	사망자	경제적 손실
1970	37,752	780	639	92억
1980	113,375	4,828	1,273	3,125억
1970년 대비 1980년 수준	3배 증가	6.2배 증가	2배 증가	33.9배 증가

이로 인하여 기존 근로기준법에 속해 운영되었던 안전보건 관련 기준을 독립법으로 제정하는 것이 필요하다는 사회적 분위기가 강화되었다.

(6) 독립적인 산업안전보건법 최초 입법 1981

1981년 11월 29일 국회 보건사회 위원회 소속 김집 의원 외 35인의 발의로 1981년 12월 18일 국회의 본 회의를 통과하였다. 그리고 1981년 12월 31일 대한민국의 산업안전보건에 관한 독립법인 산업안전보건법이 입법되었다.

이 법은 종합적인 산업안전보건관리에 필요한 위험방지기준을 확립하고, 사업장의 안전보건관리체계를 명확히 하였다. 또한, 사업주 및 전문단체의 자율적 활동을 촉진하여 산업재해를 효율적으로 예방하고, 쾌적한 작업환경을 조성하여 근로자의 안전보건을 증진·향상시키기 위함을 목적으로 하였다. 이 법의 주요 내용을 살펴보면 아래 표와 같다.

첫째, 산업재해예방을 위한 사업주 및 근로자의 기본적 의무를 명시하였다.
둘째, 산업재해예방 대책을 종합적·계획적으로 수립하고, 산업재해예방에 관한 주요 정책을 심의·조정하기 위해 노동부에 산업안전보건정책 심의위원회를 두도록 하였다.

> 셋째, 유해 · 위험성이 있는 사업에는 안전보건관리책임자와 안전보건관리자 및 보건관리자를 선임하고, 산업안전보건위원회를 설치하도록 하였다.
> 넷째, 작업환경이 인체에 해로운 작업장은 작업환경을 측정하여 기록하도록 하고, 근로자에 대한 건강진단을 실시하도록 하였다.
> 다섯째, 산업재해예방 시설의 종류와 설치, 운영방법 및 정부의 지원육성방안을 정하고, 산업재해 예방에 관한 과학기술의 진흥과 연구개발을 추진하여 그 성과를 보급하도록 하였다.

(7) 한국산업안전보건공단 설립 1987

산업재해예방을 목적으로 종합적이고 체계적인 기능을 수행할 수 있는 기구 설치의 필요성에 따라 1987년 5월 30일 한국산업안전공단법이 공포되었고, 1987년 12월 9일 한국산업안전공단이 설립되었다. 설립 이후 공단은 산업재해예방을 위한 제도와 시스템, 기술적 인프라 구축에 힘쓰면서 사업장의 안전보건 개선계획 지도, 불량 작업환경 개선, 건설재해예방, 노사 안전보건교육 확대 등에 주력하여 산재예방 사업의 기반을 마련하였다.

(8) 원진레이온과 이황화탄소 중독 1987

1987년 원진레이온[3]에서 발생한 이황화탄소 중독 등의 사고가 보여준 직업병 예방 제도 허술, 형식적 교육 시행 및 유해화학물질 정보 제공 미시행 등의 제도적 결함을 보완하기 위하여 산업안전보건법 전부 개정안이 발의된다. 당시 원진레이온이라는 회사에서 발생한 이황화탄소 중독 사고를 사회에 큰 반향을 일으켰다. 원진레이온이 보유한 방사기계는 1961년 한일경제협정 직후 일본의 동양(현 도레이)레이온에서 중고로 들여왔다고 한다. 일본 주민들이 공해병 공장을 한국에 이전시키지 말라고 시위를 하였지만, 한국 고위층이 방문해 우리나라에서는 안전하게 유해물질을 방어하면서 가동할 것이므로 안심시키고 공장을 인수하도록 도왔다는 소문이 있었다. 당시 원진레이온의 급여 수준은 다른 회사보다 많아 많은 근로자가 취직하기를 바라고 선망하는 회사였다는 소문이 있다.

원진레이온의 작업환경과 관련한 자료는 1986년 이전에는 찾을 수 없다. 1980년과 1981년 연세대 산업의학연구소가 작업환경을 측정하였다. 그리고 1984년 1985년 경희대 부속병원이 작업환경을 측정하였다. 건강진단은 1983년 인천산업병원이 시행하였고, 1984년과 1985년은 경희대 부속병원이 시행하였다. 그러나 이황화탄소와 관련한 작업환경측정이나

---

3) 원진레이온 주식회사(源進－株式會社)는 1964년에 화신그룹의 총수 박흥식이 일본 동양레이온(현 도레이)의 중고 기계를 들여와 1966년 경기도 양주군 미금면 도농리(현재의 경기도 남양주시 도농동)에 설립한 대한민국 유일의 비스코스 인견사 생산 공장이다. 흥한화학섬유(興韓化學纖維)라는 이름으로 설립, 한때 호황을 누리며 흑자를 냈지만 1960년대 중반 이후 합성섬유의 인기가 높아지면서 한계 국면을 맞이하였다. 그리고 노동자를 보호하려는 안전설비가 결여되어 수많은 노동자를 신경독가스의 원료로 쓰이는 치명적인 유해물질인 이황화탄소에 노출시킴으로써 이들은 이황화탄소 중독 증세를 보였다. 마침내 원진레이온은 창립 29년 만인 1993년 6월 8일 폐업하였다.

건강진단 자료가 없다. 그 이유는 이황화탄소에 대한 작업환경측정이나 건강진단이 제대로 시행되지 못했기 때문이다. 이후 1986년 고려대학교 환경의학연구소가 원진레이온을 담당하게 된 이후, 정근복 씨 사건과 관련하여 이황화탄소에 대한 환경조사와 건강진단이 본격적으로 시행되었다. 그러나 이황화탄소에 심하게 폭로되는 방사와 근로자들 전원에 대한 특수건강진단은 회사의 협조를 얻지 못해 일부 근로자들에 대해서만 시행되었다. 당시 회사는 작업환경측정과 건강진단에 대한 인식이 거의 없었으며, 측정기관과 건강진단기관에 협조하지 않았다. 1986년도 이전의 자료가 없지만 1986년도 이후 측정결과에서 10ppm을 초과하는 수치가 있었고, 방사기계를 개방할 경우 20ppm을 초과하는 수치를 보였다. 1986년도 이전에는 방사기계를 개방한 채로 근무를 했고, 방사실내가 안개가 낀 것처럼 자욱한 분위기였음을 감안하면 1986년도 이전의 이황화탄소의 방사 농도는 10ppm을 초과할 것으로 보인다.

원진레이온에서 가장 유해한 부서로 꼽히는 방사과 노동자들은 월정규 근로시간 200시간과 평균 120시간씩의 초과 노동시간으로 인해 이황화탄소와 황화수소 가스에 무방비 상태로 노출이 되어 있었다. 이들은 이황화탄소 중독으로 인해 팔, 다리마비와 언어장애, 기억력 감퇴, 정신이상, 성 불능, 콩팥기능 장애 등의 증상으로 고생을 하였다. 노동부는 이황화탄소가 허용기준치의 2.6배, 유화수소가 1.3배가 검출되었음에도 불구하고 원진레이온 회사 측에 25,000시간 무재해 기록증을 발급하는 등의 산업재해에 대한 감시와 감독을 곧치레 형식으로 하였다.

원진레이온의 첫 환자는 홍원표 씨로 1981년 8월 8일 국립의료원으로부터 최초로 직업병을 인정받은 사람이다. 다음은 1981년 1월 13일 경향신문에 실린 내용이다. '홍씨는 81년 8월 국립의료원에서 이황화탄소중독증으로 공식 진단받은 희귀한 공해병 환자. 80년 9월 이 회사에 입사한 홍씨는 공장내 방사3과에서 레이온사를 기계에 감는 방사공으로 근무하던 중 같은 해 10월과 81년 1월 및 3월 세 차례 가스에 중독되어 입원치료를 받았고, 결국 81년 7월 24일 작업중 중독으로 전신마비증세를 일으켰다.' 원진레이온 이황화탄소 중독으로 인한 피해자는 1989년 8월에 1차로 29명, 1993년 8월에는 257명이 직업병 판정을 받고 병상에서 고통받고 있다고 조사되었다.

원진레이온은 1993년 회사가 폐업하고 이듬해 기계가 중국에 수출되어 우리나라에서는 인조견을 더 이상 생산하지 않게 되었다.

(9) 문송면 수은중독 1988

문송면(文松勉)은 1971년 2월 14일 충청남도 서산군 원북면(현 태안군 원북면) 양산리에서 6남매 중 넷째로 태어났다. 중학교 졸업을 앞둔 1987년 12월 5일부터 서울특별시 영등포구 양평동에 위치한 온도계 공장인 협성계공(현 협성히스코)에 입사하여 1988년 2월 7일까지 근무하다가, 병가를 이유로 휴직계를 제출하고 집으로 내려와 요양을 하였다. 그 이후인 같은 해 3월 22일에 서울대학교병원에서 수은 중독 및 유기용제 중독 추정 진단을 받았다.

그리고 7월 2일 새벽 2시 35분, 서울특별시 영등포구 여의도동 여의도성모병원에서 입원 치료 중 이물질이 기도에 막혀, 질식사하였다. 문송면 군의 죽음은 노동계, 보건의료단체 등 언론, 시민들에게도 큰 충격을 주었다. 어린 나이에 열악한 근로 환경에서 일하다 수은 중독으로 죽었기 때문이다. 특히 그가 죽음에 이르기까지의 과정이 드러나면서 일하다 아파도 제대로 치료받지도 못하고 또 산업재해로 인정받지 못하는 현실에 대한 각계의 분노가 폭발했다. 이에 따라 재야, 문화, 종교, 법조, 정당의 각계 인사들이 참여한 37개 단체로 이루어진 '고 문송면 산업재해노동자장 장례위원회'가 조직돼 당시로는 이례적인 대규모 장례식이 치러졌다.

그 뒤에도 지금까지 산재노동자 문송면 기념사업조직위원회가 꾸려져 매년 7월 2일 마석 모란공원에서 그를 기리는 추모제가 열리고 있다. 문송면 수은중독 사망 사건은 1990년 산업안전보건법 제28조의 유해작업 도급금지 조항을 신설하는 데 일정 역할을 했을 가능성이 있다. 산안법 제28조의 도급금지(인가) 대상이 주로 중금속이 문제가 되는 도금작업과 수은, 납, 카드뮴 등을 중금속을 취급하는 작업으로 정해진 것을 볼 때, 산안법 제28조는 문송면 사건의 후속조치였던 것으로 추정된다.

(10) 산업안전보건 연구원 개원 1989

산업안전보건연구원(産業安全保健研究院, Occupational Safety and Health Research Institute, OSHRI)은 1985년 3월부터 노동부에서 산업안전교육기관 설립을 위하여 교육원 건립을 추진하였고, 1987년 10월 28일, 교육원 청사가 준공되었다. 같은 해 12월 일 공단 산하기관으로 개원한 교육원은 1부 3과 체제로 출발하였다.

재해예방사업을 뒷받침할 전문적인 조사·연구 기관의 필요성을 인식해 1989년 한국산업안전보건공단 산하에 설립한 산업재해예방 공공연구 기관이다. 연구분야는 산업안전, 산업보건, 직업성 질환 역학조사, 분석·측정기관 정도관리, 화학물질 유해·위험성 평가 등이며, 각종 연구전문 사업을 통해 근로자의 건강과 생명을 보호하기 위한 정책 및 사업 등을 수행하고 있다.

1988년 5월 안전보건관리책임자 교육을 시작으로 안전보건관리자, 보건관리자 등 산업현장 안전보건관리의 핵심 전문가 계층의 양성에 주력하였고, 1990년에는 사업장의 자체 검사원 양성을 위한 교육과정도 신설하였다. 교육원은 초기부터 실험실습 위주의 전문교육에 중점을 둬 인천 교육원 시절, 12개의 실습실, 27종의 첨단 실습장비 648점을 갖추었다.

(11) 산업안전보건법 개정 1990

원진레이온 직업병의 투쟁 여파 그리고 문송면 수은중독 사건으로 그동안의 산업재해, 직업병 문제 처리가 피해자 보상문제 차원에서 근본적인 치료와 예방대책 수립으로 옮겨졌고, 직업병 피해 예상자들에 대한 특수 건강검진의 지속적인 실시와 직업병 전문병원 설립을 요구하는 등의 전 사회적으로 산업재해와 직업병의 심각성을 알리고 대책수립을 촉구하였으며 산업재해 예방의 폭을 확대시키는 성과를 가져왔다.

1981년 산업안전보건법을 제정하여 예방체제를 구축함으로써 재해율은 감소하였으나, 직업병 부분은 오히려 증가하였다. 이런 현상은 산업현장에 누적된 유해 요소, 기계·설비의 노후화, 신규 화학물질의 사용량 증가에 따른 것으로써, 1980년에 4,828명이던 직업병은 1985년 6,532명, 1990년 7,680명으로 늘어났다. 이에 따라 산업안전보건법은 행정 규제 위주의 운영을 넘어서 근로자의 안전보건 보호 성격을 강화하기 위하여 1990년 1월 13일 전부 개정법이 통과되었다.

(12) 안전보건공단의 검사제도 신설 1991

1990년 1월 13일 전면개정·공포된 <산업안전보건법>에 검사제도를 제34조로 신설하면서 법적 근거가 확보되었고, 1991년 1월 3일, 노동부고시 제90-78호의 제정을 통해 검사업무의 기틀을 마련하였다. 공단은 1991년 6월 5일, 위험기계·기구 및 설비 등의 검사업무처리규칙을 제정하였고, 이어 검사업무처리지침도 마련하였다. 검사대상 기종에 대해 산업현장에서 풍부한 경험과 기술을 습득한 우수 인력을 공개 채용해, 1991년 7월 1일부터 정기검사를 시작하였다. 검사제도 시행 첫 해에 4,295건의 검사를 수행하였다.

(13) 화학공장 중대산업사고예방을 위한 공정안전보건관리제도 도입 1995

화학공장의 위험물질 누출, 화재·폭발사고는 공장 근로자 외에도 공장 인근 주민 및 환경에 막대한 영향을 미친다. 노동부와 공단은 국내외 실태 및 문제점 파악, 각계 의견수렴을 거쳐 1995년 1월, <산업안전보건법>에 이 제도를 도입하고, 1996년 1월부터 시행하였다. 공단은 공정안전보건관리제도(PSM)의 조기 정착과 효과적인 시행을 위하여 전담기구의 설치, 전문기술인력의 확보 및 육성, 대상사업장 세미나 개최, 현장 전문가 양성과정 개설, 기술기준·소프트웨어·진단장비의 확충, 지역별 안전보건관리협의회 및 국내외 안전전문기관들과 기술협력 네트워크 구축 등 사전준비와 제도정착에 만전을 기하였다. 공정안전보건관리제도는 중대산업사고의 감소효과 외에 예방기술자료의 확보 및 정리 체계화, 자체 기술력 향상을 통한 자율안전보건관리 역량 제고, 사업장 안전부서를 중심으로 기술·생산·정비부서 간 협업환경 구축 등의 효과를 거두게 하였다.

(14) 위험성평가 제도 도입 2013

위험성평가제도는 2005년부터 0.7%대에서 정체된 산업재해율을 낮추기 위해 검토되었고, 안전보건관리의 패러다임을 사업장 중심의 자율·자립 방식으로 전환하는 데 계기가 될 것으로 판단하였다. 고용노동부와 공단은 2006년 자율안전종합지원 시범사업을 시작으로 2010년 시범지구를 운영하여 위험성평가 기반을 구축하고, 2011년 유해위험요인 자기관리 사업을 거쳐 2013년부터 위험성평가 컨설팅 및 인정사업을 본격 수행하였다. 위험성평가 인정 전후 1년간 사업장 재해발생 감소성과는 2013년도 21.3%, 2014년도 25.3%, 2015년도 37.5%, 2016년도 38.1%로 나타나 재해예방 효과가 뚜렷한 것으로 평가되었다. 위험성평가 참여를 활성화하는 산재예방요율제도의 도입, 소규모 사업장의 위험성평가 참여를 활성화 하기 위하여 인정사업장의 산재보험료율을 20% 인하해 주는 산재예방요율제도를 도입하였다. 적용 대상인 제조업 50인 미만 사업장 산재보험료 할인혜택은 2013~2014년 3,172개소, 2015년 2,742개소, 2016년 3,416개소에 돌아갔다. 또한, 사업주가 교육을 받고 자체 산재예방계획을 수립할 경우 산재보험료율을 10% 할인해 주는 산재예방요율제 사업주교육을 운영하고 있다. 산재예방요율제 사업주교육에는 2014년 2만 6,549명, 2015년 3만 24명, 2016년 3만 776명이 참여하였다.

(15) 산업안전보건인증원 개원 2017

산업기계, 방호장치 및 보호구의 안전성을 선진국 수준으로 조기에 향상시키고, 동시에 국내 민간 제조기업의 역량을 높여 미래 국가경쟁력 제고에 기여할 수 있는 체계적인 제도 운영기반을 조성하고자 공단 본부의 위험기계·기구 안전인증·검사, 연구원의 방호장치·보호구 안전인증 및 산업기계(S마크) 안전인증 업무를 통합하여 2017년 1월 1일, 산업안전보건인증원이 개원하였다.

(16) 하청업체 비정규직 노동자 김용균 씨의 죽음 2018

태안화력발전소 사고는 한국발전기술 소속의 24세 비정규직 노동자 김용균이 한국서부발전이 운영하는 태안화력발전소에서 2018년 12월 10일 밤 늦은 시간 태안화력 9·10호기 트랜스퍼 타워 04C 구역 석탄이송 컨베이어벨트 기계에 끼어 사망한 사례이다. 김용균은 11일 오전 3시 20분경 기계에 끼어 머리가 절단된 채로 숨진 시신으로 발견되었다. 김용균의 사망 소식은 12월 11일 언론을 통해 보도되었다. 아래 내용은 권영국 변호사(김용균 특조위 간사)가 2019년 11월 27일 안전보건공단 직원들을 대상으로 한 특강 내용을 일부 요약한 자료이다.

석탄화력발전소는 석탄을 연료로 사용하여 운영하는 발전소이다. 그래서 석탄을 취합하는 설비가 매우 중요하다. 석탄이 배로 들어오면 거기서부터 컨베이어 벨트로 발전소까지 이동된다. 석탄화력발전소를 운영하기 위해서는 석탄이 계속 공급되어야 하므로 발전소의 업무는 절대로 분절되지 않는다. 만약, 연료인 석탄이 공급이 안될 경우에는 발전소를 세워야 한다. 따라서 발전소는 흐름공정이라고 볼 수 있다. 그런데 발전소는 그 흐름공정을 딱 잘랐다. 도급이라는 방식으로 하청업체에 주어서 실제로 심각한 문제가 발생했다.

한국발전기술이 작성한 낙탄처리 지침서는 독립적으로 만들어진 것이 아니고 발전소 원청에 승인을 받아야 했다. 그리고 작업지침에는 2인 1조 작업을 수행하도록 되어 있으나, 실제 2인 1조로 작업을 하는 곳은 한 곳도 없었다. 특히 발전소 원청은 한국발전기술에게 'GEMI(발전설비 관리)시스템'이라는 전산 프로그램을 통해 현장의 문제나 개선사항을 원격으로 지시하였다. 이에, 한국발전기술 근로자는 원청의 지시를 거부하지 못하고 문제가 있는 기계에 최대한 근접하여 사진을 촬영하고 원청에게 보고해야 했다. 발전소 원청은 이러한 위험을 몰랐을까? 사고가 난 지점은 항상 위험이 존재하고 있어 근로자들이 개선을 해 달라는 요구를 수차례 했던 것으로 파악되었다.

이 사고를 취재한 대전MBC 조명아 기자가 작성한 '하청업체 비정규직 노동부 김용균 씨의 죽음'을 통해 보면, 아래와 같은 사실을 접할 수 있다.

김용균 씨는 왜 죽었을까? 단순 사고 기사로 처리한 매체도 많았지만 우리는 의문을 가졌습니다. 그리고 현장으로 갔습니다. 취재진은 김씨의 동료와 유족들을 만났고 죽음의 퍼즐을 하나씩 맞춰가기 시작했습니다. 김씨가 처했던 현실은 열악했습니다. 평소에도 사고가 잦았던 컨베이어벨트는 수십차례 개선 요청에도 바뀌는 게 없었습니다. 회사는 제대로 된 안전장비도 교육도 없이 위험한 현장에 김씨를 혼자 투입했습니다. 사고가 난 뒤 서서히 죽어가던 김용균 씨를 구해줄 동료는 없었습니다. 이런 김씨의 상황은 발전소 하청업체 비정규직 노동자 모두가 처한 현실이기도 했습니다.

개선을 어렵게 하는 구조적 이유도 지적했습니다. 발전소를 퇴직하고 하청업체 임원으로 재취업해 발피아를 형성하는 과정을 보도했습니다. 중대 재해와 사고가 나면 그 책임을 하청업체가 떠안는 불합리한 계약 관계도 드러냈습니다. 잇단 산업재해에도 한국서부발전이 정부 우수 공기업으로 뽑혀 성과급까지 받아온 황당한 사실을 폭로했습니다.

이 사고를 계기로 2019년 10월 26일 김용균재단이 출범하였다. 그리고 2019년 12월 7일 종각역 사거리에서 김용균 노동자 1주기 추모대회가 열렸다.

(17) 산업안전보건법 전부 개정 2018

사고의 위험성이 높은 작업을 외주화하면서 생겨난 여러 사망사고로 인한 사회적인 성찰이 계기가 되었다. 정부는 산업안전보건법 전면 개정을 통해 사고사망자를 획기적으로 줄이려는 국정목표와 근로자의 생명과 안전을 보장하는 핵심과제를 달성하고자 2018년 2월 9일에 산업안전보건법 전부 개정안을 입법예고하였다. 개정안에는 원청과 하청 간의 책임체계 명확화와 산업안전법 체계 등을 정비하는 방안이 포함되었다. 하지만 이러한 개정안을 두고 노동계와 경영계의 입장 차이가 컸다. 그리고 국회 환경노동위원회의 여야 위원들의 입장 차이로 인해 개정 작업이 원활하지 못했다. 그런 동안 태안의 한 화력발전소에서 하청 근로 자가 2018년 12월 11일 사망하면서 국민적 공분(원청의 산업재해 예방 책임을 다하지 못한 원인)이 일어나게 되었다. 이러한 분위기로 인해 국회 환경노동위원회는 여야간 협의를 통해 신속한 개정안을 도출하였다. 그 결과 산업안전보건법 전부개정법률(안)은 2018년 12월 27일에 국회를 본회의를 통과하여 법률 제16272호로 2019년 1월 15일 시행되었다.

(18) 중대재해처벌법 입법 2021

1994년부터 2011년까지 17년 동안 판매된 가습기 살균제로 영유아가 사망하거나 폐손상을 입는 등 심각한 건강 피해를 입는 사고가 발생하였다. 그런 동안 2006년 의료계가 어린 이들의 원인 미상 급성 간질성 폐렴에 주목하기 시작하였다. 2016년 기준으로 사건의 피해 자는 약 2,000여 명에 달했다. 2003년 2월 18일 오전 대구지하철 1호선 중앙로역에서 우울 증을 앓던 50대 남성의 방화로 사망자 192명 등 340명의 사상자를 낸 대형 참사가 있었다. 단순한 방화로 인한 사고라고 보기보다 지하철 공사 관계자들의 무책임하고 서툰 대처 능력, 비상대응기관 직원들의 허술한 위기 대응, 전동차의 내장재 불량 등 전반적인 안정망의 허점과 정책상의 오류가 참사를 발생시킨 '인재'로 기록됐다. 2014년 4월 16일 안산 단원고 학생 325명을 포함해 476명의 승객을 태우고 인천을 출발해 제주도로 향하던 세월호가 전남 진도군 앞바다에서 침몰, 304명이 사망하는 사고가 발생하였다. 구조를 위해 해경이 도착했을 때, '가만히 있으라'는 방송을 했던 선장과 선원들이 승객들을 버리고 가장 먼저 탈출했다. 배가 침몰한 이후 구조자는 단 한 명도 없었다. 2016년 5월 28일 서울 지하철 2호선 구의역 내선순환 승강장에서 스크린도어를 혼자 수리하던 외주업체 직원(간접고용 비정규직, 1997년생, 향년 19세)이 출발하던 전동열차에 치어 사망하였다. 한국발전기술 소속의 24세 비정규직 노동자 김용균이 한국서부발전이 운영하는 태안화력발전소에서 2018년 12월 10일 밤 늦은 시간 태안화력 9·10호기 트랜스퍼 타워 04C 구역 석탄이송 컨베이어벨트에서 기계에 끼어 사망하였다.

우리 사회를 둘러싼 어처구니없는 다양한 재해는 우리 사회에 만연한 위험 불감 주의와 함께 현장책임자 위주의 낮은 처벌 그리고 법인기업에 대한 실효성 없는 경제적 제재 등이 지목되어 왔다.

더욱이 중대재해 발생 시 산업안전보건에 따른 처벌 수위가 낮고, 경영구조가 복잡한 대규모 조직의 경우 최종 의사결정권자가 처벌되는 경우는 거의 없는 것이 현실이었다.

산업재해가 발생하면 산업안전보건법 조항위반에 대해서는 고용부감독관이 조사를 하고, 형법상 업무상 과실치사상 죄에 대해서는 경찰이 수사를 진행하여 왔다. 이러한 수사를 거쳐 검찰이 공소 사실을 제기하면 법원이 산업안전보건법 위반과 업무상 과실치사상죄에 대한 판결을 하였다. 그러나 이러한 판결은 대다수가 징역형 또는 금고형이 선고되는 경우에도 집행유예가 되는 경우가 대부분이었다. 더욱이 법인사업주에게는 1,000만 원을 넘지 않는 벌금이 부과되는 경우가 고작이었다. 이러한 사유로 산업안전보건법 위반 범죄에 대하여 기존의 처벌만으로는 범죄억지력을 기대하기 어렵다는 다양한 비판이 존재해 왔다.

이러한 사회적 분위기에 따라 더불어민주당은 2020년 12월 24일 국회 법제사법위원회 법안심사1소위를 독자적으로 열어 중대재해처벌법 제정 심사를 하였다. 그리고 2021년 1월 8일 국회 본회의에서 법제사법 위원장 원안으로 가결되어 2021년 1월 26일 중대재해처벌법이 공포되었다.

중대재해처벌법 제1조(목적)를 살펴보면, 사업 또는 사업장, 공중이용시설 및 공중교통수단을 운영하거나 인체에 해로운 원료나 제조물을 취급하면서 안전보건 조치의무를 위반하여 인명 피해를 발생하게 한 사업주, 경영책임자, 공무원 및 법인의 처벌 등을 규정함으로써 중대재해를 예방하고 시민과 종사자의 생명과 신체를 보호함을 목적으로 하고 있다. 이는 사업주와 경영책임자 등에게 사업 또는 사업장, 공중이용시설 및 공중교통수단 운영, 인체에 해로운 원료나 제조물을 취급함에 있어서 일정한 안전조치의무를 부과하고 이를 위반하여 인명피해가 발생한 경우에는 이들을 처벌하여 근로자와 일반시민의 생명과 신체를 보호하겠다는 의지가 담겨 있다.

3. 안전관련 학자들의 이론

세상에는 다양한 안전관련 학자들이 있었고 또 다른 학자들이 서로의 주장을 강화하거나 반대하는 등 이론과 실제의 차이를 줄이고자 하는 노력이 꾸준히 이루어져 왔다. 저자가 현장 경험과 이론을 학습하면서 어떤 이론은 현실에 더 이상 유효하지 않으며, 또 어떤 이론은 현재에 유효하고 그리고 미래 적용에 관심을 가져야 할 것으로 판단한 학자의 이론을 다음과 같이 요약하고자 한다.

학자	출생년도	국적	이론
하인리히 (Heinrich)	1886	미국	안전공리(Axiom), 사고방지 5단계(The foundation and the five steps of accident prevention), 숨겨진 비용 1:4 비율(Hidden costs - 1:4 ratio), 도미노이론(Domino Theory), 사고발생 원인 법칙 88-10-2, 1-29-300 법칙
버드(Bird)	1921	미국	1-10-30-600 법칙, 수정 도미노 이론
라스무센 (Rasmussen)	1926	덴마크	SRK model, 사고분석에 있어 인적오류와 인과관계의 문제(Human error and the problem of causality in analysis of accidents), 역동적인 사회에서의 위험관리: 모델링 문제(Risk management in a dynamic society: a modelling problem), 사고지도(AcciMap)
리즌 (Reason)	1938	영국	인적오류(Human error), 일반적인 오류 모델링(GEMs, Generic Error Modeling system), 조직사고(Organizational accident), 스위스치즈 모델(SCM, Swiss Cheese Model), 안전문화(Safety culture)
홀라겔 (Hollnagel)	1941	덴마크	인지시스템 공학(CSE, Cognitive Systems Engineering), 목표-수단 작업 분석(GMTA, Goals-Means Task Analysis), 인지신뢰도와 오류분석 방법(CREAM, Cognitive Reliability and Error Analysis Method), 안전탄력성(RE, Resilience Engineering), 효율성과 철저함 절충(ETTO, efficient thoroughness trade-off), 기능변동성 파급효과 분석기법(FRAM, functional resonance analysis method), 안전탄력성 평가 그리드(RAG, Resilience Assessment Grid)
겔러 (Geller)	1942	미국	총괄 안전문화(TSC, Total Safety Culture), 적극적 보살핌(AC, Actively caring), 분류, 관찰, 조정 및 테스트 절차(DOIT, Define, Observe, Intervene, Test), 구체적, 측정가능한, 객관적 및 실제적 SOON 적용(SOON, Specific, Observable, Objective, and Naturalistic), 코치(COACH, Care, Observe, Analyze, Communicate, Help), 안전은 일반적으로 인간 본성과의 지속적인 싸움이다(Safety is usually a continuous fight with human nature)
레베슨(Leveson)	1944	미국	시스템이론 사고모델 및 프로세스(STAMP, System

			Theoretic Accident Model and Processes)
Dekker	1969	호주	인적 오류에 대한 오래된 전망과 새로운 전망(New view and Old view on Human Error), 실패로의 표류(Drifting into failure), 다른 안전(Safety differently)

3.1 하인리히(Heinrich)

(1) 유년기

허버트 윌리엄 하인리히(Herbert William Heinrich, 이하 하인리히)는 1886년 10월 6일 미국 버몬트 주 베닝턴 카운티(Bennington County)의 작은 마을 포널(Pownal)에서 태어났다. 포널은 남서쪽 끝에 위치하고 있으며 남쪽으로는 매사추세츠주 그리고 서쪽으로는 뉴욕주와 접해 있다. 하인리히는 나무 조각가인 아버지 Rudolph Carl Heinrich와 어머니인 Minna Rosamond Kortum의 다섯 번째 자녀이다.

하인리히의 아버지 Rudolph는 1848년 3월 4일 로젠(Rosen)에서 태어났다. 로젠은 오늘날 폴란드의 실레지아(Silesia)지방에 있는 로즈누프(Rożnów) 마을일 가능성이 가장 높다. 하인리히의 어머니 Minna는 1853년 1월 19일 폴란드 Silesia 지역에 있는 Żagań County의 수도인 Sagan에서 태어났다. Rudolph와 Minna는 1876년 또는 1877년에 결혼했다.

하인리히 비공식 전기 작사 Jesse Bird의 논평에 의하면 하인리히는 문법 학교를 입학하여 6년의 교육을 마쳤지만, 충분한 교육을 받지는 않은 것으로 보인다.

(2) 소년기

하인리히는 초등교육 6년을 마친 후 지역 채석장과 목공소에서 일했다. 이후 그는 매사추세츠 보스턴 지역에 있던 American Tool & Machine Company에서 기계 견습생으로 근무하였다. 1901년에 이르러서는 그는 기계공이 되어 도구 제작과 전기 제품 설계의 요소를 배웠다.

그러는 동안 그는 보스턴 항구의 얼음을 깨고 1분 동안을 수영하는 등 수영에 소질을 보여 '북극곰(Polar bear)'라는 별명을 얻기도 하였다. 1903년이 되자 그는 극동을 향해 가는 증기선의 엔지니어링 부서에서 근무하게 되었고, 1904년 Ocean Steamers 엔지니어 시험에 합격했다. 그러는 과정에서 그는 수학, 기계공학 및 열역학 등의 지식을 익혔다.

(3) 청년기

1906년 그는 캘리포니아 주 마레 섬(Mare Island)에서 민간인 직원 신분으로 미 해군에서 근무하였다. 당시 그는 선박과 육상 장비의 수리, 유지 보수 그리고 검사를 하는 기계공의 역할을 수행하였다. 그는 1908년까지 필리핀의 마닐라와 하와이 호놀룰루 등에서 해군 직무를 수행하였다. 이후 코네티컷(Connecticut)주 하트포드(Hartford)에 있는 Arrow Electric 회사에서 기계공으로 일하였다. 여기에서 그는 공장의 부교육감이었던 George E. Peterson을 만났는데, 그는 1911년 Arrow를 떠나 The Travelers 보험회사의 엔지니어링 및 검사 부서에서 일하기 시작했다. 그는 하인리히에게 The Travelers 보험회사에 입사할 것을 권유하였다.

1913년 1월 1일 하인리히는 The Travelers보험회사에 입사하여 보일러와 산업 플랜트 검사관 직책을 맡아 업무를 시작하였다. 1913년 3월 4일 William Howard Taft 대통령(미국 27대 대통령)은 고용노동부를 내각 급 부서로 설립하였고, William Bauchop Wilson(1911년 의회 위원회 의장)을 초대 장관으로 임명하면서 노동과 산업안전의 물꼬를 트는 일들이 시작되었다.

(4) The Travelers보험회사 근무

'The Travelers 보험회사'[4]는 1853년에 설립되어 사업을 하다가 1863년에 공식 인가를 받았다. 그리고 1864년 4월 1일 공식적인 보험업무를 개시하였다.[5] 당시의 상황은 근로자가 사업장에서 다치면, 사업주를 고소하고 사업주의 잘못을 증명해야만 했다. 하지만, 일반적으로 사업주는 근로자의 불안전한 행동을 비난하는 태도로 대응하였다. 따라서 사고 예방 활동은 효과적이지 못했고, 사업주는 사고 예방의 책임을 거의 갖지 않았다.

근로자 보상과 관련한 법이 생기면서 사업주는 부상을 입은 근로자를 치료하고, 치료기간 휴업급여를 지급해야 했다. 이러한 비용은 사업주가 부담해야 했으므로 고스란히 제품비용에 포함되게 되었다. 결과적으로 회사는 스스로 보험에 가입해야만 했고, 사고가 발생하는 사업장은 보험료를 더 많이 내야 했다. 결과적으로 사업주는 사고 예방에 관심을 갖기 시작하였고, 근대적 안전보건관리가 나타나도록 하는 자극제가 되었다. 당시 여러 문헌(Travelers, 1913a, b; Beyer, 1917; Aldrich, 1997)을 살펴보면, 사고가 적은 사업장은 보험료가 적었고, 사고가 많은 사업장은 보험료가 많았다는 것을 알 수 있다.

더욱이 보험 회사는 다양한 검사, 조사, 교육 및 권장 사항 제공 등의 활동을 통해 사고예방에 앞장섰다. 이와 관련한 좋은 근거가 될 수 있는 정보는 아래 표와 같다.

---

4) The Travelers 보험회사는 1853년 미국 미네소타 세인트폴에서 설립된 미국의 보험회사이다. 미국에서 2번째로 큰 상업재산 보험상품을 판매하고 있으며, 3번째로 큰 개인보험 상품을 판매하는 회사이다. 이 회사의 창립자는 James G. Batterson이었다.

5) 당시 독일은 현대식 근로자 보상법을 1884년 최초로 적용하기 시작하였고, 미국은 1908년 연방정부 차원에서 근로자 보상을 시작으로 1911년 위스콘신주가 가장 먼저 근로자보상법(Worker's Compensation Act)을 통과시켰고, 1948년 33개 주에서 시행되었다. 산업보건 수준 향상을 통한 독일의 경우 이미 1870년도 근로자 보상법을 도입하여 유럽 전역으로 빠르게 확산된 바 있다.

Williams(1926)

오늘날 보험사 간의 경쟁은 대부분 서비스 부서 간의 경쟁이며 안전 서비스가 가장 중요한 역할을 한다.

Blake(1945)

보험 회사는 사고 예방을 위해 광범위한 경험과 지식을 확보하고, 안전한 작업 권장 사례와 솔루션을 공유할 수 있는 기회를 가질 수 있다.

The Travelers 보험회사는 미국에서 전문 안전 엔지니어 집단을 조직한 최초의 회사로 1915년까지 엔지니어링 및 검사 부서에는 339명의 직원이 있었는데, 그 중 203명은 현장 검사관이었고, 90명은 본사 전문 직원이었다. 아래 표는 The Travelers보험회사가 출판한 안전과 관련한 문서들이다.

Grinding Wheels(1912), Accident Prevention on the Farm(1914), A Treatise on Safety Engineering as Applied to Scaffolds(1915), Safe Foundry Practice(1915) 등 안전 관련 서적을 출판한 역사가 있다. 그리고 건물 건설 안전(1921 및 1927), 탄광 위험(1916), 비행기와 안전(1921), 자동차와 안전(1915), 극장에서의 안전(1914), 기계 공장의 안전(1920), 부상자를 위한 응급 처치(1927) 등이 발간되었다.

이 외에도 The Travelers보험회사는 The Travelers Protection 및 The Travelers Standard와 같은 정기 간행물을 발행했다. The Travelers Standard와 같은 정기 간행물은 보험계약자를 위한 안전 기술 등 다양한 기사를 포함하고 있다.

(5) 안전업무 시작

1913년 1월 1일 하인리히는 The Travelers 보험회사에 입사 후 6개월 동안 본사 직원으로 근무하면서, 화학자이면서 안전학자인 Allan Risteen 박사의 지도를 받았다. 그리고 각종 보험관련 보고서를 면밀히 조사하는 업무[6]를 수행하였다.

몇 달 후 하인리히는 매사추세츠 주 지역의 보일러 검사관 시험을 치르고 보험 상품들을 점검하기 위해 보스턴으로 이동하였다. 그리고 그는 뉴잉글랜드와 뉴욕의 여러 지역을 다니면서 업무를 수행하였다.

한편, 1914년 7월 28일 제1차 세계대전이 발발하였고, 하인리히는 1917년 7월 5일 징집되었다. 그는 이전에 해군 엔지니어로 일한 경험으로 미 해군 중위로 복무했다. 1918년 8월

---

6) 이러한 업무는 검사관의 보고서를 검토하여 피보험자에게 결과를 통보하는 일을 포함한다.

12일부터 그는 전쟁 보급품을 수송하는 해군 상선에서 공병 장교로 근무했다. 그는 복무 동안 톤수에 제한이 없는 원양 증기선의 수석 엔지니어 시험에 합격하기도 했다.

하인리히는 1919년 4월 중위로 제대하고 뉴욕시에 머물렀다. 그러는 동안 그는 수천 달러를 들여 주식을 매입하여 처음 2주 동안은 약 100,000달러 이상 수익을 올렸다. 그러나 성공은 지속되지 않았고, 다음 달에 수익을 포함하여 원 자금까지 잃었다.

1919년 6월에 하인리히는 The Travelers 보험회사에 다시 입사하여 엔지니어링 및 검사부서의 새로 구성된 보상 업무를 담당하기 시작하면서 다양한 안전관련 보호와 기준 등을 작성하여 발간하였다. 그리고 그 내용을 관련 협회나 상공 회의소 등에서 소개하였다.

1923년 초 즈음 하인리히는 The Standard의 Welded Joints in Unfired Pressure Vessels(HWH1923a)라는 논문을 뉴욕에서 열린 용접 회의에서 소개하였다. 이 논문은 하인리히가 출판한 최초의 저서로 판단된다. 그리고 같은 해 Viola V. King(1901년 6월 29일 필라델피아에서 태어난 여성)과 결혼했다. 이후 1924년 1월 27일 그들의 첫째이자 외동딸인 버지니아 루스가 태어났다. 하인리히 부부는 East 하트퍼드(Hartford)[7]에 살았는데, 이 곳은 미국에서 가장 오래된 도시로 코네티컷 주의 수도이다.

(6) 초기 연구성과

1923년 11월 하인리히는 Bed-ford(Indiana) Stone Club(HWH1923b)에서 안전 강연을 했다. 이 강연의 주제에는 안전보건관리 지침과 함께 사고의 간접비용(indirect cost)이라는 내용이 언급되어 있다.

1925년 하인리히는 엔지니어링 및 검사부의 부교육감으로 승진했다. 그는 그해 12월 2일 뉴욕 주 Syracuse에서 안전 회의에서 숨겨진 사고 비용(hidden costs of accidents) 비율에 대한 연구를 발표하였다. 그 내용은 '무작위로 선택된 100건의 경미한 사고에 대하여 계약자가 직접 지불한 평균 사고 비용은 보험이 적용되는 손실비용의 4배 이상이라는 것'이었다. 그리고 그는 사고 예방에 관심이 없는 일부 계약자들은 비용을 더 지불해야 한다는 사실을 주지하였다. 하인리히의 숨겨진 사고 비용원칙은 안전을 위한 중요한 동인이 되었고, 그의 저서에서 반복되는 주제였다. 이러한 그의 원칙은 새로이 제안된 연구결과로 상당한 관심을 끌었다.

한편 하인리히는 75,000건의 사고 원인을 연구하는 프로젝트를 이끌었다. 이 프로젝트의 결과는 1928년 3월의 Origin of Accidents 논문에 게재되었다. 75,000건의 사고를 분석한

---

7) 하트퍼드는 미국 남북전쟁 이후 수십 년 동안 미국에서 가장 부유한 도시였다. 하지만 이곳은 평균 이상의 경제 생산에도 가장 가난한 도시다. 하트퍼드는 무기 제조업체인 Colt의 고향으로 유명하다. 또한 Aetna, Conning & Company, Prudential Financial, The Travelers 및 United Healthcare와 같은 회사가 있는 보험 산업의 역사적인 국제 중심지이기도 하다. 따라서 하트퍼드는 "세계 보험의 수도"라는 별명을 가지고 있다.

결과, 그 유명한 88－10－2 비율이 제시되었다. 이 비율은 사고를 일으킨 원인으로 불안전한 행동이 88%, 불안전한 상태가 10% 그리고 천재지변과 같이 사전에 예방하기 어려운 것이 2%를 차지한다는 의미이다. 이 비율은 향후 많은 이견이 있었다. 그리고 이 비율은 하인리히 독자적으로 분석하기는 어려웠을 것으로 판단한다.

1928년 12월 6일 Syracuse에서 열린 제12차 뉴욕 산업 안전 회의에 앞서 하인리히는 1－29－300 비율을 발표하였다. 1929년 1월 8일부터 The Travelers 보험회사 관리자 회의에서 회장 Louis Fatio Butler는 하인리히의 연구 성과에 대해서 극찬을 아끼지 않았다.

(7) 서적

하인리히가 1931년 McGraw－Hill 출판사에 처음으로 발간한 Industrial Accident Prevention, A Scientific Approach라는 책자의 근간이 된 자료는 Incidental Cost, Origin of Accidents and Foundation of a Major Injury이다. 하인리히는 그가 발간한 Industrial Accident Prevention, A Scientific Approach라는 책자를 The Travelers 보험회사 회장인 Louis Fatio Butler에게 헌정했다(그는 1929년 10월 사망하여 이 책을 보지 못했다).

하인리히의 Industrial Accident Prevention, A Scientific Approach 서적 2판은 1941년에 발간되었고, 3판은 1950년에 발간되었다. 2판과 3판의 부록인 개인 보호 장치에 관한 장은 Jesse Bird가 작성하였다. 그리고 Jesse Bird는 하인리히의 4판(1959년 발간)에서 공동 저자로 인정받았다. The Travelers 보험회사에는 하인리히의 책에 대해 약간의 반감이 있었다. 그 이유는 어느 누구도 보험회사의 자료를 사용하여 연구하면서 자신의 이름으로 출판한 경우는 없었기 때문이다. 하지만, 당시 회장인 Louis Fatio Butler는 자료 사용을 허락했다.

(8) 도미노와 원인 코드(Dominos and cause code)

1934년 후반 The Travelers보험회사는 하인리히의 도미노와 원인 코드(Heinrich cause code, 도미노 모델)를 브로슈어로 소개하였다. 이 브로슈어는 1934년 11월 30일 디트로이트 안전 위원회(Detroit Safety Council)에 공유되었다. 하인리히는 도미노와 원인 코드 개선 연구를 위해 ASME(American Society of Mechanical Engineers) 소위원회의 의장으로 선출되었다. 이후 개선된 도미노와 원인 코드는 1937년 출판되었다.

도미노와 원인 코드는 어떠한 문제가 순서적으로 일어나면서 원하지 않는 일이 발생한다는 "사고 순서(accident sequence)" 이론을 의미한다. 1939년 미국 노동 통계국의 Max D. Kossoris는 이 원인 코드가 실제 사고발생의 메커니즘을 밝히는 데 도움이 된다고 하였고, 아래와 같은 언급을 하였다.

> 도미노와 원인 코드를 사용하는 방식의 통계 분석을 통해 효과적인 자료를 수집할 수 있고, 사회적으로나 경제적으로 산업 재해 방지를 위한 중요한 도구이다.

1941년 노동통계국은 도미노 원인 코드를 국가 표준으로 채택하고, 코드를 기반으로 한 사고 기록 매뉴얼을 출판했다.

(9) 전쟁(War)

1940년 즈음 전쟁 준비로 인하여 산업 활동이 증가했다. Immel(1942)에 따르면 펜실베이니아(Pennsylvania)는 군수품 생산이라는 새로운 활동으로 인해 사업장에서 많이 발생하는 사고로 인해 많은 사람들이 고통을 받고 있다고 했다. 미국 국가 안전위원회(NSC, National Safety Council)에 따르면 근로자 증가로 인해 산업재해는 1940년 109,475건에서 1941년 130,403건으로 증가했다. 그리고 사망 사고 또한 증가했다. 정부는 산업재해를 예방하기 위한 대책으로 하인리히, Granniss 그리고 Crosby를 비롯한 안전전문가의 조언을 듣기 시작하였다. 그리고 군수품 생산과 관련한 안전보건관리를 위해 하인리히가 출판했던 여러 정보가 활용되기 시작하였다.

1941년 여름 미국 교육청은 안전교육과 훈련 과정을 개발하였다. 미 육군의 Laurence Tipton 대위의 노력 덕분으로 미국 전역을 대상으로 안전 교육이 시행되었다. 이 과정의 주요 대상은 근로자의 안전과 건강을 보장하고 생산성을 올리기 위한 책임을 가진 주요 감독 직원이었다. 이 과정은 1940년 10월 의회에서 승인한 국방 공학 프로그램의 일부였다. 이후 이 과정은 1941년 7월 관리와 과학을 포함하여 확장되었으며, 진주만 공습 이후 엔지니어링, 과학, 관리 및 전쟁 훈련(ESMWT, Engineering, Science, and Management War Training, 이하 ESMWT)으로 명명되었다.

미국 국가 안전위원회(NSC, 1942)에 따르면, 216개의 대학이 ESMWT 과정에 대한 인가를 받았다. 이 과정에는 11,000개의 과정이 있었고, 약 60만명 이상의 훈련생을 대상으로 하였다. 이 중 15,000명 이상이 안전과 관련한 과정을 이수했다. 전쟁으로 인해 하인리히의 업적은 상상을 초월할 정도의 진전이 있었다. 그리고 이러한 진전은 전쟁 이후에도 지속되는 기반을 제공하였다.

1941년 발간된 하인리히의 Industrial Accident Prevention, A Scientific Approach 서적 2판에는 도미노 이론, 안전공리(axioms of safety), 삼각형 모양의 1 - 29 - 300법칙이 포함되었다. 이 책은 여러 대학이 사용하는 교과서로 채택되었다. 하인리히는 제2차 세계대전 중 전쟁부의 안전 자문 위원회 위원장을 맡았다. 위원회의 역할은 화재와 사고 예방을 위한 연구와 개선 방안을 제시하는 것이었다.

(10) 전쟁 후 활동(Post-war work)

전후 The Traveler 보험회사의 엔지니어링 및 손실 관리 부서에 많은 이직이 있었기 때문에 하인리히는 새로운 엔지니어를 고용하고 훈련시키는 데 많은 시간을 보냈다. 그리고 1948년 하인리히는 뉴욕에서 열린 ASME 연례 회의에서 보일러 및 기계 사고 원인 코드(Accident-Cause Code)를 발표했다.

1952년 하인리히는 미국에서 오래된 안전 단체 중 하나인 뉴욕의 미국 안전 박물관(American Museum of Safety)에서 윌리엄스 기념 메달을 받았다. 이 상은 오랜 기간 동안 안전을 위한 그의 많은 귀중한 공헌을 인정하기 위한 것이었다.

(11) 하인리히라는 사람

하인리히의 다양한 서적에는 가족이나 회사와 같은 개인적인 삶을 거의 드러내지 않는다. 다만, The Travelers 보험회사의 간행물, 신문 그리고 Jesse Bird의 회고록에 실린 기사를 통해 개인적인 정보를 얻을 수 있다.

하인리히의 키는 172cm 정도이며, 눈은 하늘색 그리고 머리 색은 갈색이었다. 그의 자세는 꼿꼿했다. 그리고 제2차 세계 대전 때의 군복을 입는 것을 좋아했다.

하인리히는 다른 사람들의 말을 신중하게 들었으며, 훌륭한 배우이면서 연설을 잘 하는 사람이었다. 그리고 다른 사람들에게 신뢰를 얻었다. 그는 담배를 하루에 한 갑 반 이상을 피웠다. 점심 시간에는 주로 탁구, 체스, 체커, 카드 게임을 했다. 점심 시간을 제외하고 하인리히는 거의 모든 시간을 사고 예방에 관한 연구를 하였다.

(12) 퇴직과 사망

하인리히는 1913년 The Travelers 보험회사를 입사하여 1956년 4월 27일 43년간의 업무를 마치고 은퇴했다. 퇴직 행사는 대규모 파티가 아닌 일반적인 점심 식사가 대부분이었다. 그리고 George E. Peterson 회장의 감사패 증정이 있었다. 은퇴 후 하인리히와 그의 아내는 스페인, 이탈리아, 터키, 오스트리아 및 프랑스로 장기 여행을 떠났다.

휴가 후 하인리히는 뉴욕시에 본부를 둔 Uniform Boiler and Pressure Vessel Laws Society[8]의 회장이 되면서 새로운 업무를 시작하였다. 그러는 동안 뉴욕대학에서 안전관련 주제로 강의를 했다. 한편, Industrial Accident Prevention, A Scientific Approach라는 책자의 4판을 준비하였다. 이를 위해 The Traveler 보험회사의 Burbank 감독자에게 산업재해와 관련한 자료를 열람할 수 있는 권한을 요청했다.

1959년 하인리히는 Granniss와 함께 Industrial Accident Prevention, A Scientific

---

8) 미국과 캐나다에서 증기 보일러와 압력 용기의 안전한 건설, 설치 및 작동을 관리하는 법률의 통일성을 촉진하기 위해 1915년에 설립된 비영리 조직.

Approach라는 책자의 4판을 출판하였다. 책자의 대부분은 유사하지만, 책의 구조가 여러 부분으로 변경되었고 이번에는 핵 방사선과 관련한 내용도 추가되었다.

1961년에 Heinrich는 미국 안전전문가 협회(ASSE, American Society of Safety Engineers)로부터 ASSE Fellow 지정을 받았다. 1962년 6월 1일 하인리히는 Uniform Boiler and Pressure Vessel Laws Society에서 사임했고, 1962년 6월 22일 75세의 나이로 사망했다. 그는 Fairview Cemetery의 443번지에 묻혔고 그곳에서 1961년에 사망한 그의 인척 James E. King과 Minnie P. Keller와 함께 잠들었다.

1979년 하인리히는 보험 사상과 관행(insurance thought and practice)에 대한 주요 공헌을 위해 마련된 보험 명예의 전당에 들어가게 되었다. 1993년 하인리히는 안전 공학 및 사고 원인 이론에 기여한 공로로 국제 안전 보건 명예의 전당48에 포함되었다.

1980년 Petersen과 Nestor Roos가 Industrial Accident Prevention, A Scientific Approach라는 책자의 5판을 출판하였다. 이 책은 하인리히가 사망한 이후 출판되었지만, 여전히 하인리히를 첫 번째 저자로 표기하고 있다.

(13) 하인리히의 주요 안전이론

가. 공리(Axiom)

하인리히는 보다 좋은 안전보건관리를 위해서는 10개의 공리(Axiom)가 필요하다고 판단했다. 공리는 어떤 일의 기초가 되는 사실로 부가적인 설명이 필요하지 않은 자명한 사실이다. 공리는 그의 저서 Industrial Accident Prevention, A Scientific Approach 2판에 등장한다. 이 공리는 하인리히의 안전관련 원칙을 제공하는 전신이 되었다. 이 원칙들은 논문별로 일부 변경이 있었지만 대체로 아래 표와 같은 공통점을 갖는다.

---

1. 경영진의 관심, 지원 및 행동
2. 사고 사실에 대한 지식
3. 사실에 근거한 적절하고 효과적인 조치

안전과 관련한 공리는 하인리히가 최초로 언급한 것은 아니다. 1941년 8월 Pierce Arrow 자동차 회사의 급여 봉투에 인쇄된 여섯 가지 공리가 먼저 있었다. 그 내용은 아래 표와 같다.

1. 안전을 첫 번째로 생각하라
2. 사고는 누군가의 잘못이다. 당신은 잘못을 저지르지 마라
3. 위험 지점을 찾아 감독자에게 보고하라
4. 사고를 예방하는 한다는 것은 누군가를 살린다는 의미이다
5. 예방이 가능했던 사고가 발생했다면, 이미 시간을 낭비한 것이다
6. 사고로 인한 손실을 막는 것이 당신의 의무이다

Industrial Accident Prevention, A Scientific Approach 2판에 실린 공리 열 가지와 3판 및 4판에서 수정한 내용은 아래 표와 같다.

1941년 2판	1950년 3판 및 1959년 4판
1. 재해는 항상 일련의 순차적인 과정으로 발생한다. The occurrence of an injury invariably results from a completed sequence of factors - one factor being the accident itself.	1. 재해는 항상 일련의 순차적인 과정으로 발생한다. 사고는 항상 사람의 불안전한 행동 및/또는 기계적 또는 물리적 위험에 의해 발생하거나 허용된다. The occurrence of an injury invariably results from a completed sequence of factors - the last one of these being the accident itself. The accident in turn is invariably caused or permitted by the unsafe act of a person and/or a mechanical or physical hazard.
2. 사고는 사람의 불안전한 행동과 기계적 또는 물리적 위험의 존재라는 두 가지 상황 중 하나 또는 둘 모두에 의해 직접적으로 발생하거나 수반될 때만 발생한다. An accident can only occur when preceded by or accompanied and directly caused by one or both of two circumstances - the unsafe act of a person and the existence of a mechanical or physical hazard.	2. 사람의 불안전한 행동이 대부분의 사고에 책임이 있다. The unsafe acts of persons are responsible for a majority of accidents.
3. 사람들의 불안전한 행동은 사고의 대부분에 책임이 있다. The unsafe acts of persons are responsible for the majority of accidents.	3. 불안전한 행동으로 인해 불구가 되는 상해를 입은 사람은, 일반적인 경우와 동일한 안전하지 않은 행위를 한 결과 심각한 부상으로부터 300번 이상 가까스로 피했다. 마찬가지로, 사람들은 부상을 입기 전에 기계적 위험에 수백 번 노출된다. The person who suffers a disabling injury caused by an unsafe act, in the average case has had over 300 narrow escapes

	from serious injury as a result of committing the very same unsafe act. Likewise, persons are exposed to mechanical hazards hundreds of times before they suffer injury.
4. 사람의 불안전한 행동이 반드시 사고와 부상을 즉시 초래하는 것은 아니며, 기계적 또는 물리적 위험에 한 번 노출되는 것이 항상 사고와 부상을 초래하는 것은 아니다. The unsafe act of a person does not invariably result immediately in an accident and an injury, nor does the single exposure of a person to a mechanical or physical hazard always result in accident and injury.	4. 부상의 정도는 대체로 우연적이다. 부상을 초래하는 사고의 발생은 대부분 예방할 수 있다. The severity of an injury is largely fortuitous – the occurrence of the accident that results in injury is largely preventable.
5. 사람의 불안전한 행동을 개선하기 위한 지침을 제공한다. The motives or reasons that permit the occurrence of unsafe acts of persons provide a guide to the selection of appropriate corrective measures.	5. 사람이 불안전한 행동을 하는 네 가지 기본 동기를 개선하기 위한 지침을 제공한다. The four basic motives or reasons for the occurrence of unsafe acts provide a guide to the selection of appropriate corrective measures.
6. 부상의 정도는 대체로 우연적이다. 부상을 초래하는 사고의 발생은 대부분 예방할 수 있다. The severity of an injury is largely fortuitous – the occurrence of the accident that results in the injury is largely preventable.	6. 사고예방을 위한 기본적인 대응은 공학적 수정, 설득, 인력조정 및 징계 등 네 가지가 있다. Four basic methods are available for preventing accidents: engineering revisions, persuasion and appeal, personnel adjustment, and discipline.
7. 사고 예방 방식은 생산량, 품질 관리 방식과 유사하다. The methods of most value in accident prevention are analogous with the methods required for the control of the quality, cost, and quantity of production.	변경없음
8. 경영진은 사고 예방에 가장 많은 영향력을 가지므로 책임을 가져야 한다. Management has the best opportunity and ability to prevent accident occurrence; and therefore, should assume the responsibility.	8. 경영진은 사고 예방 작업을 시작할 수 있는 가장 많은 영향력을 가지므로 책임을 가져야 한다. Management has the best opportunity and ability to initiate the work of prevention; therefore, it should assume the responsibility.
9. 현장반장은 산업재해 예방의 핵심 인물이다. The foreman is the key man in industrial accident prevention.	9. 감독자 또는 현장반장은 산업재해 예방의 핵심 인물이다. 감독의 기술을 근로자의 성과 통제에 적용하는 것은 성공적인 사고 예방에 가장 큰 영향을 미치는 요소이다. 감독 기술은 네 가지 단계로 표

	현하고 가르칠 수 있다. The supervisor or foreman is the key man in industrial accident prevention. His application of the art of supervision to the control of worker performance is the factor of greatest influence in successful accident prevention. It can be expressed and taught as a simple four-step formula.
10. 보상, 책임 청구, 의료비 및 병원비 등의 직접비용에는 고용주가 지불해야 하는 우발적 또는 간접 비용이 수반된다. The direct costs of injury, as commonly measured by compensation and liability claims and by medical and hospital expense, are ac-companied by incidental or indirect costs, which the employer must pay.	10. 인도주의적인 관점과 경제적 관점에서 재해를 예방해야 하는 이유는 (1) 안전한 시설은 생산적으로 효율적이고 안전하지 않은 시설은 비효율적이다. (2) 보상 청구 및 치료 등 산업 재해로 인한 직접비용은 고용주가 지불해야 할 총 비용의 1/5에 불과하다. The humanitarian incentive for preventing accidental injury is supplemented by two powerful economic factors: (1) the safe establishment is efficient productively and the unsafe establishment is inefficient; (2) the direct employer cost of industrial injuries for compensation claims and for medical treatment is but one-fifth of the total cost which the employer must pay

나. 사고방지 5단계(The foundation and the five steps of accident prevention)

Industrial Accident Prevention, A Scientific Approach 3판에는 기본 안전 관리 시스템을 5단 사다리(a five-step ladder)로 표현한 내용이 포함되어 있다. 이 5단 사다리는 사고발생과 예방의 기본적인 철학의 기초(foundation) 위에 마련되어 있다. 이 기본 철학은 이 책의 2장에 자세히 설명되어 있으며 열 가지 공리로 요약되어 있다. 기초(foundation)에는 안전 관리에 대한 자세, 능력, 지식을 바탕으로 산업과 국가, 인류에 봉사하고자 하는 마음을 포함한 원대한 비전이 제시되어 있다. 기본 안전 조직 및 관리를 나타내는 다섯 단계는 조직, 사실 발견, 분석, 개선을 위한 선정 및 개선을 위한 적용으로 구성되어 있다. 이 다섯 가지 단계는 부분적으로 Plan-Do-Check-Act[9]의 주기를 기반으로 하는 후기 관리 시스템 구조와 잘 비교된다. 아래 그림은 하인리히가 제시한 '사고방지 5단계와 기초' 그림이다.

---

9) William Edwards Deming (October 14, 1900-December 20, 1993) 품질문제에 있어 경영자 책임이 전체 문제의 85%에 달한다고 주장하면서 경영자 책임을 강조했다. 결국 품질문제는 시스템의 문제인 것이다. Deming은 문제가 발생한 다음 이를 긴급 수습하는 식의 해결보다 장기적 안목으로 보다 계획적으로 시스템과 프로세스에 주목할 것을 강조했다. 프로세스 개선 시에 필요한 4단계 행동절차, PDCA를 강조했다. 본래 이 4단계는 슈와트 사이클이라고 알려진 것이었으나, 1950년대에 Deming 사이클이라고 불렸다.

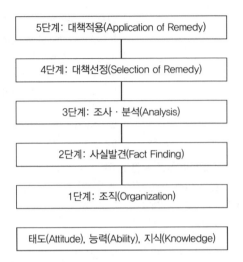

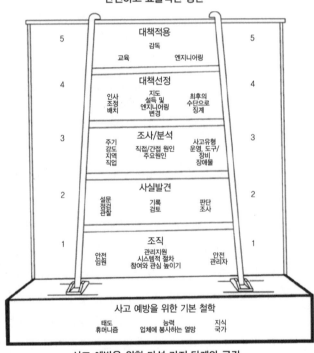

사고 예방을 위한 다섯 가지 단계와 근간

출처: [1950년 McGraw-Hill book Company] Industrial Accident Prevention: A Scientific Approach(3판)

하인리히가 이전에 연설이나 논문에 사고방지 5단계 사다리에 대한 내용을 공유하지 않고, Industrial Accident Prevention, A Scientific Approach 3판과 4판에 바로 포함한 것은 다소 의외이다. 그리고 안전 조직(또는 관리)에 대해 놀랍도록 현대적인 정의를 내렸다. 하인리히가 강조한 안전 조직의 역할은 아래 표와 같다.

> 1. 경영진은 안전보건관리에 대한 승인, 지원 및 통제
> 2. 응급 처치, 승인된 의료 및 병원 치료
> 3. 작업을 세부적으로 지시할 한 사람을 지정
> 4. 필요에 따라 위원회 및 소위원회 개최
> 5. 운영 및 장비에 대한 정기적인 조사
> 6. 직원의 선발, 지시, 훈련 및 감독
> 7. 시정 조치를 포함한 사고 기록 및 조사

다. 숨겨진 비용 – 1:4 비율(Hidden costs – 1:4 ratio)

하인리히가 제안한 사고 직접 비용과 간접 비용은 사고로 인한 비용적 측면의 중요성을 부각시켰다. 사고로 부상을 입은 근로자에 대한 치료비 그리고 휴업 급여에 들어가는 직접적인 비용 외에 우발적, 간접 또는 숨겨진 비용을 간접 비용이라고 한다. 그리고 이 비용은 직접 비용에 비해 훨씬 큰 비용이다.

간접 비용과 관련한 연구를 한 사람들은 Beyer(1916), Williams(1922) 및 Lange(1926) 등이 있다. The Travelers 보험회사의 간행물에도 이러한 내용들이 존재했다. 당시의 주요 간접 비용의 범위는 아래 표와 같다.

> • 근로자가 경미한 부상으로 응급처치를 받기 위한 소비 시간
> • 경미한 부상, 특히 눈과 손가락 부상 등으로 생산 장애
> • 심각한 부상을 입은 근로자 교체 비용
> • 심각한 사고로 인한 부서의 사기 저하로 인한 생산 장애
> • 재해 발생 빈도가 높은 사업장은 우수한 인재를 유지하기 어려움
> • 사고로 인한 높은 보험 수가

하인리히가 사고로 인한 비용적 측면을 언급한 것은 1925년 12월 2일에 열린 뉴욕 주 안전 회의였다. 하인리히가 발표한 내용은 100개의 임의 사례를 기반으로 안전과 생산을 긍정적으로 연결하고 비용과 관련한 내용으로 예비 결과를 포함하고 있다. 이에 대한 첫 번째 결과는 1926년 12월에 발표되었다. 이후 5,000건의 임의 사례를 기반으로 추가적인 연구를 시행하였다. 그리고 이후 10,000건의 임의 사례를 대상으로 연구를 시행하였다. 이 연구 결과 사고의 간접 비용이 직접 비용보다 평균적으로 4배 더 큰 것으로 나타났다.

다만, 하인리히는 매번 조심스럽게 모든 사고의 간접 비용이 평균적으로 4배 더 크다고 주장했지만, 사고로 인한 직접 비용과 간접 비용의 1대 4 비율은 모든 개별 사고에 평균적으로 적용되지는 못했으며, 특히 소형 공장의 간접 비용이 높았다.

라. 도미노 이론(Domino Theory)

① 개요

하인리히는 사고가 일어나는 과정을 발생하기 전의 원인, 발생하고 있는 과정 그리고 발생한 결과의 순서로 설명하였다. 특히 하인리히는 그의 논문에서 사람이 부상을 입는 순서는 첫째 원인, 둘째 사고 그리고 셋째 부상이라고 언급하였다.

1934년 11월 하인리히는 디트로이트 안전 위원회에서 도미노 이론을 소개했다. 도미노는 세계 최초의 그래픽 적인 표현으로 최초의 사고 모델이었다. 이 모델은 다섯 단계로 구성된 사고의 발생 순서를 보여주었으며, 그 중 처음 세 가지는 원인을 나타냈다. 사고는 항상 고정되고 논리적인 순서로 발생한다. 하나의 요인은 다른 하나의 요인에 의존한다. 따라서 한 줄의 도미노가 서로 연관이 있어, 첫 번째 도미노가 무너지면 전체 도미노가 무너질 수 있는 사슬로 구성된다. 사고는 사슬의 한 고리일 뿐이다.

1. 사회환경과 유전적 요인(Social environment and ancestry)
2. 개인적 결함(Fault of person)
3. 불안전한 행동 및 기계적 및/또는 물리적 위험(Unsafe act and mechanical and/or physical hazard)
4. 사고(The accident)
5. 상해(Injury)

다음 그림과 같은 도미노는 사고 발생 과정을 구체적으로 묘사하였다. 그리고 사고가 일어나는 선형 인과 관계를 설명하는 데 도움이 된다. 이후 하인리히는 1941년 Industrial Accident Prevention, A Scientific Approach 2판을 출간하면서 사고로 이어지는 다양한 원인의 논리적 흐름을 구체적으로 제시했다.

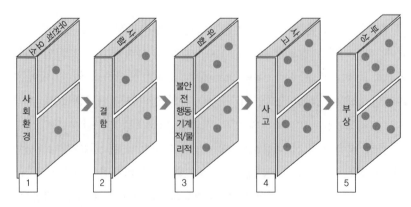

출처: [1934년 Accident Sequence Brochure of Travelers] The accident sequence

첫 번째 도미노는 사회환경과 유전적 요인이다. 사회환경은 문화에 영향을 받는 반면, 유전적 요인은 개인적인 영향을 받는다. 두 번째 도미노는 첫 번째 도미노와 일부분 유사한 면이 있으며, 인적성과(human performance)[10]와 관련이 있다. 세 번째 도미노는 불안전한 행동 및 기계적 및/또는 물리적 위험이다. 사람이 특정 목표를 달성하기 하는 행동으로 실수나 기준 등을 위반하는 행동을 의미하며, 그러한 행동이 유도될 수 있는 불안전한 기계적 또는 물리적 환경을 의미한다. 네 번째는 사고로 부상으로 이어지는 직접적인 원인을 나타낸다. 마지막은 사고로 인한 결과인 상해이다.

1934년 The Travelers 보험회사가 발간한 문서를 보면, 하인리히는 이 도미노 모델을 과학적인 사고발생 이론이라고 묘사하고 있다. 그리고 개인적 결함, 불안전/부적절한 관행 또는 조건, 그리고 상해 또는 생산 손실("Fault of Person," "Unsafe or Improper Practice or Condition," and "Injury or Production Loss)" 세 가지를 원인과 영향 순서(cause-and-effect-sequence)라고 하였다. 그리고 아래 표와 같이 사고가 발생하는 원인을 아래의 두 가지 내용으로 지목하였다.

"누군가가 안전하지 않거나 부적절하게 행동하지 않는 한, 또는 안전하지 않거나 부적절한 조건이 존재하지 않는 한, 언제 또는 어디서나 사업장에서 상해 또는 생산 손실이 발생할 수 없다."

"어떤 사람의 잘못에 의해 야기되거나 허용되지 않는 한, 언제 또는 어디서나 사업장에서 안전하지 않거나 부적절한 관행 또는 조건이 발생하거나 발생할 수 없다."

결과적으로 신체 상해는 사고의 결과로만 발생, 사고는 인적 또는 기계적 위험의 결과로만 발생, 개인 및 기계적 위험은 사람의 잘못으로 인해 발생한다는 논리를 마련하였다. 그리고 인간의 결점은 환경에 의해 유전되거나 획득된다는 일종의 원칙이 마련되었다.

도미노는 사고에 대한 원인과 결과에 대한 직관적인 이해를 제공하였고, 안전을 하는 사람들은 빠르게 도미노 이론을 적용했다.

② 도미노 이론에 대한 비평

하인리히의 도미노 이론은 사고가 발생하는 순차적인 모델을 제안하였지만 그의 이론에 대한 여러 학자들의 비평이 존재하고 있다. 다음 표는 그의 이론을 비평한 내용이다.

---

10) 국제민간항공기구(ICAO)에 따르면, 인적성과(HP, Human Performance)는 시스템 성능에 대한 인간의 기여도를 나타내며 사람들이 작업을 수행하는 방법을 나타낸다. 그리고 미국 에너지부(DoE)에 따르면, 인간의 성과는 특정 작업 목표(결과)를 달성하기 위해 수행되는 일련의 행동이다.

학자	비평내용
Toft et al(2012)	도미노 모델은 사고로 이어지는 순차적 요인을 설명한 이론으로 복잡한 사고를 단지 단순하게 모델링 하는 데 그쳤다.
Jacobs(1961)	도미노 모델을 활용한 사고 인과분석은 단지 사고를 일으킨 환경적인 요인을 파악하는 것이 전부이다.
McFarland(1963)	도미노 모델로는 사고로 이어지는 중요한 요인을 찾기 어렵다.
Petersen(1971)	도미노 모델을 보다 확장한 사고조사 모델을 활용해야 한다.
Hollnagel(2004), Dekker(2011, 2014)	도미노 모델은 현대의 역동적이고 복잡한 사회에서의 사고를 분석하기 어렵다.
Hollnagel(2004)	도미노 이론은 전형적인 선형 사고 모델로 1920년대 산업에 적합하도록 만들어졌다. 따라서 현대의 복잡한 변동성이 존재하는 산업에는 적합하지 않다.

출처: [1934년 Accident Sequence Brochure of Travelers] Removing the middle domino

하인리히는 앞서 그림과 같이 첫 번째 도미노가 쓰러지면, 그 다음 도미노가 쓰러진다는 전제를 두었다. 따라서 사고를 막기 위해서는 이전에 있는 도미노가 쓰러지는 것을 막아야 한다는 전제를 두었다. 그리고 그는 불안전한 행동과 물리적/기계적 위험이 사고의 주요 원인이라고 지목하였다.

마. 사고발생 원인 법칙 88-10-2(Causation Theory 88-10-2)
① 개요
하인리히와 그의 연구자들이 1928년 6월과 7월에 출판한 논문들은 사고가 일어나는 실제 기여 요인을 찾고자 하는 내용들이었다. 그리고 그 기여 요인을 사전에 막을 수 있는 예방 가능 측면을 고려하였다. 그들은 The Travelers 보험회사가 보유하고 있던 다양한 산업과 관련된 12,000개의 임의 폐쇄 청구 사례를 검토했다. 그리고 공장과 관련한 사업주의 기록을 포함하여 63,000건의 사례를 검토하였다. 이러한 75,000건의 사례를 검토하고 분석한 결과, 사고의 98%가 예방 가능한 사고라는 결론을 내렸다. 그리고 나머지 2%는 향후 "신의 행위(Acts of God)"라는 이름이 붙여졌지만 하인리히 자신은 이 용어를 거의 사용하지 않았다.

사고 예방이 가능한 98%에는 감독 부재로 인한 불안전한 행동 원인과 물리적 또는 기계적 원인이 존재한다는 것을 전제하였다. 그리고 88%는 불안전한 행동으로 인해 발생하고, 10%는 물리적 또는 기계적 원인에 의해 발생한다는 전제를 두었다.

당시의 여러 문헌을 살펴보면, 하인리히가 전제한 내용과 유사한 주장을 하는 학자들이 있었다. 그 내용은 아래 표와 같다.

학자	주장
Tolman과 Kendall (1913)	사고의 원인을 기계와 관련된 사고와 인적 요인에 영향을 받은 사고, 두 가지 큰 부류로 나누었다.
Hubbard(1921)	대부분의 사고는 예방할 수 있다는 하인리히의 전제와 같은 언급을 하였다.
DeBlois(1926)	그는 인간과 기계를 두 개의 주요 범주로 인정하는 것처럼 보였다.

하인리히는 Industrial Accident Prevention, A Scientific Approach 1판에서 사람의 실패(man-failure)를 주된 원인으로 보았다. 그리고 2판에서는 몇 가지 중요한 변경 사항을 적용했다. 그 내용으로는 "불안전한 행동" 또는 "불안전한 조건"을 유발하거나 허용하는 사람의 실패(man-failure)로 인해 사고가 유발되었으며, 그 중 98%는 "예방 가능한 유형"이었다. 이러한 내용을 묘사한 내용은 Industrial Accident Prevention, A Scientific Approach 2판 19 페이지에 존재한다.

하인리히는 Industrial Accident Prevention, A Scientific Approach 2판에서 대부분의 사고에 사람 원인과 기계적 원인이 모두 있다고 하였으며, 이 두가지 원인을 가능한 한 제거해야 한다고 하였다. 이후 3판과 4판에서도 주요 변경은 없었다.

직접 및 간접사고 원인(direct and indirect accident causes) 표에서 "관리 및 감독 (Management and Supervision)"을 가장 상위에 두고 그 아래 "직원 성과(Employee performance)"와 "물리적 환경(Physical environment)"이라는 두 가지 항목으로 통제하는 것으로 묘사했다. 그리고 표 아래에 추가 원인이 있음을 경고하는 메모가 있다. "열거된 항목들은 추가적인 불안전한 행동, 불안전한 신체 상태 및 간접적인 원인이 고려될 수 있는 광범위한 그룹이다."

사고발생 원인 법칙 88−10−2는 사고조사와 관련한 여러 연구에 기본적인 구조를 제공하였다.

그는 사고의 원인을 분석하는 데 있어 가장 중요한 두 가지 항목은 기계의 결함과 사람의 결함이라는 것을 강조하였다. 그의 사고발생 원인 법칙 88−10−2는 1941년 8월 1일 ANSI Z16으로 승인되었으며, 적어도 20년 동안 사용되었다.

② 사고발생 원인 법칙 88-10-2에 대한 비평

대부분의 사고가 사람에 의해 발생한다는 믿음은 하인리히가 사고발생 원인 법칙 88−10−2를 발표한 이래, 안전 실무자들이 가장 신봉하는 원칙으로 활용되었다. 그것은 종종 행동기반안전관리(BBS, Behavior Based Safety) 프로그램의 일환으로 실행된다는 믿음을 주었다. 이 믿음은 초기부터 심각한 비판을 받아온 것이 사실이다. 예를 들어 Eastman은 모든 사고의 95%가 근로자의 "부주의"로 인한 것이라는 입장을 반증하는 강력한 주장을 제공했다.

하인리히는 사고의 직접적인 원인으로 불안전한 행동을 지목하였고, 전체 사고에서 88%를 차지한다고 하였다. 그리고 기계/물리적인 불안전한 상태가 10%를 차지하며 사전에 막을 수 없는 불가항력이 2%를 차지한다고 하였다. 그는 사람의 결함(man failure)과 심리요인이 개선되어야 할 중요한 요인이라고 주장하였다. 여기에서 주의 깊게 생각해 볼 것은 그가 사고를 예방할 수 있는 요인으로 인적오류(human error, 불안전한 행동의 원인이 되는 요소)를 지목하였다는 것이다. 하지만 사고의 원인은 다양하므로 인적오류를 전적인 요인으로 보는 관점은 현실적으로 한계가 있다.

예를 들어 어떤 화학공장의 밀폐된 생산설비에서 냄새가 없고 색이 없는 독성가스를 생산하는 시설이 오래 되어 독성가스가 새고 있지만, 가스 검지기와 알람 시스템이 동작하지 않고 있다고 가정해 본다.

이런 위험한 상황을 발견한 내부 감사자는 설비를 즉시 개선하도록 지시하였지만, 경영 책임자는 비용이 투자되는 시설개선을 중지시키고 관련 직원을 1/3로 감원하도록 지시했다고 하면, 이런 상황에서 근로자는 가스 검지기와 알람 시스템 기능을 고치기 위해 잦은 수리와 조정 업무를 할 수밖에 없을 것이다. 게다가 감독자는 밀폐된 가스 생산 지역을 출입하는 근로자가 가스 측정을 하지 않고 들어가는 것을 보고도 제재하지 않아, 근로자가 밀폐된 장소에 체류된 독성가스에 의해 사망하였다면 근본원인은 무엇일까?

이 사고의 근본원인은 일반적으로 설비 노후로 인한 독성가스 누출, 가스 검지기와 알람 시스템 불량, 인원 감원, 관리감독자의 감독 미흡 등 다양한 요인이 있다고 볼 수 있다. 하지만, 이 사고의 근본원인을 근로자의 불안전한 행동으로 지목한다는 것은 또 다른 사고를 일으키는 요인이 될 뿐 아니라 사고예방의 효과 또한 매우 낮을 것이다. 따라서 하인리히가 주장하는 사고의 원인이 사람의 결함(man failure)이라는 점 그리고 불안전한 행동이 유일한 사고의 근본원인(root causes)이라는 논리는 지지할 수 없다.

하지만 아쉽게도 하인리히의 사고 발생 원인 법칙(88-10-2 비율)은 지속적으로 안전보건관리에 지대한 영향을 주었고 가장 잘못된 방향으로 인도하였다. 그 결과 작업 현장 개선 방식의 안전보건관리가 사람의 결함을 개선하는 방식으로 전개되었다. 무엇보다 그의 주장과 법칙을 굳게 믿고 있는 안전전문가들을 현장이나 시스템개선보다는 사람의 결함에 집중하게 하는 계기가 되었다.

이로 인해 현장에서 사고가 발생하면 사람의 결함을 근본원인으로 지목하여 사고조사와 분석을 쉽게 종결하는 관행이 고착화되었으며, 사고의 책임에서 자유롭지 않은 관리감독자나 책임자는 그들의 책임을 근로자에게 미루는 관행이 팽배해졌다. 이러한 관행으로 인해 비용이 투자되는 현장개선이나 시스템 개선의 노력보다는 근로자 재교육, 조직 그룹 재편성, 표준 운전 절차 변경 등 감독자나 관리자가 쉽게 할 수 있는 피상적인 안전 관리 활동에 치우치게 되었다.

- 근로자 계층 이상의 인적오류(human error above worker level)

공정 안전분야와 관련이 있는 인적오류 예방 가이드라인(guidelines for preventing human error in process safety)은 공정 안전과 관련이 있는 내용으로 구성되었지만, 처음 두 개의 장(chapter)은 인적오류를 예방할 수 있는 내용으로 구성되어 있다. 주요 내용은 오류가 발생하는 장소, 오류를 일으키는 사람과 계층, 오류가 조직문화에 주는 영향 등으로 구성되어 있고, 인적오류를 예방하기 위한 조언이 아래와 같이 포함되어 있어 대부분의 산업에 적용할 수 있다.

- 인적오류 요인은 운영 조직에서 시스템 실패를 일으키는 주요한 기여 요인이다. 그러나 종종 이러한 오류는 회사의 경영진, 설계자 또는 기술 전문가로 인해 생긴다.
- 오류는 사람이 해야 하는 어떠한 목표(업무)를 달성하지 못한 결과이므로 적절하지 못한 조직문화에 의해 발생한다. 따라서 경영층이 참여하여 시스템적인 관점에서 인적오

류를 예방해야 한다.

- 인적오류는 설계, 운전, 유지보수 또는 관리 절차로 인해 발생한다.
- 처벌과 부정적인 피드백 등 비난의 순환고리에 의해 비난 문화가 만들어지고, 근로자는 안전 동기 수준이 낮아져 의도적인 불안전 행동을 한다.
- 안전문화 수준은 경영층의 참여 정도와 작업 인력 간 안전 의사소통에 따라 결정된다.
- 작업장의 안전설계와 안전 작업 방법은 회사 경영층, 설계자, 기술자 계층의 안전보건 관리 참여 노력에 따라 확보된다. 따라서 안전 전문가는 먼저 현장의 위험(risk)이 수용할 수 있는 위험(acceptable risk) 수준에서 관리되도록 시스템 개선에 집중해야 한다.
- 안전 전문가는 James Reason이 발간한 "managing the risks of organizational accident"[11] 책자를 참조하여 조직의 인적오류를 예방해야 한다.
- 잠재 조건(latent condition)에는 설계결함, 감독 불일치, 발견되지 않은 제조 결함 또는 유지 관리 실패, 실행 불가능한 절차, 서투른 자동화, 교육 부족, 기준 이하의 도구 및 장비 등이 존재한다. 그리고 잠재 조건은 현장의 여러 조건과 실행 실패(active failure)와 결합하여 시스템 방어층(layer of defenses)에 상주하면서 인적오류를 유발한다.

잠재 조건은 정부, 규제 기관, 제조업체, 설계자 및 조직 관리자와 전략적인 결정을 하는 최상위 조직에 의해 만들어진다. 조직이 만든 잠재 조건은 해당 기업의 문화 조성에 많은 영향을 주며, 사업장으로 전파되어 인적 오류를 유발하는 요인이 된다.

Deming은 품질보증 분야에서 세계적인 명성을 얻은 사람으로 사고방지를 위한 방안으로 근로자의 행동을 위주로 하는 관리보다는 시스템 관리에 많은 집중해야 한다는 85-15원칙을 주장하였다. 그의 주장은 품질 분야 이외에도 안전 분야에 적용될 수 있다. 그는 1,700건이 넘는 사건 조사 보고서를 검토한 결과, 문제의 15%는 근로자의 행동과 관련이 있었고 85%는 경영책임자의 부족한 리더십에서 비롯되었다고 주장했다.

또한 2010년 미국 안전 엔지니어 협회(ASSE)가 주관하는 심포지엄에서 작업장 안전과 인적오류라는 새로운 관점을 주제로 토론을 한 적이 있었는데, 몇몇 연사는 인적오류를 방지하기 위해서는 시스템과 작업설계를 개선해야 한다고 조언한 바 있어 Deming의 85-15원칙과 유사하다고 할 수 있다.

인간공학(Ergonomics and Human Factors Engineering) 분야에서 저명한 Chapanis의 연구 또

---

11) Managing the Risks of Organizational Accident, Reason, J. (1997). 이 책은 다양한 첨단 기술 시스템에서 중대 재해의 원인을 파악할 수 있는 지식을 높이기 위한 기준을 제시한다. 또한 시스템 관리자와 안전 전문가가 현재 이용할 수 있는 것 이상으로 조직 사고의 위험을 관리하기 위한 도구와 기술에 대해서도 설명한다. 제임스 리슨(James Reason)은 원자력 발전소, 석유 탐사 및 생산 회사, 화학 공정 설치 및 항공, 해상 및 철도 운송 분야에서 인간과 조직의 원인으로 발생하는 중대한 사고를 포괄적으로 설명한다. 인간과 조직적 요인을 이해하고 통제하는 것과 관련이 있으며, 안전 전문가들이 읽어야 할 필독서이다.

한 Deming의 견해와 주장과 일치한다. Chapanis는 사고의 원인이 불안전한 행동이라는 사고조사의 결론은 비논리적이므로 설계, 배치, 장비, 운영 및 시스템 측면의 개선방안 마련이 필요하다고 주장하였다.

미국 에너지부(Department of Energy, 1994)는 MORT(Management Oversight and Risk Tree)를 체계적인 사고원인 분석 절차로 제시한 바 있는데, 여기에도 불안전한 행동을 사고의 근본원인으로 보고 있지 않다. 따라서 하인리히가 주장한 산업재해의 핵심 원인이 불안전한 행동이라는 전제는 더 이상 지지할 수 없다.

• 자료 취합과 분석 방법(Heinrich's data gathering & analytical method)

하인리히는 1953년과 1960년 두 차례 펜실베니아 주(state)에 보고되었던 사고 원인조사 분석 결과를 알고 있던 것으로 판단한다. 그 사고 원인조사 분석 결과에 따르면 사람의 불안전한 행동과 상태(부적절한 기계적 또는 물리적인 조건)로 인해 발생하는 사고가 거의 같은 비율인 것을 알 수 있다. 따라서 하인리히가 주장했던 사고발생 원인 법칙 88–10–2와는 다르다는 것을 보여주고 있다.

이러한 사실을 확인할 수 있었던 것은 미국 NSC[12])가 1980년에 발간한 산업공정에 대한 사고방지 매뉴얼(accident prevention manual for industrial operations)에 기재된 펜실베니아 주 사고 원인조사 보고 내용 확인을 통한 것으로 자세한 사항은 아래와 같다.

- 1953년 펜실베니아 주에 보고된 91,773건에 대한 사고분석 연구에 따르면, 모든 치명적이지 않은 부상(nonfatal)의 92%와 모든 치명적인 부상(fatal)의 94%가 불안전한 상태(위험한 기계적 또는 물리적 조건)에 인한 것으로 나타났다. 그리고 모든 치명적이지 않은 부상(nonfatal)의 93%와 모든 치명적인 부상(fatal)의 97%가 불안전한 행동에 인한 것으로 나타났다
- 1960년 같은 주에 보고된 80,000건의 사고분석 연구 결과를 보면, 치명적이지 않은 부상(nonfatal)의 98.4%는 불안전한 상태(위험한 기계적 또는 물리적 조건)이고, 불안전한 행동은 98.2%이었다.

하인리히는 펜실베니아 주에 보도된 두 가지 사고분석 연구 결과가 자신의 연구 결과가 다르다는 것을 알고 있었지만, 오직 불안전한 행동을 근본원인(88%)으로 지목하여 정당화하였다. 하인리히의 사고발생 원인 법칙 88–10–2는 1920년대 후반에 발표되었지만, 그의 연구 결과에 활용된 사고분석 자료는 미심쩍으며 알려지지도 않았다.

---

12) NSC(National Safety Council, 미국 국가안전보장회의)는 미국 안보 보좌관들과 내각 관리들과 함께 국가 안보, 군사 문제 및 외교 문제를 고려하기 위해 미국 대통령이 참여하는 주요 포럼.

사고 분석 자료는 폐쇄 청구 파일 보험 기록에서 무작위로 2만 건이 선정된 것이며, 연구 자료는 넓은 범위의 지역(도시)과 다양한 산업군으로 분류되었다. 그리고 사고발생 공장 소유자의 사고 기록 63,000건은 사고분석이 실시되지 않은 신뢰하기 어려운 자료였다. 더욱이 사고조사에 대한 전문성이 부족하고 사고원인의 책임을 회피하기 쉬운 감독자가 작성한 사고조사 보고서를 연구 결과에 활용했으므로 사고원인 조사를 신뢰하기 어렵다.

하인리히는 사고원인 파악을 위해 고객들에게 보험 청구서와 감독자의 사고보고서를 컴퓨터 기반으로 사고 보고 시스템에 보고할 것을 요청했지만, 실제 보고서에는 사고원인을 파악할 수 있는 자료는 거의 없었다. 결과적으로 하인리히는 보고된 1,700건이 넘는 사고를 검토했지만 약 80% 정도는 사고원인을 파악하기 어려웠을 것으로 판단한다. 따라서 하인리히가 발표한 사고발생 원인 법칙 88-10-2는 신뢰하기 어렵다.

- 사고 발생 원인 법칙(88-10-2 비율) 비평 요약(Critique summation on the 88-10-2 ratios)

하인리히가 발표한 사고발생 원인 법칙 88-10-2의 근거자료는 신뢰할 수 없고, 사고가 발생하는 직접적인 원인이 사람의 결함(man failure)이라는 그의 전제는 지지할 수 없음에도 불구하고 안전 분야의 전문가들은 사고의 원인 중 80%~90%는 사람의 행동적인 요인이고, 나머지는 장비와 시설적인 요인이라고 생각하고 있는 것이 현실이다. 우리 문화 전반과 안전 분야에 뿌리내린 하인리히의 사고원인 분석 이분법은 효과적인 사고방지 활동을 비효율적으로 이끌고 있다는 것을 인지해야 한다.

바. 사고율을 줄이면 심각한 재해가 줄어든다는 법칙(1-29-300법칙)[the foundation of a major injury: 1-29-300)

① 개요

하인리히의 피라미드(Pyramid), 삼각형(Triangle), 빙산(Iceberg), 1-29-300법칙은 유사한 의미를 갖지만, 각기 달리 표현되고 있으며 많은 논쟁과 비평이 존재하고 있다(이하 1-29-300법칙).

1-29-300법칙은 1927년 11월 처음으로 논문에 소개되었다. 이 논문의 말미에는 "보상금 지불 또는 의료 비용 지출과 관련한 모든 사고에는 단지 응급 치료만을 필요로 하는 경미한 사고가 약 30건 정도 있다..." 그리고 "발생하는 모든 사고 중 재산 피해, 손상, 시간 손실 및 기타 비용을 초래하는 등의 정확한 계산을 하기 어려운 여러 '근접 사고(near accident)'가 있다. 하인리히는 1-29-300법칙을 제안한 초기에는 사고에 대한 정의를 명확히 하지 않았지만, 얼마 지나지 않아 아차사고(near-miss)를 사고로 분류하였다. 그리고 비율을 근사치로 표현하였다.

얼마 후 하인리히는 1-29-300법칙을 제12차 뉴욕 산업안전 회의에서 발표하였다. 1-29-300법칙은 Industrial Accident Prevention, A Scientific Approach 1판에 "부상을 초래하는 사고에는 부상을 초래하지 않는 다른 많은 사고가 있다"로 확장되어 포함되었다. 이 내용은 부정적 결과가 없는 사건이 부상을 유발할 가능성이 있다는 인식에 기초한 중요한 통찰력으로 사업장을 관리하는 감독자들에게 사고예방의 좋은 시사점을 제공하였다.

1929년도 The Travelers 보험회사가 발간한 1-29-300법칙을 묘사한 내용은 삼각형 형태가 아닌 표 모양에 가깝다.

중상해(major injuries)와 경상해(minor injuries)를 먼저 분류하고 50,000건의 사고를 분석한 결과를 기반으로 무상해(no injury accidents)를 구분하였다. 모든 사고에는 하나의 인과 코드가 할당되었다. 각 인과 코드가 약 1-29-300의 결과 분포를 가졌다. 이 그림의 하부에 위치한 주기(note)를 보면 아래 표와 같이 내용이 언급되어 있다.

> 이 표는 경상해나 무상해를 일으키는 원인과 중상해를 일으키는 원인이 유사함을 보여주므로 경상해나 무상해를 일으키는 사고를 막는다면 중상해를 막을 수 있다는 논리를 제공한다.

하인리히가 The Traveler 보험회사에서 무작위로 가져온 자료 10,000건을 조사한 결과 모든 중상해가 일어나기까지 경상해가 많다는 사실을 깨달았다. 그리고 75,000건의 사고를 분석하여 중상해와 경상해 비율을 1-29로 발전시켰다. 하인리히는 이 비율을 "우연히(incidenta)"라고 불렀다.

1-29-300법칙을 만드는 첫 번째 단계는 사고 관련 자료를 분류하는 것이었다. 하인리히의 계획에 따라 75,000건의 사고 사례가 하나의 인과 범주로 지정되었다. 1-29-300법칙을 만들기 위해 중상해와 경상해 사고를 구분하는 것도 필요했다. 하인리히는 보험회사나 주보상국장에게 보고된 사고를 중상해로 지정하였다. 경상해에는 대부분 응급 처치 사례로 분류된 사고가 포함되었다. 무상해 사고는 인명 피해나 재산 피해를 일으킬 가능성이 있는 기타 모든 계획되지 않은 사건으로 선정하였다.

Industrial Accident Prevention, A Scientific Approach 2판에 실린 1-2 9-300법칙 그림은 다음과 같다. 기존 표와 같은 형식으로 표현하던 1-29-300법칙을 삼각형 형태로 표현하였다. 그리고 기존 무상해 50,000건에 대한 사고 원인과 관련한 내용이 없어졌다.

주요 재해의 토대

- 전체 사고의 0.03%가 심각한 부상(중상)을 입는다.
- 전체 사고의 08.8%가 경미한 부상(경상)을 입는다.
- 모든 사고의 90.9%는 부상이 발생하지(무상해) 않는다.

- 1-29-300 그림에 그래프로 표시된 비율은 330개의 유사한 사고로 구성된 단위 그룹에서
- 300은 전혀 부상을 입지 않고, 29는 경미한 부상만을 초래하며 1은 심각한 결과를 초래한다는 것을 보여준다.
- 큰 부상은 첫 번째 사고나 그룹 내 다른 사고로 인해 발생할 수 있다.
- 도덕적으로 사고를 예방하면 부상은 발생하지 않는다.

출처: [1941년 McGraw-Hill book Company] Industrial Accident Prevention: A Scientific Approach (2판)

1-29-300법칙의 최종 버전은 Industrial Accident Prevention, A Scientific Approach 4판에 실렸다. 아래 그림은 최종 버전의 그림이다. 중상해와 경상해 그리고 무상해가 발생할 비율을 적시하는 등의 중요한 변화가 생겼다.

주요 재해의 토대

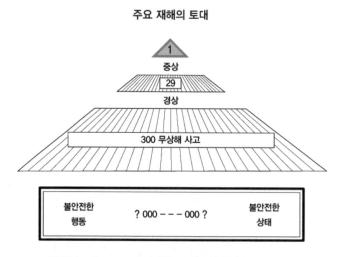

- 전체 사고의 0.03%가 심각한 부상(중상)을 입는다.
- 전체 사고의 08.8%가 경미한 부상(경상)을 입는다.
- 모든 사고의 90.9%는 부상이 발생하지(무상해) 않는다.

출처: [1959년 McGraw-Hill book Company] Industrial Accident Prevention: A Scientific Approach (4판)

② 사고율을 줄이면 심각한 재해가 줄어든다는 법칙(1-29-300법칙)에 대한 비평

그동안 무상해(no injury) 사고가 300건이 있고, 경상해(minor injury)가 29건이 있다면 결과적으로 중상해(주요한 근로 손실 사례, major lost-time case)가 발생한다는 하인리히의 이론을 신봉했다. 이로 인해 많은 안전 전문가들은 그의 이론을 따라 사고빈도를 줄이면 부상의 심각성이 동등하게 감소한다고 믿어왔다.

이러한 믿음은 하인리히가 그의 서적에서 4번에 걸쳐 저술한 "가장 많이 차지하는 부상의 종류(경상해)는 사고원인을 파악할 수 있는 중요한 단서가 된다(in the largest injury group-the minor injuries-lies the most valuable clues to accident causes)."라는 내용에서 비롯된 것이다. 앞서 그림과 같이 사고율을 줄이면 심각한 재해가 줄어든다는 하인리히의 1-29-300 법칙은 삼각형이나 피라미드로도 불린다.

하인리히는 그의 저서 1판에서 사고 330건 중 300건은 무상해이고, 29건은 경상해, 1건은 중상해 또는 근로손실사고라고 하였다. 이러한 분석 결과를 토대로 사고는 다른 산업에서도 유사하게 발생할 수 있다고 주장하였다. 그리고 그는 그의 저서 2판에서 "사고 분석 결과를 통해 파악된 모든 사고가 다른 산업에서도 유사하게 일어났음을 증명한다."라고 공식적인 주장을 추가하였다.

하인리히는 그의 서적 1판에 포함된 1-29-300 법칙을 나타내는 도식에서 "330건의 사고가 모두 같은 원인"이며 원인은 한 가지라고 주장하였는데, 실제 330건의 모든 사고가 같은 원인을 갖는다는 주장은 신뢰하기 어렵다. 하물며 이러한 주장은 그의 서적 1판에만 언급되어 있다. 결과적으로 그의 이론에 따라 사고빈도를 줄이면 반드시 상해의 심각성이 동등하게 감소한다는 법칙은 비현실적이다.

더욱이 법칙을 지지하는 근거자료 또한 신뢰하기 어렵다. 그 이유는 그의 저서 1판, 2판 및 3판에서 무상해 빈도의 결정은 가장 흥미롭고 포괄적인 연구를 따랐다고 설명하고 있지만, 경상해와 무상해 사고에 대한 사고 분석 자료는 거의 없었기 때문이다. 하인리히가 1판을 출간한 이래 28년 만에 발간한 4판에는 무상해 사고 5,000건 이상의 사고 자료의 출처가 더 구체적으로 명시되어 있었지만, 경상해나 중상해 사고에 관한 내용은 여전히 거의 없었다. 하인리히가 1판을 출간한 이래 28년 만에 그가 주장했던 여러 내용을 개정한 것은 신뢰하기 어렵다. 특히 2판과 3판에서는 별도의 설명 없이 아래와 같은 내용으로 수정되었다.

- 1판에서 330건의 사고가 모두 같은 원인을 가지고 있다는 내용이 삭제되었다.
- 2판에서는 330건의 사고 집단이 "유사"하고 "동일 종류"로 변경되었다.
- 3판에서는 330건의 사고는 "같은 종류이며 동일한 사람이 관련되어 있다"라는 내용이 추가되었다.

하인리히는 그의 저서 3판과 4판에서 "재해의 결과로 이어졌던 사고마다 사고로 이어지지 않았던 유사 사고가 자주 발생했었다"라고 하였는데, 이것을 추정해보면 하인리히는 동일한 사람에게 발생한 330건(무상해 300건, 경상해 29건 및 중상해 1건의 합)을 분석한 것으로 보인다. 하지만 330건의 사고가 같은 종류로 같은 집단에서 같은 사람에게 발생한다는 그의 주장을 믿을 수가 있을까? 더욱이 그는 이러한 주장에 근거가 되는 자료분석에 대한 어떠한 설명도 없었다. 그런데도 그의 법칙을 어떻게 신뢰할 수 있을까?

특히, 그의 서적 2판과 3판의 1−29−300 법칙에서 변경된 내용은 4판으로 이어지면서 심각한 논리적 문제를 일으킨다. 예를 들어 건설 근로자 A씨가 건설 리프트를 타고 상부 10층으로 올라간 후 곧 난간이 없는 개구부에서 추락하여 사망했다는 사고를 하인리히의 1−29−300 법칙에 적용해 보면, A씨는 사망사고 전에 300건의 무상해가 있었고 29건의 경상해가 있었다는 사실이 검증되어야 한다. 하지만 이러한 검증은 매우 어려울 것으로 판단한다. 그럼에도 불구하고 하인리히는 전술한 상황을 그에게 유리하게 1−29−300 법칙으로 설명한다는 것은 매우 비논리적일 수 있다.

하인리히의 1−29−300 법칙에 따라 5,000건 정도의 사고를 분석한다면, 아래와 같은 상황이 설정된다.

- 중상해가 1건일 경우, 경상해는 29건이고, 무상해 사고는 300건이다.
- 중상해가 5건이면, 경상해는 145건이고, 무상해 사고는 1,500건이 된다.
- 중상해가 10건일 경우, 경상해는 290건이고, 무상해 사고는 3,000건이 된다.

하인리히는 1−29−300 법칙에서 모든 사고는 동일 유형이고 같은 사람에게 발생한다는 논리를 설정하였기 때문에 수용하기 어렵다고 판단한다. 그의 논리를 설득력 있게 보완하려고 한다면, 실제 4,500건이 넘는 무상해 사고(300÷330×5,000)에 대한 정보를 수집하고 분석해야만 가능하다. 하지만 이런 방대한 자료를 그가 분석했다고는 보기는 어렵다. 이런 모든 점을 고려해 보면 그의 1−29−300 법칙이 논리적이라는 것에 동의할 수 없다.

- **통계지표: 중대재해 추이**(statistical indicator: serious injury trending)
심각한 부상과 근로자 재해 보상 추이를 보면 사고 발생 빈도(incident frequency reduction)가 감소하는 경향과 동등하게 중상해(severity)는 감소하지 않았다. 아래 자료는 NCCI[13]의 간행물에서 발췌한 것이다.

---

13) NCCI, 미국 보상 보험 협회(National Council for Compensation Insurance)는 미국의 근로자 보상 정보, 도구 및 서비스 공급자이다.

- 2006년 NCCI의 발표에 의하면 지난 10년 동안 근로자 재해 보상 신청 건수가 상당히 감소한 것으로 나타났다.
- 2009년 7월 발표에 의하면 근로자 재해 보상 신청 건수가 2008년에 계속 감소하여 4.0%에 이르렀다. 2010년 5월 발표에 의하면 1991년부터 2008년까지 재해 보상 신청 건수 누적 감소율은 54.7%나 되었다.
- 2005년 발표에 의하면 근로자 재해 보상 신청 건수가 감소하였는데, 중대한 사고손실 (larger lost-time claims)보다는 경미한 사고손실(smaller lost-time) 건수가 높게 줄었다. 이러한 자료를 뒷받침해 줄 수 있는 1999년과 2003년의 보상비용 감소 비율인 아래 표를 검토해 볼 필요가 있다.

사고감소 항목

처리비용	감소율
2천 달러 미만	34%
2천 달러~1만 달러	21%
1만 달러~5만 달러	11%
5만 달러 이상	7%

출처: Data from "State of the Line." by National Council on Compensation Insurance, 2005, Boca Raton, FL: Author.

근로자 재해 보상 건수가 줄어드는 동안 가장 큰 감소는 덜 심각한 부상이다. 1만 달러에서 5만 달러 사이의 보상 건은 2천 달러 미만 건에 비해 약 1/3 수준이다. 5만 달러 이상의 보상 건은 비용이 덜 들거나 덜 심각한 상해에 비해 약 1/5 정도 감소했다. 이 자료는 재해 건수의 감소에 따라 재해의 심각성이 감소하지 않는다는 것을 보여주고 있으며, DNV(2004)의 자료를 통해서도 보면 사고빈도를 줄이는 관리를 한다고 해서 사고의 심각한 사고를 동등하게 줄인다는 것은 어려워 보인다.

- **피라미드란 무엇인가?(what about the pyramid?)**

지난 몇 년간 고전적인 손실 통제 피라미드[14]에 대한 토론이 있었다. 손실 피라미드는 중상해 1건이 발생하려면 29건의 경상해가 발생하고 300건의 무상해 사고가 있음을 나타낸다.

---

14) 손실 통제 피라미드: 하인리히의 이론으로 안전 피라미드라고 불리고 있다. 중상해 1건이 발생하려면 29건의 경상해가 발행하고 300건의 무상해 사고가 있음을 나타낸다. 즉 무상해 사고를 최소화하면 중대 재해가 감소할 가능성이 높다는 이론이다. Safety Triangle이라고도 불린다.

• 모순점: 행동과 재해(contradiction acts & injuries)

하인리히는 그의 서적 1판과 3판에서 언급한 바와 같이 사람이 중상을 입기 전 330건 혹은 그 이상 수백 가지의 불안전한 행동이 존재한다고 주장하였다.

사람이 부상을 입기 전 약 300번의 불안전한 행동이 존재하므로 부상을 입기 전 불안전한 행동을 발견하고 수정할 수 있는 훌륭한 기회가 있다는 것을 명심하라고 하였다. 그리고 심각한 부상을 입기 전 불안전한 행동이 수백 번 발생한다고 하였다.

특정 사고가 발생하기 전 불안전한 행동이 여러 차례 있을 수 있지만, 이것을 심각한 부상이나 사망을 초래하는 주요 사고에 포함하는 그의 설명을 동의하기 어렵다.

• 1-29-300 법칙 요약(summation on the 300-29-1 ratio)

하인리히의 1-29-300 법칙은 비논리적이다. 중상해를 막을 수 있는 기회를 놓치면서 무상해 사고에 집중한다는 것이 과연 효과적인 활동인지 생각해 보아야 한다. 하인리히의 전제 중 하나인 "무상해 사고의 주된 원인은 통상적으로 중상해의 주된 원인과 같으며 경상해의 우연한 원인이기도 하다."라는 논리는 수정되어야 하는 잘못된 믿음이다.

이 전제대로라면 중상해를 막기 위해 사용될 자원 활용(안전보건관리 활동)이 무상해 사고를 막는 잘못된 방향으로 진행될 수 있다. 저자의 경험에 의하면 중상해는 복잡한 원인15)이 있고 같은 종류의 사고는 드물게 발생했다고 생각한다. 게다가 모든 위험(hazard)이 동일한 위험을 갖는 것은 아니며, 어떤 위험(risk)은 다른 위험보다 더 중요하므로 위험의 우선순위를 부여하여 설정하는 것이 중요하다.

사. 하인리히가 영향을 준 학자와 이론

1931년부터 하인리히의 여러 이론은 여러 학자들에게 완벽하게 받아들여져 현재까지도 통용되고 있다. 그리고 그의 이론은 다수의 확장된 이론으로 새로이 탄생하였다. 다만, 일부 이론들은 지금까지도 여러 논쟁의 대상이 되었으며, 현 시대에 적합하지 않다는 의견도 다수이다.

① 라테이너(Lateiner)

하인리히의 이론을 발전시킨 최초의 사람 중 한 명은 Alfred Lateiner(1911년 1월 26일~1988년 5월 8일)였다. 그는 하인리히와 같이 공식적인 교육을 받은 경험이 없이 자수성가한 사람이었다. 그는 전쟁 중에 처음으로 뉴욕의 항공기 제조 공장에서 일하면서 안전과 관련한 내용으로 감독관을 가르쳤다. 그는 Brooklyn에 있던 해군 조선소에서 안전 교육 프로그램(5일

---

15) Casual Factor: Causal Factors are any behavior, omission, or deficiency that if corrected, eliminated, or avoided probably would have prevented the fatality. 만약 사고의 원인이 되는 무엇을 수정, 제거 또는 피하면 중대재해를 막을 수 있었던 행동, 생략 또는 결함.

과정)을 개발했다. 전쟁 후 Lateiner는 1950년대 유럽에서 하인리히의 모델 대중화에 기여했다(Swuste et al., 2010, 2019).

그는 하인리히의 이론에 대해 관리감독자가 사업장에서 쉽게 사용할 수 있는 여러 간행물을 작성하였다. 그는 조심스럽게 하인리히의 공로를 인정했지만 일부 이론에 대해서는 다르게 설명하였다. 1958년 그는 하인리히의 1 − 29 − 300 법칙을 처음으로 빙산이라고 불렀다.

1965년 그가 발간한 책이 프랑스어, 이탈리아어 및 일본어로 번역되었다. 하인리히와 Lateiner는 안전과 관련한 통신 교육 과정을 마련하였고, 1969년 Lateiner가 발간한 책을 하인리히가 함께 집필하였다. Lateiner는 평생 동안 안전보건관리 컨설팅을 하였으며, 미국을 여행하고 안전감독에 관한 책을 썼다.

② 행동기반안전관리(Behavior Based Safety, 이하 BBS)

오늘날의 BBS는 안전 문화 구축의 일부로서 사람의 불안전한 행동을 안전한 행동으로 변화시키는 활동으로 자리매김하였다. BBS 핵심개념은 20세기 초 프로이트적 내향적 접근방식의 심리학 주류였다.

B. F. Skinner라는 행동주의적 심리학자의 등장으로 내향적 접근방식의 심리학은 외향적 접근방식의 시작을 알렸다. 1940년대 B. F. Skinner[16]는 조건을 통제한 상태로 동물에게 강화(reinforcement)를 주어 행동에 미치는 영향을 실험한 사람이다. 그는 실험 결과를 토대로 사람에게도 이 연구 결과를 적용함으로써 사람의 행동은 측정이 가능하다는 결론을 얻었다. 즉 결과(consequence)를 조건으로 행동(behavior)이 변한다는 사실을 파악한 것이다. 초기 행동 교정은 1950년대~1960년대 산업계에 효과적인 프로그램으로 받아들여졌다. Bird와 산업 심리학자 Lawrence Schlesinger는 즉각적인 보상이나 처벌에 의해 미래의 행동이 영향을 받는다는 조작적 조건화기술의 근본적인 통찰에 동조하였다.

하지만 시간이 흐르면서 실질적인 대중성은 얻지 못하였는데, 그 이유는 당시의 시대적 상황에 따라 행동 교정이라는 실질적인 한계가 있었기 때문이다. 행동 교정이 잘못 적용되면 근로자의 행동을 개선하기보다는 조작적인 활동으로 인식될 수 있기 때문이었다. 1975년 F. Luthan과 R. Kreitner에 의해 행동 교정은 산업안전 분야에 적용되었다.

그리고 조지아 공대의 Judith Komaki에 의해 처음으로 산업안전 분야에 행동 분석 연구가 적용되었다. 이후 1984년 Monsanto에 의해 근로자가 참여하는 행동기반안전보건관리 프로그램이 적용되면서 성공을 거두기 시작하였다. 화학회사인 Shell도 비슷한 시기에 행동 교정 프로그램을 적용하였던 선도적인 회사이다. 이후 1980년 Alcoa, Rohm and Haas,

---

16) 미국의 영문학자이자 심리학자이다. 행동주의 심리학자로 교육과 심리학에 많은 영향을 끼쳤다. 하버드 대학교에서 1958년부터 1974년 은퇴할 때까지 심리학과의 교수였다. "스키너의 상자"로 불리는 조작적 조건화 상자를 만들었으며 이를 바탕으로 행동주의가 더 발전하였다(위키백과).

ARCO 화학, Chevron 등 여러 회사가 유사한 프로그램을 적용하여 좋은 안전 성과를 얻었다.

BBS라는 용어는 1979년 E. Scott Geller라는 심리학자에 의해 명명되어 큰 성공을 거두었다. 안전과 관련한 많은 컨설팅 업체는 BBS의 우수성을 제안하였고, 특히 1980년 이후에는 DuPont이 STOP을 적용하였다.

DuPont이 개발한 안전 교육 관찰 프로그램(STOP, Safety Training Observation Program, 이하 STOP)은 사람들을 관찰하고 작업장 안전 감사 기술을 가르치는 일련의 교육 프로그램이다. 작업 동안 근로자의 안전한 작업 관행을 강화하고 안전하지 않은 행동과 조건을 시정한다.

STOP은 감독을 위한 정지(STOP for Supervision), 진전된 정지(Advanced STOP), 구성원을 위한 정지(STOP for Employees), 서로를 위한 정지(STOP for Each Other), 그리고 인간공학적 개선을 위한 정지(STOP for Ergonomics) 5개의 교육 주제로 구성된다.

STOP은 사고를 예방하기 위해 세 단계를 거친다. 첫 번째는 종속 단계이다. 이것은 감독자가 구성원에 대한 관찰을 통해 개입하는 것이다. 두 번째 단계는 독립 단계이다. 여기에서 구성원은 개인 안전에 집중하고, 위험을 관찰하고 개선하도록 교육 받는다. 마지막 단계는 상호 의존으로 이 단계에서는 조직 전반에 걸쳐 BBS 기술과 부상 방지 기술을 사용하여 모두의 안전지킴이 역할을 한다.

Swuste(2016)과 Dekker(2019)는 BBS가 하인리히의 이론에서 파생되어 지속적인 안전보건 관리 활동의 일부로 활용되고 있다고 주장한다. 물론 BBS는 하인리히 이론에 크게 의존하는 것은 맞지만, 실제로는 일부의 이론만이 적용되었다는 것을 알 수 있다. 일부의 이론으로는 사람의 안전한 행동과 불안전한 행동을 구별할 수 있다는 점과 대부분의 사고가 사람의 불안전한 행동에서 비롯된다는 특징에 대한 유사점이 있을 수 있다.

이러한 논란에 대하여 E. Scott Geller는 하인리히가 주장한 $88-10-2$(불안전행동 88%, 불안전상태 10%, 천재지변 2%) 법칙과 같이 사고의 직접적 원인을 사람의 실패로 돌렸지만, 사람의 행동을 바꾸는 것을 구체적인 목표로 하지는 않았다고 하였다. 하인리히는 사람의 불안전한 행동을 찾은 뒤, 먼저 환경을 바꾸거나 기계를 보호하는 것을 고려하도록 제안했기 때문이다. 물론 BBS가 사람의 안전한 행동을 최대화하기 위해 작업 또는 환경의 재설계를 필요로 하지만, 하인리히의 이론에서 BBS가 분사된 것이라 보는 데는 한계가 있다.

③ 마뉴엘레(Manuele)

Fred A. Manuele는 미국의 공인 안전 전문가이다. 그의 저서 On the Practice of Safety and Advanced Safety Management: Focusing on Z10 and Serious Injury Prevention은 학부 및 대학원 안전 학위 프로그램으로 활용되고 있다. Manuele는 미국 안전 엔지니어 협회(American Society of Safety Engineers)로부터 펠로우(Fellow)의 영예를 받았고 국가 안전 위원회(National Safety Council)로부터 안전 공로상(Distinguished Service to Safety)을 받았다. 그는

ASSE, 국가 안전 위원회 및 공인 안전 전문가 위원회의 전 이사였으며 회장을 역임했다. 2013년에 Manuele는 공인 안전 전문가 위원회에서 평생 공로상을 받았고, 2015년에 센트럴 미주리 대학교에서 공로상을 받았다. 2016년에는 미국안전기술자협회(American Society of Safety Engineers)로부터 "안전실천 발전에 대한 헌신"으로 대통령상을 수상했다.

하인리히의 연구는 Manuele의 연구에 영향을 주었지만, Manuele는 하인리히의 연구 이론에 대해서 정면으로 반박한 학자로 알려져 있다. 2002년 그가 하인리히의 이론을 반박한 내용은 아래 표와 같다.

1. 하인리히가 이론과 법칙을 개발하는 과정에서 사용한 자료의 출처를 믿을 수 없다.
2. 1920년대 하인리히가 정립한 이론은 현재에 유효하지 못하다.
3. 하인리히는 안전공학보다 심리학 분야에만 과도하게 집착하였다.
4. 하인리히가 정립한 88-10-2 법칙은 잘못된 방향으로 안전보건관리를 이끌었다.
5. 1-29-300 비율 원칙은 더 이상 유효하지 않다.
6. 중대한 결과와 경미한 결과를 초래하는 사고의 주요 원인이 동일하다는 주장은 지지될 수 없다.
7. 사고로 인한 직접비와 간접비 1:4 비율은 현 시대에 적절하지 않다.
8. 사고의 원인을 사람의 행동으로 집중시켜, 안전보건관리시스템의 중요성이 감소된다.
9. 하인리히의 도미노 이론 중 사회환경과 유전적 요인은 현 시대에 적절하지 못하다.

아. Industrial Accident Prevention, A Safety Management Approach 5판 출간

미국 안전 학자 중 한 명인 Dan Petersen(1931년 3월 4일－2007년 1월 10일)은 노던 콜로라도 대학(University of Northern Colorado)에서 인적오류 감소 및 안전보건관리(Human Error Reduction and Safety Management)라는 논문으로 경영학 박사 학위를 받고 저명한 컨설턴트가 되었다.

Petersen은 안전보건관리 기술(Techniques of Safety Management, 1971), 안전감독(1976, Safety Supervision), 사람측면의 안전보건관리(Safety Management: A Human Approach, 1975, 1988, 2001) 그리고 인적오류 감소 및 안전보건관리(Human Error Reduction and Safety Management, 1982, 1984, 1996) 등 다양한 서적을 출판하였다.

그는 1960년대까지 하인리히의 이론이 사고예방에 긍정적인 영향을 주었다고 자평하였지만, 이후 그의 구식 이론으로는 사고예방 활동이 정체될 수 있음을 강조하였다. 그는 사고의 근본원인을 찾는 방식이 하인리히의 이론과는 다른 방향으로 모색되어야 한다고 주장하였다.

Petersen과 Nester Roos는 주변의 요청에 따라, 하인리히가 발간했던 Industrial Accident Prevention, A Scientific Approach 1판~4판의 부제인 'A Scientific Approach'를 삭제하고

'A Safety Management Approach'라는 새로운 부제로 1980년 Industrial Accident Prevention 5판을 출간하였다. 이 5판은 하인리히가 사망한 이후 Petersen과 Nester Roos가 출판한 서적으로 아래 그림과 같이 하인리히의 업적을 기리기 위해 그의 이름을 제일 위에 배치하였다.

Industrial Accident Prevention, A Safety Management Approach 5판은 1959년 발간된 4판을 기반으로 Petersen의 여러 이론이 담겨있다. 그리고 기존의 도미노 이론은 다양한 사고 모델로 변경되어 포함되었다.

5판 개정과 관련, 인상적인 것은 안전 심리학과 프로세스(Safety Psychology and Process)와 관련한 내용 삭제된 반면, Skinner, McGregor, Herzberg, Maslow 및 Likert 등의 심리학 관련 자료가 추가되었다. 동기부여 모델을 제시하는 장도 추가되었다. 그리고 정보 시스템과 컴퓨터, Kepner-Tregoe와 같은 경영 의사 결정 관련 내용도 소개되었다. 그리고 1959년 발간된 4판의 파트 III를 안전법, 보험, 책임 및 위험에 관한 새로운 장으로 대체했다. 부록은 본문의 변경 사항에 맞게 대폭 변경되었다. 참고 문헌 목록도 확장되었고, 별도의 장에 참고 문헌이 있었다. 이 5판은 행동 통제와 관련한 내용에 더해 시스템 오류와 관리, 문화, 설계 등 광범위한 내용을 담고 있다.

3.2 버드(Bird)

Frank E. Bird Jr.(1921년 1월 19일~2007년 6월 28일, 이하 버드)는 뉴저지 주 Netcong에서 태어나 1939년에 Netcong 고등학교를 졸업했다.

그는 1942년 12월부터 1946년 8월까지 미 해군에서 복무했다. 미 해군을 제대한 이후 수년 동안 트럭 운전사, 노동자, 기계 운영자, 요리사, 담배 가게 점원, 아이스 맨, 서비스 클럽 청소년 이사, 해안가 이사, 보이 스카우트 리더, 야구 기획자, 응급처치, 안전, 수영 및 강사로 일했다.

버드는 1949년 펜실베이니아 주 레딩(Pennsylvania Reading)에 있는 Albright 대학에서 BSc(Bachelor of Science, 과학 학사)를 취득한 후 1951년 의대 진학 계획을 보류하고 가족을 부양하기 위해 펜실베이니아주 Coatesville에 있는 Lukens 철강회사에서 일했다.

당시 Lukens는 약 5,000명의 직원을 둔 미국 최대의 독립 특수 철강 회사였다. 그는 작업 현장에서 얼마간 근무한 후 그는 안전 부서에 합류하여 안전 책임자가 되었다. 그는 Lukens 철강회사에서 7년간 90,000건의 사고를 조사하는 연구를 주도하였다. 그리고 장애 1건, 경상해 100건 및 재산 피해 사고 500건의 비율(a ratio of one disabling injury to 100 minor injuries to 500 property damage accidents)로 새로운 사고 삼각형을 만들었다. 그의 새로운 사고 삼각형은 국제적으로 많은 주목을 받았으며, 그의 "모든 사고 통제(all-accident control)" 개념이 탄생했다. 그는 Lukens 철강회사의 훈련 책임자인 George Germain과 함께 "Damage Control(1966)"이라는 책을 발간하였다.

버드는 여러 공식 회의에서 자주 연설하고 여러 기사를 게시함으로써 안전 분야에서 큰 영향력을 발휘하였다. 1968년 7월 그는 INA(Insurance Co. of North America)의 엔지니어링 서비스의 이사 직책을 맡았다. 여기에서 그는 297개 회사가 보고한 1,753,498건의 사고 분석을 통해 새로운 1:10:30:600피라미드(pyramid) 법칙을 만들었다. 이 피라미드는 1건의 중상해 일어나기 전에는 10건의 경상해와 30건의 자산피해 그리고 600건의 아차사고가 발생한다는 것을 의미한다.

1974년 그는 조지아(Georgia) 주 로건빌(Loganville)에 ILCI(International Loss Control Institute)를 설립하여 전무이사가 되면서, 그의 이론은 더욱 빨리 확산되었다. 그리고 남아프리카 광산 회의소(South African Chamber of Mines)와의 협력으로 국제 안전 등급 심사시스템 (ISRS, International Safety Rating System)이 만들어졌다. 그는 손실 통제 관리(Loss Control Management)

와 실질적인 손실 통제 리더십이란 책들을 발간하였다.

1985년 버드와 Germaine은 하인리히의 도미노 이론을 수정하여 발표하였다. 수정 도미노 이론은 기술의 발전과 복잡한 환경을 고려한 결과였다. 가장 처음에 있는 도미노는 부적절한 프로그램과 표준과 관련 표준 불이행을 포함하고 있는 통제 부족(lack of control), 두 번째 도미노는 사람과 작업 요인을 포함하는 기본 원인(basic causes), 세 번째 도미노는 불충분한 행동과 조건(substandard acts and conditions)을 포함하는 직접원인, 네 번째 도미노는 에너지나 물질과의 접촉(contact with energy or substance)으로 인한 사고 그리고 다섯 번째 도미노는 사람, 자산 및 절차를 포함하는 손실이다. 아래 그림과 같은 수정 도미노 이론은 손실 원인 모델로 알려져 있으며, 사고 발생의 순차적인 흐름을 보여준다.

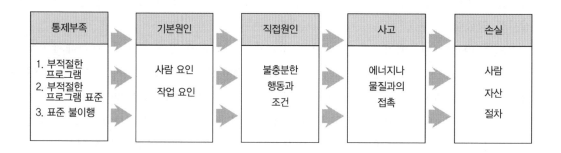

1991년 DNV(Det Norske Veritas)[17]는 ILCI를 인수했다. DNV는 하인리히의 이론과 버드의 이론을 확장하여 컨설팅 프로그램으로 개발하였다. 버드의 아들 데이비드 버드는 국제위험 통제협회(International Risk Control America, IRCA)를 설립했다.

버드는 미국 안전 전문가 협회(ASSE, American Society of Safety Professionals)의 Fellow이다. 캐나다 온타리오 산업 재해 예방 협회 및 캐나다 안전 공학 협회 명예 종신 회원, 미국 내무부 장관 공공 서비스상 수상, 영국 왕립사고예방협회 공로상 수상 및 국제 안전보건 명예의 전당 회원이다. 그의 주요 성과는 아래 표와 같다.

---

17) DNV GL은 1864년에 생명, 재산 및 환경 보호를 목적으로 설립된 독립 재단으로 회사, 정부 및 산업을 위한 안전, 건강, 품질, 신뢰성 및 환경 보호를 포함하는 손실 통제 관리 서비스의 선두 제공자이다.

> - 그는 그동안 사람의 행동에 초점이 맞추어진 안전보건관리 방식을 안전보건 관리시스템 측면으로 집중할 수 있도록 지원하였다.
> - 그는 안전업무가 어떤 일의 부수적인 일이 아닌 주요 업무임을 강조하였다.
> - 그는 사고로 인한 피해가 사람의 부상 외에도 자산의 피해 그리고 경영손실을 불러올 수 있음을 경영층에게 강조하였다.
> - 그는 손실 가능성이 가장 큰 중요한 몇 가지 측면에 초점을 맞추기 위해 위험 관리 개념을 적용했다.
> - 그는 아차사고 보고의 중요성을 강조하였다. 그리고 사람의 불안전한 행동에 대한 비난보다는 긍정적인 인식과 보상을 강조하였다.

그는 인도주의자, 열정적인 의사소통자, 동기부여자, 창의적인 사상가, 개척자, 기업가, 발명가, 작가, 비전가, 지도자, 멘토, 컨설턴트, 생명과 웰빙의 보호자, 안전, 손실 통제 및 위험 관리의 전도사의 역할을 하였다. 버드는 2007년 6월 28일 잠결에 조용히 세상을 떠났다. 전 세계 수천 명의 안전 전문가들이 버드의 안전 이론과 개념을 중심으로 역량을 개발하였다.

3.3 라스무센(Rasmussen)

Jens Rasmussen(이하 라스무센)은 1926년 덴마크 리베에서 태어났고 1950년 전자공학 Master of Science 학위를 받았다. 그리고 그는 라디오 수신기 연구소에서 몇 년을 보내고 1956년에 원자력 위원회에 고용되어 연구용 원자로의 제어실 설계를 준비했다. 몇 년 후, 36세의 나이에 라스무센은 원자 연구 시설 Risø(이후 Risø 국립 연구소)의 전자 부서 책임자로 임명되었다. 그리고 그는 제어실의 계측을 이끌고 시설의 다양한 과학적 측정 장비의 개발 및 유지 관리를 지원하였다. 처음 5~6년 동안 그의 작업 대부분은 주로 기술적인 측면과 신뢰성에 관한 것이었다.

지난 반세기 동안 라스무센의 연구는 인지과학(cognitive science), 인적요인(human factors), 인간공학(ergonomics), 안전과학 분야에 가장 영향력 있는 공헌을 하였다. 그의 연구는 심리학, 조직 행동, 공학 및 사회학을 포함한 많은 분야의 연구자와 실무자들에게 영감을 주었다. 예를 들어 라스무센의 기술기반 행동(skill-based behavior), 절차기반 행동(rule-based behavior) 및 지식기반 행동(knowledge-based behavior) 분류와 관련한 초기 연구는 1980년~1990년 Norman과 Reason의 인적오류 연구를 촉진시켰다. 그리고 그의 위험관리 체계(Risk Management Framework) 논문은 1997년 이래 최소 1,000회 이상 인용되는 등 그의 연구 영향력이 지대했다. 라스무센의 연구는 Perrow의 정상사고 이론(1984), Hollnagel의 안전탄력성

(2006) 및 고신뢰조직(HRO, High Reliability Organization)에 영향을 주었다. 그의 많은 논문 중 세계적으로 많은 영향을 준 내용을 선별하여 아래와 같이 요약하여 설명한다.

(1) 기술, 규칙 및 지식; 신호, 기호, 심볼 및 인간 성과 모델의 기타 구별(skills, rules, and knowledge; signals, signs, and symbols, and other distinctions in human performance models, 1983)

이 논문은 운영자 또는 운전자의 의사 결정이 전문적인 지식 수준과 상황의 친밀도 수준에 따라 다르다는 이론을 담고 있다. 라스무센은 1983년 기술기반 행동(skill-based behavior), 절차기반 행동(rule-based behavior) 및 지식기반 행동(knowledge-based behavior) 세 가지를 구분하여 연구한 논문을 발표하였다.

가. 기술기반 행동(skill-based behavior)

상황에 대해 경험이 풍부한 운영자는 기술기반 수준에서 정보를 처리하는 경향이 있으며, 잠재 의식 수준에서 자동으로 반응하고 응답한다. 이것은 차가 도로를 벗어나기 시작하면 운전자가 아무 생각 없이 본능적으로 핸들을 돌리는 행동과 비슷하다. 이 단계에서는 최소한의 주의력을 필요로 한다.

나. 절차기반 행동(rule-based behavior)

상황에 익숙하지만 경험이 풍부한 운영자는 절차기반 수준에서 정부를 처리한다. 그들은 과거 경험과 절차를 검토하면서 입력을 비교한다. 절차는 입력과 적절한 작업 간의 "if-then" 연결로 생각할 수 있다. 예를 들어 작업자가 탱크로 유입되는 낮은 유량을 감지하고 유량이 설정 값에 도달하도록 밸브 출력을 증가시키는 등의 행동이다.

다. 지식기반 행동(knowledge-based behavior)

새로운 상황이며 운영자가 관련 경험이 없는 경우 지식 기반 수준에서 정보를 처리한다. 과거 경험과 절차가 없으므로 사고와 판단과정은 심사숙고해야 한다. 경험이 없는 작업자는 프로세스의 개념적 이해와 정신적 모델로 돌아가 상황을 진단하고 조치를 취하기 위한 계획을 세운다. 예를 들어 지식기반 행동을 취해야 할 운영자는 B탱크로부터 들어오는 유량을 파악하여 A탱크의 유량이 넘치지 않도록 조치해야 한다. 다음 그림은 세 가지 수준의 행동 별 입력과 출력의 흐름을 보여주는 내용이다.

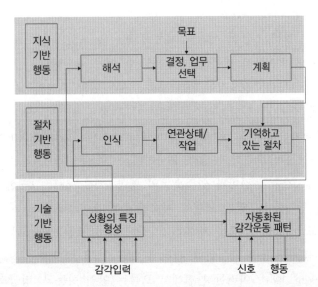

신입 운영자는 대부분 지식 기반 수준에서 작업하며 때로는 절차를 확인하여 절차 기반 행동을 한다. 경험이 쌓이고 교육훈련을 받으면서 절차 기반 행동을 할 수 있다. 전문가(숙련된 작업자)는 대부분 기술기반 수준에서 작업하는 경향이 있지만 상황에 따라 세 가지 행동 수준을 적절하게 이동한다.

운영자가 세 가지 수준별 행동을 효과적으로 하기 위한 인간과 기계의 상호작용(HMI, human–machine interface) 설계와 지원이 필요하며, 세 가지 수준의 행동 기준에 근거하여 인적오류를 방지할 수 있는 대응 방안이 마련되어야 한다.

(2) 사고분석에 있어 인적오류와 인과관계의 문제(Human error and the problem of causality in analysis of accidents, 1990)

이 논문은 '고위험 상황(high risk situation)에서의 인간 요인(human factor)'과 관련한 내용으로 James Reason, Donald Broadbent 그리고 Donald Norman의 논문 자료를 포함하고 있다. 이 논문은 인적오류와 사고원인 간의 철학적 설명을 제공하는 동시에 대규모 시스템의 안전과 실패에 대한 라스무센의 견해를 확장하였다. 특히, 이 논문에서는 안전성과의 경계(boundaries of safe performance)와 고장 경로(failure pathway)의 반복적 패턴을 형성하는 요인에 중점을 두고 있다.

라스무센이 저술한 많은 논문들과 마찬가지로, 이 논문에서 특히 강조하는 것은 인적오류와 사고를 정의하는데 사용된 용어이다. 예를 들어, 라스무센은 사고 원인에서 '유형(types)'과 '토큰(token)'을 구별하였다. 사고 '유형'은 복잡한 시스템이나 조직 내에 존재할 수 있는 영구적인 약점(Reason은 상주 병원체–resident pathogens로 정의, 1990)을 의미한다. 이와는 다르게 '토큰'은 사고에 직접적으로 기여하는 일시적이고 개별적으로 정의된 사건이다

(사고가 발생하기 전 일련의 다른 사건을 일으키는 운영자의 행동 등, Reason은 이러한 행동을 active fail-ure라고 하였다). 이 구분이 중요한 이유는 사고의 원인을 두고 사람의 불안전한 행동 등을 원인으로 지목하는 사후편향적 해석이 과도해질 수 있기 때문이다.

이 논문은 오히려 사고는 정상적인 관행(normal practice)과 운영의 실패로부터 온다는 관점을 더 중요하게 여기고 있다. 라스무센의 이 관점은 Hollnagel(2006)의 안전탄력성, Argote(1999)의 조직학습 그리고 Weick과 Sutcliffe(2007)의 고신뢰조직(HRO, High Reliability Organization) 등의 이론과 관련한 논쟁과 유사하다. 이와 관련한 부연설명은 다음과 같다. "… 설계는 운영 중 기술적 결함과 인적오류의 영향을 예측하고 그러한 장애에 대처하기 위한 운영 조직을 평가할 수 있는 모델에 기초해야 한다."(Rasmussen, 1990:1)"

안전을 유지하고 시스템 고장을 방지하기 위해서는 '토큰(token)'이 아닌 실수 '유형(types)'에 초점을 맞추고 위험 및 위험 관리에 대한 사전 예방적 입장을 채택해야 한다(Lepplat and Rasmussen, 1984). 이러한 관점에서 오류는 안전 성능의 '정상적인' 부산물로 볼 수 있다. 이와 관련한 부연설명은 다음과 같다 "… '실수'는 허용 가능한 성과의 한계를 탐구하는 과정에서 피할 수 없는 부작용이다."(Rasmussen, 1990:8)"

우리가 일반적으로 해결 방법(workarounds)이라고 부르는 것은 부정적 시각에서 잘못된 일을 찾는 활동이 아니라, 기술자가 고장을 찾는 것과 같은 필요한 실험(experiment)으로 간주된다(Rasmussen and Jensen, 1974). 이와 관련한 부연설명은 다음과 같다. "기본적인 문제는 인적오류가 개선된 시스템 설계나 더 나은 교육을 한다고 해도, 오류가 없어지지 않는다. 따라서 오류를 제거하기 보다는 자유도를 탐색할 수 있는 능력이 뒷받침되어야 하며 오류의 영향으로부터 회복할 수 있는 수단을 찾아야 한다."(Rasmussen, 1990:9)"

이 논문은 라스무센의 1990년대 초기 운영자의 인식에 초점을 맞춘 연구와 후기 연구 사이 가교(bridge)역할을 한다고 볼 수 있다. 그의 연구는 한편으로는 통제 이론(control theo-retic)을 더 완전히 수용하고 다른 한편으로는 사고에 대한 시스템 접근법(system approach)을 수용한다. 이런 그의 연구가 공학, 사이버네틱스(cybernetics), 심리학 및 다른 사회과학의 범위를 가로지르는 풍부한 '지적 매트릭스(intellectual matrix)'를 이용하는 접근법이라고 Le Coze, Kant 그리고 Leveson은 평가하고 있다. 또한 Karsh(2014) 등은 라스무센의 가교(bridge)적인 연구가 '마이크로(micro)'와 '매크로(macro)' 인식과 조직 수준의 분석을 모두 해결하려고 시도한 방법의 한 측면으로 해석될 수 있다고 하였다.

라스무센은 '유형(types)'과 '토큰(token)'의 존재를 설명하면서 복잡한 시스템을 운영하는 현대 조직은 안전, 생산, 납품 시간 및 용량 활용과 같은 상충되는 목표 사이에서 절충이 필요하다고 하였다. 이러한 상황을 라스무센은 '깊은 방어 오류(defense in depth fallacy)'라고 정의하였고, Dekker(2011)는 '실패로의 표류(drift into failure)'라고 정의하고 있다.

(3) 역동적인 사회에서의 위험관리: 모델링 문제(Risk management in a dynamic society: a modelling problem, 1997)

이 논문은 라스무센이 1960년대 후반에 시작하여 1990년대 후반에 끝낸 연구 중 가장 영향력이 크다. 특히, 이 논문은 다양한 수준의 추상화 및 분해(예: 구조와 기능)에 있어 복잡한 사회 기술 시스템(complex socio-technical system)을 모델링하는 방법을 제공한다. 이 논문은 현존하는 위험(risk and hazard) 관리 모델이 빠르게 변화하는 신기술과 직면한 문제를 (현대 산업 설비의 규모와 성장 그리고 조직에서 운영되는 공격적인 경쟁 환경) 해결해야 한다는 당위성을 제공한다.

역동적인 사회에서의 위험 관리 모델링에 대한 논의는 Risø 국립 연구소의 산업 위험 관리에 대한 다학제적 연구와 Bad Homburg 워크숍 시리즈(New Technology and Work)에서 얻은 수십 년간의 경험에 기초한다. 이 연구는 위험한 산업 공정 플랜트의 제어 및 안전 시스템을 설계하기 위한 노력으로 시작되었다. 연구에 활용된 사고기록을 평가하면서 얻은 결론은 사람과 기계 인터페이스(human-machine interface)가 사고유발 요인으로 작용한다는 것이었다. 이에 따라 연구는 심리적 역량을 포함한 인적오류 분석, 운영자 모델링 및 디스플레이 설계 영역을 심층적으로 들여다보았다. 그리고 운영자의 근무조건이나 환경을 준비하는 사람들의 관리 특성을 연구하였고, 경영진 차원의 의사결정 오류 문제도 살펴보았다. 또한 법과 입법 분야의 전문가들 또한 이 연구에 참여하였다.

가. 문제의 공간: 역동적인 사회에서의 위험관리(The problem space: risk management in a dynamic society)

부상, 환경 오염 및 투자 손실 등 사람을 다치게 하거나 재산을 손상시킬 수 있는 물리적 프로세스는 통제력 상실에 의한 결과이다. 우연한 사건은 우연한 흐름을 촉발하거나 정상적인 흐름을 전환할 수 있는 사람들의 활동에 의해 일어난다. 따라서 이러한 우연한 사건으로 인한 피해를 막기 위한 안전은 사람, 환경 또는 투자에 해를 끼치는 우발적인 부작용을 관리하기 위한 작업 프로세스를 통제해야 한다.

이러한 사유로 정치가, 관리자, 안전 담당자 그리고 작업 계획자는 위험한 물리적인 프로세스를 효과적으로 관리하기 위한 공식화된 수단인 법률, 규칙 및 지침을 기반으로 안전을 관리한다. 그들은 작업자와 운영자 등을 대상으로 동기부여, 교육, 안내 및 규칙과 장비 설계 등을 통해 그들의 행동을 관리한다. 다음 그림은 '위험관리와 관련된 사회 기술 시스템(The socio-technical system involved in risk management)'이다. 이 그림은 안전보건관리와 관련된 복잡한 사회 기술 시스템(complex socio-technical system)을 입체적으로 보여주고 있다. 라스무센은 이 그림을 문제의 공간(The problem space)이라고 정의하고 있다.

제일 높은 수준에 위치하고 있는 법규는 법적 시스템을 통해 안전을 관리한다. 다만, 안전을 우선시하지만 결국 고용과 무역 균형도 마찬가지로 우선시한다. 이에 따라 입법은 여론을 기반으로 상충되는 목표의 우선 순위를 명시하고, 수용 가능한 인간 조건(human condition)의 경계를 설정한다. 그 다음 수준은 정치분위기와 여론인식 변화 등을 감안하여 정부법규 이행을 주도적으로 하는 산업 협회 그리고 이에 대한 반대의견 등을 개진하는 단체나 노동 조합 등이 위치하고 있다. 그 다음 수준은 법규검토, 경제원리, 조직사회 이론 및 산업공학 등의 학문을 기반으로 법규 이행 수준을 정하고, 이를 조직에 반영하는 회사에 경영진이 위치한다. 그 다음 수준은 주로 심리학, 인간공학, 인간과 기계 인터페이스와 관련한 학문을 기반으로 만들어진 회사나 조직의 규정, 절차 등의 체계에 따라 업무를 수행하는 수준이다. 마지막 수준은 기계, 화학 및 전기공학 등과 관련한 학문을 기반으로 생산적이고 안전한 엔지니어링 기술 접목 등의 수준이다.

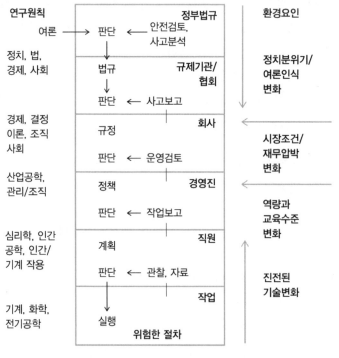

(위험관리와 관련된 사회기술 시스템)

　제일 높은 수준부터 마지막 수준까지의 관리방식은 외형적으로 효과적이고 완벽해 보이지만, 역동적인 사회에서는 이러한 방식의 모델링은 여러 어려움(새로운 사고, 예전에 경험해 보지 못한 실패, 예상하기 어려운 실패 등)에 직면하고 있다. 따라서 현재의 역동적인 사회에서의 접근 방식은 부적절하며 시스템 모델링에 대한 근본적인 변화가 필요하다.

나. 현재의 역동적인 사회(The present dynamic society)

과거와 같이 덜 복잡하고 사회 과학적인 시스템 운영이 필요 없었던 시기와는 달리 현재의 역동적인 사회에서 위험 관리(risk management)에 대한 극적인 변화를 맞이한다.

---

1. 운송, 해운, 제조 및 공정 산업과 같은 많은 영역에서 빠른 기술 변화가 일어난다. 이러한 변화는 법규, 규제기관, 회사, 경영진, 근로자와 작업 등에 여러 영향을 미친다. 따라서 서로 다른 수준에서 발생할 수 있는 여러 이견과 차이를 폭 넓게 수용하는 동적 상호작용(dynamic interaction)은 중요한 모델링의 문제가 된다.

---

2. 산업 설비의 규모가 커지면서 그에 상응하는 대규모 사고 가능성이 커진다. 매우 낮은 위험의 확률을 가진 공정이나 작업일지라도 사회의 안전성 요구를 검토해야 한다. 결과적으로 모델링을 하는 경우 정상 상황뿐만 아니라 위험 확률이 낮은 조건 또한 감안해야 한다.

---

3. 정보통신기술의 비약적인 발전으로 인해 시스템은 통합과 결합으로 이어지며, 단일 의사결정의 효과는 세계 사회에 빠르고 광범위하게 전파된다.

---

4. 오늘날의 기업은 복지, 안전 및 환경 등 여러 분야에서 탁월한 성과를 이루기 위한 공격적이고 경쟁적인 조건에 직면한다. 이러한 조건은 근본적인 측면에서 시스템 동작 모델링에 필요한 접근 방식에 많은 영향을 미치며, 구조 분해(structural decomposition) 대 기능 추상화(functional abstraction)에 의한 모델링 문제와 학제간 연구(cross-disciplinary research) 대 학제간 협력(multidisciplinary co-operation) 문제가 존재한다.

다. 구조적 분해에 의한 모델링: 작업, 행동 및 오류(Modelling by structural decomposition: task, Acts and errors)

사회 기술 시스템을 모델링하는 쉬운 방식은 모델링하려고 하는 대상을 요소별로 분해(decomposition)하는 것이다. 문제의 공간: 역동적인 사회에서의 위험관리(The problem space: risk management in a dynamic society)에서 언급한 '위험관리와 관련된 사회 기술 시스템(The socio-technical system involved in risk management)' 그림과 같이 법규, 규제기관, 회사, 경영진, 근로자와 작업과 같은 수준으로 분해할 수 있다. 이러한 방식으로 분해하면 사회 기술 시스템과 관련한 위험을 상위 수준에서 수평적으로 바라볼 수 있다는 장점이 있다.

전통적으로 시스템은 구조 요소(structural element)로 분해되어 모델링하는 반면, 행위자의 동적 행동(the dynamic of system and actor)은 행동 흐름(behavioral flow)을 사건으로 분해하여 모델링한다. 이러한 분해는 작업 측면에서 활동 요소(activity element)를 식별하고 결정, 행동 및 오류 측면에서 작업 요소를 식별하는 기초가 된다. 하지만 이러한 행동 흐름을 사건으로 분해하는 과정을 모두 문서화된 지침이나 표준으로 구성하기 어려우며, 상당 부분 행위자나 감독자의 독립적인 판단에 의존하는 경향(many degrees of freedom to the actors)이 크다. 더욱이 이런 과정에서 작업의 범주는 국지적 우발성(foresee all local contingencies of the work)을 예측할 수 없으며, 특히 규칙이나 지침은 종종 특정 작업과 분리되어 만들어진다. 이로 인해 알지 못했던 지침이나 절차 적용에 추가적인 제약이 생긴다. 결과적으로 규칙, 법, 그리고 실질적으로 말하는 지침은 사업장에서 쉽게 적용되기 어렵다. 원자력 발전소 운전과 같은 고도로 제약된 작업 상황에서도 지침의 수정이 반복적으로 발견되며, 실제 작업 부하 및 시간 제약을 고려할 때 운영자의 규칙 위반은 상당히 합리적인 것으로 보인다.[18]

현재 상황에서 시사하는 한 가지는 사고 후에 규칙을 위반한 사건의 역동적인 흐름에 연루된 기관사, 조종사 또는 공정 운영자 등을 지목하고 그들의 오류를 비난한다(Rasmussen, 1990a,b,1993c).

라. 사고원인(Accident causation)

사고를 일으키는 유발요인으로 인적오류가 70%~80% 정도를 차지한다는 사실은 일반적인 통념으로 여겨지고 있다. 그리고 사고와 관련한 위험을 방어하기 위한 여러 장벽(defense)이 계획되어 있었다는 사실도 알 수 있다. 여기에서 간과하지 말아야 할 중요한 사실은 여러 산업이 경쟁적인 환경 속에서 이윤을 창출하기 위해 투자를 하지 않고 예산을 절감해 가면서 최소한의 기준(operating at the fringe of the usual)만을 반영한다는 사실이다. 최소한의 기준만을 적용한다는 의미에는 상황에 따라 기능적으로 수용할 만한 경계(functionally acceptable boundaries)를 넘어 안전 관행의 한계를 넘을 수 있는 상황을 포함한다.

이와 관련한 보팔(Bhopal, 1984), 플릭스보로(Flixborough, 1974), 지브뤼게(Zeebrügge, 19987), 체르노빌(Chernobyl, 1986)과 같은 사고에 대한 근본원인은 인적오류가 아님을 증명한다.

전술한 상황을 효과적으로 설명할 수 있는 다음 그림은 지브뤼게(Zeebrügge, 1987)[19] 사고가 발생하게 된 인과관계를 설명한다.

---

18) Erik Hollnagel(2018)이 출판한 Safety-I and safety-II: the past and future of safety management에서 생산, 운영 및 작업 등을 위한 계획(상정)된 기준을 WAI(work as imagined)하고, WAI를 기반으로 사람이 실행하는 운영 혹은 작업을 WAD(work as done)라고 한다. 그리고 WAI와 WAD 사이에서 사람이나 조직이 효율과 안전을 절충하는 것을 ETTO(efficient thoroughness trade-off)라고 하였다.

19) Herald of Free Enterprise호가 1987년 3월 6일 밤 벨기에 지브뤼게(Zeebrügge) 항구를 떠난 직후 전복된 사고이다. 사고로 승객과 승무원 193명이 사망하였다. 배는 뱃머리 문을 연 채 항구를 떠났고, 바닷물은 갑판으로 흘러 들어 넘쳐났다. 몇 분 안에 배는 전복되었다. 전복의 직접적인 원인은 뱃머리 문을 닫아야 할 때 선실에서 잠들어 있던 부선장의 오류로 밝혀졌다.

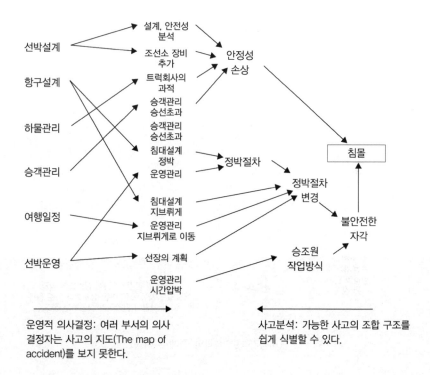

먼저 운송 회사의 서로 다른 영역에 있는 의사결정자들은 비용 효율성을 최적화하기 위한 노력을 하고 있다. 그들의 결정에 의해 항상 위험의 경계를 넘나들고 있다. 그림의 흐름은 어떤 한 사람의 행동으로 멈출 수 없는 구조이다. 의사결정권자는 자신들이 만든 계획은 볼 수 있지만, 그 계획에 의한 하위 수준에서의 전체적인 모습과 실행은 보기 어렵다. 그리고 서로 다른 영역에 있는 의사 결정권자 또한 전체 그림을 볼 수 없으며, 다른 부서 및 조직의 다른 사람들이 내린 결정을 조건으로 다중 방어 상태(judge the state of the multiple)를 판단한다. 따라서 이런 취약한 구조를 감안한 작업 흐름 및 실수 측면에서 모델링 활동이 필요하다.

마. 기능적 추상화에 의한 모델링(Migration toward the boundary)

다음 그림 '허용 가능한 성과의 경계(boundary of acceptable performance)로 이동'하기 위한 메커니즘을 보여준다.

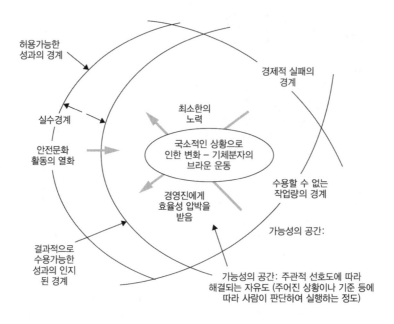

허용가능한
성과의 경계

경제적 실패의
경계

실수경계

안전문화
활동의 열화

최소한의
노력

국소적인 상황으로
인한 변화 – 기체분자의
브라운 운동

경영진에게
효율성 압박을
받음

수용할 수 없는
작업량의 경계

가능성의 공간:

결과적으로
수용가능한
성과의 인지
된 경계

가능성의 공간: 주관적 선호도에 따라
해결되는 자유도 (주어진 상황이나 기준 등에
따라 사람이 판단하여 실행하는 정도)

(허용기능한 성과의 경계로 이동)

허용 가능한 성과의 경계(boundary of acceptable performance)로 이동하기 위한 과정에는 다양한 요인이 존재한다. 구성원에게 다양한 목표를 부여하고 이를 감독 혹은 모니터링 하지만, 가장 중요한 요인은 구성원 스스로가 동기를 갖고 임하는 것이다. 하지만, 구성원이 수행하는 업무 공간에는 다양한 작업 부하, 비용 효율성 및 실패 위험 등이 존재하고, 관리와 통제 및 안전관련 기준 등이 존재하므로, 구성원의 동기는 많은 제약을 받는다. 또한 경계(boundary) 내부의 지역 작업조건(local work condition)에서 국소적인 상황에 의해 생기는 변화는 마치 기체분자의 브라운 운동(Brownian movements)[20]을 상기시킨다. 이러한 상황으로 인해 사람이 허용 가능한 성과의 경계로 이동하기 위한 최소한의 노력(least toward least effort)의 결과가 성공할 경우, 기능적으로는 허용 가능한 성과의 경계로 이동할 수 있지만, 그렇지 않을 경우 사고가 발생할 가능성이 크다. 따라서 다음 표와 같은 대응 방안이 필요하다.

20) 브라운 운동(Brownian motion)은 1827년 스코틀랜드 식물학자 로버트 브라운(Robert Brown)이 발견한, 액체나 기체 속에서 미소입자들이 불규칙하게 운동하는 현상이다. 브라운 운동에 의한 물체의 움직임을 표류(漂流)라고 한다.

> '허용 가능한 성과의 경계(boundary of acceptable performance)로 이동' 그림에서 설명된 바와 같이 미리 계획된 특정 경로에서 벗어나는 사람의 행동을 통제하기보다는 경계를 명확하고 알려지게 하고, 경로에서 벗어나지 않도록 하는 기술을 개발하는 것에 초점을 맞추어야 한다. 그리고 정상 작동에서 통제력 상실 경계(loss of control boundary)까지의 범위를 늘리는 것이 필요하다.

잘 설계된 작업 시스템에서는 심층 방어(defense-in-depth) 설계 전략을 적용하여 사람을 위험에서 보호하고, 대형 사고로부터 시스템을 보호하기 위한 조치를 취한다. 여기에서 중요한 사실은 심층 방어(defense-in-depth) 설계 전략을 적용한 시스템에서 오직 한 가지 문제 또는 위반으로는 즉각적이거나 가시적인 문제가 발생하지 않을 수 있다. 하지만 심층 방어(defense-in-depth) 설계 전략에 따라 설계된 시스템에서 방어는 비용과 효율성이라는 압박으로 인해 시간에 지나감에 따라 체계적으로 퇴화될 가능성이 높다(Rasmussen, 1993b). 아래의 그림은 Shell의 초대형 유조선 사고(1992)와 에스토니아호 침몰 사고(1994)에서 다양한 수준의 기관과 회사 간의 상호 작용 충돌을 보여준다.

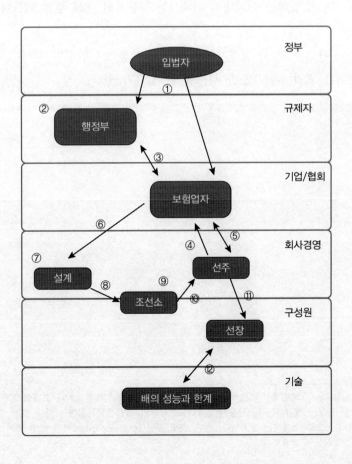

이 사고들과 관련이 있는 정부, 규제기관, 회사, 구성원 및 기술적 측면을 보면, 인적오류와 위반과 같은 사람의 행동에 초점을 맞춘 것이 아니라, 실제 사고를 유발한 지역별 기능의 메커니즘을 보여주고 있다. 따라서 인간의 행동을 넘어선 높은 수준의 기능 추상화(functional abstraction)가 필요하다.

바. 위험관리: 통제작업(Risk management: A control task)

위험관리는 특정한 위험이 존재하는 상황에서 생산적인 프로세스를 안전운전의 경계 내에서 유지하는 데 초점을 맞춘 통제기능이다. 조직은 위험관리를 위해 작업 계획, 시간 범위 검토, 시스템 안정성과 장애 예측 가능성 검토 등을 통해 다양한 통제 전략을 적용한다. 이러한 통제 전략을 수립하기 위한 고전적인 방식은 '자재와 자원 활용 계획(MRP, material and resource planning)'에 기반한 성과를 기준으로 하는 중앙 집중식 계획(centralized planning)을 적용한다. 이 과정의 모니터링은 계획, 예산 및 일정을 참조하여 성과를 확인하는 것이고, 통제는 편차(deviation)와 오류를 제거하는 것을 목표로 한다. 다만, 위험관리를 위해서는 개방 루프(open-loop) 또는 폐쇄 루프(closed-loop)를 적용할 수 있지만, 사람들의 행동 변화와 역동적인 시장의 압력을 이겨내기 위해서는 능동적인 폐쇄 루프 피드백[21]을 적용해야 한다.

전술한 내용과 관련한 '의사 결정자의 부적절한 결정으로 발생한 사건' 그림을 참조하여 사고발생에 기여한 요인(수준/사람)을 검토해 볼 필요가 있다.

---

21) 폐쇄 루프(closed-loop)피드백은 피드백을 더 잘 이해하고 문제점을 해결하거나 고객의 통찰력이 제품, 서비스 또는 고객 경험 전략을 개선하는 데 사용된다. 그리고 사람의 개입 없이 원하는 상태 또는 설정 값을 유지하기 위해 시스템을 자동으로 조절하는 방식이다. 한편, 개방 루프(open-loop)는 자기 조절 메커니즘이 없고 일반적으로 사람의 상호작용이 필요하다.

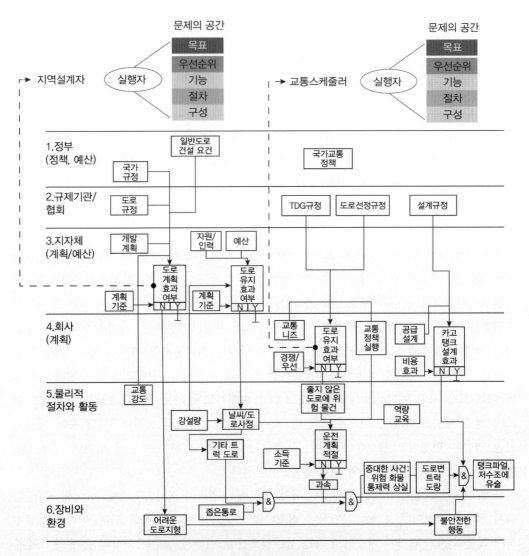

(의사 결정자의 부적절한 결정으로 발생한 사건)

사고를 일으킨 여러 요인에는 잠재적인 의사결정자 간의 상호작용이 존재하고 있다. 이러한 상호작용은 통제에 있어 중요한 요인으로 몇 가지 특징이 있다. 다수의 의사결정자는 다양한 업무 조율과 의사결정 그리고 최고의 생산목표를 달성하기 위해 비용효율과 작업시간 단축 등을 시도한다. 여기에서 중요한 문제는 특정 의사 결정자와 관련된 경계가 전체 시스템 내의 다른 여러 의사 결정자의 활동에 따라 달라지며, 사고는 여러 의사 결정자 간의 상호 작용으로 인해 발생한다.

작업 목표를 설정하는 데 있어 의사결정자(controller)는 다양한 정보(생산성 증대, 효율성 증대, 안전성 증대 등)를 수집해야 하지만 이러한 정보를 수집하는 것은 전술한 바와 같이 복잡

다양한 상황이 존재한다. 우선 높은 수준의 조직이 결정한 목표는 자연스럽게 하부 조직에 전파되고, 다양한 수준의 하부 조직이 해당 목표(이러한 목표는 일반적으로 상당한 불합리성이 존재한다)를 수용한다. 하부조직은 설정된 목표를 달성하기 위해 가용한 자원을 활용하지만, 상당부분 부족한 자원, 시간 및 인력의 한계를 갖는다.

따라서 문제의 공간: 역동적인 사회에서의 위험관리(The problem space: risk management in a dynamic society)에 표기한 '위험관리와 관련된 사회 기술 시스템(The socio-technical system involved in risk management)' 그림에 언급된 바와 같이 목표와 가치의 전파를 분석할 때 현재의 입법 및 규제의 일반적인 경향(규범적 규칙(prescriptive rules)에서 성능 중심 목표(performance-centered objectives)로 향하는 경향을 신중하게 고려해야 한다. 참고로 미국은 규범적 법률에서 성능 기반 법률로 향하는 경향이 있다.

이와 관련하여 Baram(1996)은 최근의 빠른 기술 변화 속도에 맞춰 적절한 규제가 만들어져야 하지만, 적절한 규제 개발은 약 6년에서 10년이 소요된다고 했다. 따라서 지난 수십년 동안 규제 당국은 근로자 보호 기준을 상당히 높인 '일반 의무 조항(general duty clause)'을 도입하는 방향으로 규제를 만들었다. 이러한 규제의 전형적인 내용은 사업주가 근로자의 부상과 사망을 예방하기 위한 사업장을 제공해야 한다는 일반론적인 명시를 하는 것과 같다.

이러한 방식은 사고를 예방하기 위해 특정 기능을 수행해야 하며 기능을 수행하는 방법에 대한 세부 사항은 회사(또는 기타 규제 조직)가 수행하도록 하는 것으로 마치 폐쇄 루프 피드백 설계 개념을 도입한 것으로 보인다. 세부적인 규제가 만들어지면, 사회 통제 계층의 기존 역할은 변경되고 새로운 역할이 부여된다. 그리고 그 하부 수준에 위치한 규제기관, 회사, 조직, 경영진, 직원 등의 역할 또한 변경된다.

규제로 인한 다양한 문제는 포괄적인 규제 법안에 근거하여 회사의 역할은 방대해 진다. 따라서 회사는 환경이나 조건을 감안하여 최소한의 기준 준수에 급급하게 되며, 이마저도 준수하지 않는 회사가 많아져 대중의 우려를 불러일으킨다. 따라서 정부는 회사의 규제 준수 수준을 모니터링 하는 방향으로 강화된다. 결과적으로 회사는 자체적인 기준 준수 문서를 작성하고, 규제기관이 원하는 문서를 제출하고 수검을 받는 등 그들의 성과를 입증해야만 한다. 이러한 결과로 인해 기업은 방대한 서류를 양산해야 한다. 그리고 현실적인 사고 예방보다는 사고예방 효력이 없는 활동에 치중하게 된다. 전술한 내용들에 대한 개선방안이 될 수 있는 내용을 아래의 표와 같이 요약하였다.

역량(capability or competence)은 형식적 지식과 업무 중에 습득한 휴리스틱 노하우 및 실무 기술과 업무 맥락에서 전문가가 신속하고 효과적으로 행동할 수 있는 능력을 말한다. 다양한 의사 결정자(controller)의 역량은 중요하다. 그 이유는 의사 결정자의 결정은 하부 조직의 근로자 계층

의 행동에 영향을 주기 때문이다. 하위 의사 결정자들에게 권한이 위임될 때 작업 시스템 내 관련 위험의 통제 요구 사항에 대한 숙지가 중요하다. 그리고 통제 동작에 영향을 주는 매개변수와 다양한 통제에 대한 시스템의 응답 여부를 알아야 한다. 특히 변화의 속도가 빠른 시기에는 기술, 프로세스, 정책의 변화에 대한 정보가 얼마나 효과적으로 전달되는지 분석하는 것이 중요하다. 이 분석은 제어 구조, 정보 흐름 내용을 식별하고 의사 결정자가 적절한 위험 관리 결정을 내릴 수 있는지 여부와 상호 작용이 일관된 안전 제어 기능을 수행할 수 있는지 여부를 결정하는 역할을 한다.

의사 결정자들이 안전에 전념하는 헌신이 필요하다. 의사 결정자는 위험을 관리할 적절한 방어 (defense)를 설정할 자원과 전문성을 확보해야 한다.

사. 제약조건 및 안전 경계 식별(Identification of constraints and safe boundaries)

역동적인 사회에서 수용 가능한 작업의 경계와 작업 시스템의 제약을 식별하는 것은 매우 중요하다. 프로세스로 운영되는 산업 플랜트와 같은 사업장은 여러 기술적 방어(technical defenses)에 의해 보호되는 시스템으로 구성되어 있다. 이러한 시스템에는 안전한 운영의 전제 조건을 명시적으로 식별할 수 있는 예측 위험 분석이 적용되어 있다(이러한 주장에 대한 검토는 1995년 Leveson과 1994년 Taylor가 하고 있다). 다만, 전술한 사업장보다 덜 구조화된 시스템에서 안전한 작동의 경계를 명시하기 위해서는 지속적인 연구를 해야 한다. 이에 따라 라스무센(1993c, 1994b)은 다음 그림 '위험원 특성 및 위험 관리 전략'과 같이 위험원의 특성에 따라 서로 다른 위험 영역에 걸쳐 상당히 다른 위험 관리 전략이 필요하다고 하였다. 이 그림은 사고와 관련된 손실의 크기를 세 가지 범주로 보여주고 있다.

첫 번째는 빈번하지만 소규모 사고에 초점을 맞춘 안전보건관리 활동이다. 여기에는 '경험적 전략(empirical strategy)'이 필요하다. 위험은 많은 수의 작업 프로세스와 관련이 있으며, 시간 경과에 따른 안전성과는 주로 근로손실사고(LTI, lost-time injuries) 및 사상자 수로 측정할 수 있다. 결과적으로 이 단계의 평균 안전 수준은 일반적으로 과거 사고에 대한 역학 연구를 통해 경험적으로 관리된다.

두 번째는 중대형 및 다발성 사고에 초점을 맞춘 안전보건관리 활동이다. 여기에는 '진화 전략(evolutionary strategy)이 필요하다. 이 범주에서는 대형 사고에 대한 개별 분석을 통한 설계 개선 등으로 더 안전한 시스템으로 진화한다. 예를 들면 호텔 화재, 항공기 사고, 기차 충돌 등과 같은 사고가 있다. 안전 통제는 합리적으로 잘 정의된 특정 위험 소스 및 사고 프로세스의 제어에 중점을 둔다. 결과적으로 안전 개선을 위한 점진적인 노력을 통해 여러 방어가 설치된다. 이 범주에서 위험 관리는 특정 사고 프로세스에 대한 방어를 모니터링하는 데 중점을 둔다.

세 번째는 매우 드물고 용납할 수 없는 사고에 초점을 맞춘 안전보건관리 활동이다. 여기에는 '분석적 전략(analytical strategy)'이 필요하다. 원자력과 같은 일부 대규모 시스템의 사고로 인한 잠재적 피해는 매우 크다. 그리고 전술한 경험적 전략과 진화전략을 적용하기 위한 자료가 부족하므로 많은 위험을 갖고 있다.

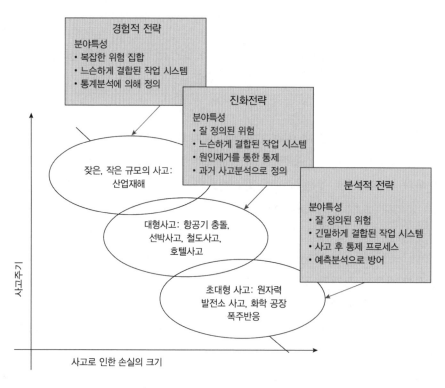

(위험원 특성 및 위험관리 전략)

과거에는 중소규모 수준의 사고 예방을 위한 위험관리 방식이 나름대로 효과적이었다. 하지만 위험관리 방식이나 패턴의 수정이 필요하다는 사회적 인식으로 인해 (1991년 Visser의 제안 등) 보다 집중적이고 분석적인 위험관리 전략이 필요했다. 여기에서의 문제는 모든 사업장은 각기 다른 다양한 잠재적 위험요인과 활동을 갖고 있다는 것이다. 따라서 문제의 공간: 역동적인 사회에서의 위험관리(The problem space: risk management in a dynamic society)에 표기한 '위험관리와 관련된 사회 기술 시스템(The socio-technical system involved in risk management)' 그림에 언급된 바와 같이 모든 수준의 의사결정자 간의 합의와 결정이 필요하다. 여기에 포함되어야 할 위험관리는 대량으로 축적된 에너지(화학 프로세스 시스템, 발전 운영 등) 통제 상실, 인화성 물질의 축적으로 인한 발화 그리고 건설현장 등의 안전 경계 상실 등이 있다.

안전한 설계와 운영을 위하여 사고 프로세스와 발생 확률을 신뢰할 수 있는 예측 확률론적 위험 분석(PRA, Probabilistic Risk Assessment)이 적용되어야 한다. 시스템 설계는 기능적으로 독립적인 여러 보호 시스템이 적용되어야 한다. 그리고 사람의 실수나 위반을 분석하기 위해 과거의 활동 자료 외에도 시스템 설계적인 측면을 검토해야 한다.

   아. 인간과학 패러다임의 현재 동향(Present trend in the paradigms of human sciences)
   인간 행동은 일반적으로 규범적 모델(normative model)을 기반으로 합리적인 행동(rational behavior)을 식별하면서 시작된다. 그리고 실제 행동(actual behavior)은 합리적인 행동과의 편차, 즉 규범적 행동에 대한 실수로 설명할 수 있다. 아래 그림은 '행동형성과 성과기준 측면에서 인간 과학 패러다임의 융합 모델(The convergence of human science paradigms toward models in terms of behavior shaping work features and subjective performance criteria)'이다. 결정 연구(decision research)와 관리 연구(management research)에서 패러다임의 병렬 진화와 안전 연구(Safety research) 분야 내 패러다임의 동시 변화를 보여준다.

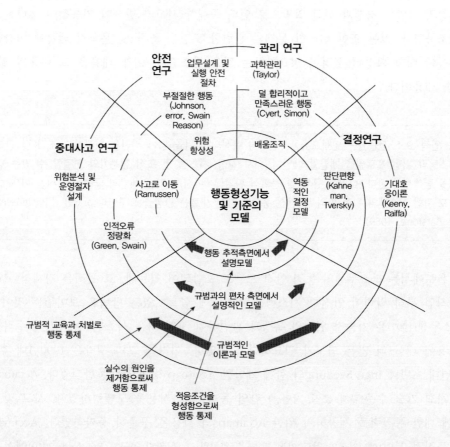

자. 결론(Conclusion)

역동적으로 높은 수준으로 통합된 사회(highly integrated society)에서 위험관리, 환경 보호 및 적응형 사회 기술 시스템(adaptive socio-technical systems)은 사람의 의사결정 및 행동과 관련된 기본적인 문제를 제기한다. 여기에서 기본적인 문제는 위험원과 통제 요건의 분류방식 미흡, 다양한 위험 영역에서 발견되는 사회 모든 수준의 의사결정자들 사이의 수직적 상호작용, 변화와 경쟁 압력에 대한 의사결정 방식 등이다. 이러한 기본적인 문제들을 해결할 수 있는 연구 방식이 도입되어야 하며, 학술 연구를 위한 다양한 지원과 협의가 필요하다.

(4) 체계적인 사고 분석 내에서 AcciMap의 진화(The Evolution of AcciMaps within Systemic Accident Analysis)

이 논문은 사고의 원인을 밝히는 데 있어 조직적이고 광범위한 환경 및 정치적 요인과 관련한 관점을 중요하게 판단하였다. 1980년대 말 금융 위기 이후 위험 관리를 논의하기 위한 워크숍(1988년 10월 세계 은행에서 개최) 결과를 요약한 내용(Rasmussen and Batstone, 1989)에서 기업 간의 치열한 경쟁과 생산 압박으로 인해 중대한 사고가 발생할 가능성이 높다는 사실을 강조하였다. 그는 또한 이러한 문제와 관련한 도전은 조직 및 문화적 맥락에 민감한 인간 행동에 대한 확장된 설명이 필요하다는 점을 강조했다. 아래 내용은 그 내용의 일부를 발췌한 내용이다.

> "… 인적 요소 전문가는 인적오류 및 신뢰성 분석의 범위를 넘어 비전을 확장하고 조직 및 관리 시스템의 위험 프로필을 개발할 때인지, 의사 결정, 시스템 및 조직 전문가와 연결할 수 있는 방법을 탐색해야 한다. 다양한 규제 및 문화적 환경(3페이지)… 기술 개발의 급속한 추세는 이제 대규모 위험 시스템의 위험 관리 및 안전 통제에 대한 새로운 관점을 요구한다(p. 39)…"(Rasmussen 및 Batstone, 1989).

이 논문에서는 라스무센의 동적 안전 모델도 포함되어 있는데, 그 목적은 경제적 고려 사항과 작업 부하 압력이 안전한 시스템을 취약하게 할 수 있는 방법을 보여주는 것이었다.

라스무센(1997)은 기술적 위험의 특성과 관련하여 사회 기술 시스템 수준 간의 수직적 상호 작용에 대한 더 많은 연구가 필요하다고 하였다. 이러한 그의 생각은 1990년대 후반과 2000년대 초반에 Inge Svedung와 함께 개발한 Accimap 방법으로 통합되었다. Accimaps은 여러 사회 기술 수준(규제, 조직, 작업장) 간의 동적 상호 작용을 모델링하였다. 사고 및 인적 오류에 대한 통찰력을 제공하기 위한 Accimaps의 사용은 꾸준히 증가하였다. Accimaps은 여러 조직적 분야(예: 영국의 철도 안전 및 표준 위원회, 호주 왕립 공군 - Branford, 2010)에서 사고 분석 및 인적 요소 교육에도 사용되었다.

3.4 리즌(Reason)

James Reason(이하 리즌)은 1938년 영국 런던 근처의 Watford에서 어린 시절을 보냈다. 그는 의대에 관심을 가졌지만 결국 심리학으로 전공을 바꿨다. 그가 그런 결정을 한 이유는 그가 의대생 시절 런던의 한 대형 정신병원 근처 카페테리아에서 매우 매력적인 젊은 여성 그룹을 발견하고 그들이 응용 심리학과 학생이라는 것을 들었기 때문이다. 그는 1962년 맨체스터 대학교 심리학과를 우등으로 졸업했다.

리즌의 초기 관심사는 항공, 조종석의 인간공학 및 멀미와 관련이 있었으며 졸업 후 몇 년 동안 Farnborough에 있는 Royal Air Force Institute of Aviation Medicine에서 근무하면서 조종사 면허도 갖게 되었다. 이후 그는 학계로 돌아와 1967년 레스터 대학교에서 논문을 작성하면서 1976년까지 일했다. 그는 동시에 그는 플로리다에 있는 미 해군 항공 우주 의학 연구소에서 우주 방향 감각 상실에 대한 연구도 했다.

Reason은 1977년부터 2001년까지 맨체스터 대학교에서 심리학 교수직을 역임했다. 현재는 명예교수로서 다양한 산업 분야의 여러 안전 관련 행사 및 연구 프로젝트에 적극적으로 참여하고 있다. 재임 기간 동안 그는 다양한 산업 분야의 오류와 방심, 안전과 오류관리와 같은 주제를 연구했다. 그의 대표적인 연구는 Human error, Generic error modeling system, Organizational accident, Swiss cheese model, Safety culture 등이 있다.

(1) 인적오류(Human error)

리즌(1990)은 다음 그림과 같이 사람의 불안전한 행동을 "의도하지 않은 행동"과 "의도한 행동"으로 분류하였다. 그리고 의도하지 않은 행동을 부주의(slip) 및 망각(lapse)으로 구분하고 의도한 행동은 착각(mistake)과 위반(violation)으로 구분하였다. 그리고 부주의(slip), 망각(lapse) 및 착각(mistake)을 기본적인 인적오류(human error)라고 정의하였다.

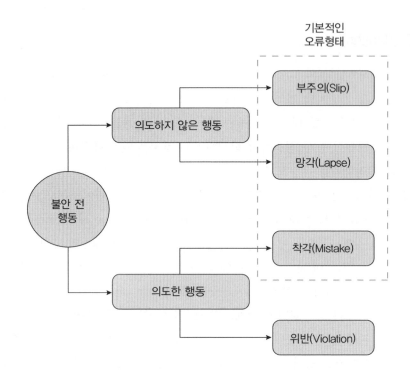

(2) 일반적인 오류 모델링 시스템(Generic error modeling system, GEMS)

1983년 라스무센이 발표한 기술기반 행동(skill-based behavior), 절차기반 행동(rule-based behavior) 및 지식기반 행동(knowledge-based behavior)의 인적성과 모델(human performance model) 인 'SRK 모델'을 기반으로 리즌은 1990년 일반적 오류 모델링 시스템(Generic Error-Modelling System, 이하 GEMS)을 소개하였다. 'GEMS 모델'은 사람이 특정 작업을 위해 정보 처리를 하는 방법과 작업을 완료하는 과정에서 기술기반 행동(skill-based behavior), 절차기반 행동(rule-based behavior) 및 지식기반 행동(knowledge-based behavior) 간의 이동을 보여준다. 다음 그림은 일반적인 오류 모델링 시스템의 역학관계를 보여준다.

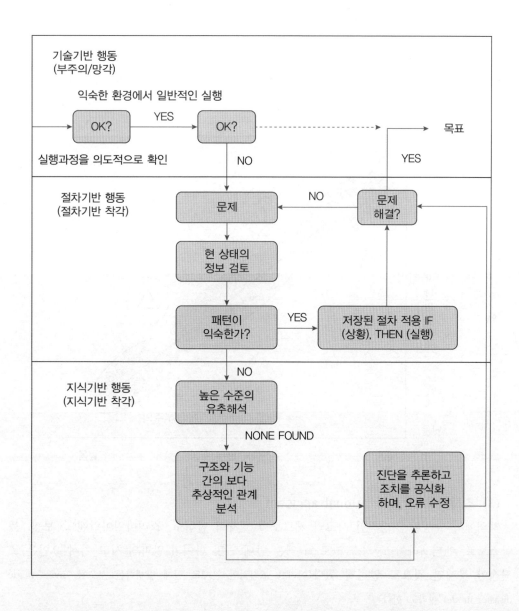

이러한 과정을 통해 사람의 오류 메커니즘을 확인하고 개선 방안을 마련할 수 있다. 일반적으로 기술기반 행동(skill-based behavior)은 의식적인 모니터링이 거의 없는 매우 친숙하거나 습관적인 상황에서 고도로 훈련된 신체적 행동을 포함한다. 주로 이러한 행동은 일반적으로 중요한 의식적 사고나 주의 없이 기억에 의해 실행된다. 절차기반 행동(rule-based behavior)은 사람들이 어떠한 것을 암기하거나 문서로 된 규칙 등을 적용할 때 사용한다. 절차는 특정한 상황에서 사람이 적절한 행동을 취하도록 미리 준비된 해결방안으로 특정 개인이나 그룹이 연습과 훈련을 통해 숙지해야 하는 행동 지침 등이다. 지식기반 행동

(knowledge-based behavior)은 완전히 익숙하지 않은 상황에 대한 사람의 반응이다. 이 행동은 대응을 위한 사전적인 인식이나 규칙이 없을 경우에 나타난다. 아래 그림은 기술기반 행동(skill-based behavior), 절차기반 행동(rule-based behavior) 및 지식기반 행동(knowledge-based behavior) 간의 주의력과 익숙함의 관계를 보여준다.

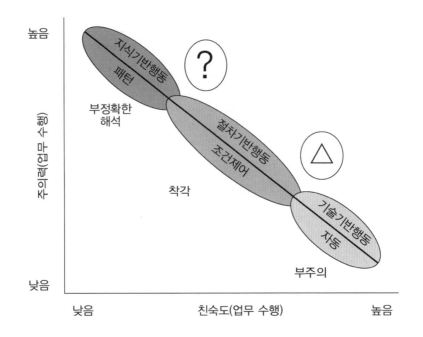

(3) 조직사고(Organizational accident)

해외에서 발생한 치명적인 사고인 체르노빌 원자력 발전소, 스리마일아일랜드, 보팔, 플릭스보로, 엔터프라이즈, 킹스 크로스, 엑손 발데즈 및 파이퍼 알파의 사고 기여 요인은 조직적인 문제인 것으로 알려져 있다(이러한 조직적인 문제로 인해 발생하는 사고를 "man-made disaster model"이라고 한다).

사람이 관련되어 조직적인 문제를 일으키는 주요 요인으로는 경영책임자의 안전 리더십 부족, 안전 투자 예산 감소, 안전 전담 인력축소, 공사 기간 단축 등이다. 이러한 문제는 조직 전체에 만연되어 현장 조직(사업소, 건설현장 등)에 영향을 주고 근로자의 불안전한 행동인 실행 실패(active failure)를 불러일으킨다.

조직적인 문제를 일으키는 사람들은 주로 현장과 멀리 떨어져 있으므로 '무딘 가장자리(blunt end)'에 있다. 그리고 근로자가 유해 위험요인에 직접적으로 노출되어 사고를 입을 수 있으므로 '날카로운 가장자리(sharp end)'에 있다. 여기에서 근로자는 불안전한 행동을 통한 '사고를 일으키는 선동자(instigator)'가 아닌 강요받아 불안전한 행동을 할 수밖에 없는 '사고 대기자(accident in waiting)'로 표현할 수 있다.

무딘 가장자리는 잠재 요인(latent condition)이 발생하는 장소이다. 그리고 잠재 요인으로 인해 근로자는 불안전한 행동을 하게 된다. 이러한 과정에서 발생하는 사고를 조직사고 모델(organizational accident model)이라고 한다. 아래 그림은 전술한 상황을 묘사한 그림이다. 이 상황을 리즌은 "Orgax"로 정의하였다.

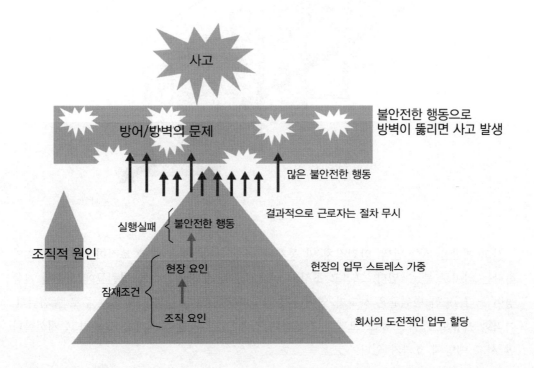

잠재 요인(latent condition)은 잠재 실패(latent failure)로도 정의할 수 있는데, 이러한 잠재 실패를 막기 위해서는 효과적인 실패 방어(fail defense)가 필요하다. 실패 방어에는 방벽 (barrier)과 안전장치(safeguard) 및 통제(control)가 있다. 원자력 발전소와 같이 고도의 위험이 존재하는 장소에는 다중 심층방어 시스템(defense-in-depth) 적용이 필요하다. 하지만 다중 심층방어 시스템에서도 사람의 오류로 인하여 잠재 실패가 발생할 수 있다.

(4) 스위스 치즈 모델(Swiss cheese model, SCM)

스위스 치즈 모델은 잠재 실패(latent failure) 모델이며, man-made disasters model에서 진화하였고, 조직사고(organizational accidents)를 일으키는 기여 요인을 찾기 위한 목적으로 개발되었다. 치즈에 구멍은 사고를 일으키는 기여 요인으로 만약 한 조각에 구멍이 있어도 다른 한 조각이 막아준다면 사고가 발생하지 않는다는 이론이다. 아래 그림은 스위스 치즈 모델을 형상화한 그림이다.

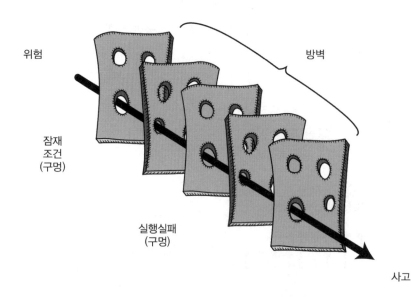

사고 예방을 위한 방벽, 안전장치 및 통제가 미흡하다는 것은 해당 조직이 병원균에 취약하다는 의미로 볼 수 있다. 그리고 조직의 의사결정 단계가 많을수록 병원균에 노출될 가능성이 크다. 또한 병원균은 사고가 일어나기 전보다는 사고가 발생한 이후에 주로 발견된다. 이러한 사유로 스위스 치즈 모델을 참조하여 잠재 요인과 잠재 실패를 확인하고 개선한다면 사고 예방에 효과가 있다.

하지만, 전술한 스위스 치즈 모델의 긍정적인 면이 있음에도 불구하고 많은 현장 전문가와 학자들은 이 모델로는 구체적인 사고 기여 요인을 찾기 어렵다는 의견이 팽배하였다. 또한 사고조사를 전문적으로 수행하는 사람들을 혼란스럽게 한다는 의견이 생겨났다.

스위스 치즈 모델은 인적오류로 인한 기여 요인을 파악하는 데에는 기본적인 체계를 제공하였지만, 세부적인 지침이 없고 이론에 치중된 면이 있다. 이러한 사유로 인적오류 기여 요인을 구체적으로 확인할 수 있는 인적요인분석 및 분류시스템(HFACS) 체계가 2000년도 초반에 개발되었다. 이 체계는 스위스 치즈 모델을 대체하여 전 세계적으로 활용되고 있다.

(5) 안전문화(Safety culture)

리즌은 'Managing the risks of organizational accidents'라는 책자에서 안전문화는 공유된 문화, 보고문화, 공정 문화, 유연한 문화 및 학습문화로 구성된다고 하였다.

가. 공유된 문화(informed culture)

시스템을 관리하고 운영하는 사람들은 시스템 전체의 안전을 결정하는 인적, 기술적, 조직적 및 환경적 요인과 관련한 최신 지식을 가지고 있다. 경영층은 사람들이 그들의 운영 영역에 내재한 위험을 이해하도록 문화를 조성해야 한다.

나. 보고문화(reporting culture)

관리자와 근로자는 징벌적 조치의 위협 없이 중요한 안전 정보를 자유롭게 공유한다. 근로자가 할 수 있는 오류에 대하여 위험을 느끼지 않고 자유롭게 보고할 수 있어야 한다. 보고문화는 결국 조직이 비난과 처벌을 처리하는 방식에 달려 있다. 자유로운 보고에 대한 비난이 존재한다면, 자율적인 보고는 이루어지지 않는다. 다만, 무모함이나 고의적인 행동이나 오류는 비난이 불가피하다.

다. 공정 문화(just culture)

불안전한 행동에 대한 수용 가능한 범위와 수용 불가능한 범위를 설정하고, 구성원이 따르고 신뢰하는 분위기를 조성한다. 근로자의 불안전한 행동의 배후 요인을 확인하지 않고 무조건 처벌하는 사례는 용납될 수 없다는 인식이 필요하다. 그리고 불안전한 행동으로 인해 사고를 일으킨 결과에 대해서 무조건 면책하지 않는다는 기준을 유지해야 한다. 공정문화 설계를 위한 전제조건은 수용할 수 있는 행동과 수용할 수 없는 행동의 범위를 설정하는 것이다.

라. 유연한 문화(flexible culture)

유연한 문화는 의사결정의 긴급성과 관련자의 전문성에 따라 의사결정 과정이 유연하다는 것을 의미하다. 조직이 특정한 위험에 직면했을 때 안전한 방향으로 조직을 재구성할 수 있는 문화로 안전 탄력성(resilience)의 성격과 유사하다.

마. 학습 문화(learning culture)

조직은 안전 정보시스템을 활용하여 안전한 결론을 도출할 의지와 역량을 보유해 주요 위험을 개선해야 한다. 위험성 평가와 사고조사를 통한 실제적 학습이 필요하다.

리즌이 제안한 안전문화 구성 요소는 전 세계적으로 유수의 기관과 기업들이 적용한 사례가 있으며, 다양한 현장 적용사례 연구가 존재한다.

3.5 홀라겔(Hollnagel)

Erik Hollnagel(이하 홀라겔)은 1941년 Denmark Copenhagen에서 태어났다. 그는 Copenhagen 대학교 심리학 석사학위와 Aarhus 대학교 심리학 박사 학위를 취득하였다. 아래는 그가 다양한 국가에서 다양한 역할을 수행한 내역을 간략히 요약한 표이다.

기간	국가	직책
1971-1978	덴마크	Aarhus 대학교 심리학 연구소 부교수
1982-1985	노르웨이	OECD Halden Reactor Project 인간-기계 상호연구부장
1985-1986	덴마크	Copenhagen 심리학 연구실 부교수
1985-1993	덴마크	Copenhagen에 있는 Computer Resources International의 수석 연구원
1993-1995	영국	Human Reliability Associates 기술이사 (Dalton, Lancashire)
1995-1999	노르웨이	OECD Halden Reactor Project 수석고문
1997-1999	스웨덴	Linköping 대학교 기계공학과 객원교수
1999-2006/2008	스웨덴	Linköping 대학교 컴퓨터 및 정보 과학과의 인간-기계 상호 작용 교수
2006-2011	프랑스	MINES ParisTech(구 École des Mines de Paris) 교수 및 산업 안전 위원장
2011-2017	덴마크	남부 지역 품질 개선 센터 수석 컨설턴트
2011-2017	덴마크	Southern Denmark 교수
2016-2019	호주	Central Queensland 대학교 겸임교수
2017-2021	스웨덴	Jönköping 대학교 환자 안전학과 교수

이 표에 있는 내용 외에도 그는 호주 Macquarie 대학교 의학 및 보건 과학부 객원교수, 독일 München 대학교 고등 연구소 객원 연구원 그리고 스웨덴 Linköping 대학교 컴퓨터 정보 과학부 명예교수직을 갖고 있다.

홀라겔은 시스템 관리 및 성능, 시스템 안전, 안전탄력성 공학, 인간 신뢰도 분석, 인지 시스템 엔지니어링 및 지능형 인간-기계 시스템과 관련된 연구를 수행했다. 그는 28권의 책, 저명한 저널의 기사, 학회 논문 및 보고서를 포함하여 500권 이상의 간행물을 출간하였다.

홀라겔은 International Journal of Cognition, Technology & Work의 편집장 역할을 수행했다. 그리고 Safety Science, Theoretical Issues in Ergonomics Science, IEA Journal of Ergonomics Research, International Journal of Virtual Technology and Multimedia, 인지 과학 분기별 자문 위원회, 'Le Travail humain'의 국제 컨설턴트 위원회 편집위원이다. 그는

SESAR(Single European Sky ATM Research) 공동 사업의 과학 위원회 위원, 덴마크 기술 과학 아카데미 위험 위원회 위원(1986 – 1989), 컴퓨팅 기계 협회(ACM) 협의회 대표(1994 – 1997), 유럽 인지 인간 공학 협회 회장(1994 – 2000), 스웨덴 원자로 안전 위원회 회원(1996 – 2002)이다. 또한 Resilient Engineering Association의 공동 창립자이자 전 회장이었다.

홀라겔이 연구한 분야에 대한 간략한 요약과 함께 그가 생각하는 안전에 관한 내용을 저자가 임의적으로 구성하여 아래와 같이 소개하고자 한다.

(1) 인지시스템 엔지니어링(Cognitive Systems Engineering, 이하 CSE)

CSE에 대한 첫 번째 간행물은 1983년 홀라겔과 Woods가 작성한 'Cognitive systems engineering: New wine in new bottles'이다. CSE에 대한 이론은 홀라겔과 Woods가 덴마크와 노르웨이에서 만나 토론을 하면서 마련되었다.

기술 발전, 특히 컴퓨터 응용 프로그램 활용으로 인해 인간 – 기계 시스템 (Man – Machine System, 이하 MMS)의 복잡성이 크게 증가되었다. 그럼에도 불구하고 당시의 MMS는 물리적 또는 기계적 기능에 국한되어 있었다. 따라서 적절한 MMS를 설계하기 위해서는 인지(cognitive) 또는 정신(mental) 기능을 포함하는 것이 필요했다.

가. 인간-기계 시스템에 대한 인지적 연구가 왜 필요한가?(Why is the cognitive study of Man-Machine Systems necessary?)

컴퓨터 응용 프로그램이 개발되면서 인간 – 기계 인터페이스의 특성이 본질적으로 변화되었다. 그 실례로 인간 작업의 본질이 지각 – 운동 기술(an perceptual – motor skills)에서 문제 해결이나 의사 결정을 위한 인지 활동(cognitive activities)으로 변화하는 것이다.

기계설비를 생산 공정에 활용하면서 인간 – 기계 간의 적절한 인터페이스 설계가 필요했다. 초기 MMS는 인간의 신체적 결함을 기계가 잘 보완할 수 있도록 설계되었다. 당시 MMS의 목표는 생산을 극대화하는 것으로 MMS 자체에 대한 기능 고려는 전혀 고려되지 않았다.

그러는 동안 극소전자공학(microelectronics)[22]이 성장하면서 사람은 기계를 가까운 곳에서 제어하는 대신 멀리 떨어져 공정을 모니터링 하거나 제어하는 일을 하였다. 그리고 기계와 물리적인 상호 작용을 하는 대신 인공 두뇌(cybernetic)의 기능이 반영되어 기계와 상호 작용을 하였다.

당시 인간 요인(human factor), 공학 심리(Engineering Psychology) 및 인간공학(Ergonomics) 등의 전통적인 접근방식으로는 인지 인터페이스(cognitive interface) 문제를 해결할 수 없었다. 그 예로 전통적인 공학 심리학은 인지적 관점에서 MMS를 분석하고 이해하는 데 필요

---

22) 전자회로를 실현하는 초소형 기술의 총칭. 단품으로 만들어졌던 코일·콘덴서·저항 등이 막 기술이나 반도체 기술의 발전으로 소형화나 고기능화가 실현되게 되었다. 1950년대부터 각종 극소전자공학(microelectronics)이 개발되어 왔으며 특히 집적회로는 그 대표적인 예이다.

한 도구, 개념 및 모델이 없었다. 그 이유는 1930년대와 1940년대에는 행동주의(behaviorism, 인간을 자극과 반응으로 통제하는 것에 집중)가 지배적이었기 때문이었다.

그러나 인지 심리학(cognitive psychology)의 발전과 지능형 컴퓨터 시스템의 설계에 의해 입증된 실제 연구(예: Rasmussen & Jensen, 1974)에 따라 공학 심리학의 접근법이 이론적으로나 실제 응용 분야 모두에서 부적절하다는 것이 입증(Norman & Bobrow, 1976)되었다. 이러한 문제의식에서 출발한 인지 심리학과 같은 대안적 접근법은 MMS의 설계에 있어 여러 중요한 변화를 가져왔는데, 여기에는 라스무센(1976)의 제안과 같이 물리적인 관점에서 사람의 행동을 일반화하는 방식보다 사람의 행동을 집중하여 연구하는 관점이 강조되었다.

이러한 배경에서 탄생하게 된 것이 바로 인지 시스템 공학(Cognitive Systems Engineering, 이하 CSE)이다.

나. 인지시스템 공학(CSE, Cognitive Systems Engineering)

기술 환경의 변화는 인간과 기계의 관계를 새로운 방식으로 생각해야 한다는 요구를 낳았고, CSE라는 아이디어로 재구성되는 원동력이 되었다. CSE를 적용하기 위해서는 다른 학제 간 통합이 불가피하다. 그 이유는 기존의 MMS가 인지 시스템 측면에서 구상, 설계, 분석 및 평가되어야 하기 때문이다. 그리고 사람과 기계의 구성요소는 전체 시스템의 결과 또는 출력을 결정하는 중요한 요소이기 때문이다.

① 설계 논리의 한계(The limitation of the logic of design)

기계 설계자는 일반적으로 물리적인 관점에서 사람의 심리적인 부분에 대한 충분한 검토 없이 MMS를 구축한다. 이로 인한 여러 문제점은 기계가 사람의 의도나 실수를 예견하거나 반영하지 못하고, 사람은 기계의 설계적 의도를 인지하지 못하거나 무시하는 상황이 발생한다. 기계 설계자는 물리적 관점에서 사람의 행동이 논리에 따라 이루어질 것이라는 전제를 두지만, 실제 사람의 행동은 상당 부분 다르다. 따라서 물리적인 관점과 사람의 심리적인 부분이 다르다는 것을 인정하는 것이 중요하다.

CSE는 기존의 MMS의 비 효율적이고 불안전한 관점을 바꾸고, 운영자가 인지적으로 기능하는 방식에 대한 정보를 제공하고자 하는 방법론이다.

② MMS의 전체와 부분(The whole and the parts of an MMS)

시스템이 전체 또는 부분의 집합으로 설명될 수 있고, 일반적으로 전체는 부분의 합 이상이라는 이론이 있다(We all know that a system can be described as a whole or as a collection of parts, and generally agree with the maxim that the whole is more than the sum of the parts). 그러나 우리는 전체가 단지 독립적인 부분들의 집합인 것처럼 혼동한다. 그 이유 중 하나는 기계를 설계할 때 전체가 부분의 합이라고 가정하기 때문이다.

그러나 인간을 특성을 고려해 볼 때, 이러한 가정은 유효할 수 없다. 그 예로 기계와 사람 간의 작업 분배가 50:50인 경우, 70:30인 경우 또는 95:5인 경우의 시스템 운영은 각기 다르기 때문이다. 전술한 상황에서 사람은 지루함과 스트레스를 느낄 수 있고 오류를 범할 수 있다. 또한 작업방식이 모니터링 위주인지 또는 감독의 역할 위주인지 여부에 따라 있다. 따라서 시스템 설계 시 사람의 작업 분배와 동적 범위를 고려해야 한다.

CSE는 MMS가 시스템 전체 기능의 관점에서 개선되도록 하는 지원을 한다. 여기에서의 개선은 사람을 단순히 기계로 대체하는 것이 전체 시스템의 기능을 개선한다는 의미는 아니다.

1976년 Hoogovens 철강 공장을 대상으로 시행한 인적 요소 평가(An evaluation of the human element)결과, 인지 작업의 변경 내용은 운영자가 프로세스에 직접 개입할 필요는 줄어들지만 정보를 평가하고 복잡한 시스템을 감독해야 하는 요구 조건은 상대적으로 늘어난 것을 알 수 있었다.

하지만 기계 설계자들은 이러한 변화를 예측하지 못했다. 그리고 이런 문제를 개선하기 위한 방안으로 인간의 오류는 본질적인 속성이라는 관점으로 문제가 되는 특정 기능을 분리하는 식의 대응을 하였다. 이로 인해 사람의 특정 오류가 줄어들 수 있지만, 기본 인지 시스템 전반에 대한 검토가 고려되지 않아 또 다른 오류가 발생한다.

다. 인지시스템이란 무엇인가(What is a cognitive system?)

인지시스템은 센서와 모터를 갖추고 환경을 지각하고 환경에 대한 반응을 하며 상호작용하는 정보처리시스템이다. 광의적으로 인지시스템은 사람이나 동물과 같은 자연물, 로봇과 컴퓨터와 같은 인공물을 모두 포함한다. 인지시스템은 사람의 인지정보처리 원리를 기반으로 인지정보처리 기계를 창조하거나, 반대로 정보기술을 이용하여 사람의 인지 정보처리체계를 탐구하는 모델 시스템이다. 전자의 연구는 인공지능 연구의 주 관심사이며 후자는 주로 계산신경과학 연구 영역에 속한다.

전통적인 정보시스템이나 고전적인 기호기반 인공지능 시스템과는 달리 인지시스템은 센서로 환경을 지각하고 환경과 상호작용한다는 점에서 차이가 있다. 따라서 환경으로부터 분리되어 부호화된 독립적인 정보를 처리하는 데에 초점을 맞춘 기존의 정보처리와는 달리, 인지시스템은 환경과 일체를 이루는 살아 있는 시스템이다.

인지시스템은 환경과 상호작용하는 열린 시스템(open-endedness), 다양한 센서로 환경을 지각(perception) 그리고 환경에 영향을 주는 행동을 생성(action)하는 특성을 갖는다. 그리고 이러한 특성으로 인해서 인지정보시스템은 실시간 동적 정보처리 능력(dynamics), 다양한 센서데이터 통합 능력(integration) 그리고 순차적 행동패턴 생성 능력(generation)과 같은 새로운 정보처리 능력을 필요로 한다.

　사람의 정보처리를 모사하는 관점에서 인지컴퓨팅은 심리학과 인공지능뿐만 아니라 신경과학, 철학, 언어학, 교육학 등과도 관련되는 학제적인 융합연구 분야이다. 고전적인 인지과학에서는 사람의 마음을 디지털 컴퓨터에 비유하여 기호조작에 의한 형식적인 정보처리 관점에서 연구하였다. 그러나 이러한 접근 방법에 대한 한계가 드러남에 따라서 최근 체화된 인지(embodied cognition)에 대한 중요성이 강조되고 있다. 즉 인지 기능을 몸과 분리하여 형식적인 체계로 연구할 것이 아니라 몸에 체화된 시스템으로 이해해야 한다는 입장이다.[23]

　라. 인지시스템은 어떻게 설계하는가?(How are cognitive systems engineered?)

　인지 시스템은 첫째 특정 애플리케이션에 대한 운영자의 인지 기능과 사용자에 대한 시스템 이미지를 조정하고, 둘째 운영자의 시스템 모델을 시스템의 실제 속성으로 조정한다. 전자는 설계에 의해 반영되고 후자는 일반적으로 교육과 훈련으로 적용된다.

　① 인지 작업 분석(Cognitive task analysis)

　인지 작업 분석(Cognitive Task Analysis, 이하 CTA)은 관찰 가능한 작업 수행의 기초가 되는 지식, 사고 과정 및 목표 구조에 대한 정보를 산출하기 위해 전통적인 작업 분석 기술의 확장이다. 이것은 전문가가 복잡한 작업을 수행하는 데 사용하는 지식에 대한 설명을 포착하기 위해 다양한 인터뷰 및 관찰 전략을 사용한다. CTA는 사람들이 하는 일과 생각을 밝혀내고 표현하기 위한 심리학 연구 방법의 계열이다. 그리고 CTA는 전통적인 작업 분석을 확장하여 관찰 가능한 행동의 기초가 되는 정신적 과정을 활용한다. 또한 어려운 상황을 효과적으로 해결하는 데 필요한 인지 기술을 파악한다.

　CTA에는 복잡한 작업 환경에서 성능을 향상시키도록 하는 여러 방안이 마련되어 있다. 특히, Southern California 대학의 Richard Clark와 그의 동료들은 100가지 이상의 CTA 방법이 사용되고 있다고 주장하였다.

　CTA를 적용하기 위한 공통적인 요소로는 다섯 가지 단계가 있다. 첫째는 배경 준비(background preparation)로 관심 영역과 모집단을 숙지한다. 기존의 매뉴얼, 기준을 읽고 열린 토론을 하는 것이 문제 영역에 대한 개선방안을 마련하기 위한 일반적인 방법이다. 둘째는 지식 도출로 전문가의 암묵적인 지식과 사고 과정을 도출하기 위해 하나 이상의 특정 기술을 사용한다. 셋째는 정성적 데이터 분석으로 전문가가 작성한 내용을 선별한다. 이 과정에서 결정, 단서, 목표, 전략, 개념 및 기타 사고 요소를 식별한다. 넷째는 지식 표현으로 이해와 의사소통을 위해 이러한 생각 요소를 쉽게 소화할 수 있는 형식으로 조합한다. 일반적으로 이것은 전문가의 지식을 명확하게 나타내는 표, 차트 또는 도표를 만드는 것을 의미한

---

23) 체화된 인지 입장을 대변하는 연구자들로는 언어학자인 Lakhoff와 Johnson, 철학자인 Clark, 신경과학자인 Damasio와 Fuster, 발달심리학자인 Tomasello, 인지심리학자인 Barsalou 등이 있다.

다. 마지막은 응용프로그램 설계 및 개발로 새로 구성된 전문가 지식 모델을 아이디어화 및 설계의 출발점으로 사용하여 지침, 의사 결정 보조 도구 또는 기타 응용프로그램을 만든다.

CTA는 대부분 교육, 작업, 작업 보조 장치 또는 시험의 설계 전에(또는 필수적인 부분으로) 수행되고, 이후 시스템 개발, 직무 또는 직무 역량 인증을 위한 테스트, 성과 목표 달성을 위한 새롭고 복잡한 지식 습득을 위한 과정으로 이루어진다.

1981년 홀라겔은 발전소 시스템 간의 제어 관계에 대한 운전자의 정신 모델(descriptions of operator's mental model)을 개발하였다. 그리고 Duncan과 Hunt & Rouse는 화학 공정 제어 작업자와 항공 우주 정비 작업자를 대상으로 행동을 연구했다. Norman(1980, 1981b)과 리즌(1975, 1976, 1977, 1979)은 사람의 사고 메커니즘 분석을 기반으로 인적 오류를 분류했다. 그리고 Brooks(1977)와 Green(1980)은 컴퓨터 언어 설계에서 프로그래머의 인지 활동에 관한 연구를 했다. 또한 Card & Moran(1980)은 컴퓨터 텍스트 편집의 정보 처리 분석을 수행했다.

② 인간-기계 원칙(Man-Machine principles)

CSE프로세스는 인터페이스의 특성이 사용자의 인지 기능에 영향을 미치거나 상호 작용하는 방법을 설명하는 인간-기계 원칙(이러한 개념들은 그 자체가 직접 적용할 수 있는 지침이 아니기 때문에 원칙으로 부른다)과 긴밀한 관계가 있다. 이 원칙은 MMS 목표를 명시하는 데 도움이 되며 지침은 그러한 목표를 달성하기 위한 수단으로 도출된다.

예를 들어, 원자력 발전소의 인간-기계 원칙에 따른 안전 목표는 방사능을 방출하는 것을 막는 장벽을 유지하는 것이다. 장벽을 유지하기 위해 필요한 특정 기능과 그러한 기능을 지원하는 물리적 시스템이 존재한다.

③ 제안된 설계 평가(Evaluating the suggested design)

통상적인 설계 프로세스를 거친 결과는 최초 계획한 설계 또는 모델의 구현 결과이다. 하지만 이러한 설계 프로세스는 실제 상황에서의 사람의 행동을 반영하기 어렵다. 이러한 상황을 개선하고 CSE 관점의 대응 방안을 마련하기 위한 방법은 설계 검증이다. 이를 통해 설계 프로세스가 시스템에 설정된 목표를 충족하는지 여부를 확인하는 것이다. 1981년 홀라겔은 이러한 문제들에 대한 깊이 있는 검토를 하였다.

마. CSE의 미래 과제(Future tasks for Cognitive Systems Engineering)

1940년대 시작된 인적요인 공학(Human Factors Engineering)과 제2차 세계대전 중에 일어난 기술 발전에 의해 MMS의 연구와 행동과학의 특징은 발전되어 왔다. 이러한 과정을 살펴보면, MMS의 연구와 행동과학은 통상적으로 외부 요인에 의해 급격한 변화를 이루어 왔다고 볼 수 있다. 그리고 MMS를 기반으로 CSE의 필요성이 요구되어 왔다.

설계자는 CSE의 관점에 따라 인간이 기계에 적응하도록 강요하기보다는 인간의 인지적 특성과 호환되는 인터페이스를 구축해야 한다.

(2) 목표-수단 작업 분석(GMTA, Goals-Means Task Analysis)

목표-수단 작업 분석(Goals-Means Task Analysis, 이하 GMTA)은 목표-수단 원칙에 기초한 활동(기능)을 분석하기 위한 체계적인 접근법을 제안한 것이다. GMTA에 대한 자세한 설명은 1993년에 출판된 인간 신뢰성 분석 책에 설명되어 있다. 이 방법은 1980년대 후반부터 개발되었으며, 부분적으로는 유럽 우주 협회(ESA, European Space Association)가 후원하는 일부 국제 연구 프로젝트와 연계되어 있다.

가. 배경

목표-수단 분해의 개념은 매우 오래되었으며 Aristotle의 Nichomachean Ethics에서 찾을 수 있다. GMTA는 CSE(Hollnagel & Woods, 1983)와 CTA(Woods & Hollnagel, 1987) 이론을 기반으로 한다. 또한 다단계 흐름 모델링(multilevel flow modelling)의 기본 원칙을 기반으로 한다. GMTA는 CREAM과 FRAM이 개발되는 데 영향을 주었다.

홀라겔(1998)이 개발한 CREAM(Cognitive Reliability and Error Analysis Method)은 인간의 인지 과정이 라스무센이 제안한 사다리꼴 의사결정 모형처럼 순차적인(sequential) 것이 아니라 순환적(recursive)이며, 인지적 제어는 직무의 유형에 따라 미리 정해진 여러 패턴 중 하나로 결정되는 것이 아니라 당시 상황(context)에 의해 결정된다는 가설을 바탕으로 한다. 예견적 오류 분석을 위해서 라스무센의 여덟 단계의 인지과정이 실제 적용에서 어려움이 있다고 보고 이를 4단계(observation, interpretation, planning, execution)의 인지과정으로 단순화하였다.

2004년 홀라겔이 제안한 FRAM은 일상적인 성능의 변동성(variability)에서 발생하는 공명(resonance)의 개념을 사용하여 결과를 설명하는 방법을 제공한다. 기능적 변동성과 공명에 대한 설명을 하고, 원하지 않는 변동성을 감소시키기 위한 권장사항을 도출하기 위해 FRAM 분석이 필요하다. 여기에는 필수 시스템 기능을 식별하고, 여섯 가지 기본 특성(측면, aspects)을 사용하여 각 기능을 특성화한다.

나. 원칙

GMTA는 목표, 작업, 전제 조건, 실행 조건, 사후 조건 및 타이밍 조건의 기본 개념을 사용한다. 여기에서의 목표는 운영자(acting agent)가 달성해야 하는 상태를 의미한다. 목표는 독립적이거나 파생된 것이며, 다른 분해된 목표의 결과이다. 독립적인 목표와 파생된 목표의 구별은 절대적이지 않고 유연하고 실용적이며, 선택된 기술 수준에 따라 달라진다.

각 작업 단계는 더 큰 작업 단계로 연결될 수 있으며, 각각의 더 큰 작업 단계는 구성 작업 단계로 분해될 수 있다. 작업 단계는 사전 조건(pre-condition)이 'True'의 경우(참일 경우) 수행할 수 있는 활동을 설명한다. 이러한 방식으로 사전 조건이 있는 작업 단계는 사전 조건을 표현하는 하위 목표를 생성한다.

실행 조건(execution condition)은 작업 단계를 수행하기 위해 충족해야 하는 조건을 설명한다. 실행 조건의 생성은 하위목표(파생목표)로 이어진다. 이 기능은 GMTA를 재귀적(recursive)[24]으로 만든다. GMTA는 CSE(Hollnagel & Woods, 1983)와 CTA를 기반으로 한다 (Woods & Hollnagel, 1987).

실행 조건은 작업 단계가 수행되는 동안 충족되어야 하는 조건이므로 항상 작업 단계에 존재한다. 실행 조건이 작업 단계의 설명에 의해 암시되는 경우에는 명시적으로 정의할 필요가 없다. 따라서 대부분의 실행 조건은 시간적 조건과 다른 작업 단계와의 관계를 참조한다.

다. 작업 분석의 논리(The logic of task analysis)

작업 분석의 목적은 목표(goal)를 달성하기 위해 과제를 구성하는 부분을 분할하여 과제가 구성되는 방법을 설명하기 위한 것이다. 작업 분석의 기본 원칙은 각 단계의 목표를 달성하기 위하여 운영자(acting agent)의 성과를 감안하여 설계해야 한다. 이를 위해서 각 작업은 분해(decomposition)의 원리를 따라야 한다. 여기에서 운영자는 사람(로컬 또는 원격), 로봇 또는 컴퓨터화된 기능과 같은 인공물일 수 있다.

① 목표와 수단(Goals And Means)

작업 분석은 비계층적 작업(non- Hierarchical task)과 계층적 작업(hierarchical task) 두 가지 상황으로 구분할 수 있다. 비계층적 작업은 시스템에 추가 조건을 부과하지 않고 가장 간단하게 작업 단계를 수행하는 경우이다. 작업의 단계는 엄격한 선형 시퀀스 또는 분기점(결정 지점)이 있는, 즉 트리와 같은 간단한 시퀀스로 설명할 수 있다. 계층적 작업은 작업 단계가 다른 작업 단계(집계)와 함께 구성된 경우이다. 여기에는 전체 작업에 세부 기본 작업 단계에 이르기까지 다양한 수준의 정교화 요소가 포함되어 있다.

작업 목표는 무언가를 달성해야 할 구체적인 목표 또는 상태(The named goal or state which is to be achieved)로 표현할 수 있다. 그리고 작업은 목표를 달성하기 위한 구체적인 과업(The named task which is sufficient to achieve the goal)으로 표현할 수 있다.

② 사전 조건(Preconditions)

복잡한 작업 분석의 경우 특정 조건이 충족되지 않으면 작업 단계를 수행할 수 없는 경우가 존재한다. 이런 경우 작업 단계를 운영자의 목표에 더 가깝게 만드는 것 이외에 작업 단계의 사전 조건을 고려해야 한다.

이에 따라 작업 분석은 작업 단계를 수행할 수 있는 조건과 수행할 수 없는 조건을 명확

---

24) 어떤 문제를 해결하기 위해 알고리즘을 설계할 때 동일한 문제의 조금 더 작은 요소를 해결함으로써 그 문제를 해결하는 것.

히 해야 한다. 이러한 조건은 작업 단계가 시작될 때 존재해야 하는 사전 조건 및/또는 실행 중에 우선해야 하는 조건일 수 있다. 아래 표는 사전 조건을 설명하는 내용이다.

> 자동차의 시동을 걸려면 전압이 있는 배터리가 있어야 한다. 다만 자동차가 운행되고 있을 때는 배터리가 없어도 된다. 따라서 배터리(또는 대체 에너지원)의 존재는 자동차를 운행하기 위한 사전 조건이다. 이러한 상황에서 목표는 차를 시동하는 것이다. 그리고 작업은 차량 시동 키를 동작시키는 것이다. 그리고 사전 조건은 배터리의 존재이다.

> 집의 지붕을 수리하려면 (지붕에 오르기 위해) 사다리가 있어야 한다. 다만 수리 중에는 사다리가 필요 없다(다만 다시 내려가 작업을 완료하는 데 유용할 수 있음). 이러한 상황에서 목표는 지붕 수리를 완료하는 것이다. 그리고 작업은 지붕 수리이다. 그리고 사전 조건은 사다리의 존재이다.

위 두 가지 예시를 살펴보면, 작업을 진행하고 있을 때는 사전 조건이 필요가 없다. 하지만, 작업을 시작하기 전 그리고 작업을 진행하고 있는 동안 사전 조건의 필요 여부를 검토하지 않을 수 없다.

예를 들어 서울에서 부산까지 차를 몰고 가려면 충분한 휘발유가 필요하지만, 도중에 재급유 할 수 있기 때문에 출발시에 휘발유를 완전히 급유할 필요는 없다. 이런 경우 재급유는 하위 목표(sub-goal)가 된다. 반면, 항공기를 운항할 경우는 연료를 충분히 탑재해야 한다. 그 이유는 운항 도중 재급유는 일반적으로 어렵기 때문이다.

③ 사전 조건 설정(Establishing Preconditions)

작업 단계를 수행할 때 사전 조건이 True가 아닌 경우 사전 조건을 설정해야 한다. 그런 다음 작업 단계를 활성화 할 수 있는 새로운 작업을 정의한다. 새로운 작업은 운영자의 목표에 더 가깝게 만들어지도록 해야 한다. 이러한 경우 아래 표와 같이 사전 조건을 표현할 수 있다.

> 목표: 달성해야 할 구체적인 목표
> 작업: 목표를 달성하기에 충분한 구체적인 작업
> 사전 조건: 작업을 수행하기 전에 충족되어야 하는 조건

목표-수단 분해를 위한 작업 분석은 재귀적 원칙에 따라 수행된다. 작업 단계를 사전 조건 없이 선형 시퀀스(트리 포함)로 설명할 수 있다면, 작업 분석은 재귀적이라고 볼 수 없고

반복적인 것으로 볼 수 있다. 작업의 중첩은 있지만 목표와 하위 목표의 중첩은 없으며, 재 귀적 분석은 자동으로 계층적 결과를 생성한다.

④ 실행 조건(Execution Conditions)

사전 조건 외에도 작업 단계를 실행하는 동안 유지해야 하는 몇 가지 조건이 있다. 실행 조건은 사전 조건과 동일하거나 별도의 조건일 수 있다. 실행 조건은 일반적으로 작업 단계 를 수행하는 데 필요한 자원의 가용성 또는 다른 작업 단계를 참조하는 조건이다.

예를 들어, 실행 조건은 두 작업이 동시에 완료되거나, 동일한 시간 간격 동안 또는 동시 에 수행되는 경우이다. 대부분의 경우 실행 조건은 명시되기보다는 작업 단계의 설명에 의 해 가정되거나 추론된다. 이러한 예시로 작업 단계가 지붕 페인트칠을 하는 경우라면, 실행 조건은 페인트가 지속적으로 공급되는 것이다. 만약 페인트가 공급되지 않는다면, 페인트 칠을 할 수 없으므로 실행 조건은 존재하지 않는다고 볼 수 있다.

⑤ 사후 조건(Postconditions)

각 작업 단계가 수행되면서 사후 조건이 발생한다. 발생하는 사후 조건은 일부 기준에 따 라 달성(true)되거나 달성되지 않도록(false) 정의되어야 한다. 사후 조건에 따라 사전 조건은 적절하게 변경되어야 한다.

라. 작업 분석과 성과 분석(Task Analysis versus Performance Analysis)

일반적으로 작업 분석 방법(task analysis methods)은 관찰을 기반으로 하는 것이 아니라 시 스템에 대한 정보(사양 및 세부 설계 데이터)를 기반으로 작업을 분석하고 설명하는 것을 의미 한다. 이러한 의미에서 작업 분석은 시스템 설계의 일부로 수행된다.

작업 분석을 하는 목적은 HRAM(human reliability analysis methodology)에 대한 입력 데이터, 절차 준비, 지원 시스템의 세부 설계 또는 인간－기계 인터페이스 등의 정보를 제공하는 것 이다. 작업 분석은 수행된 활동을 일반화하여 링크 분석(link analysis) 또는 계층적 작업 분석 (Hierarchical Task Analysis, 이하 HTA)[25]으로 표현할 수 있다. 한편, 성과 분석(performance analysis)은 작업 분석의 영역보다는 행동을 관점으로 두고 있다.

마. 목표-수단 작업 분석 방법(A Goals-Means Task Analysis Method)
① 기본 개념(The Basic Concepts)

GMTA는 목표(goal), 작업 또는 작업 단계(task step), 전제 조건(precondition), 실행 조건

---

25) 계층적 작업 분석(HTA, Hierarchical Task Analysis)은 작업의 전반적인 목표를 달성하기 위해 작업이 구성되는 방법을 설명하는 체계적인 방법이다. 여기에는 작업의 전체 목표를 하향식으로 식별한 다음 해당 목표를 달성하 기 위해 수행해야 하는 다양한 하위 작업 및 조건을 식별하는 작업이 포함된다. 이러한 방식으로 복잡한 작업은 작업의 계층 구조로 나타낼 수 있다.

(execution condition) 및 사후 조건(post condition)과 같은 기본 개념을 사용한다.

- 목표(goal)

목표는 운영자가(일반적으로 사람이지만 지능적이거나 자율적인 인공물일 수도 있음) 달성해야 할 수준이다. 목표에는 독립적인 상위목표가 있고, 이에 따라 파생된 파생목표 혹은 하위목표가 존재한다.

일반적으로 사전 조건은 하위 목표와 동일하다. 하위 목표는 항상 상위 목표를 기준점으로 활동하며, 하위 목표가 달성되면 다시 상위 목표로 돌아간다. 그리고 최상위 목표가 달성되면 모든 작업은 완료된다. 하위 목표가 달성되지 않는 한 지속적으로 많은 재귀(recursion)가 일어난다.

- 작업 단계(Task Step)

작업 단계는 작업과 관계된 통상적인 일, 그룹 및 절차로 구성된다. 각 작업 단계는 더 큰 작업 단계로 연결될 수 있고, 반대로 각각의 작업 단계는 세부 작업 단계로 분해될 수 있다. 작업 단계는 수행할 수 있는 활동, 즉 분석을 위해 사전 조건이 참이라고 가정하는 활동을 설명한다. 이 가정에는 여러 변화가 존재하며, 여러 분석이 추가로 진행된다.

- 사전 조건(precondition)

사전 조건은 작업 단계가 수행되기 위해 충족되어야 하는 조건으로 사전 조건이 발견되면 하위 목표(파생 목표)로 간주된다. 이 기능에 의해 GMTA의 재귀성이 발휘된다. 사전 조건은 하위 목표에 해당하며, 수행 시 사전 조건을 달성하는 하나 이상의 작업 단계(step)가 뒤따를 수 있다. 아래 표는 목표(goal), 단계(step) 사전 조건(precondition)이 구성되는 상황을 열거한 내용이다.

목표: 달성해야 할 구체적인 목표
Step 1: 목표를 달성할 수 있는 (첫 번째) 작업 단계의 이름
사전 조건 1: 작업을 수행하기 전에 충족되어야 하는 조건(condition)
　　　　Step 1.1: 첫 번째 조건을 충족하기 위한 첫 번째 단계
　　　　Step 1.2: 첫 번째 조건을 충족하기 위한 두 번째 단계
사전 조건 2: 위 단계의 사전 조건
　　　　Step 2.1: 새로운 조건을 달성하기 위한 첫 번째 단계
　　　　Step 2.2: 새로운 조건을 달성하기 위한 두 번째(그리고 마지막) 단계
　　　　Step 1.3: 첫 번째 조건을 충족하기 위한 세 번째(그리고 마지막) 단계
Step 2: 목표 달성을 위한 두 번째 단계...

- 실행 조건(Execution Conditions)

실행 조건은 작업 단계가 수행되는 동안 충족되어야 하는 조건으로 항상 작업 단계와 연결되어 있다. 작업 단계의 설명에 실행 조건이 포함되어 있는 경우에는 별도로 정의할 필요가 없다. 따라서 대부분의 실행 조건은 임시 조건(temporal conditions)과 다른 작업 단계와의 관계를 참조한다.

- 시간 조건(Timing Conditions)

작업 단계의 시간 조건은 시퀀스 조건(sequence conditions)을 의미한다. 시퀀스 조건은 작업 단계의 시퀀스(시작 및 중지)에 대한 제약 조건을 설명한다. 시간 조건은 가장 빠른 시작 시간(EST, Earliest Starting Time), 최근 시작 시간(LST, Latest Starting Time), 가장 빠른 종료 시간(EFT, Earliest Finishing Time) 및 최근 종료 시간(LFT, Latest Finishing Time)으로 구분할 수 있다.

이러한 시간 조건은 간격 척도가 아닌 순서 척도를 참조한다. 시간 조건은 작업 단계의 시작이 다른 작업 단계의 종료 후에 이루어져야 하거나, 두 가지 작업 단계를 동시에 수행해야 하는 경우 등의 기준점이 될 수 있다. 아래 표는 전술한 사항과 유사한 시간 조건이다.

```
...
단계: X 수행
단계: Y 수행
사전 조건: EST 단계 X GT LFT 단계 Y
...
```

작업 단계의 동시 실행 표시는 주로 다른 작업에 속하는 단계와 관련이 있다. 시간 표시는 분석가가 이 정보를 사용할 수 있는 경우 절대 시간(시계 시간) 또는 다른 사건에 상대적으로 제공될 수 있다. 이러한 예는 아래 표의 내용과 같다.

```
...
단계: X 수행
단계: Y 수행
사전 조건: LST단계 - 최대 (EFT, LFT) 이전 단계 < 2분
...
```

위 표에서 언급한 사전 조건은 조건이 결정되는 방법을 직접 설명하고 있으므로 다른 작업 단계가 필요 없다. 시간 조건은 작업 단계의 시작이 다른 작업 단계의 종료 이후이거나

두 작업 단계를 동시에 수행해야 하는 경우일 수 있다. 시간 표시는 절대 시간(시계 시간)으로 표기될 수 있다.

바. 예시(An example)

GTMA와 관련한 예시는 아래 표와 같다.

목표: 컴퓨터 실행 중
단계: 컴퓨터 시작
    대부분의 경우 목표를 달성하는 데 필요한 작업 단계가 두 개 이상 있을 뿐만 아니라 목표를 위한 몇 가지 사전 조건이 있다. 이와 관련한 예는 아래와 같다.

목표: 컴퓨터 실행 중
단계: 컴퓨터 시작
    사전조건: 전원 연결
    여기서 작업 단계는 실제로 아래와 같이 정의된 별도의 작업을 나타낸다.

목표: 컴퓨터 실행 중
단계: 컴퓨터를 켠다
    사전 조건: 전원 연결
    사전 조건: 드라이브 A에 디스켓 삽인 여부 확인
    단계: 날짜 및 시간 프롬프트에 대한 응답으로 Enter 키 작동
    단계: MS-DOS 프롬프트가 적절한지 확인

    기본 작업 단계로 가정하려는 내용에 따라 이 설명이 적절하다고 받아들여지거나 더 발전될 수 있다. 첫 번째 사전 조건은 사전 조건이 거짓인 경우 수행할 작업 단계로 확장할 수 있다.

목표: 컴퓨터 실행 중
단계: 컴퓨터를 켠다.
    사전 조건: 전원이 연결됨
      단계: 전원 연결
    사전 조건: 드라이브 A에 디스켓이 없는지 확인

단계: 날짜 및 시간 프롬프트에 대한 응답으로 Enter 키 누름
단계: MS-DOS 프롬프트가 적절한지 확인

두 번째 사전 조건은 조건과 작업을 표현하는 작업 단계로 대체될 수 있다.

목표: 컴퓨터 실행 중
단계: 컴퓨터를 켠다
   사전 조건: 전원이 연결됨
      단계: 전원 연결
      단계: 드라이브 A에 디스켓이 있으면 드라이브 A:에서 디스켓 제거
      단계: 날짜 및 시간 프롬프트에 대한 응답으로 Enter 키 누름
      단계: MS-DOS 프롬프트가 적절한지 확인

위 표의 절차는 시간에 필요에 따라 반복될 수 있다.

사. GMTA 세부 작업 단계(Detailed task steps In The Goals-Means Task Analysis Method)
GMTA의 세부 단계는 아래 표와 같다.

단계	내용
주어진 작업에 대한 상위 목표 식별 (둘 이상의 목표가 있는 경우 상위 목표 식별)	• 목표의 이름 지정(명사로 이름 지정) • 목표 설명 • 첨부된 작업 단계 집합을 식별하고 이름을 지정. 각 작업 단계에 대한 분해
각 작업 단계 수행	• 작업 단계의 이름 지정(동사로 이름 지정) • 관련 목표 또는 사전 조건의 이름 제공 • 구성 작업 단계 또는(하위) 목표 집합 정의 및 설명. 각 작업 단계에 대한 분해. 각 목표에 대한 설명
각 사전 조건 수행	• 사전 조건의 이름 지정(명사로 이름 지정) • 관련 작업 단계, 사전 조건이 있는 작업 단계의 이름 제공 • 활성화 작업 단계 세트를 정의하고 설명. 각 작업 단계에 대해 분해.
• 각 실행 조건 수행	• 실행 조건의 이름 지정(명사로 이름 지정) • 실행 조건이 있는 사전 조건 또는 작업 단계의 이름 제공 • 가능한 작업 단계 집합을 정의하고 설명. 각 작업 단계에 대해 분해. 필요시 시간 조건 기술
• 각 사후 조건/부작용에 대한 수행	• 사후 조건/부작용의 이름 지정(명사로 이름 지정) • 사후 조건/부작용을 참조하는 작업 단계의 이름 제공 • 사후 조건/부작용에 대한 설명

아. 방법 구현에 대한 참고 사항(Notes On The Implementation Of The Method)
아래 표와 같은 내용을 기반으로 GMTA 적용 사항을 검토하여 개선할 수 있다.

- 상위 목표를 제외한 각 목표에 대한 목표가 있어야 한다. 각 목표에는 목표 설명이 있어야 한다. 목표는 독립적으로 정의하거나 작업 단계 및 사전 조건에서 정의할 수 있다.
- 각 작업 단계에는 작업 단계 설명이 있어야 한다. 작업 단계는 목표 또는 사전 조건에서 정의된다.
- 각 사전 조건에 대한 조건 설명이 있어야 한다. 사전 조건은 작업 단계에서 정의된다.
- 각 사후 조건 또는 부작용에 대한 조건 설명이 있어야 한다. 사후 조건은 작업 단계에서 정의된다.

(3) 인지신뢰도 및 실수분석 방법(CREAM)

여러 산업 분야의 사고 중 30%~90% 정도가 인적 오류에 의해 유발되는 것으로 알려져 있다(Reason, 1992; Wickens, 2000). 따라서 사고를 예방하고 시스템의 안전을 확보하기 위해서 인적 오류를 체계적으로 평가하고 관리하는 것이 필수적인 선결조건이 되었다. 더 나아가 이제는 시스템의 설계 단계에서부터 인적 오류 가능성을 평가하고 이를 방지하고 대응할 수 있는 시스템의 개발이 제도화되고 있다(USNRC, 2004).

인적 오류를 평가하는 한 방법으로서 인간신뢰도분석(Human Reliability Analysis, 이하 HRA)이 있다. HRA는 시스템에서 발생할 수 있는 인적 오류를 파악하고 그 발생 가능성을 평가하는 업무로서, 1970년대 원전의 안전성 평가를 위해 처음으로 도입된 후(USNRC, 1975), 지금까지 원전의 확률론적 안전성 평가(Probabilistic Safety Assessment, PSA)의 한 부분으로 적용되어 왔다. 최근에는 철도, 석유화학 및 항공우주 시스템의 신뢰도와 안전성 평가 분야에도 HRA가 적용되고 있다.

이렇듯 활발한 HRA 수행에도 불구하고, 인적 오류를 평가하는 데는 여전히 많은 기술적 난제가 있다. 오류를 평가하기 위해서 인간의 행동 특성과 한계는 물론 오류 발생 메커니즘에 대한 이해가 필요한데, 아직까지 밝혀지지 않은 부분이 많다. 특히 오류 확률을 정량적으로 평가하는 부분에서는 방법의 기술적 적합성과 결과의 신뢰성에 대한 논란이 계속되고 있다.

HRA는 인적 오류 분석의 한 분야이다. 인적 오류 분석은 회고적 실수 분석(retrospective error analysis)과 예견적 오류 분석(predictive error analysis)으로 구분할 수 있다(Hollnagel, 1998). 회고적 오류 분석이란 이미 발생한 사건이나 사고 원인으로 인적 오류를 분석하는 일로서, 일반적으로 사건분석(event analysis)의 일부로 수행된다. 반면에 예견적 오류분석은 발생할 가능성이 있는 인적 오류를 사전에 예측하는 분석으로서, 시스템의 안전성 평가를 위해 수행된다. 인적 오류를 정확히 평가하고 예방하기 위해서는 이 두가지 인적 오류 분석이 상호 연계되어 유기적으로 수행되어야 한다.

HRA는 예견적 오류 분석 방법으로서, 정성적 오류 분석에는 인간 직무의 파악 및 관련 인적 오류 도출(human error identification) 및 HRA를 위한 직무분석(task analysis)이 포함된다. 그리고 정량적 오류 분석에는 인적 오류의 모델링(human error modeling)과 인적 오류 확률의 정량 평가(human error quantification)가 포함된다. HRA 과정은 크게 정성적 오류 분석 단계와 정량적 오류 평가 단계로 구성된다.

정성적 오류 분석 단계에서는 시스템 운전이나 비상 대응에 관련된 인적 오류를 파악한다. 그리고 파악된 인적 오류에 대한 발생 확률을 추정하는데 필요한 정보를 얻기 위해 상세한 직무분석을 수행한다. 이 직무분석단계에서는 해당 직무의 상세한 수행절차와 작업자는 물론, 절차서, MMIS, 교육/훈련, 작업 환경 등 실수 발생 가능성에 영향을 미치는 모든 수행특성인자(Performance Shaping Factor, PSF)를 평가한다.

정량적 오류 평가 단계에서는 앞서 얻은 직무분석 결과를 바탕으로 HRA 방법의 정량분석 절차에 따라 오류 확률을 평가한다. 초기 HRA 수행에서의 정성적 오류 분석이 해당 HRA 방법에서 필요로 하는 입력 정보를 얻는 수준이었던 데 비하여, 최근에는 HRA 방법에 관계없이 직무(task)와 상황(context)에 대한 심층적 직무분석을 강조하는 추세이다. 또한 분석 결과는 물론 전체 분석 과정 및 사용된 모든 정보에 대한 체계적인 문서화 역시 HRA의 기술적 품질을 보증하는 중요한 요건으로 강조되고 있다.

원자력 분야의 HRA는 Swain(1983)이 THERP(Technique for Human Error Rate Prediction) 방법론을 제시하면서 본격화되었다. 이 방법은 1975년 원자력발전소의 최초 PSA 보고서인 WASH-1400(USNRC, 1975)에서 처음으로 사용된 후, 1983년 HRA 방법론과 함께 다양한 단위행위에 대한 오류 확률 값을 포함하여 보고서로 발행되었다. 1979년 TMI 사고 이후 PSA 가 모든 원전에 적용되면서, 1980년대에 여러 HRA 방법들이 제안되었으며 원전PSA에 사용된 것만도 10여 가지가 넘는다(Kirwan, 1994).

여러 HRA 방법의 등장과 활발한 HRA 수행에도 불구하고, 인적 오류를 정량적으로 평가하는 데는 여전히 기술적 어려움이 많다. 오류의 정의에서부터, 오류 유형 및 수행특성인자에 대한 분류체계, 그리고 오류 확률을 평가하는 정량분석 방법에 이르기까지 통일된 이론적 모델과 평가 방법이 없다. 이것은 오류 평가를 위해서는 인간의 행동 특성과 한계는 물론 오류 발생 메커니즘에 대한 이해가 필요하지만 아직까지도 밝혀지지 않은 부분이 많기 때문이다. 이런 배경 하에서, 시스템 안전성 평가의 입력인 인간신뢰도를 도출하기 위해서, 공학적 기법이나 전문가 판단에 기반을 둔 여러 HRA방법들이 제안되었다.

HRA 방법 역시 초기에는 이론적 기반이 없이 공학적 평가나 판단 기법에 의존하였고, 최근 들어서 기술적 근거를 보강한 새로운 방법들이 개발되고 있다. 1970년대와 1980년대에 개발된 HRA 방법이 인간의 행위적 직무의 실수 평가에 초점을 두고 있었다면, 1990년 중반 이후에 나온 HRA방법은 상황 판단이나 진단과 같은 인지적 직무의 오류 평가에 중점을 두고 개발되었다. 편의에 따라서, 전자를 1세대 HRA 방법, 후자를 2세대 HRA 방법이라 부른다.

1세대 HRA 방법의 한계는 인간의 정보처리 과정, 즉 인지 과정에서 발생하는 오류를 제대로 다루지 못한다는 점이다. 실제로 대형 산업재해에 관련된 중요 인적 오류는 사고 초기에 상황을 판단하거나 대응조치를 결정하는 일련의 의사결정 과정 중에서 발생하는 오류임이 밝혀졌다. 하지만 1세대 HRA에서는 인지과정을 black box로 처리하였으며, 이런 이론적 취약점으로 인해 기존 방법은 HRA 전문가와 인간공학 분야로부터 많은 비판을 받아왔다(Apostolakis, 1992).

그러나 인지심리학과 인지공학의 발전으로 인간의 문제 파악과 해결 과정에 대한 인지적 특성과 한계가 조금씩 밝혀지면서 인적 오류의 발생 원인 및 구조에 대한 연구도 활발해졌으며, 이에 따라 인적 오류 분석에 초점을 맞춘 HRA 방법의 개발이 시작되었다.

1세대 HRA 방법은 대부분 오류 발생의 근본 원인이나 구조를 분석하기보다는 공학적 관점에서 정량적 분석에 초점을 맞추고 있다. 또한 작업자의 직무를 외부적으로 관찰 가능한 부분을 위주로 평가함으로써, 작업자가 문제를 인식하고 상황을 판단한 후 대응 조치를 결정하는 일련의 의사결정 과정에서 발생하는 오류를 제대로 다루지 못하였다(Jung, 2001). 그러나 원전과 같이 자동화되고 중앙 집중화된 대형 시스템에서의 인간의 역할은 시스템의 감시와 운전과 같이 의사결정이 중요한 직무 특성이 있다. 따라서 1세대 HRA 방법은 오류 분석의 궁극적인 목적인 시스템의 안전성 향상이나 오류 예방을 위한 구체적인 해결 방안 도출에는 많은 한계를 갖고 있다.

1990년 중반부터 개발되기 시작한 2세대 HRA 방법은 정량적 평가에 무게를 둔 1세대 방법과는 달리 직무수행 과정에서 발생 가능한 실수 유형과 분류체계 및 오류가 발생되는 구조 등 정성적 오류 분석을 중시한다. 2세대 방법론은 이러한 인적 오류 유형, 분류체계, 발생구조에 대한 분석 과정을 통하여 인적 오류를 저감할 수 있는 방법을 제시하는데 상대적으로 효과적이라는 장점이 있다. 2세대 HRA 방법의 대표적인 특징은 아래 표와 같다.

- 인적 오류 유발 원인 및 상황(context)에 대한 분석
- 부적절한 수행 오류(Errors of Commission, EOC) 사건을 포함하는 다양한 실수 유형 파악
- 정성적 분석에 기반한, 즉 인적 오류 발생 상황 정보에 근거한, 정량적 평가

대표적인 2세대 HRA 방법으로는 HRMS(Kirwan, 1997), CREAM(Hollnagel, 1998), ATHEANA(US NRC, 2000), 그리고 MDTA(Kim, 2005; 2008) 등이 있다. 여기에서 1988년 홀라겔이 제안한 CREAM을 살펴본다.

홀라겔(1998)에 의해 개발된 CREAM(Cognitive Reliability and Error Analysis Method, 이하 CREAM)은 인간의 인지 과정이 라스무센이 제안한 사다리꼴 의사결정 모형처럼 순차적인 (sequential) 것이 아니라 순환적(recursive)이며, 인지적 제어는 직무의 유형에 따라 미리 정해진 여러 패턴 중 하나로 결정되는 것이 아니라 당시 상황(context)에 의해 결정된다는 가설을 바탕으로 한다. 홀라겔은 예견적 오류 분석을 위해서 라스무센의 여덟 단계의 인지과정이 실제 적용에서 어려움이 있다고 보고 이를 4단계(observation, interpretation, planning, execution)의 인지과정으로 단순화하였다.

CREAM에서는 직무 특성에 따라 우선적으로 중요한 인지 과정이 있다고 가정하고, 대표적 인지직무유형을 15개 동사로 분류하였다. 따라서 분석자가 각 직무수행 절차에 적합한 인지직무유형을 선택함으로써 해당 직무수행 절차에 직접적으로 관련된 인지과정을 정의하고 있다. 이를 위해, 각 직무유형에 우선적으로 개입되는 인지 단계를 제시하고 있다. 또한 각 인지과정에서 발생할 수 있는 기본적인 오류 유형을 제시하고 있다. 최종적으로는 각 인지 단계별로 주어진 실수 유형 후보 중에서 공통수행조건(Common Performance Conditions, CPC)을 고려하여 가장 가능성 높은 오류 유형을 결정한다.

인간의 일은 "하는 것"에서 "생각하는 것"으로 특정할 수 있다. 수작업 기술 및 절차 준수와 같은 일부 작업에는 많은 "행동"과 약간의 "사고"가 필요한 반면, 진단, 계획 및 문제해결과 같은 다른 작업에는 많은 "사고"와 적은 "행동"이 필요하다. 현대 기술의 발전은 사람의 작업 본질을 대부분 수동 기술에서 지식 집약적 기능(일반적으로 인지 작업이라고 함)으로 변경시켰다. 즉, 오늘날의 산업 환경에서 "생각"의 양은 증가하고 "행동"의 양은 줄어든 것이다. 이러한 상황으로 인하여 시스템 설계와 신뢰성 분석에 변화가 필요하다. 예를 들어, 시스템 설계에서 기존의 인체공학적 측면(conventional ergonomic)은 인지적 인체공학(cognitive ergonomics)으로 대체되어야 한다. 마찬가지로 위험 평가 및 신뢰도 분석에서 1세대 HRA는 2세대 상황에 따른 인지 신뢰도 분석으로 대체되어야 한다.

CREAM을 통해 인간의 인지를 필요로 하거나 그에 의존하여 인지 신뢰성의 변화에 의해 영향을 받을 수 있는 업무 또는 행동으로 작업의 해당 부분을 식별할 수 있다. 그리고 서비스의 핵심 기능, 즉 개념, 분류 시스템, 인지 모델 및 방법을 제공할 수 있다.

다만, 홀라겔은 CREAM이 구식 방식이라고 자평한다. 여기에는 몇 가지 이유가 있다. 첫째, 사람의 행동이 어떻게 실패하거나 잘못될 수 있는지 초점을 맞추는 Safety-I 관점이므로 성과의 변동성(variability)을 고려하지 않기 때문이다. 둘째, 시스템의 한 부분이나 '구성요소', 즉 인간에만 초점을 맞추고 있기 때문이다.

(4) 안전탄력성(Resilience Engineering)

탄력성과 관련한 용어를 경제학에서는 회복탄력성, 심리학에서는 인내성, 생태학에서는 기후변화에서의 회복력 등의 의미를 부여하여 사용하고 있다. 안전보건 분야는 '안전탄력성'이라고 정의하고 있다.

안전탄력성(resilience)이라는 용어가 생기게 된 배경에는 2000년 이후 발생한 안전사고의 발생과정과 그 배경이 되는 시스템 운영을 깊게 살펴온 연구자들의 노력이 있었다. 연구자들은 사고예방을 위하여 그동안의 경험과 배움을 종합하여 시스템 공학을 안전보건 관리에 접목하는 방안을 검토하였다. 이러한 검토는 안전보건 관리의 개념을 통합한 패러다임(paradigm)전환 방식이었다.

홀라겔은 그동안의 여러 사고예방 활동(순차적 모델과 역학적 모델 기반의 활동)이 현재의 산업 환경(socio-technical)을 반영하지 못하고 있으므로 안전탄력성이 필요하다고 주장하였다. 이에 따라 그 동안의 사고예방 활동 패러다임을 Safety-I 그리고 앞으로 추구해야 할 사고예방활동 패러다임을 Safety-II(안전탄력성 기반)라고 정의하였다. Sydney Dekker 또한 이러한 패러다임 변화의 필요성을 주장한 학자이다.

Safety I의 초점은 부정적인 결과라고 할 수 있는 사고와 고장을 줄이기 위해 근본 원인분석(root cause analysis), 위험성 평가와 원인과 결과 영향분석 기법 등을 활용한다. Safety I의 관점은 부정적인 사건을 조사하고 개선한다면, 무사고/무재해를 이룰 수 있다고 믿는 것이다.

Safety II의 관점은 모든 결과가 긍정적이기도 하고 부정적일 수 있다는 변동성(variability)에 초점을 두고 있다. Safety II의 목표는 상황에 잠재된 변동성이 안전한 영역에서 유지할 수 있도록 지원하고 능동적인 대처를 통해 안전 탄력성을 유지할 수 있도록 하는 것이다.

Safety I의 목표는 발생할 수 있는 위험을 찾아 예방하거나 제거하는 것이다. 반면, Safety II가 지향하는 목표는 가능한 긍정적인 요인에 집중하는 것이다. 즉 Safety I의 개선방식은 선형적 접근방식으로 위험 예방, 제거, 보호에 초점을 두고 있지만, Safety II의 개선방식은 비선형적 접근방식으로 개선, 지원 및 조정에 초점을 둔다. 기준준수에 있어 Safety I의 관점은 설계, 안전절차, 안전기준, 법 기준 등의 계획(상정)된 기준(work as imagined, 이하 WAI)에 의한 현장 근로자의 실제 작업(work as done, 이하 WAD)에 초점을 두고 있지만, Safety II의 관점은 근로자의 준수 상황에 입각한 WAI와 WAD를 조정(adjust)하는 데 초점을 두고 있다.

안전탄력성은 시스템이 사고를 예방하기 위해 변동성(variability)을 확인하여 일정 수준으로 제어하고 그 파급을 방어하는 설계와 운영을 의미한다. 즉 안전탄력성은 내부와 외부의 어떠한 변동에도 감시, 예측, 학습 그리고 대응 역량을 통해 안전한 수준 내에서 시스템을 유지하는 능력을 말한다.

(5) ETTO

홀라겔(2018)은 생산, 운영 및 작업 등을 위한 계획(상정)된 기준을 WAI(work as imagined)하고, WAI를 기반으로 사람이 실행하는 운영 혹은 작업을 WAD(work as done)라고 한다. 그리고 WAI와 WAD 사이에서 사람이나 조직이 효율성과 철저함을 절충하는 것을 ETTO(efficient thoroughness trade-off)라고 하였다.

어떤 일을 하는 데 필요한 자원이 너무 적다는 것은 현대 사회가 갖고 있는 일반적인 특징이다. 일반적으로 부족한 것은 시간이지만 정보, 재료, 도구, 에너지 및 인력과 같은 다른 자원도 부족할 수 있다. 그럼에도 불구하고 우리는 일반적으로 수요와 현재 조건을 충족하기 위해, 즉 수요와 자원의 균형을 맞추기 위해 작업 방식을 조정하여 수용 가능하도록 만든다.

조건에 맞게 성능을 조정하는 이 기능은 효율성(efficient)과 철저함(thoroughness) 사이의 절충점으로 설명할 수 있다. ETTO(efficient thoroughness trade-off, 이하 ETTO)는 효율성과 철저함 사이의 이러한 균형 또는 균형의 본질을 다루는 원칙이다. 일상 활동, 사업장 또는 여가에서 사람들(및 조직)은 통상적으로 효율성과 철저함 사이에서 선택의 기로에 서게 된다. 그 이유는 두 가지를 동시에 모두 충족하는 경우는 거의 불가능하기 때문이다. 자원은 한정한데 생산성이나 성과를 급히 올리고자 한다면, 그 생산성과 성과를 높이기 위해 철저함이 줄어든다.

안전과 품질이 주된 관심사라면 효율성보다 철저함을, 처리량과 산출량이 주된 관심사라면 철저함보다 효율성을 선호할 수 있다. 효율성과 철저함을 동시에 극대화하는 것은 결코 불가능하다는 것은 ETTO 원칙에 따른 것이다. 효율성이란 명시된 목표 또는 목표를 달성하기 위한 필요한 자원의 양 또는 낮은 투자 수준의 유지를 의미한다.

자원에는 시간, 물질, 돈, 심리적 노력(업무량), 육체적 노력(피로), 인력(인원수) 등이 있다. 적절한 수준과 양은 일반적으로 개인의 주관적인 평가에 따라 그 충분함을 결정할 수 있다.

개인의 경우, 얼마나 많은 노력을 할 것인지에 대한 결정은 일반적으로 의식적인 것이 아니라 습관, 사회적 규범 및 확립된 관행의 결과이다. 조직의 경우, 일반적으로 통계나 현황을 기반으로 내린 결과이다. 따라서 이 두 가지의 선택은 ETTO 원칙의 적용을 받는다.

철저함이란 어떠한 설정된 목표를 달성하는 과정에서 원치 않는 부작용이 없도록 관리하고 조치하는 활동을 의미한다. 이러한 관리는 시간, 정보, 재료, 에너지, 역량, 도구 등으로 구성된다. ETTO 원칙의 모순은 사람들이 효율적이면서 철저해야 한다는 것이다. 그리고 어떤 행동을 취하고 난 뒤 무언가 잘못되었다는 것을 인지한 후 사후 확증편향처럼 철저함이 부족했음을 결론 짓는다.

가. 작업관련 ETTO 규칙(Work-related ETTO rules)

- ETTO 규칙에는 업무 관련, 사람(심리적) 그리고 집합적(조직적) 규칙이 있다.
- '괜찮아 보여요(It looks fine)' – 어떤 행동을 하기 위한 기준 등을 따르는 행동을 안전하게 생략한다.
- '정말 중요하지 않다(It is not really important)' – 상황을 올바르게 이해하기만 한다면 지금 당장 이 상황에서는 아무것도 할 필요가 없다는 의미이다.

- '평소에는 괜찮다(It is normally OK). 확인할 필요가 없다' - 의심스러워 보일 수 있지만 걱정은 하지 않는다. 결국에는 항상 해결된다는 신념. 이런 상황은 나나 우리가 많이 해봤다. 그러니 나나/우리가 하는 일은 옳은 일이라고 믿는다.
- '지금은(대관 업무를 위해) 충분하다' - 지금 하는 일 정도 수준은 대관 업무를 위해 최소한의 요구조건이다.
- '그것은 내/우리의 책임이 아니다' - 그래서 우리는 그것에 대해 걱정할 필요가 없다.
- 나중에 '다른 사람이 확인하거나 수행할 것이므로 지금 이 테스트나 작업을 건너뛰고 시간을 절약할 수 있다.
- 이전에 다른 사람이 확인했거나 수행한 적이 있다. - 이제 이 테스트나 작업을 건너뛰고 시간을 절약할 수 있다.
- 모든 세부 절차를 따르지 않는 이 방법이 훨씬 빠르다. 또는 자원 효율성이 더 높다.
- 지금 할 시간(또는 자원이 없음)이 없다. - 그래서 나중으로 미루고 대신 다른 일을 계속한다. 분명한 위험은 우리가 해야 할 일을 잊어버린다는 것이다.
- X를 너무 많이 사용해서는 안 된다. - 따라서 다른 방법을 찾아본다. (X는 시간과 돈을 포함한 모든 종류의 자원이 될 수 있다.)
- 어떻게 해야 할지 기억이 나지 않는다(찾아볼 엄두도 나지 않는다). - 하지만 이것은 합리적인 방법으로 보인다.
- 우리는 여기서 항상 이런 식으로 한다. - 절차와 실행이 다른 것을 걱정하지 않는다.
- Y처럼 보이므로 Y일 가능성이 높다. - 다양한 대표성 휴리스틱(heuristic)이다.
- 정상적으로 작동한다(또는 이전에 작동했음) - 이제 작동할 수도 있다. 이렇게 하면 해야 할 일을 찾기 위해 상황을 자세히 고려해야 하는 노력이 필요없다.
- 이 작업을 완료해야 한다(다른 사람이 우리를 앞서기 전에 또는 시간이 다 되기 전에) - 따라서 모든 세부 사항에서 절차(또는 규칙 및 규정)를 따를 여유가 없다.
- 제때 준비가 되어야 한다. - 계속 진행하겠다.(마감일을 맞추려는 욕구는 회사, 상사 또는 자신의 욕구일 수 있다.)
- 기다릴 시간이 없다. - 위의 변형이지만 특히 어떤 일을 할 수 있는 조건을 나타낸다. 일반적인 해결 대신 대안적이고 부적절한 해결이 사용된다.
- 당신이 아무 말도 하지 않으면 나도 하지 않겠다. - 이 상황에서 한 사람은 일반적으로 다른 사람의 삶을 더 쉽게 만들거나 어떤 종류의 서비스를 제공하기 위해 규칙을 어긴 것이다. 이 Trade-off는 한 사람 이상을 포함하므로 오히려 개인적이기보다 사회적이다.
- 나는 이것에 대해 전문가가 아니므로 당신이 결정해라. 이것은 다른 사람의 지식과 경험을 존중함으로써 시간과 노력을 절약하는 사회적 ETTO 규칙의 또 다른 종류이다.

이 규칙은 직장 외 다양한 유형의 관계에도 적용된다. 2008년도의 중대한 금융 사건 또한 ETTO 규칙의 부작용이라고도 할 수 있다.

나. 개별 (심리적) ETTO 규칙(Individual (psychological) ETTO rules)

작업 관련 ETTO 규칙 외에도 사람들은 ETTO 규칙을 사용하여 자신의 상황(예: 작업량 또는 작업 난이도)을 관리한다. 이러한 규칙은 정보 입력 과부하 상황, 일반적인 사고 및 추론 방식(인지 스타일), 다양한 판단 휴리스틱과 관련이 있다.

- 스캐닝 스타일(Scanning styles) - 한 번에 한 가지 측면만 변경되는 보수적인 초점
- 평준화 대 선명화(Levelling versus sharpening) - 기억의 독특성과 유사한 사건을 병합하는 경향의 개인차
- 반성 대 충동성(Reflection versus impulsivity) - 대체 가설이 형성되고 반응이 이루어지는 방식의 차이
- 학습 전략(Learning strategies) - 전체론자는 프레임워크 내에서 무작위로 정보를 수집하는 반면, 연속론자는 알려진 것에서 미지의 것으로 진행하면서 단계적으로 문제 해결에 접근

다. 집합적(조직적) ETTO 규칙(Collective-organizational ETTO rules)

- 한 가지 규칙은 보고인데, 이것은 편차나 잘못되는 것들만 보고해야 한다는 것을 의미하므로 보고서가 없다는 것은 만사가 순조롭다는 뜻으로 풀이된다. 이 규칙은 외관적으로 효율성을 향상시키는 것처럼 보이지만, 향후의 안전에 영향을 미칠 수 있다.
- 또 다른 규칙은 우선순위 딜레마(prioritizing dilemma) 또는 가시성-효과성 문제(visibility-effectiveness problem)라고 할 수 있다. 많은 조직에는 다양한 수준의 관리자가 있고, 각자는 좋은 성과를 위해 일을 한다. 따라서 그들은 조직에서 어떤 일이 일어나고 있는지 파악하고 사람들에게 알려지기 위해 시간을 투자한다. 반면, 그들은 기한을 정해두고 마감을 해야 하는 일에 대해서 효과적인 관리를 통해 업무를 수행해야 한다는 상당한 압박을 받는 경우가 많다. 그들은 효율성과 철저함의 사이에서 잦은 결정을 내리고, 때로는 철저함을 무시하고 효율성을 얻을 경우 칭찬을 받지만, 때로는 그 반대의 경우가 발생한다.
- 또 다른 예는 조직과 협력업체 또는 공급업체 간의 관계이다. 이런 관계에서 사소한 문제나 사고도 보고하는 관행을 가져간다. 이로 인해 협력업체와 공급업체는 보고기준을 충족해야 한다는 압박을 받는 경우가 많이 있다. 이와 같은 경우, 그들이 많은 보고를 하면 많은 벌을 받는 반면, 덜 보고하면 보상을 받는 경우가 많이 있다. 이런 상황에서의 ETTO는 "모든 것을 보고하는 것이 철저하고 신뢰할 수 있을 만큼 충분히 보고하되 계약을 잃을 정도로 많이 보고하지 않는 것이 효율적이다."

- 불필요한 비용을 줄인다. 이런 말은 얼핏 그럴듯하게 들릴지 모르지만 문제는 불필요라는 단어에 있다. 불필요하다는 기준은 상황에 따라 다른 의미를 갖고 있으므로 여러 상황을 판단하여 검토하는 것이 좋을 것이다.
- 이중 바인딩(Double-bind)은 사람이 상이하고 모순된 메시지를 받는 상황을 설명한다. 일반적인 예는 '안전이 우리에게 가장 중요한 것'이라는 명시적인 정책과 갈등이 발생할 때 생산이 우선한다는 암묵적인 정책의 차이이다. 이로 인해 발생하는 이중 구속은 철저함을 대가로 효율성을 개선하는 데 사용된다.

라. ETTO와 TETO(Thoroughness-Efficiency Trade-Off)

ETTO(Efficiency-Thoroughness Trade-Off)는 TETO(Thoroughness-Efficiency Trade-Off)와 균형을 이루어야 한다. 하루 일과를 마치기 위해 효율성과 철저함을 절충하는 것(ETTOing)은 정상적으로 필요하다. 즉, 현재의 효율성은 과거의 철저함을 전제로 하며, 이는 역설적으로 현재의 철저함이 미래의 효율성을 위해 필요하다는 것을 의미한다. 따라서 ETTO 원칙에는 대칭 TETO 절충 원칙이 필요하다.

다만, ETTO와 TETO를 기반으로 언제 효율성을 강조해야 하는지, 언제 철저함을 강조해야 하는지 선택하는 것이 중요한 요인이다. ETTO-TETO 균형은 다양한 활동을 충분히 검토할 시간을 갖는 것이다. 안전탄력성에서 ETTO-TETO 균형은 대응(respond)과 예측(anticipate)과 관계가 있다.

(6) 기능변동성 파급효과 분석기법(FRAM, functional resonance analysis method)

19세기는 기술적(technical) 시대로 화재와 폭발 등을 방지하기 위해 FMEA와 HAZOP이 개발되었다. 하지만 이러한 안전 평가 기법은 사람과 조직보다는 기술에 집중되었다. 1990년대에 들어 설비와 사람이 유기적으로 작동하는 사회기술 시스템 이론(sociotechnical systems theory)에 대한 관심이 고조되고 이에 대한 체계가 개발되었다.

사회기술 시스템은 기술, 규제, 문화적 의미, 시장, 기반 시설, 유지 관리 네트워크 및 공급 네트워크를 포함하는 요소의 클러스터로 구성되며 사회 시스템과 기술 시스템으로 구성된 시스템으로 볼 수 있다.

사회기술 시스템이론은 사건을 순차적인 인과관계로 설정하지 않고, 구성 요소 간의 통제되지 않은 관계로 인한 시스템의 예기치 않은 동작으로 설명한다. 따라서 시스템이론을 통해 다양한 유형의 시스템 구조와 동작을 이해할 수 있어 사고 예방을 위해 폭넓게 활용되고 있다. 시스템적 사고조사 방법인 FRAM은 기능 변동성 파급효과 분석기법(functional resonance analysis method)이라고 부른다.

FRAM은 복잡한 사회기술 시스템에 적용할 수 있는 효과적인 방법으로 사고 전반에 대한 도식화를 통해 전체적인 시각에서 사고의 원인과 대책을 수립하도록 도와주는 방법이다. 기능 변동성 파급효과 분석기법 적용의 4원칙은 다음과 같다.

가. 성공과 실패의 등가(equivalence of success and failure) 원칙

실패는 주로 시스템이나 구성품의 고장이나 이상 기능이다. 이러한 관점에서 성공과 실패는 상반되는 개념이다. 하지만 안전 탄력성은 성공과 실패를 이분법적인 논리로 구분하지 않는다. 조직과 개인은 정보, 자원, 시간 등이 제한적인 상황에서 성공과 실패를 조정(adjust)해 가면서 운영하기 때문이다.

나. 근사조정(approximate adjustment) 원칙

고도화되고 복잡한 사회기술 시스템에서 진행되는 모든 일이나 상황에 대한 감시는 어렵다. 더욱이 현장의 실제 작업을 고려하지 않은 설계, 작업 일정, 법 기준 등의 WAI(work as imagined)를 따라야 하는 사람들은 근사적인 조정이 불가피하다. 이러한 조정은 개인, 그룹 및 조직에 걸쳐 이루어지며, 특정 작업수행에서 여러 단계에 영향을 준다. 그림과 같이 시간, 사람, 정보 등이 부족하거나 제한된 상황에서 실제 작업을 수행하는 사람들은 직면한 조건에 맞게 상황을 조정해 가면서 업무를 수행한다. 이때, 그림과 같은 근사조정으로 인해 안전하거나 불안전한 조건이 만들어진다. 작업을 위하여 사전에 수립한 계획에는 일정, 자원투입, 자재 사용 등 여러 변수를 검토한 내용이 포함된다. 하지만 현장의 상황은 변화가 있다. 이러한 사항을 반영하지 않은 채 작업을 수행하므로 사고가 발생한다. 따라서 근사조정 원칙을 사전에 검토하여 조정해야 한다.

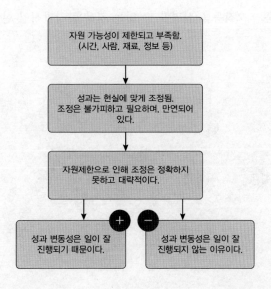

다. 발현적(창발적, emergence) 원칙

일반적으로 단순한 시스템을 감시하는 것은 어려운 일이 아니다. 예를 들어 교통사고가 발생하기까지 발생한 사건(event)을 검토해 보면 그림과 같이 원인에 의해 생기는 결과와 같이 기후조건으로 인한 폭풍우, 차량 정비와 관련이 있는 타이어 문제, 구멍난 도로, 운전자의 성향 등 여러 원인이 있다는 것을 알 수 있다.

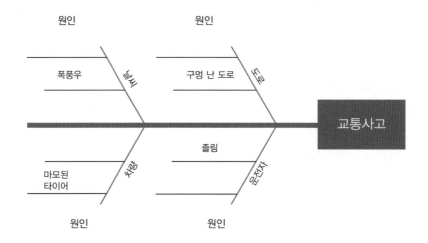

하지만 고도화되고 복잡한 사회기술 시스템 감시는 어렵다. 아래 그림의 결과는 시스템 또는 그 부분의 안정적인 변화와 같이 1번 기능에서 12번 기능까지의 추론은 가능하지만, 각 기능에 대한 변동성(variability)을 찾기는 어렵다. 그 이유는 여러 기능의 변동성이 예기치 않은 방식으로 결합하여 결과가 불균형적으로 커져 비선형 효과를 나타내기 때문이다. 따라서 특정 구성요소나 부품의 오작동을 설명할 수 없는 경우를 창발적인 현상으로 간주할 수 있다.

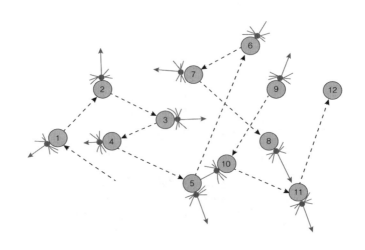

라. 기능 공명(functional resonance) 원칙

공명(resonance)은 변동성의 상호작용으로 일어나는 긍정 혹은 부정의 결과이다. 공명은 세 가지 형태로 구분할 수 있다. 첫 번째 형태는 고전적인 공명으로 시소(swinging)와 기타(guitar) 등과 같이 특정 주파수(frequency)에서 더 큰 진폭(amplitude)으로 진동을 일으키는 현상이다. 이런 주파수에서는 반복적인 작은 외력에도 불구하고 큰 진폭의 진동이 일어나 시스템을 심각하게 손상하거나 파괴할 수도 있다.

두 번째 형태는 확률적인 공명(stochastic resonance)으로 무작위 소음과 같다. 이 소음에 의한 공명은 비선형이며, 출력과 입력이 정비례하지 않는다. 그리고 시간이 지남에 따라 축적되는 고전적인 공명과는 달리 결과가 즉각적으로 나타날 수 있다. 세 번째 형태는 기능 공명(functional resonance)으로 복잡한 사회기술 시스템 환경에서 근사조정의 결과로 일어나는 변동성이다.

기능 공명은 기능 간 상호작용에서 나오는 감지가 가능한 결과나 신호이다. 기능 간의 상호작용에는 사람들의 행동 방식이 포함되어 있어 확률적인 공명에 비해 발견하기 쉽다. 기능 공명은 비 인과적(창발성) 및 비선형(불균형) 결과를 이해하는 방법을 제공한다. 아래 그림은 기능의 여섯 가지 측면이다.

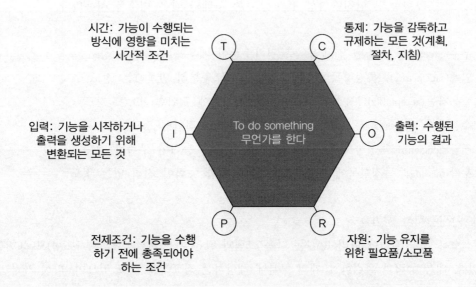

(7) 안전탄력성 평가(RAG, Resilience Analysis Grid)

안전탄력성 평가는 대응, 감시, 예측 그리고 학습 4능력을 기반으로 하고 있다. 안전탄력성 평가는 '안전탄력성 분석 그리드(이하 RAG, Resilience Analysis Grid)'로 표현할 수 있다. 안전탄력성 평가는 안전탄력성을 적용할 대상 서술, 4능력의 분석항목 설정, 분석항목 평가, 안전탄력성 평가 순으로 운영된다. 그리고 RAG는 스타차트(star chart) 또는 레이더 차트(radar chart)로 표현된다.

가. 안전탄력성을 적용할 대상 서술

대상 시스템의 종류, 경계 및 조직구조에 따른 인력과 자원 등을 명확히 규정한다. 예를 들어, 항공관련 시스템의 경우, 항공기승무원(조종사, 승무원), 운항관리 부문 등이 해당할 수 있고, 전력회사 시스템의 경우, 중앙제어실, 근무교대 부문, 유지보수 부문, 정전관리부문 등이 있을 수 있다.

나. 안전탄력성 4능력의 분석항목 설정

시스템/활동범위와 핵심 프로세스의 본질과 관련된 내용으로 구분하고 개별 분석항목에 맞는 새로운 내용을 추가한다.

다. 분석항목 평가

안전탄력성 4능력과 관련한 분석항목을 개발하는 단계에서 해당 분야의 유 경험자를 포함시킨다. 분석항목 평가 시에는 현장 구성원 인터뷰, 전문가 토론 그리고 대표 그룹을 선정한 조사를 포함한다. 안전탄력성 평가 점수는 아래와 같은 범주를 사용한다.

- 우수(excellent): 시스템 전체적으로 평가수준이 매우 만족스러운 정도
- 만족(satisfactory): 특정항목에 대한 평가기준을 충분히 만족하는 정도
- 수용가능(acceptable): 특정항목에 대한 평가기준에 적합한(최소한) 정도
- 수용불가(unacceptable): 특정항목의 평가기준에 부적합인 정도
- 결함(deficient): 특정항목에 대한 평가기준에 대한 능력이 부족한 정도
- 누락(missing): 특정항목에 대한 평가기준에 대한 능력이 전혀 없는 정도

라. 안전탄력성 평가

분석항목 평가 결과에 따라 RAG는 다음 그림과 같은 차트(대응 능력을 예시로 함)로 표현할 수 있다. 대응 능력과 관련한 10개의 구분에 해당하는 좌표축을 갖고 있으며, 다섯 가지 범주의 점수가 표시되어 있다.

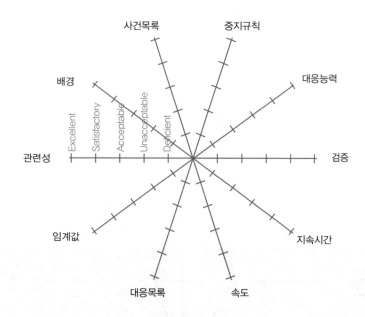

대상 시스템의 안전탄력성을 전체적으로 조망하기 위한 RAG는 아래 그림과 같은 차트를 구성할 수 있다. 이 차트를 통해 안전탄력성 4능력 전체에 대한 평가 결과를 검토하고 개선 대책을 수립할 수 있다. 아래의 그림 예시는 안전탄력성 4능력이 수용가능한(acceptable) 수준 이다.

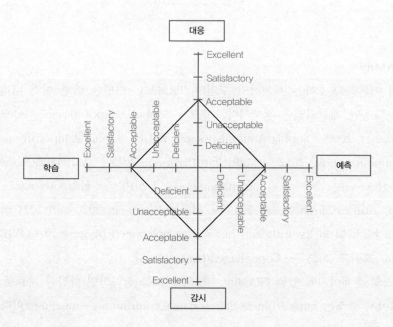

아래 그림은 대응과 감시 능력 측면에서는 잘하지만 예측 및 학습 능력 측면에서는 결함 (deficient)이 있다는 것을 볼 수 있다. 해당 시스템은 단기적으로는 안전할 수 있지만, 안전 탄력성이 결여되어 있다고 볼 수 있다.

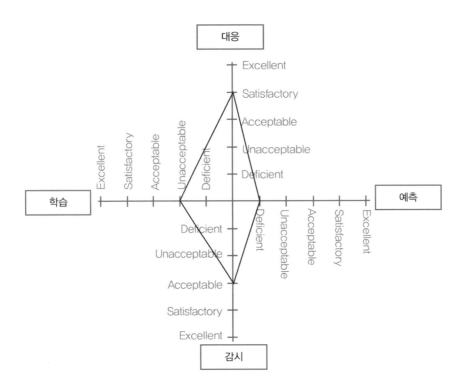

(8) FRAMily

홀라겔의 이론을 옹호하는 세계적인 모임인 'FRAMily' 미팅은 매년 여러 나라에서 개최되고 있다. 그동안 개최되었던 정보이다. 2007 - Sophia Antipolis(France), 2008 - Sophia Antipolis(France), 2009 - Sophia Antipolis(France), 2010 - Sophia Antipolis(France), 2011 - Sophia Antipolis(France), 2012 - Middelfart(Denmark), 2013 - Munich(Germany), 2014 - Gothenburg(Sweden), 2015 - Olden(Switzerland), 2016 - Lisbon(Portugal), 2017 - Rome(Italy), 2018 - Cardiff(Wales), 2019 — Malaga(Spain), In 2020 and 2021 the meeting was due to be held in Kyoto(Japan), but it was postponed because of COVID, 2022 — Kyoto(Japan) 그리고 2023 — Copenhagen(Denmark)이다.

Hollnagel의 홈페이지에 있는 FRAMily 미팅의 연도를 클릭하면 다양한 자료를 확인할 수 있다. 홈페이지 주소는 https://functionalresonance.com/framily—meetings/이다.

제 3 장 안전보건관리의 정의, 역사 및 이론 **165**

3.6 겔러(Geller)

E. Scott Geller(이하 겔러)는 1942년 2월 7일 출생으로 행동 심리학자이며 현재 버지니아 공대 심리학(Psychology at Virginia Tech) 동문 석좌 교수이자 응용 행동 시스템 센터 소장이다. Geller는 1964년 The College of Wooster에서 의학 연구 학사로 졸업했고, 1969년 Southern Illinois University Carbondale에서 응용 심리학 박사 학위를 취득했다.

그는 "Actively Caring"이라는 아이디어의 창시자이며, 세계적으로 AC4P(Actively Caring for People) 운동을 가르치고 전파하는 데 전념하는 교육/컨설팅 회사인 GellerAC4P의 공동 설립자이다. 그는 1995년부터 행동 기반 안전(behavior−based safety)을 전문으로 하는 교육 및 컨설팅 조직인 Safety Performance Solutions, Inc.의 공동 창립자이다.

그가 그동안 출판한 서적은 Working Safe: How to Help People Actively Care for Health and Safety(1996), The Participation Factor: How to Increase Involvement in Occupational Safety(2008), Actively Caring for People: Cultivating a Culture of Compassion(2012), Applied Psychology: Actively Caring for People(2016), Actively Caring for People's Safety: How to Cultivate a Brother's/Sister's Keeper Work Culture(2017) 등이 있다. 그리고 그가 출판한 논문이나 정보는 무수히 많다.

(1) 총괄 안전문화(TSC, Total Safety Culture)

안전의 궁극적인 목표는 조직 내에서 총괄 안전문화(이하 TSC)를 달성하는 것이다. TSC에서는 모든 사람이 안전에 대한 책임을 느끼고 일상적으로 안전을 추구한다. 사람들은 "타율적인 관행이나 기본적인 행동(call of duty)"을 넘어 안전하지 않은 조건과 행동을 식별하고 이를 시정하기 위한 개입(intervention)을 한다.

TSC에서 안전 작업 관행은 동료와 관리자의 보상 피드백을 통해 지원된다. 이로 인해 사람들은 안전을 위해 지속적으로 "적극적 보살핌(actively care)"을 한다. TSC에서 안전은 상황적 요구에 따라 이동할 수 있는 우선순위가 아니며, 다른 모든 상황적 우선순위와 연결된 가치(value)이다.

일반적으로 TSC는 아래 그림과 같이 환경적 요인(장비, 도구, 물리적 배치 및 온도), 사람적 요인(태도, 신념 및 성격), 행동적 요인(안전하고 안전하지 않은 작업 관행, 다른 사람의 안전을 보호해야 하는 의무를 초과하는 경우)으로 구성된다.

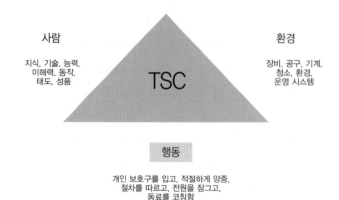

TSC의 세 가지 요인은 동적이고 상호작용적이다. 한 요인의 변화는 결국 다른 두 요인에 영향을 준다. 예를 들어, 부상의 가능성을 감소시키는 행동은 종종 환경 변화를 수반하고 특히 이러한 행동이 자발적인 것으로 간주되는 경우 안전 행동과 일치하는 태도를 생성한다.

가. 커뮤니케이션

TSC를 개선하여 사고를 예방하는 효과적인 방법 중 하나는 조직 전체에서 안전 관련 커뮤니케이션을 최적화하는 것이다(Williams, 2003). 불행하게도 사람들은 위험한 행동을 목격했을 때, 그 행동을 피드백해야 한다는 것을 알면서도 그렇지 못한 경우가 많다. Safety Performance Solutions, Inc(SPS)가 수백 개의 조직을 대상으로 실시한 안전 문화 설문 조사에 따르면, 응답자의 90%는 위험에 노출된 사람들을 피드백해야 한다고 생각하지만 실제는 약 60% 정도의 사람만이 피드백을 제공한다고 하였다.

누군가 위험하다는 사실을 인지하고 피드백을 제공해야 한다는 생각과 실행의 차이가 왜 존재하는지 인터뷰를 통해 확인하였다. 대다수의 사람들은 안전 관련 피드백을 제공하면 대인 갈등이 발생할 수 있다는 응답을 하였다. 그리고 안전 피드백을 제공하는 것은 우리 일이 아니라는 의견 또한 있었다. 그리고 그들은 종종 안전 피드백을 제공하는 데 능숙하지 않다고 느끼거나 더 많은 경험을 가진 동료를 모욕하고 싶지 않다는 의견이 있었다(Geller & Williams, 2001).

다음의 표는 TSC를 달성하기 위해 시행하는 안전관련 피드백이다.

- 사적인 감정을 불러 일으키지 않는다–행동에 집중한다.
- 대화를 촉진하기 위한 질문을 한다(강의하지 않는다).
- 즉각적인 일대일 피드백을 제공한다.
- 진정한 관심을 보인다.
- 더 나은 솔루션을 찾기 위해 협력한다.
- 감사의 말을 전한다.

그리고 피드백을 듣는 사람의 자세는 아래 표와 같다.

- 적극적으로 듣는다.
- 개방적이고 수용적인 상태를 유지한다.
- 더 좋은 작업을 찾는다.
- 피드백을 제공한 사람에게 감사의 말을 전한다.

나. 커뮤니케이션 스타일

안전 커뮤니케이션의 스타일은 다양한다. Brounstein(2001)은 커뮤니케이션 방식에 Dominant, Passive, Passive–Aggressive 및 Empathic 네 가지 스타일이 있다고 하였다.

① 지배적인 의사소통자(The Dominant Communicator)

지배적인 의사소통자는 대화에서 사람들을 압도하는 경향이 있다. 지배적인 의사소통자는 자신이 결코 틀리지 않고 자신의 의견이 다른 사람의 의견보다 더 중요하다고 믿는 경우가 많다. 이러한 잘못된 믿음은 종종 아래 표와 같은 부적응 행동으로 이어진다.

- 공개적으로 다른 사람 비판한다.
- 문제가 생기면 남을 탓한다.
- 강력하고 부정적인 행동을 한다.
- 언어적으로 공격적이고 위협적인 언어를 사용한다.
- 다른 사람의 성공을 칭찬하지 않는다.
- 다른 사람을 방해하고 종종 문장을 마무리한다.
- 이유를 듣지 않고 새로운 아이디어 구상을 막는다.

지배적인 의사소통자는 다른 사람에게 다음 표와 같은 영향을 준다.

- 공포, 소외 유발한다.
- 저항, 반항, 반격, 동맹 형성, 거짓말 및 은폐 행동을 조장한다.
- 기업문화 및 사기를 저하시킨다.
- 최적의 조직 성과를 방해한다.

② 수동적인 의사소통자(The Passive Communicator)

수동적인 의사소통자는 대인 커뮤니케이션에서 사람들을 꺼리는 경향이 있다. 이들은 종종 자신의 진정한 감정을 표현하지 않는다. 그리고 그들은 종종 다른 사람들의 의견이 자신의 의견보다 더 중요하다고 생각한다. 이러한 믿음은 종종 아래 표와 같은 부적응 행동으로 이어진다.

- 부당한 대우를 받아도 조용히 있는다.
- 불필요한 허락을 구한다.
- 행동하기보다 자주 불평한다.
- 개인의 선택을 다른 사람에게 위임한다.
- 대인 갈등에서 후퇴한다.
- 질문하기보다는 동의한다.
- 질문 없이 지시를 받아들인다.

수동적 의사소통자는 다른 사람에게 아래 표와 같은 영향을 미친다.

- 자신이 어디에 서 있는지 모르기 때문에 좌절과 불신을 준다.
- 열린 의사소통에 방해를 준다.

③ 수동적 – 공격적 의사소통자(The Passive – Aggressive Communicator)

수동적 – 공격적 의사소통자는 사람들을 직접 대하는 대신 사람들의 등 뒤로 가야 한다고 믿는 경향이 있다. 이러한 건강하지 못한 믿음은 종종 다음 표와 같은 바람직하지 않은 행동으로 이어진다.

- 실제로는 동의하지 않는 다른 사람의 의견에 동의하는 것처럼 보인다.
- 비꼬는 말을 하고 남을 교묘하게 파헤친다.
- 원한을 품고 복수를 중시한다.
- 등 뒤에서 방해 행위를 한다(예: 부정적인 소문 퍼뜨리기).
- 남을 돕지 않는다.

수동적-공격적 의사소통자는 다른 사람에게 아래 표와 같은 영향을 미친다.

- 파벌과 편애를 증가시킨다.
- 소문이 증가되어 부정적인 환경이 조성된다.
- 낮은 대인 신뢰 관계가 형성된다.
- 직무능력이 저하된다.
- 불확실성과 직무불만족이 증가한다.

④ 공감 의사소통자(The Empathic Communicator)

앞의 세 가지 유형과 달리 공감 의사소통자는 건강한 관계를 유지하기 위해 다른 사람과 효과적으로 상호 작용한다. 공감 의사소통자가 많은 회사는 더 건강한 조직 문화를 가질 가능성이 높다. 공감 의사소통자는 일반적으로 아래 표와 같이 믿는다.

- 개인의 의견도 중요하지만 타인의 의견 또한 중요하다.
- 결과만이 아니라 결정을 내리는 과정도 중요하다.
- 다른 사람들로부터 정보를 얻어 더 나은 의사 결정을 한다.

이러한 신념은 종종 아래 표와 같은 바람직한 행동으로 이어진다.

- 요구 대신 기대를 전달한다.
- 능동적이고 행동 지향적인 대화에 중점을 둔다.
- 현실적인 기대를 말한다.
- 직접적이고 정직하게 의사소통 한다.
- 다른 사람과 타협하지 않고 목표를 달성하기 위해 노력한다.

공감 의사소통자는 다음 표와 같은 영향을 미친다.

- 자율성 또는 개인적 통제에 대한 인식을 높인다.
- 조직에 대한 "타율적인 관행이나 기본적인 행동(call of duty)"을 넘어 자기 동기를 높인다.
- 감사와 존중의 감각이 향상된다.
- 대인 관계 신뢰, 존중, 정직 및 개방성이 증가된다.
- 사기와 성과가 올라간다.

공감 소통자가 되기 위한 열 가지 핵심 가이드 라인은 아래 표와 같다.

1. 단호하고, 자신감 있고, 행동 지향적이어야 한다.
2. 직접 솔직하게 의견을 표현한다.
3. 다른 사람의 의견을 존중한다.
   a. 주의 깊게 경청하고 다른 사람들의 의견에 감사한다.
   b. 결정을 내릴 때 다른 사람의 의견과 아이디어를 구한다.
   c. 다른 의견을 가진 다른 사람을 무시하거나 언어적인 공격을 하지 않는다.
   d. 명령보다는 선택권을 제공한다.
4. 회의에서 대화에 참여하도록 다른 사람을 초대한다.
   a. 대화에서 제외된 사람들에게 다가간다.
   b. 서로 아이디어를 구상한다.
5. 문제가 발생하는 즉시 대처한다.
   a. 다른 사람을 통하지 않고 직접 사람에게 말한다.
   b. 부정적인 감정이 쌓이지 않도록 한다.
   c. 부정적인 소문을 퍼뜨리거나 듣지 않는다.
6. 자신에 대한 정보를 공유한다.
   a. 자신에 대한 솔직한 공개는 신뢰와 호감을 불러일으킨다.
7. 다른 사람들이 어떻게 지내고 있는지 관심을 갖는다.
   a. 다른 사람을 알아가는 데 더 많은 시간을 할애한다.
   b. 다른 사람에 대한 배려는 신뢰, 호감, 존경 및 사기를 증가시킨다.
   c. 적절하고 고상한 유머를 사용한다.
8. 적절한 경우 이야기를 사용하여 입장을 전달하거나 친밀감을 형성한다.
9. 긍정적인 소문을 퍼뜨린다.
10. 아이디어와 의견을 공유한 후 피드백을 요청한다.

(2) 적극적 보살핌(Actively caring)

적극적 보살핌(actively caring)은 환경, 사람 또는 행동 요인에 대한 계획적이고 의도적인 행동으로 직접적이고 능동적인 사고 예방에 중요한 역할을 한다.

TSC를 달성하기 위해서는 아래 그림과 같이 미래의 비전, 비전 달성을 위한 구체적인 목표설정, 행동관리 그리고 결과관리가 필요하다.

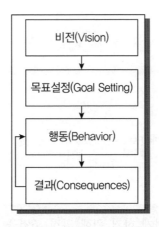

하지만, 위 그림에 묘사된 비전, 목표설정, 행동관리 및 결과관리만으로는 비전을 달성하기 어렵다. 따라서 비전을 지원하는 목표를 달성하기 위한 행동과 일치하는 보상 또는 수정 피드백을 제공해야 한다. 이러한 내용을 감안하면 적극적 보살핌(actively caring)이 필요하다. 아래 그림은 목표설정 바로 밑에 적극적 보살핌(actively caring)이 추가된 그림이다.

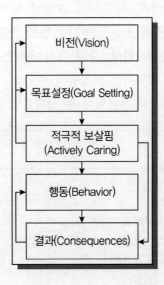

가. 적극적인 보살핌의 세 가지 방법(Three ways to actively care)

TSC의 세 가지 요소인 사람, 환경 및 행동은 적극적인 보살핌을 분류하는 데 도움이 된다.

사람들이 다른 사람을 안전하게 하기 위해 환경 조건을 변경하거나 자원을 재구성 또는 재분배하는 경우는 TSC의 환경적 요인을 적극적으로 보살피는 것이다.

사람적 요인으로는 사람들에게 안전 기준을 알려주고, 환경 위험 요소 근처에 경고 표지판을 게시하고, 기계 보호 장치를 설계하고, 생산 장비에 대한 에너지원을 잠그고, 유출물을 청소하는 등이 포함된다. 이 요인은 다른 사람의 기분을 좋게 하여 적극적인 보살핌을 하는 방식이다. 이러한 예로 다른 사람의 말을 적극적으로 들어주기, 다른 사람의 어려움을 걱정하며 물어보기, 외모 칭찬하기, 위로 카드 보내기 등이 있다. 이러한 유형의 적극적인 보살핌은 사람의 자존감, 낙관주의 또는 소속감을 높일 가능성이 높으며, 이는 차례로 적극적인 보살핌에 대한 성향을 증가시킨다. 숨을 쉬지 못하는 사람을 대상으로 심폐소생술을 실시하는 것은 사람적 요인의 적극적인 보살핌의 예이다.

아래 표는 Brown(1991)이 자신의 자녀에게 준 생활요령 중 대표적인 내용을 선별하여 요약한 내용이다.

---

1. 매일 세 사람을 칭찬하라.
36. 매년 헌혈을 한다.
72. 지역 사회의 자선 단체에 기부하고 지원한다.
149. 일주일에 한 끼를 건너뛰고 거리의 노숙자에게 준다.
336. 동물 보호소에서 애완동물을 데려온다.
386. 이를 닦을 때 수도꼭지를 잠근다.
424. 장기 기증 카드에 서명한다.
475. 당신의 충고가 다른 사람에게 모범이 될 것이라는 기대를 갖는다.
511. 어머니에게 전화한다.
561. 누군가 재채기를 하면 괜찮냐고 묻는다.

611. 버스를 탈 때나 내릴 때 기사에게 인사한다.
612. 책을 선물할 때는 표지 안쪽에 짧은 메모를 쓴다.
667. 모든 사람들에게 칭찬할 아이디어를 찾는다.
769. 용납할 수 없는 행동을 용인하지 않는다.
770. 모든 승객이 안전벨트를 채울 때까지 차를 주행하지 않는다.
802. 아이들이 찾을 수 있는 곳에 25센트를 둔다.
804. 장애인 전용 공간에 불법 주차된 차량의 앞유리에 면허 번호가 경찰에 신고되었다는 메모를 붙인다.
831. 어린이를 픽업 트럭 뒤에 태우지 않는다.
919. 자녀의 도시락에 사랑의 메모를 넣어둔다.

Brown(1991)이 자신의 자녀에게 준 생활요령을 적극적인 보살핌의 세 가지 요소로 구분한 표는 아래와 같다. 환경적 요인은 E(environment), 사람적 요인 P(Person) 그리고 행동적 요인은 B(behavior)로 표기하고 직접적인 상호작용이 있는 경우는 D(direct) 및 상호작용이 없는 경우는 I(indirect)로 표기했다.

항목	요인	상호작용
1	P	D
36	E	I
72	E	I
149	E	D
336	E	I
386	E	I
424	E	I
475	B	I
511	P	D
561	P	D
611	P	D
612	P	I
667	P	D
769	B	D

770	B	D
802	E	I
804	B	I
831	B	D
919	P	I

Brown(1991)이 자신의 자녀에게 준 생활요령을 참조하여 사업장에서 실행해야 할 적극적인 보살핌 목록을 정하고, 이를 TSC 세 가지 요인과 상호작용을 검토해 볼 필요가 있다.

나. 적극적인 보살핌 행동을 구분하는 이유는?(Why categorize actively caring behaviors?)

일반적으로 대인 상호 작용을 포함하지 않는 환경적 요인 기반의 적극적인 보살핌은 실행이 용이하다. 예를 들어 사람들이 자선 단체에 물건을 기부하거나 헌혈하는 등의 행동은 사람들과의 긴밀한 교류는 필요로 하지 않는다. 이러한 행동은 확실히 칭찬할 만하며 상당한 헌신과 노력을 나타낼 수 있지만, 실제 사람 간 개인적 만남이 없으므로 적극적인 보살핌 행동과는 별도로 고려되어야 한다.

실질적 적극적인 보살핌이 되기 위해서는 의사 소통 기술이 필요하다. 누군가에 대한 관심, 존경 또는 공감을 나타내는 것보다 다른 사람의 행동을 보고 지시하거나 동기를 부여하려는 시도를 해야 한다(물론 이러한 시도는 도전적이다).

위기 상황에서 누군가를 돕는 것은 노력이 필요하고 특별한 기술이 필요하지만 거절의 가능성은 거의 없다. 하지만, 누군가의 행동을 바로잡으려는 시도는 부정적이고 심지어 적대적인 반응으로도 이어질 수 있다.

다. 적극적인 보살핌과 사람의 다섯 가지 성향(Five person states)

적극적인 보살핌의 세 가지 요소에 긍정적인 영향을 주기 위해서는 행동적인 측면에 주의를 기울여야 한다. 우리는 사람의 기분과 태도에 긍정적인 영향을 주어 행동을 변화시키기 위한 노력을 해야 한다. 하지만 이러한 적극적인 보살핌은 사람들의 개인적 성향에 영향을 많이 받기 때문에 특별한 접근방식을 고려해야 한다.

아래 그림과 같이 다섯 가지 사람의 성향이 있다. 이 성향을 참조하여 적극적인 보살핌이 이뤄져야 한다. 자기존중(Self-Esteem)은 개인적인 가치를 갖는 것이다. 만약 우리의 기분이 좋지 않을 경우, 우리의 삶에서 그 어떤 것과 차이를 둘 수 없거나, 차이를 두지 않을 것이다. 자기존중의 느낌은 "나는 소중하다"이다.

개인적인 통제(Personal Control)는 책임의식을 느끼는 것 그리고 주위의 상황이 어떻게 변화되어 가고 있는가에 대한 느낌이다. 개인적인 통제는 책임의식을 갖는 것 또는 책임을 느끼는 것으로 다시 말하면 "이것은 느낌"이고 나는 통제하고 있음을 시사한다.

개인적인 효과(Self-Effectiveness)는 작업을 안전하게 마칠 수 있도록 하는 원천(교육, 시간, 도구 및 기타 도움)이며 "나는 할 수 있다"의 효과이다.

낙관주의(Optimism)는 우리의 노력이 긍정적으로 완료될 수 있도록 하는 믿음이다. 낙관주의자는 "나는 최고를 기대한다"이다.

마지막으로 소속감(Belonging)은 우리의 업무에서 팀 구성원들 간의 연결이다. "나는 팀의 소속이다"라는 의미에는 많은 힘이 있다. 사람들이 주변에서 이러한 느낌을 갖는 것은 우리가 그들의 안전을 확보한다고 하기보다는 우리가 안전확보를 한다는 의미가 강하다. 그 이유는 이러한 요소가 상황에 따라서 변화할 수 있기 때문이며, 우리는 이것을 특징이 아닌 상태로 보기 때문이다. 상태는 그들의 실질적인 관심을 이끌기 위하여 만들어질 수 있고 개발될 수 있기 때문이다.

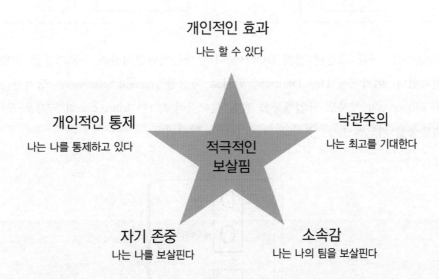

다른 사람들이 보다 많이 안전에 대해 적극적인 보살핌을 갖게 하기 위해서는 사람의 다섯 가지 성향의 상호 요소들을 증진시키는 일을 해야 한다.

(3) 분류, 관찰, 조정 및 테스트 절차(DOIT, Define, Observe, Intervene, Test)

Sulzer(2000)는 행동기반안전관리(behavior based safety) 프로그램의 주요 실행절차에 위험행동 정의, 행동측정 기준 설정, 관찰목표 설정, 자료 분석 기준 설정, 피드백 절차 수립 및 프로그램 운영 강화가 포함되어야 한다고 하였다. Fleming과 Lardner(2002)는 안전관찰 결과를 지속적으로 모니터링해서 불안전행동에 대한 개선이 필요하다고 하였다. 아래 그림은 행동기반안전관리 실행과정, 관찰 및 피드백 절차와 같이 사업장 안전문화 수준 평가, 경영층 및 관리자 승인, 교육, 핵심행동 정의 및 기준수립에 대한 내용이다.

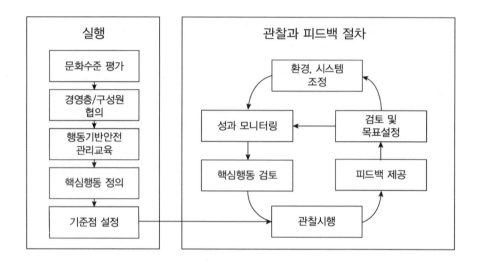

Geller(2005)는 아래 그림과 같이 DOIT에 따라 행동기반안전관리 프로그램을 실행할 것을 추천하였다. 여기에서 D는 Define의 약자로 핵심행동(critical behavior)을 정의하는 것이고, O는 Observe의 약자로 작업행동을 관찰하는 것이고, I는 Intervene의 약자로 근로자에게 작업행동을 피드백 하는 것이고, T는 Test의 약자이다.

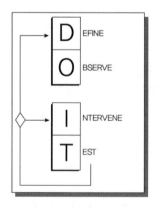

(4) 구체적, 측정가능한, 객관적 및 실제적 SOON 적용(SOON, Specific, Observable, Objective, and Naturalistic)

아래 그림은 DOIT에 따라 핵심행동을 정의하는데 필요한 요소를 SOON(Specific,

Observable, Objective, and Naturalistic)으로 구분하고 있다. SOON 구분에 따라 핵심행동은 구체적(specific)이어야 한다. 핵심행동은 명백한 행동이나 기록이 가능한 관찰 가능(observable)해야 한다. 핵심행동은 별도의 해석이 필요없이 객관적(objective)이어야 한다. 핵심행동은 정상적인 실제 활동(naturalistic)이어야 한다.

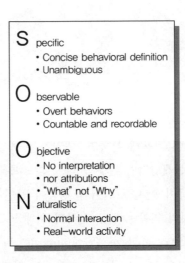

(5) 코치(COACH, Care, Observe, Analyze, Communicate, Help)

Geller(2001)는 행동기반안전관리 프로그램 운영 시 관찰자가 근로자에 대한 코치(coach)로서의 역할 수행을 강조하였다. 아래 그림과 같이 우리가 잘 알고 있는 운동 경기의 코치는 선수들의 동작하나 하나를 유심히 관찰한 이후 개별적인 피드백을 시행한다.

그리고 아래 그림과 같이 코치는 경기가 종료된 이후 모든 선수들이 있는 곳에서 무엇을 잘하였고 무엇을 개선해야 하는지 상호 토론한다.

이러한 상황을 산업현장에 적용해 본다면, 관찰자는 매일 근로자들을 대상으로 안전 행동 지침을 준수하고 있는지 개별적인 관찰을 하고 피드백을 시행한다. 그리고 작업이 종료되고 근로자들과 어떤 행동이 안전했고 어떤 행동이 불안전했는지 상호 토론하는 과정을 갖는다. Geller(2001)는 코치의 역할 수행을 잘하기 위해 'COACH' 절차를 추천하였다. 여기에서 COACH는 care, observe, analyze, communicate, help의 영어 약자이다.

Care는 근로자를 "적극적으로 돌본다."라는 의미를 담고 있다. 근로자는 관찰자(코치)의 말과 몸짓을 통해 자신이 관심을 받고 있음을 깨달을 때 안전과 관련한 조언을 더 잘 듣고 수용할 수 있다. 적극적인 Care를 위해서 근로자가 안전에 참여할 수 있는 기회를 주고, 그들이 안전 계획을 스스로 관리하도록 권한을 부여한다. 그리고 회사나 사업장에서 안전과 관련한 열린 토론의 장을 만든다. 처음에는 다소 서툴고 어려울 수 있으나, 쉽게 효과를 낼 수 있는 것부터 시작하고 칭찬을 통해 근로자가 안전에 관한 자신감을 갖도록 유도해야 한다. 다음 그림은 아버지가 자녀에게 활을 쏘는 방법에 대해서 조언을 하는 모습으로 자녀에게 자신감을 불어 넣는 과정을 묘사한 그림이다. 작업현장의 관리감독자는 자신이 관리하는 근로자를 대상으로 활을 쏘는 방법을 조언하는 아버지처럼 관심을 갖고 피드백을 시행해야 한다.

　Observe는 근로자의 작업 행동을 객관적이고 체계적으로 관찰하여 안전한 행동을 지원하고 위험한 행동을 교정하는 것이다. 관찰자는 근로자의 작업 행동을 염탐하는 간첩이 아니다. 따라서 항상 관찰 전에 근로자에게 허락을 구해야 한다.

　Analyze는 ABC 절차에 따라 어떻게 하면 근로자가 안전 행동을 할 수 있는지 여러 방향으로 개선방안을 검토하는 과정이다. 특히 긍정적인 결과가 향후의 행동에 미치는 영향이 크므로 이러한 논리를 기반으로 개선방안을 고려한다.

　Communicate는 좋은 코치가 가져야 할 기본적인 소양이다. 관찰자는 적극적인 경청자이자 설득력 있는 연설자가 되어야 한다. 좋은 의사소통에는 미소, 개방, 친절, 열정과 눈맞춤이 있는 부드러움이 있어야 한다. 그리고 각종 보상 등을 활용하여 안전한 행동을 지속해서 유지할 수 있는 조치를 시행해야 한다.

　Help와 관련한 내용은 근로자의 자존감을 높이기 위한 적절한 용어를 활용하는 것이다. 훌륭한 코치는 다른 사람의 자존감을 높이기 위해 부정적인 것보다 긍정을 강조하면서 단어를 신중하게 선택한다. 근로자와 유대감을 형성하는 강력한 도구는 듣는 것이다. 사소한 일이라도 칭찬한다면 근로자는 칭찬받은 일을 잊지 않고 지속할 것이다.

(6) 안전은 일반적으로 인간 본성과의 지속적인 싸움이다(Safety is usually a continuous fight with human nature)

"우리 뒤에 있는 것과 우리 앞에 있는 것은 우리 안에 있는 것에 비하면 작은 문제이다" ("What lies behind us and what lies before us are small matters compared to what lies within us.") - Ralph Waldo Emerson

"모든 부상은 예방할 수 있다.", "안전하게 일하는 것은 인간의 본성이다.", "안전은 상식이다." 그리고 "안전은 고용의 조건이다." 이런 문장을 보면 작업이 안전하고 쉽고 자연스럽다는 생각을 한다. 하지만, 때때로 안전하게 일하는 것보다 위험을 감수하는 것이 더 편리하고, 더 편안하고, 더 편리하고, 더 흔한 경우가 많다. 그리고 과거의 경험상 일반적으로 우리가 일하고 있든, 여행 중이든, 놀고 있든 간에 위험한 행동을 선택했던 경우가 많다. 그래서 우리는 위험한 행동을 피하고 안전한 행동을 유지하기 위해 종종 인간 본성과 지속적인 싸움을 벌이는 이유이다. 안전한 작동 절차를 따르는 것이든, 자동차를 운전하는 것이든, 개인 보호 장비를 사용하는 것이든 안전한 방법을 선택하는 데 방해가 되는 것이 무엇인지 검토해 볼 필요가 있다.

안전 전문가, 기업 임원 또는 구성원에게 업무 관련 사고의 원인이 무엇인지 물어보면 길고 다양한 요인들을 말한다. 하지만 실제로 사고의 원인들은 매우 유사하다. 그것들은 주로 사람이 작업을 안전하게 수행하는 데 방해가 되는 사건, 태도, 요구 사항, 산만함, 책임 및 상황 등이다. 아래 표에 열거된 내용들은 주로 사람들이 말하는 사고의 원인과 관련이 있는 내용이다.

- 우리 대부분은 안전하게 수행하는 방법을 확신할 수 없는 상황에 처해 있다.
- 아마도 우리는 훈련이 부족했다.
- 어쩌면 주변 환경이 그만큼 안전하지 않았을 수도 있다.
- 상사 또는 동료의 요구는 우리에게 지름길이나 위험을 감수하도록 압력을 준다.
- 아마도 모든 안전 절차를 준수하는 것이 불편했을 것이다.
- 우리가 피로, 지루함, 약물 장애로 인해 위험했을 것이다.

여기에는 다른 요인이 존재할 수도 있다. 즉, 사람들은 사고를 관점에서 "나에게는 절대 일어나지 않을 것"이라는 일반적인 믿음을 갖고 있으며, 위험을 감수하는 것으로 인한 처벌이 드물다는 것을 잘 알고 있다. 그리고 안전을 지키지 않아 느끼는 편리함, 편안함 또는 시간 절약은 사람들에게 지속적인 보상을 제공한다. 이러한 행동 결과는 지속적으로 사람에게 더 큰 보상이 따른다는 것을 암시한다. 이러한 위험한 행동은 곧 사고로 이어지지 않기 때문에 처벌받지 않는다. 이러한 인간 본성의 기본 원칙은 우리의 삶 전체에 걸쳐 강화되며 개인, 집단, 조직 및 공동체의 안전 노력을 저하시키는 원인을 제공한다. 안전은 인간본성과의 싸움이다.

3.7 레베슨(Leveson)

Nancy G. Leveson(이하 레베슨)은 시스템 및 소프트웨어 안전 분야의 미국 전문가이자 미국 MIT의 항공 우주학과 교수이다. 그녀는 1980년에 박사 학위를 포함하여 UCLA에서 컴퓨터 과학, 수학 및 경영학 학위를 받았다.

그녀는 University of California, Irvine 및 University of Washington에서 교수로 근무한 경험이 있다. 그녀는 항공기 간의 공중 충돌과 Therac-25 방사선 치료 기계의 문제를 개선하기 위한 교통 충돌 방지 시스템(TCAS)과 같은 안전에 중요한 시스템을 연구했다. 그녀는 ACM, IEEE Computer Society, System Safety Society 및 AIAA에서 회원 자격을 보유하고 있다.

레베슨은 매사추세츠 공과대학(MIT, Massachusetts Institute of Technology)의 항공우주학과 교수이자 엔지니어링 시스템 교수이기도 하다. 그녀는 시스템 안전, 소프트웨어 안전, 소프트웨어 및 시스템 엔지니어링, 인간-컴퓨터 상호 작용 주제에 대한 연구를 수행하였다.

1999년에는 뛰어난 컴퓨터 과학 연구로 ACM Allen Newell Award를, 1995년에는 소프트웨어 안전 분야를 개발하고 생명과 재산이 위태로운 곳에서 책임 있는 소프트웨어 및 시스템 엔지니어링 관행을 촉진한 공로로 미국항공 우주학회(AIAA, American Institute of Aeronautics and Astronautics) Information Systems Award를 수상했다.

그녀는 소프트웨어 안전에 기여한 공로로 2000년 NAE(National Academy of Engineering) 회원으로 선출되었다. 그녀는 200개 이상의 연구 논문을 발표했으며 Addison-Wesley가 1995년에 출판한 Safeware: System Safety and Computers와 2012년 MIT Press에서 출판한 Engineering a Safer World라는 두 권의 책을 저술했다.

그녀는 사고를 예방하는 방법에 대해 많은 산업 분야와 협업을 하고 있다. 2005년에는 ACM Sigsoft 우수 연구상을 수상했다. 그녀는 사고 분석을 위한 STPA(System Theoretic Process Analysis) 및 STAMP(System Theoretic Accident Model and Processes) 방법론을 개발했다. 2020년 그녀는 STAMP 및 기타 시스템 안전 및 사고 모델링 분석 도구 개발로 전기전자공학회(IEEE, Institute of Electrical and Electronics Engineers) 환경 및 안전 기술 메달을 수상하기도 했다.

(1) 시스템이론 사고모델 및 프로세스(STAMP, System Theoretic Accident Model and Processes)

시스템이론 사고모델 및 프로세스(system-theoretic accident model and processes, 이하 STAMP)가 사회기술 시스템 기반에서 시스템과 제어 이론을 효과적으로 활용하는 사고모델 이다. STAMP는 시스템 구성 요소 간의 상호 작용으로 발생하는 사고를 효과적으로 조사할 수 있는 체계이다. 따라서 시스템 운영이나 조직이 사고와 관련해 어떤 영향을 주었는지 확인하기 위하여 제약 조건, 제어 루프, 프로세스 모델 및 제어 수준에 중점을 둔다. STAMP 모델은 시스템 제어를 담당하는 행위자와 관련된 조직을 식별하여 시스템 수준 간의 제어 와 피드백 메커니즘을 확인하도록 구성되어 있다. 따라서 상위 계층의 제어에 따라 하위 계층의 실행을 상호 확인하여 효과적인 개선대책을 수립할 수 있다.

STAMP는 실패 예방에 집중하기보다는 행동을 통제할 수 있는 제약사항(constraints)을 집중한다. 따라서 안전을 신뢰성의 문제(a reliability problem)로 보기보다는 제어(control problem)의 측면에서 본다. 상위 요소(예: 사람, 조직, 엔지니어링 활동 등)는 제약(constraints)을 통해 계층적으로 하위 요소에 영향을 준다.

STAMP는 사회기술 시스템에서 발생하는 사고에 대해 다양한 이해 관계자 간의 정보 파악에 효과적이다. STAMP 모델을 적용할 경우, 사고조사자가 시스템 피드백의 역할을 이해하고 그에 대한 조치를 고려할 수 있다. 동일수준에서 조직적 제약, 기술적 제약 및 개인적 제약을 구조화 할 수 있다. 이러한 맥락에서 STAMP 접근방식과 AcciMap 모델은 유사한 부분이 있다.

레베슨(2019), CAST 핸드북 과기정통부(2019) 및 레베슨(2002)의 STAMP 핸드북을 참조하여 다음과 같은 핵심 절차를 요약한다.

STAMP는 복잡한 사회기술 시스템에 효과적으로 사용되는 사고분석 방법으로 시스템이론을 기반으로 개발되었다. 시스템이론이 추구하는 원칙은 시스템을 부분의 합이 아니라 전체로 취급하는 것이고, 개별 구성 요소의 합보다는 구성 요소 간 상호작용(emergence, 창발적속성)을 중요하게 판단한다. 안전과 보안의 문제점은 창발적 속성으로 인해 발생한다. 다음 그림은 STAMP 창발적 속성(시스템이론)으로 시스템 요인들 간의 상호 작용과 맞물리는 방식으로 시스템이 작동되는 모습이다. STAMP는 물리적 요인과 사람과 시스템 사이의 복잡한 상호작용으로 사고가 발생한다고 믿는다. 따라서 실패(failure) 방지에 초점을 두기보다는 동적 통제 관점에서 상호작용을 바라본다.

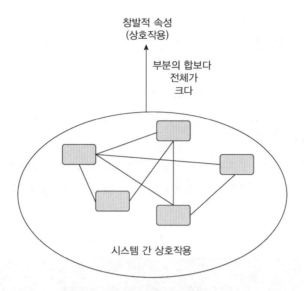

STAMP는 요인 간의 상호작용에 의한 발현적(창발적) 속성의 결과로 사고가 발생한다는 기준을 설정하므로 사고를 예방하기 위한 컨트롤러(controller)를 시스템에 추가할 것을 권장한다. 아래 그림 STAMP 컨트롤러의 제약 활동 강화와 환류와 같이 컨트롤러는 시스템 요인별 상호작용에 대한 통제 활동을 제공하고 시스템 요인은 그 결과를 환류한다. 이러한 과정을 표준 환류 통제 고리(standard feedback control loop)라고 한다.

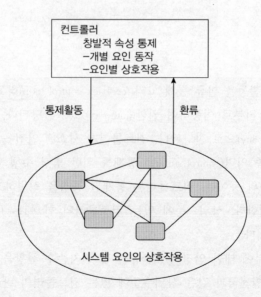

컨트롤러는 시스템을 안전하게 동작시키는 역할을 한다(그녀는 이런 역할을 제약사항인 con-straints로 표현하였다). 제약사항과 관련한 사례로는 '항공기는 안전거리를 두어야 한다', '압력 용기는 안전한 수준으로 유지되어야 한다', '유해화학물질이 누출되어서는 안 된다' 등이 있다. 통제의 일반적인 사례로는 방벽(barrier), 페일세이프(fail safe), 인터락(interlock) 적용 등의 기술적 통제와 교육훈련, 설비정비, 절차 보유 등 사람에 대한 통제 및 법규, 규제, 문화 등 사회적 통제가 있다.

아래 그림 STAMP 안전 통제구조의 기본 구역(the basic building block for a safety control system)과 같이 컨트롤러는 통제된 공정에(controlled process) 통제의 기능을 수행한다.

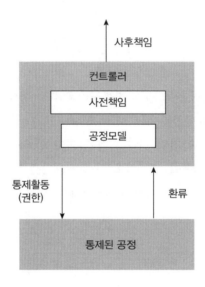

공학에서는 이러한 활동을 환류 통제 고리(feedback control loop)라고 한다. 컨트롤러의 사전책임(responsibility)은 하부로 이동하여 권한(authority)으로 할당된다. 그리고 상부로 이동하여 사후 책임(accountability)으로 할당된다. 컨트롤러가 시스템 안전을 확보하기 위한 활동의 사례로는 비행 시 조종 익면(control surface) 통제를 위한 명령 수행 및 압력탱크의 수위 조절 통제 등의 명령 행위 등이다. 컨트롤러는 통제된 공정을 식별하고 어떤 유형의 통제가 추가로 필요할지 결정한다. 상위수준에 있는 컨트롤러의 한 예는 미국 비행안전국(federal aviation administration)이다.

비행안전국은 교통부에 대한 안전 감독, 규정 및 절차준수 현황을 감시 등의 안전보건관리 책임이 있다. 비행안전국과 같은 상위수준에 있는 컨트롤러의 관리가 미흡할 경우 사고가 발생할 가능성이 크다.

사고는 주로 컨트롤러의 공정이 실제와 맞지 않을 때 발생한다. 그 사례로는 항공 관제사가 두 대의 항공기가 운항 중 충돌하지 않으리라고 판단하고 두 대의 항공기를 동시에 운항하게 하는 경우이다.

컨트롤러가 사용하는 공정과 실제 공정이 다른 또 다른 예는 항공기가 하강하고 있으나 소프트웨어는 상승하고 있다고 판단하여 잘못된 명령을 하는 경우이다. 또한, 조종사가 오판하여 미사일을 발사하는 경우이다. 이런 사고를 예방하기 위해서는 효과적인 통제구조 설계 시 실제상황에 맞는 공정(process) 컨트롤러를 설계하여야 한다.

우리가 일반적으로 사용하는 근본 원인 찾기의 분석 모델은 여러 가지 약점이 있다. 주요 약점은 근본 원인에 치중하여 기타 요인을 무시하거나 제외하는 문제이다. 그 결과 추가적인 개선이 필요한 영역이나 요인이 빠지거나 중요하게 여겨지지 않는다. STAMP 사고조사 기법의 목표는 다양한 사고원인을 포함하고 사후확신 편향(hindsight bias)을 갖지 않는 것이다. 그리고 사람의 행동을 시스템적 관점에서 개선하며, 사고가 발생한 원인에 대해 "왜"와 "어떻게"라는 측면에서 검토한다. 통제가 적절하게 적용되었는지 확인하고 어떻게 개선할지 검토한다.

가. STAMP 분석 절차

STAMP에는 사고조사(CAST, causal analysis based on systems theory), 위험분석(STPA, system-theoretic process analysis), 사전 개념분석(STECA, system-theoretic early concept analysis) 등 여러 기법이 있다. 본 책자에서는 사고조사에 특화된 STAMP CAST를 활용하고 STAMP로 통칭하여 표현한다.

STAMP는 시스템 기반으로 상호작용과 인과관계를 분석하는 기법이다. 사고조사 과정에서 사고가 발생한 원인을 포괄적으로 파악하므로 사고 예방대책을 수립하는 데 효과적이다. 안전 통제구조(model safety control structure)의 안전 제약사항(safety constraints)이 미흡할 경우 사고가 발생한다는 논점을 기반으로 하는 모델이다. 아래 그림은 STAMP 분석 절차 5단계를 보여준다.

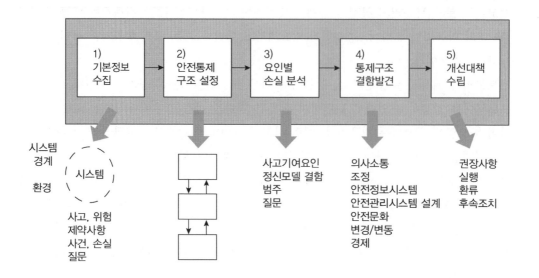

나. STAMP 분석 - 작업장 사례

대형 제품이 조립되는 공장에서 일부 설비에 설치되어야 했던 부품 A가 준비되지 않아 설치를 나중에 하게 되었다. 부품 A를 설치하기 위하여 교대조 A가 가설 비계(scaffolding)를 설치하였다. 교대조 B는 부품 A를 설치하기 위해서는 기존 설비의 일부 구조물을 해체해야 했기 때문에 설치된 비계의 발판을 제거하였다.

일부 구조를 해체하여 비계 구조의 반대편에 있는 리프트에 옮기는 동안 작업자가 제거된 발판 사이로 추락하는 사고가 발생하였다. 회사의 사고조사팀은 이 사고에 대한 분석을 시행하였다. 사고의 직접 원인은 작업자가 높은 곳에서 추락한 것으로 결정하였다. 사고의 기여 요인은 작업자의 경험 부족과 위험이 존재하는 작업임에도 불구하고 지원을 요청하지 않은 점으로 판단하였다. 그리고 근본 원인으로는 비계발판을 제거한 것으로 판단하였다. 사고 원인조사를 통한 단기 대책은 발판을 제거하면 안 된다는 경고 표시 부착과 비계 구조의 발판 고정 여부를 확인하는 것으로 조치하였다. 장기 조치는 작업지침 확보와 작업 전 위험요인을 논의하는 것으로 조치하였다.

이 회사의 사고조사과정을 검토해 보면, 사고에 관한 질문에 작업자가 추락한 것으로 답하였다. 그리고 작업자가 추락한 이유는 무엇이냐는 질문에 대해 상황인식(situation aware-ness)이 부족했거나 실수였다는 답을 하였다. 이러한 사고분석 방식은 정확한 사고원인을 찾기보다는 사람의 행동을 비난하는 방식으로 전개될 수 있다. 즉, 이 사고 보고는 사고와 연관된 작업자를 집중하여 원인을 분석하였다는 점이다.

① 기본정보 수집(assemble basic information)

사고보고서에 언급된 기본정보가 부족하지만, 이 사고를 STAMP 분석 기반으로 분석한다. 먼저 물리적 통제와 관련한 실패 사항은 해당 사항이 없다. 상호작용으로는 작업자가 비계 공간으로 추락한 것이고, 기여 사항은 부적합한 비계가 설치된 것이다.

② 안전통제 구조 설정(model safety control structure)

아래 그림과 같은 비계 추락사고에 대한 안전 통제구조를 설정한다.

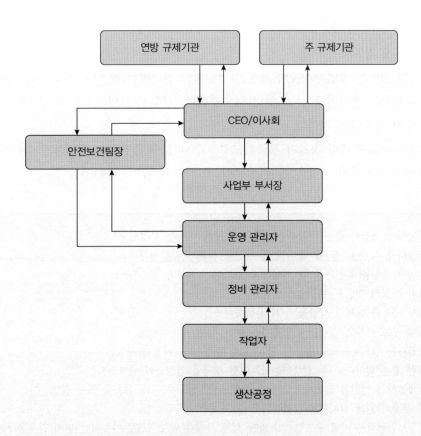

③ 요인별 손실분석(analyze each component in loss)

a. 교대조 A

교대조 A의 책임은 감독자의 요청을 준수하는 것이고 문서 표준을 따르는 것이다. 정신모델(mental model)의 결함으로는 작업자가 당시 어떤 목적의 비계인지 정확히 몰랐다는 것이다. 상황적 요인으로는 비계설치와 관련한 정확한 지침이 없었다는 것이다. 그리고 비계설치를 위한 정확한 안전 정보가 없었다.

b. 교대조 A 감독자

감독자의 책임은 작업자에게 정확한 안전 정보를 주는 것이다. 정신 모델의 결함으로는 어떤 목적의 비계인지 정확히 몰랐다는 것이다. 상황적 요인으로는 비계설치를 위한 정확한 안전 정보가 없었다는 것이다.

c. 교대조 B

교대조 B의 책임은 작업지침을 따라 작업하는 것이다. 정신 모델 결함으로는 작업자가 비계발판 제거로 인한 위험요인을 몰랐다는 것이다. 상황적 요인으로는 비계 제거와 관련한 승인을 얻어야 하는 것을 몰랐다는 것이다.

d. 교대조 B 감독자

감독자의 책임은 작업자가 안전하게 작업수행을 관리하는 것이다. 정신 모델 결함으로는 잠재적 위험을 불충분하게 알고 있었다는 것이다. 상황적 요인으로는 비계 제거와 관련한 지침을 알지 못했다는 것이다.

아쉽게도 사고에 대한 정보가 부족하므로 STAMP를 효과적으로 수행하기 어렵지만, 여기에는 답변이 이루어지지 않은 많은 질문이 아래 표와 같이 존재한다.

- 비계설치 경험이 없는 작업자를 감독하지 않은 이유는 무엇인가?
- 작업자가 비계설치를 할 때 위험을 보고할 체계가 있었는가?
- 위험한 상황을 발견했을 때 적절하게 보고하는 절차가 있는가?
- 설비 운영의 책임은 누구에게 있는가?
- 비계 구조를 해체한 작업을 누가 감독하는가?
- 비계 구조 해체와 관련한 위험평가는 누가 하는가?
- 작업자는 임시방편으로 업무를 한 것으로 추정된다. 이것이 사실인가?
  이런 일은 얼마나 자주 발생하는가? 이런 행동을 경영층이 원하는가?
- 비계설치와 관련한 감독자의 책임은 무엇인가? 감독자는 왜 감독을 하지 않았는가?
- 왜 부품이 원래 설치되지 않았는가?
- 안전보건팀장은 비계 구조설치와 발판 해체 사실을 알고 있었는가? 어떤 관리 감독을 해야 했는가?
- 경영층이 이러한 사실을 알고 있는가? 알고 있다면 왜 사전에 조치하지 않았는가?
- 안전 관련 감사 프로그램은 이런 상황을 파악하였는가?
- 연방규제기관과 주 규제기관의 안전 관련 역할은 무엇인가?

④ 통제구조 결함발견(identify control structure flaws) 및 ⑤ 개선대책 수립(create improvement program)

사고정보가 부족한 상황으로 인하여 통제구조 결함발견이 어려우며, 아래 표와 같은 개선대책을 수립할 수 있다.

- 작업위험성평가를 실시하고 감독자의 승인을 받는다.
- 작업자의 행동을 주기적으로 관찰하고 개선한다.
- 비계 작업에 대한 별도의 안전 지침을 수립하고 교육한다.
- 경영층은 안전문화 수준을 개선한다.
- 현장의 개선 의견을 청취하고 개선한다.
- 급박한 위험이 존재하는 경우 작업을 중지토록 하고 보고받는다.
- 비계설치와 관련한 위험성이 높은 작업은 별도의 전문교육과 경험이 있는 사람이 수행하게 한다.
- 추락의 공간이 발생하면 별도의 안전난간을 설치한다.
- 기본적인 추락 방지 보호구를 착용한다.
- 사고가 날 수 있었던 상황을 자유롭게 보고할 수 있는 분위기를 조성한다.

3.8 데커(Dekker)

Sidney W. A. Dekker(이하 데커)는 1969년생으로 네덜란드에 있는 암스테르담에서 태어났다. 그는 호주 브리즈번에 있는 Griffith University 대학교수로서 Safety Science Innovation Lab을 설립했다. 그는 또한 University of Queensland의 심리학 명예 교수이기도 하다. 그리고 그는 스웨덴 Lund University에서 인적 요소 및 시스템 안전(human factors and system safety) 분야의 교수였으며, 복잡성 및 시스템 사고를 위한 Leonardo da Vinci 연구소를 설립하기도 했다.

그는 스털링의 보잉 737 부기장으로 근무한 경험이 있으며, 인적 요소(human factors)와 안전 분야의 저명한 학자이다. 그가 발행한 간행물로는 A century of understanding accidents and disasters(2019), The Safety Anarchist: Relying on human expertise and innovation, reducing bureaucracy and compliance(2017), The End of Heaven: Disaster and Suffering in a Scientific Age(2017), Just Culture: Restoring Trust and Accountability in your Organization(2016), Safety Differently: Human Factors for a New Era(2015) 및 The Field Guide to Understanding Human Error(2014) 등이 있다.

(1) 인적 오류에 대한 오래된 전망과 새로운 전망(New view and Old view on Human Error)

인적오류는 이탈(deviation)을 포함하고 있으며, 부주의(slip), 망각(lapse), 착각(mistake)과 위반(violation)을 포함한다. 인적오류는 허용 범위를 벗어난 작업, 예상 성능에서 벗어난 결과, 정신적 또는 육체적으로 의도한 결과를 달성하지 못한 상황, 의도했던 행동에 대해 의도하지 않은 실패 그리고 어떤 사건 이후 다른 사람들이 판단하는 행동의 결과이다. 인적오류를 바라보는 오래된 관점(old view)은 결과에 대한 책임을 누군가에게 묻는 것, 문제의 근본 원인을 인적오류로 보는 것, 사고조사의 종점으로 보는 것이다. 하지만, 인적오류를 바라보는 새로운 관점(new view)은 인적오류를 유발한 도구, 작업, 환경, 기능과 관련된 기여요인(contributing factor)을 확인하는 것이다. 그리고 인적오류를 사고조사의 시작점으로 보는 것이다.

(2) 실패로의 표류(Drifting into failure)

가. 실패로의 표류 정의

실패로의 표류(drift into failure, 이하 DIF)는 증가하는 위험을 정상화하려는 환경적 압력, 통제할 수 없는 기술 및 사회적 프로세스에 의해 점진적으로 사고가 발생하는 방향으로 향하는 것이다. 이러한 표류는 정상적으로 작동하는 과정에서 발생할 수밖에 없는 부산물이다. 그리고 우리가 직면하는 경쟁으로 인해 조직은 안전의 마지로선 근처에서 더 큰 위험을 감수해야 한다.

DIF의 모태는 재난 인큐베이터(disaster incubator)로 볼 수 있다. 재난 인큐베이터라는 용어는 1966년 Barry Turner가 사용하였다. 이 용어의 기원은 그가 조사하고 있던 탄광 폐기물이 마을로 흘러 들어간 사고에서 비롯되었다. 그는 사고 조사를 하는 동안 많은 사람들이 위험요인을 알고도 방치하면서 그 위험 수준이 높아지는 상황을 간과하여 점점 사고가 발생하는 상황이 형성되는 과정을 목격하였다. 그는 사고가 발생하는 이유가 그들이 모든 종류의 일을 잘못했기 때문이 아니라, 대부분의 일을 제대로 하고 있다고 믿었기 때문이라고 주장하였다.

나. DIF가 발생하는 이유

DIF가 발생하는 이유 중 큰 요인은 우리 사회의 복잡한 시스템(CS, complex system)증가로 볼 수 있다. 복잡한 시스템에서는 결과가 아닌 확률만 예측할 수 있다. 그리고 복잡성은 설계하기 어렵다. 2008년 발생했던 대형 금융 위기는 복잡한 시스템의 부정적인 면을 잘 설명해 준다.

다. 표류의 다섯 가지 특징(Five characteristics of drift)

1. DIF는 자원 부족과 경쟁으로 인해 발생한다.
2. DIF는 작은 단계로 시작한다. 복잡한 시스템에서는 과거의 성공이 미래의 성공이나 동일한 작업의 안전을 보장하지는 않는다.
3. 복잡한 시스템에서는 입력 조건의 작은 변화와 조기 결정에 민감하다. DIF에 대한 잠재력은 시스템이 훨씬 단순했을 때 매우 작은 이벤트에서 만들어 질 수 있다.
4. 실패에 빠질 수 있는 복잡한 시스템은 불확실성을 만들어내는 특징이 있다.
5. 복잡한 시스템과 환경 사이의 보호(규제) 구조는 작동자와 동일한 압력을 받기 때문에 DIF발생에 기여할 수 있다.

라. 실패 분석(Analysis of failure)

실패는 사고나 부정적인 영향이 이루어진 결과를 의미한다. 따라서 이러한 부정적인 결과를 사전에 예방하기 위해서는 운영 또는 엔지니어링 그리고 시스템의 조직, 관리 및 규제 수준에서 문제의 원인을 찾아야 한다. 시스템 측면에서 사고를 이해하기 위해서는 아래 표의 내용을 검토할 필요가 있다.

- 부분이 아닌 관계로 이해한다.
- 조각난 부분의 단순성이 아니라 전체의 복잡성을 고려한다.
- 선형적 원인은 결과가 아니다.
- 파손된 부품의 합보다 많은 사고 요인이 있다.
- 복잡한 시스템에서의 작업은 세 가지 유형의 제약 조건으로 제한된다.
  - 시스템이 스스로를 유지할 수 없도록 부족한 자원이나 투자(경제적 경계).
  - 워크로드 경계: 작업을 수행할 수 없는 사람 또는 기술
  - 시스템이 기능적으로 실패할 안전 경계
- 재무 부서와 경쟁업체는 조직을 안전과 사고의 경계 지점으로 몰아넣는다.

마. DIF 대응방안(drift into success)

a. 자원/안전 절충

복잡한 시스템을 최적화하기 위해서는 여유와 마진을 지원한다. 다양한 의견을 듣고 반영한다.

b. 작은 단계는 표류를 방지하기 위한 두 가지 기회를 제공한다.

- 작은 (초기) 단계는 항상 발생하고, 개선의 기회를 많이 제공한다.
- 작은 (초기) 단계에서 여러 의견을 들어 개선된다면, 향후 개선 비용을 절약할 수 있다. 이러한 의견개진은 외부 전문가를 활용할 수도 있다.

---

c. 다루기 힘든 기술

우리는 그동안 전통적으로 다루기 힘든 새로운 첨단 기술의 개발로 인해 한동안 익숙해질 때까지 많은 개선이 필요함을 배우고 있다. 따라서 다루기 힘든 기술을 개발할 경우, 다양한 관리 방안을 수립해야 한다.

d. 보호 구조

안전이 감독이라는 개념에는 문제가 있다. 복잡한 시스템에서 완벽이라는 용어를 사용하는 것은 올바르지 않다. 복잡한 시스템은 항상 진화하기 때문이다. 따라서 보호 구조를 현실에 맞게 반영해야 한다.

(3) 다른 안전(Safety differently)

Safety Differently(이하 SD)라는 용어는 2012년 Dekker가 새로 사용한 용어이다. 그는 SD가 안전과 사업, 근로자, 근로자가 직면한 문제, 그리고 그 문제에 대한 해결책에 대한 우리의 관점을 바꾸는 것을 목표로 하는 일종의 운동(movement)이라고 부르고 있다.

가. 전통적인 안전보건관리 접근방식

SD를 충분히 이해하려면 먼저 안전에 대한 전통적인 접근 방식, 즉 일반적으로 "무해(zero harm)"라는 포괄적인 용어를 살펴봐야 한다. 무해의 접근 방식은 경미한 사고를 제거하는 것이다. 그러면, 중대한 사고가 예방하는 결과를 낳는 것으로 설정되어 있다. 즉, 무해의 접근방식은 위험 관리가 미흡하여 사고가 발생한다는 관점에 근거한다. 따라서 사람들의 불안전한 행동 방식을 바꾸면 사고를 완전히 막을 수 있다는 논리이다.

궁극적인 결론에 따르면 위험한 행동을 제거하면 사소한 사고와 아차 사고를 제거할 수 있다. 즉, 가능한 한 무사고 일수를 늘리면 큰 사고와 사망을 예방할 수 있다는 논리이다.

나. 다른 안전의 접근방식(The Safety Differently Approach)

SD 옹호자들은 전통적인 안전보건관리 접근방식과는 다른 의견을 갖고 있으며, 그들의 접근방식이 비논리적이라고 말한다. 전통적인 안전보건관리 접근방식을 추구해 왔던 시대에는 대부분 하인리히의 여러 안전관련 원칙에 사로잡혀 비논리적인 관리 방식을 추구해왔던 것은 사실이다.

SD의 접근방식은 전통적인 안전보건관리 접근방식과는 다르게 단순히 사고가 없는 날이 지속된다고 하여 모든 사항이 잘되고 있다고 가정하지 않는다는 것이다. 그리고 사고는 언제든지 서로 다른 이유로 발생하므로 이에 대한 집중이 필요하다고 본다. 즉, 이러한 집중에는 복잡한 시스템 검토, 변동성 검토, 사람의 불안전한 행동, 유연한 관리 등이 포함된다.

다. 다른 안전의 원칙

- 사람은 문제가 아니라 해결의 일부이다.
- 안전은 부정적인 요소가 없는 것이 아니라 긍정적인 요소가 존재하는 것이다.
- 안전은 윤리적 책임이며 단순히 법적 책임에 관한 것이 아니다.

라. 다른 안전의 실행

SD가 현장에서 작동하는가? 이런 질문에 대한 답변은 명쾌하지 않은 것 같다. 그 이유는 SD와 관련한 여러 선행 연구가 별로 없기 때문인 것 같다. 하지만 SD는 우리가 그동안 전통적인 안전보건관리로 인해 여러 부작용(집중해야 할 곳에 효과적인 자원 투입 등)을 가졌던 것을 깨닫도록 해 주는 기회를 제공해 주었다고 생각한다.

SD를 통해 안전보건관리에 대한 새로운 시각으로 관리 방식을 전환하는 검토와 실행 연구가 활발해져야 할 것으로 생각한다.

참조 문헌과 링크

김도균, & 김재신. (2019). '김용균법'과 경기도 산업안전 대응방안. *이슈 & 진단*, 1-26.

권미정. (2020). 김용균의 죽음, 그 후 1년. *비정규 노동 (월간)*, 140, 28-33.

김병석. (2009). 국내. 외 산업재해 보상보험제도의 비교 고찰. *대한안전경영과학회지*, 11(4), 25-33.

고도현, 김정수, & 최경호. (2014). 구미 불산 누출사고로 인한 주변지역 환경영향권 설정에 관한 연구. *한국환경보건학회지*, 40(1), 27-37.

구슬기, 최인자, 김원, 선옥남, 김신범, & 이윤근. (2013). 구미 불산 누출사고 지점 주변 식물의 불소화합물 농도 분포 및공기 중 불화수소 농도 추정에 관한 연구. *한국환경보건학회지*, 39(4), 346-353.

대전지방법원. (2023). 화력발전소 협력업체 근로자 사망사건(대전지방법원 2022노 462).

박두용. (2014). 유해작업 사내도급 금지와 관련된 논란 및 개정방안에 관한 고찰. *한국산업보건학회지*, 24(1), 1-13.

이경숙, 김경란, 김효철, & 김경수. (2005). 미국 산업안전보건의 역사와 관련 규제에 관한 고찰. *한국지역사회생활과학회 학술대회 자료집*, 177-179.

이정모, 장병탁. (2012). 인지과학과 인지시스템. *한국정보과학회*, 30(12), 9-18.

안종주. (2022). 국내 주요 직업병 및 생활제품 위해 사건과 전문가의 역할. 1. *한국환경보건학회지*, 48, 19-27.

전형배. (2010). 영국 산업안전보건 체계의 시사점. *노동법논총*, 20, 349-388.

조흠학, & 이관형. (2011). 행정법으로의 산업안전보건법에 관한 법률적 의미. *강원법학*, 34, 407-444.

조명아. (2019). [뉴스 부문 _ 취재후기] 하청업체 비정규직 노동자 김용균 씨의 죽음. *방송기자상 수상집*, 305-306.

Allison, C. K., Revell, K. M., Sears, R., & Stanton, N. A. (2017). Systems Theoretic Accident Model and Process (STAMP) safety modelling applied to an aircraft rapid decompression event. *Safety science*, 98, 159-166.

Anderson, J., & Visser, J. K. (2013). Bird's accident ratio: The validity within the South African fertiliser manufacturing industry. *Safety, Reliability and Risk Analysis: Beyond the Horizon*, 85.

Alexander, T. M. (2019). A case based human reliability assessment using HFACS for complex space operations. *Journal of Space Safety Engineering*, 6(1), 53-59.

Bird Jr, F. E. (1966). Damage control: A new horizon in accident prevention and cost improvement. *Am Management Assoc.*

Busch, C. (2021). *Preventing Industrial Accidents: Reappraising HW Heinrich-More than Triangles and Dominoes*. Routledge.

Dekker, S., & Pruchnicki, S. (2014). Drifting into failure: theorising the dynamics of disaster incubation. *Theoretical Issues in Ergonomics Science*, 15(6), 534-544.

Dekker, S. (2014). *Safety differently: Human factors for a new era*. CRC Press.

Geller, E. S. (1994). Ten principles for achieving a total safety culture. *Professional Safety*, 39(9), 18.

Geller, E. S. (2016). *The psychology of safety handbook*. CRC press.

Geller, E. S. (2005). Behavior-based safety and occupational risk management. *Behavior modification*, 29(3), 539-561.

Hollnagel, E., & Woods, D. D. (1983). Cognitive systems engineering: New wine in new bottles. *International journal of man-machine studies*, 18(6), 583-600.

Hollnagel, E. (1991). A Goals-Means Task Analysis Method.

Hollnagel, E., Woods, D. D., & Leveson, N. (Eds.). (2006). *Resilience engineering: Concepts and precepts*. Ashgate Publishing, Ltd.

Health and safety executive. (2007). "HSE Human factors briefing note no.7 safety culture", pp. 1-2.

Hollnagel, E. (2010, May). How resilient is your organisation? An introduction to the resilience analysis grid (RAG). In *Sustainable transformation: Building a resilient organization*.

Hollnagel, E., Hounsgaard, J., & Colligan, L. (2014). *FRAM-the Functional Resonance Analysis Method: a handbook for the practical use of the method*. Centre for Quality, Region of Southern Denmark.

Hollnagel, E., Wears, R. L., & Braithwaite, J. (2015). From Safety-I to Safety-II: a white paper. *The resilient health care net: published simultaneously by the University of Southern Denmark, University of Florida, USA, and Macquarie University, Australia*.

Hollnagel, E. (2015). RAG-resilience analysis grid. Introduction to the Resilience Analysis Grid (RAG).

Hollnagel, E. (2018). Safety-I and safety-II: the past and future of safety management. CRC press.

Health and Safety Executive. (2013). The Health and Safety (First-Aid) Regulations 1981. *Guidance on regulation*.

Heinrich, H. W. (1941). Industrial Accident Prevention. A Scientific Approach. *Industrial Accident Prevention*. A Scientific Approach., (Second Edition).

Heinrich, H. W. (1950). Industrial Accident Prevention. A Scientific Approach. *Industrial Accident Prevention*. A Scientific Approach., (third Edition).

Krause, T., & Hidey, J. H. (1990). The behavior-based safety process.

Larouzee, J., & Le Coze, J. C. (2020). Good and bad reasons: The Swiss cheese model and its critics. *Safety science*, 126, 104660.

Manuele, F. A. (2011). Reviewing Heinrich. *Professional Safety*, 56(10), 52-61.

Petersen, D. (2001). Safety management: *A human approach*. Amer Society of Safety Engineers.

Rasmussen, J. (1997). Risk management in a dynamic society: a modelling problem. *Safety science*, 27(2-3), 183-213.

Reason, J. (1990). *Human error*, Cambridge university press.

Reason, J., & Reason, J. T. (1997). Managing the risks of organizational accidents Ashgate Aldershot.

Reason, J., Hollnagel, E., & Paries, J. (2006). Revisiting the Swiss cheese model of accidents. *Journal of Clinical Engineering*, 27(4), 110-115.

Reason, J. (2012). James Reason: Patient safety, human error, and Swiss cheese. *Quality management in health care*, 21(1), 59-63.

Reason, J. (2016). *Organizational accidents revisited*. CRC press.

Schneider, J., VanStrander, K., & Brandine, J. (2004). Benchmark report of the Occupational Safety and Health Administration (OSHA) Voluntary Protection Program (VPP) and the Safety and Health Achievement Recognition Program (SHARP).

Sidney, D. (2014). "The field guide to understanding human error", CRC Press Taylor & Francis NW, pp. 1-26.

Stein, M. A. (2002). Priestley v. Fowler (1837) and the emerging tort of negligence. BCL Rev., 44, 689.

Strauch, B. (2017). *Investigating human error: Incidents, accidents, and complex systems*. CRC Press.

Sulzer-Azaroff, B., & Austin, J. (2000). Does BBS work. *Professional Safety*, 45(7), 19-24.

Toft, Y., Dell, G., Klockner, K., & Hutton, A. (2012). Models of causation: Safety.

Turney, R. D., & Alford, L. (2003). "Improving human factors and safety in the process industries", Institution of Chemical Engineers, pp. 398-399.

Underwood, P., & Waterson, P. (2014). Systems thinking, the Swiss Cheese Model and accident analysis: a comparative systemic analysis of the Grayrigg train derailment using the ATSB,

AcciMap and STAMP models. *Accident Analysis & Prevention*, 68, 75-94.

Waterson, P., Jenkins, D. P., Salmon, P. M., & Underwood, P. (2017). 'Remixing Rasmussen': the evolution of Accimaps within systemic accident analysis. *Applied ergonomics*, 59, 483-503.

Waterson, P., Le Coze, J. C., & Andersen, H. B. (2017). Recurring themes in the legacy of Jens Rasmussen. *Applied ergonomics*, 59(Pt B), 471-482.

William, H. H. (1959). Industrial accident prevention: A scientific approach. *McGraw-Hill Book Company*, Boston.

Zhan, Q., Zheng, W., & Zhao, B. (2017). "A hybrid human and organizational analysis method for railway accidents based on HFACS-Railway Accidents (HFACS-RAs)", *Safety science*, 91, pp. 232-250.

DNV. (2023). A Tribute to Frank E. Bird Jr. Retrieved from: URL: https://www.dnv.com/oil-gas/international-sustainability-rating-system-isrs/tribute-to-frank-bird.html.

Erik Hollnagel. (2023). A brief introduction to the FRAM. Retrieved from: URL: https://functionalresonance.com/brief-introduction-to-fram/.

Erik Hollnagel. (2023). CREAM - Cognitive Reliability and Error Analysis Method. Retrieved from: URL: https://erikhollnagel.com/ideas/cream.html.

Erik Hollnagel Homepage. (2023). The ETTO Principle. Retrieved from: URL: https://erikhollnagel.com/ideas/.

Erik Hollnagel. (2023). Goals-Means Task Analysis (GMTA). Retrieved from: URL: https://erikhollnagel.com/ideas/gmta.html.

Global Cognition. (2023). What is Cognitive Task Analysis. Retrieved from: URL: https://www.globalcognition.org/cognitive-task-analysis/.

GOLDEN GATE BRIDGE. (2023). Construction. Retrieved from: URL: https://www.goldengate.org/bridge/history-research/bridge-construction/construction/.

HSE. (2023). Manual handling - Manual Handling Operations Regulations 1992. Retrieved from: URL: https://www.hse.gov.uk/pubns/priced/l23.pdf.

HSE. (2023). Working with display screen equipment (DSE). Retrieved from: URL: https://www.hse.gov.uk/pubns/indg36.PDF.

Skybrary (2023). Safety Management. Retrieved from: URL: https://www.skybrary.aero/articles/safety- management.

Sydney Dekker Homepage. (2023). Retrieved from: URL: https://sidneydekker.com/.

Engineering Ideas. (2023). Drift Into Failure by Sidney Dekker - notes on the book. Retrieved from: URL: https://engineeringideas.substack.com/p/drift-into-failure-by-sidney-dekker.

What is safety differently. (2023). Retrieved from: URL: https://myosh.com/blog/2020/07/15/what-is-safety-differently/.

WIKIPEDIA. (2023). Triangle Shirtwaist Factory fire. Retrieved from: URL: https://en.wikipedia.org/wiki/Triangle_Shirtwaist_Factory_fire.

WIKIPEDIA. (2023). National Safety Council. Retrieved from: URL: https://en.wikipedia.org/wiki/National_Safety_Council.

WIKIPEDIA. (2023). Occupational Safety and Health Administration. Retrieved from: URL: https://en.wikipedia.org/wiki/Occupational_Safety_and_Health_Administration.

WIKIPEDIA. (2023). E. Scott Geller. Retrieved from: URL: https://en.wikipedia.org/wiki/E._Scott_Geller.

WIKIPEDIA. (2023). Nancy Leveson. Retrieved from: URL: https://en.wikipedia.org/wiki/Nancy_Leveson.

제4장

안전보건경영시스템

제4장   안전보건경영시스템

I. 시스템

1. 일반적인 시스템의 정의

"시스템"은 "보는 것"을 의미한다. 19세기 열역학을 공부한 프랑스 물리학자 Nicolas Léonard Sadi Carnot는 자연과학에서 시스템의 개념을 개척한 사람이다. 그는 1824년 열이 가해질 때 시스템이 수행하는 증기 기관의 작동 물질(일반적으로 수증기체)을 연구했다. 작동 물질은 보일러, 냉각 저장소(냉수의 흐름) 또는 피스톤(작동체가 밀어서 작업을 수행할 수 있음)과 접촉하여 시스템적인 기능을 발휘한다. 1850년 독일의 물리학자 Rudolf Clausius는 주변환경을 감안하여 시스템을 언급할 때 작업체(working body)라는 용어를 사용하기 시작했다. Norbert Wiener와 Ross Ashby는 수학을 사용하여 시스템 개념을 발전시켰다. 1980년대에 John Henry Holland, Murray Gell-Mann 등은 복잡한 적응 시스템(complex adaptive system) 이라는 용어를 만들었다.

시스템이란 통일된 전체를 형성하는 정기적으로 상호 작용하거나 상호 의존하는 항목 그룹이다. 그리고 함께 작동하는 연결된 사물 또는 장치의 집합이라고 정의할 수 있다. 시스템은 외부에서 입력을 받아 관리 및 처리하여 그 결과를 출력으로 보내는 기능을 한다. 다음 그림은 시스템의 요소를 보여주는 그림이다.

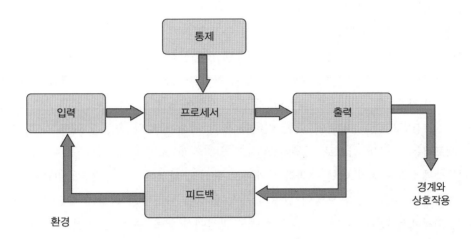

시스템에는 특정 프로세스를 거쳐 특정 출력을 생성하는 다양한 입력이 있다. 그리고 시스템은 일반적으로 단순한 것에서 복잡한 것까지 다양하고, 더 작은 여러 시스템 또는 하위 시스템으로 구성된다. 따라서 시스템의 한 부분이 변경되면 전체 시스템의 특성도 변경된다. 시스템에는 생물학적 시스템(예: 심장), 기계 시스템(예: 온도 조절기), 인간/기계 시스템(예: 자전거 타기), 생태계(예: 포식자/피식자) 및 사회적 시스템 등 수많은 유형이 있다.

2. 시스템 이론

시스템 이론은 1975년 John Wiley에 의해 소개된 'Systems Thinking' 이론을 기반으로 한 것으로 시스템은 시스템을 이루는 각 부분(예: 서브시스템, 컴포넌트)의 단순 합이 아니라, 각 부분의 유기적인 상호작용에 의해 이루어진다는 개념을 바탕으로 한다. 시스템을 각 부분들이 유기적으로 상호작용을 하는 통합적(Holistic) 관점에서 바라볼 때, 각 부분들이 개별적으로 갖는 고유한 역할과 속성 외에 새로운 속성이 추가적으로 발현(emergence)되는데, '안전(Safety)'이 대표적인 발현 속성(Emergent Property)에 해당한다. 시스템 이론을 이해하기 위해서는 다음과 같은 두 가지 개념, '발현(emergence)'과 '커뮤니케이션 및 제어(communication & control)'에 대한 이해가 필요하다.

2.1 발현(Emergence)

발현(Emergence)에 대한 개념을 이해하기 위해서는 먼저 시스템을 통합적으로 바라보는 관점에 대한 인식이 필요하다. 시스템은 컴포넌트 간 계층 구조로 이루어진다. 시스템을 구성하는 컴포넌트들은 각각 고유한 역할(responsibility)을 가지고 동일 계층 또는 상·하 계층에 속한 다른 컴포넌트들과 제어(control) 또는 피드백(feedback)과 같은 상호 영향을 미친다.

이 같은 상호작용 관계에서 한 컴포넌트의 동작 결과가 다른 컴포넌트에 동작에 대한 제약사항(constraints)으로 작용하기도 한다. 시스템을 통합적 관점, 즉 컴포넌트 간의 긴밀한 상호작용으로 이루어진 하나의 통합된 개체로 인식할 때, 시스템을 단순 개별 컴포넌트의 조합으로 바라볼 때 나타나지 않았던 새로운 속성이 나타나는데 이 같은 특성을 발현 (Emergence)이라고 한다. 발현에 대한 이해를 돕기 위해 사과의 속성을 예로 들면, 사과는 사과 세포라는 부분의 합으로 이루어진다. 그러나 사과 모양(shape of apple)이라는 속성은 사과를 사과세포 단위가 아닌 사과라는 개체로 통합적 관점에서 보았을 때 비로소 얻을 수 있는 속성이다. 바로 사과 모양이 발현의 특성에 의해 나타나는 속성에 해당한다.

같은 맥락에서 '안전'이 대표적인 시스템적 관점에서 얻을 수 있는 발현 속성이라 할 수 있다. '안전'에 대한 흔한 오해 중의 하나는 시스템을 구성하는 컴포넌트 각각의 '신뢰성'을 보장하면 안전이 자연스럽게 보장될 수 있다는 생각이다. '신뢰성'이 보장된다고 하여 반드시 '안전'이 보장되는 것은 아니다. 가령, 원자력 발전소가 안전한가에 대해 고려할 때, 원자력 발전소를 구성하는 중요 서브시스템 또는 컴포넌트(예: 냉각수 밸브)들이 목표로 설정된 '신뢰성' 수치를 달성하여 정상적으로 동작한다고 해서 원자력 발전소가 '안전'하게 운영된다고 보기는 어렵다.

원자력 발전소가 안전하게 운영되는지를 판단하기 위해서는 원자력 발전소를 구성하는 서브시스템 또는 컴포넌트 간 상호작용과 영향, 관련 정책/지침, 운영자의 행동, 운영 상황 등이 유기적인 상호작용을 통해 어떤 영향을 미치는지 종합적으로 고려해야만 판단할 수 있기 때문이다.

2.2 커뮤니케이션 및 제어(communication & control)

시스템 이론의 기반이 되는 또 다른 개념은 상호작용, 즉 커뮤니케이션 및 제어 (communica-tion & control)이다. 시스템이 최소 2개 이상의 계층구조로 이루어져 있을 경우, 계층구조상에서 상위 레벨에 있는 컴포넌트는 인터페이스를 통해 다른 컴포넌트와 커뮤니케이션 (communication)을 하여 Control Action을 내리고 이에 대한 Feedback을 전달받는 Control Loop 구조는 다음 그림과 같다.

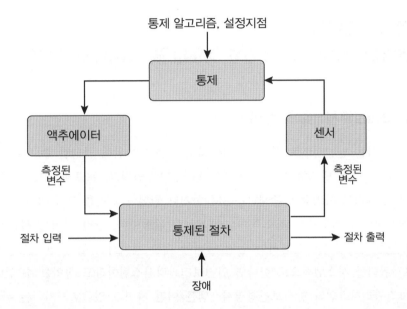

계층적 관계에서 Control Loop 구조는 기본적으로 Controller, Actuator, Sensors, Controlled Process로 이루어진다. Feedback(Measured Variables)을 통해 프로세스 상태를 파악하고 사전에 정의된 알고리즘에 따라 Actuator에 Control Action(Controlled Variables)을 내린다. 이어, Controlled Process는 Actuator에 의해 전달받은 Controlled Action(Controlled Variables)에 따라 프로세스를 수행한다.

계층적 관계에서 각 레벨은 하위 레벨의 동작을 허용하거나 제어하기 위한 제한(behavior constraints)을 가한다. Control Action을 하위 레벨 컴포넌트에 대한 일종의 제한으로 간주할 수 있다. 사고는 부적절한 컨트롤이 일어나거나 안전 제약사항(Safety Constraints)이 하위 레벨 컴포넌트에서 충분히 이행되지 않았을 때 발생한다. 부적절한 컨트롤은 안전 제약사항이 누락, 즉 안전을 위해 이행되어야 하는 책임의 식별과 할당이 누락되거나 잘못된 피드백 등에 의해 부적절한 제어 명령이 내려지는 경우 또는 명령은 정상적으로 전달이 되었지만 하위 레벨에 의해 잘못 이행되는 경우 발생할 수 있다.

시스템 안전을 보장하기 위한 접근 방법이 기존에는 동작의 실패를 줄이는 데 주안점을 두었으나, 최근에는 시스템 동작에 적절한 안전 제약사항을 가하는 방향으로 패러다임 전환이 일어나고 있다.

II. 안전보건경영시스템 (Occupational Health and Safety Management)이란?

1. 안전보건경영시스템의 정의

안전보건관리는 일반적으로 서비스 또는 제품 사용으로 인해 발생할 수 있는 사고, 작업과 관련한 부상 등을 방지하기 위한 일련의 원칙, 프레임워크, 프로세스 및 조치를 적용하는 활동이다. 그리고 사업장에 존재하는 유해하거나 위험한 요인을 찾아 과학적인 기술이나 기법을 적용하여 위험수준을 최소화하는 체계적인 활동이다. 안전 관리는 필요한 조직 구조, 책임, 정책 및 절차를 포함하여 안전 관리에 대한 체계적인 접근 방식을 의미한다.

안전보건관리를 시스템적으로 한다면 안전보건관리시스템이라고 정의할 수 있다. 그렇다면 안전보건관리시스템과 안전보건경영시스템은 어떤 차이가 있을까? 차이는 관리라는 용어 또는 경영이라는 용어로 다르게 사용되는 것이다. 관리라는 용어가 경영이라는 용어보다 협소적이라는 의미를 부여하고, 안전보건관리가 회사 전체의 경영의 한 축으로 운영되어야 한다는 의미를 부여하고자 안전보건경영시스템이라는 용어를 사용하는 것으로 저자는 생각한다. 그리고 ISO나 KOSHA의 인증을 안전보건경영시스템 인증으로 통칭하고 있는 것도 하나의 이유라고 생각한다. 일부 학자들은 사업장의 위험 요인을 보다 근접하여 통제할 수 있다는 의미로 안전보건관리시스템이라는 용어를 사용해야 한다고 주장하기도 한다.

국제적으로 통용되는 안전보건경영시스템이라는 용어를 살펴보면, 국제노동기구인 ILO와 ISO 45001은 OSHMS(Occupational Safety and Health Management Systems)라고 부르고 있고, 국제민간항공기구 ICAO는 SMS(Safety Management Systems)라고 부르고 있다. 본 책자에서는 안전보건경영시스템이라는 용어로 통칭하여 사용한다.

안전보건경영시스템의 정의를 국제적인 기준으로 살펴보면, 아래의 표와 다양한 내용이 있으나, 주요 내용은 사업의 최고경영자(사업주)가 안전보건 정책(policy)을 공포하고, 이에 대한 계획(Plan)을 수립하는 것이다. 그리고 설정한 계획을 운영(Do) 및 조치(Check)하여 개선사항을 보완(Action)하는 개선하는 일련의 체계적인 활동을 문서로 만든 안전보건경영체계를 말한다.

구분	내용
ILO (2001)	안전보건 정책 및 목표를 설정하고 이러한 목표를 달성하기 위한 일련의 상호 관련되거나 상호 작용하는 요소
ISO 45001(2018)	안전보건정책을 달성하기 위해 사용되는 경영시스템의 일부이다(경영시스템이란 조직체가 방침, 목적 및 그 목적 달성을 위한 프로세스를 확립하기 위한 조직체의 상호 관련되거나 상호 작용하는 요소들의 세트를 말한다).
ICAO (2018)	필요한 조직 구조, 책임, 책임, 정책 및 절차를 포함하여 안전 관리에 대한 체계적인 접근 방식

2. 안전보건경영시스템의 역사

산업재해로 인한 직접 및 간접적인 피해를 줄이기 위한 국내와 해외의 산업재해예방 접근방식을 살펴보면, 안전설계를 반영한 공학적·기술적인 안전대책이 선행되어 왔는데, 이는 많은 투자비용이 소요되므로 주로 허용할 수 있는 위험(tolerable risk) 수준 내에서 사람의 인식과 행동을 변화시키기 위해 안전보건경영시스템이 구축되어 적용하여 왔다. 안전보건경영시스템이란 안전보건과 관련한 위험관리를 통해 업무 관련 부상 및 건강 악화를 방지하는 체계적인 활동으로 알려져 왔다.

3. 안전보건경영시스템의 종류와 개요

국제적으로 통용되어온 안전보건경영시스템의 종류를 살펴보고, 각 안전보건경영시스템의 개요를 살펴본다.

3.1 HGS 65(1991)

HSG(Health and Safety Guideline) 65는 건강 및 안전 관리에 대한 계획, 실행, 점검 및 조치(Plan, Do, Check, Act, 이하 PDCA) 접근 방식을 설명하는 영국의 HSE(Health and Safety Executive's) 가이드라인이다. 이 가이드라인은 PDCA 접근 방식을 설명하고 관리의 시스템과 행동 측면 간의 균형을 지원한다. 이 가이드라인을 통해 조직의 건강 및 안전 조치를 시행하거나 감독해야 하는 사람들 그리고 근로자와 근로자 대표, 보건 및 안전 실무자 및 교육 제공자들은 안전보건과 관련한 여러 지침을 알 수 있다. 이 가이드라인은 1991년 처음 만들어진 이후 1997년 개정되었고, 2013년 최종 개정되었다. 이 가이드라인은 다음의 상단 그림처럼 기존에 운영하던 안전보건경영시스템 핵심 요소의 Policy, Organizing, Planning, Measuring performance, Auditing and Review에서 하단 그림과 같이 PDCA 모델 방식으로 변경되어 운영되고 있다.

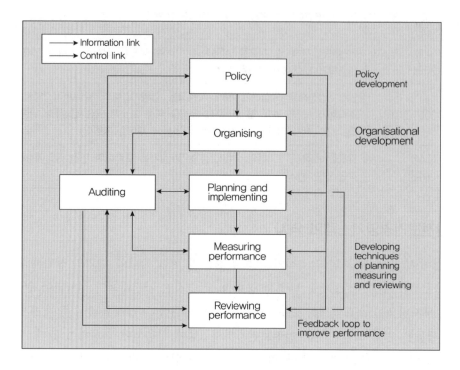

　　PDCA는 체계에 따라 시스템과 관리측면의 균형을 이룬다. PDCA를 통해 안전보건 관리
가 독립된 시스템이 아닌 상호 영향을 주고받는 시스템으로 운영할 수 있다. 산업분야마다
그 수준의 차이는 있지만, 일반적으로 적용되는 PDCA의 내용은 다음과 같다.

계획(Plan)에는 안전보건에 대한 목표 설정과 달성, 책임, 선행지표와 후행지표의 측정 및 정책 이행 내용들이 포함된다. 그리고 화재나 비상상황에 대한 고려와 시설이나 조직의 변경과 관련한 내용 또한 포함된다. 실행(Do)에는 위험평가, 위험을 입을 대상과 시설, 위험관리 방안 및 위험에 대한 개선 조치 우선순위를 포함하는 위험내역을 확인하는 단계가 있다. 근로자가 참여하고 소통하는 방안, 긍정적인 행동 변화 그리고 필요한 자원 활용을 포함하는 계획을 이행할 수 있는 활동을 조직하는 것이 포함된다. 그리고 필요한 예방조치 결정과 시행, 작업에 적절한 도구와 장비 사용, 교육훈련 및 규정 준수 여부 감독을 포함하는 계획 실행이 포함된다. 점검(Check)에는 계획에 대한 조치 내용, 위험의 통제 여부, 목표 달성을 포함하는 성과측정이 포함된다. 그리고 사고, 사건 또는 아차사고에 대한 원인조사가 포함된다. 조치(Act)에는 사고, 사건 및 위험요인 등을 배우는 내용이 포함된다. 그리고 감사나 검사 결과에 따른 적절한 조치를 취하는 것이 포함된다.

HSG 65 가이드라인은 Introduction, Part 1(Core elements of managing for health and safety), Part 2(Are you doing what you need to do?), Part 3(Delivering effective arrange-ments-Plan/Do/Check/Act), Part 4(Resources) 및 Further information으로 구성되어 있다.

3.2 BS 8800(1996)

BS(British Standard) 8800은 1996년 BSI에 의해 발행된 안전보건경영시스템이다. BSI(British Standards Institutions)는 1901년 런던에서 엔지니어링 표준위원회로 설립되었다. 그 후 표준화 작업을 연장하고 1918년 영국 엔지니어링 표준 협회가 되었으며, 1929년에 왕실 헌장을 받은 후 1931년 영국 표준 기관이라는 이름을 채택했다. 1998년에 헌장의 개정을 통해 조직은 다른 사업을 다각화하고 인수할 수 있었으며 이름을 BSI 그룹으로 변경하였다. 이 그룹은 현재 195개국에서 운영되고 있다. 핵심 비즈니스는 표준 및 표준 관련 서비스로 남아 있지만 그룹 수익의 대부분은 관리 시스템 평가 및 인증 작업에서 비롯된다.

BS 8800은 명시된 안전보건 정책 및 목표를 준수하는 데 도움을 주기 위한 안전보건경영시스템에 대한 지침과 조직의 전체 관리 시스템 내에 안전보건이 어떻게 통합되어야 하는지에 대한 지침을 제공한다.

BS 8800 안전보건경영시스템 가이드는 1. Scope, 2. Terms and definitions, 3. OH&S management system elements(3.1 general, 3.2 Initial status review, 3.3 OH&S policy, 3.4 Organizing, 3.5 Planning and implanting, 3.6 Measuring performance, 3.7 Investigation and response, 3.8 Audit, 3.9 Reviewing performance)으로 구성되어 있다. 그리고 Annex A(informative) Comparison with other management system standards, Annex B(normative) Guidance on organizing, Annex C(normative) Promoting an effective OH&S management system,

Annex D(normative) Guidance on planning and implementing, Annex E(normative) Guidance on risk assessment and control, Annex F(normative) Measuring performance and audit 및 Annex G(normative) Hazardous event investigation로 구성되어 있다.

3.3 OHSAS 18001(1999)

OHSAS 18001은 국제적으로 통용되는 영국의 안전보건경영시스템 표준이다. 이 표준은 작업장에서 위험을 확인하고 개선하기 위한 검증 가능한 방법을 계획, 문서화 및 구현함으로써 조직이 작업 관련 안전보건 성과를 개선하기 위한 요구 사항을 설정한다.

OHSAS 18001의 장점은 조직의 안전보건 관련 문제를 개선하도록 지원하는 것이다. 그리고 사고 조사 프로세스를 개선하고 조직의 법적 요구 사항을 준수하도록 지원한다. OHSAS 18001은 ISO 9001 및 ISO 14001 경영시스템 표준과 통합하여 관리할 수 있는 장점이 있다.

OHSAS 18001이 제정되기까지는 여러 상황이 존재하였다. 국제표준화 기구 ISO는 1987년 품질경영시스템 ISO 9000을 제정하고, 1996년 환경경영시스템 ISO 14000을 제정하였다. 그리고 안전보건경영시스템 ISO 18001을 1994년 5월에 최초로 제안하였다. ISO의 제안에 따라 규격화 필요 여부를 논의한 결과, 안전보건경영시스템 체계의 필요성은 인정하면서도 국제규격으로서 안전보건경영시스템을 제정하기는 어렵다는 결정이 내려졌다. 한편, 1999년 11월 국제노동기구 ILO는 안전보건경영시스템의 필요성을 느끼고 이에 대한 가이드라인을 개발하기로 결정하였다.

2000년 4월 ISO는 안전보건경영시스템 제정을 위한 전문위원회(Technical Committee)를 설치하자고 제안하였지만, 각국의 ISO 위원들로 구성된 회의에서 부결되었다. 또한 2007년 안전보건경영시스템 제정을 위한 찬반 설문조사 결과, 찬성표가 많았지만, 주요국이 반대를 하면서 안전보건경영시스템 규격화는 지지를 받을 수 없었다. 안전보건경영시스템이 ISO 규격화로 보류·부결된 이유는 아래 표와 같다.

- 안전보건과 관련한 내용은 각국의 법령에 사용자의 의무로 이미 명시되어 있다.
- 안전보건과 관련한 윤리, 권리와 의무, 사회적 파트너의 참가와 관련되어 있기 때문에 국제규격의 제정은 곤란하다.
- ILO 가이드라인을 기반으로 자국의 상황에 맞는 인증기준을 작성·운영하고 있는 국가가 많으므로 ISO 규격은 불필요하다.
- ILO가 안전보건경영시스템 가이드라인을 2001년에 공표한 바 있으므로 ISO 규격이 제정되면 중복된다.

1999년 안전보건경영시스템이 ISO 규격으로 제정되지 못하고 보류되면서 영국의 BSI (British Standards Institute)를 중심으로 여러 국가의 규격기관, 대규모 심사등록기관(인증기관), 안전보건전문기관 등이 안전보건경영시스템 체계로 OHSAS 18001을 제정하였다. 그리고 2000년 OHSAS 18001의 해설판인 OHSAS 18002(Guidelines for the implementation of OHSAS 18001)가 발행되었다. 그리고 2002년 OHSAS 18001/18002에 대한 1차 개정이 있었고, 2007/2008년에 2차 개정이 있었다.

OHSAS 18001은 Introduction, 1. Scope, 2. Reference publication, 3. Terms and defi-nitions, 4. OH&S Management system requirements(4.1 General Requirements, 4.2 OH&S Policy, 4.3 Planning, 4.4 Implementation and Operation, 4.5 Checking, 4.6 Management Review), Annex A(CORRESPONDENCE BETWEEN OHSAS 18000:2007, ISO 14001:2004 and ISO 9001:2000), Annex B(CORRESPONDENCE BETWEEN OHSAS 18001, OHSAS 18002, and the ILO-OSH: 2001 GUIDELINES ON OCCUPATIONAL SAFETY AND HEALTH MANAGEMENT SYSTEMS), ANNEX C CORRESPONDENCE BETWEEN THE CLAUSES OF THE OHSAS DOCUMENTS AND THE CLAUSES OF THE ILO-OSH GUIDELINES로 구성되어 있다.

3.4 ILO-OSH 2001

ISO 18001이 안전보건경영시스템의 국제 규격으로 인정받지 못하는 동안 국제 노동기구 ILO는 2001년 12월 'ILO-OSH(Occupational Safety and Health) 2001'라고 불리는 안전보건경영시스템 가이드라인을 처음으로 제정하였다. 산업안전보건은 ILO의 주요 관심사 중의 하나로 ILO에서는 1900년대 초부터 노동조건에 관한 협약(Convention)과 권고(Recommendation)를 제정해 왔고 1960년부터는 산업안전보건에 관한 여러 가지 협약과 권고를 발표해 왔다. 따라서 ILO에서 2001년 안전보건경영시스템에 관한 지침을 개발하고 발표한 것이다.

ILO가 제정한 안전보건경영시스템의 지침은 공식적으로 ILO/OSH 2001로 명명되었으며, 안전보건경영시스템을 지칭할 때는 보통 OSH-MS 또는 ILO/OSH 2001로 표기한다. ILO의 안전보건경영시스템의 기본개념이나 원리는 ISO 14001이나 OHSAS 18001과 크게 다르지 않다. 그러나 ILO/OSH 2001은 OHSAS 18001과 비교하여 다른 특징이 몇 가지 있다. 첫째는 ILO/OSH 2001의 서문에서 밝혔듯이 ILO는 노·사·정 삼자주의를 기본 원리로 채택하고 있는 만큼 ILO/OSH 2001에 노동자나 노동자 대표의 적극적인 참여에 대해 명시적인 규정을 두어 노동자의 참여 부분을 안전보건경영시스템의 요건으로 명확히 하였을 뿐만 아니라 매우 중요한 요소로 다루고 있다는 점이다. 물론 ISO 140001이나 OHSAS 18001에서도 전 조직원의 능동적인 참여를 요건으로 보고 있지만, ILO/OSH 2001에서는 방침(policy)의 설정단계에서부터 노동자의 참여를 하나의 요건으로 명시하고 이에 대한 구체적인 지침을 설정하였다는 점을 고려할 때 ILO에서는 근로자를 안전보건경영시스템의 명백한 주체로 보고 있다는 점에서 사뭇 그 의미가 다르다.

이 가이드라인은 조직 내에서 지속 가능한 안전 문화를 개발하기 위한 독특하고 강력한 도구를 제공한다. 이 가이드라인은 안전보건과 관계된 책임이 있는 사람들의 역할을 규정하기 위한 목적으로 제정되었다. 이 가이드라인은 심사등록기관에 의한 인증용으로 개발된 것은 아니며, 기업뿐만 아니라 회원국 정부를 대상으로 안전보건경영시스템의 확산을 촉진할 목적으로 개발되었다. 결국 산업안전보건 영역에서의 Management System의 표준은 ISO가 아니라 노·사·정 3자로 구성된 ILO에서 제정되어야 한다는 국제적 공감대가 형성되었다고 할 수 있다.

ILO－OSH는 1. Objectives, 2. A national framework for occupational safety and health management systems(2.1. National policy, 2.2. National guidelines, 2.3. Tailored guide－lines), 3. The occupational safety and health management system in the organ－ization(Policy 3.1. Occupational safety and health policy, 3.2. Worker participation), (Organizing 3.3. Responsibility and accountability, 3.4. Competence and training, 3.5. Occupational safety and health management system documentation, 3.6. Communication), (Planning and implementation 3.7. Initial review, 3.8. System planning, development and implementation, 3.9. Occupational safety and health objectives, 3.10. Hazard prevention), (Evaluation 3.11. Performance monitoring and measurement, 3.12. Investigation of work－related injuries, ill health, diseases and incidents, and their impact on safety and health performance, 3.13. Audit, 3.14. Management review), (Action for improvement 3.15. Preventive and corrective action, 3.16. Continual improvement)로 구성되어 있다.

3.5 ANSI/AIHA Z10(2005)

2005년 미국에서는 ANSI(American National Standards Institute) 공인(accredited)규격위원회 Z10에 의해 안전보건경영시스템에 관한 국가규격(표준)인 'ANSI Z10'이 제정되고 2012년 개정되었다. 동 규격의 간사기관(2005년 제정 당시)은 AIHA(American Industrial Hygiene Association)이었고, 2012년 개정 시에는 ASSE(American Society of Safety Engineers)로 명칭이 변경되었다. Z10을 정의하는 중요한 기능에는 관리 리더십 역할, 효율적인 직원 참여, 설계 검토 및 변경 등이 포함된다. ANSI Z10은 인증을 배제하지는 않지만 인증을 의도한 규격은 아니다.

ANSI Z10은 1. Management Leadership and Employee Participation(Management Leadership, Occupational Health and Safety Management System, Policy, Responsibility and Authority, Employee Participation), 2. Planning(Initial and Ongoing Reviews, Initial Review, Ongoing Review,

Assessment and Prioritization, Objectives, Implementation Plans and Allocation of Resources), 3. Implementation and Operation of the Occupational Health and Safety System(OHSMS Operational Elements, Hierarchy of Controls, Design Review and Management of Change, Procurement, Contractors, Emergency Preparedness, Education, Training, and Awareness, Communication, Document and Record Control Process), 4. Evaluation and Corrective Action(Monitoring and Measurement, Incident Investigation, Audits, Corrective and Preventive Actions, Feedback to the Planning Process), 5. Management Review(Management Review Process, Management Review Outcomes and Follow−up), ANNEXES(Policy Statements, Roles and Responsibilities, Employee Participation, Initial/Ongoing Review, Assessment and Prioritization, Objectives/Implementation Plans)로 구성되어 있다.

3.6 ISO 45001(2018)

안전보건경영시스템이 ISO 규격으로 제정되기까지 3번이나 보류 및 부결되다가 2013년 6월 회원국들의 동의를 얻어 규격화 승인에 이르게 되었다. 그 배경에는 아래와 같은 내용이 존재한 것으로 알려져 있다. 첫째, OHSAS 18001의 인증을 받은 곳이 2012년 말 82개국에서 약 32,000개까지 증가하였고, 안전보건 규격과 ISO 14001 등 다른 규격의 통합운영이 강하게 요청되고 있었다. 둘째, 안전보건경영시스템을 국제규격으로 승인하면서 안전보건을 강화할 수 있었다. 셋째, 종전부터 안전보건경영시스템을 ISO 규격으로 제정하는 것을 보류해 달라고 요청하여 오던 ILO가 ISO 규격화에 협조하였다.

ILO 역시 ISO가 안전보건경영시스템을 제정하는 것에 그간 줄곧 반대 입장을 취하여 왔지만, ISO 규격이 ILO의 권한을 존중하고 ILO의 관련 국제기준을 존중한다는 조건 하에 안전보건경영시스템의 ISO 규격화에 협력한다는 입장으로 선회하였다.

2013년 3월 12일 안전보건경영시스템 ISO 45001이 제정되면서 명실상부한 안전보건 관련 국제표준의 역할을 하고 있다.

ISO 45001의 주요 변경내용을 살펴보면 4장 조직상황이 새로이 추가되었다. 이는 PDCA 단계 중 P(계획) 단계에서 조직상황 및 근로자와 기타 이해관계자의 필요와 기대를 파악해야 하는 부분이 추가된 것이다. 또한 5장 리더십과 근로자 참여 조항이 추가되어 경영층의 역할 지원, 조직 내 문화 개발, 근로자 보호 등 최고경영자의 역할이 더욱 확대되었다. 그리고 6장 계획에서는 조직의 리스크와 기회를 다루기 위한 조치를 통합하여 목표를 설정하고 실행해야 한다. 7장 지원에서는 역량 및 적격성 인식, 의사소통 및 문서화된 정보(기존 문서 및 기록)가 강조되고 있다. 그리고 8장 운영에서는 외주 및 조달의 관리 등에 대한 내용이 추가되었고, 9장 성과평가는 내부심사 및 경영 검토에 대해 일부 변경되었으며, 10장 개선

에서는 예방조치라는 단어가 더 이상 사용되지는 않지만 유사한 사고 발생 및 잠재적인 부
적합 발생에 대한 적절한 시정조치가 요구되며 가능한 한 신속히 리스크를 최소화하기 위
해 보고 및 조사를 요구하고 있다. 또한 지속적 개선에 대한 요구사항도 확대되었다.

ISO 45001은 Introduction, 1. Scope, 2 Normative references, 3 Terms and definitions,
4. Context of the organization(4.1 Understanding the organization and its context, 4.2
Understanding the needs and expectations of workers and other interested parties, 4.3 Determining the
scope of the OH&S management system, 4.4 OH&S management system), 5. Leadership and
worker participation(5.1 Leadership and commitment, 5.2 OH&S policy, 5.3 Organizational roles,
responsibilities and authorities, 5.4 Consultation and participation of workers, 6. Planning(6.1 Actions
to address risks and opportunities, 6.2 OH&S objectives and planning to achieve them), 7.
Support(7.1 Resources, 7.2 Competence, 7.3 Awareness, 7.4 Communication, 7.5 Documented in-
formation, 8. Operation(8.1 Operational planning and control, 8.2 Emergency preparedness and re-
sponse), 9. Performance evaluation(9.1 Monitoring, measurement, analysis and performance eval-
uation, 9.2 Internal audit, 9.3 Management revie), 10. Improvement(10.1 General, 10.2 Incident,
nonconformity and corrective action, 10.3 Continual improvement), Annex A(informative) Guidance
on the use of this document로 구성되어 있다.

3.7 안전보건경영시스템들의 특징 비교

전술한 안전보건경영시스템의 개요를 아래 표와 같이 요약한다.

구분	HSG 65	BS 8800	OHSAS 18001	ILO-OSH 2001	ANSI Z10
제정일	1991	1996	1999	2001	2005
제정국가	영국	영국	다국적	다국적	미국
일반적 요구조건	아니오	아니오	예	아니오	아니오
정책	예	예	예	예	아니오
조직	예	예	아니오	예	아니오
계획	예	예	예	예	예
실행/운영	예	예	예	예	예
점검/평가	아니오	아니오	예	예	예

성과측정	예	예	아니오	아니오	아니오
개선활동	아니오	아니오	아니오	예	아니오
조치활동	아니오	아니오	예	아니오	예
경영층검토	예	아니오	예	아니오	예
감사	예	예	아니오	아니오	아니오
지속적인 개선	아니오	아니오	예	아니오	예
성과점검	예	예	예	예	예
근로자참여	아니오	아니오	아니오	예	아니오
문서화	예	예	예	예	예
위험성평가 기술	아니오	예	예	아니오	예

※ 표기된 예/아니오는 해당 요건에 내용이 포함되었는지 여부를 나타낸다.

3.8 OHSAS 18001과 ISO 45001 비교

OHSAS 18001과 ISO 45001의 주요 차이점을 살펴보면, ISO 45001은 첫째, 최고경영자의 리더십과 관여가 강조되었다. 둘째, 위험요인과 위험성의 파악 등 안전보건경영시스템 운영과정에서 근로자의 효과적인 참가·협의가 강조되었다. 셋째, 내적 및 외적 문제에 대한 조직상황의 이행항목이 신설되었다. 넷째, 근로자(대표)와 이해관계자의 니즈와 기대반영 항목이 신설되었다. 그 밖에도 법규 및 자체기준의 준수요건이 강화되었으며, 아웃소싱, 구매 및 도급작업에 대한 관리가 많이 강조된 것을 볼 수 있다. 또한 최고경영자의 안전보건경영 실행의지 표명에 있어서 경영대리인이 삭제되었고, 근로자의 참여와 협의가 강화되었으며, 변경관리가 강조되었고 의사소통 방법의 구체화, 안전문화 증진을 명시한 것이 주요 차이점이라고 볼 수 있다.

1999년 제정되고 2007년 개정된 OHSAS 18001과 2018년 제정된 ISO 45001에 대한 내용 비교를 아래 표와 같이 요약한다.

OHSAS 18001(2007)	ISO 45001(2018)	비교
1. 범위	1. 범위	
2. 참조문헌	2. 참조문헌	
3. 용어와 정의	3. 용어와 정의	
해당없음	4. 조직상황	신규

	4.1 조직과 조직상황의 이해	
	4.2 근로자 및 이해관계자의 요구와 기대 이해	
4.1 일반적인 요구사항(paragraph-2)	4.3 안전보건경영시스템의 범위 결정	강화
4.1 일반적인 요구사항(paragraph-1)	4.4 안전보건경영시스템	
해당없음	5. 리더십과 근로자 참여	
4.4.1 자원, 역할, 책임, 의무 및 권한 (Paragraph-1)	5.1 리더십과 공약	강화
4.2 안전보건 경영방침	5.2 안전보건 경영방침(paragraph-1)	동일
	5.2 안전보건 경영방침(paragraph-2)	
4.4.1 자원, 역할, 책임, 의무 및 권한 (paragraph-2.b & 3 to 6)	5.3 조직의 역할, 책임 및 권한	동일
4.4.3.2 참여 및 협의	5.4 근로자의 협의와 참여	강화
4.3 계획	6. 계획	
해당없음	6.1 위험 및 기회를 해결하기 위한 조치	신규
	6.1.1 일반사항	
4.3.1 위험확인, 위험성평가 및 통제 결정 (Paragraph-1 part, 2 to 4 & 7)	6.1.2 위험확인 및 위험성평가 및 기회	기타 위험 신규
4.3.2 법규와 기타 요구사항	6.1.3 법적 요구 사항 및 기타 요구 사항 결정	
4.3.1 위험확인, 위험성평가 및 통제 결정 (Paragraph-1 part, 5 & 6)	6.1.4 계획활동	
해당없음	6.2 안전보건 목표를 달성하기 위한 계획	
4.3.3 목표와 프로그램 (Paragraph-1 to 3)	6.2.1 안전보건목표	강화
4.3.3 목표와 프로그램 (Paragraph-4 & 5)	6.2.2 안전보건목표 달성을 위한 안전보건 계획 활동	
4.4 이행 및 운영	7. 지원	
4.4.1 자원, 역할, 책임, 의무 및 권한 (paragraph-2.a)	7.1 자원	

4.4.2 역량, 교육 및 인식 (Paragraph-1 & 2)	7.2 역량	강화
4.4.2 역량, 교육 및 인식 (paragraph-3)	7.3 인식	
4.4.3 의사소통, 참여 및 협의	7.4 의사소통	강화
4.4.3.1 의사소통	7.4.1 일반사항	
해당없음	7.4.2 내부 의사소통	
	7.4.3 외부 의사소통	
	7.5 문서정보	강화
4.4.4 문서화	7.5.1 일반사항	
4.4.5 문서관리 (Paragraph-2 part)	7.5.2 작성 및 갱신	
4.5.4 문서관리 (Paragraph-2 part)		
4.4.5 문서관리 (Paragraph-1)	7.5.3 문서화된 정보 관리(Paragraph-1)	
4.5.4 문서관리 (Paragraph-1)		
4.4.5 문서관리 (Paragraph-2 part)	7.5.3 문서화된 정보 관리(paragraph-2 & 3)	
4.5.4 문서관리 (Paragraph-2 part & 3)		
4.4 이행 및 운영	8. 운영	강화, 변경 및 조달 신규
4.4.6 운영관리	8.1 운영계획 및 관리	
4.4.7 비상대비 및 대응	8.2 비상대비 및 대응	
4.5 점검	9. 성과평가	
해당없음	9.1 모니터링, 측정, 분석 및 평가	
4.5.1 성과측정과 모니터링	9.1.1 일반사항 (Paragraph-2, 4, 6)	
	9.1.1 일반사항 (Paragraph-1, 3, 5)	
4.5.2 준수평가	9.1.2 준수평가	강화

해당없음	9.2 내부감사	강화
4.5.5 내부감사 (Paragraph-1)	9.2.1 일반사항	
4.5.5 내부감사 (Paragraph-2 to 4)	9.2.2 내부감사 프로그램	
4.6 경영층 검토 (Paragraph-1)	9.3 경영층 검토 (Paragraph-1)	
4.6 경영층 검토 (Paragraph-2)	9.3 경영층 검토 (Paragraph-2)	
4.6 경영층 검토 (Paragraph-3)	9.3 경영층 검토 (Paragraph-3)	
4.6 경영층 검토 (Paragraph-4)	해당없음	
해당없음	10. 개선	
	10.1 일반사항	
4.5.3 사건조사, 부적합사항, 예방조치	해당없음	
4.5.3.1 사건조사 (Paragraph-1 to 3)	10.2 사건, 부적합 및 개선조치 (Paragraph-1, 2)	
4.5.3.2 부적합, 시정조치 및 예방조치		
4.5.3.1 사건조사 (Paragraph-4)	10.2 사건, 부적합 및 개선조치 (Paragraph-3)	
해당없음	10.3 지속적인 개선	신규

3.9 안전보건경영시스템의 장단점

효과적인 안전보건경영시스템을 구축하고 운영하는 데에는 인식의 차이가 있을 수 있다. 또한 사업장마다 조직과 사람이 다를 수 있어 세심한 접근방법이 필요하다. 예시로 6 시그마(6 Sigma)[1])에서 언급하고 있는 "고객의 소리(Voice of the Customer)" 또는 변형된 "과정의 소리(Voice of the Process)" 등을 활용하여 효과적인 안전보건경영시스템을 구축해야 한다. 먼저 안전보건경영시스템의 장점과 단점을 살펴보고, 이에 대한 검토를 통해 효과적인 안전

---

1) 6 시그마(6σ)는 기업에서 전략적으로 완벽에 가까운 제품이나 서비스를 개발하고 제공하려는 목적으로 정립된 품질 경영 기법 또는 철학이다. 기업 또는 조직 내의 다양한 문제를 구체적으로 정의하고 현재 수준을 계량화하고 평가한 다음 개선하고 이를 유지 관리하는 경영 기법이다. 6 시그마는 모토로라가 개발한 일련의 품질 개선 방법이었으며, 품질 불량의 원인을 찾아 해결해 내고자 하는 체계적인 방법론이다.

보건경영시스템을 구축할 것을 권장한다.

　먼저 안전보건경영시스템의 장점을 살펴본다. 안전보건경영시스템은 독립형 프로그램이 아닌 다른 모든 관리 프로세스와 통합될 수 있는 구조화된 시스템이다. 지속적인 개선을 위해 구조화된 맵 또는 템플릿을 사용한다. 다른 사업장이나 산업이 사용하는 벤치마크 기법을 활용하여 적용한다. 조직의 모든 사람이 토론 및 시정 조치하는 과정을 가질 수 있는 일련의 과정이다. 위험을 파악하고 개선하는 과정을 갖고 있으므로 투자자 또는 보험업자와의 협약에서 좋은 도움을 줄 수 있다. 프로세스를 검토하는 동일한 기준을 가진 내부 및 외부/감사자, 규제 기관은 조직의 공식화된 안전보건경영시스템 프로세스를 검토하여 관련 위험을 관리하고 있음을 보증한다.

　이러한 장점에도 불구하고 다양한 단점 또한 존재한다. 안전보건경영시스템의 적용 범위가 좁게 구현되면 프로세스가 아닌 일련의 프로그램으로 간주될 수 있다. 프로세스를 올바르게 모니터링하지 않고 일관되게 따르지 않으면 좋지 않은 활동으로 이어질 수 있다. 실적을 위해 허위 문서 작성이 발생할 수 있으며, 이에 대한 검증을 하기 어려울 수 있다. 안전보건경영시스템의 성과를 후행지표에만 집중한다면, 부상율 감소 등에 매몰된 나머지 여러 다양한 사고를 축소 보고 또는 미보고 할 수 있는 여지가 있다. 조직의 문화를 고려하지 않고 높은 수준 혹은 이질적인 수준의 시스템을 구축할 경우, 구성원으로부터 많은 반발이 있을 수 있고, 잘못된 방향으로 안전보건 활동이 시행될 수 있다.

4. 작업안전 시스템

　작업안전시스템(Safe System of Work, 이하 SSW)은 위험을 식별하기 위해 작업을 체계적으로 조사하는 데 기반을 둔 공식적인 절차이다. SSW는 위험을 제거하거나 이와 관련된 위험을 최소화하는 안전한 작업 방법을 정의한다.

4.1 작업안전 시스템 개요

　SSW는 사업장에 존재하는 유해위험 요인을 효과적으로 찾아, 그에 상응하는 위험성평가 시행과 함께 효과적인 위험성감소조치를 체계적으로 시행하기 위해 개발된다. 따라서 SSW는 회사나 조직에서 공신력을 가져야 한다. 그리고 문서화되고 기록된다. 또한 위험성평가의 결과이다.

　SSW를 효과적으로 개발하기 위해서는 사업장에 상주하는 사람들의 역할과 책임을 구분하여야 한다. 그리고 각 계층별 사람들의 주요 업무와 관련된 사항을 검토해야 한다. 그리고 그들이 어떤 장비를 사용하고 있으며, 어느 곳에서 업무를 수행하고 있는지 확인해야 한다. 추가적인 고려사항은 사람들이 어떤 물질을 취급하고 그 물질은 어떤 유해위험성을 갖고 있는지 확인해야 한다.

SSW는 일반적으로 사람들이 수행하는 작업을 일련의 단계로 나누어 기술, 절차 및 행동관리를 위해 각 단계별 위험을 식별하고 통제하는 과정을 갖는다. 개발된 SSW는 지속적이고 주기적으로 이행 현황을 모니터링 하고 개선사항에 대해서 조치한다.

4.2 근로자 참여

SSW를 개발하고 적용하기 위해서는 근로자의 참여가 필수적인 요소이다. 아무리 좋은 SSW일지라도 실제 해당 업무를 수행하는 근로자가 따를 수 없을 경우, 무용지물이 되기 때문이다. 유해위험 요인을 찾는 과정, 작업단계를 구분하는 과정, 위험성평가 과정 그리고 위험성감소 조치에 있어서도 근로자의 참여는 중요하다.

4.3 서면절차

개발된 SSW는 반드시 회사나 조직의 공식적인 문서관리 체계에 따라 관리되어야 한다. 그리고 변경사항이 발생한 경우 주기적으로 내용을 업데이트 해야 한다. 서면 절차에는 안전보건과 관련한 관리사항, 유의사항, 점검주기, 점검자, 체크리스트, 법규 충족 조건 등 다양한 내용이 포함될 수 있다. 서면으로 구성된 SSW는 근로자가 언제든지 쉽게 찾아볼 수 있도록 접근을 용이하게 해야 한다.

4.4 기술적, 절차적 및 행동적 통제

SSW에는 유해위험요인을 관리할 기술적 통제, 절차적 통제 및 행동 통제의 내용이 포함된다. i) 기술적 통제에는 위험을 최소화하기 유해위험 요인과 직접적인 관련이 있다. 여기에는 근로자는 위험에서 보호하기 위한 격리조치 및 장벽이 포함될 수 있다. ii) 절차적 통제에는 위험과 관련한 작업 수행 방식. 작업, 순서, 안전조치 및 점검 등이 포함된다. iii) 행동적 통제에는 위험과 관련한 근로자의 행동적인 요인을 기술한다.

4.5 작업안전 시스템 개발

SSW를 개발하기 위해 Select the task to be analyzed, Record the steps or stages of the task, Evaluate the risks associated with each step, Develop the safe working method, Implement the safe working method, Monitor to ensure it is effective의 영어

앞 글자는 조합한 SREDIM을 활용한다.

- Select the task to be analyzed: 분석할 작업 선택
- Record the steps or stages of the task: 작업의 단계 또는 단계 기록
- Evaluate the risks associated with each step: 각 단계와 관련된 위험 평가
- Develop the safe working method: 안전한 작업 방법 개발
- Implement the safe working method: 안전한 작업방법 실천
- Monitor to ensure it is effective: 효과성 모니터링

III. 안전보건경영시스템의 PDCA 및 DMAIC

1. PDCA Cycle

PDCA는 품질 관리 및 안전 프로그램 운영에 있어 핵심적인 요소이다. PDCA 개념은 지속적인 개선을 달성하기 위해 조직에서 사용하는 반복 프로세스이다. Plan은 계획으로 안전보건 관련 위험과 기회를 결정하고 평가하는 단계로 조직의 안전보건정책을 기반으로 안전보건 목표와 프로세스를 설정한다. Do는 실행으로 계획한 바와 같이 프로세스를 구현한다. Check는 확인으로 안전보건정책과 안전보건 목표와 관련된 활동 및 프로세스를 모니터링 및 측정하고 결과를 보고하는 단계이다. 마지막으로 Act는 조치로 의도한 결과를 달성하기 위해 안전보건 성과를 지속적으로 개선하기 위해 조치를 취하는 단계이다. 다음 그림은 ISO 45001이 지향하는 PDCA 컨셉이다.

안전보건경영시스템은 품질경영시스템과 병행하는 프로세스이다. 손실 관리의 선구자 중 한 명인 Frank Bird는 Quality is Free(Crosby, 1979)라는 책에서 품질이라는 단어를 안전이라는 단어로 대체하여 안전보건 관련 프로세스를 수립할 것을 권장하였다.

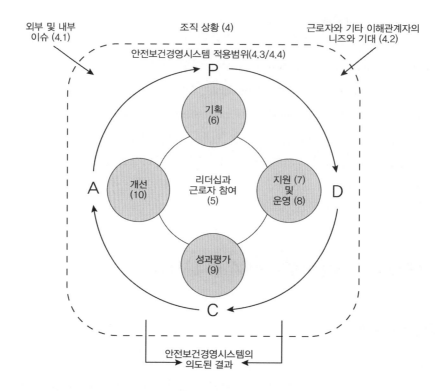

외부 및 내부
이슈 (4.1)

조직 상황 (4)

근로자와 기타 이해관계자의
니즈와 기대 (4.2)

안전보건경영시스템 적용범위(4.3/4.4)

P

기획
(6)

A

개선
(10)

리더십과
근로자 참여
(5)

지원 (7)
및
운영 (8)

D

성과평가
(9)

C

안전보건경영시스템의
의도된 결과

2. DMAIC(Define, Measure, Analyze, Improve, Control)

DMAIC(Define, Measure, Analyze, Improve, Control, 이하 DMAIC)은 정의의 define, 측정의 measure, 분석의 analyze, 개선의 improve 그리고 관리의 control의 영어 앞 글자를 모은 단어이다. 6 시그마(6σ)는 기업에서 제품이나 서비스를 개발하고 제공하기 위한 목적으로 정립된 품질 경영 기법 또는 철학이다. 기업 또는 조직 내의 다양한 문제를 구체적으로 정의하고 현재 수준을 계량화하고 평가한 다음 개선하고 이를 유지 관리하는 경영 기법이다.

DMAIC은 원래 모토로라에서 개발된 일련의 품질 개선 방법이었으며 품질 불량의 원인을 찾아 해결하기 위한 체계적 방법론이다. 이후 제너럴 일렉트릭 등 여러 기업에 DMAIC이 도입되어 발전하였으며 특히 1990년대와 2000년대 동안 많은 인기를 얻은 기업 내 혁신을 위한 방법이다. 다른 품질경영관리기법인 종합 품질 관리(Total Quality Management)는 생산 품질 자체에 집중하지만, 6 시그마는 회사의 모든 부서의 업무에 적용할 수 있으며 각자의 상황에 알맞은, 고유한 방법론을 개발하고 적용하여 정량적 기법과 통계학적 기법으로 업무성과를 향상시킬 수 있다.

6 시그마에서의 두 가지 주요한 방법론은 DMAIC과 DMADV이다. 이 두 가지는 원래 W. 에드워드 데밍의 PDCA이론으로부터 영향을 받은 것이다. DMAIC은 주로 기존의 프로세스

를 향상시키기 위해 사용되고, DMADV(Define, Measure, Analyze, Design, Verify)는 새로운 제품을 만들거나 예측 가능하고 결함이 없는 성능을 내는 디자인을 만들기 위한 목적으로 사용된다.

DMAIC에는 5개의 개별 단계가 있다. 정의(Define)는 기업 전략과 소비자 요구 사항과 일치하는 디자인 활동의 목표를 정하는 단계이다. 측정(Measure)은 현재의 프로세스 능력, 제품의 수준, 위험 수준을 측정하고 품질에 결정적 영향을 끼치는 요소(CTQs, Critical to qual-ities)를 밝히는 단계이다. 분석(Analyze)은 설계 대안, 상위 수준의 설계를 만들고 최고의 설계를 선택하기 위해 가능성을 평가하는 단계이다. 개선(Improve)은 바람직한 프로세스가 구축될 수 있도록 시스템 구성 요소들을 개선하는 단계이며, 관리(Control)는 개선된 프로세스가 의도된 성과를 얻도록 투입 요소와 변동성을 관리하는 단계이다.

DMAIC과 안전보건경영시스템 간의 업무 과정을 살펴보면, 1) 정의(Define)단계에서 안전보건경영시스템을 정의한다. 2) 현재의 안전문화 수준을 파악한다. 3) 적절한 안전보건 지표를 설정한다. 4) 안전보건경영시스템 목표를 개발한다. 5) 조직에 적합한 안전보건경영시스템 구축 팀을 설정한다. 6) 측정(Measure)단계에서 현재 업무절차에 대한 거시적인 흐름을 검토한다. 7) 안전보건과 관련한 지표를 도표 등을 활용하여 만든다. 8) 실행위주의 전략을 개발한다. 9) 분석(Analyze)단계에서 업무절차를 검토하기 위해 다양한 기법을 활용한다. 10) 특별한 분석 기법을 활용하여 실행 불가능한 요인에 대한 근본원인을 찾는다. 11) 개선(Improve)단계에서 가능한 수준에서 안전한 설계를 반영한다. 12) 절차 변경 사항을 정의하고 추천한다. 13) 관리(Control)단계는 개선방안을 최적화한다. 14) 치명적인 사항에 대한 모니터링과 관리를 한다. 15) 자료를 수집하고 확인한다.

참조 문헌과 링크

박두용. (2016). ISO DIS 45001. *Korean Industrial Health Association*, 4-12.

이준원 외 (2021). 안전보건경영시스템 구축 및 인증. 성안당.

정진우. (2017). ISO 45001 제정동향과 대응방안. *산업보건*, 349, 10-26.

Li, Y., & Guldenmund, F. W. (2018). Safety management systems: A broad overview of the literature. *Safety science*, 103, 94-123.

Marhavilas, P., Koulouriotis, D., Nikolaou, I., & Tsotoulidou, S. (2018). International occupational health and safety management-systems standards as a frame for the sustainability: Mapping the territory. *Sustainability*, 10(10), 3663.

Palassis, J., Schulte, P. A., & Geraci, C. L. (2006). A new American management systems standard in occupational safety and health-ANSI Z10. *Journal of Chemical Health & Safety*, 13(1), 20-23.

Roughton, J., Crutchfield, N., & Waite, M. (2019). Safety culture: An innovative leadership approach. Butterworth-Heinemann.

Uzun, M., Gurcanli, G. E., & Bilir, S. (2018, November). Change in occupational health and safety management system: ISO 45001: 2018. In *5th International Project Management and Construction Conference (IPCMC 2018). North Cyprus: Cyprus International University*.

AUTHENTICITY CONSULTING (2023). What is System. Retrieved from: URL: https://www.authenticityconsulting.com/

HSE. (2023). Managing For Health and Safety (HSG 65). Retrieved from: URL: https://www.hse.gov.uk/pubns/books/hsg65.htm.

ISO UPDATE. (2023). Benefits of OHSAS 18001. Retrieved from: URL: https://isoupdate.com/resources/benefits-of-ohsas-18001/.

Minds, C. (2000). A Practical Guide for Behavioural Change in the Oil & Gas Industry. Step Change in Safety Website. *Available online: http://www. stepchangeinsafety. net/knowl-*

edgecentre/publications/publication. cfm/publicationid/16 (accessed on 14 November 2012).

STPA Handbook (2018). Retrieved from: URL: https://psas.scripts.mit.edu/home/get_file.php?name=STPA_handbook.pdf.

Standard, B. S., & ISO, E. (2004). 8800: 2004. *Occupational health and safety management systems-Guide. Retrieved from: https://pozhproekt. ru/nsis/bs/management/BS-8800-2004. pdf.*

WIKIPEDIA. (2023). BSI Group. Retrieved from: URL: https://en.wikipedia.org/wiki/BSI_Group.

WIKIPEDIA (2023). System. Retrieved from: URL: https://en.wikipedia.org/wiki/System

제5장

사람을 대상으로 하는
안전보건관리

제5장　사람을 대상으로 하는 안전보건관리

I. 안전문화

1. 문화의 정의

문화란 지식, 신앙, 예술, 도덕, 법률, 관습 등 인간이 사회의 구성원으로서 획득한 능력 또는 습관의 총체이다. 이러한 개념에 대한 정의는 지난 50여 년간 인류학계에 큰 영향을 끼쳤으나 인류학의 발전과 더불어 문화의 정의는 더욱 많아졌다. 그리고 문화에는 습득된 행동, 마음속의 관념, 논리적인 구성, 통계적으로 만들어진 것, 심리적인 방어기제 등 164가지나 되는 요소가 있는 것으로 알려져 있다. 하지만, 문화가 실제인지 추상인지가 중요한 것이 아니고 이것을 어떻게 과학적으로 해석하느냐가 중요하다고 볼 수 있다.

문화를 가장 쉽게 이해하는 방법은 국가, 직업, 조직 등 넓은 의미의 범주에서 관찰을 통해 이해하는 것이다. 국가별로 서로 다른 언어, 질병 치료 방법, 종교, 자녀 양육, 음식, 예술, 축하, 농담, 예의, 의복, 작업 방식이 존재하고 있어 문화의 특징을 잘 설명해 주고 있다.

2. 문화의 세 가지 수준

2.1 인위적 결과물(artifact)-눈에 보이고 느낄 수 있는 결과

인위적 결과물은 우리가 다른 문화를 가진 새로운 집단과 마주했을 때 보고 듣고 느낄 수 있는 현상이다. 인위적 결과물에는 그 그룹의 물리적 환경, 건축, 언어, 기술과 제품, 예술적 창조물, 의복 및 감정적 표현에 구현된 스타일 등이 포함되어 있다. 이 인위적 결과물 중에는 집단의 풍토가 있으며, 풍토는 문화의 징후를 나타낸다. 관찰된 행동 양식과 의식 또한 그러한 행동이 일상적인 것으로 만들어지는 조직적인 과정의 인위적 결과물이다. 인위적 결과물은 일반적으로 우리가 가장 잘 볼 수 있는 것들이다.

2.2 표현되는 믿음과 가치(espoused beliefs and values)

표현되는 믿음과 가치는 조직이 일하는 방식으로 이해할 수 있다. 이것은 인위적 결과물보다 더 깊은 요인으로 조직의 가치와 행동, 헌장, 비전과 사명 선언문 등으로 공유되는 유형으로 조직 문화에 대한 통찰력을 얻을 수 있다.

표현되는 믿음과 가치는 조직의 핵심 도덕으로도 간주할 수 있고 조직이 업무를 수행하는 방식에 대한 일종의 청사진 역할을 한다.

2.3 근본 가정(taken-for-granted underlying basic assumptions)

근본 가정은 표현되는 믿음과 가치보다 더 깊은 요인으로 문화의 기반이 되는 토대이다. 근본 가정은 종종 설명하기 어렵고 무형이며 조직이 작동하는 방식에 익숙해진 사람들만 실제로 이해하는 경우가 많다. 만일 당신이 어떤 조직에 새로 참여하여 적응에 오랜 시간이 걸린다는 상황을 가정해 보면, 여기에 오랫동안 있었던 사람이 당연하게 여기는 근본 가정을 아직 파악하지 못했기 때문이다.

근본 가정은 일반적으로 보이지 않지만 종종 강력한 영향을 발휘한다. 아래 그림은 인위적 결과물, 표현되는 믿음과 가치 그리고 근본 가정으로 구성된 문화의 세 가지 수준이다.

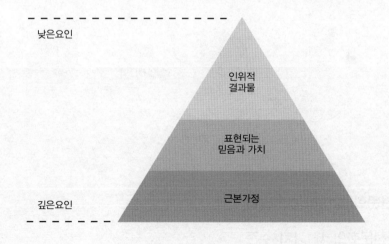

3. 조직문화

3.1 조직문화의 정의

조직문화는 조직의 기대사항이 반영된 경험, 철학과 사람의 행동을 이끄는 가치를 포함한다. 그리고 사람의 자아상, 내부 작동, 외부 세계와의 상호 작용, 미래의 기대로 표현된다. 조직문화에는 조직이 공유하는 가치, 리더십 및 기대치, 성과 관리 및 참여 수준이 포함된다. 따라서 조직은 유연하고 좋은 문화를 구축하여 사람이 긍정적인 잠재력을 발휘하도록 지원한다.

3.2 조직문화와 안전

조직문화와 안전은 상관관계가 있을까? 이러한 상관관계 확인은 실제 조직을 대상으로 연구하기 전까지는 알 수 없는 경험적인 측면이다. 하지만 알려진 여러 연구에 따르면 아래 그림과 같이 조직문화는 조직구조와 서로 영향을 주고받으면서 성숙한다. 그리고 안전은 조직구조의 영향을 받는다고 알려져 있다. 결국 조직문화는 안전문화의 형태로 만들어져 안전에 지대한 영향을 준다.

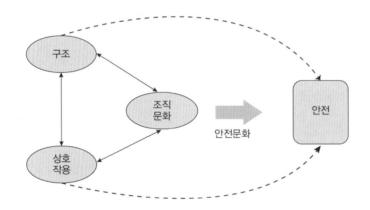

4. 안전문화(safety culture)

4.1. 안전문화의 세 가지 수준

1986년 4월 우크라이나 체르노빌 원자력발전소에서 원자로가 멈춘 것을 가정한 실험 도중, 정지 중이었던 4호기가 제어불능으로 노심이 녹아 폭발하는 사고가 발생하였다. '안전문화'라는 용어는 체르노빌 원전사고 조사를 담당했던 IAEA의 국제원자력안전자문그룹(INSAG)이 작성한 '사고 후 검토회의 요약'(1986년)에서 처음으로 사용되었다.

당시 안전문화와 관련한 Turner(1998), Rasmussen(1997), Reason(1997) 그리고 Leveson(2004) 등과 같은 많은 전문가들의 이론이 있었지만, 국제원자력기구(IAEA)는 Shein이 제시한 문화 모델을 안전문화 이론에 접목하였다.

(1) 근본 가정(taken-for-granted underlying basic assumptions)

근본가정은 사람이 무의식적으로 어떤 행동을 하게 하는데 많은 영향을 주는 요인이다. 아래는 안전과 관련이 있는 근본가정의 예시이다.

- 근로자, 계약자 및 공공의 안전이 모든 상황에서 최우선 과제라고 믿는 것이다.
- 관리자들의 책임에 안전이 포함되어 있다.
- 안전과 관련한 경계심을 늦추지 않는다.
- 사람이 실수하는 상황을 정상적이라고 생각하고 개선의 기회로 삼는다.
- 법적인 준수는 최소한의 요구사항이라고 생각한다.
- 공정한 안전 문화를 구축한다.

(2) 표현되는 믿음과 가치(espoused beliefs and values)

안전과 관련한 가치(value)는 조직에서 구성원의 행동을 유도하는 주요 원칙으로 안전보건경영시스템 운영의 핵심적인 역할을 한다. 아래는 안전과 관련한 믿음과 가치의 예시이다.

- 구성원의 근로조건에 안전과 관련한 내용이 있다.
- 모든 사람은 안전과 관련한 책임이 있다.
- 모든 사람은 안전에 관한 질문과 문제를 제기할 수 있다.
- 사업장의 잠재적인 유해 위험요인을 개선 대상으로 선정한다.
- 조직에는 안전소통을 위한 열린 채널이 있다.
- 모든 아차사고를 보고하고 조사한다.
- 안전한 작업을 시행하기 위한 효과적인 교육 훈련 프로그램을 구비한다.
- 안전성과를 주기적으로 보고하고 측정한다.

(3) 인위적 결과물(artifact)

인위적 결과물은 형식적, 문서적, 물리적 요소를 다루지만 비형식적 요소 또한 포함한다. 안전과 관련한 인위적 결과물은 다음의 예시와 같다.

- 조직의 안전보건 정책, 목적 그리고 성명서
- 시스템 문서와 절차
- 안전성과 보고서
- 공장 설계 문서와 안전 고려사항
- 외부에 공개한 안전관련 자료
- 안전가이드라인 또는 핸드북
- 안전포스터
- 사업장의 안전게시판
- 안전문화 설문서
- 안전시상
- 정형화된 안전보호구와 작업복

안전과 관련한 경영층, 관리감독자 그리고 근로자의 좋은 행동 유형은 아래와 같다.

- 경영층

경영층은 가시적인 리더십을 보이고 안전에 대한 헌신, 의사소통, 안전과 관련한 문제 제기, 안전에 대한 긍정적인 태도, 관리방식 개선, 신뢰와 공감대를 형성한다.

- 관리감독자

관리감독자는 안전에 대한 긍정적인 태도 보유, 안전과 관련한 문제 제기, 안전대책 수립 지원, 안전개선을 위한 동기부여, 팀 간 신뢰 구축, 안전개선을 위한 열린 마음가짐, 학습하는 자세 그리고 스스로 안전한 행동의 전파자가 되어야 한다.

- 근로자

근로자는 회사의 안전규정과 절차 준수와 작업장 주변의 유해 위험요인에 대한 보고와 개선을 해야 한다.

4.2 안전문화의 정의

1998년 국제원자력기구(IAEA)가 발행한 안전보고서 제11호에 따르면 '안전문화란 조직의 안전 문제가 우선시되고, 조직과 개인이 그 중요성을 분명히 인식하고, 조직과 개인이 이를 바탕으로 항상 그리고 자연스럽게 생각과 행동을 취하는 것을 의미한다. 그것은 가능한 행동의 체계이다.'라고 하였다. 영국 보건안전청(HSE)은 '안전문화는 개인과 집단의 가치관, 사물에 대한 태도, 감정, 전문기술, 기능, 행동 패턴의 결과로서 윤곽을 파악하는 것'이라고

하였다. 미국화학공정안전센터(AICHE CCPS)는 '안전문화는 아무도 보고 있지 않을 때 조직이 행동하는 방식'이라고 하였다.

영국의 사회심리학자 James Reason은 'Managing the risks of organizational accidents'라는 책자에서 안전문화는 공유된 문화, 보고문화, 공정 문화, 유연한 문화 및 학습문화로 구성된다고 하였다.

(1) 공유된 문화

시스템을 관리하고 운영하는 사람들은 시스템 전체의 안전을 결정하는 인적, 기술적, 조직적 및 환경적 요인과 관련한 최신 지식을 가지고 있다. 경영층은 사람들이 그들의 운영 영역에 내재한 위험을 이해하도록 문화를 조성해야 한다.

(2) 보고문화

관리자와 근로자는 징벌적 조치의 위협 없이 중요한 안전 정보를 자유롭게 공유한다. 근로자가 할 수 있는 실수에 대하여 위험을 느끼지 않고 자유롭게 보고할 수 있어야 한다. 보고문화는 결국 조직이 비난과 처벌을 처리하는 방식에 달려 있다. 자유로운 보고에 대한 비난이 존재한다면, 자율적인 보고는 이루어지지 않는다. 다만, 무모함이나 고의적인 행동이나 실수는 비난이 불가피하다.

(3) 공정 문화

불안전한 행동에 대한 수용 가능한 범위와 수용 불가능한 범위를 설정하고, 구성원이 따르고 신뢰하는 분위기를 조성한다. 근로자의 불안전한 행동의 배후 요인을 확인하지 않고 무조건 처벌하는 사례는 용납될 수 없다는 인식이 필요하다. 그리고 불안전한 행동으로 인해 사고를 일으킨 결과에 대해서 무조건 면책하지 않는다는 기준을 유지해야 한다. 공정문화 설계를 위한 전제조건은 수용할 수 있는 행동과 수용할 수 없는 행동의 범위를 설정하는 것이다.

(4) 유연한 문화

유연한 문화는 의사결정의 긴급성과 관련자의 전문성에 따라 의사결정 과정이 유연하다는 것을 의미하다. 조직이 특정한 위험에 직면했을 때 안전한 방향으로 조직을 재구성할 수 있는 문화로 안전 탄력성(resilience)의 성격과 유사하다.

(5) 학습 문화

조직은 안전 정보시스템을 활용하여 안전한 결론을 도출할 의지와 역량을 보유해 주요 위험을 개선해야 한다. 위험성 평가와 사고조사를 통한 실제적 학습이 필요하다.

4.3 안전문화의 구조(structure)

Krause(1990), Reason(1997), Guldenmund(2000), Cooper(2000) 및 Geller(2001) 등은 안전문화 구축에 필요한 구조를 설명하였다. Krause(1990)는 비전, 가치, 공통의 목표 그리고 근본 가정이 필요하다고 하였다. Reason(1997)은 공유된 문화, 보고문화, 공정 문화, 유연한 문화 및 학습 문화가 필요하다고 하였다. Guldenmund(2000)는 행동과 안전 포스터 등 가시적인 결과물, 방침과 절차 등 표현되는 믿음과 가치 그리고 볼 수 없는 핵심 근본 가정이 필요하다고 하였다. 아래 그림은 Krause가 제시한 안전문화 구조 모형이다.

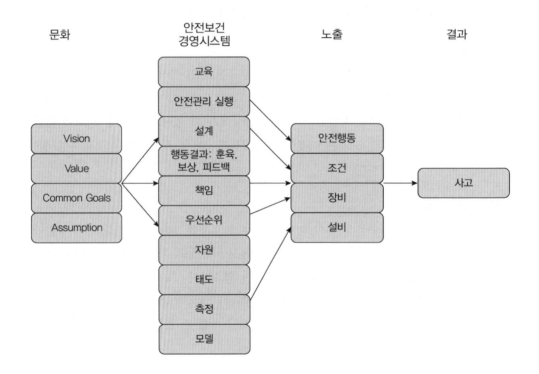

Cooper(2000)는 안전문화의 구조에 안전보건관련 절차를 포함하는 상황(situation), 심리와 가치 등을 포함하는 사람(person) 그리고 행동(behavior)이 있다고 하였다. 다음 그림은 Cooper가 제시한 안전문화 구조 모형이다.

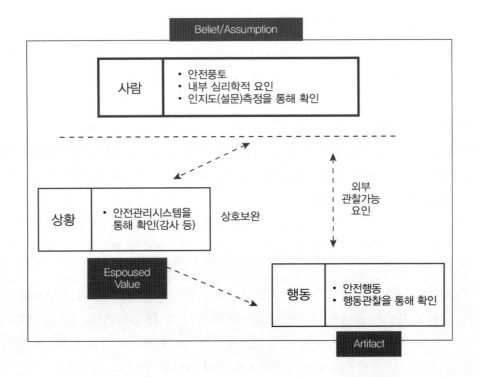

Geller(2001)는 안전문화의 구조에 도구와 장비 등을 포함하는 환경(environment), 기술과 동기를 포함하는 사람(person) 그리고 적극적인 보살핌을 포함하는 행동(behavior)이 있다고 하였다. 아래 그림은 Geller가 제안한 안전문화 구조 모형이다.

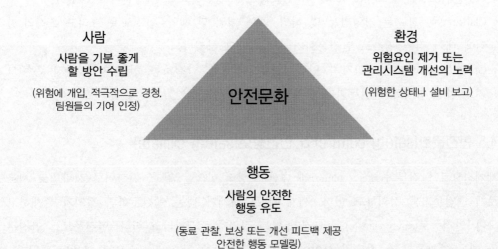

4.4 안전문화의 구성 요소(element)

- Davies(1999, 모든 산업)는 조직의 약속 및 커뮤니케이션, 라인 관리자 의무, 감독자의 역할, 개인적인 역할, 직장 동료의 영향, 능력, 위험 감수 행동 및 기여 영향, 안전 행동에 대한 몇 가지 장애물, 안전작업허가 시스템 그리고 사고와 아차사고 보고로 안전문화가 구성된다고 하였다.

- Kines(2011, 모든 산업)는 경영진의 안전 의지 및 능력, 안전 권한 부여, 안전경영의 정의, 안전에 대한 임직원의 의지, 직원의 안전 우선 및 배움, 소통 그리고 시스템 신뢰로 안전문화가 구성된다고 하였다.

- IAEA(2016, 원자력)는 안전이 인정되는 가치, 안전 리더십이 명확함, 안전과 관련한 책임이 명확, 안전이 기타 활동과 통합 그리고 학습을 중심으로 안전문화가 구성된다고 하였다.

- Zohar(1980, 모든 산업)는 안전교육 프로그램의 중요성 인식, 안전에 대한 인식된 경영 태도, 안전 행동이 승진에 미치는 영향, 작업장에서 인식하는 위험 수준, 요구되는 작업 속도가 안전에 미치는 영향, 안전 관리자 위상, 안전 행동이 사회적 지위에 미치는 영향 그리고 안전 위원회 등이 안전문화를 구성하는 요인이라고 하였다.

- Ostrom(1993, 원자력)은 안전의식, 팀워크, 긍지와 헌신, 우수, 정직, 소통, 리더십과 감독, 혁신, 훈련, 고객 관계, 준수, 안전효과 그리고 시설 개선으로 안전문화가 구성된다고 하였다.

- Lee(1998, 원자력)는 안전 절차, 위험, 안전작업허가, 직업 만족도, 안전 수칙, 훈련, 참가, 안전보건관리 그리고 설비 디자인 등으로 안전문화가 구성된다고 하였다.

- Clarke(1999, 철도)는 경영활동 및 책임, 개인 행위 및 책임, 안전교육 그리고 조직의 안전에 대한 직원 평가로 안전문화가 구성된다고 하였다.

- Griffin(2000, 탄광)은 경영가치, 안전점검, 인력 교육, 안전소통, 안전 지식, 안전 준수 그리고 안전 참여로 안전문화가 구성된다고 하였다.

4.5 안전문화(safety culture)와 안전풍토(safety climate)

세계적으로 안전문화(safety culture)에 대한 보편적 합의는 없고, 기관이나 사람별로 서로 다르게 안전문화를 정의하고 있다. 세계적으로 51개가 넘는 안전문화의 정의가 존재하고 있으며, 안전풍토(safety climate)는 31개가 넘는 정의가 존재한다고 한다. 안전풍토는 안전문화와 매우 가까운 사촌 정도의 사이이며 문헌에서 종종 상호 교환적으로 사용되고 있다.

안전문화는 안전보건관리를 다루는 하향식 접근방식으로 주로 조직의 원칙, 규범, 약속 및 가치로 정의할 수 있고 안전보건관리의 중요성을 결정할 수 있다. 안전문화를 형성하는 구조를 살펴보면, 가장 하부에 있는 근본적인 가정(underlying assumption) 수준에는 누구나 무의식적으로 행하는 지극히 당연하다고 믿는 신념이 있다. 그리고 중간에 있는 표현되는 가치(espoused value) 수준에는 이상, 목표, 염원 등이 있다. 마지막 수준에는 인위적 결과물(artifact)로 눈에 보이는 구조, 절차, 행동이 있다. 안전문화는 안전풍토보다 추상화 수준이 높기 때문에 설문서를 기반으로 하는 측정방식보다는 인터뷰와 감사 등의 평가를 통해 측정하는 것이 효과적이라고 알려져 있다.

안전풍토는 안전 행동, 안전 성과, 작업 관련사고와 질병을 예측할 수 있는 변수를 대상으로 하고 있어 주로 설문지를 사용하여 수준을 측정할 수 있다고 알려져 있다. 안전풍토는 전술한 안전문화의 표현되는 가치와 인위적 결과물의 영역에 가깝다. 따라서 안전풍토는 안전문화 요인 중 관찰이 가능한 부분으로 안전이 관리되는 방식에 대한 근로자의 공유된 인식을 반영한다. 안전풍토는 근로자가 어떤 순간 인지 과정을 거쳐 행동으로 옮기는 상황으로 안전보건경영시스템과 긴밀한 관계가 있어 산업재해 예방에 효과가 있다.

안전풍토는 현장 근로자에게 안전에 대한 우선순위를 부여하도록 하여 안전한 행동을 유도한다. 안전풍토 수준 측정 항목으로는 근로자의 안전교육 인지도와 작업장 위험 인지도, 안전실행이 승진에 미치는 정도, 경영층의 안전보건관리 태도, 작업시간이 안전에 미치는 영향, 안전보건관리자의 조직상 역할 그리고 안전위원회가 조직에서 갖는 위상 등이 있다. 또한 근로자의 작업장 위험인지도, 감독자의 안전보건관리 수준, 안전에 대한 근로자의 만족도 그리고 경영층의 안전수준 등 50가지를 측정하여 안전풍토를 평가할 수 있다. 그리고 경영층 공약, 안전 우선순위, 소통, 안전 규정, 현장의 불안전한 요인, 참여, 안전 우선 순위, 위험요인 인식 그리고 작업환경 측정을 통해 안전풍토를 측정할 수 있다. 또한 조직책임, 근로자의 안전 태도, 안전 감독과 안전대책 항목을 통해 안전풍토를 측정할 수 있다.

5. 안전문화의 중요성과 특징

5.1 안전보건관리 접근 방식

산업재해를 줄이기 위한 오래된 방식은 설비의 신뢰성을 높여 기계적 결함이나 기술적인 문제를 줄이는 한편, 인적오류를 감소시킬 수 있도록 작업자의 행동에 관심을 기울이는 것이었다. 이러한 대책으로 인하여 산업재해가 줄었지만 지속적으로 발생하는 산업재해를 막기에는 부족한 점이 있었다.

선진국이 주축이 되어 이러한 상황을 개선하기 위한 방안은 설비의 신뢰성을 높이는 방법은 지속적으로 유지하되, 모든 사람들이 안전보건관리 활동에 참여하도록 하는 안전보건경영시스템 구축과 운영으로 사고예방에 좋은 효과가 있었다. 하지만 지속적으로 발생하는 산업재해는 안전문화라는 새로운 관리 방식을 등장시킨 원동력이 되었다.

아래 그림은 시대적으로 적용되고 있는 기술 기반의 안전보건관리, 시스템 기반 그리고 안전문화 기반 안전보건관리 접근방식을 보여준다.

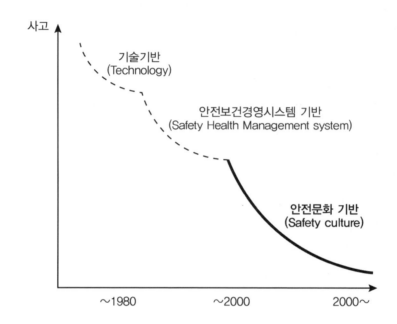

5.2 안전문화의 중요성

(1) 사고로 인한 피해

2020년 고용노동부의 산업재해 현황 통계를 보면, 사업장 2,719,308개소에 종사하는 근로자 18,974,513명 중에서 4일 이상 요양해야 하는 산업재해자가 108,379명이 발생(사망 2,062명, 부상 91,237명, 업무상 질병 요양자 14,816명)하였다. 산업재해로 인한 근로 손실일수는 55,343,490일에 달한다. 그리고 산업재해로 인한 직접 손실액(산재 보상금 지급액)은 5,996,819백만 원으로 전년 대비 8.45% 증가하였다. 이에 대한 간접손실액은 23,987,276백만 원에 이른다.

여기에서 간접손실액 산출기준은 직접 손실액을 4배 곱한 비용으로 1926년도 하인리히가 설정한 계상 기준에 의해 산출되었다. 하지만 그동안의 임금인상, 기회비용 및 보험비용 증가 등을 따져보면, 아래 그림 사고비용 빙산과 같이 직접 손실액의 8배에서 36배까지 계상하는 것이 현실적이라는 연구가 있다.

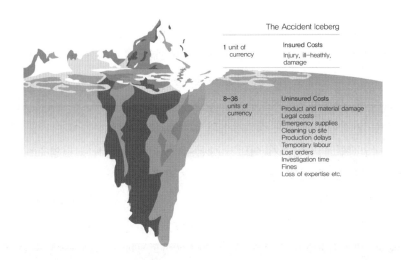

이런 사정으로 살펴보면 고용노동부가 계상한 간접손실액은 훨씬 높은 수준일 것으로 판단한다. 사고로 인한 직접 비용에는 보험금 청구, 건물과 장비 피해 및 근로자의 부재 등이 있다. 그리고 사고로 인한 간접 비용에는 아래와 같은 손실이 존재한다.

- 영업이익 손실
- 근로자 대체
- 영업권 상실과 기업 이미지 악화
- 사고 조사 후속 조치
- 생산 지연과 사고 조사 등으로 인한 초과 근무 수당 지급
- 사고보고를 위한 서류 작성 비용
- 법령 위반으로 인한 과징금
- 공공기관의 점검 대응
- 구성원 사기 저하로 인한 생산성 하락

전술한 바와 같이 산업재해는 기업의 도덕(ethics)적 가치, 법규 준수 그리고 경제적 손실과 긴밀한 관계가 있으며, 회사 경영의 존폐를 가른다. 따라서 안전문화를 기반으로 하는 사고예방 활동이 절실하게 요구된다.

(2) 안전보건경영시스템 기반의 안전문화 구축

안전보건경영시스템을 기반으로 하는 안전문화는 산업재해 예방에 가장 효과적인 방안으로 해외에서 잘 알려져 있다. 안전문화가 중요한 이유는 조직의 의사결정자가 안전을 고려

한 정책을 수립하여 사고예방 활동을 적극적으로 지원하고, 근로자는 유해 위험요인을 인식하여 사고 예방 활동을 하는 데 많은 영향을 주기 때문이다.

안전보건경영시스템은 계층별 사람들의 안전보건 관련 책임을 명확히 구분하여 해당업무를 안전하게 수행하도록 하는 안전절차를 표준 문서로 구성하고 있다.

안전절차를 표준 문서로 구성한 내용을 얼핏 보면, 이상적으로 보이지만 현실은 그렇지 않다. 그 이유는 안전절차가 실제 작업현장의 상황을 모두 반영하기에 어려울 뿐 아니라 수시로 바뀌는 작업상황을 감안하기 어렵기 때문이다. 더욱이 본사나 경영층(blunt end에 위치한)의 예산 삭감, 인력 감소 및 공사 단축 등의 지시를 받은 현장 책임자는 계획한 일정을 급히 줄이기 위한 방도를 찾아야 하고, 그 결과는 고스란히 근로자(sharp end에 위치한)의 안전작업에 많은 영향을 주기 때문이다. 이러한 상황을 '상정된 기준(work as imagine)과 실제 작업(work as done)에서 효율과 안전을 절충(efficient thoroughness trade−off)'하는 과정이라고 표현할 수 있다.

전술한 상황에서 안전한 작업을 수행하기 위한 방안은 결국 조직의 모든 계층에 있는 사람들이 안전과 관련한 근본가정과 믿음과 가치에 반영된 안전문화를 통해 경영층과 관리감독자가 리더십을 발휘하여 근로자의 안전 행동을 유지하고 지지하는 것이다.

특히 시대가 복잡하고 다양화되는 최근에는 IT 활용 등으로 인한 자동화의 결과인 인력 감소와 다양한 조직이나 사람들의 업무에 잠재되어 있는 많은 변동성(variability)으로 인하여 예상하기 힘든 유형의 사고가 발생하고 있다. 따라서 안전보건경영시스템을 기반하는 안전문화 구축과 운영에 학습(learn), 예측(anticipate), 대응(response) 그리고 감시(monitor)능력을 가진 안전 탄력성(resilience)을 포함하는 방안이 절실히 필요하다.

5.3 안전문화의 특징(characteristics)

미국의 Mark Middlesworth가 2015년도에 '굉장한 안전문화가 있는 조직의 25가지 징후를 발표하였다. 조직은 아래와 같은 안전문화와 관련한 징후를 파악하여 볼 것을 추천한다.

1. 조직의 모든 수준에서 눈에 띄는 안전 리더십이 있다.
2. 조직 전체의 모든 구성원이 건강 및 안전 주제에 대한 실무적인 지식이 있다.
3. 조직이 달성하고자 하는 안전문화에 대한 명확한 정의가 있다.
4. 안전에 대한 우선 순위를 둔다.
5. 건강과 안전을 확보하기 위한 재정적 투자가 있다.
6. 문제가 발생하기 전에 개선 기회를 식별하고 해결한다.
7. 건강 및 안전 주제로 정기적인 의사 소통이 있다.

8. 공정한 징계 시스템이 마련되어 있다.

9. 건강과 안전과 관련한 정기적인 근로자의 참여가 있다.

10. 관리자는 구성원의 안전보건을 확보한다.

11. 안전보건이 회사의 중요한 일이라고 자부한다.

12. 안전보건 활동으로 인하여 조직의 경영이익이 실현된다.

13. 회사의 안전보건 정책에 대한 만족도가 높다.

14. 안전은 모든 회의 의제에서 우선 순위가 높다.

15. 구성원은 관리자에게 안전 문제를 보고하는 것이 편하다고 생각한다.

16. 안전보건과 관련한 정기적인 감사가 있고 외부 감사자가 참여한다.

17. 안전행동에 대한 보상과 인정이 주기적으로 시행되어 구성원의 동기를 부여한다.

18. 안전은 고용의 조건이다.

19. 관리자와 감독자는 제기된 안전 문제에 긍정적으로 대응한다.

20. 안전은 비용이 아니라 투자로 간주된다.

21. 부상 및 질병을 정확하고 상세하게 보고하기 위한 기준이 있다.

22. 안전보건 성과를 측정할 수 있는 고도화된 지표가 있다.

23. 조직은 필요할 때 중요한 변경을 할 의지가 있다.

24. 안전 문제는 적시에 효율적으로 처리된다.

25. 안전보건을 확보하기 위한 자원과 예산이 배정되어 있고, 적시에 활용이 가능하다.

6. 경영층의 리더십

6.1 소개

1987년 알루미늄 대기업 Alcoa는 기발한 아이디어를 가진 새로운 CEO(O'Neill)를 영입하였다. 그는 주주, 기자와 이사회 사람들이 모인 장소에서 CEO로서 첫 번째로 연설하였다. 하지만, 이 첫 번째 연설은 완전한 실패였다.

월 스트리트에서 멀지 않은 호텔 연회장에서 연설이 시작되었고, 사업을 하는 투자자와 분석가들이 참여하였다. 지난 몇 년 동안 알루미늄 제조 대기업은 실적이 좋지 않았기 때문에 투자자들은 긴장했고 많은 사람들이 이 새로운 CEO가 영업이익을 극대화해 줄 참신한 아이디어를 갖고 있을 것이라고 믿었다.

연설에서 신임 CEO의 첫 마디는 "근로자 안전에 관해 이야기하고 싶습니다."였다. 연회장의 분위기는 싸늘하게 바뀌었다. 모든 사람의 기대와 에너지가 사라진 것처럼 보였고 조용했다. 그는 이러한 분위기에서 매년 수많은 Alcoa 근로자들이 너무 심하게 다쳐서 생산을 효과적으로 할 수 없다는 말을 이어갔다. 그리고 그는 Alcoa를 미국에서 가장 안전한 회사로 만들어 부상 없는 작업장을 만드는 것이 목표라고 발표하였다.

I want to talk to you about worker safety!!
Every year, numerous Alcoa workers are injured so badly that they miss a day of work. Our safety record is better than the general workforce, especially considering that our employees work with metals that are 1500 degrees and we have machines that can rip a man's arm off. But it's not good enough. I intend to make Alcoa the safest company in America. I intend to go for zero injuries.
October 1987

Source: "Is this the best CEO speech ever..? Digicast.com.au, M. Claire-Ross, Sept. 2012"
Paul O'Neill-CEO, Alcoa

그의 첫 연설이 끝났을 때, 대부분 청중은 여전히 어리둥절하고 혼란스러웠다. 몇몇 베테랑 투자자들과 비즈니스 언론인들은 회의를 정상적으로 되돌리도록 노력하였다. 그들은 손을 들고 회사의 자본 비율과 제품의 재고 수준에 대해 질문하였다. 하지만 CEO는 "Alcoa가 어떻게 하고 있는지 이해하려면 작업장 안전 수칙을 살펴봐야 합니다."라고 주저하지 않고 답하였다.

회의가 끝나자 당황한 참석자들은 서둘러 자리를 비웠다. 몇 분도 안되어 투자자들은 동료와 고객에게 Alcoa의 제품을 주문하지 말도록 권유하였다. 기자들은 새로운 CEO가 어떻게 정신을 잃었는지에 대한 기사 초안을 작성하고 있었다.

당시 Alcoa는 알루미늄 업계에서 최고의 안전 기록을 보유하고 있었지만 재무 성과는 좋지 않았다. Alcoa는 약 100년 전에 설립되었으며, 미국에서 알루미늄 생산을 사실상 독점했었다. 그러나 반독점 규제, 더 치열한 경쟁, 공급 과잉으로 인해 재정 위기를 맞게 된 것이다.

CEO는 Alcoa와 모든 직원이 프로세스에 더 깊이 집중할 필요가 있다는 믿음으로 전략을 설정했다. 그는 안전보건관리를 통해 근로자의 마음을 얻을 수 있을 것으로 판단하였다. 프로세스의 모든 단계를 이해하고 잠재된 위험을 확인하고 개선한다면, 근로자들의 동기 수준을 높일 수 있을 것으로 생각하였다. 그래서 그는 위험(hazards)요인과의 전쟁을 선포한 것이다.

그는 사업 프로세스에 존재하는 위험 정도를 "허용가능한 위험(tolerable risk)"[1] 정도로 관

---

1) 허용가능한 위험(risk)은 IEC(International Electrotechnical Commission: 국제전기기술위원회) 기관이 제시하는 기준이다.

리될 수 있도록 개념을 설정하였다. 당시 그는 이 전쟁을 승리로 이끌 수 있도록 모든 근로자에게 사업장에 존재하는 위험을 찾는 것이 중요하다고 설득하기 시작하였다. 그리고 그는 영업이익 극대화보다는 우선 근로자의 안전 확보가 우선이라고 강조하였다. 그러나 그의 이러한 전쟁은 순식간에 여러 관계자의 질책과 검증을 받게 되는 어려운 현실에 처하게 되었다.

그의 임기 약 6개월 후, CEO는 한밤중에 애리조나에 있는 공장 관리자의 전화를 받게 된다. 알루미늄 생산 과정에서 알루미늄 파편이 기계에 있는 큰 암(arm)의 경첩에 끼어 작동을 멈춘 상황이었다. 이것을 본 신입 근로자는 즉시 수리를 제안하였다. 그는 알루미늄 파편 걸림을 제거하기 위해 안전 벽(fence)을 뛰어넘었다. 그가 파편 걸림을 제거하자 기계가 다시 작동하기 시작하였는데, 이때 육중한 기계의 암이 그의 머리를 강타하여 사망하는 사고가 발생한 것이다.

사고가 발생하고 하루가 끝나갈 무렵 CEO는 공장 경영진과 회의를 하였다. 그리고 그는 다음과 같이 말하였다. "우리가 이 사람을 죽였어요", "이 사고는 저의 리더십 문제입니다", "제가 그의 죽음을 방치하였습니다", "그리고 그것은 지휘계통에 있는 여러분 모두의 문제입니다"라고 말했다. 그리고 그는 사고는 절대 용납될 수 없는 중차대한 일이라고 강조하였다.

그 회의에서 CEO와 경영진은 사고가 일어난 모든 세부 사항을 살펴보았다. 그들은 CCTV에 촬영된 사고 장면을 반복해서 보았다. 그들은 사고와 관련하여 여러 근로자가 저지른 수십 가지 이상의 실수 목록을 작성하였다. 그리고 사고 당시 두 명의 관리자는 재해자가 안전 벽을 뛰어넘는 것을 목격하였지만, 막지 않았던 것도 확인하였다. 이러한 일련의 과정들은 안전보건관리의 심각한 문제를 보여주는 것이었다.

작동이 멈춘 기계 수리를 하기 전에 관리자에게 보고하는 절차가 없었다. 또한 사람이 안전 벽 내부에 있을 때 기계가 자동으로 멈추지 않았던 설비적인 문제이기도 하였다.

사고 조사 이후 효과적인 예산 반영으로 주요 문제가 신속하게 개선되었다. 공장의 모든 안전 난간은 밝은 노란색으로 다시 칠해졌다. 새로운 안전정책과 절차가 만들어졌다. 특히 CEO는 관리자가 근로자의 안전 개선 아이디어를 듣고도 무시하거나 개선하지 않으면 그 책임을 묻겠다고 선언하였다.

이러한 그의 노력에도 불구하고 사고는 계속 일어났다. 멕시코의 한 공장에서 일산화탄소가 누출되어 150명의 직원이 중독되어 응급 진료소에서 치료받았지만, 다행히 사망자는 없었다. 당시 공장을 담당하는 임원은 안전보건관리 성과를 유지하기 위하여 해당 사고를 보고하지 않았다. 하지만, 이러한 사실을 다른 경로를 통해 접한 CEO는 정확한 원인 조사를 위해 조사 팀을 멕시코로 보냈다. 조사 팀은 사실을 수집하고 검토한 결과, 공장 임원이 의도적으로 사고를 은폐했다고 결론 지었다. 그 결과 공장의 임원은 해고되었다.

CEO의 지속적인 노력으로 인해 조직의 안전보건경영시스템과 안전문화 수준은 점차 향상되었다. 안전을 확보한다는 것은 공정이나 작업에 잠재된 유해 위험요인을 조사하고 개선하는 과정으로 생산 프로세스를 검토하는 과정이다. 공정이나 작업이 안전하다는 것은 곧 공장을 보다 효율적으로 운영할 수 있다는 것이다.

CEO의 위험과의 전쟁은 사고율을 줄이는 데 그치지 않고 회사 전체 생산 프로세스를 개선하는 데 많은 도움이 되었다. 2000년 CEO가 Alcoa를 떠날 무렵 회사 수익은 그가 새로운 CEO로서 일을 시작했을 때보다 5배나 많았다. 그리고 회사의 시장 가치는 30억 달러에서 270억 달러 이상으로 증가하였다. 이것은 거의 불가능한 반전이었다.

CEO가 부임 당시 영업이익을 창출하려고 안전을 기반으로 하는 생산 프로세스를 개선하지 않는 다른 방식을 취했다면, 이러한 성과를 창출하기는 어려웠을 것이다. 그는 위험과의 전쟁에서 Alcoa를 승리로 이끌었고, 수많은 근로자의 생명을 구함과 동시에 Alcoa를 구했다.

골드만 삭스의 연구결과에 따르면, 작업장 안전보건을 적절하게 관리하지 못한 기업은 2004년 11월부터 2007년 10월까지 적절하게 관리한 기업보다 재정적으로 더 나쁜 성과를 냈다고 보고하였다. 투자자들은 보고서에서 회사가 작업장 안전보건 관리를 했다면 동일 기간에 수익을 더 높일 수 있을 것이라고 조언했다.

리버티 뮤추얼 보험회사가 시행한 설문조사에 따르면, 재무 최고책임자(CFO)의 60%는 사고예방에 1달러를 투자할 때마다 2달러 이상을 회수한다고 하였고, 40% 이상은 작업장 안전 프로그램 운영으로 생산성이 좋아진다고 하였다. 미국 안전전문가 협회는 안전보건에 대한 투자와 그에 따른 투자 수익 사이에는 직접적인 상관 관계가 있다고 하였다.

6.2 리더십

(1) 리더십이 중요한 이유

경영층의 리더십은 안전문화를 구축하고 수준을 향상시키기 위한 핵심 요인으로 시스템의 요소(element)를 상호 유기적으로 작동하기 위한 중요 항목이다.

(2) 리더십 기대사항

경영층은 효과적인 리더십을 발휘하기 위해 아래와 같은 요건을 갖추어야 한다.

- 경영층은 안전하고 건강한 작업장을 제공한다
- 안전보건 정책과 목표를 수립하고 전사에 공유한다.
- 안전보건경영시스템 요구사항을 조직의 사업 절차에 통합하는 것을 보장한다.
- 안전보건경영시스템 유지에 필요한 자원을 사용할 수 있도록 보장한다.
- 안전보건경영시스템 요구사항 준수의 중요성을 전달한다.

- 안전보건경영시스템이 의도한 결과를 달성하도록 보장한다.
- 안전보건경영시스템 개선에 기여한 사람을 지지하고 포상한다.
- 지속적인 개선을 보장하고 촉진한다.
- 근로자가 어떠한 위험 없이 사고, 위험, 기회를 보고하도록 보장한다.
- 근로자의 협의 및 참여를 위한 절차를 수립하고 구현하도록 보장한다.
- 안전보건 위원회 구축과 운영을 지원한다.

(3) 리더십이 안전보건경영시스템에 미치는 영향

Deming은 품질 문제에 있어 경영자의 책임이 85%에 달한다고 주장하였다. 그는 문제가 발생한 이후 수습하는 방식의 해결보다 PDCA(Plan, do, check and action) 사이클에 따라 장기적인 안목에서 시스템을 개선할 것을 강조하였다.

Deming은 품질보증 분야에서 세계적인 명성을 얻은 사람으로 사고방지를 위해서는 사람보다는 시스템에 집중해야 한다는 85-15원칙을 주장하였는데, 이것은 안전 분야에도 적용되고 있다. 그는 1,700건이 넘는 사고 조사 보고서를 검토한 결과, 문제의 15%는 사람과 관련이 있었고 85%는 경영자의 책임 그리고 리더십과 관련이 있다고 주장하였다.

(4) PDCA 기반 리더십 수준향상 방안

영국 보건안전청(HSE)이 발간한 작업 안전보건 선도(leading health and safety at work)-경영층을 위한 리더십 활동(leadership actions for directors and board members) 안내서에는 안전보건과 관련한 리더십과 관련한 요구사항을 계획(plan), 이행(deliver), 모니터(monitor) 및 검토(review)로 설명하고 있다.

가. 계획(plan)단계

안전보건경영시스템 구축과 관리 계획 수립 시 효과적이고 일관성 있는 안전보건 정책을 세우는 것이 중요하다. 경영층은 안전보건을 중요한 요인으로 인정하고 계획단계에서 필요한 요구사항을 결정하고, 각종 회의에서 안전보건을 정례적인 안건이 되도록 지원한다. 그리고 경영층은 안전 리더십을 명확히 정의하고 관련 목표를 설정한다.

나. 이행(deliver) 단계

안전보건경영시스템 운영을 효과적으로 시행하기 위한 실천단계이다. 이 단계에서 유해위험요인 정보수립, 안전보건과 관련한 중요 결정사항 그리고 설계변경과 관련이 있는 사항을 평가하고 이행한다.

다. 모니터링(monitor) 단계

모니터링은 안전보건 목표와 성과를 일관성 있게 확인하여 개선할 수 있는 단계이다. 안전보건경영시스템의 요소를 유기적으로 운영하기 위해서는 각각의 활동을 구체화하고 지표화하는 것이 필요하다. 설정된 목표를 주기적으로 검토하고 관련 법령과 공정변경 등의 변경에 대한 모니터링이 필요하다.

라. 검토(review) 단계

경영층이 조직에서 운영되는 안전보건경영시스템 요소의 운영 효과를 확인하여 개선을 위한 지원을 하는 단계로 최소 1년에 한 번 이상 정기적인 검토가 필요하다.

6.3 실행사례

(1) 국내사례

가. 0000 공사

0000 공사는 ESG 경영에서 안전(Safety)이라는 가치를 특별히 강조하여 ESSG 경영을 선포했다. ESSG 경영이란, 기존의 ESG 경영에서 S를 더한 Environment, Safety, Social, Governance(환경, 안전, 사회, 지배구조)라는 경영방식으로 국민과 근로자의 안전을 최우선으로 여기는 안전 중심 경영을 표명하고 있다.

CEO를 포함한 경영진은 전국에 있는 사업장과 함께 '안전 멘토링 제도'를 시행한다. 경영진이 사업장에 방문해 안전보건관리 현황을 점검하고 근로자와 소통하는 제도로서 2021년도에는 86회를 진행하였다. 이러한 0000 공사 경영진의 높은 안전보건 리더십으로 현장의 안전보건 관리 수준이 개선되고 있다.

나. 0000 자동차 공장

경영층 주관으로 '안전검토위원회(SRB: safety review board)'를 운영한다. 이 제도는 2017년 10월부터 CEO와 모든 조직의 부사장과 임원이 참여하는 활동이다. 위원회는 매월 1회 시행하는 기준으로 지난 2년간 연간 안전보건 정책, 안전사업 계획, 위험성평가, 연간교육 계획과 법규 검토 등의 의제를 다루었다.

안전검토위원회를 시행하는 과정에서 리더는 중점안전순찰(SOT, safety observation tour)과 안전대화순찰(SCT, safety conversation tour)에 참여한다. 중점안전순찰은 추락위험, 전기위험, 협착 위험, 밀폐공간 위험 등 특정 위험을 대상으로 점검을 시행하고 개선하는 과정이다. 안전대화순찰은 현장에서 근로자와의 면담을 통한 안전 제안 및 건의 사항을 접수하는 과정이다. 이 순찰을 통해 근로자들의 위험 인식 수준이 높아지는 효과가 있었다.

다. OLG 기업-CEO의 가시적인 안전보건 리더십 활동

안전 메시지

이 회사의 CEO는 임원, 관리감독자 그리고 근로자를 정기적으로 대강당에 초청하여 안전보건과 관련한 성과를 공유하였다. 특히 기본안전수칙(safety golden rules)의 중요성을 일깨우기 위하여 본인이 직접 안전모, 안전화, 안전벨트를 착용한 상태에서 관련 정보를 공유하였다. 그리고 CEO는 주기적으로 현장에 방문해 근로자들과 함께 오전 Tool box meeting을 시행하였다. 이러한 CEO의 가시적인 리더십은 전 조직에 공유되었다.

CEO는 안전 메시지를 주간단위로 전 구성원에게 메일과 핸드폰 메시지로 보내 안전의식을 다시 한번 챙기는 활동을 하였다. 이 활동은 'Safety Greeting Program'으로 CEO가 많은 관심을 갖고 추진했던 활동이었다. 아래 'Safety Greeting Program' 품의 서류를 보면 CEO의 관심 사항이 아래 그림과 같이 기재되어 있다. 'Very good, 금요일 아침 휴무일 전 Safety Greeting을 구성원에게 보내 Safety Remind 바랍니다.'

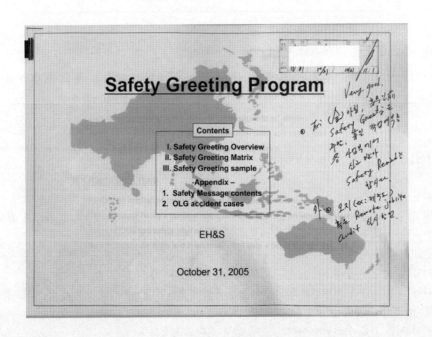

Safety Greeting 구성 내용은 안전 메시지, 기본안전수칙 준수, 중대산업재해 평가에 대한 조언, 사고사례 공유 및 무재해 달성 일자 기념 등으로 구성되어 있다.

주요 내용에는 단순히 '조심하세요, 다치지 마세요, 기준준수' 등의 선언적인 내용이 아닌, 구체적인 안전 행동 기준이었다. 아래 그림은 기본안전수칙의 중요성을 일깨우기 위한 주간 안전 메시지 예시이다. 독자의 이해를 돕기 위해 주간 단위로 구성원에게 보냈던 메시지 내용 중 일부를 별첨에 설명하였으니 참조하기 바란다.

Weekly Safety Greeting

방호가 안된 회전체 또는 고전압 부위 1.5미터 이내에서는 절대로 작업하지 맙시다.

지난주 목요일 OO 법인의 작업자가 로프 상태를 점검하던 중, 중심을 잃고 회전하는 쉬브와 와이어로프 사이에 손가락이 끼어 골절상을 입었습니다. 참고로, 2005년부터 지금까지 발생한 13건의 사고 가운데 손가락 관련 사고가 절반 이상을 차지했습니다.

더 큰 사고로 이어지지 않은 것이 천만다행입니다만, 손가락 사고는 중대재해로 간주된다는 사실을 명심합시다.

오늘은 무사고 5일째입니다.

Last week, a SVC mechanic at Sigma Hong Kong injured his left hand by being caught between the rotating sheave and the wire rope while carrying out an emergency callback repair. From 2005 until now, 7 cases out of 13 have been related with finger injuries.

As a matter of fact that all finger injuries are treated as a serious accident by standard.

As of today, company wide we have achieved 5 days work without any accident.

CEO는 주기적으로 구성원과 협력업체 종사자에게 안전과 관련한 메시지를 전달하였다. 다음 그림은 사고사례를 상기시키는 내용으로 모든 구성원의 가정과 주요 협력업체 근로자의 가정으로 보냈던 편지의 내용이다.

『안전』은 "가정"에서부터 시작됩니다.

여러분 안녕하십니까?
주변 환경의 많은 어려움 속에서도 가정의 안녕과 가족의 건강을 위해 헌신적인 노력과 열정을 쏟아 주시는 가족 여러분께 회사를 대표하여 깊은 감사의 말씀을 드립니다.
최근, 회사는 불행하게도 3건의 사망 사고를 경험하였습니다. 이에 대한 근본적인 원인은 우리가 지켜야 할 기본을 준수하지 않은 데에서 기인되었습니다.
회사는 과거 수년 동안 안전교육과 감사 등을 강화해 왔습니다만 가정의 도움 없이는 사고를 근절할 수 없다는 것을 절실히 깨닫게 되었습니다.
따라서 저는 가족 여러분께 아래와 같이 당부 드리고자 합니다.
"안전이란" 회사에서뿐만이 아니라 모든 가정에서도 함께 시작되고 생활화되어야 합니다. 아침에 여러분의 가족이 출근할 때 가족의 건강과 안전을 당부하고 퇴근 후 힘든 하루를 격려해 주는 따뜻함이 여러분의 가족에게는 큰 용기가 되고 힘이 됩니다.
여러분,
안전은 타협하거나 보여주는 것이 아닙니다. 바로 본인 자신과 가족의 행복이자 미래입니다.
『여러분의 가족이 출근할 때와 꼭 같거나 그 보다 더 건강하고 즐거운 마음으로 가정으로 돌아가는 것』 이것이 바로 회사의 가장 중요한 경영철학입니다. 저는 다시 시작하는 마음으로, 초심에서 "안전"을 되짚어 보고자 합니다. 또한 가족 여러분의 관심과 응원을 다시 한번 부탁 드리겠습니다.

끝으로, 여러분의 건강과 가정의 행복을 진심으로 기원 드립니다.

감사합니다.

OLG 기업

사 장　　０ ０ ０

안전 감사결과 검토와 개선

CEO는 본사 안전보건 전담부서가 사업부문을 대상으로 하는 중대산업재해 예방 감사 결과를 검토하였다. 감사 점수가 미흡한 지역의 책임자에게 별도의 개선을 해줄 것을 요구하는 내용을 자필로 기재하여 회신하였다. 자필내용에는 '안전을 좀 더 신경 써 주시고 점수가 90% 이상 나올 수 있도록 관리' 해달라는 등의 내용이었다.

Cross Safety Talk Meeting 개최

CEO는 주기적으로 현장을 관리하는 감독자들과 'Cross Safety Talk Meeting'을 시행하였다. 주요 주제는 현장 안전점검 개선 방안, 협력회사 인센티브 제공 방안, 효과적인 안전교육 시행, 감독자의 중대산업재해 예방 감사 기술 향상 교육 시행과 같은 내용이었다. 미팅은 CEO가 있는 본사 대회의실에서 시행되었다. CEO가 안전에 대한 관심을 갖고 리더십을 가시적으로 보여주는 여러 활동을 한 결과, 본사의 인력부서, 법무부서, 재무부서 그리고 사업부문을 총괄하는 임원은 자발적으로 해당 부서의 안전과 관련한 사안을 살피는 기회가 되었다.

불시 안전점검 시행

CEO는 주기적으로 공사 현장에 대한 '불시 안전점검'을 시행하였다. 이 안전점검은 사업부문에 사전에 공지하고 시행하는 점검이 아니었다. 본사 안전 전담부서는 매일 사업부문으로부터 접수하고 있는 공사 현황(이 정보를 통해 본사 안전 전담부서는 불시 안전감사를 시행하였음)을 CEO에게 안내하고 CEO는 공사 현장을 무작위로 선정하여 방문하였다.

2005년 6월 1일 CEO가 두 군데 현장을 방문하였는데, 한 곳은 근로자의 안전의식과 현장 책임자의 안전 관리감독이 좋았던 반면, 한 곳은 그렇지 못해 CEO가 직접 불시 안전점검 결과를 해당 사업부문장에게 통보하고 관리 개선을 요청한 적도 있었다. CEO의 불시 안전점검은 간헐적으로 시행되었지만, 사업부문장은 항상 CEO가 불시에 방문할 것을 대비한 준비를 철저히 하였다. CEO의 이러한 가시적인 리더십은 조직 그리고 사업장의 안전문화에 많은 영향을 주었고, 근로자가 안전한 행동을 할 수 있도록 하는 요인으로 작용하였다.

본사 임원과 해외법인장 대상 8 Hours Safety Activity 시행

CEO와 국내 본사 임원과 해외법인장은 한 달에 최소 8시간 이상의 안전활동을 해야 하는 '8 Hours Safety Activity' 프로그램에 참여하였다. 이 활동은 본사 안전담당 부서의 제안으로 CEO가 흔쾌히 승인한 프로그램이었지만, 초기에는 여러 부서의 반대와 어려움이 존재하였다. 그 이유는 인력, 재무, 법무, 홍보 등의 부문을 맡고 있는 임원들은 안전에 대한 경험이나 역량이 없으므로 한 달에 8시간 이상 안전과 관련한 활동을 한다는 것은 어렵다는 주장이었다.

이러한 사정을 감안하여 본사 안전담당 부서는 국내 본사 임원과 해외법인장을 대상으로 안전활동과 관련한 활동과 점검 체크리스트 등을 안내하고 별도의 안전교육을 시행하였다. 초기에는 여러 어려움이 존재하였지만, 시간이 지나면서 임원들은 자신의 조직과 관련한 안전보건관리 현황을 파악하고 개선하는 좋은 기회가 되었다. 이러한 활동을 꾸준히 진행하자 본사의 임원들은 안전의 중요성을 인식하였고, 사업부문이 요청하는 안전관련 투자 등의 검토를 적극적으로 지원하였다.

Safety Stand Down Day 행사 개최

CEO는 주기적으로 'Safety Stand Down Day' 행사를 주관하였다. Stand Down은 어떠한 시점에서 경보상태, 잠시 중단 혹은 전열 재정비 등을 한다는 의미를 갖고 있다. 군대에서는 군사 작전을 일시 중지하는 행사 등으로 해석되고, 안전분야에서는 CEO와 경영층이 일선 작업자와 직접 안전 문제에 대해 이야기하는 시간을 갖고 개선하는 일련의 활동으로 알려져 있다.

1차 Safety Stand Down Day행사는 2004년 11월 10일에 시행되었다. 이때 본사와 전국에 있는 임원, 관리자, 협력업체 대표 등 관계자 700명이 한자리에 모였고, CEO는 특별한 안전방침을 추가하여 강조하였다. 그 방침은 "사장을 포함한 모든 임직원은 현장 방문 시 안전모, 안전화, 안전벨트를 착용하지 않으면 현장을 출입할 수 없다"였다. 그리고 CEO는 추락사고 예방을 위하여 '2미터 기준(2 meters rule)'을 강조하였다. 2미터 기준은 언제 어느 곳에서나 전면, 후면 그리고 옆면 주변 2미터 지점 추락의 위험이 존재하는 경우 반드시 안전벨트를 착용하고 고리를 지지점에 체결하는 것이다.

그리고 그는 모두가 보고 있는 강단에 마련된 안전벨트 지지점(그림의 강단 좌측)에 자신이 착용하고 있던 안전벨트 고리를 거는 모습을 시연하였다. 행사에 참석한 임원, 관리감독자, 협력업체 대표들은 CEO가 안전벨트를 직접 거는 모습을 보고 감명을 받았던 것으로 저자는 기억한다.

Tool Box Meeting(TBM) 참관

CEO는 주기적으로 Tool box meeting에 참관하셨다. CEO는 승강기 설치 공사현장에 들러 근로자들이 아침 작업전에 시행하는 TBM에 동참하였다. 그는 당일 어떤 위험이 존재하고 어떤 사고예방 조치를 하는지 근로자들에게 직접 여쭈어 보셨다. 그리고 힘든 환경에서도 묵묵히 업무를 하는 여러 근로자들을 칭찬하셨다. 다음 사진은 승강기 공사 현장에서 근로자들과 TBM을 하고 위험요인에 대한 지적확인을 하는 모습이다.

안전보건 교육 프로그램 검토

CEO는 본사 안전담당 부서가 주관하는 중대산업재해예방 감사자 양성교육을 통과한 사람에게 줄 수료증에 본인이 친히 서명을 하여 감사자의 역할이 중요하다는 사실을 강조하였다. 그리고 본사 안전담당 부서가 주관하는 안전리더십 교육을 수료한 사람에게 줄 수료증에 본인이 친히 서명을 하여 관리자의 안전리더십을 강조하였다.

저자가 보는 CEO의 안전보건 리더십

CEO는 00전자 해외 법인장 등 영업과 마케팅 분야에서 업무를 하셨다. 그리고 그는 OLG 기업이 외국계 투자 기업에게 인수 합병되면서 초대 CEO로 선임된 분이며, 영문학을 전공하셔서 영어가 유창했다. 저자는 2000년도 초반 현장에서 본사로 이동한 직후 CEO를 만났다.

OLG 기업의 사업장 위험수준은 통상적인 수준을 넘어 매우 위험한 수준으로 2000년도 초반 많은 중대산업재해가 발생했었다. CEO는 OLG 기업과 같은 위험한 사업장에 대한 관리 경험이 없었기 때문에 지속적으로 발생하는 중대산업재해가 발생하는 이유를 알고 싶어 하셨다. 당시 본사 안전담당부서 직원들은 여러 중대산업재해 발생 현장 출장으로 인하여 저자가 CEO를 만날 수밖에 없었다. 저자는 당시 CEO와 같이 높은 분을 만나본 경험이 없었기 때문에 어떤 답변을 해야 할 지 몹시 긴장했었다.

CEO를 처음 본 순간 압도당하듯이 답변을 이어갔다. 그의 질문은 "왜 사고가 발생합니까", "사람들은 왜 기준을 준수하지 않나요", "사고를 예방하기 위해서는 무엇을 해야 하나요" 등이었다. 어떻게 답변을 했는지는 정확히 기억이 나지 않지만 나름대로 경험했고 생각했던 것을 답변한 것으로 기억한다. CEO는 마지막으로 자신이 이 분야를 잘 모르니 잘 알려 달라고 요청하셨다. 이것이 처음으로 CEO와 대화를 나누었던 기억이다.

안타깝게도 중대산업재해는 지속적으로 발생하였다. 이러한 과정에서 미국 본사는 CEO에게 사고보고를 직접 해 줄 것을 지시하였다. CEO는 본사 안전담당 부서로 하여금 이제까지 발생했던 사고를 분석하고 어떤 개선 대책이 있었는지 그리고 어떤 개선대책을 세울지 보고해 달라고 지시하셨다.

본사 안전담당부서가 사업부문과 함께 개선대책 보고서를 작성하고 CEO에게 검토 받는 과정은 고난의 연속이었다. CEO는 이제까지 발생한 여러 중대산업재해의 개요, 원인, 대책 수립 과정 등을 충분히 이해하고 미국 본사에서 직접 보고해야 했으므로 보고서 슬라이드 한 장 한 장을 직접 검토하셨다. 본사 안전담당부서의 기획담당 차장(이성희 차장, 저자와 막역한 사이로 저자가 많은 부분을 배울 수 있도록 도와준 동료)과 저자는 CEO와 같은 테이블에서 CEO의 지시에 따라 보고서 내용을 수정하고 관련 사진을 넣는 등의 지난한 과정을 가졌다. 저자의 기억으로는 약 일주일 정도 보고서를 보완하는 작업을 거듭한 것으로 기억한다.

CEO는 담배를 끊은 지 오래되었는데 다시 담배를 피우신다고 재떨이를 가져다 달라는 요청을 해서 저자가 갖다 준 기억이 난다. 당시 CEO는 기획담당 차장과 저자에게도 담배를 권유했지만, 예의상 담배를 피울 수는 없었다.

어렵게 작성한 보고서를 아시아 태평양 지역 본사에 보내고 수정사항을 보완한 이후 최종적으로 미국 본사에 송부하였다. CEO는 사고보고를 위하여 미국으로 향하는 비행기를 타야 했는데 당시 저자가 기억하는 CEO의 모습은 너무 힘들고 지쳐 보였다.

약 2주 후 CEO는 본사 안전담당자들에게 식사 제안을 하셨고, 저자는 그 자리에 가서 새로운 사실을 알게 되었다. 미국 본사 CEO가 개선대책 보고를 잘 받았다는 것이었다. 하지만 사고를 예방할 수 있는 효과적인 방안을 수립해 달라는 요청이 있었다는 것이다. 식사 자리에서 CEO는 본사 안전담당 부서가 보고서를 잘 만들어 주어 자신이 계속 근무할 수 있을 것 같다고 하시면서 웃으셨다. 당시 저자는 CEO가 사고보고를 위해 미국 본사까지 가시게 했다는 간접적인 죄책감이 있었지만, 다행이라고 생각했다.

CEO가 미국에 다녀오시고 난 이후 안전보건관리 활동은 한층 힘을 받았다. 그리고 본사 안전담당 부서의 인력이 충원되었다. 저자가 CEO를 2000년도 처음 보았던 때에 비하면 2004년은 CEO의 안전 리더십은 타의 추종을 불허할 정도의 수준으로 발전하였다. 그리고 OLG 기업의 안전문화 수준은 획기적으로 향상되었고, 사고예방 활동은 고도화되어 좋은 성과를 이루어 냈다.

(2) 해외사례

영국 보건안전청(HSE)이 발간한 작업 안전보건 선도(leading health and safety at work) — 경영층을 위한 리더십 활동(leadership actions for directors and board members) 안내서는 안전보건 리더십의 중요성을 잘 설명하고 있다. 자세한 내용은 아래 표와 같다.

영국에 있는 NHS Trust라는 회사는 환자 안전, 건강증진 그리고 장애인 보호와 관련한 사업을 하는 회사이다. 이 회사의 경영층은 안전보건을 중요한 안건으로 채택하고, 안전보건체계를 구축하여 운영하였다. 이와 같은 체계에 따라 근로자에게 모든 사고를 자유롭게 보고할 수 있는 분위기를 조성한 결과 2년 동안 재해율 16% 감소와 산업재해 보험료 10%가 감소하는 성과가 있었다.

영국에 있는 British Sugar라는 회사는 사료, 토마토 가공 등을 하는 회사로 900여 명의 구성원이 근무하는 대규모 기업이다. 이 회사에서 3명의 근로자가 사망한 이후 경영책임자는 모든 관리자에게 안전보건과 관련한 책임을 강화하였다. 그리고 안전보건에 관련한 성과보고 결과를 매달 이사회에 송부하도록 결정하였다. 또한 매년 높은 수준의 안전보건 목표설정과 사고 예방 활동을 시행하였다. 이러한 활동으로 2년 동안 43%의 재해가 감소하였고 1년 동안 주요 안전보건과 관련한 문제가 63% 감소하는 성과가 있었다.

영국의 Mid and West Wales Fire and Rescue Service라는 회사는 소방과 응급구조 관련한 서비스를 하는 회사이다. 경영책임자는 안전보건이 회사의 경영에 기초가 된다는 것을 구성원들에게 강조하였다. 그리고 경영층은 주기적으로 설정된 안전보건 목표를 확인하고 개선하여 연간 2억 상당의 보험료를 절감하였다. 그리고 2년 동안 근로 손실사고가 50% 감소하였고 3년 동안의 재해율이 50% 감소하였다.

영국의 도매회사인 Sainsbury라는 회사는 외부 감사결과, 보다 효과적이고 통일된 안전보건경영시스템 운영이 필요하다는 조언을 받았다. 이 회사는 외부 감사의 조언을 참조하여 조직의 안전보건 비전(vision)을 검토하였다. 그리고 경영층은 적절한 안전교육을 이수하였다. 그 결과 근로 손실사고가 17% 감소하였고, 구성원의 사기와 자부심이 향상되었다.

아래 표는 경영층의 긍정적인 리더십으로 좋은 성과가 있었던 추가적인 사례이다.

회사	정보	리더십	성과
AMEC	• 근로자 13,000명이 근무 • 설계, 배달, 에너지 및 인프라 자산과 관련한 사업	• 안전보건 관련 사항 모니터링 실시 • 매월 경영진 회의 안건으로 안전과 관련한 사항 포함 • 사업장 외에도 가정과 관련한 안전계획 수립	• 근로손실 사고 감소 • 사고 빈도율이 약 50% 감소 • 근로 손실일 49% 감소
ANC Express	• 근로자 1,534명이 근무 • 운송과 배달과 관련한 사업	• 안전보건 위원회 개최(매년 5회) • 정기적인 현장 검사 및 안전보건 회의 참석 • 매월 안전보건 성과확인(안전지표 등) • 안전보건 캠페인 등 참여	• 지난 2년 동안 책임보험료 63% 절감 • 지난 4년 동안 근로손실일 53% 감소 • 근로자 사기 증대와 이직 감소
De La Rue plc	• 근로자 6,000명이 근무 • 종이 제조와 관련한 사업	• 격월로 안전 보고서를 근로자에게 공유 • 현장 방문 • 근로자 격려	• 2002년 이후 근로손실일 65% 감소 • 지난 3년간 재해 23% 감소

7. 근로자 참여

7.1 근로자 참여가 중요한 이유

안전보건경영시스템이 훌륭하게 갖추어 있어도 실행의 주체인 근로자의 참여가 없다면 사고예방의 효과는 낮을 것이다. 근로자를 효과적으로 안전보건 활동에 참여시키기 위해서는 근로자가 안전보건 활동에 대한 발언권을 갖고 있다고 느끼게 하고, 그들의 의견을 진지하게 받아들여야 한다. 그렇게 되면 근로자는 자신의 안전과 조직의 안전을 확보하려는 노력을 할 것이다.

근로자의 참여를 이끌어 내는 효과적인 방안으로는 효과적인 안전보건 프로그램 운영, 안전보건과 관련한 자유로운 의견 개진 분위기 조성 그리고 쉽게 안전보건 정보를 접할 수 있도록 하는 조치 등이 있다.

근로자가 안전보건 활동에 참여해야 하는 중요한 이유는 근로자가 사업장에 존재하는 위험을 가장 잘 알고 있기 때문이다. 근로자는 사업장에 존재하는 여러 유해 위험요인을 확인하고 적절한 대책을 수립하고 작업에 임한다. 하지만 때로는 공정단축을 지시 받거나 근로자 스스로 시간을 단축하기 위해 별도의 대책을 적용하지 않고, 해당 위험을 수용하고 작업하는 경우가 있다. 이로 인해 많은 사고가 발생하고 있는 것이 현실이다.

하지만 회사의 경영층 그리고 관리자는 근로자가 이러한 위험상황을 알려주지 않는 한 인지하기 어려운 것이 현실이다. 따라서 이러한 문제의 대안은 근로자가 자발적으로 위험요인을 수시로 보고할 수 있도록 하는 문화를 조성하는 것이 매우 중요한 일이다.

다음에 설명할 근로자 참여 가이드 라인을 참조하여 사업장에 적합한 근로자 참여 프로그램이 마련되어 시행된다면 보다 효과적인 사고예방 활동이 될 것이다.

7.2 근로자 참여 가이드 라인

(1) 근로자가 안전보건 프로그램에 쉽게 참여할 수 있는 조치

근로자가 안전보건 프로그램에 참여할 수 있도록 시간과 자원을 제공한다. 그리고 프로그램에 참여하는 사람들의 행동을 긍정적으로 강화(reinforce)할 수 있는 보상을 제공한다. 일반적으로 근로자를 참여시킬 수 있는 안전보건 프로그램에는 정리 정돈, 안전 검사, 안전 관찰, 안전보건 위원회, 사고 조사 등이 있다.

(2) 근로자가 안전보건 문제를 보고하도록 권장하는 분위기 조성

근로자는 작업장의 유해 위험요인을 가장 잘 알고 있으므로 그들에게 해당 위험을 자유롭게 보고할 수 있는 분위기를 조성해야 한다. 분위기 조성 방안에는 부상, 질병, 사건, 사고 그리고 위험을 비난이나 책임 추궁 없이 자유롭게 보고할 수 있는 체계를 구축하는 것이다.

(3) 근로자가 회사의 안전보건 정보에 접근할 수 있는 조치

근로자가 쉽게 안전보건 관련 정보를 접할 수 있는 방안을 마련한다. 이러한 정보에는 보호구 장비 제조업체의 안전 권장 사항, 작업장 안전 검사 보고서, 사고 조사 보고서, 작업장 위험성평가 결과, 안전교육 현황, 정부의 안전보건 관련 점검 결과와 조치 현황 그리고 안전보건 투자현황 등이 있다.

(4) 안전보건 프로그램의 모든 측면에서 근로자의 참여 제고

안전보건 프로그램 설계와 운영 단계에서 근로자를 참여시켜 유해 위험요인을 폭넓게 확인한다. 근로자를 참여시키는 방안에는 프로그램 개발 및 목표설정 단계에 참여 요청, 위험요인 발견 시 보고 요청, 안전검사에 시행에 참여 요청, 안전 절차 검토 요청, 사고조사에 참여 요청, 안전교육 프로그램 개발에 참여 요청, 프로그램 개선 평가에 참여 요청 그리고 의료 감시활동에 대한 참여 요청 등이 있다.

(5) 근로자의 참여 장벽 제거

근로자를 자유롭게 참여시키기 위해서는 그들의 조언이나 요청사항을 항상 들어주고 있다는 믿음의 분위기를 조성해야 한다. 근로자의 참여 장벽을 제거하기 위한 방법에는 근로자의 요청사항에 대한 정기적인 피드백 제공, 근로자의 참여를 촉진하는 보상제도 운영 그리고 자유로운 의견개진과 관련한 보복성 조치가 없다는 정책 수립 등이 있다.

(6) 안전보건 위원회 개최

안전보건 위원회는 체계적이고 조직적인 근로자 참여 프로그램이다. 효과적인 안전보건 위원회 운영을 통해 회사 전체에 안전보건과 관련한 요구사항과 개선사항을 결정하여 공유할 수 있다. 안전보건 위원회에 본사에 있는 인사, 재무, 품질, 영업, 기획부서, 법무 등 지원부서의 책임자가 참여할 경우 안전보건과 관련한 많은 지원을 얻을 수 있다.

(7) 근로자 의견 청취 원칙(golden rules)
- 안전보건 사안을 항상 공유한다.
- 다른 사람의 의견을 경청한다.
- 문제를 공감하고 같이 해결한다.
- 사안을 동일한 시각으로 보고 정보를 공유한다.
- 서로 적합한 시간에 토론한다.
- 결정은 같이한다.

7.3 실행사례

(1) 국내사례

가. ○○ ○○○○○○(석유화학제품 제조, 근로자 200명이 근무)

이 회사는 소통과 참여로 안전과 신뢰를 쌓는 안전보건 강조주간을 운영하고 있다. 상반기와 하반기 1회씩, 월요일 출근길에 공장장과 팀장들이 정문에서 안전 구호를 외치고 직원들에게 비타민제 등을 나눠주는 안전 캠페인 등의 다양한 프로그램을 진행한다.

이 프로그램은 모든 임직원이 함께 소통하며 현장의 의견을 공유하는 양방향 프로그램으로 전 직원을 대상으로 안전 표어를 공모하고, 선정된 표어는 현장에 부착한다. 점심시간 직전 5분간 분임 대표자가 사내 방송에서 안전과 관련한 건의 사항 등을 자유롭게 이야기한다. 가장 인기 있는 프로그램은 안전 워크숍이다. 10여 명으로 구성된 분임조들이 특정 사고사례를 선정해 문제점과 해결방안을 토론하고, 그 결과를 발표하면 임원과 안전 담당자가 검토하고 회신하는 방법으로 진행된다.

여기에서 발굴한 우수한 제안은 대부분 이행되어 참여자들은 성취감을 느낄 수 있고, 우수 근로자는 인사고과에서도 좋은 점수를 얻을 수 있어 직원들이 적극적으로 참여한다. 안전에 관한 문제 제기만큼은 회사가 반드시 해결해준다는 신뢰가 있어야 근로자들에게 안전 규칙 준수를 요구할 수 있다는 근로자의 의견도 있었다.

나. 국내 한 대기업

사내 인트라넷 등 전산망을 이용하여 안전보건 법규, 유해 위험 물질 및 사고 발생 현황 등을 공유하는 활동을 시행하고 있다. 또한 작업 전 해당 관리감독자와 근로자가 서로 모여 작업과 관련한 유해 위험정보와 안전 작업 계획을 공유하고 개선하는 안전 미팅(TBM, tool box meeting)을 시행하고 있다.

그리고 안전한 작업을 위한 안전 제안 활동을 시행하고 있다. 이 활동의 제안 양식은 간소화되어 쉽게 제안을 할 수 있는 장점이 있다. 접수된 제안은 사내 심의 위원회를 거쳐 표창과 함께 시상을 한다.

다. ○○ ○○○(화학제품 생산기업)

대표이사는 '21년에 SHE팀(Safety, Health, Environment)을 대표이사 직속으로 두었다. 그리고 사업장의 유해 위험요인을 직접 확인하고 적극적으로 대응하기 위해 SHE위원회를 만들었다. SHE위원회 참석자는 주기별로 다르지만, 분기는 대표이사와 부서장이 참석하고, 매월 회의는 대표이사와 SHE팀원이 참석한다.

SHE위원회에서는 위험성평가와 현장점검 등을 통해 발견된 유해·위험요인을 확인하고 개선계획을 수립한다. 유해 위험요인 개선에 필요한 예산 편성을 통해 집행하고 부서별로 그 실적을 집계한다.

특이할 만한 사항으로는 SHE위원회에 대표이사가 참여하면서 안전보건 예산이 이전보다 100%나 증가하였다. 이 위원회의 핵심은 대표이사가 안전보건에 관한 사항에 직접 대응하면서 조치에 필요한 안전 예산을 배정하고 집행한다는 점이다. 또한, 각 부서에서 제안한 의견들을 종합하여 대표이사가 안전보건 경영방침을 마련하고 주기적으로 개정하여 모든 구성원이 공감할 수 있게 한 것도 주목할 만하다.

SHE위원회의 매월, 매분기 활동은 모든 근로자가 볼 수 있도록 인트라넷에 게시하거나, 작업장, 식당 게시판 등에 공유한다. 안전보건과 관련한 의견을 제시한 근로자는 자신의 의견이 어떻게 반영되었는지 확인할 수 있어 참여의 효과가 컸다.

라. OLG 기업

OLG 기업은 안전문화 수준을 높이기 위해 구성원이 안전활동에 참여할 수 있는 여러 프로그램을 운영하였다. 그중 효과가 있었던 몇 가지 사례를 소개한다.

안전 골든벨 행사

2007년 10월 4일 건설분야, 서비스 분야, 공장 분야의 근로자와 관리감독자 400명을 대상으로 안전과 관련한 골든벨 행사를 시행하였다. 행사는 위험성평가 경진대회, 위험요인 찾기 대회, 줄다리기 그리고 안전과 관련한 퀴즈 풀기 등으로 구성되었다. 사업부문은 이 행사의 중요 내용인 위험성평가 경진대회를 참여하기 위하여 사전에 많은 시간을 투자하여 연습을 하면서 안전의식을 고취하였다. 안전과 관련한 퀴즈 풀기 우승자는 특별한 시상을 받았다.

Safety Hero 시상 제도 운영

전사 안전보건 담당 임원은 사업장 구성원과 협력업체 근로자를 대상으로 매월 1명을 선발하여 시상하는 'Safety Hero' 제도를 시행하였다. 선정 기준은 안전보건관리 노력도, 기여도, 명확도, 파급도, 공감도로 구성되어 있다. 본사 안전담당 부서는 해당 사업부문으로부터 우수자를 접수하고 포상 심의 위원회를 개최하였다. 아래 좌측 그림은 Safety Hero로 선정된 우수자에게 주었던 금 5돈으로 만들어진 시상품 모습이고, 우측 그림은 Safety Hero 우수자 사진이다. CEO는 전사 안전보건 위원회에서 Safety Hero 시상을 직접 하였다.

안전 수필과 사생대회 개최

구성원과 협력업체 근로자가 안전에 대한 생각을 하고 그 중요성을 공감하도록 하는 '수필작성과 사생대회'가 열렸다. 가족(85개)이 참여하여 사생대회에 제출한 작품은 53점이었고 수필에 제출한 작품은 51개였다. 공정한 심사를 하기 위하여 사내 평가위원 외에 외부평가위원도 별도로 위촉하였다. 대상은 120만원 상당의 노트북, 우수상 4명은 45만원 상당의 디지털 카메라, 장려상 10명은 25만원 상당의 MP3를 수여하였다.

다음 그림은 우수작으로 선정된 그림으로 별도의 포스터 형태로 제작하여 본사와 전국에 있는 사업소 및 협력업체 사무실에 게시하여 구성원의 안전의식을 북돋워 주었다.

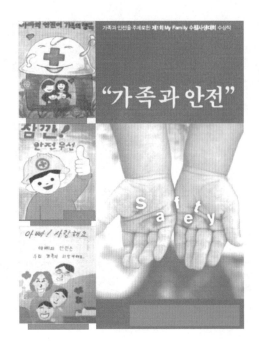

(2) 해외사례

가. 뉴질랜드에 있는 한 공장(Tauroa's window and door factory)

작업자들은 유리 테두리 기계와 공기압력 그라인더를 포함하여 높은 소음이 나는 기계를 사용하고 있다. 회사는 작업장 소음을 효과적으로 관리하고 소음으로 인한 청력 손실을 예방하기 위해 최선을 다하고 있다.

모든 근로자는 귀마개와 같은 청력 보호 장비를 사용하고 있고, 관리자는 근로자가 이 장비를 올바르게 사용하고 있는지 확인하고 있다. 회사는 이러한 상황에서 공정 작업자인 Joey를 소음 관리자로 임명하였다. Joey는 소음 관리 정책을 개발하기 위해 다른 관리자, 감독자, 안전보건 담당자를 포함한 근로자들과 협력하였다. Joey는 어떤 장비와 기계에서 소음이 발생하는지, 어떤 종류의 소음이 발생하는지 그리고 어떤 시간에 소음이 발생하는지 근로자들에게 문의하였다.

회사는 소음 관련 외부 전문가를 사업장에 배치하여 Joey를 지원해 주었다. 소음 전문가는 소음을 제거, 격리 또는 최소화하기 위한 엔지니어링 기술을 권장하였다. 이때 여러 근로자와 개선 방안을 논의하였는데, 한 작업자는 높은 소음 수준에 지속해서 노출되지 않도록 업무 순환 제도를 제안하였고, 또 다른 근로자는 시끄러운 공기압력 네일 건을 사용하는 대신 특정 구성 요소를 접착하는 방식을 추천했다.

공장의 모든 근로자는 소음의 영향으로부터 동료를 보호해야 한다는 것을 잘 알고 있었다. 그리고 관리자와 경영층은 소음을 개선하려는 노력을 하였다. Joey는 안전보건과 관련한 업무를 하지 않지만, 여러 근로자들의 건강을 위한 일이었으므로 자발적으로 소음 개선 활동에 참여하였다. 그리고 회사는 비용이 소요되는 개선 방안을 적극적으로 추진하여 개선하였다.

나. 인도에 있는 OOO 기업

회사는 안전보건과 관련한 필요한 안전 장비를 근로자에게 제공하고 적절한 교육 프로그램을 운영하고 있다. 하지만 근로자는 일을 쉽고 빠르게 하려고 기준을 준수하지 않는 사례가 있었다. 이런 과정에서 중대산업재해가 발생하였다. 이에 따라 CEO와 경영층은 불시에 현장에 방문하여 근로자와 만나 안전에 대한 개선의견을 듣고 시스템과 제도를 개선하였다. 하지만, 이러한 개선에도 불구하고 사고예방 효과는 그다지 크지 않았다.

구성원이 사고로 인해 재해를 입거나 중대재해를 당한다면, 다친 구성원과 함께 어려움에 처하는 것은 가족이므로 구성원 안전보건 확보에 더해서 가족을 안전활동에 참여시키는 방안을 검토하였다. 즉 근로자가 속해 있는 가정에서부터 시작된 안전인식은 사업장까지 지속되어 구성원을 가정으로 건강하게 돌려보낼 수 있다는 판단이었다. OOO 기업은 이러한 획기적인 아이디어를 실행에 옮기는 방안을 설정하고 'My Safety' 프로그램으로 명명하였다.

회사의 안전보건 담당 부서는 My Safety 프로그램에 참여하고 싶은 구성원과 가족들을 모집한 결과, 26개 가족이 선정되었다. 선정된 26개 가족은 1,360명의 구성원과 3,525명의 가족 구성원을 만나 안전과 관련한 행사를 하였다. 행사에서 공유되었던 내용은 아래와 같다.

- 간단한 안전관련 프레젠테이션
- 가족모임에 참여하는 여성과 주부들을 위한 가정 안전 퀴즈 시행 및 시상
- 가족 안전모임에서 촬영한 사진 공유
- 안전 서약
- 가족 안전회의 기록 공유
- 최근 2년간 안전성과 공유
- 아이들의 그림 그리기 대회 사진

인도 15개 도시에서 가족 모임이 개최된 이후로 사고 발생률과 근로 시간 손실 사고 건수가 현격하게 줄어 들었으며, 일부 지역에서는 1년 동안 기록 가능한 사고가 발생하지 않았다.

안전이라는 주제는 구성원들이 거추장스럽고 하기 싫은 일로 여겨졌으나, My SAFETY Program을 운영한 이후 구성원의 안전인식은 크게 변화되었다. 또한 My SAFETY Program

의 일부로 시행된 My Story는 구성원이 겪은 위험상황이나 사고위험을 자유롭게 기재하여 동료들에게 공유하는 내용으로 구성되어 있다. 아래 그림은 2003년 발행된 My Story로 구성원이 작업 중 다칠 수 있었던 사례에 대해서 조심하겠다고 가족에게 다짐하는 내용으로 구성되어 있다.

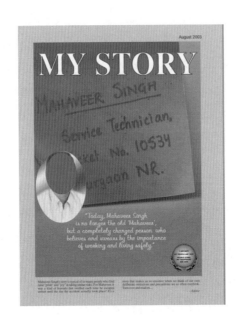

8. 안전문화 구축 방향 설정

8.1 안전보건 관리 목표 설정

(1) 설정 원리

가족과 함께 여행을 하기 위한 계획이 없다면 어떤 일이 벌어질까? 승객을 태운 여객기 조종사가 이륙과 착륙 계획이 없다면 어떤 일이 생길까? 아마도 이런 일은 거의 없을 것이다. 그 이유는 여행자 그리고 조종사는 성공을 염두에 두고 여러 상황을 검토하여 좋은 계획을 수립하기 때문이다.

안전보건 측면에서의 계획 설정은 어떻게 해야 할까? 먼저 조직이 갖고 있는 특징, 안전 분위기 수준, 안전보건관리의 수준 등을 고려하여 목표를 설정하는 것이 합당할 것이다. 이러한 목표설정에는 일반적으로 안전 활동과 관련이 있는 성과 측정 결과를 활용할 것을 추천한다. 다음 그림은 이러한 과정을 보여주는 그림이다.

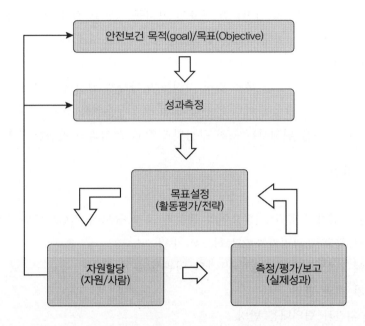

안전보건 목표 설정 과정은 조직의 안전보건 성과(performance)를 기반으로 구체적인 활동목표를 설정하고 업데이트 하기 때문에 시간이 지나면서 안정된다. 그리고 목표설정과 성과달성 과정을 거치면서 관리목표가 확장된다.

목표 달성을 위해 필요한 핵심 요소는 'SMART'이다. SMART는 영문의 앞 글자들을 조합한 것으로 Specific은 구체적, Measurable은 측정가능, Attainable은 도달 가능, Realistic은 실질적이라는 의미이고 마지막으로 Timely는 적기라는 의미를 포함하고 있다.

Specific에는 구체적인 목표를 달성하기 위한 다섯 번의 왜라는 질문(5 Whys)을 통해 목표를 설정한다는 의미가 담겨있다. Specific한 목표 설정의 사례는 사고를 사전에 예방할 수 있는 선행지표(leading indicator)에 안전감사 3회 시행 그리고 경영책임자가 안전 메시지 안내 3회 이상 등으로 설정하는 사례와 같다. 또한 사고 발생의 결과인 후행지표(lagging in-dicator)에 근로손실 사고를 3건 미만 등으로 관리하겠다는 수치(numerical)를 포함하는 방법 등이 있을 수 있다.

Measurable한 목표설정은 목표의 성과 정도를 측정하기 위한 기준을 수립하는 과정으로 '어떻게', '얼마', '언제' 완료되는지 등의 내용을 포함하는 방법 등이 있을 수 있다.

Attainable한 목표 설정은 계획한 수치를 얻을 수 있도록 가용한 자원, 능력 그리고 기술을 찾는 과정이다. 이때 목표를 너무 높게 설정하면 도달하기 어려울 것이고, 너무 낮게 설정하면 도달이 쉬울 것이다. 도달할 수 없는 목표를 설정한다면, 도달할 수 없는 목표를 달성하기 위해 하지 않은 일을 한 것처럼 꾸미는 서류상의 활동이 존재할 것이다.

Realistic은 조직과 구성원이 안전보건 목표의 가치를 깨닫고 적극적인 활동을 하는 등의 실질적인 과정을 포함한다. 이때 목표는 안전보건경영시스템 요소(element)와 유기적이고 실질적인 관계가 있어야 한다.

Timely한 목표 설정은 계획한 목표 달성 시점을 명확하게 설정하는 과정이 담겨있다. 시간을 정하지 않으면 목표 달성에 대한 간절함이 없고 우선순위를 정할 기준이 없을 것이다. 시기에 맞는 목표 달성을 위해서는 조직 구성원과 유관 조직과의 긴밀한 조정이 필요하다.

(2) 가이드 라인

- 사업 또는 사업장의 유해 위험요인의 특성과 조직 규모에 적합하도록 수립
- 측정이 가능하고 성과평가가 가능하도록 수립
- 안전보건에 관한 목표와 경영방침 간의 일관성 유지
- 위험성평가 결과 반영
- 근로자의 의견과 협의내용 반영
- 모니터링과 의사소통 내용 반영
- 업데이트한 목표 반영

조직이 안전보건 목표를 설정하는 단계에서 특히 고려해야 할 사항은 아래와 같다.

- 무엇을 할 것인가?
- 어떤 자원을 활용할 것인가?
- 누가 책임질 것인가?
- 언제 완료할 것인가?
- 모니터링 지표를 포함한 성과 평가는 어떻게 할 것인가?
- 목표 달성 조치를 조직의 통합적인 업무 절차에 어떻게 반영할 것인가?

(3) 국내사례
가. 00 000(국내 한 대기업)의 목표설정

안전보건 목표는 조직 전체의 목표에서 15%를 차지하고 있다. 안전보건 목표(KPI, key performance indicator)는 '선제적 안전보건관리'로 부르고 근로자의 인체사고 예방과 사고예방 과제 이행으로 구성되어 있다.

KPI명	선제적 안전보건 관리					
Target	인체사고 건수: 0건(협력업체 포함)+과제 이행율 100%				비중	15%
Target 설정근거	석유생산본부 목표(인체사고 2건 이하)를 토대로 인체사고 건수는 0건으로 목표 설정 실질적인 안전보건관리 역량강화/가능한 과제발굴/실행					
상세 실행계획	SHE의식 강화 / 이행환경 조성(안전행동수칙 HAPPY-5 강화) [환경조성] 구성원 체감 불안요소 파악과 개선 [문화강화] 안전보호구 착용 캠페인(분기별 개선 항목 선정 및 집중 관리) [문화강화] 리더의 솔선수범: 현장 작업감독 강화(행동기반안전확립, 공장장 월 1회, 팀장 주 1회) [절차보완] SHE규정의 현장 실행력 제고: 작업 허가절차 등 검토 및 개선사항 도출					
5 Scale	구분	5수준 (100)	4수준 (90)	3수준 (70)	2수준 (50)	1수준 (0)
	인체사고(5%)	0건	0건	1건	2건	2건 초과
	과제 이행률(5%)	–	100%	90%	80%	80% 미만
	환경사고(5%)	0건	1건	2건	3건	3건 초과

나. OLG 기업의 안전보건관리 목표설정

OLG 기업은 안전보건관리 목표를 3개년 단위로 구분하여 수립하였다. 목표를 3개년 단위로 설정했던 이유는 안전보건과 관련한 목표를 1년 단위로 설정할 경우, 유해 위험요인 관리의 불확실성과 거시적인 시각의 목표설정이 어렵기 때문이다. 3개년 단위로 목표를 설정할 경우, 1년 간의 안전보건 목표와 성과를 기반으로 2개년 그리고 3개년 목표를 수정해 가면서 탄력성 있는 관리를 할 수 있다.

3개년 계획에 포함되는 주요 내용은 조직의 방침, 성명서, 프로그램 전략, 안전보건 목표, 연간 계획 검토사항, 안전보건 위원회 운영, 안전보건 관련 교육과 당해년도의 안전보건 관리 계획 등이 있다. 인체사고와 관련한 안전보건 목표는 기록가능한 총 사고율(TRIR, total recordable incident rate, 기록가능한 사고 건수에 200,000시간을 곱한 값에 실제 근무한 시간으로 나눈 값), 근로손실 사고율(LTIR, lost time incident rate, 1일 이상 근로 손실사고 건수에 200,000시간을 곱한 값에 실제 근무한 시간으로 나눈 값) 그리고 강도율(SR, severity rate, 근로 손실일에 200,000시간을 곱한 값에 실제 근무한 시간으로 나눈 값) 등이 있다. 다음 표는 000 회사의 사업부문별 인체사고와 관련한 안전보건 목표이다.

Div.		Employee	#hours worked	TRIR	LTIR	SR
Field	A	274	720,072	0.28	0.28	19.28
	B	957	2,615,540	0.21	0.14	9.35
	C	104	242,112	0.84	0.84	16.50
Factory - China		427	990,000	0.42	0.21	3.76
Headquarter		294	633,672	0.28	0.00	0.00
Companywide		2,056	5,201,396	0.46	0.294	9.778

아래 표는 2014년 중대산업재해 예방 감사 점수, 안전보건경영시스템 감사 점수, 중대산업재해 건수, 기록 가능한 총사고율, 근로손실 사고율 그리고 근로손실 강도율과 관련한 실적을 기반으로 2015, 2016 및 2017 3개년 계획을 수립한 내역이다.

목표	2014 성과	2015	2016	2017
중대산업재해예방 감사 점수	80	85	90	95
안전보건경영시스템 감사 점수	75	80	85	90
중대산업재해	1	0	0	0
기록가능한 총사고율(TRIR)	0.51	0.45	0.40	0.30
근로손실 사고율(LTIR)	0.23	0.20	0.17	0.15
근로손실 강도율(SR)	13	10	7	5

안전보건 목표 설정 시 검토하는 내용으로는 안전보건경영시스템 요소(element)인 방침과 리더십, 조직, 계획수립, 책임, 안전보건 교육 훈련계획, 유해 위험요인 확인 및 개선 등의 검토사항과 추진방향 등이 있다.

회사의 안전보건 목표가 설정되면 본사 안전보건 담담 임원은 전사 안전보건위원회개최를 요청하고 CEO는 이를 승인한다. 다음 그림은 위원회에 참석한 CEO, 안전보건 담당 임원, 공장장, 설치, 서비스, 주차, 중국법인장, 인력부문장, 재무부문, 법무부문, 마케팅 본부와 홍보 본부의 책임자의 검토 서명이다.

President	
EH&S	
Operation	
New—Equipment	
Service	
Motor/Parking	
China	
IBD	
Human Resource	
Finance	
General Counsel	
Marketing	
Communication	

(4) 해외사례

가. 영국 NEBOSH(National Examination Board of Safety and Health)가 발간한 국제작
   업 안전보건(International Health and Safety at Work) 책자에 수록된 안전보건 목
   표 설정 내용 예시

---

1. 이사회

1년 이내에 고소작업으로 인한 모든 심각한 부상을 제거한다. 이사회는 이 목표를 달성하기 위
하여 사내 전문 지식이나 외부 조력자의 조언을 제공한다. 필요 시 이 과제를 수행하게 할 구성
원을 챔피언으로 설정할 수 있다.

2. 이사회 책임자는 조직의 안전보건위원회와 협의하여 아래의 구체적인 목표를 설정한다.

a) 중대산업재해를 6개월 이내에 50% 수준으로 줄이고 12개월 이내에 없앤다.

b) 현장관리자는 고소작업과 관련한 위험을 진단한다. 위험한 고소작업을 없애기 위한 방안을
   찾고 그 결과를 1개월 이내 이사회에 보고한다.

3. 현장관리자는 안전책임자 및 현장 안전보건 위원회와 협의하여 아래의 내용을 정할 수 있다.

a) 부서 감독자는 작업 시작 전 고소작업과 관련한 위험을 평가한다. 모든 장비가 안전하게 작동
   되는지 확인한다.

b) 고소작업자에 대한 교육을 시행한다.

8.2 안전보건 경영방침 설정

(1) 설정 원리

CEO는 회사의 특성, 가용할 자원, 안전문화 수준, 안전보건관리 수준 그리고 안전보건 전담 조직 존재 여부를 검토하여 안전보건에 관한 비전(vision)을 수립하고 이에 상응하는 안전방침(policy)을 수립한다. 비전(vision)은 안전보건과 관련한 목적(goal)을 달성하기 위한 장기적이고 이상적인 이미지이고, 방침은 비전을 실현하기 위하여 지향하여야 할 방향을 의미한다.

안전보건 방침은 안전활동에 있어 기본적인 접근방식을 의미하며, 반(半)항구적으로 회사의 안전에 대한 사고방식을 정리한 것이다. 따라서 안전보건 방침은 전년도 실적을 고려하여 수정하고 매년 발표하는 통상적인 다른 분야의 방침과는 다르다.

CEO는 안전보건 방침이 관리감독자와 근로자의 안전행동에 영향을 주고, 안전보건경영시스템의 효과를 결정하는 중요한 요소임을 인지하여 자신의 활동적이고 적극적인 참여와 헌신(commitment)을 피력해야 한다. CEO가 설정한 비전을 구체화시켜줄 안전보건 방침에는 안전보건과 관련한 명확한 목표, 조직, 준비사항이 명시되어야 한다. 이러한 과정을 거쳐 만들어진 안전보건 방침은 최종적으로 CEO의 서명을 거쳐 게시되고 문서화되어 근로자에게 공유된다.

(2) 가이드라인

회사의 안전보건 방침에 포함되어야 할 내용은 아래와 같다.

- 부상과 질병 예방을 위한 안전한 근무 조건을 제공하겠다는 약속을 포함한다.
- 조직의 목적, 규모 및 맥락에 적합한 유해 위험 요인을 포함한다.
- 안전보건 목표를 설정하기 위한 체계를 제공한다.
- 법적 요건과 기타 요건을 이행하겠다는 약속을 포함한다.
- 위험을 제거하거나 줄이겠다는 약속을 포함한다.
- 안전보건경영시스템을 지속적으로 개선하겠다는 약속을 포함한다.
- 근로자와 근로자대표와 안전보건에 관한 협의를 하겠다는 약속을 포함한다.

(3) 국내사례

가. SK바이오텍(주)의 안전보건환경 방침

이 회사는 인간 존중과 환경보존의 이념을 바탕으로 안전보건환경 경영이 모든 경영 활동에 있어 핵심 요소임을 인식하고 무재해 추구와 친환경 경영을 통해 기업의 지속 가능한 발전을 추구한다는 방침을 선포하였다.

안전보건환경 방침

SK바이오텍(주)는

인간존중 및 환경보존의 이념을 바탕으로 안전보건환경 경영이 모든 경영 활동에 있어 핵심요소임을 인식하고 무재해 추구와 친환경 경영을 통해 기업의 지속 가능한 발전을 추구한다.

- 안전보건환경에 대한 국제 협약 및 국내 법규를 준수하며, 안전환경 사고를 예방하기 위해 모든 사업활동에 엄격한 내부 관리기준을 적용하고 충실히 이행한다.
- 원재료 구매로부터 제품 제조 및 폐기에 이르기까지 경영활동 전 과정에 걸쳐 지속적으로 안전보건환경의 주요 요인을 식별·평가·개선한다.
- 최적의 생산기술을 도입하여 화학물질, 에너지 및 수자원의 사용을 저감하고, 폐수·폐기물 재이용 및 재활용을 극대화하여 천연자원을 보전하고, 오염물질 및 온실가스의 배출을 지속적으로 개선한다.
- 안전한 작업환경 조성을 위해 전 구성원이 참여하는 안전문화를 조성하고, 구성원의 건강증진 활동 및 위험요인을 지속적으로 발굴 개선하여 무재해 사업장을 구현한다.
- 이해관계자의 요구사항을 경영활동에 적극 반영하고 투명한 성과 공개를 통하여 기업의 사회적 책임을 다한다.

2020.01.01.
SK바이오텍(주) 대표이사 황근주

나. 삼성전자주식회사의 환경 안전 방침

이 회사는 환경, 안전, 건강을 중시하는 경영 원칙에 따라 인류의 풍요로운 삶과 지구환경보전에 기여하고 지속 가능한 사회 구현을 선도한다. 그리고 모든 제품 개발 시 임직원, 고객의 안전 및 환경 보호를 최우선으로 고려하여 생산한다는 방침을 선포하였다.

SAMSUNG

환경 안전 방침

삼성전자는 환경·안전·건강을 중시하는 경영 원칙에 따라 인류의 풍요로운 삶과 지구환경보전에 기여하고 지속 가능한 사회 구현을 선도한다.
삼성전자는 모든 제품을 임직원, 고객의 안전 및 환경 보호를 최우선으로 고려하여 개발하고 생산한다.

글로벌 환경안전경영체계 강화

환경, 안전보건, 에너지 관련 국내외 법규 및 협약을 준수하고, 환경안전사고를 예방하기 위해서 모든 사업활동에 엄격한 내부 관리기준을 적용하며 충실히 이행한다. 환경안전 경영체계를 이해하고 실천할 수 있도록 교육을 실시하며, 환경안전

방침 및 경영성과를 대내외 이해관계자에게 공개한다.

제품 전과정 책임주의 실천
환경영향을 최소화한 원자재, 부품, 포장재를 구매하고 제품의 개발·제조·물류·사용·폐기에 이르는 모든 단계에서 자원사용과 환경부하를 최소화하는 전과정 책임주의를 실천한다.

친환경 생산공정 구축
최적의 청정생산기술을 도입하여 화학물질, 에너지, 수자원 사용을 저감하고, 폐수, 폐기물 재이용 및 재활용을 활성화하며, 오염물질 배출을 줄이도록 지속적으로 노력한다.

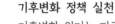

기후변화 정책 실천
기후변화 위기는 지구환경 보전을 위한 공동의 문제임을 인식하고, 기후변화 위기 극복을 위해 재생에너지 사용 확대, 온실가스 배출 저감 및 저탄소 생태계 구축을 위해 지속적으로 노력한다.

안전한 사업장 구현
안전한 작업환경 확보를 위해 모든 임직원이 동참하는 안전문화를 조성하고, 임직원 건강증진 활동 및 안전위험요인 개선활동을 지속하며 중대재해를 예방하고, 무사고 사업장을 구현한다. 또한 외부 위험요인(자연재해, 화재, 전염병 등)으로부터 임직원 및 지역주민을 보호하고, 사업 연속성을 유지하도록 비상대응체계를 상시 유지한다.

상생 파트너십 형성
당사의 협력사 행동규범을 준수하도록 협력사와 지속적인 협력체계를 유지하고, 환경안전경영체계 및 환경안전 기술을 공유하며 친환경적 사업관계를 형성한다. 또한 지역주민과 소통하며 지역사회 발전에 이바지한다.

2022.1.25.
삼성전자주식회사 대표이사

DX부문 대표이사 부회장 한종희　　　　　　　　　　　DS부문 대표이사 사장 경계현

다. LG화학의 환경보건안전방침

이 회사는 환경보건안전이 차별화된 경쟁력을 확보하기 위한 기본요소임을 인식하고, 명확한 목표와 강한 실행력을 바탕으로 환경보건안전 성과의 지속적 개선을 위한 방침을 선포하였다.

LG화학

환경보건안전방침

LG화학은 환경보건안전이 차별화된 경쟁력을 확보하기 위한 기본요소임을 인식하고, 명확한 목표와 강한 실행력을 바탕으로 환경보건안전 성과의 지속적 개선을 위해 다음 사항을 성실히 이행할 것을 선언한다.

- 우리는 법규를 준수하고 국내·외 동종업계를 선도하는 환경보건안전 규정을 수립하여 운영한다.
- 우리는 친환경적인 제품과 서비스를 제공하기 위해 생산 전 과정에서 지속적인 혁신을 추구한다.
- 우리는 안전하고 쾌적한 근무환경을 조성하고, 기본원칙을 철저하게 준수하는 조직문화를 정착시킨다.
- 우리는 사회적 책임을 바탕으로 협력회사와 지역사회의 환경보건안전 개선을 위해 적극 지원한다.
- 우리는 투명하게 정보를 공개하고, 이해관계자와 성실히 소통한다.

본 방침을 준수하기 위해, 우리는 모든 사업활동에 환경보건안전을 최우선으로 고려한다.

CSEO 전무   대표이사 부회장

라. OLG 기업의 안전보건 성명서(statement)

　CEO는 조직에 맞는 비전과 안전보건방침을 수립한 이후 안전보건방침을 이행하기 위한 별도의 안전보건 성명서(policy statement)를 작성하고 공포하였다. 안전보건 방침이 안전보건관리를 위하여 누가, 무엇을, 어디서 그리고 어떻게 하는가에 대한 접근방식과 조직이 보유한 진정한 가치를 제공한다면, 안전보건 성명서는 안전보건 정책의 본질을 전달하고, 측정 가능한 수치와 함께 즉각적인 조치와 행동을 유도하는 간결한 문장으로 구성된다.

　안전보건 방침 성명서에는 조직이 바라는 안전보건 목적(goal, 측정하기 어려운 대상)과 목표(objective, 측정할 수 있는 대상)로 구분하여 설정한다. 목적은 변하지 않는 반(≄)항구적인 회사의 안전에 대한 사고방식으로 조직이 도달하고자 하는 종착지이다. 한편, 목표는 목적 달성을 구체적으로 지원하는 대상으로 매년 안전보건 성과 검토를 통해 조정할 수 있는 대상이다.

　다음 내용은 설정된 안전보건 목표를 달성하기 위해 마련한 안전보건 성명서로 연초전사에 공지하였다.

안전보건 성명서(statement)

한 해를 시작하면서, 나는 환경, 보건 그리고 안전의 최고 수준을 달성하고 지속적인 지도력을 부여하기 위한 안전보건 방침 성명서를 공포합니다.

최근에 우리는 중대산업재해를 경험하였습니다. 사실, 안전에는 지름길이 있을 수 없으며, 우리는 "ALL SAFE"한 작업환경을 만들기 위해 안전 규칙을 준수해야 합니다.

안전 프로그램은 안전보건 방침과 정부 법규에 따라, 우리를 위한 안전한 작업 조건과 작업환경을 지키기 위해 만들어집니다. 구성원은 작업절차, 안전 수첩에 요약된 규칙들을 준수해야 합니다.

관리감독자는 규칙과 절차에 따라 안전 프로그램에 참여하고, 구성원에 대한 적절한 훈련의 제공 그리고 적합한 안전장치를 사용하도록 지도하여야 합니다.

각 지역의 관리자는 규칙과 절차가 잘 지켜지고 있는지를 확인하기 위해 현장과 공장을 대상으로 불시 안전 감사를 시행해야 할 책임이 있습니다.

만일, 구성원이 규정과 절차를 위배하였을 때는 징계절차에 의해 최소한의 처벌을 받도록 하겠습니다.

금년도 우리의 안전보건 목표는 아래와 같습니다.

☐ 사망/중대재해사고 = Zero
☐ 총 사고율(TRIR) = 0.28
☐ 근로손실 사고율(IR) = 0.22
☐ 강도율(SR) = 17.48
☐ 중대산업재해예방감사 점수= 100%

안전한 작업을 위한 여러분의 제안을 언제나 환영하고 지지합니다. 세계에서 가장 안전을 중요시하는 기업으로 만들어 나가기 위해 안전보건 위원회나 직속 관리자에게 여러분의 제안을 말씀하십시오. 안전을 생각하고, 안전을 실천하고, 안전하세요.

나는 이러한 목표가 달성될 수 있도록 여러분의 적극적인 지원을 기대합니다.

20 . .

대표이사 사장

---

(4) 해외사례

가. 유럽 안전보건청(European Agency for Safety and Health at Work)의 안전보건 비전

현명하고 지속할 수 있으며, 생산적이며 포용적인 경제를 보장하기 위해 삼자 조합주의(tripartism), 참여 및 위험예방 문화를 기반으로 유럽에서 건강하고 안전한 작업장을 촉진하는 인정받는 지도자가 된다.

나. OLG 기업의 안전보건 비전

> 우리는 우리 산업 외에도 전 세계 모든 산업으로부터 안전보건의 우수성에 대해 인정받는 지도자가 된다. 작업장에 위험 요소가 없고, 직원이 다치지 않고, 제품과 서비스에 대한 안전 표준을 설정한다. 이러한 우리의 약속과 기록이 타의 추종을 불허할 때까지 우리는 만족하지 않을 것이다.

다. 영국 BP의 보건안전방침

회사는 구성원과 협력업체 근로자에게 위험이 없고 안전한 작업환경을 제공하는 데 전념한다는 방침을 선포한다.

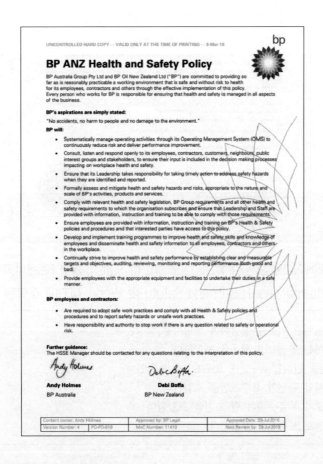

라. 독일 SIEMENS의 환경보건안전방침

회사는 이익과 배당금이 인본적이고 안전한 작업조건하에서 달성될 때만 가치가 있다고 믿는다. 환경, 건강 및 시스템의 여섯 가지 지침에 기초하여 건강한 문화를 성취하기 위한 방침을 선포한다.

마. 영국 NEBOSH(National Examination Board of Safety and Health)가 발간한 국제작업
　 안전보건(International Health and Safety at Work) 책자에 수록된 안전보건 성명서

> - 안전보건과 관련한 기준을 설정하여 성명서를 작성한다.
> - CEO가 주관하는 안전보건 활동을 포함한다.
> - 유해위험요인을 관리할 수 있는 요구조건을 포함한다.
> - 비상대응 절차와 관련한 요구조건을 포함한다.
> - 계약자와 근로자가 준수해야 할 조건을 포함한다.
> - 구체적인 안전보건 목표를 포함한다.

9. 조직

9.1 안전보건관리자

(1) 회사가 안전보건관리자를 선임해야 하는 이유

일반적으로 CEO는 안전보건관리 이외에도 인사관리, 재무관리, 품질관리, 생산관리 및 기획관리 등 다양한 분야의 사안을 검토하고 의사를 결정하는 위치에 있다. CEO는 본사에 인력부서와 기획부서를 두고 회사 경영의 비전과 전략적인 목표를 설정한다.

그리고 회사의 경영 목표를 달성하기 위한 실무 조직을 두어 관련 전문가를 배치하는 것이 통상적인 예이다. 마치 회사의 인력운영과 관련한 사항은 인력(인사) 전문가에게 맡기고, 재무와 관련한 사항은 재무 전문가에게 맡기고, 기획과 관련한 사항은 기획 전문가에게 맡기는 이치와 같다. 마치 군대에서 전투를 이기기 위한 참모 조직에 다양한 분야의 전문가를 선임하는 이치와 같을 것이다.

안전보건 분야도 인사, 재무, 법무 등과 같이 회사의 경영목표 달성을 위해서는 반드시 배치해야 하는 조직이며, 관련 전문가를 배치해야 한다. 회사가 안전보건관리자를 선임해야 하는 이유는 아래 표의 내용과 같다.

- 근로자가 근무를 마치고 건강하게 집으로 가는 것은 도덕적인 사유로 합당하다.
- 안전보건관리를 통한 근로자 보호는 기업의 사회적 책임이다.
- 근로자는 안전과 관련한 가치와 문화를 중요하게 생각한다.
- 사고로 인한 기소처분, 벌금부과 그리고 CEO, 경영책임자의 구속을 막는다.
- 질병과 사고로 인한 생산 가동 중지로 인한 피해를 줄인다.
- 근로자를 사고로부터 보호함으로써 결근율을 줄여 효율적인 생산을 도모한다.
- 열악한 안전보건 성과는 수익성에 직접적인 영향을 미친다(회사 폐업 등).
- 좋은 안전 성과는 경쟁 우위의 원천이다.
- 좋은 안전 성과는 기업의 평판과 브랜드에 대한 신뢰를 구축한다.
- 고객은 안전보건을 준수한 기업이 생산한 제품과 서비스를 더 많이 구매한다.

(2) 안전보건관리자의 일반적인 업무

안전보건관리자는 사고로 인한 법적 처벌, 손실 비용 보상, 회사의 이미지 실추에 영향을 주는 조직의 안전보건 관련 유해 위험요인을 검토하고 개선하는 전문가로서의 업무를 수행한다. 안전보건관리자의 주요 책임은 모든 근로자에게 안전한 작업장을 제공하고 위험이 없는 근무 환경을 보장하도록 회사에 적합한 안전보건경영시스템 체계를 구축하는 것이다. 그리고 이를 효과적으로 운영하기 위하여 CEO와 경영층이 참여하는 위원회에 상정하고 승인을 얻는 것이다(안전보건관리자가 근무하는 장소나 상황에 따라 전술한 업무가 다를 수 있다).

안전보건관리자는 회사와 사업장에 잠재된 유해 위험요인, 불안전한 작업조건 그리고 근로자의 불안전한 행동을 확인하고 개선하는 일을 지원한다. 특히 사고조사에 다양한 사고분석 방법(순차적, 역학적 그리고 시스템적 방법 등)을 적용하여 사고의 직접원인, 기여요인 그리고 근본원인을 합리적으로 찾아 동종 사고를 막기 위한 조언을 한다. 이러한 여러 전문적인 업무 외에도 조직의 안전문화 수준이 높아지도록 지도하고 조언하는 역할을 한다.

안전보건관리자는 회사의 안전보건 비전과 안전보건 목적과 목표를 달성할 수 있도록 안전보건경영시스템 체계를 구축한다. 그리고 회사의 안전보건경영시스템 체계가 효율적으로 운영될 수 있도록 계획 수립(plan), 실행(do), 점검 및 시정조치(check)와 결과 검토(action) 단계별 결과와 동향을 CEO에게 보고해야 한다. 아래의 내용은 안전보건관리자가 해야 할 업무 내용이다.

- 허용할 수 있는(tolerable) 수준의 위험(hazard)을 관리할 수 있도록 위험을 평가한다.
- 안전보건관리 활동을 검토할 위원회를 구성하고 관리한다.
- 전사 안전보건 교육 계획 수립을 지원하고 이행을 확인한다.
- 조직 운영과 생산과 관련한 안전보건 절차와 기준 수립을 지원한다.
- 안전보건 정책, 목표 및 안전 절차 준수 여부를 확인하기 위한 감사를 시행한다.
- 법규, 규정 및 절차 준수 등을 보장하기 위한 모니터링과 개선을 시행한다.

전술한 안전보건관리자의 일반적인 업무는 주로 본사나 대규모 사업장의 참모조직을 중심으로 설명한 내용으로 회사 규모나 사업장 상황에 따라 업무가 다를 수 있다. 또한 산업안전보건법상의 안전보건관리자의 업무는 기본적으로 수행해야 하는 업무임을 밝힌다.

(3) 안전보건관리자의 역량

안전보건관리자는 전문가로서 CEO(회사나 상황에 따라서는 사업소장, 현장소장, 기관장, 안전보건 책임자 위치에 있는 사람일 수도 있다)를 보좌하고 회사의 안전보건경영시스템 체계 구축과 운영을 해야 한다. 안전보건관리자는 아래 표에 열거된 역량을 갖추어야 한다.

- 신뢰할 수 있는 사람이어야 한다.
- 우수한 행정력과 의사소통 기술을 보유해야 한다.
- 안전보건과 관련하여 진정한 관심을 가져야 한다(의사가 환자를 대하듯).
- 사업장의 질문이나 요청사항에 대하여 적시에 응답이 가능해야 한다.
- 규정 위반을 하는 사람에게 적시에 교정을 요청한다.

- 모든 오류는 예견이 가능하고 관리 및 예방이 가능하다는 신념을 갖는다(to error is human).
- 모든 업무를 사람에게 맞춘다(fitting the task to the man).
- 다양한 분야의 공학(전기, 기계, 건설, 화공, 소방, 인간공학 등) 이론과 실무를 겸비해야 한다.
- 심리학, 인문학 그리고 법학 이론을 이해하여야 한다.
- 국내와 해외의 안전보건 관련 정보원과 문헌을 지속적으로 검색하고 신 기술 동향을 파악하여 사업장에 적용한다.
- 국내나 해외의 다양한 학회에 참여하여 벤치마크를 한다.
- 안전보건과 관련한 학과나 대학원에 진학하여 사고예방 역량을 고도화한다.
- 해외와 국내 안전보건 관련 자격증을 취득한다.
- 외국어 역량을 개발한다.
- 마이크로 소프트 오피스의 엑셀, 파워포인트 및 워드 등을 잘 다룬다.
- 작업행동이나 상황을 잘 관찰할 수 있어야 한다.
- 문제해결 능력이 있어야 한다.
- 안전보건 관련 법령을 충분히 이해하고 법 조항을 찾을 수 있어야 한다.
- 안전보건 교육 훈련프로그램을 기획하고 효과적으로 전파해야 한다.
- 다양한 사고조사 기법(순차적, 역학적 및 시스템적 방법)을 이해하고 활용한다.
- 안전보건경영시스템에 안전탄력성(resilience) 4능력(학습, 예측, 감시 및 대응)을 반영한다.
- 이외에도 업무에 필요한 다양한 역량을 갖추어야 한다.

9.2 전사 안전보건 위원회

(1) 개요

안전보건과 관련한 업무는 회사 전 분야에 걸쳐 복잡하고 유기적으로 연결되어 있으며, 중요한 의사결정이 상시 필요하다. 따라서 CEO가 있는 본사에 산업안전보건법 제24조에 따라 노사가 참여하는 산업안전보건위원회 설치와는 관계없이 CEO가 위원장이 되고 인사, 법무, 재무, 품질, 영업, 기획부서 등의 경영진으로 구성된 '전사 안전보건 위원회'를 조직한다.

효과적인 안전보건 위원회를 구축하고 운영하기 위해서는 위원회 헌장(charter)을 마련하여 참여자의 권한과 책임을 구분한다. 헌장은 위원회가 존재하는 이유를 설명하는 문서이며, 조직 변경에 따라 수정될 수 있다. 다음 표는 효과적인 전사 안전보건 위원회 운영과 관련한 요구조건이다.

- 위원회의 목적을 명확히 정의한다.
- 위원회의 책임과 권한을 정의한다.
- 위원회 운영의 성과를 측정한다.
- 위원회에 참석하는 위원을 선정한다.
- 위원회 참석 위원의 리더십 행동을 결정한다.
- 위원회를 언제까지 운영할지 결정한다.
- 위원회 회합 시기, 장소 그리고 주를 정한다.
- 위원회 운영 예산을 책정한다.
- 위원회에 어떤 자원과 전문 지식이 필요할지 결정한다.
- 위원회의 의결사항을 경영진과 근로자에게 효과적으로 알린다.

아래 표는 안전보건 위원회 헌장(charter) 예시이다.

000 안전보건 위원회 헌장

- 안전보건 위원회 이름:
- 회의일자:
- 문제서술: 개선 기회와 문제 설명
- 안전보건 위원회의 목표: 위원회가 추구하는 목표를 설명
- 배경: 어떤 일이 일어났는지 설명
- 범위: 위원회가 해결해야 할 범위 설명
- 위촉기간:
- 프로세스 소유자:
- 지원자:
- 팀 리더:
- 간사:
- 회의록 작성자:
- 위원명단:
- 자료:
- 위원회 서약:
  - 우리는 안전보건 위원회의 헌장을 읽고 이해한다.
  - 우리는 우리의 역할과 책임을 이해하고 취해야 할 조치에 대하여 합의한다.
  - 위원회 헌장에 대한 수정이 필요할 경우, 수정 내용을 검토하여 합의한다.

(안전보건 위원회 구성원의 서명)

그리고 전사 안전보건 위원회를 실무적으로 지원하기 위한 '안전보건 소위원회' 구성을

추천한다. 추천할 만한 소위원회의 종류에는 홍보, 안전 검사, 작업 위험 분석, 후속 조치, 교육과 훈련, 규칙과 절차, 임시위원회 등이 있다.

(2) 실행사례(OLG 기업과 해외 기업)

가. 전사 안전보건 위원회

OLG 기업 전사 안전보건 위원회 위원장은 CEO이고 위원은 부문장과 공장장 등 관련 임원 등으로 구성되고, 안전보건 전담 조직의 장은 간사의 역할을 맡았다. 아래 표는 전사 안전보건 위원회가 심의하고 의결하는 사항이다.

- 안전보건 비전, 방침, 목표, 계획 및 안전보건 활동
- 필요한 자원을 지원하고 적절한 재정 승인
- 안전보건 활동 목표 검토 및 성과 검토
- 안전보건 관리 방향 공유
- 안전보건 소위원회와 협업
- 유해 위험요인 파악과 안전절차 검토
- 근로자의 안전보건 활동 참여 여부 확인과 개선
- 사고 원인분석 결과 검토 및 재발 방지대책 적절성 검토

안전보건 전담 조직의 장은 전사 안전보건 위원회가 효과적으로 운영되도록 관련 의제, 개최 시기, 기능, 회의록 관리 등의 규칙을 관리한다. OLG 기업의 전사 안전보건 위원회 조직도는 아래 그림과 같다.

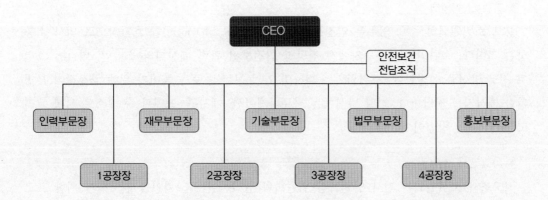

나. 안전보건 소위원회

OLG 기업과 해외 기업의 안전보건 소위원회는 전사 차원에서 안전보건 활동과 관련한 중요도가 높은 항목을 다루기 위해 구성되었다. 소위원회를 통해 전사적 관점에서 효과적인 의사결정을 할 수 있으며, 부문장과 공장장의 안전보건에 관한 관심과 인식을 높일 수 있다. 아래 그림은 소위원회(sub–committees) 조직 구조이다.

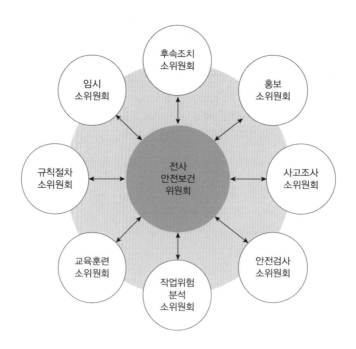

● 홍보 소위원회

홍보 소위원회의 주요 임무는 안전보건경영시스템 요소(element)를 효과적으로 의사 소통하는 것이다. 소위원회는 근로자에게 전달할 안전보건 관련 메시지의 스타일, 미디어 그리고 전달 방식을 설정한다. 소위원회는 회사의 안전 문화 수준을 높이기 위해 긍정적이고 명확한 메시지를 전달한다. 전달 방식에는 커뮤니케이션, 게시판, 표지판, 콘테스트 시행 그리고 시상 등의 방법이 있다.

● 사고조사 소위원회

사고조사 소위원회는 전사 안전보건 위원회와 협력하여 사고원인을 검토하기 위한 프로세스를 개발한다. 소위원회는 사고에 대한 기여요인을 파악하기 위한 서류검토와 현장 조사를 시행할 수 있다. 이 소위원회는 보험과 법률 관련 부서와 긴밀히 협력한다.

- 안전검사 소위원회

안전검사 소위원회는 조직에서 시행되는 안전검사를 검토하고 점검 결과를 집계하여 개선한다.

- 작업위험 분석 소위원회

작업위험 분석 소위원회는 조직에 잠재하는 유해 위험요인을 확인하고 적절한 개선 여부를 확인한다.

- 교육훈련 소위원회

교육훈련 소위원회는 교육훈련과 관련한 아이디어와 자료를 활용하여 운영중인 교육훈련 수준을 향상시킨다. 교육훈련 내용은 근로자가 유해위험 요인을 적절하게 파악할 수 있도록 설정되어야 한다.

- 규칙절차 소위원회

규칙절차 소위원회는 조직이 보유한 안전보건 관련 절차와 규칙을 확인하고 개선한다.

- 임시위원회

임시위원회는 특정 프로젝트를 완료하기 위해 전사 안전보건 위원회와 협업하는 임시적으로 구성되는 위원회이다.

- 후속조치 소위원회

후속조치 소위원회는 특별한 전문 지식이 있는 엔지니어와 관련 종사자가 참여하여 회사의 유해 위험요인을 확인하고 개선하는 위원회이다.

이밖에 전사 안전보건 위원회와 소위원회 이외에도 생산과 건설을 책임지는 부문장과 공장장은 해당 조직에서 안전보건 위원회의 장이 되어 위원회를 운영한다. 다음 그림은 전사 안전보건 위원회 산하에 부문장과 공장장이 주관하는 안전보건 위원회 조직도이다.

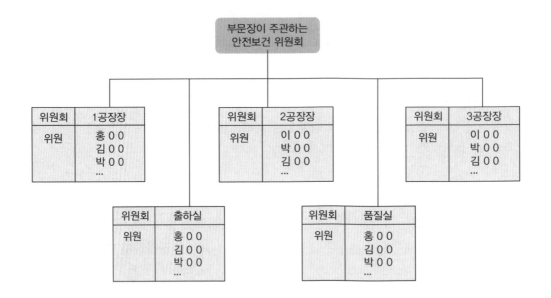

이 위원회를 통해 부문장과 공장장은 전사 안전보건 위원회에서 의결된 사안을 부문과 공장에 전파한다. 그리고 이 위원회가 의결하는 사항은 아래 표와 같다.

- 안전보건 활동 실적 대내외 보고
- 안전보건 검사, 감사 계획 수립과 실시
- 안전보건경영시스템 체계 운영에 필요한 규정 및 규칙의 제정과 시행
- 안전보건 성과 동향 분석
- 안전보건 규정과 규칙 실행
- 안전보건 교육과 훈련
- 안전보건 관련 법규, 규정 및 회사의 규범 준수
- 안전보건 목표와 성과 추적
- 유해 위험요인 식별과 조치

다. 전사 안전보건 전담 조직과 부문 안전보건 전담 조직의 역할

회사의 규모가 클 경우, CEO를 보좌하는 본사 안전보건 전담조직 이외에 사업부문과 공장별 안전보건 전담 조직이 존재한다. 이때 안전보건 조직의 역할과 책임이 명확히 구분되어야 안전보건경영시스템을 효과적으로 운영할 수 있다. 다음 표와 같이 OLG 기업의 전사 안전보건 전담조직과 부문과 공장의 안전보건 전담 조직의 역할과 책임을 참조하여 해당 사업의 특성을 반영한 역할과 책임을 설정하여 운영할 수 있다.

전사 안전보건 전담조직 (부문과 공장 안전보건 전담조직에 자문 제공)	부문과 공장의 안전보건 전담조직 (안전보건관리 체계 개발과 시행)
• 안전보건 활동 조정	• 안전보건 활동 시행
• 검사와 감사 실시와 조정	• 검사와 감사 실시
• 안전보건 규칙, 규범 등 체계 제공	• 안전보건 규칙, 규범 등의 제정
• 안전보건 관리 능력 구축	• 근로자 직무 훈련
• 법령준수 목록 관리와 업데이트	• 법령준수
• 목표설정과 성과 검토	• 목표대비 성과추적과 개선
• 전사 안전보건 위원회 진행	• 부문과 공장 안전보건 위원회 진행
• 사고조사와 분석 방법 교육, 사고접수	• 사고 조사 시행, 시정 조치 및 보고
• 부문/공장 조직 위험인식 교육 지원	• 위험확인과 관리개선

10. 책임

10.1 개요

회사는 여러 사업분야와 다양한 사람들이 상호 유기적으로 연결되어 있어 안전보건과 관련한 책임을 계층별 그리고 사람별로 설정하는 것이 매우 중요하다. 책임은 영어로 responsibility와 accountability 두 가지 단어로 구분하여 사용된다.

책임(responsibility)은 근로자와 감독자가 사고를 예방하기 위해 미리 설정해둔 안전조치나 안전활동을 준수하는 사전적인(before) 의미가 있다. 반면, 책임(accountability)은 관리자나 경영진이 일어난 일에 대한 책임을 갖는 사후적인(after) 의미가 있다. 즉, "A"라는 임원이 권한을 "B"라는 근로자에게 위임(delegation)했다고 하여도 그 결과에 대한 책임은 "A"라는 임원에게 있다는 것이다. 따라서 책임(accountability)은 전가될 수 없고 그 책임(accountability)을 피할 수 없다.

권한(authority)은 사업 조직의 목표를 달성하기 위해 자원을 효율적으로 결정하는 사람의 능력으로 정의할 수 있다. 권한을 가진 모든 사람은 자신의 권한 범위를 정확히 알아야 하며 이를 남용해서는 안 된다. 권한은 명령을 내리고 일을 처리할 수 있는 권리이므로 항상 위에서 아래로 전개된다. 마찬가지로 권한을 다른 사람에게 위임하여도 책임(accountability)까지 위임되는 것은 아니다.

조직에 책임과 권한을 적절히 설정하기 위해서는 공식적인 책임 시스템 구축이 필요하다. 효과적인 책임 시스템이 존재한다는 것은 책임을 측정할 수 있고 객관적이어야 한다는 의미이다. 조직에 공식적인 책임시스템을 수립하기 위한 좋은 방법은 사람들에게 직무 기술서(job description)와 목표관리서(MBO, management by objective)를 작성하도록 하는 것이다. 직무 기술서(job description)는 근로자로부터 경영층까지 다양한 조직의 사람들이 안전보건과 관련한 활동을 체계적으로 실행하기 위한 내용으로 구성한다.

10.2 계층별 책임부여

OLG 기업은 안전보건과 관련한 책임을 효과적으로 부여하기 위하여 모든 구성원에 대한 안전보건 관련 직무 기술서를 작성하였다. 직무 기술서는 안전보건경영시스템의 운영 요소 (element)를 근간으로 작성되었다.

(1) CEO

- 회사의 연간 안전보건 목표달성을 위한 공약(commitment) 확인
- 매년 초 안전보건 정책 성명서를 구성원에게 공포
- 안전보건과 관련한 사항을 주요 회의의 의제로 채택
- 안전보건과 관련한 임직원의 인지도 확인과 개선
- 전사 안전보건 위원회의 위원장으로서 안전보건 계획 검토와 재정적 지원
- 사업부문의 연간 계획 수립 내역과 성과 확인
- 추락, 감전, 끼임 등 높은 위험요인 확인과 개선
- 사업부문의 연간 안전보건 교육계획 검토 및 필요 안전보건 교육 참여
- 안전보건 관련 커뮤니케이션 계획과 실행내역 검토와 개선
- 전사 안전보건 프로그램과 절차 검토와 개선
- 최소 분기 1회 이상 현장 감사 참여
- 모든 중대산업재해 조사와 분석 과정 참여 그리고 개선조치 확인
- 안전보건 프로그램 평가 결과 확인과 개선

CEO의 연간 안전보건 목표(선행지표와 후행지표)인 MBO는 아래의 표와 같이 15%를 차지한다. 여기에는 중대사고 0건, 안전보건과 관련한 메시지 전달, 위험인식 수준 개선 교육 시행, 도급업체와의 상생협력 구축 전개 그리고 사업 부문의 안전보건 성과 추적 등으로 구성되어 있다.

Employee:	Position: President	Grade/Level: L1	Status: Future

Category of Objective: EH&S	

Objective: Zero serious accident
  - Daily safety greeting to all, managers reminding one cardinal rule a day
  - Strengthen hazard recognition by hazard scan refresher training
  - Deploy family involvement program with subcontractors
  - Reinforce line management accountability for safety performance
	Weight: 15

(2) 안전보건 담당 임원

- 매년 본사와 사업 부문의 안전보건 정책과 목표 검토
- 전사 안전보건 위원회의 간사 역할 수행
- 전사 연간 안전보건 계획 수립 검토와 전년 대비 향상 여부 확인
- 사업부문의 연간 안전보건 계획 검토와 조언
- 안전보건 활동에 대한 공적 평가(징계 및 포상 등) 시행
- 전사 유해 위험요인 검토와 개선
- 사업부문의 연간 안전보건 교육계획 수립확인과 전년대비 향상 여부 확인
- 사업부문의 연간 안전보건 커뮤니케이션 계획 수립확인과 전년대비 향상 여부 확인
- 매년 안전보건 규정과 절차 검토 및 개선
- 매년 검사와 감사계획 검토 그리고 월 1회 이상 현장 검사 또는 감사 참여
- 모든 중대산업재해 조사와 분석 과정 참여와 개선조치 확인
- 안전보건 프로그램 평가 시행과 평가결과를 차기년도 계획에 반영

(3) 사업별 부문장

- 매년 해당 부문의 안전정책과 안전보건 목표를 구성원에게 홍보
- 안전보건 관련 사항을 회의의 중요한 의제로 채택
- 월 8시간 이상 안전보건 활동 참여
- 전사 안전보건 위원회 참석 및 부문별 안전보건 위원회 시행
- 해당 부문에서 안전보건 활동(회의, 검사, 감사, 평가, 교육) 참여
- 부문의 안전보건 담당 조직 구축 및 담당자 지정
- 프로그램 평가 결과에 따라 우선순위 부여 및 개선(차기 연간 계획에 포함 등)
- 연간 안전보건 계획 수립 내역과 안전보건 성과를 안전보건 담당 임원에게 송부
- 안전보건 규정과 규칙 위반자 조치
- 안전보건 책임 기준에 따라 관리감독자 공적 평가 시행
- 부문의 유해 위험요인 검토와 개선
- 사업부문의 연간 안전보건 교육계획 수립 여부 확인과 전년대비 향상 여부 확인
- 안전보건 교육 참여
- 안전보건 관련 커뮤니케이션 책임자의 역할 수행
- 부문의 안전보건 관련 커뮤니케이션 계획대비 실행 현황 파악과 개선
- 관리감독자의 안전보건 활동 파악과 개선
- 부문의 필요 규칙과 절차 수립
- 매년 검사와 감사계획 수립, 시행 그리고 분기 1회 이상 현장 감사 참석
- 모든 중대산업재해 조사와 분석과정 참여 및 개선조치
- 안전보건 프로그램 평가 시행과 평가결과를 차기년도 계획에 반영

(4) 사업별 부서장

- 부문의 안전보건 정책과 목표를 구성원에게 안내
- 안전보건 관련 사항을 회의의 중요한 의제로 채택
- 부문 안전보건 위원회 참석
- 부서의 안전보건 미팅이나 협의체를 운영하고 운영회의록 유지
- 안전보건 관련 기술, 검사와 감사 결과, 사고조사 결과 공유
- 사고예방 계획 수립
- 분기별 안전보건 계획과 성과 검토
- 분기별 안전보건 관련 성과 보고서를 부문장에게 보고
- 부서의 안전보건 계획 수립, 성과평가, 개선계획 수립 및 적용
- 안전보건 책임 기준에 따라 구성원 공적 평가 시행
- 새로운 공법과 작업 방법 그리고 신제품에 대한 안전보건 검토와 개선 요청
- 안전보건 교육과 훈련 실시
- 부서의 안전보건 관련 커뮤니케이션 계획대비 실행 현황 파악과 개선
- 안전보건 규칙과 절차 수립과 이행
- 정기적인 현장 안전 검사와 감사 시행
- 관리자와 감독자의 검사 계획과 결과 검토
- 부서와 관련한 모든 사고조사 시행과 개선조치
- 안전보건 프로그램 평가 참여 그리고 평가결과를 차기 년도 계획에 반영

(5) 본사 지원부서 부서장

- 매년 해당 부문의 안전보건 정책과 목표를 구성원에게 홍보
- 안전보건 관련 사항을 회의의 중요한 의제로 채택
- 안전보건 위원회의 요청 시 자료를 준비하고 회의에 참석
- 부문의 안전보건 활동 지원, 부문의 안전보건 예산 계획검토 및 집행
- 전사 안전보건 활동에 대한 성과 평가 반영
- 안전보건과 관련된 보상 프로그램 수립 및 적용
- 안전시설과 안전 장비구입 구매 검토와 집행
- 안전보건 교육과 훈련 전략 수립과 과정개발 지원
- 안전보건 커뮤니케이션 전략 수립, 효과적인 커뮤니케이션 지원
- 작업 현장을 방문 시 필요한 안전 관련 규칙과 절차 준수
- 연 1회 이상 현장 검사 참여
- 사고조사, 분석 그리고 개선대책 수립 지원
- 매년 안전보건 프로그램 평가 참여 그리고 차기 년도 안전보건 계획에 반영

(6) 관리감독자

- 회사의 안전보건 정책과 부서의 목표 확인
- 안전보건 관련 개선사항 요청
- 구성원의 안전보건 활동 평가와 기본안전수칙 준수 여부 확인
- 안전시설과 안전 장비구입 구매 검토와 집행
- 새로운 공법과 작업 방법 그리고 신제품에 대한 안전보건 검토와 개선 요청
- 유해 위험요인을 확인하고 그 내용을 구성원에게 교육
- 안전보건 관련 기술, 검사와 감사 결과, 사고조사 결과 공유
- 구성원의 안전규칙과 절차 준수 여부 확인 및 개선
- 안전점검 양식을 사용하여 주 1회 이상 검사 시행 및 발견사항 개선
- 부서와 관련한 모든 사고조사 시행과 개선조치
- 안전보건 프로그램 평가 결과에 따른 개선계획 수립 및 이행

(7) 근로자

- 안전보호구 착용과 안전 절차준수
- 현장시설과 장비에 대한 불안전한 상태를 찾고 개선
- 불안전한 행동 발견 시 즉시 안전조치하고 관리감독자에게 보고
- 공사나 작업 관계자에게 개선조치를 받은 경우, 관리감독자에게 보고하고 개선
- 모든 사고는 상사에게 즉시 보고(구두 및 문서 보고)
- 사고 보고 시 사고와 관련된 목격자의 이름, 경찰 그리고 구급차 출동 여부 기록
- 작업과 관련이 없는 사람 출입 제한
- 작업 유형에 따른 위험 요인 인지
- 정신적, 육체적 질병이나 피로로 인한 병세의 악화가 예상될 경우, 작업 중지
- 관리감독자나 안전책임자의 승인이 없이 회사의 안전 장비 대여 금지

10.3 부서별 책임부여

OLG 기업은 부서별 안전보건과 관련한 책임을 효과적으로 부여하기 위하여 별도의 직무
기술서를 작성하였다.

(1) 구매

- 새로운 화학물질 구매 시 공급업체로부터 MSDS 접수 및 유지관리
- 정부의 승인을 득한 유해 위험물질 공급업체 선정
- 인체에 무해한 화학물질 구입
- 정기적인 협력업체 평가 시행 및 개선

(2) 설계

- 설계 시 국가의 법규 수준 이상의 안전보건 기준 적용
- 공사현장에서 발견되는 유해 위험요인 확인 및 안전 설계 반영
- 세계 안전설계기준 적용(worldwide engineering standards)

(3) 생산

- 작동 전 설비 안전검사 시행
- 근로자 안전교육 실시
- 회전체 방호
- 사고 원인 조사 및 대책 수립
- 협력업체 안전평가 시행

(4) 마케팅/영업

- 설비 안전성 개선 비용을 제품 판매계획에 반영
- 설비 안전성 강화(비상정치 스위치, 인터락 시스템 등) 방안 이해

(5) 인사

- 안전하고 건강한 작업환경 제공(안전한 근무조건, 사무실 배치 등)
- 효과적인 안전교육 시행을 위한 시스템 지원
- 안전보건과 관련된 공적 평가 근거 유지 및 관리
- 안전규칙 및 절차를 위반한 임직원에게는 징계 조치

(6) 안전보건

- 회사 안전보건 정책과 목표 수립
- 모든 부서에 안전보건 가이드 제공
- 안전보건관련 활동 자료 유지 및 관리
- 유해 위험요인 확인
- 모든 중대사고 조사 및 분석 그리고 재발방지 대책 검토

(7) 재무

- 안전보건활동을 위한 재정적 지원(투자 등)
- 사고로 인한 재해보상금 검토와 지급

(8) 법무

- 모든 중대사고는 아시아 태평양 법률 변호사에게 보고
- 사고로 인한 재해보상금 산정 시 법률적 검토
- 사고로 인한 법적 업무 지원

10.4 기본안전수칙과 징계

(1) 소개

기본안전수칙은 영어로는 safety golden rules, basic safety rules, lifesaving rules 또는 cardinal rules 등의 용어로 사용된다. 회사의 특성이나 문화에 따라 기본안전수칙이라는 용어를 다르게 부르고 있지만, 기본적인 목적은 중대한 사고를 예방하기 위한 것이다. 조직이 갖는 유해 위험요인을 중 중대한 사고로 이어질 수 있는 내용을 기본안전수칙으로 선정하여 운영한다.

안전인식과 안전한 행동은 사람의 본능에 의해 생기는 것이 아니라 의도적으로 배우고 연습하여 습관으로 이어진다. 회사는 구성원의 안전한 행동을 강화하기 위한 목적으로 기준 준수를 잘 하는 구성원을 긍정적으로 보상하고, 기준을 준수하지 않는 구성원에게는 부정적인 방식의 벌칙(sanction 또는 penalty 등)을 통해 안전기준 준수의 엄정함을 보여 안전한 행동을 유도한다.

(2) 실행사례

가. 00 에너지 기본안전수칙

석유화학 업종인 00 에너지는 안전문화 수준을 높여 사고 예방을 위한 목적으로 아래와 같은 여덟 가지 기본안전수칙을 제정하여 운영하고 있다.

1. 모든 작업은 작업허가 최종 승인 후에 수행하여야 한다.
2. 밀폐공간에서 작업을 할 경우에는 정해진 주기에 따라 유해공기(산소/유해가스) 농도를 측정하여야 한다.
3. 유해위험물질(황화수소, 황산, 알카리) 취급 및 작업을 할 때에는 지정된 개인보호구를 착용하여야 한다.
4. 고소지역 작업 시 추락방지조치(비계 작업발판 설치 또는 안전방망설치 또는 안전벨트 체결)를 하여야 한다.
5. 변경사항이 있을 경우에는 변경검토(기술검토 또는 위험성평가) 후 작업하여야 한다.
6. 공정 및 전기 설비의 보수 작업을 할 때에는 해당 설비의 에너지원과 유해 물질을 차단/격리하고, 잠금조치와 꼬리표 부착을 하여야 한다.

> 7. 사내에서 차량/모패드 운전 시 제한속도를 준수하고, 안전벨트/안전장구를 착용하여야 한다.
> 8. 사내 허가된 지역에서만 흡연을 하여야 한다.

이러한 기준을 준수하지 않을 경우의 조치로는 1회 위반 시 경고와 특별 안전교육 실시 그리고 2회 위반 시 6개월 간 작업장 출입제한 조치가 취해진다.

나. OOO OOOOO㈜

화학소재 전문기업인 OOO OOOOO는 사고를 예방하기 위해 아래와 같이 일곱 가지 세이프티 골든 룰(Safety Golden Rules)을 설정하였다.

> 1. 안전한 상태를 묵인하고 작업을 실시하지 않는다.
> 2. 작업 전 안전점검, 작업 후 정리정돈을 실시한다.
> 3. 안전작업허가서는 명확한 책임과 권한 아래에서 승인한다.
> 4. 공정 변경사항은 위험요소를 철저히 파악하고 변경한다.
> 5. 협력업체 안전보건관리는 절차와 시기를 철저히 준수하여 시행한다.
> 6. 작업에 적합한 안전보호구를 착용하고 작업한다.
> 7. 물류 상하차 작업 시 작업지휘자 입회하에 작업한다

자체감사, 내부감사는 물론이고 평상시에도 7대 수칙 중 하나라도 위반하면, 심한 경우 인사적인 불이익을 받는 페널티가 적용되기도 한다.

다. OO 식품㈜

사업장에서 발생할 수 있는 인명사고와 관련하여 필수 안전 수칙을 제정하여 사고 예방 등 근로자 안전의식을 고취하기 위한 'OO 파수꾼 운동'을 하고 있다. 아래와 같이 사업장 내의 위험도가 높은 작업 여섯 가지에 대한 사업장 필수 안전 수칙을 선정하였다.

> 1. 화기작업주의
> 2. 고소작업 추락주의
> 3. 밀폐공간 작업주의
> 4. 위험물질 취급주의
> 5. 지게차(차량)주의
> 6. 적정보호구 착용

또한 선정된 사업장 내 6대 필수 안전 수칙의 준수 여부를 확인하기 위해 위반고지서 제

도도 병행하여 시행하고 있다. 1차 위반 시 경고, 2차 위반 시 교육, 3차 위반 시 징계 프로
세스를 통해 처리된다. 이 제도는 근로자들을 처벌하는 것이 목적이 아닌, 안전의식 고취의
목적을 지니고 있다. 아래 그림은 사업장 6대 필수 안전수칙, 월간 보고서와 위반 고지서
예시이다.

사업장 6대 필수 안전 수칙

화기작업주의

화재 예방을 위한 조치를 할 것
- 불티비산방지
- 화재감시자 배치

위험물질 취급주의

위험물질 취급 시 주의할 것
- 유해성, 위험성 확인
- 취급주의사항 확인
- 사고시 대처 방법 숙달

고소작업 추락주의

추락 방지를 위한 조치를 할 것
- 안전대 착용
- 안전고리 체결

지게차(차량) 주의

운전 혹은 보행 시 주의할 것
- 운전자: 운전 중 스마트폰 사용 금지
- 보행자: 좌우 살피고 이동

밀폐공간 작업주의

질식 방지를 위한 조치를 할 것
- 내부 산소(가스) 농도 측정
- 외부감시자 배치

적정보호구 착용

안전보호구를 착용할 것
- 작업별 적정보호구 착용
- 올바른 착용방법 준수

월간 레포트

위반 고지서

삼양 파수꾼(Life Saving Rules) 위반 고지서	위반항목
1. 화기 작업 시 화재예방 조치 강구	☐
2. 고소 작업 시 추락방지 조치 강구	☐
3. 밀폐공간 작업 시 질식방지 조치 강구	☐
4. 지게차 등 차량 운행 시 안전조치 강구	☐
5. 위험물질 취급 시 절차 준수 및 안전조치 강구	☐
6. 작업절차 준수 및 지정된 보호구 착용	☐
1차: 경고, 2차: 교육, 3차: 징계	

■ 발생일시	■ 발생장소
■ 위반자:	■ 발견자:
• 소속 • 성명 • 서명	• 소속 • 성명 • 서명

라. 영국 BP

영국 BP는 심각한 부상이나 사고, 특히 사망을 유발할 수 있는 특정 가능성이 있는 8가
지 활동에 대한 수칙을 설정하였다. 이 수칙은 안전작업허가, 에너지 통제, 양중, 굴착, 밀
폐공간, 운전, 화기작업 및 고소작업을 대상으로 하고 있다. 다음 사진은 BP의 Golden
rules of safety이다.

마. 미국 Shell

미국 Shell은 아홉 가지 Life-Saving rule을 2021년 9월 연례 안전의 날에 발표하였다. 아홉 가지 수칙에는 안전통제 우회, 밀폐공간, 운전, 에너지 통제, 화기작업, 긴박한 위험, 양중, 작업허가 및 고소작업이다. 아래 사진은 미국 Shell의 Life-Saving rules이다.

바. OLG 기업

기본안전수칙

OLG 기업은 사업부문별(공장, 서비스 부문, 설치부문) 특징을 반영한 기본안전수칙을 설정하여 운영하였다. 기본안전수칙은 과거 10년간 국내와 해외에서 발생한 사고 현황 분석과 심각도 평가를 통해 공통 기준, 사업 부문별 특성을 감안한 기준 그리고 기타 기준으로 설정하였다.

징계기준

본사 안전담당부서와 사업부문장은 기본안전수칙을 마련하고 징계 수준을 정하기 위한 여러 차례의 협의 미팅을 시행하였다. 협의를 통해 근로자가 기본안전수칙을 위반할 경우 해당 협력회사 소장, 직영 감독자, 해당 팀장은 경고, 퇴출, 징계위원회 회부 등의 벌칙이 주어지는 기준을 수립하였다. 아래 표는 징계와 관련한 기준이다.

경고 횟수	근로자		협력회사 (소장)	직영 감독자	해당팀장
	협력회사	직영			
≥4차			협력회사 계약해지	징계위원회	징계위원회
3차		징계위원회	소장 퇴출, 계약물량 30% 감소	징계위원회 (정직 1주)	경고, 교육
2차	퇴출	경고, 징계위원회 (정직1주)	경고, 교육	경고, 교육	경고
1차	경고, 교육	경고, 교육	경고	경고	N/A
경고 누적기간	1년	1년	1년	6개월	6개월

기본안전수칙 준수 감사

본사 안전담당 부서 소속으로 전국 각지의 여러 업소로 파견된 안전전담 감사자(서울, 경남, 경북, 충청, 전라도 지역 등)는 불시로 현장을 방문하여 협력회사 근로자나 직영 근로자의 기본안전수칙 준수 여부를 확인하였다. 감사자는 현장을 방문하여, 기본안전수칙 준수 여부 확인, 작업중지 여부 확인, 경고장 작성 및 위반사항을 관련 직영감독자와 해당팀장에게 통보하고 개선하는 절차를 운영하였다. 다음 그림은 기본안전수칙 준수 감사 프로세스이다.

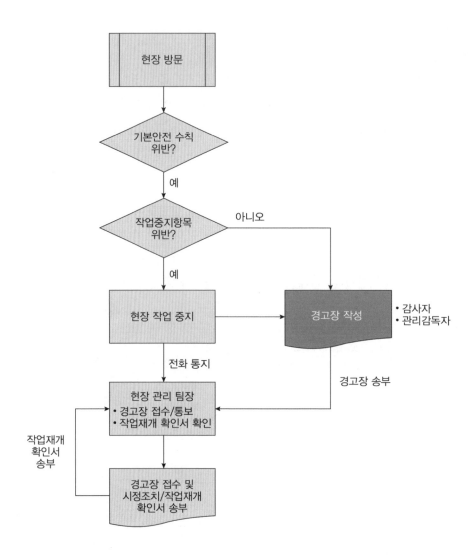

10.5 공정문화 구축

영국의 사회심리학자 James Reason은 'Managing the risks of organizational accidents' 라는 책자에서 안전문화는 공유된 문화, 보고문화, 공정문화, 유연한 문화 및 학습문화로 구성된다고 하였다. 여기에서 공정 문화(just culture)는 위험과 불안전한 행동에 대한 수용 가능한 범위와 수용 불가능한 범위를 설정하고, 근로자가 따르고 신뢰하는 분위기를 조성하는 것이다. 근로자의 불안전한 행동의 배후 요인이나 기여요인을 확인하지 않고 무조건 처벌(징계)하는 사례는 용납될 수 없다는 인식이 필요하다. 하지만 이런 기준이 불안전한 행동으로 인해 사고를 일으킨 결과에 대해서 처벌을 면책하지 않는다는 기준은 유지해야 한다. 공정 문화 설계를 위한 전제조건은 수용할 수 있는 행동과 수용할 수 없는 행동의 범위를 설정하는 것이다.

　조직이 구축한 책임시스템의 실행방안인 처벌과 징계가 공정하지 않다면, 아래 비난의 순환고리(blame cycle) 그림과 같이 조직과 근로자 간 신뢰가 낮아지고 안전문화는 열화될 것이다. 그리고 의사소통 부족, 경영층이 현장 조건에 대한 관심저하, 잠재조건(latent condition) 조성, 결함방어(flawed defense) 그리고 실수전조(error precursors)의 악순환을 거듭하게 될 것이다.

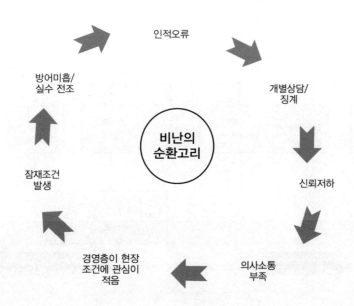

　그렇다면 공정한 처벌과 징계 그리고 불공정한 처벌과 징계는 어떻게 구분하여 적용해야 할까? 미국 에너지부(DOE, Department of Energy)는 영국의 사회심리학자 James Reason의 '불안전한 행동에 의한 유책성 결정 나무－A decision tree for determining the culpability of unsafe acts'를 참조하여 다음 그림과 같은 결정 프로세스를 제안하였다.

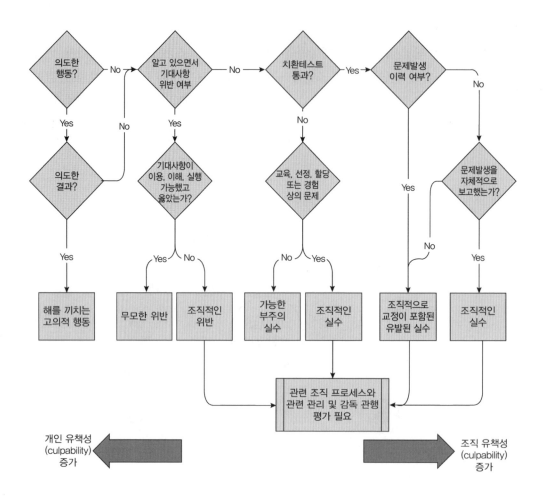

그림에 언급된 치환테스트(substitution test)는 Neil Johnston이 제안한 '가장 우수한 사람일 지라도 최악의 실수를 범할 수 있다'라는 논리를 포함하고 있다. 즉, 위반자 또는 사고 유발자의 유책성을 판단하기 위해서는 그들과 유사한 직종에서 동일한 자격과 경험이 있는 여러 사람에게 유사한 조건과 상황을 만들어 작업을 수행하도록 테스트를 하고 그 결과에 따라 처벌을 하는 것이다. 테스트 결과 근로자가 불안전한 행동이나 위반을 할 수밖에 없는 조건이라고 판명된다면, 위반자나 사고유발자는 처벌하면 안된다. 즉 치환테스트를 통과했다면 처벌하면 안 된다.

조직은 사고예방을 위하여 안전보건경영시스템의 책임 요소(element)를 운영함에 있어, 정직하고 효과적인 처벌(징계) 체계를 구축해야 한다. 치환테스트를 통과한 근로자를 처벌위주로 다룬다면, 비난의 순환고리를 탈피할 수 없고, 사고예방의 효과도 그만큼 좋지 않게 될 것이다. 여기에서 더욱 중요한 사실은 징계와 같은 부적 강화보다는 보상 등의 정적 강화를 적절하게 적용하는 것이 더욱 효과적인 방안일 것이다.

II. 인적오류

1. 개요

1.1 대형사고(catastrophic)

영국 플릭스보로 화학공장 폭발(1974년)로 28명 사망, 북해 파이퍼알파(piper alpha, 1988년) 사고로 167명 사망, 비피텍사스(BP Texas City, 2005년) 정유 공장 폭발 사고로 15명이 사망하고 180명 부상, 멕시코만 딥워터 호라이즌(Deep water horizon, 2010년) 석유시추선 폭발 사고로 11명이 사망한 바 있다. 사고와 관련한 기여 요인은 인적오류(human error)가 관련되어 있는 것으로 알려져 있다.

2013년 3월 국내 여수산업단지 공장의 HDPE 공정 사일로에서 폭발 사고로 인하여 근로자 6명이 사망하였다. 2013년 5월 국내 철강회사 보수공사(전로) 도급업체 근로자 5명이 아르곤 가스에 의하여 중독되어 사망하였다. 2019년 5월 국내 화학공장에서 소디움알콕사이드 합성 중 화재·폭발로 인하여 반응기 주변에 있던 근로자 3명이 사망하였다.

2019년 8월 충북에 있는 화장품 원료(방부제) 반응기에서 반응 폭주로 인하여 인화성 증기 누출로 인하여 점화원에 의해 폭발로 1명이 사망하였다. 2019년 5월 충남에 있는 정제공정 혼합잔사유 탱크에서 이상 중합반응으로 과압이 발생하여 저장탱크 비상 압력방출로 SM 혼합물이 대규모로 누출되어 약 3,600명이 대피하였다. 이러한 대형사고를 일으킨 기여 요인은 인적오류(human error)와 관련이 있다고 알려져 있다.

1.2 인적오류(human error)

인적오류는 어떠한 목적을 갖고 한 행동이 성공하지 못한 상황으로 범위를 벗어난 작업, 예상에서 벗어난 결과, 정신적/육체적으로 의도한 목적을 달성하지 못한 상황, 의도한 행동에 대해 의도하지 않은 실패 그리고 어떤 사건 이후 다른 사람들이 판단하는 행동의 결과로 정의할 수 있다.

인적오류를 보는 오래된 관점(old view)은 인적오류를 사고의 근본 원인으로 보고 사고조사를 종료하는 것이다. 하지만 새로운 관점(new view)은 인적오류를 근본 원인으로 보지 않고 사고를 유발한 도구, 작업, 환경, 기능과 관련된 기여 요인(contributing factor)을 찾는 시작점으로 보는 것이다.

1.3 조직사고 모델(organizational accident model)

해외에서 발생한 체르노빌 원자력 발전소, 스리마일아일랜드, 보팔, 플릭스보로, 엔터프라이즈, 킹스 크로스, 엑손 발데즈 및 파이퍼 알파 등의 사고 기여 요인은 조직적인 문제인 것으로 알려져 있다. 이러한 조직적인 문제로 인해 발생하는 사고를 "man – made disaster model"이라고 한다.

사람이 관련되어 조직적인 문제를 일으키는 주요 요인으로는 경영책임자의 안전 리더십 부족, 안전 투자 예산 감소, 안전 전담 인력축소, 공사 기간 단축 등의 요인이 존재한다. 이러한 조직적인 문제는 조직 전체에 기생하면서 현장 조직(사업소, 건설현장 등)에 영향을 주고 근로자의 불안전한 행동인 실행 실패(active failure)를 불러일으킨다.

조직적인 문제를 일으키는 사람들은 주로 현장과 멀리 떨어져 있으므로 '무딘 가장자리(blunt end)'에 있다고 한다. 그리고 근로자가 유해 위험요인에 직접적으로 노출되어 사고를 입을 수 있으므로 '날카로운 가장자리(sharp end)'에 있다고 한다. 여기에서 근로자가 하는 불안전한 행동은 '사고를 일으키는 선동자(instigator)'가 아닌 강요받아 불안전한 행동을 할 수밖에 없는 '사고 대기자(accident in waiting)'로 표현할 수 있다.

무딘 가장자리는 잠재 요인(latent condition)이 발생하는 장소이다. 그리고 잠재 요인으로 인해 근로자는 불안전한 행동을 하게 된다. 이러한 사고 과정을 조직사고 모델(organizational accident model)이라고 한다.

잠재 요인(latent condition)은 잠재 실패(latent failure)로도 정의할 수 있는데, 이러한 잠재 실패를 막기 위해서는 효과적인 실패 방어(fail defense)가 필요하다. 실패 방어에는 방벽(barrier)과 안전장치(safeguard) 및 통제(control)가 있다. 원자력 발전소와 같이 고도의 위험이 존재하는 장소에는 다중 심층방어 시스템(defense – in – depth) 적용이 필요하다. 하지만 다중 심층방어 시스템에서도 사람의 오류 등으로 인하여 잠재 실패가 발생할 수 있다.

1.4 스위스 치즈 모델(Swiss cheese model)

스위스 치즈 모델은 잠재 실패(latent failure) 모델이며, man – made disasters model에서 진화하였고, 조직사고(organizational accidents)를 일으키는 기여 요인을 찾기 위한 목적으로 개발되었다. 치즈에 구멍은 사고를 일으키는 기여 요인으로 만약 한 조각에 구멍이 있어도 다른 한 조각이 막아준다면 사고가 발생하지 않는다는 이론이다. 다음 그림은 스위스 치즈 모델을 형상화한 그림이다.

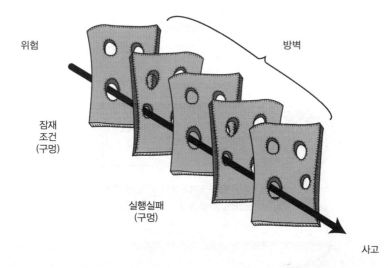

사고 예방을 위한 방벽, 안전장치 및 통제가 미흡하다는 것은 해당 조직이 병원균에 취약하다는 의미로 볼 수 있다. 그리고 조직의 의사결정 단계가 많을수록 병원균에 노출될 가능성이 크다. 또한 병원균은 사고가 일어나기 전보다는 사고가 발생한 이후에 주로 발견된다. 이러한 사유로 스위스 치즈 모델을 참조하여 잠재 요인과 잠재 실패를 확인하고 개선한다면 사고 예방에 효과가 있다.

하지만, 스위스 치즈 모델의 긍정적인 면이 있음에도 불구하고 많은 현장 전문가와 학자들은 이 모델로는 구체적인 사고 기여 요인을 찾기 어렵다는 의견이 팽배하였다. 또한 사고조사를 전문적으로 수행하는 사람들을 혼란스럽게 한다는 의견이 생겨났다.

1.5 인적요인분석 및 분류시스템(HFACS)

스위스 치즈 모델은 인적오류로 인한 기여 요인을 파악하는 데에는 기본적인 체계를 제공하였지만, 세부적인 지침이 없고 이론에 치중된 면이 있다. 이러한 사유로 인적오류 기여 요인을 구체적으로 확인할 수 있는 인적요인분석 및 분류시스템(HFACS) 체계가 2000년도 초반에 개발되었다.

인적요인분석 및 분류시스템(human factor analysis and classification system, 이하 HFACS) 체계는 잠재 요인과 잠재 실패를 효과적으로 찾을 수 있는 대안을 제시한다. 이 체계는 다음 그림과 같이 조직영향, 불안전한 감독, 불안전한 행동 전제조건 및 불안전한 행동으로 구분되어 있다.

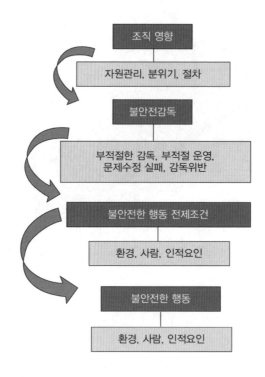

1.6 산업별 HFACS 적용 사례

HFACS 체계는 2000년 항공산업에 처음으로 적용되었다. 이후 철도, 의료, 건설, 광업, 화학, 가스, 발전 등 다양한 산업에 적용되었다. 아래 표는 산업별 HFACS 종류이다.

산업 (HFACS 버전-연도)	수준(level) 개수	단계(tier) 개수	기여요인 개수
항공(2000)	4	3	19
철도(RR-2006)	5	3	23
광업(MI-2010)	5	3	21
해운(MSS-2011)	5	3	26
석유가스 산업(OGI-2017)	5	3	26
소규모 화학산업(CSMEs-2020)	4	4	56
석유, 가스, 발전산업(OGAPI-2022)	5	4	56

항공 분야는 미국 연방 교통안전 위원회가 취합한 사고(1992년부터 2002년까지) 1,020건을

분석하여 개발하였다. 이 체계는 조직영향, 불안전한 감독, 불안전한 행동 전제조건과 불안
전한 행동 4가지 수준(level)의 19가지 인적오류 기여 요인으로 구성되었다.

　철도 분야(RR-2006)는 미국 연방철도위원회가 취합한 사고사례(2004년 5월부터 10월까지)의
6건의 사고를 분석하여 외부요인, 조직영향, 불안전한 감독, 불안전한 행동 전제조건, 불안
전한 행동 5가지 수준(Level)을 3단계로 분류하고 23가지 인적오류 기여 요인으로 구성되었다.

　광업 분야(MI-2010)는 호주 광업과 에너지국이 취합한(2004년부터 2008년까지) 탄광 사고
508건을 분석하였다. 외부요인, 조직영향, 불안전 리더십, 불안전한 행동 전제조건, 불안전
한 행동 5가지 수준(level)을 3단계로 분류하고 21가지 인적오류 기여 요인으로 구성되었다.

　해운 분야(MSS-2011)는 국제 해운 정보시스템이 취합한 사고(1990년부터 2006년까지) 41건
을 분석하여 외부요인, 조직영향, 불안전한 감독, 불안전한 행동 전제조건 및 불안전한 행
동 5가지 수준(level)을 3단계로 분류하고 26개의 인적오류 기여 요인으로 구성되었다.

　석유 가스 분야(OGI-2017)는 미국 CSB가 분석한 사고(1998년부터 2012년까지) 11건을 분석
하여 법령영향, 조직영향, 불안전한 감독, 불안전한 전제조건 및 불안전한 행동 5가지 수준
(Level)을 3단계로 분류를 하고 26개의 사고 기여 요인으로 구성되었다.

　소규모 화학산업 분야(CSMEs-2020)는 중국 남부 국가분석국(southern province national bu-
reau of statistics)이 분석한 2012년부터 2016년까지의 소규모 화학사고 101건을 분석하여 불
안전한 행동, 불안전한 행동전제조건, 불안전감독, 조직영향 4가지 수준(level)을 4가지 단계
로 분류하고 56개의 인적오류 기여 요인으로 만들어졌다.

　석유, 가스, 발전산업 분야의 HFACS 체계(HFACS-OGI 2017)와 소규모 화학산업의 HFACS(CSMEs
2020) 체계의 단점을 보완하고 내용을 확장한 석유, 가스, 발전 등 공정산업의 HFACS 체계
(HFACS-OGAPI)는 미국 CSB와 안전보건공단이 발간한 사고 45건을 분석하여 법규영향, 조
직영향, 불안전한 감독, 불안전한 행동 전제조건 및 불안전한 행동 5개 수준(level)을 4단계
로 분류하고 56개의 인적오류 기여 요인으로 구성되었다.

2. 가이드라인

2.1 인적오류 기여 요인 점검표(HFACS-OGAPI) 활용

　인적오류 기여 요인 점검표(HFACS-OGAPI)를 활용하여 사업장에 존재하는 인적오류 기여
요인을 확인하고 개선하는 방식을 추천한다. 이 점검표는 미국 NASA와 미국 국방부 항공
안전센터가 사용하고 있는 점검표를 정유, 화학, 가스, 발전 등 공정산업에 적합하게 개발
한 내용이다. 점검표는 다음 표와 같이 구성되어 있다.

수준 5 법규영향		
단계 2	점검내용	출처
국가법규체계	- 국가 법규체계 존재 여부 - 국가 법규 체계는 산업 안전 규정 및 지침에 따른 적절한 안전조치 여부	HFACS-OGAPI
산업표준	- 산업 안전 코드 및 표준 존재 여부 - 산업 안전 코드 및 표준이 공장 시설의 안전조치 반영 여부	HFACS-OGAPI
감독기관의 능력	- 부처의 유능한 검사원과 함께 안전 감사/검사 수행 여부 - 안전 요구사항에 대한 이행 여부 확인 여부	HFACS-OGAPI

수준 4 조직영향		
단계 2	점검내용	출처
자원관리	조직이 임무를 수행하는 데 필요한 사람 또는 제품과 같은 요소가 부적절하여 운영 위험을 증가시킨다.	미국 NASA
	자원부족으로 인한 불안전한 상황 존재 여부	항공 안전센터
	위험요인을 인식하기에 충분한 교육 프로그램 존재 여부	HFACS-OGAPI
	과도한 비용 절감과 자금 부족으로 인한 위험요인 존재 여부	HFACS-OGAPI
조직분위기	부정적인 태도, 가치, 신념 또는 사기로 인해 위험요인의 존재 여부	미국 NASA
	부정적인 안전풍토와 문화로 불안전한 상황 존재 여부	항공 안전센터
조직절차	부정적인 조직절차, 위험 관리 및 감독으로 인한 위험요인 존재 여부	미국 NASA (조직운영)
	일정과 시간 단축으로 인한 압박 존재 여부	HFACS-OGAPI
공정안전문화	- 적절한 위험평가와 변경을 통한 변경관리 적합 여부 - 적절한 위험확인과 평가를 통한 안전작업허가 승인 여부 - 위험요인이 통제되는 위험성평가 체계 운영 여부	HFACS-OGAPI

수준 3 불안전감독		
단계 2	점검내용	출처
부적절한 감독	부적절한 위험식별, 통제, 교육, 감독으로 인한 불안전한 행동 및 불안전한 상황 존재 여부	미국 NASA
계획된 부적절한 운영	- 부적절한 감독으로 인하여 위험요인 상존 및 불필요한 위험 허용 여부 - 부적절한 관리로 인해 미숙련자가 자신의 능력을 넘어서 업무수행	미국 NASA

문제수정 실패	부적합한 문서, 절차, 결함, 감독부재로 불안전한 상황 존재 여부	미국 NASA
감독위반	표준, 지침 및 기준을 감독자가 의도적으로 위반하여 발생하는 불전한 상황 존재 여부	미국 NASA

수준 2 불안전한 행동 전제조건		
단계 2	점검내용	출처
환경요인	날씨와 기후로 인한 불안전한 행동 여부	미국 NASA (물리적 환경)
	자동화 또는 시설과 환경 부족으로 인한 불안전한 행동 발생 여부	미국 NASA (기술적 환경)
	협력업체의 안전계획, 안전평가 및 위험성평가 부족으로 인한 하여 불안전한 행동 존재 여부	HFACS-OGAPI
개인과 팀	기준 미준수, 판단력 부족, 준비부족으로 인한 불안전 상황 존재 여부	미국 NASA (개인 스트레스)
	개인의 생리학적 문제로 인하여 불안전한 상황 발생 여부	미국 NASA (생리학)
	개인의 심리적학 문제로 인한 현실 타협 등으로 불안전한 상황 발생 여부	미국 NASA (심리학)
	과도한 업무로 인한 신체적 또는 정신적 능력이 부족으로 불안전한 행동 발생 여부	미국 NASA (Medical/Mental)
개인요인	업무준비 또는 작업팀 간 상호작업 부족으로 인한 불안전한 상황 발생 여부	미국 NASA (커뮤니케이션)
	휴식 요구조건 및 교육요건을 무시한 불안전한 행동 발생 여부	HFACS-OGAPI

수준 1 불안전한 행동		
단계 2	점검내용	출처
오류	특정 작업행동이 불안전한 행동 발생 여부	미국 NASA (기술 사건)
	부주의. 판단부족, 의사결정 부족으로 인한 불안전한 행동 발생 여부	미국 NASA (기술 사건)
위반	부주의나 습관으로 인한 불안전한 행동 발생 여부	미국 NASA (위반)
	시간단축이나 편안함을 위한 위반 발생 여부	HFACS-OGAPI

2.2 사고 발생 시 사고원인 분석에 HFACS-OGAPI 활용

국내에는 아직 체계적인 사고조사를 시행하기 위한 준비가 부족하다. 그 이유는 국가적으로 사고조사와 분석에 대한 정형화된 프레임 제공에 한계가 있기 때문이라고 생각한다. 또한 좋은 사고조사 체계가 존재한다고 하여도 사고조사와 분석은 현장과 관련한 지식과 경험이 풍부해야 하는데 대다수의 사업장은 이런 경험자를 보유하고 있지 않다.

아래 표와 같이 HFACS−OGAPI는 항공 분야 HFACS 체계를 기반으로 정유, 화학, 가스, 화학, 발전 등 산업 분야 45건의 사고를 분석하여 개발된 체계로 공정산업 분야에서 발생하는 사고원인 조사와 분석에 적용한다면 효과적인 개선대책을 수립할 수 있을 것으로 생각한다.

다만, HFACS−OGAPI 체계는 역학적 모델(epidemical model)이라는 한계를 인식하고 시스템적 사고조사 방법인 AcciMap, FRAM 및 STAMP−CAST를 병행할 것을 추천한다.

수준/단계	1	2	3	4
5	법규 영향	국가법규체계		적절한 법규 존재 여부
		산업코드와 표준		산업코드와 표준 존재 여부
		감독기관의 능력		점검여부, 점검자의 능력(9), 문제시정 여부
4	조직영향	자원관리	인적자원	교육
			비용/예산 자원	과도한 예산삭감(1), 투자부족
			도구/설비자원	알려진 설계 문제 미개선
		조직분위기	문화	규범 및 규칙
		조직절차	운영	시간 압박, 일정
			절차	절차/지침 부족
			감독	안전/위험평가 프로그램, 자원/분위기/절차확인
		공정안전문화	변경관리	변경절차 부재, 부적절한 위험성평가
			안전작업허가	절차 미준수, 위험요인을 제거하지 않은 채 승인
			위험성평가	위험성평가 미실시, 부적절한 위험성평가
3	불안전한 감독	부적절한 감독		적절한 교육 제공 실패, 적절한 휴식 시간 제공 실패, 책임 부족

		계획된 부적절한 운영		적절한 감독을 제공하지 못함
		문제수정 실패		부적절한 행동을 시정하지 못함/위험한 행동을 식별하지 못함
		감독위반		규칙과 규정을 시행하지 못함, 절차 위반, 위험요인 승인, 감독자의 고의적인 무시
2	불안전한 행동 전제조건	환경요인	물리적조건	날씨, 조명
			기술조건	장비/제어 설계
			계약조건	안전기준 포함, 적절한 안전계획, 적절한 위험성평가
		개인과 팀	부정적 정신상태	상황 인식 상실, 스트레스, 과신, 정신적 피로
			부정적 생리생태	육체적 피로
			신체/정신 제약	실신
		개인요인	승무원 자원관리	팀워크 부족
			개인준비	휴식 요구사항 미준수, 부적절한 훈련, 부적절한 위험판단 패턴
1	불안전한 행동	실수	기술기반 오류	체크리스트 항목 생략, 부주의, 작업 과부하, 불안전한 행동 습관
			결정오류	부적절한 조작/절차, 시스템/절차에 대한 부적절한 지식, 비상사태에 대한 잘못된 대응
		위반	일상적 위반	훈련 규칙 위반, 명령/규정/SOPS 위반, 약간의 위험 감수, 단체 규범 위반
			상황적 위반	시간 압박, 감독 부족
기여요인	5	17	22	56

3. 실행사례

가스와 발전 분야의 사업장 사고 분석사례, 안전보건공단과 미국 CBS가 분석한 중대산업재해 조사 결과 보고서 45건을 참조하여 HFACS−OGAPI 체계로 재분석한 사례 예시를 설명한다. 이와 관련한 추가 정보를 알고자 하는 독자는 네이버 카페 새로운 안전관리론 (https://cafe.naver.com/newsafetymanagement)에 방문하여 제5장 사람을 대상으로 하는 안전보건관리에서 HFACS−OGAPI 체계로 제분석한 사례를 참조하기 바란다.

3.1 안전보건공단이 분석한 사고를 HFACS-OGAPI 체계로 분석

사고명: HDPE 사일로 폭발사고(대림산업 여수공장)				
출처: 안전보건공단(2013). HDPE 공장 사일로 폭발사고, pp. 1-34.				
발생년월	사고유형	구분	피해정도	출처
2013.3	폭발	국내	사망	KOSHA
사고내용: 2013년 3월 14일 20시 50분경 전남 여수시의 여수산업단지에 소재한 ○○산업(주) 여수공장 내의 HDPE 공정 사일로에서 폭발사고가 발생하여 맨홀설치 작업 중이던 협력업체 근로자 6명이 사망하고, 원청업체 작업감독자를 비롯한 협력업체 근로자 11명이 부상.				
수준	HFACS-OGAPI 분석(코드:내용)			
5. 법규영향	–			
4. 조직영향	L4-OI-OC-C: 규범/기준(Silo 내부에 분체가 존재한다는 사실을 알고도 작업, 위험성평가 미흡, 감독부재) L4-OI-OP-Op: 시간압박(정비기간 단축을 위해 분체 제거절차 미실시) L4-OI-PSC-MOC: 변경관리(2012년 6월 정비 시 사고발생 이후 작업절차 미개정) L4-OI-PSC-PTW: 안전작업허가(가연성분체 제거조치 미실시/작업허가 승인) L4-OI-PSC-RA: 위험성평가(Silo 내부 화재/폭발 위험성평가 미실시)			
3. 불안전한 감독	L3-US-IS: 적절한 교육 미제공(Silo 내부 화재/폭발 위험에 대한 교육 미제공) L3-US-PIO: 적절한 감독시간 제공실패(분체가 존재하는 밀폐공간의 화기작업에 대한 감독/안전벨트 미착용 감독 미실시) L3-US-FCP: 불안전한 행동/위험행동 개선 실패(분체가 존재하는 밀폐공간에서 불안전한 화기작업 행동 개선 실패) L3-US-SV: 위험상황을 의도적으로 묵인(분체가 존재하는 밀폐공간에서 불안전한 화기작업의 위험을 알고도 방치)			
2. 불안전한 행동 전제조건	L2-PUA-PF-PR: 부적절한 교육(Silo내부 화재/폭발 위험지식 미흡)			
1. 불안전한 행동	L1-UAO-V-RV: 무의식적인 위반(분체가 존재하는 밀폐공간에서 화기작업의 위험을 알고도 실행) L1-UAO-V-SV: 시간부족(정비기간 단축을 위해 분체 제거절차 미실시 위반) L1-UAO-V-SV: 감독부재(분체가 존재하는 공간에서 화기작업 위반)			

3.2 미국 CSB가 분석한 사고를 HFACS-OGAPI 체계로 분석

사고명: MGPI 화학물질 누출				
출처: CSB(2016). MGPI Processing, Inc. Toxic Chemical Release, pp. 1-48.				
발생년월	사고유형	구분	피해정도	출처
2016.6	누출	해외	부상	CSB
사고내용: 2016년 10월 21일 캔자스주 애치슨에 있는 MGPI(MGPI Processing, Inc.) 시설에서 부적합한 화학물질이 부주의하게 혼합된 것을 조사했다. 두 화학물질인 황산과 차아염소산나트륨(표백제로 덜 농축된 형태로 더 잘 알려져 있음)의 혼합물은 염소 및 기타 화합물을 포함하는 구름을 생성했다. 클라우드는 현장 작업자와 주변 커뮤니티의 일반 대중에게 영향을 미쳤다. 사고는 MGPI 시설 탱크 농장에 있는 Harcros Chemicals(Harcros) 화물 탱크 자동차(CTMV)에서 황산을 일상적으로 전달하는 중에 발생했다.				
수준	HFACS-OGAPI 분석(코드:내용)			
5. 법규영향	L5-RS-ICS: 감독기관은 문제를 개선하지 않음			
4. 조직영향	L4-OI-RM-HR: 교육 프로그램이 중요 안전 단계의 중요성을 효과적으로 전달하는 데 부족, L4-OI-RM-EFR: sodium hypochlorite line과 sulfuric acid line connection이 유사한 타입(Same size fill line Design connections), sodium hypochlorite line과 sulfuric acid line이 가까이에 위치하여 실수유발, sulfuric를 sodium acid를 잘못 연결하여 주입할 경우, 별도의 자동중지 장치 없음, (No automated or remotely operated control valves at facility, .Chlorine gas entered control room via intakes(Ventilation design & siting), L4-OI-OP-Op: 배송 일정으로 인해 운영자가 산만함, L4-OI-OP-P: 하역 절차가 작업자 관행과 일치하지 않음, L4-OI-OP-Ov: sodium hypochlorite line과 sulfuric acid line connection이 유사한 타입(Same size fill line Design connections), sodium hypochlorite line과 sulfuric acid line가까이에 위치하여 실수유발, L4-OI-PSC-RA: sodium hypochlorite line과 sulfuric acid line이 가까이에 위치하여 실수유발			
3. 불안전한 감독	L3-US-FCP: sulfuric acid를 sodium hypochlorite 잘못 연결시키는 불안전한 행동 개선 실패, L3-US-SV: sulfuric acid를 sodium hypochlorite 잘못 연결시키는 불안전한 행동 승인			
2. 불안전한 행동 전제조건	L2-PUA-PF-PR: MGPI operator는 driver에게 명확한 위치를 알려주지 않음-교육 미흡			
1. 불안전한 행동	L1-UAO-E-SE: sulfuric acid를 sodium hypochlorite 잘못 연결함-주의부족, L1-UAO-V-RV: sulfuric acid를 sodium hypochlorite 잘못 연결함-무의식적인 위반			

3.3 HFACS-OGAPI 체계를 활용한 사고분석 결과 시사점

HFACS—OGAPI 체계 개발을 위하여 석유, 가스, 화학산업에 적용된 HFACS 체계를 조사한 결과, HFACS—OGI와 HFACS—CSMEs 체계가 존재하였다. 소규모 화학산업에 적용할 수 있는 HFACS—CSMEs 모델은 수준 5를 포함하지 않았고, 공정안전문화와 관련된 요인도 포함하고 있지 않은 단점이 있었다. 석유와 가스산업에 적용할 수 있는 HFACS—OGI 모델은 인적오류 기여 요인에 대한 구체적인 정보를 제공하지 않는 한계가 있었다.

이러한 한계를 보완하기 위하여 국내와 해외에서 발생한 45건의 석유, 가스, 화학, 발전소와 플랜트 공정 사고를 분석하여 새로운 HFACS—OGAPI 체계를 개발하였다. HFACS—OGAPI 체계는 SCIE 저널인 process safety progress(미국 화학공학회)에 2022년 3월 29일 "Human factor analysis and classification system for the oil, gas, and process in—dustry"라는 제목으로 출판되었다(https://doi.org/10.1002/prs.12359).

미국 NASA와 항공 안전센터의 인간실수 기여 요인 점검 체크리스트를 참조하여 HFACS—OGAPI체계의 특성을 반영한 석유, 가스, 화학 및 발전소 산업에 적합한 인적오류 기여 요인 점검 체크리스트를 개발하였다.

개발된 HFACS—OGAPI 체계의 유효성을 검증하기 위하여 CSB가 분석한 BP 텍사스 폭발사고, Aghom operating 질식사고 및 Kleen 에너지 폭발사고의 원인을 개발된 HFACS—OGAPI 체계로 분석하였다. CSB가 분석한 BP 텍사스(US CSB, 2005)의 사고 기여 요인은 18개이고 HFACS—OGAPI 체계는 27개이었다. CSB가 분석한 Aghon operation(US CSB, 2019)의 사고 기여 요인은 5개이고 HFACS—OGAPI는 16개였다.

CSB가 분석한 Kleen 에너지의 사고 기여 요인은 7개이고 HFACS—OGAPI 체계는 13개였다. HFACS—OGAPI 체계는 CSB가 분석한 사고원인을 모두 포함하고, 더 많게 사고 기여 요인을 파악할 수 있어 유효성을 입증하였다. CSB가 분석한 BP 텍사스 폭발사고, Aghom operating 질식사고 및 Kleen 에너지 폭발사고의 원인을 개발된 HFACS—OGAPI 체계로 분석한 HFACS—OGAPI 유효성 검증 현황은 아래 HFACS—OGAPI 유효성 검증 현황 표와 같다.

구분	BP 텍사스 폭발사고	Aghom Operating 질식사고	Kleen 에너지 폭발사고	출처
사고원인	18	5	7	CSB
수준 5	2(7%)	0(0%)	3(23%)	HFACS-OGAPI

수준 4	13(48%)	6(38%)	7(54%)
수준 3	5(19%)	6(38%)	2(15%)
수준 2	3(11%)	2(13%)	1(8%)
수준 1	4(15%)	2(13%)	0(0%)
OGAPI 계	27	16	13

(1) BP 텍사스 정유폭발 사고

2005년 3월 23일 BP의 텍사스 시티 정유 공장에서 폭발이 발생하여 15명이 사망하고 180명이 다쳤으며 30억 달러의 손해 및 법적 합의가 발생하였다. 폭발은 라피네이트 스플리터 타워의 과충전과 뜨거운 탄화수소를 방출하는 블로우다운 드럼으로 인해 발생했다. 사고원인 18건을 HFACS−OGAPI 체계로 검토한 결과 27개 기여 요인을 확인할 수 있었다. 수준 5는 2건(7%), 수준 4는 13건(48%), 수준 3은 5건(19%), 수준 2는 3건(11%), 수준 1은 4건(15%)을 차지하였다. 아래 표는 BP Texas Refinery explosion사고에 대한 HFACS−OGAPI 분석 내용이다.

CSB가 분석한 사고원인	HFACS-OGAPI 분석 [코드-(단계 4)]
비공식 절차의 사용(설계 범위 이상으로 채워진 타워 및 레벨 경보 무시)	L1-UAO-V-RV(02)
알람 이상(중복 고레벨 알람이 울리지 않음)	L4-OI-RM-EFR(01)
레벨 표시기 보정이 오래됨	L4-OI-RM-EFR(01)
부적절한 위험 평가(블로우다운 드럼이 라피네이트로 과충진됨)	L4-OI-PSC-RA(02)
압력 릴리프 시스템이 오래된 방식임	L4-OI-RM-EFR(01)
회사가 주로 재무 성과에 초점을 맞추고 직원, 교육 및 안전 제어 시스템 관리를 소홀히 함. 안전 리더십의 부족 포함	L4-OI-OC-C(01) L4-OI-RM-MB(01)
여러 번의 기계적 고장이 있었음	L4-OI-RM-EFR(01)
부적절한 운영 규칙 존재, 비공식 절차 사용, 경영진이 이러한 문제를 미해결	L4-OI-OC-C(01)
변경관리 효과성 부족(예산 삭감 등)	L4-OI-PSC-MOC(02)
장치의 실제 상태를 작업자에게 알리지 않은 오작동 계기	L4-OI-RM-EFR(01)
비정상 및 시동 조건에 대한 부적절한 조작자 교육(ISOM 라피네이트	L4-OI-RM-HR(01)

섹션 시동 절차에는 보드 조작자가 장치를 안전하고 성공적으로 시동할 수 있는 충분한 지침이 부족함)	L3-US-IS(01)
	L2-PUA-PF-PR(02)
보드 운영자의 의사결정은 라피네이트 스플리터 타워에서 잘못 보정된 계측의 영향을 받음	L4-OI-RM-HR(01)
	L3-US-IS(01)
	L2-PUA-PF-PR(02)
	L1-UAO-E-DE(02)
ISOM/AU2/NDU 컴플렉스는 라피네이트 장치를 시작하는 동안 효과적인 감독부족	L3-US-IS(03)
	L3-US-FCP(01)
	L3-US-SV(01)
사고 당일 운영자는 극심한 수면 부족으로 피로를 모두 경험하여 피로했을 가능성이 있음	L2-PUA-IT-AMS(03)
공장은 Amoco의 공정 안전 표준(PSS) No. 6(BP에서 채택)의 요구사항을 따르지 않음	L1-UAO-V-RV(04)
	L1-UAO-V-SV(02)
위험한 프로세스 영역의 차량관리, 안전한 거리를 설정하기 위한 효과적인 차량안전 정책 부재	L4-OI-PSC-RA(01)
미국 OSHA PSM 표준은 고용주가 변경관리의 효과적인 위험을 평가할 것을 요구하지 않음	L5-RS-ICS(01)
미국 OSHA의 계획된 점검은 사고 예방의 핵심 요소와 명확하게 관련되지 않음	L5-OF-CA(03)

(2) 미국 Aghorn Operating 질식사고

2019년 10월 26일, Aghorn Operating(Aghorn) 직원인 Pumper A는 텍사스 오데사에 있는 Aghorn의 Foster D Water 스테이션에서 펌프 오일 레벨 경보에 대응하였다. 펌프(Pump #1이라고 함)는 펌프 하우스라는 건물에 있었다. 경보에 대한 대응으로 Pumper A는 펌프의 배출 밸브를 닫고 펌프의 흡입 밸브를 부분적으로 닫아 공정에서 펌프를 격리하였다. 펌프 A는 펌프 작업을 수행하기 전에 먼저 펌프 #1을 에너지원에서 분리하기 위해 록아웃/택아웃 절차를 수행하지 않았다. 사건 당일 밤 어느 시점에서 펌프가 자동으로 켜지고 유독 가스인 황화수소(H_2S)가 포함된 물이 펌프에서 방출되었다. CSB는 사건 후 펌프에 물과 H_2S가 배출되는 플런저가 파손된 것을 발견하였다. Pumper A는 방출된 H_2S에 노출되어 치명상을 입었다. 그 후 Pumper A의 배우자는 주변 스테이션에 접근하여 Pumper A를 찾는 동안 유출된 H_2S에 노출되어 치명적으로 다쳤다. Operating Waterflood Station 사고 원인 5

건을 HFACS-OGAPI 체계로 분석한 결과 16개의 기여요인과 관계가 있었다. 수준 5는 해당 사항이 없었다. 수준 4는 6건(38%), 수준 3은 6건(38%), 수준 2는 2건(13%), 수준 1은 2건(13%)을 차지하였다. 아래 표는 Aghorn operating 질식사고에 대한 HFACS-OGAPI 분석 내용이다.

CSB가 분석한 사고원인	HFACS-OGAPI 분석 [코드-(단계 4)]
개인 H2S 감지기 미사용: Pumper A는 시설에 들어갈 때 개인 H2S 감지 장치를 착용하지 않음	L4-OI-RM-HR(01) L3-US-IS(01) L3-US-SV(01) L1-UAO-V-RV(02)
록아웃/텍아웃 절차 미실시: 펌프 A는 작업을 수행하기 전에 펌프 #1의 전원에 대한 록아웃/텍아웃 절차 미수행. 1) Aghorn은 OSHA 규정 29 CFR 1910.147 - 유해 에너지 제어(잠금/태그아웃), 2를 준수하지 않음) Aghorn의 공식화되고 포괄적인 록아웃/텍아웃 프로그램 부족	L4-OI-RM-HR(01) L3-US-IS(01) L3-US-FCP(01) L3-US-SV(01) L2-PUA-PF-PR(02) L1-UAO-V-RV(04)
펌프 하우스 내부의 H2S 제한: 1) 밀폐 및 부적절한 환기로 인해 H2S가 펌프 하우스 내부에 치명적인 수준으로 축적됨. 2) Aghorn에는 펌프 하우스를 환기시키기 위한 설비 또는 시설이 충분하지 않음	L4-OI-RM-EFR(01) L4-OI-PSC-RA(02)
작동하지 않는 H2S 감지 및 경보 시스템: 1) Aghorn이 Foster D 홍수 스테이션 시설 H2S 감지 및 경보 시스템을 유지 관리하거나 적절하게 구성하지 않음. 2) 경보 패널이 감지기의 신호를 수신하지 않으면 신호등이나 전화 시스템이 Pumper A에게 위험한 신호를 알릴 수 없음	L4-OI-RM-EFR(01) L2-PUA-EF-TE(01)
결함이 있는 현장 보안관리: 1) Pumper A의 배우자는 H2S 경고 표지판을 보지 못했을 가능성이 있으며 그녀는 야간 조건에 도착했음. 2) Aghorn의 사이트 보안은 ANSI/API 표준 780을 포함하는 업계 지침 및 표준을 충족하지 못함	L4-OI-PSC-RA(01) L3-US-SV(01)

(3) 미국 Kleen 에너지 폭발사고

2010년 2월 7일 코네티컷주 미들타운 건설현장의 Kleen 에너지 발전소에서 천연가스 폭발로 6명의 근로자가 사망하고 최소 50명이 부상을 입었다. Kleen 에너지 폭발사고 사고원인 7건을 HFACS-OGAPI체계로 분석한 결과 13개 기여요인이 관계가 있었다. 수준 5는 3건(23%), 수준 4는 7건(54%), 수준 3은 2건(15%), 수준 2는 1건(8%), 수준 1은 해당사항이 없었다. 아래 표는 Kleen 에너지 폭발사고에 대한 HFACS-OGAPI 분석 내용이다.

CSB가 분석한 사고원인	HFACS-OGAPI 분석 [코드-(단계 4)]
천연가스를 사용하여 배관을 청소하는 절차를 검토 미흡. 근로자에게 교육 미실시	L4-OI-RM-HR(01) L3-US-IS(01) L3-US-FCP(01)
배관을 청소하고 배출되는 두 개의 대형 구조물 사이의 개방형 파이프에서 천연가스 분출에 대한 평가 미흡	L4-OI-OP-Op(02) L4-OI-PSC-RA(01)
천연가스 배출에 대한 위험성평가 절차 미흡	L4-OI-PSC-RA(01)
천연 가스 취입 절차 - 적절한 공기 혼합을 보장하고 방출이 안전한 장소로 향하도록 하기 위한 환기 배관에 대한 기술적 평가 부족	L4-OI-OC-C(01) L4-OI-OP-P(01)
작업 전 파이프 청소 직원과 함께 안전 회의 미시행/가스 분사 절차 미검토	L4-OI-RM-HR(01) L2-PUA-PF-PR(02)
환경 보호국(EPA)은 40 CFR 302.4 관리보고 기준에 인화성이 높은 메탄이 불포함되어 있음.	L5-RS-NRF(01)
미국 OSHA는 가스배관을 청소할 목적으로 가연성 가스를 대기로 방출하는 것을 금지하는 기준 미수립	L5-RS-NRF(01)
미국 화재예방협회와 기계공학회는 가스배관 청소를 목적으로 하는 천연가스 사용을 금지하는 기준 미수립	L5-RS-NRF(01)

(4) 고찰

Theophilus(2017) 등이 개발한 HFACS-OGI 체계 분석 자료에 따르면, 11건의 사고를 대상으로 수준 5, 수준 4, 수준 3, 수준 2 및 수준 1의 기여요인 80개를 분석하였다. Wang(2020) 등이 개발한 HFACS-CSMEs 체계 분석 자료에 따르면, 수준 4, 수준 3, 수준 2 및 수준 1의 기여요인 1,543개를 분석하였다. Yang과 Kwon(2022)이 개발한 HFACS-OGAPI(2022) 체계 분석 자료에 따르면 수준 5, 수준 4, 수준 3, 수준 2 및 수준 1의 기여 요인 483개를 분석하였다. OGI, OGAPI 및 CSMEs 분석 결과, 인적오류 기여 요인에 가장 큰 영향을 주는 수준을 확인해 보면, OGI와 OGAPI의 경우 Level 4 조직영향이 가장 큰 기여 요인으로 파악되었다. CSMEs의 경우 Level 2 불안전한 행동 전제조건이 가장 큰 기여요인으로 파악되었다. 이 결과를 통해 인적오류를 유발하는 주요 요인이 조직영향과 불안전한 행동 전제조건이라는 것을 파악할 수 있다. OGI, OGAPI 및 CSMEs 기여 요인 분석 비교는 다음 OGI, OGAPI 및 CSMEs 기여요인 분석 비교 표와 같다.

HFACS	OGI	OGAPI	CSMEs
수준 5	9 (11%) [5]	30 (6%) [5]	–
수준 4	34 (43%) [1]	192 (40%) [1]	391 (25%) [4]
수준 3	11 (14%) [3]	129 (27%) [2]	270 (17%) [4]
수준 2	16 (20%) [2]	66 (14%) [3]	466 (30) [1]
수준 1	10 (13%) [4]	66 (14%) [3]	146 (27%) [2]
기여요인	80	483	1543

[인적오류를 일으키는 우선순위]

III. 행동기반안전관리(BBS)

1. 개요

1.1 인적오류

미국 에너지부(DoE, Department of Energy)가 발간한 인적성과 개선(human performance im-provement handbook) 핸드북에 따르면, 전체 사고의 80%는 인적오류(human error)와 관계가 있고, 20%는 설비나 시설 결함에 의해 발생한다고 알려져 있다. 그리고 인적오류의 70%는 CEO의 리더십, 공사기간 단축, 예산 삭감, 인력 감소 등 조직적인 문제나 약점에 의해 발생하고, 30%는 사람의 착각으로 인해 발생한다고 하였다.

리즌(1990)은 다음 그림과 같이 사람의 불안전한 행동을 "의도하지 않은 행동"과 "의도한 행동"으로 분류하였다. 그리고 의도하지 않은 행동을 부주의(slip) 및 망각(lapse)으로 구분하고 의도한 행동은 착각(mistake)과 위반(violation)으로 구분하였다. 그리고 부주의(slip), 망각(lapse) 및 착각(mistake)을 기본적인 인적오류(human error)라고 정의하였다.

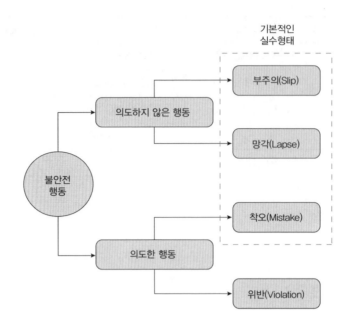

전술한 내용과 같이 인적오류는 사고를 일으키는 기여요인(contributing factors)으로 불안전한 행동의 범주이다. 인적오류를 보는 오래된 관점은 "그 결과에 대한 책임은 누구에게 있는가?", "인적오류는 문제의 원인(causal factors)이다.", "인적오류는 무작위적이고 신뢰할 수 없는 행동이다." 등 모든 원인을 사람의 문제로 도출하는 비효율적인 접근방식이었다.

하지만, 인적오류는 누구나 할 수 있고, 방지가 불가능한 요인이기 때문이다. 더욱이 인적오류는 사람을 둘러싼 운영과 환경, 도구 등과 복잡하고 시스템적으로 연결되어 있으므로 인적오류를 시작점으로 보고 해결하는 새로운 관점의 접근방식이 필요하다.

사고가 발생하는 과정을 묘사한 다음 그림(accident sequence model)과 같이 위험이 있는 장소에서 근로자는 위험한 행동과 안전한 행동을 결정한다. 위험한 행동을 결정하는 근로자는 주로 인지능력과 주의력 수준이 낮아 대체로 위험을 받아들이는 집단이다.

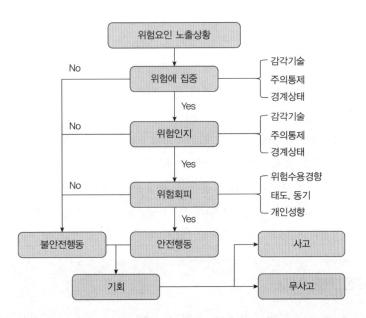

한편 안전한 행동을 결정하는 근로자는 위험에 대한 인지능력과 주의력이 있는 집단이다. 따라서 위험한 행동을 결정하는 근로자에게는 적절한 교정을 주어 안전 행동으로 유도하고, 안전한 행동을 결정하는 근로자에게는 안전 행동을 유지하도록 하는 행동기반안전보건관리 프로그램(Behavior based safety program, 이하 BBS)이 필요하다.

1.2 BBS의 역사

산업재해를 줄이기 위한 오래된 방식은 설비의 신뢰성을 높여 기계적 결함이나 기술적인 문제를 줄이면서 안전보건경영시스템을 효과적으로 운영하는 것이었다. 하지만 지속적으로 발생하는 산업재해는 안전문화라는 새로운 관리 방식을 등장시킨 원동력이 되었다. BBS는 사람의 불안전한 행동이나 실수를 관찰하고 좋은 피드백을 주어 근로자의 안전행동을 강화하기 위한 방안으로 시행되었고, 안전문화 수준을 향상시켜주는 안전활동으로 알려져 있다.

1940년대 B. F. Skinner는 조건을 통제한 상태로 동물에게 강화(reinforcement)를 주어 행동에 미치는 영향을 실험한 사람이다. 그는 실험 결과를 토대로 사람에게도 이 연구 결과를 적용함으로써 사람의 행동은 측정이 가능하다는 결론을 얻었다. 즉 결과(consequence)를 조건으로 행동(behavior)이 변한다는 사실을 파악한 것이다. 초기 행동 교정은 산업계에 효과적인 프로그램으로 받아들여졌다.

하지만 시간이 흐르면서 실질적인 대중성은 얻지 못하였는데, 그 이유는 당시의 시대적 상황에 따라 행동 교정이라는 실질적인 한계가 있었기 때문이다. 행동 교정이 잘못 적용되면 근로자의 행동을 개선하기보다는 조작적인 활동으로 인식될 수 있기 때문이었다. 1975년 F. Luthan과 R. Kreitner에 의해 행동 교정은 산업안전 분야에 적용되었다.

그리고 조지아 공대의 Judith Komaki에 의해 처음으로 산업안전 분야에 행동 분석 연구가 적용되었다. 이후 1984년 Monsanto에 의해 근로자가 참여하는 BBS가 적용되면서 성공을 거두기 시작하였다. 화학회사인 Shell도 비슷한 시기에 행동 교정 프로그램을 적용하였던 선도적인 회사이다. 이후 1980년 Alcoa, Rohm and Haas, ARCO 화학, Chevron 등 여러 회사가 유사한 프로그램을 적용하여 좋은 안전 성과를 얻었다.

행동 교정을 하기 위한 원칙은 ABC 절차를 활용하는 것이다. A는 전례, 선행자극 혹은 촉진제(antecedent 혹은 activator), B는 사람의 행동(behavior)으로 안전한 행동과 불안전한 행동이 있으며, C는 결과(consequence)로 향후의 안전 행동 혹은 불안한 행동을 이끈다.

1.3 행동교정 ABC 절차

ABC 절차의 한 예로 현관의 초인종이 울리면(선행자극, Antecedent) 사람은 누가 왔는지 보기 위해(결과, Consequence) 확인할 것이다(행동, Behavior). 여기에서 선행자극은 초인종이고 사람의 행동을 이끄는 요인이다.

만약 누군가의 장난으로 초인종이 울린다는 상황을 가정해 보자. 사람은 처음 몇 번 초인종 소리에 반응하여 문을 열 것이다. 하지만, 이러한 상황이 자주 반복된다면, 아마도 누군가 장난으로 그런 것으로 생각하고 초인종 소리를 무시할 것이다. 이런 상황을 통해 우리가 알 수 있는 사실은 초인종이 울리는 선행자극에도 불구하고 누군가 장난으로 인해 초인종을 울린다는 결과를 알기 때문에 문을 여는 행동을 하지 않는다. 아래 그림은 전술한 상황을 묘사한 그림이다.

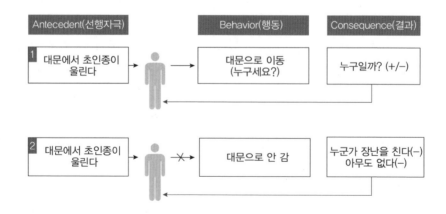

이 사례를 통해 사람은 행동 결정 시 선행자극보다는 결과를 중요하게 생각한다는 것을 알 수 있다. 결과는 시간 요인(즉시 또는 나중), 확실성(확실 또는 불확실) 및 행동의 결과(긍정 또는 부정) 세 가지로 구분할 수 있다. 사람의 행동은 어떤 것에 대해 즉시 효과를 원하고, 확실함을 원하며 긍정적인 결과를 원한다. 아래 그림은 ABC 절차이다.

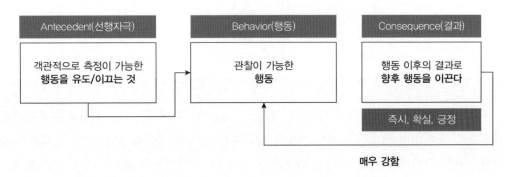

이러한 이론을 안전보건에 적용하기 위해 소음이 심한 사업장에서 근로자가 작업을 한다는 상황을 가정해 보자. 여기에서 선행자극은 근로자에게 귀덮개/귀마개 지급, 착용 포스터 부착, 안전 절차 수립과 교육을 하는 것이다.

근로자는 이러한 선행자극에 따라 귀덮개/귀마개를 착용할 것이다. 하지만, 근로자는 귀덮개/귀마개 착용으로 얻는 이득인 청력 손상 예방 등의 결과는 장시간에 걸쳐 입증되고, 귀덮개/귀마개를 착용하지 않아 얻는 편안함은 즉시 얻을 수 있으므로 귀덮개/귀마개를 착용하지 않는 상황이 발생한다. 아래의 표와 같은 ABC 절차의 예시를 확인할 수 있다.

선행자극(Antecedent)	행동(Behavior)	결과(Consequence)
• 회사가 귀덮개/귀마개를 지급 • 특정 지역에서 귀덮개/귀마개 착용을 회사의 기준으로 수립 • 귀덮개/귀마개 미착용 시 청력 손상이 있음을 교육 • 귀덮개/귀마개 착용 지시 포스터 부착 • 시끄러운 작업 장소 등	• 시끄러운 장소에서 귀덮개/귀마개 착용	• 미래에 청력 손상이 발생할 수 있다고 걱정한다. • 귀덮개/귀마개 미착용으로 인한 관리자에게 꾸지람을 듣고 싶지 않다.
• 위 칸의 선행자극에도 불구하고 • 동료들은 귀덮개/귀마개를 착용하지	• 시끄러운 장소에서 귀덮개/귀마개 미착용	• 막연한 미래에 청력 손상이 있을 수 있다.

않음		• 귀덮개/귀마개 착용이 불편하다.
• 귀덮개/귀마개 착용에 대한 강제 기준이 없음 등		• 귀덮개/귀마개 착용하지 않아도 누구도 뭐라고 하는 사람이 없다.

아래 그림은 사업장에서 주로 사용하는 귀덮개/귀마개이다.

선행자극은 안전 절차, 기준, 규정의 형태로 근로자가 해야 하는 안전 활동을 구체화한 내용으로 존재하며, 때로는 이러한 기준을 알려주는 안내서, 포스터 또는 그림 형태로 존재한다. 다만, 근로자는 자신이 처한 환경과 조건에 따라 선행자극 준수 여부를 결정한다.

선행자극은 근로자를 안전한 방향으로 이끄는 좋은 수단과 방법이 되므로 초기 설정이 중요하다. 초기 설정 이후에는 지속적인 모니터링을 통해 결과(consequence)를 긍정적으로 변화시키는 방안을 수립해야 한다. 결과는 아래 표와 같이 안전 행동을 증가시키는 긍정적 강화와 부정적 강화가 있다. 그리고 안전 행동을 감소시키는 처벌이 있다.

안전 행동을 증가시키는 결과	
긍정적인 강화	부정적인 강화
원하는 무언가를 얻음	원하지 않는 것을 피하도록 함

안전 행동을 감소시키는 결과	
처벌	처벌
원하지 않는 무언가를 얻음	원하거나 가진 무언가를 잃음

위 표에서 가장 추천할 만한 방법은 안전 행동을 증가시키는 결과에서 긍정적인 강화이다. 물론 부정적인 강화 또한 안전 행동을 증가시키는 요인이지만, 근로자가 싫어하는 무언가를 피하게 해주는 강화이므로 되도록 적용하지 않는 것이 좋다. 긍정적인 강화는 근로자가 무언가를 안전하게 해보겠다고 하는 자율의식을 갖게 하므로 근로자의 향후의 안전 행동에 영향을 준다.

2. 가이드라인

효과적인 BBS를 운영하기 위해서는 안전 평가, 경영층 검토, 목표와 일정 수립, 안전 관찰 절차 수립, 피드백과 개선 활동, 인센티브와 안전보상, 교육 시행, 모니터링, 경영층 검토 단계로 적용한다.

2.1 안전 평가

회사나 사업장의 안전문화 수준과 새로운 문화를 받아들이는 유연성 여부에 따라 BBS의 성패가 달려 있다. 그 이유는 아무리 좋은 프로그램일지라도 해당 사업장의 상황이나 수준에 맞지 않는다면, 성공하기 어렵기 때문이다. 이러한 문제를 줄이기 위해서는 근로자와 인터뷰, 토론 등을 통해 이 프로그램 적용의 필요성을 검토하고 의견을 충분히 수렴해야 한다.

그리고 해당 사업장의 유해 위험요인, 위험한 행동 이력, 과거 안전성과 요약, 근로자의 안전 지식, 안전에 영향을 주는 관리 요소, 안전 감사, 안전 미팅, 보상 등을 검토한다. 안전 평가의 목적은 조직에 적용되고 있는 안전 활동, 교육요구도 및 경영층의 지원현황을 파악하기 위함이다. 이러한 과정을 통해 관찰방식, 소요 비용, 실행일정 등을 결정할 수 있다. 평가 시 아래에 열거된 절차를 참조한다.

- 인터뷰

인터뷰를 시행하는 이유는 사업장의 시스템, 기준, 실행사례 등을 확인하기 위한 것이다. 이때 근로자의 의견을 솔직하게 받아들이기 위해 지역, 직급, 경험 등의 특징을 고려한다. 관리감독자 중 약 10% 정도를 인터뷰 대상으로 포함한다. 회사에 노조가 존재한다면, 일정 수 이상의 간부 인원을 포함한다. 다음의 내용은 일반적으로 추천할 수 있는 인터뷰 예시이다.

- 사업장을 안전하게 했던 원동력은 무엇인가?
- 현재보다 높은 안전수준을 유지하려면 어떤 개선을 하여야 하는가?
- 개선에 있어 걸림돌은 무엇인가?
- 사업장의 안전 성과가 어느 정도인가?
- 사고가 발생한다면 어떻게 대처하는가?
- 사업장에서 발생하는 사고에 대한 보고 비율은?
- 관리감독자나 도급업체는 안전 개선을 위하여 무엇을 해야 하는가?
- 불안전한 행동을 감소시킬 수 있는 사람은 누구인가?
- 위험작업을 거부할 수 있는 제도나 기준이 있는가?
- 불안전한 행동을 하였는가?
- 안전 개선을 위한 동인(driver)은 무엇인가?

> - 누가 주로 당신에게 안전을 언급하는가? 주로 어떤 내용인가?
> - 안전을 확보하기 위해 어느 정도의 시간을 투자하는가?

● 설문서 접수

인터뷰는 근로자의 느낌과 인지도를 파악할 수 있는 좋은 방법이다. 하지만 근로자가 너무 많거나 야간 근무자에 대한 인터뷰가 어려울 때, 설문서를 활용하는 것을 추천한다. 설문을 하는 사람이 압박감이나 스트레스 없이 편안함을 느끼도록 하는 설문 내용을 선정하여 개발한다. 아래 표는 일반적으로 추천할 수 있는 설문서의 예시이다.

> - 응답자의 안전 참여 노력도
> - 사업장에 존재하는 긍정적인 안전 강화 방법으로는 무엇이 있는가?
> - 안전과 관련한 안전기준 지속성 여부
> - 생산과 안전이 상충하는 상황
> - 안전에 대한 경영층의 참여 정도
> - 사고와 불안전한 행동의 상관관계
> - 안전교육의 효과성
> - 설비나 도구의 안전설계 반영 여부
> ※ 기타 설문 문항은 연구논문이나 인터넷에서 검색이 가능한 여러 종류를 참조하여 사업장 특성
>   에 맞게 변형하여 사용할 것을 추천한다.

● 사업장의 사고통계 확인

사업장에서 주로 발생하는 사고의 유형을 확인하고 어떤 유형의 행동이 우선 개선되어야 할지 검토한다. 이러한 검토 결과는 핵심행동 체크리스트에 포함한다.

2.2 경영층 검토

안전문화 수준을 검토하여 우선순위, 시급성, 유연성 등을 고려한 프로그램의 소요 비용, 일정, 지원사항을 보고하고 승인을 얻는다. 효과적인 BBS를 운영하기 위해서는 경영층의 지원이 핵심 조건임을 인지하고 추진해야 한다. 행동기반안전보건관리 소위원회를 구성할 경우, 전사 차원의 의사결정과 호응을 끌어낼 수 있으므로 적극적으로 추천한다.

2.3 목표와 일정 수립

행동기반안전보건관리 프로그램 활동은 여러 조직과 관련이 있는 사안이므로 각 사업부의 해당 부서와 긴밀하게 협조하여 전사 차원의 목표를 설정한다. 설정된 이정표를 기반으

로 해당 항목별 목표점과 일정을 주기적으로 공유하고 변경하여 효과적인 추진을 한다.

2.4 안전 관찰 절차 수립

관찰이란 사람의 행동을 유심히 보고 관련 사실을 확인하는 일련의 과정이다. 관찰을 통해 발견한 불안전한 행동은 잘못이 아닌 누구나 할 수 있는 현실로 생각하고 배움의 기회로 삼아야 한다. 관찰은 근로자의 안전한 행동과 불안전한 행동을 발견하여 개선하는 과정이다.

관찰은 자발적으로 참여하는 관찰방식과 강제적으로 관찰하는 방식으로 구분할 수 있다. 자발적으로 참여하는 방식은 일정한 관찰 목표를 정하지 않고 근로자가 자발적으로 시행하는 방식이다. 이 방식은 근로자의 자율성을 부여하는 긍정적인 면이 있지만, 실제 여러 연구결과에 따르면 관찰 참여율이 낮았다고 한다. 한편 강제적으로 관찰하는 방식은 강압적인 느낌은 있지만, 정해진 횟수의 관찰과 피드백을 시행하여 근로자의 행동 개선 효과가 높았다고 한다.

행동을 관찰하기 위해서는 사업장 특성이 반영된 핵심행동 체크리스트(critical behavior checklist)가 준비되어야 한다. 이 체크리스트는 사업장의 아차사고, 근로손실 사고와 불안전한 행동 보고서, 위험성평가 결과, 작업안전분석(job safety analysis) 자료를 검토하여 개발하되 한 페이지를 넘지 않는 것을 추천한다.

관찰 대상이 되는 근로자의 성명을 체크리스트에 기재하지 말아야 한다. 그 이유는 관찰자가 근로자를 고발한다는 부정적인 인식을 줄 수 있기 때문이다. 그리고 목표 행동을 측정하기 위해 체크리스트에 있는 핵심 행동에 대한 관찰 결과를 안전 또는 위험으로 기재하여 안전 행동률을 산출해야 한다(예시: 총관찰된 안전 행동/총관찰된 안전 행동＋위험 행동에 대한 백분율).

사업장 특성에 따라 "홀로 일하는 근로자(lone worker)"는 관찰이 어려울 수 있다. 설비나 기계를 매일 홀로 점검하는 근로자, 어떤 물건을 차량에 탑재하여 주기적으로 가정에 배달하는 업무를 수행하는 근로자, 작업 장소에서 멀리 떨어져 있는 근로자의 행동을 관찰하는 일은 다소 어려울 수 있다.

이러한 근로자는 때때로 작업을 조기에 완료해야 하는 압박이나 스트레스 그리고 누군가 자기 행동을 보지 않는다는 인식 등으로 인하여 불안전한 행동을 할 가능성이 있다. 또한 자신의 불안전한 행동을 인식하기 어렵고 누군가 교정을 해 주지 못하는 상황에 처한다. 이러한 근로자들의 경우 스스로 자신의 행동을 관찰(self-observation)하고 피드백하는 방법으로 안전한 행동을 유도할 수 있다.

홀로 일하는 근로자(lone worker)가 사용할 만한 핵심행동 체크리스트를 개발하고 근로자 스스로 행동관찰과 피드백 결과를 기록하도록 하는 방식은 효과적인 방법으로 알려져 있다. 체크리스트를 핸드폰 모바일 프로그램으로 연동하여 기록관리를 한다면 더욱 효과적일 수 있다.

2.5 피드백과 개선 활동

BBS의 성패는 효과적인 관찰 이외에도 피드백 시행에 있다. 관찰자는 근로자의 불안전한 행동, 불안전한 작업 조건, 부적절한 도구와 장비 사용 그리고 부적절한 안전보호구 사용 등을 개선하도록 조언할 수 있다. 그리고 그 조언사항을 체크리스트에 기재하고 관리부서에 통보한다. 아래는 여러 종류의 피드백을 열거한 내용으로 사업장의 특성에 따라 적용할 수 있다.

- 관찰자와 피 관찰자 간 피드백
- 현장에서 직접 피드백 혹은 사무실에서 피드백
- 팀 미팅 시 피드백
- 위원회를 통해 공유하는 피드백
- 포스터, 차트 및 게시판을 활용한 피드백
- 관찰 결과에 대해서 경영층에게 하는 피드백
- 그룹 간 피드백

아래 그림은 글로벌 회사의 작업 중지 권한 포스터가 부착된 장면이다. 근로자가 작업에 집중하여 혹시 모를 위험한 행동을 하는 것을 목격하면, 동료로서 그리고 관찰자로서 그 행동을 개선해야 한다는 의미를 담고 있다. 포스터는 "만약 우리 아빠가 불안전한 행동을 하면, 제발 그를 멈춰 주세요(stop work authority)"라는 내용을 담고 있다.

피드백은 구체적(specific) 그리고 포괄적(global)인 것으로 구분할 수 있다. 구체적 피드백은 체크리스트에 언급된 핵심 행동 하나하나를 피 관찰자에게 알려주는 방식이다. 예를 들면, 추락방지 안전벨트 미착용, 추락의 위험이 있는 지역에서 작업, 안전모 미착용, 안전화 미착용 등이다. 포괄적 피드백은 일정한 기간에 누적된 자료를 통계 자료로 분석하여 여러 사람에게 공유하는 방식이다. 연구에 따르면 포괄적 피드백보다는 구체적 피드백이 행동 개선에 더 효과적인 것으로 알려져 있다.

또한, 피드백은 부가적이고 강화적인 방법으로도 구분할 수 있다. 부가적인 피드백은 근로자의 안전한 행동에 대해서 잘했다고 긍정적으로 조언하는 것이다. 상황에 따라서 개별적으로 할 수도 있고, 여러 근로자가 있는 곳에서 할 수도 있다. 강화적인 피드백은 근로자의 미흡한 행동에 대해서 향후 개선하였으면 좋겠다는 기대를 포함한다.

개선 활동(intervention)은 결과(consequence)를 긍정적인 방향으로 이끌어 근로자가 안전한 행동을 할 수 있도록 지원해 주는 역할을 한다. Geller(2001)는 관찰자가 근로자에 대한 코치(coach)로서의 역할 수행을 강조하였다. 아래 그림과 같이 우리가 잘 알고 있는 운동 경기의 코치는 선수들의 동작하나 하나를 유심히 관찰한 이후 개별적인 피드백을 시행한다.

그리고 아래 그림과 같이 코치는 경기가 종료된 이후 모든 선수들이 있는 곳에서 무엇을 잘하였고 무엇을 개선해야 하는지 상호 토론한다.

이러한 상황을 산업현장에 적용해 본다면, 관찰자는 매일 근로자들을 대상으로 안전 행동 지침을 준수하고 있는지 개별적인 관찰을 하고 피드백을 시행한다. 그리고 작업이 종료되고 근로자들과 어떤 행동이 안전했고 어떤 행동이 불안전했는지 상호 토론하는 과정을 갖는다. Geller(2001)는 코치의 역할 수행을 잘하기 위해 'COACH' 절차를 추천하였다. 여기에서 COACH는 care, observe, analyze, communicate, help의 영어 약자이다.

Care는 근로자를 "적극적으로 돌본다."라는 의미를 담고 있다. 근로자는 관찰자(코치)의 말과 몸짓을 통해 자신이 관심을 받고 있음을 깨달을 때 안전과 관련한 조언을 더 잘 듣고 수용할 수 있다. 적극적인 Care를 위해서 근로자가 안전에 참여할 수 있는 기회를 주고, 그들이 안전 계획을 스스로 관리하도록 권한을 부여한다. 그리고 회사나 사업장에서 안전과 관련한 열린 토론의 장을 만든다. 처음에는 다소 서툴고 어려울 수 있으나, 쉽게 효과를 낼 수 있는 것부터 시작하고 칭찬을 통해 근로자가 안전에 관한 자신감을 갖도록 유도해야 한다. 아래 그림은 아버지가 자녀에게 활을 쏘는 방법에 대해서 조언을 하는 모습으로 자녀에게 자신감을 불어 넣는 과정을 묘사한 그림이다. 작업현장의 관리감독자는 자신이 관리하는 근로자를 대상으로 활을 쏘는 방법을 조언하는 아버지처럼 관심을 갖고 피드백을 시행해야 한다.

Observe는 근로자의 작업 행동을 객관적이고 체계적으로 관찰하여 안전한 행동을 지원하고 위험한 행동을 교정하는 것이다. 관찰자는 근로자의 작업 행동을 염탐하는 간첩이 아니다. 따라서 항상 관찰 전에 근로자에게 허락을 구해야 한다.

Analyze는 ABC 절차에 따라 어떻게 하면 근로자가 안전 행동을 할 수 있는지 여러 방향으로 개선방안을 검토하는 과정이다. 특히 긍정적인 결과가 향후의 행동에 미치는 영향이 크므로 이러한 논리를 기반으로 개선방안을 고려한다.

Communicate는 좋은 코치가 가져야 할 기본적인 소양이다. 관찰자는 적극적인 경청자이자 설득력 있는 연설자가 되어야 한다. 좋은 의사소통에는 미소, 개방, 친절, 열정과 눈맞춤이 있는 부드러움이 있어야 한다. 그리고 각종 보상 등을 활용하여 안전한 행동을 지속해서 유지할 수 있는 조치를 시행해야 한다.

Help는 안전은 확실히 심각한 문제이지만 때로는 약간의 유머를 통해 활기를 더할 수 있는 도움이 필요하다. 근로자의 자존감을 높이기 위한 적절한 용어를 활용한다. 훌륭한 코치는 다른 사람의 자존감을 높이기 위해 부정적인 것보다 긍정을 강조하면서 단어를 신중하게 선택한다. 근로자와 유대감을 형성하는 강력한 도구는 듣는 것이다. 사소한 일이라도 칭찬한다면 근로자는 칭찬받은 일을 잊지 않고 지속할 것이다.

2.6 인센티브와 안전보상

피드백을 강화(reinforcement)하기 위한 수단으로 인센티브와 안전 보상을 적절하게 적용한다면 효과 높은 행동 개선을 이룰 수 있다. 강화의 방식은 상품 지급, 휴가 보상, 상품권 지급 등과 같이 긍정적이어야 한다. 하지만 이러한 강화방식 적용 시 근로자는 강화의 이점에 현혹되어 실제 이행하지 않은 내용을 거짓으로 보고할 수 있다는 상황을 검토해야 한다.

이러한 문제를 개선하기 위해 추천할 만한 방법은 근로자 개인에게 지급하는 시상보다는 팀 단위나 그룹 단위로 시상하는 방법이 있으며, 시상 비용을 모아 외부에 기부하는 방식도 좋은 방안이다. 그리고 시상을 받을 사람을 선정하여 회사의 소개 자료나 방송에 출연할 수 있도록 해 주는 것도 좋은 방법이다.

행동 개선을 위해 적용되는 강화의 방안으로는 인센티브와 안전 보상이 좋은 효과가 있다고 알려져 있다. 아래의 표는 인센티브와 보상 설계 방법으로 사업장의 특성을 고려하여 적용한다.

구분	인정 보상	고정적인 보상	단계적 보상	보상체계와 통합된 인센티브
인정/보상	사회적 인정, 회의에서 감사 메시지 전달	근로자에게 지급하는 고정적인 보상 메뉴 선택	단계별 적합한 보상체계	인센티브 지급
기준	미리 설정하지	관련 기준 수립	각 단계에 적합한	사고율, 근로

대상	않음		기준	손실율 수준
	개인/팀	개인/팀	개인/팀	개인/팀
검토사항	모든 직급과 기능에 따라 동등한 인정	간략한 보상 항목을 다양화/신비화. 많은 사람이 받을 수 있게 구성.	다양하고 좋은 보상 제공. 우수자를 선정하여 최고의 보상을 지급	분기, 반기 혹은 년간 안전행동 증가율, 사고 발생률 등

※ McSween(2003)의 제안사항을 기반으로 저자가 일부 내용 수정.

아래의 표는 인정 보상 적용 시 참조할 만한 사례로 사업장의 특성을 고려하여 적용한다.

구분	내용
사회적	경영층, 관리자, 감독자의 감사 편지 우수자 이름을 게시 사내 방송이나 매체를 통한 안내 가족에게 감사 메시지 송부
일과 관련	우수자에게 공장순회의 기회 부여 경영층이 참석하는 위원회에 참여 기회 제공 우수자가 원하는 교육 제공 희망하는 직무로 변경할 수 있는 기회 제공 공장장과 함께 식사할 수 있는 쿠폰 제공

2.7 교육 시행

BBS 시행 전 전술한 안전 평가, 경영층 검토, 목표와 일정 수립, 안전 관찰 절차 수립, 피드백, 인센티브와 안전 보상 등의 검토과정을 기반으로 해당 조직과 근로자에게 안내하는 과정을 갖는다. 이러한 과정은 회사가 운영하는 여러 안전교육 방법으로 시행할 수 있다.

BBS는 국가, 기관 그리고 회사별 특성에 따라 다른 호칭을 하고 있다. 영국 BP사의 경우 ASA(advanced site audit)라고 호칭하고 있다. ASA는 관찰자를 양성 교육을 5일간 시행한다. 그리고 근로자를 대상으로 하루나 반나절 이상 교육을 시행한다. 듀폰이라는 회사의 STOP(safety training observation program)은 관리자 대상으로 1일 교육을 시행한다. S 기업은 ASSA(advanced site safety audit)라고 호칭하고 있고, 전 근로자를 대상으로 초기 4시간 교육을 시행하고 이후 재교육(refresher training) 차원으로 추가적인 교육을 시행한다.

핵심행동 체크리스트의 내용을 근로자가 잘 이해할 수 있도록 관찰항목별 행동 정의서를 만들어 교육을 시행한다. 다음 표는 개인보호구와 관련한 행동 정의서와 관련된 것이다.

항목	구분	행동 정의서(예시)
개인 보호구	머리	적절한 안전모 여부와 착용 여부. 턱끈 체결
	눈	적절한 보안경 여부와 착용 여부. 보안경의 옆면 보호 기능 여부
	안면	적절한 안면보호구 여부와 착용 여부. 기능작동 여부. 긁힘으로 인한 시야 가림 등
	손	적절한 손 보호 장갑 여부와 착용 여부. 절연 장갑의 여부
	발	적절한 안전화 여부와 착용 여부 등

구분	관찰항목 정의

1.1 머리

- 안전모를 착용하였는가? 안전모의 상태는 좋은가?
- 작업에 적절한 안전모인가?
- 안전모의 턱끈을 체결하였는가?

안전모의 주요 보호기능은
- 물체의 떨어짐, 날아옴, 부딪힘으로부터 근로자 머리를 보호
- 외부로부터의 충격을 완화하여 근로자의 머리를 보호하는 기능
- 전기작업 시에는 감전 재해를 예방

1. 모체, 착장제, 충격흡수제 및 턱끈의 이상 유무를 확인한다.
   *작업에 적정한지 그리고 승인된 규격품인지 확인한다.

2. 자신의 머리 크기에 맞도록 착장제의 머리 고정대를 조절한다.

3. 귀의 양쪽에 턱끈이 위치하고 턱끈을 고정한다.

2.8 모니터링

모니터링은 자체적으로 시행할 수도 있고 외부의 전문가를 동원하여 시행할 수도 있다. 무엇보다 이 단계에서는 최초로 계획하고 목표했던 내용이 적절하게 추진되는지 확인하는 과정이므로 관찰 목표 대비 시행 결과 확인, 체크리스트 활용 방법, 불안전한 행동 피드백 개선 여부, 안전 인증과 인센티브 지급의 객관성과 효과성 등을 검토한다.

2.9 경영층 검토

안전 평가, 경영층 검토, 목표와 일정 수립, 안전 관찰 절차 수립, 피드백과 개선 활동, 인센티브와 안전 보상, 교육 시행, 모니터링 단계의 검토와 추진 현황을 종합적으로 확인하고 요청사항을 보고한다.

3. 실행사례

OLG 기업의 미국 본사는 아시아 태평양 지역 안전담당 구성원을 대상으로 2008년 중국에 있는 공장 연수원에서 5일간의 행동기반안전보건관리 강사 양성과정을 시행하였다. 아래 그림은 저자가 행동기반안전보건관리 프로그램 강사양성과정(people based safety trainer)을 수료하고 받은 수료증이다.

BBS가 여러 사업장에 적용된 사례를 기간별로 보면 McAfee와 Winn(1989)의 연구, Krause(1999)의 연구, Laitinen(1999)의 연구, Sulzer-Azaroff(2000)의 연구, 오세진(2012)의 연구, Tholén(2013)의 연구, Choudhry(2014)의 연구, Yeow(2014)의 연구, Kaila(2014)의 연구, Nunu(2018)의 연구, 양정모(2018)의 연구 등이 있다.

McAfee와 Winn(1989)은 조선소, 섬유공장, 엔진 제조공장, 철강소, 포장회사 탄광에서 시행된 BBS 연구 결과를 발표하였다. 모든 연구에서 시행된 개선 활동(intervention)인 칭찬, 포인트 교환, 인센티브, 교육, 긍정 피드백, 상품교환 방식을 적용한 결과, 재해율이 감소하였고 안전행동이 증가하였다. 다음 표는 연구의 결과를 요약한 내용이다.

연구자	대상	개선활동	측정	결과
Uslan(1975)	조선소, 94명	칭찬	상해건수, 눈/손 상해	총재해율, 눈/손 상해 감소

Zohar & Fussfeld (1981)	섬유공장, 직공 70명	포인트/상품교환 방식	귀마개 착용률	귀마개 착용 증가율
Geller, Davis, & Spicer(1983)	엔진 제조공장, 450명	인센티브(주차장에서 안전벨트 착용 전단지 배포, 무료저녁 제공	안전벨트 착용률	안전벨트 착용률 증가
Chhokar L Wallin (1984)	철강소, 58명	교육, 목표설정, 피드백	35개 체크리스트 달성도	안전행동 증가
Fellner & Sulzer-Azaroff (1984)	제지공장, 158명	긍정 피드백	안전 행동율	안전행동 증가, 상해감소
Karan Kopelman (1987)	포장회사, 운전/정비 인력	피드백	차량사고 건수	차량사고, 산업재해 감소
Fox, Hopkins, Anger(1987)	탄광, 647~1,107명	도장/상품교환 방식	사고율, 강도율, 사고비용	근로손실, 손실비용 감소

1999년 미국에 있는 서비스, 식료, 유리, 플라스틱 제조, 화학회사 등에 BBS를 5년간 73개 사업장에 적용한 결과, 평균 사고율은 첫해 약 26%가 감소하였고, 5년 이후 69%가 감소하였다.

1999년 핀란드에 있는 305곳의 건설 현장에서 근무하는 근로자를 대상으로 안전 관찰 시행과 사고 발생의 상관관계를 조사하였다. 관찰자는 체크리스트를 활용하여 근로자의 안전한 행동과 불안전한 행동을 확인하고 점수를 부여하는 과정으로 관찰을 시행하고 피드백을 시행하였다. 그 결과, 안전 관찰을 많이 시행한 현장이 적게 시행한 현장보다 사고 발생률이 3배 정도 낮았다.

2000년 미국에 있는 제지공장, 조선소, 가스 배관회사, 철도, 전기공급 회사, 건설회사 등을 대상으로 1982년부터 1999년까지 BBS를 적용한 결과, 이 프로그램을 적용하기 전보다 사고율이 감소하였다.

2012년 국내에 있는 건설 현장과 철강회사 사업소의 근로자를 대상으로 BBS를 적용한 이후 안전 분위기와 안전 행동에 영향을 주는 요인을 확인하였다. 철강회사 사업소의 경우 근로자 15명을 대상으로 43회의 관찰을 시행하고 피드백을 시행한 결과 안전 행동이 58%에서 87% 수준으로 증가하였다. 그리고 안전 분위기는 72%에서 80% 수준으로 증가하였다. 건설 현장은 20명에서 25명 사이의 근로자를 대상으로 110회의 행동 관찰과 피드백을 시행한 결과, 안전 행동이 74%에서 87% 수준으로 증가하였다. 그리고 안전 분위기는 80%에서 88% 수준으로 증가하였다.

2013년 독일에 있는 터널 공사 현장 289명을 대상으로 1년 9개월간 안전 풍토와 안전 행동 간의 상관관계를 연구한 결과, 안전 풍토와 안전 행동 간 상관관계가 있었다. 그리고 안전 행동은 안전 분위기와 상관관계가 있었다.

2014년 홍콩에 있는 고속도로 건설 현장 근로자 550명을 대상으로 60일간 BBS를 적용한 결과, 근로자의 안전 행동이 86%에서 92.9% 수준으로 증가하였다. 터널 공사 현장 근로자 270명을 대상으로 60일간 BBS를 적용한 결과, 근로자의 안전 행동이 81.5%에서 93.5% 수준으로 증가하였다. 도로 건설 현장 근로자 400명을 대상으로 60일간 BBS를 적용한 결과, 근로자의 안전 행동이 85.8%에서 91.9% 수준으로 안전 행동이 증가하였다.

2014년 미국에 있는 우유 가공 사업소 근로자를 대상으로 약 2년 2개월간 BBS를 적용하여 행동 관찰과 피드백을 시행하였다. 당시 근로자를 실험 대상과 통제공장으로 구분한 연구를 시행하였다. 362명의 근로자는 실험 대상 사업장에서 근무하였고, 338명의 근로자는 통제공장 사업소에서 근무하였다. BBS를 적용 24개월 무렵 실험공장의 근로 손실사고는 통제공장에 비해 42%가 감소하였다. 그리고 26개월 되는 시점에는 근로 손실사고가 33% 감소하는 효과가 있었다.

2014년 인도에 있는 철강과 광업 4개 현장에서 근무하는 9천 명의 근로자를 대상으로 BBS를 적용하고, 포스터 게시, 행동 개선 위원회 개최, 안전 행동 추이 게시 및 월간 시상제도 등의 개선 활동을 적용하였다. 그 결과 안전 행동은 평균 60%에서 96% 수준으로 증가하였다.

2018년 짐바브웨 시멘트 공장에 BBS를 적용하였다. 본 연구에서는 관찰 카드 발행시스템이 사고 감소에 어떤 영향을 미치는지 확인하는 연구이다. 무작위로 선정된 근로자 40명에게 설문서를 받고 t 검정 테스트를 시행하였다. 그 결과, 관찰 카드 발행으로 인해 사고와 재해가 감소하였다.

2017년부터 2018년까지 국내 발전소에서 근무하는 근로자를 대상으로 BBS를 적용하였다. 본 연구는 근로자에게 BBS를 적용하고 안전 행동, 안전 분위기 및 만족도에 미치는 영향을 확인하기 위해 대응 표본 t 검정을 수행하였다. 연구 결과 근로자를 대상으로 한 행동 관찰, 피드백, 피드백 차트 게시, 작업 전 안전교육, 행동 개선 위원회 등의 개선 활동을 적용한 결과, 근로자가 지각하는 안전 행동 수준이 87%에서 91% 수준으로 증가하였다, 안전 분위기는 85%에서 90% 수준으로 증가하였다. 만족도는 85%에서 89% 수준으로 증가하였다. 그리고 직영 근로자의 관찰된 안전 행동은 87%에서 89% 수준으로 증가하였다. 또한 협력업체 근로자의 관찰된 안전 행동은 87%에서 88% 수준으로 증가하였다.

IV. 안전탄력성(resilience)

1. 안전탄력성의 개요

탄력성과 관련한 용어를 경제학에서는 회복탄력성, 심리학에서는 인내성, 생태학에서는 기후변화에서의 회복력 등의 의미를 부여하여 사용하고 있다. 안전보건 분야는 '안전 탄력성'이라고 정의하고 있다.

안전탄력성(resilience)이라는 용어가 생기게 된 배경에는 2000년 이후 발생한 안전사고의 발생과정과 그 배경이 되는 시스템 운영을 깊게 살펴온 연구자들의 노력이 있었다. 연구자들은 사고예방을 위하여 그동안의 경험과 배움을 종합하여 시스템 공학을 안전보건 관리에 접목하는 방안을 검토하였다. 이러한 검토는 안전보건 관리의 개념을 통합한 패러다임(paradigm) 전환 방식이었다.

Hollnagel은 그동안의 여러 사고예방 활동(순차적 모델과 역학적 모델 기반의 활동)이 현재의 산업 환경(socio-technical)을 반영하지 못하고 있으므로 안전탄력성이 필요하다고 주장하였다. 이에 따라 그 동안의 사고예방 활동 패러다임을 Safety-I 그리고 앞으로 추구해야 할 사고예방 활동 패러다임을 Safety-II(안전탄력성 기반)라고 정의하였다. Sydney Dekker 또한 이러한 패러다임 변화의 필요성을 주장한 학자이다.

Safety I의 초점은 부정적인 결과라고 할 수 있는 사고와 고장을 줄이기 위해 근본 원인 분석(root cause analysis), 위험성 평가와 원인과 결과 영향분석 기법 등을 활용한다. Safety I의 관점은 부정적인 사건을 조사하고 개선한다면, 무사고/무재해를 이룰 수 있다고 믿는 것이다. Safety II의 관점은 모든 결과가 긍정적이기도 하고 부정적일 수 있다는 변동성(variability)에 초점을 두고 있다. Safety II의 목표는 상황에 잠재된 변동성이 안전한 영역에서 유지할 수 있도록 지원하고 능동적인 대처를 통해 안전 탄력성을 유지할 수 있도록 하는 것이다.

Safety I과 II의 접근방식은 다음 그림과 같이 Safety I의 목표는 발생할 수 있는 위험을 찾아 예방하거나 제거하는 것이다. 반면, Safety II가 지향하는 목표는 가능한 긍정적인 요인에 집중하는 것이다. 즉 Safety I의 개선방식은 선형적 접근방식으로 위험 예방, 제거, 보호에 초점을 두고 있지만, Safety II의 개선방식은 비선형적 접근방식으로 개선, 지원 및 조정에 초점을 둔다. 기준준수에 있어 Safety I의 관점은 설계, 안전절차, 안전기준, 법 기준 등의 계획(상정)된 기준(work as imagined, 이하 WAI)에 의한 현장 근로자의 실제 작업(work as done, 이하 WAD)에 초점을 두고 있지만, Safety II의 관점은 근로자의 준수 상황에 입각한 WAI와 WAD를 조정(adjust)하는 데 초점을 두고 있다.

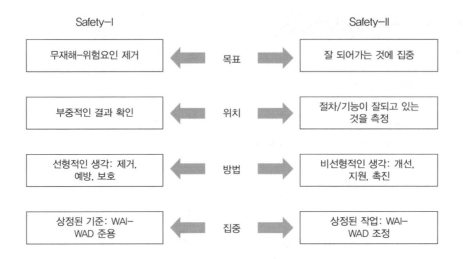

안전탄력성은 시스템이 사고를 예방하기 위해 변동성(variability)을 확인하여 일정 수준으로 제어하고 그 파급을 방어하는 설계와 운영을 의미한다. 즉 안전탄력성은 내부와 외부의 어떠한 변동에도 감시, 예측, 학습 그리고 대응 역량을 통해 안전한 수준 내에서 시스템을 유지하는 능력을 말한다.

2. 안전탄력성(resilience)의 네 가지 능력

안전탄력성은 시스템이 작동하는 방식을 조정하는 능력으로 비상상황이나 스트레스가 있는 상황에서만 동작하는 기능은 아니다. 안전탄력성은 여러 단계의 장벽이 존재하는 심층방어(defense in depth)와 유사한 능력을 발휘한다.

안전탄력성의 조정(adjust)능력을 통해 대형화재, 폭발, 예상하기 어려운 비상상황에서 사고가 발생하기 전 여러 조건을 감시하여 시스템의 안전을 확보할 수 있다. 사고가 발생하기 전 조정(adjust)한다는 의미는 시스템이 정상 작동 상태에서 사고가 일어나기 전 대비하는 상황으로 변경 또는 전환될 수 있음을 의미한다. 여기에서 대비하는 상황이란 사고를 대비하기 위해 적절한 자원을 할당하고 특별한 기능이 활성화되며 심층방어가 증가한다는 것을 의미한다.

심층방어를 증가시킬 수 있는 안전탄력성은 네 가지 능력(capabilities)을 통해 보다 구체화될 수 있다.

- 해야 할 일을 아는 것(Knowing what to do), 정상 기능을 조정하여 규칙적이거나 불규칙한 장애에 대응하는 방법을 알고 있다. 이 능력은 실제를 다루는 능력이다.

- 무엇을 찾아야 하는지 아는 것(Knowing what to look for), 단기간에 위협이 될 수 있는 것을 감시하는 방법을 알고 있다. 감시는 환경에서 발생하는 것과 시스템 자체에서 발생하는 것을 포함한다. 이것은 중요한 문제를 해결하는 능력이다.
- 예상되는 것을 아는 것(Knowing what to expect), 심각한 혼란, 압박 및 그 결과와 같은 향후 미래의 위협을 예측하는 방법을 알고 있다. 이것은 잠재성(potential)을 다루기 위한 방안이다.
- 무슨 일이 일어났는지 아는 것(Knowing what has happened), 경험으로 배우는 방법 그리고 올바른 경험에서 올바른 교훈을 배우는 방법. 이것은 사실을 다루는 능력이다.

아래 그림은 네 가지 능력(capabilities)이 상호 유기적으로 작동하는 예시이다.

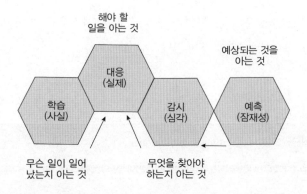

3. 안전탄력성(resilience) 측정

3.1 기본적인 관리 요구사항(basic requirement to manage something)

회사의 운영시스템을 관리하려면 현재의 운영 상황, 미래의 운영 상황 그리고 현재 상황에서 미래 상황으로의 효과적인 변화가 어떤 수단으로 만들 수 있는지 검토해야 한다.

3.2 측정의 문제(the measurement problem)

일반적으로 안전보건과 관련이 있는 측정은 성과측정 또는 성과지표로 관리할 수 있다. 다만, 아래와 같은 여러 검토사항이 존재한다.

- 성과나 상태를 단일 측정으로 할 수 있는가?
- 복합적인 여러 측정을 하며 계산이 필요한가?
- 측정이 선행지표(leading indicator) 또는 후행지표(lagging indicator)를 포함하는가?
- 측정이 신뢰할 수 있고 유효한가?
- 측정지표가 잘 정의되어 있는가?
- 측정이 객관적이거나 주관적인가(사람의 판단을 필요로 하는 측정)?

측정은 일반적으로 값이나 숫자와 같은 무언가를 양으로 나타내고, 어떠한 일의 의미가 부여된 것으로 해석되어야 한다.

4. 안전보건 수준 측정(measurements of safety)

일반적인 안전보건 측정 지표는 무언가 원하지 않는 사건을 포함하고 있다. 아래는 영국 보건안전청(HSE)의 안전보건 측정 지표이다.

- 중대산업재해 건수(Fatality)
- 기록가능한 재해율(TRIF, Total recordable injury frequency)
- 근로손실 재해율(LTIF, Lost-time injury frequency)
- 유해 화학물질 누출(Accidental oil spill, number and volume)

산업안전 유럽기술 플랫폼(ETPIS, European Technology Platform on Industrial Safety)은 영국 보건안전청과 유사한 안전보건 측정지표를 사용하고 있다. ETPIS는 안전이 성공적인 비즈니스에 필수 불가결한 요소임을 강조하였고, 산업안전 성과(performance)에 보고 가능한 인체사고와 질병 등을 포함하였다. 안전보건 성과가 전통적으로 부정적인 결과(인명피해, 재산과 금전 손실, 기능과 생산 중단, 복구 작업의 수반되는 투자 등)에 초점을 두는 이유는 회사가 그러한 부정적인 결과를 피하고 싶어하기 때문일 것이다.

부정적인 결과를 대상으로 하는 측정은 모호하지 않으며, 활동을 수치화 할 수 있고, 부정적인 결과를 줄여가는 성과를 보여줄 수 있다는 장점이 있다. 하지만 무언가를 원하는 방향 또는 긍정적인 결과를 반영한 측정은 불가능하다는 단점이 있다. 그리고 부정적인 결과를 토대로 안전보건을 측정할 경우 초기에는 작동하지만 나중에는 작동하지 않는 단점 또한 존재한다.

그 이유는 아래의 그림과 같이 초기의 안전보건관리 구축과 운영으로 부정적인 결과의 수치가 줄어드는 추세를 보이지만, 시간이 더 이상의 효과를 보기 어렵다는 것이다. 부정적인 결과를 줄인 이후 더 이상 줄일 것이 없다면 그만큼 들인 예방의 노력이 허사가 되고 보여줄 것이 더 이상 없을 것이다. 그리고 소중한 안전보건 관리 역량이나 자원을 잘 못된 방향으로 인도하게 될 것이다. 마치 포병이 포를 적군이 있는 곳에 쏴야 하는데, 적군이 없는 곳에 쏘는 경우와 같다고 볼 수 있다. 만약 이러한 전투를 한다면, 전투에서 이길 가능성은 매우 낮을 것이다.

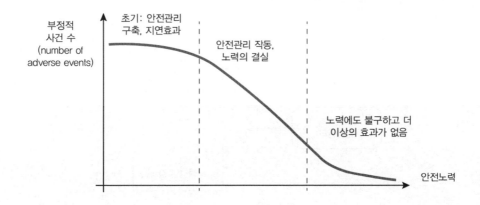

이러한 문제를 개선하기 위하여 OLG 기업은 선행지표(leading indicator)와 후행지표(lagging indicator)를 설정하고 균형 잡힌 목표설정이라는 의미로 'Balanced Scorecard'라고 불렀다. 아래는 선행지표에 포함된 내용이다.

- 사전에 실시한 위험성평가 결과에 따라 설비나 시설의 비상정지스위치 또는 점검스위치 설치 그리고 안전난간대 설치 개수와 같은 목표로 설정하고 설치 완료율을 지표에 포함한다.
- BBS를 통해 구성원의 안전행동율을 지표에 포함한다.
- 사업장이 시행한 불시 중대재해감사 점수를 지표에 포함한다.
- 안전장갑 착용률을 지표에 포함한다.
- 안전보건 관련 기준 준수에 대한 시상 건수와 위반 건수를 지표에 포함한다.
- 해당 연도에 시행해야 하는 교육 목표를 설정하고 완료 여부에 지표에 포함한다.
- 자체와 외부감사 또는 국가의 안전보건 점검 결과에 따른 개선율을 지표에 포함한다.
- 아차사고, 중대한 아차사고 등을 지표에 포함한다.

이와는 별도로 후행지표(lagging indicator)를 운영하였다. 주요 사례로는 중대산업재해 건수, 잠재적인 중대사고 건수, 총 기록가능한 사고율, 근로손실 사고율, 강도율, 법규 위반 건수 등이 있다,

5. 안전과 안전탄력성의 차이(difference between safety and resilience)

일반적으로 결과(outcomes)는 의도한 결과와 의도하지 않은 결과로 구분할 수 있는데, 일반적으로 안전은 의도하지 않은 결과의 수를 측정하고 있다. 하지만 안전탄력성은 안전과 같이 의도하지 않은 부정적인 결과를 측정하기보다는 프로세스 자체를 측정한다. 즉, 프로세스를 측정하면서 성공과 실패(부정적인 결과) 모두 동일한 개념으로 본다는 의미가 있으며, 아래 그림과 같이 프로세스를 직접 측정하는 방식이다.

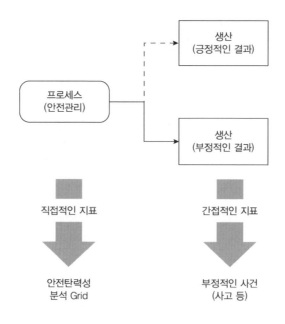

6. 안전탄력성 4역량 측정(measurement resilience)

안전탄력성을 측정한다는 것은 기존의 안전 측정과는 달리 프로세스를 조정(adjust)한다는 능력으로 정의할 수 있다. 안전탄력성 측정은 양(quantity)보다는 질(quality) 그리고 시스템이 가지고 있는 것보다는 시스템이 하는 일을 대상으로 하므로 단일 또는 단순한 측정을 의미하지 않는다.

안전탄력성 측정을 가능하게 하는 능력(capability)은 대응, 감시, 예측 그리고 학습 네 가지로 구성된다.

6.1 대응(The ability to respond)

개인, 회사 그리고 조직이 시스템을 운영하면서 특정한 상황을 대응할 준비가 없다면 그 프로세스를 유지할 수 없다. 대응(respond)은 시기에 적절해야 하고 효과적이어야 원하는 결과를 얻을 수 있으므로 시스템은 시시각각 시스템에서 일어나는 일들을 감지하고 있어야 한다. 그리고 사건을 식별하고 그 심각성을 인식하고 평가할 수 있어야 한다. 또한 시스템이 대응할 수 있도록 충분한 시간을 갖고 있어야 한다. 어떤 일을 감지하는 일이 수동적(가스 측정기, 화재 감지기 등)인 방식을 넘어서 능동적이어야 하며, 대응에 필요한 자원을 확보해 두어야 한다.

아래 표와 같은 분석항목을 참조하여 대응 능력을 분석하고 개선한다.

No	구분	분석항목	점수
1	사건목록	시스템에 준비된 대응이 필요한 사건은 무엇인가?	
2	배경	대응이 필요한 사건은 어떻게 선택되었는가(경험, 전문 지식, 위험 평가 등)?	
3	관련성	사건 목록은 언제 생성되었는가? 얼마나 자주 수정되었는가? 어떤 기준으로 개정되었는가?	
4	임계 값	대응은 언제 활성화되는가? 임계값은 무엇인가? 기준은 절대적인가? 또는 내부/외부 요인에 의존하는가?	
5	대응목록	특정 유형의 대응은 어떻게 결정되는가? 대응목록의 적절성을 확인하는 방법은 무엇인가?(실증적 또는 분석이나 모델을 기반으로 하는지 여부)	
6	속도	대응 능력을 얼마나 빨리 사용할 수 있는가?	
7	지속시간	효과적인 대응이 얼마나 오래 지속되는가?	
8	중지규칙	정상상태로 돌아가기 위한 기준은 무엇인가?	
9	대응능력	대응 준비 태세(인력, 자재)에 얼마나 많은 자원이 할당되는가?	
10	검증	대응 준비가 어떻게 유지되는가? 대응 준비 상태는 어떻게 확인되는가?	

6.2. 감시(The ability to monitor, keeping an eye on critical developments)

감시는 수시로 상황을 평가하고 수정해 가면서 잠재적인 상황을 유연하게 대처할 수 있는 기능이다. 이 기능이 효과적으로 발휘되도록 하려면 위기, 교란 또는 실패가 감지되었을 때 정상 운영상태에서 비상대응 상태로의 전환이 이루어져야 한다. 다만, 비상대응 상태로의 전환 시기가 조금은 일찍 작동하므로 문제가 발생하기 전 조기에 전환될 수 있다.

감시는 일반적으로 특정 조건이나 지표를 기반으로 작동하므로 선행지표(leading indicator)

라고 할 수 있다. 일상 생활에서 일기예보는 좋은 선행지표로 간주할 수 있다. 아래 표와 같은 분석항목을 참조하여 감시 능력을 분석하고 개선한다.

No	구분	분석항목	점수
1	지표목록	지표는 어떻게 정의되었는가?(분석에 의한, 전통에 의한, 업계의 합의에 의한, 규제자에 의한, 국제 표준 등에 의한)	
2	관련성	지표 목록은 얼마나 자주 수정되고, 어떤 기준으로 수정되는가?	
3	지표형식	얼마나 많은 선행지표가 있고, 얼마나 많은 후행지표가 있는가?	
4	유효성	선행 지표가 타당한가?	
5	지연	후행지표에 포함된 사건의 집계 시간은 어느 시점 기준으로 집계되는가(10년, 5년, 3년, 1년, 1개월 혹은 매주 등)?	
6	측정유형	측정의 특성은 무엇인가? 정성적인가? 정량적인가?(정량적이라면 어떤 종류의 스케일링을 사용하는가?)	
7	측정주기	측정은 얼마나 자주 수행되는가?(계속적으로, 정기적으로, 때때로)	
8	분석	측정과 분석/해석 사이의 지연(delay)은 얼마인가? 얼마나 많은 측정들이 직접적으로 의미 있고, 얼마나 많은 측정들이 어떤 종류의 분석을 필요로 하는가?	
9	안정성	측정된 효과는 일시적인가? 영구적인가?	
10	조직지원	정기적인 검사 계획이나 일정이 있는가? 자원이 제대로 공급되고 있는가?	

6.3. 예측(The ability to anticipate, looking for future threats and opportunities)

감시(monitor)능력을 통해 현재의 상황을 파악할 수 있다면, 미래의 잠재적인 요인파악은 예측능력을 활용한다. 현재의 위험성평가는 미래에 발생할 위험에 초점을 두고 있지만, 변동성을 충분히 고려한 상황 평가로 활용되기에는 한계가 있으므로 아래 표와 같은 분석항목을 참조하여 예측능력을 분석하고 개선한다.

No	구분	분석항목	점수
1	전문성	미래의 잠재조건을 확인하기 위한 어떤 전문성이 필요한가?(사내 전문가 또는 외부 전문가)	
2	빈도	미래의 위협과 기회는 얼마나 자주 평가되는가?	
3	의사소통	향후 사건을 대응하는 조치를 조직 내에서 어떻게 의사소통하는가?	
4	모델	모델이 명시적인가? 임시적인가? 질적인가 또는 양적인가?	
5	시간범위	조직은 얼마나 앞서 계획을 세우고 있는가? 사업에서 안전보건이 시기적절하게 중요한 평가 대상으로 검토되고 있는가?	
6	수용성	어떤 위험을 수용할 수 있고, 어떤 위험은 수용할 수 없는가?	
7	병인학(Aetiology)	미래 위협의 가정된 특성은 무엇인가? • 예전의 위협/사고와 동일한가? • 알려진 사고/사건의 결합인가? • 완전히 새로운 위협인가?	
8	문화	조직문화에 위험인식이 포함되어 있는가?	

6.4 학습(The ability to learn, finding and making use of the right experience)

안전탄력성이 있다는 것은 경험으로 많은 것을 배운다는 것을 의미한다. 학습능력은 대응, 감시 및 예측의 토대에 해당한다. 일반적으로 경험에서 배운다는 것은 다소 간단하고 누구나 알 만한 상황이다. 하지만 체계적이지 못한 배움은 그 효과가 낮을 수밖에 없다. 학습의 기초가 무엇인지 그리고 어떤 사건이나 경험을 고려할 지 대상을 정하는 일은 매우 중요하다. 그리고 배우기 쉬운 것과 배울 의미가 있는 것을 구분하는 것이 중요하다.

방대한 분량의 사고통계와 분석 자료를 검토한다는 것은 인상적으로 보일 수 있지만, 실제로 무언가를 배운다는 차원에서는 다른 문제이다. 얼마나 사고가 발생했고 어떤 사고의 어떤 원인이 있다는 정도는 일반적인 분석 방식이지만, 사고가 왜 발생하지 않았고, 어떤 활동을 잘해서 사고가 발생하지 않았는지에 대한 분석 또한 필요하다. 아래 표와 같은 분석항목을 참조하여 학습능력을 분석하고 개선한다.

No	구분	분석항목	점수
1	선택기준	어떤 사건이 조사되고 어떤 사건이 조사되지 않는가? 선택은 어떻게 이루어지는가? 누가 선정하는가?	
2	학습기반	조직은 실패와 성공을 동시에 배우려는 노력을 하고 있는가?	
3	분류	사건은 어떻게 설명되는가? 자료와 범주는 어떻게 수집되는가?	
4	공식화	조사 및 학습을 위한 공식적인 절차가 있는가?	
5	교육	조사 및 학습을 위한 공식적인 교육 또는 조직적 지원이 있는가?	
6	학습방식	학습은 지속적인 활동인가? 또는 개별적인 활동인가?	
7	자원	조사와 학습에 얼마나 많은 자원이 할당되는가? 그것들은 충분한가?	
8	지연	보고 및 학습이 얼마나 지연되는가? 조직 내부와 외부에 어떻게 전달하는가?	
9	학습목표	학습은 어느 계층에서 효과가 있는가?(개인, 집단, 조직)	

7. 안전탄력성 평가(RAG, Resilience Analysis Grid)

안전탄력성 평가는 대응, 감시, 예측 그리고 학습 4능력을 기반으로 하고 있다. 안전탄력성 평가는 '안전탄력성 분석 그리드(이하 RAG, Resilience Analysis Grid)'로 표현할 수 있다. 안전탄력성 평가는 안전탄력성을 적용할 대상 서술, 4능력의 분석항목 설정, 분석항목 평가, 안전탄력성 평가 순으로 운영된다. 그리고 RAG는 스타차트(star chart) 또는 레이더 차트(radar chart)로 표현된다.

7.1 안전탄력성을 적용할 대상 서술

대상 시스템의 종류, 경계 및 조직구조에 따른 인력과 자원 등을 명확히 규정한다. 예를 들어, 항공관련 시스템의 경우, 항공기승무원(조종사, 승무원), 운항관리 부문 등이 해당할 수 있고, 전력회사 시스템의 경우, 중앙제어실, 근무교대 부문, 유지보수 부문, 정전관리부문 등이 있을 수 있다.

7.2 안전탄력성 4능력의 분석항목 설정

시스템/활동범위와 핵심 프로세스의 본질과 관련된 내용으로 구분하고 개별 분석항목에 맞는 새로운 내용을 추가한다.

7.3. 분석항목 평가

안전탄력성 4능력과 관련한 분석항목을 개발하는 단계에서 해당 분야의 유 경험자를 포함시킨다. 분석항목 평가 시에는 현장 구성원 인터뷰, 전문가 토론 그리고 대표 그룹을 선정한 조사를 포함한다. 안전탄력성 평가 점수는 아래와 같은 범주를 사용한다.

- 우수(excellent): 시스템 전체적으로 평가수준이 매우 만족스러운 정도
- 만족(satisfactory): 특정항목에 대한 평가기준을 충분히 만족하는 정도
- 수용가능(acceptable): 특정항목에 대한 평가기준에 적합한(최소한) 정도
- 수용불가(unacceptable): 특정항목의 평가기준에 부적합인 정도
- 결함(deficient): 특정항목에 대한 평가기준에 대한 능력이 부족한 정도
- 누락(missing): 특정항목에 대한 평가기준에 대한 능력이 전혀 없는 정도

7.4. 안전탄력성 평가 결과 표현방식

분석항목 평가 결과에 따라 RAG는 다음 그림과 같은 스타차트(대응 능력을 예시로 함)로 표현할 수 있다. 대응 능력과 관련한 10개의 구분에 해당하는 좌표축을 갖고 있으며, 범주의 점수가 표시되어 있다.

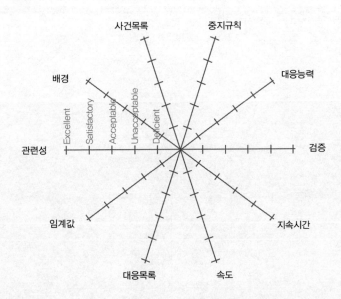

대상 시스템의 안전탄력성을 전체적으로 조망하기 위한 RAG는 아래 그림과 같이 스타 차트를

구성할 수 있다. 이 차트를 통해 안전탄력성 4능력 전체에 대한 평가 결과를 검토하고 개선 대책을 수립할 수 있다. 아래의 그림 예시는 안전탄력성 4능력이 수용가능한(acceptable) 수준이다.

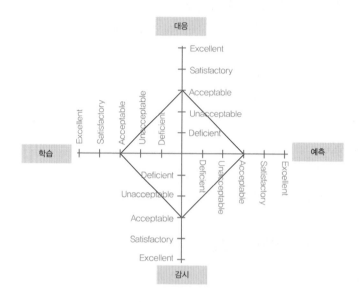

아래 그림은 대응과 감시 능력 측면에서는 잘하지만 예측 및 학습 능력 측면에서는 결함(deficient)이 있다는 것을 볼 수 있다. 해당 시스템은 단기적으로는 안전할 수 있지만, 안전탄력성이 결여되어 있다고 볼 수 있다.

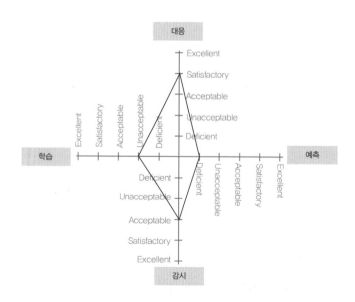

8. 안전문화(safety culture)와 안전탄력성(resilience) 개선 제언

8.1. 안전문화와 안전보건경영시스템

안전문화라는 용어는 체르노빌 원전사고 조사를 담당했던 IAEA의 국제원자력안전자문그룹(INSAG)이 작성한 '사고 후 검토회의 요약'(1986년)에서 처음으로 사용되었다. 안전문화는 세 가지의 층으로 구성되어 있다. '근본가정(underlying assumption)'은 우리의 무의식에 깊은 곳에 있으면서 사람이 무의식적으로 어떤 행동을 하는데 많은 기여를 하는 요인이다. 그리고 표현되는 믿음과 가치(espoused beliefs and values)는 안전과 관련한 가치(value)로 조직에서 구성원의 행동을 유도하는 주요 원칙으로 안전보건경영시스템 운영의 핵심적인 역할을 한다. 마지막으로 인위적 결과물(artifact)은 형식적, 문서적, 물리적 요소를 다루지만 비형식적 요소 또한 포함한다.

세계적으로 안전문화(safety culture)에 대한 보편적 합의는 없고, 기관이나 사람별로 서로 다르게 안전문화를 정의하고 있다. 세계적으로 51개가 넘는 안전문화의 정의가 존재하고 있으며, 안전풍토(safety climate)는 31개가 넘는 정의가 존재한다고 한다. 안전풍토는 안전문화와 매우 가까운 사촌 정도의 사이이며 문헌에서 종종 상호 교환적으로 사용되고 있다.

안전문화는 안전보건관리를 다루는 하향식 접근방식으로 주로 조직의 원칙, 규범, 약속 및 가치로 정의할 수 있고 안전보건관리의 중요성을 결정할 수 있다. 안전문화는 안전풍토보다 추상화 수준이 높기 때문에 설문지를 기반으로 하는 측정방식보다는 인터뷰와 감사 등의 평가를 통해 측정하는 것이 효과적이라고 알려져 있다.

안전풍토는 안전 행동, 안전 성과, 작업 관련사고와 질병을 예측할 수 있는 변수를 대상으로 하고 있어 주로 설문지를 사용하여 수준을 측정할 수 있다고 알려져 있다. 안전풍토는 전술한 안전문화의 표현되는 가치와 인위적 결과물의 영역에 가깝다. 따라서 안전풍토는 안전문화 요인 중 관찰이 가능한 부분으로 안전이 관리되는 방식에 대한 근로자의 공유된 인식을 반영한다. 안전풍토는 근로자가 어떤 순간 인지 과정을 거쳐 행동으로 옮기는 상황으로 안전보건경영시스템과 긴밀한 관계가 있어 산업재해 예방에 효과가 있다.

안전보건경영시스템을 기반으로 하는 안전문화는 산업재해 예방에 가장 효과적인 방안으로 해외에서 잘 알려져 있다. 안전문화가 중요한 이유는 조직의 의사결정자가 안전을 고려한 정책을 수립하여 사고예방 활동을 적극적으로 지원하고, 근로자는 유해 위험요인을 인식하여 사고예방 활동을 하는 데 많은 영향을 주기 때문이다. 안전보건경영시스템은 계층별 사람들의 안전보건 관련 책임을 명확히 구분하여 해당 업무를 안전하게 수행하도록 하는 안전절차를 표준 문서로 구성하고 있다.

8.2 안전보건경영시스템과 안전탄력성

안전보건경영시스템 내에서 안전절차를 표준 문서로 구성한 내용을 보면, 이상적으로 보이지만 현실은 그렇지 않다. 그 이유는 안전절차가 실제 작업현장의 상황을 모두 반영하기는 어려울 뿐 아니라 수시로 바뀌는 작업상황을 감안하기는 어렵기 때문이다. 더욱이 본사나 경영층(blunt end에 위치한)의 예산 삭감, 인력 감소 및 공사 단축 등의 지시를 받은 현장 책임자는 계획한 일정을 급히 줄이기 위한 방도를 찾아야 하고, 그 결과는 고스란히 근로자 (sharp end에 위치한)의 안전작업에 많은 영향을 주기 때문이다. 이러한 상황을 '상정된 기준 (work as imagined)과 실제작업(work as done)에서 효율과 안전을 절충(ETTO, efficient thor-oughness trade-off)'하는 과정이라고 할 수 있다.

전술한 상황에서 안전한 작업을 수행하기 위한 방안은 결국 조직의 모든 계층에 있는 사람들이 안전과 관련한 근본가정과 믿음과 가치에 반영된 안전문화를 통해 경영층과 관리감독자가 리더십을 발휘하여 근로자의 안전 행동을 유지하고 지지하는 것이다.

특히 시대가 복잡하고 다양화되는 최근에는 IT 활용 등으로 인한 자동화의 결과인 인력 감소와 다양한 조직이나 사람들의 업무에 잠재되어 있는 많은 변동성(variability)으로 인하여 예상하기 힘든 유형의 사고가 발생하고 있다. 따라서 기존의 안전보건경영시스템을 기반하는 안전문화 구축과 운영에 학습(learn), 예측(anticipate), 대응(response) 그리고 감시(monitor) 능력을 가진 안전 탄력성(resilience)을 포함하는 방안이 절실히 필요한 이유이다.

8.3 안전탄력성 제고를 위한 제언

안전문화의 세 가지 층의 표현되는 믿음과 가치(espoused beliefs and values)와 인위적 결과물(artifact)의 영역에서 안전문화 수준 향상에 지대한 영향을 주는 안전보건경영시스템의 운영 고도화가 필요하다. 하지만 이러한 과정은 상당한 시간이 소요되는 먼 여정이므로 먼저 인위적 결과물에 해당하는 활동을 선별하여 구성원의 행동을 변화시키기 위한 선행 활동이 필요하다. 따라서 기존의 안전보건경영시스템 운영 체계에 안전탄력성 4능력을 적절하게 적용하여 안전문화 수준을 고도화해야 한다.

(1) 선행지표(leading indicator)와 후행지표(lagging indicator) 설정과 운영

전통적인 부정적 결과인 사고와 문제 등의 후행지표에 더해 무엇을 잘하고 있고, 무엇을 변화시켜야 좋아질지 검토하고 적용한다.

(2) 구성원 행동변화 프로그램 운영

BBS와 같은 구성원 간, 관리감독자와 구성원 간, 경영층과 구성원 간 작업행동을 관찰하고 좋은 점과 개선할 점을 공유하는 선행적(proactive) 활동의 프로그램 운영이 필요하다.

(3) 사고조사와 분석 방법 고도화

FTA, ETA, Bowtie, HAZOP 등의 순차적(sequential) 기법, organizational accident model, Swiss cheese model, HFACS 등의 역학적(epidemical) 기법 그리고 FRAM, AcciMap 및 STAMP 등의 시스템적 방법을 적절하게 혼용하여 사고 원인분석을 다양화하고 효과적인 개선대책을 수립한다.

(4) 안전보건경영시스템 평가와 안전탄력성 4능력 평가 공동 시행

회사가 정해 놓은 주기에 따른 안전보건경영시스템 평가 시기에 안전탄력성 4능력평가를 공동으로 시행할 필요가 있다. 이에 대한 예시를 보여주기 위하여 다음 표와 같이 ISO 45001(2018) 요소(element)에 학습(learn), 예측(anticipate), 대응(response) 그리고 감시(monitor)의 안전탄력성 4능력이 해당할 수 있다고 판단되는 항목을 임의적으로 기재하였다. 향후에는 사업장의 특성을 감안하여 안전탄력성 4능력평가 목록을 구성할 필요가 있다.

안전보건경영시스템(ISO 45001) 평가		안전탄력성 평가				
요소	내용	학습	예측	대응	감시	점수
4. 조직상황	조직과 조직상황의 이해		●			
	근로자 및 기타 이해관계자의 수요와 기대관계사항		●			
	안전보건경영시스템 적용범위 결정		●			
	안전보건경영시스템	●	●	●	●	
5. 리더십	리더십 의지표명			●		
	안전보건 정책			●		
	조직의 역할, 책임과 권한			●		
	근로자와 협의 그리고 참여			●		
6. 계획	위험과 기회를 다루는 조치(일반사항, 위험요인 파악과 리스크와 기회의 평가, 법적 요구사항과 기타 요구사항 결정, 조치의 계획)	●	●		●	
	안전보건목표와 달성 계획(안전보건목표, 안전보건목표 달성 계획)		●		●	
7. 지원	자원		●			

	역량	●				
	인식		●			
	의사소통(일반사항, 내부와 외부 의사소통)			●		
	문서화된 정보(일반사항, 작성과 갱신, 문서관리)				●	
8. 운영	운영계획과 관리(일반사항, 안전보건 위험 제거와 감소, 변경관리, 구매)		●		●	
	비상사태 준비와 대응	●	●	●		
9. 성과평가	감시, 측정, 분석 및 성과평가(일반사항, 준수평가)		●		●	
	내부감사(일반사항, 내부 심사프로그램)				●	
	경영층 검토				●	
10. 개선	일반사항, 사고/부적합 시정조치, 지속적 개선				●	

(5) 공공기관 안전보건관리등급제 평가에 안전탄력성 4능력 평가

공공기관의 안전보건관리에 관한 지침과 공공기관 안전등급제 운영에 관한 지침에 따라 기획재정부는 평가위원 선임을 통해 매년 공공기관 안전등급 평가를 시행하고 있다. 저자는 2021년 기획재정부로부터 안전등급제 평가 심사위원으로 위촉되어 아래와 같은 위촉장을 받았다.

저자는 여러 공공기관의 사업장과 본사를 방문하여 평가를 시행한 경험이 있어, 안전탄력성 4능력이 평가지표에 반영되어야 한다고 생각하고 있다.

아래 표와 같이 공공기관 안전보건관리등급 평가 요소에 학습(learn), 예측(anticipate), 대응(response) 그리고 감시(monitor)의 안전탄력성 4능력이 해당할 수 있다고 판단되는 항목을 임의적으로 기재하였다. 향후에는 공공기관의 특성을 반영하여 안전탄력성 4능력 평가 목록을 구성할 필요가 있다.

공공기관 안전등급제				안전탄력성 평가				
범주	분야	심사항목	점수	학습	예측	대응	감시	점수
안전 역량	1. 체계역량	① 안전보건경영 리더십				●		
		② 안전보건경영체제 구축 및 역량			●			
		③ 안전보건경영 투자			●			
		④ 안전보건관리규정 및 절차지침		●	●	●	●	
		⑤ 안전보건관리 목표 및 안전기본계획 수립			●			
	2. 관리역량	① 위험성평가 실시 체계			●			
		② 근로자 건강 유지증진 활동 체계			●			
		③ 안전보건교육·안전인식·활동참여					●	
		④ 재해조사 및 비상상황 대비·대응 능력		●	●			
안전 수준	작업장	① 작업장 기본 안전보건 관리 수준					●	
		② 기계·전기 설비 위험방지 및 추락예방 조치				●		
		③ 화재 및 화학물질사고 예방활동 수준				●		
		④ 위험 작업 및 상황 안전보건관리			●	●	●	
		⑤ 수급업체 안전보건 관리					●	

안전성과 및 가치	공통	① 안전보건경영 성과측정	●	●			
		② 안전경영책임 활동 및 성과				●	
		③ 안전문화 확산	●		●		
		④ 사망사고 발생 및 감소 성과		●		●	

아래는 안전보건경영시스템(ISO 45001 체계 기반)을 기반으로 하는 안전문화 수준 향상을 촉진시키기 위해 안전탄력성 4능력을 조화롭게 적용할 수 있는 제언을 묘사한 그림이다.

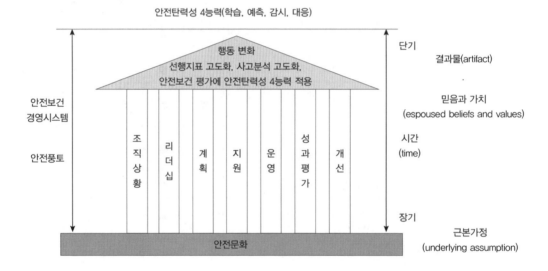

참조 문헌과 링크

고용노동부. (2021). 산업재해 예방을 위한 안전보건관리체계 가이드북.

고용노동부. (2022). 산업재해 예방을 위한 안전보건관리체계 구축 우수사례집.

고용노동부. (2013). "현대제철(주) 산업재해, 구조적 문제로 밝혀져!", pp. 1-5.

고용노동부. (2020). 산업재해 현황분석.

고용노동부. (2022). PSM 사업장의 안전문화 정착과 산업재해 예방을 위한 안전보건관리체계 구축 우수사례.

고용노동부. (2022). 경영책임자와 관리자가 알아야 할 중대재해처벌법 따라하기,

오세진, 이재희, 이계훈, & 문광수. (2012). 행동주의 기반 안전보건관리 (BBS) 프로그램이 안전분위기와 안전행동에 미치는 효과: 현장 연구. 한국심리학회지: 산업 및 조직, 25(2), 349-372.

양정모, & 권영국. (2018). 행동기반안전보건관리 프로그램이 안전행동, 안전 분위기 및 만족도에 미치는 영향. *Journal of the Korean Society of Safety*, 33(5), 109-119.

정진우 (2020). 안전문화 이론과 실천.

한국안전보건공단. (2013). "HDPE 공장 사일로 폭발사고", pp. 1-34.

한국안전보건공단. (2019). "합성반응기 폭주반응에 의한 화재·폭발", pp. 32-37.

한국안전보건공단. (2018). "화장품 원료 반응 중 반응폭주로 인한 폭발사고", pp. 1-15.

한국안전보건공단. (2020). "스티렌모노머 혼합물 누출사고", pp. 1-14.

한국안전보건공단. (2013). HDPE 공장 사일로 폭발사고, pp. 1-34.

한국안전보건공단. (2019). 산업안전 패러다임의 전환을 위한 연구.

Antonsen, S. (2017). *Safety culture: theory, method and improvement.* CRC Press.

Alexander, T. M. (2019). A case based human reliability assessment using HFACS for complex space operations. *Journal of Space Safety Engineering,*6(1), 53-59.

Asadi, S., Karan, E., & Mohammadpour, A. (2017). "Advancing safety by in-depth assessment of workers attention and perception" *International Journal of Safety*, 1(03), pp. 46-60.

Audrey, W., Susan, H., & Hugh, L., & Elaine, M. (2013). Safety target setting final report, U.S. Department of transportation. Federal Highway Ministration, 1-54.

Bonsu, J., Van Dyk, W., Franzidis, J. P., Petersen, F., & Isafiade, A. (2016). "A systems approach to mining safety: an application of the Swiss cheese model", *Journal of the Southern African Institute of Mining and Metallurgy*, 116(8), pp. 776-784.

Celik, M., & Cebi, S. (2009). Analytical HFACS for investigating human errors in shipping accidents. *Accident Analysis & Prevention*, 41(1), 66-75.

Chen, Q., & Jin, R. (2013). Multilevel safety culture and climate survey for assessing new safety program. *Journal of Construction Engineering and Management*, 139(7), 805-817.

Choudhry, R. M. (2014). Behavior-based safety on construction sites: A case study. A*ccident analysis & prevention*, 70, 14-23.

Cooper, D. (1998).*Improving safety culture: A practical guide*. Wiley.

Cooper, M. D. (2000). Towards a model of safety culture. *Safety science*,36(2), 111-136.

Cooper, M. D., & Phillips, R. A. (2004). Exploratory analysis of the safety climate and safety behavior relationship. *Journal of safety research*, 35(5), 497-512.

Cooper, M. D. (2009). Behavioral safety interventions a review of process design factors. *Professional Safety*,54(02)

Clarke, S. (1999). Perceptions of organizational safety: implications for the development of safety culture. *Journal of Organizational Behavior: The International Journal of Industrial, Occupational and Organizational Psychology and Behavior*, 20(2), 185-198.

Cox, S. J., & Cheyne, A. J. (2000). Assessing safety culture in offshore environments. *Safety science*, 34(1-3), 111-129.

CSB (2016). MGPI Processing, Inc. Toxic Chemical Release, pp. 1-48.

Dekker, S. (2017).*The field guide to understanding 'human error'*. CRC press.

DoE. (2009). Human Performance Improvement Handbook, DoE Vol 1, pp.1-27.

Fishwick, T., Southam, T., Ridley, D., & Blackpool, L. (2004). BEHAVIOURAL SAFETY APPLICATION GUIDE.

Geller, E. S. (2001). Working safe: How to help people actively care for health and safety. CRC Press.

Geller, E. S. (2005). Behavior-based safety and occupational risk management. *Behavior modification*, 29(3), 539-561.

Geller, E. S. (2017). *Working safe: How to help people actively care for health and safety*. CRC Press.

Griffin, M. A., & Neal, A. (2000). Perceptions of safety at work: a framework for linking safety climate to safety performance, knowledge, and motivation. *Journal of occupational health psychology*, 5(3), 347.

Goldman Sachs JBWere Finds Valuation Links in Workplace Safety and Health Data. Goldman Sachs JBWere Group, (October 2007). See Press Release).

Guldenmund, F. W. (2000). The nature of safety culture: a review of theory and research. *Safety science*, 34(1-3), 215-257.

Guldenmund (2010).Understanding and Exploring Safety Culture, researchgate. pp. 1-71.

Hayes, B. E., Perander, J., Smecko, T., & Trask, J. (1998). Measuring perceptions of workplace safety: Development and validation of the work safety scale. *Journal of Safety research*, 29(3), 145-161.

Hollnagel, E., Woods, D. D., & Leveson, N. (Eds.). (2006). *Resilience engineering: Concepts and precepts*. Ashgate Publishing, Ltd..

Hollnagel, E. (2015). RAG-resilience analysis grid. Introduction to the Resilience Analysis Grid (RAG).

Hollnagel, E., Wears, R. L., & Braithwaite, J. (2015). From Safety-I to Safety-II: a white paper. *The resilient health care net: published simultaneously by the University of Southern Denmark, University of Florida, USA, and Macquarie University, Australia.*

Hollnagel, E. (2017). *The ETTO principle: efficiency-thoroughness trade-off: why things that go right sometimes go wrong.* CRC press.

Hollnagel, E. (2018). Safety-I and safety-II: the past and future of safety management. CRC press.

Hollnagel, E. (2020). How resilient is your organisation? *An introduction to the Resilience Analysis Grid (RAG). Sustainable transformation: building a resilient organization*, Toronto, Canada. 2010: hal-00613986.

Hughes, P., & Ferrett, E. (2013). *International Health and Safety at Work: The Handbook for the NEBOSH International General Certificate.* Routledge.

IAEA (2016). OSART Independent Safety Culture Assessment (ISCA) Guidelines.

Johnston, N. (1995). Do blame and punishment have a role in organizational risk management. *Flight Deck*, 15, 33-36.

Keil Centre (2000). Behaviour modification to improve safety: literature review, HSE Books, p. 19.

Kim, S. K., Lee, Y. H., Jang, T. I., Oh, Y. J., & Shin, K. H. (2014). An investigation on unintended reactor trip events in terms of human error hazards of Korean nuclear power plants. *Annals of Nuclear Energy*, 65, 223-231.

Klockner, K., & Meredith, P. (2020). Measuring resilience potentials: a pilot program using the resilience assessment grid. *Safety*, 6(4), 51.

Krause, T. & Hidley, J. H. (1990). *The behavior-based safety process*. New York: VAN NOSTRAND REINHOLD.

Krause, T., & Hidey, J. H. (1990). The behavior-based safety process.

Krause, T. R., Seymour, K. J., & Sloat, K. C. M. (1999). Long-term evaluation of a behavior-based method for improving safety performance: a meta-analysis of 73 interrupted time-series replications. *Safety Science*, 32(1), 1-18.

Laitinen, Heikki, Markku Marjamäki, & Keijo Päivärinta. (1999). "The validity of the TR safety observation method on building construction", *Accident Analysis & Prevention*, 31(5), pp. 463-472.

Larouzee, J., & Le Coze, J. C. (2020). Good and bad reasons: The Swiss cheese model and its critics. Safety science,126, 104660.

Lee, T. (1998). Assessment of safety culture at a nuclear reprocessing plant. *Work & Stress*, *12*(3), 217-237.

Liu, R., Cheng, W., Yu, Y., & Xu, Q. (2018). Human factors analysis of major coal mine accidents in China based on the HFACS-CM model and AHP method. *International journal of industrial ergonomics*, *68*, 270-279.

Liu, S. Y., Chi, C. F., & Li, W. C. (2013, July). The application of human factors analysis and classification system (HFACS) to investigate human errors in helicopter accidents. In *International conference on engineering psychology and cognitive ergonomics*(pp. 85-94). Springer, Berlin, Heidelberg.

Manuele, F. A. (2009). Leading & lagging indicators. *Professional Safety*, 54(12), 28.

McSween, T. E. (2003). Values-based safety process: Improving your safety culture with behavior-based safety. John Wiley & Sons, pp. 103-111.

Myers, W. V., McSween, T. E., Medina, R. E., Rost, K., & Alvero, A. M. (2010). "The implementation and maintenance of a behavioral safety process in a petroleum refinery. *Journal of Organizational Behavior Management*", 30(4), pp. 285-307.

Neal, A., & Griffin, M. A. (2004). Safety climate and safety at work.

Nwankwo, C. D., Arewa, A. O., Theophilus, S. C., & Esenowo, V. N. (2022). Analysis of accidents caused by human factors in the oil and gas industry using the HFACS-OGI OSHA. (2016). Recommended Practices for Safety and Health Programs.

OSHA. (2016). Recommended Practices for Safety and Health Programs

Ostrom, L., Wilhelmsen, C., & Kaplan, B. (1993). Assessing safety culture. *Nuclear safety*, 34(2), 163-172.

Patterson, J. M., & Shappell, S. A. (2010). Operator error and system deficiencies: analysis of

508 mining incidents and accidents from Queensland, Australia using HFACS. *Accident Analysis & Prevention*, 42(4), 1379-1385.

Perrow, C. (1999). *Normal accidents: Living with high risk technologies*. Princeton university press.

Pidgeon, N., & O'Leary, M. (2000). Man-made disasters: why technology and organizations (sometimes) fail. *Safety science*, 34(1-3), 15-30.

Reason, J. (2016).Organizational accidents revisited. CRC press.

Reason, J. (1990). "Human error", Cambridge university press.

Reason, J., & Reason, J. T. (1997). Managing the risks of organizational accidents Ashgate Aldershot.

Reason, J., Hollnagel, E., & Paries, J. (2006). Revisiting the Swiss cheese model of accidents. *Journal of Clinical Engineering*, 27(4), 110-115.

Roberts, D. Steve, and E. Scott Geller. (1995). An actively caring model for occupational safety: A field test. *Applied and Preventive Psychology, 4*(1), pp. 53-59.

Roughton, J., & Mercurio, J. (2002). *Developing an effective safety culture: A leadership approach*. Elsevier.

Saleh, J. H., Haga, R. A., Favarò, F. M., & Bakolas, E. (2014). Texas City refinery accident: Case study in breakdown of defense-in-depth and violation of the safety-diagnosability principle in design. *Engineering Failure Analysis,36*, 121-133.

Schein, E. H. (2017). *Organizational culture and leadership*. John Wiley & Sons.

Schein, E., & Schein, P. (2017). Organizational Culture and Leadership. 5. painos. Hoboken.

Sidney, D. (2014). The field guide to understanding human error, CRC Press Taylor & Francis NW, pp. 1-26.

Standard, D. O. E. (2009). Human performance improvement handbook volume 1: concepts and principles. *US Department of Energy AREA HFAC Washington, DC, 20585*.

Strauch, B. (2017). *Investigating human error: Incidents, accidents, and complex systems*. CRC Press.

Sulzer-Azaroff, B., & Austin, J. (2000). Does BBS work. Professional Safety, 45(7), 19-24.

Swain, A. D. (1983). Handbook of human reliability analysis with emphasis on nuclear power plant applications. *NUREG/CR-1278, SAND 80-0200*.

Theophilus, S. C., Esenowo, V. N., Arewa, A. O., Ifelebuegu, A. O., Nnadi, E. O., & Mbanaso, F. U. (2017). Human factors analysis and classification system for the oil and gas industry (HFACS-OGI). *Reliability Engineering & System Safety,*167, 168-176.

Turney, R. D., & Alford, L. (2003, June). Improving human factors and safety in the process industries:The PRISM project. In *INSTITUTION OF CHEMICAL ENGINEERS SYMPOSIUM SERIES*(Vol. 149, pp. 397-408). Institution of Chemical Engineers; 1999.

Underwood, P., & Waterson, P. (2014). Systems thinking, the Swiss Cheese Model and accident analysis: a comparative systemic analysis of the Grayrigg train derailment using the ATSB, AcciMap and STAMP models. *Accident Analysis & Prevention*, 68, 75-94.

Varonen, U., & Mattila, M. (2000). The safety climate and its relationship to safety practices, safety of the work environment and occupational accidents in eight wood-processing companies. *Accident Analysis & Prevention*, 32(6), 761-769.

Wiegmann, D. A., & Shappell, S. A. (2017). *A human error approach to aviation accident analysis: The human factors analysis and classification syste*m. Routledge.

Wirth, O., & Sigurdsson, S. O. (2008). "When workplace safety depends on behavior change: Topics for behavioral safety research", *Journal of safety Research*, 39(6), pp. 589-598.

WorkSafe New Zealand (2016). Worker Engagement, Participation and Representation.

Xia, N., Zou, P. X., Liu, X., Wang, X., & Zhu, R. (2018). A hybrid BN-HFACS model for predicting safety performance in construction projects. *Safety science, 101*, 332-343.

Yang, J., & Kwon, Y. (2022). "Human factor analysis and classification system for the oil, gas, and process industry", *Process Safety Progress*, pp. 1-9.

Yeow, P. H., & Goomas, D. T. (2014). Outcome-and-behavior-based safety incentive program to reduce accidents: A case study of a fluid manufacturing plant. *Safety Science, 70*, 429-437.

Yule, S. (2003). Safety culture and safety climate: A review of the literature. *Industrial Psychology Research Centre*, 1-26.

Mark, Middlesworth. (2015). Do You Have an Awesome Safety Culture? Retrieved from: URL: https://www.shrm.org/resourcesandtools/hr-topics/risk-management/pages/awe-some-safety-culture.aspx.

OSHA. (2014). 2014 National Safety Stand-Down Press Coverage. Retrieved from: URL: https://www.osha.gov/stop-falls-stand-down/highlights/2014/press.

제6장

위험요인 관리

Safety Management

제6장   위험요인 관리

I. 일반적인 위험

1. 고소작업(Working at Heights)

1.1 정의

고소작업은 잠재적으로 넘어져 부상을 입을 수 있는 모든 작업을 말한다. 사다리, 지붕 가장자리, 바닥의 개구부 및 통로 등 다양한 장소가 고소작업의 범주에 포함된다. 고소작업은 높은 곳에서 작업한다는 것으로 사람이 멀리 떨어진 곳에서 떨어져(이하 추락) 심각한 부상을 입는 것으로 이를 방지하기 위해 필요한 예방 조치가 필요하다.

1.2 왜 추락(fall)하는가?

세계보건기구(WHO, 2010)는 추락을 "사람이 부주의로 땅이나 바닥 또는 기타 낮은 곳으로 떨어지는 사건"이라고 정의했다. 물건이나 사람이 추락을 하는 이유는 바로 중력(gravity)이 있기 때문이다. 중력은 모든 물질을 끌어당기는 힘이다. 지구상의 모든 물체는 물질로 이루어져 있다. 물질은 무게가 있고 공간을 차지하는 모든 것이다. 그리고 물질로 만들어진 모든 것은 중력을 가진다. 지구에 있는 우리에게 중력이 있다는 것은 지구 표면에 머물기 위해 아래로 당겨지는 것을 의미한다.

사람이 추락을 할 경우 중력가속도[1]에 따라 속력은 빠르게 증가한다. 사람이 약 5미터에서 지면으로 떨어지는 시간은 약 1초 정도가 소요되고, 약 10미터에서 지면으로 떨어지는 시간은 약 1.4초가 된다. 그리고 약 30미터에서 지면으로 떨어지는 시간은 약 2.5초 정도

---

[1] 물체에 작용하는 중력에 의해 생기는 시간당 속도의 변화량이다. 중력은 이 가속도와 질량으로 표시된다. 중력의 가속도는 장소에 따라서 약간의 차이가 있으며 북위 45°의 평균 해면에 있어서의 중력을 기준으로 한 표준 중력 가속도(standard value of gravitational acceleration) $g = 9.80665m/s^2$가 정해져 있다.

소요된다.

1.3 사고통계

높은 곳에서 떨어지는 추락 사고는 선진국과 개발도상국 등의 건설 현장에서 치명적인 사고의 원인이 된다. 여러 국가의 통계를 직접 비교할 수는 없지만 문제의 중요성은 분명하다. 건설현장에서 추락으로 인한 사망 점유율은 영국이 49%(HSE, 2019), 미국이 33.5%(OSHA, 2020), 브라질이(CBIC, 2019) 32% 그리고 케냐가 15%(Kemei et al., 2016)를 차지하고 있다. 한편 한국의 경우 2021년 기준 건설현장에서 추락으로 인한 사망자는 248명으로 건설현장 전체 사망인 551의 45%(Korean Statistical Information Service, KOSIS)를 차지하고 있다. 건설업을 포함한 국내 모든 산업에서 발생한 산업재해자수를 3년간(2021년, 2020년 그리고 2019년) 평균을 해 보면 113,445명에 달한다. 이중 추락과 관련한 산업재해자수를 3년간 평균을 해 보면 14,761명으로 약 13%를 차지한다.

해외와 국내 등의 산업재해 통계에 따르면, 추락재해는 그 수가 많을 뿐 아니라 발생하면 치명도가 높은 것이 특징이다.

1.4 위험요인

높은 곳에서 수행되는 모든 작업에 대한 위험을 통제하기 위해서는 세 가지 우선 순위를 선정하여 적용해야 한다. 세 가지 우선 순위는 고소 작업 예방, 근로자 추락 방지 및 추락에 대한 위험 감소조치 시행이다. 1) 높은 곳이 아닌 곳에서 작업 수행(예: 가능한 최대의 노력을 들여 높은 곳이 아닌 지면에서 시행한다. 공장이나 지상에서 사전에 조립하거나 설치한 후 지상으로 옮기는 형태의 작업 등) 2) 어쩔 수 없이 고소 작업을 시행해야 한다면 합리적으로 실행 가능하도록 사람의 부상을 막을 수 있는 충분한 조치를 취한다(안전난간 설치 등). 3) 추락할 것을 대비하여 추락을 해도 부상을 입지 않도록 하는 추가적인 안전장치 설치(에어백 또는 안전망 등).

1.5 고소작업 위험성(risk) 감소조치

위험성결정에 따라 위험성 감소조치는 (1) 위험 제거, (2) 위험 대체, (3) 공학적 대책 사용, (4) 행정적 조치 그리고 (5) 보호구 사용 등의 우선순위를 적용한다.

(1) 위험제거(hazard elimination)

추락 위험을 제거하는 것은 높은 곳에서 추락하는 것을 방지하는 최초이자 최선의 방어이다. 이를 위해서는 작업장과 작업 프로세스 자체에 대한 신중한 평가가 필요하다.

기본적으로 안전하지 않은 작업 절차에 안전을 나중에 추가하려는 것이 아니라 안전과 건강을 작업 프로세스에 결합하는 방안이 필요하다. 사업장 설계, 건설 및 유지 관리는 추락 위험에서 근로자를 보호하기 위해 위험을 제거하거나 최소화하는 데 크게 기여할 수 있다. 안전 설계(Desing for Safety, DfS)에는 시설, 하드웨어, 시스템, 장비, 제품, 도구, 재료, 에너지 제어, 레이아웃 및 구성을 포함한 모든 디자인을 포함한다. 이러한 설계를 통해 고소작업을 줄이는 방안을 마련한다. 지면에서 지붕, 벽체 및 트러스 조립, 사전에 구조화를 통한 조립식 건축물, 지면에서 물품에 접근할 수 있도록 선반 높이 조정 등은 안전한 설계 사례이다. 아래와 같이 위험제거 현장 사례를 살펴본다.

가. 교량 하부구조에 PC(Precast Concrete)공법 적용

교량 하부구조 전체에 PC(Precast Concrete)공법 적용이 가능한 조립식 교각시스템을 개발하고 하는 등 건설현장의 탈현장시공(OSC)이 증가하고 있다. 탈현장시공(Off-Site Construction, 이하 OSC)은 건물의 자재와 구조체 등을 사전에 제작한 후 건설현장에서 조립하는 기술로, 현장생산방식(On-site)에서 공장생산방식(Off-site)의 전환을 의미한다. PC공법은 탈현장시공의 일환으로 기둥, 보, 슬라브 등의 콘크리트 구조물을 공장에서 제작한 후 건설현장으로 옮겨 조립하는 시공 방식이다.

기존 교량공사에서는 교량의 상부구조만 PC공법이 가능했으며, 교량의 하부구조는 현장에서 철근을 조립하고 콘크리트를 타설하는 방식을 사용했다. 이로 인해 인력, 장비, 자재 등 현장 운영 효율성이 저하되는 한편, 안전사고에 대한 우려 및 도심지 교량공사에서의 교통 혼잡, 민원 등의 사례가 빈번했다.

이러한 문제점을 해결하기 위해 교량의 하부구조를 구성하고 있는 피어캡(Pier-Cap, 기둥 위에 설치되어 상부구조를 지지하는 구조물)과 기둥을 포함, 교량의 하부구조 전체를 PC공법으로 제작할 수 있는 조립식 교각시스템을 개발하고 실물 모형에 대한 구조성능실험이 완료되었다. 교량의 하부구조를 구성하고 있는 피어캡과 기둥을 공사 현장이 아닌 공장에서 맞춤형으로 사전 제작함에 따라 품질관리 및 내구성이 향상됨은 물론, 기초판과 공사를 병행할 수 있어 기존 방식에 비해 공기 단축과 효율적 예산 운영이 가능하다. 야간에도 단시간 작업으로 시공을 마칠 수 있어 도심지 교량공사에서의 교통 혼잡 및 환경 관련 민원이 감소할 것으로 예상되며, 작업 인력이 교량 위에서 작업하는 공정이 축소됨에 따라 안전사고 예방에도 효과적일 것으로 기대된다. 교량 및 방파제 공사 등 토목공사 외에 건축분야에서도 PC공법을 적용하는 등 건설현장의 탈현장시공(OSC)이 증가하고 있다.

나. 드론을 사용하여 추락위험 제거

정유 공장의 플레어 스택(flare stack)[2] 정비, 지붕, 풍력 터빈, 광산 또는 굴뚝 등을 검사해야 하는 사람들은 다양한 위험 요인에 노출되어 있다. 그들은 정기적으로 점검과 확인을 위해 높은 장소에 빈번하게 오른다. 이런 곳에 드론을 사용하면 안전하게 점검과 확인을 할 수 있다. 사람은 위험이 없는 구역에서 높은 곳에 설치된 설비나 장비를 드론으로 점검하고 그 결과를 분석할 수 있다. 분석 데이터는 종종 3D 이미지를 통해 관심 영역을 캡처할 수 있다.

(2) 위험대체(hazard substitution)

고소작업을 없애기 어렵다면 고소작업에 존재하는 추락의 위험을 줄이는 방안을 검토한다. 높은 곳에 설치된 장비, 설비, 측정기기 및 밸브 등을 지면에서 가깝게 배치하거나, 사다리를 사용하지 않고 진입 계단을 설치하는 방안을 검토한다. 사업장 어느 곳에서나 사다리를 사용하지 않도록 설계하고 시공하는 것은 고소작업에서 발생할 수 있는 추락사고를 예방할 수 있는 지름길이다.

(3) 공학적 대책 사용(engineering control)

고소작업을 없애기 어려운 상황에서 높은 곳에서 작업을 수행해야 한다면, 공학적 대책을 사용하여 고소작업의 추락 위험을 줄일 수 있다. 여기에는 안전난간대 설치, 개구부 방호조치 및 작업발판을 설치하는 등의 방안이 있다.

가. 고소작업 지역에 안전난간대 설치

① 발전소 상분리 모선(Isolated Phase Busduct)[3] 주변에 안전난간대가 설치되어 있다. 법기준인 상부와 중간 난간대 사이에 추가적인 난간 구조를 설치하였다.

---

2) 배기가스연소탑 혹은 배기가스연소기(배기가스연소설비, 배기가스연소장치, 배출가스연소탑, 배출가스 연소장치, 연소기, 연소설비, 잉여가스연소기, 연소시험장치, 플레어스택 등으로 번역됨)라고 부른다. 이 시설은 배기가스를 연소하는 장치이며, 석유 정유소, 화학 공장, 천연가스 처리공장, 석유/가스 생산지, 유정(oil wells), 가스정(gas wells) 등 산업용 공장에서 사용된다.
3) 발전기의 부속설비로, 발전기 단자에서 외부로 전류를 인출하기 위해 특수하게 제작된 모선이다. 용량이 작은 발전기는 케이블을 채용하나 대용량 발전기는 각 상의 모선을 금속용기 안에 넣고 각 상을 분리하는 상분리모선을 채용한다.

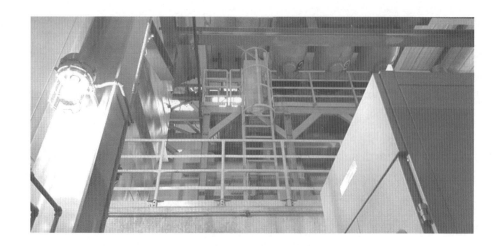

② 발전소 공기 흡입구(air intake) 주변에 가설비계가 설치되어 있다. 가설비계에는 안전난간대가 설치되어 있고, 추락사고를 예방하기 위하여 근로자는 가설비계 내부로만 이동할 수 있는 구조로 설치되어 있다.

나. 개구부 방호조치

사람이 떨어질 수 있는 공간에 덮개를 설치하는 등의 개구부 방호조치를 시행한다.

① 개구부 방호조치 사례

아래 개구부 방호조치는 다양한 크기의 개구부를 방호할 수 있도록 방호조치 장치의 크기가 조정이 가능하다.

② 승강구 방호조치

아래 그림은 개구부 주변 승강구 타입의(hatch rail gate) 방호조치 사례이다. 건설현장이나 운영현장의 개구부 주변에 영구적인 개구부 방호조치를 하고, 근로자가 안전하게 출입할 수 있는 구조로 되어 있다.

다. 작업발판 설치

비계구조에서 근로자가 안전하게 이동하고 작업공간을 확보하기 위하여 작업발판을 설치해야 한다. 작업발판은 비계에 견고하게 고정되어 있어야 하고, 작업발판 사이의 간격이 3cm 이하가 되도록 설치한다. 발판 폭은 40cm 이상 그리고 발판간격 틈새는 3cm 이하가 되도록 한다.

(4) 행정적 조치(administrative control)

행정적 조치는 근로자에게 추락 위험에 대한 인식을 높이는 작업 관행 또는 절차이다. 행정적 조치는 물리적 또는 적극적인 보호 수단을 제공하지 않기 때문에 효과적인 대안이라고 보기 어렵다는 것을 인식해야 한다. 행정적 조치는 일반적이고 비용 소요가 적은 방식의 통제 수단이다. 안전 절차는 서면으로 작성되어 조직의 공식적인 체계로 공지되어야 하며, 조직은 근로자에게 안전 절차를 교육하고 그 근거를 유지하여야 한다. 일반적인 행정적 조치에는 경고 신호, 출입 금지 구역 설정 그리고 안전한 작업 지침과 절차를 수립하고 운영한다.

(5) 보호구 사용(PPE)

위험성 감소조치 중 가장 효과가 적은 보호구 사용과 관련한 내용이다. 이 조치는 사람의 행동에 의존하므로 그 효과가 크지 않다. 더욱이 사람들에 대한 지속적인 교육이 필요하다. 추락과 관련한 보호구는 사람이 추락한 이후 보호하는 추락탈피 시스템(fall arrest system)과 사람이 추락하지 않도록 하는 추락억제 시스템(fall restraint systems)으로 구분하여 설명한다.

가. 추락탈피 시스템(fall arrest system)

추락탈피 시스템은 추락이 발생할 수 있지만 허용 가능한 힘과 여유 공간 내에서 추락을 저지하는 방식이다. 추락탈피 시스템은 허용 가능한 수준의 힘 내에서 근로자가 떨어지는 것을 막아야 하고 주변 구조물이나 지면에 닿지 않도록 해야 한다. 추락탈피 시스템은 풀바디 하네스(full body harness), 충격흡수장치(shock absorber) 렌야드(lanyard), 고정점(anchorage or structural support) 및 생명선(life line)으로 구성된다. 아래 그림은 추락의 위험이 있는 발전소 시설 점검 근로자가 추락방지 시스템을 적용한 사례이다.

작업현장의 조건에 따라 충격흡수장치와 렌야드를 추가로 보유해야 하는 경우가 있다. 아래의 사진은 주차설비 유지보수 작업자가 하나의 팔레트에서 다른 팔레트로 이동 시 두 개의 충격흡수장치와 렌야드를 사용하여 추락할 수 있는 빈도를 줄이는 모습이다. 즉, 하나의 팔레트에서 하나의 충격흡수장치와 렌야드를 걸고, 또 다른 충격흡수장치와 렌야드를 이동하려고 하는 팔레트에 거는 것이다. 그리고 처음에 걸었던 충격흡수장치와 렌야드를 풀고 또 다른 팔레트로 이동하는 방식이다.

추락탈피 시스템을 사용하기 위해서는 충격흡수장치와 렌야드를 거는 지지점이 사람이 추락하는 하중을 견딜 수 있는 구조여야 한다. 아래 사진은 승강기 설치 공사 현장에서 사용하는 특수 지지점(휴대용 생명선 브라켓. Portable life line bracket)으로 약 2.5톤의 하중을 견딜 수 있는 검증된 구조이다.

아래 사진은 작업자가 검증된 지지점, 생명선 그리고 추락탈피 시스템을 체결한 모습이다.

① 추락탈피 시스템 사용 시 최소 안전거리 확보

여기에서 주의해야 할 점은 추락탈피 시스템을 사용하기 위해서는 지지점으로부터 최소한의 안전거리가 필요하다는 것이다. 다음 그림은 추락이 발생한 이후 최소한으로 필요한 안전거리는 약 5.3미터(17feet) 정도이다. 최소한의 추락거리를 계산하는 식은 아래 그림과 같으며, RD(Required Distance)＝LL(Length of Lanyard)＋DD(Deceleration Distance)＋HH(Height of suspended worker)＋C(Safety factor)이다. 만약 전술한 최소한의 안전거리를 확보하지 않고 근로자가 추락방지 시스템을 사용할 경우, 근로자는 추락하면서 바닥과의 충돌 또는 구조물 충돌 등으로 인해 치명적인 사고를 입을 수 있다.

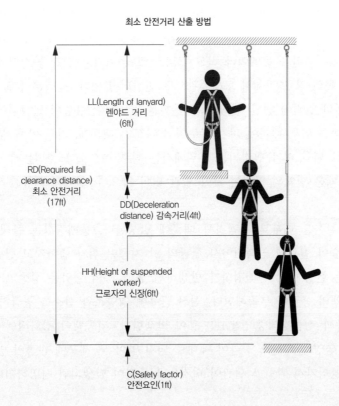

최소 안전거리 산출 방법

② 매달림 트라우마(Suspension trauma)

심장은 우리가 생을 마칠 때까지 쉬지 않고 뛴다. 매일 총 길이 96,000km에 이르는 혈관에 혈액을 펌프질하여 보내는 심장의 운동량을 계산하면 30,000kg의 무게를 높이 8,000m의 에베레스트 산 정상까지 밀어 올린다. 심장 박동에 의해 밀려 나간 혈액이 우리의 몸을 한 바퀴 도는데 걸리는 시간은 약 1분이다. 심장이 한 번 박동하여 내보내는 혈액의 양이 약

70mL이고 1분에 약 70회 박동을 한다. 따라서 심장은 1분 동안에 70mL×70회＝4900mL, 약 5L 정도의 혈액을 밀어낸다.

사람의 심장은 주먹만한 크기로 무게는 300g 정도이다. 심장은 2심방 2심실의 구조를 하고 있다. 온몸을 돌아온 혈액은 우심방으로 들어가고, 우심방에서 우심실로 내려가며, 우심실에서 허파로 가고, 허파에서 좌심방으로 들어가며, 좌심방에서 좌심실로 내려가고, 좌심실에서 온몸으로 나간다.

심장에는 혈액이 거꾸로 흐르지 않고 한쪽 방향으로만 흐르도록 판막(밸브)을 가지고 있다. 우심방과 우심실 사이에는 삼첨판, 좌심방과 좌심실 사이에는 이첨판, 우심실(좌심실)과 폐동맥(대동맥) 사이에는 반달판(반월판)이라는 4개의 판막이 있다. 판막이 늘어나면 일단 나간 혈액이 도로 역류되는 상황이 벌어지고, 반대로 좁아지면 혈액이 정상적으로 나가지를 못한다.

심장에서 나가는 혈관을 동맥이라 하고, 심장으로 들어가는 혈관을 정맥이라 하며, 동맥과 정맥은 우리 몸의 각 조직에서 모세혈관으로 연결되어 있다. 동맥은 심실의 수축에 의해 밀려나오는 혈액의 압력에 견딜 수 있도록 두꺼운 탄력성 섬유층이 발달되어 있다. 동맥이 다치면 혈액의 높은 압력 때문에 피가 분수처럼 나오기 때문에, 피부 안에 깊이 분포하면서 보호된다. 그러나 뼈와 뼈가 연결되는 부위에서는 피부 쪽으로 노출되는데 그 곳에서 맥박이 감지된다. 정맥은 혈액의 압력이 낮아 혈관 벽이 얇으며, 혈액의 역류를 막기 위해 판막을 가지고 있다.

심장과 혈관 질환은 대부분 동맥경화 때문에 발생한다. 동맥경화는 콜레스테롤과 같은 지방 성분과 칼슘이 혈관에 침적되어서 혈관의 안 지름이 점차 좁아지고 단단히 굳어져 탄력성이 없어지는 현상이다. 동맥경화가 발생하면 동맥 쪽의 혈압은 상승하고 심장이나 뇌조직 등에는 혈액의 공급이 부족해진다. 심장 근육에 영양소와 산소를 공급하는 관상동맥이 경화되면 협심증과 심근경색증(심장마비) 등이 발생한다. 뇌동맥이 경화되어 막히면 뇌졸중이 생기며 뇌에 영양소와 산소 공급이 제대로 되지 않아 뇌 세포에 손상이 발생되고, 또 뇌동맥의 혈압이 올라가서 약한 뇌혈관이 터지는 뇌출혈이 발생되면 사망하거나 중풍의 원인이 된다.

풀 바디 하네스(full body harness)와 충격흡수장치(shock absorber) 렌야드(lanyard)를 착용한 사람이 추락으로 인해 허공에 매달리는 경우, 아래 그림과 같이 사람의 양 다리에 착용된 풀 바디 하네스의 쪼임으로 인해 혈액순환 장애를 입게 된다. 이러한 상태로 3분이 경과하면 현기증을 느끼고, 5분에서 30분 사이에는 의식을 상실하는 것으로 알려져 있다. 그리고 15분에서 40분 사이에는 혈액순환 장애로 인해 사망에까지 이를 수 있다. 이러한 상황을 매달림 트라우마라고 한다.

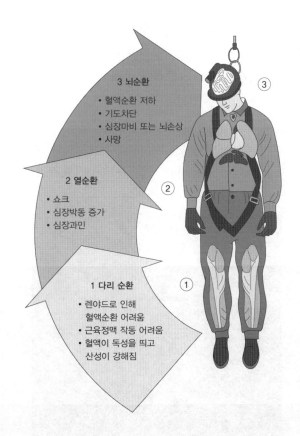

이러한 매달림 트라우마를 예방하기 위해서는 먼저 추락한 사람을 안전하게 구조할 방안을 마련해야 한다.

● 매달림 트라우마 완화 줄 사용

추락이 발생하였을 때 별도로 준비된 줄을 잡아당겨 하네스로 인한 쪼임 현상을 완화할 수 있다.

● 매달림 근로자 구출 후 대응

근로자가 의식을 잃었는지 여부와 관계없이 구조팀은 피해자를 다룰 때 주의해야 한다. 구조 후 다리에서 갑자기 증가한 이산화탄소 포화 혈액 흐름에 의해 심장이 견디기 어려울 수 있다. 따라서 의식이 있든 없든 구조된 작업자를 수평 자세로 눕히지 말아야 한다. 구조된 작업자가 무릎을 가슴 가까이에 두고 앉은 자세를 유지하도록 한다. 이런 자세를 'W' 위치라고 한다. 산소가 부족한 혈액이 갑자기 심장으로 되돌아오는 것을 방지하기 위해 최소 30분 동안 'W'자세를 유지해야 한다.

나. 추락억제 시스템(fall restraint systems)

추락억제 시스템은 사람이 바디 벨트를 착용하고 추락을 하지 않도록 하는 장비이다. 즉, 추락탈피 시스템은 추락한 이후 사람을 보호하는 목적이 있지만, 추락탈피 시스템은 사람이 추락을 하지 않도록 하는 데 목적이 있다.

추락탈피 시스템과 추락억제 시스템의 큰 차이는 추락탈피 시스템에는 충격흡수 장치가 있는 반면, 추락억제 시스템에는 충격흡수 장치가 없다는 것이다. 아래 사진은 특별하게 제작된 지지점에 추락억제 시스템을 적용하고 있는 근로자의 모습이다.

2. 밀폐공간

2.1 정의

사업장 내 사람이 상주할 목적으로 설계되지는 않았지만, 사람이 특정 작업을 수행하기 위해 머무는 장소를 밀폐공간이라고 한다. 밀폐공간은 질식을 일으킬 수 있는 장소로 기본적으로 환기와 산소가 부족하고, 유해가스 등의 위험한 공기가 있는 장소이다. 산업안전보건기준에 관한 규칙에서는 질식을 일으킬 수 있는 장소를 밀폐공간이라고 정의하고 있으며, 밀폐된 공간에는 탱크, 선박, 사일로, 보관함, 호퍼, 금고, 피트, 맨홀, 터널, 장비 하우징, 덕트 및 파이프라인 등이 포함되지만 여기에 국한하지 않는다. 밀폐공간은 사방이 완전히 막힌 장소, 한쪽 면이 열려 있어도 환기가 부족한 장소 그리고 유해가스가 해당 공간에 머무르고 있을 수 있는 모든 공간을 밀폐공간이라고 정의할 수 있다.

2.2 밀폐공간의 종류

산업안전보건기준에 관한 규칙에 따르면 밀폐공간의 종류는 아래 표와 같다.

No	종류
1	지층에 접하거나 통하는 우물·수직갱·터널·잠함·피트 또는 그밖에 이와 유사한 것의 내부 가) 상층에 물이 통과하지 않는 지층이 있는 역암층 중 함수 또는 용수가 없거나 적은 부분 나) 제1철 염류 또는 제1망간 염류를 함유하는 지층 다) 메탄·에탄 또는 부탄을 함유하는 지층 라) 탄산수를 용출하고 있거나 용출할 우려가 있는 지층
2	장기간 사용하지 않은 우물 등의 내부
3	케이블·가스관 또는 지하에 부설되어 있는 매설물을 수용하기 위하여 지하에 부설한 암거·맨홀 또는 피트의 내부
4	빗물·하천의 유수 또는 용수가 있거나 있었던 통·암거·맨홀 또는 피트의 내부
5	바닷물이 있거나 있었던 열교환기·관·암거·맨홀·둑 또는 피트의 내부
6	장기간 밀폐된 강재(鋼材)의 보일러·탱크·반응탑이나 그 밖에 그 내벽이 산화하기 쉬운 시설(그 내벽이 스테인리스강으로 된 것 또는 그 내벽의 산화를 방지하기 위하여 필요한 조치가 되어 있는 것은 제외한다)의 내부
7	석탄·아탄·황화광·강재·원목·건성유(乾性油)·어유(魚油) 또는 그 밖의 공기 중의 산소를 흡수하는 물질이 들어 있는 탱크 또는 호퍼(hopper) 등의 저장시설이나 선창의 내부
8	천장·바닥 또는 벽이 건성유를 함유하는 페인트로 도장되어 그 페인트가 건조되기 전에 밀폐된 지하실·창고 또는 탱크 등 통풍이 불충분한 시설의 내부
9	곡물 또는 사료의 저장용 창고 또는 피트의 내부, 과일의 숙성용 창고 또는 피트의 내부, 종자의 발아용 창고 또는 피트의 내부, 버섯류의 재배를 위하여 사용하고 있는 사일로(silo), 그 밖에 곡물 또는 사료종자를 적재한 선창의 내부
10	간장·주류·효모 그 밖에 발효하는 물품이 들어 있거나 들어 있었던 탱크·창고 또는 양조주의 내부
11	분뇨, 오염된 흙, 썩은 물, 폐수, 오수, 그 밖에 부패하거나 분해되기 쉬운 물질이 들어있는 정화조·침전조·집수조·탱크·암거·맨홀·관 또는 피트의 내부
12	드라이아이스를 사용하는 냉장고·냉동고·냉동화물자동차 또는 냉동컨테이너의 내부
13	헬륨·아르곤·질소·프레온·탄산가스 또는 그 밖의 불활성기체가 들어 있거나 있었던 보일러·탱크 또는 반응탑 등 시설의 내부
14	산소농도가 18퍼센트 미만 23.5퍼센트 이상, 탄산가스농도가 1.5퍼센트 이상, 일산화탄소농도가 30피피엠 이상 또는 황화수소농도가 10피피엠 이상인 장소의 내부
15	갈탄·목탄·연탄난로를 사용하는 콘크리트 양생장소(養生場所) 및 가설숙소 내부

16	화학물질이 들어있던 반응기 및 탱크의 내부
17	유해가스가 들어있던 배관이나 집진기의 내부
18	근로자가 상주(常住)하지 않는 공간으로서 출입이 제한되어 있는 장소의 내부

2.3 밀폐공간의 위험성

밀폐공간이 위험한 이유는 산소부족이나 유해가스 등이 존재하기 때문이다. 위험성이 있는 밀폐공간에서는 저장용기나 저장물질의 산화, 불활성 가스의 사용, 미생물의 증식이나 발효 또는 부패, 유해가스의 누출 또는 유입 그리고 연료 사용으로 인한 연소가 발생한다.

(1) 저장용기나 저장물질의 산화

저장용 탱크 내벽 또는 저장물이 산화되거나 반응하는 과정에서 공기 중 산소를 소모하여 탱크 내부를 산소부족 상태로 만든다. 철재 탱크 내에 물기가 있거나 장기간 밀폐되면 내벽이 산화(녹이 스는 현상)되면서 탱크 내부의 산소를 고갈시킨다. 석탄, 강재, 고철 등은 상온에서도 공기 중의 산소를 고갈시킨다. 그리고 아마유, 보일(Boil)유 등의 도료용 건성유는 건조, 경화될 때 다량의 산소를 소비하며, 대두유, 유채유와 같은 불포화 지방산을 함유한 식물성 식용유도 공기 중 산소와 결합한다.

(2) 불활성가스의 사용

설비 중에는 질소, 아르곤 등 불활성가스를 사용하기도 하는데 공기 중 불활성가스가 차지하는 만큼 산소를 밀어내 산소부족 상황을 만든다.

(3) 미생물의 증식이나 발효 또는 부패

오폐수처리장, 정화조, 음식물쓰레기처리 탱크, 곡물을 담은 사일로, 항온실 등 미생물 증식이나 유기물의 부패·발효 등의 과정에서 공기 중 산소를 소모하거나 황화수소, 이산화탄소, 메탄 등을 발생시킨다.

(4) 유해가스의 누출 또는 유입

유해가스 배관이 연결되어 있는 장소나 이를 취급하는 장소에서 의도하지 않은 누출이나 유입은 해당 장소를 위험한 공기 상태로 만든다.

(5) 연료 사용

연료의 연소 과정에서 기본적으로 산소를 소비하므로 산소부족 상황을 일으킬 수 있으며, 일부 불완전 연소 과정에서 일산화탄소가 발생하여 중독을 일으킨다.

2.4 산소결핍과 유해가스의 위험성

산소결핍, 황화수소(H2S) 중독, 일산화탄소 중독 및 그 밖의 유해가스의 위험성을 알아본다.

(1) 산소결핍

대기 중의 정상적인 산소농도는 약 21%이다. 이 산소농도가 18% 미만으로 떨어지면 산소결핍증을 일으킨다. 특히, 산소농도가 매우 낮은 상황에서는 한 번의 호흡만으로도 순간적으로 폐 내 산소 분압이 떨어지면서 뇌 활동이 정지되어 의식을 잃게 된다. 호랑이 굴에 들어가도 정신만 차리면 된다는 속담은 밀폐공간에서는 결코 통하지 않는다. 호흡정지 시간이 4분이면 살아날 가능성은 절반으로 줄어들고, 6분 이상이면 생존 가능성이 없다. 빨리 구조하더라도 후유증으로 언어장해, 운동장해, 시야 협착, 환각, 건망증, 성격이상 등이 남을 수 있다. 아래 그림은 산소 농도 별 인체에 미치는 영향을 보여준다.

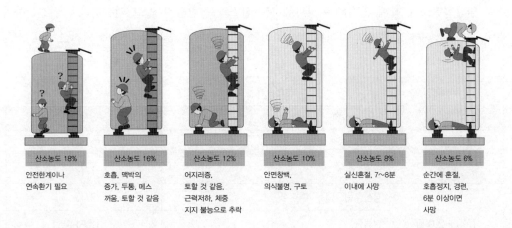

산소농도 18%	산소농도 16%	산소농도 12%	산소농도 10%	산소농도 8%	산소농도 6%
안전한계이나 연속환기 필요	호흡, 맥박의 증가, 두통, 메스꺼움, 토할 것 같음	어지러증, 토할 것 같음, 근력저하, 체중 지지 불능으로 추락	안면창백, 의식불명, 구토	실신혼절, 7~8분 이내에 사망	순간에 혼절, 호흡정지, 경련, 6분 이상이면 사망

(2) 황화수소(H2S) 중독

황화수소는 계란 썩는 냄새가 나는 가스로 화학산업에서 사용하기도 하지만, 미생물이 유기물을 분해하는 과정에서도 발생하여 중독을 일으킨다. 낮은 농도에서는 가벼운 자극을 주는 정도이지만 고농도에서는 폐조직을 손상시키거나 호흡을 마비시켜 사망에 이르게 한다. 아래 표는 황화수소 농도별 인체에 미치는 영향을 요약한 내용이다.

농도(ppm)	건강영향	노출시간
10	8시간 작업 시 노출기준	8시간
50~100	가벼운 자극(눈, 기도)	3시간

200~300	상당한 자극	1시간
500~700	의식불명, 사망	30분~1시간
>1,000	의식불명, 사망	수분

분뇨나 오·폐수, 펄프액 등이 있는 장소에서 황화수소가 특히 위험한 이유는 가만히 놔둘 때는 황화수소가 적게 발생할 수 있지만 이를 밟고 다니거나, 휘젓거나 섞으면 녹아있던 황화수소가 순간 고농도로 발생하여 치명적인 영향을 줄 수 있다. 이것을 거품효과(Soda can effect)[4]라고 부른다.

(3) 일산화탄소(CO) 중독

일산화탄소는 무색·무취의 기체로 주로 고체연료 등이 불완전 연소되면서 발생하여 중독을 일으킨다. 혈액 내 헤모글로빈은 공기 중 산소와 결합하여 온몸에 산소를 운반하게 되는데, 산소와 일산화탄소가 함께 존재하는 상황에서는 산소와 결합하지 않고 일산화탄소와 결합하여 결국 체내 산소부족 상황을 일으킨다. 아래 표는 일산화탄소 농도별 인체에 미치는 영향이다.

농도(ppm)	건강영향	노출시간
30	8시간 작업 시 노출기준	8시간
200	가벼운 두통과 불쾌감	3시간
600	두통, 불쾌감	1시간
1,000~2,000	정신혼란, 메스꺼움, 두통	2시간
	현기증	1.5시간
	심계항진(두근거림)	30분
2,000~2,500	의식불명	30분

(4) 그 밖의 유해가스의 위험성

산업현장에서는 다양한 가스를 직접 사용하기도 하고, 부산물로서 발생한다. 이러한 가스들은 그 자체의 독성으로 근로자 건강에 영향을 주기도 하지만 밀폐된 공간에 많은 양이 존재할 경우에는 그만큼 공기량이 줄어 산소부족상황을 일으킨다. 아래 표는 그 밖의 유해가스의 주된 위험, 외관 및 냄새이다.

---

4) 탄산 캔 음료를 흔들어 따면 거품이 넘쳐 나오는 것처럼 분뇨, 오수, 펄프액 및 부패하기 쉬운 물질을 휘저을 경우 녹아 있던 황화수소, 암모니아, 탄산가스가 급격히 발생하는 현상을 말한다.

유해가스	주된 위험	외관 및 냄새
아르곤(Ar)	• 산소 치환 • 바닥에 축적 가능	무색, 무취
질소가스(N_2)	• 산소 치환	무색, 무취(징후 없음)
이산화탄소(CO_2)	• 산소 치환 • 유독성 • 바닥에 축적 가능	무색, 무취
염소(Cl_2)	• 유독성-폐와 눈 자극 • 바닥에 축적 가능	녹황색, 톡 쏘는 냄새
이산화질소(NO_2)	• 유독성-폐에 심한 자극 • 바닥에 축적 가능	적갈색, 쏘는 냄새
이산화황(SO_2)	• 유독성-폐에 심한 자극 • 바닥에 축적 가능	무색, 썩은 냄새
휘발유증기	• 화재와 폭발 • 바닥에 축적 가능	무색, 달콤한 냄새
메탄(CH_4)	• 화재와 폭발 • 상부에 축적 가능	무색, 무취(징후 없음)

2.5 사고통계

최근 10년간 밀폐공간 질식재해가 195건 발생하여 316명이 부상을 입거나 사망하였으며, 이러한 재해는 매년 지속적으로 발생하고 있다. 연평균 질식 사망자는 약 17명이다. 특히, 질식재해자 중 사망자가 차지하는 비율이 53.2%에 이르고 있어 2명 중 1명이 사망할 만큼 치명적이다. 아래 그림은 2011년부터 2020년까지 10년간의 질식재해 추이를 보여준다.

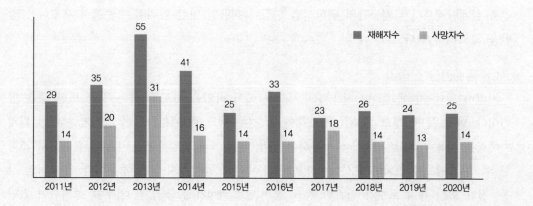

구분	계	2011	2012	2013	2014	2015	2016	2017	2018	2019	2020
발생 건수	195	17	26	28	27	19	19	14	15	16	14
재해 자수	316	29	35	55	41	25	33	23	26	24	25
사망 자수	168	14	20	31	16	14	14	18	14	13	14
부상 자수	148	15	15	24	25	11	19	5	12	11	11

(1) 업종별 질식사망자 발생현황

최근 10년간의 업종별 질식사망자 발생현황을 살펴보면, 건설업이 전체 68명(40.5%)를 점유하여 질식사망자가 가장 많이 발생하고 있다. 그리고 제조업(31%), 서비스업(17.3%), 농·축산업, 운수·창고(7.7%) 및 통신업(3.6%) 순으로 발생하고 있다.

(2) 유해인자별 질식사망자 발생현황

최근 10년간의 유해인자별 질식사망자 발생현황을 살펴보면, 황화수소에 의한 질식사망자가 48명(28.6%)로 가장 많았으며, 불활성가스 42명(25.0%), 단순 산소결핍 39명(23.2%), 일산화탄소 34명(20.2%) 순으로 많이 발생하고 있다.

2.6 밀폐공간 위험성(risk) 감소조치

(1) 위험제거(hazard elimination)

가. 밀폐공간 제거

밀폐공간 진출입으로 인한 위험자체를 제거하는 방법이 가장 우선시되어야 한다. 설비나 건축 설계단계부터 밀폐공간의 위험성을 현장에 적용할 만한 합리적 수준에서 제거하는 방안을 고려해야 한다.

나. 밀폐공간 진출입 제거

사람이 밀폐공간에 들어가지 않으면서 외부에서 작업을 하도록 하는 방안 또한 좋은 방법이다. 예를 들면, 탱크 내부를 청소해야 할 경우 탱크 내부로 사람이 들어가는 대신 원격 카메라를 사용하고 고압 호스를 사용하는 경우이다. 그리고 밀폐공간 내부에 원격으로 조작할 수 있는 밸브를 설치하여 사람이 밀폐공간 내부로 들어가지 않는 경우이다. 주기적인 작동, 점검 또는 유지 보수가 필요한 중요 장비(밸브, 게이지 등)를 공간 외부에 설치하여 진입이 필요하지 않도록 한다. 밀폐된 공간 외부에서 조작할 수 있도록 밸브 핸들을 확장한다. 밀폐공간인 탱크로 들어갈 필요가 없도록 별도의 인양장치를 설치한다.

(2) 위험대체(hazard substitution)

밀폐공간 자체를 없애거나 밀폐공간 진출입 사유를 없앨 수 없는 경우, 밀폐공간에 존재하는 독성물질을 독성이 없거나 독성이 덜한 물질로 대체하는 방안을 적용한다.

(3) 공학적 대책 사용(engineering control)

밀폐공간 진출입으로 인한 위험을 공학적인 수단을 사용하여 위험을 조기에 확인하거나 줄이는 방법이다. 자동 환기 시스템 설치, 산소농도와 유해가스 농도 측정기 설치 등이 공학적 대책에 해당한다.

(4) 행정적 조치(administrative control)

가. 밀폐공간 진출입 절차 마련

밀폐공간을 진출입하는 모든 사람을 대상으로 출입 허가 절차를 수립하고 적용하는 방안이다. 이 방안은 사전에 밀폐공간의 유해 위험을 확인하고, 해당 위험에 상응하는 다양한 절차를 적용하는 방식이다. 일반적으로 이 방안을 이행하는 사람은 관리자, 감독자, 감시자, 안전관리자 및 근로자이다. 안전작업 허가 시스템(Permit To Work, 이하 PTW System)은 밀폐공간에서의 안전한 작업을 위한 서면 절차이다.

사업장 존재하는 밀폐공간을 사전에 파악하여 목록화한다. 그리고 밀폐공간 진출입 공간에 밀폐공간 표지를 부착한다.

나. 특별교육 시행

밀폐공간에서 작업하는 근로자를 대상으로 특별교육을 실시하여야 한다. 특별교육 시간은 일용근로자의 경우 2시간 이상이며, 일용근로자를 제외한 근로자의 경우 16시간 이상 실시해야 한다(최초 작업에 종사하기 전 4시간 이상 실시하고, 12시간은 3개월 이내에서 분할하여 실시 가능). 교육 내용은 산소농도 측정 및 작업환경에 관한 사항, 사고 시의 응급처치 및 비상 시 구출에 관한 사항, 보호구 착용 및 사용방법에 관한 사항, 밀폐공간작업의 안전작업방법에 관한 사항 및 그 밖에 안전·보건관리에 필요한 사항이다.

(5) 보호구 사용(PPE)

밀폐공간의 위험을 완화하기 위해 합리적으로 실행 가능한 제어 조치를 사용할 수 없는 경우 보호구 사용이 최후의 방어선으로 간주될 수 있다. 예를 들어, 메탄과 황화수소가 존재하는 슬러지와 깊은 고인 물이 있는 하수도 시스템에 들어갈 때에는 밀폐공간 내부를 환기하는 것만으로는 부족할 수 있다. 이러한 장소는 신선한 공기 공급, 호흡기 보호 및 기타 통제 조치가 절대적으로 필요하다.

가. 호흡용보호구(공기호급기 또는 송기마스크)

호흡용보호구 착용장소는 유해가스가 지속적으로 발생하여 환기만으로 적정공기를 유지하기 힘든 경우, 탱크, 화학설비, 수도나 도수관 등 구조적으로 충분히 환기가 힘든 경우 및 응급상황이 발생하여 충분히 환기시킬 시간적 여유가 없는 경우 등이다. 밀폐공간은 장소가 협소하여 공기호흡기를 착용하고 들어가기 어려울 수 있다. 이 경우 외부에서 공기를 공급하는 방식의 송기마스크를 착용하는 것이 더 안전할 수 있다. 다만, 송기마스크의 송기라인이 꼬이거나 끊어지지 않도록 잘 관리하여야 하며, 정전 등으로 공기공급이 중단되는 경우가 없도록 대비하여야 한다.

나. 안전대와 구명줄

밀폐공간은 용기·탱크 등 시설 내부, 지하, 갱, 맨홀, 피트로 들어가는 경우 승강구나 오르내리는 사다리가 있을 수 있다. 따라서 들어가는 과정이나 내부에서 작업할 때 추락위험이 있다. 탱크 바닥이나 기타 습기 찬 환경의 바닥, 사다리 발판이 매우 미끄러울 수 있다. 이러한 추락위험에 대비하기 위해 안전대와, 구명 밧줄을 착용하여야 한다.

다. 구조용 삼각대

응급상황 발생 시 구조하기 위한 구조용 삼각대, 사다리, 섬유로프 등을 갖추어 두어야 한다.

3. 단독작업(Lone working)

3.1 정의

영국 안전보건청(HSE)에 따르면, 단독작업이란 직접적인 감독없이 혼자 일하는 사람들이 수행하는 작업으로 정의한다. 영국 노동인구의 약 22%(약 8백만 명)가 단독작업에 종사하는 근로자라고 알려져 있다. 그리고 전 세계적으로 약 13억 명이 단독작업에 종사한다고 알려져 있다(The International Data Corporation). IT시스템이 발전하고 다양한 사회 환경을 감안해 볼 때 이러한 단독작업은 지속적으로 증가할 것으로 예측된다. 단독작업은 다양한 종류로 분류하여 정의할 수 있다. 그리고 단독작업에 종사하는 근로자는 사무직 근로자, 엔지니어, 육체 근로자 등 다양하다. 그들은 아래의 표와 같은 지역에서 업무를 수행할 수 있다.

> - 고정된 근무지역에서 떨어져 스스로 작업을 수행하는 장소
> - 같은 지역 내에서 일하지만 동료의 시야와 소리가 들리지 않는 장소
> - 정상 근무 시간 외에 근무장소
> - 혼자 일하지만 대중과 함께 또는 인구가 밀집된 장소
> - 재택근무 장소
> - 근무 시간 동안 혼자 여행하는 장소
> - 일정 시간 동안 혼자 남겨진 장소 등

단독작업에 종사하는 근로자는 배달 종사자, 엔지니어, 부동산 중개업자, 청소부, 경비원, 주차단속관, 지역사회 간호사, 영업사원, 우체국 직원, 간병인, 사회복지사, 호텔 안내원, 주유소 운영자, 주택 담당관, 실험실 기술자 등이 있다.

3.2 사고통계

미국 노동통계국(BLS, Bureau of Labor Statistics)의 단독작업 관련 사고통계에 따르면, 2018년 민간 산업 고용주가 보고한 치명적이지 않은 작업장 부상 및 질병은 280만 건이었으며, 근로자가 하루 이상 결근해야 하는 부상 또는 질병은 900,380건이 보고되었다.

3.3 위험요인

단독작업 근로자는 일반작업 근로자와 유사한 유형의 위험에 직면하지만 모든 위험에 혼자 직면하기 때문에 더 취약하다. 단독작업 근로자는 손쉬운 표적으로 간주되기 때문에 폭력이나 보안에 더 취약할 수 있다. 사고나 기타 긴급 상황이 발생하면 도와주거나 도움을 요청할 사람이 없다. 단독작업과 관련한 위험요인에는 신체적 학대, 언어적 학대, 미끄러짐, 걸려 넘어짐, 떨어짐, 운전, 여행, 감전, 밀폐공간, 낙하물에 맞음, 화학물질 중독 및 구타 등 다양한 요인이 존재한다. 아래 내용은 전술한 내용을 비상대응 부족, 감독 부족, 안전하지 않고 예측할 수 없는 환경, 폭력에 노출 및 스트레스 등으로 구분하여 부연 설명한다.

(1) 비상 대응 부족

단독작업 근로자가 넘어지거나 부상을 당하는 등의 일이 발생하면 주변에 도와줄 사람이 없을 수 있다. 그리고 회사는 근로자의 부상 소식을 늦게 알 수 있어 적절한 시간 내에 도움을 주기 어렵다.

(2) 감독 부족

일반적인 사업장의 경우에는 관리자나 감독자가 주기적으로 현장을 방문하여 근로자의 건강상태나 안전한 작업 여부를 확인할 수 있다. 다만, 단독작업에 종사하는 근로자들을 주기적으로 만나는 데에는 어려움이 있다. 이에 따라 단독작업 근로자를 감독하기 어려운 것이 현실이다.

(3) 안전하지 않고 예측할 수 없는 환경

외딴 지역에 혼자 있는 단독작업 근로자는 다양한 조건과 환경에 노출되어 있다. 그리고 그 조건과 환경은 때때로 회사나 조직이 개선하기 어려운 것이 현실이다.

(4) 폭력에 노출

노동통계국 CFOI(Census of Fatal Occupational Injuries)에 따르면 2017년 미국에서 발생한 5,147건의 치명적인 작업장 부상 중 458건이 다른 사람에 의한 고의적 폭행 사례였다. 많은 단독작업 근로자는 불특정 다수와 함께 또는 주변에서 일하며 팀의 지원 없이 위협, 학대 및 폭력에 노출될 수 있다.

(5) 스트레스

팀과의 상호 작용 없이 단독작업의 원격 근무를 시행하므로 시간에 고립될 수 있다. 위험 수준이 높아지면 고립된 상태에서 작업하는 것이 개인의 정신 건강에 부정적인 영향을 미칠 수 있다. 정기적으로 단독작업에 종사하는 근로자는 정신건강에 해로운 영향을 입을 수 있다. 이로 인해 단독작업 근로자는 종종 동료들 간의 작업으로 얻을 수 있는 사회적 측면을 놓칠 뿐만 아니라 많은 사람들이 감독이나 지원의 부족으로 어려움을 겪을 수 있다. HR Magazine이 실시한 설문 조사에 따르면 근로자의 약 18%는 단독작업으로 인해 정신 건강에 부정적이라는 의견을 표출한 것으로 알려져 있다.

3.4 단독작업 위험성 감소조치

(1) 위험제거(hazard elimination)

가장 우선시해야 할 사항은 단독작업 자체를 없애는 방법이다. 다양한 방법을 검토하여 사람이 단독작업을 수행하지 않도록 하거나 그 빈도를 낮추는 방안을 마련해야 한다. 예를 들면, 가정에 있는 환자를 병원으로 모셔와 치료를 받게 한다면 단독작업의 위험은 제거될 것이다. 또는 근로자 혼자 방문하는 것보다는 2명이 방문한다면 그 위험성을 줄일 수 있는 방안이 될 것이다. 한편 어떠한 단독작업 장소에 자동 측정기를 설치하여 사람이 직접 단독작업 지역을 방문하지 않거나 그 횟수를 줄이는 방법이다. 그리고 단독작업 지역에 존재하는 위험요인 자체를 없애는 방법이다. 물류 회사 운전자가 피로할 수 있는 시간대를 파악하여 해당 시간대에는 운전을 하지 않는 방안도 대안이 될 수 있다.

(2) 위험대체(hazard substitution)

단독작업 자체를 없앨 수 없다면, 단독작업 지역에 존재하는 위험요인을 대체하는 방안을 검토해야 한다. 단독작업 지역에 존재하는 독성물질을 무해한 물질로 대체하는 방안도 좋은 예이다. 또한 독성, 가연성 또는 부식성이 적은 화학 물질 사용(예: 가연성 액체에서 가연성 액체로 변경), 덜 농축되도록 화학 물질을 희석(예: 작업장에서 위험물을 사용, 보관 또는 취급할 때 희석된 청소 제품 사용), 동일한 화학물질을 다른 형태로 사용(예: 먼지를 발생시키는 분말이 아닌 반죽과 같은 형태) 및 위험 등급이 없는 화학 물질 도입(예: 수성 페인트로 전환) 등의 방안이 존재한다.

(3) 공학적 대책 사용(engineering control)

위험제거 또는 위험대체가 불가능한 경우 공학적 대책을 사용해야 한다. 예를 들어 위험에 대한 노출 위험을 줄이기 위한 장벽, 난간 또는 환기 시스템 등을 설치한다.

(4) 행정적 조치(administrative control)

단독작업에 대한 위험성평가를 시행하여 존재하는 유해위험요인을 파악한다. 그리고 파악한 유해위험요인에 대한 적절한 빈도와 강도를 평가하여 적절한 위험성감소조치를 시행한다.

가. 단독작업 정책(Policy) 수립

단독작업의 위험성을 회사나 조직이 일관적으로 개선할 수 있는 방안은 최고경영자가 단독작업과 관련한 안전보건을 회사의 정책으로 삼아 운영하는 방안이다. 단독작업 정책은 혼자 작업에 대한 회사의 규칙을 설정하고 직원이 자신의 역할에 따른 위험을 이해하는 데 도움이 되는 지침이다. 또한 혼자서 안전하게 작업하는 방법에 대한 실용적인 조언과 지침을 제공해야 한다. 단독작업 정책에 포함할 수 있는 내용에는 단독작업의 종류와 유형 정의, 단독작업에 대한 안전확보 서약, 명확한 역할과 책임 및 사고보고 기준 등이다. 아래의 표를 참조하여 효과적인 정책을 수립할 수 있다.

- 간결한 정책 수립
단독작업 근로자가 정책을 이해하고 따르도록 하려면 정책을 최대한 간결하고 단순하게 유지해야 한다. 근로자가 이해할 수 있는 언어를 사용하고 그들에게 기대되는 바를 명확하게 설명한다. 명확성이 중요하므로 문서의 레이아웃과 사용할 언어를 고려한다.
- 정기적으로 업데이트
위험성평가 시행, 새로운 안전교육 과정, 비상대응, 관리감독 및 모니터링 및 스트레스 관리 등의 내용을 정책에 업데이트한다.

- 단독작업 근로자 참여 확대

정책에 단독작업과 관련이 있는 모든 근로자가 참여할 수 있는 분위기를 조성한다. 근로자의 위험 확인과 개선방안 수립이 중요하다는 인식을 하도록 지원한다. 근로자 참여가 확장될수록 단독작업 과 관련한 유해위험요인을 보다 활발하게 찾을 수 있다.

- 직접적인 용어 사용

단독작업 정책에 표현되는 언어는 직접적인 단어를 사용한다. '해야 한다' 또는 '할 수 있다'와 같 은 단어보다는 '당신은 반드시' 또는 '그것은 요구 사항이다...' 등으로 표현한다.

- 정책 게시 및 홍보

회사나 조직이 설정한 단독작업 정책을 모든 근로자가 볼 수 있는 장소에 게시한다. 그리고 회사 의 홈페이지 등에 이러한 내용을 공유한다.

나. 교육훈련 프로그램 마련

단독작업의 특징상 주변에 도움을 줄 동료가 없으므로 부상이나 폭력과 같은 불확실하고 예상치 못한 상황에 대처할 수 있는 교육과 훈련이 필요하다. 아래 표는 단독작업 근로자의 안전보건을 확보하기 위해 추천할 만한 교육 내용이다.

- 부적절한 작업 관행이나 기술로 인한 사고 예방
- 폭력 가능성이 있는 상황을 해소하여 심각한 폭력 사건을 예방
- 대응 방법을 숙지하여 사고 또는 사건의 확대/심각성을 방지
- 단독작업 근로자의 안일한 태도 개선
- 긍정적인 건강 및 안전 문화 조성
- 웰빙, 자신감, 생산성 향상
- 사고 및 사고와 관련된 금전적 비용을 피할 수 있는 방법
- 위협이나 폭력 등 예상치 못한 상황에 대처
- 위험을 인지하고 언제 도움을 청해야 하는지 등의 내용

다. 비상대응

단독작업을 수행하는 근로자가 비상상황 시 도움을 받을 수 있는 연락체계나 서비스를 사전에 검토해야 한다. 이러한 측면에서 체크인 절차를 마련하는 것이 중요하다. 대부분의 단독작업 근로자들에게 전화는 주요 연락 수단이 된다. 휴대폰을 사용하는 경우 근로자는 항상 가까이에 휴대폰을 두고, 전원 상태가 좋은지 확인해야 한다. 지역에 따라 휴대폰 사용이 제한될 경우 대체 통신 방법을 검토해야 한다. 예를 들면 자동 경고/강박 장치, GPS(Global Positioning System) 및 양방향 라디오 등이 있다. 단독작업 근로자의 목적지, 도착

예정 시간, 연락처 정보, 여행 방식(대중 교통, 자동차, 비행기 등), 악천후 및 교통 문제 등 다양한 정보를 취득하고 관리한다.

라. 관리감독과 모니터링

단독작업을 관리하는 관리자는 근로자의 건강한 업무를 지속적으로 모니터링을 해야 한다. 단독작업과 관련한 위험성평가를 시행한 이후 사업주는 단독작업의 위험과 어려움은 물론 근로자의 경험을 고려하여 단독작업 근로자에게 어느 정도의 감독이 필요한지 결정해야 한다. 익숙하지 않은 작업에 직면한 신입 근로자는 편안하게 느낄 때까지 감독해야 한다. 모니터링 방법에는 현장방문, 핸드폰을 활용한 문자 또는 카톡 활용과 전화통화 등이 있다.

마. 스트레스 관리

조직의 건강 또는 안전담당자는 단독작업 근로자의 스트레스 징후를 살피는 것뿐만 아니라 지원 및 감독 시스템을 강화해야 한다.

바. 단독작업 금지 목록 설정 및 관리

단독작업 현장의 상황에 따라 많은 기준이 적용되겠지만, 먼저 단독작업의 위험성을 허용할 수 있는 수준으로 관리하기 위해서는 반드시 사전허가나 승인을 받고 해야 할 업무를 설정하는 것이 중요하다. 이러한 작업의 예로는 전기톱 작업, 윈치 사용, 모닥불 사용, 유속이 빠른 물이나 가파른 둑/낙하 또는 안전하게 접근하기 어려운 곳에서 작업, 사다리 사용, 이동식 고가 플랫폼 사용, 현수하강 및 지붕을 포함한 고소 작업, 공공 도로, 철도, 송전선, 가스관 또는 이와 유사한 곳에서 또는 그 주변에서 작업, 잠재적으로 불안정한 지질학 또는 구조물에서의 작업, 절벽이나 채석장 면 또는 낙석 위험이 있는 곳에서 작업, 불법 건물 또는 노후 구조물 작업 및 발굴 작업 등이 있다. 이러한 작업을 수행하기 전 반드시 조직의 책임자에게 사전 승인을 득해야 한다.

사. 단독작업 관리 감사시행

단독작업에 대한 유해위험요인 확인, 개선 및 행정적 조치 전반에 대한 이행현황을 모니터링하고 개선하기 위한 감사를 시행한다. 아래 표는 아일랜드 HSE(Health Service Executive)[5]가 사용하는 감사 시행 예시이다.

---

5) HSE(Health Service Executive)(아일랜드어: Feidhmeannacht na Seirbhíse Sláinte)는 아일랜드의 공적 자금 지원 의료 시스템으로 건강 및 개인 사회 서비스 제공을 담당한다. HSE(Health Service Executive)는 2004년 보건법에 의해 설립되었으며, 2005년 1월 1일에 공식적으로 운영되었다. 이는 10개의 지역 보건 위원회, 동부 지역 보건 당국 및 기타 여러 기관 및 조직을 대체했다. 전체 구성원은 약 67,145명 정도이다.

No.	내용	Yes	No
1	이 정책을 모든 근로자에게 적절하게 회람/전달하기 위한 시스템이 마련되어 있는가?		
2	각 관련 부서/단위가 이 정책을 볼 수 있는가?		
3	위험 평가 프로세스에 따라 근로자와 협의하여 단독작업 위험 평가를 수행했는가?		
4	확인된 위험개선 조치가 적용되었는가?		
5	개선 조치의 효과성을 평가했는가?		
6	단독작업을 하기 전 근로자의 동적 위험성 평가를 수행하는가?		
7	혼자 일하는 동안 할 수 있는 일과 할 수 없는 일을 설정하는 명확한 절차가 설정되어 근로자에게 전달되었는가?		
8	근로자는 개인의 안전을 보호하기 위해 도입된 안전 조치(예: 단독작업자 모니터링 시스템/장치, 버디 시스템 등)를 준수하는가?		
9	사고발생 시 명확한 대응 프로토콜이 마련되어 있는가?		
10	단독작업에 대한 효과적인 안전관리 여부를 확인하기 위한 프로토콜을 주기적으로 점검하는가?		
11	근로자는 단독작업 관련 정보, 지침 및 교육을 받았는가?		
12	단독작업 근로자에 대한 신상정보를 관리하고 있는가?		
13	사고를 관리하고 보고할 수 있는 시스템이 있는가?		
14	이 정책의 준수 여부를 모니터링하는 시스템이 있는가?		

4. 미끄러짐(slip)과 넘어짐(trip)

미끄러짐과 넘어짐은 작업장에서 가장 흔히 발생하는 위험 요소이다. 이러한 위험으로 인해 많은 근로자는 염좌, 좌상, 절단, 타박상, 골절 및 기타 부상을 입는다. 또한 미끄러짐과 넘어짐으로 인해 어떤 경우에는 사망에 이를 수도 있다. 따라서 미끄러짐과 넘어짐 위험을 사전에 예방하는 것은 중요하다.

4.1 정의

미끄러짐은 발과 표면 사이에 마찰력이 없을 때 발생하는 위험이다. 마찰력이 너무 적어 발을 지면에 붙들 수 없기 때문에 사람은 균형을 잃을 수 있다. 미끄러짐이 일어나는 대표적인 예로는 젖거나 기름기가 있는 표면, 기름 유출 및 느슨하고 고정되지 않은 매트 등이 있다. 한편 넘어짐은 사람의 발이 물체에 부딪히거나 더 낮고 고르지 않은 표면으로 내려가는 동안 발생하는 위험이다. 이로 인해 사람은 균형을 잃고 넘어지게 된다. 넘어짐이 일어나는 대표적인 예로는 시야 방해, 조명 불량, 주름진 카펫, 노출된 케이블 및 하단 서랍이 닫히지 않는 경우이다. 한편 고용노동부가 매년 발행하는 산업재해 현황분석에서는 미끄러짐과 넘어짐을 넘어짐으로 통합하여 정의하고 있다.

4.2 사고통계

미끄러짐과 넘어짐은 전 세계적으로 사업장에서 발생하는 흔한 부상 원인 중 하나이며, 영국 사업장에서만 보고된 모든 주요 부상의 평균 40%를 차지한다. 영국 보건안전청 (Health and Safety Executive) 통계에 따르면 2017~2019년 기간 동안 미끄러짐과 넘어짐으로 인한 부상으로 인해 약 971,000일의 근로손실이 발생하였다.

한편 국내 모든 산업의 3년간(2021년, 2020년 그리고 2019년) 평균 재해자는113,445명에 달한다. 여기에서 미끄러짐과 넘어짐과 관련한 산업재해자수는 21,572명으로 전체 산업재해에서 19%를 차지한다(모든 재해 유형 중 가장 많은 점유율을 가짐).

4.3 위험요인

(1) 젖거나 기름진 표면
미끄러짐과 넘어짐 위험의 가장 일반적인 요인은 표면이 젖어 있거나 미끄러운 표면이 있다는 것이다. 이러한 환경은 부엌, 욕실 및 사업장 등에서 발생할 수 있다.

(2) 고르지 않은 표면과 장애물
고르지 않은 보행 표면이나 움푹 들어간 곳, 균열 또는 갑작스러운 표면의 높낮이 등으로 미끄러짐과 넘어짐이 발생할 수 있다. 장애물에는 어수선한 물건, 코드, 열린 서랍 및 제대로 보관되지 않은 기타 품목이 포함될 수 있다.

(3) 열악한 조명 조건
조명이 충분하지 않으면 누출, 장애물 또는 높이 변화와 같은 잠재적인 위험을 확인하고 방지하는 것이 어려울 수 있다.

(4) 기상 위험

비, 눈, 얼음과 같은 악천후 조건에서는 미끄러지거나 넘어지는 경우가 많다.

(5) 인적 요인

산만함, 피로 또는 적절한 훈련 부족으로 인해 미끄러짐과 넘어짐이 발생할 수 있다.

(6) 부적절한 신발

작업 환경이나 현재 기상 조건에 적합하지 않은 신발 착용으로 미끄러짐과 넘어짐이 발생할 수 있다. 예를 들어, 밑창이 매끄러운 신발을 신고 젖거나 기름진 표면에서 충분한 마찰력을 갖지 못해 미끄러짐과 넘어짐이 발생할 수 있다.

(7) 느슨하거나 고정되지 않은 매트

고정되지 않은 매트 또는 카펫에 걸려 넘어질 수 있다.

(8) 장비의 부적절한 사용

사다리 대신 의자를 사용하거나, 선반에 올라가거나, 안전 장비를 올바르게 사용하지 않는 등의 모든 행위가 미끄러짐과 넘어짐의 원인이 될 수 있다.

(9) 부적절한 유지 관리

유지 관리를 부적절하게 하여 파이프 등에서 누수가 되어 표면이 젖는다. 그리고 움푹 들어간 곳, 고르지 못한 바닥 등을 방치하여 미끄러짐과 넘어짐이 발생할 수 있다.

(10) 부적절한 정리정돈

부적절한 물건 방치 및 자재 적치 등으로 통행로를 막거나 방해하므로 미끄러짐과 넘어짐이 발생할 수 있다.

4.4 재해유형

(1) 염좌(Sprains)와 좌상(strain)

사람이 미끄러지거나 걸려 넘어지면서 무언가를 잡거나 할 때 근육이나 인대가 비틀리거나 늘어나 염좌(인대의 손상)나 좌상(근육 및 힘줄의 손상 등)으로 이어질 수 있다. 이러한 재해는 일반적으로 발목, 손목 또는 무릎에서 발생한다.

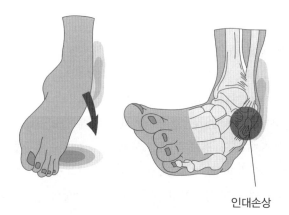

인대손상

(2) 골절(fracture) 및 부러진 뼈(broken bones)

높은 곳에서 떨어지거나 딱딱한 표면에 세게 착지하면 뼈가 부러지거나 부러질 수 있다. 일반적으로 손목, 엉덩이 및 발목이 특히 이러한 유형의 재해에 취약하다.

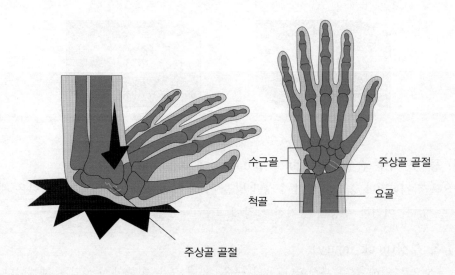

수근골　　주상골 골절

척골　　요골

주상골 골절

(3) 타박상(contusions) 및 멍(bruises)

넘어지는 동안 땅이나 물체에 충격을 입으면 타박상을 입을 수 있다. 이들은 피부 아래의 손상된 혈관으로 인해 변색, 통증 및 부기를 유발한다.

(4) 두부 부상(head injury)

딱딱한 표면에 머리를 부딪히는 부상은 외상성 뇌 손상(TBI)을 유발할 수 있다. 이러한 부상은 경미한 뇌진탕에서 뇌 손상, 의식 상실 또는 장기적인 인지 장애를 초래하는 더 심각한 경우에 이르기까지 다양하다.

(5) 자상 및 열상(Cuts and lacerations)

날카로운 칼, 유리조각, 못, 압정 등에 살이 찔려 훼손되는 상처다. 한편 열상은 찢긴 상처로 높은 곳에서 굴러 떨어지다가 바위나 나뭇가지에 찢기거나, 농기구 등 날이 여러 개로 된 기구가 사고로 강하게 부딪히거나, 넘어지면서 강하게 쓸리거나 하는 재해이다. 열상은 진피를 넘어 속살이나 뼈가 보일 정도로 심하게 찢어져서 넝마 수준인 상태를 말한다. 열상은 상처 부위가 넓고 회복이 힘들며, 무엇보다 흉터가 심하게 남는다. 세균 감염 위험도가 높다. 다음 좌측 사진은 자상의 상처이고 우측 사진은 열상의 상처이다.

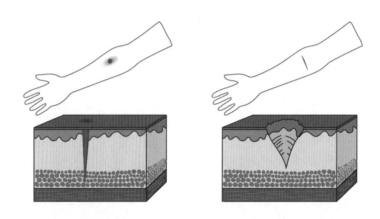

(6) 등 및 척수 손상(Back and spinal cord injuries)

등으로 착지하거나 충격을 받아 추간판 탈출증, 척추 골절 또는 척수 손상과 같은 재해를 입을 수 있다. 이러한 부상은 장기적인 장애 또는 마비를 초래할 수 있다.

(7) 목 부상(neck injury)

목 부상으로 인해 척추 부상이나 목의 근육, 인대 또는 힘줄이 손상되는 재해이다.

4.5 미끄러짐과 넘어짐 위험성 감소조치

(1) 위험제거(hazard elimination)

가장 우선시해야 할 사항은 미끄러짐과 넘어짐 위험 자체를 없애는 방법이다. 설계 단계에서 미끄러짐과 넘어짐 위험을 제거하는 방안이 효과적이다. 전원 콘센트를 다양한 곳에 설치하여 이동식 전선 코드를 사용하지 않도록(이동식 전선코드 자체를 사용하지 않으면 사람이 미끄러짐이나 걸려 넘어지는 위험 자체를 없앨 수 있다) 하는 방안이 여기에 해당할 수 있다. 하지만 이러한 위험 자체를 없애는 방법에는 한계가 있다. 따라서 위험대체, 공학적 대책 사용, 행정적 조치 및 보호구 사용 등의 대안을 적절하게 적용해야 한다.

(2) 위험대체(hazard substitution)
미끄러짐과 넘어짐 위험을 대체할 수 있도록 설계단계에서 바닥 표면을 미끄럽지 않은 재질로 바꾸는 방법이 여기에 해당한다.

(3) 공학적 대책 사용(engineering control)
공학적 대책을 적용할 경우 상당수의 미끄러짐과 넘어짐 위험을 줄일 수 있다. 이러한 방식은 미끄러짐과 넘어짐 위험을 줄이는 작업환경을 조성하는 데 중점을 두는 방식이다. 이러한 방식에는 적절한 조명 확보, 미끄럼 방지 바닥재 및 매트 설치, 표면에 구멍이나 장애물이 없도록 조치, 바람 차단과 젖은 표면 결빙 방지 등의 환경 영향 최소화 및 바닥이나 기타 표면에 개구부 덮개를 설치하는 방안이다.

(4) 행정적 조치(administrative control)
미끄러짐과 넘어짐 위험을 관리할 수 있는 절차나 지침을 만들어 적용하는 방안이다. 여기에는 적절한 담당자를 선임하고 관련 절차 적용 여부를 확인할 수 있는 감독자를 선정하여 임명하는 방안이다. 이러한 방안에는 아래와 같은 조치가 수반된다.

- 젖은 바닥 표지판 제공 및 청소
- 작업자에게 미끄러짐, 넘어짐, 넘어짐 방지 교육 실시
- 안전한 작업 관행 확립
- 위험 보고 절차를 전달
- 신속한 유지 관리 보장
- 과도한 밀기/당기기, 시야 방해 및 과도한 손을 요구하는 작업을 최소화 설계
- 삽, 대걸레, 양동이를 쉽게 사용
- 열악한 업무 관행을 시정
- 합동 안전점검 실시
- 미끄러짐, 넘어짐, 넘어짐 사고 검토
- 유출물을 즉시 청소
- 잔해, 눈, 얼음을 제거
- 적절한 용액으로 정기적으로 바닥 청소
- 두 손을 사용하여 사다리를 오르거나 내려가도록 함

- 사다리에서 3점 접촉 유지
- 바퀴 달린 카트의 바퀴 청소
- 걷는 표면의 어수선한 부분을 제거
- 미끄럼 방지 매트에 쌓인 기름때 제거

(5) 보호구 사용(PPE)

근로자와 작업장 방문자는 개인 보호 장비(PPE, Personal Protective Equipment)를 잘 활용해야 한다. 적절한 개인 보호 장비를 사용하여 미끄러지거나 넘어지는 상황에서 부상이나 사망의 위험을 크게 줄일 수 있다. 위험성평가를 통해 작업에 적절한 보호구를 사용한다. 예를 들면 미끄럼 방지 기능이 있는 안전화 사용 그리고 넘어짐 방지 장비 등을 사용할 수 있다.

5. 차량

5.1 정의

차량을 사용하면서 다양하고 심각한 사고가 발생한다. 이로 인해 국제노동기구 ILO는 2002년 산업안전보건 협약 1981 P155 의정서에서 통근사고(commuting accident)라는 용어를 정립하였다. 이 의정서에서 통근사고는 사업장과 사업장 간 차량으로 인한 이동 중에 사망이나 신체 부상을 초래하는 사고로 정의되었다. 차량안전의 범주에는 덤프 트럭, 대형 화물차량, 전지형 차량 및 지게차 등 그 종류가 다양하다.

5.2 사고통계

영국에서 사업장 차량 사고로 인한 매년 약 70명이 사망한다. 2008년부터 2009년 기간 차량사고로 인해 45명의 근로자가 사망하고 5,000명 이상이 부상을 입었다. 이 중 이동 중인 차량에 사람이 치인 경우가 많이 있었다. 차량사고로 인한 사망의 약 4분의 1은 차량이 후진하는 동안 발생했다. 또한 보행자와 차량의 충돌, 차량에서 추락, 차량에서 떨어지는 물체에 맞음, 전복되는 차량에 부딪힘 및 차량 운전자와 근로자 또는 일반 대중 간의 의사소통 문제로 인해 중대한 사고(심각한 골절, 머리 부상 및 절단 포함)가 1,000건 이상 발생한다.

5.3 차량 위험요인

차량과 관련한 위험요인으로는 움직이는 차량에 부딪히거나, 차량에서 떨어지거나 차량에서 떨어지는 물체(대개 화물의 일부)에 맞는 위험이다. 그리고 아래와 같은 다양한 위험요인이 존재한다.

(1) 열악한 도로 설계

제대로 계획되지 않거나 유지 관리된 도로, 필요한 표지판이나 조명이 부족하거나 보행자 통로나 자전거 도로와 같은 필수 시설이 부족한 것을 의미한다. 그리고 도로가 움푹 들어간 곳, 느슨한 자갈, 기름막 등 도로 상태가 좋지 않으면 차량 통제력을 상실할 수 있다.

(2) 운전자의 불안전한 행동

과속, 음주운전, 안전벨트나 헬멧 미착용, 부주의한 운전(예: 운전 중 휴대전화 사용)은 많은 교통사고의 원인이 된다.

(3) 차량 유지보수

안전 기준을 충족하지 않는 차량을 도로에서 운행하는 경우이다. 차량을 유지보수하지 않을 경우, 타이어 파열, 브레이크 고장, 기계적 고장 등 차량 자체의 문제로 인해 사고가 발생할 수 있다. 또한 안전 표준 준수를 보장하기 위한 정기적인 차량 검사를 시행하지 않는 경우가 포함된다.

(4) 부적절한 부하 분배

무겁거나 큰 짐을 운반하는 차량의 경우 부적절한 하중 분배로 인해 차량이 불안정해지고 조종하기가 더 어려워질 수 있다. 하중이 차량 축 전체에 고르게 분산되지 않을 경우 차량이 전복되거나 통제력을 잃을 수 있다.

(5) 야간운전

야간운전은 가시성이 떨어지고 졸리거나 술에 취한 운전자를 만날 가능성이 높아지므로 위험이 커진다. 차량의 헤드라이트와 미등을 사용하지 않아 다른 도로 운전자의 눈에 띄지 않는 위험이 존재한다.

(6) 고속도로

고속도로에서의 사고는 높은 속도로 인해 더욱 심각해지는 경향이 있다. 제한 속도를 준수하지 않고, 차선 변경 시 방향 지시등을 사용하지 않고, 안전한 차간 거리를 유지하지 않고, 사각지대를 불인식하는 것은 매우 위험하다.

(7) 십대 운전자

젊고 경험이 부족한 운전자는 사고를 일으킬 가능성이 더 높다. 십대 운전자는 가속도의 즐거움을 느끼기 위해 고속으로 주행하고, 차간 잦은 추월을 하는 등의 위험요인이 상존한다. 때로는 운전면허가 없는 가운데에서도 무모한 운전을 할 수도 있다.

(8) 노인 운전자

노화는 안전 운전에 중요한 시력, 인지 능력, 운동 능력의 저하로 이어질 수 있다. 고령 운전자가 정기적인 건강 검진을 받지 않아 운전에 부적합하다는 사실을 알 수 없는 경우가 존재한다.

(9) 시골길

시골길에서는 적절한 조명이 부족한 경우가 많고, 속도 제한이 높으며, 야생동물이 길 위로 돌아다니는 경우도 있다. 운전자가 이러한 상황을 무시하고 일반적인 도로와 같이 습관적으로 운전하는 위험이 상존한다.

(10) 건설산업의 대형 차량

크고 견고한 트럭과 트레일러 조합의 기계적 안전성이 낮아질 수 있다. 그리고 하물이 제대로 고정되지 않아 낙하할 수 있다. 또한 이러한 운전자들은 잦은 피로감 등으로 인해 불안전한 운전을 할 가능성이 크다.

(11) 운전자의 피로

피로는 안전을 위협할 수 있는 정신적 및 또는 신체적 성능 저하로 이어지는 상태이다. 운전 중 피로가 시작되면 사람의 주의력은 감소하고 반사 능력, 판단 및 의사 결정이 손상될 수 있다. 피곤한 운전자는 자신의 건강과 안전뿐만 아니라 주변 사람들의 건강과 안전도 위태롭게 한다.

(12) 기상조건

특정 기상조건은 자동차 사고의 위험을 크게 증가시킬 수 있다. 비, 눈, 안개, 진눈깨비, 우박으로 인해 가시성이 떨어지고 도로가 미끄러워질 수 있다.

(13) 예측할 수 없는 보행자

보행자가 교통 규칙을 따르지 않거나 예측할 수 없는 행동을 하면 사고가 발생할 수 있다. 특히 자전거나 오토바이 등을 탑승한 보행자가 갑작스럽게 운전 경로로 나타나 사고가 발생할 수 있다.

(14) 도로 건설 구역

도로 건설, 지하도 건설, 교량 건설 등 다양한 도로에서 이루어지는 건설 작업으로 인해 다양한 사고가 발생할 수 있다. 특히 이러한 장소에는 교통 패턴의 변화, 건설 장비 및 작업자의 존재로 인해 위험할 수 있다.

(15) 비상차량

긴급 차량은 종종 고속으로 주행하면서 목적지에 도달하기 위해 특정 교통 규칙을 무시할 수 있으며, 이로 인해 사고가 발생할 수 있다.

(16) 대형트럭의 사각지대

매년 4,000명의 유럽인이 트럭 사고로 사망하고 더 많은 사람들이 심각한 부상을 입는다. 전체 차량의 3%에 불과한 트럭이 15%의 교통사고를 유발한다. 2013년에는 978명의 자전거 이용자와 보행자(취약한 도로 이용자)가 트럭으로 인해 사망했다. 보행자, 자전거 운전자, 오토바이 운전자를 포함한 취약한 도로 이용자(VRU, Vulnerable road users)가 전체 인구의 거의 절반을 차지하며, 도시지역에 집중되어 있다. 치명적인 트럭 충돌 사고의 28%는 도심지역에서 발생한다. 대형 트럭의 사각지대와 관련한 위험요인이 잘 알려져 있다.

- 트럭과 관련한 자전거 사고로 인한 사망은 벨기에의 경우 43%, 네덜란드의 경우 38% 그리고 영국의 경우 33%가 발생한다. 런던과 같은 일부 도시에서는 트럭으로 인한 자전거 운전자의 사망이 50% 이상을 차지한다.
- 덴마크에서는 지난 10년 동안 50명의 자전거 운전자가 트럭이 우회전하는 과정에서 사망했다. 덴마크 도로 안전 협의회(Danish Road Safety Council)의 조사에 따르면 트럭의 우회전 사고는 교통사고로 인한 전체 자전거 운전자의 15~20%를 차지한다.
- 2012년 독일에서는 트럭이 우회전하는 과정에서 자전거 운전자 23명이 목숨을 잃었다.

아래 그림은 2014년 Loughborough Design School의 연구결과이다. 사각지대로 인해 트럭이 정면으로 주행할 때 사망의 31%, 좌회전을 할 때 19% 그리고 우회전을 할 때 6%를 차지한다고 알려져 있다.

특히 아래 그림과 같이 일반적인 트럭보다는 건설용 트럭이 보다 많은 사각지대를 형성하는 것으로 알려져 있다.

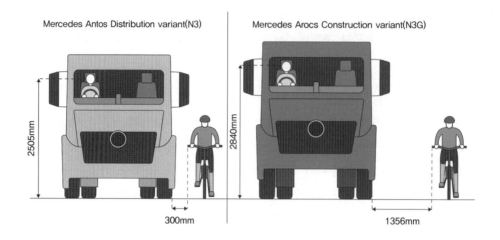

5.4 차량 위험성 감소조치

차량 위험성 감소조치를 위한 세 가지 측면의 전략은 아래 표와 같다.

구분	내용
차량안전을 감안한 설계	▷ 보행자와 차량을 분리하는 경로 설정 ▷ 단방향 시스템 사용 ▷ 급경사 및 고가 케이블을 피하고 견고한 지면에 동선 제공 ▷ 차량 주차 공간 표시 ▷ 속도 제한 표지판 및 교통 경고 표지판 제공 ▷ 조명이 밝은 환경보장 ▷ 좋은 정리정돈 시행
차량 유지보수	▷ 적절하고 효과적인 헤드라이트, 브레이크, 범퍼, 경적 ▷ 사각지대를 줄이기 위한 충분한 거울 ▷ 운전자와 승객을 위한 안전벨트를 갖춘 차량 ▷ 후진 시 추가 안전을 제공하는 후방 렌즈 또는 레이더 센서와 속도 조절기 등 일부 추가 차량 기능 ▷ 정기적이고 문서화된 검사 및 유지 관리 제도
운전자 관리	▷ 모든 운전자를 위한 적절한 교육 ▷ 속도 제한, 주차 구역 등 모든 운전자를 위한 관련 정보 ▷ 운전 역할 적합성에 대한 정기적인 건강 검진 ▷ 눈에 잘 띄는 복장 착용, 적절한 보호복

(1) 위험제거(hazard elimination)

가장 우선시해야 할 사항은 도로를 차단하는 것이다. 하지만 이러한 위험 자체를 없애는 방법에는 한계가 있다. 따라서 위험대체, 공학적 대책 사용, 행정적 조치 및 보호구 사용 등의 대안을 적절하게 적용해야 한다. 보행자와 차량이 작업장 주변을 안전하게 이동할 수 있도록 하는 가장 효과적인 방법은 보행자와 차량의 통행 경로를 분리하는 것이다. 도로 상부에 별도의 통로를 구획하여 위험을 제거하는 방식은 다음 그림과 같다. 또한 도로를 일방통행으로 구획하여 차량 충돌을 없애는 방법이 있다.

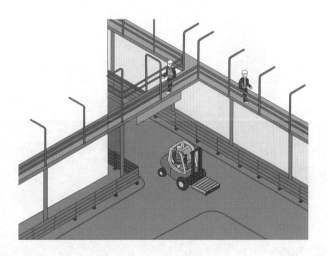

(2) 위험대체(hazard substitution)

차량으로 인한 위험 수준을 낮추는 방안을 만들어 적용한다. 아래 그림과 같이 도로와 통로를 별도로 구획하는 방벽을 설치하는 방안이 있다. 또한 마모된 타이어를 주기적으로 교체하는 방안도 위험을 줄이는 방안이다. 그리고 본질적으로 문제가 있던 15인승 소형 버스를 사용하는 대신 새로운 버스로 교체하는 방안도 검토할 수 있다. 물론 관련된 위험은 여전히 존재하지만 새로이 버스로 교체하면 차량 문제로 인한 사고를 줄일 수 있다.

(3) 공학적 대책 사용(engineering control)

공학적 대책에는 차량의 속도 감소, 차선 상태 표지판 및 경계선 설치, 후방센서 및 카메라 설치 등의 방안이 있다. 아래 그림과 같이 차량과 이동 통로를 별도로 구분하는 방안이 있다.

가. 후방센서 및 카메라

운전자가 후진을 하는 동안 사고의 위험이 증가된다. 이러한 위험을 줄이기 위해서는 후방센서와 카메라를 설치하는 방안이 있다. 후방 카메라는 후진하는 동안 운전자의 후방 시야를 향상시키고, 후진하는 동안 차량 후방이 물체나 사람 근처에 있으면 후진 센서가 운전자에게 신호(예: 경고음)를 보낸다.

나. 야간시력 향상 장치

야간 운전은 가시성이 크게 떨어지므로 위험할 수 있다. 야간에 운전하는 운전자를 돕기 위해 야간 시력 향상 기술을 사용할 수 있다. 이 기술은 적외선을 사용하여 차량 앞에 있는 물체(예: 동물, 보행자, 자전거 타는 사람)를 확인하고 경고한다. 이 기술은 운전자에게 더 많은 반응 시간을 제공하여 사고 발생을 줄일 수 있다. 이러한 시스템은 차량에 장착될 수 있다.

다. 대형트럭의 운전자가 사각지대를 볼 수 있는 장치 적용

TfL(Transport for London)은 TRL(Transport Research Laboratory)에 직접 비전(direct vision)을 측정할 수 있는 방법을 개발하도록 의뢰했다. 이를 바탕으로 운전자의 사각지대를 검토하는 조치를 하였다. 이에 따라 아래와 같은 센서를 설치하여 운전자가 운전실 창문을 통해 사각지대를 볼 수 있다. 여기에는 아래 그림과 같이 사각지대 카메라, 근접 센서, 별도의 거울 그리고 측면보호 등이 적용되어 있다.

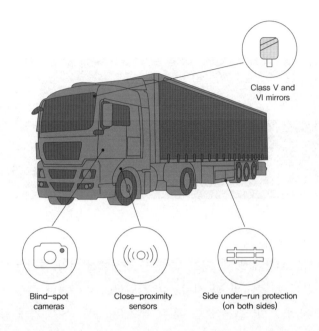

Class V and
VI mirrors

Blind-spot
cameras

Close-proximity
sensors

Side under-run protection
(on both sides)

라. 보행로 설정

보행자와 차량 경로가 교차하는 경우, 보도가 주행 표면에서 올라가는 연석을 포함하여 사람들이 사용할 수 있도록 적절하게 표시되고 표지판이 있는 교차점을 설정한다.

필요한 경우 보행자가 특히 위험한 지점을 횡단하는 것을 방지하기 위해 장벽이나 난간을 설치한다. 보행자, 자전거 이용자, 운전자는 교차점에서 모든 방향을 명확하게 볼 수 있어야 한다.

횡단보도를 설계할 경우에는 좋은 가시성과 정지 거리 제공 확인, 차량과 보행자 모두의 교통 흐름 확인, 횡단보도 조명이 필요한지 여부와 횡단보도의 폭이 얼마나 넓어야 하는지 검토 그리고 근로자, 방문자 또는 일반 대중과 같은 보행자 유형 및 예상되는 행동(예: 급하게 건너는지 여부) 등을 검토한다.

마. 주차구역

개인용 자동차, 오토바이, 자전거 주차와 별도로 업무 관련 차량 주차를 포함하여 안전하고 적합한 주차 공간을 제공하는 것을 추천한다. 주차된 차량을 떠나는 운전자가 차량으로 인한 피해를 입지 않도록 구역을 설정해야 한다. 주차구역을 알리는 표지판이 있어야 한다. 그리고 교통 경로를 방해하면 안되며, 단단하고 수평이며 배수가 잘 되어야 한다. 가능하다면 조명을 밝게 한다. 후진의 필요성을 없애기 위해 대형 차량을 위한 드라이브 스루 주차 공간을 제공하는 것을 고려한다. 만약 이것이 불가능할 경우, 아래 그림과 같이 주차 공간을 비스듬히 세워 역방향 주차를 고려한다.

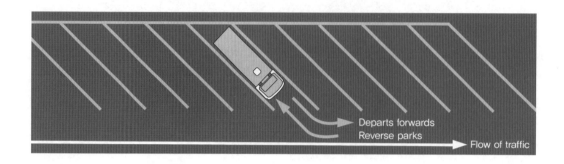

바. 적재 및 하역구역 설정

하역장은 일반적으로 물류 회사, 창고 및 생산 시설에서 가장 붐비는 구역이자 가장 위험한 구역이다. 대형 차량, 중장비 및 사람들은 끊임없이 이동하며 종종 고속으로 이동한다. 높고 울퉁불퉁한 작업 표면, 높은 소음 수준, 무거운 하중, 사각 지대 등은 이미 위험도가 높은 환경을 더욱 가중시킨다. 이러한 환경에서는 부상 또는 심지어 치명적인 사고의 가능성이 높다. 보고된 모든 산업 재해의 25%가 하역장에서 발생하는 것으로 추산된다.

운전자가 운전 교대 사이에 휴식을 취할 수 있는 안전한 대기 공간을 마련해야 한다. 특히 몇 시간 동안 기다릴 수 있는 경우에는 화장실, 세탁 및 다과 시설, 악천후 시 대피소에 쉽고 안전하게 접근할 수 있어야 한다. 로딩 베이는 물품을 차량에서 유통 센터와 같은 건물로 또는 그 반대로 이동할 수 있는 전용 구역이다. 로딩 베이(loading bay)의 가장자리는 명확하게 표시되어야 한다. 적재 구역의 일부 플랫폼이나 베이에는 사람이 떨어지는 것을 방지하기 위해 안전한 가드레일 등을 설치한다.

사. 지게차에 설치된 위험 경고 레이저

지게차의 작동 반경을 주변에 알려줄 수 있도록 별도로 고안된 레이저 위험 경고 장치를 설치한다.

아. 가시성 개선

운전자가 위험 요소를 볼 수 있고 보행자가 차량을 볼 수 있을 만큼 충분한 가시성을 확보해야 한다. 운전자의 적절한 가시성은 차량 속도 및 안전하게 방향을 바꾸거나 정상에 오르는 데 필요한 거리와 관련이 있다.

(4) 행정적 조치(administrative control)

경영진의 공약이 포함된 사업장 차량안전 정책을 수립한다. 이 정책은 조직에서 모든 수준의 근로자, 계약업체 및 공급업체에 적용한다. 이를 위해서 각 조직에 근무하는 사람들에게 의무와 책임을 부여하기 위한 규정과 절차를 수립하여 적용한다.

(5) 보호구 사용(PPE)

근로자가 도로 근처에서 작업을 할 경우 가시성이 높은 복장을 하는 것이다. 가시성이 높은 의류를 선택할 때는 시간대, 현장 식물의 색상 및 주변 환경을 고려해야 한다.

6. 운전

6.1 사고통계

영국 최초의 치명적인 교통사고는 1896년 최대 속도 약 13km/h의 로저 벤츠(Roger-Benz) 차량에 의해 브리짓 드리스콜(Bridget Driscoll) 부인이 치인 사고[6]이다. 그 이후로 왕립 사고 예방 협회(Royal Society for the Prevention of Accidents)는 영국 도로에서 550,000명 이상이 사망한 것으로 추정하고 있다. 모든 도로 교통 사고의 최대 3분의 1은 직장인으로 추정된다.

영국 정부의 교통사고 통계에 의하면, 2021년 교통사고로 인한 부상자는 127,968명으로 1일 평균 351명이 발생하였다. 사망자는 1,560명으로 1일 평균 4명이 발생하였다. 한편 영국 HSE가 발표한 2021년 산업재해자는 51,211명이고 사망자는 142명이다. 사업장에서 142명이 사망하는 수치와 교통사고 인한 사망자가 1,560명이나 된다는 것은 교통사고로 인한 피해가 어느정도인지 짐작할 수 있게 한다. 또한 개인 운전자보다 업무와 관련이 있는 운전자의 사고율이 30~40% 더 높다. 영국에서 업무와 관련이 있는 운전자의 절반 미만이 적어도 1년에 한 번은 난폭운전 사고를 당하고, 11%는 폭행을 당한다. 또한 운전은 허리, 목, 어깨의 통증과 정신 건강에 많은 영향을 준다. 일부 사업주는 특정 도로 교통법 요구 사항을 준수하면서 회사 차량이 적합한 인증서를 보유하고 있다면 운전자의 안전을 확보할 수 있다고 잘 못 믿고 있다.

한국의 도로교통공단 교통사고분석 시스템에 의하면, 2021년 교통사고로 인한 부상자는 203,130명으로 1일 평균 798.9명이 발생하였다. 사망자는 2,916명으로 1일 평균 8명이 발생하였다. 한편 고용노동부가 발표한 2021년 산업재해자는 122,713명이고 사망자는 2,080명으로 도로교통 사고로 인한 사망자와 유사한 추이를 보인다.

아래 표는 영국과 한국의 교통사고 및 산업재해 추이를 비교한 내용으로 특히 산업재해

---

6) 브리짓 드리스콜(Bridget Driscoll)의 죽음(1851년경-1896년 8월 17일)은 영국에서 자동차 충돌로 보행자가 사망한 최초의 사례로 기록되었다. 드리스콜은 10대 딸 메이와 그녀의 친구 엘리자베스 머피와 함께 런던의 크리스탈 팰리스 부지에 있는 돌핀 테라스를 건너다가 영국-프랑스 자동차 회사 소유의 자동차에 치였다. 한 목격자는 해당 차량이 소방차처럼 무모한 속도로 운전했다고 묘사했다.

로 인한 사망자수가 영국에 비해 한국이 매우 높은 수준이다.

구분	교통사고		산업재해	
	부상자	사망자	부상자	사망자
영국	127,968	1,560	51,211	142
한국	203,130	2,916	122,713	2,080

6.2 위험요인

위험요인은 '5. 차량'의 '5.3 차량 위험요인'에서 언급한 내용을 참조하기 바란다.

6.3 운전 위험성 감소조치

(1) 위험제거(hazard elimination)

WIRED.COM에 따르면 구글이 머지않아 자율주행 자동차를 개발한다고 했다. 그리고 구글의 자율주행 자동차 프로토타입이 2015년 여름에 출시되었다. 이 구글의 작은 자동차는 수십만 마일의 자율 주행 거리를 기록한 Lexus 및 Toyota 차량을 제어하는 것과 동일한 소프트웨어를 사용하며 지난 1년 동안 테스트 트랙에서 프로토타입을 테스트를 거쳤다. 자율 자동차 개발이 완료되어 일상 생활에서 사용되기까지는 풀어야 과제가 산적해 있는 것이 현실이다.

사람은 불가피하게 운전을 해야 하고, 운전으로 인한 다양한 위험 그 자체를 없애는 일은 매우 어려운 일이다. 다만, 운전자가 피해야 할 조건인 피로, 음주, 약물복용 그리고 산만한 운전으로 인한 위험은 반드시 제거해야 한다.

(2) 방어운전(defensive driving)

방어운전은 운전자가 자동차를 운전할 때 불리한 상황이나 타인의 실수에도 불구하고 위험한 상황을 예측하는 습관을 말한다. 이는 운전자 차량과 앞 차량 사이에 2~3초 간격을 유지하여 적절한 정지 공간을 확보하는 등 일반적인 지침을 준수함으로써 달성할 수 있다. 이는 도로 규칙과 운전 기술의 기본 메커니즘을 뛰어넘는 운전자를 위한 훈련의 한 형태이다. 방어 운전은 충돌 위험을 줄이고 도로 안전을 향상시킨다.

가. 육체적 및 정신적 준비

운전을 하기 전 자신이 운전하기에 적합한 육체적 및 정신적 상태인지 검토한다. 여기에는 충분한 휴식을 취하고 판단력을 손상시킬 수 있는 어떤 것도 섭취하지 않았는지 확인하는 것이 포함된다.

나. 좋은 음식 습관 유지

포화도가 높은 음식과 에너지 음료는 피로를 유발하며 10~15분 동안만 자극을 제공한다는 것을 상기한다. 피로를 피하기 위해서는 운전을 계획할 때 균형 잡힌 영양가 있는 음식을 섭취하고, 탈수를 방지하기 위해 물을 많이 마시는 것이 좋다. 마찬가지로, 휴식 없이 도로에서 2시간 이상을 보내서는 안 된다.

다. 주기적인 휴식

주기적인 휴식을 통해 졸음 운전을 피하고 도로에서의 위험을 최소화하며 안전하게 도착할 가능성을 최대화할 수 있다.

라. 외부 조건 검토

차량 운행 전 날씨, 교통 혼잡 등 외부 조건을 고려하여 여행에 소요되는 시간을 고려하는 것이 중요하다. 운전에 방해가 되는 직사광선이나 폭우 등을 대비하여 깨끗한 앞유리와 제대로 작동하는 와이퍼를 확보한다. 그리고 선글라스를 착용하는 것도 가시성을 높이는 또 다른 방법이다. 비나 눈이 올 때는 속도를 줄인다. 비가 올 때는 속도를 3분의 1로 줄이고, 눈이 올 때는 최소한 절반 정도 감속하는 것이 좋다. 얼음이 있는 경우 속도를 더 줄여야 한다. 미끄러운 노면에서는 가볍게 브레이크를 밟아야 한다(ABS 브레이크를 과신하지 말아야 한다).

마. 차량정비

엔진오일, 점화플러그, 가열 플러그, 타이밍 벨트, 브레이크 패드, 브레이크 오일 및 부동액, 와이퍼 및 타이어 공기압 등을 대상으로 차량정비를 주기적으로 시행한다.

바. 휴대폰 사용 금지

운전 동안 휴대폰 통화, 조작 및 만지는 것은 매우 위험하다. 특히 전화를 받을 때 위험이 가중될 수 있다. 급한 용무가 있을 경우, 반드시 차량을 정차하고 휴대폰을 조작해야 한다.

사. 위험인식 및 차간거리 확보

운전 중에는 위험인식을 최대로 하여 본인 차량 그리고 타인의 차량을 주시한다. 앞차와의 적절한 거리를 확보하고, 해당 차량이 갑자기 멈출 수 있다는 생각으로 운전에 임한다. 또한 좌측 혹은 우측 차량이 본인의 차선에 갑자기 끼어들 수 있다는 생각을 하고 운전에 임한다. 항상 후면 그리고 측면 거울을 보면서 위험인식을 유지한다.

아. 운행경로 사전 검토

운전을 하기 전 어떤 경로나 도로를 사용할지 검토하는 것이 중요하다. 가능한 한 이동하는 차량 유형에 적합한 안전한 경로를 선택해야 한다. 고속도로는 가장 안전한 도로이다. 국도나 좁은 도로는 자동차에는 적합하지만, 대형차량에는 안전성이 낮고 어려움을 겪을 수 있다. 특히 교량과 터널과 같은 높이 제한이 있는 도로는 특히 주의해야 한다.

자. 과속금지

과속을 하지 않는다. 게시된 제한 속도 이상으로 운전하면 위험이 증가한다. 반응 시간이 단축되고 운전자가 사고를 당할 경우 더 많은 피해를 입는다. 방어적인 운전자는 속도 제한을 초과하지 않고 가능한 한 안전한 속도를 유지한다.

차. 음주운전 및 약물복용 금지

음주운전은 절대 하지 않는다. 그리고 운전자의 판단 능력을 해치는 약물복용을 금지한다.

카. 안전벨트 착용

안전벨트를 착용하면 교통사고로 인한 사망 가능성이 절반으로 줄어든다. 안전벨트는 충격 보호 기능을 제공하고 충돌 충격을 흡수하며 운전자와 승객이 차량 밖으로 튕겨 나가는 것을 방지한다.

타. 교통법규 준수

기본적인 교통법규는 방어운전의 개념을 기준으로 설정하고 있다. 보통 방어운전을 하는 사람은 교통 규칙을 이해하고 따르지만, 많은 부주의한 운전자는 이를 무시한다. 운전자는 교통 흐름을 예측 가능한 방식으로 유지하기 때문에 법률을 준수해야 한다.

파. 사각지대(blind spot) 주의[7)

방어운전을 하는 운전자는 차량의 사각지대를 찾기 위한 노력을 한다. 차량의 사각지대는 다른 차량을 숨길 수 있을 만큼 넓으므로 차선을 변경하기 전에 반드시 사각지대에 있는 차량을 확인한다.

하. 교차로 운전

교차로는 모든 운전자에게 위험한 지역 중 하나이다. 부상이나 사망을 초래하는 도심 충돌사고의 80% 이상이 신호등 교차로에서 발생한다. 위험을 줄이려면 운전자는 녹색 신호등에 접근할 때 속도를 줄이고 왼쪽, 오른쪽, 다시 왼쪽을 확인해야 한다. 운전자의 첫 번째 위험은 왼쪽에서 접근하는 차량이다. 교차로가 사각지대인 경우(운전자는 매우 가까워질 때까지

---

7) 차량의 사각지대는 운전자가 운전을 하는 동안 직접 볼 수 없는 차량 주변 영역이다.

교차로의 차량을 볼 수 없음) 속도를 더욱 줄여야 한다. 그리고 신호등이 없는 교차로에서는 다른 운전자에게 양보하는 것을 잊지 말아야 한다. 방어 운전의 원칙은 교차로에 있는데 자신이 가야 할 차례인지 모른다면, 다른 운전자가 먼저 가도록 하는 것이다.

7. 사다리

7.1 정의

사다리는 오르거나 내려가는 데 사용되는 수직 또는 경사진 가로대 또는 계단의 형태를 가진다. 사다리는 일반적으로 금속, 목재 또는 유리섬유로 만들어지지만, 단단한 플라스틱으로 만들어지기도 한다. 사다리는 크게 고정식 사다리와 이동식 사다리로 분류할 수 있다.

(1) 고정식 사다리
고정식 사다리는 일반적으로 장비, 건물 및 구조물에 영구적으로 고정되는 구조이다.

(2) 이동식 사다리
이동식 사다리는 작업이 이루어지는 장소로 오르내리는 발판 또는 높은 위치에서 이루어지는 작업의 보조기구로 가정과 산업현장에서 광범위하게 사용되고 있다.

이동식 사다리는 가로대와 함께 측면 레일로 구성된다.

가. 의자형 사다리(step stool)
의자형 사다리는 선반이나 머리 위 수납공간에 도달하기 위해 약간의 높이가 필요할 때 사용된다.

나. 발판 사다리(step ladder)
발판 사다리는 길이 조절이 불가능한 자립형 휴대용 사다리로, 평평한 계단을 구성된 사다리이다.

다. 플랫폼 사다리(platform ladder)
플랫폼 사다리는 플랫폼 영역과 상단 난간이 있는 계단 사다리이다.

라. 길이 압축 사다리(telescoping ladder)
길이 압축 사다리는 이동과 저장이 간편하게 긴 사다리를 압축할 수 있도록 고안된 사다리이다.

마. 신축형 사다리(extension ladder)
사다리의 길이를 자유롭게 연장할 수 있도록 고안된 사다리이다.

7.2 사고통계

최근 10년간 이동식 사다리에 의해 사고사망자 267명, 사고재해자 36,571명이 발생하였다. 특히, 최근 5년간으로 범위를 국한하여도 사고사망자가 169명이 발생하였으며, 이를 업종별로 살펴보면 건설업에서 105명, 서비스업에서 46명, 제조업에서 18명이 발생하여 이동식 사다리의 사용에 따른 사고 위험이 높음을 알 수 있다. 그 중 가장 많은 재해가 발생한 건설업의 경우, 이동식 사다리로 인한 재해가 전제 사고사망자의 62.1% 비중을 차지하고 있으며, 사고의 원인을 분석해 보면 이동식 사다리를 작업발판의 설치가 곤란한 장소나 신속한 작업 등을 위해 무리하게 사용하면서도 이동식 사다리의 넘어짐을 방지할 수 있는 조치의 미실시, 미끄럼 방지조치의 미실시 및 훼손된 사다리를 사용하는 등 적절한 안전조치가 이뤄지지 않은 상태에서 사고가 발생하는 것으로 나타났다.

7.3 위험요인

사다리를 주로 작업발판으로 주요 사용하고 있는 B.T 비계(Build-up Type Scafford), 고소작업대 설치 불가 협소(狹小)장소에서의 작업 어려움으로 인하여 대체하여 사용하고 있다. 설비 및 배관 설치구간사이 작업장소인 고소구간 이동의 어려움으로 이동통로로 사용하고 있다. 소각로, 탱크(Tank), 펄퍼(Pulper) 등 기자재 내부 통행 이동으로 사용하고 있다. 물건을 들고 사다리를 오르거나 내려오는 작업을 하고 있다. 이로 인한 위험은 사다리에서 떨어지거나 감전되는 것이다. 그리고 일반적인 위험은 사다리 전복으로 인해 넘어지거나, 사다리를 오르던 도중 미끄러지는 것이다.

7.4 사다리 위험 감소조치

(1) 고정식 사다리

고정식 사다리는 종종 외부 요인에 노출되기 때문에 정기적인 검사가 중요하다. 얼음과 비는 공기를 염분처럼 고정 사다리의 마모를 가속화할 수 있다. 매번 사용하기 전에 고정 사다리에 결함이 있는지 검사해야 하고 철저한 검사 기록을 항상 유지해야 한다.

고정식 사다리의 위험성 감소조치는 산업안전보건기준에 관한 규칙 제24조 사다리식 통로 등의 구조 기준에 따라 설치되고 유지되어야 한다.

1. 견고한 구조로 할 것	
2. 심한 손상·부식 등이 없는 재료를 사용할 것	−
3. 발판의 간격은 일정하게 할 것	−
4. 발판과 벽과의 사이는 15센티미터 이상의 간격을 유지할 것	
5. 폭은 30센티미터 이상으로 할 것	

6. 사다리가 넘어지거나 미끄러지는 것을 방지하기 위한 조치를 할 것

7. 사다리의 상단은 걸쳐놓은 지점으로부터 60센티 미터 이상 올라가도록 할 것

8. 사다리식 통로의 길이가 10미터 이상인 경우에 는 5미터 이내마다 계단참을 설치할 것

9. 사다리식 통로의 기울기는 75도 이하로 할 것. 다만, 고정식 사다리식 통로의 기울기는 90도 이하로 하고, 그 높이가 7미터 이상인 경우에는 바닥으로부터 높이가 2.5미터 되는 지점부터 등받이울을 설 치할 것

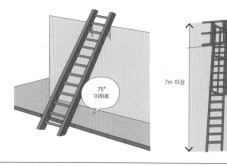

(2) 이동식 사다리

2018년 12월 고용노동부에서는 산업재해 사망사고 절반 줄이기 대책의 일환으로 이동식 사다리를 작업발판 용도로 사용하는 것을 전면 금지하였다. 이는 산업안전보건법(산업안전보건기준에 관한 규칙 제24조)상에서 사다리는 이동통로로 규정되어 원칙적으로 사다리를 작업발판으로는 사용할 수 없음에도 불구하고, 묵시적으로 현장에서 작업발판으로 사용하면서 사고가 지속적으로 계속 발생하고 있는 데 따른 조치였다. 하지만 사업장의 혼란과 각 계의 개선대책 요청이 쇄도하여 2019년 3월 이동식 사다리 안전작업지침 개선방안을 시달하였다. 그 내용은 기존 이동식 사다리를 작업발판으로 사용하는 것을 전면금지에서 불가피한 경우에 한해 사용 가능한 것으로 변경한 것이다. 여기서 불가피한 경우라 함은 전구교체, 전기통신 작업, 평탄한 곳의 조경 등 손 또는 팔을 가볍게 사용하는 경작업과 고소작업대·비계 등의 설치가 어려운 협소한 장소에서 작업하는 경우로 제한된다.

가. 고용노동부가 발간한 이동식 사다리 안전작업지침은 아래와 같다.

| 사다리 사용이 불가피한 경작업에 한하여 | ▶ 경작업, 고소작업대·비계 등의 설치가 어려운 협소한 장소에서 사용

* 경작업: 손 또는 팔을 가볍게 사용하는 작업으로서 전구교체 작업, 전기통신 작업, 평탄한 곳의 조경 작업 등 | 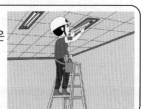 |

| 평탄·견고한 바닥에서 | ▶ 팡탄·견고하고 미끄럼이 없는 바닥에 설치 |  |

| 3.5m 이하의 A형 사다리를 사용하여 | ▶ 최대길이 3.5m 이하 A형 사다리(조경용 포함)에서만 작업

* 보통(일자형)사다리, 신축형(연장형)사다리, 일자형으로 펼쳐지는 발붙임 겸용 사다리(A형)에서는 작업금지 |  
3.5m 이하
적정길이의 사다리 사용　　넘어짐 방지 조치(권고) |

보호구를 반드시 착용하고	▶ 모든 사다리 작업 시 안전모 착용, 작업높이가 2m 이상인 경우 안전대 착용 * 작업높이: 발을 딛는 디딤대의 높이	
2인 1조로 작업하세요!	작업높이가 바닥 면으로부터 ▶ 1.2m 이상~2m 미만: 2인 1조 작업, 최상부 발판에서 작업금지 ▶ 2m 이상~3.5m 이하: 2인 1조 작업, 최상부 및 그 하단의 디딤대에서 작업금지	

나. 이동식 사다리 유지보수

이동식 사다리를 안전하게 사용하기 위해서는 정확한 유지보수를 정기적으로 시행해야 한다. 아래 표는 이동식 사다리를 안전하게 사용할 수 있는 유지보수 내용이다.

- 모든 사다리와 사다리 부속품, 특히 안전화를 항상 양호한 상태로 유지한다.
- 수리 또는 파괴를 위해 손상된 사다리는 사용을 중지한다.
- 야외에서 사용하는 모든 나무 사다리는 날씨에 따른 피해로부터 보호할 수 있는 조치를 취한다. 투명한 마감재 또는 투명한 침투성 방부제를 사용해야 한다.
- 절대로 사다리 위에 물건을 보관하지 않는다.
- 나무사다리는 과도한 열이나 습기에 노출되지 않는 곳에 보관한다.
- 유리섬유 사다리는 햇빛이나 기타 자외선 광원에 노출되지 않는 곳에 보관한다.
- 이동 중에는 사다리가 제대로 지지되고 고정되어 있는지 확인한다.
- 확장 사다리의 가로대 잠금 장치와 도르래의 금속 베어링에는 주기적인 윤활유를 주입해야 한다.
- 계단, 가로대, 안전 발, 측면 난간 또는 기타 결함이 있는 사다리를 사용하지 않는다.
- 유지보수 점검이 완료된 이후 사다리에 점검일자와 점검결과를 기재한다.

다. 이동식 사다리 이용 시 주의사항

일반적으로 이동식 사다리 주의사항은 영어의 앞 글자를 딴 CLIMB을 참조한다. C는 Choose the right equipment로 장비를 올바르게 선택해야 한다는 의미를 갖는다. L은 Look for damage or missing parts로 손상되거나 누락된 요인 찾기의 의미를 갖는다. I는 Implement a safe setup routine으로 안전한 사다리 설치 습관을 이행한다는 의미를 갖는다. M은 Move safety, always using 3points of contact로 사다리 사용 시 항상 3개의 접촉점(양발 또는 한 손, 두 손 또는 한 발)을 사용하여 안전하게 이동한다는 의미를 갖는다. 끝으로 B는 Be a climbing safety expert, not a statistic으로 통계가 아닌 사다리 이용 전문가가 된다는 의미를 갖는다. 아래 그림은 전술한 3개의 접촉점을 사용하는 그림이다.

Maintain
3 point
contact
while climbing
ladders

Two hands and
a foot or
two feet and
a hand

3–Point Contact

라. 발판 사다리(step ladder)

- 사다리가 평평하고 안정된 표면에 놓여 있는지 확인한다.
- 사용 전후에 흠집, 갈라짐, 먼지나 이물질이 쌓인 곳이 없는지 확인한다. 손상된 사다리를 사용하지 않는다.
- 사다리를 좌우로 당기거나 이동하지 않는다. 시간이 지남에 따라 이러한 움직임으로 인해 사다리가 덜 안정되고 더 흔들리게 될 수 있다.
- 사다리의 하중 등급이 관련 작업자 및 장비에 적합한지 확인한다.

마. 플랫폼 사다리(platform ladder)

- 항상 사다리 라벨에 표시된 안전 지침/경고에 따라 롤링 사다리가 올바르게 설치되고 사용되는지 확인한다.
- 플랫폼 사다리를 사용하는 근로자는 항상 미끄럼 방지 신발을 착용해야 한다(샌들이나 슬리퍼 금지). 또한 헐렁하거나 헐렁한 옷은 입지 말고, 셔츠는 안으로 넣어 입어야 한다.
- 사용하기 전에 롤링 계단을 검사해야 한다. 사다리 주위를 돌아다니며 손상 및/또는 마모된 부품의 흔적을 찾는다.
- 사다리에 미끄러질 위험(예: 오일, 그리스, 페인트, 물)이 없는지 확인한다. 사용하기 전에 필요한 모든 수리를 완료한다.
- 사다리의 모든 발이 지면에 단단히 닿아 있는지 확인한다.
- 사다리가 흔들릴 경우 사용을 금지한다.
- 사다리 플랫폼 상단에 있는 버킷이나 상자 위에 올라서 높이를 높이려고 하지 않는다.
- 플랫폼 사다리에는 한 번에 한 사람만 올라가야 한다. 필요한 경우 사다리 옆에 두 번째 사람을 배치하여 필요에 따라 도움을 제공할 수 있다.
- 사다리를 이동하거나 위치를 변경해야 하는 경우 먼저 사다리에서 근로자가 내려온 이후에 한다.

바. 길이 압축 사다리(telescoping ladder)

- 길이 압축 사다리는 기울어지는 사다리의 변형이지만 모두 같은 방식으로 작동하지는 않는다는 점을 기억한다.
- 항상 주의해서 사용, 보관, 운반하고 깨끗하게 유지한다. 이 지침을 따르는 것 외에도 제조업체가 제공한 사용자 지침을 읽고 따르는 것이 중요하다.
- 사용하기 전에는 일반 사다리 점검 외에도 제대로 작동하는지, 각 섹션을 잠그는 메커니즘이 제대로 작동하는지 확인한다.
- 열고 닫는 절차에 관한 사용자 지침을 항상 따른다.
- 닫는 부분 사이에 손가락이 끼일 가능성이 있다는 점에 유의한다.
- 중요한 부품 중 일부는 보이지 않는 내부에 있다는 것을 기억한다.
- 의심스러운 경우에는 사용하지 않는다.

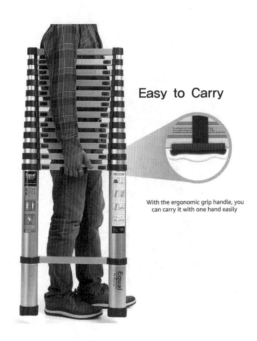

Easy to Carry

With the ergonomic grip handle, you
can carry it with one hand easily

사. 신축형 사다리(extension ladder)

- 제조업체의 지침과 사다리에 부착된 라벨의 지침을 따른다.
- 사다리 사용 전 체중, 도구, 자재 및 장비 등의 무게를 확인한다.
- 모든 확장 사다리를 사용하기 전에 누락된 가로대, 볼트, 클리트, 나사 등의 결함이 있는지 육안으로 검사한다.
- 사다리의 느슨한 구성 요소가 있을 경우 즉시 수정한다.
- 사다리에 결점이 있을 경우 사용을 금지하고 결함의 사유를 표지로 부착한다.
- 사다리에서 안전하게 내려올 수 있도록 충분한 공간을 확보한다.
- 사다리의 하단과 상단 주변에 장비, 자재, 도구가 없는 상태를 유지한다.
- 사다리를 적절한 각도로 설치한다.
- 작업을 시작하기 전 통전된 가공 전력선과 같은 잠재적인 위험이 있는지 주변을 조사한다.
- 작업자나 사다리가 접촉할 수 있는 곳에 전기에너지가 존재하는 경우, 사용을 금지하거나 비전도성 측면 레일이 있어야 한다.
- 바닥이 안전하게 안착되고 양쪽 측면 레일이 균등하게 지지되도록 사다리의 베이스를 설정한다.
- 사다리 레일은 정사각형이어야 한다.
- 안정적이고 평평한 표면에 두 개의 풋패드를 단단히 배치한 상태에서 기대어 있는 구조에 맞춘다.
- 사다리를 올라가기 사다리를 고정한다.
- 사다리가 문 앞에 설치되어 있는 경우 항상 문을 잠궈둔다.

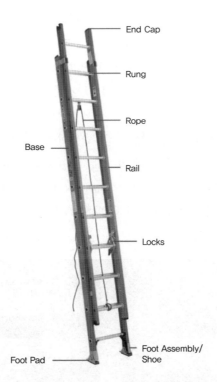

II. 안전작업허가(Permit to work)

발전소에서 운영하고 있는 안전작업허가(Permit To Work, 이하 PTW) 사례를 아래와 같이 소개한다. 발전소는 2006년 당시 영국의 BP사 및 미국 GE사의 PTW절차를 벤치마크하여 국내 수준에 맞게 수정하여 사용하고 있는 절차이다.

발전소는 수많은 부품과 다양한 에너지원이 복합적으로 상호작용하는 정교한 시설로 설비 유지보수, 정비, 테스트 등의 작업을 시행하는 동안 사고가 발생할 수 있는 가능성이 크다. PTW 시스템은 정비, 보수 및 시운전 등의 과정에서 근로자/공정시설/환경에 영향을 줄 수 있는 위험을 효과적으로 관리할 수 있는 시스템이다.

효과적인 PTW 시스템을 구축하기 위해서는 공정에 존재하는 유해 위험요인을 사전에 평가, 사업장에 적합하고 체계적인 PTW 조직 구축과 운영, 에너지 통제(energy isolation)절차 수립, 소프트웨어 개발과 적용 그리고 기본안전수칙(safety golden rule) 적용이 필요하다.

PTW 절차는 사업장에서 시행하는 여러 형태의 작업을 효과적으로 통제하기 위해 (1) 안전작업계획 승인, (2) 승인 내용에 대한 교육, (3) 작업승인 내용 게시, (4) 작업 중 현장의 안전보건조치 확인 그리고 (5) 작업 후 조치사항을 확인하는 과정을 포함한다.

　발전소의 PTW 절차는 발전소장(FCP, facility control person)이 총괄 책임을 갖고 정비부서와 운전부서인 라인부서 주관으로 모든 PTW 업무가 준비, 관리, 승인 그리고 감독된다. 아래 PTW 조직도와 같이 정비부서의 담당자(이하 CP, competent person)는 작업과 관련한 계획 수립, 협력업체 선정, 해당 작업에 대한 위험성평가를 시행하고 운전부서의 PTW 승인권자(이하 SAP, senior authorized person)에게 승인을 요청한다.

　SAP은 정비부서의 PTW 요청서를 검토하고 승인한다. 이때 시설이나 설비에 대한 에너지 통제가 필요하다면, 운전부서 에너지 통제 전담자(이하 AP, authorized person)를 직접 시설이나 설비에 보내 록아웃 텍아웃(lock-out and tag-out, 이하 LOTO)을 시행하게 한다. 안전보건 담당자는 정비와 운전부서인 라인부서의 PTW 절차가 적절하게 시행되고 있는지 모니터링하고 개선하는 역할을 한다.

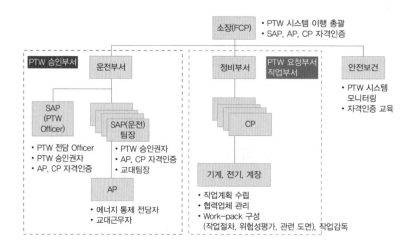

　PTW 조직을 안전하고 효과적으로 운영하기 위하여 SAP, AP 및 CP에 대한 자격인증 제도를 수립하여 운영하고 있다. 아래 표는 PTW 조직의 자격인증 기준이다.

구분	SAP (Senior Authorized Person)	AP (Authorized Person)	CP (Competent Person)	안전보건 담당
인증자격 (모두 충족)	1. 운전조장/파트장급 이상 또는 이에 준하는 경력 이상 2. 최소 3개월 이상 SAP직무 교육 이수 3. 평가를 통과한 인원	평가를 통과한 인원	평가를 통과한 인원	자격인원 및 대상자 Pool 관리

인증주체	FCP (Facility Control Person) 주로 발전소장 or 생산본부장	FCP	FCP	–
평가방법	발전소장 인터뷰	1. 에너지차단 실습 2. Test (by SAP or 부서장)	1. Test 2. SAP 또는 부서장 인터뷰	인터뷰/실습 및 Test 준비 질문지/Test 문제 관리
평가 Pass 기준	발전소장 인터뷰 점수 90점 이상	1. 에너지차단 실습 3회 실시 2. Test Score 90점 이상	1. Test Score 80점 이상 2. Interview Score 90점 이상	–
평가(재인증) 주기	매년	매년	매년	재인증시기별 대상자 관리 및 준비

에너지 통제가 필요한 밀폐공간 작업, 화기작업(용접/용단 등), 정전작업 그리고 방사선작업 등은 LOTO 절차를 시행한다.

LOTO가 필요한 작업 중 일반 에너지원(general energy sources)은 전기, 공압, 유압, 가스, 물, 스팀, 화학물질, 냉각수, 방사능, 자기장 등이 있고, 저장된 에너지원(stored energy sources)은 아래의 항목을 포함한다.

- 회전: 플라이휠, 원형날개, 기타
- 중력: 금형, 헤드, 엘리베이터, 기타
- 기계: 압축된 또는 확장된 스프링, 기타
- 열: 가열로, 끓인 물, chillers, 기타
- 전기: 배터리, 콘덴서, 기타
- 유압: 축압기, 배관라인, 실린더, 기타
- 공압: 저장 또는 서지 탱크, 배관라인, 기타
- 가스: 배관, 탱크, 기타
- 물: 배관, 탱크, 기타
- 스팀: 배관, 보일러, 기타
- 화학물질 및 냉각수: 배관, 탱크, 컨테이너, 기타

아래 그림은 발전소에서 사용하는 LOTO 구성품이다. ① 에너지 통제 자물쇠/열쇠(isolation padlock/key, 붉은색), ② 개인 자물쇠/열쇠(personal padlock/key, 녹색), ③ 운영 자물

쇠/열쇠(operation padlock/key, 청색), ④ 에너지 통제 열쇠 보관함(key safe box), ⑤ 에너지 통제 열쇠 보관함의 열쇠(permit key), ⑥ PTW 보관 박스(PTW document safe box), ⑦ 표지(tag), ⑧ 작업요청 표지(work order tag) 등 특성에 맞는 물품들로 구성되어 있다.

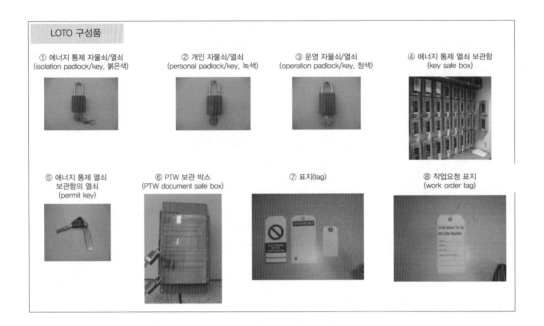

밀폐공간 내부에서 작업하는 상황을 상정하여 에너지 통제 절차를 아래와 같이 설명한다.

CP는 밀폐공간 작업과 관련한 위험성평가를 시행하고 관련 절차에 따라 SAP에게 PTW 승인 요청을 한다.

SAP은 CP에게 받은 PTW 승인 요청서를 검토하고 승인한다. 만약 에너지 통제가 필요할 경우 SAP은 AP에게 에너지 통제를 지시한다.

AP는 SAP의 에너지 통제 지시를 받고, 에너지 통제가 필요한 시설이나 설비에 도착하여 에너지를 차단하고 통제(LOTO 구성품 ① 사용, 스위치 록을 사용하여 전원 버튼이 차단상태를 유지하도록 자물쇠로 고정하고 잠근다)한다. 그리고 밀폐공간에 영향을 줄 수 있는 관련 밸브를 통제(LOTO 구성품 ① 사용, 체인 등을 활용하여 밸브의 잠금상태를 유지하도록 자물쇠로 고정하고 잠근다)한다. 여기까지 과정이 에너지 1차 잠금 과정이다. AP는 에너지를 통제한 자물쇠(LOTO 구성품 ①)의 열쇠를 SAP에게 제출한다.

SAP은 AP에게 받은 해당 열쇠(LOTO 구성품 ①)를 LOTO 구성품 ④ 에너지 통제 열쇠 보관함(key safe box) 내부에 넣고 잠근다. 그리고 LOTO 구성품 ⑤ 에너지 통제 열쇠 보관함의 열쇠(permit key)를 승인된 PTW 서류와 함께 CP에게 전달한다. 여기까지의 과정이 에너지 2차 잠금이다.

CP는 SAP에게 받은 LOTO 구성품 ⑤ 에너지 통제 열쇠 보관함의 열쇠(permit key)를 LOTO 구성품 ⑥인 PTW 보관 박스(PTW document safe box) 내부에 넣는다. 그리고 밀폐공간을 출입하는 작업자에게 LOTO 구성품 ②인 개인 자물쇠/열쇠를 나누어 준다.

작업자는 자신의 자물쇠를 LOTO 구성품 ⑥ PTW 보관 박스(PTW document safe box)에 잠그고 열쇠를 소지하면 에너지 통제절차가 완료된다. 아래 그림의 3차 잠금을 통해 작업자는 자신의 해당 구역이 안전하게 에너지통제가 된 것을 확인할 수 있다. 그리고 CP 또한 자신이 감독하는 구역이 안전하게 에너지통제가 된 것을 확인할 수 있다.

에너지통제 절차

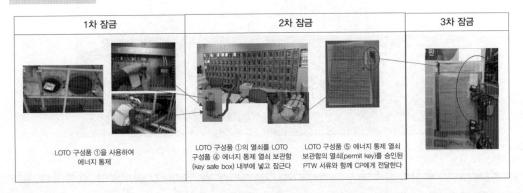

1차 잠금	2차 잠금	3차 잠금
LOTO 구성품 ①을 사용하여 에너지 통제	LOTO 구성품 ①의 열쇠를 LOTO 구성품 ④ 에너지 통제 열쇠 보관함 (key safe box) 내부에 넣고 잠근다 / LOTO 구성품 ⑤ 에너지 통제 열쇠 보관함의 열쇠(permit key)를 승인된 PTW 서류와 함께 CP에게 전달한다	

하지만, 3차 잠금을 위해서는 CP가 매일 작업자들이 사용할 자물쇠를 매일 작업 시작 전 나누어 주고, 작업 후 회수하는 번거로운 과정을 거쳐야 했다. 에너지통제가 된 구역에서 일하는 모든 작업자에게 자물쇠를 지급하는 기준을 운영함에 따라 CP는 때로는 40여 개가 넘는 자물쇠를 이동해야 하는 어려운 일이 상존하였다. 아래 그림은 작업자가 사용하는 자물쇠를 보관하는 바구니이다.

이에 따라 기존의 PTW System을 e−Permit 체계로 전환하면서 이러한 어려움을 해소하였다. 다음 그림과 같은 QR코드를 활용하여 작업자의 자물쇠 역할을 대체하였다. 다음 그림은 작업자가 소지해야 하는 자물쇠를 대체하는 휴대폰 연동 QR코드이다.

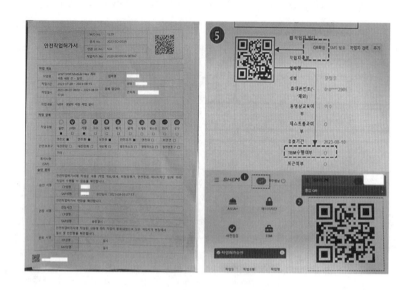

PTW 관련 문서는 일반적으로 위험성평가, 에너지 통제 범위, 밀폐공간 안전점검 목록, 보호구 목록 및 안전교육 일지 등으로 구성된다. 아래 그림은 안전작업허가 절차 전 과정을 보여주는 내용이다.

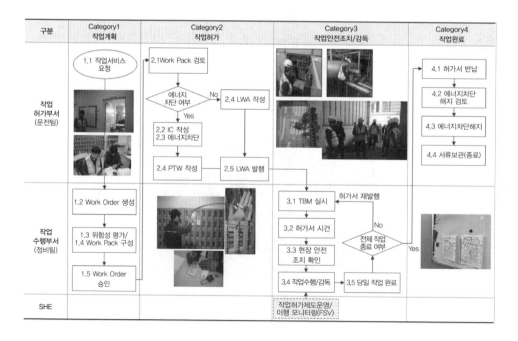

III. 변경관리(Management of change)

사업장과 사무실의 다양한 변화로 인해 건강과 안전에 영향을 미칠 수 있다. 변경관리 대상에는 단기 건축 프로젝트와 같은 임시 작업과 작업 프로세스, 장비 및 절차의 변경 등이 포함된다. 변경 관리를 위한 통제 조치에는 위험 평가가 포함된다. 작업을 수행하는 사람과 영향을 받을 수 있는 사람 간의 효과적인 의사소통 및 협력 업무를 관리하고 수행할 유능한 인력 지정, 작업 영역의 효과적인 분리 그리고 필요한 경우 긴급 절차를 개정하고 근로자에게 건강과 안전한 지원을 제공한다.

1. 변경관리의 영향

사업장은 일상적이고 지속적인 변화를 한다. 변경은 건설 작업(종종 임시 작업이라고도 함), 공정 변경, 장비 변경 또는 작업 관행 변경으로 인해 발생할 수 있다.

임시 작업에는 단기 건축 프로젝트, 건물 유지 관리, 개조, 철거 및 굴착 작업이 포함된다. 임시 작업은 작은 사무실의 페인팅 및 장식, 묻혀 있는 전화선에 접근할 수 있는 얕은 도랑 굴착 등 매우 사소하고 짧은 기간의 작업일 수도 있다. 또한 유통 창고의 대규모 증축 공사, 공장 구내의 버려진 건물 철거 또는 대규모 개조 작업과 같은 주요 건설 프로젝트도 포함될 수 있다.

여기에서 중요한 사실은 임시 그리고 잠시 무언가를 하는 과정에서 변경관리 미수행으로 인해 다양하고 치명적인 사고가 발생한다는 사실이다. 특히, 기존 운영 중인 사업장에 임시로 무언가를 시행하는 과정에서 문제가 생기거나 사고가 발생하게 되면 어느 누구도 그 사고를 관리하거나 복구하기 위한 준비가 되어 있지 못하다는 것이다. 이러한 주요 예시로는 통행로 일부에 대한 임시 비상 배수구 보수작업으로 인한 현장 차량 통행로 혼란 가중, 건물의 일부분 수리나 보수로 인해 화재 시스템 무효화, 비상대피 경로에서 이루어지는 작업으로 인해 비상 시 대피 어려움 등이다.

2. 변경 영향 관리

(1) 위험성평가

임시 작업 또는 기타 변경 등의 시행으로 기존 사업장에 미치는 영향을 평가해야 한다. 이 평가에는 작업과 관련된 위험과 해당 작업이 기존 작업장에 미치는 영향으로 인해 발생하는 위험에 대한 고려가 포함되어야 한다. 어린이, 노인, 장애인 등 취약계층에 대한 특별한 배려와 함께 위험에 의해 영향을 받을 수 있는 모든 사람에 대해 적절한 배려가 이루어져야 한다.

(2) 소통과 협력

작업을 수행하는 다양한 당사자와 작업으로 인해 영향을 받는 모든 사람 간의 효과적인 의사소통과 협력이 필요하다. 기존 사업장에 존재하는 위험과, 변경으로 인한 위험을 동시에 고려하여야 한다. 변경 전, 변경 중 그리고 변경 후의 모든 과정을 이해관계자들과 공유하고, 다양한 의사소통과 협력을 한다.

(3) 담당자 선임

이 사람은 변경과 관련한 다양한 업무를 안전하게 수행할 수 있는 충분한 훈련, 기술, 경험 및 지식(그리고 아마도 태도 및 신체적 능력과 같은 기타 능력)을 가져야 한다.

(4) 격리

임시 작업이나 변경이 이루어질 구역은 기존 작업장과 효과적으로 분리되어야 한다. 효과적인 분리는 해당 장소를 둘러싼 물리적 장벽과 이에 대한 내용을 효과적으로 알릴 수 있는 표지판을 설치해야 한다. 그리고 무단 접근을 방지하기 위해 작업장에 대한 접근 지점을 통제해야 한다. 이 곳에서 작업이 진행되는 사업장의 근로자, 작업 영역을 통과하려는 고객 및 일반 대중이 포함될 수 있다.

(5) 비상대응

임시 작업이나 변경 등으로 인한 비상대응 절차를 고려해야 한다. 이때 기존 운영중인 비상대응 절차와의 상관관계를 고려하여 비상대응 절차를 고려해야 한다. 화기 작업 중 자동 화재 감지 및 경보 시스템의 일부를 일시적으로 격리하기 때문에 대체 화재 감지 및 경보 절차를 적용해야 한다. 기존 탈출 경로가 폐쇄되어 지정해야 하는 대체 비상 탈출 경로가 필요하다.

(6) 근로자 지원

임시 작업이나 변경 작업에는 근로자가 사용하는 식수, 작업복 보관장소, 위생 편의 시설, 세탁 시설 및 휴식 및 식사시설 등이 포함된다. 이러한 시설의 변경이 있을 경우, 모든 관련 이해관계자의 협조를 구해야 한다.

IV. 신체 및 건강 위험

신체 및 건강 위험은 신체적, 정신적 위험뿐만 아니라 화학적, 생물학적 위험과도 관련이 있다. 신체 및 건강에 대한 위험은 그동안 잘 알려져 왔으나, 그 위험성을 감소시키기 위한 노력이 기타 심각한 부상을 초래하는 추락, 감전, 넘어짐 등의 위험성 감소조치보다는 상대적으로 낮다고 저자는 판단한다.

1. 소음

1.1 정의

소리란 인간의 귀가 감지해 낼 수 있는(공기, 물 또는 다른 매체에서) 어떤 압력 변동이다. 소리는 진동면에서 공기압력이 높고 낮은 파동이 생겨서 전파되면서 청각을 자극할 때에 느끼는 것을 말한다. 소리는 파동의 진폭, 주파수, 주기에 의하여 결정된다. 진폭은 압력의 변화로 음압이라고 하며, 음압이 높으면 큰 소리 그리고 낮으면 작은 소리가 된다. 즉 주파수가 많으면 높은 소리, 적으면 낮은 소리가 된다. 아래 그림은 소리의 세기와 높이를 보여준다.

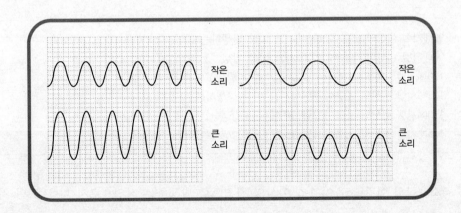

소음이란 사람이 원하지 않는 소리 또는 정신적, 신체적으로 인체에 유해한 소리를 말한다. 소음의 종류는 연속음, 단속음 및 충격음이 있다. 연속음은 하루 종일 일정한 크기의 소리가 발생되는 것을 말하며, 1초에 1회 이상일 때 연속음으로 본다. 단속음은 발생되는 소음의 간격이 1초보다 클 때 단속음으로 본다. 충격음은 최대음압수준이 120dB 이상인 소음이 1초 이상 간격으로 발생하는 것이다. 인간의 귀는 0부터 120dB까지 상당히 큰 범위의 소리를 들을 수 있다.

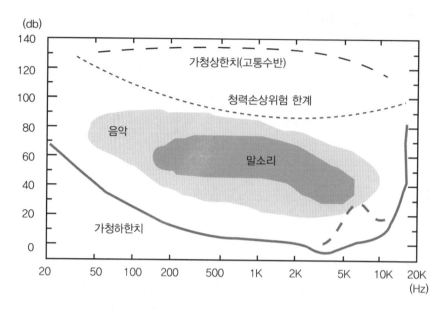

산업안전보건기준에 관한 규칙 제512조에 따르면 1. "소음작업"이란 1일 8시간 작업을 기준으로 85데시벨 이상의 소음이 발생하는 작업을 말한다. 2. "강렬한 소음작업"이란 다음 표의 각목의 어느 하나에 해당하는 작업을 말한다.

가. 90데시벨 이상의 소음이 1일 8시간 이상 발생하는 작업
나. 95데시벨 이상의 소음이 1일 4시간 이상 발생하는 작업
다. 100데시벨 이상의 소음이 1일 2시간 이상 발생하는 작업
라. 105데시벨 이상의 소음이 1일 1시간 이상 발생하는 작업
마. 110데시벨 이상의 소음이 1일 30분 이상 발생하는 작업
바. 115데시벨 이상의 소음이 1일 15분 이상 발생하는 작업

"충격소음작업"이란 소음이 1초 이상의 간격으로 발생하는 작업으로서 다음 표의 각 목의 어느 하나에 해당하는 작업을 말한다.

가. 120데시벨을 초과하는 소음이 1일 1만회 이상 발생하는 작업
나. 130데시벨을 초과하는 소음이 1일 1천회 이상 발생하는 작업
다. 140데시벨을 초과하는 소음이 1일 1백회 이상 발생하는 작업

1.2 사고통계

고용노동부가 발간한 2021년 산업재해현황 분석의 업무상 질병현황을 살펴보면, 2021년 업무상 질병자수는 20,435명으로 2020년 업무상 질병자수 15,996명 대비 4,439명이 증가 (약 28%)되었다. 이중 소음성 난청은 2021년 4,168명으로 2020년 소음성 난청자수 2,711명 대비 1,457명(약 54%)이 증가되었다. 2019년부터 2021년 3년간의 소음성 난청 현황을 업종별로 살펴보면 아래 표의 내용과 같다.

업종	2019	2020	2021
광업	1,031	1,508	2,154
제조업	772	884	1,407
전기가스 및 상수도업	2	1	8
건설업	134	233	468
운수창고 및 통신업	14	18	30
임업	4	6	9
어업	–	–	–
농업	–	–	–
금융 및 보험업	6	16	13
기타의 사업	23	45	79
계	1,986	2,711	4,168

1.3 위험요인

소음으로 인한 일반적인 위험요인 청력손실(일시적 청력손실, 영구적 청력손실, 음향 외상성 난청 및 이명증), 수면방해, 스트레스와 생리적 영향, 대화방해, 학습 및 작업능률 저하 등이다.

소음은 우리나라 사업장 근로자의 주요한 노출 유해요인이다. 소음이 현대 사회에서 중요한 문제로 대두됨에 따라 소음 노출로 인한 건강위해로부터 보호와 소음 저감을 위한 대책이 중요하다. 사업장의 소음은 여러 작업 공정에서 발생하여 소음성 난청의 원인으로 작용한다. 소음성 난청은 소음에 노출되는 시간이나 강도에 따라 일시적 난청과 영구적 난청이 나타날 수 있다. 소음성 난청은 자신이 인지하지 못하는 사이에 발생하며 치료가 안되어 영구적인 장애를 남기는 질환이다. 소음성 난청은 감각신경성 난청 중 가장 흔한 질환으로서 산업 현장이나 도시발전에 따른 환경소음과 개인적으로 음향장비 등의 사용에 의해 빈번하게 발생할 수 있다. 그리고 소음성 난청에 대한 치료 방법이나 자세한 원인과 발생 기전 구명은 미미한 상태이며, 소음성 난청을 예방하기 위한 투자나 관심도 부족한 상황이다.

사업장의 소음은 소음성 난청으로 인해 재해와 작업능률 저하 등의 피해를 준다. 그리고 이러한 청각장애 이외에도 심혈관계 질환과 고혈압의 발생에 영향을 미치고 심한 소음 수준은 급격한 스트레스와 정신장애를 일으킨다. 또한 수행능력장애, 수면장애, 대화방해 등 건강과 일상 생활에 영향을 준다. 이와 같은 소음으로 인한 청력장애로 신체적, 정서적, 행동학적 사회적 기능에 미치는 영향을 미친다.

소음성 난청은 현재 우리 나라에서 특수건강 진단 결과 유소견자(D, 판정) 중 가장 많으며, 또한 소음 특수건강진단 피검사자의 10% 이상이 소음성 난청 요관찰자(C)로 판정을 받고 있다. 소음에 의한 청력장애는 3,000Hz 영역에서 조기 청력손실이 있으며 일반적으로 4,000Hz에서 가장 흔히 발생한다. 즉, 소음성 난청의 초기에는 고음역에서 청력손실이 있어 비교적 저음역인 일상적인 대화에는 장해를 느끼지 못하기 때문에 본인이 인식하지 못하는 예가 많으며, 근로자 자신이 난청을 알게 된 때는 이미 상당히 진행되었다고 볼 수 있다. 따라서 청력검사는 소음성 난청의 진행을 막는 2차 예방을 위한 조기 방법이 필요하다.

1.4 청력손실 및 소음성 난청의 원인

난청은 외이부터 대뇌 피질까지 청각전도로의 어느 부분의 장애에 의해서도 발생할 수 있다. 청력장애는 30세 이후 조금씩 청력이 소실되기 시작하면서 50세 이후 노인성 난청의 빈도가 증가하게 되고 65세 이후 노인에게는 1/4 이상이 청력장애가 발생할 수 있다. 청력이 떨어지는 방식 중에 하나는 소리를 모으는 귓바퀴부터 소리를 감지하는 기관인 내이까지 소리전달과정에 문제가 있을 때에 전음성 난청이 생긴다. 청각신경이 손상된 경우는 감음성 난청이라고 한다. 비유전적인 난청의 원인은 조산, 뇌막염, 두부손상, 중이염, 항생제 복용, 직업적 혹은 환경소음 노출 등이 있다.

(1) 소음에 의한 청력손실

가. 일시적 역치이동(Temporary threshold shift, TTS)

큰 소음에 잠시 노출되었다가 조용한 곳으로 이동하면 작은 소리를 듣지 못하는 경우가 있다. 이는 청각기관의 일시적 피로현상에 의한 것으로 시간이 경과하면 원상태로 회복된다. 이러한 현상을 일시적 역치이동이라고 한다.

나. 영구적 난청(Permanent Threshold Shift, PTS)

영구적 난청은 소음환경에서 장시간 일하거나 충격음에 과다 노출되어 내이의 청각조직에 손상이 되어 청력이 회복되지 않는 것이다. 내이의 와우관(달팽이관)에 있는 코르티기관 속의 청각수용 세포가 파괴된다. 영구적 난청은 결국 소리를 느끼게 하는 신경말단이 손상을 받아 청력장애가 생긴 상태로서 회복이나 치료가 어렵다.

다. 음향성 외상

강대소음에 순간적으로 폭로되어 일과성 청력손실 없이 돌발적으로 부분적 혹은 완전한 청력손실을 초래하는 것을 말한다. 음향성 외상으로 인한 청력손실은 장기간 소음노출로 인한 영구적 청력손실에 비해 더욱 심한 청력손실을 유발하며, 특히 저음역에도 심한 손실을 동반한다. 음향성 외상은 수개월이 경과하면 어느 정도 회복하기도 한다.

라. 돌발성 소음성 난청

평소 소음에 계속적으로 폭로되었으나 어느 순간 폭로음의 강도가 증가되던지 소음폭로 하의 체위변화에 의해서 야기되는 돌발적인 청력손실을 소음성 돌발성 난청이라고 한다. 돌발성 난청은 음향성 난청과 다르게 유발인자 없이 갑자기 주로 편측으로 감각신경성난청이 나타나나, 양측으로 발생하는 경우도 있다. 돌발성 난청은 3일 이내에 연속된 3개의 주파수에서 30dB 이상의 청력손실을 보이는 것으로 이명을 동반하며, 현기증을 동반하는 경우도 있다. 다양한 원인에 의하여 발생할 수 있으므로 정확한 원인 규명이 어렵다.

(2) 소음성 난청

소음성 난청은 청각기관이 85dB(A) 이상의 매우 강한 소리에 지속적으로 노출되면 발생한다. 대부분의 산업현장에서 발생하는 여러 음역이 섞여있는 소음의 경우, 와우의 기전회전 부위의 손상을 야기(3천~6천Hz에 해당)한다. 소음성 난청은 대개 4kHz에서 가장 심하고, 아래 음역으로 확대되어 회화음역(500~4,000Hz)까지 확대된다. 손상된 부위의 일부는 회복되나 나머지는 퇴행성으로 진행한다. 소음노출이 멈춘 뒤에는 단지 손상 받은 청세포 부위에만 국한해서 청신경의 퇴행성 변화가 나타난다. 소음노출 차단 이후에는 이미 손실된 청력 이상으로 악화되지 않는다. 소음성 난청의 특성은 아래 표의 내용과 같다.

- 내이의 모세포에 작용하는 감각신경성 난청이다.
- 농을 일으키지 않는다.
- 소음노출 중단 시 청력손실이 진행되지 않는다.
- 과거의 소음성 난청으로 소음노출에 더 민감하게 반응하지 않는다.
- 초기 고음역에서 청력손실이 현저하다.
- 지속적인 소음노출이 단속적인 소음노출보다 더 위험하다.

1.5 소음성 난청의 위험성 감소조치

산업안전보건기준에 관한 규칙 제515조에 따라 난청발생에 따른 조치를 한다. 사업주는 소음으로 인하여 근로자에게 소음성 난청 등의 건강장해가 발생하였거나 발생할 우려가 있는 경우에 다음 표 각 호의 조치를 하여야 한다.

---

1. 해당 작업장의 소음성 난청 발생 원인 조사
2. 청력손실을 감소시키고 청력손실의 재발을 방지하기 위한 대책 마련
3. 제2호에 따른 대책의 이행 여부 확인
4. 작업전환 등 의사의 소견에 따른 조치

그리고 주요 소음원의 정밀조사를 시행한다. 그 내용으로는 공정(구역)별 소음분포 지도 작성, 공정(구역)별 주요 소음원의 저감 순위 결정, 주요 소음원에 대한 기본적인 방음대책 제시 및 주요 소음원의 방지대책 후 예상되는 소음 지도를 작성하는 등이다.

(1) 위험제거(hazard elimination)

제거는 소음을 근원적으로 제거하는 과정으로 작업자에게 피해를 주지 않는 가장 효과적인 방법이다. 예를 들어 단단한 물체나 표면 사이의 충격을 제거하거나 시끄러운 작업을 다른 작업 활동으로부터 멀리 이동 및 격리하는 것을 포함한다.

근로자를 과도한 소음에 노출시키지 않으면서 새로운 작업 프로세스나 새로운 기계가 어떻게 작동할지 초기 단계에서 고려하는 것이 전반적인 소음 수준을 줄이기 위해 기업이 취할 수 있는 가장 비용 효율적이고 장기적인 조치이다. 새 기계를 구입하기 전에 소음 수준을 고려해야 한다. 이는 공장이나 기계의 제조업체나 공급업체와 연락하고 정보를 얻음으로써 달성할 수 있다. 여기에는 설치 지침, 유지 관리 계획 및 기계가 작동되는 특정 조건에서 발생할 수 있는 소음 수준이 포함될 수 있다.

소음원을 제거하기 위한 효과적인 방안은 설계 단계에서부터 검토를 시행하는 것이다. 설계 검토 단계에서 검토한 내용을 기반으로 소음원을 제거하는 방식은 건설 당시의 비용을 일부 상승시키는 작용을 하지만, 생산시설을 수십 년간 운영하면서 발생하는 다양한 소음원으로 인한 위험(소음성 난청 유발, 민원, 환경 개선 명령 등)을 줄일 수 있는 유일한 방안이다. 허용 가능한 소음 수준으로 줄일 수 있는 방안을 모색하고 소음을 증폭시킬 수 있는 설계 결함을 제거한다.

단단한 타이어를 고무 타이어로 교체하거나 디젤 엔진을 전기 모터로 교체 공정이나 장비 변경으로 소음을 줄이는 방법이 있다. 그리고 기계의 회전 속도를 변경하거나 정기적인

유지 관리로 소음을 줄이는 방법도 있다.

(2) 위험대체(hazard substitution)

소음의 위험에서 대체란 시끄러운 기계나 장비를 보다 조용한 대체품으로 교체하는 과정
이다. 제거가 불가능할 경우, 시끄러운 기계나 장비를 더 조용한 것으로 교체하는 것이 소
음을 제어하는 차선책일 수 있다. 회사는 작업 시 소음을 줄일 수 있는 대체 장비 및 작업
프로세스를 항상 고려해야 한다. 예를 들어 수압 공정을 사용하여 자재나 제품을 구부리면
망치질을 하는 것보다 소음이 덜 발생한다. 리벳팅 방식의 작업을 용접 방식으로 대체할 경
우 소음수준이 낮아진다. 다만, 위험대체 방식을 적용할 경우 추가적인 위험요인이 발생할
수 있음을 유념한다. 아래 표는 위험대체의 예시이다.

소음원	위험대체
석유 엔진	전기 엔진
공압 공구	전기 공구
금속 베어링	섬유 베어링
단조(forging)	프레싱(pressing)
망치질	접착
치핑(chipping)	연삭(grinding)

(3) 공학적 대책 사용(engineering control)

소음의 원천과 이동 경로를 파악하고 공학적 대책을 통해 소음을 제어한다. 소음 수준을
감쇠하거나 줄이는 방법에는 여러 가지가 있으며 이러한 방법은 ILO 실천 강령 가이드(ILO
Code of Practice)에서 자세히 다루고 있다.

가. 인클로저

우수한 방음 재료로 장비를 둘러싸면 소음 수준을 최대 30dB(A)까지 줄일 수 있다. 다만,
인클로저 설치로 기계가 과열되지 않도록 주의를 기울여야 한다.

나. 스크린 또는 흡수벽

소리가 벽에서 반사되는 영역에서 효과적으로 사용할 수 있다. 소음이 나는 장비가 있는
방의 벽에는 폼이나 미네랄 울과 같은 흡음재가 늘어서 있거나 장비 주변에 흡음(음향) 스크
린이 배치되어 있다.

다. 댐핑

대들보, 벽 패널 및 바닥과 같은 건물 구조를 통해 전달되는 소음 및 진동을 제거하거나 줄이기 위해 바닥 단열 장치를 사용한다.

라. 소음기

흡수성 재료 또는 배플로 구성된 소음기를 설치한다.

(4) 행정적 조치(administrative control)

행정적 조치는 소음에 노출되는 근로자 수 또는 소음에 노출되는 시간을 줄이기 위해 작업을 구성하는 방식이다. 제거, 대체 또는 공학적 통제 조치를 통해 소음 노출을 줄일 수 없는 경우 행정적 통제를 사용한다. 시끄러운 장비를 작업자로부터 멀리 두거나 별도의 격리된 장소에 배치한다. 근로자가 위험한 소음원으로부터 벗어날 수 있는 조용한 공간을 제공한다. 그리고 저소음 작업장비 사용, 개인별 소음 노출시간의 제한, 소음환경과 위험성의 표시, 전파경로를 차단하여 수음자를 보호하는 조치가 필요하다.

청력 보호 구역을 식별하고 시끄러운 구역을 명확하게 표시한다. 소음원과 작업자 사이의 거리를 늘리면 소음원이 멀어질수록 작업자에게 미치는 영향이 줄어든다. 가능한 적은 인원이 참석할 때 시끄러운 작업이 수행되도록 일정을 구성한다. 시끄러운 지역에서 일하는 개인의 수를 최소화한다. 직무 설계 및 직무 순환을 통해 근로자가 시끄러운 장소에서 보내는 시간을 제한한다. 시끄러운 작업 환경에서 떨어진 곳에서 휴식 시간을 제공한다. 작업장비의 올바른 사용을 위해 근로자에게 충분한 정보, 지침 및 교육을 제공한다. 소음이 청력에 미치는 영향을 모니터링하기 위한 건강 진단을 시행한다.

(5) 보호구 사용(PPE)

청각 보호 장비(hearing protective equipment, 이하 HPE)는 소음과 청각 경로 사이에 장벽을 제공하여 높은 수준의 소음에 노출되어 발생하는 청력에 대한 악영향으로부터 근로자를 보호한다. 작업자를 보호하기 위해 선택한 HPE가 개인의 작업 환경에 적합하고 사용 중인 다른 안전보호장비(예: 안전모, 먼지 마스크, 보안경 등)와 호환되는지 확인하는 것이 중요하다. 다양한 유형의 보호 장치를 제공하는 것이 좋다. HPE를 선택할 때 근로자의 선호도와 건강을 고려하는 것이 중요하다. 예를 들어, 청력 손실이 있는 작업자는 의사소통이 더 어려워지기 때문에 HPE 착용을 좋아하지 않을 수 있다. 이러한 경우에는 근로자를 만나서 그들에게 가장 적합한 옵션을 찾아야 한다. 이러한 근로자들은 통제할 수 없을 정도로 소음에 지속적으로 노출되면 청각 장애가 있다고 판단될 때까지 청력을 계속 잃게 된다는 점을 이해해야 한다. 청력 보호구는 올바르게 착용한 경우에만 보호 기능을 제공한다. 근로자에게 HPE 착용 방법 및 시기에 대한 교육을 제공한 후 직원의 이해도를 평가하여 효과를 보장해야 한다.

청각 보호 장비에는 일반적으로 귀마개와 귀덮개가 있다. 귀마개의 감음율은 25~35dB 수준이고 귀덮개의 감음율은 35~45dB이다. 귀마개와 귀덮개를 동시에 착용 시 추가로 3~5dB까지 감음시킬 수 있다.

가. 귀마개

귀마개를 올바르게 착용하기 위해서는 아래 표의 내용을 준수해야 한다.

- 귀마개는 공기가 통하지 않도록 귓구멍에 꼭 맞게 착용해야 한다.
- 귀마개를 삽입하기 전에 손을 깨끗이 씻는다.
- 귀마개를 삽입 시 반대 손을 머리 뒤로 돌려 귀틀 바깥쪽으로 잡아당겨 귀마개를 끼운다.
- 귀마개를 삽입 후 30초 정도 누르고 있는다.
- 귀마개가 하루 종일 귓구멍에서 잘 부풀어지는가를 확인하고 교정하도록 한다.
- 작업 중에 귀마개가 느슨하면 그때마다 다시 착용하도록 한다.

나. 귀덮개

귀 전체를 완전히 밀봉할 수 있는 형태이어야 한다. 귀 전체를 잘 밀봉되게 하기 위해 머리나 귀걸이 등이 걸리지 않게 가지런히 하거나 제거한다.

다. 청각 보호 장비 착용 시 주의사항

최초 착용 시 외부의 소음이 줄어든 반면 자신의 음성이 크게 들리므로 근로자들의 대화 목소리가 낮아지고 의사전달이 어렵게 되어서 착용을 기피하는 경우도 있으므로 유의하여야 한다. 귀마개를 헐렁하게 끼우거나 귀덮개를 바르게 착용하지 않으면 소음감쇠 효과는 반감된다. 귀마개 등의 보호구는 한국산업안전공단 검정을 필한 양질의 보호구를 사용해야 한다. 그리고 귀마개는 청결하게 사용하지 않으면, 외청도에 염증이 생기는 등 부작용이 생기므로 주의하여야 한다.

2. 진동

2.1 정의

진동은 공기 또는 기타 매체를 통해 이동하며 진동하는 물체에 의해 발생하는 일종의 기계적 에너지이다. 진동은 바닥, 벽, 좌석 등의 고체 물체나 물, 공기 등의 액체를 통해 이동한다. 사람은 노출되는 진동 수준에 따라 영향을 받을 수 있다.

진동하는 물체를 느린 화면으로 관찰해 보면 여러 방향으로 움직임이 일어나는 것을 볼 수 있다. 얼마나 멀리 그리고 얼마나 빨리 그 물체가 움직이느냐가 그 진동의 특성을 결정한다. 이러한 움직임을 묘사하기 위해서 주파수, 크기 및 가속도 등이 활용된다. 아래 그림은 진동에 의한 변위, 진폭, 주기 및 시간을 묘사하고 있다.

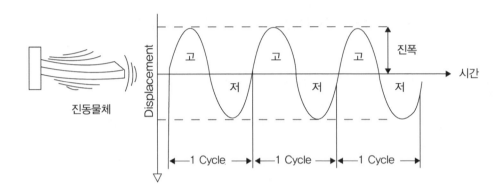

산업안전보건기준에 관한 규칙 제512조에 따르면, 진동 작업이란 착암기(鑿巖機), 동력을 이용한 해머, 체인톱, 엔진 커터(engine cutter), 동력을 이용한 연삭기, 임팩트 렌치(impact wrench) 및 그 밖에 진동으로 인하여 건강장해를 유발할 수 있는 기계·기구 작업으로 정의하고 있다.

(1) 주파수(frequency)

진동하는 물체는 정상 정지상태의 위치로부터 앞뒤로 움직인다. 진동의 완전한 주기는 물체가 한쪽 끝 극단 점에서부터 다른 쪽 끝 극단으로 움직인 뒤 다시 원위치로 돌아온 것이 하나의 주기(cycle)이다. 1초 동안 이루어지는 주기수를 나눈 것을 주파수라고 한다. 주파수의 단위는 헤르츠(Hz)이며, 1Hz는 1초 동안 1번의 주기와 동일하다.

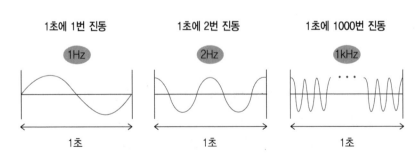

1초에 전파가 진동한 횟수, 주파수(Hz)

(2) 진폭(amplitude)

진동하는 물체는 정지상태에서부터 어떤 최대 거리를 양쪽으로 이동한다. 진폭은 물체의 정지상태위치에서부터 최대이동거리를 이루는 어느 한쪽으로의 극단에 이르는 거리를 말하며 단위는 미터(m)이다. 진동의 세기는 이 진폭에 달려 있다.

(3) 가속도(acceleration)

진동하는 물체의 속도는 진동 주기마다 영에서 최대로 변한다. 진동은 자연적으로 정지해 있는 위치를 지나 극단적인 위치로 가면서 가장 빠르게 움직인다. 진동하는 물체는 극한에 접근함에 따라 속도가 느려지는데, 여기서 정지한 상태에서 다른 극한을 향해 반대 방향으로 이동한다. 진동 속도는 초당 미터 단위(m/s)로 표시한다. 가속도는 시간에 따라 얼마나 빨리 속도가 변하는지를 나타내는 척도로 이에 대한 측정은 초당 미터(meter per second) 또는 초당 미터 제곱(m/s2) 단위로 표시한다. 가속도의 크기는 진동 주기마다 영에서 최대로 변하며, 진동하는 물체가 정상 정지 위치에서 더 멀리 이동함에 따라 증가한다.

2.2 사고통계

고용노동부가 발간한 2021년 산업재해현황 분석의 업무상 질병현황을 살펴보면 2021년 업무상 질병자수는 20,435명으로 2020년 업무상 질병자수 15,996명 대비 4,439명이 증가(약 28%)되었다. 이중 진동장해는 2021년 3명, 2020년 4명 그리고 2019년 4명이다. 2019년부터 2021년 3년간의 진동장해 현황을 업종별로 살펴보면 아래 표의 내용과 같다.

업종	2019	2020	2021
광업	3	2	1
제조업	1		2
건설업		1	
기타의 사업		1	
계	4	4	3

한편, 영국 HSE가 발간한 손팔 진동 관련 사고통계를 살펴보면, 2021년 300건, 2020년 80건, 2019년 205건, 2018년 180건, 2017년 270건, 2016년 455건 및 2015년 635건이 발생하고 있다.

2.3 위험요인

휴대용 진동 기계(예: 공압 드릴, 샌더 및 그라인더, 전동 잔디 깎는 기계 및 스트리머, 전기톱)는 전신 또는 손팔 진동을 유발하는 장비로 건강 위험을 초래할 수 있다. 진동에 대한 노출을 제거하거나 통제하기 위한 기준은 ILO 실천 강령인 작업장 주변 요인 조항(ILO Code of Practice Ambient Factors in the Workplace)에 언급되어 있다. 이 기준에서는 진동에 대한 노출 한도를 설정할 것을 권장하고 있다. 국제 합의 표준인 ISO 2631-1:1997의 전신 진동과 ISO 5349:1986의 손팔 진동 기준을 정량화하는 방법을 설정하고 있다. 사업주는 진동과 관련한 유해위험 요인을 평가하고, 이를 제거하기 위한 예방 및 통제 조치를 취해야 한다.

(1) 전신 진동(Whole-Body Vibration, WBV)

전신 진동(WBV)은 서있는 근로자의 발이나 앉아 있는 근로자의 엉덩이를 통해 신체로 전달되는 기계적 에너지이다. 예를 들어 비포장 도로를 따라 차량을 운전하거나, 굴착 기계를 작동할 때 발생한다. 전신 진동의 가장 흔한 건강상의 영향은 허리 통증이며, 심각한 경우에는 영구적인 부상을 초래할 수 있다. 아래 표의 내용은 일반적으로 전신 진동을 유발하는 상황이다.

- 제어장치의 설계가 좋지 않아 운전자가 기계나 차량을 쉽게 조작하기 어려운 상황
- 운전자가 기계를 작동하려면 몸을 비틀고, 구부리고, 기울이고 늘리는 상황
- 자세를 바꾸지 못하고 오랫동안 앉아 있는 상황
- 운전자가 반복적으로 수동으로 화물을 취급하고 들어올리는 상황
- 충격에 과도하게 노출되는 상황
- 높은 운전실이나 승하차가 어려운 운전실에 반복적으로 오르거나 뛰어내리는 상황

전신 진동으로 인한 급성 효과로는 심박수 및 혈압 증가 등이 있다. 그리고 만성 효과로는 영구적인 척추 손상, 중추신경계 손상, 청력 상실, 순환계 및 소화기 문제가 포함된다. 전신 진동을 발생시키는 가장 일반적인 직업은 지게차, 건설 차량, 농업 또는 원예 기계 및 차량을 운전하는 경우이다. 영국 보건안전청(HSE)이 발표한 각종 기계장비의 진동수치는 다음 표와 같다.

기계장비	작업	진동 수치 (m/s^2)
3톤 굴절식 덤프트럭	폐기물 제거	0.78
덤프트럭	폐기물 운송	1.13
25톤 굴절식 덤프트럭	폐기물 운송	0.91
불도저	다지기	1.16
4톤 다짐기	활주로 마무리	0.86
80톤 트럭	폐기물 운송	1.03

(2) 손팔 진동(Hand-Arm Vibration, HAV)

진동공구를 사용함으로써 발생하는 산업보건상의 주요 문제점은 손가락 및 손의 말초혈관과 말초신경계의 장애이다. 진동에 의해 발생한 징후와 증상은 통증, 저림, 손가락의 창백해짐, 이상 감각 등으로 알려져 있으며 이로 인해 발생한 징후와 증상을 총칭하여 수지진동 증후군(hand-arm vibration syndrome, HAVS), 다른 용어로 직업기인성 레이노병(occupation induced Raynaud disease),[8] 진동 백지증(vibration induced white finger)이라고 부른다.

손팔 진동으로 인해 혈액 순환 시스템, 감각 신경, 근육, 뼈 및 관절에 좋지 않은 영향이 있다. 대개 업무 후 어느 시점에 손가락에 따끔거림과 무감각이 느껴지는 것이다. 이러한 노출이 계속되면 손가락 끝이 하얗게 변하고 손 전체가 영향을 받을 수 있다. 이로 인해 악력과 손재주가 상실될 수 있다. 습하거나 추운 환경에서 더욱 촉발될 수 있으며, 따뜻해지면 '쑤시거나 찌르는 듯한' 증상이 나타난다. 이러한 상태가 지속되면 손가락이 변색되고 커지는 등 더 심각한 증상이 뚜렷해진다. 그리고 괴저가 발생하여 영향을 받은 손이나 손가락이 절단될 수 있다. 진동 백지증(vibration induced white finger)은 1911년에 처음으로 산업질병으로 지정되었다. 진동 백지증의 발생 위험은 진동 빈도, 노출 기간, 기계나 도구를 꽉 쥐는 정도에 따라 달라진다. 영국 보건안전청(HSE)이 발표한 장비 품목에 대한 진동 수치는 다음 표와 같다.

장비	조건	진동 수치(m/s^2)
노면 파쇄기 (road breaker)	일반적 조건	12
	가장 좋은 상태/훈련된 근로자	5
	최악의 상태/운영조건	20

8) 손 팔 진동증후군은 작업관련 레이노드 현상이라고도 불린다. 진동은 레이노드 현상의 어느 한 원인으로 알려져 있으며 다른 요인들로는 손가락의 결합조직의 질환, 조직상해, 혈관계의 질환, 또 염화비닐에의 노출, 어떤 특정 약물의 복용 등이 있다. 결과적으로 감소된 혈액순환으로 인해 저온 환경하에서 백색수지 현상을 일으킨다.

콘크리트 파쇄기 (demolition hammer)	가장 좋은 상태	8
	일반적	15
	최악의 상태	25
햄머드릴 (hammer drill)	일반적	9
	가장 좋은 상태/운영조건	6
	최악의 상태/운영조건	25
다양한 각도의 그라인더 (large angle grinder)	가장 좋은 상태/진동감소 설계	4
	기타	8
작은 각도의 그라인더 (small angle grinder)	일반적 조건	2-6
쇠사슬 톱 (chainsaw)	일반적 조건	6
예초기 (brush cuter or strimmer)	일반적 조건	4
	가장 좋은 조건	2
연마기(sander)	일반적 조건	7-10

다음 그림은 손팔 진동으로 인한 혈액 순환 시스템, 감각 신경, 근육, 뼈 및 관절에 좋지 않은 영향과 통증 및 감각 상실 등을 보여준다.

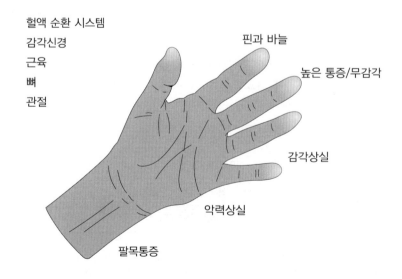

2.4 진동 위험성 감소조치

진동에너지로 인한 건강상의 피해를 줄이기 위해서는 위험성감소 조치의 우선 순위를 검토하여 개선하는 방안을 마련해야 한다.

(1) 위험제거(hazard elimination)

진동과 관련한 위험성평가를 통해 진동에너지를 제거하는 방법을 찾는다. 가장 근본적인 대안은 진동에너지가 발생하지 않는 장비나 설비를 사용하는 것이다.

(2) 위험대체(hazard substitution)

위험대체는 진동에너지를 적게 유발하는 프로세스나 재료를 사용하는 방안이다. 작업에 적합한 올바른 유형의 장비와 기계를 사용하고 수행 중인 작업 유형에 적합하지 않은 장비를 사용하지 않는다. 진동에너지의 위험을 대체할 수 있는 방안에는 방진 전기톱, 방진 공압 절삭기, 볼트 연결부 조립 시 임팩트 렌치 대신 토크 드라이버 사용, 도로 건설 및 광산 분야에 저진동 포장 차단기 사용, 리벳팅 대신 접착제 사용 및 진동 저감 공압 리베팅 건 등을 사용하는 방안으로 진동 가속도를 상당 수준 낮추는 역할을 한다. 또한 도로 불규칙성(예: 비포장 선로, 건설현장, 공장 진입로, 진입로)을 줄이거나 없앤다. 철도차량(크레인 등)의 경우 진동을 유발할 수 있는 레일 이음매를 용접 또는 레벨링 등으로 제거하고, 건설현장 도로를 정기적으로 레벨링한다.

(3) 공학적 대책 사용(engineering control)

공학적 대책은 진동에너지부터 근로자를 격리하도록 설계된다. 진동장비 제조업체는 최신 기술 발전을 통해 진동 위험을 최대한 낮추도록 장비와 기계를 설계해야 한다. 진동 댐핑의 경우 고무 등 탄성을 가진 진동흡수재를 부착하여 진동을 줄이는 방법이 있다. 진동 격리의 경우 진동 발생원과 작업자 사이의 진동 노출 경로를 어긋나게 하는 방법이 있다. 그리고 지그(Jig) 및 현가시스템(Suspension) 등을 사용하여 무거운 공구를 견고하게 잡지 않아도 되도록 방안을 마련한다.

(4) 행정적 조치(administrative control)

가. 진동작업 기준 설정

진동관리 기준을 설정 및 운영하여 근로자가 진동에너지로 인한 건강상의 피해를 적게 입도록 하는 조치를 한다. 국소진동에 관한 노출기준은 미국산업위생전문가협회(ACGIH)에서 손에 전달되는 진동의 강도에 대한 권장기준을 다음과 같이 정해 놓고 있다. 아래 표는 손에 전달되는 국소진동에 대한 TLV[9])값은 다음 표와 같다.

---

9) 미국산업위생전문가협회(ACGIH)가 정의하고 있는 TLV는 Threshold Limit Values의 약자로 임계한계값이라고 한다. 공기 중의 화학 물질 농도를 나타내며 거의 모든 근로자가 근무 기간 동안 매일 반복적으로 노출될 수 있으며

전체 하루 노출시간[1]	초과되어서는 안 되는 성분가속도의 주파수가 가중된 우세값[2]	
	m/s²	g[3]
4시간에서 8시간 이하	4	0.40
2시간에서 4시간 이하	6	0.61
1시간에서 2시간 이하	8	0.81
1시간 이하	12	1.22

1) 1일 동안 손으로 진동이 전달되는 전체 시간(연속 또는 간헐)
2) 일반적으로 한 축의 진동수준이 나머지 두 축보다 우세한 것이다. 만약, 하나 또는 그 이상의 진동축
   의 진동수준이 전체 하루 폭로 시간을 초과하면 허용기준치를 상회한 것이다.
3) 1g = 9.81m/s²

나. 작업관리

진동에너지로 인한 건강상의 피해를 줄이기 위해 아래 표와 같은 작업 관리를 시행한다.

- 진동 수공구는 적절하게 유지보수하고 진동이 많이 발생되는 기구는 교체한다.
- 제조사가 권장하는 사용기한을 준수하고 유지 보수 프로그램을 도입한다.
- 작업시간은 매 1시간 연속 진동노출에 대하여 10분 휴식을 한다.
- 지지대를 설치하는 등의 방법으로 작업자가 작업공구를 가능한 적게 접촉하게 한다.
- 가능한 공구는 낮은 속력에서 작동될 수 있는 것을 선택한다.
- 작업자가 진동에 노출되는 시간을 제한한다.
- 작업자가 장시간, 지속적으로 진동에 노출되는 것을 피하도록 작업 계획을 세운다. 단시간 여러
  번 노출되는 것이 더 유리하다.
- 순번을 정해 작업하여 노출 시간을 적절히 제한한다.

다. 건강관리

진동에너지로 인한 건강상의 피해를 줄이기 위해 아래 표와 같은 건강 관리를 시행한다.

건강에 부정적인 영향을 미칠 수 있다고 생각되는 조건이다.

- 근로자가 적정한 체온을 유지할 수 있게 관리한다.
- 손은 따뜻하고 건조한 상태를 유지한다.
- 방진장갑 등 진동보호구를 착용하여 작업한다.
- 손가락의 진통, 무감각, 창백화 현상이 발생되면 즉각 전문 의료인에게 상담한다.
- 니코틴은 혈관을 수축시키기 때문에 진동공구를 조작하는 동안 금연한다.
- 관리자와 근로자는 국소진동에 대하여 건강상 위험성을 충분히 알고 있어야 한다.
- 근로자들에게 필요한 경우 보호 의류를 제공하여 따뜻하고 건조한 상태를 유지하도록 한다.
- 손을 따뜻하게 보호하기 위해 장갑을 사용할 수 있다.

라. 교육훈련

교육훈련 프로그램은 작업장에서 진동 증후군에 대한 근로자의 안전 인식을 깨우고 자각을 하게 한다는 면에서 효과적이다. 훈련은 진동공구의 바른 사용과 유지보수에 대한 것, 불필요한 진동에의 노출을 피할 것 등이 포함되어 있어야 한다.

마. 산업안전보건기준에 관한 규칙 제519조[유해성 등의 주지]

사업주는 근로자가 진동작업에 종사하는 경우에 다음 각 호의 사항을 근로자에게 충분히 알려야 한다. 인체에 미치는 영향과 증상, 보호구의 선정과 착용방법, 진동 기계·기구 관리방법, 진동 장해 예방방법

바. 산업안전보건기준에 관한 규칙 제520조[진동 기계·기구 사용설명서의 비치 등]

사업주는 근로자가 진동작업에 종사하는 경우에 해당 진동 기계·기구의 사용설명서 등을 작업장 내에 갖추어 두어야 한다.

사. 산업안전보건기준에 관한 규칙 제521조[진동기계·기구의 관리] 사업주는 진동 기계·기구가 정상적으로 유지될 수 있도록 상시 점검하여 보수하는 등 관리를 하여야 한다.

(5) 보호구 사용(PPE)

아주 보편적으로 근로자가 사용하는 전통적인 장갑(면, 가죽 등)은 진동공구나 장비 등을 사용으로 인한 진동에너지를 줄이지 못한다. 이러한 장갑은 실제 진동관련 질환을 야기하는 주요 주파수대가 저주파수대인 점을 감안한다면, 진동에 의해 발생하는 백수증 등에 대한 예방효과는 낮다. 따라서 진동에너지를 줄일 수 있는 검증된 보호구를 사용해야 한다.

산업안전보건기준에 관한 규칙 제518조(진동보호구의 지급 등)에 따라

① 사업주는 진동작업에 근로자를 종사하도록 하는 경우에 방진장갑 등 진동보호구를 지급하여 착용하도록 하여야 한다. ② 근로자는 제1항에 따라 지급된 진동보호구를 사업주의

지시에 따라 착용하여야 한다.

V. 화재위험

매년 전세계적으로 700만~800만 건의 화재가 발생한다. 이로 인해 7만~8만 명이 사망을 하고, 50만~80만 명은 부상을 입는 것으로 알려져 있다.

모스크바에 본부를 둔 화재 통계센터(Center of Fire Statistics, 이하 CTIF)는 매년 30~50개국의 화재 통계를 분석한다. CTIF가 화재 통계를 위해 대상으로 하는 국가들의 전체 인구는 10억~20억 명 수준으로 해당 국가의 소방서는 매년 2,500만~3,300만 건의 긴급 전화를 받았고, 그 중 300만~400만 건이 화재와 관련이 있었다. CTIF가 분석한 화재 통계에 따르면, 화재로 인한 직접 손실은 평균 GDP의 0.16% 수준이고, 간접 손실은 평균 0.013%(또는 직접 손실의 1/12)수준이다. 이 계산에 포함되는 중요한 구성 요소에는 인적 손실(사망 및 부상), 금전적 등가물, 자원 봉사 소방관 및 기타 기부 시간에 대한 금전적 등가물, 규제 또는 기타 의무 사항 등이 포함된다.

한국의 소방청 국가화재정보시스템 자료를 살펴보면, 2022년 40,113건의 화재가 발생하였다. 이중 사망은 341명이 발생하였고 부상은 2,327명이 발생하였다. 이로 인한 재산피해는 약 1조 2천억 수준이다. 2013년~2022년 10년간 412,573건의 화재가 발생하였다. 이중 사망은 3,172명이 발생하였고 부상은 19,697명이 발생하였다. 이로 인한 재산피해는 약 6조 5천억 수준이었다.

화재로 인한 직접 및 간접 피해의 비용은 매우 높다. 쓰레기통에서 생기는 화재를 적절하게 소화하지 못한다면 건물이나 구조물 전체가 화재에 휩싸이게 된다. 1985년 영국 브래드포드 시티 풋볼 경기장, 1987년 킹스 크로스 지하철역의 작은 화재가 빠르게 불길로 변해 많은 사망자와 심각한 부상을 초래한 사례가 있다. 그리고 2010년 Deep Water Horizon 석유 플랫폼 화재로 약 400억 달러의 비용을 치렀어야 했다.

1. 화재원리

(1) 화재의 기본원리

가. 불의 4면체(fire tetrahedron)

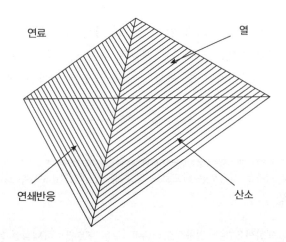

오랫동안 불을 구성하는 요소 열, 연료 및 산소를 포함하는 불의 삼각형(fire triangle)으로 알려져 왔다. 하지만 여기에 네 번째 요소인 화학적 연쇄 반응 또한 필수 구성 요소이다. 아래 그림은 불의 4면(fire tetrahedron)체이다.

나. 점화원(source of ignition)

작업장에는 다양한 점화원이 있다. 그중 눈에 보이는 점화원도 존재하지만 설비나 기계 내부에 숨겨져 있을 수도 있다. 대부분의 화재 원인은 설비나 내부에서 일어나는 우발적인 화재도 있지만, 누군가가 고의로 내는 방화도 존재한다. 일반적인 작업장의 잠재적인 점화원은 아래 표와 같다.

- **나염(裸炎, Flame·Naked flame)**
  흡연 물질, 조리기구, 난방기구 및 공정 장비로부터 발생
- **외부 스파크**
  금속 연삭, 용접, 충격 공구, 전기 스위치 기어 등에서 발생
- **내부 스파크**
  전기 장비(고장 및 정상), 기계, 조명 등에서 발생
- **뜨거운 표면**
  조명, 요리, 난방 장치, 공정 장비, 통풍이 잘 되지 않는 장비, 결함이 있거나 윤활이 불량한 장비, 뜨거운 베어링 및 구동 벨트로 인해 발생

> • 정전기
> 고인화성 액체 붓기, 단열 바닥 위를 걷거나 합성 작업복 제거 등의 물질 분리로 인해 상당한 고전압 스파크가 발생

다. 연료(source of fuel)

무언가 탈 수 있다면 불의 연료가 될 수 있다. 쉽게 타는 것이 초기 연료가 될 가능성이 가장 높으며, 이후 빠르게 연소되어 다른 연료로 불이 퍼진다. 연료는 고체, 기체 및 액체로 구분한다. 아래 표는 고체, 기체 및 액체 연료의 특징을 요약한 내용이다.

> • 고체(solids)
> 목재, 종이, 판지, 포장재, 플라스틱, 고무, 폼(폴리스티렌 타일 및 가구 장식품), 직물(가구 및 의류), 벽지, 건축 자재로 사용되는 하드보드 및 마분지, 폐기물(나무 부스러기, 먼지, 종이) 및 머리카락 등이 있다.
> • 기체(gases)
> LPG(실린더 내 액화석유가스, 일반적으로 부탄 또는 프로판), 아세틸렌(용접에 사용됨) 및 수소가 포함된다. 공기와 가스 혼합물이 폭발 범위 내에 있으면 폭발이 발생할 수 있다.
> • 액체(liquids)
> 페인트, 광택제, 희석제, 접착제, 휘발유, 백유, 메틸화 증류주, 파라핀, 톨루엔, 아세톤 및 기타 화학 물질이 포함된다. 대부분의 가연성 액체는 공기보다 무거운 증기를 방출하므로 가장 낮은 수준으로 떨어진다. 증기와 공기의 정확한 농도에서 증기에 불이 붙으면 인화 화염이나 폭발이 발생할 수 있다.

산소는 주변의 공기에 의해 제공되지만 의료 목적이나 용접을 위해 산소를 공급하는 실린더는 풍부한 산소 공급을 할 수 있다. 또한 질산염, 염소산염, 크롬산염 및 과산화물과 같은 일부 화학물질은 연소 시 산소를 방출할 수 있다.

(2) 화재의 종류(Classification of fire)

화재의 종류는 EN 2:1992 화재 분류[10] 및 ISO 3941 화재 분류에 따라 구분할 수 있다. 화재는 A, B, C, D, F 및 전기 장비 관련 화재로 분류할 수 있다.

가. A급

목재, 종이, 판지, 직물, 가구 및 플라스틱과 같은 고체 물질과 관련된 화재로 일반적으로 연소 중에 불씨가 빛난다. 이러한 화재는 물을 사용하여 냉각함으로써 진압된다.

---

10) BS EN 2:1992 Classification of fires – European Standards.

나. B급

페인트, 오일 또는 지방과 같은 액체 또는 액화 고체와 관련된 화재로 B1은 메탄올과 같이 물에 용해되는 액체와 관련된 화재로 이산화탄소, 건조 분말, 물 분무, 경수 및 기화 액체에 의해 소화될 수 있다. B2는 휘발유, 기름 등 물에 용해되지 않는 액체와 관련된 화재로 포말, 이산화탄소, 건조 분말, 경수 및 기화 액체를 사용하여 소화할 수 있다.

다. C급

천연 가스와 같은 가스 또는 부탄이나 프로판과 같은 액화 가스 등과 관련된 화재로 근처에 있는 모든 용기를 식히기 위해 물과 함께 거품이나 건조 분말을 사용하여 소화할 수 있다.

라. D급

알루미늄이나 마그네슘과 같은 금속과 관련된 화재로 흑연이나 활석 가루가 포함될 수 있는 특수 건조 분말 소화기가 필요하다.

마. F급

대형 케이터링 시설이나 레스토랑에서 고온의 식용유 또는 지방과 관련된 화재이다.

바. 전기 화재

전기 장비 또는 회로와 관련된 화재는 그 자체로는 화재 등급을 구성하지 않는다. 그 이유는 전기는 스위치가 꺼지거나 격리될 때까지 화재를 일으키는 발화원이기 때문이다. 그러나 커패시터(capacitors) 내에 절연된 경우에도 치명적인 전압을 저장할 수 있는 일부 장비가 있다. 이러한 유형의 화재 위험에는 항상 이산화탄소 또는 건조 분말 장치와 같은 전기 용도로 특별히 설계된 소화기를 사용해야 한다.

(3) 열전달 원리(Principles of heat transmission)

화재는 여러 가지 방법으로 열을 전달한다. 열은 전도, 대류, 복사 및 직접 연소를 통해 전달된다.

가. 전도(conduction)

전도는 물질을 녹이거나 파괴하고 뜨거운 부분에 접촉하거나 가까이 있는 가연성 물질을 발화하도록 충분한 강도를 가진 물질을 통해 열을 전달하는 것이다. 구리, 강철, 알루미늄과 같은 금속은 매우 효과적인 열 전도체이다. 콘크리트, 벽돌, 단열재 등의 기타 재료는 비효율적이고 전도율이 낮은 물건이다.

나. 대류(convection)

뜨거운 공기는 밀도가 낮아지고 상승하며, 차가운 새로운 공기를 끌어들여 더 많은 산소로 불을 만든다. 열은 매우 뜨거운 연소 생성물 및 화염 경로에 있는 가연성 물질을 발화하도록 충분한 강도로 위쪽으로 전달된다.

다. 복사(radiation)

열을 전달해주는 물질 없이 열에너지가 직접 전달되는 현상으로 표면의 열 에너지 방출로 인해 인접한 물질이 발화될 만큼 충분히 가열된다.

라. 직접 연소(Direct burning)

가연성이 있는 다양한 연료를 사용하여 모닥불을 피우면 화격자 내에서 불이 퍼지는 것과 같은 방식으로 화염과 직접 접촉하여 불이 붙는 효과이다. 다음 그림은 전도, 대류 및 복사의 열 전달과정을 보여준다.

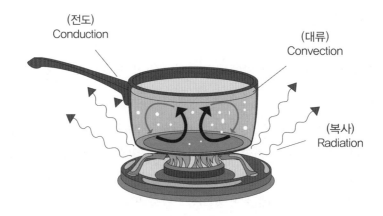

출처: [2023년 Mech4study] What is Heat Transfer? Modes of Heat Transfer

(4) 빌딩 화재와 연기 확산(Fire and smoke spread in buildings)

빌딩 내부에서 화재가 발생하면 매우 위험할 수 있다. 화재로 인해 생기는 연기는 바로 천장에 의해 공간 내부에 갇히고, 기타 공간을 가로질러 수평으로 퍼져가며 공간 전체가 채워질 때까지 계속 쌓여간다. 연기는 벽, 천장, 바닥의 구멍이나 틈새를 통과하여 건물의 다른 부분으로 들어갈 수도 있다. 그것은 계단 위로 빠르게 이동하거나 열려 있는 모든 영역이나 계단 복도와 연결된 문으로 이동한다. 그리고 건물의 열이 내부에 갇히게 되어 온도가 매우 빠르게 상승한다. 유독성 연기와 가스는 건물 내부의 사람들에게 추가적인 위험을 안겨주기 때문에 사람들은 신속하게 안전한 장소로 탈출할 수 있어야 한다. 다음 그림은 전술한 상황을 묘사하는 연기의 이동 경로를 보여 준다.

출처: [2020년 PassiFire] Approaches to Smoke Control Systems Design and Performance

(5) 주요 화재의 원인과 결과(Common causes of fire and consequences)

영국의 지역사회 및 지방정부 화재 통계(Communities and Local Government fire statistics)에 따르면 최근 주택을 제외한 건물 화재 원인은 방화, 부적절한 전기기구 사용, 장비의 잘못된 사용, 화기 취급 부주의 및 연료공급장치 불량 등이다. 화재가 발생한 장소를 살펴보면 아래 표의 내용과 같다. 특히, 주의 깊게 생각해야 할 사항은 매년 약 19,000건의 화재사고 중 조리기구와 전기기기와 관련된 화재가 전체 화재의 60% 이상을 차지하는 것으로 나타났다. 화재로 인한 피해의 결과는 사망, 부상, 동식물 피해, 사업 및 일자리 손실, 교통중단 및 환경오염 등이 있다.

- 개인 차고 및 창고(22%) - 화재 6,700건
- 소매 유통(14%) - 화재 4,200건
- 레스토랑, 카페, 공공 주택 등(9%) - 화재 2,600건
- 산업 시설(건축물 제외, 8%) - 화재 2,400건
- 레크리에이션 및 기타 문화 서비스(6%) - 화재 1,700건 등

2022년 소방청 국가화재정보시스템 자료를 살펴보면, 2022년 화재는 40,113건이 발생하였다. 이중 사망은 341명이 발생하였고 부상은 2,327명이 발생하였다. 이러한 사고의 주요 원인은 부주의(19,666건 49%), 전기적 요인(10,011건 25%), 기계적 요인(3,856건 10%), 화학적 요인(686건 2%), 교통사고(430건 1%), 방화(400건 1%), 방화의심(346건 1%), 제품결함(167건), 가스 누출(151건), 기타(516건), 자연적 요인(214건) 및 미상(3,670건 9%) 등이다.

가. 사망

영국에서 매년 전체 화재로 인해 총 440명 중 약 35명(8%)이 사망한다. 영국의 모든 사망의 주요 원인은 가스나 연기에 휩싸인 경우(43%), 화상(26%), 가스나 연기로 인한 화상(20%) 및 기타(11%) 등이다.

2022년 소방청 국가화재정보시스템 자료 자료를 살펴보면, 사망은 341명이 발생하였다. 이러한 사고의 주요 원인은 부주의(74건 22%), 전기적 요인(48건 14%), 기계적 요인(2건 1%), 화학적 요인(6건 2%), 교통사고(9건 3%), 방화(43건 13%), 방화의심(35건 10%), 제품결함(1건), 가스누출(6건 2%), 기타(10건), 자연적 요인(0건) 및 미상(107건 31%) 등이다.

나. 부상

영국에서 전체 화재사고로 약 1,282명이 부상을 입었다(10%). 2022년 소방청 국가화재정보시스템 자료 자료를 살펴보면, 부상은 2,327명이 발생하였다. 이러한 사고의 주요 원인은 부주의(895건 38%), 전기적 요인(410건 18%), 기계적 요인(102건 4%), 화학적 요인(141건 6%), 교통사고(19건 1%), 방화(78건 3%), 방화의심(53건 2%), 제품결함(18건 1%), 가스누출(81건 3%), 기타(20건 1%), 자연적 요인(5건) 및 미상(505건 22%) 등이다.

다. 동식물 피해

화재로 인해 동물과 식물의 피해가 있다.

라. 사업 및 일자리 손실

심각한 화재를 입은 사업체의 약 40%는 파산한 것으로 알려져 있다. 많은 사업체가 보험에 미 가입되어 있었고, 가입되어 있어도 소규모 회사는 여전히 상환해야 할 오래된 부채가 있다.

마. 교통중단

심각한 화재로 인해 철도 노선, 도로, 심지어 공항까지 폐쇄되는 경우가 있다. 최악의 사례는 2001년 9월 11일 미국 쌍둥이 빌딩 공격과 2010년 유럽 상공의 아이슬란드 화산재 구름으로 전 세계 공항이 혼란을 겪은 경우가 있다.

바. 환경오염

화재진압을 위해 사용하는 소방용 유출수로 인해 석면 시멘트 지붕과 같은 건축 자재의 및 연소 및 폭발 생성물은 화재 현장 주변의 상당 부분을 오염시킬 수 있다.

2. 화재예방(Fire prevention and prevention of fire spread)

(1) 통제방법

가. 정리정돈

건물 내 가연성 물질이 쌓여 있는 상황을 주의 깊게 모니터링한다. 특히 비상 대피로와 방화문 주위에는 어떠한 자재나 물건을 적재해서는 안된다. 상당한 양의 가연성 폐기물이 나올 경우에는 별도의 이동이나 폐기계획을 수립해야 한다.

나. 저장

건물 내에서 발견되는 많은 물질은 가연성이므로 화재 위험이 높다. 가연성 물질은 폴리스티렌(polystyrene)과 같이 일반적으로 가연성이 높은 것으로 간주된다. 그리고 불연성 물질이라도 가연성 물질로 포장하면 화재 위험이 있을 수 있다. 또한 사무실에서 다량의 종이를 별도의 보관함 없이 보관할 경우, 화재의 위험이 높아진다. 일반적으로 정리가 제대로 되지 않는 저장 공간은 재고가 쌓이거나 원치 않는 자재가 버려지는 곳으로 전락될 수 있다. 의류 매장에서 수직 옷걸이에 다량의 의류를 전시하는 것도 급속한 화재의 위험을 높인다.

다. 장비 및 기계류

장비 및 기계류 화재의 일반적인 원인은 환기 지점이 막히거나 차단되어 과열을 유발, 매장 내 빵집에서 사용되는 것과 같은 열수축 포장 장비의 부적절한 청소, 케이터링 환경에서 추출 장비에 과도한 기름 침전물이 쌓이는 상황 및 조리 장비 및 가전제품의 오용 또는 유지 관리 부족 등이다. 장비 및 기계류의 주기적인 점검을 통해 화재가 발생할 수 있는 요인을 파악하여 개선하는 것이 필요하다.

라. 전열기구

개별 난방 기기를 안전하게 사용하려면 특별한 주의가 필요하다. 특히 정전으로 인한 비상 사용 또는 악천후 시 보조 난방 장치로 사용하는 기기가 그 위험성이 크다. 전열기구 사용 시 화재가 발생하는 이유는 전열기구 사용이 익숙하지 않은 점이다. 모든 전열기구의 주위에는 가연성 물질이 없어야 한다. 특히 신선한 공기가 충분히 공급되고 통풍구가 막히지 않는 장소에서 사용한다. 또한 모든 가스 전열기구는 제조업체의 지침을 따라 사용한다.

마. 조리

조리 과정에 사용되는 일반적인 장치나 설비에는 튀김기, 오븐, 그릴, 표면 조리기, 덕트, 굴뚝, 필터, 후드, 추출 및 환기 덕트 및 댐퍼 등이 있다. 조리 과정은 다량의 기름과 고온에서 가연성 식품을 조리하는 상황을 포함한다. 조리 과정에 사용되는 주요 열원에는 가스,

전기 및 전자레인지가 포함된다. 화재의 주요 원인은 식용유의 발화, 부스러기 및 퇴적물 연소, 지방 및 그리스 축적으로 인한 배관 화재이다. 가연성 단열재를 갖춘 단열 벽 패널에 근접하여 조리하는 동안 패널이 발화되어 건물의 다른 부분으로 급속히 화재가 확산된다.

조리 과정에서 발생하는 화재의 위험을 줄이려면, 아래 표와 같은 내용의 대안이 필요하다.

- 부스러기 및 기타 가연성 물질이 쌓이는 것을 방지하기 위해 정기적으로 청소
- 내화 폐기물 용기 사용
- 화재발생을 통제할 수 있는 화재진압시스템 유지
- 요리 과정이 완료된 후에도 열/기름 수준을 모니터링하고 온도 조절/차단/차단 장치를 적절하게 설치
- 높은 조리 온도를 견딜 수 있는 덕트, 조인트 및 지지대 사용
- 가연성 벽 및 천장 재료의 가열/점화를 방지하기 위한 덕트 단열
- 정기적인 검사 및 청소 시행
- 전기 및 기계 유지 관리 프로그램 운영
- 유자격자가 모든 가스 가열 기기의 연간 점검 시행 등

바. 전기안전

전기 장비는 건물에서 발생하는 화재의 잠재적인 위험요인이다. 건물에서 전기화재가 발생하는 주요 원인은 아래 표와 같다.

- 케이블 및 장비 과열, 과부하 회로, 뭉치거나 감긴 케이블 또는 손상된 냉각 팬
- 장비의 잘못된 설치 또는 사용
- 장비의 유지보수 및 검증과정이 없는 장비
- 잘못된 퓨즈 등급
- 케이블이나 배선의 절연의 손상
- 가연성 물질을 전기 장비에 근접시키는 행동
- 전기 장비에 의한 아크 또는 스파크 발생
- 추운 환경에서 케이블 외장이 부서지기 쉽고 균열이 발생하는 상황

모든 전기 장비는 자격을 갖춘 사람이 안전한 방법으로 설치하고 유지 관리해야 한다. 특히 휴대용 전기 장비를 사용하는 경우 화재 위험 평가에서는 장비 유형 및 작동 빈도에 적합한 간격으로 육안 검사와 기기 테스트를 시행한다. 아래 표의 내용은 전기와 관련한 전문가의 조언을 받아야 하는 상황의 예시이다.

- 장비의 과부하 확인
- 올바른 퓨즈 등급 확인
- 전기 과부하로부터 설비 보호
- 단락으로부터 장비나 설비 보호
- 절연, 접지(또는 접지) 및 전기 절연 요구 사항
- 전기 검사 및 테스트 빈도
- 장비가 사용되는 물리적 환경(예: 습하거나 먼지가 많은 대기) 확인
- 개인 보호 장비의 적절한 사용 및 유지 관리 등

(2) 빌딩의 화재예방 원리(화재와 연기 확산 방지를 위한 구조적 방안)

모든 신축 건물의 설계와 기존 건물의 확장 또는 개조 설계 시 정부나 지자체의 승인을 얻어야 한다. 빌딩에서 발생하는 화재는 종종 치명적일 수 있으므로 건물 신축이나 개조 시 화재로 인한 피해를 사전에 평가하여야 한다. 이러한 평가에는 빌딩에 상주하는 사람, 방문 객 그리고 소방관 등이 포함되어야 한다. 빌딩에서 화재가 발생하여도 모든 사람이 신속하고 안전하게 건물 밖으로 나갈 수 있어야 하고, 건물은 가능한 한 오랫동안 지탱되어야 한다. 그리고 화재와 연기의 확산을 줄여야 한다.

가. 화재하중(fire load)

건물의 화재하중[11]은 건물 용도 유형을 분류하는 데 사용된다. 이는 모든 가연성 물질의 중량에 에너지 값을 곱하고 해당 바닥 면적으로 나누어 간단히 계산할 수 있다. 화재하중이 높을수록 더 높은 수준의 내화성을 구축해야 한다.

화재하중을 설계(Design Fire)하는 것은 정확하거나 정밀할 필요는 없으며 화재곡선을 설계하는 일반적인 방법은 다음과 같다.

---

11) 화재하중은 화재실 또는 건물 안에 포함된 모든 가연성 물질의 완전연소에 따른 전체 발열량이다. 단위 면적당 가연성 물질의 발열량은 화재하중 밀도(Fire Load Energy Density)로 따로 정의된다. 그러나 일반적으로 화재하중 하면 화재하중 밀도를 의미한다. 원자력안전위원회 고시인 '화재위험도분석에 관한 기술기준'에서는 '화재의 규모를 판단하는 척도로서 방화지역에 있는 모든 가연성 물질의 완전연소에 의해 발생되는 방화지역의 단위면적당 열량'으로 정의하고 있다. 화재하중에서 발열량은 목재의 발열량이다. 건축물에 다양한 가연물질이 있고 이들은 발열량이 각각 발열량이 다르기 때문에 동일한 발열량을 가진 목재의 중량값을 화재하중을 계산할 때 사용한다.

1) 화재 시나리오 정의
2) 최초 발화물 산정(일반적으로 최초의 발화물은 각 시나리오에서 산정되기 때문에 산정되는 발화물은 여러 개가 될 수 있다.)
3) 최초의 발화물에 대한 화재곡선 설계
4) 설계된 화재곡선을 내부 영향에 따라 수정(여기서 내부 영향은 복사열, 환기, 공기, 연료 및 기타열)
5) 추가적인 발화물 산정
6) 화재곡선 재조정
7) 필요하다면 4)-6)번 단계 반복

아래 그림은 화재 시 일반적인 화재곡선을 보여준다.

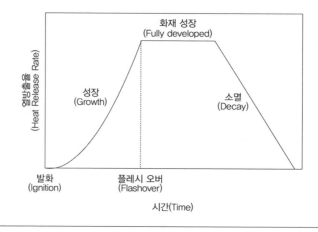

나. 구조의 내화성

　벽, 바닥, 보, 기둥 및 문과 같은 빌딩의 구조가 화재 확산을 효과적으로 차단하고 건물의 안정성에 기여하려면 필수 내화 기준을 충족해야 한다. 영국에서는 기둥과 보의 길이가 3m 그리고 벽과 바닥의 경우 $1m^2$인 구조에 대한 내화성 테스트를 시행한다. 내화성이라는 용어는 발화 저항성 또는 화염 전파 저항성(high resistance to ignition and flame propagation)과 같은 재료의 특성과는 다른 특성이 있다. 예를 들어, 강철은 발화 저항성 및 화염 전파 저항성이 높지만, 화재 시 빠르게 변형되어 구조물이 붕괴될 수 있다. 따라서 내화성이 낮다.

　우수한 내화성을 갖기 위해서는 절연이 되어야 한다. 절연을 위해서는 일반적으로 강철 프레임을 콘크리트로 둘러싸는 것이 일반적이다. 과거에는 석면을 사용하여 철골에 도포하였으나, 현재는 건강상 문제로 인해 석면 사용은 금지되어 있다. 내화성이 높은 건축 자재로는 벽돌, 석재, 콘크리트, 매우 무거운 목재(외부 숯을 만들고 목재 내부를 단열함) 및 방화문에 사용되는 특수 제작된 일부 복합 재료 등이 있다.

다. 단열재

단열재(斷熱材, 영어: heat insulator, thermal insulation)는 보온을 하거나 열을 차단할 목적으로 쓰는 재료로서 주로 열이 전도되기 어려운 석면, 유리 섬유, 코르크, 발포 플라스틱 등이 사용된다. KS M 3808, 3809 및 KS L 9102에 의한 해당 단열재 및 기타 단열재에 따른 단열재의 등급분류는 아래 표와 같다.

가	– 압출법보온판 특호, 1호, 2호, 3호 – 비드법보온판 2종 1호, 2호, 3호, 4호 – 경질우레탄폼보온판 1종 1호, 2호, 3호 및 2종 1호, 2호, 3호 – 그라스울 보온판 48K, 64K, 80K, 96K, 120K – 기타 단열재로서 열전도율이 0.034 W/mK(0.029 kcal/mh°C) 이하인 경우
나	– 비드법보온판 1종 1호, 2호, 3호 – 미네랄울 보온판 1호, 2호, 3호 – 그라스울 보온판 24K, 32K, 40K – 기타 단열재로서 열전도율이 0.035~0.040 W/mK(0.030~0.034 kcal/mh°C) 이하인 경우
다	– 비드법보온판 1종 4호 – 기타 단열재로서 열전도율이 0.041~0.046 W/mK(0.035~0.039 kcal/mh°C) 이하인 경우
라	– 기타 단열재로서 열전도율이 0.047~0.051 W/mK(0.040~0.044 kcal/mh°C) 이하인 경우

라. 방화구획

방화구획은 벽과 바닥으로 다른 모든 부분과 분리된 건물의 일부이며 지정된 시간(예: 30분 또는 1시간) 동안 화재를 억제하도록 설계하는 것이다. 방화구획의 주요 목적은 화재 확산뿐만 아니라 같은 층 및 다른 층의 연기 및 물 피해로 인한 직접적인 화재 피해와 그에 따른 업무 중단의 영향을 제한하는 것이다. 건물은 크기에 따라 목적 그룹으로 분류된다. 화재 확산을 통제하기 위해 지정된 목적 그룹의 크기를 초과하는 건물은 규정된 용적 및 바닥면적 제한을 초과하지 않는 구획으로 나누어야 한다. 그렇지 않은 경우에는 특별한 화재 방지 장치를 제공해야 한다.

건축물의 피난·방화구조 등의 기준에 관한 규칙 제14조(방화구획의 설치기준)의 기준은 아래 표와 같다.

① 영 제46조제1항 각 호 외의 부분 본문에 따라 건축물에 설치하는 방화구획은 다음 각 호의 기준에 적합해야 한다.

1. 10층 이하의 층은 바닥면적 1천제곱미터(스프링클러 기타 이와 유사한 자동식 소화설비를 설치한 경우에는 바닥면적 3천제곱미터) 이내마다 구획할 것
2. 매층마다 구획할 것. 다만, 지하 1층에서 지상으로 직접 연결하는 경사로 부위는 제외한다.
3. 11층 이상의 층은 바닥면적 200제곱미터(스프링클러 기타 이와 유사한 자동식 소화설비를 설치한 경우에는 600제곱미터) 이내마다 구획할 것. 다만, 벽 및 반자의 실내에 접하는 부분의 마감을 불연재료로 한 경우에는 바닥면적 500제곱미터(스프링클러 기타 이와 유사한 자동식 소화설비를 설치한 경우에는 1천500제곱미터) 이내마다 구획하여야 한다.
4. 필로티나 그 밖에 이와 비슷한 구조(벽면적의 2분의 1 이상이 그 층의 바닥면에서 위층 바닥 아래면까지 공간으로 된 것만 해당한다)의 부분을 주차장으로 사용하는 경우 그 부분은 건축물의 다른 부분과 구획할 것

② 제1항에 따른 방화구획은 다음 각 호의 기준에 적합하게 설치해야 한다.

1. 영 제46조에 따른 방화구획으로 사용하는 60+방화문 또는 60분방화문은 언제나 닫힌 상태를 유지하거나 화재로 인한 연기 또는 불꽃을 감지하여 자동적으로 닫히는 구조로 할 것. 다만, 연기 또는 불꽃을 감지하여 자동적으로 닫히는 구조로 할 수 없는 경우에는 온도를 감지하여 자동적으로 닫히는 구조로 할 수 있다.
2. 외벽과 바닥 사이에 틈이 생긴 때나 급수관·배전관 그 밖의 관이 방화구획으로 되어 있는 부분을 관통하는 경우 그로 인하여 방화구획에 틈이 생긴 때에는 그 틈을 별표 1 제1호에 따른 내화시간(내화채움성능이 인정된 구조로 메워지는 구성 부재에 적용되는 내화시간을 말한다) 이상 견딜 수 있는 내화채움성능이 인정된 구조로 메울 것
3. 환기·난방 또는 냉방시설의 풍도가 방화구획을 관통하는 경우에는 그 관통부분 또는 이에 근접한 부분에 다음 각 목의 기준에 적합한 댐퍼를 설치할 것. 다만, 반도체공장건축물로서 방화구획을 관통하는 풍도의 주위에 스프링클러헤드를 설치하는 경우에는 그렇지 않다.
   가. 화재로 인한 연기 또는 불꽃을 감지하여 자동적으로 닫히는 구조로 할 것. 다만, 주방 등 연기가 항상 발생하는 부분에는 온도를 감지하여 자동적으로 닫히는 구조로 할 수 있다.
   나. 국토교통부장관이 정하여 고시하는 비차열(非遮熱) 성능 및 방연성능 등의 기준에 적합할 것
4. 영 제46조제1항제2호 및 제81조제5항제5호에 따라 설치되는 자동방화셔터는 다음 각 목의 요건을 모두 갖출 것. 이 경우 자동방화셔터의 구조 및 성능기준 등에 관한 세부사항은 국토교통부장관이 정하여 고시한다.
   가. 피난이 가능한 60분+ 방화문 또는 60분 방화문으로부터 3미터 이내에 별도로 설치할 것
   나. 전동방식이나 수동방식으로 개폐할 수 있을 것
   다. 불꽃감지기 또는 연기감지기 중 하나와 열감지기를 설치할 것
   라. 불꽃이나 연기를 감지한 경우 일부 폐쇄되는 구조일 것
   마. 열을 감지한 경우 완전 폐쇄되는 구조일 것

3. 화재경보 시스템 및 소방관리(Fire alarm systems and fire-fighting arrangements)

(1) 화재감지기 및 경보시스템(Fire detection and alarm systems)

화재가 발생하면 사업장에 있는 모든 사람에게 가능한 한 빨리 화재사실을 알리는 것이 중요하다. 화재를 조기에 발견할수록 화재로 인한 피해를 줄일 수 있는 가능성이 높아진다.

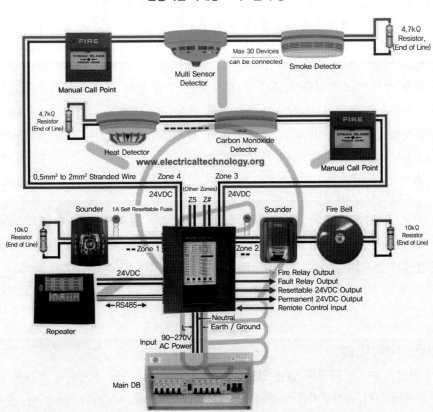

출처: [2019년Electric Technology] Wiring of Conventional Fire Alarm System

　따라서 모든 사업장에는 화재감지기와 경보시스템이 있어야 한다. 다만, 사람의 점유율이 적은 소규모 사업장에서는 구내 어디에서나 경고를 듣고 이해할 수 있다면 큰 소리로 경고하는 것도 좋은 수단이 될 수 있다. 화재 경보음 수준은 배경 소음을 고려하여 모든 사람에게 경고할 수 있을 만큼 커야 하며, 화재 경보음이 울릴 때 다른 음향 시스템은 자동 또는 수동으로 음소거되어야 한다. 특히 배경 소음이 심한 지역이나 사람들이 청력 보호구를 착용할 수 있는 지역에서는 청각적 경고와 시각적 또는 진동적 경보가 필요하다. 앞서 그림은 센서 감지기(sensor detector), 연기 감지기(smoke detector), 열 감지기(heat detector) 및 일산화 탄소 감지기(carbon monoxide detector)로 구성된 일반적인 화재 경보 시스템 구성이다.

가. 청각장애를 가진 사람이 있는 경우

청각 장애가 있는 사람들의 경우, 화재 경보를 듣는 것이 어려울 수 있다. 다행히 청각 장애를 가진 사람 주위에 일반인이 있다면, 화재로 인한 긴급한 대피가 가능하지만 그렇지 않을 경우 심각한 상황이 발생할 수 있다. 따라서 청각 장애가 있는 사람이 혼자 있을 가능 성이 높으면 경보를 울리는 다른 방법을 고려해야 한다. 청각장애자를 위한 일반적인 경보 방식에는 기존 화재 경보기에 연결된 시각적 비콘과 진동 장치 또는 호출기가 있다.

나. 음성경보

자동 화재 감지기, 스프링클러 물 흐름 장치 또는 수동 화재 경보 상자의 작동 등과 함께 경고음이 자동으로 울려야 한다(NFPA 72). 국제 화재법(International Fire Code) 404항에서 요 구하는 건물의 화재 안전 및 대피 계획에 따라 경고음이 작동되어야 한다. 스피커는 호출 구역별로 건물 전체에 제공되어야 한다.

다. 수동 경보시스템(Manual call points)

수동 경보시스템은 일종의 유리 깨기 콜 포인트라고도 알려져 있는 수동 경보시스템이 다. 이 시스템을 사용하면 화재를 발견한 사람이 즉시 경보를 울리고 위험 구역에 있는 다 른 사람들에게 경고할 수 있다. 이 시스템은 눈에 잘 띄어야 하고(빨간색) 약 1.4m 높이(휠체 어 사용자 수가 많은 건물의 경우 그 이하)에 설치되어야 한다. 그리고 조작이 용이한 곳에 설치 해야 한다.

라. 자동화재탐지 설비

자동화재탐지설비는 화재로 인한 열, 연기 또는 화염을 스스로 감지하여 인식하고 벨 또 는 경보장치에 의한 음향장치를 작동시켜 사람들에게 피난을 유도하는 설비이다. 설비는 수 신기, 중계기, 감지기, 발신기 및 음향장치로 구성된다. 소방시설 설치 및 관리에 관한 법률 시행령 [별표 4] [시행일: 2023. 12. 1.] 제1호나목2), 제2호마목에 따라 자동화재탐지설비 를 설치해야 하는 특정소방대상물은 아래 표와 같다.

1) 공동주택 중 아파트 등·기숙사 및 숙박시설의 경우에는 모든 층
2) 층수가 6층 이상인 건축물의 경우에는 모든 층
3) 근린생활시설(목욕장은 제외한다), 의료시설(정신의료기관 및 요양병원은 제외한다), 위락시설, 장례시설 및 복합건축물로서 연면적 600㎡ 이상인 경우에는 모든 층
4) 근린생활시설 중 목욕장, 문화 및 집회시설, 종교시설, 판매시설, 운수시설, 운동시설, 업무시설, 공장, 창고시설, 위험물 저장 및 처리 시설, 항공기 및 자동차 관련 시설, 교정 및 군사시설 중 국방·군사시설, 방송통신시설, 발전시설, 관광 휴게시설, 지하가(터널은 제외한다)로서 연면적 1천㎡ 이상인 경우에는 모든 층
5) 교육연구시설(교육시설 내에 있는 기숙사 및 합숙소를 포함한다), 수련시설(수련시설 내에 있는 기숙사 및 합숙소를 포함하며, 숙박시설이 있는 수련시설은 제외한다), 동물 및 식물 관련 시설(기둥과 지붕만으로 구성되어 외부와 기류가 통하는 장소는 제외한다), 자원순환 관련 시설, 교정 및 군사시설(국방·군사시설은 제외한다) 또는 묘지 관련 시설로서 연면적 2천㎡ 이상인 경우에는 모든 층
6) 노유자 생활시설의 경우에는 모든 층
7) 6)에 해당하지 않는 노유자 시설로서 연면적 400㎡ 이상인 노유자 시설 및 숙박시설이 있는 수련시설로서 수용인원 100명 이상인 경우에는 모든 층
8) 의료시설 중 정신의료기관 또는 요양병원으로서 다음의 어느 하나에 해당하는 시설
   가) 요양병원(의료재활시설은 제외한다)
   나) 정신의료기관 또는 의료재활시설로 사용되는 바닥면적의 합계가 300㎡ 이상인 시설
   다) 정신의료기관 또는 의료재활시설로 사용되는 바닥면적의 합계가 300㎡ 미만이고, 창살(철재·플라스틱 또는 목재 등으로 사람의 탈출 등을 막기 위하여 설치한 것을 말하며, 화재 시 자동으로 열리는 구조로 되어 있는 창살은 제외한다)이 설치된 시설
9) 판매시설 중 전통시장
10) 지하가 중 터널로서 길이가 1천m 이상인 것
11) 지하구
12) 3)에 해당하지 않는 근린생활시설 중 조산원 및 산후조리원
13) 4)에 해당하지 않는 공장 및 창고시설로서「화재의 예방 및 안전관리에 관한 법률 시행령」별표 2에서 정하는 수량의 500배 이상의 특수가연물을 저장·취급하는 것
14) 4)에 해당하지 않는 발전시설 중 전기저장시설

(2) 소화기

화재를 진압하는 방법에는 냉각, 질식, 제거 및 억제 등 네 가지가 있다. 냉각은 불의 열을 제거하여 발화 온도를 낮추는 것으로 일반적으로 물을 사용하여 온도를 제한하거나 낮춘다. 질식은 이용 가능한 산소를 제한하는 것이다. 폼이나 방화 담요를 사용하여 산소와 가연성 증기의 혼합을 질식시킨다. 제거는 연료 자료를 없애거나 공급을 제한하는 방식이다. 전력을 차단하여 연료 공급원을 제거하고, 가연성 액체의 흐름을 차단하거나 목재 및

직물 등을 제거하는 방법이 있다. 억제는 연쇄반응의 원인물질인 Active Free Radical을 불활성화시켜 연쇄반응을 단절시키는 것이다. 물질의 연소과정은 Free Radical(화학반응 시 분해되지 않는 하나의 분자에서 다른 분자로 이동할 수 있는 원자의 집단)이 계속 생성되면서 이에 의해 연쇄반응으로 인한 화재를 막는 것이 억제 소화방식(여기에는 할론 소화기가 있다)이다. 아래 그림은 냉각, 제거, 질식 및 억제의 소화과정을 보여준다.

(3) 이동식 소화장비
이동식 소화기는 작은 화재라도 안전하고 진압하는 데 필수적으로 필요한 장비이다. 아래 사진은 이동식 소화장비로 휴대용 소화기 및 방화담요의 모습이다.

가. 소화약제

소화약제는 현저한 독성이나 부식성이 없어야 하며 열과 접촉할 때 현저한 독성이나 부식성의 가스를 만들지 않아야 한다. 수용액의 소화약제 및 액체상태의 소화약제는 결정의 석출, 용액의 분리, 부유물 또는 침전물의 발생 등의 이상이 생기지 않아야 하며, 과불화옥탄술폰산을 함유하지 않아야 한다. 소화약제는 화재의 종류와 사용 장소의 특성에 따라 선택할 수 있으며, 형식승인을 받은 소화약제는 아래 표와 같다.

소화약제 분류	종류
수계 소화약제	산알칼리, 강화액, 포말
가스계 소화약제	이산화탄소, 할로겐화합물
분말 소화약제	ABC분말, BC분말형

나. 소화기의 분류

소화기는 물이나 소화약제를 압력원에 의하여 방사하는 기구로서 소화약제의 양, 방출시간, 방출거리, 화재의 종류 등에 따라 소화 능력에 한계가 있으므로 초기 소화에는 절대적인 효과가 있지만, 플래시 오버(Flash Over)[12] 시에는 효과가 없다. 일반적으로 소화기를 분류하는 방법에는 소화 능력단위, 소화약제 분출방법, 소화약제의 종류에 따라 분류하고 있다.

① 가압방식에 따른 분류

• 가압식 소화기

소화약제의 방출원이 되는 가압가스를 소화기 본체 용기와는 별도의 가압용 가스용기에 충전하고 소화기 가압용 가스용기의 작동 봉판을 파괴하는 등의 조작에 의하여 방출되는 가스의 압력으로 소화약제를 방사하는 방식의 소화기를 말한다. 대형 소화기는 가압용 가스용기를 소화기 몸통 외부에 부착시키는 형태를 취한다.

• 축압식 소화기

소화기 용기 내부에 소화약제와 압축공기 또는 불연성 가스(질소, 이산화탄소)를 압축해 두었다가 그 압력에 의하여 약제가 방출되며, 이산화탄소 소화기 외에는 지시압력계가 부착되어 내부를 확인할 수 있다. 압력계의 지시침이 적색을 지시하면 이상과압 상태, 녹색을 지시하면 정상 상태의 압력을 의미하며, 주로 $8.1 \sim 9.8 kg/cm^2$ 정도 압축시킨다.

---

12) NFPA. (2014). Guide for Fire and Explosion Investigations 3.3.83에 따르면, 구획실 공간에서의 화재 전개에서 열 방사에 노출된 표면이 발화점에 도달하면서 거의 동시에 화재가 전체 공간으로 빠른 속도로 확대되는 전이 단계이다. 결과적으로 화재가 방, 구획실 전체 화재 또는 폐쇄된 공간 전체적으로 확산된다.

② 소화약제에 의한 분류

소화약제에 의한 분류에는 물 소화기, 산알칼리 소화기, 강화액 소화기, 포 소화기, 이산화탄소 소화기, 분말소화기 및 할로겐화합물 소화기 등으로 구분할 수 있다. 아래 표는 전술한 소화기별 종류와 개요를 정리한 내용이다.

구분	내용
물	• 물 소화기는 수동펌프를 설치한 펌프식, 압축공기를 주입해서 이 압력에 의해 물을 방출하는 축압식, 별도로 이산화탄소 등의 가압용 봄베 등을 설치하여 그 압력으로 물을 방출하는 가압식 등이 있다. • 소화약제로서 물은 불순물이 없는 깨끗한 물이 적당하며, 물이 소화약제로 적합한 이유는 탁월한 냉각작용 때문이다. 특히, 기화잠열(539kcal/kg)이 다른 물질에 비해 매우 높기 때문에 냉각효과가 뛰어나므로 A급(일반화재)에 적용되며 입자를 무상으로 방사할 경우 C급(전기화재)에도 적응성을 갖는다.
산알칼리	• 산알칼리 소화기는 물 소화기의 일종으로 산과 알칼리의 반응에 의해 생기는 이산화탄소의 가스압력을 이용하여 물을 방출한다. • 용기 속의 탄산수소나트륨($NaHCO_3$)의 수용액과 용기 내에 황산(H_2SO_4)을 봉입한 앰플을 갖고 있고, 누름쇠에 충격을 가하면 황산 앰플이 파괴되어 황산과 탄산수소나트륨(중탄산나트륨)이 산알칼리 반응을 일으켜 발생하는 이산화탄소의 압력($5kg/cm^2$)에 의해 소화약제(물)을 방사한다.
강화액	• 강화액 소화기는 탄산칼리(KCO_3) 수용액을 주성분으로 하며 일반적으로 담황색의 알칼리성(pH 12 이상)으로 비중은 1.35(15℃) 이상의 것을 말한다. 강화액은 무색 또는 황색으로 약간의 점성이 있는 액체로서 알칼리 금속염류의 수용액이다, 특성은 촉매 효과에 의한 화재 제어작용이 크며 재연을 저지하는 작용(부촉매 소화)을 한다. • 적용화재는 입자형태에 따라 봉상일 때는 A급 화재, 무상일 때에는 ABC급 화재에 사용된다. • 소화작용은 부촉매 효과에 의한 화염 억제작용과 재연소 방지 작용이 있으며, 어는점이 −20℃ 이하로 낮기 때문에 기온의 변화에 따른 소화효과 저하가 없는 것이 장점이다.
포	• 포 소화기는 화학반응에 의한 화학포 소화기와 기계포 소화기로 구분되며, 화학포 소화기는 탄산수소나트륨(중탄산나트륨) 수용액과 황산알루미늄 수용액이 반응하여 포(泡)를 발생시키며, 기계포는 수성막포나 계면 활성제를 소화약제로 하여 소화기에서 방출될 때 노즐에서 공기를 혼합하여 포를 형성하도록 한 것으로 거품(포, Foam)이 연소면을 도포해 질식 및 냉각 소화하게 된다.
이산화탄소	• 고압가스 용기에 액화 이산화탄소를 충전한 것으로 용기에서 방사 후 가스 상태가 되므로 좁은 공간에도 침투가 잘되고, 전기에 대한 절연성을 가지며, 소화약제에 의한 오손이 없으나 다른 소화약제에 비해 소화 효과는 비교적 적다. • 또한, 유류 화재와 같은 표면 화재는 물론 소규모의 종이, 목재, 섬유, 고무류 및 석탄 등의 심부 화재에도 적합하고, 통신기기나 컴퓨터 설비 등 소화약제에 의한

	오손을 피해야 하거나 사용 후 정비나 수리가 곤란한 소방 대상물에도 적합하다. • 공기의 산소 함유량은 통상 21%이지만 이것이 15%가 되면 수소, 아세틸렌, 이산화황, 산화탄소 등의 특수한 물질을 제외한 일반적인 가연물은 연소할 수 없게 된다. • 따라서, 이산화탄소는 불활성 가스이므로 이것을 공기 중에 40% 혼입하면 산소 농도는 15%가 되고 질식작용에 의해 소화된다. 또한 부수적으로 냉각작용에 의한 소화 효과도 있다.
분말	• 분말소화기는 소화약제로 건조된 미세 분말을 방습제 및 분산제로 처리하여 방습성과 유동성을 원활하게 한 것으로 탄산수소나트륨(중탄산나트륨)이나 탄산수소칼륨(중탄산칼륨)을 주성분으로 하는 것은 BC급 화재용 소화기로 사용되며, 인산암모늄을 주성분으로 하는 것은 ABC급 화재용 소화기로 사용된다. • 분말소화기는 소화약제 방출을 위해 사용하는 압축가스를 가압하는 방식과 소화기 본체에 직접 충전하는 축압식을 사용하고 있다. 가압식은 압축가스가 소량인 경우 압축가스를 소화기 본체에 내장하고 대량인 경우에는 본체 외부에 설치한다. • 이때 발생된 탄산가스는 약간의 질식 효과를 주고 물은 냉각작용을 하지만 그보다는 약제가 갖는 약제 효과가 주소화작용이라고 할 수 있다. 주성분으로 탄산수소칼륨(중탄산칼륨)을 사용한 것은 탄산수소나트륨(중탄산나트륨)과 비교해서 약 2배의 소화 능력이 있기 때문이다. 탄산수소나트륨(중탄산나트륨)을 주성분으로 한 것은 백색이고, 탄산수소칼륨(중탄산칼륨)을 주성분으로 하는 것은 담회색 계통으로 착색되어 있다.
할로겐 화합물	• 탄화수소의 할로겐 화합물을 소화약제로 사용하며, 할로겐 화합물은 어느 것이나 무색투명의 액체 또는 기체로서 특유의 강한 냄새를 풍긴다. • 할로겐 화합물 소화기로는 수동 펌프식, 축압식 등이 있으며 축압식이 가장 많이 사용된다. • 할로겐 화합물 소화약제는 다른 소화약제와 달리 화학적 작용이 주요 소화원리이다. • 일반적으로 할로겐 화합물 소화약제의 분자 안에 존재하는 브롬이 가열되면 원자 상태로 분리되고 연쇄반응을 확대하는 활성물질과 결합하여 그 활성을 막음으로써 소화작용을 하게 된다. 이 작용을 억제작용 또는 부촉매작용이라고 한다. • 할로겐 화합물 소화약제에는 냉각 효과와 질식 효과도 있으나 냉각 효과는 물에 비해 10% 이하이고 질식효과 또한 질식작용이 나타나는 농도에 도달하기 전에 이미 억제 효과에 의해 소화된다.

(4) 고정식 소화장비-스프링클러 설치(Fixed fire-fighting equipment-sprinkler installations)

영어로 스프링클(sprinkle)은 뿌리다는 의미를 갖고 있다. 따라서 스프링클러는 잔디에 물을 주는 시설 또는 화재가 발생했을 때 열을 감지해 자동으로 물을 뿌리는 시설이다. 주로 천장에서 툭 튀어나온 부분을 스프링클러 헤드라고 부른다. 이 헤드에는 물을 전달하는 배관 설비 등 모든 요소가 연결되어 있다.

오늘날 우리가 알고 있는 화재 스프링클러 시스템은 1812년 런던 드루리 레인의 Theatre

Royal에 설치된 세계 최초의 시스템으로 종종 인식되는 시스템으로 약 200년 전으로 거슬러 올라간다. 극장의 건축가인 윌리엄 콩그리브(William Congreve)도 약 95,000리터의 물을 담는 원통형 밀폐 물 저장소로 구성된 발명품에 대한 특허를 받았다. 250mm 수도 본관은 극장의 모든 다른 구역으로 연결되었으며 주 분배 파이프에서 분기된 13mm 구멍이 있는 작은 파이프도 있었다.

화재가 발생하면 시스템 운영자가 극장에 물을 뿌리는 것이다. 초기 스프링클러 시스템은 설치비용이 많이 드는 탓에 환영받지 못했다. 게다가 화재를 완전히 진압하지도 못했기 때문에 효과에 대한 의구심도 있었다. 그러나 스프링클러가 소방관이 오기 전까지 화재 확산을 지연시키는 장점으로 인해 긍정적인 반응이 있었다. 섬유 공장 등에 시범 설치된 스프링클러는 화재 확산을 막아 재산을 보호하는 임무를 수행하며 가치를 인정받기 시작했다. 결국 스프링클러 설치를 의무로 정하는 법도 생겼다. 우리나라의 경우, 수용인원 100명 이상의 문화시설이나, 전체면적 600㎡ 이상의 수련시설에 스프링클러를 설치해야 하는 등 복잡한 규정이 있다. 대형 창고, 공장, 고층건물, 병원, 호텔, 백화점 등 사람이 많이 모이거나, 불이 나면 대형 사고로 번질 위험이 있는 모든 장소가 여기에 해당한다.

영국의 스프링클러 시스템의 설계 및 설치와 모든 시스템의 유지 관리에 대한 지침은 손실 예방 위원회(LPC, Loss Prevention Council) 규칙, BS EN 12845 또는 BS 5306에 언급된다. 일상적인 유지 관리에는 압력 게이지, 경보 시스템, 물 공급 장치, 부동액 장치 및 자동 부스터 펌프 점검이 포함될 수 있다.

(5) 화재장비 점검 및 테스트

화재장비가 해당 목적에 적합하게 사용될 수 있도록 유지 관리하는 것은 중요하다. 화재장비는 효과적으로 점검하기 위해서는 전문적인 지식이나 경험이 보유되어야 한다. 화재 감지, 경고 시스템, 비상 조명 등 현장 탈출을 지원하기 위해 제공되는 장비와 화재 진압을 지원하기 위해서는 제조업체의 권장 사항에 따라 적절한 자격을 갖춘 사람이 정기적으로 점검하고 유지 관리해야 한다.

장비	주기	점검사항
화재 감지 및 화재 경고 시스템	주간	• 모든 시스템의 수리 및 작동 상태 확인 • 결함이 있는 장치를 수리하거나 교체 • 시스템, 자체 경보 및 수동 작동 장치의 테스트 작동
	연간	• 인증받고 경험이 있는 기술자의 점검 • 독립형 화재 경보기 청소, 배터리 교체 • 필요에 따라 토치를 작동하고 배터리 교체
독립형 장치 및 토치 (랜턴, lantern)를 포함한 비상 조명	주간	• 필요에 따라 토치를 작동하고 배터리 교체 • 결함이 있는 장치 수리 및 교체
	월간	• 시스템, 장치 및 토치의 수리 상태와 외관 확인
	연간	• 인증받고 경험이 있는 기술자의 점검 • 횃불의 배터리 교체
호스릴을 포함한 소방장비 설치	주간	• 호스릴을 포함한 소화기 작동 여부 확인
	연간	• 인증받고 경험이 있는 기술자의 점검

가. 축압식 분말 소화기 점검

소화기의 지시압력계가 녹색의 범위 내에 있어야 적합하며, 빨간색 부분은 과압(압력이 높음) 상태임을 의미한다. 노란색 부분은 소화기 내의 압력이 부족한 것으로서 압력이 부족하여 소화약제를 정상적으로 방출할 수 없다.

나. 가압식 분말 소화기 점검

소화기를 거꾸로 들어서 소화기 내부의 소화약제가 응고되었는지를 약제가 떨어지는 소리를 듣고 알 수 있다. 소화기 내부 부품을 점검하기 위하여 렌치로 푼다. 약제의 분말 상태를 확인한다. 가루가 덩어리로 굳었으면 소화약제를 교환해야 한다. 가압용기 봉판이 파손되었는지 눈으로 확인한다. 가압용기에 가스가 들어 있는지 가압용기를 저울에 달아 무게를 측정하여 점검한다. 봉판이 파괴되지 않아도 가압가스가 누설될 수 있으며 가압용기의 빈 용기 무게와 가압가스가 들어 있는 용기 무게의 차이를 이용하여 가스의 무게를 가늠할 수 있다. 공이의 상태를 확인한다. 가스 도입관, 약제 방출관의 상태를 확인한다. 소화약제가 가스 도입관이나 약제 방출관이 구부러지지 않아 이동할 수 없는지 확인한다.

다. 자동 확산 소화용구 점검

소화기의 압력계 상태를 확인한다. 지시압력계가 녹색의 범위 내에 있어야 적합하며, 빨간색 부분은 과압의 범위이며, 노란색 부분은 소화기 내의 압력이 부족한 것으로서 압력이 누설되면 소화약제를 정상적으로 방출할 수 없다.

소화기 점검 시 ISO 7165:2009에 따라 아래 표에 언급된 내용을 점검한다.

- 소화약제 충전 여부(들어올려 무게를 확인한다)
- 눈에 띄게 손상이 있는지 여부
- 노즐 막힘 여부
- 압력계 표시기 확인 및 수치 확인 등

---

4. 비상대피(Fire evacuation)

(1) 화재 시 비상대피 방법

화재가 발생하고 사람들이 대피하는 과정은 사람의 생명을 다루는 긴급한 시간이다. 일반적으로 화재가 발생하고 사람들이 대피하는 장소는 사업장에 마련된 비상집결지나 건물의 출구가 된다. 사업주나 건물주는 건물에 있는 사람들이나 사업장에 상주하는 근로자를 위하여 화재 시 비상대피 방법에 대한 교육이나 공지를 사전에 해야 한다. 여기에는 비상집결지 지정과 탈출 경로를 포함한다. 탈출경로의 안전한 조건은 사람들이 탈출할 때 불을 피하거나 불이 매우 작을 때 불을 지나갈 수 있어야 한다. 그리고 일방향 탈출 경로가 복도에 있는 경우, 복도는 내화 칸막이 및 자동 폐쇄 방화문으로 화재로부터 보호되어야 할 수도 있다. 또한 계단 개구부는 화재 시 천연 굴뚝 역할을 할 수 있으므로 계단은 내화 칸막이와 자동 닫힘 방화문으로 작업장과 분리되어야 한다.

가. 방화문

KFS 120 방화문설비기준에 따른 방화문은 벽 등의 개구부에 설치되어 화재와 연기가 건물 내외로 확산하는 것을 방지하기 위한 방화문의 부품과 장치들의 설치와 유지관리에 관한 것으로써, 방화문 및 방화문 부품, 부속장치에 적용된다.

방화문의 구조는 (1) 틀 및 문의 부재의 접합은 강고하고, 사람이 접촉하는 부분은 평활하고 안전을 고려한 구조일 것이며, 강철재 문의 문짝은 4면에 보강골구를 적용한다. (2) 문에 사용하는 부속 부품은 각각의 역할을 다하는 충분한 강도를 가지고, 교체 또는 보수가 가능한 구조로 한다. (3) 알루미늄 함금제 틀 및 문의 표면 처리는 KS D 8303에 규정하는 b종 또는 그 이상의 처리를 하여야 한다. (4) 강철제 틀 및 문의 표면 처리는 KS D 3501 및 KS D 3512에 규정하는 강판에 용융 아연 도금 처리, 인산염 처리를 하여야 하며, KS D 3506에 규정하는 아연도금 강판과 KS D 3528에 규정하는 아연의 표준 부착량이 $20g/m^2$ 이상인 전기 아연 도금 강판은 이와 동등 이상의 처리로 본다. KS M 6030에 규정하는 도료의 녹 방지 성능과 동등 이상의 성능을 갖는 도료로 녹 방지 처리를 하여야 한다. 다만, 표면 처리 강판 및 스테인리스 강판(STS 304 또는 이와 동등 이상인 것)에 대하여는 적용하지 않는다. (5) 방화문은 성능인정을 받아야 하며, FILK인증, KS인증, 국토교통부고시에 따라 시험을 통하여 그 성능을 확인하여야 한다.

나. 피난 경로 및 표시

두 개 이상의 탈출 경로가 필요한 경우, 서로 다른 안전 장소로 서로 다른 방향으로 연결되어야 한다. 피난 경로는 짧아야 하며 사람들을 즉각적인 위험이 없는 야외나 작업장 구역과 같은 안전한 장소로 직접 인도해야 한다. 사람들이 화재 지역으로 돌아가지 않고 안전한 외부로 나갈 수 있어야 하고, 탈출 경로는 사람들의 수에 맞게 충분히 넓어야 한다. 작업장의 피난을 위한 문은 내부에서 모든 문을 쉽고 즉시 열 수 있어야 하고 문은 탈출 방향으로 쉽게 열려야 한다. 출구 경로에서 화재가 발생하면 매우 심각한 결과를 초래할 수 있으므로 모든 화재 위험은 출구 경로에서 제거되어야 한다. 이와 관련한 국내 기준은 건축물의 피난·방화구조 등의 기준에 관한 규칙(약칭: 건축물방화구조규칙)을 참조한다.

다. 비상등

피난 경로의 조명은 밝아야 한다. 경로에 인공 조명만 있거나 어두운 시간에 사용되는 경우 화재로 인해 전원이 꺼질 경우를 대비해 대체 조명 소스를 고려해야 한다. 소규모 작업장에서는 정전이 발생할 경우를 대비하여 배터리로 작동되는 비상 조명을 제공해야 한다. 만약 이러한 사항이 어려울 경우, 손전등을 직원에게 제공한다. 양초, 성냥, 담배 라이터는 적절한 비상 조명 형태가 아니다.

라. 피난 시간

건물에 있는 모든 사람은 2~3분 안에 가장 가까운 안전한 장소에 도달할 수 있어야 한다. 화재위험이 특히 높은 곳에서는 사람들이 안전한 장소에 1분 이내 도달할 수 있어야 한다. 피난 시간을 확인할 수 있는 방법은 불시에 비상대응 훈련을 시행하여 사람들이 비상집결지에 모두 모이는 시간을 확인해 보는 것이다. 비상집결지에서 가까이 일하는 사람은 일찍 도착할 것이고, 먼 곳에서 일하는 사람은 늦게 도착할 것이다. 또한 사람들은 계단을 오르는 데 더 오랜 시간이 걸리고 장애가 있는 경우에도 더 오랜 시간이 걸릴 가능성이 높다. 여러 개의 층으로 구분된 건물을 대상으로 비상훈련을 할 경우, 층별 사람들의 집결 시간을 확인한다. 피난 시간이 너무 길면 추가 피난 경로를 제공하기 위해 보수 작업을 수행하기보다는 사람들이 가장 가까운 안전 장소에 더 가까이 다가갈 수 있도록 작업장을 재배치하는 것이 좋다. 아래 그림은 화재로 인하 연기감지기 작동에서 화재활성 및 생존불가 과정을 보여준다.

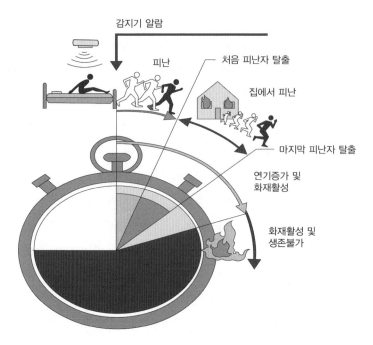

감지기 알람

피난

처음 피난자 탈출

집에서 피난

마지막 피난자 탈출

연기증가 및
화재활성

화재활성 및
생존불가

출처: City of MONROE OHIO, Escaping a fire(https://www.monroeohio.org/225/Escaping-a-Fire)

(2) 비상계획 및 대피절차

건물이나 사업장에는 해당 시설이나 조건에 맞는 비상계획이 있어야 한다. 비상계획에는 화재 발생 시 사람들이 취해야 할 조치, 대피 절차, 비상집결지 관리 및 지역 소방 당국에 전화하는 방법 등이 포함된다. 소규모 사업장의 경우 근로자가 이러한 비상계획과 대피절차에 대하여 원활하게 이해할 수 있도록 다양한 조치를 취해야 한다. 물론 화재 위험이 높거나 규모가 큰 사업장은 별도의 구체적인 위험성평가를 통해 효과적인 화재 제거, 대체, 공학적 조치 및 행정적 조치 등을 마련하여 적용해야 한다. 그리고 이러한 조치를 모두 이해할 수 있도록 지속적인 교육과 훈련을 시행해야 한다.

가. 비상계획에 포함할 일반적인 내용

- 대피 전 주요 공정설비에 대한 안전조치를 취해야 할 대상과 절차
- 비상 대피 후 전 직원이 취해야 할 임무와 절차
- 피해자에 대한 구조·응급조치 절차
- 비상사태 발생 시 내·외부와의 연락 및 통신체계
- 비상사태 발생 시 통제 조직 및 업무 분장
- 사고 발생 시 및 비상대피 시의 보호구 착용 지침
- 비상사태 종료 후 오염물질 제거 등 수습 절차
- 주민 홍보 계획

> - 외부기관과의 협력체계
> - 비상 시 대피 절차와 비상대피로의 지정

나. 비상계획 담당

비상계획을 관리감독하기 위해 직원을 지명해야 한다. 이 사람의 역할은 화재 또는 기타 비상 상황이 발생하는 경우 안전을 유지하면서 아래의 표와 같은 내용을 보장하는 것이다.

> - 경보 발생, 대피개시, 화재 및 구조 서비스 이행
> - 화재가 인접한 구획으로 확산되는 것을 방지
> - 탈출 경로를 보호하기 위해 방화문 닫음 조치 확인
> - 가능한 경우 공장과 기계를 폐쇄
> - 집결지에서 사람 확인

다. 비상집결지

대피 시 모일 집합장소를 선정하고 운영해야 한다. 화재 시 영향을 받을 가능성이 없는 위치에 비상집결지를 선정한다. 비상집결지에 모이는 사람을 확인할 수 있는 직원 전체 목록을 보관해야 한다. 상주 및 방문객 등의 목록은 정기적으로 업데이트되어야 한다.

라. 대피안내도

화재 발생 시 취해야 할 조치가 담긴 인쇄된 지침을 건물 전체에 게시해야 한다. 지침에 포함된 정보는 간단하고 명확하게 기술되어야 한다.

마. 소방훈련

비상계획에 따라 주기적인 소방 및 피난 훈련을 시행한다. 이러한 훈련을 통해 근로자가 비상 시 취해야 할 조치를 숙지할 수 있다. 훈련은 적어도 일년에 두 번 이상 시행하는 것이 좋으며, 교대 근무자와 시간제 직원을 포함한 모든 직원이 훈련에 참여할 수 있도록 검토한다.

(3) 특별한 도움이 필요한 사람(People with special needs)

비상 상황에서 특히 위험에 처할 수 있는 장애인과 환자를 위한 특별한 조치가 필요하다. 영국 평등인권위원회(Human Rights Commission)는 1,100만 명이 어떤 형태로든 장애를 갖고 있는 것으로 추산하고 있다. 이러한 추산은 결국 화재와 같은 비상상황이 발생 시 대피가 어렵다는 것을 의미할 수 있다. 영국 평등법(Equalities Act) 2010에 따라 장애인이 현실적으로 시설을 사용하기 어려울 것이 예상된다면, 고용주 또는 시설 책임자는 이에 대한 개선조

치를 검토해야 한다. 또한 이러한 개선조치는 EU의 다양한 국가에서도 유사한 법률이 시행될 수 있다.

영국 평등법 2010에는 '합리적인 조정(reasonable adjustments)'이라는 개념이 포함되어 있으며, 이는 화재 안전법에도 적용될 수 있다. 이에 따라 소규모 사업체의 경우에도 시각 장애가 있는 사람들이 탈출 경로를 보다 쉽게 따라갈 수 있도록 난간에 대비되는 색상을 제공하는 것이 합리적이라고 간주될 수 있다. 장애인이 체감하는 장벽을 제거하는 지침은 BS 8300에 언급되어 있다. 이 지침의 내용은 대부분은 대피 중에 장애인에게도 도움이 될 수 있다. 또한 사업주는 화재 대피 전략을 고려할 때 모든 직원과 건물 사용자의 요구 사항을 고려해야 하며, 여기에는 휠체어 사용자와 같이 명백한 장애가 있는 사람들 외에도 폭 넓은 대상을 검토해야 한다.

사업주는 화재 발생 시 장애인이 떠날 수 있는 안전한 수단도 제공해야 한다. 직원은 장애인이 화재 경고나 화재 사고에 반응하지 않거나 다르게 반응할 수 있다는 점을 알고 있어야 한다. 사업주는 어린 자녀를 둔 부모나 노인과 같이 특별한 도움이 필요한 다른 사람들에게도 비슷한 배려를 해야 한다. 단순한 배치의 건물에서는 시각 장애인을 안내하거나 노인이 계단을 내려갈 수 있도록 도와주는 등 상식적인 접근만으로도 충분할 수 있다. 하지만 보다 복잡한 시설에서는 훈련받은 직원을 특정 업무에 배정하는 보다 정교한 계획과 절차가 필요하다. 정신 장애가 있거나 공간 인식 문제가 있는 사람들의 요구 사항을 고려해야 한다. 직면하게 되는 장애의 범위는 경미한 간질부터 응급 상황에서의 완전한 방향 감각 상실에 이르기까지 상당히 넓다. 이들 중 다수는 적절하게 훈련된 직원, '친구 시스템'의 신중하고 공감적인 사용 또는 탈출 경로를 식별하기 위한 색상 및 질감의 신중한 계획을 통해 해결될 수 있다.

특별한 도움이 필요한 사람들(일반인 포함)은 비상 사태에 대비할 때 특별한 고려가 필요하다. 시각 장애가 있는 사람들은 탈출 경로, 특히 정기적으로 사용하지 않는 경로를 숙지하도록 해야 한다. 특히 심각한 청각 장애가 있는 사람들의 경우, 화재 경고를 듣는 것만으로도 큰 어려움을 겪을 수 있다. 이러한 사람들이 구내에 있는 가운데 다른 사람들이 있다면, 그다지 문제가 되지 않지만, 혼자 있을 경우 그 위험은 높아진다. 이러한 경우에는 경보를 울리는 다른 방법을 고려해야 한다. 예를 들면, 기존 화재 경보기에 연결된 시각적 비콘과 진동 장치 또는 호출기이다. 휠체어 사용자나 이동 장애가 있는 사람은 계단을 오르는 데 도움이 필요할 수 있다. 이 도움을 제공하도록 선택된 사람은 올바른 방법을 교육받아야 한다.

화재 발생 시 탈출 수단으로 엘리베이터를 사용해서는 안 된다. 그 이유는 정전이 되면 엘리베이터가 층 사이에 멈춰 화재와 연기의 굴뚝이 될 수 있는 곳에 탑승자가 갇히기 때문이다.

5. 화재 위험성평가(Fire risk assessment)

건물, 사업장, 가정에서 화재로 인한 피해를 줄이기 위해 적절한 화재 위험성평가를 시행한다. 아래의 내용은 영국 주택, 지역사회 및 지방 정부가 발행한 화재 안전 지침에 포함된 방법을 기반의 위험성평가 과정이다.

(1) 1단계 - 화재위험 확인(identify fire hazards)

위험 수준을 평가할 때 고려해야 할 화재로 인한 위험은 산소 고갈, 화염과 열, 연기, 기체 연소 생성물 및 건물의 구조적 결함 등이다. 이 중에서 연기 및 기타 가스 연소 생성물이 화재로 인한 사망 원인 중 가장 주요한 원인이다. 화재가 발생하려면 열원과 연료가 필요하다. 이러한 위험을 분리, 제거 또는 줄일 수 있다면 사람에 대한 위험이 최소화된다.

가. 가연성 물질 식별(Identify any combustibles)

우리가 생활하는 대부분의 장소에는 가연성 물질이 존재한다. 사업장 내 가연성 물질의 양은 합리적으로 실행 가능한 한 낮게 유지되는 것이 좋다. 자재는 통로, 복도, 계단에 보관해서는 안 되며 출구와 경로를 방해할 수 있는 곳에 보관해서는 안된다. 화재는 종종 작업장 내 가연성 폐기물에 의해 시작되고 확산된다. 이러한 폐기물은 자주 수집하여 작업장에서 제거해야 한다. 가연성 액체, 가스 또는 플라스틱 폼과 같은 일부 가연성 물질은 다른 물질보다 더 쉽게 발화하고 빠르게 많은 양의 열 및 또는 짙은 독성 연기를 생성한다. 이러한 물질을 작업장에서 멀리 떨어진 곳에 보관하거나 내화 창고에 보관해야 한다. 작업장에서 보관하거나 사용하는 이러한 물질의 양은 가능한 한 적어야 하며 일반적으로 사용되는 양의 반나절 분량을 넘지 않아야 한다.

나. 열원 식별(Identify any sources of heat)

모든 사업장에는 열/점화원이 존재한다. 요리 소스, 히터, 보일러, 엔진, 연기가 나는 물질 또는 정상적인 사용 여부와 관계없이 부주의나 우발적인 고장으로 인해 프로세스에서 발생하는 열과 같은 요소가 존재한다. 가능하다면 발화원을 작업장에서 제거하거나 보다 안전한 형태로 교체해야 한다. 이것이 불가능할 경우, 발화원은 가연성 물질로부터 멀리 떨어져 있거나 관리 통제 대상이 되어야 한다. 휴대용 히터를 사용하는 구역이나 흡연이 허용되는 구역에서는 특별한 주의를 기울여야 한다. 열이 공정의 일부로 사용되는 경우, 화재 가능성을 최대한 줄이기 위해 주의 깊게 사용해야 한다.

다. 위험한 행동 식별(Identify any unsafe acts)

사업장에서 화재가 발생할 수 있는 행동을 하는 것을 의미한다. 여기에는 금지된 곳에서 흡연, 화기작업이 금지된 장소에서 화기작업 시행, 화기작업 시 스파크 방지 조치 미시행, 부적절한 용접 시행, 가연물이 존재하는 장소에서 화기작업 등이 있다.

(2) 2단계 - 심각한 위험에 처한 사람 확인

화재로 인해 피해를 입을 수 있는 모든 사람들을 고려한다. 아래의 표와 같은 조건을 갖추고 있는 사업장은 특별한 주의를 기울여야 한다.

- 숙박 시설 제공
- 많은 수의 대중이 참석
- 사람들이 건물의 배치와 출구 경로의 위치에 익숙하지 않은 경우
- 근로자가 페인트 분사 등 특정 위험이 있는 구역에서 작업
- 탈출 경로가 길거나 구불구불한 조건
- 근로자가 사다리 위에서 작업하거나 비계 위에서 작업
- 사람들이 신속하게 반응할 수 없는 경우
- 사람들이 고립되어 있는 경우

방문객, 일반 대중 또는 기타 근로자와 같은 사람들이 외부에서 사업장으로 들어올 수 있다. 이때 관리자는 현재의 화재 예방조치가 만족스러운지 또는 변경이 필요한지를 결정해야 한다. 화재는 확인하지 않으면 작업장 전체로 퍼지는 역동적인 사건이기 때문에 화재가 발생하면 결국 그곳에 있는 모든 사람이 위험에 처하게 된다. 사람들이 위험에 처해 있는 경우, 화재를 감지하고 경고하기 위한 장치와 함께 적절한 화재 탈출 수단을 제공해야 한다. 작업장의 위험에 적합한 소방 장비를 제공해야 한다.

(3) 3단계 - 위험성감소 조치

위험 요소를 식별한 이후 다음 단계는 화재 발생과 확산 가능성을 줄이는 위험성감소 조치가 필요하다.

가. 가연성물질 관리

모든 근로자는 가연성 물질을 취급/보관/사용할 때 안전하게 작업하기 위한 정보, 교육 및 훈련을 받아야 하며 이를 따르도록 독려해야 한다. 사업주, 관리자 및 감독자는 이러한 안전한 작업 시스템이 준수되도록 해야 한다. 가연성 물질은 건물 내 적절한 구역으로 제한하고 적절하게 보관해야 하고, 보관되는 물질의 양은 최소한으로 유지되어야 한다. 인화성 또는 고인화성 액체 및 가스병은 사용하지 않는 한 외부 보관 건물에 안전하게 보관해야 하며, 이 경우 건물 내부의 양은 최소한으로 필요하며 라벨이 부착된 내화 용기에 보관해야 한다.

  종이, 직물, 목재, 플라스틱, 포장재, 화학 물질 등과 같은 가연성 물질을 계단 아래나 계단 통에 보관하거나 발화원(난방 장비, 전기 캐비닛 또는 장비, 용접, 연삭 등 화기작업을 하는 장소 또는 흡연 구역) 모든 가연성 물질과 액체에는 적절한 라벨을 부착하고 적절한 내화 용기에 보관해야 한다.

  올바른 관리 관행과 정기적인 작업장 검사를 시행하면 작업장에서 가연성 물질을 효과적으로 통제할 수 있다. 작업장 바닥에 폐기물과 부스러기가 쌓이는 것을 방지하고 관리를 용이하게 하려면 각 작업대에 적절한 수의 폐기물 용기를 제공하는 것이 중요하다. 오염된 직물과 헝겊을 담는 용기에는 증기가 작업장으로 방출될 위험을 줄이기 위해 꼭 맞는 덮개가 있어야 한다. 건물 외부에는 더운 날씨에 가연성이 될 수 있는 물질(예: 건조한 초목)이 없어야 한다. 근로자가 흡연할 수 있는 장소가 할당된 경우, 해당 장소에는 가연성 물질이 없어야 한다.

나. 발화 가능성 감소조치

  가연성 물질의 위치와 관련한 열원이나 발화원의 존재를 고려해야 한다. 화재 계획에는 다음의 표와 같은 위험성감소 조치가 포함되어야 한다.

- 통제된 흡연 구역이 제공되는 경우를 제외하고 작업장에서 흡연 금지 조치
- 방화 가능성을 최소화하기 위한 접근 통제
- 열간 작업(용접/연삭)이 수행되는 구역을 잘 관리하고 해당 작업이 완료된 후 작업 구역을 정기적으로 점검하여 재료에 불이 붙지 않았는지 확인
- 폐기물 소각을 위한 안전한 절차 마련
- 효과적인 전기 유지 보수 및 검사

  전기를 제대로 유지 관리하지 않으면 스파크, 과열 또는 아크로 인해 화재가 발생할 수 있다. 전기 장비는 정전기로 인해 스파크나 아크가 발생할 가능성을 최소화하기 위해 접지해야 한다. 각 전기 회로에는 내화 캐비닛에 적절한 퓨즈 또는 회로 차단기가 있어야 한다. 모든 전기 장비가 비상 시 신속하게 격리될 수 있도록 절연체를 배열하고 적절하게 식별해야 한다.

다. 화재 또는 연기발생에 대한 신속한 식별과 알림

  화재나 연기의 존재를 신속하게 식별하고 조기에 경고하기 위해서는 자동 경보 및 경고 시스템에 연결된 감지기가 설치되어야 한다. 연기, 열(또는 급속한 열 상승) 또는 깜박이는 빛의 존재를 식별할 수 있는 다양한 전기 구동 장비를 사용하여 화재를 감지할 수 있다. 이러

한 장치는 국가 법률 및 제조업체의 지침에 따라 정기적으로 검사하고 테스트해야 한다.

라. 효과적인 비상대응 절차

모든 사람이 빠른 시간내에 건물에서 대피할 수 있도록 효과적인 비상대응 절차가 필요하다. 사업장에는 일반적으로 비상 상황 시 근로자와 기타 건물 거주자가 신속하게 대피할 수 있는 경로가 필요하다. 근로자 수, 건물 규모, 작업장 배치로 인해 근로자가 신속하게 대피할 수 없는 경우 2개 이상의 출구가 필요할 수도 있다. 출구 경로는 가능한 서로 멀리 떨어져 있어야 하지만, 화재나 연기로 인해 막힐 경우를 대비하여 국가 화재 안전 규정에서 규정한 최대 거리 내에 있어야 한다. 거리, 인원 수, 내부 층 분포에 따라 추가 비상 탈출 경로가 필요할 수 있다.

모든 화재 대피 경로는 눈에 띄게 표시되어야 하며 최대 인원 또는 탑승자가 최소 시간 내에 통과할 수 있을 만큼 넓고 장애물이 없어야 한다. 대부분의 법규에서는 건물의 출구 요건을 결정하기 위해서는 건물의 용도나 점유 유형, 점유자 하중, 바닥 면적, 출구까지의 거리 및 출구 자체의 용량을 검토해야 한다고 규정하고 있다. 다음의 표는 ILO 화재 위험 관리 내용을 요약한 사항이다.

- 피난 경로는 안전한 대피를 위해 충분한 시간 동안 화재/연기의 유입을 지연하도록 보호되어야 한다.
- 화재 피난 경로는 비상 조명으로 조명이 잘 켜져 있어야 한다.
- 모든 탈출 경로는 건물 외부의 안전한 장소로 연결되어야 한다.
- 모든 화재 탈출 경로를 매일 점검하여 경로에 장애물이 없고 탈출구가 쉽게 열릴 수 있는지 확인해야 한다.
- 사업주가 보안상의 이유로 최종 출구 문을 잠글 필요가 있다고 생각하는 경우, 문은 바깥쪽으로 열려야 하며, 푸시바 해제 장치가 장착되어 있거나 열쇠 없이 내부에서 쉽게 열 수 있는 메커니즘으로 잠겨 있어야 한다.
- 모든 근로자는 화재 탈출 절차에 대해 교육훈련을 받아야 한다.

마. 화재 위험관리

소방 관리자는 건물 내 작업자 및 방문자의 수를 알고 있어야 한다. 근로자, 계약자 및 방문객은 대피 절차에 대해 교육을 받아야 하고, 경보가 울리면 지체 없이 대피해야 한다. 대피로의 문은 대피를 방해하지 않도록 자동으로 닫혀야 한다. 소방관은 대피하기 전에 해당 구역에 사람이 없는지 확인하도록 교육을 받은 후 소방 관리자나 그 대리인에게 보고해야 한다. 건물에서 대피한 후에는 소방 관리자가 상황을 설명할 때까지 사람들은 지정된 안전 구역에 남아 있어야 한다. 어떠한 경우에도 소방 관리자의 지시가 있을 때까지 건물에 다시 들어가도록 허용해서는 안 된다. 인화성 액체나 가스통을 운반하는 모든 차량은 가능하면 관련자에게 위험을 증가시키지 않고 건물에서 안전한 거리로 이동해야 한다. 응급 구조대가 현장에 쉽게 접근할 수 있도록 접근 경로는 항상 명확히 표기되어야 한다.

(4) 4단계 - 검토사항

화재 평가 결과와 그에 따른 조치(유지보수 포함)를 기록해야 한다. 기록에는 평가가 이루어진 일자, 식별된 위험, 위험에 처한 모든 직원 및 기타 사람들, 조치시행 내용과 완료 일정 그리고 결론이 포함된다. 사람이 위험에 처해 있거나 허용할 수 없는 위험이 여전히 존재하는 경우 이를 개선하기 위한 추가적인 화재 안전 예방조치가 필요하다.

(5) 5단계 - 모니터링 및 검토

화재 위험성 평가는 한번 시행하고 하지 않는 일회성 절차가 아니다. 기존 화재 안전 조치와 화재 위험성 평가가 현실적으로 유지되도록 지속적으로 모니터링을 한다. 점유, 작업 활동, 건축 공사가 제안될 때 사용 또는 저장되는 자재에 중대한 변화가 있거나 더 이상 유효하지 않다고 생각되는 경우 평가를 검토해야 한다.

(6) 구조적 특징

사업장에는 화재, 열 또는 연기의 급속한 확산을 촉진하고 탈출 경로에 영향을 미칠 수 있는 기능이 존재한다. 이러한 특징에는 덕트나 굴뚝, 바닥이나 벽의 개구부, 가연성 벽이나 천장 라이닝 등이 포함된다. 이러한 기능으로 인해 사람들이 위험에 처할 경우, 덕트에 장착된 불연성 자동 댐퍼 등을 통해 급속한 화재 확산 가능성을 줄이거나 사람들이 대피할 수 있도록 화재 조기 경고를 제공하는 적절한 조치를 취해야 한다. 내화 바닥, 벽 또는 천장의 기타 구멍은 연기, 열 및 화염의 통과를 방지하기 위해 내화 재료로 채워야 한다.

(7) 비상대피 계획

비상 대피 계획에 포함되어야 하는 내용은 아래의 표와 같다.

- 탈출로, 출구 수, 계단 수, 내화문, 내화벽 및 칸막이, 안전 장소 등
- 화재 비상구 표지판 및 화재 조치 통지를 포함한 화재 안전 표지판 및 통지
- 화재 경고 호출 지점 및 음향기 위치
- 비상등의 위치 등

VI. 전기위험

1. 소개

전기는 널리 사용되고 효율적이며 편리하지만 에너지를 전송하고 사용하는 과정에서 잠재적인 위험을 내포하고 있다. 전기는 공장, 작업장, 연구실, 사무실 등 우리의 일상 생활에 널리 사용되는 필수 불가결한 요소이다. 하지만, 전기를 잘 못 사용하면 치명적인 결과를 초래할 수 있다.

영국에서는 직장 내 전체 사망 중 약 8%가 감전사고라고 알려져 있다. 지난 몇 년 동안 매년 1,000건 이상의 전기 사고가 발생했으며, 그로 인해 30명이 사망을 했다. 사망자의 대부분은 농업, 채굴, 유틸리티 공급 및 서비스 산업에서 발생하는 반면, 주요 사고의 대부분은 제조, 건설 및 서비스 산업에서 발생한다.

한국소방청 국가화재정보시스템 자료를 살펴보면, 2022년 화재는 40,113건이 발생하였다. 이중 사망은 341명이 발생하였고 부상은 2,327명이 발생하였다. 이러한 사고의 주요 원인은 부주의(19,666건 49%), 전기적 요인(10,011건 25%), 기계적 요인(3,856건 10%), 화학적 요인(686건 2%), 교통사고(430건 1%), 방화(400건 1%), 방화의심(346건 1%), 제품결함(167건), 가스누출(151건), 기타(516건), 자연적 요인(214건) 및 미상(3,670건 9%) 등으로 전기적 요인은 두번째로 많은 재해의 유형이다.

(1) 전기의 기본원리

전기는 한 위치에서 다른 위치로 전기 에너지를 전달하는 전자(electrons)의 흐름 또는 이동이다. 과학자들은 오랜 연구를 통해 물질이 원자로 이루어졌다는 것을 발견했다. 원자는 중심부에 양성자와 중성자가 모여 있는 원자핵이 존재하고, 그 주변을 전자가 둘러싸고 있다. 전자는 전기적으로 음(-)의 성질을 띠며 매우 가벼운 것이 특징이다. 양성자는 전자와 전기량이 동일하나 전기적으로는 반대인 양(+)의 성질을 띠고 있다. 보통 양성자(+)와 전자(-)는 같은 수로 존재하기 때문에 원자는 전기적으로 중성이며 매우 안정된 상태를 가지게 된다. 중성자는 말 그대로 전하를 띠지 않으며 대체적으로 양성자 수와 동일하지만, 그 수가 다른 경우도 존재한다. 아래 그림은 보어의 원자모형이다.

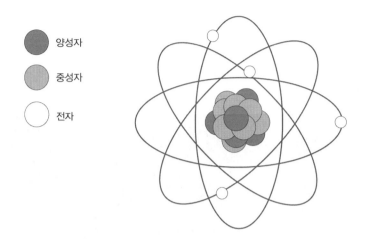

양성자
중성자
전자

에너지는 일정 시간 동안 소비된 전력으로 줄(Joules)[13]이라는 단위를 사용한다. 1J은 1와트 전력으로 1초 동안 소비하는 에너지(1와트초, 1Ws 의미)이고, 1 와트시(Wh)는 1W로 1시간 동안 소비하는 에너지이다. 그리고 1킬로와트시(kWh)는 1kW로 1시간 동안 소비하는 에너지이다.

전자의 흐름이나 움직임을 전류(electric current)라고 한다. 전류에는 직류와 교류의 두 가지 형태가 있다. 직류(Direct current, DC)는 도체를 따라 한쪽 끝에서 다른 쪽 끝으로 전자가 흐르는 것을 의미한다. 이러한 유형의 전류는 주로 배터리, 발전기 등 유사한 장치가 있다. 교류(Alternating current, AC)는 회전하는 교류 발전기에 의해 만들어지며, 전자의 흐름보다는 전자의 진동을 유발하여 에너지가 도체의 길이를 통해 한 전자에서 인접한 전자로 전달되는 방식이다.

전기의 움직임을 아래로 흐르는 파이프 속의 물의 움직임과 비교함으로써 전기의 기본 원리를 이해할 수도 있다. 파이프를 통과하는 물의 흐름(초당 리터로 측정)은 도체를 통해 흐르는 전류와 유사하다. 파이프라인을 따라 물의 압력 강하가 높을수록 유속이 커지는 것과 마찬가지로 도체를 따라 전기적 압력 차이(pressure difference)가 높을수록 전류도 커진다. 이러한 전기적 압력차이 또는 전위차(potential difference)를 전압이라고 하며 볼트(volts) 단위로 측정한다. 미국과 일본의 전기의 유효 전압은 110v이고 우리나라는 220v이다. 한편, 파이프 내부 표면이 거칠수록 물의 흐름이 느려지고 흐름에 대한 저항이 높아져 흐름이 원활하지 못하다. 마찬가지로 전기 도체가 좋지 않을수록 전류에 대한 저항이 높아져 흐름이 원활하

---

13) 영국 물리학자 James Prescott Joule(1818~1889)의 이름을 따서 명명되었다. 1뉴턴의 힘이 가해진 힘의 방향으로 질량을 1미터 이동시켰을 때 수행된 일의 양과 같다. 그리고 1암페어의 전류가 1초 동안 1Ω의 저항을 통과할 때 열로 소산되는 에너지이다.

지 못하다. 저항은 회로가 전류의 흐름을 방해하는 것을 양으로 표시하고 장비나 시스템에서 전자가 흐르는 정도를 제한하거나 조절하는 역할을 한다. 저항은 표준단위 옴(ohm), Ω으로 표시한다.

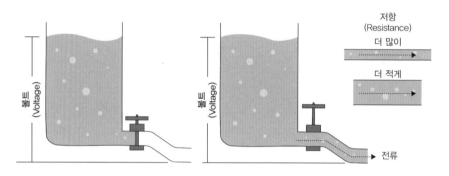

출처: [2022년 UPS Battery Center] Battery Strength and Key Factors Behind It.

옴의 법칙(Ohm's law)은 도체의 두 지점 사이에 나타나는 전위차(전압)에 의해 흐르는 전류가 일정한 법칙에 따르는 것을 말한다. 두 지점 사이의 도체에 일정한 전위차가 존재할 때, 도체 저항(resistance)의 크기와 전류의 크기는 반비례한다. I는 도선에 흐르는 전류로 단위는 암페어(A, ampere), V는 도체에 양단에 걸리는 전위차로 단위는 볼트(V, volt), 그리고 R는 도체의 전기저항(resistance)으로 단위는 옴(Ω, ohm)이다. 특히, 옴의 법칙에서 저항 R는 상수이고, 전류와 독립적이다. 옴의 법칙은 V(전압)=I(전류)×R(저항)로 다음 그림과 같다.

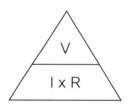

그리고 전력(P)을 구하는 공식은 P=V×I(와트)이다. 이 공식을 사용하면 간단한 계산을 통해 특정 전기 장비에 대한 퓨즈(fuse)[14]의 용량을 확인할 수 있다.

(2) 도체와 절연체(Conductors and insulators)

도체는 거의 금속으로 구성되어 있다. 도체는 가스 또는 액체일 수 있으며 물은 좋은 전

---

14) 전자 및 전기 공학에서 퓨즈는 전기 회로의 과전류 보호를 제공하기 위해 작동하는 전기 안전 장치이다. 필수 구성 요소로 많은 전류가 흐르면 녹아 전류를 멈추거나 차단하는 금속 와이어 또는 스트립 등으로 구성되어 있다.

기 전도체이다. 도체는 직접 접촉에 의한 물체 내부 또는 다른 물체로의 열이동을 시키는 매개체이다(NFPA 921 3.3.37). 초전도체는 저온에서 전기에 대한 저항이 매우 낮은 특정 금속을 가리키는 용어이다. 절연체에는 고무, 목재 및 플라스틱과 같은 재료가 있다. 절연재는 전기와 관련된 일부 위험에서 사람을 보호하는 데 사용된다.

(3) 단락(Short circuit)

단락은 일반적으로 회로 도체에서 낮은 저항의 비정상적인 연결로 인한 과전류 상황이다. 하지만 단락은 과부하 현상이 아니다(NFPA 921 3.3.156). 단락의 의미를 한자로 풀어보면 '짧은 단' 그리고 '이을 락'의 의미로 短絡이라고 표기할 수 있다. 즉, 기존의 회로가 아닌 짧은 회로로 전류가 흐른다는 의미이다. 이것을 영어로 표기하면 short circuit이다.

예를 들어 100볼트를 사용하여 부하(전구, 밥솥 등)를 사용하고 있는 동안 부하의 저항을 99옴이라고 하고, 총 저항을 1옴이라고 가정해 본다. 이경우의 전류 I는 V/R이므로 $I = 100/100$이므로 1 A가 된다. 하지만, 기존의 부하 앞단에서 선이 합쳐지는 사고(단락사고)가 발생한다고 가정해 본다면, 전기는 저항이 적은 방향인 단락된 방향으로 흐른다. 이에 따른 단락전류는 I_s는 V/R이므로 $I_s = 100/1$이므로 100A가 된다. 즉 단락사고가 발생하면 정격전류보다 많은 전류로 인해 치명적인 사고가 발생할 가능성이 크다.

일반적으로 통전전류의 세기에 따른 인체의 영향은 최소감지전류(짜릿함을 느끼는 정도로 1~2mA), 고통한계전류(참을 수 없는 정도의 고통, 2~8mA), 이탈가능전류(전원에서 떨어질 수 있는 최대 전류치, 8~15mA), 이탈불능전류(근육이 수축하여 전원에서 떨어질 수 없는 전류, 15mA~50mA) 그리고 심실세동전류(심장박동 불규칙에 의한 심장마비, 100mA 이상)로 구분할 수 있다.

(4) 접지(Earthing)

접지(Ground, Earthing, 楼地)는 대지와 전선을 전기적으로 연결하여 대지의 전위와 동일하게 하는 것이다. 접지의 일반적인 원리는 지구가 기본적으로 전도되는 모든 전류를 수용하는 거대한 도체라는 것이다. 따라서 모든 전기 시스템에서 접지가 되는 대지(terra)는 절대적인 0V이다.

접지의 목적은 고압 접촉 시 저압선 전위상승 억제(보호), 기기의 지락사고 발생 시 상승전압 억제, 선로로부터 유도에 의한 재해 방지 및 이상전압 억제에 의한 절연계급의 저감, 보호장치의 동작 확실화 등이다.

모든 전기설비는 이상 상황 시 전류가 접지로 흐를 수 있도록 해야 한다. 접지의 종류에는 계통접지와 기기접지가 있다. 계통접지는 전기사고로 인해 고압선과 저압선이 혼촉되는 경우로 22900V의 전압이 220V와 연결되어서 높은 전압이 들어와 저압용 기기 파괴 및 화재 폭발을 막기 위한 목적이다. 이 접지는 전기설비기술기준의 판단기준 33조에 의해 저압측 저항이 150V 이하로 만들기 위한 접지이다.

기기접지는 기기에 접지를 연결하여 이상 전압 혹은 접촉 발생 시 서지 전류를 빠른 시간 안에 대지로 보내 기기와 사용자를 보호한다.

2. 전기의 위험과 위험성(Hazards and Risks)

전기는 안전하고 깨끗하며 조용한 에너지원이다. 그러나 실수로 사람이 전기에너지와 접촉하게 되면 심각한 손상이나 생명 손실을 초래할 수 있다. 우발적인 전기 에너지 방출로 인한 위험을 예방하려면 지속적인 관리가 필요하다. 전기와 관련한 위험은 전기충격 및 화상, 전기 화재 및 폭발, 회로가열, 자연발화, 방전, 정전기 및 이동식 전기장비 사용 위험이 있다.

(1) 전기충격과 화상(Electric shock and burns)

매년 영국 안전보건청(HSE)에 보고되는 감전과 화상 관련 사업장 사고는 1,000건 이상이며, 사망자는 30명 수준이다. 고용부가 2020년에 발간한 산업재해현황분석에 따르면 전체 122,713명의 산업재해자 중 감전으로 인한 재해자는 346명이었고, 사망자는 16명이었다.

감전은 인체를 통과하는 전류의 흐름에 대한 인체의 경련 반응이다. 이러한 충격감은 통증을 동반한다. 대부분의 감전 사고는 사람이 활선 도체의 접지 경로가 되는 경우이다. 감전의 영향과 그에 따른 부상의 심각도는 신체를 통과하는 전류의 크기에 따라 달라지며, 이는 다시 피부와 신체의 전압과 전기 저항에 따라 달라진다. 사람이 약 50V 이상의 전압에 접촉하게 되면 감전으로 인해 직접적으로 발생하는 부상(예: 호흡 및 심장 기능 문제)과 통제력 상실로 인해 발생하는 간접적인 영향(예: 높은 곳에서 떨어지거나 움직이는 기계와 접촉하는 경우)을 받는다. 습기가 많거나 금속 가공물이 많은 곳에서는 감전으로 인한 부상의 위험이 높아진다. 피부가 젖어 있는 경우에는 보다 위험한 상황이 발생한다. 전기로 인한 충격의 영향은 당시의 상황에 따라 크게 달라진다.

전기 화상은 전기가 신체 조직 깊숙이 침투할 수 있기 때문에 일반적으로 열에 의한 화상보다 더 심각하다. 인체에 대한 전류의 효과는 신체를 통과하는 경로(예: 손에서 손으로 또는 손에서 발로), 전류의 주파수, 충격의 지속 시간 및 전류의 크기에 따라 달라진다. 또한 전류 크기는 접촉 시간과 신체 조직의 전기 저항에 따라 달라진다. 신체의 전기 저항은 피부에서 가장 크며 약 100,000옴 정도이다. 그러나 피부가 젖어 있으면 이는 100배 이상 줄어들 수 있다. 피부 아래의 신체는 수분 함량이 매우 높기 때문에 전기에 대한 저항이 거의 없으며, 전체적인 신체 저항은 사람마다 다르지만 일반적으로 1,000옴 정도가 된다.

1mA의 전류는 접촉으로 감지되며 10mA 중 하나는 근육 수축을 유발하여 사람이 도체로부터 떨어질 수 없도록 하며, 가슴이 전류 경로에 있으면 호흡 운동이 방해되어 질식을 일

으킬 수 있다. 가슴을 통과하는 전류는 심장 세동(심장 근육의 진동)을 일으키고 심장의 정상적인 박동을 방해할 수도 있지만, 이는 특정 전류 범위 내에서만 발생할 수 있다. 충격으로 인해 심장이 완전히 정지(심장 정지)될 수도 있으며 이로 인해 호흡이 중단될 수도 있다.

교류(AC)와 직류(DC)는 인체에 미치는 영향이 약간 다르지만 둘 다 특정 전압 이상에서는 위험하다. 전술한 사항과 같이 특정 사람에게 미치는 영향은 수많은 요인에 따라 달라지므로 그 피해는 예측하기 어렵다. 전기가 인체에 미치는 영향은 다음 표와 같이 요약할 수 있다.

- 2mA, 감각을 느낌
- 8mA, 가벼운 느낌
- 20mA, 고통스러운 근육 수축으로 위험원에서 떨어질 수 없다
- 40mA, 근육마비 시 즉각적인 소생술 필요
- 80mA, 극심한 고통 및 호흡곤란
- 100mA 초과, 심실세동 시작
- 200mA 이상, 호흡 정지, 심한 화상, 이 수치는 근사치일 뿐이며 사람마다 상당한 차이가 있을 수 있다.

피부의 높은 저항으로 인해 전기 접촉 지점에서 피부 화상이 발생한다. 이러한 화상은 깊고 치유 속도가 느리며 종종 영구적인 흉터를 남길 수 있다. 전류의 경로를 따라 신체 내부에서도 화상이 발생하여 근육 조직과 혈액 세포에 손상을 줄 수 있다. 이러한 화상은 전원과의 직접적인 접촉으로 인해 발생한다. 화상은 전기 에너지로 인해 화재가 발생하는 경우 해당 전원과의 간접적인 접촉으로 인해 발생할 수도 있다. 1도 화상은 진피(dermis), 2도 화상은 외피 및 3도 화상은 피하조직(subcutaneous tissue)에 영향을 준다.

(2) 전기화재 및 폭발(Electrical fires and explosions)

화재의 25% 이상이 전기 장비나 배선 등의 오작동과 관련이 있다. 전기 화재는 종종 전기 설비 및 장비의 유지 관리 및 사용을 부적절하게 하여 발생한다. 전기 설비에서 화재원인은 단락, 케이블 및 장비의 과열, 가연성 가스 및 증기의 발화 및 정전기 방전에 의한 가연성 물질의 발화이다. 전류의 양은 무엇보다도 전압, 절연 물질의 상태 및 도체 사이의 거리에 따라 달라진다. 처음에는 전류 흐름이 낮지만 결함이 발생함에 따라 전류가 증가하고 결함 주변 영역이 가열된다. 시간이 지나서 결함이 지속되면 절연이 파괴되면서 전류가 흐른다.

퓨즈가 작동하지 않거나 권장 퓨즈 정격을 초과하면 과열되어 화재가 발생할 수 있다. 가연성 물질이 가열된 와이어 근처에 있거나 뜨거운 불꽃이 분출되는 경우에도 화재가 발생

할 수 있다. 누수나 기계적 손상으로 인해 전기 장비나 케이블이 손상되기 쉬운 곳에서 단락이 발생할 가능성이 높다.

전선이 꼬이거나 구부러지면 절연재가 파손될 수도 있다. 특히 전선의 표면에 먼지가 쌓여 서로 다른 전압의 도체 사이를 연결시켜 절연 장애를 일으킬 수 있는 먼지가 많은 장소는 위험할 수 있다. 따라서 전선은 적합한 진공청소기를 사용하여 깨끗하고 먼지가 없는 상태로 유지되어야 한다. 전선과 장비에 과부하가 걸리면 과열이 발생한다. 회로 과부하의 일반적인 원인은 부과된 전기 부하에 비해 너무 작은 장비와 전선을 사용하는 것이다.

사무실에서 과도하게 콘센트 어댑터를 사용하면 과부하 문제(때때로 크리스마스 트리 효과라고도 함)가 발생할 수 있다. 과부하의 또 다른 원인은 전기 모터 및 구동 기계의 기계적 고장 또는 마모이다. 모터는 베어링 표면에 특별한 주의를 기울여 양호한 상태로 유지되어야 한다. 퓨즈는 모터의 과부하로부터 항상 완전한 보호를 제공하는 것은 아니며, 어떤 경우에는 퓨즈가 활성화되지 않은 상태에서 심한 발열이 발생할 수 있다. 느슨한 케이블 연결은 과열의 일반적인 원인 중 하나이다.

전선들을 함께 묶으면 전선에서 과도한 열이 발생하여 화재 위험이 발생할 수도 있다. 대부분의 전기 장비에서 안전한 온도를 유지하려면 환기가 필요하다. 모든 전기 장비는 장비, 특히 통풍구에 대한 공기 공급을 제한하는 장애물이 없어야 한다.

대부분의 전기 장비는 정상 작동 시 스파크가 발생하기 쉽다. 전기 히터와 같은 일부 전기 제품은 높은 온도를 생성하도록 특별히 설계되었다. 따라서 화재와 폭발 위험이 있으므로 가연성 농도의 가스 또는 증기를 생성할 수 있는 공정이 사용되는 위치 또는 가연성 액체가 저장되는 장소에서 사용은 신중한 평가를 요구한다.

많은 화재는 정전기 방전으로 인해 발생할 가능성이 높다. 일반적으로 정전기는 장비 및 플랜트에 사용되는 재료와 제조되는 제품에 사용되는 재료를 신중하게 설계하고 선택함으로써 제거될 수 있다.

전기 장비와 관련한 화재 발생 시 조치는 전원 공급 장치를 차단하여 회로가 더 이상 작동하지 않도록 하는 것이다. 전류를 차단할 수 없는 경우, 추가적인 위험을 초래하지 않는 방식으로 화재를 진압해야 한다. 이산화탄소나 분말과 같은 비전도성 소화제의 사용이 필요하다. 이러한 화재를 진압한 후에는 결함이 해결될 때까지 화재가 다시 발생하는지 주의 깊게 관찰해야 한다.

(3) 회로가열, 자연발화 및 방전

전기화재는 전기 에너지가 점화원으로 작용하여 생기는 화재이다. 일반적으로 전기화재를 일으키는 요인을 두 가지로 구분하면 회로가열과 방전으로 구분할 수 있다. 전술한 두 가지는 각각 발생할 수도 있으나 동시에 발생할 수도 있다(장기간 회로가열로 인한 절연 파괴 그리고 방전

발생으로 인한 화재 발생의 과정). 다음 그림의 좌측은 회로가열이고 우측은 방전의 모습이다.

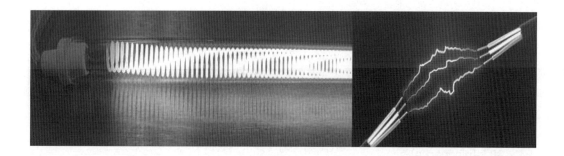

가. 회로가열(Joule heating)

회로가열로 인한 화재는 주로 전선을 장기간 사용하여 전선이 열화되는 경우 또는 꺽임, 눌림 등 기계적인 충격으로 인한 저항 증가로 인해 발생한다. 회로가열로 인해 저항이 변하면 에너지의 양이 급격하게 변하게 된다.

나. 자연발화(auto ignition)

자연발화는 스파크나 화염 등 외부 에너지원이 없어도 스스로 연소가 시작되는 온도이다. 아래 표의 연료 또는 화학물질의 자연발화 온도를 참조한다(NFPA 921 3.3.14).

연료 또는 화학물질	자연발화 온도(℃)
Acetone, propanone	465
Butane	405
Charcoal	349
Diesel, Jet A-1	210
Hydrogen	500
Gas oil	336
Gasoline, Petrol	246-280
Isopropyl alcohol	399
Lignite-glow point	526
Magnesium	473
Methane(Natural Gas)	580
Methanol, Methyl Alcohol	470

Paper	218-246
Peat	227
Petroleum	400
Propane	455
Rifle Powder	288
Wood	300

다. 방전(discharge)

방전은 전계가 다른 두 전극 사이에서 전류가 흐르는 현상으로 절연체가 파괴되어 단 시간에 많은 전류가 흐르는 경우이다. 방전의 종류에는 Arc, Spark 그리고 Corona가 있다. Arc는 절연물질을 교차하여 연속적인 불꽃을 발생시키는 방전현상으로서 일반적으로 아크현상 시 양전극에서 전기적 부분 발산을 동반한다. Spark는 아크와 유사한 현상을 나타내며, 절연물질을 교차하여 일시적 혹 비연속적으로 불꽃을 발생시키는 방전현상으로 고주파 임펄스 노이즈를 동반한다. 아래 표는 Arc, Spark 그리고 Corona 방전에 대한 특징을 요약한 내용과 그림이다.

구분	Arc	spark	corona
방전세기	매우 강함	강함	약함
지속시간	지속	단시간	장시간
전류크기	매우 강함	약함	매우 약함

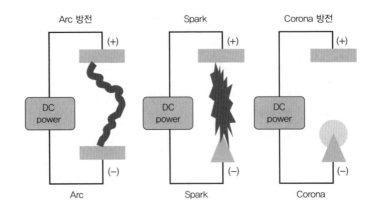

방전이 전기화재와 폭발에 위험한 이유는 급속한 온도 상승(1,000-3,500° C)과 매우 높은 전류 밀도(~100A)를 갖기 때문이다. 아래 그림은 방전의 과정을 보여준다.

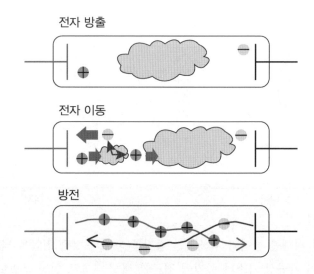

아크는 간극이나 탄화 절연체(charred insulation)와 같은 매체를 통해 고온의 빛을 발생시키는 전기방전(high temperature luminous electric discharge)이다(NFPA 921 3.3.7). 아크는 지락, 섬락 및 전선절단에 의한 것으로 구분할 수 있다. 지락(地落, Ground fault)에 의한 아크는 애자의 절연이 파괴되거나, 전선이 단선되어 지상에 떨어지는 경우, 갑자기 많은 전류가 발생한다. 섬락(閃落, flashover)에 의한 아크는 높은 전압이 걸려있는 전선 근처에서 공기의 절연이 파괴되어 도전 경로가 형성되는 경우 발생한다. 그리고 전선 절단에 의한 아크는 높은 전압이 걸려있는 전선을 갑자기 끊거나 연결할 때 폭발적인 불꽃이 발생하는 현상이다.

(4) 정전기(Static electricity)

전기는 약한 전기 전도체나 절연 물질에 전자가 축적되어 발생한다. 이러한 물질은 기체, 액체 또는 고체일 수 있으며 인화성 액체, 분말, 플라스틱 필름 및 과립을 포함할 수 있다. 플라스틱은 오랜 시간 동안 정전기를 유지할 수 있는 높은 저항력을 가지고 있다. 정전기 발생은 마찰에 의해 절연성이 높은 물질이 빠르게 분리되거나, 유도에 의한 전기장 내에서 고도로 대전된 물질이 다른 물질로 전달될 때 발생할 수 있다.

표면과 재료가 서로 마찰하면서 정전기가 지속적으로 축적된다. 금속 손잡이로 문을 닫을 때 발생하는 정전기 충격은 10,000V 이상의 전압을 발생시킬 수 있다. 전류는 매우 짧은 시간 동안 흐르기 때문에 사람에게 심각한 해를 끼치는 위험은 상대적으로 낮다. 그러나 정전기 방전은 심각한 감전을 일으키기에 충분할 수 있으며 가연성 액체, 먼지 또는 분말이 있는 경우 항상 발화의 원인이 될 수 있다. 아래 그림의 좌측은 정전유도에 의한 대전을 보여주고 있으며, 우측은 접지에 의한 유도전하의 방지를 보여준다.

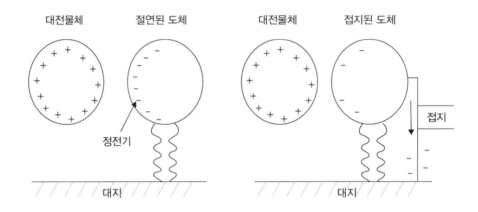

정전기로 인한 피해를 줄이기 위해서는 접지를 통해 축적된 전압을 낮출 수 있다. 정전기에 충전된 사람이 가연성 가스나 증기에 접근할 때 스파크로 인한 폭발이나 화재로 인해 심각한 부상을 입는다. 낙뢰는 정전기의 자연스러운 형태로 제한된 공간에서 짧은 시간에 많은 양의 전기 에너지가 소실되어 다양한 손상 정도를 초래한다. 대부분의 충격에서 생성되는 전류는 짧은 시간 동안 3,000A를 초과한다. 충격이 가해지기 전에 구름과 땅 사이의 전위는 약 1억 볼트일 수 있으며 최고치에서 방출되는 에너지는 충격 1미터당 약 1억 와트에 달할 수 있다.

정전기로 인한 위험관리를 위해서는 인화성 혼합물의 관리, 불활성과, 환기, 장치의 재배치, 정전하의 발생 억제, 전하소멸(본딩 및 접지, 습도, 전하의 이완과 대전방지 처리가 중요하다), 전하의 중화, 인체의 정전기 관리(도전성 바닥 및 신발, 개인용 접지장치, 대전방지 또는 도전성 의류, 장갑, 청소용 천), 정비 및 시험 그리고 전격 및 재해 예방의 조치가 필요하다.

(5) 이동식 전기장비(Portable electrical equipment)

휴대용 전기 장비는 고정 설비의 일부가 아닌 유연한 전선과 소켓, 플러그 등으로 구성된 것을 말한다. 이 장비는 전원에 연결되어 있는 동안 손에 쥐거나 조작할 수 있으며, 이동할 수 있다. 휴대용 도구와 함께 사용되는 연장 리드, 플러그 및 소켓과 같은 보조 장비도 휴대용 장비로 분류할 수 있다.

영국의 전기 사고의 약 25%는 휴대용 전기 장비(휴대용 기기라고도 함)와 관련이 있다. 이러한 사고의 대부분은 감전으로 인해 발생한다. 이동식 전기장비 사고는 매년 2,000건 이상이 발생되며, 주로 유지 관리 부족으로 발생한다.

한국산업안전보건공단의 2015년 이동용 전기기계·기구에서의 전기 위험성 감소대책 연구에 따르면, 최근 10년간의 감전재해분석결과 약 60% 이상의 재해가 소규모 건설업에서, 전기 기기의 절연불량에 의한 감전사고가 약 30%를 점유하고 있다. 특히, 건설현장에서 이동용 전기기기·기구에 의한 감전사망자는 전체 감전사망자의 35%를 차지하는 것으로 나타났다.

휴대용 전동 공구 사고는 전선, 연장 리드, 플러그 및 소켓의 결함으로 인해 발생한다. 전기 공급이 50V AC를 초과하는 경우 결함이 있는 장비로 인해 사람이 받을 수 있는 감전은 잠재적으로 치명적이다. 습하거나 습한 대기와 같은 열악한 환경 조건에서는 낮은 전압이라도 위험할 수 있다. 휴대용 전기 장비는 가능한 경우 가연성 물질이 있는 환경에서 사용해서는 안 된다.

3. 통제방안(Control measures)

(1) 작업안전 시스템

전기 사용과 관련한 위험을 통제하기 위해서는 근로자 교육, 안전한 운영 절차(안전한 작업 시스템) 및 특정 작업에 대한 지침 설정이 필요하다. 특히 전기와 관련한 작업이 이루어질 경우, 사전에 작업에 잠재된 다양한 유해위험요인을 확인하고 적합한 대책을 수립한 이후 시행하는 것이 중요하다. 이러한 목표를 달성하기 위해서는 서면으로 구성된 안전작업허가 제도가 필요하다. 안전작업허가에 포함될 내용은 작업 허가 발급 번호, 대상 작업의 세부사항 및 위치, 작업과 관련된 심각한 위험과 위험 및 착용할 개인 보호 장비를 포함한다. 그리고 예방 조치, 절연될 전기 품목의 세부 사항과 절연지점, 회로가 작동하지 않는지 확인하기 위해 따라야 할 테스트 절차, 필요한 특수 작업 도구에 대한 세부정보가 필요한 안전 경고 표시의 세부사항, 비상 절차, 허가증 발급 날짜와 시간, 허가 기간, 발급된 다른 허가증과의 상호 참조, 작업을 수행하는 사람의 허가 수락 등이다. 그리고 작업이 완료된 이후 안전작업허가서의 반납 절차이다.

감전을 예방하기 위해서는 전류가 흐르는 전기 장비에 대한 작업을 허가해서는 안 된다. 전기 위험에 대한 주요 통제 조치는 아래 표의 내용과 같다.

- 전기 시스템, 작업 활동 및 보호 장비의 설계, 건설 및 유지 관리
- 전기 장비의 강도와 성능
- 위험한 환경으로부터 장비 보호
- 전기 전도체의 절연, 보호 및 배치
- 도체의 접지 및 기타 적절한 예방 조치
- 전기 시스템에 사용되는 조인트 및 연결의 적합성

- 과전류로부터 보호하기 위한 수단
- 공급을 차단하고 격리하기 위한 수단
- 활선 근처에서 작업하는 경우
- 적절한 작업 공간, 접근성 및 조명
- 위험과 부상을 예방하기 위해 전기 장비를 다루는 사람에 대한 역량 요구 사항 등

(2) 장비의 선택 및 적합성(The selection and suitability of equipment)

인화성, 폭발성, 습한 환경, 악천후 조건 등 그리고 고온 또는 저온, 더럽거나 부식성 프로세스에 적합한 전기 장비를 선택하는 것은 중요하다. 장비는 기준에 따라 설치되어야 하며 비상 시 격리될 수 있어야 한다. 장비를 효과적이고 안전하게 접지하는 것도 중요하다. 전기 장비 공급업체는 장비를 사용하기 전에 공식적으로 검사하고 테스트하여 장비가 사용하기에 안전한지 확인해야 한다. 장비를 대여하는 사람은 대여 기간 동안 장비를 안전하게 사용할 수 있도록 적절한 조치를 취해야 한다. 전기 장비는 제조업체가 제공한 정격 성능 내에서만 사용해야 하며 제조업체 또는 공급업체의 관련 지침을 따라야 한다.

(3) 전기사고 비상대응(Emergency procedures following an electrical incident)

감전이나 전기 화상으로 인해 의식을 잃는 사람을 위한 대비사항은 아래 표의 내용과 같다.

- 전원을 차단하고 전기장치를 격리한다.
- 감전이 주요 응급상황인 경우, 더 이상 전류와 접촉할 가능성이 없어질 때까지 피해자를 만져서는 안 된다.
- 전기 장비의 오작동으로 인해 화재가 발생한 경우, 화재 대응 절차를 준용한다.
- 비상사태가 위험한 장비나 공정에 영향을 미칠 수 있는 경우 비상 공장 폐쇄, 격리 또는 공정 안전 확보 등 필수 조치를 취한다.
- 비상 사태 이후 전기 전문가의 점검을 받기 전 작업을 재개해서는 안 된다.
- 사고 발생 후 조사가 이루어져야 한다.
- 사고조사를 통해 개선방안을 마련한다.

(4) 검사 및 유지보수 전략(Inspection and maintenance strategies Inspection strategies)

전기 장비의 정기 검사는 예방적 유지 관리 프로그램의 필수 구성 요소이다. 전기 장비 검사에는 테스트할 장비를 식별하는 수단, 테스트할 기기의 수와 유형, 테스트를 수행할 사람의 역량(사내 또는 해당 작업을 위해 고용되었는지 여부), 휴대용 기기 테스트(portable appliance testing, PAT) 및 기타 전기 장비 테스트에 대한 법적 요구 사항 및 사용 가능한 지침을 포함한다.

가. 유지보수 전략(Maintenance strategies)

설치된 전기 장비로 인해 심각한 부상이나 화재 위험이 발생하지 않도록 정기적인 유지 관리가 필요하다. 점검 및 유지보수 기간은 제조사의 권장사항을 참조하고, 작동 조건 및 장비가 위치한 환경을 고려하여 결정해야 한다. 구동 기계의 기계적 안전은 매우 중요하며 전기 구동 드라이브의 전기 유지 관리 및 절연은 해당 안전의 필수적인 부분이다. 검사 및 유지보수에 포함되는 항목은 절연체와 도체 표면의 청결도, 모든 조인트와 연결부의 기계 적, 전기적 무결성, 스위치 및 릴레이와 같은 기계적 메커니즘의 무결성, 회로 차단기, RCD 및 스위치와 같은 모든 보호 장비의 교정, 상태 및 작동 여부 등이다.

유지보수 프로세스의 일부에는 적절한 육안 검사 시스템이 포함되어야 한다. 모든 고정 전기 설비는 자격을 갖춘 사람이 정기적으로 검사하고 테스트해야 한다.

나. 이동용 전기장비 테스트(Portable electrical appliances testing)

휴대용 기기는 사용자 점검, 육안 검사, 검사 및 시험 통합 검사 등 세 가지 수준의 검사를 받아야 한다.

다. 사용자 확인(User checks)

휴대용 전기 수공구, 기기, 연장 리드 또는 이와 유사한 장비 품목을 사용할 때 적어도 매주 한 번, 또는 무거운 작업의 경우 각 교대 전에 아래 표와 같은 육안 점검을 해야 한다.

- 장비에 점검 테스트 라벨 부착 여부
- 노출된 전선 여부
- 전선 피복과 손상 여부
- 전선의 잘림이나 마모(가벼운 긁힘 제외) 여부
- 전선이 너무 길거나 너무 짧음 여부
- 플러그의 안전한 상태 여부
- 플러그나 장비에 들어가는 케이블의 외부 덮개(외피) 고정 여부
- 장비의 외부 케이스 손상 여부
- 플러그, 케이블, 소켓 또는 장비에 과열 또는 탄 흔적 여부
- 트립 장치(RCD) 작동 여부

라. 공식적인 육안 검사(Formal visual inspections and tests)

휴대용 전기 기기를 정기적으로 육안 검사를 실시한다. 결함이 있는 장비는 손상이 발견 되는 즉시 사용을 중단해야 한다. 이 검사에서는 올바른 퓨즈가 포함되어 있는지 확인하기 위해 플러그 커버(성형되지 않은 경우)를 제거해야 하지만 장비 자체를 분해해서는 안 된다.

이 작업은 일반적으로 충분한 정보와 지식을 갖춘 훈련된 사람이 수행할 수 있다.

장비 내에서 전선이 끊어지거나 느슨해 접지 연속성이 상실되는 경우, 절연 파괴 및 내부 오염(예: 금속 입자가 포함된 먼지가 공구 내부에 들어가면 단락을 일으킬 수 있음)과 같은 일부 결함은 육안으로 발견할 수 없다. 이러한 문제를 확인하려면 테스트 및 검사 프로그램이 필요하다. 장비에 결함이 있거나 손상되었거나 오염되었을 수 있다고 의심되는 이유가 있지만 육안 검사로는 이를 확인할 수 없는 경우 이러한 정식 복합 테스트 및 검사는 자격을 갖춘 사람이 수행해야 한다.

마. 주기적인 검사 시행(Frequency of inspection and testing)

검사 및 테스트 빈도는 장비의 용도, 유형 및 작동 환경과 관련된 위험 평가를 기반으로 해야 한다. 작업 환경이 열악할수록 검사 주기를 더 자주 한다. 건설 현장에서 사용되는 도구는 더 자주 테스트해야 한다.

제조업체나 공급업체는 적절한 테스트 기간을 권장할 수 있다. 다만, 특정 기기를 점검해야 하는 구체적인 기간이 명시되지 않는 경우도 있다. 따라서 테스트 기간은 사용 빈도, 장비 유형, 사용 방법 및 장소에 따라 달리 유연하게 시행해야 한다. 장비를 대여하는 공급업체는 장비를 대여하기 전에 공식적으로 장비를 검사하고 테스트하여 사용하기에 안전한지 확인해야 한다. 그리고 장비를 대여하는 사람은 대여 기간 동안 장비를 안전하게 사용할 수 있도록 적절한 조치를 취해야 한다.

바. 검사 및 테스트 기록(Records of inspection and testing)

검사기록에는 장비의 개별 항목과 전체 시스템 또는 시스템 섹션에 대한 설명이 포함되어야 한다. 이 기록은 최신 상태로 유지되어야 하며 기록과 필요한 조치를 모니터링하기 위한 감사 절차가 마련되어 있어야 한다. 가장 마지막 검사 기록을 알리는 라벨을 부착하는 것이 중요하다. 테스트 기록이 유지되면 장비 유지 관리 프로그램의 효율성을 모니터링하고 검토할 수 있다. 또한 휴대용 기기의 재고로 사용할 수 있으며 승인되지 않은 기기의 사용을 규제하는 데 도움이 된다. 기록을 통해 부정적인 경향을 모니터링하고 적합한 장비가 선택되었는지 확인할 수 있다. 또한 장비가 올바르게 사용되고 있는지 여부에 대한 표시를 제공할 수도 있다.

VII. 작업장비 위험

1. 작업장비에 대한 일반적인 안전 요구사항(General requirements for work equipment)

(1) 소개

사업장에서 발생하는 산업재해는 기계와 관련된 경우가 많다. 머리카락이나 옷이 움직이는 부품에 끼일 수 있고, 사람이 움직이는 기계 부품에 부딪힐 수 있으며, 신체 일부가 기계 속으로 빨려 들어가거나 갇힐 수 있으며, 기계 또는 작업 도구의 일부가 돌출되어 충격을 입을 수 있다. 장비를 사용하는 작업 시 안전을 위하여 고려해야 하는 사항은 아래 표의 내용과 같다.

- 사용하는 장비가 작업에 적절한지 여부
- 필요한 모든 안전 장치가 장착되어 있고 제대로 작동되는지 여부
- 장비에 대한 적절한 지침의 존재 여부
- 기계 주변 장애물 존재 여부와 수평 여부
- 적절한 조명 제공 여부
- 필요한 곳에 환기 장치가 설치되어 있는지 여부
- 특정 기계를 제어하기 위한 역량이 존재하는 하는지 여부
- 장비 조작자가 적절한 교육을 받았는지 여부
- 장비를 사용하는 사람들에 대한 점검이나 감독이 존재하는지 여부
- 안전 지침과 절차 수립 여부
- 안전가드나 장치가 적절하게 부착되었는지 여부
- 유지보수의 적합 여부 등

작업 장비 사용으로 인한 위험을 줄이기 위한 보호조치(ISO 12100:2010)에는 기계를 사용하는 사람들의 위험을 제거하거나 위험을 줄이는 본질적으로 안전한 설계 조치, 장비의 사용 및 합리적으로 예측 가능한 오용을 고려한 보호가 있다. 또는 무료 보호 조치 제공 및 작동 절차, 권장되는 안전 작업 관행, 잔류 위험에 대한 경고, 장비 수명의 다양한 단계에 대한 기타 정보 및 필요한 안전보호구에 대한 설명을 포함하는 사용 정보 제공 등이 있다.

(2) 기계의 위험 부위 접근 방지(Prevention of access to dangerous parts of machinery)

기계의 위험 부위 접근 방지와 관련한 보호와 관련된 기준은 ILO C119- Guarding of Machinery Convention, 1963(No. 119)와 같다. 아래 표는 ILO의 협약 내용이다.

---

1. 작동 지점을 포함한 위험한 부분에 적절한 보호 장치가 없는 기계의 사용은 국내법 또는 규정에 의해 금지되거나 기타 동등하게 유효한 조치에 의해 금지되어야 한다.
2. 기계는 산업 안전 및 위생에 관한 국가 규정과 표준을 위반하지 않도록 보호되어야 한다.
1. The use of machinery any dangerous part of which, including the point of operation, is without appropriate guards shall be prohibited by national laws or regulations or prevented by other equally effective measures: Provided that where this prohibition cannot fully apply without preventing the use of the machinery it shall apply to the extent that the use of the machinery permits.
2. Machinery shall be so guarded as to ensure that national regulations and standards of occupational safety and hygiene are not infringed.

위험한 부품(dangerous part)이라는 용어는 작업 장비나 기계가 부상을 초래할 수 있고 예측 가능한 방식으로 사용되는 경우 위험한 부품으로 간주될 수 있음을 의미한다. 따라서 제조업체와 사업주가 수행하는 위험성 평가에서는 기계에 의해 나타나는 모든 위험을 식별해야 한다. 위험성평가에서는 부상의 성격, 심각도 및 식별된 각 위험에 대한 발생 가능성을 평가해야 한다. 이를 통해 사업주는 위험 수준이 허용 가능한지 또는 위험 감소 조치가 필요한지 결정할 수 있다. 기계의 위험한 부분에 대한 접근을 방지하기 위한 우선순위는 아래 표의 내용과 같다.

- 유해물질 대체 등 기술적 수단을 통해 위험을 제거해야 한다.
- 위험을 제거하기 어려울 경우, 사업주는 공학적 통제, 배치 설계, 장벽, 업그레이드된 가드 및 보호 장비(예: 압력 매트 및 트립 장치)와 같은 기술적 조치를 통해 안전 및 보건 문제가 관리되도록 해야 한다.
- 공학적 조치가 어려울 경우, 적절한 경우 교육과 작업 및 감독의 안전 시스템을 통해 근로자의 안전을 보장해야 한다.
- 이러한 조치로 잔류 위험을 통제할 수 없는 경우 안전보호구를 사용하고 적절한 안전 정보 및 표시를 부착한다.

　움직이는 회전체에 끼이는 위험을 예방하기 위해 고정식 가드, 이동식 가드 또는 보호장
치를 설치한다. 아래 상단 사진은 회전체를 방호하는 고정식 가드이고 하단 사진은 자동 띠
톱의 이동식 가드이다.

자동 띠톱 이동식 가드

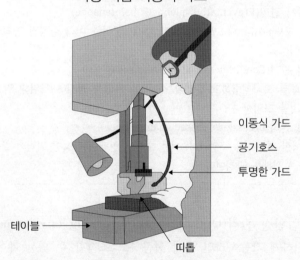

출처: [2023년 HSEblog] What's Machine Guarding: Different Types Of Machine Guards

(3) 특정 위험에 대한 정보, 지침 및 훈련(Information, instruction and training for specific risks)

　작업 장비 사용으로 인한 위험을 줄이기 위해 물리적 수단을 활용하는 것은 매우 효과적
인 사고예방 조치이다. 다만, 이러한 물리적인 조치를 취해도 다양한 잔류위험이 존재한다.
따라서 사업주는 작업 장비를 사용하는 사람들을 대상으로 충분한 정보와 지침을 제공하고
훈련을 지원해야 한다. 정보와 지침의 범위는 복잡하고 다양하지만 다음 표에 열거된 내용

은 일반적으로 추천할 수 있는 검토사항이다.

- 작업 장비 사용에 따른 다양한 안전과 건강 측면의 유해위험 요인
- 장비 사용에 대한 제한 사항
- 문제 발생 시 대처방안
- 안전한 장비 사용 매뉴얼 배포 및 교육

---

(4) 유지보수(Maintenance)

유지보수 기간은 제조업체 지침에 명시되어 있으며 사용량, 작업 환경 및 장비 유형에 따라 달라진다. 바닷물과 같은 환경에 노출된 상황에서 사용되는 장비는 특별한 유지보수가 필요하다. 유지보수를 위한 최소한의 요구조건은 아래 표의 내용과 같다.

- **예방적 계획 유지 관리(Preventative planned maintenance)**
부품 및 소모품을 교체하거나 제조업체가 일반적으로 설정한 미리 설정된 간격으로 필요한 조정을 수행하는 관리이다.
- **상태 기반 유지 관리(Condition-based maintenance)**
중요한 부품의 상태를 모니터링하고 발생할 수 있는 위험을 방지하기 위해 필요할 때마다 유지 관리를 수행하는 것을 포함한다.
- **고장 기반 유지 관리(Breakdown-based maintenance)**
오류나 고장이 발생한 경우에만 수행한다. 이는 오류로 인해 즉각적인 위험이 발생하지 않고 위험이 증가하기 전에 수정하는 관리이다.

---

(5) 운영 및 작업환경 관리(Operation and working environment Controls)

작업 장비를 안전하게 작동하려면 쉽게 접근하고 조작할 수 있는 제어 장치가 장착되어 있어야 한다. 그리고 조명이 적절히 유지되어야 하며 깨끗하고 적절한 표시와 경고 표시가 제공되어야 한다(ISO 12100:2010).

가. 시작 스위치

설계된 시작 제어 장치를 사용해야만 작업 장비를 시동할 수 있어야 한다. 장비에는 시작이 이루어지기 전에 특정 조건을 충족하도록 전자적으로 제어되는 시동 시퀀스가 있을 수 있다(예: 디젤 엔진 예열 또는 가스 공급 장비의 퍼지 사이클). 그리고 정지 후 다시 시작하려면 동일한 순서를 수행해야 한다. 정지는 고의적일 수도 있고, 연동 가드를 열거나 실수로 스위치를 작동시킨 결과일 수도 있다. 대부분의 경우 단순히 가드를 닫거나 트립을 재설정하는

것만으로는 장비를 다시 시작할 수 없으므로 시작 제어의 작동이 필요하다. 속도, 압력 또는 온도와 같은 작동 조건에 대한 기타 변경은 해당 목적에 맞게 설계된 제어 장치를 사용해서만 수행해야 한다. 안전한 장비 관리를 위해서는 작동 위치에서 쉽게 접근 가능, 실수로 장비를 시동하는 것을 불가, 제어되는 모션과 동일한 방향으로 이동, 잘못된 컨트롤의 부주의한 작동을 방지하기 위한 모드 설정, 잠금 장치가 있는 버섯 모양의 적절한 빨간색 비상 정지 버튼 사용, 실수로 장비가 시작되는 것을 방지하기 위해 시작 버튼은 녹색 버튼으로 표시하고 스위치를 덮거나 움푹 패인 상태로 설정한다.

나. 중단 스위치

정상적인 중단 통제는 장비를 안전한 방식으로 동작을 중지할 수 있어야 한다. 어떤 경우에는 즉시 정지하면 다른 위험이 발생할 수 있다. 중단 통제는 안전을 위해 꼭 필요한 부분, 즉 접근 가능한 위험한 부분만 멈춰야 한다. 예를 들어 어떤 설비의 운영을 중단하더라도 냉각 팬은 계속 작동하고 켜져 있어야 한다.

다. 비상정지 스위치

기존에 설정된 안전 장치로는 사고를 예방하기 어렵다면, 비상정지 통제가 필요하다. 비상정지 통제는 각 제어 지점과 장비 주변에 설치하여 비상정지가 신속히 이루어질 수 있어야 한다. 다만, 비상정지로 인한 추가적인 위험이 존재하는지 여부를 살펴 신중하게 설계되어야 한다. 비상정지를 일반적인 중단 통제의 개념으로 사용해서는 안 된다. 비상정지 버튼은 쉽게 식별되고, 접근되고, 작동되어야 한다. 일반적인 비상정지 스위치 유형은 버섯 모양의 버튼, 바, 레버, 압력 감지 케이블로 구분된다. 일반적으로 빨간색이며 사용 후에는 재설정해야 하도록 설계되어야 한다. 아래 그림은 일반적인 비상정치 스위치의 모습이다.

(6) 사용자의 책임(User responsibilities)

작업 장비를 사용하는 모든 사람은 사고로부터 자신을 보호하기 위하여 아래의 표에 열거된 내용을 준수해야 한다(ILO Code).

- 규정된 안전 및 보건 조치 준수
- 작업 장비 이상 발생 시 보고
- 기계 주변을 깨끗하고 장애물이 없도록 유지
- 얽힐 수 있는 끝 부분이 헐거워지지 않은 적절한 옷과 신발 착용
- 넥타이, 반지, 목걸이 및 기타 장신구 사용 금지
- 입자가 분출될 위험이 있는 경우 보안경 착용
- 연마 휠 위의 작업대와 같은 작업물의 반동에 대한 예방 조치
- 연마 휠의 손상 여부 확인
- 원형 톱을 통해 목재를 밀어내기 위한 푸시 스틱과 같은 수동 취급 장치를 사용 등

---

2. 휴대용 공구의 위험요인 관리(Hazards and controls for hand-held tools)

(1) 수공구의 위험

수공구의 오용이나 잘못된 유지 관리로 인한 위험 요인은 다음과 같다. 줄/끌/스크류드라이버/망치의 손잡이가 부러져 절단된 손이나 망치 머리가 날아갈 수 있다. 칼, 톱, 끌을 잘못 사용하여 칼날에 손을 다친다. 무딘 끌이나 가위로 인해 손이 베일 수 있다. 무딘 도구는 날카로운 도구보다 더 많은 부상을 초래할 수 있다. 깨진 톱날에 타격을 입는다. 돌이나 콘크리트가 부서져 눈을 다친다. 가연성 분위기에서 수공구 사용으로 인한 스파크로 인해 화재나 폭발이 발생한다. 드라이버 사용으로 인한 빈번한 비틀림으로 인한 손목 및 팔 통증(상지 장애) 그리고 톱날, 칼 또는 기타 도구 사용 시 동료의 신체를 다치게 한다.

(2) 수공구 사용 안전 고려사항

가. 적정성

사용하고자 하는 수공구는 사용하는 목적과 장소에 적합해야 한다. 모든 수공구는 해당 목적에 맞게 설계되어 있다. 수공구를 적합하게 사용하기 위해서는 아래 표와 같은 내용을 준수해야 한다.

- 가연성 분위기에서는 스파크가 발생하지 않는 도구 사용
- 일반적인 사용 시 깨지거나 튀어나오지 않는 재료로 만들어진 도구 사용
- 작업에 적합한 도구 사용
- 올바른 크기의 스패너 사용
- 도구의 나무 손잡이는 쪼개지지 않는 재질 사용
- 미끄러짐이 발생할 정도로 물건이 튀어나올 경우, 스패너 사용 금지

나. 점검

모든 수공구를 안전하게 사용하기 위해서는 아래 표와 같은 내용으로 점검을 해야 한다.

- 정기적인 수공구 검사
- 결함이 있는 도구 폐기 또는 신속한 수리
- 손상과 부식을 방지하기 위한 적절한 보관
- 수공구를 적절한 장소에 보관하고 시건장치 시행(허가받지 않은 사용자 관리 목적)

(3) 휴대용 전동공구

가. 휴대용 전동공구의 일반적인 위험

휴대용 전동동구의 일반적인 위험은 아래 표의 내용과 같다.

- 회전 스핀들 또는 샌딩 디스크의 기계적 얽힘
- 절단 영역 밖으로 날아가는 물체에 의한 타격
- 절단 날이나 드릴 비트와 접촉
- 건물 표면에 구멍을 뚫을 때 전기, 가스 또는 수도관 관통
- 제대로 관리되지 않은 장비 및 케이블로 인한 감전 또는 전기 케이블 절단
- 도구가 무겁거나 매우 강력한 경우 부상 위험이 있는 수동 취급 문제
- 특히 공압 드릴 및 전기톱, 디스크 절단기 및 휘발유 구동 장치의 손-팔 진동
- 케이블, 호스 또는 전원 공급 장치에 걸려 넘어질 위험
- 물건의 비산으로 인한 눈 위험
- 제대로 고정되지 않았거나 고정된 작업물로 인한 부상
- 휘발유 구동 공구를 사용하거나 인화성 액체, 폭발성 먼지 또는 가스 근처에서 사용하는 경우 화재 및 폭발 위험
- 특히 공압 끌, 대패 및 톱의 높은 소음 수준
- 도구 사용 중 방출되는 먼지 및 연기 수준 등

나. 일반적인 안전통제 및 지침

① 가딩(Guarding)

전동 공구의 노출된 회전체나 움직이는 부분을 보호해야 한다. 벨트, 기어, 샤프트, 풀리, 스프로킷, 스핀들, 드럼, 플라이휠, 체인 또는 장비의 기타 왕복, 회전 또는 이동 부분이 이러한 보호 대상이 된다. 이러한 대상의 보호 조치는 작동 지점, 끼임점, 회전 부품, 비산되는 칩과 스파크 등이다. 도구를 사용하는 동안에는 안전 가드를 절대로 제거해서는 안 된다. 예를 들어, 휴대용 원형 톱에는 항상 보호 장치가 장착되어 있어야 한다. 그리고 상부 가드는 톱날 전체를 덮어야 한다. 접이식 하부 가드는 작업 재료와 접촉하는 부분을 제외하고 톱의 톱니를 덮어야 한다. 공구를 작업물에서 빼내면 하부 가드가 자동으로 덮음 위치로 복귀되어야 한다.

② 작동 제어 장치 및 스위치

대부분의 휴대용 전동 공구에는 압력이 해제되면 전원을 차단하는 정압 스위치나 제어 장치가 장착되어 있어야 한다. 켜기/끄기 스위치는 장비에서 손을 떼지 않고도 쉽게 접근할 수 있어야 한다. 핸들은 과도한 진동으로부터 작업자를 보호하고 위험 영역에 손을 두지 않도록 설계되어야 한다. 어떤 경우에는 핸들이 전기톱과 같은 절단 체인이나 블레이드의 브레이크를 활성화하도록 설계되기도 한다. 엔진 시동 수단과 유지 장비는 근골격계 문제를 최소화하도록 설계되어야 한다.

③ 안전한 작동 및 지침

전동 공구를 사용할 때는 감전, 부상, 건강 악화 및 화재 위험을 방지하기 위해 다음 표와 같은 기본 안전 조치를 준수해야 한다.

- 조명이 밝고 장애물이 없는 깨끗하고 깔끔한 작업 공간을 유지한다.
- 전동 공구를 외부에 방치하지 않는다
- 습한 환경에서는 전동 공구 사용을 제한한다.
- 가연성 분위기가 존재하는 장소에서 전동 공구 사용을 금지한다.
- 파이프, 비계 및 금속 사다리와 같은 접지된 물체와의 신체 접촉을 피하여 감전(특히 전기로 구동되는 도구의 경우)으로부터 보호한다.
- 다른 사람이 공구나 케이블을 다루지 않도록 한다
- 도구를 사용하지 않을 때는 어린이가 접근할 수 없는 건조하고 잠겨 있는 안전한 장소에 보관한다.
- 도구는 의도된 성능 범위에서 더 좋고 더 안전하게 작동하므로 과부하가 걸려서는 안된다.
- 올바른 도구를 사용한다.
- 무거운 작업에 작은 도구나 부착물을 사용하지 않는다.
- 의도하지 않은 목적과 작업을 위해 도구를 사용하지 않는다. 예를 들어, 나무를 자르거나 가지

를 자르기 위해 휴대용 원형 톱을 사용하지 않는다.
- 적절한 작업복을 착용한다. 헐렁한 옷이나 장신구를 착용하지 않는다.
- 머리가 긴 사람이 사용할 경우, 머리를 묶고 공구를 사용한다.
- 보안경을 착용한다.
- 먼지가 발생하는 작업에는 필터링용 마스크를 착용한다.
- 열, 기름, 날카로운 모서리로부터 케이블을 보호한다.
- 작업물을 고정한다. 클램프나 바이스를 사용하여 작업물을 고정한다.
- 작업 영역을 벗어나지 마십시오. 비정상적인 신체 자세를 피한다. 항상 안전한 자세를 유지하고 적절한 균형을 유지한다.
- 도구를 주의 깊게 관리한다.
- 효율적이고 안전한 작업을 위해 도구를 깨끗하고 날카롭게 유지한다.
- 도구 교체에 대한 유지 관리 규정 및 지침을 따른다.
- 플러그와 케이블을 정기적으로 점검하고 손상된 경우 자격을 갖춘 서비스 엔지니어에게 수리를 의뢰한다. 또한 연장 케이블을 정기적으로 검사하고 손상된 경우에 교체한다.
- 손잡이를 건조한 상태로 유지하고 기름이나 그리스가 묻지 않도록 한다.
- 사용하지 않을 때, 수리하기 전, 공구 부품(날, 비트, 커터, 샌딩 디스크 등)을 교체할 때는 전원 플러그를 뽑아둔다.
- 열쇠를 제거한다. 스위치를 켜기 전에 조정을 위한 키와 도구가 제거되었는지 확인한다.
- 의도하지 않게 공구가 작동되는 것을 피한다. 전원 스위치에 손가락을 대고 전원에 연결된 공구를 운반하지 않는다.
- 전원 케이블을 연결하기 전에 스위치가 꺼져 있는지 확인한다.
- 야외 작업 시에는 연장 케이블을 사용하고 해당 용도에 맞게 표시되어 있는 케이블만 사용한다.
- 정신을 바짝 차리고 작업에 주의를 기울인다. 주의가 산만해지면 도구를 작동하지 않는다.
- 장비에 손상이 있는지 확인한다.
- 공구를 계속 사용하기 전에 보호 장치나 약간 손상된 부품이 제대로 작동하고 의도된 기능을 수행하는지 주의 깊게 확인한다.
- 움직이는 부품이 제대로 작동하는지, 바인딩이 있는지 또는 손상된 부품이 있는지 확인한다.
- 모든 부품은 올바르게 장착되어야 하며 장비의 올바른 작동을 보장하는 데 필요한 모든 조건을 충족해야 한다.
- 손상된 보호 장치 및 부품은 작동 지침에 달리 명시되지 않는 한 관할 서비스 센터에서 수리하거나 교체해야 한다.
- 스위치로 켜고 끌 수 없는 도구를 사용하지 않는다.
- 사용 설명서에 설명되어 있거나 공구 제조업체가 제공하거나 권장하는 액세서리 및 부착 장치만 사용한다.
- 사용 설명서나 권장 공구 인서트 또는 액세서리 카탈로그에 설명된 것 이외의 공구를 사용하면 부상을 입을 위험이 있다.
- 환기가 잘 되는 곳에서 엔진 구동식 전동 공구를 사용한다.

3. 기계장비의 기계적 및 비기계적 위험(Mechanical and non-mechanical hazards of machinery)

(1) 위험식별

근로자는 기계류를 취급하는 동안 사고를 입을 가능성이 매우 크다. 기계류 취급으로 인한 사고는 공식 사고 통계에서 두드러지게 나타난다. 이러한 부상은 경미한 베임이나 타박상부터 다양한 정도의 부상을 통한 절단, 압착, 참수 기타 치명적인 부상에 이르기까지 그 심각도는 다양하다. 여기에는 전동식 또는 수동식 기계 모두가 위험한 대상이다. 수동으로 작동하는 많은 기계(예: 수동식 단두대 및 플라이 프레스)가 적절하게 보호되지 않으면 부상을 입을 수 있다. 기계의 위험 평가(ISO 12100:2010 참조)에 따라 기계류를 취급하는 과정에서 영구적인 위험과 예기치 않게 나타날 수 있는 위험 모두를 고려하는 것이 중요하다.

기계 수명주기의 모든 단계에서 위험한 상황을 다루어야 한다. 여기에는 운송, 조립 및 설치 등이 포함된다. 기계의 수명주기 전반에 걸쳐 작업과 관련된 기계와 인간의 상호 작용을 고려해야 한다. 이러한 고려에는 환경, 테스트, 교육/프로그래밍, 프로세스/도구 전환, 스타트업, 모든 작동 모드, 기계에서 제품 제거, 기계를 멈추는 것, 비상 시 기계 정지, 예정되지 않은 정지 후 정체 또는 막힘으로부터의 작동 복구, 결함 찾기/문제 해결, 청소, 사전 정비 및 유지 보수 등이 포함된다.

기계의 가능한 상태도 고려해야 한다. 이러한 고려사항에는 기계가 의도한 기능 수행, 기계가 의도한 수행 불가, 가공된 재료나 공작물의 특성이나 치수의 변화, 하나 이상의 구성 부품이나 서비스의 실패, 외부 방해(예: 충격, 진동, 전자기 간섭), 설계 오류 또는 결함(예: 소프트웨어 오류), 전원 공급 장애 그리고 주변 조건(예: 손상된 바닥 표면) 등이 있다. 마지막으로 사람의 오류를 감안한 설계가 이루어져야 한다. 이러한 설계에는 작업자에 의한 기계 제어 상실(특히 휴대용 또는 이동식 기계의 경우), 기계 사용 중 오작동, 사고 또는 고장이 발생한 경우 사람의 반사 행동, 집중력 부족이나 부주의로 인한 행동, 과업을 수행할 때 '최소 저항선'을 취함으로써 발생하는 행동, 모든 상황에서 기계를 계속 작동시키려는 압력으로 인해 발생하는 행동 그리고 특정인의 행동(예: 어린이, 장애인) 등이 있다.

(2) 기계적 위험(Mechanical hazards)

ISO 12100:2010은 기계적 위험을 명시하고 있으며, 기계 위험의 분류와 피해 발생 방법을 다루고 있다. 아래 표는 기계적 위험과 관련한 내용이다.

- **가속, 감속**

충격, 던짐, 넘어짐, 미끄러짐, 넘어짐 또는 추락 가능성(예: 이동 설비 또는 천정 이동 크레인 등)

- **각진 부분**

사람이 기계의 고정 부분에 부딪힐 때 충격, 압착 또는 절단이 발생할 수 있거나 특히 이동식 플랜트에서 움직이는 부분이 작업자에게 영향을 줄 수 있다.

- **절단 부품**

띠톱이나 회전하는 절단 디스크와 같은 절단 모서리와의 접촉으로 인해 절단되거나 절단될 수 있는 잠재적인 결과가 발생할 수 있다.

- **탄성 요소**

탄성 부품이 변형되어 갑자기 펴지거나 원래 크기로 되돌아가거나 리프팅에 사용되는 에어백이 고장날 때 폭발할 때 잠재적인 결과는 압착이나 충격이 될 수 있다.

- **낙하물**

예를 들어 머리 위 호이스트 또는 레일 시스템에서 하중이 떨어진 경우 잠재적인 결과는 압착 또는 충격이다.

- **중력으로 인해 발생할 수 있는 결과는 짓눌림이나 갇힘**

예를 들어 사람이 밑에 있는 동안 차량 리프트가 파손되어 하강하는 경우이다.

- **지면으로부터의 높이**

잠재적인 결과는 짓눌림, 충격, 미끄러짐, 발에 걸려 넘어짐, 추락 등이다. 예를 들어 트럭이나 대형 이동식 공장에서 내리거나 타워 크레인에 접근할 수 있다.

- **높은 압력**

주입, 찌르기 또는 천공, 고압 유압 시스템 누출로 인한 충격

- **불안정성**

기계가 고정 볼트를 부러뜨려 넘어지거나, 타워 크레인이 바람 방향으로 자유롭게 회전하지 못하고 날아가는 경우 던지거나, 짓눌리거나, 충격을 받을 가능성

- **운동 에너지**

충격, 펑크 또는 절단 가능성. 예를 들어 운동 회복 로프를 사용하여 차량이나 선박을 견인할 때 부러지면 목뼈 부상이 발생할 수 있다.

- **기계 이동성**

예를 들어 잠재적인 결과가 초과되거나 충격을 받거나 부서지는 경우이다.

- **움직이는 요소**

예를 들어 연삭 휠이나 샌딩 기계에서 찌그러짐, 마찰, 마모, 충격, 전단, 절단, 인입 등의 잠재적 결과가 발생할 수 있다. 또는 유지 관리가 진행되는 동안 로봇의 작업 팔이 우발적으로 움직이는 경우와 같이 움직이는 부품이 사람에게 직접 타격을 가하는 경우. 또 다른 예는 작동 중인 기어 휠이나 롤러 사이 또는 벨트와 풀리 드라이브 사이에 사람이 갇히는 경우이다.

- **회전 요소**

예를 들어 느슨한 옷, 머리카락 또는 종이와 같은 작업 재료를 잡는 노출된 회전 샤프트 등이 절단되거나 얽혀 있다. 회전하는 부분의 직경이 작을수록 감겨지거나 엉키기 쉽다. 또 다른 예는 신체 일부(일반적으로 손이나 손가락)가 기계의 회전 부분과 고정 부분 사이에 끼일 때 발생하는 전단이다.

- **거칠고 미끄러운 표면**

잠재적인 결과는 마찰, 마모, 미끄러짐, 걸려 넘어짐, 충격 등이다. 예를 들어 기계 주변의 작동 영역이 제품 유출로 인해 매우 미끄러워서 작업자가 기계 위험 구역으로 넘어지거나/또는 기계 위험 구역으로 넘어지는 경우이다.

- **저장된 에너지**

저장된 에너지가 갑자기 방출되면 압착, 충격, 천공 또는 질식 등의 잠재적 결과가 발생할 수 있다. 예를 들어 용접 가스통의 밸브(폭발이나 화재와 같은 다른 위험도 있을 수 있음)가 파손되거나 고압 공기 호스 파손

- 진공으로 인해 발생할 수 있는 결과는 압착, 흡입, 질식 등이다. 예를 들어 대형 진공 용기의 갑작스러운 고장이 발생할 수 있다.

---

(3) 비기계적 위험(Non-mechanical machinery)

ISO 12100:2010은 비기계적 위험을 명시하고 있으며, 기계 위험의 분류와 피해 발생 방법을 다루고 있다. 아래 표는 비기계적 위험과 관련한 내용이다.

- **전기적 위험**

아크, 전자기 현상, 정전기 현상, 단락, 열 복사

- **열적 위험**

폭발, 화염, 고온 또는 저온의 물체나 물질, 열원으로부터의 방사선

- **소음 위험**

캐비테이션 현상, 배기 시스템, 고속에서 가스 누출, 제조 공정, 움직이는 부품, 긁힌 표면, 불균형 회전 부품, 휘파람 공압 마모 부품

- **진동 위험**

캐비테이션 현상, 움직이는 부품의 정렬 불량, 이동 장비, 표면 긁힘, 불균형 회전 부품, 진동 장비 마모 부품

- **방사선 위험**

이온화 방사선원, 저주파 전자기 방사선 레이저, 무선 주파수 전자기 방사선을 포함한 적외선, 가시 광선 및 자외선

- **물질/물질 위험**

에어로졸, 생물학적 및 미생물학적(바이러스 및 박테리아) 작용제, 가연성 물질, 먼지, 폭발물, 섬유, 가연성 물질, 유체, 연기, 가스, 미스트

- **인체공학적 위험**

시각적 표시 장치의 접근, 설계 또는 위치, 제어 장치의 설계, 위치 또는 식별, 산화제, 노력, 깜박임, 눈부심, 그림자, 국소 조명, 정신적 과부하/부하

- **기계가 사용되는 환경과 관련된 위험**

먼지 및 안개, 전자기 장애, 번개, 습기, 오염, 눈, 온도, 물, 바람, 산소 부족

- **위험의 조합**

예를 들어 반복적인 활동 + 노력 + 높은 환경 온도(또는 더운 기후에서 반복적인 힘든 작업)

---

4. 기계위험 감소조치

(1) 소개

ISO 12100:2010에 따라 기계적 위험을 감소하기 위한 조치는 제거, 대체, 공학적 조치, 행정적 조치 및 보호구 착용의 우선순위를 적용해야 한다. 기계적 위험은 주로 기계를 다루는 사람이 기계와 관련한 위험요인과 접촉할 경우 발생한다. 따라서 이러한 위험에 노출되지 않도록 조치하는 것이 효과적인 방안이다. 아래 표의 내용은 전술한 위험을 효과적으로 감소시킬 수 있는 조치의 예이다.

- 사람과 기계의 구성요소 사이의 설치된 물리적 장벽(예: 고정된 둘러싸는 가드)
- 구성 요소가 안전한 상태일 때만 접근을 허용하는 장치(예: 가드가 닫혀 있지 않으면 기계의 시동을 방지하고 가드가 열리면 기계를 멈추는 연동 가드)
- 사람이 위험 구역에 진입할 경우 기계를 멈춘다(예: 특정 광전 가드 및 압력 감지 매트)

기계 설계자는 기계적 위험을 감소시킬 수 있는 안전과 관련한 검토를 시행하여 가장 좋은 대안을 마련해야 한다. 종종 안전 장치를 내장형이 아닌 볼트로 고정된 외장형으로 설정할 경우, 위험을 줄이는 데 덜 효과적일 뿐만 아니라 기계의 정상적인 작동을 방해할 가능성이 더 높다. 또한 그 자체로 위험을 초래할 수 있으며 유지 관리가 어렵고 비용이 많이 들 수 있다.

기계 취급 시 발생하는 끼임의 종류에는 협착점, 끼임점, 절단점, 물림점, 접선 물림점, 회전 말림점 등이 있다. 다음은 전술한 끼임의 종류를 설명한 표이다.

구분	내용
협착점 (왕복운동 + 고정부)	왕복운동을 하는 동작부분과 움직임이 없는 고정부분 사이에 형성되는 위험점으로 프레스 단조 해머, 펀칭기계, 압축 용접기 등이 존재한다.
끼임점 (회전 또는 직선운동	기계의 고정 부분과 회전 또는 직선운동 부분 사이에 형성되는 위험점으로 연삭숫돌과 공구지지대 사이, 교반기의 날개와 몸체 사이 등이 존재한다.

+ 고정부)	
절단점 (회전 또는 왕복운동 자체)	회전운동 또는 왕복운동을 하는 절삭날 등 돌출 부위에 형성되는 위험점 　예) 둥근 톱의 톱날, 띠톱, 밀링의 커터, 벨트의 이음새 부분 등이 존재한다.   
물림점 (회전운동+회전운동)	서로 반대방향으로 맞물려 회전하는 두 개의 회전체에 물려 들어갈 위험성으로 기어나 롤러 등이 존재한다.   
접선물림점 (회전운동 + 접선부)	회전하는 부분의 접선방향으로 물려 들어가는 위험점으로 체인과 스프로킷의 휠사이, 풀리와 v-벨트 사이, 피니언과 랙 사이 등이 존재한다.   
회전말림점 (돌기회전부)	회전하는 물체에 의해 장갑, 작업복 등이 말려들어가는 위험점으로 커플링, 회전하는 드릴, 회전하는 축 등이 존재한다.   

(2) 고정식 가드

고정식 가드는 간단하고, 항상 제자리에 있으며, 제거하기 어렵고 유지 관리가 거의 필요 없다는 장점이 있다. 하지만 유지 관리 근로자가 가드를 차단할 수 있으며, 기계 작동에 어려움을 초래할 수 있다는 단점이 있다. 고정식 가드는 설계상 기계의 위험한 부분에 사람이 접근하는 것을 막아야 한다. 그리고 견고한 구조로 이루어져야 하며 공정 및 환경 조건의 스트레스를 견딜 수 있을 만큼 내구성이 있어야 한다. 고정식 가드를 대체할 만한 가드는 위험을 완전히 둘러싸지는 않지만 위험부분으로부터 사람을 보호하기 위한 접근을 줄이는 방식이다.

(3) 조정식 가드(Adjustable guards)

가. 사용자 조정 가드(User-adjusted guard)

사용자 조정 가드는 고정되거나 이동 가능한 가드로, 고정된 상태에서 특정 작업을 위해 조정이 가능한 가드이다. 이 가드는 특히 위험한 부분에 대한 접근이 필요한 공작 기계(예: 드릴, 원형 톱, 밀링 기계)와 필요한 간격이 다양할 경우(예: 수평 밀링 기계에서 사용하는 커터의 크기 또는 원형톱 벤치에서 톱질하는 목재의 크기)에 활용될 수 있다. 작업물을 공급하는 동안 위험을 최소화하기 위해 가능한 한 지그, 푸시 스틱 및 거짓 테이블을 사용해야 한다. 작업 공간은 조명이 밝아야 하며 작업자가 미끄러지거나 걸려 넘어질 수 있는 어떤 것도 없어야 한다.

나. 자체 조정 가드(Self-adjusting guard)

자체 조정 가드는 휴대용 원형 톱에 장착된 스프링 장착 가드이다. 조정 가능한 가드와 마찬가지로 기계의 위험한 부분에 대한 접근을 여전히 허용할 수 있다는 점에서 부분적인 솔루션만 제공한다.

(4) 인터록 가드

인터록 (연동) 가드의 장점은 안전 장치를 분해하지 않고도 기계를 작동하고 유지 관리하기 위해 안전하게 접근할 수 있다는 것이다. 다만, 인터록 가드가 지속적으로 작동하고 안전하게 사용되고 있는지 확인해야 하는 단점이 있다. 따라서 유지보수 및 검사 절차가 중요하다. 인터록 가드 작동의 원칙은 가드가 닫힐 때까지 인터록은 동력 매체를 차단하여 기계 작동을 방지해야 하고, 위험으로 인한 부상 위험이 지나갈 때까지 가드를 잠긴 상태로 유지해야 한다. 인터록 가드의 전형적인 예는 엘리베이터 또는 호이스트 장비이다. 엘리베이터는 문이 닫히기까지 움직이지 않는다. 무엇보다 중요한 사실은 인터록 가드가 작동되어 열린 상태에서 위험한 움직임이 발생할 수 있는 가능성을 없애야 한다.

(5) 기타 보호장치

가. 트립 장치(Trip devices)

트립 장치는 물리적으로 사람을 멀리하는 것이 아니라 사람이 위험 지점에 가까이 접근하는 경우 이를 감지하여 기계를 정지하도록 설계되어야 한다. 트립 장치는 장비의 신속한 정지 능력에 따라 달라지며 경우에 따라 브레이크를 장착해야 할 수도 있다. 트립 장치는 막대 또는 장벽 형태로 구성, 액추에이터 로드, 와이어 또는 기타 메커니즘의 트립 스위치 형태로 구성, 광전 감지 장치 또는 압력 감지 매트 등의 형태로 구성된다. 트립 장치가 작동된 이후 정상적인 절차를 사용하여 기계를 다시 시작해야 하도록 설계되어야 한다.

나. 양손제어 장치(Two-handed control devices)

양손제어 장치는 기계를 작동하기 전 근로자가 안전한 장소(제어 장치 위치)에 양손을 두어야 하는 장치이다. 이 장치는 사람들 보호하기에 어려운 대안이지만, 근로자의 손만 보호한다는 단점이 있다. 따라서 작동 중에 작업자 신체의 다른 부분이 위험 구역에 들어가지 않도록 설계하는 것이 중요하다. 여기에 추가적인 단점은 운영자 이외의 다른 사람을 위한 보호는 제공하지 않는다. 양손제어 장치를 사용하는 경우 아래 표의 내용을 따라야 한다.

- 조종장치는 한 손으로만 작동하거나, 한 손과 신체의 다른 부분으로 작동하거나, 쉽게 연결되지 않도록 배치, 분리 및 보호되어야 한다.
- 위험 부품의 움직임은 즉시 정지되어야 하며, 부품의 이동으로 인한 위험이 여전히 존재하는 동안 제어 장치 중 하나 또는 둘 모두가 해제된 경우에 정지되어야 한다.
- 핸드 컨트롤은 컨트롤을 놓은 후 위험한 부분의 움직임이 정지되기 전 사람은 해당 장비에서 떨어져 있어야 한다.

다. 멈춤 및 운전 통제(Hold-to-run control)

멈춤 및 운전 기능이 반영된 스위치 등을 운영 시 컨트롤을 놓으면 컨트롤이 자동으로 정지 위치로 돌아가는 작동 방식이다. 이 방식은 양손제어 장치보다 덜 안전한 방식이다.

라. 지그 홀더와 푸시 막대(Jig holders and push sticks)

원형톱을 사용하는 동안 사용물건에 타격을 입는 재해를 예방하기 위하여 별도의 지그 홀더나 푸시 스틱을 사용해야 한다.

(6) 교육 및 감독

사업주는 작업 장비를 사용하는 근로자를 대상으로 필요한 교육을 시행하고 이를 감독해야 한다. 여기에는 기계 사용으로 인해 발생할 수 있는 위험, 위험 회피 및 예측 가능한 비정상적인 상황, 안전한 작업 절차 및 안전보호구 사용 등이 포함된다.

VIII. 화학 및 생물학 위험

1. 유해물질의 형태 및 분류

산업보건은 산업안전만큼 중요하지만 일반적으로 산업안전보다 덜 주목받는 것이 현실이다. 매년 사업장에서 안전사고로 인해 부상을 입는 사람보다 건강 악화로 인한 재해자가 두 배나 더 많다. 이러한 질병으로 인해 사망에 이르지는 않으나, 사람에게 불편함과 고통을 준다. 이러한 질병에는 호흡기 질환, 청력 문제, 천식 질환 및 허리 통증이 포함된다. 건강 위험은 화학물질(예: 페인트 용제, 배기가스), 생물학적(예: 박테리아, 병원체), 물리적(예: 소음, 진동) 및 심리적(예: 직업적 스트레스) 분야로 구분할 수 있다.

(1) 화학작용제의 형태

화학물질은 다양한 물질과 형태로 운반된다. 먼지는 공기보다 약간 무거운 고체 입자이지만 종종 일정 기간 동안 공기 중에 떠다니는 경우가 많다. 입자의 크기는 약 $0.4\mu m$(미세)에서 $10\mu m$(거친) 범위 수준이다. 분진은 기계적 공정(예: 분쇄 또는 분쇄)이나 건설 공정(예: 콘크리트 부설, 철거 또는 샌딩) 또는 특정 작업(예: 용광로 재 제거)에 의해 만들어진다. 미세먼지는 폐 깊숙이 침투하여 남아 있기 때문에 훨씬 더 위험하며, 이를 호흡성 먼지라고 한다. 드문 경우지만, 호흡성 먼지가 혈류로 유입되어 다른 기관에 직접적으로 손상을 입히는 경우도 있다. 이러한 미세 먼지의 예로는 시멘트, 입상 플라스틱 재료, 돌이나 콘크리트 먼지에서 생성된 실리카 먼지 등이 있다. 이로 인해 사람이 반복적으로 노출되면 영구적인 폐질환이 발생할 수 있다. 그리고 호흡하는 동안 코와 입으로 들어갈 수 있는 모든 먼지를 흡입성 먼지라고 한다.

가. 섬유(Fibers)

섬유는 자연적으로 생성되거나(예: 석면) 유리섬유, 나일론, 폴리에스테르와 같이 인공으로 생성될 수 있는 실 또는 필라멘트이다. 인조섬유는 일반적으로 단열 보드, 열처리 목적의 담요, 전기 절연, 플라스틱 및 시멘트 강화에 사용된다. 섬유는 길이 대 너비 비율이 최소 100 이상으로 매우 높으며 많은 섬유가 호흡 가능한 범위에 있으므로 폐 섬유증 및 다양한 암과 같은 많은 섬유에 노출되면 건강에 좋지 않은 영향을 준다. 직경이 $4\mu m$를 초과하는 섬유는 피부와 눈에 자극을 줄 수 있다. 이러한 섬유질의 농도가 높으면 상부 호흡기관에 자극을 유발할 수도 있다.

나. 가스

가스는 끓는점보다 높은 온도의 모든 물질로 기체 형태를 가진다. 일반적인 가스에는 일산화탄소, 이산화탄소, 질소 및 산소가 포함된다. 가스는 혈류로 흡수되어 유익할 수도 있고(산소) 해로울 수도 있다(일산화탄소).

다. 증기

증기는 끓는점에 가까운 물질로 기체 형태를 가진다. 세척액과 같은 많은 용제가 이 범주에 속한다. 증기를 흡입하면 혈류로 들어가고 일부는 단기적인 영향(현기증)과 장기적인 영향(뇌 손상)을 일으킬 수 있다.

라. 액체

액체는 일반적으로 어는점(고체)과 끓는점(증기 및 기체) 사이의 온도에 존재하는 물질로 유체로도 불린다.

마. 미스트(mist)

미스트는 끓는점이나 그 부근에 존재한다는 점에서 증기와 유사하지만 액체상에 더 가깝다. 이것은 매우 작은 액체 방울이 증기에 부유되어 존재한다. 주로 스프레이 공정(예: 페인트 스프레이) 중에 미스트가 생성되며, 산업적으로 생산된 많은 미스트는 흡입할 경우 매우 해로울 수 있으며 증기와 유사한 효과를 낸다. 일부 미스트는 피부를 통해 또는 음식 섭취를 통해 신체에 유입될 수 있다.

바. 흄(Fume)

흄은 기체 상태에서 응축된 매우 작은 금속 입자($1\mu m$ 미만)의 집합체로 용접 공정에서 가장 일반적으로 만들어진다. 입자는 호흡 가능 범위(약 $0.4 - 1.0\ \mu m$) 내에 있으며 장기적으로 영구적인 폐 손상을 초래할 수 있다. 피해의 수준은 용접 공정에 사용된 금속과 노출 기간에 따라 다르다.

(2) 생물학적 작용제의 형태

가. 곰팡이(Fungi)

곰팡이는 매우 작은 유기체로 때로는 단일 세포로 구성되며 식물처럼 보일 수 있다(예: 버섯 및 효모). 곰팡이는 식물과 달리 스스로 양분을 생산할 수 없지만, 죽은 유기물이나 기생충으로 살아있는 동물이나 식물을 먹고 산다. 곰팡이는 포자를 통해 번식하므로 흡입 시 알레르기 반응을 일으킬 수 있다. 사람의 곰팡이에 의해 발생하는 감염은 무좀과 같이 경중일 수도 있고 회충과 같이 중증일 수도 있다. 많은 곰팡이 감염은 항진균제로 치료할 수 있다.

나. 진균(Moulds)

진균은 습한 환경에서 벽, 빵, 치즈, 가죽 및 캔버스와 같은 표면에서 자라는 매우 작은 곰팡이의 특정 그룹이다. 이것은 유익할 수도 있고(페니실린) 알레르기 반응(천식)을 일으킬 수도 있다. 천식 발작 및 무좀은 곰팡이 감염에 대한 반응이다.

다. 박테리아(Bacteria)

박테리아는 인체 내 세포보다 훨씬 작은 매우 작은 단세포 유기체이다. 박테리아는 신체 밖에서 살 수 있으며, 항생제 약물에 의해 통제되고 파괴될 수 있다. 항생제의 오용으로 인해 일부 박테리아가 내성을 갖는다. 모든 박테리아는 사람에게 이로울 수도 있고 해로울 수도 있다. 박테리아는 음식의 소화를 돕지만, 레지오넬라증, 결핵, 파상풍 등 세균성 질병을 유발하기도 한다.

라. 바이러스

바이러스는 숙주 유기체의 세포 내에서만 번식할 수 있는 미세한 비세포성 물질이다. 바이러스는 박테리아보다 훨씬 작고 항생제로 통제할 수 없는 특징이 있으며, 다양한 형태로 나타난다. 그리고 지속적으로 새로운 변종을 만들어 간다. 바이러스는 건강 피해의 증상을 완화하기 위한 약물로 사용할 수 있지만 질병 자체를 치료할 수는 없다. 일반적인 감기는 간염, HIV, 인플루엔자와 마찬가지로 바이러스 감염성 질병이다.

(3) 급성과 만성의 차이(acute and chronic)

가. 급성(acute)

급성 영향은 단기간 지속되며 일반적으로 유해 물질에 대한 단일 또는 단기 노출 중이나 노출 후에 상당히 빠르게 나타난다. 이러한 영향은 심각할 수 있으며 병원 치료가 필요할 수 있다. 급성 질병에는 천식형 발작, 메스꺼움, 실신 등이 있다.

나. 만성(chronic)

만성 영향은 수년 간에 걸쳐 발생한다. 만성 영향으로 인한 건강 영향은 유해 물질에 장기간 또는 반복적으로 노출되어 점진적이고 잠복적이며 종종 돌이킬 수 없는 질병을 초래한다. 그리고 수년 동안 진단되지 않은 상태로 남아 있을 수 있다. 많은 암과 정신 질환이 만성 영향의 범주에 속한다. 만성 질환의 발달 단계에서는 사람이 어떠한 증상을 느끼지 않을 수도 있다.

(4) 유해물질의 건강위험 분류

유해물질이란 사업장에서 사람들의 건강을 해칠 수 있는 물질을 말한다. 이러한 물질에는 작업 공정에서 직접 사용되는 접착제 및 페인트 물질 등이 있다. 작업 활동에서 생성되는 물질(용접 연기) 또는 자연적으로 발생하는 물질(분진 등)이 포함될 수 있다. 유해 물질은 접촉할 수 있는 사람들에게 나타나는 위험의 심각도와 유형에 따라 분류할 수 있다. 접촉은 물질을 작업하거나 운반하는 동안 발생할 수 있으며 화재 또는 우발적인 유출 중에 발생할 수 있다.

가. 자극제(Irritant)

자극제는 반복적으로 접촉하면 피부(피부염) 또는 폐(기관지)에 염증을 일으킬 수 있는 비부식성 물질이다. 자극제로 인한 건강상의 피해는 노출 시간보다 자극 물질의 농도가 더 중요할 수 있다. 목재 방부제, 표백제, 접착제 등 가정에서 사용하는 많은 물질은 자극적이며, 용매로 사용되는 많은 화학물질도 자극제이다(백유, 톨루엔, 아세톤, 포름알데히드와 오존).

나. 부식성(Corrosive)

부식성 물질로 인한 건강상 피해는 일반적으로 피부에 화상을 입는 경우이다. 피부 화상 시 살아있는 조직을 파괴할 수 있다. 일반적으로 강산이나 알칼리에는 황산과 가성소다가 포함된다. 주방 오븐 세척제와 같은 많은 강력한 세척 물질은 식기세척기의 결정체와 마찬가지로 부식성이 있다.

다. 유해성(Harmful)

유해성은 삼키거나 흡입하거나 피부에 침투하는 경우 제한적인 건강 위험을 초래할 수 있는 물질이다. 이러한 위험은 일반적으로 물질과 함께 제공된 지침을 따르면(예: 개인 보호 장비 사용) 최소화하거나 제거할 수 있다.

라. 유독성(Toxic)

독성물질은 신장, 간, 심장 등 신체 내 하나 이상의 기관의 기능을 방해한다. 납, 수은, 살충제 및 가스 일산화탄소는 독성 물질로 사람의 건강에 미치는 영향은 물질의 농도와 독성, 노출 빈도, 통제 조치의 효율성에 따라 달라진다. 개인의 건강 상태와 나이, 체내로 유입되는 경로는 독성 물질로 인한 영향의 정도를 결정한다.

(5) 위험경고 및 예방조치 문구

물질 및 혼합물의 분류, 라벨링 및 포장에 관한 유럽의 규정은 CLP(Classification Labelling and Packaging of substances and mixtures)[15]이다. 이 규정은 2009년에 EU 전역에서 법으로 제

---

15) CLP(Classification Labelling and Packaging of substances and mixtures, 화학물질, 혼합물 특성에 따른 분류, 표지 및 포장에 관한 규정): EU 역내로 수출하는 모든 물질은 동 규정에 따른 분류·표지·포장 요건을 이행하여

정되었다. 세계적으로도 유해 화학물질 식별(분류)과 관련 정보를 사용자에게 전달하기 위한 다양한 법률이 존재하고 있다. 동일한 화학물질이라도 국가마다 위험 설명이 다를 수 있어 종종 혼돈이 일어나기도 한다. 따라서 UN은 여러 나라의 전문가들을 모아 GHS[16]를 만들었다. GHS의 목표는 전 세계적으로 건강, 환경 및 물리적 위험에 따라 화학물질을 분류하는 기준을 설정하고, 라벨링 및 안전 데이터 시트에 대한 위험 커뮤니케이션을 하기 위한 것이다. GHS는 분류 및 표시 기준의 조화를 통해 유해 화학물질에 대한 전 세계적으로 동일한 물리적, 환경, 건강 및 안전 정보에 대한 기반을 제공한다.

한국은 산업안전보건법에 따라 단일물질은 2010년 7월 1일 그리고 혼합물질은 2013년 7월 1일부터 GHS가 공식적으로 적용되었다. 그리고 유해화학물질관리법에 따라 단일물질은 2011년 7월 1일 그리고 혼합물질은 2013년 7월 1일부터 GHS가 공식적으로 적용되었다. 이에 따라 기존의 MSDS가 갱신되어 적용되고 있다.

2. 건강위험

(1) 위험 유형

건강과 관련한 위험관리 원칙은 안전과 관련한 관리 원칙과 동일하다. 그러나 건강과 관련한 위험은 그 특성으로 인하여 안전과 관련한 위험과는 다를 수 있고, 재해의 유형도 다를 수 있다. 안전과 관련한 위험은 즉각적인 부상으로 이어질 수 있지만, 건강과 관련한 위험은 몇 달, 몇 년 또는 경우에 따라 수십 년 동안 나타나지 않을 수 있다. 그리고 건강상의 위험은 그 증상이 나타났을 때는 회복하기에 늦은 경우가 많이 있다. 따라서 건강상의 위험에 노출되기 전에 해당 위험을 식별하고 통제하기 위한 예방 전략을 개발하는 것이 필수적이다. 업무와 관련한 건강 위험은 아래 표의 내용과 같다.

- 피부염 등을 유발하는 자극성 물질과의 피부 접촉
- 어색한 신체 자세나 반복적인 움직임을 요구하는 잘못 설계된 워크스테이션으로 인해 상지 장애, 반복성 긴장 부상 및 기타 근골격계 질환
- 소음 수준이 너무 높아 청각 장애 및 이명과 같은 증상 유발
- 진동(예: 손-팔 진동 증후군 및 순환계 문제를 일으키는 휴대용 도구)
- 태양 광선의 자외선을 포함한 이온화 및 비전리 방사선에 노출되어 화상, 질병 및 피부암 유발
- 미생물 유기체를 흡입하거나 오염되어 발생하는 경미한 질병부터 생명을 위협하는 상태에 이르

야 함(시행: 단일물질 '10.12월, 혼합물질 '15.6월)

16) GHS는 Globally Harmonized System of Classification and Labelling of Chemicals으로써 전 세계적으로 통일된 분류기준에 따라 화학물질의 유해·위험정보를 쉽고 명확하게 인식할 수 있도록 위험물의 분류기준, 경고표지 기준 및 유해·위험성 분류기준 및 표지방법을 GHS기준에 맞게 정보를 전달하는 방법을 말한다.

는 감염
- 스트레스로 인해 정신적, 육체적 장애 등

천식 및 요통과 같은 일부 질병이나 상태에는 직업적 원인과 비직업적 원인이 모두 있으며, 개인의 작업 활동이나 특정 작용제 또는 물질에 대한 노출과 명확한 인과 관계를 확립하는 것이 어려울 수 있다. 이러한 경우 근로자의 작업환경과 조건 등을 면밀하게 조사하여 영향분석을 해야 한다.

(2) 유해 물질이 인체에 유입되는 경로

유해 물질이 인체에 유입되는 세 가지 주요 경로는 아래와 같다.

가. 흡입(inhalation)

사람이 정상적인 공기 흡입으로 물질을 흡입하는 경로로 오염물질이 신체로 유입되는 주요 경로이다. 이러한 오염 물질은 화학적(예: 용제 또는 용접 연기) 또는 생물학적(예: 박테리아 또는 곰팡이) 성질일 수 있다. 오염물질은 쓸기, 뿌리기, 분쇄 및 포장과 같은 과정에서 공기 중으로 퍼진다. 물질은 혈류와 다른 많은 기관에 접근할 수 있는 폐로 들어간다.

나. 피부(absorption through the skin)

물질은 피부와 접촉하여 모공이나 상처를 통해 들어간다. 파상풍은 톨루엔, 벤젠 및 다양한 페놀과 마찬가지로 이러한 방식으로 유입될 수 있다.

다. 섭취(ingestion)

섭취를 통해 사람의 위와 소화기관으로 들어간다. 다음 그림은 유해 물질이 인체에 유입되는 경로인 흡입, 피부를 통한 흡수 및 섭취 경로를 보여준다.

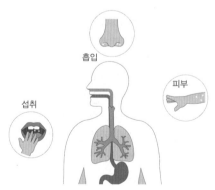

출처: [2023년 UL Research Institute] Chemical Insights Research Institute and Emory University's Rollins School of Public Health Team to Study the Human Health Impact of PFAS Chemical Exposure.

또 다른 드문 진입 경로는 주사(injection) 또는 피부 천자(skin puncture, 진찰을 하기 위하여 속이 빈 가는 침을 몸속에 찔러 넣어 몸속의 액체를 뽑아내는 일)이다.

신체 세포는 유해한 침입성 이물질 및 박테리아로 인해 발생하는 질병에 대한 자연 방어 시스템을 갖추고 있다. 백혈구의 일종인 식세포는 유해한 이물질, 박테리아 및 죽은 세포를 파괴하여 신체를 보호한다. 이러한 보호에는 기본적으로 세포 청소이고, 다른 방어 메커니즘에는 방어 물질의 분비, 과도한 혈액 손실 방지 및 손상된 조직 복구가 포함된다. 생물학적 유기체로 인한 감염 위험을 줄일 수 있는 가장 효과적인 통제 조치는 소독, 임상 폐기물(주사기 포함)의 적절한 처리, 양호한 개인 위생 관리 및 적절한 개인보호장비 사용이다. 다른 조치로는 해충 통제, 물 처리 및 예방접종이 있다.

(3) 인체 주요시스템

가. 호흡기 시스템(The respiratory system)

호흡기 시스템은 폐와 코 등으로 구성된다. 코를 통해 공기를 흡입하여 기관과 기관지를 통과하여 두 개의 폐로 들어간다. 폐 내에서 공기는 여러 개의 작은 통로(세기관지)로 들어간 후 폐포라고 불리는 300,000개의 말단 주머니 중 하나로 들어간다. 폐포의 직경은 약 0.1mm이지만 입구는 훨씬 작다. 폐포에 도착하면 모세혈관을 통해 혈류로 산소가 확산되고 혈류에서 이산화탄소가 유출된다. 폐포에 들어간 수용성 먼지는 혈류로 흡수되는 반면, 불용성 먼지(호흡 가능한 먼지)는 영구적으로 남아 만성 질환을 일으킬 수 있다.

기관지 전체에는 섬모라고 알려진 털이 늘어서 있다. 섬모는 불용성 먼지로 인한 피해를 어느 정도 줄여준다. 섬모는 호흡할 수 없는 먼지(5μm 이상)를 모두 걸러내고 점액의 도움으로 한 털의 먼지를 더 높은 털로 전달하여 먼지를 다시 목구멍으로 가져온다(이를 섬모 에스컬레이터 작용이라고 한다. 그리고 흡연을 하면 이 작용을 손상시킨다). 코의 콧털은 일반적으로 기관에 들어가기 전에 큰 입자(20mm 이상)를 잡아낸다.

나. 신경계 시스템(The nervous system)

신경계는 주로 뇌, 척수 및 몸 전체에 뻗어 있는 신경으로 구성된다. 모든 근육 움직임이나 감각(예: 뜨겁고 차가운)은 척수와 신경계를 통해 전달되는 작은 전기 자극을 통해 뇌에 의해 제어되거나 감지된다. 신경독에 의해 정신 능력의 변화(기억 상실 및 불안), 간질 및 마취(현기증 및 의식 상실)로 이어질 수 있다. 유기용매(트리클로로에틸렌, trichloroethylene)와 중금속(수은)은 잘 알려진 신경독이다.

다. 심혈관계(The cardiovascular system)

혈액 시스템은 심장을 근간으로 동맥, 정맥 및 모세 혈관을 통해 몸 전체에 혈액을 공급한다. 혈액은 골수에서 만들어지며 적혈구, 백혈구 및 혈소판으로 구성된 혈장으로 구성된다. 심혈관계의 주요 역할은 산소를 중요한 기관, 조직, 뇌로 운반하고 이산화탄소를 다시 폐로 운반한다(적혈구 기능). 그리고 외래 유기체를 공격하고 방어 시스템(백혈구 기능)을 구축하고 손상된 조직의 치유를 돕고 응고(혈소판)에 의한 과도한 출혈을 막는다. 유해 물질이 심혈관계를 방해할 수 있는 방법에는 여러 가지가 있다. 벤젠은 생산되는 혈액 세포의 수를 감소시켜 골수에 영향을 미칠 수 있다. 일산화탄소는 적혈구가 충분한 산소를 흡수하는 것을 방해하며 그 효과는 농도에 따라 달라질 수 있다. 이러한 부적합한 영향으로 인한 증상은 두통으로 시작하여 무의식 상태로 끝나고 사망할 수도 있다.

라. 비뇨기 시스템(The urinary system)

비뇨기계는 혈액에서 노폐물과 기타 생성물을 추출한다. 가장 중요한 두 기관은 간(보통 소화 기관의 일부로 간주됨)과 신장이며, 두 기관 모두 혈류 내 유해 물질의 영향을 받을 수 있다. 간은 혈액에서 독소를 제거하고 혈당 수치를 유지하며 혈장용 단백질을 생성한다. 유해 물질은 간을 지나치게 활성화 또는 비활성화(예: 자일렌)하게 하고, 간 비대(예: 알코올로 인한 간경화) 또는 간암(예: 염화비닐)을 유발할 수 있다. 신장은 혈액에서 소변으로 노폐물을 걸러내고 혈압과 체액량을 조절하며 적혈구를 만드는 호르몬을 생성한다. 중금속(예: 카드뮴 및 납)과 유기 용제(예: 스크린 인쇄에 사용되는 글리콜 에테르)는 신장 기능을 제한하여 기능 부전을 초래할 수 있다.

마. 피부(The skin)

피부는 신체를 하나로 묶고 감염을 막는 첫 번째 방어선으로 체온을 조절한다. 피부는 표피(0.2mm)라고 불리는 외부 층과 진피(4mm)라고 불리는 내부 층의 두 가지 층으로 구성되어 있다. 표피는 견고한 보호층이며 진피에는 땀샘, 신경말단, 털 등으로 구성되어 있다. 가장 흔한 피부질환은 피부염(비감염성 피부염)이다. 피부염은 가벼운 자극으로 시작되어 벗겨지고 패혈증을 일으킬 수 있는 수포로 성장한다. 여기에는 자극성 접촉 피부염과 알레르기성 접촉 피부염으로 구분할 수 있다. 자극성 접촉 피부염은 자극성 물질과 접촉한 직후에 발생하며 접촉이 중단되면 상태가 회복된다. 알레르기성 접촉 피부염은 테레빈유, 에폭시 수지, 납땜 플럭스 및 포름알데히드와 같은 피부 감작제로 인해 발생하며 면역 체계를 통해 진정된다. 사람은 어떠한 물질에 민감해지면, 향후 동일한 물질에 조금만 노출되더라도 심각한 피부염이 발생할 수 있다. 피부염은 신체 어느 부위에나 나타날 수 있지만 일반적으로 손에 잘 나타난다. 그러므로 피부염의 위험이 있는 경우에는 항상 장갑을 착용해야 한다. 피부에 상처나 찰과상이 있으면 피부염 발생 위험이 증가하며, 이로 인해 화학물질이 더 쉽게 흡수된다. 위험은 또한 피부의 유형, 민감도 및 기존 상태에 따라 달라진다.

(4) 유해물질 위험성평가

유해물질에 대한 위험성평가를 시행하는 경우 아래 표의 내용을 고려하여 시행해야 한다.

- 근로자에게 노출된 유해물질이 적절하게 통제되어야 한다.
- 통제 조치에 사용된 관련 장비가 적절하게 유지관리되어야 한다.
- 유해물질에 노출된 근로자를 주기적으로 모니터링 한다.
- 적절한 건강 검진을 시행한다.
- 적절한 정보제공과 교육훈련을 시행한다.

위험성평가를 시행하기 위한 다섯 가지 단계는 아래의 표와 같다.

1단계
물질, 작업 및 작업 관행에 대한 정보 수집하여 평가를 시행한다. - 작업장에 존재하거나 존재할 가능성이 있는 유해 물질 식별 - 영향을 받을 가능성이 있는 대상과 사람의 수를 모니터링 - 사용된 물질의 양을 포함하여 유해 물질에 관한 정보 수집 - 라벨, 물질안전보건자료, 안전보건 지침 및 출판된 문헌 검토 - 유해물질의 영향을 받을 수 있는 사람과 가능한 진입 경로 결정
2단계
개별적/집단적 건강 위험을 평가 - 물질에 대한 노출 기간 및 빈도를 포함하여 건강에 대한 위험 평가 - 노출 수준(예: 공기 중의 먼지, 가스, 연기 또는 증기에 대한 노출 농도/기간) 평가 - 작업장 노출 한계(WELS, workplace exposure limits) 검토 - 기존 노출과 잠재적 노출이 건강에 미치는 영향 결정
3단계
유해물질 노출 통제 방법 파악 - 보호구를 포함한 기존 통제 조치의 효율성(사용 가능한 환경 모니터링 기록 사용) 및 관련 법률 준수 여부 평가 - 필요한 경우 추가 통제 조치 결정 - 통제 조치 사용에 대해 어떤 유지 관리 및 감독이 필요한지 결정 - 비상 시 조치방안 검토 - 노출 모니터링 방법 결정 - 건강 감시 방안 결정 - 어떠한 정보제공, 교육, 훈련이 필요한지 결정
4단계
위험성평가 결과 기록

– 기록 방식과 형식 결정	
– 기록 보관 방법 결정	

5단계
위험성평가 결과 검토
– 사용된 물질, 프로세스 또는 노출된 사람의 변경 등에 대한 검토 필요사항 확인
– 위험성평가 결과에 대한 검토사항 결정

(5) 유해물질 정보

유해물질 평가에 사용할 수 있는 중요한 정보 중 한 가지는 제품라벨에 표기된 위험에 대한 세부 정보와 권장되는 예방 조치이다. 물질안전보건자료(Material Safety Data Sheet)는 위험 식별 및 관련 조언을 위한 매우 유용한 정보원이다. 유해물질 제조업체는 이름, 화학 성분에 대한 세부 정보가 포함된 시트를 사용자에게 제공할 의무가 있다. 그리고 물질의 성질, 권장되는 노출 통제 조치 및 개인 보호 장비와 함께 건강 위험의 특성 및 관련 노출 표준(OEL)에 대한 정보도 제공되어야 한다. 이 시트에는 응급처치 및 소방 조치와 취급, 보관, 운송 및 폐기 정보에 대한 유용한 추가 정보가 포함되어 있다. 데이터 시트는 우발적인 유출과 같은 긴급 상황 발생 시 사용할 수 있도록 쉽게 접근할 수 있고 알려진 장소에 보관해야 한다. 기타 정보로는 무역 협회 간행물, 산업 관행 강령, 전문가 참고 매뉴얼 등이 있다.

한국산업안전보건공단이 발간한 물질안전보건자료 작성 지침(KOSHA GUIDE W-15- 2020)을 참조하여 항목별 작성 방법을 아래 표와 같이 요약하였다.

구분	세부구분
(1) 제1항 – 화학제품과 회사에 관한 정보	(가) 제품명, (나) 제품의 권고 용도와 사용상의 제한, (다) 공급자 정보
(2) 제2항 – 유해성·위험성	(가) 유해·위험성 분류, (나) 예방조치 문구를 포함한 경고 표지 항목, (다) 유해성·위험성 분류기준에 포함되지 않는 기타 유해성·위험성
(3) 제3항 – 구성성분의 명칭 및 함유량	(가) 화학물질명, (나) 관용명 및 이명, (다) CAS 번호 또는 식별번호, (라) 함유량(%)
(4) 제4항 – 응급처치 요령	(가) 눈에 들어갔을 때, (나) 피부에 접촉했을 때, (다) 흡입했을 때, (라) 먹었을 때, (마) 기타 의사의 주의사항
(5) 제5항 – 폭발·화재 시 대처방법	(가) 적절한 (및 부적절한) 소화제, (나) 화학물질로부터 생기는 특정 위험성, (다) 화재 진압 시 착용할 보호구 및 예방조치
(6) 제6항 – 누출 사고 시 대처방법	(가) 인체를 보호하기 위해 필요한 조치 사항 및 보호구, (나) 환경을 보호하기 위해 필요한 조치사항 (다) 정화 또는 제거 방법
(7) 제7항 – 취급 및 저장방법	(가) 안전취급요령, (나) 안전한 저장 방법

(8) 제8항 – 노출방지 및 개인보호구	(가) 화학물질의 노출기준, 생물학적 노출기준 등, (나) 적절한 공학적 관리, (다) 개인보호구
(9) 제9항 – 물리화학적 특성	
(10) 제10항 – 안정성 및 반응성	(가) 화학적 안정성 및 유해 반응의 가능성, (다) 피해야 할 조건, (라) 피해야 할 물질, (마) 분해 시 생성되는 유해물질
(11) 제11항 – 독성에 관한 정보	(가) 가능성이 높은 노출 경로에 대한 정보, (나) 건강 유해성 정보, (다) 독성의 수치화(급성독성의 추정 등), (라) 혼합물에 대한 특별 고려
(12) 제12항 – 환경에 미치는 영향	(가) 수생·육생 생태독성, (나) 잔류성과 분해성, (다) 생물 농축성, (라) 토양 이동성, (마) 기타 유해 영향
(13) 제13항 – 폐기 시 주의사항	(가) 폐기방법, (나) 폐기 시 주의사항
(14) 제14항 – 운송에 필요한 정보	(가) 유엔번호(UN No), (나) 유엔 적정 선적명, (다) 운송시의 위험성 등급, (라) 용기등급, (마) 해양오염물질, (바) 사용자가 운송 또는 운송 수단에 관련해 알 필요가 있거나 필요한 특별한 안전 대책
(15) 제15항 – 법적 규제현황	(가) 산업안전보건법의 의한 규제, (나) 화학물질관리법에 의한 규제, (다) 위험물안전관리법에 의한 규제, (라) 폐기물관리법에 의한 규제, (마) 기타 국내 및 외국법에 의한 규제
(16) 제16항 – 그 밖의 참고사항	(가) 자료의 출처, (나) 최초 작성일자, (다) 개정횟수 및 최종 개정일자, (라) 기타
(17) MSDS 번호 기입	

아래 그림은 에피클로로하이드린 제품에 대한 물질안전보건자료 작성 예시이다.

<부록> 물질안전보건자료 작성 예제

MSDS 번호: AA00000-00-00000

○○○○년 ○○월 ○○일 작성

물질안전보건자료(MSDS)

1. 화학제품과 회사에 관한 정보

가. 제품명: Epichlorohydrin(에피클로로하이드린)

나. 제품의 권고 용도와 사용상의 제한

　　○ 권고 용도: 기타 코팅 및 도장 관련 제품

　　○ 사용제한에 대한 정보: 권고 용도 외 사용 금지

다. 공급자 정보

　　○ 회사명: ○○ 주식회사(수입)

　　○ 주소: --광역시 --구 --로 --번길--

　　○ 긴급연락번호: 000-0000-000(오전 8시부터 오후 8시까지 이용 가능)

2. 유해성·위험성
가. 유해·위험성 분류
  – 인화성 액체 구분3
  – 급성 독성 물질(경구 구분3, 경피 구분3, 흡입 구분2)
  – 피부 부식성 또는 자극성 물질 구분 1B
  – 심한 눈 손상 또는 자극성 물질 구분1
  – 호흡기 과민성 물질 구분1
  – 피부 과민성 물질 구분1
  – 발암성물질 구분1B
  – 생식세포 변이원성 물질 구분2
  – 생식독성 물질 구분2
  – 특정표적장기 독성 물질(1회 노출) 구분1(호흡기, 간장, 신장)
  – 특정표적장기 독성 물질(반복노출) 구분1(호흡기, 신장, 심장, 중추신경계)
나. 예방조치문구를 포함한 경고 표지 항목
  ○ 그림문자

  ○ 신호어
    위험
  ○ 유해·위험문구
    – H226 인화성 액체 또는 증기
    – H301 삼키면 유독함
    – H311 피부와 접촉하면 유독함

3. 통제방안

(1) 예방적 통제 조치

예방은 통제 조치 중 가장 안전하고 효과적인 것이며 프로세스를 완전히 변경하거나 덜 위험한 물질로 대체함으로써 달성된다. 이러한 예로 유성 페인트를 수성 페인트로 변경하는 방법이 있다. 그리고 스프레이 대신 브러시 페인트와 같이 보다 안전한 형태의 물질을 사용하는 것이 가능할 수도 있다.

EU는 고위험 물질 또는 매우 우려되는 물질의 사용을 제한하고 보다 안전한 대체 물질을 사용하고자 화학 안전 체계 REACH(화학물질의 등록, 평가, 승인 및 제한)[17] 규정을 도입했다.

---

17) REACH란 Registration, Evaluation, Authorization and restriction of Chemicals의 약어로, EU 내에서 연간 1톤 이상 제조/수입되는 모든 화학물질에 대해서 등록 서류를 준비하여 유럽화학물질청(이하 ECHA)에 IT 시스템을 통해 제출하여 등록하도록 하고 있다(ECHA, 2011). 연간 100톤 이상 제조/수입되는 화학물질과 발암성 물질 등

EU REACH는 모든 법적 책임을 EU내 제조, 수입업자에게 부여하고 있으며, "등록되지 않은 물질은 EU내에서 제조, 수입될 수 없다(NO Data, No Market)"라는 원칙을 가지고 있다. EU REACH가 발효됨으로써, 2008년 12월부터 ECHA에 미등록된 물질 및 미등록 물질이 포함된 제품은 EU내 제조/수입이 전면 금지된다. REACH는 단순한 환경의 문제를 넘어서, 국가 간의 무역거래에 영향을 미칠 수 있는 그리고 더 나아가 기업의 제품경쟁력에 지대한 영향을 미칠 수 있는 요인으로 작용하고 있다(한국화학융합시험연구원, KTR).

(2) 공학적 통제

가장 간단하고 효율적인 공학적 통제는 제어는 프로세스에서 사람의 접근을 분리하는 것이다. 다양한 공학적 통제 방법이 존재하고 있으며, 유해물질 노출 조건에 따라 적합한 방식을 적용해야 한다.

가. 국소배기 환기

국소배기 환기는 주변 대기를 오염시키고 근처에서 일하는 사람들에게 해를 끼칠 수 있는 위험 가스, 증기 또는 연기를 발생원에서 제거하는 구조이다.

① 후드 및 흡입구

후드 및 흡입구 설계 시 흡입 노즐로 들어가는 공기의 속도가 중요하다. 속도가 너무 낮으면 위험한 연기가 제거되지 않을 수 있다(일반적으로 최대 1m/s의 공기 속도가 필요함). 적절한 공기 흐름 표시기를 사용하면 공기 흐름이 적절한지 쉽게 확인할 수 있다.

② 환기덕트

환기덕트는 일반적으로 오염된 공기의 도관 역할을 하며, 오염된 공기를 필터 및 침전 구역으로 운반한다. 작업장 천장에 부착된 환기 덕트가 금속 먼지 침전물의 추가 무게로 인해 붕괴되는 경우가 있으며, 때로는 화재가 발생하기도 한다. 따라서 필터와 침전 구역을 정기적으로 검사하고 먼지 침전물을 제거하는 것이 매우 중요하다.

③ 필터 또는 기타 공기 정화 장치

일반적으로 후드와 팬 사이에 위치하며 필터는 공기 흐름에서 오염 물질을 제거한다. 필터는 오염 물질을 제거하고 지속적으로 효과적으로 작동하도록 정기적인 검사가 필요하다.

④ 팬

팬은 시스템을 통해 공기를 이동시킨다. 설정된 시스템에 적합한 크기의 팬을 설치하는

의 특정 물질에 대해서는 평가가 이루어지고, CMR1)/PBT2) 물질 등 위해가 우려되는 물질에 대해서는 허가 대상 물질을 선정하여 허가신청과정을 거쳐 허가 또는 제한 조치가 이루어지게 된다(한국산업안전보건공단, 산업안전보건법에서의 EU 화학물질 관리제도(REACH) 대응과 적용방안에 관한 연구, 2011).

것이 중요하며, 자격을 갖춘 사람이 관리해야 한다. 또한 쉽게 유지 관리할 수 있으면서도 인근 작업자에게 소음 위험을 초래하지 않는 위치에 설치해야 한다.

⑤ 배기 덕트

배기 덕트는 공기를 외부로 배출하는 역할을 한다. 덕트는 공기가 공공 장소로 배출되지 않거나 건물 공조 시스템의 공기 흡입구 근처로 배출되지 않도록 건물 외벽에 위치해야 한다. 시스템에서 정확한 양의 공기가 배출되고 누출이 없는지 정기적으로 점검해야 한다. 그리고 기후에 따른 부식 여부를 확인해야 한다.

이러한 환기 시스템은 적어도 14개월마다 자격을 갖춘 사람이 검사하여 여전히 효과적으로 작동하는지 확인할 것을 추천한다. 턱트 손상, 필터 막힘 또는 결함, 팬 성능 저하로 인해 환기 시스템의 효율성이 감소한다. 더 일반적인 문제로는 시스템의 무단 확장, 초기 설계 불량, 유지 관리 불량, 잘못된 조정, 검사 또는 테스트 부족 등이 있다. 정기적인 유지 관리에는 손상된 덕트 수리, 필터 점검, 먼지가 쌓이지 않았는지 확인하기 위한 팬 블레이드 검사, 모든 구동 벨트 조임 및 움직이는 부품의 일반적인 윤활이 포함되어야 한다. LEV 시스템은 정기적으로 점검하고 관리하지 않으면 성능이 저하된다. 더러운 환기 시스템은 근로자의 건강에 심각한 영향을 미칠 수 있다. 사업주는 덕트 시스템의 사용지침 준수, 시스템 모니터링 및 유지 관리를 위한 책임자를 임명해서 관리해야 한다.

나. 희석 또는 환기(Dilution or ventilation)

희석 또는 환기는 자연 환기(문 및 창문) 또는 팬 보조 강제 환기 시스템을 사용하여 벽과 지붕에 장착된 추출 팬을 사용하여 깨끗한 공기의 흐름을 유도하여 작업실 전체를 환기하는 방식이다. 이러한 방식은 때로는 보조 환기도로 활용된다. 입구 팬에 의해 오염물질을 제거하거나 농도를 허용 가능한 수준으로 낮추는 방식으로 작동한다. 공기 중 오염물질이 독성이 낮고, 농도가 낮고, 증기밀도가 낮거나, 작업실 전체에 균일하게 오염이 발생하는 경우에 적용하는 것이 좋다. 작업실의 특정 영역(예: 모서리 및 찬장 옆)에는 환기된 공기가 유입되지 않으므로 유해물질이 축적될 수 있는데, 이러한 영역을 위험한 영역이라고 부른다. 이러한 위험한 영역을 개선하기 위해서는 문과 창문이 열리거나 가구나 장비를 재배치하는 경우가 있다. 아래 그림은 국소 배기환기와 희석 또는 환기를 보여준다.

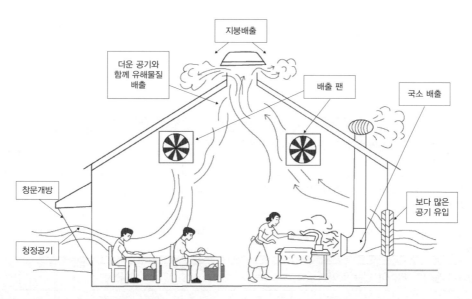

지붕배출

더운 공기와 함께 유해물질 배출

배출 팬

국소 배출

창문개방

청정공기

보다 많은 공기 유입

출처: [Hesperian health guides] General ventilation.

(3) 행정적 통제

유해물질과 관련한 행정적 통제에는 작업 시스템, 준비 및 절차, 효과적인 의사소통 및 교육과 같은 항목이 포함된다. 효과적인 행정적 통제를 적용하기 위해서는 근로자가 유해물질에 노출되는 시간과 근로자의 수를 가급적 줄인다. 유해물질을 사용하는 장소에서는 식사, 음주, 흡연을 금지해야 하며, 개인보호장비 사용 기준을 수립하고 적용한다.

(4) 개인보호장비

개인보호장비(PPE)는 유해물질로 인한 사고를 예방하기 위한 최후의 수단으로 사용되어야 한다. 개인보호장비를 착용하여도 다양한 상황에서 유해물질로 인한 사고가 일어날 수 있다는 것을 명심해야 한다. 더욱이 개인보호장비는 개인이 스스로 자신의 몸에 맞게 착용해야 하는 번거로움 그리고 잘 못 착용하는 과정으로 인해 더욱 위험상 상황에 노출될 수 있다. 개인보호장비를 사용하기 위해서는 다음 표와 같은 원칙을 준수해야 한다.

- 착용자와 작업에 적합한 개인보호장비 사용
- 여러 개인보호장비 사용의 호환성 및 효율성
- 환경과 조건에 적합한 개인보호장비 사용
- 개인보호장비에 대한 적절한 유지 관리 프로그램 운영
- 개인보호장비 보관장소 운영
- 개인보호장비 사용자 대상 교육 시행 등

가. 개인보호장비의 종류

안전보건공단의 KOSHA GUIDE G-12-2013에 따른 개인보호장비의 종류는 아래의 표와 같다.

작업명	개인보호장비	보호대상
물체가 떨어지거나 날아올 위험 또는 근로자가 추락할 위험이 있는 작업	안전모	머리
높이 또는 깊이 2미터 이상의 추락할 위험이 있는 장소에서 하는 작업	안전대	몸
물체의 낙하·충격, 물체에의 끼임, 감전 또는 정전기의 대전(帶電)에 의한 위험이 있는 작업	안전화	발
물체가 흩날릴 위험이 있는 작업	보안경	눈
용접 시 불꽃이나 물체가 흩날릴 위험이 있는 작업	보안면	눈, 얼굴
감전의 위험이 있는 작업	절연용 보호구	머리, 손
고열에 의한 화상 등의 위험이 있는 작업	방열복	몸
선창 등에서 분진(粉塵)이 심하게 발생하는 하역작업	방진마스크	호흡기
섭씨 영하 18도 이하인 급냉동 어창(수산물보관소, 창고)에서 하는 하역작업	방한모, 방한복, 방한화, 방한장갑	몸

나. 호흡기 보호장비

호흡기 보호장비(RPE)를 사용하면 먼지, 가스, 증기, 미스트, 연기 및 미생물로 인한 피해 위험을 줄일 수 있다.

① 반면형(직결식)

(1) 미리 머리끈을 넉넉하게 끼운 후 머리나 목에 걸고 면체를 왼손으로 잡는다.
(2) 면체를 턱부터 집어넣고 면체가 입과 코 위에 위치하도록 한다.
(3) 목 뒤로 끈을 걸고, 끈의 길이를 조절하여 면체가 얼굴에 완전히 밀착되도록 한다.
(4) 마스크를 착용할 때마다 흡입부를 손바닥으로 막은 다음 숨을 들이마시거나 숨을 내쉬어 밀착도 자가점검을 실시한다.
  (가) 양압 밀착도 자가점검: 배기밸브를 손으로 막고 공기를 불어내어 마스크 면체와 안면 사이로 공기가 새어나가는지 감각적으로 확인한다.
  (나) 음압 밀착도 자가점검: 흡입부를 손으로 막고 공기를 흡입하여 마스크 면체와 안면 사이로 공기가 새어들어 오는지 감각적으로 확인한다.

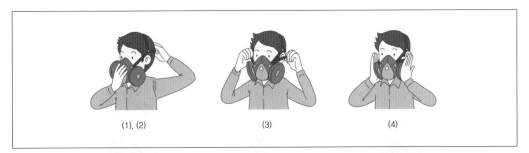

(1), (2)   (3)   (4)

② 반면형(안면부 여과식)

a. 컵형

(1) 그림과 같이 밴드를 밑으로 늘어뜨리고 밀착 부분이 얼굴 부분에 오도록 가볍게 잡아 준다.
(2) 마스크가 코와 턱을 감싸도록 얼굴과 맞춰준다.
(3) 한 손으로 마스크를 잡고 다른 손으로 마스크 위의 끈을 머리의 상단에 고정시킨다.
(4) 마스크 아래 끈을 목 뒤에 고정시킨다.
(5) 양손 손가락으로 클립부분을 눌러서 코와 밀착이 잘 되도록 조절한다.
(6) 양손으로 마스크 전체를 감싸 안고 자가 밀착도 체크를 실시하여 조절한다.

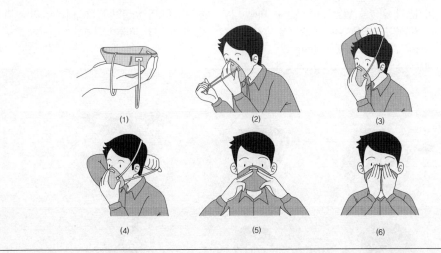

(1)   (2)   (3)
(4)   (5)   (6)

b. 접이형

(1) 마스크를 컵 모양으로 둥글게 펴 준다.
(2) 머리 끈을 바깥쪽으로 빼낸다.
(3) 한 손으로 마스크를 잡고 다른 손으로 마스크 위의 끈을 머리의 상단에 고정시킨다.
(4) 마스크 측면을 고정시키면서 틈새를 최대한 막아 준다.
(5) 클립이 있다면 양손 손가락으로 클립 부분을 눌러서 코와 밀착이 잘 되도록 조절한다.
(6) 양손으로 마스크 전체를 감싸 안고 자가 밀착도 체크를 실시하여 조절한다.

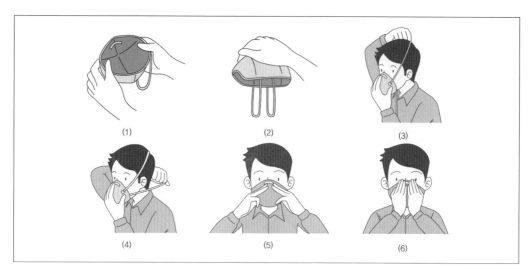

③ 전면형 마스크

(1) 내측의 고무를 열고 렌즈 쪽이 아래로 향하게 한 다음 두 손으로 머리끈을 잡는다.
(2) 턱부터 집어넣고 마스크를 뒤집어쓴다.
(3)(4)(5)(6) 머리끈의 길이를 알맞게 조절한다. 이때 너무 심하게 당기면 얼굴이나 머리에 통증이 생겨 장시간 작업에 어려움이 있으며 너무 느슨하게 당기면 누설 현상이 생긴다. 따라서 작업하기 간편하고 누설이 생기지 않도록 알맞게 조절해야 한다.
※ 마스크를 착용할 때마다 자가 밀착도 체크를 실시한다.

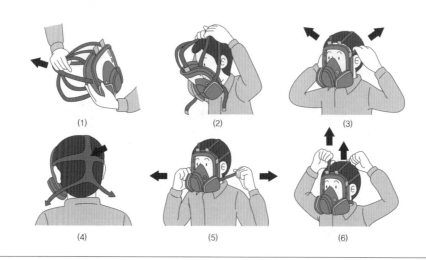

④ 후드형 마스크

(1) 봉투를 열어서 마스크를 꺼낸다.
(2) 안쪽의 고무를 열어서 그림처럼 머리부터 덮어쓴다.
(3) 마스크를 입에 대고 페트(고정띠)를 머리 위에 고정시킨다.
(4) 마스크와 얼굴과 밀착이 충분하지 않을 때에는 그림과 같이 머리끈의 양쪽을 잡아당겨 밀착정도를 최대한 높인다.
(5) 그림 (5)는 착용이 완료된 상태이다.

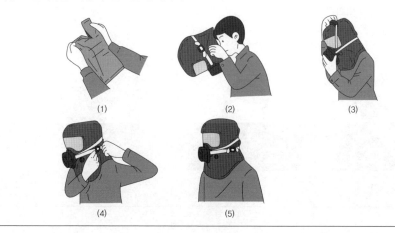

⑤ 송기식 마스크

a. 호스마스크

호스마스크의 끝을 신선한 공기 중에 고정시키고 착용자가 자신의 폐력으로 공기를 흡입하는 '폐력 흡인형'과 전동 또는 수동의 송풍기를 신선한 공기에 고정시키고 송기하는 '송풍기형'이 있다.

(1) 호스를 정해진 연결부에 연결한다. 작업장 건물에 송기마스크 시설이 되어 있는 경우 송기관이 아닌 다른 가스관의 연결부에 송기마스크를 연결하면 매우 위험하므로 특별한 주의가 필요하다.
(2) 장착대를 몸에 착용하고 몸에 맞게 조절한다.
(3) 유량조절장치가 있으면 호흡에 방해받지 않도록 조절한다.
(4) 호스의 개방 전에 밀착도 자가점검을 통하여 착용상태를 확인한다.

b. 에어라인 마스크

유량조절장치, 여과장치를 구비한 고압공기용기나 공기압축기 등으로부터 공기를 송기하는 '일정유량형'과 일정유량형과 같은 구조이나 공급밸브를 갖추고 착용자의 호흡량에 따라 송기하는 '디맨드형 및 압력디맨드형'이 있다. 착용방법은 호스마스크 착용방법과 동일하며 송기관이 아닌 다른 가스관의 연결부에 송기마스크를 연결하면 매우 위험하므로 특별한 주의가 필요하다.

---

(1) 전면형 마스크를 착용하듯이 한 손으로 안면부(면체)를 잡고 한 손으로 머리끈을 당겨서 얼굴과 두부에 끼워 넣는다. 턱 부위를 안면부에 끼워 넣을 때는 턱이 충분히 들어가도록 안면부를 잡은 손을 세게 잡아당긴다.
(2) 얼굴과 두부에 잘 맞도록 머리끈을 조절한다.
(3) 압력조절기(Regulator)를 조절한다.

(1)　　　　　　(2)　　　　　　(3)

---

⑥ 공기호흡기

사용자의 몸에 지닌 압력공기실린더, 압력산소실린더, 또는 산소발생장치가 작동되어 호흡용 공기가 공급되도록 만들어진 호흡보호구를 말한다. 자급방법에 따라서 압축공기형, 압축산소형, 산소발생형 등이 있다.

---

(1) 바이패스(bypass) 밸브 잠금 상태와 양압조절기 핸들 잠금 상태를 확인한다.
(2) 공기호흡기를 어깨에 착용하고 몸에 맞도록 조절한다.
(3) 마스크 호스를 소켓에 연결한다.
(4) 양압조정기의 핸들을 '대기호흡' 위치에 맞춘다.
(5) 안면부를 턱부터 집어넣고 머리끈을 머리 위로 하여 마스크를 착용한다.
(6) 양손으로 머리끈을 좌우로 당겨 적절하게 조인다.
(7) 용기(실린더)밸브를 천천히 열고 압력계 지침이 약 $300kgf/cm^2$인지 확인한다.
(8) 양압조절기 핸들을 OPEN하여 '대기호흡' 상태에서 '양압호흡'으로 바꾼다.
(9) 귀 앞부분의 안면부 머리끈에 손가락을 집어넣어 실린더에서 공기가 들어오는지, 즉 양압상태를 확인

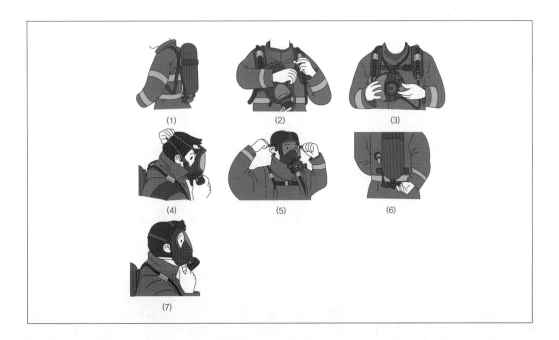

(5) 손과 피부 보호

손과 피부를 보호하는 방법은 주로 장갑을 착용하는 것이다. 화학 물질, 날카로운 물체, 거친 작업 및 극한 온도로부터 보호하기 위해 다양한 안전 장갑을 사용할 수 있다. 페인트 및 용제를 포함한 화학 물질로부터 보호하려면 불침투성 장갑을 사용하는 것이 좋다. 이러한 장갑의 재질은 PVC, 니트릴 또는 네오프렌으로 만들어질 수 있다. 트리밍 칼과 같은 날카로운 물체의 경우 케블라 기반 장갑이 가장 효과적이다. 장갑에 찢어짐이나 구멍이 있는지 정기적으로 검사해야 한다.

아래 사진은 손보호를 위한 종류 별 장갑을 열거한 내용이다. (1) 화학 보호 장갑, (2) 감전용 고무절연장갑, (3) 진동 방지 충격 장갑, (4) 면사 장갑, (5) 작업용 장갑

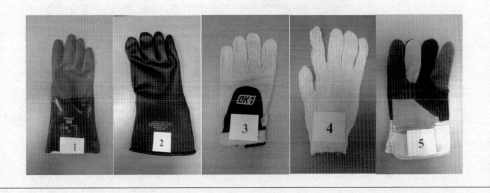

(6) 눈 보호

눈 보호구는 보안경, 고글, 안면 가리개 등 세 가지 형태로 구분할 수 있다. 눈은 화학 물질이나 용제가 튀거나 증기, 날아다니는 입자, 용융 금속이나 플라스틱, 비전리 방사선(아크 용접 및 레이저), 먼지로 인해 손상될 수 있다. 보안경은 위험성이 낮은 위험(기계 파편과 같은 저속 입자)에 적합하다. 고글은 눈 주위에 꼭 맞기 때문에 먼지나 용제 증기로부터 눈을 보호하는 데 가장 좋은 수단이다.

눈 보호 장치의 효율적인 작동을 위해서는 유지 관리와 정기적인 청소가 필요하다. 보안경을 선택할 때는 위험의 성격(위험의 심각도 및 관련 위험에 따라 필요한 보호 품질이 결정됨), 편안함 및 사용자 수용성, 기타 개인 보호 장비와의 호환성, 교육 및 유지 관리 요구 사항 및 비용 등을 고려한다. 아래 그림은 한국산업안전보건공단이 발간한 눈 보호구의 선정 및 유지·보수에 관한 안전가이드에 설명된 눈 보호구의 종류에 따른 형태와 특성이다.

종류	형태	특성
일반안경 (스펙터클형)	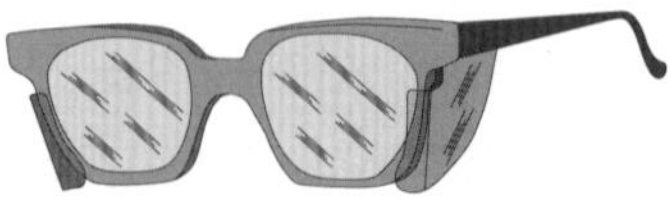	1. 일반용 눈 보호대 2. 개인별로 적합한 다양한 크기, 조절 가능한 안경다리 3. 낮은 위험요소에 대해 효과적인 눈 보호 가능 4. 먼지, 용해 금속 혹은 액체 방울과 튀김 등에 대해서는 부적합
고글형(1안식)	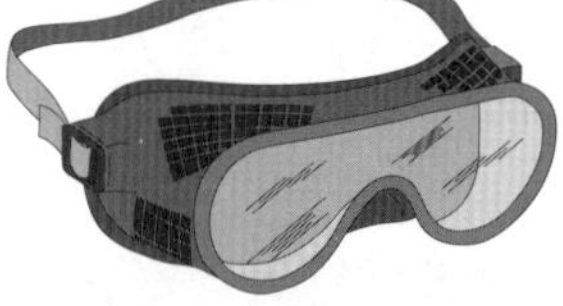	1. 충격 보호에 적합할 뿐만 아니라 파편, 먼지, 가스 그리고 용해 금속 등으로부터 보호 2. 가스용접 및 금속 절단작업에 적합한 플라스틱 안경테와 필터 렌즈
고글형(2안식)		1. 눈 전체를 감쌀 수 있음 2. 가스용접 및 금속 절단작업에 적합한 플라스틱 안경테와 필터 렌즈

눈 보안경		1. 무게가 가벼움 2. 시야가 넓음
안면보호구		1. 눈과 안면 보호용 2. 가스용접과 고온작업을 위한 열 반사 물질 채용 가능 3. 안전모에 장착 가능
용접용 안면 보호구		1. 적외선 및 자외선에 대해 눈, 얼굴 및 목의 보호 2. 머리에 쓰거나 손으로 잡고 작업 가능 3. 교환 가능한 필터로 가스 및 전기 용접 작업 모두에 사용 가능 4. 안전모와 함께 사용 가능

(7) 보호복

　한국산업안전보건공단이 발간한 화학물질용 보호복 관련 안전한 보호구 착용 길잡이 (2020)에 따르면, 사용자의 작업 환경에서 취급 화학물질 등에 적합한 화학물질용 보호복을 선택해야 한다. 사용자의 신체조건에 알맞은 화학물질용 보호복을 선택하고, KCs 인증마크를 확인해야 한다. 아래 그림은 화학물질보호복의 모습이고 KCs 안전인증 표시 내용이다.

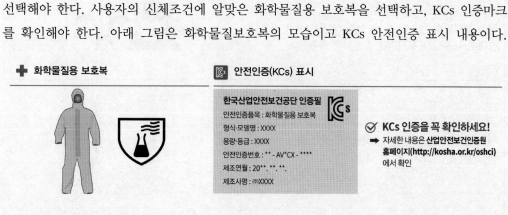

화학물질용 보호복

안전인증(KCs) 표시

한국산업안전보건공단 인증필
안전인증품목 : 화학물질용 보호복
형식·모델명 : XXXX
용량·등급 : XXXX
안전인증번호 : ** - AV*CX - ****
제조연월 : 20**. **. **.
제조사명 : ㈜XXXX

✓ **KCs 인증을 꼭 확인하세요!**
➡ 자세한 내용은 **산업안전보건인증원** 홈페이지(http://kosha.or.kr/oshci) 에서 확인

　화학물질보호복 구매와 사용지침은 다음의 표와 같다.

내용
안전인증표시의 용량·등급을 확인하고, 반드시 안전인증을 득한 제품을 사용한다. 
화학물질용 보호복은 구멍, 뚫림 및 찢어짐 등 훼손된 곳이 있는지 확인 후 사용한다. 
화학물질용 보호복은 안전인증표시 외에 보호복의 치수, 보관·사용 및 세척상의 주의사항, 화학물질 보호성능표시 및 재료시험의 성능수준 등의 표시사항을 확인하고 선택한다. 
화학물질용 보호복은 KS K ISO 13688(보호복의 일반요건)에서 정하는 보호복 치수를 따른다. 신체조건 등 사용자에게 적합한 보호복을 선택하여 사용한다. 
화학물질용 보호복을 임의로 교체·변경하면 안전성능이 확보되지 않는다. 인증 받은 제품(부속품 포함) 그대로 사용·교체하시거나 제조사에 확인한다. 
제품사용 전 제조사가 제공하는 해당제품의 「사용방법설명서」를 반드시 확인한다. 

(8) 건강감시 및 개인위생

효과적인 건강감시를 운영하여 직업병이 발생하는 것을 사전에 모니터링 할 수 있다. 이러한 모니터링은 채용 전 건강 검진이나 약물 및 알코올 검사와 같은 건강 모니터링과 같은 방식 이외에도 피부 손상을 유발하는 다양한 환경이나 조건 등을 찾는 과정을 포함한다. 건강감시 모니터링을 시행할 경우 아래 표와 같은 장점이 있다.

- 건강에 해로운 영향을 초기 단계에서 감지한다.
- 사업주는 초기 단계의 모니터링을 통해 효과적인 개선 방안을 마련한다.
- 사업주가 건강 위험을 평가할 수 있는 자료를 확보한다.
- 근로자가 우려하는 건강 영향에 대한 공유 자료로 활용한다.
- 근로자의 교육훈련을 강화할 수 있는 기회를 제공한다.

건강감시 프로그램을 운영할 경우, 모든 직원을 대상으로 포괄적인 보장을 제공하는 방안을 고려해야 한다. 위험성평가의 대상에는 건강감시가 필요한 시기와 장소가 명시되어야 한다. 그리고 근로자를 대상으로 시행한 건강감시 기록에는 시행 날짜와 수행자, 테스트/점검 결과, 작업 적합성과 필요한 제한 사항에 관해 산업보건 전문가가 내린 결정 사항 등에 대한 기록을 보존한다. 유해물질에 노출된 근로자가 음식을 먹거나 마시거나 할 경우, 반드시 손을 철저히 씻는 것이 중요하다. 그리고 각종 유용한 예방접종(예: 파상풍)을 시행한다. 또한 오염된 의복과 작업복은 정기적으로 제거하고 청소한다.

IX. 근골격계 위험

1. 소개

근골격계부담작업이란 안전보건규칙 제656조 제1호의 규정에 의하여 "단순반복작업 또는 인체에 과도한 부담을 주는 작업으로서 작업량·작업속도·작업강도 및 작업장 구조 등에 따라 고용노동부장관이 고시하는 작업을 말한다. 그리고 근골격계질환이란 안전보건규칙 제656조 제2호의 규정에 의하여 "반복적인 동작, 부적절한 작업자세, 무리한 힘의 사용, 날카로운 면과의 신체접촉, 진동 및 온도 등의 요인에 의하여 목, 어깨, 허리, 팔 다리의 신경·근육 및 그 주변 신체조직 등에 나타나는 질환을 말한다.

이에 따라 사업주는 부담작업에 근로자를 종사시킬 때에는 유해요인조사 및 그 결과에 따른 작업환경개선, 근로자의 근골격계질환 징후 통지에 따른 의학적 조치 등 사후관리, 근로자에 대한 유해성의 주지 등 안전보건규칙에서 근골격계질환 예방을 위하여 정한 보건상의 조치를 행하여야 한다.

근골격계부담작업의 기준(고용노동부고시 제2012-23호)은 단기간작업 또는 간헐적인 작업에 해당되지 않는 작업으로써 아래 표의 11가지 기준에 해당하는 작업이 각각 주당 1회 이상 지속적으로 행해지거나 연간 총 60일 이상 행해지는 작업을 말한다.

기준	내용
근골격계부담작업 제1호	하루에 4시간 이상 집중적으로 자료입력 등을 위해 키보드 또는 마우스를 조작하는 작업
근골격계부담작업 제2호	하루에 총 2시간 이상 목, 어깨, 팔꿈치, 손목 또는 손을 사용하여 같은 동작을 반복하는 작업
근골격계부담작업 제3호	하루에 총 2시간 이상 머리 위에 손이 있거나, 팔꿈치가 어깨 위에 있거나, 팔꿈치를 몸통으로부터 들거나, 팔꿈치를 몸통 뒤쪽에 위치하도록 하는 상태에서 이루어지는 작업
근골격계부담작업 제4호	지지되지 않은 상태이거나 임의로 자세를 바꿀 수 없는 조건에서, 하루에 총 2시간 이상 목이나 허리를 구부리거나 트는 상태에서 이루어지는 작업
근골격계부담작업 제5호	하루에 총 2시간 이상 쪼그리고 앉거나 무릎을 굽힌 자세에서 이루어지는 작업
근골격계부담작업 제6호	하루에 총 2시간 이상 지지되지 않은 상태에서 1kg 이상의 물건을 한 손의 손가락으로 집어 옮기거나, 2kg 이상에 상응하는 힘을 가하여 한 손의 손가락으로 물건을 쥐는 작업
근골격계부담작업 제7호	하루에 총 2시간 이상 지지되지 않은 상태에서 4.5kg 이상의 물건을 한 손으로 들거나 동일한 힘으로 쥐는 작업
근골격계부담작업 제8호	하루에 10회 이상 25kg 이상의 물체를 드는 작업
근골격계부담작업 제9호	하루에 25회 이상 10kg 이상의 물체를 무릎 아래에서 들거나, 어깨 위에서 들거나, 팔을 뻗은 상태에서 드는 작업
근골격계부담작업 제10호	하루에 총 2시간 이상, 분당 2회 이상 4.5kg 이상의 물체를 드는 작업
근골격계부담작업 제11호	하루에 총 2시간 이상 시간당 10회 이상 손 또는 무릎을 사용하여 반복적으로 충격을 가하는 작업

2. 인간공학의 원리와 범위

(1) 인간공학(ergonomics)의 역사

폴란드의 생물학자인 Jastrzębowski는 1857년 인간공학이라는 단어를 만들어 냈다. 인간 공학이라는 용어의 어원인 에르곤(Ergon)은 일을 의미하며, 노모스(Nomos)는 원칙 또는 법을 의미하는 그리스어로부터 나온 것이다. Jasterzebowis는 농민사회가 밀과 감자를 재배하는 대신 공장에서 14시간 동안 철과 강철을 생산하는 과정을 통해 사람과 경제에 미치는 영향을 생각했다. 근대 인간공학의 아버지인 Étienne Grandjean는 인간공학을 작업을 작업자에게 맞추는 것이라고 하였다. 인간공학은 인간의 특별한 요구를 충족시키는 다양한 분야를 결합한 응용 과학이며 부상 및 장애를 없애거나 줄여 생산성을 높이고 삶의 질을 향상시키는 목표 지향적 과학이다.

Ramazzini는 1633년 이탈리아 Carpi에서 태어났다. 그는 파르마대학의 의대생이었지만, 노동자들이 겪고 있는 질병에 주의를 기울였다. 그는 1682년 모데나대학교(University of Modena)에서 의학 이론 분야의 의장으로 임명되면서 집중적인 학문연구를 연구하면서 작업장을 방문하고 근로자의 활동을 관찰하고 근로자가 질병에 걸리는 과정을 검토했다. 연구결과 그는 모든 근로자의 질병이 작업 환경(화학적 또는 물리적 작용 등)에 기인한 것은 아니라는 것을 알게 되었다. 또한 근로자의 질병은 근로자가 취급하는 물질의 유해한 특성 때문이라는 것을 알게 되었다.

19세기에 Frederick Winslow Taylor는 과학적 관리방법을 개발하여 인간의 성과를 극대화하고, 주어진 작업을 최적으로 수행하게 하는 방법을 찾는 것을 제안했다. 예를 들어 석탄 또는 광석의 크기와 무게를 점진적으로 줄인다면, 노동자가 삽을 사용하여 작업하는 양을 3배 덜 늘릴 수 있다는 것을 발견한 것이다. Frank와 Lillian Gilbreth는 1900년대 초 Taylor의 방법을 확장하여 시간 및 모션 연구를 개발했다. 불필요한 단계와 조치를 제거하여 효율성을 향상시키는 것을 목표로 했다. 이 방법을 적용함으로써 Gilbreths는 벽돌 쌓기 동작의 수를 18에서 4.5로 줄임으로써 벽돌공의 생산성을 120에서 350벽돌/h로 늘릴 수 있었다.

제1차 세계대전 이전에는 항공 심리학과 비행자에 대한 연구가 주류를 이루었지만, 이후 전쟁을 효율적이고 성공적으로 이끌기 위해 군인들이 다루는 항공기의 조작 스위치, 디스플레이의 디자인 및 비행자의 키나 체격을 감안한 인간공학적 개선이 이루어졌다. 이로 인해 인체측정학 연구와 관련한 연구가 진행되었다.

제2차 세계대전(1940년)이 시작되면서, 새롭고 복잡한 기계와 무기의 개발이 필요했다. 1943년 당시 미 육군 중위 Alphonse Chapanis는 비행기 조종석의 혼란스러운 조작 장치와 디스플레이를 보다 인간공학적으로 개선할 때, 조종사의 인적오류를 크게 줄일 수 있음을 보여 주었다. 전쟁이 끝난 후 육군과 공군은 전쟁 중에 연구했던 결과를 요약한 책자 19권을 출판했다. 책자의 주요 골자는 사람이 수동 작업을 수행하는 데 필요한 근력 수준, 물건을 들 때 허리에 가해지는 압박 정도, 많은 노동을 할 때 심혈관에 미치는 영향 및 운반, 사람이 밀거나 당길 수 있는 최대 하중 등이었다.

냉전이 시작되면서 인적 요소와 인간공학 분야의 방어 지원 연구 실험실이 크게 확장되었다. 전쟁 후의 연구는 군사적인 후원을 받았고, 연구의 범위는 소형 장비에서 전체 워크스테이션으로 확대되었으며, 시스템은 산업 부문뿐만 아니라 전체 국방 분야에 확장되었다. 그리고 동시에 민간 산업에서도 인간공학적인 측면이 개선되기 시작하였다.

미국의 인적 요소 및 인간공학 전문가들이 참여하는 전문 조직인 Human Factors Society가 1957년 첫 번째 연례 회의가 열렸다(당시 약 90명이 참석했다). 그리고 1992년 Human Factors and Ergonomics Society로 이름이 변경되었으며, 오늘날에는 4,500명 이상의 회원 (사회)이 있으며, 인간공학적으로 국제적으로 인정받는 조직이 되었다.

(2) 인간공학(ergonomics)의 범위

인간공학의 연구분야는 1960년대 중반부터 발전하였다. 그리고 컴퓨터 하드웨어(1960년대), 컴퓨터 소프트웨어(1970), 원자력 발전소 및 무기 시스템(1980년대), 인터넷과 자동화(1990년대) 그리고 적응 기술(2000년대) 등의 분야로 확장되었다. 그리고 최근에는 신경 인간공학 및 나노 인간공학을 포함한 새로운 관심 분야가 등장했다.

인간공학 및 인적 요소에 기여하는 사람으로는 산업 엔지니어, 산업 심리학자, 산업 의학 의사, 산업 위생사 및 안전 엔지니어 등이 있다. 그리고 건축가, 직업 치료사, 물리 치료사, 산업 위생사, 디자이너, 안전 엔지니어, 일반 공학, 직업 의학 전문가 및 보험 손실 관리 전문가가 이 분야에서 활동한다.

3. 작업관련 근골격계 질환(Work-related Musculoskeletal Disorders)

인간공학은 작업장의 위험 요소를 확인, 평가 및 관리원칙을 통해 작업관련 근골격계질환(Work-related Musculoskeletal Disorders, 이하 WMSDS)을 방지하는 것을 목표로 한다. WMSDS는 근육, 힘줄, 인대, 말초 신경, 관절, 연골(척추 디스크 포함), 뼈 및 혈관지지와 관련된 장애이다. WMSDS는 작업 조건에 의해 악화되는 경향이 크다. WMSDS는 일반적으로 단기간 사건이 아닌 장기적인 조직에 반복적인 마모 및 미세 외상으로 인한 질병이다. 예를 들어 치과 위생사는 힘을 가하는 동안 작은 직경의 공구를 반복적으로 취급함에 따라 손 관련 힘줄이 손상되는 경향이 있다.

WMSDS는 누적 외상 장애(cumulative trauma disorders, CTDS), 반복성 긴장 손상(repetitive strain injuries, RSIS), 반복 운동 외상(RMT) 또는 직업 과용 증후군으로도 알려져 있다. WMSDS의 예는 상과염(테니스 팔꿈치), 건염, 엄지의 근 신염(DeQuervain's disease), 방아쇠 손가락 및 레이노 증후군(진동 흰 손가락)을 포함한다.

(1) 작업장소의 물리적 위험요인

물리적 위험요인은 근로자에게 생체 역학적 스트레스를 주는 요인들이다. 물리적 작업장 위험에는 어색하고 (중립이 아닌) 정적인 자세, 무겁거나 자주 또는 어색한 힘을 포함한 힘, 압축, 되풀이, 진동 등이 있다. 그리고 위험조건에는 기간, 강도, 온도, 직장, 스트레스 및 조직 문제 등이 있다. 또한 위험요소에는 나이, 성별, 취미, 과거병력, 신체적 또는 의학적 상태, 흡연 및 피로 등이 있다.

가. 자세

중립 자세는 신체의 스트레스를 줄이는 신체 위치이다. 중립 자세는 신경, 힘줄, 근육, 관절 및 척추 디스크에 가장 적은 양의 긴장이나 압력이 가해지는 신체 위치이다.

어색한 자세에는 머리 위로 팔꿈치를 올려 자재를 취급하는 경우가 포함된다. 이러한 자세하는 물건 취급 시 불편한 자세가 된다. 그리고 유지 보수 작업에서 일반적으로 쪼그리고 앉는 자세가 있다.

정적인 자세는 혈액의 흐름을 방지한다. 이러한 유형의 운동은 근육이나 힘줄에 부하 또는 힘을 증가시켜 피로를 유발한다. 근육을 수축 상태로 유지하면 폐기물이 축적되어 피로해지게 된다. 이러한 피로로 인해 사람은 부상을 입을 수 있다.

나. 반복

반복은 동일한 동작을 반복하면서 발생하는 물리적 위험 요소이다.

다. 힘

힘은 사람이 움직일 수 있는데 필요한 신체적 노력의 양을 나타낸다. 더 높은 힘을 가해야 하는 작업이나 동작은 근육, 힘줄 및 관절에 더 높은 기계적 하중을 가하고 피로를 빠르게 유발한다. 여기에 다른 위험 요인이 추가되면 더 많은 힘이 증가된다. 사람이 강력한 운동을 수행하려면 근육이 수축되어 빨리 피로해질 수 있다. 가해지는 힘이 클수록 근육의 피로가 더 빨라지며, 과도하거나 장기간 노출되면 근육이 과도하게 사용되어 근육이 변형되거나 손상될 수 있다.

라. 압축

압축 또는 접촉 응력은 작은 표면적에 집중된 힘이다. 접촉 스트레스는 일정한 압력으로 인해 혈류를 줄이거나 조직(예: 힘줄) 자극을 유발할 수 있다.

마. 진동

진동에는 단일 진동과 전신 진동이 있다. 단일 진동은 상지와 같은 단일 신체 부분에 노출되며, 공구 사용 시 일반적으로 발생한다. 진동 도구는 손가락에 혈관 경련 또는 혈관 수축을 일으켜 흰색 또는 창백하게 보일 수 있다. 그리고 전신진동은 전신을 통한 진동에 대한 노출로 지게차, 크레인, 트럭, 버스, 해상 선박 및 항공기와 같은 차량에서 찾을 수 있다. 주요 건강상의 피해는 척추에 많은 영향을 받는 것이다.

(2) 기여요인

기여 요인은 WMSDS를 직접 유발하지는 않지만, WMSDS 발생에 기여하는 요인이다.

가. 기간과 증폭

기간은 어떠한 작업을 수행하는 기간이다. 위험 요인에 지속적으로 노출되면 근육, 힘줄 및 신경 회복이 어려울 수 있다.

나. 온도

추운 환경에서 작업하는 근로자는 유산소성 요구가 높아지므로 더 빨리 피로해진다. 추위는 또한 손재주를 줄이고 더 강하게 잡거나 더 많은 근육을 사용하게 만든다. 따라서 추운 환경에서 힘을 쓰는 일은 건강에 좋지 않은 영향을 준다. 또한 더운 온도에 출되는 용광로의 복사열 또는 태양으로부터의 직접 노출을 피해야 한다. 근로자는 뜨거울 때 더 느리게 움직이므로 간단한 작업이 더 오래 걸릴 수 있다. 그리고 개인 보호장비 착용으로 인해 신체의 열이 증가된다.

다. 부적절한 휴식

사람은 쉬지 않고 계속 일을 하면 피로해진다. 근육은 근육 대사의 폐기물을 소화하고 제거하기 위해 휴식을 취할 시간이 필요하다. 근육을 쉬게 하는 방법에는 스트레칭, 교대 작업 및 미세 휴식(간호 일시 중지) 등이 있다.

라. 개인적인 요인

사람의 개인적인 건강상의 요인에는 나이, 성별, 취미, 흡연, 비만과 임신, 과거 병력, 약물 치료 과정, 피로 및 신체 상태 등이 있다.

(3) 영상표시단말기 작업

영상표시단말기(VDT)란 화면을 이용하여 정보를 영상으로 출력하는 모든 장치를 말한다. 영상표시단말기 취급근로자란 영상표시단말기의 화면을 감시·조정하거나 영상표시단말기 등을 사용하여 입력·출력·검색·편집·수정·프로그래밍·컴퓨터 설계(CAD) 등의 작업을 하는 사람을 말한다. "영상표시단말기 등"이란 영상표시단말기 및 영상표시단말기와 연결하여 자료의 입력·출력·검색 등에 사용하는 키보드·마우스·프린터 등 영상표시 단말기의 주변기기를 말한다. 주요 위험요인에는 작업조건 요인과 작업환경 요인으로 구분할 수 있다.

가. 작업조건 요인

작업대와 의자 사용으로 ① 작업대가 높으면 허리가 경직되고 어깨가 몸통으로부터 들려 장시간 작업시 통증을 유발할 수 있다. ② 작업대가 낮으면 등이 앞으로 굽어지고 팔꿈치에 체중이 실리며 어깨와 등 근육에 피로를 유발할 수 있다. ③ 의자가 너무 높으면 엉덩이가 좌석 앞으로 미끄러지면서 요추에 부담을 주고 대퇴부가 압박을 받아서 하체의 부종을 유발할 수 있다. ④ 의자가 너무 낮으면 자세가 불안정해져서 척추 측만증의 원인이 될 수 있고 다리와 관절이 경직될 수 있다.

작업빈도·시간·자세로 인해 ① 오랜 시간 동안 동일한 자세로 자료를 입력하는 정적인 자세는 요추에 압박 부담을 줄 수 있다. ② 장시간 손가락으로 같은 동작을 반복하여 자료를 입력하는 작업빈도가 건초염의 원인이 될 수 있다. ③ 작업자의 몸으로부터 너무 멀리 떨어져 있는 마우스를 잡기 위해 팔을 완전히 뻗은 자세를 오랜 시간 반복하면 어깨와 등이 경직되고 만성 통증의 원인이 될 수 있다.

나. 작업환경 요인

부적절한 조명관련으로 컴퓨터 작업을 주로 하는 사무실은 적절한 조도를 확보해야 한다. 공간크기 및 통로관련으로 작업공간의 크기 및 뒷사람과의 거리나 주통로의 폭이 적합하지 않을 경우 작업 스트레스가 증가한다. 소음, 온도, 기류 요인으로 ① 외부로부터의 지나친 소음은 두통이나 집중력 장해를 일으킬 수 있다. ② 사무실 내 적합하지 않은 온도 및 기류는 건강 장해를 발생시키며, 작업자의 업무에 장해를 줄 수 있다. ③ 공기가 건조해지며 충분한 가습을 하기 어려운 경우가 많아 공기질이 나빠질 수 있다.

다. 개선대책
① 작업관리

(1) 영상표시단말기 연속작업을 수행하는 근로자에 대해서는 영상표시단말기 작업 외의 작업을 중간에 넣거나 다른 근로자와 교대로 실시하는 등 계속해서 영상표시단말기 작업을 수행하지 않

도록 하여야 한다.

(2) 영상표시단말기 연속작업을 수행하는 근로자에 대하여 작업 시간 중 적정한 휴식시간을 주어야 한다.(다만, 연속작업 직후 근로기준법 제54조에 따른 휴게시간 또는 점심시간이 있을 경우에는 예외이다.)

(3) 영상표시단말기 연속작업을 수행하는 근로자가 휴식시간을 적절히 활용할 수 있도록 휴식장소를 제공하여야 한다.

(4) 작업자는 휴식시간에 자주 걷고 스트레칭을 하도록 한다.

(5) 가끔씩 서서 일하는 작업을 할 수 있도록 배려한다.

(6) 올바른 작업자세를 유지하기 위하여, 의자, 모니터, 책상 등 워크스테이션의 모든 요소가 잘 조화되도록 세심하게 배치한다.

(7) 책상 아래 공간이 다리를 자유롭게 움직일 수 있을 정도로 충분한지 확인한다.

(8) 앉았다 일어서기 편리하도록 충분한 공간을 확보해야 한다.

② 작업기기

(1) 모니터

(가) 모니터 화면은 회전 및 경사조절이 가능해야 한다.

(나) 화면의 깜박거림은 영상표시단기 취급근로자가 느낄 수 없을 정도이어야 하고 화질은 항상 선명해야 한다.

(다) 화면에 나타나는 문자·도형과 배경의 휘도비(Contrast)는 작업자가 용이하게 조절할 수 있어야 한다.

(라) 화면상의 문자나 도형 등은 영상표시단말기 취급근로자가 읽기 쉽도록 크기·간격 및 형상 등을 고려해야 한다.

(마) 단색화면일 경우 색상은 일반적으로 어두운 배경에 밝은 황·녹색 또는 백색문자를 사용하고 적색 또는 청색의 문자는 가급적 사용하지 않는다.

(2) 키보드와 마우스

(가) 키보드는 특수목적으로 고정된 경우를 제외하고 영상표시단말기 취급 근로자가 조작위치를 조정할 수 있도록 이동이 가능해야 한다.

(나) 키의 성능은 입력 시 영상표시단말기 취급 근로자가 키의 작동을 자연스럽게 느낄 수 있도록 촉각·청각 및 작동압력 등이 고려되어야 한다.

(다) 키의 윗부분에 새겨진 문자나 기호는 명확하고, 작업자가 쉽게 판별할 수 있어야 한다.

(라) 키보드의 경사는 5~15° 사이로 근로자가 조작하기 편하게 하고, 두께는 3cm 이하로 하는 것이 좋다.

(마) 키보드와 키 윗부분의 표면은 무광택으로 해야 한다.

(바) 키의 배열은 입력 작업 시 작업자의 팔 자세가 자연스럽게 유지되고 조작이 원활하게 배치되도록 한다.

(사) 작업자의 손목을 지지해 줄 수 있도록 작업대 끝면과 키보드의 사이는 15cm 이상을 확보하고 손목의 부담을 경감할 수 있도록 적절한 받침대(패드)를 이용할 수 있도록 한다.

(아) 마우스는 쥐었을 때 작업자의 손이 자연스러운 상태를 유지할 수 있어야 한다. 마우스는 키보드 옆에 있어야 하며 두 개의 높이가 동일하도록 하고 마우스를 사용할 때 손목이 중립이 되도록 한다.

(3) 작업대(책상)

(가) 작업대의 폭은 작업에 필요한 주변장치를 적절하게 배치할 수 있도록 최소 120cm 이상의 충분한 폭을 갖추어야 한다.

(나) 작업대의 깊이는 작업에 필요한 주변장치를 적절하게 배치할 수 있도록 최소 70cm 이상의 충분한 깊이를 갖추어야 한다.

(다) 작업대는 높이 조절이 가능한 것을 권장하며, 바닥면에서 작업대 표면까지의 높이가 68cm 전후에서 작업자의 체형에 알맞도록 조정하여 고정할 수 있어야 한다.

(라) 작업대는 가운데 서랍이 없는 것을 사용하도록 하며, 작업 중에 다리를 편안하게 놓을 수 있도록 다리 주변에 충분한 공간(60cm 이상 권장)을 확보해야 한다.

(마) 작업대의 앞쪽 가장자리는 둥글게 처리하여 작업자의 신체를 보호할 수 있어야 한다.

(4) 작업의자

(가) 의자는 안정감이 있어야 하며 이동 회전이 자유로운 것으로 하되 미끄러지지 않는 구조와 재질이어야 한다.

(나) 바닥 면에서 앉는 면까지의 높이는 눈과 손가락의 위치를 적절하게 조절할 수 있도록 적어도 35cm 이상 52cm 이하의 범위에서 조정이 가능하도록 한다.

(다) 의자는 충분한 넓이의 등받이가 있어야 하고 영상표시단말기 취급 근로자의 체형에 따라 요추 부위부터 어깨 부위까지 편안하게 지지할 수 있어야 하며 높이 및 각도의 조절이 가능해야 한다.

(라) 근로자의 필요에 따라 팔걸이를 사용할 수 있고, 팔걸이가 설치된 경우에는 작업대의 작업면 아래로 들어갈 수 있도록 높이 또는 위치의 조절이 가능해야 한다.

(마) 앉는 면의 깊이는 근로자의 등이 등받이에 닿을 수 있도록 의자 끝부분에서 등받이까지의 깊이가 38cm 이상 42cm 이하의 범위로 적절해야 한다.

(바) 의자의 앉는 면은 영상표시단말기 취급근로자의 엉덩이가 앞으로 미끄러지지 않는 재질과 구조로 되어야 하며 그 폭은 40cm 이상 45cm 이하가 되도록 한다. 앉는 면의 쿠션은 압력을 분산시킬 수 있는 것이어야 한다.

(사) 의자는 360° 회전과 이동이 가능해야 한다. 의자 바퀴의 수는 안전하게 이동이 가능하도록 5개 이상을 권장한다

(5) 트레이, 서류 받침대, 전화 및 물품

(가) 키보드나 마우스 등을 넣고 뺄 수 있는 트레이의 부착을 권장한다.

(나) 서류 받침대가 필요하다면 눈이나 모니터 높이에 놓일 수 있도록 조절이 가능하여야 한다 듀얼 모니터를 사용하는 경우는 눈의 높이에 두 개의 모니터가 동일하게 놓일 수 있도록 설치한다.

(다) 전화는 빈번하게 통화를 해야 하는 사무인 경우 헤드셋, 스피커폰, 블루투스를 제공한다

(라) 자주 사용하는 물품은 쉽게 닿을 수 있는 공간 안에 위치할 수 있도록 한다.

(6) 휴대용 컴퓨터의 인간공학적 대책 및 관리방안

(가) 필요한 경우 작업시에 휴대용 컴퓨터를 올리는 받침대를 사용한다.

(나) 휴대용 컴퓨터에 직접 선으로 연결하여 분리된 마우스와 키보드를 사용함으로써 상기의 '5.2-(2) 키보드와 마우스'에서 제시된 마우스와 키보드의 조건에 적합하게 맞추는 것도 좋은 방법이다.

③ 작업자세

(1) 눈높이는 화면상단과 비슷하거나 약간 아래에 오도록 하며 작업 화면상의 시야는 수평선상으로부터 아래로 10° 이상 15° 이하에 오도록 하며 화면과 근로자의 눈과의 거리는 40cm 이상을 확보해야 한다.
(2) 영상표시단말기는 몸의 중앙을 중심으로 30° 반경 이내에 위치해야 한다.
(3) 윗팔은 자연스럽게 늘어뜨리고, 작업자의 어깨가 들리지 않아야 하며, 팔꿈치의 내각은 90° 이상이 되어야 하고, 아래팔은 손등과 수평을 유지하여 키보드를 조작할 수 있어야 한다. 아래팔은 손등과 일직선을 유지하여 손목이 꺾이지 않도록 한다.
(4) 연속적인 자료의 입력 작업 시에는 서류받침대를 사용하도록 하고, 서류받침대는 높이·거리·각도 등을 조절하여 화면과 동일한 높이 및 거리에 두어 작업한다.
(5) 의자에 앉을 때는 의자 깊숙히 앉아 의자등받이에 등이 충분히 지지되도록 한다.
(6) 근로자의 발바닥 전면이 바닥면에 닿는 자세를 기본으로 하고, 바닥면에 발바닥이 닿지 않을 경우에는 발 받침대를 조건에 맞는 높이와 각도로 설치한다.
(7) 무릎의 내각은 90° 전후가 되도록 하고, 의자의 앉는 면의 앞부분과 영상표시단말기 취급근로자의 종아리 사이에는 손가락을 밀어 넣을 정도의 틈새가 있도록 하여 종아리와 대퇴부에 무리한 압력이 가해지지 않도록 한다.
(8) 키보드를 조작하여 자료를 입력할 때 양 손목을 바깥으로 꺾은 자세가 오래 지속되지 않도록 주의한다.

④ 사무환경 관리

(1) 조명과 채광

(가) 작업실내의 창·벽면 등을 반사되지 않는 재질로 하여야 하며, 조명은 화면과 명암의 대조가 심하지 않도록 하여야 한다.
(나) 영상표시단말기를 취급하는 작업장 주변 환경의 조도를 화면의 바탕 색상이 검정색 계통일 때 300럭스(Lux) 이상 500 Lux 이하, 화면의 바탕색상이 흰색 계통일 때 500Lux 이상 700Lux 이하를 유지하도록 하여야 한다.
(다) 화면을 바라보는 시간이 많은 작업일수록 화면 밝기와 작업대 주변 밝기의 차이를 줄이도록 하고, 작업 중 시야에 들어오는 화면·키보드·서류 등의 주요 표면 밝기를 가능한 한 같도록 유지하여야 한다.
(라) 창문에는 차광망 또는 커텐 등을 설치하여 직사광선이 화면·서류 등에 비치는 것을 방지하고 필요에 따라 언제든지 그 밝기를 조절할 수 있도록 하여야 한다. 창문의 크기는 바닥 면적의 20분의 1이상으로 한다.
(마) 작업대 주변에 영상표시단말기작업 전용의 조명등을 설치할 경우에는 영상표시단말기 취급근로자의 한쪽 또는 양쪽 면에서 화면·서류면·키보드 등에 균등한 밝기가 되도록 설치하여야 한다.
(바) 지나치게 밝은 조명·채광 또는 깜박이는 광원 등이 직접 영상표시단말기 취급 근로자의 시야에 들어오지 않도록 하여야 한다.
(사) 눈부심 방지를 위하여 화면에 반사 방지판 등을 부착하여 빛의 반사가 증가하지 않도록 하여야 한다.
(아) 작업면에 도달하는 빛의 각도를 화면으로부터 45° 이내가 되도록 조명 및 채광을 제한하여 화면과 작업대 표면반사에 의한 눈부심이 발생하지 않도록 하여야 한다. 다만, 조건상 빛의 반사방지가 불가능할 경우에는 다음 각 호의 방법으로 눈부심을 방지하도록 하여야 한다. ① 화면의 경사를 조정한다. ② 저휘도형 조명기구를 사용한다. ③ 화면상의 문자와 배경과의 휘도비(Contrast)를 낮춘다. ④ 화면에 후드를 설치하거나 조명기구에 간이 차양막 등을 설치한다. ⑤ 그 밖의 눈부심을 방지하기 위한 조치를 강구한다.

(2) 소음 및 정전기 방지

영상표시단말기 등에서 소음·정전기 등의 발생이 심하여 작업자에게 건 강장해를 일으킬 우려가 있을 때에는 다음 각 호의 소음·정전기 방지조치를 취하거나 방지장치를 설치하도록 하여야 한다.

(가) 프린터에서 소음이 심할 때에는 후드·칸막이·덮개의 설치 및 프린터의 배치 변경 등의 조치를 취한다. 사무실 내의 소음은 65dB(A) 이하가 권장된다.

(나) 정전기의 방지는 접지를 이용하거나 알코올 등으로 화면을 깨끗이 닦아 방지한다.

(3) 온도 및 상대습도

사무실의 온도는 17℃ 이상 28℃ 이하, 상대습도는 40% 이상 75% 이하를 유지하도록 한다.

(4) 점검 및 청소

(가) 영상표시단말기 취급근로자는 작업개시 전 또는 휴식시간에 조명기구·화면·키보드·의자 및 작업대 등을 점검하여 조정하여야 한다.

(나) 영상표시단말기 취급근로자는 수시 또는 정기적으로 작업장소·영상표시단말기 등을 청소함으로써 항상 청결을 유지하여야 한다.

(5) 공간크기

사무실 공간은 근로자 1인당 10m^3 이상으로 한다.

(6) 환기 및 기류

(가) 사무실 내에는 충분한 환기가 되어야 하며, 직접 외기를 향하여 개방할 수 있는 창을 설치한다.

(나) 공기정화설비 등에 의해 사무실로 들어오는 공기는 근로자에게 직접 접촉되지 않도록 한다.

(다) 기류속도는 근로자의 피부로 느끼지 못할 정도의 속도를 유지한다(초당 0.5m 이하).

(7) 통로

(가) 뒷 사람과의 거리는 최소 100cm 이상이 되어야 한다.

(나) 주통로의 폭은 최소 120cm 이상이 되어야 한다.

(8) 레이아웃

(가) 작업대 내 여러 사람이 작업할 때는 사무기기를 다음과 같이 적절히 배치한다.

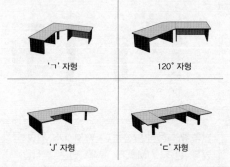

'ㄱ' 자형   120° 자형

'J' 자형   'ㄷ' 자형

4. 수동물자 취급(Manual Material Handling)

(1) 소개

수동물자취급(Manual Material Handling, 이하 MMH)이란 손이나 신체적 힘으로 하중을 운반하거나 지지하는 것을 의미한다. 여기에는 짐을 들어올리기, 내리기, 밀기, 당기기, 이동 또는 운반이 포함된다. 화물은 상자나 패키지, 사람이나 동물과 같은 움직일 수 있는 물체 또는 롤 케이지나 팔레트 트럭과 같이 밀거나 당기는 물체를 의미한다.

(2) 위험요인

MMH로 인한 부상은 근골격계 질환으로 허리, 관절 및 사지에 통증을 유발할 수 있는 상태를 포함한다. MMH의 위험 요인은 농장, 건물 현장, 공장, 사무실, 창고, 병원, 배송 등 모든 종류의 작업장에서 발견될 수 있다. 과도한 육체 노동, 반복적인 취급, 어색한 자세 및 이전 또는 현재의 부상 또는 조건은 모두 근골격계 질환 발생의 위험 요소이다. MMH로 인한 근로자들의 건강이 나빠지기 전 사업주는 초기 단계에서 징후와 증상을 보고하도록 권장하여 위험을 줄이기 위한 조치를 취해야 한다.

구분	내용
힘 	높은 힘 요구 = WMSDS 위험 증가 WMSDS 유해요인은 들어올리기, 밀기, 당기기, 운반하기, 쥐기 및 도구를 사용하는 중 발생한다.
자세 	어색하거나 정적인 자세 = WMSDS 위험 증가, 자세 관련 WMSDS 유해요인은 구부리고, 비틀고, 뻗고 그리고 무릎을 꿇는 중 발생한다.
반복	반복적인 움직임/행동 = WMSDS 위험 증가 반복 관련 WMSDS 유해요인은 휴식할 시간이 거의 없이 동일한 일을

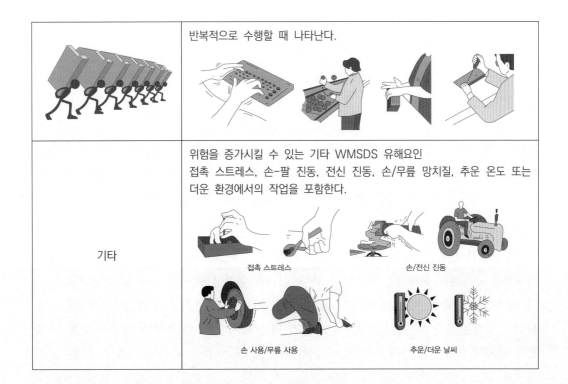

	반복적으로 수행할 때 나타난다.
기타	위험을 증가시킬 수 있는 기타 WMSDS 유해요인 접촉 스트레스, 손-팔 진동, 전신 진동, 손/무릎 망치질, 추운 온도 또는 더운 환경에서의 작업을 포함한다. 접촉 스트레스　　　　　손/전신 진동 손 사용/무릎 사용　　　　추운/더운 날씨

(3) 위험요인 개선 방법

MMH로 인한 근골격계 질환을 줄이기 위한 우선순위는 MMS 피하기, 평가하기, 위험성 줄이기가 있다. 위험한 MMH을 합리적으로 실행 가능하도록 피한다(avoid). 위험 요소로 인한 근로자 부상 위험을 평가(assess)한다. 위험한 MMH로 인한 부상을 줄이기 위해 위험성을 합리적으로 가능한 한 낮게 줄인다. 이러한 위험요인을 줄이기 위해서는 아래 표와 같이 근로자도 따라야 할 기준이 있다.

- 건강과 안전을 위해 마련된 작업 시스템을 따른다.
- 건강과 안전을 위해 제공된 장비를 적절하게 사용한다.
- 건강 및 안전 문제에 관해 조직이나 사업장과 협력한다.
- 상황이 변경되거나 위험 요소가 식별되면 보고한다.
- 자신의 활동이 다른 사람을 위험에 빠뜨리지 않도록 주의한다.

가. 위험요인 피하기(avoid)

MMH 방식을 보다 안전하게 할 수 있고, 해당 위험을 제거하거나 피할 수 있는 방안을 고려한다. 여기에서 생각해 봐야 할 사항은 진정으로 해당 물건을 옮겨야 하는지 다시 생각해 보는 것이다. 그리고 작업을 재설계하여 해당 물건을 옮기지 않고, 해당 장소에서 수행이 가능한지 여부를 확인한다. 그리고 자동화 또는 기계화를 검토한다.

MMH를 피할 수 없는 경우, 수동 처리 부분을 제거하기 위해 작업을 자동화하거나 기계화할 수 있는지 고려한다. 이러한 결정을 내리는 가장 좋은 시기는 공장이나 작업 시스템을 설계할 때이다. 여기에 포함해야 할 사항으로는 예를 들어 컨베이어, 슈트, 전동 팔레트 트럭, 전동 또는 수동 호이스트, 리프트 트럭을 사용하여 부상 위험을 줄일 수 있는지 확인하는 것이다. 그리고 생산 라인에서 로봇 기술을 사용할 수 있는지 확인한다. 하지만, 자동화나 기계화를 도입할 때 추가적인 새로운 위험이 발생하는지 여부도 확인해야 한다. 마땅히 직원들이 리프트 트럭과 같은 장비를 사용하도록 교육을 받았는지 확인해야 한다.

나. 위험성평가

작업장에서 위험한 MMH로 인해 피할 수 없는 위험을 식별한 경우, MMH와 관련한 위험성평가를 수행하여 위험성을 낮추어야 한다. 이러한 위험성평가에서 고려해야 할 사항은 과제, 부하, 작업 환경, 개인 역량, 사용된 자재 취급 장비 또는 취급 보조 장치, 작업을 구성하고 할당하는 방법 및 작업의 속도, 빈도 및 기간 등이다. 또한 특별한 위험에 처할 수 있는 근로자에 대한 배려가 필요하다. 예를 들어, 산모 또는 임산부, 특정 작업을 수행하는 데 장애가 있는 사람, 최근 MMH로 인해 부상을 입은 후 직장에 복귀한 사람, 단계적으로 직장에 복귀할 수 있는 사람, 경험이 부족한 신규 근로자, 젊은 근로자 또는 임시 근로자, 고령 근로자, 계약자, 재택근무자 또는 단독 근로자, 이주노동자 등이 있다. 여기에 심리사회적 위험 요인도 고려해야 한다. 그 이유는 MMH로 인해 업무 및 작업장 조건에 대한 근로자의 심리적 반응에 영향을 미칠 수 있기 때문이다. 예를 들어 높은 업무량, 빡빡한 마감 기한, 작업 및 작업 방법에 대한 통제력 부족 등은 전술한 내용에 영향을 주는 요인으로 볼 수 있다.

다. 위험성평가 방식

다음 그림은 근로자가 안정된 자세를 취한 상태에서 양손으로 화물을 쉽게 잡고 합리적인 작업 조건에서 취급한다고 가정한 모습이다. 들어올리기 및 내리기 위험성 필터 그림의 각 상자에는 들기 및 필터링을 위한 값이 포함되어 있다.

팔을 뻗은 상태로 취급하거나 높거나 낮은 위치에서 취급하면 상자의 필터 값이 감소하며, 부상이 발생할 가능성이 가장 높은 곳이라는 것을 보여준다. 평가하는 작업 활동을 관찰하고 그림과 비교해 본다. 먼저, 화물을 이동할 때 작업자의 손이 통과하는 구역을 결정한다. 그런 다음 취급되는 최대 중량을 평가한다. 상자에 표시된 값보다 적으면 안전한 작업 기준에 포함되는 것이다. 작업 중 작업자의 손이 여러 구역에 들어갈 경우 가장 적은 수를 적용한다. 손이 영역 사이의 경계에 가까울 경우 중간 수를 적용한다.

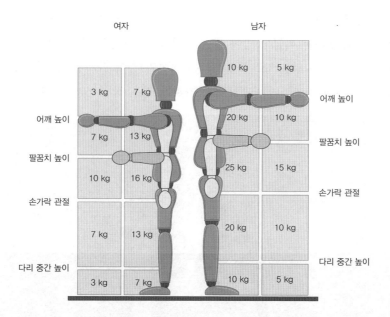

a. 운반위험 필터(Carrying risk filter)

위에 표기된 들어올리기 및 내리기 위험성 필터 그림을 활용하여 하중이 걸리는 운반 작업에 적용할 수 있다. 이 때의 조건은 신체에 대항하여 고정되어야 한다. 쉬지 않고 약 10m 이상 이동하지 않는다. 사람이 정상적으로 걷는 데 방해가 없다. 운반하는 사람의 시야가 방해되지 않는다. 손을 관절 높이보다 낮거나 팔꿈치 높이보다 훨씬 높게 잡을 필요는 없다. 먼저 짐을 들어올리지 않고도 어깨에 안전하게 짐을 실을 수 있는 경우(예: 어깨 위로 밀어 넣는 방식) 최대 20m까지 필터 값을 적용할 수 있다.

b. 밀고 당기기 위험 필터

밀고 당기는 작업에서 하중은 바퀴 위에서 미끄러지거나 굴러가거나 움직일 수 있다. 작업 중 작업자의 일반적인 자세를 관찰한다. 아래 그림은 허용 가능한 밀기/당기기 자세를 보여준다. 경사면, 고르지 못한 바닥, 협착된 공간 또는 끼일 위험과 같은 추가 위험 요소가 있다.

c. 앉은 상태에서 취급

앉은 상태에서 수행되는 취급 작업에 대한 필터 값은 아래 그림과 같다. 남자는 5kg이고, 여자는 3kg이다. 이 값은 양손으로 들어올리는 경우와 손이 표시된 영역 내에 있는 경우에만 적용된다. 안전지대를 벗어나는 취급이 불가피한 경우 작업 전체 평가를 수행해야 한다.

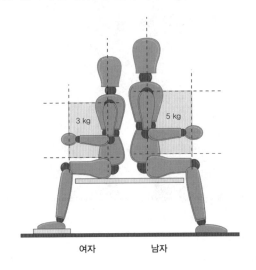

여자　　　남자

5. 유해요인 조사

유해요인 조사는 근골격계질환을 예방하기 위하여 근골격계부담작업이 있는 공정/부서/라인/팀 등 사업장 내 전체 작업을 대상으로 유해요인을 찾아 제거하거나 감소시키는 데 목적을 두고 있다. 하지만, 유해요인 조사의 결과는 근골격계질환의 이환을 부정하는 근거 또는 반증자료로 사용할 수 없다.

(1) 유해요인 조사 시기

매 3년마다 주기적으로 실시하는 정기 유해요인 조사가 있다. 그리고 산업안전보건법에 의한 임시건강진단 등에서 근골격계질환자가 발생하였거나 산업재해보상보험법 시행령 별표3에 따라 업무상 질병으로 인정받은 경우, 근골격계부담작업에 해당하는 새로운 작업·설비를 도입한 경우, 근골격계부담작업에 해당하는 업무의 양과 작업공정 등 작업환경을 변경한 경우에 시행하는 수시 유해요인 조사가 있다.

(2) 유해요인 조사 방법 및 절차

- 유해요인 조사는 근골격계부담작업 전체에 대한 전수조사를 원칙으로 한다. 다만, 동일한 작업 형태와 동일한 작업조건의 근골격계부담작업이 존재하는 경우에는 일부 작업에 대해서만 단계적 유해요인 조사를 수행할 수 있다.
- 유해요인 조사는 크게 유해요인 기본조사와 근골격계질환 증상조사로 구성되어 있으며, 조사를 위하여 유해요인 기본조사표 양식과 근골격계질환 증상조사표 양식을 사용한다.
- 유해요인 기본조사와 근골격계질환 증상조사 결과 추가적인 정밀평가가 필요하다고 판단되는 경우에는 작업상황에 맞는 정밀평가(작업분석·평가)도구를 이용한다.
- 유해요인 조사 결과 작업환경 개선이 필요한 경우에는 개선을 위한 우선 순위를 결정하고 개선 대책 수립 및 실시 등의 절차를 추진한다.

(3) 유해요인 조사 흐름도 및 조사 내용

유해도 평가는 유해요인 기본조사의 총점수가 높거나 근골격계질환 증상호소율이 다른 부서에 비해 높은 경우에는 유해도가 높다고 할 수 있다. 작업환경 개선의 우선 순위 결정은 유해도가 높은 작업 또는 특정근로자 중에서도 다수의 근로자가 유해요인에 노출되고 있거나 증상 및 불편을 호소하는 작업 그리고 비용편익 효과가 큰 작업을 대상으로 한다. 유해요인 조사는 기본조사, 근골격계질환 증상 설문조사 및 정밀평가(작업분석·평가도구) 등이 있다.

(4) 기본조사

유해요인 기본조사의 내용은 작업장 상황 및 작업조건 조사로 구성된다. 작업장 상황조사 내용으로는 작업공정, 작업설비, 작업량, 작업속도 및 최근 업무의 변화 등이 있다. 그리고 작업조건조사 내용에는 반복성, 부자연스러운 또는 취하기 어려운 자세, 과도한 힘, 접촉스트레스 및 진동 등이 있다.

(5) 증상설문조사

근골격계질환의 징후 및 증상 조사는 유해요인 조사 대상으로 선정된 작업의 근로자를 대상으로 실시한다. 각 신체부위별 통증에 대한 자각증상(근로자로부터 표현되는 주관적인 증상)을 조사하여 증상호소율이 높은 작업이나 부서/라인 등을 선별하기 위한 방법이다. 근골격계질환 증상설문조사는 근로자 개인의 징후 및 증상을 증명하거나 판단하는 기준으로 활용하기에는 어려움이 있으며, 사업장의 전사적인 특성을 파악하는 게 활용하는 것이 좋다. 증상설문조사 작성은 근로자가 직접 기입하거나 조사자가 문답식으로 체크한다. 증상조사표는 통증 부위를 먼저 체크하고 그 아래로 내려가며 끝까지 체크한다. 그리고 설문 사용은 유해요인 기본조사 결과와 연결하여 유해요인과 해당 신체 부위가 잘 부합되는지 확인한다.

개선 우선순위 결정 시 부서별로 증상호소율을 비교한다.

(6) 인간공학적 정밀평가 도구
가. NIOSH Lifting Equation(NLE)

미국 국립 산업안전보건 연구소(National Institute for Occupational Safety and Health, NIOSH)[18]에서는 1981년 들기작업에 대한 안전 작업지침을 발표하였다. 이 지침은 작업장에서 가장 빈번히 일어나는 들기작업에 있어 안전작업무게(AL: Action Limit)와 최대허용무게(MPL: Maximum Permissible Limit)를 제시하여, 들기작업에서 위험 요인을 찾아 제거할 수 있도록 하였다. 최대허용무게는 안전작업무게의 3배이며 들기작업을 할 때 요추(L5/S1) 디스크에 650kg 이상의 인간공학적 부하가 부과되는 작업물의 무게이다. 따라서 작업물의 무게가 이 한계를 넘는 들기작업은 작업자에게 매우 위험하다고 할 수 있다. 안전작업무게는 수평인자와 수직인자 그리고 거리인자, 빈도인자를 통하여 구할 수 있다. 이 경우 L5/S1 디스크에 350kg의 생체 역학적 부하가 걸리고 이 무게까지는 대부분의 사람이 견디어 낼 수 있으나 이를 넘어가면 허리에 무리가 가해지게 된다. 이 작업지침에서는 AL과 MPL 사이의 작업에서는 관리적 기법(administrative approach)에 의한 작업 개선이 필요하며, MPL 이상의 작업에 대해서는 공학적 기법(engineering approach)에 의한 작업 개선이 필요하다고 제안하고 있다. 1981년에 발표된 들기작업 지침은 두 손의 대칭형 들기작업, 제한 조건이 없는(unrestricted) 들기자세, 좋은 커플링 상태, 쾌적한 주위환경 등의 제약 조건을 가지고 있다. 이러한 제약 조건은 실제 작업 현장과 차이를 보이기 때문에 이에 대한 보완의 필요성이 높아져 1991년 개정된 새로운 들기작업 지침이 제안되었다.

평가방법의 기본 조건은 리프팅 작업은 양손이며 부드럽다. 손의 높이나 수평이 같으며 하중이 양손에 고르게 분포하고 있다. 신발 밑창과 바닥 표면의 커플링은 단단한 바닥을 제공한다. 범위를 벗어나면 부상의 위험이 있다. 이 평가 방법을 적용하기 위한 수식은 Lifting Index(LI)[19] =작업물 무게/권장무게 한계(Recommended Lifting Limit, RWL[20])이다. RWL 계산을 위한 리프팅 방정식은 여섯 가지 변수의 곱셈 모델이다. RWL=HM(수평, Horizontal Multiplier)×VM(수직, Vertical Multiplier)×DM(수직이동 거리, Distance Multiplier)×AM(비대칭 각도, Asymmetric Multiplier)×FM(들기 빈도, Frequency Multiplier)×CM(커플링, Coupling Multiplier).

---

18) NIOSH는 국가의 모든 남성과 여성에게 안전하고 건강한 근로 조건을 보장하고 인적 자원을 보존할 의무가 있다. 1970년 산업안전보건법에 따라 국립 산업안전보건 연구소(NIOSH)가 연구 기관으로 설립되었다. 근로자의 안전과 건강에 대한 연구에 중점을 두고 고용주와 근로자가 안전하고 건강한 직장을 만들 수 있도록 지원하는 기관이다. 미국 산업 안전 보건 연구소(NIOSH)는 미국 보건복지부 내의 질병통제 및 예방센터(CDC)의 일부이다.
19) LI는 실제 작업물의 무게와 RWL의 비(ratio)이며 특정 작업에서의 육체적 스트레스의 상대적인 양을 나타낸다. 즉 LI가 1.0보다 크면 작업 부하가 권장치보다 크다고 할 수 있다.
20) RWL인 권장 무게 한계란 건강한 작업자가 특정 들기작업에서 실제 작업시간 동안 허리에 무리를 주지 않고 요통의 위험 없이 들 수 있는 무게의 한계를 말한다. RWL은 여러 작업 변수들에 의해 결정된다.

　무게는 들어올린 물체의 무게로 결정(리프트 순간마다 다를 경우 평균 혹은 최대무게를 기록)한다. 높이는 발의 위치에서 중량물을 들고 있는 손의 위치까지의 수평거리, 발의 위치는 발목의 위치로 하고, 발의 전후로 교차하고 있는 경우는 좌우의 발목의 위치의 중점을 다리위치, 손의 위치는 중앙의 위치로 하고, 좌우의 손위치가 다른 경우는 좌우의 손위치의 중점으로 한다. 그리고 손의 수직위치는 두 손 사이의 수직 중간점까지 측정한다.

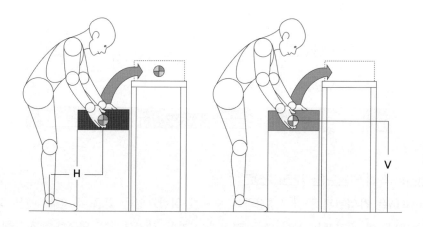

　이동거리는 중량물을 들고 내리는 수직방향의 이동거리의 절대치이다. 비대칭 각도는 리프트 출발지와 목적지에서 비대칭 각도로 결정한다. 리프팅 빈도는 리프팅 시간을 결정하고 테이블을 참조하여 분당 리프트 및 손의 위치 승수를 찾는다.

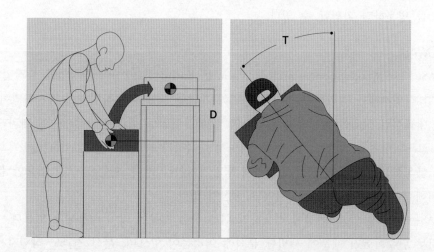

손잡이 형태에는 양호(Good, 손가락이 손잡이를 감싸서 잡을 수 있거나 손잡이는 없지만 들기 쉽고 편하게 들 수 있는 부분이 존재할 경우), 보통(Fair, 손잡이나 잡을 수 있는 부분이 있으며 적당하게 위치하지는 않았지만 손목의 각도를 90도 유지할 수 있는 경우) 그리고 불량(Poor, 손잡이나 잡을 수 있는 부분이 없거나 불편한 경우, 끝부분이 날카로운 경우)로 구분한다.

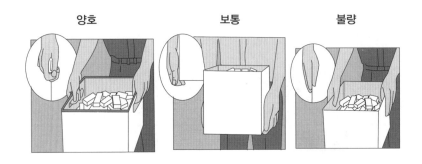

나. 인간공학적 위험요인 체크리스트

미국 OSHA는 작업관련 근골격계질환의 중요한 위험요인을 찾을 수 있는 빠른 평가도구를 제공하였다. 이 평가표는 보다 빠른 결정과 철저한 작업분석을 요구하는 작업에서 사용될 수 있다. 이 평가표 A는 상지(손, 손목, 팔, 어깨, 목)의 위험요인을 평가하는 데 사용된다. 평가표 B는 허리, 하지의 위험요인을 평가하는데 사용된다. 평가표 C는 인력운반에 관한 평가이며 이 평가표의 점수는 평가표 B의 점수와 합산되어 하지를 평가하는 데 사용된다. 인간공학적 위험요인 체크리스트는 https://www.kosha.or.kr/kosha/business/musculoskeletal _c_d.do를 방문하면 확인할 수 있다.

다. OWAS

OWAS(Ovako Working posture Analysis System)는 Karhu 등(1977)이 철강업에서 작업자들의 부적절한 작업자세를 정의하고 평가하기 위해 개발한 대표적인 작업자세 평가기법이다. 이 방법은 대표적인 작업을 비디오로 촬영하여, 신체부위별로 정의된 자세기준에 따라 자세를 기록해 코드화하여 분석하는 기법이다. 이렇게 분석자가 특별한 기구 없이 관찰만으로 작업자세를 분석하는 방법을 관찰적 작업자세 평가기법이라 하며, 이는 기구를 이용한 분석 방법에 비해 현장에서의 적용성이 뛰어난 장점이 있다.

OWAS는 배우기 쉽고, 현장에 적용하기 쉬운 장점 때문에 많이 이용되고 있으나, 작업자세를 너무 단순화했기 때문에 세밀한 분석에 어려움이 있으며, 분석 결과도 작업자세 특성에 대한 정성적인 분석만 가능하다. 작업자세를 네개 작업수준으로 정의하고 있으나, 이 결과 역시 구체적이지 못하기 때문에 작업 개선을 위해서는 추가의 세부 분석 과정이 필요하다.

라. REBA

REBA(Rapid Whole Body Assessment) 방법은 Sue Hignett 박사와 Lynn McAtamney 박사(영국 노팅엄 대학의 인체 학자)가 개발하였다. 근골격계질환(직업성상지질환)과 관련한 위해인자에 대한 개인작업자의 노출정도를 평가하기 위한 목적으로 개발되었으며, 특히 상지작업을 중심으로 한 RULA와 비교하여 간호사 등과 같이 예측하기 힘든 다양한 자세에서 이루어지는 서비스업에서의 전체적인 신체에 대한 부담정도와 위해인자에의 노출정도를 분석하기 위한 목적으로 개발되었다.

마. RULA

RULA(Rapid Upper Limb Assessment)는 1993년에 McAtamney와 Corlett에 의해 근골격계질환과 관련된 위험인자에 대한 개인 작업자의 노출정도를 평가하기 위한 목적으로 개발되었다. 개발과정에서 의류산업체의 재단, 재봉, 검사, 포장 작업 그리고 VDU 작업자 등을 포함하는 다양한 제조업의 작업을 그 분석연구의 대상으로 하여 개발하였다. RULA는 어깨, 팔목, 손목, 목등 상지(Upper Limb)에 초점을 맞추어서 작업자세로 인한 작업부하를 쉽고 빠르게 평가하기 위하여 만들어진 기법이다. 이 도구는 EU의 VDU 작업장의 최소안전 및 건강에 관한 요구 기준과 영국(UK)의 직업성 상지질환의 예방지침의 기준을 만족하는 보조도구로 사용되고 있다. RULA는 나쁜 작업자세로 인한 상지의 장애(Disorders)를 안고 있는 작업자의 비율이 어느 정도인지를 쉽고 빠르게 파악하는 방법을 제시하기 위해 만들어졌다. RULA는 근육의 피로에 영향을 주는 인자들인 작업 자세나 정적 또는 반복적인 작업 여부, 작업을 수행하는 데 필요한 힘의 크기 등 작업으로 인한 근육 부하를 평가하기 위해 만들어졌다. 포괄적인 인간공학적 평가를 위한 결과를 제공하기 위한 목적으로 개발되었다.

6. 근골격계질환 위험 개선조치

(1) 프로세스 개선

위험을 감소시키기 위한 프로세스 개선에는 자기 주도적 작업, 미세한 휴식 부여, 직무 확대 및/또는 업무 순환, 작업/자재 흐름 개선, 작업자 간의 의사소통 개선, 결함 보고에 대한 적시 대응, 장비고장과 손상 시 즉시 대응 및 작업량에 적합한 인력을 투입하는 방식의 프로세스를 개선한다.

(2) 재료나 화물 관리

위험을 감소시키기 위한 적절한 재료나 화물 취급은 무게를 고려하여 선반에 재고 정리, 표준 이하/저품질 재료 구입 금지, 관리 가능한 무게/크기로 구매, 벌크 컨테이너로 자재 구매, 손잡이를 포함하도록 포장재 디자인 및 접근하기 쉬운 곳에 자료를 보관해야 한다.

(3) 환경적 측면

위험을 감소시키기 위한 환경적 측면의 개선은 작업에 적합한 워크스테이션 구성, 이동 및 필요한 작업을 위한 공간을 제공하기 위해 작업대 레이아웃을 재설계, 정리정돈 시행, 쾌적한 작업 온도 보장 및 피로 방지 매트 제공 등이 필요하다.

(4) 장비적 측면

위험을 감소시키기 위한 프로세스 기계화, 기계식 리프트, 호이스트, 컨베이어, 전동 카트 제공, 워크스테이션 디자인/레이아웃 개선, 워크스테이션 조정 기능(앉기/서기, 높이 조절 가능), 사전 정비, 교대 전 체크리스트/검사, 더 쉬운 사용, 가시성, 접근을 위한 이동 제어, 디스플레이, 도구, 컨트롤에 라벨이 제대로 지정되어 있고 색상으로 구분되어 있는지 확인, 작업자가 움직일 수 있는 공간을 제공하고, 자유로운 자세 허용 그리고 자재 이동을 위한 자재 취급 장비를 제공한다.

(5) 사람적 측면

위험을 감소시키기 위한 효과적인 교육훈련 프로그램을 개발하고 적용한다. 여기에는 근골격계 질환의 징후 및 증상, 유해요인 인식, 유해요인을 보고하는 방법, 작업 기술 및 프로세스, 팀 기반 솔루션/참여적 문제 해결 방법, 도움이 되는 장비/통제 사용의 필요성을 강화, 위험 감소, 감독자의 의사소통/지원 개선, 우려사항 조기보고 지원, 개인 보호 장비(깔창, 무릎 패드, 진동 방지 장갑) 지급 및 생산 압력 완화가 포함된다.

참조 문헌과 링크

고용노동부. (2019). 2019년 산업재해 현황분석.

고용노동부. (2020). 2020년 산업재해 현황분석.

고용노동부. (2021). 2021년 산업재해 현황분석.

황재진, 이경선. (2022). 내 삶속의 인간공학. 박영사.

임상혁, 김록호, 양길승, 양정인, 김상섭, 전형준, & 박시복. (2000). 그라인더 (grinder) 사용에 의한 Hand-Arm Vibration Syndrome (HAVS)의 6 예. *대한직업환경의학회지, 12*(3), 421-429.

이승재, & 박수영. (2019). 화재시 건축물의 구조설계를 위한 화재하중의 산정법. *한국강구조학회지,* 12-15.

산업안전보건법 제29조 및 동법 시행규칙 제26조(별표4, 별표5)

산업안전보건연구원. (2019). 추락재해예방을 위한 비계 안전난간 선행공법의 국내 건설현장적용에 관한 연구.

산업안전보건연구원. (2010). 특수건강진단 대상자의 유해인자 노출과 질병과의 관련성 연구.

소방청. (2022). 2022년 화재통계 연감.

송형준. (2020). 서울과학기술대학교 전기설비안전특론.

산업안전보건기준에 관한 규칙. (2023). 별표 18의 밀폐공간.

한국안전보건공단. (2005). 유해 · 위험작업에서의 안전작업허가를 통한 안전보건관리 제조.

한국산업안전보건공단. (2011). 단독작업 리스크의 통제에 관한 일반지침.

한국산업안전보건공단. (2011). 눈 보호구의 선정 및 유지·보수에 관한 안전가이드 (KOSHA GUIDE G-25-2011).

한국산업안전보건공단. (2014). 근골격계질환 예방 업무편람.

한국산업안전보건공단. (2015). 소음성 난청 예방관리 (직업건강 가이드라인).

한국산업안전보건공단. (2015). 국소진동공구 취급 근로자의 보건관리지침 (KOSHA GUIDE H-177-2015).

한국산업안전보건공단. (2015). 이동용 전기기계·기구에서의 전기 위험성 감소대책 연구 (휴대용 및 감전중심).

한국산업안전보건공단. (2015). 영상표시단말기를 사용하는 사무환경 관리에 관한 기술지침 (KOSHA

GUIDE H-174-2015).

한국산업안전보건공단. (2016). 현장작업자를 위한 소화기 종류와 사용방법 한국산업안전보건공단. (2016). 달비계 안전작업 지침 (KOSHA GUIDE C-33-2016).

한국산업안전보건공단. (2017). 정전기 재해예방에 관한 기술지침 (KOSHA GUIDE E-89-2017).

한국산업안전보건공단. (2018). 이동식 비계 설치 및 사용안전 기술지침 (KOSHA GUIDE C-28-2018).

한국산업안전보건공단. (2021). 밀폐공간 질식재해예방 안전작업가이드.

한국산업안전보건공단. (2020). 시스템비계 안전작업 지침 (KOSHA GUIDE C-32-2020).

한국산업안전보건공단. (2020). 호흡보호구의 선정·사용 및 관리에 관한 지침 (KOSHA GUIDE H-82-2020).

한국산업안전보건공단. (2021). 안전보건 VR교안 (끼임 재해예방).

한국산업안전보건공단. (2022). 근골격계질환 예방을 위한 업종별 개선사례 연구.

한국산업안전보건연구원. (2021). 건설현장 이동식 비계의 안전성과 현장 적용성 개선 연구.

산업안전보건연구원. (2022). 이동식 사다리 작업의 위험요인 분석 및 대체품 (작업발판) 개발.

화재보험협회. (2017). KFS 120 방화문설비기준 (STANDARD OF FIRE DOORS).

American Industrial Hygiene Association. (2014). Prevention Through Design: Eliminating Confined Spaces and Minimizing Hazards. *AIHA, Falls church*, VA.

Arifin, K., Ahmad, M. A., Abas, A., & Ali, M. X. M. (2023). Systematic literature review: Characteristics of confined space hazards in the construction sector. *Results in Engineering*, 101188.

BS EN 2:1992 Classification of fires - European Standards.

Collins, R., Zhang, S., Kim, K., & Teizer, J. (2014). Integration of safety risk factors in BIM for scaffolding construction. In *Computing in Civil and Building Engineering (2014)* (pp. 307-314).

Cornelis, S. (2016). WT: *Eliminating truck blind spots a matter of direct vision*. Technical report, Transport & Environment.

Dogan, E., Yurdusev, M. A., Yildizel, S. A., & Calis, G. (2021). Investigation of scaffolding accident in a construction site: A case study analysis. *Engineering Failure Analysis*, 120, 105108.

EN ISO 12100:2010 Safety of machinery - General principles for design - Risk assessment and risk reduction (ISO 12100:2010)

Government of Western Australia. (2006). Commission for occupational safety and health.

Hignett, S., & McAtamney, L. (2000). Rapid entire body assessment (REBA). *Applied ergonomics, 31*(2), 201-205.

HSE. (2023). Safe use of ladders and stepladders.

Human error analysis in a permit to work system: a case study in a chemical plant. *Safety and health at work*, 7(1), 6-11.

Hughes, P., & Ferrett, E. (2022). *International Health and Safety at Work: The Handbook for the NEBOSH International General Certificate*. Routledge.

Herts & Middlesex Wildlife Trust. (2023). Lone Working Policy (HS_P4).

HSE. (2013). Working alone-Health and safety guidance on the risks of lone working. Stack, T., Ostrom, L. T., & Wilhelmsen, C. A. (2016). *Occupational ergonomics: A practical approach*. John Wiley & Sons.

HSE. (2014). A guide to workplace transport safety.

HSE. (2012). Hand-arm vibration at work.

HSE. (2020). Manual handling at work-A brief guide.

Iliffe, R. E., Chung, P. W. H., & Kletz, T. A. (1999). More effective permit-to-work systems. *Process safety and environmental protection*, 77(2), 69-76.

ILO. (2021). Fire Risk Management.

ISO 7165:2009 Fire fighting — Portable fire extinguishers — Performance and construction

ISSA. (2010). Guide for Risk Assessment in Small and Medium Enterprises.

Jahangiri, M., Hoboubi, N., Rostamabadi, A., Keshavarzi, S., & Hosseini, A. A. (2016).

Tonetto, M. S., & Saurin, T. A. (2021). Choosing fall protection systems in construction sites: Coping with complex rather than complicated systems. *Safety science, 143*, 105412.

Matsuoka, S., & Muraki, M. (2002). Implementation of transaction processing technology permit-to-work systems. *Process Safety and Environmental Protection, 80*(4), 204-210.

Morris, G. A., & Cannady, R. (2019). Proper use of the hierarchy of controls. *Professional Safety, 64*(08), 37-40.

NATIONAL FIRE PROTECTION ASSOCIATION. (2014). NFPA 921 Guide for Fire and Explosion Investigations.

New Zealand Government WORKSAFE (2021). Managing work site traffic.

Mahdzir, A. H. M. (2013). *Effectiveness of Defensive Driving Among Commercial Truck Drivers: A Case Study at MISC Integrated Logistics Sdn. Bhd.(MILS)* (Doctoral dissertation, Universiti Teknologi Malaysia).

Occupational Safety and Health Administration. (1926). Fall protection systems criteria and practices.

OSHA FactSheet. (2013). Reducing Falls in Construction: Safe Use of Extension Ladders.

Occupational Safety and Health Branch Labour Department. (2010). Safet Work in Confined Spaces.

Occupational Health and Safety Council of Ontario (OHSCO). (2008). MUSCULOSKELETAL DISORDERS PREVENTION SERIES, Part 3C, MSD Prevention Toolbox-More on in-depth Risk Assessment Methods.

Ramadan, M. Z. (2017). The effects of industrial protective gloves and hand skin temperatures on hand grip strength and discomfort rating. *International journal of environmental research and public health, 14*(12), 1506.

Seddon, P. (2002). Harness suspension: review and evaluation of existing information. *HSE CONTRACT RESEARCH REPORT.*

Stack, T., Ostrom, L. T., & Wilhelmsen, C. A. (2016). *Occupational ergonomics: A practical approach.* John Wiley & Sons.

Weems, B., & Bishop, P. (2003). Will your safety harness kill you?. *National Safety, 63*(4), 12-14.

Yates, W. D. (2020). *Safety professional's reference and study guide.* CRC Press.

Yates, W. D. (2015). *Safety professional's reference and study guide.* CRC Press.

Yates, W. D. (2017). *Safety professional's reference and study guide.* CRC Press.

한국원자력연구원. (2022). 원자이야기, 세상은 무엇으로 이루어졌을까? 만물을 구성하는 기본입자 "원자". Retried from: URL: https://www.kaeri.re.kr/board?menuId=MENU00449.

한국안전보건공단. (2023). 근골격계질환예방. Retried from: URL: https://www.kosha.or.kr/kosha/business/ergonomics_e_h.do.

한국산업안전공단. (2023) 근골격계질환예방. Retried from: URL: https://www.kosha.or.kr/kosha/business/musculoskeletal_c_d.do.

Advanced consulting and training LTD. (2023). The Safety DO'S and DON'TS of Working At Heights. Retried from: URL: https://advancedct.com/the-safety-dos-and-donts-of-working-at-height/.

BEST SAFETY TRAINING & CONSULTING LTD. (2023). THE FALL PROTECTION HIERARCHY. Retried from: URL: https://www.bestsafetytraining.ca/the-fall-protection-hierarchy/.

British Safety Council. (2023). Don't fall short on slips and trips. Retried from: URL: https://www.britsafe.org/publications/safety-management-magazine/safety-management-magazine/2022/don-t-fall-short-on-slips-and-trips/.

Canadian Center for Occupational Health and Safety. (2023). Prevention of Slips, Trips and Falls. Retried from: URL: https://www.ccohs.ca/oshanswers/safety_haz/falls.html.

Canadian Center for Occupational Health and Safety. (2023). Noise - Control Measures. Retried from: URL: https://www.ccohs.ca/oshanswers/phys_agents/noise/noise_control.html.

Canadian Center for Occupational Health and Safety. (2023). Working Alone. Retried from:

URL: https://www.ccohs.ca/oshanswers/hsprograms/alone/workingalone.html.

CANADIAN SAFETY GROUP INC. (2023). Suspension Trauma 101. Retried from: URL: https://canadiansafetygroup.com/suspension-trauma-101/.

CCOHS. (2023). Vibration - Introduction. Retried from: URL: https://www.ccohs.ca/oshanswers/phys_agents/vibration/vibration_intro.html.

Gravitec system INC. (2023). Hierarchy of Fall Protection. Retried from: URL: https://gravitec.com/hierarchy-fall-protection/.

Hughes, P., & Ferrett, E. (2022). *International Health and Safety at Work: The Handbook for the NEBOSH International General Certificate*. Routledge.

HSE. (2023). An Overlooked Health Hazard Vibration. Retried from: URL: https://hseaustralia.com.au/vibration-an-overlooked-health-hazard/.

HSE. (2023). Introduction to working in confined spaces. Retried from: URL: https://www.hse.gov.uk/confinedspace/introduction.

IOSH. (2023). Managing noise. Retried from: URL: https://iosh.com/health-and- safety-professionals/improve-your-knowledge/occupational-health-toolkit/noise/managing-noise.

IOSH. (2023). Managing Vibration risks - Introduction. Retried from: URL: https://iosh.com/-health-and-safety-professionals/improve-your-knowledge/occupational-health-toolkit/vibration/managing-vibration-risks/.

NTSB. (2023). Eliminate Distracted Driving. Retried from: URL: https://www.ntsb.gov/Advocacy/mwl/Pages/mwl-21-22/mwl-hs-05.aspx.

OSHA. (2023). Fall Hazard Recognition, Prevention & Control. Retried from: URL: https://www.osha.gov/sites/default/files/2018-12/fy11_sh-22230-11_FallHazardManual.pdf.

OSHA. (2023). Confined Spaces. Retried from: URL: https://www.osha.gov/confined-spaces.

PEOPLESAFE. (2023). What is Lone Working: Everything An Employer Needs To Know. Retried from: URL: https://peoplesafe.co.uk/blogs/lone-working-everything-an-employer-needs-to-know/.

Queensland Government. (2016). Slips, trips and falls prevention. Retried from: URL: https://www.worksafe.qld.gov.au/_data/assets/pdf_file/0021/17184/slips_trips_falls_guide.pdf.

safepoint. (2023). What is lone working and how can you keep your lone workers safe? (2023). Retried from: URL: https://www.safepointapp.com/blog/what-is-lone-working.

SafetyCulture. (2023). Preventing Slips, Trips, and Falls in the Workplace. Retried from: URL: https://safetyculture.com/topics/slips-trips-and-falls/.

SAFETY by DESIGN. (2022). 5 Important OSHA Ladder Safety Standards & Rules. Retried from: URL: https://www.safetybydesigninc.com/osha-ladder-safety-rules-requirements-training/.

safesite. (2020). OSHA Ladder Safety for General Industry. Retried from: URL:

https://safesitehq.com/osha-ladder-safety/.

Safe+sound week. (2018). LADDER HAZARD INFORMATION. Retried from: URL: WWW.OSHA.GOV/ SAFEANDSOUNDWEEK.

SEP. (2023). The History of Fire Sprinkler Systems. Retried from: URL: https://firesprinkler.co.uk/latest-news/history-fire-sprinkler-systems/.

Shell Global. (2023). The importance of defensive driving. Retried from: URL: https://www.shell.com/business-customers/shell-fleet-solutions/health-security-safety-and-the-environment/the-importance-of-defensive-driving.html.

Simplified Safety. (2023). 10 Safety Tips for Working at Heights. Retried from: URL: https://simplifiedsafety.com/blog/10-safety-tips-for-working-at-heights/.

Simplified Safety. (2023). 10 Safety Tips for Working at Heights. Retried from: URL: https://simplifiedsafety.com/blog/10-safety-tips-for-working-at-heights/.

StaySafe. (2023). Guide to lone working. Retried from: URL: https://staysafeapp.com/en-us/lone-worker-guide/.

Straub, F. (2018). High Risk, Lone Worker: The Unacceptable Risk. Professional Safety, 63(07), 30-35.

State of California Department of Industrial Relations. (2023). Inspection, Use and Maintenance. Retried from: URL: https://www.dir.ca.gov/dosh/etools/08-001/care.htm.

Teletrac Navman. (2016). Defensive driving: 9 ways to minimize risks. Retried from: URL: https://www.teletracnavman.com.au/resources/blog/defensive-driving-9-ways-to-minimise-risks.

The Science Times. (2004). 혈액이 우리 몸을 한 바퀴 도는데 걸리는 시간. Retried from: URL: https://www.sciencetimes.co.kr/news/.

University of Washington. (2023). Confined space program manual. Retried from: URL: https://ehs.washington.edu/workplace/confined-space-program.

Worksafeact. (2023). Working at Heights. Retried from: URL: https://www.worksafe.act.gov.au/health-and-safety-portal/safety-by-industry/building-and-construction/working-at-heights.

W.S. SAFETY. (2021). Ladder Hazards & Control Measures For Reducing Fall Risk. Retried from: URL: https://wssafety.com/posts/ladder-hazards-control-measures-for-reducing-fall-risk.

제7장

위험성 관리

제7장　　　　　　　　　　　　위험성 관리

I. 위험의 분류

1. Hazard

Hazard는 부상과 건강 악화를 유발할 가능성이 있는 요인으로 위험의 잠재적 근원, 위험원, 위험요인, 유해 위험요인 등으로 정의할 수 있다. 아래 그림과 같이 사람이 통행하는 도로 위로 절벽의 낙석이 존재하고 떨어질 수 있는 상황을 hazard라고 할 수 있다.

Hazard는 내적 요인(internal factors)과 외적 요인(external factors)으로 구분할 수 있다. 다음 그림과 같이 내적 요인(internal factors)은 원재료, 유해 화학물질 및 에너지를 투입하여 사람이나 기계에 의한 공정 활동을 거쳐 제품 또는 서비스 형태의 출력과정을 거치는 동안 기계적 위험, 화학적 위험, 전기적 위험 등으로 나타난다. 외적 요인(external factors)은 안전보건

방침, 안전절차 및 규칙 등의 위반으로 인한 안전보건경영시스템상의 결함, 인허가 조건 및 정부 기관 등에 보고를 누락하는 등의 결함으로 나타난다.

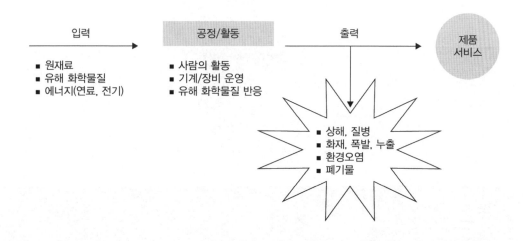

2. Risk

ISO 45001(2018)은 Risk를 불확실성의 영향(effect of uncertainty)으로 정의하고 있다. Risk는 심각성과 빈도의 조합으로 평가된 risk 수준은 일반적으로 널리 수용할 수 있는 정도의 'acceptable risk' 영역(수용할 수 있는 위험), 추가적인 대책으로 허용 가능한 'tolerable risk' 영역(허용할 수 있는 위험) 그리고 특별한 경우를 제외하고는 허용이 불가능한 'intolerable risk' 영역(허용할 수 없는 위험) 등 세 가지로 구분할 수 있다.[1] 다음 그림은 전술한 risk 수준을 세 가지 수준으로 구분한 그림이다.

---

1) 여러 선행연구를 살펴보면, Unacceptable risk와 Intolerable risk를 상호 보완적으로 사용하고 있는 것으로 보인다. Intolerable risk는 허용할 수 없는 위험으로 해석할 수 있고, Unacceptable risk는 수용할 수 없는 위험으로 해석할 수 있다. 여기에서 허용과 수용의 의미의 차이가 있는 것으로 보인다. ISO IEC는 1999년도에 "Freedom from unacceptable risk"에서 2014년 "Freedom from risk which is not tolerable"로 수정하여 정의하고 있다. 따라서 Unacceptable risk보다는 Intolerable risk로 사용하는 것이 risk를 수용한다는 의미보다는 허용이라는 의미를 부여하므로 안전을 정의하는데 있어 구체적이다.

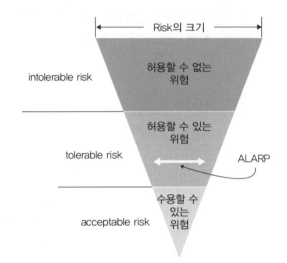

(1) 수용할 수 있는 위험(acceptable risk)

여러 선행연구를 살펴보면, 수용할 수 있는 위험과 허용할 수 있는 위험을 상호 보완적으로 사용하는 경우가 있는데 영국 안전보건청(HSE)는 이 두 위험의 차이를 어느 정도 구분하여 정의하였다.

수용할 수 있는 위험(acceptable risk)은 기대 편익에 따라 감수할 만한 위험이며, 이를 줄이기 위한 새로운 방법을 찾는 투자와 노력에 한계가 있거나 존재하지 않는 것이다. 예를 들면 우리가 주방에서 사용하는 칼이 위험하지만 칼 사용과 관련한 위험을 줄이기 위한 특별한 조치를 하지 않는 것과 마찬가지이다. 또 다른 예는 자동차 운전과 같다. 자동차 운전자에게 면허증 시험을 보도록 하고, 도로 곳곳에 신호등 설치, 주의표지 설치 그리고 과속방지 CCTV설치에도 불구하고 자동차 사고율은 매우 높은 수준이다. 그럼에도 불구하고 우리는 자동차 운전을 기대 편익에 따라 감수할 만한 위험으로 간주하는 것과 같다.

수용할 수 있는 위험(acceptable risk)에 대해서 미국의 안전 컨설턴트 로렌스(1976)는 "수용할 수 있는 위험이라는 것은 사물이 안전한 것이라고 했다. 국제연합(2019)은 "기존의 사회적, 경제적, 정치적, 문화적, 기술적, 환경적 조건을 고려할 때 사회나 공동체가 받아들일 수 있는 잠재적 손실 수준"이라고 했다. 호주와 뉴질랜드 AS/NZD 4360(2004)은 "특정 위험의 결과와 가능성을 수용하기 위한 정보에 입각한 결정"이라고 했다. 미국 교통부 산하 위험물질 안전관리국은 수용할 수 있는 위험 수준은 위험, 비용 그리고 공개 의견을 고려하여 설정된다고 했다. 미국국립표준협회 ANSI PMMI는 주어진 작업 또는 위험에 대해 수용되는 위험이라고 했다.

(2) 허용할 수 있는 위험(tolerable risk)

허용할 수 있는 위험(tolerable risk)은 예상되는 편익에 근거하여 감수할 가치가 있는 위험 수준이지만 여전히 감시하에 두고, 지속적인 위험 감소 수단의 대상으로 보는 것이다. 예를 들면 작업위치가 높은 곳의 추락 위험이 존재할 경우, 추락을 방지하는 난간대를 설치하거나 안전벨트를 착용하고 지지점에 연결하여 작업하는 경우라고 볼 수 있다.

수용할 수 있는 위험(acceptable risk)이 일반적으로 받아들여지는 위험 수준이라고 하면, 허용할 수 있는 위험(tolerable risk)은 위험감소 조치가 반드시 필요한 요인이다.

(3) 허용할 수 없는 위험(Intolerable risk)

허용할 수 없는 위험(intolerable risk)은 어떠한 근거로도 정당화할 수 없는 위험수준이다. 이 위험은 어떠한 상황에서 임박한(imminent) 위험으로 즉시 조치를 취하지 않으면 사망 또는 심각한 신체적 상해의 위협이 있거나 심각한 오염이 존재하는 경우이다. 임박한 위험은 즉각적으로 짧은 시간 안에 죽음이나 심각한 신체적 상해가 발생할 수 있다는 것을 의미한다. 여기에서 심각한 신체적 상해는 신체의 일부가 심하게 손상되어 회복할 수 없거나 잘 사용할 수 없는 것을 말한다. 건강 위험의 경우 독성 물질 또는 기타 건강 위험이 존재하고 이에 노출되면 수명이 단축되거나 신체적 또는 정신적 효율성이 크게 감소할 것이라는 합리적인 예상이 있는 경우이다. 건강 위험으로 인한 피해는 즉시 나타나기도 하지만, 오랜 기간이 지난 후에 발생되기도 한다.

(4) ALARP

전술한 수용할 수 있는 위험, 허용할 수 있는 위험 및 허용할 수 없는 위험, 세 가지 구분 중 허용할 수 있는 위험(tolerable risk) 영역에 있는 ALARP은 안전을 정의하기 위해 반드시 짚고 넘어가야 할 중요한 용어이다. ALARP은 위험이 합리적으로 실행 가능한(Reasonably Practicable) 한 낮은 수준으로 감소되어야 한다는 원칙으로 위험수준을 확인하기 위하여 널리 사용되어 왔다.

ALARP가 공식적으로 처음 등장한 것은 영국 법원이었다. 1949년 당시 에드워드의 항소법원과 국가석탄위원회 판사의 판결에서 ALARP이라는 용어가 등장했다. ALARP는 As Low As Reasonably Practical의 영어 약자로 합리적이고 실행가능한 수준으로 위험을 낮춘다는 의미를 담고 있다. 여기에서 "합리적이고 실행가능한 (Reasonably Practicable)"이라는 의미는 아래와 같이 해석할 수 있다.

'합리적으로 실행 가능한'이라는 의미는 '물리적으로 가능한'보다 협소한 용어로 소유자가 위험을 평가해야 한다는 의미를 담고 있다. 위험의 양을 한 저울에 놓고 위험을 방지하는 데 필요한 조치와 관련된 희생(돈, 시간 또는 문제)을 다른 저울에 두는 것이다. 그리고 그들 사이에 심각한 불균형이 있는 것으로 밝혀지면 사용자가 책임을 져야 한다는 의미를 담고 있다. 소유자는 이러한 평가를 사고가 일어나기 전 시점에 시행해야 한다.

ALARP은 1972년 로벤스 보고서(Robens report) 권고에 따라 1974년 영국의 보건안전 법령 요건으로 규제화되었다. 영국에서는 사업장 밖의 사람이 심각한 부상을 입을 가능성을 1/10,000 수준으로 ALARP을 설정하고 있으며, 사업장의 경우는 1/1,000 수준으로 ALARP를 설정하고 있다. SFAIRP는 영국 보건안전 법규에 사용되며 So Far As Is Reasonably Practicable의 영어 약자로 합리적이고 실행가능한 정도의 의미를 담고 있다. ALARA는 As Low As Reasonably Achievable의 영어 약자로 실용적으로 달성가능한 낮은 수준의 위험 정도의 의미를 담고 있다. 여러 선행연구를 살펴본 결과, 세계적으로 ALARP, SFAIRP 그리고 ALARA는 상호 유사한 의미를 갖고 있지만, ALARP를 통상적으로 자주 사용하는 것으로 보인다. ALARP 수준을 달성하기 위해서는 위험성평가를 시행하고 미국 국립산업안전보건연구원 NIOSH가 제안한 위험관리 위계(Hierarchy of Control)에 따라 제거, 대체, 공학적 조치, 행정적 조치 및 보호구 사용 등 여러 위험감소 방안을 적용한다. 그리고 위험감소 방안 수립 시 위험 감소효과와 비용편익 등을 평가한다. Zaki와 Yuri(2020)가 제안하는 바와 같이 인명위험, 제품위험, 자산 위험 그리고 비용편익 등 네 가지 측면에서 분석적 계층 절차인 AHP(Analytic Hierarchy Process)를 활용하여 위험을 구분하고 개선조치를 할 수 있다.

다음 그림은 세로축의 위험과 가로축의 비용과 이익적인 측면을 고려하기 위한 ALARP 도표이다. 위험감소 수준과 자원투입 수준이 만나는 곳이 바로 동그라미로 표기된 ALARP 영역이다.

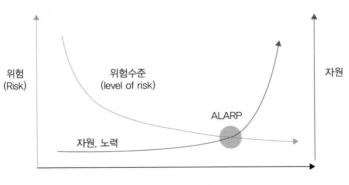

ALARP 방안을 적용한다고 하여도 위험이 완벽하게 없어지는 것은 아니다. 따라서 위험이 ALARP 영역에 있을 경우에도 위험으로 인해 사고가 발생할 수 있다. 따라서 ALARP 방안을 적용하였다고 안심하면 안 된다. 또한 위험수준을 낮추기 위해 취한 조치가 오히려 또 다른 위험을 초래하는 경우도 있으니 위험수준을 낮추는 활동 시 주의를 기울여야 한다 (Risk HomeoStasis theory).

II. 위험분석(hazard analysis) 방법론

위험분석 방법론은 사업장 시설이나 설비 그리고 작업과 관련한 위험을 효과적으로 분석하기 위하여 적용된다. 위험분석 방법론은 오래전부터 사고조사 모델로 또는 사고조사 모델은 위험분석 방법론으로 상호 보완적으로 사용되어 왔다.

위험분석 방법론은 정량적(quantitative)방식과 정성적(qualitative) 방식으로 구분할 수 있다. 정량적 방식에는 결함수분석(Fault Tree Analysis, 이하 FTA), 사건수분석(Event Tree Analysis, 이하 ETA) 및 원인-결과분석(Cause-Consequence Analysis, 이하 CCA) 등이 있다. 그리고 정성적 방식에는 체크리스트(checklist), 위험확인(hazard identification), 예비 위험분석(Preliminary Hazard Analysis, 이하 PHA), 위험과 운전분석(Hazard and Operability Study, 이하 HAZOP), 고장모드 및 영향분석(Failure Modes and Effects Analysis, 이하 FMEA), 고장모드, 영향 및 중요도 분석(Failure Modes, Effects and Criticality Analysis, 이하 FMECA), 안전 무결성 수준 연구(Safety Integrity Level, 이하 SIL), 방호계층 분석(Layer of Protection Analysis, 이하 LOPA) 및 공정위험분석(Process Hazard Review, 이하 PHR) 등이 있다.

위험분석 방식은 하향식과 상향식 위험분석으로 구분할 수 있다. 하향식 위험분석 방식은 발생 가능한 사고(또는 위험)의 결과(예: Accident, Top Event)를 정의하고, 정의된 결과를 유발할 수 있는 원인을 찾아가는 연역적(deduction) 기법이다. 하향식 위험분석은 결과에 대한 원인을 찾는 'How-can'분석이다. 일반적으로 시스템의 상위 수준에서 위험을 먼저 정의하고 어떤 원인에 의해 해당 위험들이 발생할 수 있는지(원인)를 시스템의 하위 수준에서 찾아낸다. 대표적인 하향식 위험분석 기법으로는 FTA가 있다. 상향식 위험분석 방식은 시스템을 구성하는 요소들의 결함이나 오류 등이 어떤 위험을 유발할 수 있는지를 분석하는 귀납적(Induction) 기법이다. 또한 원인이 어떤 결과를 초래하는지 찾아내는 'What-if'분석이며 일반적으로 시스템 하위 단계에서 원인을 먼저 정의하고 해당 원인이 초래하는 결과(위험)를 시스템 상위 수준에서 도출한다. 대표적인 상향식 위험분석 기법으로는 FMEA,

HAZOP 및 ETA 등이 있다.

위험분석 방법론은 순차적 모델(sequential model), 역학적 모델(epidemical model) 및 시스템 모델(systemic model)로 구분할 수 있다.

1. 시대적 위험분석 방법론

(1) 순차적 모델(sequential model)

안전을 위협하는 주요 관심사는 투박하고 신뢰할 수 없는 증기 기관(steam engine)에서 발생한 화재나 폭발사고이다. 이러한 사고 예방에 관한 관심은 의심할 여지없이 인간 문명 자체만큼 오래된 것이지만 산업 혁명(보통 1769년)을 시작으로 고조되기 시작하였다. 제2차 세계대전 당시 개발되고 사용된 군수품 유지보수 과정 동안 기술은 상당한 수준으로 진전을 이루었다. 그리고 이 시기 새로운 기술 개발로 인해 더 크고 복잡한 기술 시스템을 다룰 수 있는 자동화를 이루었다. 국방영역의 미사일 방어시스템 개발과 우주 계획 관리 그리고 민간영역의 통신과 운송 분야의 성장으로 위험과 안전 문제를 해결할 수 있는 입증된 방법이 필요하게 되었다. 예를 들어, FTA는 1961년 미니트맨 대륙간 탄도 미사일 시스템(minuteman launch control system)의 결함을 파악하기 위해 사용되었다. 시스템에서 예기치 않은 사건(event)으로 인해 사고가 발생한다. 예기치 않은 사건은 어떤 사유로 인해 갑자기 나타나는 잠재된 조건을 의미하고, 즉시 무력화되지 않는 한 시스템은 정상 상태에서 비정상 상태로 전환하게 된다. FMEA와 HAZOP은 이러한 잠재 위험을 체계적으로 확인하기 위해 개발되었다. 한편, 1940년대 후반과 1950년대 초반까지 신뢰성 공학은 기술과 신뢰성 이론을 결합한 새로운 공학 분야로 확립되었다. 이 분야는 확률론적 위험도 평가(PRA, probabilistic risk assessment)로 알려져 있고, 원자력발전소의 안전 평가로 활용되었다. 하지만 이 안전 평가 기법은 사람과 조직보다는 기술에 집중되었다.

이러한 시기의 사고조사는 사건이 사고의 근본 원인이라는 결과론적 사상에 기반을 둔다고 하였다. 도미노 이론으로 유명한 Heinrich(1931)는 사고가 발생하기 이전 사회적 환경 및 유전적 요소, 개인적 결함, 불안전한 행동 및 기계/물리적 위험으로 인한 사고로 상해가 발생한다고 주장하였다. 이 이론은 상대적으로 단순한 시스템에서 물리적 구성 요소의 고장이나 인간의 행동으로 인한 손실사고에 대한 일반적인 설명을 제공한다. 그러나 시스템 관리, 조직 및 인적 요소 간의 인과관계를 설명하기에는 한계가 있다. 따라서 1970년대 말부터 발생한 쓰리마일섬(1979), 보팔사고(1984) 및 체르노빌사고(1986) 등 조직영향으로 인해 발생한 사고에 대한 효과적인 사고조사 모델이 필요한 것으로 나타났다.

(2) 역학적 모델(epidemical model)

1979년 3월 28일 미국 펜실베이니아주 해리스버그시에서 16km 떨어진 쓰리마일섬 원자력발전소에서 발생한 사고로 인해 산업계는 그동안의 안전관리 활동을 재검토하였다. 사고 이전 산업계에는 FMEA, HAZOP 및 ETA와 같은 기존 방법을 사용하면 원자력 시설의 안전을 보장하기에 충분할 것이라는 믿음이 있었다. 이러한 믿음에 따라 시행된 쓰리 마일 섬 원자력발전소의 확률론적 위험도 평가와 미국 원자력규제위원회(nuclear regulatory commission)의 안전성 검토 결과는 적합한 것으로 승인을 얻었다. 하지만 인적요인과 조직영향으로 인해 발생한 원자력발전소의 치명적인 사고로 인간 신뢰성 평가(HRA, human reliability assessment)와 같은 방식의 추가적인 위험평가가 개발되게 되었다. 이러한 방식은 인적요인을 기반으로 기술 결함과 오작동을 분석하는 전문화된 방식으로 발전하였다.

첨단 제조 시스템, 항공, 통신, 원자력발전소와 석유화학과 같은 산업은 고도의 기술을 활용하므로 시스템이 복잡하고 대형화되어 새로운 종류의 시스템 고장과 사고가 발생한다고 하였다. 조직영향인 예산삭감, 공사 일정 단축, 전문성 미확보 및 교육 부족 등으로 인해 사람의 실행 실패(active failure)와 기술적이고 시스템적인 방벽(barrier)이 무너지게 된다.

이러한 조직영향을 잠재 조건(latent condition)이라고 하며, 병원균처럼 잠재되어 있다가 창궐한다는 의미에서 역학적 요인이라고 한다. 역학적 요인은 스위스 치즈 모델과 HFACS 체계 등 다양한 분석 방법의 개념적 기반을 형성하여 적용되었다. 역학적 모델은 순차적 모델보다 조직적인 요인으로 발생하는 사고를 효과적으로 확인할 수 있다. 설비와 개인의 문제를 넘어서 사고의 근본 원인을 시스템의 잠재 조건 측면에서 확인한다는 의미에서 포괄적인 대책을 수립할 수 있다. Reason(1987)은 불안전한 조건을 시스템에 '상주하는 병원체'로 간주하였고, 특정 시기에 활성화되는 존재로 인정하였다. 이러한 개념을 스위스 치즈 모델로 부르고 있다.

(3) 시스템 모델(systemic model)

순차적 및 역학적 위험분석 기법은 대략 40~60여 년 전에 개발된 기법이다. 대부분의 기법은 현재의 시스템보다 규모가 작고 단순하며, 하드웨어를 기반으로 동작하는 당시 시스템의 특성을 반영하여 개발되었다. 전통적 위험분석은 사고 혹은 위험이 기술·기계적 고장이나 실패, 인적 오류에서 기인한다고 기본 가정한다. 따라서 특정 위험에 영향을 미치는 고장이나 오류를 찾아내거나 반대로, 특정 고장이나 오류에 의해 발생할 수 있는 위험 또는 사고를 밝혀 내는 것에 초점을 둔다.

FTA, FMEA, HAZOP, ETA의 특징을 정리한 표는 아래와 같다. 이와 같은 전통적 위험분석 기법들은 시스템 구성요소의 상호작용에 대한 분석이나 구성요소의 고장 없이 발생할 수 있는 사고에 대한 분석이 어렵다. 또한 조직이나 사람을 시스템의 일부로 포함시켜 인적

요인을 분석할 수 없는 한계점도 존재한다.

기법	개발시기	정량/정성	귀납/연역	주요 적용 시기	위험식별	소프트웨어 분석
FTA	1961년	정량/정성적	연역적	설계(PD/DD)	불가능	SFTA로 확정
FMEA	1949년	정량/정성적	귀납적	설계(PD/DD)	일부가능	SFMEA로 확정
HAZOP	1970년대	정성적	귀납적	설계(PD/DD)	가능	일부가능
ETA	1970년대	정량/정성적	귀납적	설계(PD/DD)	불가능	일부가능

오늘날의 시스템은 예전과는 비교할 수 없을 정도로 거대한 규모와 높은 복잡성을 가지며, 하드웨어가 아닌 소프트웨어가 시스템을 제어하는 비율이 훨씬 높아졌다. 이로 인하여 기존의 전통적 위험분석 기법을 현대 시스템에 그대로 적용하는 데 한계점이 드러나게 되었다.

19세기는 기술적(technical) 시대로 화재와 폭발을 방지하기 위해 FMEA와 HAZOP이 개발되었다. 하지만 이러한 안전 평가 기법은 사람과 조직보다는 기술에 집중되었다. 1990년대에 들어 설비와 사람이 유기적으로 작동하는 사회기술 시스템 이론(sociotechnical systems theory)에 대한 관심이 고조되고 이에 대한 체계가 개발되었다.

사회기술 시스템은 기술, 규제, 문화적 의미, 시장, 기반 시설, 유지 관리 네트워크 및 공급 네트워크를 포함하는 요소의 클러스터로 구성되며 사회 시스템과 기술 시스템으로 구성된 시스템 시스템으로 볼 수 있다.

최근 시스템들의 기능과 구성이 복잡해짐에 따라 사고의 발생 원인을 특정 컴포넌트나 기능의 문제로 규정하기 어려워졌다. 시스템의 복잡성으로 인해 시스템 내 문제(결함)를 식별하기가 어려울 뿐만 아니라, 시스템들 간 또는 시스템과 외부 요소들(사람, 정책, 환경 등) 간의 다양한 상호작용으로 시스템에 기능상 문제가 없다 할지라도 복합적인 요인에 의해 예기치 못한 사고가 발생할 수 있기 때문이다.

사회기술 시스템이론은 사건을 순차적인 인과관계로 설정하지 않고, 구성 요소 간의 통제되지 않은 관계로 인한 시스템의 예기치 않은 동작으로 설명한다. 따라서 시스템이론을 통해 다양한 유형의 시스템 구조와 동작을 이해할 수 있어 위험분석과 사고 예방을 위해 폭넓게 활용되고 있다. 시스템적 위험분석 방법에는 FRAM, AcciMap 및 STAMP가 있다.

FRAM이 의료분야, 항공 분야 및 산업 분야에 적용되고, STAMP는 중요 산업 분야, 예방

정비, 해양 안전 분야 등에 성공적으로 적용되고 있다.

Hulme 등(2019)의 연구에 따라 네 개의 데이터베이스(pubMed, science Direct, scopus, web of science)에서 1990년 1월 1일부터 2018년 7월 31일까지의 기간 동안 출판된 논문을 검색한 결과, AcciMap은 20개의 연구, STAMP는 여섯 개의 연구와 기능 변동성 파급효과 분석 기법(FRAM)은 네 개의 연구가 있다.

국내의 경우, 그동안 시스템적 사고조사 방법이 일부 소개되고 현장에서 활용되고 있지만, 그 실적이 저조하다. 더욱이 이러한 방법에 대한 소개나 활발한 연구 결과는 공유되고 있지 않은 것이 현실이다. 따라서 사고조사자들은 시스템적 사고조사 방법을 활용하는 데 어려움을 느끼고 있는 것으로 파악된다.

2. 작업 위험분석 방법론

(1) 작업과 관련한 위험분석

전술한 전통적인 위험분석 방법론은 공정이나 시스템을 관리하기 위한 목적으로 개선되어 왔다. 따라서 작업과 관련한 위험분석 방법론을 제공하기에는 한계가 존재한다. 물론 시스템적 방법론인 STAMP CAST 및 STPA, AcciMap 및 FRAM 등은 작업 위험분석에도 효과적으로 활용할 수 있다. 하지만 작업과 관련한 위험분석에는 대표적으로 작업안전분석(Job Safety Analysis, JSA)과 작업위험분석(Job Hazard Analysis, JHA) 방식이 활용되어 왔다.

(2) JSA와 JHA

미국 OSHA는 위험이 발생하기 전 이를 확인하기 위한 방법으로 JHA를 적용할 것을 권장하고 있다. 한편 캐나다 안전보건센터(CCOHS)는 전술한 상황에서 JSA를 적용할 것을 권장하고 있다. 한편, 영국 HSE는 전술한 상황에 대하여 JHA 또는 JSA와 같은 구체적인 용어를 사용하는 대신, 위험성관리(managing risk)를 통해 위험확인, 위험성평가, 위험성 통제, 발견사항 정리 및 통제 검토 등을 하는 것을 기준으로 하고 있다.

JSA는 작업과 관련된 물리적 요구 사항, 환경 조건 및 안전 요소(safety factors)를 결정하는 과정이다. JSA는 작업, 장비 및 작업 환경이 거의 변하지 않고 반복적 생산 작업 등에 적합하다. 한편 JHA는 위험을 확인하는 방법으로 작업에 초점을 맞추고 있다. 따라서 작업자, 작업, 도구 및 작업 환경 간의 관계에 중점을 둔다. JHA와 JSA는 작업을 구성하는 단계 또는 프로세스 평가, 각 단계에 존재하는 위험요인 확인 그리고 위험을 방지하기 위한 통제 조치를 취하는 단계를 거친다. 이러한 세 가지 구조 외에도 JHA는 결과의 가능성, 확률 및 심각도를 분류하기 위해 각 단계에서 위험 평가를 포함하여 JSA 절차에 위험 평가를 추가한다. JSA와 JHA는 작업장 위험을 식별하고 위험을 줄이기 위한 안전 조치를 구현하는 동일한 목표를 가지고 있기 때문에 일반적으로 상호 교환이 가능하다. 또한 대부분의 안전 전문가는 JSA와 JHA라는 용어를 같은 의미로 사용하고 있다.

다만, 산업전반에서 JHA라는 용어 보다는 JSA라는 용어를 사용하고 있고, 특히 산업안전보건공단이 2020년 발간한 작업위험성평가에 관한 기술지침(KOSHA GUIDE P-140 2020)에서 JSA라는 용어를 사용하고 있으므로 본 책자에서는 JSA로 통칭하여 사용한다.

(3) JSA의 개요

JSA를 시행하는 목적은 안전한 작업 절차를 개발하기 위해 시설 내 각 작업을 분석하는 것이다. JSA는 작업 방법을 검토하고 초기 작업 설계, 프로세스 변경 등에서 간과되었을 수 있는 위험을 식별하는 데 사용할 수 있는 서면 절차이다. JSA는 작업과 관련된 위험을 정확히 찾아내고 식별된 위험을 줄이거나 제거할 수 있는 체계적인 방법이다. 또한 JSA를 사용하여 작업장의 변경 사항을 문서화할 수 있다.

가. JSA의 장점과 단점

JSA는 모든 구성원이 참여하는 실질적인 안전활동으로 해당 사업장의 안전문화 수준을 올릴 수 있는 좋은 방안이다. JSA는 각 작업을 수행하기 위한 단계별 안전 절차를 제공한다는 의미에서 장점이 있다. JSA 개발의 장점은 구성원들에게 작업과 관련한 위험과 대책 등의 내용을 일관성 있게 제공할 수 있다. JSA를 통해 작업과정 전반을 검토하여 개선할 수 있는 기회가 있다는 것도 장점이다. 아래 표는 JSA의 장점을 요약한 표이다.

- 작업 단계별 위험 확인(위험요인 누락 최소화)
- 좋은 교육 자료로 활용
- 장비 또는 절차의 변경 사항 인식
- 구성원의 위험요인 확인 활동 촉진

다만, JSA를 적용하는 가운데 과정은 많은 시간과 예산이 필요하다. 그리고 일반적으로 구성원은 자신의 작업을 잘 알고 있다는 가정이 있으므로 JSA를 시행하는 과정에 대한 좋지 않은 선입견이 있을 수 있다. JSA를 처음으로 시행하는 사업장의 경우, 특히 다양한 일들을 새로 시작해야 하는 과정에서 다양한 갈등과 도전이 생길 수 있다. 따라서 회사의 경영층은 예상되는 문제를 효과적으로 개선할 수 있는 방안을 사전에 검토해야 한다. 다만, JSA는 공정이나 시스템 관련 위험성평가의 대안으로는 부적합하다.

나. JSA 실행의 역할과 책임 부여

JSA 실행에 대한 역할과 책임을 효과적으로 부여해야 한다. 그리고 JSA 개발에 참여하는 구성원들이 회사로부터 존경을 받고, 기타 구성원들에게 귀감이 될 수 있다는 인정을 해 주어야 한다. 또한 회사의 안전보건 정책에 JSA 개발과 관련한 활동을 포함하고, 조직의 목표에 반영하는 등의 조치와 함께 보상제도를 활용하여 JSA 실행에 있어 적극적인 참여를 이끌어 낸다.

다. JSA 실행

① 작업 관련 정보 취합

JSA를 시작하기 전 JSA 시행에 필요한 설비정보, 안전절차, 사고조사 이력 그리고 행동 관찰 내역을 취합하여 검토하는 것이 중요하다. 특히 각 작업에는 서로 다른 일련의 활동 또는 작업이 포함되므로 작업이 수행되는 방식을 관찰해야 한다. 아래 표는 JSA 실행에 앞서 확인해야 할 위험요인과 관련한 질문 사항이다.

- 바닥에 걸려 넘어질 위험한 물질이 있는가?
- 조명은 적절한가?
- 살아있는 전기 위험이 있는가?
- 작업과 관련된 화학적, 물리적, 생물학적 또는 방사선 위험이 있는가? 이러한 위험이 발생할 가능성이 있는가?
- 수리가 필요한 도구(예: 수공구, 기계 및 장비)가 있는가?
- 의사소통을 방해하거나 청력 손실을 유발할 수 있는 과도한 소음이 있는가?
- 작업 절차를 이해하고 따를 수 있는가?
- 비상구가 명확하게 표시되어 있는가?
- 산업용 트럭이나 동력 차량에 브레이크, 오버헤드 가드, 신호, 경적, 스티어링 기어, 안전 벨트 등이 적절하게 장착되어 있는가? 그리고 제대로 관리되고 있는가?
- 차량 및 장비를 작동하는 모든 구성원이 적절하게 교육을 받았는가?
- 구성원이 적절한 개인 보호 장비(PPE)를 착용하고 있는가?
- 구성원이 두통, 호흡 곤란, 현기증 또는 강한 냄새를 호소한 적이 있는가?
- 구성원이 밀폐된 공간에 출입하기 전 산소 결핍, 독성 증기 또는 가연성 물질에 대한 확인을 했는가? 특히 밀폐된 공간이나 폐쇄된 공간의 환기가 적절한가?
- 구성원이 화재, 폭발 또는 독성 가스 방출과 관련한 교육을 받았는가?

표에 열거된 위험과 관련한 질문사항은 예시이므로 사업장별 상황이나 특성에 따라 다를 수 있다.

② 작업단계 분류(breaking down the job)

JSA는 모든 작업을 단계별로 나누어 위험요인을 확인하는 것을 원칙으로 한다. 즉, 구성원이 사업장에서 작업을 수행하는 것을 보면서 각 작업단계를 나열하는 것이다. 여기에서 중요한 사실은 작업의 기본적인 단계를 생략하면 관련한 위험요인을 찾을 수 없게 된다는 사실이다. 각 작업단계를 설명하기에 충분한 정보를 기록하고 검토한다. 아래 표는 작업단계를 구분하고 관련 위험을 확인하고 개선방안을 마련할 수 있는 양식이다.

작업단계를 구분하고 관련 위험을 확인하고 개선방안을 마련할 수 있는 양식		
간략한 작업 설명:		
작업단계	관련 위험 (위험성 추정)	개선방안 (위험성 감소방안 적용)
감독자:		일자:
분석자:		일자:
기타 분석자:		일자:

각 작업단계를 나열하는 것은 무엇보다 중요하지만, 너무 많은 단계를 나열하게 되면 JSA의 효율적 운영이 어렵다. JSA는 작업절차나 표준 문서와 같이 사람들의 역할 등을 포함하지 않는다.

③ 관련 위험 확인 및 위험성 추정

작업단계를 기록한 후 각 단계를 검토하여 관련 위험을 확인한다. 관련 위험을 확인하는 방법에는 불안전한 행동을 일으키는 요인을 평가한다. 그리고 물리적 및 기계적 위험을 확인한다. 아래 표는 관련 위험을 확인할 수 있는 체크리스트이다.

- 구성원이 안전보호구를 착용하고 있는가?
- 작업 위치, 기계, 구덩이 또는 구멍 및 또는 위험한 작업이 보호되었는가?
- 유지 보수 중 에너지 차단을 위한 잠금 절차가 사용되었는가?
- 장비의 날카로운 모서리와 같이 부상을 유발할 수 있는 고정된 물체가 있는가?
- 움직이는 기계 부품이나 자재에 손을 뻗으면 구성원의 신체가 닿을 수 있는가?
- 균형이 잃을 위치에 있는가?
- 위험한 방식으로 설비나 기계에 배치되어 있는가?
- 반복적으로 물건을 들거나 움직여 긴장을 유발하는가?
- 먼지, 화학 물질, 방사선, 용접 광선, 열 또는 과도한 소음에서 업무를 하는가?
- 유해한 물체에 부딪히거나 맞거나 접촉할 위험이 있는가?
- 물체에 강제로 부딪히거나 유해 물질에 접촉하면 부상을 입을 수 있는가?
- 물체에 끼이거나 끼일 수 있는가?
- 신체나 옷이 움직이는 물체에 걸리면 부상을 입을 수 있는가?
- 신체가 움직이는 물체와 정지된 물체 또는 두 개의 움직이는 물체 사이에 끼이거나 짓눌리거나 끼일 수 있는가?
- 미끄러지거나 넘어지거나 넘어질 가능성이 있는가?
- 밀고, 당기고, 들어 올리고, 구부리거나 하는 등의 부담작업이 있는가?
- 작업을 수행하는 동안 과도하게 확장하거나 긴장할 수 있는가?
- 위에 설명되지 않은 다른 어떤 위험이 사고를 일으킬 가능성이 있는가?
- 모든 위험이 확인될 때까지 자주 작업을 관찰한다.

위험의 우선 순위가 높은 작업을 파악하여 빠른 조치를 취해야 한다. 위험의 우선 순위를 먼저 두어야 할 요인으로는 아차사고 사례, 응급처치 사례, 근로손실 사고, 산업재해 그리고 부상과 질병 보고 여부 등이 있다. 위험의 우선 순위를 두기 위해 검토해야 할 사항은 아래 표와 같다.

- 높은 빈도의 부상, 질병 또는 손상
- 산업 역사 또는 위험 평가에서 발견되는 높은 수준의 위험
- 긴 작업 기간
- 높은 물리적 힘
  - 사람에게 요구되는 자세(즉, 인체 공학)
  - 직원 대 기계 인터페이스 또는 노출이 필요한 작업 지점
  - 고압, 기계, 공압, 유체 등
  - 높거나 과도한 진동
  - 환경 노출
- 높은 위험 및 관련 위험이 수반되는 비일상적 작업

- 높은 이직률 또는 직원 순환
- 아차사고
- 최근 프로세스 또는 운영 변경 또는 장비 재배치
- 위험 데이터가 거의 또는 전혀 없는 새 작업 및 또는 작업
- 새로운 장비 또는 공정

표에 열거된 내용과는 별도로 아래와 같은 내용을 추가적으로 검토해야 한다.
- 심각한 사고가 발생한 작업 환경이나 작업 수행 자체에 근본적인 문제가 있을 수 있다.
- 사고 빈도가 높은 작업 단계를 집중한다.
- 사고에 대한 기록 또는 통계 정보가 없는 새로운 작업 또는 구성원이 업무에 익숙하지 않은 작업 또한 검토한다.
- 부상 가능성과 잠재적 위험의 심각도에 따라 각 작업의 우선순위를 지정해야 한다.
- 관련 위험 목록을 작성하고 작업 수행 가능성을 파악한다.
- 작업단계를 결합하거나 순서를 변경하는 방식을 통해 위험을 제거하는 방법이다.

위험성추정은 위험의 심각도와 빈도 기준으로 표기한다. 빈도는 사람이 위험에 노출되는 횟수 기준으로 설정한다. 그리고 심각도는 위험의 크기나 부상과 질병 정도를 검토하여 설정한다(작업단계를 구분하고 관련 위험을 확인하고 개선방안을 마련할 수 있는 양식 참조).

④ 관련 위험 개선조치 실행

JSA를 통해 파악된 관련 위험에 대한 조치는 위험성 감소방안에 따라 위험 제거, 위험 대체, 공학적 대책 사용, 행정적 조치 그리고 보호구 사용 등의 우선순위를 적용한다(작업단계를 구분하고 관련 위험을 확인하고 개선방안을 마련할 수 있는 양식 참조).

라. 구성원 참여를 통한 JSA 개발

JSA는 구성원이 일상적으로 작업을 하는 장소에서 일어나는 일을 단계적으로 구분하고 이에 대한 위험확인과 대책을 마련하는 일련의 과정으로 구성원이 직접 수행을 하지 않고, 누가 대신해준다면 어떤 일이 벌어질까? 아마도 작업단계를 분류하는 시점부터 모든 과정이 현실과는 동떨어진 문서작업이 될 가능성이 크다. 따라서 JSA는 구성원이 실질적으로 참여하여 작업과 관련한 위험을 확인하고 개선하는 과정으로 진행되어야 한다.

JSA 개발 과정에는 감독자와 관리자의 참여가 필수적이다. 그 이유는 구성원의 의견을 검토하고 지원방안을 결정해야 하는 과정이 필요하기 때문이다.

마. 개발된 JSA 이행 확인

해당 작업에 종사하는 구성원은 완료된 JSA 문서를 검토하고 이에 대한 교육을 받는다. 이 교육의 범위는 작업의 복잡성에 따라 달라질 수 있다. 경우에 따라 작업 그룹과의 비공식적인 의사 소통이 필요할 수 있다. 교육을 마치면 각 구성원은 작업 단계별 관련 위험과 개선방안에 대한 이행을 하겠다는 문서에 서명을 한다.

구성원은 이 양식을 서명함으로써 작업단계별 위험과 개선방안에 대한 이행을 검토하고 동의함을 확인한다.

바. JSA 커뮤니케이션

JSA는 작업 방법을 검토하고 작업장에 존재할 수 있는 위험을 확인하는 과정으로 사고예방에 좋은 영향을 준다. 따라서 모든 구성원은 JSA 사용 방법에 대해 교육을 받아야 한다. 관리감독자는 구성원이 JSA에 명시된 작업분야, 관련위험 확인 그리고 개선방안과 같이 업무를 하는지 주기적으로 확인하고 개선해야 한다. JSA를 쉽게 이해할 수 있도록 현장 사진을 활용하여 작업 단계를 구분하면 더욱 좋다. 그리고 JSA문서를 작업장소 가까이에 둘 수 있고, 모바일 프로그램을 활용하여 커뮤니케이션 효과를 높인다.

(4) JSA 적용 사례

JSA 방식의 위험분석 방법론을 설명하기 위하여 국내 발전소에서 적용했던 사례를 소개한다. JSA는 사업소 안전보건 관리책임자 주관으로 정비부서, 운전부서 그리고 안전보건 담당자가 참여하여 시행된다. 작업위험성 평가 대상은 일상적인 작업과 비일상적인 작업 그리고 최초평가, 정기평가 그리고 수시평가로 구분되어 시행된다.

발전소 정비, 운전 및 안전보건 관련 부서의 담당자는 가스터빈, 스팀터빈, 기타 보조 설비와 기기를 작업위험성 평가 대상으로 구분하고 해당 설비별 발생 가능한 작업을 목록화하였다. 그리고 목록화한 작업에 대한 위험성평가를 시행하고 등록부(HAZID, Hazard Identification)로 관리하였다(최초 작업위험성 평가).

상업운전 이후 매년 정기적으로 시행하는 위험성평가는 상업운전 개시 전 만들어 놓은 위험성평가 등록부를 기반으로 관련법령 변경사항, 사고사례 그리고 추가적인 위험요인 발굴 내용 등을 포함하여 업데이트 되었다. 작업위험성 평가를 통해 발굴한 유해 위험요인은 추락, 전도, 끼임, 맞음, 비산, 베임, 타격, 질식, 붕괴, 화재, 폭발, 감전, 화상, 동상, 화학물질 접촉, 근골격계, 난청, 난시, 호흡기 질환, 진폐 등이다.

작업위험성 평가 과정을 설명하기 위하여 발전소에서 시행한 단순작업 한 가지를 선정하여 작업내용(step), 세부 작업내용, 위험의 종류, 위험상황 묘사, 개선 전 위험성, 위험성 감소 방안 및 개선 후 위험성 설정 등의 과정으로 설명한다.

작업은 아래 사진과 같이 발전소 배열회수보일러(HRSG, Heat Recovery Steam Generator) 고압 드럼 내부 청소작업이다. 작업내용(step)은 작업준비, 보온해체, 맨홀 커버 open, 드럼 내부 Jet Cleaning, 내부 점검, 맨홀 커버 close, 보온재 설치 및 마무리 과정이다. 본 책자에서는 핵심 작업내용(step) 일부를 선정하여 설명한다.

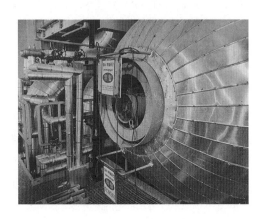

가. 작업내용(step), 세부 작업내용, 위험의 종류 및 위험상황 묘사(a~d 단계)

맨홀커버 open 작업과 관련한 세부 작업내용은 보온재 해체와 맨홀 커버 볼트 해체이고 드럼 내부청소 작업과 관련한 세부 작업내용은 내부 Jet cleaning이다. 이와 관련한 위험의 종류와 위험상황을 아래 표와 같이 묘사하였다.

작업 단계	a	b	c	d
	작업내용	세부 작업내용	위험의 종류	위험상황 묘사
10	작업준비	에너지 통제(LOTO)	화상	드럼 내부의 뜨거운 물에 의한 화상 위험
20	맨홀커버 open	보온재 해체	호흡기 질환	보온재 해체 시 유리섬유/먼지 호흡으로 인한 건강상 위험
			베임	보온재 함석, 설비 단면에 베임
			맞음	설비, 자재, 공구가 떨어져 하부 작업자가 맞음
		맨홀 커버 볼트 해체	타격	햄머 렌치를 손으로 잡고 망치로 맨홀 커버 볼트 해체 시 손 타격
30	드럼 내부 청소	내부 Jet cleaning	질식	드럼 내부 산소부족으로 인한 질식
			타격	연결부가 탈락된 고압호스에 맞음

나. 개선 전 위험성[e 단계]

위험성 추정(estimation)을 위한 위험의 빈도(likelihood)는 매우 높음 5점(피해가 발생할 가능성이 매우 높음), 높음 4점(피해가 발생할 가능성이 높음), 보통 3점(부주의하면 피해가 발생할 가능성이 있음), 낮음 2점(피해가 발생할 가능성이 낮음) 그리고 매우 낮음 1점(피해가 발생할 가능성이 매우 낮음)으로 설정되어 있다. 강도는 중대 5점(사망재해), 중요 4점(영구 손실재해), 보통 3점(의료치료), 경미 2점(응급처치 사고) 그리고 사소 1점(부상이나 질병이 수반되지 않음)으로 설정되어 있다. 다음 그림은 빈도와 강도의 매트릭스이다.

구분		강도(severity)				
		중대(5)	중요(4)	보통(3)	경미(2)	사소(1)
빈도	매우 높음(5)	25	20	15	10	5
	높음(4)	20	16	12	8	4
	보통(3)	15	12	9	6	3
	낮음(2)	10	8	6	4	2
	매우 낮음(1)	5	4	3	2	1

위험성 결정(evaluation)은 위험성 추정 결과에 따라 4단계로 구분한다. 허용 불가 위험성은 17점~25점으로 작업을 할 수 없으며, 즉시 개선이 필요하다. 고 위험성은 9점~16점으로 작업을 할 수 없으며, 가능한 빨리 개선이 필요하다. 중 위험은 4점~8점으로 작업이 가능하지만 위험 감소방안이 필요하다. 저 위험성은 1점~3점으로 작업 수행이 가능하다. 맨홀커버 open작업과 드럼 내부 청소의 위험성을 추정하고 개선 전 위험성을 확인한 결과는 아래 표와 같다.

작업 단계	c	d	e 개선 전 위험성		
	위험의 종류	위험상황 묘사	빈도(L)	강도(S)	위험성(R)
10	화상	드럼 내부의 뜨거운 물에 의한 화상 위험	3	3	9
20	호흡기 질환	보온재 해체 시 유리섬유/먼지	3	2	6

		호흡으로 인한 건강상 위험			
	베임	보온재 함석, 설비 단면에 베임	3	3	9
	맞음	설비, 자재, 공구가 떨어져 하부 작업자가 맞음	4	4	16
	타격	햄머 렌치를 손으로 잡고 망치로 맨홀 커버 볼트 해체 시 손 타격	4	3	12
30	질식	드럼 내부 산소부족으로 인한 질식	4	5	20
	타격	연결부가 탈락된 고압호스에 맞음	3	3	9

작업단계 10에서 드럼 내부 청소 작업자가 드럼으로 유입되는 뜨거운 물로 인해 화상을 입을 가능성이 있으므로 빈도를 3점으로 설정하고, 강도는 화상으로 인해 의료치료 수준의 피해가 우려되어 3점을 설정하였다. 그 결과 빈도 3점과 강도 3점을 곱하여 위험성(risk)은 9점이 되었다. 화상으로 인한 위험성 결정은 고 위험으로 작업을 할 수 없으며, 가능한 빨리 개선해야 한다.

작업단계 20에서 맨홀 커버 open으로 인한 보온재 해체 시 부주의하면 호흡기 질환을 유발할 가능성이 있으므로 빈도(likelihood)를 3점으로 설정하고, 강도(severity)는 보온재 흡입으로 인해 응급처치 수준의 피해가 우려되어 2점을 설정하였다. 그 결과 빈도 3점과 강도 2점을 곱하여 위험성(risk)은 6점이 되었다. 보온재 해체로 인한 위험성 결정은 중 위험으로 위험감소방안이 필요하다.

작업단계 20에서 맨홀 커버 open시 보온재 함석이나 설비 단면의 날카로운 부위에 부주의하면 베일 가능성이 있으므로 빈도를 3점으로 설정하고, 강도(severity)는 날카로운 부위에 베임으로 인해 의료치료 수준의 피해가 우려되어 3점을 설정하였다. 그 결과 빈도 3점과 강도 3점을 곱하여 위험성(risk)은 9점이 되었다. 보온재 해체로 인한 위험성 결정은 고 위험으로 작업을 할 수 없으며, 가능한 빨리 개선해야 한다.

작업단계 20에서 맨홀 커버 open시 설비, 자재, 공구를 부주의로 떨어뜨리면 하부 통행 작업자가 맞을 수 있는 가능성이 높으므로 빈도를 4점으로 설정하고, 강도(severity)는 맞음으로 인해 영구 손실재해의 피해가 우려되어 4점을 설정하였다. 그 결과 빈도 4점과 강도 4점을 곱하여 위험성(risk)은 16점이 되었다. 맞음으로 인한 위험성 결정은 고 위험으로 작업을 할 수 없으며, 가능한 빨리 개선해야 한다.

작업단계 20에서 맨홀 커버 open시 햄머 렌치를 손으로 잡고 망치로 맨홀 커버 볼트 해체 시 망치에 손을 타격 받을 수 있는 가능성이 높으므로 빈도를 4점으로 설정하고, 강도(severity)는 타격으로 인해 의료치료의 피해가 우려되어 3점을 설정하였다. 그 결과 빈도 4

점과 강도 3점을 곱하여 위험성(risk)은 12점이 되었다. 타격으로 인한 위험성 결정은 고 위험으로 작업을 할 수 없으며, 가능한 빨리 개선해야 한다.

작업단계 30에서 드럼 내부 청소 시 산소부족으로 질식의 가능성이 높으므로 빈도를 4점으로 설정하고, 강도(severity)는 질식으로 인해 사망의 피해가 우려되어 5점을 설정하였다. 그 결과 빈도 4점과 강도 5점을 곱하여 위험성(risk)은 20점이 되었다. 질식으로 인한 위험성 결정은 허용 불가의 위험으로 작업을 할 수 없으며, 즉시 개선해야 한다.

작업단계 30에서 드럼 내부 청소 시 Jet cleaner의 연결부가 탈락된 호스에 맞을 수 있는 가능성이 있으므로 빈도를 3점으로 설정하고, 강도(severity)는 맞음으로 인해 의료치료 수준의 피해가 우려되어 3점을 설정하였다. 그 결과 빈도 3점과 강도 3점을 곱하여 위험성(risk)은 9점이 되었다. 맞음으로 인한 위험성 결정은 고 위험으로 작업을 할 수 없으며, 가능한 빨리 개선해야 한다.

위험성 결정(risk evaluation)에 따라 위험성 감소 조치(risk reduction)로 활용되는 방안은 ISO 45001이 제시하는 위험성 통제 위계(hierarchy of risk control)인 (1) 위험 제거, (2) 덜 위험한 물질, 공정, 작업 또는 장비로 대체, (3) 공학적 대책 사용, (4) 교육을 포함한 행정적 조치, (5) 개인보호구 사용과 같은 우선순위를 부여하여 조치한다.

다. 위험성 감소 방안 및 개선 후 위험성

위험성 감소 방안 및 개선 후 위험성은 아래 표와 같다.

d	f 위험성 감소 방안	g 개선 후 위험성		
위험상황 묘사		빈도(L)	강도(S)	위험성 (R)
드럼 내부의 뜨거운 물에 의한 화상 위험	– 에너지 통제(LOTO) 구역 선정 – 물 공급 배관 내 뜨거운 물 배수 – 에너지 통제(LOTO) – 작업 전 에너지 통제(LOTO) 상태 확인	2	3	6
보온재 해체 시 유리섬유/먼지 호흡으로 인한 건강상 위험	– 방진복 착용 – 방진 마스크 착용 – 안면 보호구 착용 – 유리섬유/먼지 유해성 안전교육 시행	2	2	4
보온재 함석, 설비 단면에 베임	– 안전장갑 착용 – 모서리 부분 보호 – 보안경 착용 – 규정된 작업복 착용 – 날카로운 부위 베임 위험 안전교육 시행	2	2	4

설비, 자재, 공구가 떨어져 하부 작업자가 맞음	- 하부 통행로 통행금지 구역 설정/안내 표시 게시 - 상부 작업 구역 낙하물 방지 패드 설치 - 해체한 자재는 떨어지지 않도록 고정 - 상부 작업구역 작업자 간 공구/물건 던지기 금지 - 공구 정리정돈 - 낙하물 위험 안전교육 시행	3	2	6
햄머 렌치를 손으로 잡고 망치로 맨홀 커버 볼트 해체 시 손 타격	- 임팩(impact) 렌치 사용 - 임팩 렌치 사용이 어려울 경우, 안전장갑 착용 - 손 타격 위험 안전교육 시행	2	2	4
드럼 내부 산소부족으로 인한 질식	- 에너지 통제(LOTO) - 산소/가스농도 확인(주기적) - 밀폐공간 감시자 배치 - 비상용 호흡기 및 구조장비 비치 - 환기장치 설치 - 질식 위험 안전교육 시행	2	4	8
연결부가 탈락된 고압호스에 맞음	- 고압호스 연결부 점검 - 손상된 호스 사용금지 - 연결부 결속 시험 후 사용 - 작업구역 통제 - 고압호스 타격 위험 안전교육 시행	2	3	6

작업단계 10에서 드럼으로 유입되는 뜨거운 물에 신체가 접촉되어 드럼 청소 작업자가 화상을 입을 수 있는 위험의 위험성 감소방안은 에너지 통제(LOTO) 구역 선정, 물 공급 배관 내 뜨거운 물 배수, 에너지 통제(LOTO), 작업 전 에너지 통제(LOTO)상태 재확인 시행으로 빈도는 2점 그리고 강도는 3점을 설정하였다. 그 결과 빈도 2점과 강도 3점을 곱하여 위험성(risk)은 6점으로 작업은 가능하지만 위험 감소방안이 필요하다. 에너지 통제를 위해서는 전술한 에너지 통제 절차를 따라야 한다.

작업단계 20에서 맨홀 커버 open으로 인한 보온재 해체 시 유리섬유/먼지 호흡으로 인한 건강상 위험의 위험성 감소방안은 방진복 착용, 방진 마스크 착용, 안면 보호구 착용, 유리섬유/먼지 유해성 안전교육 시행으로 빈도는 2점 그리고 강도는 2점을 설정하였다. 그 결과 빈도 2점과 강도 2점을 곱하여 위험성(risk)은 4점으로 작업은 가능하지만 위험 감소방안이 필요하다.

작업단계 20에서 맨홀 커버 open시 보온재 함석이나 설비 단면의 날카로운 부위에 베이는 위험의 위험성 감소방안은 안전장갑 착용, 모서리 부분 보호, 보안경 착용, 규정된 작업복 착용, 날카로운 부위 베임 위험 안전교육 시행으로 빈도는 2점 그리고 강도는 2점을 설정하였다. 그 결과 빈도 2점과 강도 2점을 곱하여 위험성(risk)은 4점으로 작업은 가능하지만 위험 감소방안이 필요하다.

작업단계 20에서 맨홀 커버 open시 설비, 자재, 공구가 떨어져 하부 통행작업자가 맞을 수 있는 위험의 위험성 감소방안은 하부 통행로 통행금지 구역 설정/안내 표시 게시, 상부 작업 구역 낙하물 방지 패드 설치, 해체한 자재는 떨어지지 않도록 고정, 상부 작업구역 작업자 간 공구/물건 던지기 금지, 공구 정리정돈, 낙하물 위험 안전교육 시행으로 빈도는 3점 그리고 강도는 2점을 설정하였다. 그 결과 빈도 3점과 강도 2점을 곱하여 위험성(risk)은 6점으로 작업은 가능하지만 위험 감소방안이 필요하다.

작업단계 20에서 맨홀 커버 open시 햄머 렌치를 손으로 잡고 망치로 맨홀 커버 볼트 해체 시 망치에 손을 타격 받을 수 있는 위험의 위험성 감소방안은 임팩(impact) 렌치 사용, 임팩 렌치 사용이 어려울 경우, 안전장갑 착용, 손 타격 위험 안전교육 시행으로 빈도는 2점 그리고 강도는 2점을 설정하였다. 그 결과 빈도 2점과 강도 2점을 곱하여 위험성(risk)은 4점으로 작업은 가능하지만 위험 감소방안이 필요하다.

작업단계 30에서 드럼 내부 청소 시 산소부족으로 질식 위험의 위험성 감소방안은 에너지 통제(LOTO), 산소/가스농도 확인(주기적), 밀폐공간 감시자 배치, 비상용 호흡기 및 구조장비 비치, 환기장치 설치, 질식 위험 안전교육 시행으로 빈도는 2점 그리고 강도는 4점을 설정하였다. 그 결과 빈도 2점과 강도 4점을 곱하여 위험성(risk)은 8점으로 작업은 가능하지만 위험 감소방안이 필요하다.

작업단계 30에서 드럼 내부 청소 시 Jet cleaner의 연결부가 탈락된 호스에 맞을 수 있는 위험의 위험성 감소방안은 고압호스 연결부 점검, 손상된 호스 사용금지, 연결부 결속 시험 후 사용, 작업구역 통제, 고압호스 타격 위험 안전교육 시행으로 빈도는 2점 그리고 강도는 2점을 설정하였다. 그 결과 빈도 2점과 강도 2점을 곱하여 위험성(risk)은 4점으로 작업은 가능하지만 위험 감소방안이 필요하다.

이상과 같이 발전소 배열회수보일러(HRSG, Heat Recovery Steam Generator) 고압 드럼 내부 청소작업을 예로 작업위험성 평가를 시행하였다. 아래의 표는 전술한 작업위험성 평가 양식의 예이다.

작업 단계	a 작업 내용	b 세부 작업 내용	c 위험 의 종류	d 위험 상황 묘사	e 개선 전 위험성			f 위험 성 감소 방안	g 개선 후 위험성		
					빈도 (L)	강도 (S)	위험성 (R)		빈도 (L)	강도 (S)	위험성 (R)
10											
20											

모든 작업위험성 평가 시 발전소의 필수 안전보호구는 안전모, 안전화, 보안경 및 형광 안전조끼 착용으로 설정한다. 그리고 유해 화학물질 취급 등 특수한 작업에 필요한 안전보호구는 안전절차에 따라 별도로 평가하고 착용한다.

무엇보다 중요한 사항은 작업위험성 평가를 완벽하게 시행하였다고 하여도 작업 현장은 상황이 변하고, 사람은 오류를 범할 수 있으므로 지속적인 관리감독이 필요하다. 작업 내용이 변경될 경우 반드시 작업위험성 평가를 재시행하여야 한다. 그리고 위험성 감소 방안을 적용할 경우, 새로운 위험이 존재(risk 항상성)할 수 있음을 잊지 말아야 한다.

III. 위험성평가의 정의와 도입

1. 위험성평가의 정의

국제노동기구인 ILO(2014)는 위험성평가를 사람들이 사업장에서 해를 입을 수 있는 요인이 무엇인지 주의 깊게 조사하는 활동이라고 하였다. 이러한 조사를 통해 사업장에 존재하는 위험을 파악하고 이에 대한 적절한 조치를 취할 수 있는 근본적인 안전활동으로 국가의 사업주가 시행하도록 하는 법적인 의무를 부여하고 있다.

ISO 45001(2018)은 '위험확인 및 위험성 및 기회 평가(Hazard identification and assessment of risks and opportunities)' 항목에서 조직이 위험확인을 위하여 지속적이고 사전 예방적인 위험 식별을 위한 프로세스를 수립, 구현 및 유지해야 할 내용을 설명하고 있다. 그리고 안전보건 위험성 및 안전보건경영시스템에 대한 평가를 시행해야 하는 내용을 설명하고 있다.

2. 위험성평가의 도입

1974년 영국의 산업안전보건법에 규정된 사업주의 의무조항이 위험성평가제도에서 요구하는 내용과 유사하기 때문에 가장 먼저 위험성평가제도의 기본원리를 제도화했다고 볼 수 있다.

1976년 이탈리아에서 발생한 염소가스와 다이옥신 누출사고(3,700여명 사망)를 계기로 유럽연합은 1982년 세베소지침(Seveso-Richtlinie)을 만들었다. 이 지침은 유럽연합 각국의 화학공장에서 발생하는 중대재해를 막기 위한 목적이며, 단순한 안전기준 준수에 의한 접근방식을 넘어서 화학설비와 화학물질에 대한 위험성평가의 필요성과 중요성을 인식시키는 계기가 되었다.

1992년 본격적인 위험성평가제도가 마련된 것은 유럽의 기본지침(the Framework Directive 89/391/EEC)이 수립되면서 사업장안전관리 시행령(The Management of Health and Safety at Work Regulations 1992, MHSWR)이 제정되었다. 이 기본지침에는 사업주의 위험성평가 실시 의무가 포함되어 유럽연합 각국에 위험성평가가 본격적으로 보급되게 되었다.

1996년 유럽연합의 기본지침을 수용한 독일은 산업안전보건법(ArbSchG)을 제정하고 관련법령을 정비함으로써 위험성평가제도의 방식을 전면적으로 도입하였다.

1990년 후반부터 ILO, ISO, IEC 등 국제기구는 위험성평가를 국제안전규격의 가장 중요한 기준으로 정하기에 이른다.

2006년 일본은 2006년 4월에 노동안전위생법을 개정하여 위험성 또는 유해성 등의 조사 등(위험성평가)의 실시를 노력의무형태로 신설하였다. 나아가 이 규정에 근거하여 2006년 3월 10일에 「위험성 또는 유해성 등의 조사 등에 관한 지침」이, 같은 해 3월 30일에는 「화학물질 등에 의한 위험성 또는 유해성 등의 조사 등에 관한 지침」이 공표되었다.

2009년 2월 우리나라는 산업안전보건법을 개정하여 사업주의 위험성평가 실시에 대한 법적 근거를 마련하였다. 그러나 위험성평가의 개념이 설정되어 있지 않았고 선언적 의무에 불과하여 법제도화의 취지를 제대로 살리지 못했다.

이에 따라 2013년 6월 산업안전보건법을 개정하여, 위험성평가 개념을 명확히 하고 위험성평가의 방법, 절차, 시기 등을 정하는 행정규칙(고시)의 제정근거를 규정함과 아울러, 위험성평가의 근거를 산업안전보건법상 사업주의 일반적 의무조항(제1장 제5조)에서 분리하여 제4장 유해·위험 예방조치(제41조의2) 부분에 규정함으로써, 사업장 위험성평가의 법적 위상과 체계성을 높일 수 있게 되었다. 또한 안전보건관리책임자(산업안전보건법 제13조), 관리감독자(산업 안전보건법 제14조), 안전관리자(산업안전보건법 제15조), 보건관리 자(산업안전보건법 제16조), 안전보건총괄책임자(산업안전보건법 제18조) 등 각종 안전보건관계자의 직무에 위험성평가가 포함되고, 이들 안전보건관계자의 교육내용에 위험성평가에 관한 사항이 반영되도록 규정되었다(동법 시행규칙 별표 822 참조). 한편, 안전보건관리규정에 위험성평가에 관한 사항을 의무적으로 포함하도록 규정하였다(동법 시행규칙 별표 632 참조). 그리고 산업안전보건법 제41조의2에 근거를 두고 위험성평가의 구체적 방법·절차 등을 제시한 사업장 위험성평가에 관한 지침」(고용노동부 고시)이 제정되었다. 요컨대, 우리나라에서 사업장 위험성평가는 그 실시가 사실상 강제화되었다고 말할 수 있다. 아래 표는 대한민국의 위험성평가 제도 도입 시기와 내용이다.

○ ('09~'12년) 「산업안전법」 제5조, 선언적·포괄적인 사업주의 의무로 도입 준비, 제도안착 위한 「유해·위험요인 자기관리 시범사업」 실시
○ ('12년) 「사업장 위험성평가에 관한 지침」 제정
○ ('13년) 「산업안전보건법」에 별도의 법조항을 신설하여 제도 도입
○ ('14년) 제도의 현장 작동성 강화를 위해 위험성평가를 안전보건 관리책임자 등의 구체적 업무로 규정하고, 업무 미수행 시 시정명령 및 과태료(500만원 이하)를 부과할 수 있는 근거규정 신설
○ ('19년) 유해·위험요인 파악 및 위험성 감소대책 수립·실행 단계에 근로자가 참여하도록 하는 의무규정 신설
○ ('23년) 「사업장 위험성평가에 관한 지침」 대폭 개정

---

3. 국내 위험성 평가 기준 및 검토사항

(1) 위험성 평가 제도 현황

구분	내용
산안법	산업안전보건법 제36조(위험성평가) ① 사업주는 건설물, 기계·기구, 설비, 원재료, 가스, 증기, 분진, 근로자의 작업행동 또는 그 밖의 업무로 인한 유해·위험요인을 찾아내어 부상 및 질병으로 이어질 수 있는 위험성의 크기가 허용가능한 범위인지를 평가하여야 하고, 그 결과에 따라 이 법과 이 법에 따른 명령에 따른 조치를 하여야 하며, 근로자에 대한 위험 또는 건강장해를 방지하기 위하여 필요한 경우에는 추가적인 조치를 하여야 한다. ② 사업주는 제1항에 따른 평가 시 고용노동부장관이 정하여 고시하는 바에 따라 해당 작업장의 근로자를 참여시켜야 한다. ③ 제1항에 따른 평가의 방법, 절차 및 시기, 그 밖에 필요한 사항은 고용노동부장관이 정하여 고시한다.
시행규칙	산업안전보건법 시행규칙 제37조(위험성평가 실시내용 및 결과의 기록·보존)

	① 사업주가 법 제36조제3항에 따라 위험성평가의 실시내용 및 결과를 기록·보존할 때에는 다음 각 호의 사항이 포함되어야 한다. 1. 위험성평가 대상의 유해·위험요인 2. 위험성 결정의 내용 3. 위험성 결정에 따른 조치의 내용 4. 그 밖에 위험성평가의 실시내용을 확인하기 위하여 필요한 사항으로서 고용노동부장관이 정하여 고시하는 사항 ② 사업주는 제1항에 따른 자료를 3년간 보존하여야 한다.
지침 (고시)	고용노동부고시 제2023-19호(사업장 위험성평가에 관한 지침) 「산업안전보건법」 제36조에 따라 사업주가 스스로 사업장의 유해·위험요인에 대한 실태를 파악하고 이를 평가하여 관리·개선하는 등 필요한 조치를 할 수 있도록 지원하기 위하여 위험성평가 방법, 절차, 시기 등에 대한 기준을 제시하고, 위험성평가 활성화를 위한 시책의 운영 및 지원사업 등 그 밖에 필요한 사항을 규정
작업위험성평가에 관한 기술지침 (2020)	KOSHA GUIDE P-140-2020에 따라 작업수행 과정의 작업행위와 관련된 잠재된 유해위험요인을 파악하고 안전작업절차를 마련하고자 수행하는 작업위험성평가(JSA)에 관한 필요한 사항을 제시하는데 그 목적이 있다.
공정위험성평가에 관한 기술지침 (2017)	KOSHA GUIDE P-157-2017에 따라 공정위험성평가의 정기적인 평가에 대한 세부적인 방법 및 절차에 필요한 사항을 제시하는데 그 목적이 있다.

(2) 위험성 평가 제도 요약

개정 전	개정 후
■ 위험성평가 고시의 목적 - 위험성평가 자체의 목적 불비	■ 위험성평가 고시의 목적 규정 - '산업재해를 예방하기 위함'으로 구체화
■ 정의규정 - '위험성평가' 정의에 빈도·강도를 추정·결정하는 과정이 포함되어 사업장 이해 곤란	■ 정의규정 명확화 - 부상·질병의 가능성과 중대성 측정 의무규정을 제외하고, 위험요인 파악 및 개선대책 마련에 집중하도록 재정의
■ 평가방법 - 위험성의 추정에 있어 가능성(빈도)과 중대성(강도)를 행렬·곱셈·덧셈 등 계량적으로 산출하도록 규정하여 현장 적용 곤란	■ 평가방법 다양화 - 빈도·강도를 산출하지 않고도 위험성의 수준을 판단할 수 있도록 개선 - 체크리스트, OPS 및 3단계 판단법 등 간편한 방법도 제시
■ 평가시기 - 최초·정기·수시평가로 구성 * [최초] 사업장 설립 이후 시기 모호 [정기] 최초 평가 후 1년마다	■ 평가방법 다양화 - 상시적인 위험성평가가 이루어지도록 개편 * [최초] 사업장 성립 이후 1개월 이내 착수 [수시] 기계·기구 등의 신규 도입·변경으로 인한

	추가적인 유해·위험요인에 대해 실시
[수시] 기계·기구 등의 신규 도입·변경	[정기] 매년 전체 위험성평가 결과의 적정성을 재검토하고, 필요시 감소대책 시행 [상시] 월 1회 이상 제안제도, 아차사고 확인, 근로자가 참여하는 사업장 순회점검을 통해 위험성평가를 실시하고, 매주 안전·보건관리자 논의 후 매 작업일마다 TBM 실시하는 경우 수시·정기평가 면제
▣ 근로자 참여 제한 - 유해·위험요인 파악, 감소대책 수립, 감소대책 이행시에만 참여	▣ 全과정에 근로자 참여 보장 - 위험성평가 全과정에 근로자 참여
▣ 위험성평가 결과 공유규정 불비 - 위험성평가 결과 잔류위험이 있는 경우에만 근로자에게 알리도록 규정	▣ 위험성평가 결과의 근로자 공유 - 위험성평가 결과 전반을 근로자에게 공유 - TBM을 통한 확산 노력규정 신설

IV. 위험성평가 절차

위험성평가 절차와 관련한 국제적인 기준은 ILO(2014), ISO 31000(2018) 및 IEC 31010(2019) 등이 정의하고 있다. 일반적인 위험성평가 절차에는 위험요소 확인, 위험성추정, 위험성결정 및 위험성 감소조치가 있다. 그리고 위험성 감소조치에는 위험 제거, 위험 대체, 공학적 대책 사용, 행정적 조치 그리고 보호구 사용 등의 우선순위를 적용한다.

1. 위험 요소 확인(hazard identification)

사업장의 특정한 상황과 시설 등에 대한 위험요인 검토 그리고 관련 작업의 위험요인을 확인하는 과정을 위험 요소 확인이라고 한다. 위험 요소를 효과적으로 확인하기 위해서는 객관적이고 검증된 위험 분석 방법론을 적용해야 한다. 공정이나 작업 상황, 조건 및 특수성에 따라 여러 위험 요소가 존재할 수 있으므로 때로는 해당 분야의 전문가가 동참해야 한다.

위험 요소를 효과적으로 찾고 관리하기 위한 정보(information)원은 다음 표와 같다.

- 관련법률 - 프로세스 - 제품 정보 - 관련 국제 표준

- 산업 또는 무역 협회 지침
- 근로자의 개인적인 지식과 경험
- 조직 내부와 외부의 사고와 질병 자료 등
- 전문가의 조언과 의견 및 관련 연구 등

2. 위험성추정(risk estimation)

이 단계는 잠재된 위험을 평가하고 현재 통제의 적절성을 평가하는 단계이다. 위험성은 심각도와 빈도 기준으로 표기되어야 한다. 이러한 과정을 ISO/IEC 가이드 51에서는 위험성 추정(risk estimation)이라고 한다. 빈도는 사람이 위험에 노출되는 횟수 기준으로 설정한다. 그리고 심각도는 위험의 크기나 부상과 질병 정도를 검토하여 설정한다. 아래 표는 영국 보건안전청(HSE)이 제안하는 심각도와 빈도를 기반으로 한 위험성 추정 기준이다.

빈도	빈도 수준
피해 발생이 확실함	고 3
피해가 자주 발생	중 2
피해가 거의 발생하지 않음	저 1
심각도	심각도 수준
사망 또는 중대재해	중대 3
3일 이상 치료 재해	심각 2
부상 또는 질병	경미 1

위험성(risk) = 심각도(severity) x 빈도(likelihood)

3. 위험성결정(risk evaluation)

이 단계는 심각도와 빈도를 고려한 위험성 추정 결과에 따라 위험성을 결정(risk evalua-tion)한다. 영국 보건안전청이 제안하는 HSG 65 기준에 따라 심각도와 빈도를 3×3 모형으로 표시한 도표는 아래 표와 같다.

빈도	심각도		
	경미 1	심각 2	중대 3
저 1	낮음 1	낮음 2	중간 3
중 2	낮음 2	중간 4	높음 6
고 3	중간 3	높음 6	높음 9

심각도와 빈도의 조합이 높음(6점~9점)인 경우 즉시 개선이 요구된다. 그리고 중간(3점~4점)인 경우 가급적 빨리 개선해야 하고, 낮음(1점~2점)인 경우는 중장기적으로 계획을 수립하여 개선한다. 조직의 상황에 따라 심각도와 빈도를 4×5 모형 또는 그 이상으로도 세분하여 운영할 수 있다.

위험성 결정(risk evaluation)에 따라 위험성 감소 조치(risk reduction)로 활용되는 방안은 ISO 45001이 제시하는 위험성 통제 위계(hierarchy of control)인 (1) 위험 제거, (2) 덜 위험한 물질, 공정, 작업 또는 장비로 대체, (3) 공학적 대책 사용, (4) 교육을 포함한 행정적 조치, (5) 개인보호구 사용과 같은 우선순위를 부여하여 조치한다.

4. 위험성 감소조치(risk reduction)

위험성결정에 따라 판단된 허용할 수 없는 위험(intolerable risk)에 대한 감소조치를 시행한다. 감소조치는 위험성평가 기준에서 설정한 우선순위 기준을 적용한다. 위험성 감소조치에는 위험 제거, 위험 대체, 공학적 대책 사용, 행정적 조치 그리고 보호구 사용 등의 우선순위를 적용한다.

(1) 위험 제거(elimination)

위험을 줄이는 가장 효과적이고 좋은 방법은 위험을 없애는 것이다. 사람이 통행하는 길 주변 절벽에 낙석이 존재하는 위험을 통제하는 방식은 다음 그림과 같이 크레인을 사용하여 낙석을 치우는 것이다. 이러한 방법은 공정이나 작업에서 독성 화학물질을 제거하거나 에너지 차단이 필요한 장비 등을 없애는 것과 같이 위험성 감소의 효과가 크지만, 위험성에 비해 비용이 많이 소요될 수 있다.

(2) 덜 위험한 물질, 공정, 작업 또는 장비로 대체(substitution)

위험한 형태의 물질이나 절차를 덜 위험한 물질, 공정, 작업 또는 장비로 대체하는 과정이다. 용제형 도료의 위험성을 낮추기 위해 수성 도료 사용, 전기 대신 압축 공기를 전원으로 사용, 강한 화학물질을 사용하는 대신 막대를 사용하여 배수구 청소, 사다리를 오르는 대신 이동식 승강 작업대를 사용하는 등의 방식이 있다. 다만, 위험성 감소 방안을 적용하는 동안 새로운 위험이 발생할 수 있는 상황을 검토하여 적용해야 한다.

(3) 공학적 대책 사용(engineering controls)

사람을 대상으로 하는 위험성 감소조치에 의존하지 않고 공학적인 조치를 활용하여 위험성을 감소하는 방안이다. 공학적 대책에는 효율적인 먼지 필터 사용 또는 소음이 적은 장비 구매 등 발생원으로부터 위험을 통제하는 방식과 장벽, 가드, 인터록, 방음덮개 등 노출 원으로부터 위험을 통제하는 방식이 있다.

사람이 통행하는 길 주변 절벽에 낙석이 존재하는 위험을 통제하는 방식은 아래 좌측 그림과 같이 낙석이 떨어질 경로에 방책을 설치하여 사람이 통행하지 못하게 하는 방식과 아래 우측 그림과 같이 낙석이 떨어질 경로를 우회하여 새로운 통행방식인 배를 이용하는 방식 등을 검토할 수 있다. 다만, 위험성 감소 방안을 적용하는 동안 새로운 위험이 발생할 수 있는 상황을 검토해 적용해야 한다.

(4) 행정적 조치(administrative controls)

● 노출시간 감소

구성원에게 휴식 시간을 제공함으로써 위험에 노출될 수 있는 시간을 줄이는 방법이다. 일반적으로 소음, 진동, 과도한 열 또는 추위 및 유해 물질과 관련된 건강상의 위험관리에 적용한다.

● 격리

위험 요소를 격리하거나 사람과 위험 요소를 분리하여 관리하는 것은 효과적인 통제 수단이다. 예를 들어 사업장 내 차량도로와 보행자 통로 분리, 도로 수리 시 통행인을 위한 별도의 통로 제공, 현장에 휴게공간 제공 및 소음 피난처 제공 등이 있다.

● 안전절차

이 방법은 일반적이고 비용 소요가 적은 방식의 통제 수단으로 현장의 유해 위험요인을 통제할 수 있도록 체계적으로 구축되어야 한다. 안전 절차는 서면으로 작성되어 조직의 공식적인 체계로 공지되어야 하며, 조직은 근로자에게 안전 절차를 교육하고 그 근거를 유지하여야 한다.

● 교육

교육은 잠재된 유해위험 요인을 구성원에게 인식시켜줄 수 있는 좋은 도구이다. 조직은 효과적인 안전보건 교육 프로그램을 마련하여 구성원이 안전보건 관련 기능, 기술, 지식 및 태도를 습득할 수 있도록 지원한다.

(5) 개인 보호 장비

개인 보호 장비(PPE, personal protective equipment)는 위험 제거, 대체, 공학적 대책 및 행정

적 대책 이후 가장 마지막으로 검토해야 하는 제한적인 보호 수단이다. 상황에 따라 보호구를 착용했다고 하여도 사고가 발생할 위험성이 존재한다는 사실을 유념해야 한다.

다음 그림은 위험성 통제 위계(hierarchy of control)와 위험요인 관리 효과를 보여준다. 위험요소 감소의 효과가 가장 큰 순으로 위험 제거, 덜 위험한 물질, 공정, 작업 또는 장비로 대체, 공학적 대책 사용, 교육을 포함한 행정적 조치 및 개인보호구 사용 등이 있다.

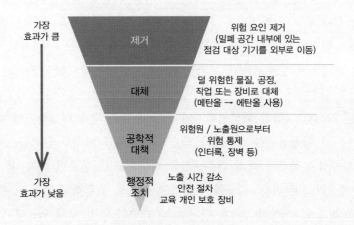

V. 위험성평가 개선방안

1. 위험성평가의 현실

해외의 위험성평가 제정과 운영 현황을 살펴보면, 1974년 영국의 산업안전보건법에 규정된 사업주의 의무조항이 위험성평가제도에서 요구하는 내용과 유사하기 때문에 가장 먼저 위험성평가제도의 기본원리를 제도화했다고 볼 수 있다. 이후 1976년 이탈리아에서 발생한 염소가스와 다이옥신 누출사고(3,700여명 사망)를 계기로 유럽연합은 1982년 세베소지침(Seveso-Richtlinie)을 만들었다. 1992년 유럽의 기본지침(the Framework Directive 89/391/EEC)이 수립되면서 사업주의 위험성평가 실시 의무가 포함되어 유럽연합 각국에 위험성평가가 본격적으로 보급되게 되었다. 1996년 독일은 유럽연합의 기본지침을 수용한 산업안전보건법(ArbSchG)을 제정하고 관련 법령을 정비함으로써 위험성평가제도의 방식을 전면적으로 도입하였다.

1990년 후반부터 ILO, ISO, IEC 등 국제기구는 위험성평가를 국제안전규격의 가장 중요한 기준으로 정하기에 이른다. 2006년 일본은 2006년 4월에 노동안전위생법을 개정하여 위험성 또는 유해성 등의 조사 등(위험성평가)의 실시를 노력의무형태로 신설하였다.

우리나라는 2009년 2월 우리나라는 산업안전보건법을 개정하여 사업주의 위험성평가 실시에 대한 법적 근거를 마련하였다. 2012년 사업장 위험성평가에 관한 지침 제정, 2013년 산업안전보건법에 별도의 법조항을 신설하여 제도 도입, 2014년 제도의 현장 작동성 강화를 위해 위험성평가를 안전보건관리책임자 등의 구체적 업무로 규정하고, 업무 미수행 시 시정명령 및 과태료(500만원 이하)를 부과할 수 있는 근거규정 신설, 2019년 유해·위험요인 파악 및 위험성 감소대책 수립·실행 단계에 근로자가 참여하도록 하는 의무규정 신설하였다.

우리나라는 2023년 사업장 위험성평가에 관한 지침을 대폭 개정하기에 이른다. 개정내용의 주요 골자는 i) 위험성평가 고시의 목적을 산업재해를 예방하기 위함으로 구체화, ii) 부상·질병의 가능성과 중대성 측정 의무규정을 제외하고, 위험요인 파악 및 개선대책 마련에 집중하도록 재정의, iii) 빈도·강도를 산출하지 않고도 위험성의 수준을 판단할 수 있도록 개선하고 체크리스트, OPS 및 3단계 판단법 등 간편한 방법 제시, iv) 상시적인 위험성평가가 이루어지도록 개편, (최초) 사업장 성립 이후 1개월 이내 착수, (수시) 기계·기구 등의 신규 도입·변경으로 인한 추가적인 유해 위험요인에 대해 실시, (정기) 매년 전체 위험성평가 결과의 적정성을 재검토하고, 필요시 감소대책 시행, [상시] 월 1회 이상 제안제도, 아차사고 확인, 근로자가 참여하는 사업장 순회점검을 통해 위험성평가를 실시하고, 매주 안전·보건관리자 논의 후 매 작업일마다 TBM 실시하는 경우 수시·정기평가 면제 등 평가방법 다양화, v) 위험성평가 모든 과정에 근로자 참여, vi) 위험성평가 결과 전반을 근로자에게 공유 및 TBM을 통한 확산 노력규정 신설 등이다.

우리나라가 위험성평가와 관련한 법 개정을 수차례 이상 시행한 이유가 무엇일까? 그 이유는 피상적으로 위험성평가가 잘 되어가고 있는 것처럼 보였지만, 사실은 한국이 위험성평가를 제도화 한 2012년부터 작년까지 매년 800명 이상이 사고로 인해 사망을 하고 있기 때문이다. 그리고 사고사망만인율은 0.4~0.5 수준에서 정체되어 있기 때문이다. 이러한 사망하고 건수와 사망만인율이 보여주는 지표는 국내의 많은 사업장이 위험성평가를 적절하게 시행하지 않고 있거나, 피상적으로 시행하고 있다는 방증이다. 이에, 전술한 문제를 개선하기 위해 고용노동부는 2023년 위험성평가 내용을 전면 개정하여 공포하기에 이른다.

개정내용을 보면 중소업종에서 쉽게 적용하기 위한 방식의 위험성평가 방법 등도 제공하고 있지만, 본질적인 대안으로 보기에는 어렵다. 그 이유는 위험성평가는 사업장에 존재하는 유해위험요인을 효과적으로 찾고, 해당 위험을 제거, 대체, 공학적대책, 행정적 조치 및 보호구 사용 등의 위험성감소 조치를 시행하는 활동으로 사업주가 관심을 갖고 일관성 있는 실행이 담보되어야 하는 시스템적인 접근이 필요한 활동이기 때문이다.

저자가 생각하는 국내의 위험성평가 시행은 여러 문제가 있다고 생각한다. 그 내용으로는 사업 전체를 조망하지 못하는 위험성평가(분절된 위험성평가 시행), 위험성 감소조치의 효과가 낮음, 집중화된 관리로 인해 효과적이지 못한 위험성평가 시행 및 현재의 위험분석 방법론으로는 변동성 파악이 어려운 현실 등이다.

(1) 사업 전체를 조망하지 못하는 위험성평가(분절된 위험성평가 시행)

가. 본사 조직과 사람에 의해 인적오류가 발생

본사에 있는 경영층은 사업장의 안전과 위험 상황을 결정할 수 있는 막강한 권한을 갖고 있다. 본사는 사업장 책임자와 관리자의 인사권을 갖고, 다양한 명령과 좋은 결과를 요구하는 것이 일반적이다. 이 때 사업장 책임자나 관리자는 본사의 명령을 거스르거나 좋지 않은 결과를 보이면, 심각한 인사 결정을 받기도 한다. 이러한 권력거리(power distance)를 기반으로 하는 본사와 사업장 간의 업무 방식에 따라 사업장은 때때로 불안전한 결정을 할 수 있다. 그 이유는 본사가 자원확보, 공사 기간 확보, 인원 투입 및 각종 투자와 관련한 권력을 갖고 있기 때문이다. 이에 따라 사업장과 근로자는 주어진 환경에서 효율과 안전을 번갈아 가면서 선택과 집중을 한다. 이러한 조건은 사람의 오류를 유발하는 주요 요인이다. 아래 그림은 전술한 조건들이 근로자에게 영향을 주는 모습을 그린 것이다.

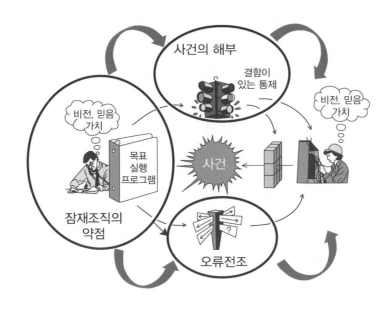

나. 지식기반 근로자의 오류 상존

본사나 사업장 외부에 있으면서 제품이나 시설을 설계하는 사람을 지식기반 근로자라고 칭한다. 이들은 주로 국가법규, 경험, 관행 및 기술 수준에 따라 제품이나 시설을 설계하는 사람들이다. 이들의 가장 중요한 우선 순위는 빠른 시간 내에 설계를 완료하는 일이다. 그리고 저렴한 투자를 이끄는 것이다. 그 이유는 본사에 위치한 경영층으로부터 그러한 지침이나 조정을 받기 때문이다. 이러한 결과로 인해 설계단계에서 검토되지 못한 시설 설치나, 인지하고는 있으나 비용 문제로 인해 반영하지 못한 안전시설 등으로 인해 운영단계에 있는 사람들의 인적오류를 일으키게 된다.

(2) 위험성 감소조치의 효과가 낮음

위험성결정에 따라 판단된 허용할 수 없는 위험(intolerable risk)에 대한 감소조치를 효과적으로 시행해야 한다. 이러한 감소조치는 제거, 위험 대체, 공학적 대책 사용, 행정적 조치 그리고 보호구 사용 등의 우선순위를 적용하는 것이 국제적 기준이며, 유해위험요인을 관리하기 위한 최선의 방법이다. 다만, 이러한 높은 우선순위를 적용할 경우 그에 상응하는 비용 수반이 필요하다. 이러한 사유로 인해 사업주는 비용 투자를 꺼리게 되며, 결과적으로 절차수립, 교육 및 보호구 지급 등의 비 효율적인 개선을 하는 것이 현실이다. 이로 인해 동일하고 유사한 사고가 지속적으로 발생하는 사유가 된다. 더욱 중요한 사실은 보호구를 사용할 경우, 용도에 적합하지 않은 보호구를 사용함에 따라 그 위험을 더 가중시키는 경우도 존재한다.

(3) 집중화된(Centralized control) 관리로 인해 효과적이지 못한 위험성평가 시행

지난 50년간 전통적인 안전관리시스템은 사고를 이탈(deviation)의 결과로 보고 이를 개선하기 위하여 책임부여와 압박을 활용해 왔다. 그리고 사고(incident)가 발생하는 이유를 사람의 불안전한 행동으로 지목하고, 그들의 기준 미준수를 비난해 왔다. 이러한 비난의 이유는 사람이 계획에 따라 작업하고 안전 관리 요구 사항을 준수한다면 모든 것이 잘 될 것이라는 믿음 때문이다. 조직은 계획하기 위해 일하고, 역할을 위해 일하고, 관리하기 위해 일하는 방식으로 압박과 압력을 사용해 왔다. 이러한 상황에 따라 사업장의 근로자는 현실적으로 불가능한 기준과 절차를 준수해야 한다는 압박에 따라 잦은 인적오류를 범하게 되고, 사고의 가능성에 노출되어 있다. 전술한 상황이 발생하는 이유는 조직이 집중화된 관리 방식에 따른 안전관리시스템 운영과 위험성평가를 운영하기 때문이라고 생각한다. 이러한 방식을 일반적으로 선형적인 방식의 Safety-I이라고 칭하며, 집중화된 관리로 칭한다.

집중화된 관리로 인해 위험성평가는 효과적이지 못한 결과를 가져왔다. 피상적인 위험요인 확인, 위험성 감소 조치 미흡(절차나 교육 위주), 근로자의 자발적인 참여 어려움, 위험요인 발굴 시 근로자의 추가 역무 부가, 법기준/규정/절차와 현장 조건의 차이 그리고 무엇보다 안전관리시스템 운영을 집중화된 관리 방식으로 시행함에 따라 위험성평가가 더 이상 효과적이지 못하게 되는 상황이 존재하는 것이다. 이러한 예로는 위험성평가의 비 효율성을 검사나 감사에서 밝혀내지 못하는 점, 관리감독자와 경영층은 위험요인을 찾고 해당하는 위험성을 감소시키는 책임과 역할을 다하지 못하는 리더십도 빠질 수 없는 조건이다.

집중화된(Centralized) 관리는 탑 다운 방식으로 사업장 조직에 이해상충이나 압각감을 조성할 수 있다. 그리고 피상적으로는 잘되는 것으로 보이지만 실제로는 본사와 현장과는 불신이 존재한다. 또한 왜곡된 안전문화로 인하여 사업장은 암암리의 작업이 성행하며, 관리감독자의 역할은 후퇴한다. 아래 그림은 전술한 상황을 설명한 내용이다.

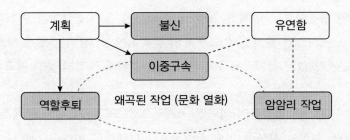

여기에서 집중화된 관리의 정점에 있는 안전관리자의 입체적 로케이션을 살펴볼 필요가 있다. 일반적으로 안전관리자는 사업장에서 안전과 관련한 정책 수립, 계획 수립, 목표 설

정, 교육훈련, 안전문화 체계 구축 등 다양한 사고예방 활동을 하는 전문가의 위치에 있다. 하지만, 때로는 검사나 감사를 통해 사업장의 안전관련 기준이나 법령이 준수되는지 여부를 주기적으로 확인하고 개선해야 하는 역할을 한다. 하지만, 모든 문제를 기준과 법령의 잣대로 옳고 그름을 설정하는 방식으로 인해 조직의 안전관리를 집중화된 관리로 이끌고 있다. 예를 들면 i) 안전관리자의 업무는 현장의 작업시스템의 핵심 기능과 분리되어 운영된다. ii) 안전관리자의 안전관리 활동은 세부적인 지역 활동과 관련한 운영이나 너무 일반화된 결론으로 현장의 문제를 너무 선형적으로 과대 간소화하는 결정을 한다. iii) 안전관리자는 조직의 전반적인 기능과 관련된 문제를 해결하지 않고, 일선 작업에만 몰두한다. iv) 안전관리자는 반응적이고 단편적이며 법규 준수 등의 방어적인 활동을 한다. 이로 인해 현장 작업팀에게 부과되는 압박은 거세지고 WAI와 WAD의 간격은 더 벌어지게 된다. v) 이러한 결과로 비난 문화, 부적절한 자원 할당, 목표 충돌 증가, 자원 조달에 대한 책임 불일치, 가치를 추가하지 않는 안전, 비현실적인 사고분석과 위험분석 방식 적용, 적대적 관계, 체계적인 개입 부족, 단일 집중, 암묵적 기준 준수, 조작된 안전 보고 지표 등의 부정적인 영향을 미친다.

결과적으로 계속 증가하는 안전 관리 기대치와 운영 측면의 프로그램은 더 많은 압력과 더 많은 목표 충돌(예: 시간 및 리소스)을 생성한다. 그리고 그들은 업무의 불확실성을 개선하기 위하여 새로운 일을 생성하는 것보다는 기존의 작업에만 몰두해야 한다.

(4) 현재의 위험분석 방법론으로는 변동성을 파악하기 어려움

현재 국내에는 주로 순차적 및 역학적 위험분석 방식이 적용되고 있다. 이러한 방식에는 FTA, FMEA, HAZOP, ETA, Bowtie, JSA 등이 있다. 오늘날의 시스템은 예전과는 비교할 수 없을 정도로 거대한 규모와 높은 복잡성을 가지며, 하드웨어가 아닌 소프트웨어가 시스템을 제어하는 비율이 훨씬 높아졌다. 이로 인하여 기존의 전통적 위험분석 방법을 현대 시스템에 그대로 적용하는 데 한계점이 드러나게 되었다. 또한 최근 시스템들의 기능과 구성이 복잡해짐에 따라 사고의 발생 원인을 특정 컴포넌트나 기능의 문제로 규정하기 어려워졌다. 시스템의 복잡성으로 인해 시스템 내 문제(결함)를 식별하기가 어려울 뿐만 아니라, 시스템들 간 또는 시스템과 외부 요소들(사람, 정책, 환경 등) 간의 다양한 상호작용으로 시스템에 기능상 문제가 없다 할지라도 복합적인 요인에 의해 예기치 못한 사고가 발생할 수 있기 때문이다.

고용노동부가 2023년 발간한 산업안전 선진국으로 도약하기 위한 중대재해 감축 로드맵에서 매년 800명 이상이 사로로 인해 사망사고가 발생하고 있다고 하였다. 그리고 2021년 사고원인 조사 결과에 방호조치 불량이 30.9%, 작업절차 미준수 16.5%, 위험성평가 미실시 16.1% 그리고 근로자 보호구 미착용이 15.6%라고 분석하였다. 과연 어떠한 사고조사 분석 방식을 사용하여 전술한 상황과 같은 원인을 도출했는지 확인해 볼 필요가 있다.

고용노동부가 분석한 사고원인을 종합해 보면, 방호조치의 경우는 시설적 투자가 수반되어 근로자의 인적오류와 관련이 있다고 보기에는 거리가 있다고 본다. 다만, 절차 미준수, 위험성평가 미실시 및 보호구 미착용을 합한 48.2%가 사람의 잘못으로 인해 발생한 것으로 되어 있다. 하지만, 이 분석을 꼼꼼히 생각해 보면, 결국 모든 환경이나 조건이 좋았지만, 사람이 귀찮거나 불편해서 기준을 준수하지 않은 것으로 판단할 수 있다. 이렇게 되면 결국 사고원인에 대한 개선대책은 기준강화, 교육 강화, 징계 강화 및 처벌 등으로 나열될 수밖에 없다. 돌이켜 보면 이러한 강화 방식은 우리가 이미 오래 전부터 사용해 왔던 수단이다. 이러한 수단을 오랫동안 적용해 왔음에도 불구하고 사고율이 줄어들지 않고 정체되어 있는 것이 현실이다. 결국 현재의 사고조사나 위험분석 방식은 변동성으로 인한 다양한 사고를 예방하기에 한계가 존재한다.

2. 위험성평가 개선 방안

(1) CEO 산하 전사 위험성평가 위원회 구축

본사에 안전보건을 다룰 수 있는 조직을 구축한다. 이러한 조직은 일반적으로 안전보건 위원회이다. 이 위원회의 위원장을 CEO하고, 각 위원은 부문장과 공장장 등 관련 임원(본사의 인력, 재무, 법무, 구매, 품질 및 설계부서) 등으로 구성한다. 그리고 안전보건 전담 조직의 장은 간사의 역할을 맡는다. 그리고 본사 안전보건 위원회의 업무를 지원할 수 있는 소위원회를 구축한다.

안전보건 소위원회는 전사 차원에서 안전보건 활동과 관련한 중요도가 높은 항목을 다루기 위해 구성한다. 여기에는 홍보 소위원회, 사고조사 소위원회, 안전검사 소위원회, 교육훈련 소위원회, 규칙절차 소위원회, 임시위원회, 후속조치 소위원회 그리고 위험성평가 소위원회를 구축한다. 위험성평가 소위원회는 전사가 추진하는 사업이나 신규시설 설치 및 운영 등 모든 분야의 유해위험 요인을 검토하고 개선하는 역할을 한다. 특히 신규시설 설치 단계에서 충분한 자원 투입을 하여 운영 단계에서 발생할 수 있는 잠재 유해위험요인을 파악하고, 그 개선을 본질적으로 하는 역할을 한다. 그리고 인력, 재무 및 법무 등 지원부서는 다양한 업무를 지원한다.

본사조직 내 CEO가 주관하는 전사 단위의 위험성평가 위원회를 구축한다면, 지금과는 다르게 위험요인 분석과 위험성감소 조치가 보다 활발하게 일어날 수 있다. 그리고 설계나 시공 단계에서 운영단계의 안전을 보다 넓고 깊게 반영하여 근로자의 인적오류를 줄일 수 있다.

(2) 지식기반 근로자의 업무 위험성평가

안전을 위한 설계(DfS) 개념은 프로젝트 안전을 위한 중요한 연결고리이며, 설계 단계에서 제작된 엔지니어링 도면이나 모델이 시공으로 이어지는 살아있는 활동이다. 지식기반 근로자의 업무는 안전을 위한 설계로의 전환이 필요하다. 이를 위해서는 국제적으로 알려진 DfS(Desing for Safety)를 검토하고 적용해야 한다. 아래 표는 일반적인 DfS 고려사항이다.

- 위험을 제거한다.
- 피할 수 없는 위험을 평가한다.
- 재료개발 단계에서 위험을 방지한다.
- 운영단계 작업자 개인에 맞게 시설을 조정한다.
- 최근의 기술 발전에 맞춰 시설이나 설비를 조정한다.
- 위험한 물품, 물질 또는 작업 시스템을 위험하지 않거나 덜 위험한 물품, 물질 또는 시스템으로 교체한다.
- 개별 조치보다 집단적 보호 조치를 사용한다.
- 적절한 예방 정책을 개발한다.
- 근로자에게 적절한 교육과 지침을 제공한다.
- 국제코드와 국내코드를 준용한다.
- 시공현장이나 운영현장의 근로자나 엔지니어는 회사 운영의 근간이 되는 사람이며, 수익의 주축 됨을 인지한다.
- 안전보건과 관련한 각종 법규에 대한 해박한 지식을 확보한다.
- 시공이나 운영현장의 국제적 best practice를 파악하고 적용하려는 노력을 한다.
- 지식기반 근로자로 업무를 수행하거나 발령을 받은 사람은 이전에 동종 현장 경험이 최소 10년 이상이어야 한다.
- 설계내용과 시설 시공현황과 운영현황을 파악하고 간격(gap)을 살펴 개선한다.
- 설계자 본인 그리고 설계자의 가족이나 친척이 시설을 운영한다는 가정으로 설계한다.

본사에 안전보건을 다룰 수 있는 조직을 구축하고, 여기에 위험성평가 소위원회를 둔다. 이 소위원회는 안전을 설계하기 위한 DfS의 운영자가 되어 지식기반 근로자 업무에 대한 위험성평가를 한다. 위험성평가 내용에는 전술한 표와 같은 DfS 고려사항, 그리고 아래 표 DfS 이행사항 점검 내용을 참조하여 사업에 맞게 개발한다.

- 예비 설계 단계
과거사고 보고서를 검토하여 반영한다. 조기 위험 식별을 위하여 설계 팀과 협력하고 고급 도구 및 소프트웨어를 사용하여 예비 설계 단계의 잠재적인 설계 관련 위험을 식별한다(조기 위험식별). 그리고 실무 경험이 있는 근로자를 포함한 이해관계자와 함께 DfS 브레인스토밍 세션을 구성하여 다양한 경험과 식견을 모은다(이해관계자 참여).
- 세부 설계 단계
식별된 각 위험에 대해 다양한 시나리오와 조건을 고려하여 상세한 위험 평가를 수행한다(종합 위험 평가). 위험성평가를 기반으로 설계를 반복하여 잠재적인 위험을 제거하거나 크게 줄인다(설계 반복). 투명성과 명확성을 보장하면서 모든 고려 사항, 결정 및 수정 사항을 자세히 설명하는 DfS 매뉴얼을 만든다(안전 문서).

– 구축 전 단계

모든 계약자와 협력업체가 프로젝트에 따른 DfS 고려 사항 및 수정 사항을 잘 숙지할 수 있도록 미팅을 갖는다(계약자 참여). DfS 고려 사항을 기반으로 명확하고 간결한 안전 프로토콜 및 지침 초안을 작성한다(안전 프로토콜). DfS 고려 사항에 초점을 맞춘 교육 모듈을 개발하여 모든 근로자가 안전 유지에 있어 자신의 역할을 이해할 수 있도록 한다(교육 모듈).

– 건설 단계

안전보건 책임자를 배치하여 DfS 고려 사항과 준수 여부를 모니터링하고 개선한다(지속적인 모니터링). 근로자가 잠재적인 설계 관련 위험을 보고하거나 개선 사항을 제안할 수 있도록 강력한 피드백 메커니즘을 구현한다(피드백 메커니즘). 주간 안전 회의를 조직하여 DfS 관련 문제를 논의하고 모두가 조율되도록 지원한다(정기적인 의사소통).

(3) 위험성 감소조치 고도화

위험성결정에 따라 판단된 위험에 대한 감소조치의 효과는 (1) 위험 제거, (2) 위험 대체, (3) 공학적 대책 사용, (4) 행정적 조치 그리고 (5) 보호구 사용 등의 우선순위를 적용한다는 것은 일반적으로 알려져 있는 정설이다. 다만, 중요한 사실은 유해위험요인에 대한 제거, 대체 그리고 공학적 대책은 그 효과가 좋지만 비용이 소요된다. 일반적으로 비용은 본사의 경영층이나 사업주의 좋은 리더십이 없이는 투자가 현실적으로 어려운 부분이 있다. 따라서 효과적인 비용투자를 통한 위험성감소 조치의 가장 중요한 우선 순위는 문화적 통제 (cultural control)이다. 다음 그림은 문화적 통제를 가장 중요한 우선 순위로 둔 위험성감소 조치를 보여주는 그림이다.

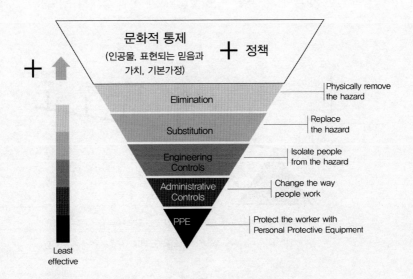

효과적인 안전 문화가 존재하는 조직에서는 사업장에 존재하는 유해위험요인을 조사하고, 위험성추정 및 결정에 따라 위험성 감소조치의 효과를 높이는 일을 일상적인 것으로 생각한다. 이런 일상적인 생각에는 사람들이 중요하게 생각하는 것 그리고 높은 우선 순위로 간주하는 것을 가치로서 느끼는 것이다. 가치는 조직의 핵심 도덕으로도 간주할 수 있고 조직이 업무를 수행하는 방식에 대한 일종의 청사진 역할을 한다. 그리고 사람들은 이러한 사고를 예방할 수 있는 조치라고 믿는 경우, 믿는 방향으로 태도와 행동을 이끄는 경향이 있다. 믿음은 무엇이 성공할지에 대한 가정을 포함하여 어떤 것의 진실, 존재 또는 타당성을 받아들이고 확신하는 것이다. 따라서 사람들이 안전하고 긍정적인 믿음을 갖도록 지원한다. 위험성감소 조치를 시행하기 위해서는 조직에 좋은 안전문화를 구축하고 문화적 통제를 기반으로 한 유해위험요인의 제거, 대체, 공학적 조치, 행정적 조치 및 보호구 사용 등의 우선순위를 적용해야 한다.

(4) 행동공학 모델 원칙 적용

행동 공학 모델(Behavior Engineering Model, 이하 BEM)은 Tomas Gilbert의 저서 Human Competence, Engineering Worthy performance(1978)에 설명된 내용이다. BEM은 작업 현장에서 성과에 영향을 미치는 잠재적 요인을 식별하고 그러한 요인에 대한 조직적 기여자를 분석하기 위한 조직화된 구조이다. 행동에 영향을 미치는 조건은 환경적 요인과 개인적 요인으로 분류할 수 있다.

CEO 산하 전사 위험성평가 위원회 구축을 통한 효과적인 위험성평가, 지식기반 근로자의 업무 위험성평가와 안전을 위한 설계(DfS) 그리고 위험성감소 조치 고도화를 위해서는 반드시 행동공학 모델을 기반으로 해야 한다. 그리고 개인적 요인보다는 환경적 요인을 우선순위로 두고 개선하는 것이 보다 효과적이라는 것을 인식해야 한다. 다음 그림은 행동공학 모델 적용으로 인한 성과에 영향을 주는 정도와 개선에 소요되는 비용을 나타낸다.

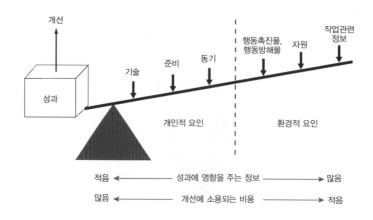

(5) 탈 집중화된 관리로의 전환

지난 15년전부터 Safety-I으로 대변되는 선형적 관리, 후견편향적 사고방식, 사람 비난, 잘못된 것을 찾아내 없애면 좋아질 것이라는 사상, 현장의 상황이나 조건을 무시하고 미리 만들어진 절차나 기준 방식(ETTO & TETO)을 방식의 지배적인 개념과 압박과 압력을 사용하는 집중화된(centralized) 관리로 이끌어 왔다. 이로 인해 위험성평가는 피상적이고 효과를 발휘하고 있지 못하고 있는 것이 현실이다. 따라서 위험성평가가 효율적이고 역동적으로 운영되기 위해서는 고신뢰조직(High Reliability Organization), 안전탄력성(Resilience Engineering), 다른 안전(Safety Differently)과 탈 집중화된 새로운 이론을 접목해야 한다. 탈 집중화된(decentralized) 관리는 복잡한 시스템에서 성공과 실패를 거듭하는 상황을 이해하고 근로자를 도울 수 있는 잘 되어 가는 것에 집중하고 비선형적인 관점인 안내된 적응성(Guided Adaptability)을 제공하며, Safety-II적인 관점을 추구한다.

1990년대와 2000년대에 Rasmussen, Woods, Hollnagel, Dekker, Amalberti, Leveson과 같은 학자는 안전관리의 핵심 요소로서 안내된 적응성에 주목해야 한다는 주장을 하였다. 그 주장은 안내된 적응성을 통해 안전과 관련한 변동성(variation)을 검토하는 개선이 필요하다는 것이다. 안내된 적응성의 주요 관점은 복잡하고 변화하는 세계에서 변동성은 피할 수 없는 조건으로 이를 시스템적으로 파악하고, 사람의 입장에서 안전을 추구하는 방식이라고 정의할 수 있다. 안내된 적응성을 구축하기 위해서는 참여(anticipation), 대응을 위한 준비(Readiness to respond), 동기화(synchronization), 적극적인 배움(proactive learning) 그리고 안전관리자의 인식 전환이 필요하다.

가. 참여(anticipation)

조직의 경영층, 관리감독자 및 근로자 모든 종사자가 적극적으로 참여하는 것이다. 이러한 참여를 통해 미래에 발생할 유해위험요인을 실질적이고 구체적으로 찾을 수 있다. 근로자는 자신의 작업구역의 다양한 유해위험을 자유롭게 말하고, 관리감독자는 적절한 조치를 검토하고 승인 그리고 경영층은 리더십을 기반으로 가능한 범위에서 가용한 자산, 인력, 시간 등의 지원을 할 수 있는 참여를 한다.

나. 대응을 위한 준비(Readiness to respond)

조직은 예측하거나 예측하지 못한 추가 요구 사항을 보상하기 위해 유연한 역량과 자원을 보유하고 항상 대응을 위한 준비상태를 갖춘다. 다양한 비상상황으로 인한 중지나 중단을 주도 면밀하게 검토하여 안전과 운영 성능을 유지한다(이 내용은 2018년 David D Woods의 The Theory of Graceful Extensibility: Basic rules that govern adaptive systems에서 언급된 '우아한 확장성'(graceful extensibility)'과 관련이 있다). 일반적으로 조직은 대응을 위한 준비를 하기에 소극적이다. 그 이유는 이윤을 창출하기 위해 여분의 안전을 제거하는 것을 목표로 두고 있기 때문이다. 따라서 조직은 변화하는 속도와 작업 요구에 반응하기 위한 자원을 재배치해야 한다. 그리고 조직은 작업자가 작업에 대한 결정을 실시간으로 내릴 수 있는 충분한 자율성을 보장해야 하며, 위험상황을 직면했을 때 두려움 없이 자신의 안전을 확보할 수 있는 심리적 안전이 담보되어야 한다. 이러한 심리적 안전은 공정문화(Just culture)가 있어야 가능하다.

다. 동기화(synchronization)

새로운 문제를 감지하고 효과적으로 대응하기 위해 데이터와 정보는 조직 내부(부서 간)와 외부(예: OEM, 계약자, 규제 기관 등)의 경계를 넘어 자유롭게 공유되어야 한다. 이 동기화는 시스템의 변화하는 모양, 안전한 운영 경계 내에서 운영이 유지되는 정도, 변화하는 요구에 대응하여 조정된 조치를 위한 기회를 이해할 수 있는 지속적인 기회를 제공해야 한다. 이 접근 방식을 통해 내부와 외부 조직 경계에서 발생할 수 있는 정보의 구조적 비밀, 왜곡 및 삭제를 방지한다.

라. 적극적인 배움(proactive learning)

모든 조직에는 상정된 작업(WAI)과 실제 작업(WAD) 사이에 간극이 존재한다. 상정된 작업은 계획, 시스템, 프로세스, 지표 및 관리 조치 등을 포함한다. 하지만, 상정된 작업이 실제 사업장의 작업과는 일치하지 않는다. 즉, 상정된 작업은 실제로 일어나는 일을 정확하게 표현한 것이 아니라는 것을 인식해야 한다.

능동적인 학습 조직은 기존의 작업 개념과 위험 모델에 맞게 데이터를 해석하는 대신 작업을 이해하는 것을 목표로 하고 그 정보를 통해 그것이 무엇이어야 하는지에 대한 더 나은 감각을 만든다. 능동적인 학습을 만들기 위해 조직은 작업의 적응 주기를 수용하고 모니터링 해야 한다.

마. 안전관리자의 인식 전환

안전관리의 탈 집중화를 위해서는 안전관리자의 인식 전환이 필수 불가결한 요소이다. 아래는 안전관리자의 인식 전환과 관련한 내용을 요약한 표이다.

- 안전관리자는 사무실에서 나와 근로자의 작업영역(Sharp end)에서 실질적인 위험을 파악한다.
- 안전관리자는 공정이나 작업환경의 이해상충과 변동성을 파악하고 대처한다.
- 안전관리는 관련 법과 기준 적용 시 유연성을 발휘해야 한다(WAI & WAD).
- 안전관리자는 작업과 관련한 자원할당, 투자, 작업공기 등 조직적 측면을 고려한다.
- 안전관리자는 안전탄력성을 기반으로 하는 시스템적 안전관리를 추구해야 한다.
- 안전관리자는 시스템적 위험분석 방법인(STAMP) 및 기능적 공명 분석 방법(FRAM)을 적용한다.
- 안전관리자는 시스템의 경계가 어디에 있는지 그리고 시스템에 존재하는 취약점을 찾아 지속적인 개선을 해야 한다.
- 안전관리자는 모든 것이 안전해 보이는 경우에도 위험에 대한 의문을 갖고, 새로운 정보를 파악하고 개선한다.
- 안전관리자는 공정문화를 구축하는 데 있어 주도적인 역할을 주행해야 한다.
- 안전관리자는 정상적인 작업과 예기치 않은 작업으로 인한 사건을 수집 및 분석하여 조직의 학습 프로세스를 촉진한다.
- 안전관리자는 실패사례에서만 배우지 않고 성공한 사례를 배우도록 시스템을 구축한다.

참조 문헌과 링크

Albrechtsen, E., Solberg, I., & Svensli, E. (2019). The application and benefits of job safety analysis. *Safety science, 113*, 425-437.

Ale, B. J. M., Hartford, D. N. D., & Slater, D. (2015). ALARP and CBA all in the same game. *Safety science, 76*, 90-100.

ANSI/Packaging Machinery Manufacturers Institute (PMMI). (2006) American national standard for safety requirements for packaging machinery and packaging-related converting machinery (ANSI/PMMI B155.1-2006.) Arlington, VA: Author.

Bowles, D. S. (2007, March). Tolerable risk for dams: How safe is safe enough. In *US Society on dams annual conference*.

De Linhares, T. Q., Maia, Y. L., & e Melo, P. F. F. (2021). "The phased application of STAMP, FRAM and RAG as a strategy to improve complex sociotechnical system safety", Progress in Nuclear Energy, 131, 103571 pp. 1-11.

Grant, E., Salmon, P. M., Stevens, N. J., Goode, N., & Read, G. J. (2018). Back to the future: What do accident causation models tell us about accident prediction?. *Safety Science, 104*, 99-109.

Ham, D. H. (2021). "Safety-II and resilience engineering in a nutshell: an introductory guide to their concepts and methods", Safety and health at work, 12(1), pp. 10-19.

Health and Safety Executive (1992). The tolerability of risk from nuclear power station, 1-65.

Hollnagel, E. (2018). *Safety-I and safety-II: the past and future of safety management*. CRC press.

Hollnagel, E. (2017). FRAM: the functional resonance analysis method: modelling complex socio-technical systems. CRC Press.

Hollnagel, E. (2012). An Application of the Functional Resonance Analysis Method (FRAM) to Risk Assessment of Organizational Change.

Hopkin, D., Fu, I., & Van Coile, R. (2021). Adequate fire safety for structural steel elements based upon life-time cost optimization. *Fire Safety Journal, 120*, 103095.

HSE. (2014). Risk Assessment, INDG163 (rev 4).

Hulme, A., Stanton, N. A., Walker, G. H., Waterson, P., & Salmon, P. M. (2019). What do applications of systems thinking accident analysis methods tell us about accident causation? A systematic review of applications between 1990 and 2018. *Safety science, 117*, 164-183.

ILO. (2014). A 5 STEP GUIDE for employers, workers and their representatives on conducting workplace risk assessments.

ISO 45001 (2018). Occupational health and safety management systems — Requirements with guidance for use.

Jones-Lee, M., & Aven, T. (2011). ALARP—What does it really mean?. *Reliability Engineering & System Safety, 96*(8), 877-882.

Karanikas, N., Chionis, D., & Plioutsias, A. (2020). "Old" and "new" safety thinking: Perspectives of aviation safety investigators. *Safety science, 125*, 104632.

Klinke, A., & Renn, O. (2012). Adaptive and integrative governance on risk and uncertainty. *Journal of Risk Research, 15*(3), 273-292.

Langdalen, H., Abrahamsen, E. B., & Selvik, J. T. (2020). On the importance of systems thinking when using the ALARP principle for risk management. *Reliability Engineering & System Safety, 204*, 107222.

Leveson, N. (2004). A new accident model for engineering safer systems. *Safety science, 42*(4), 237-270.

Lowrance, W.F. (1976). *Of acceptable risk: Science and the determination of safety*. Los Altos, CA: William Kaufman Inc.

Main, B. W. (2004). Risk assessment. *Professional safety, 49*(12), 37.

Niskanen, T., Louhelainen, K., & Hirvonen, M. L. (2016). A systems thinking approach of occupational safety and health applied in the micro-, meso-and macro-levels: A Finnish survey. *Safety science, 82*, 212-227.

Noh, Y., & Chang, D. (2019). Methodology of exergy-based economic analysis incorporating safety investment cost for comparative evaluation in process plant design. *Energy, 182*, 864-880.

OSHA. (2016). Recommended Practices for Safety and Health Programs.

Pike, H., Khan, F., & Amyotte, P. (2020). Precautionary principle (PP) versus as low as reasonably practicable (ALARP): Which one to use and when. *Process Safety and Environmental Protection, 137*, 158-168.

Provan, D. J., Woods, D. D., Dekker, S. W., & Rae, A. J. (2020). Safety II professionals: How resilience engineering can transform safety practice. Reliability Engineering & System Safety, 195, 106740.

Qureshi, Z. H., Ashraf, M. A., & Amer, Y. (2007, December). Modeling industrial safety: A socio-technical systems perspective. In *2007 IEEE International Conference on Industrial Engineering and Engineering Management* (pp. 1883-1887). IEEE.

Risks, R. (2001). Protecting People. Norwich, UK: Health and Safety Executive.

Risktec (2003). So What is ALARP? RISKworld issue 4 autumn, 6.

Rozenfeld, O., Sacks, R., Rosenfeld, Y., & Baum, H. (2010). Construction job safety analysis. *Safety science, 48*(4), 491-498.

Selvik, J. T., Elvik, R., & Abrahamsen, E. B. (2020). Can the use of road safety measures on national roads in Norway be interpreted as an informal application of the ALARP principle? *Accident Analysis & Prevention, 135*, 105363.

Siemieniuch, C. E., & Sinclair, M. A. (2014). Extending systems ergonomics thinking to accommodate the socio-technical issues of Systems of Systems. *Applied ergonomics, 45*(1), 85-98.

Standard, D. O. E. (2009). Human performance improvement handbook volume 1: concepts and principles. US Department of Energy AREA HFAC Washington, DC, 20585.

Syed, Z., & Lawryshyn, Y. (2020). Multi-criteria decision-making considering risk and uncertainty in physical asset management. *Journal of Loss Prevention in the Process Industries, 65*, 104064.

Tchiehe, D. N., & Gauthier, F. (2017). Classification of risk acceptability and risk tolerability factors in occupational health and safety. *Safety science, 92*, 138-147.

Underwood, P., & Waterson, P. (2013). Accident analysis models and methods: guidance for safety professionals. *Loughborough University*.

Underwood, P., & Waterson, P. (2012). "A critical review of the STAMP, FRAM and Accimap systemic accident analysis models", Advances in human aspects of road and rail transportation, pp. 385-394.

U.S. Department of Labor, Occupational Safety and Health Administration (OSHA) 3071 Job Hazard Analysis, 2002 (revised), public domain.

Van Coile, R., Jomaas, G., & Bisby, L. (2019). Defining ALARP for fire safety engineering design via the Life Quality Index. *Fire Safety Journal, 107*, 1-14.

Waterson, P., Robertson, M. M., Cooke, N. J., Militello, L., Roth, E., & Stanton, N. A. (2015). Defining the methodological challenges and opportunities for an effective science of sociotechnical systems and safety. *Ergonomics, 58*(4), 565-599.

Xu, Y., Huang, Y., Li, J., & Ma, G. (2021). A risk-based optimal pressure relief opening design for gas explosions in underground utility tunnels. *Tunnelling and Underground Space*

Technology, 116, 104091.

Yousefi, A., & Hernandez, M. R. (2019). Using a system theory based method (STAMP) for hazard analysis in process industry. *Journal of Loss Prevention in the Process Industries, 61*, 305-324.

Zhou, Y., She, J., Huang, Y., Li, L., Zhang, L., & Zhang, J. (2022). A design for safety (DFS) semantic framework development based on natural language processing (NLP) for automated compliance checking using BIM: The case of China. *Buildings, 12*(6), 780.

Canadian Centre for Occupational Health and Safety. (2023). Job Safety Analysis. Retrieved from: URL: https://www.ccohs.ca/oshanswers/hsprograms/job-haz.html.

DOT. (2005). Risk management definitions. Washington, DC: Author, Pipeline and Hazardous Materials Safety Administration. Retrieved March 19, 2010, from http://www.phmsa.dot.gov/hazmat/risk/definitions.

Encompass. (2023). JSA-JHA - Importance of Performing Daily. Retrieved from: URL: https://www.encompassservices.com/safety-news/jsa-jha-importance-of-performing-daily.

Health and Safety Executive. (2023). Managing risks and risk assessment at work. Retrieved from: URL: https://www.hse.gov.uk/simple-health-safety/risk/risk-assessment-template-and-examples.htm..

HSE. (2021). ALARP at a glance. Retrieved from: URL: https://www.hse.gov.uk/managing/theory/alarpglance.htm.

HSE. (2022). Managing for health and safety(HSG65). Retrieved from: URL: https://www.hse.gov.uk/pubns/books/hsg65.htm.

HSA. (2023). Designing for Safety. Retrieved from: URL: https://www.hsa.ie/eng/your_industry/construction/designing_for_safety/.

RISKOPE. (2022). A Case Study on ALARP Optimization. Retrieved from: URL: https://www.riskope.com/2022/07/06/a-case-study-on-alarp-optimization.

STPA Handbook (2018). Retrieved from: URL: https://psas.scripts.mit.edu/home/get_file.php?name=STPA_handbook.pdf.

Safety Info. (2023). Job Safety Analysis - JSA & Job Hazard Analysis - JHA. Retrieved from: URL: https://www.safetyinfo.com/job-safety-analysis-jsa-safety-index/.

SCAL Academy Pte Ltd. (2023 Design for Safety Checklist. Retrieved from: URL: https://scal-academy.com.sg/courses/course_detail/407.

STPA Handbook (2018). Retrieved from: URL: https://psas.scripts.mit.edu/home/get_file.php?name=STPA_handbook.pdf.

제8장

안전교육

Safety Management

제8장   안전교육

I. 소개

1. 안전교육이 중요한 이유

조직에서 교육과 학습한다는 것은 어떠한 경험을 지속적으로 검증하고, 해당 경험을 조직 전체가 공유하는 핵심적인 과정이다. 교육의 목적은 근로자의 성과를 향상시키거나 행동을 바꾸는 것이다. 따라서 교육의 목표는 구체적이고, 측정 가능하며, 달성 가능하고, 현실적이며, 시의적절해야(SMART, Specific, Measurable, Achievable, Realistic, and Timely) 한다.

조직의 안전보건 정책과 목표를 설정하고 이를 효과적으로 수행하기 위해서는 CEO, 경영층, 관리감독자, 근로자 및 협력업체 종사자들의 공유된 가치와 믿음이 필요하다. 이러한 공유된 가치와 믿음을 만들기 위해서는 좋은 안전교육 프로그램을 통해 주요 내용이 공유되어야 한다. 특히, 사업장에 존재하는 유해위험요인을 파악하고 개선하기 위해서는 일선 근로자의 역량이 반드시 필요하다. 근로자의 역량을 개발하기 위해서도 마찬가지로 효과적인 안전교육 프로그램이 필요하다.

하지만, 안전교육 프로그램에 참여했던 근로자가 실제 현장으로 돌아가면(교육을 받을 당시 근로자의 안전 인지수준이 높다고 하여도), 현장의 분위기에 이끌려 좋지 않은 행동을 하게 된다. 따라서 안전교육은 단순히 기준을 알려주거나, 조심 또는 안전해야 한다고 하기보다는 왜 기준과 규칙을 준수해야 하는지 그리고 그것을 준수하지 않았을 경우 어떤 결과를 초래할 수 있는지에 대한 문제점을 공유해야 한다. 결과적으로 교육을 받을 당시의 내용이 현장에서도 지속적으로 반영될 수 있도록 하는 교육 프로그램이 되어야 한다.

2. 교육프로그램의 정의

안전교육 프로그램을 정의해 본다면, 가르치는 사람과 배우는 사람이 양방향 의사소통을 하면서, 필요한 이론과 기술을 배우는 체계적이고 시스템적인 활동이라고 할 수 있다. 안전교육 프로그램이 성공적이기 위해서는 안전교육이 효과적이어야 하며, 근로자가 있는 사업장의 유해위험요인이 솔직하게 공유되어야 한다.

3. 경영층의 공약과 근로자 참여

모든 안전교육에는 조직이나 회사의 안전보건방침과 CEO의 안전보건 공약이 포함되어야 한다. 이러한 방침과 공약을 포함하는 이유는 안전교육의 성공 여부를 가름할 수 있는 핵심 내용이 포함되어 있기 때문이다. 또한 안전교육의 성공 여부는 CEO, 경영층, 관리감독자 그리고 근로자의 참여와 헌신 수준에 따라 달라진다.

Ⅱ. 교육 요구사항 분석

1. 교육 요구사항 확인과 분석

사업장에 존재하는 유해위험요인에 대한 분석을 통한 위험성평가 자료는 안전교육 프로그램을 개발하기 위한 교육 요구사항 분석에 활용된다. 또한 다양한 사고조사 보고서 또한 좋은 분석 대상 자료로 활용될 수 있다. 새로운 업무 시행, 프로세스, 장비, 물질(위험 물질 포함) 사용으로 새로운 위험을 발생할 수 있으므로 교육 분석대상에 포함해야 한다. 여기에서 중요한 사실은 존재하는 유해위험요인을 개선하기 위한 방안으로 안전교육과 함께 먼저 우선되어야 할 사항은 해당 유해위험 요인을 제거, 대체, 공학적 대책 적용이 우선이라는 것을 잊지 말아야 한다. 교육 요구사항을 분석하고 해당 안전교육 프로그램을 개발하여 시행하는 과정은 상당한 시간을 필요로 할 수도 있다.

교육 요구사항 분석에는 직무 분석가 같은 주의 깊은 연구가 포함된다. 근로자가 할당된 업무를 수행하기 위해 무엇을 해야 하고, 어떤 방식으로 해야 하는지에 대한 검토가 필요할 수도 있다. 이러한 분석을 위해서는 해당 직무에 대한 체계적인 데이터 수집(작업 분석)이 필요하며, 작업 행동관찰과 환경 등에 대한 검토가 필요하다. 또한 안전보건과 관련 감독자와 최고 경영진 및 근로자와의 인터뷰 등을 통해 교육 필요 사항을 조사하는 방안도 필요하다.

III. 교육프로그램 개발

1. 교육 시행 계획 수립

교육 요구사항 분석 결과를 기반으로 교육 활동계획을 개발한다. 이 활동계획 단계에서는 다양한 계층의 사람들이 브레인스토밍을 하기 위하여 참여해야 한다. 다양한 상상력을 발휘하여 교육 프로그램을 검토하고, 필요 시 다양한 동종업계의 사례를 참조한다. 미국 안전보건청이 추천하는 교육 요소는 아래 표와 같다.

i) 교육이 필요한지 결정한다. ii) 교육 요구 사항을 파악한다. iii) 목적과 목표를 식별한다, iv) 교육 내용을 개발한다. v) 평가 방법을 개발한다. vi) 교육 문서를 개발한다. 그리고 vii) 개선 전략을 개발한다.

2. 교육목표 설정

교육 목적(goal)과 교육 목표(objective)는 그 의미가 다를 수 있다. 즉, 목표(objective)는 교육에 기반한 성과 수준이라고 하면, 목적(goal)은 교육의 결과로 사람의 역량이나 행동 변화로 정의할 수 있다. 따라서 교육목표 설정 시 교육목적을 달성할 수 있는 측면에서 고려해야 한다.

3. 교육내용 개발

교육 목적을 달성하기 위한 목표가 설정되었다면, 목표를 달성하기 위한 효과적인 교육내용을 개발한다. 교육내용은 교육 대상에 따라 그 내용을 달리 개발해야 할 필요가 있다. 교육 대상은 일반적으로 경영층, 관리자, 감독자 및 신규채용자로 구분할 수 있다. 그리고 사무직 근로자와 현장 근로자를 구분하여 해당 업무 특성에 맞게 개발할 필요가 있다. 또한 안전보건을 전담으로 하는 사람들을 대상으로 보건, 건강, 화학, 기계, 건설, 전기, 심리, 행동안전 및 법규 등 분야별 내용을 직급에 맞게 설정하다. 사람들이 정기, 수시 및 특별 안전교육을 받을 수 있도록 내용을 구분하여 개발한다.

IV. 교육 실시

안전교육을 시행하기 위한 필수 조건은 좋은 교육 분위기를 설정하는 것이다. 좋은 교육 분위기가 설정될 경우, 강사와 교육생은 효과 높은 커뮤니케이션을 할 수 있다. 그리고 강사의 강의 내용이 강의생들에게 좋게 전달될 수 있다. 그리고 그 강의 내용은 현장에 돌아가서도 적용될 가능성이 크다. 교육의 효과를 높이기 위하여 교육 실시방법, 교육동기 부여 및 교육참여 강화에 대하여 살펴본다.

1. 교육실시 방법

강사는 교육 주제와 교육 진행 방법에 대해 간략하게 교육생들에게 소개한 후 교육을 통해 어떤 이점을 얻고 싶은지 생각해 보도록 요청한다. 강사는 교육생들과 토론을 통해 교육생이 학습 과정에 관심을 갖고 참여하도록 유도해야 한다. 그리고 토론을 통해 교육생들이 교육 욕구를 충족할 수 있는 기회도 제공해야 한다. 토론을 통해 교육생들은 긴장을 해소하고 친목을 도모할 수 있다.

강사는 교육생이 활발하게 참여할 수 있도록 촉진활동을 지원해야 한다. 일반적으로 교육에 참여하는 교육생이 토론에 자발적으로 참여하지 않는 이유는 자신이 올바른 대답을 하지 못할 것을 두려워하기 때문이다. 따라서 강사는 어떠한 내용일지라도 좋다는 내용을 언급해 주어야 한다.

2. 교육동기 부여와 교육참여 강화

사람들은 일반적으로 제시된 주제를 학습하고 목표 달성을 위해 동기를 받을 때 가장 효율적으로 학습한다고 알려져 있다. 사람들은 원하는 목표가 있어야 하며, 교육은 그 목표 달성과 직접적으로 관련되어 나타나야 한다. 교육이나 훈련이 목표와 직접적인 관련이 없을 경우, 교육생은 관심을 적게 갖고 참여하지 않는다.

교육생은 각자 생산이나 사무 등 자신들의 업무를 잠시 중단하고 안전교육 과정에 참석한다. 따라서 안전 교육 과정 동안 일부 근로자는 자신에게 더 중요하다고 판단하는 일들을 처리해야 할 수도 있다. 일부 교육생은 안전교육은 의례히 참석하고, 단지 참여에 의의를 두는 경우도 있다. 따라서 교육 시행에 앞서 안전교육이 그 무엇보다 소중하다는 인식을 사전에 제공해야 한다. 생산, 품질, 영업 및 설계 등과 같이 안전 또한 동등하거나 더욱 우선순위를 두어야 할 중요한 활동이라는 것을 경영층이나 관리자는 그들의 소속 직원에게 알려야 한다. 그리고 해당하는 안전교육을 이수하지 않거나 불성실하게 참여할 경우, 해당 교육생의 상사에게 보고될 수 있음을 모두가 인지해야 한다. 안전교육 프로그램의 효과를 높이기 위해서는 교육생은 교육의 목적과 목표를 충분히 이해해야 한다. 그리고 교육 프로그램의 내용을 효과적으로 구성하여 교육생이 관심을 가질 수 있도록 구성해야 한다. 또한 교육생이 연습하면서 익힐 수 있도록 지원한다.

일반적으로 사람은 특정 행동에 대해 긍정적인 피드백을 받을 경우, 그 행동을 다시 할 가능성이 크다. 그리고 그러한 긍정적인 피드백은 사업장에 돌아가서도 행동으로 이어질 가능성이 크다. 일반적으로 긍정적인 피드백을 주는 방식에는 음식제공, 인정, 현금, 상품권, 감사의 인사 등 다양한 종류가 있다. 강사는 교육 과정에서 교육생의 적극적인 참여를 일으킬 수 있는 긍정적인 피드백을 활용한다.

대부분의 안전교육에 참여하는 근로자는 성인이다. 따라서 교육동기와 교육참여 강화를 위한 관심이 필요하다. 아래 표는 성인 교육생을 대상으로 하는 안전교육 시행 시 고려해야 할 사항이다.

- 성인 교육생에게 학습 각 과정별 교육내용을 잠시 생각해 볼 시간을 부여한다.
- 학습 내용을 성인 교육생을 결부시킬 수 있는 직접적인 사례, 이야기 및 시나리오를 적용한다.
- 약어 목록을 만들어 사전에 교육생에게 배포한다.
- 성인 교육생은 단순히 듣는 것만으로는 효과적으로 학습하지 않는다는 사실을 인식한다.
- 성인 교육생에게 질문을 하고 가능한 한 참여를 유도한다.
- 단기 기억은 선형적이고 목록을 통해 가장 잘 작동한다. 단기 기억은 뇌의 유일한 의식 부분으로 오래된 기억과 연결되거나 학습자가 경험한 것과 관련될 수 있을 때 장기 기억에 더 남을 가능성이 크다.
- 요점이 변경되거나 토론할 새로운 주제가 있을 때마다 무엇에 집중해야 하는지 알려준다.
- 성인 교육생은 어린아이처럼 대우받는 것을 좋아하지 않으며, 특히 어린이처럼 대우받는 것을 좋아하지 않는다.

---

3. 실습과 교육

사람은 연습을 통해 배운다. 사람은 무언가를 훈련/연습[1]할 때 적절한 행동을 얻고 유지한다. 한 번 배운 내용을 연습하지 않으면 금세 잃어버린다. 실습과 교육에서는 초기 학습만큼 후속조치와 실습이 중요하다. 또한, 집중해서 단기간의 연습보다는 간격을 두고(한 번

---

1) 교육과 훈련의 개념: 미국 안전보건청은 교육이란 무지로부터 시작되는 것, 우리의 지식, 기술, 태도/능력(KSA)에 영향을 미치는 모든 것이라고 정의하고 있다. 그리고 훈련은 교육 방법의 하나로 주로 지식과 기술 향상을 높이기 위한 목적으로 시행하는 것이라고 정의하고 있다.

에 조금씩) 지속적으로 연습하는 것이 더 효과적이다. 한 번의 긴 강의보다 짧은 강의를 여러 번 진행하는 것이 그 효과가 좋다.

교육생이 배우는 방식에 따라 교육효과의 지속성을 파악해 보면, 배운 내용으로 다른 사람을 강의할 때 약 90%의 효과가 있다. 배운 내용을 즉시 적용할 경우 약 90%의 효과가 있다. 실습을 통해 적용을 할 경우 약 75%의 효과가 있다. 토론이나 토의를 할 경우 약 50%의 효과가 있다. 시연을 할 경우 약 30%의 효과가 있다. 시청각 자료를 활용할 경우 약 20%의 효과가 있다. 읽을 경우는 약 10% 그리고 강의 시 약 5%의 효과가 있다.

V. 계층별 교육

1. 경영층 교육

조직이나 회사의 안전교육 프로그램의 성패는 CEO와 경영층의 참여와 공약이다. 어떠한 회사가 유해위험요인을 개선하기 위한 방안으로 새로운 안전교육 프로그램을 개발했다고 하면, 근로자를 대상으로 교육을 시행하기 전 반드시 CEO와 경영층을 대상으로 교육을 시행해야 한다. 물론 일선 근로자가 알아야 할 정도로 세세한 내용을 하기보다는 거시적이고 입체적인 시각에서 교육 내용을 구성한다. 이렇게 하면, CEO와 경영층은 안전교육을 중요성을 인식할 수 있다. 그리고 근로자를 대상으로 하는 교육을 보다 효과적으로 지원하고 참여를 독려할 가능성이 높다.

2. 관리감독자 교육

관리감독자는 근로자를 대상으로 주기적인 안전교육을 시행해야 하는 위치에 있는 사람이다. 때로는 근로자의 선배, 형님, 강사, 상사의 역할 수행을 해야 하는 복잡하고 어려운 업무를 수행해야 하므로 안전교육을 시행할 수 있는 역량이나 스킬이 필요하다. 회사나 조직은 이러한 위치에 있는 관리감독자가 효과적인 교육을 시행할 수 있는 프로그램을 만들어 운영해야 한다. 또한 관리감독자는 안전보건 관련법에 따라 직무교육을 수행해야 하는 위치에 있는 사람이다. 회사나 조직은 관리감독자가 이수해야 하는 직무교육을 이수할 수 있도록 배려하고 지원해야 한다.

3. 신규채용자 교육

신규채용자 교육내용에는 회사의 안전보건 요구사항과 사업주 및 근로자의 안전보건 관련 역할과 책임 등이 포함된다. 회사는 모든 신규채용자를 대상으로 적절한 교육을 이수한 이후 사업장에서 업무가 가능하도록 하는 체계를 수립하여 운영해야 한다. 다른 사업장에서 근무 경력이 많은 사람일지라도 새로운 회사로 이직하게 되면, 해당 회사의 안전교육을 이수해야 한다. 그 이유는 회사별 안전보건 정책의 차이와 유해위험요인이 다를 수 있기 때문이다.

신규채용자 교육에는 일반적으로 근로자의 권리, 회사 안전 규칙 및 정책, 기본적인 건강과 안전, 보건, 작업 위험, 개인 보호 장비, 부상 및 질병 보고 프로그램 및 비상 연락처 정보 등이 포함된다.

4. 안전보건관리자 Skill-up

(1) 안전보건관리자의 일반적인 업무

안전보건관리자는 사고로 인한 법적 처벌, 손실 비용 보상, 회사의 이미지 실추에 영향을 주는 조직의 안전보건 관련 유해 위험요인을 검토하고 개선하는 전문가로서의 업무를 수행한다. 안전보건관리자의 주요 책임은 모든 근로자에게 안전한 작업장을 제공하고 위험이 없는 근무 환경을 보장하도록 회사에 적합한 안전보건경영시스템 체계를 구축하는 것이다. 그리고 이를 효과적으로 운영하기 위하여 CEO와 경영층이 참여하는 위원회에 다양한 안전관련 사항을 상정하고 승인을 얻는 것이다(안전관리자가 근무하는 장소나 상황에 따라 전술한 업무가 다를 수 있다).

안전보건관리자는 회사와 사업장에 잠재된 유해 위험요인, 불안전한 작업조건 그리고 근로자의 불안전한 행동을 확인하고 개선하는 일을 지원한다. 특히 사고조사에 다양한 사고분석 방법(순차적, 역학적 그리고 시스템적 방법 등)을 적용하여 사고의 직접원인, 기여요인 그리고 근본원인을 합리적으로 찾아 동종 사고를 막기 위한 조언을 한다. 이러한 여러 전문적인 업무 외에도 조직의 안전문화 수준이 높아지도록 지도하고 조언하는 역할을 한다.

안전보건관리자는 회사의 안전보건 비전과 안전보건 목적과 목표를 달성할 수 있도록 안전보건경영시스템 체계를 구축한다. 그리고 회사의 안전보건경영시스템 체계가 효율적으로 운영될 수 있도록 계획 수립(plan), 실행(do), 점검 및 시정조치(check)와 결과 검토(action) 단계별 결과와 동향을 CEO에게 보고해야 한다. 다음의 내용은 안전보건관리자가 해야 할 업무 내용이다.

- 허용할 수 있는(tolerable) 수준의 위험(hazard)을 관리할 수 있도록 위험을 평가한다.
- 안전관리 활동을 검토할 위원회를 구성하고 관리한다.
- 전사 안전보건 교육 계획 수립을 지원하고 이행을 확인한다.
- 조직 운영과 생산과 관련한 안전보건 절차와 기준 수립을 지원한다.
- 안전보건 정책, 목표 및 안전 절차 준수 여부를 확인하기 위한 감사를 시행한다.
- 법규, 규정 및 절차 준수 등을 보장하기 위한 모니터링과 개선을 시행한다.

전술한 안전보건관리자의 일반적인 업무는 주로 본사나 대규모 사업장의 참모조직을 중심으로 설명한 내용으로 회사 규모나 사업장 상황에 따라 업무가 다를 수 있다. 또한 산업안전보건법상의 안전보건관리자의 업무는 기본적으로 수행해야 하는 업무임을 밝힌다.

(2) 안전보건관리자의 역량

안전보건관리자는 전문가로서 CEO(회사나 상황에 따라서는 사업소장, 현장소장, 기관장, 안전보건책임자 위치에 있는 사람일 수도 있다)를 보좌하고 회사의 안전보건경영시스템 체계 구축과 운영을 해야 한다. 안전보건관리자는 아래 표에 열거된 역량을 갖추어야 한다.

- 신뢰할 수 있는 사람이어야 한다.
- 우수한 행정력과 의사소통 기술을 보유해야 한다.
- 안전보건과 관련하여 진정한 관심을 가져야 한다(의사가 환자를 대하듯).
- 사업장의 질문이나 요청사항에 대하여 적시에 응답이 가능해야 한다.
- 규정 위반을 하는 사람에게 적시에 교정을 요청한다.
- 모든 실수는 예견이 가능하고 관리 및 예방이 가능하다는 신념을 갖는다(to error is human).
- 모든 업무를 사람에게 맞춘다(fitting the task to the man)
- 다양한 분야의 공학(전기, 기계, 건설, 화공, 소방, 인간공학 등) 이론과 실무를 겸비해야 한다.
- 심리학, 인문학 그리고 법학 이론을 이해하여야 한다.
- 국내와 해외의 안전보건 관련 정보원과 문헌을 지속적으로 검색하고 신 기술 동향을 파악하여 사업장에 적용한다.
- 국내나 해외의 다양한 학회에 참여하여 벤치마크를 한다.
- 안전보건과 관련한 학과나 대학원에 진학하여 사고예방 역량을 높여야 한다.
- 해외와 국내 안전보건 관련 자격증을 취득한다.
- 외국어 역량을 개발한다.
- 마이크로소프트 오피스의 엑셀, 파워포인트 및 워드 등을 잘 다룬다.
- 작업행동이나 상황을 잘 관찰할 수 있어야 한다.
- 문제해결 능력이 있어야 한다.
- 안전보건 관련 법령을 충분히 이해하고 법 조항을 찾을 수 있어야 한다.
- 안전보건 교육 훈련프로그램을 기획하고 효과적으로 전파해야 한다.

- 다양한 사고조사 기법(순차적, 역학적 및 시스템적 방법)을 이해하고 활용한다.
- 안전보건경영시스템에 안전탄력성(resilience) 4능력(학습, 예측, 감시 및 대응)을 반영한다.
- 이외에도 업무에 필요한 다양한 역량을 갖추어야 한다.

(3) 안전보건관리자 Skill-up 교육

안전보건관리자의 일반적인 업무와 역량에서 언급한 내용과 같이 안전보건관리자는 다양한 분야의 이론과 경험을 기반으로 현장관계자와 협업하면서 사고예방 활동을 하는 전진배치된 전략자, 이론가, 실행자, 기준 준수 여부 확인 판단자, 사고조사자, 강사 등 관련한 역할이 셀 수 없을 정도로 다양하고 그 깊이가 깊다. 회사의 인력운영 부서나 CEO는 현장의 유해위험요인 관리와 사고예방을 위해 안전보건과 관련한 인력에 대한 Skill-up 교육 프로그램을 운영해야 한다.

VI. 교육 평가 및 기록관리

1. 교육 프로그램과 교육 평가

교육 시행 계획 수립, 교육목표 설정, 교육내용 개발, 교육실시, 교육동기 부여와 교육참여 강화 등의 진행과정을 객관적으로 평가하여 개선해야 할 내용을 확인한다. 교육이 완료된 이후 교육이 추구하는 목표가 어느 정도 달성되었는지 확인하기 위한 테스트를 시행한다. 또한 교육생들이 느끼는 강사의 강의 수준을 평가한다. 이러한 평가는 설문으로 진행될 수도 있고, 비공식 토론으로도 확인할 수 있다.

2. 교육기록 관리

교육과 훈련이 실시되었는지 확인하기 위해 훈련 기록을 보관하는 것은 법적인 요건을 충족할 수 있고, 회사의 내부지침을 준수하는 과정이다. 교육기록 관리에는 교육생 성명, 주제 또는 직무, 교육 일자 등을 명시한다.

VII. 실행사례

1. OLG 기업

　OLG 기업은 승강기 제조, 설비 및 서비스를 주로 하는 외국계 투자 기업이다. 이 기업은 안전교육을 사고예방의 핵심 활동으로 간주하고, 다양한 유형의 교육훈련을 시행하였다. 해당 기업의 교육훈련 프로그램은 아래 표와 같이 서비스, 설치, 생산, 사무직별 그리고 자체 인력과 협력업체 인력을 구분하여 시행하였다. 아래 표는 안전교육과 관련한 직종별 프로그램 목록이다.

안전/환경 교육 운영 프로그램(직종별)

No.	교육내용	교육 구분	교육 시간	구성원					협력		
				관리자	보수직	설치직	생산직	사무직	설치	보수	공장
1	환경, 보건 및 안전방침	R	0.5	O	O	O	O	O	O	O	O
2	로프식 엘리베이터의 구조		2	O	O	O			O	O	
3	유압 엘리베이터의 구조		1.5	O	O	O			O	O	
4	현장 OJT		2		O	O	O		O	O	O
5	개인보호구의 종류와 사용, 취급방법		0.5	O	O	O	O		O	O	O
6	추락방지(Harness, 출입구차폐, 사다리)		0.5	O	O	O	O		O	O	O
	안전벨트 사용 시 주의 사항			O	O	O			O	O	
	생명줄 취부방법				O	O			O		
7	요통예방(인력운반)		0.5	O	O	O	O	O	O	O	O
8	응급처치		0.5	O	O	O	O		O	O	O
9	VDT증후군		0.5					O			
10	일반 전기안전		1	O	O	O	O	O	O	O	O
	전동공구의 사용 시 안전		0.5	O	O	O			O	O	O
	정전기에 의한 화재, 폭발예방		1	O			O				O
11	화재예방		0.5	O	O	O	O		O	O	O
12	무재해운동 추진요령(Tool Box Talk)		2	O	O	O			O	O	
13	카 상부 진입, 나오는 절차 및 작업	R	0.5	O	O	O			O	O	O
	승강로에서의 작업안전	R			O	O			O		
14	피트 진입, 나오는 절차 및 작업	R	0.5	O	O	O			O	O	O

No	내용	R	시간								
15	Lockout/Taqout 절차	R	0.5	0	0	0	0		0	0	0
	Jumper Wire 사용법	R		0	0	0			0	0	0
16	False Car, Running Platform 의 안전		0.5	0		0			0		
17	차량안전	R	0.5	0	0	0	0	0	0	0	0
18	지게차 운전 시 안전	R					0				0
19	Escalator 작업안전		1	0	0	0			0	0	0
20	양중작업시 안전		0.5	0	0	0			0	0	0
21	로프교체 작업시 안전 (로핑형식별)		1	0					0		
22	용접작업시 안전		0.5		0	0	0		0	0	0
23	화학(가연성)물질의 취급과 관리	R	0.5		0	0			0		0
24	고압가스취급관리(가스용접, 절단)	R	0.5		0	0	0		0	0	0
25	작업공정상의 위험 위험예지		0.5	0	0	0	0		0	0	0
26	작업점의 위험예방(생산 기계) 위험예지		0.5	0	0	0	0		0	0	0
27	소음 및 청력관리		0.5				0				0
28	직원, 일반, 차량사고 보고절차		0.5	0	0	0	0	0	0	0	0
29	사고사례교육		0.5	0	0	0	0	0	0	0	0
30	현장점검 요령 및 Checklist 내용 설명		0.5	0	0	0	0	0	0	0	0
31	Fatality Prevention Audit	R	4	0	0	0			0	0	
32	WWJSSS	R	4	0	0	0	0	0	0	0	0
33	산업안전 보건법	R	2	0	0	0	0	0	0	0	0
34	Standard Practice		2	0	0	0	0	0	0	0	0
35	Safety Environment Policy		1.5	0	0	0	0	0	0	0	0
36	Jab Hazard Analisys		2	0	0	0	0		0	0	0
37	Record Keeping		2	0				0			
38	MSDS		2	0	0		0			0	0
39	천정 크레인		0.5				0				
40	공장일반 안전수칙		1				0				0
41	기사직 일반 안전 보건 교육	R	2		0	0	0		0	0	0
42	일반직 일반 안전 보건 교육	R	1	0				0			
43	관리 감독자 안전 보건 교육	R	16	0							
44	명예 산업 안전 감독관 교육	R	1		0	0	0		0	0	0
45	인간 공학 교육		24				0				0
46	사내 감사 교육		4	0	0	0	0	0			
47	비상 계획 교육	R	4	0	0	0	0	0	0	0	0

48	사고 조사 교육	R	4	0	0	0	0	0	0	0	0
49	환경 오염 방지 교육	R	4	0	0	0	0	0	0	0	0
50	비상 사태 시나리오 교육	R	2	0	0	0	0	0	0	0	0
51	폐기물 협력 업체 교육	R	2								0
52	유독물 취급자 교육	R	1			0					

(1) 경영층과 관리자 대상의 리더십 교육

본사, 공장, 서비스 및 설치 사업부 그리고 해외 법인의 모든 임원과 과장급 이상의 관리자는 안전보건리더십 교육인 MELT(Middle to Executive Leadership Training)을 받아야 했다. 이 교육은 미국 본사가 기획하여 교육 프로그램을 개발하고 시행하였다. 본 교육은 사업장과는 멀리 떨어진 교육 연수원에서 3일간 시행되었다. 강사는 2명으로 편성되었고, 1명은 안전관리시스템적인 부분을 강의하고 나머지 1명은 현장의 위험(Hazard 및 Risk)을 통제하는 이론과 사례를 강의하였다.

교육내용은 안전보건경영시스템의 12개 요소인 안전보건방침과 리더십, 조직, 계획, 책임, 위험성평가, 교육훈련, 커뮤니케이션, 규칙과 절차, 점검과 감사, 사고조사, 문서관리 및 프로그램 평가 등으로 구성되었다. 이 교육은 강사와 교육생들 간의 상호 토론식 교육이었다. 교육 마지막 날 강사는 4명에서 6명의 교육생을 그룹으로 나누었다. 각 그룹은 안전보건경영시스템 12개 요소 중 한 가지 요소를 선택하여 교육 이후 자신들의 사업장에서 실제 적용하고 보고하도록 강사에게 지침을 받았다(이 과정을 Action Learning Project, 이하 ALP). 각 그룹은 그룹원들과 다양한 원격토론 또는 대면토론을 통해 선정된 요소를 검토, 적용, 결과 도출 및 보고서 작성을 하였다.

ALP 그룹은 준비한 보고서를 CEO에게 대면보고를 하고, CEO의 다양한 안전보건과 관련한 질문에 답을 하고, ALP 수행과정을 설명했다. 이 교육은 관리자로 승진하는 모든 사람을 대상으로 지속적으로 시행되었다.

(2) 관리감독자 교육

OLG 기업의 모회사는 미국에 본사를 둔 글로벌 기업이다. 모회사의 자회사는 전 세계적으로 200개가 넘는 국가에서 다양한 사업을 하였다. 모회사의 자회사의 주요 사업에서 추락, 감전, 끼임, 낙하, 승강기 통제 및 양중 등의 위험요인을 인해 중대재해가 지속적으로 발생하였다. 이에, 미국 본사는 전 세계적으로 중대재해를 예방하기 위한 중대재해예방감사(Fatality Prevention Audit, 이하 FPA)라는 안전활동을 개발하였다. 매년 세계적인 FPA 감사 자격을 갖춘 사람이 국가별(아시아 태평양 지역, 남미 지역, 북미 지역, 아프리카 지역, 동남아 지역 등)로 번갈아 가면서 해당 국가의 FPA 수준을 평가하였다. 그리고 국가별 자회사는 자회사 단위로 중대재해를 예방하기 위해 FPA를 시행하였다.

자회사 단위로 FPA감사를 시행하기 위해서는 먼저 자회사의 본사조직 그리고 사업장 소속 안전관리자에게 FPA를 수행할 수 있는 자격 인증 프로그램이 필요했다. 그리고 이후 해당 직원을 직접 관리하고 감독하는 관리감독자를 대상으로 하는 FPA 자격 인증 프로그램을 운영하였다.

관리감독자를 대상으로 하는 FPA자격 인증 프로그램은 모든 관리자와 감독자가 당연 참가 대상이며, 3일 과정의 교육과 실전 훈련을 거쳐 최종 테스트를 통과해야만 하는 어려웠던 과정이었다. 당연히 어려웠던 과정이었으므로 테스트 통과 시 주변의 격려와 찬사를 받기도 했다. 하지만 테스트를 통과하지 못하면 재 교육을 들어야 하는 어려운 상황도 있었다. 교육에 참가했던 대부분의 교육생은 교육 전 사전학습을 통해 다양한 이론과 실행을 검토해야 했고, 교육 과정 동안에는 새벽까지 테스트 준비를 해야만 했다.

(3) 신규채용자 교육

설치와 서비스 사업부에 채용되는 모든 신규채용자(협력업체 포함)는 신규채용자 교육인 무재해학교를 입소했다. 본 교육은 3일 과정으로 시행되었으며, 창원에 있는 OLG 공장 내 교육장에서 시행되었다. 주요 교육내용은 승강기 개론, 위험인식, 관련법령, 위험인식 Safety SCAN, FPA, WWJSSS, 현장체험 등으로 구성되어 있다. 모든 참석자는 교육 이수 후 별도의 Safety Passport를 받았다. 그리고 본사의 안전점검팀은 현장에서 모든 신규채용자가 무재해학교를 이수하였는지 확인하였다. 만약 무재해학교를 이수하지 않은 상황에서 작업을 할 경우, 중징계를 할 수 있는 기준을 설정하였다.

(4) 기본안전수칙 미준수자 교육(Safety Academy)

기본안전수칙 위반자를 대상으로 하는 Safety Academy 프로그램을 개발하여 운영하였다. 기본안전수칙은 근로자가 반드시 준수해야 하는 기준으로 조직행동관리 관점에서 조작적 조건화(operant condition)를 통해 안전한 행동으로 변화시키기 위한 것이었고, 이 방식은 부적강화(negative reinforcement)의 효과가 있었다.

Safety Academy 프로그램 개발 당시인 2005년에 저자는 해외와 국내 여러 유사업종을 벤치마크 하는 과정에서 LG 그룹이 시행했던 모랄(morale)교육[2]을 기본안전수칙 위반자 교육에 접목하고 SST(Special Safety Training) Program이라고 설정하여 CEO에게 보고하였다. CEO는 아래 그림과 같이 친히 'Safety Academy'라고 부르자고 제안하셨다. 이후 이 프로그램은 Safety Academy라는 이름으로 기본안전수칙 위반자를 대상으로 하는 특별한 교육 프로그램이 되었다.

---

2) 사람의 행동을 변화시키기 위하여 여러 가지 동작을 구조화하여 지속 반복하는 훈련으로 교육 참석자를 힘들게 하여 다시는 이 교육에 들어오고 싶어 하지 않도록 하는 데 목적이 있었다. 그리고 이 교육이 전사에 홍보되어 근로자가 이 교육에 들어오지 않고 기본안전수칙을 철저히 준수하도록 유도하는 간접적인 효과를 기대하고 개발하였다.

CEO는 Safety Academy 프로그램에 상당한 관심을 보이셨고, 사고 예방에 많은 효과가 있을 것으로 기대하셨다. 다음 그림은 그의 관심과 감사의 메일이다.

From: Jang, Bob
Sent: Thursday, September 15, 2005 9:01 PM
To: 000
Cc: Yang, JeongMo (저자)
Subject: 회신: 사장님 Comment

000,

I just reviewed your "Safety Academy Implementation". Great job. Thanks to you and your team. This program will certainly contribute to our effort to make our jobsites "Accident Free

Thanks and regards,
Bob

Safety Academy 프로그램은 3일 과정으로 구성되었다. 1일차는 교육 대상자는 오전 10시에 입소하여 서약서 작성, Safety golden rule 시험, 안전과 무재해 철학 모랄 훈련, 안전실행(safety practice로 safety puzzle, 중요 안전절차 시연) 등의 내용을 오후 10시까지 수강하였다.

2일차는 오전 8시 30분부터 Safety golden rule 시험, 아차사고 사례 공유, 안전실행, 현장 방문, tool box talk와 안전작업분석, 현장방문 결과 보고를 10시까지 준비하였다. 그리고 Safety Academy에 입소하여 교육받은 느낌과 앞으로의 각오를 토대로 가족에게 보낼 편지를 썼다.

3일차는 오전 8시 30분부터 현장방문 결과를 발표하였다. 그리고 교육 과정 동안 연습해 온 모랄교육 시범을 포함한 수료식 실시와 Safety golden rule 준수 서약서 작성을 하였다. 아래 표는 Safety Academy 교육 커리큘럼과 시간표이다.

시간	1일차(10hrs)	2일차(12.5hrs)	3일차(5hrs)
06:00		• 기상	• 기상
07:00~08:00		• 조식	• 조식
08:30		• Safety Golden Rules Test • Near-miss • Safety Practice • 상호격려하기	• 현장방문 결과 발표 • Safety Golden Rules 준수 서약서
10:00	• 입소식		
10:00~12:00	• 입소 서약서 작성 • Safety Golden Rules • Case of Accident		
12:00~13:00	• 중식	• 중식	• 중식
13:00~17:30	• Safety Golden Rules Test • 안전철학 • 무재해 철학 • Safety Practice	• Safety Program & Safety Golden Rules -현장방문	-
17:30~18:30	• 석식	• 석식	
18:30~22:00	• Safety Golden Rules Test • Safety Practice -Safety Puzzle -Major Procedure practice -Safety Stretch	• TBM Practice • JHA Practice • 현장방문 결과 준비 • 편지쓰기(가족) • 저녁숙제	사내강사
강사	사외강사+사내강사	사외강사+사내강사	

주요 강사는 저자(전체 교육 진행과 주 강사로 활동), 본사 안전담당 부서 감사자 그리고 외부 강사가 참여하였다. 외부강사는 교육 효과를 높이기 위하여 특수 부대 출신으로 레크리에이 션 자격이 있는 사람을 초빙하였다.

가. 입소식

전국 각지의 현장에서 기본안전수칙을 위반자를 대상으로 Safety Academy 프로그램에 참석을 희망한 근로자를 선정하여 교육이 시행되었다. 3일간의 교육은 상당히 높은 스트레스와 압박을 견뎌야 하는 과정으로 교육생들의 반발이 예상되어 '입소 서약서'를 작성하였다. 강사는 교육참여를 원하지 않는 사람은 언제든지 자유롭게 퇴소할 수 있다는 것을 강조하였다. 다음 내용은 Safety Academy 입소 서약서상에 기재된 운영규칙이다.

1. 교육 시작시간을 준수한다.
2. 교육 휴식시간을 준수한다.
3. 교육 종료시간을 준수한다(오후 10:00).
4. 교육 강사의 지시에 불응하지 않는다.
5. 기본안전수칙 암기 테스트에 합격한다.
6. 교육 중에 진행되는 테스트에 합격한다.
7. 교육장 내 금연한다.
8. 저녁숙제를 제출한다(현장방문 결과).
9. 교육시간 동안 핸드폰을 반납한다.

나. 기본안전수칙 암기 시험

교육생은 자신의 업무 분야에 적용되는 기본안전수칙을 암기하고 구술시험과 서면시험을 통과해야 했다. 교육생은 다른 교육생이 볼 수 있는 강단에 올라가 기본안전수칙 암기는 물론, 수칙 위반이 일어날 수 있는 상황을 설명해야 합격하는 기준으로 운영하였다. 강사는 교육생의 기본안전수칙 이해 수준을 판단하고 합격 여부를 결정하였다.

3일 과정 교육 동안 이 시험을 합격하지 못한 조는 계속 시험에 응시하였다. 단, 한 번에 합격한 조는 더 이상 시험을 보지 않았고, 합격하지 못한 사람들의 선망의 대상이 되었다.

다. 안전과 무재해 모랄 훈련

안전과 무재해 모랄 훈련을 통해 근로자의 인식변화를 하고자 하였던 구체적인 사유는 아래와 같다.

- 생각하는 안전에서 그치지 않고 행동하는 안전으로 변화
- 가장 빠른 시간 내에 안전에 대한 자신감 부여
- 안전 팀워크 강화
- 적극적이고 긍정적인 안전의식 제고

모랄 훈련은 교육생들에게 일정한 행동과 구호를 크게 외치도록 하였기 때문에 교육생의

목은 금세 쉬었고 어깨 근육을 포함한 전신은 뻐근해졌다. 교육생은 모랄 훈련에서 합격하기 위하여 팀워크를 다지면서 많은 시간 연습을 하였다. 약 5~6명 정도가 한 개 조를 이루어 모랄 훈련 시험을 대비하였다. 3일 과정 교육 동안 이 시험을 합격하지 못한 조는 계속 시험에 응시하였다. 단, 한 번에 합격한 조는 더 이상 시험을 보지 않았고, 합격하지 못한 사람들의 선망의 대상이 되었다. 그 이유는 고달픈 모랄 훈련 연습을 더 이상 하지 않아도 되는 보상이 있었기 때문이다. 강사는 합격하지 못한 조에게 언제든지 시험을 치를 수 있음을 알려주었다. 아래 사진은 교육생들의 모랄 훈련 연습 장면이다.

라. 안전실행

기본안전수칙 암기를 돕기 위하여 안전 퍼즐(safety puzzle)을 맞추는 과정을 마련하여 운영하였다. 강의장에 기본안전수칙이 인쇄된 코팅 종이와 그 상황을 묘사한 코팅 종이를 섞어서 바닥에 놓고 두 명이 해당 기본안전수칙 코팅 종이와 그 상황을 묘사한 코팅 종이를 찾아 서로 만나는 과정이다.

그리고 사전에 준비된 록아웃 텍아웃(LOTO, lock out and tag out) 도구를 준비하여 조별로 가장 빠르고 정확하게 시연하도록 하는 과정을 진행하였다.

마. 현장방문

교육 2일차에 교육생은 자신이 근무하는 유사한 현장에 방문하여 해당 현장의 유해 위험 요인 확인과 현장 근로자의 기본안전수칙 준수 여부를 확인하였다. 이 때 본사 안전담당 부서의 감사자는 교육생들과 함께 현장을 방문하였다. 본사 안전담당 부서의 감사자는 교육생이 현장 방문을 마칠 즈음 해당 현장에서 근무하는 근로자들을 한 곳에 모이게 하여 교육생들의 모랄 훈련 장면을 보여 주었다.

해당 현장의 근로자는 Safety Academy라는 교육과정이 힘들다는 소문을 들었지만, 교육생들의 목이 쉬고 모랄 훈련 장면을 직접 보면서 자신들은 절대로 기본안전수칙을 위반하지 않겠다고 다짐했다고 한다.

바. 현장방문 결과보고서 작성

교육생은 현장에서 점검한 기본안전수칙 체크리스트와 촬영 사진을 이용하여 점검 결과 보고서를 작성하였다. 이때 본사 안전담당 감사자는 해당 조원들을 대상으로 보고서 작성 요령과 현장 유해 위험요인에 대한 개선 조언을 하였다. 다음 그림은 교육생이 점검한 체크 리스트에 감사자가 조언한 내용이었다.

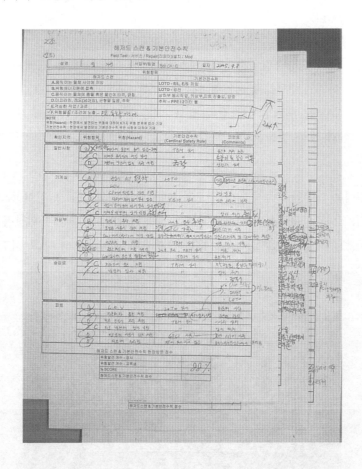

사. 가족에게 편지쓰기

교육생에게 가족의 소중함을 일깨워 주고, 자신의 안전이 가족의 행복에 얼마나 중요한 요인인지 생각해 보도록 하였다. 교육생은 장시간 각자의 생각을 글로 작성하여 편지봉투에 담았다. 일부 교육생은 가족이 없어 협력업체 담당 소장에게 편지를 작성한 경우도 있었다. 강사는 교육생이 작성한 편지를 수거하여 등기우편으로 보냈다.

아. 기본안전수칙 준수 서약서 작성

교육생은 3일간의 Safety Academy 과정을 마치고 기본안전수칙을 철저히 준수하겠다는 내용이 포함된 서약서를 작성하였다. 서약서 내용은 아래와 같다.

1. Safety Academy 프로그램을 통하여 기본안전수칙을 충분히 이해하였음을 서약합니다.
2. 기본안전수칙을 위반하면 중대한 사고가 발생할 수 있음을 이해합니다.
3. 현장에서 기본안전수칙을 반드시 이행함을 서약합니다.
4. 감독자의 경우, 해당 근로자의 기본안전수칙을 철저히 준수할 수 있도록 관리감독 할 것을 서약합니다.
5. 작업자의 경우, 기본안전수칙 기준에 의거 향후 1년 이내 현장에서 기본안전수칙 위반이 발생할 경우 "현장출입금지" 혹은 "징계위원회"에 회부되는 징계를 받아도 어떠한 이의도 제기하지 않을 것을 서약합니다.
6. 소장 및 팀장 또는 협력업체 소장의 경우, 의결사항에 따라 징계를 받아도 어떠한 이의도 제기하지 않을 것을 서약합니다.

자. 수료식

수료식 당일에는 기본안전수칙 위반 근로자(협력업체 포함)의 해당 팀장이 참관하여 교육생을 격려하였다. 강사는 수료식에서 교육과정을 공유하였고, 교육생은 현장점검 결과 보고 그리고 모랄 훈련 시범을 보였다. 아래 사진은 1차 Safety Academy 수료 사진이다. 사진의 가장 좌측에 있는 사람은 사외강사이다.

차. 교육평가

교육이 완료된 이후 교육에 참여했던 교육생들을 대상으로 무기명 만족도 설문조사를 시행하였다. 설문은 리커트 척도 5점 기준으로 작성되었다. 설문결과 기본안전수칙 이해도는 5점(100%), 기본안전수칙 준수도는 5점(100%), 기본안전수칙 위반자는 이 교육에 참여해야 한다는 답변은 4.61점(92%), 교육 프로그램이 너무 힘들다는 답변은 4.87점(97%) 그리고 강사 만족도는 4.77점(95.3%)이었다.

2차 교육 시행 이후 동일한 설문내용으로 참석자 34명에게 전화 설문 조사를 시행한 결과, 기본안전수칙 이해도는 참석 전 72% 수준에서 99% 수준으로 높아졌다. 기본안전수칙 준수도는 참석 전 76% 수준에서 99% 수준으로 높아졌다. 안전인식은 참석 전 67% 수준에서 99% 수준으로 높아졌다. 그리고 이 교육을 지속적으로 운영하면 좋겠다는 답변이 100% 수준이었다. 다만, 프로그램의 강도는 낮추어 달라는 요청이 있었다.

(5) 안전보건관리자 Skill-up 교육

안전보건관리자를 대상으로 Skill-up 프로그램을 개발하여 운영하였다. 공장, 설치, 서비스 및 본사의 안전보건관리자를 직급별, 경험별, 직종별로 나누어 장기간의 역량개발 계획을 수립하였다.

아래 그림은 서비스 사업부의 안전관리자를 대상으로 하는 Skill-up 평가표 예시이다. Skill-up 교육은 크게 리더십 분야와 역량분류로 나뉜다. 먼저 본인 스스로 자신의 수준을 리더십 분야와 역량 분야로 평가한다. 그리고 본사에 있는 평가자가 검증하는 과정으로 이루어진다. 평가가 완료된 이후 사람별 역량 계획을 검토하고, 외부교육과 내부교육으로 나누어 진행하였다.

A.EH&S Training Record   2003.3.10

Name :	Dept. : Service	Experience : 9	Rank : Assistant Manager

Function : Safety | **Level : Intermediate**

Year(Hour)	Leadership	Year(Hour)	knowledge
1999(22) 2001(8)	1.고객 감동 서비스 과정 2.Project & Task Management	1995(8) 1996(8) 1997(120) 1997(60) 1997(32) 1997(14) 1997(8) 1998(123) 2002(24) 2002(16)	1.1일 위험예지훈련 2.산업안전기사 보수교육 3.제조업 안전관리 실무 4.영어 기초 5.안전관리 실무 연수 6.파워 포인트 과정(IT) 7.제조업 안전관리 실무 8.무재해 실천 9.FPA Auditor 양성교육 10.IT 기본과정

직무평가 기준	
S	직무수행의 우수한 수준
A	직무수행의 충분한 정도
B	직무수행의 다소 미흡
C	직무수행 불가

B.Personal Needs(Staff 개인이 평가후 요구한 EH&S 교육 Item)

Leadership	knowledge
1.Analytical Thinking 2.Adaptability	1.Management System 2.Prog Development 3.Training 4.Language

C.Assessment(Lay-out에 나와 있는 Staff이 가져야 하는 최소 요구 조건-상위"직무평가 기준"참조)

Basic Leadership			Basic knowledge		
Item	본인평가	팀장평가	Item	본인평가	팀장평가
1.Communication	B	B	1.Compliance	B	B
2.Business Judgement	B	B	2.Management System	B	B
3.Adaptability	B	B	3.Prog Development	B	B
			4.Risk Assessment	B	B
			5.Language	B	B

D.Strategy(By Team Leader/HQ EH&S Dept.)

Team Leader		HQ EH&S	
Leadership	Knowledge	Leadership	Leadership
1.Communication 2.Business Judgement 3.Adaptability	1.Compliance 2.Management System 3.Prog Development 4.Risk Assessment 5.Language	1.Communication 2.Business Judgement 3.Adaptability	1.Compliance 2.Management System 3.Prog Development 4.Risk Assessment 5.Language

아래 그림은 안전보건관리자들의 Skill-up평가 결과이다.

● : Required   ▲ : Trained before rank

Classfy	Item	Field									Operation									HQ								
		Entry Staff			Intermediate			Above Manager			Entry Staff			Intermediate			Above Manager			Entry Staff			Intermediate			Above Manager		
		E	H	S	E	H	S	E	H	S	E	H	S	E	H	S	E	H	S	E	H	S	E	H	S	E	H	S
Leadership	1.Analytical Thinking	●	●	●	▲	▲	▲	▲	▲	▲	●	●	●	▲	▲	▲	▲	▲	▲	●	●	●	▲	▲	▲	▲	▲	▲
	2.Business Innovation	●	●	●	▲	▲	▲	▲	▲	▲	●	●	●	▲	▲	▲	▲	▲	▲	●	●	●	▲	▲	▲	▲	▲	▲
	3.Communication Skill				●	●	●	▲	▲	▲				●	●	●	▲	▲	▲				●	●	●	▲	▲	▲
	4.Business Judgement				●	●	●	▲	▲	▲				●	●	●	▲	▲	▲				●	●	●	▲	▲	▲
	5.Teamwork	●	●	●	▲	▲	▲	▲	▲	▲	●	●	●	▲	▲	▲	▲	▲	▲	●	●	●	▲	▲	▲	▲	▲	▲
	6.Adaptability				●	●	●	▲	▲	▲				●	●	●	▲	▲	▲				●	●	●	▲	▲	▲
Knowledge	1.Air	●			▲						●			▲						●			▲					
	2.Chemicals/Materials					●			▲						●			▲						●			▲	
	3.Compliance				●	●	●	●	●	●				●	●	●	●		●				●	●	●	●	●	●
	4.Compressed Gas					●			▲						●			▲						●			▲	
	5.Core Knowledge Area	●	●	●	▲	▲	▲	▲	▲	▲	●	●	●	▲	▲	▲	▲	▲	▲	●	●	●	▲	▲	▲	▲	▲	▲
	6.Electrical Safety					●			▲						▲			▲						▲			▲	
	7.Energy Control				●	●			▲					●	●			▲					●	●			▲	
	8.Ergonomics		●			▲			▲					●	●			▲			●			▲			▲	
	9.Fall Protection		●			▲			▲						▲			▲			●			▲			▲	
	10.Fire Protection		●			▲			▲						▲			▲			●			▲			▲	
	11.Machine Guarding					●			▲						●			▲						●			▲	
	12.Management System				●	●	●	▲	▲	▲				●	●	●	▲	▲	▲				●	●	●	▲	▲	▲
	13.Material Handling		●			▲			▲						▲			▲			●			▲			▲	
	14.Occupational/Public		●		●	▲		▲	▲		●			●	▲		▲	▲		●			●	▲		▲	▲	
	15.Product and Process	●			●	▲		▲	▲		●			●	▲		▲	▲		●			●	▲		▲	▲	
	16.Prog Development					▲			▲						▲			▲						▲			▲	
	17.Reporting/Data Mgt	●		●	▲	▲	▲	▲	▲	▲	●		●	▲	▲	▲	▲	▲	▲	●		●	▲	▲	▲	▲	▲	▲
	18.Risk Assessment				●	●	●	▲	▲	▲				●	●	●	▲	▲	▲				●	●	●	▲	▲	▲
	19.Training		●			▲			▲						▲			▲			●			▲			▲	
	20.Transportation					●			▲						●			▲						●			▲	
	21.Waste	●			▲			▲			●			▲			▲			●			▲			▲		
	22.Water	●			▲			▲			●			▲			▲			●			▲			▲		
	23.Language	●	●	●	●	●	●	●	●	●	●	●	●	●	●	●	●	●	●	●	●	●	●	●	●	●	●	●

아래 그림은 Skill-up평가를 위한 기준이다. 안전업무를 수행하는 대리급 수준의 기준이다.

EH&S Staff Skill-up Training

Leadership	
Function: Safety	Level: Intermediate
Item	Basic leadership
1. Analytical Thinking	치명적인 문제에 대한 근본원인 판단 시 데이터 분석이용, 수정계획 모색 문제항목에 대하여 명확한 상황 연관 능력 문제해결/해결방안 예상 문제를 Cross-Function하여 해결
2. Business Innovation	업무 압력/제한된 원천으로 업무 마감 시 창조적 방법 모색 새롭고 어려운 도전을 관리할 경우 하나의 기회로 가정
3. Communication Skill	3자의 의견을 명확히 이해/상황을 교류 3자에 의해 이해될 수 있도록 복합적이고, 기술적인 개념을 설명 생각을 자신있게 전달 내용을 활기차고, 정열적이고, 확신있게 전달

	설득력 있는 주장
4. Business Judgement	3자의 결정이 암시하는 것을 내부, 외부적으로 예상 독립적으로 결정을 내려야 할 경우를 준비 결정을 내릴 경우는 관계가 있고 시기에 적절해야 한다
5. Teamwork	개인 간의 차이를 존중, 주관자의 생각을 이용하여 모두에게 공헌한다 결정을 내릴 경우는 사람들에게 알리고 적절히 관계 시킨다
6. Adaptability	변화, 압박, 모호, 불확실성에 대한 유연성 있는 적응 새로운 것, 시도하지 않은 사건에 맞서 경험을 통합하여 해결 불확실한 상황에서 전력 및 프로정신을 유지 개인의 관찰력으로 약점을 보완, 개인의 역량을 이용 모호함과 불확실성으로부터 개인의 본능과 직감 믿는다 압박적인 상황에서 개인의 감정 및 행동을 통제

아래 그림은 Skill-up평가를 위한 기준이다. 보건업무를 수행하는 대리급 수준의 기준이다.

EH&S Staff Skill-up Training

Knowledge	
Function: Health	Level: Intermediate
Item	**Basic Knowledge**
3. Compliance	현존 규정과 표준을 유지하고 찾는 학식(내, 외부) 효과적인 프로그램 적용 평가능력 해당되는 법률, 규정과 업무 unit 표준(지역/세계)학식 법률과 규정 해설 능력 법률과 규정을 적절히 적용하는 능력 법률과 규정의 변화 개발과 관련하여 추천을 제공하는 능력
5. Core Knowledge Area	업무단위로 사용된 컴퓨터 프로그램, 시스템 학식 화학, 훈련, 생물수학, 인체공학, 인체해부, 기술통계, 독극물, 역학, 화재과학 등의 노출 학문 생물, 수학, 인체, 기술적 통계, 화학, 독물학 등의 노출된 학식
8. Ergonomics	인체위험 및 질병의 원인분석 학식(수근터널 증후군, 아킬레스건 등) 인체공학 평가를 위한 업무분석능력 인간의 상해와 질병을 예방하기 위한 올바른 기준 학식
12. Management System	SP-001 이해
14. Occupational/Public	인력부하, 중독, 산업재해 인정을 포함한 잠재적인 건강위험을 인식하는 능력 재물조사실시, 모든 화학물질 조사, 인체와 생체 대리인 등을 포함하여 성질

	적인 노출을 평가 직업성 소음 및 모니터링, 평가 그리고 예방장치를 파악하는 학식 공기품질, 환기시스템 및 관리 학식(박테리아, VOC, CO2) 음식제공, 위생, 혈액 병원균, 생체 폐기물, 물의 질 등과 관련 건강을 생각하는 학식 테스트, 모니터링, 샘플링 등을 포함하여 노출된 위험을 평가하는 기술 학식
16. Prog Development	SP003이해(상해 및 질병 보상 관리) SP004이해(산업 위생 관리) SP005이해(종합적인 환경, 위생 및 안전 자체 평가) SP007이해(인간공학 관리)
18. Risk Assessment	근본원인을 결정하기 위하여 사고조사를 통하여 원활히 하는 능력 Risk/Hazard가 최소화 될 수 있도록 행동을 취하고 진행사항을 확인하는 능력 위험을 제거/최소화하기 위하여 교류하고 진행절차를 수행하는 능력 프로그램 효과를 평가하는 능력 관련된 위험을 결정하는 능력 위험에 우선권을 분류하는 능력 통제기준 및 예방을 확인하는 능력
23. Language	영어 학식(Speaking&Writing) TOEIC Score(More than 600)

이와는 별도로 미국에 있는 본사와 아시아 태평양 지역의 본사가 주관하는 안전보건관리자 Skill-up 교육이 주기적으로 시행되었다. 다음 사진은 저자가 2008년 참석한 People based safety training 모습이다(중국 텐진).

참조 문헌과 링크

Carter, S. L. (2010). A comparison of various forms of reinforcement with and without ex-
tinction as treatment for escape-maintained problem behavior. *Journal of Applied
Behavior Analysis, 43*(3), 543-546.

Iwata, B. A. (2006). On the distinction between positive and negative reinforcement. *The be-
havior analyst, 29*(1), 121.

Sidman, M. (2006). The distinction between positive and negative reinforcement: Some addi-
tional considerations. *The Behavior Analyst, 29*(1), 135.

제9장

검사와 감사

SafetyManagement

제9장   검사와 감사

I. 검사와 감사의 정의

1. 일반적인 사례

검사와 감사는 안전을 전문적으로 하는 사람들도 오해하기 쉬운 용어이다. 검사와 감사의 의미를 구분하기 위하여 자동차를 유지보수하는 과정으로 설명하고자 한다.

자동차를 유지보수하는 이유는 차량을 안전하게 운행하고자 하는 것이고, 환경 오염을 원하지 않기 때문이다. 10대의 운전자가 있다고 가정하고 운전자가 차량의 오일, 휘발유 및 타이어를 점검한다면 이 과정은 검사(inspection)한다고 할 수 있다.

이때 10대 운전자에게 부모가 있다면, 자녀가 안전과 환경을 보다 신경쓸 것을 원할 것이다. 부모는 자동차 제조자가 제공한 안전 책자를 읽고 타이어의 압력 점검 기준과 엔진 오일 점검과 관련한 정보를 입수하여 검토한 이후 10대 자녀가 차량을 점검한 과정을 물을 것이다(때로는 점검하는 과정을 보여 달라고 할 수도 있다). 이 과정은 감사(audit)이다. 부모는 감사를 시행하는 동안, 직접 타이어 압력계를 사용하여 점검할 수도 있다. 그 이유는 부모도 자녀의 자동차에 탑승하기 때문에 부모의 안전 또한 달려 있기 때문이다. 요약하면, 검사는 주로 스스로 하면서 이상 여부를 확인하는 반면, 감사는 검사가 어떻게 수행되었는지 등을 묻는 질문으로 시작해 답변을 받는 과정이다.

2. 사업장 사례

사업장에서 시행하는 검사와 감사는 어떤 차이가 있을까? 먼저 검사는 주로 규정과 절차의 요건을 확인하며 육안으로 확인하는 특징이 있으며, 대상에 대한 조사와 검토를 하지만 평가를 하지 않는다. 사업장에서 시행하는 검사의 종류에는 위험성평가, 보안경 착용 현황 확인, 물질안전보건 자료 부착, 안전교육 실시 여부 확인 등이 있다. 검사를 시행할 때 주로 물리적인 환경을 확인하지만, 때로는 사람의 작업 방법 또한 확인할 수 있다. 그리고 검사는 주로 상급자(상급기관)가 권한을 갖고 시행하는 것이 통상적이다.

감사는 검사에 비해 독립성을 가지며 주로 시스템을 조사한다. 그리고 감사를 통해 조직이 갖고 있는 시스템상의 긍정적인 측면과 부정적인 측면을 찾아야 하므로 객관적이어야 하고 조직과는 별개의 독립된 사람이 시행해야 한다(검사를 시행한 사람이 자신을 감사한다는 것은 객관적이라고 보기 어렵다).

II. 검사와 감사의 특징

1. 검사의 특징

검사는 시설에 대한 위험요인과 안전하지 않은 관행을 찾는 활동으로 안전장치 설치 여부 확인, 장비의 위험 존재 여부, 공기, 물 및 기타 샘플을 수집하여 유해성 확인, 작업 관행을 준수하지 않는 불안전한 행동 등을 확인하는 과정이다. 사업장의 유해 위험요인을 체크리스트로 만들어 점검을 시행한다. 아래의 사례는 점검 체크리스트에 포함될 수 있는 유해 위험요인의 종류이다.

- 회전체의 방호가 설치되고 작동되고 있는가?
- 모든 화학 용기는 안전 매뉴얼 요건에 따라 라벨을 부착하고 보관하고 있는가?
- 계단 및 통로에 넘어짐의 위험이 있는가?
- 출구가 차단되었는가?

검사는 안전조사(safety survey), 안전점검(safety inspection), 안전투어(safety tour) 및 안전 샘플링 조사(safety sampling) 등으로 구분하여 시행할 수 있다.

2. 감사의 특징

(1) 개요

안전보건경영시스템의 PDCA 사이클에서 A인 act에 해당하는 단계가 감사이다. 감사단계는 안전보건경영시스템의 효율성, 효과성 및 신뢰성에 대한 독립적인 정보를 수집하고 시정조치 계획을 수립하는 구조화된 과정이다. 감사는 안전보건경영시스템의 적절성을 평가하는 수단으로 정기적으로 수행하는 주요 활동으로 주로 서면 질문을 사용하여 구조화된 방식으로 여러 측면의 정보를 수집한다.

(2) 목적

감사의 목적은 안전보건경영시스템의 요소(element)가 효과적으로 작동하는지 확인하고 보증(assurance)하는 것이다.

- 조직과 사업장의 안전 문제를 확인하고 현재의 안전보건 프로그램이 사고예방에 적절한지 여부를 확인한다.
- 최근에 발생한 사고에 대한 후속 조치가 적절한지 여부를 확인한다.
- 회사가 안전과 관련한 운영기준과 법적 요구 사항을 충족하고 있는지 확인한다.
- 감사를 통해 발견된 문제를 해결하여 안전문화 수준을 높인다.

(3) ILO-OSH 2001 요구조건

ILO-OSH 2001 지침에서 감사시행을 위한 요구사항은 아래와 같다.

- 안전보건경영시스템 요소가 근로자의 안전과 건강을 보호하고 사고를 예방하는 데 있어 적절하고 효과적인지 여부를 결정하기 위해 주기적인 감사를 시행한다.
- 감사 정책과 시행 프로그램을 개발한다.
- 감사평가에는 안전보건경영시스템 요소에 대한 검토가 포함되어 있다.
- 감사는 감사 대상 활동과 무관한 조직 내부 또는 외부의 유능한 인력에 의해 수행된다.
- 감사 결과와 결론은 시정 조치 책임자에게 전달되어야 한다.

감사대상에는 정책(policy), 작업자 참여, 책임, 역량과 훈련, 시스템 부속 설명서, 의사소통, 예방과 통제 조치, 변경 관리, 비상대응, 조달, 성능 모니터링 및 측정, 업무 관련 부상, 건강 이상, 질병 및 사고, 안전 및 건강 성과에 미치는 영향, 예방과 시정 조치 및 지속적인 개선 및 기타 적절한 감사 기준 또는 요소 등이 있다.

감사결과는 안전보건 목표 달성 여부, 근로자의 참여 여부, 시스템에 대한 이전 감사 후속 조치 등 시스템 요소(element)별 진행 현황을 포함한다.

(4) 내부감사자와 외부감사자의 장단점

내부 감사자는 작업장, 시스템, 프로세스 및 조직에 대한 정보를 잘 알고 있고, 지난 감사에서 발견된 내용에 대한 후속조치를 이해할 수 있다. 다만, 사업장 사람들과 친밀함이 있어 일부 문제를 누락할 수 있는 가능성이 있고, 전문성이 떨어질 수 있다.

외부감사자는 새로운 시각으로 사업장을 객관적으로 바라볼 수 있다. 유사한 기타 사업장의 문제 해결 경험이 있지만, 해당 사업장의 특징과 업무 절차를 잘 알지 못하고 비용이 소요된다. 회사는 내부감사자와 외부감사자의 장단점을 검토하여 상황에 적절한 감사자를 활용해야 한다.

(5) 감사 후속 조치

감사 결과 보고서는 CEO에게 보고하여 적절한 조치가 되어야 한다. 특히 서면으로 보고하는 방식 외에 직접 경영층을 모이게 하여 감사 결과와 권장 사항을 공유하는 방식은 효과가 좋다. 그리고 감사결과 개선을 위한 투자 계획을 수립하고 이행을 확인한다.

III. 실행사례

OLG 기업이 국내와 해외 법인을 대상으로 시행한 안전보건경영시스템 감사 시행 사례를 설명한다. 감사 시행 사례는 감사자 양성교육, 감사준비, 감사팀의 책임, 감사 프로토콜 (protocol), 추적(trail), 발견사항 보고, 점수부여, 종료미팅 및 사후관리 등으로 구성하여 설명한다.

1. 감사자 양성교육

OLG 기업의 미국 본사(United Technologies)는 전 세계 국가의 안전보건경영시스템 수준 향상을 위하여 감사자 양성교육을 시행하였다. 저자는 2004년 미국 본사가 주관하는 안전보건경영시스템 감사자 양성교육인 Assurance review auditor 과정(필리핀 법인에서 시행)에 참석하였다. 본 과정은 아시아 태평양 지역 안전담당자(중국, 홍콩, 싱가폴, 말레이시아, 태국, 필리핀, 한국 등)를 대상으로 시행(80시간)되었다. 다음 그림은 저자가 'Assurance Auditor Training' 과정을 참석하고 받은 수료증이다.

2. 감사준비

미국 본사는 매년 국가별 감사시행 계획을 수립하였다. 저자의 회사가 속했던 아시아 태평양 지역은 아시아 권역에 있는 국가별 감사계획을 수립하고 감사를 시행하였다. 아시아 권역 국가별 감사에 미국 본사소속 담당자, 북미 지역 담당자, 유럽 지역 담당자 등이 합류하여 감사를 시행하는 경우도 있었다.

감사팀은 감사시행 계획을 수립하기 전 피 감사 국가의 안전보건 관리 현황과 정보를 평가하였다. 평가표에는 해당 국가의 (1) 통제시스템 관련으로 이전에 실시한 감사에 대한 점수, 기한 내 개선완료 여부, 자체평가 실적 등이 포함된다. (2) 해당 국가의 근로손실 사고율, 총 근로손실 사고율, 중대산업재해 건수 등이 포함된다. (3) 사회 환경적 위험(risk) 관련으로 해당 국가의 법규 강도, 절차의 강도, 사업이 갖는 위험도 및 해당 지역이 갖는 위험 수준 등이 포함된다. (4) 안전보건 담당자 선임 비율 등이 포함된다.

피 감사 국가에 대한 평가결과에 따라 해당 국가의 감사 횟수를 조정할 수 있다. 그리고 위험도가 높은 피 감사 국가는 낮은 국가에 비해 더 많거나 더 짧은 주기로 감사를 시행할 수 있었다.

3. 감사팀의 책임

감사팀은 계획된 감사 일정 동안 피 감사 국가의 본사와 사업장을 방문하여 감사를 시행하므로 감사와 관련한 책임 기준을 명확하게 이해하고 있어야 한다. 감사팀은 해당 국가 조직의 안전보건 관리 현황, 시스템 구성 요건, 제품을 생산하는 공정 절차, 위험성 평가 결과, 사고조사 방법, 교육과 훈련 체계 그리고 각종 안전보건 관련 보고 내용 등을 잘 알고 있어야 한다.

감사팀은 해당 국가의 경영층, 관련 관리자, 감독자, 작업자, 도급업체 근로자 등을 수시로 만나 인터뷰를 하고 관련 서류를 검증해야 하는 업무를 수행하므로 아래의 기준을 숙지하여야 한다.

- 항상 공손해야 한다.
- 정직하고 빠른 응대를 해야 한다.
- 감사를 받는 회사의 근무시간을 준수한다.
- 감사자는 항상 손님이라는 것을 상기한다.
- 감사 지침을 정확하게 전달해야 한다.
- 약속시간을 준수한다.
- 적절한 보호구를 착용한다.
- 흥미를 갖는다.
- 발견사항을 절대 누락하지 않는다.
- 감사 대상 회사의 사전 평가정보를 숙지한다.

(1) 감사팀장의 책임

감사팀장은 피 감사 국가의 책임자에게 최소 2개월 전 감사 시행 계획을 알린다. 해당 감사의 시행 범위, 출장 관련 정보 및 사전 미팅 일정 등을 피 감사 회사에 알린다. 그리고 필요한 정보를 피 감사 회사에 요청한다.

감사팀장은 해당 국가에서 시작 미팅을 주관한다. 이 미팅에서 감사 일정, 역할, 현장 감사 일정, 필요사항을 상호 협의하고, 감사 팀원에게 적절한 업무를 할당한다. 그리고 감사와 관련한 정보수집, 질의 회신 내용, 검토 사항, 이슈 등을 검토하고 해결 방안을 모색한다. 감사팀장은 감사 결과의 후속 조치 여부를 주기적으로 모니터링하고 그 결과를 확인한다.

(2) 감사팀원의 책임

감사팀원은 시작 미팅에 참석하고 피 감사 회사의 안전보건 관련 절차, 현장상황 및 관련 법규를 검토한다. 감사팀원은 본사와 현장 감사에서 발견한 사항을 문서로 정리하고 결함사항을 메모한다. 그리고 발견사항을 감사팀장에게 공유하고 그 해결방안을 검토한다.

4. 감사 프로토콜(protocol)

회사가 운영하는 안전보건표준(standards), 회사가 갖고 있는 위험 목록 그리고 국가의 안전관련 법규 등은 감사를 시행하는데 중요한 요소로 '프로토콜(protocol)'이라고 부른다. 프로토콜은 위험요인을 평가할 때 또는 안전보건표준 요건을 평가할 때 사용한다. 회사의 유해 위험요인 영역과 항목, 절차, 교육, 검사 평가 등이 프로토콜에 해당할 수 있다.

5. 추적(trail)

감사는 단기간에 시행되며 고도의 역량을 발휘해야 하는 중요한 활동이므로 효과적인 감사 시행을 위한 추적(trail)이 필요하다. 추적을 효과적으로 하기 위한 요구조건에는 하향방식과 상향방식, 현상확인, 관찰, 메모, 사진촬영 등이 있다.

(1) 하향방식과 상향방식(top-down and bottom-up)

감사팀은 피 감사 회사의 안전보건경영시스템 서류를 확인한다. 그리고 사업장 운영현황과 작업현황을 확인한다. 일반적으로 하향방식은 서류검토와 관련자와의 인터뷰를 통해 시행하는 감사 방식이고, 상향방식은 서류에 언급되어 있는 내용을 기반으로 현장 활동을 확인하는 방식이다. 하향방식과 상향방식을 효과적으로 활용하기 위해서는 해당 회사가 보유하고 있는 프로토콜을 면밀히 확인해야 한다. 감사자는 피 감사 회사의 안전보건경영시스템 운영의 공백을 확인하기 위하여 반드시 '확인과 검증(test and verify)' 과정을 거친다. 여기에서 test는 어떠한 기준과 관련한 내용을 확인하는 것이고, verify는 확인된 사실을 검증하는 것이다.

(2) 현상확인

감사자는 피 감사 회사가 하고 있는 여러 활동과 사례를 접할 것이다. 그리고 여러 사람들을 만나 다양한 대화를 나눌 것이다. 여기에서 주의해야 할 사항은 감사자가 수집한 정보나 자료는 객관적으로 검증될 때까지 사실로 믿어서는 안 된다는 사실이다.

예를 들어 감사자가 피 감사 회사의 CEO와 대화를 나누던 중 CEO가 월 1회 이상안전점검을 하고 있다는 사실을 듣고 그대로 믿기보다는, 감사자는 실제 CEO가 안전점검을 시행했는지 관련부서에 확인해야 한다는 것이다. 그리고 그 점검결과는 어떤 내용으로 구성되어 있으며, 실제 현장 개선을 위해 어떻게 활용되었는지 확인하는 것이 필요하다.

주로 감사자가 방문하는 현장은 사전에 누군가가 청소를 했거나 정리정돈을 했을 가능성이 높다. 따라서 깨끗한 현장이 안전한 현장이라는 공식을 세운다는 것은 비 논리적이다. 그리고 피 감사 회사의 관리자 몇 명 정도에게 사실을 확인하여 일관성 있는 답변을 얻었다고 하여도 그 사실이 검증되기 전까지 믿지 말아야 한다.

(3) 관찰(observation)

관찰은 주로 작업 현장에 있는 사물과 사람들의 행동을 보는 것으로 감사자의 전문성이 드러나는 부분으로 경험이 풍부한 감사자일수록 관찰 기술이 탁월하다고 볼 수 있다. 감사자는 관련 정보수집, 검토, 문헌조사, 이전에 시행된 감사 결과, 사고현황 자료 등을 확인하고 해당 사업장의 상황을 최대한 이해하려는 노력을 해야 효과적인 관찰을 할 수 있다.

저자가 인도 공사현장을 방문했을 때의 일이다. 저자가 작업현장을 도착했을 때 추락위험이 있는 장소에서 일을 하는 근로자 4명의 안전벨트가 모두 새것이었다. 저자는 한 작업자에게 안전벨트를 언제 받았는지 물어본 일이 있었는데 근로자는 예전에 주지 않다가 어제 갑자기 받았다고 저자에게 얘기하였다. 이 상황을 지켜본 관리감독자는 갑자기 정색을 하며 그것은 사실이 아니라고 하자, 근로자는 금세 자신이 잘못 얘기했다고 답변하는 상황이 벌어진 일이 있었다.

저자는 근로자가 정말 안전벨트를 오래 전에 받아 사용했는지 의구심을 가졌다. 저자는 해당 현장의 관리감독자에게 보호구 지급 관리 대장을 보여 줄 것을 요청하였고, 관리감독자는 보호구 지급 대장을 저자에게 보여 주었다. 하지만 보호구 지급 대장에는 근로자 4명에게 지급한 안전벨트 내역은 없었다. 저자는 근로자 4명에게 지급한 안전벨트 내역이 왜 없는지 이유를 알려 달라고 하자 관리감독자는 자신이 기재하는 것을 깜박 했다고 답변한 일이 있었다.

저자가 피 감사 회사의 본사에 방문하여 보호구 지급과 관련한 절차를 검토해본 결과, 현장 관리감독자는 근로자에게 보호구를 지급하고 그 근거를 지급 대장에 기록하도록 되어 있었다. 이에 따라 저자는 당시 상황을 피 감사 회사의 안전보건경영시스템 운영의 공백(gap)으로 기재하고 감사 점수를 삭감하였다. 전술한 내용은 감사를 시행하는 동안 많이 발생하는 상황으로 감사자는 사소한 사안이라도 놓치지 말고 의구심을 갖고 확인하고 검증(test and verify)해야 한다.

현장 감사를 시행하는 동안 작업행동을 촬영하거나 기타 행동을 관찰하는 과정에서 근로자는 위험한 상황에 놓일 수 있다. 근로자는 감사자의 요청을 따라야 하므로 자신의 안전을 확보하지 못할 가능성이 존재하므로 감사자는 여러 상황을 검토하여 근로자의 안전을 우선하여 감사를 시행하여야 한다. 그리고 작업자가 있는 장소에 긴박한 위험이 존재하는 경우에는 즉시 작업을 중지하고 개선하도록 지시해야 한다.

(4) 메모

감사자는 본사나 현장에서 익숙한 서류나 상황을 접할 수도 있지만, 때로는 익숙하지 않은 상황을 접할 수도 있다. 감사자는 익숙하지 않은 상황에서 잊어버릴 수 있는 사안을 주기적으로 메모해야 한다. 저자는 국내와 해외에서 감사를 수행할 때 피 감사 회사의 관리감독자와 근로자가 면담할 때 들었던 내용을 메모하고 당일의 감사 결과 보고서에 요약했다.

가급적 회사명, 현장명, 근로자 이름, 관리감독자 이름, 작업장소 등 관련 정보를 메모해두면 좋다. 정리된 메모는 사실 확인을 거쳐 감사 결과의 증빙으로 채택할 수 있다.

(5) 사진촬영

사진은 설비상태, 작업장 상황 그리고 근로자의 행동과 관련한 발견사항을 증빙하는 효과적인 매체이다. 저자가 2000년 초반 일본을 방문하여 감사를 시행하던 시기에는 디지털 카메라가 없었다. 당시 감사자들은 필름을 넣는 카메라를 휴대하고 현장에 방문하여 감사를 시행하였다. 피 감사 회사의 다른 지역을 다녀온 감사자들이 감사를 완료하고 처음 하는 일은 그들이 촬영한 필름을 모두 회수하여 현상하는 일이다.

감사자들은 현상된 사진을 기반으로 보고서를 만들었다. 당시에는 빔 프로젝터가 없었던 시절이라 보고서를 컬러 OHP(overhead projector)로 출력하여 피 감사회사의 CEO와 임원 그리고 관련자들이 참석한 보고회의에서 발표하였다.

사진촬영과 함께 동영상 촬영 또한 매우 효과적인 자료로 활용될 수 있다. 2000년 중반에는 디지털 카메라가 시판되고 동영상 기능까지 탑재한 카메라가 시판되었다. 당시 저자는 감사를 효과적으로 시행하기 위해서는 동영상을 탑재한 디지털 카메라가 필요하다고 회사에 요청하였고, 회사는 흔쾌히 값비싼 디지털 카메라를 구입해 주었다.

저자는 이 디지털 카메라를 갖고 인도를 방문하여 감사를 시행하였다. 인도의 한 작업현장에서 근로자가 추락의 위험이 있는 지역에서 안전벨트를 착용하고 있었지만, 지지대에 걸지 않은 상황을 목격하고 사진 촬영을 하였다. 아쉽게도 촬영 당시 근로자가 갑자기 움직이는 바람에 안전벨트를 지지대에 걸지 않은 상황을 담지 못했다. 하지만, 당시 피 감사 회사 해당현장 관리감독자는 근로자가 안전벨트를 걸지 않은 사실을 인정한 터라 저자는 그 결과를 감사 보고서 양식에 기재해 두었다.

저자는 당일의 감사 일정을 마치고 오후경 당일에 발견된 여러 현장의 주요 사안을 해당지역 책임자에게 설명하는 동안 근로자가 안전벨트를 지지대에 걸지 않았던 사실을 전달하자, 해당 지역 책임자는 그 사실을 부인하였다. 그리고 당시 저자와 같이 있던 해당 관리감독자 또한 그 사실을 부인하였다. 저자는 상황을 설명하고 해당 관리감독자가 당시에 상황을 동의한바 있다고 강변하였으나, 해당 지역의 관리감독자와 책임자는 저자의 주장을 받아들이지 않았다.

저자는 이러한 상황에서 근로자가 안전벨트를 지지대에 걸지 않았음을 확신하고 있었기 때문에 이러한 사실을 감사 발견 보고서에 기재할 수 있는 권한이 있었다. 하지만 결정적으로 사진 증빙이 부족하였기 때문에 바로 결정하기보다는 더 많은 현장을 돌아보고 최종 결정을 하는 것으로 마음먹었다.

감사 이튿날부터는 현장의 주요 발견사항을 동영상으로 촬영하였다. 마침 다른 지역의 근로자가 안전벨트를 지지대에 걸지 않았던 유사한 사례를 발견하고 동영상으로 촬영하였다. 동영상이라는 확실한 증빙 앞에 해당 관리감독자와 해당 지역 책임자는 더 이상의 핑계를 댈 수 없었다. 그리고 그들은 디지털 카메라에 동영상 기능이 탑재되어 있다는 사실에 놀라움을 보였다.

이렇듯 사진촬영은 감사결과에 있어 가장 효과적인 증빙이 될 수 있다. 최근에는 휴대폰에 고성능 카메라가 내장되어 있어 매우 편해졌지만, 때로는 사진 촬영으로 인하여 근로자가 위험한 상황에 처할 수도 있으니 주의해야 한다. 특히 카메라의 후레쉬 기능을 켜서 촬영할 경우 근로자가 놀랄 수 있으므로 주의해야 한다. 그리고 사람을 촬영할 경우에는 가급적 얼굴을 피해야 한다.

6. 발견사항 보고

발견(fact) 사항은 사실을 입증하는 설명이나 관찰사항으로 피 감사회사의 본사와 현장에서 수집한 여러 자료를 확인하고 검증하는 과정을 거친다. 발견사항은 감사보고서에 담길 핵심적인 내용으로 충분한 사실적 근거가 입증되어야 한다. 따라서 발견사항은 정확, 명료, 원인 추적 가능한 자료로 구성되어야 한다.

발견사항에는 위험상황이나 법적 기준을 준수하지 않는 등의 상황이나 정황이 포함되며, 세부 발견사항들은 최종적으로 시스템 요소(element)로 구분되어 정리된다. 예를 들어 현장에서 발견한 회전체 방호가 안된 설비가 있다면, 위험은 회전체에 끼이는 위험이고, 여기에 해당하는 시스템 요건은 유해 위험요인과 관련이 있는 요소(element)가 될 수 있다.

7. 점수부여

감사 점수는 경영시스템 요소(element)를 기반으로 작성된 체크리스트를 통해 부여된다. 체크리스트는 시스템 각 요소별 감사 질문항목을 검토하여 점수를 부여하는 방식이다.

점수 부여기준에 따라 4점에서 0점을 부여한다. 4점은 상기 요건들이 충분히 실행되고 있고 효과적인 경우이다. 3점은 상기의 요건 중 어느 한 가지라도 실행도 측면이나 효과성 측면에서 minor한 gap이 존재한다. 이 요건과 관련한 안전보건경영시스템상에 minor한 지적 사항이 있다. 상기 요건과 관련된 세부 발견사항(detail finding)의 위험(risk) 크기가 낮다. 2점은 상기의 요건 중 어느 한 가지라도 실행도 측면이나 효과성 측면에서 gap이 존재한다. 이 요건과 관련한 안전보건경영시스템상의 지적 사항이 있다.

상기 요건과 관련된 세부 발견사항(detail finding)의 위험(risk) 크기가 중간이다. 1점은 상기의 요건 중 어느 한 가지라도 실행도 측면이나 효과성 측면에서 major gap이 존재한다. 요건이 누락되었거나 이 요건과 관련한 안전보건경영시스템상에 major한 지적 사항이 있다. 상기 요건과 관련된 세부 발견사항(detail finding)의 위험(risk) 크기가 높다. 0점은 상기 요건에 대한 어떠한 증빙도 없는 경우이다.

아래 그림은 규칙과 절차 요소(element)에 대한 점수부여 항목 예시로 피 감사회사는 2점을 획득하였다.

항목8-규칙&절차

평가 항목	
2 종업원은 수립된 규칙과 절차를 충실히 따라야 한다 Auditor Guidance (감사자 지침) 발견사항은 다음 사항을 포함한다: 발견사항은 종업원 및 모든 사람이 회사에 존재하는 규칙과 절차를 따르고 있는가이다 EHS규칙과 절차를 심각하게 위반하는 관찰사항은 그 차이를 나타낼 것이며, 규칙과 절차를 따르지 않아 발생할 수 있는 많은 사고이다. Component(구성요건)	Rating(4점) 2
a. 작업현장에서 종업원이 규칙과 절차에 익숙하고 이용 가능하다. b. 종업원이 규칙과 절차를 충실히 따르고 있다. c. 회사는 규칙과 절차의 적용 여부를 평가하고 있고 결점에 대한 정확한 확인이 되어 있다. Scoring Criteria(점수 부여 기준) (4점) 상기 요건들이 충분히 실행되고 있고 효과적이다. (3점) 상기의 요건 중 어느 한 가지라도 실행도 측면이나 효과성 측면에서 Minor한 Gap이 존재한다. 　　　이 요건과 관련해서 EH&S Management System상에 Minor한 지적 사항이 있다. 　　　상기 요건과 관련된 Detail Finding의 Risk 크기가 Law Risk이다 (2점) (1점) (0점)	
증빙자료 또는 도움을 줄 수 있는 자료	

다음 표는 안전보건경영시스템 12가지 요소(elements) 평가를 통한 취득 점수 현황이다. 평가, 예방 및 통제 요소가 가장 많은 점수(24점)로 할당되어 있다. 그리고 프로그램 평가(12

점), 계획(10점) 등의 순이다.

점수부여와 관련한 보다 상세한 설명은 14장 안전보건경영시스템 평가를 참조한다.

Element	Criteria Attained			% (×100)		Value	Points
Ⅰ. Policy and Leadership	0	of	16	= 0.00%	×	6 Points	= 0.00
Ⅱ. Organization	0	of	12	= 0.00%	×	8 Points	= 0.00
Ⅲ. Planning	0	of	16	= 0.00%	×	10 Points	= 0.00
Ⅳ. Accountability	0	of	8	= 0.00%	×	8 Points	= 0.00
Ⅴ. Assesment, Prevention and Control	0	of	40	= 0.00%	×	24 Points	= 0.00
Ⅵ. Education and Training	0	of	12	= 0.00%	×	6 Points	= 0.00
Ⅶ. Communication	0	of	8	= 0.00%	×	4 Points	= 0.00
Ⅷ. Rules and Procedures	0	of	12	= 0.00%	×	6 Points	= 0.00
Ⅸ. Inspections and Audits	0	of	20	= 0.00%	×	8 Points	= 0.00
Ⅹ. Incident Investigations	0	of	12	= 0.00%	×	6 Points	= 0.00
Ⅺ. Document and Records Management	0	of	4	= 0.00%	×	2 Points	= 0.00
Ⅻ. Program Evaluation	0	of	20	= 0.00%	×	12 Points	= 0.00
						Total Points	= 0.00
Overall Rating				0.00 Total Pts/	100 × 100%	= 0.00%	

8. 종료미팅

감사팀장은 서로 다른 지역을 다녀온 감사자들의 결과보고서를 취합하고 종료미팅 자료를 만든다. 발표자료에는 세부발견 사항과 시스템 발견사항, 감사 목적, 감사결과, 개선방안 마련 등의 내용이 포함된다.

발표자료를 사전에 피 감사 회사에 공유하게 되면 감사 내용에 대한 이견 충돌로 인해 종료 미팅 진행이 어려울 수도 있으므로 가급적 종료미팅 이후에 전달하는 것이 좋다. 다만, 중요한 이슈 사항은 피 감사회사의 안전 전담 임원 등에게 사전에 공유하여 이견을 줄인다.

9. 사후관리

감사팀장은 감사 결과보고서를 피 감사회사 CEO에게 통보하고 개선 계획 수립을 요청한다. 피 감사회사의 안전보건 전담부서는 세부발견사항에 대한 개선대책을 수립하여 CEO에게 보고하고 감사팀장에게 보낸다. 높은 위험의 발견사항은 종료미팅으로부터 30일 이내 조치, 모든 법적인 위험은 60일 이내 조치, 중간과 낮은 위험은 9개월 이내 조치 그리고 모든 시스템 발견사항은 9개월 이내 조치하는 기준으로 운영하였다.

다음 사진은 저자가 미국 본사가 주관하는 안전보건감사 일원으로 참여했던 사진이다. 감사원은 미국, 호주 및 중국 등에서 왔으며, 저자가 가운데에 있다.

참조 문헌과 링크

Beres, E. (2002). Guidelines on occupational safety and health management systems ILO-OSH 2001.

Ferrett, E. (2015). *International Health and Safety at Work Revision Guide: For the NEBOSH International General Certificate in Occupational Health and Safety.* Routledge.

HSE, U. (1998). HSG65. Successful Health and Safety Management.

Roughton, J., Crutchfield, N., & Waite, M. (2019). Safety culture: An innovative leadership approach. Butterworth-Heinemann.

RRC International. (2023). NEBOSH International General Certificate in Occupational Health and Safety. Unit IG 1: Management of Health and Safety.

HSE. (2023). Inspections of the workplace. Retried from: URL: https://www.hse.gov.uk/involvement/inspections.htm.

제10장

사고 조사·분석 그리고 대책수립

제10장

사고 조사·분석
그리고 대책수립

I. 개요

저자는 1996년 현장의 안전관리자로 업무를 수행하면서, 사람들이 다치고 죽는 모습을 많이 목격하였다. 특히 저자가 좋아하고 존경했던 분도 유명을 달리 하는 과정을 보면서 정말 세상은 불공평하다고 생각한 적이 있다. 그리고 해외 사업장에서도 동일한 일들이 벌어진다는 것에 대해 무언가 우리가 정말 잘 못하고 있는 것이 아닌가 하는 생각을 했다.

저자가 현장에 상주하면서 동고동락했던 000 소장님은 평소 겸손하고 정직하시며 잠시라도 쉬지 않는 분이셨다. 한번은 공사 자재가 덜 들어와 공사가 잠시 중단된 경우가 있었는데, 그 소장님은 잠시도 쉬는 것이 회사에 대한 불충으로 생각하시고 향후에 있을 공사 준비를 스스로 하고 계셨다. 그 일의 목적은 약 100kg이 넘는 자재를 건물의 층층마다 준비해 두고 향후 공사가 재개되면 공사를 빨리 수행하려는 것이었다.

당시 소장님은 건설용 리프트 카를 이용하여 혼자 어렵게 작업을 하고 있으셔서 저자가 도와 드리기로 마음먹었다. 하지만 소장님이 하시는 일을 도우면서 이런 작업 방법은 좀 위험하다고 생각하여 이 일은 그만 두시고 다른 업무를 하자고 제안 드린 적이 있다. 소장님은 저자의 도움은 필요 없으니 걱정하지 말라고 하셨다. 저자는 이러지도 저러지도 못하는 상황이었다.

저자는 걱정이 되어 나머지 업무를 도와드렸고 그 일은 안전하게 마무리되었다. 이후 저자는 본사로 발령을 받고 업무를 수행하던 중 갑자기 좋지 않은 소식을 접하게 되었다. 그 소장님이셨다. 소장님이 혼자 작업을 하시던 중 돌아가셨다는 것이다. 갑자기 눈물이 핑 돌았다. 얼마 전 서울 외곽에 있는 아파트에 당첨되었다고 기뻐하시던 장면이 떠올랐기 때문이다.

저자는 현장에 방문하여 사고조사를 하고 사고분석을 하였다. 당시 국내에는 하인리히

(Heinrich)라는 학자의 형편없는 사고 원인 규명방법을 사용하고 있었다. 사고의 결과는 소장님 혼자 안전기준을 준수하지 않은 불안전한 행동으로 규명되어 보고가 종결되었다. 저자가 본사에 있는 동안 많은 중대산업재해를 경험하면서 대부분 하인리히라는 학자의 원인규명 방법에 따라 안전기준과 절차는 완벽했지만 근로자가 지키지 않은 불안한 행동으로 사고원인보고를 종결하였다. 아마도 당시에는 하인리히의 이론 외에는 딱히 적용할만한 이론이 없었던 것으로 기억한다. 하지만 아직까지도 이러한 이론에 사로잡혀 있다는 사실(사후 확신편향)이 아쉬운 현실이다.

무엇이 소장님을 죽음으로 몰아 갔을까? 안전기준을 준수하지 않은 것이 전부인가? 만약 소장님의 그런 작업 습관을 누군가 코치해 주고 사전적인 조치를 했으면 사고는 예방되었을까? 세계적으로 저명한 안전학자, 그리고 여러 전문가들이 이 사고를 조사하고 분석한다면 어떤 훌륭한 재발방지대책을 수립할 것인가?

"무고한 사람들이 목숨을 잃는 사고는 비극적이다. 그러나 그것으로부터 배우지 않는 것이 더 비극적이다(An accident where innocent people are killed is tragic, but not nearly as tragic as not learning from it)"라는 명언은 Nancy G. Leveson(미국 MIT의 항공 및 우주학 교수)이 사고조사와 분석 및 재발 방지대책의 중요성을 일깨운 문장이다.

사고가 발생하였다는 것은 미래의 사고를 예방할 수 있는 마지막이자 절호의 기회이다. 따라서 현 시대에 적절한 사고조사와 분석 기법이나 모델을 적용하여 효과적인 대책을 마련하여 개선해야 한다.

1. 사고란 무엇인가?

국내에서는 사고라는 용어에 대해서 구체적으로 구분하고 있지 않다. 해외는 국가와 기관에 따라 사고를 incident와 accident로 구분하고 있다.

미국 안전보건청의 정의를 살펴보면, 과거부터 사용되어 온 accident는 원하지 않거나 계획되지 않은 사건(event)을 정의할 때 주로 사용된 용어로 우연적이고 예상할 수 없었던 사건을 암시하므로 더 이상 사용하지 말 것을 추천하고 있다. 그리고 우리가 주로 다루는 사망, 부상 및 질병사고는 예방할 수 있으므로 incident라는 용어 사용을 추천하고 있다. 여기에서 incident라는 용어에는 accident의 의미와 아차사고(close calls 또는 near misses)를 포함하고 있다.

영국 보건안전청(HSE)의 정의를 살펴보면, accident는 부상이나 건강에 해를 끼치는 사건의 결과이며, incident는 부상이나 건강을 해칠 가능성이 있는 사건인 아차사고(near-miss)와 원하지 않는 상황(undesired circumstance)으로 정의하고 있다.

ISO 45001의 정의를 살펴보면, incident는 부상 및 건강 악화를 초래하는 사건이 발생할 수 있거나 초래하는 경우로 정의하고 있다. 그리고 부상 및 건강 악화가 발생하는 경우를 accident 그리고 부상과 질병이 발생하지는 않았지만 그렇게 될 가능성이 있는 경우를 near-miss, near-hit 또는 close call이라고 정의한다.

미국 안전보건청 및 영국 보건안전청 그리고 ISO 45001의 정의를 넓은 의미에서 정리하면, incident라는 개념은 부상이나 건강 악화를 유발할 가능성이 있는 아차사고와 부상이나 건강 악화를 유발한 결과를 포함하므로 통상 우리가 사용하고 있는 accident의 개념을 확장한 것으로 볼 수 있다. 따라서 사고조사의 범위를 accident에서 incident의 개념으로 확장하는 것이 사고 예방에 효과적이다. 즉 accident investigation이라는 용어를 incident investigation으로 사용하고 적용하는 것이다.

2. 사고조사와 분석은 무엇인가?

사고조사는 공정이나 작업에서 발생한 사고(incident)에 대한 조사 인력 배치, 조사 시행, 문서 확인 그 이행을 확인하는 과정이며, 반복되는 사고를 확인하여 조사하는 일련의 과정이다. 이러한 과정은 아래의 그림과 같이 나타낼 수 있다. 여기에서 RCA(root cause analysis)는 근본원인조사 분석으로 일반적으로 사고조사 과정에서 사고가 발생한 원인을 알기 위해 "왜"라는 질문을 반복하는 과정을 의미한다.

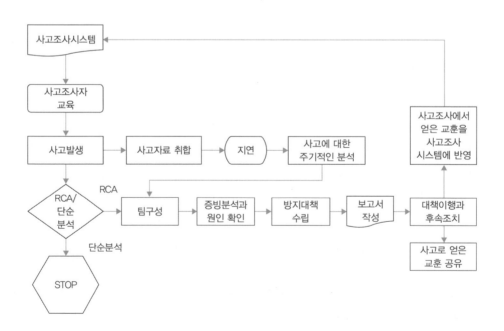

3. 사고조사와 분석은 왜 하는가?

사고조사와 분석을 해야 하는 이유는 근로자의 안전보건 확보와 회사의 지속가능한 경영을 유지하기 위함으로 그 자세한 사항은 아래와 같다.

(1) 근로자의 안전보건 확보

사고조사와 분석을 하는 이유는 근로자의 안전보건을 보장하는 것이다. 사고조사와 분석을 시행하면서 공정이나 작업에 잠재되어 있던 유해 위험요인을 확인할 수 있고, 이에 대한 조직의 관리시스템 현황을 확인하여 개선할 수 있다. 그리고 이러한 확인을 통해 앞으로 발생할 수 있는 유사 및 동종 사고를 예방할 수 있는 좋은 기회를 얻을 수 있다. 이러한 과정에서 얻은 교훈을 모든 근로자에게 전파하여 개선하는 과정을 통해 조직의 안전문화 수준을 개선할 수 있다.

(2) 회사의 사기진작

회사는 사고조사와 분석을 통해 근로자가 안전보건에 관해 불만을 가졌던 유해 위험요인을 개선할 수 있다. 이러한 개선에는 교육, 설비개선, 휴식 제공, 작업 방법 변경 등의 긍정적인 요인이 포함돼 작업환경이 개선되어 회사의 사기 향상에 도움이 된다.

(3) 회사 이미지 개선

사고 사실을 숨기거나 효과적인 근본원인조사를 시행하지 않아 유사한 사고가 다시 발생하면, 회사의 안전보건 관리 수준을 사회로부터 의심받게 되고 이러한 과정에서 나타난 부정적인 결과는 고스란히 회사의 평판과 이익에 직접 혹은 간접적으로 영향을 줄 수 있다. 따라서 회사는 사소한 사고로부터 중대한 사고에 이르기까지 사업에 적합한 사고조사 방법을 찾아 효과적으로 적용하고 적절한 개선대책을 수립하여 적용해야 한다.

(4) 보험금 관련 이점

때때로 사고로 인해 파손된 설비의 보상을 보험회사에 청구하는 경우가 있는데 이 경우 회사의 효과적인 사고조사 과정과 재발 방지대책 수립의 수준에 따라 보험금 수령과 관련한 이점이 있다.

(5) 회사의 자산보호

사고로 인해 회사의 설비나 시설과 관련한 재산상의 피해가 발생한다. 사고조사와 분석을 통해 유사한 사고를 줄일 수 있는 대책을 수립하고 적용하여 향후에 발생할 사고를 예방하여 그 피해를 줄일 수 있다.

(6) 환경보호

사고로 인해 인명피해나 설비 피해 이외에도 환경과 관련한 피해가 있다. 어떤 사고로 인해 공장이 보유한 화학물질이나 가스가 누출되어 환경 오염을 일으키는 사고가 발생한다. 따라서 사고조사와 분석을 통해 화학물질이나 가스 등이 노출되지 않도록 예방하는 시설을 보완하고 관리 절차를 재정비하여 환경 사고를 예방할 수 있다.

(7) 안전보건 관련 법규 준수

사고조사와 분석을 통해 정부 기관의 안전보건과 관련한 점검이나 진단에서 긍정적인 평가를 얻을 수 있다. 이에 따라 법 위반으로 수반되는 처벌이나 벌금 부과를 피하거나 그 수준을 낮출 수 있다.

II. 재발 방지대책 수립

효과적인 재발 방지대책을 수립하기 위해서는 먼저 효과적인 사고조사(incident inves-tigation)와 사고분석(incident analysis)을 시행해야 한다. 사고조사 과정에서 확인해야 할 사항으로는 주로 사고 발생에 이르기까지의 과정에 관계된 공사계획 수립, 도급업체 선정, 공사준비, 검토, 계약, 도급업체별 위험성평가, 안전작업허가, 교육, 감독 등과 관련한 다양한 정보를 수집하고 실제 사고 현장의 상황을 확인해야 한다. 그리고 사고조사에서 접수한 자료를 기반으로 사고가 발생에 영향을 준 여러 요인을 확인하고 이에 대한 검증과 분석을 통해 효과적인 재발 방지대책을 수립할 수 있다.

효과적인 사고조사와 사고분석을 하기 위해서는 시대와 상황에 적합한 모델이나 방법을 적용해야 한다. 다음 그림은 1950년대를 전후한 시대별 사고조사 모델 적용현황이다.

첫 번째 기술적(technical) 시대로 19세기부터 제2차 세계 대전까지의 기간을 포함하고 있다. 주로 화재와 폭발을 방지하기 위한 안전밸브 및 기계 보호 장치와 같은 기술적 조치가 반영되었다. 사고조사 모델은 주로 순차적인 기법(sequential)인 도미노 모델과 RCA 기법 등이 활용되었다.

두 번째는 인적요인(human performance)의 시대로 1970년대 후반과 1980년대 초반 확률적 위험 분석을 통한 인적요인을 통합한 시기이다. 체르노빌(1986), 지브뤼헤(1987), 챌린저(1986)와 같은 사고를 배경으로 원자력발전소, 해운, 항공과 같은 위험 수준이 높고 복잡한 산업에 적용되었다. 사고조사 모델은 주로 인적요인을 파악할 수 있는 HRA 및 CSE 모델 등이 활용되었다.

세 번째는 사회 기술적(sociotechnical) 시대로 1990년대부터 사회기술 시스템 이론 (sociotechnical systems theory)에 대한 관심이 증가하였고 FRAM, AcciMap, STAMP 등이 활용 되었다.

시대적으로 상황이 변화하면서 사고조사와 사고분석 및 재발 방지대책 수립을 위한 방법 은 3CA, 5 WHYS, ACCI−MAP, AEB, APPOLO, ASSET, ATHENA, CAS−HEAR, CAST, ECFC, FACS, FRAM, HERA, HFACS, HFIT, HPEP, HPES, HPIP, HSG245, ISIM, MORT, MTO, ORAU, PRCAP, RCA, SCAT, SHELL, SOL, STAMP, STEP−MES, TapRooT®, TOP SET, TRIPOD, WAIT or WBA 등 30가지가 넘게 활용되고 있다.

시대적으로 활용되었던 사고 모델을 구분하면 순차적 모델(sequential model), 역학적 모델 (epidemical model), 시스템 모델(systemic model)로 구분할 수 있다.

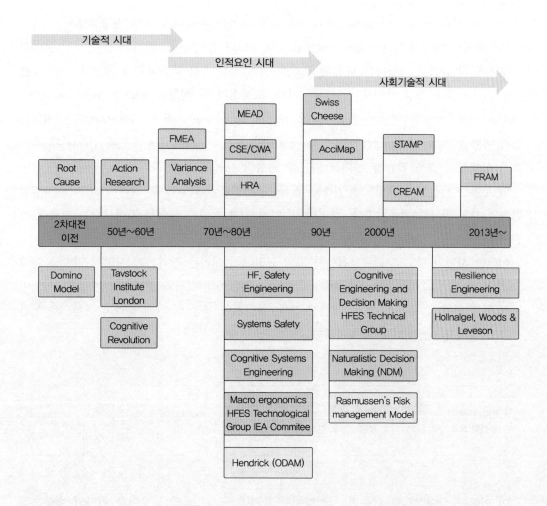

1. 순차적 모델(sequential model)

안전을 위협하는 주요 관심사는 투박하고 신뢰할 수 없는 증기 기관(steam engine)에서 발생한 화재나 폭발 사고이다. 이러한 사고 예방에 관한 관심은 의심할 여지 없이 인간 문명 자체만큼 오래된 것이지만 산업 혁명(보통 1769년)을 시작으로 고조되기 시작하였다. 제2차 세계대전 당시 개발되고 사용된 군수품 유지보수 과정 동안 기술은 상당한 수준으로 진전을 이루었다.

그리고 이 시기 새로운 기술개발로 인해 더 크고 복잡한 기술 시스템을 다룰 수 있는 자동화를 이루었다. 국방영역의 미사일 방어시스템 개발과 우주 계획 관리 그리고 민간영역의 통신과 운송 분야의 성장으로 위험과 안전 문제를 해결할 수 있는 입증된 방법이 필요하게 되었다. 예를 들어, 결함수 분석(fault tree analysis, 이하 FTA)은 1961년 미니트맨 대륙간 탄도 미사일 시스템(minuteman launch control system)의 결함을 파악하기 위해 사용되었다.

시스템에서 예기치 않은 사건(event)으로 인해 사고가 발생한다. 예기치 않은 사건은 어떤 사유로 인해 갑자기 나타나는 잠재된 조건을 의미하고, 즉시 무력화되지 않는 한 시스템은 정상 상태에서 비정상 상태로 전환하게 된다. 고장형태 및 영향분석(failure mode and effects analysis, 이하 FMEA)과 위험과 운전분석(hazard and operational analysis, 이하 HAZOP)은 이러한 잠재 위험을 체계적으로 확인하기 위해 개발되었다. 한편, 1940년대 후반과 1950년대 초반까지 신뢰성 공학은 기술과 신뢰성 이론을 결합한 새로운 공학 분야로 확립되었다.

이 분야는 확률론적 위험도 평가(PRA, probabilistic risk assessment)로 알려져 있고, 원자력발전소의 안전 평가로 활용되었다. 하지만 이 안전 평가 기법은 사람과 조직보다는 기술에 집중되었다.

이러한 시기의 사고조사는 사건이 사고의 근본 원인이라는 결과론적 사상에 기반을 둔다고 하였다. 도미노 이론으로 유명한 Heinrich(1931)는 아래 그림과 같이 사고가 발생하기 이전 사회적 환경 및 유전적 요소, 개인적 결함, 불안전한 행동 및 기계/물리적 위험으로 인한 사고로 상해가 발생한다고 주장하였다.

이 이론은 상대적으로 단순한 시스템에서 물리적 구성요소의 고장이나 인간의 행동으로

인한 손실사고에 대한 일반적인 설명을 제공한다. 그러나 시스템 관리, 조직 및 인적 요소 간의 인과관계를 설명하기에는 한계가 있다. 따라서 1970년대 말부터 발생한 쓰리마일섬 (1979), 보팔사고(1984) 및 체르노빌사고(1986) 등 조직영향으로 인해 발생한 사고에 대한 효과적인 사고조사 모델이 필요하게 되었다.

2. 역학적 모델(epidemical model)

1979년 3월 28일 미국 펜실베이니아주 해리스버그시에서 16km 떨어진 쓰리마일섬 원자력발전소에서 발생한 사고로 인해 산업계는 그동안의 안전관리 활동을 재검토하였다. 사고 이전 산업계에는 FMEA, HAZOP 및 사건수 분석(ETA, event trees analysis)과 같은 기존 방법을 사용하면 원자력 시설의 안전을 보장하기에 충분할 것이라는 믿음이 있었다. 이러한 믿음에 따라 시행된 쓰리 마일 섬 원자력발전소의 확률론적 위험도 평가와 미국 원자력규제위원회(nuclear regulatory commission)의 안전성 검토 결과는 적합한 것으로 승인을 얻었다. 하지만 인적요인과 조직영향으로 인해 발생한 원자력발전소의 치명적인 사고로 인간 신뢰성 평가(HRA, human reliability assessment)와 같은 방식의 추가적인 위험평가가 개발되었다. 이러한 방식은 인적요인을 기반으로 기술 결함과 오작동을 분석하는 전문화된 방식으로 발전하였다.

첨단 제조 시스템, 항공, 통신, 원자력발전소와 석유화학과 같은 산업은 고도의 기술을 활용하므로 시스템이 복잡하고 대형화되어 새로운 종류의 시스템 고장과 사고가 발생한다. 조직영향인 예산삭감, 공사 일정 단축, 전문성 미확보 및 교육 부족 등으로 인해 사람의 실행 실패(active failure)와 기술적이고 시스템적인 방벽(barrier)이 무너지게 된다.

이러한 조직영향을 잠재 조건(latent condition)이라고 하며, 병원균처럼 잠재되어 있다가 창궐한다는 의미에서 역학적 요인이라고 한다. 역학적 요인은 스위스 치즈 모델과 HFACS 체계 등 다양한 분석 방법의 개념적 기반을 형성하여 적용되었다. 역학적 모델은 순차적 모델보다 조직적인 요인으로 발생하는 사고를 효과적으로 확인할 수 있다. 설비와 개인의 문제를 넘어서 사고의 근본 원인을 시스템의 잠재 조건 측면에서 확인한다는 의미에서 포괄적인 대책을 수립할 수 있다. Reason(1987)은 불안전한 조건을 시스템에 '상주하는 병원체'로 간주하였고, 특정 시기에 활성화되는 존재로 인정하였다. 이러한 개념을 다음 그림과 같이 스위스 치즈 모델로 부르고 있다.

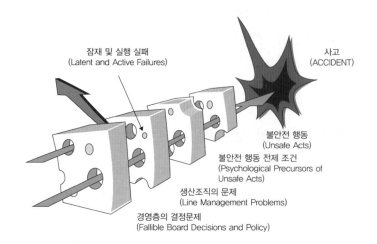

잠재 및 실행 실패
(Latent and Active Failures)

사고
(ACCIDENT)

불안전 행동
(Unsafe Acts)

불안전 행동 전제 조건
(Psychological Precursors of
Unsafe Acts)

생산조직의 문제
(Line Management Problems)

경영층의 결정문제
(Fallible Board Decisions and Policy)

하지만 스위스 치즈 모델은 잠재 실패 기여 요인을 확인할 수 있는 세부적인 기준과 정보를 제공하지 않아 경험이 많은 사고조사자일지라도 실질적인 사고 기여 요인을 찾기 어려운 단점이 있다. Reason의 스위스 치즈 모델은 사고 기여 요인에 대한 구체적인 지침이 없고 이론에 치중되어 있어 사고조사 수행에 어려움이 있었다. 이러한 어려움을 보완하기 위하여 인적요인분석 및 분류시스템(HFACS, Human Factor analysis classification system) 체계가 개발되었다. HFACS 체계가 조직에 잠재된 문제 파악과 사고 기여 요인을 확인할 수 있는 지침을 제공한다.

HFACS는 광범위하게 널리 채택된 사고조사 도구로서 다음 그림과 같이 불안전한 행동, 불안전한 행동 전제조건, 불안전감독, 조직영향으로 구성되어 있다. HFACS 각 항목은 잠재 실패 요인에 대한 구체적인 기준과 지침을 제공하므로 사고의 기여 요인을 효과적으로 확인할 수 있다. 사고조사자가 HFACS 체계를 사고조사에 활용할 경우, 자료수집과 사고와 관련한 법규 영향, 조직영향, 불안전한 감독, 불안전한 행동 전제조건 및 불안전한 행동 등을 효과적으로 파악할 수 있다. 그리고 다양한 사람들의 이견을 통합하여 일관성 있는 기여 요인을 파악할 수 있다. 이를 통해 사고 예방대책을 효과적으로 수립할 수 있다.

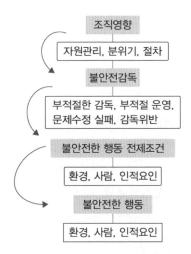

3. 시스템적 사고조사 방법(systemic method)

19세기는 기술적(technical) 시대로 화재와 폭발을 방지하기 위해 FMEA와 HAZOP이 개발되었다. 하지만 이러한 안전 평가 기법은 사람과 조직보다는 기술에 집중되었다. 1990년대에 들어 설비와 사람이 유기적으로 작동하는 사회기술 시스템 이론(sociotechnical systems theory)에 대한 관심이 고조되고 이에 대한 체계가 개발되었다.

사회기술 시스템은 기술, 규제, 문화적 의미, 시장, 기반 시설, 유지 관리 네트워크 및 공급 네트워크를 포함하는 요소의 클러스터로 구성되며 사회 시스템과 기술 시스템으로 구성된 시스템으로 볼 수 있다.

사회기술 시스템이론은 사건을 순차적인 인과관계로 설정하지 않고, 구성 요소 간의 통제되지 않은 관계로 인한 시스템의 예기치 않은 동작으로 설명한다. 따라서 시스템이론을 통해 다양한 유형의 시스템 구조와 동작을 이해할 수 있어 사고 예방을 위해 폭넓게 활용되고 있다.

(1) FRAM

기능 변동성 파급효과 분석기법(functional resonance analysis method)이 복잡한 사회기술 시스템에 적용할 수 있는 효과적인 방법으로 사고 전반에 대한 도식화를 통해 전체적인 시각에서 사고의 원인과 대책을 수립하도록 도와주는 방법이다. 기능 변동성 파급효과 분석기법 적용의 4원칙은 다음과 같다.

가. 성공과 실패의 등가(equivalence of success and failure) 원칙

실패는 주로 시스템이나 구성품의 고장이나 이상 기능이다. 이러한 관점에서 성공과 실패는 상반되는 개념이다. 하지만 안전 탄력성은 성공과 실패를 이분법적인 논리로 구분하지 않는다. 조직과 개인은 정보, 자원, 시간 등이 제한적인 상황에서 성공과 실패를 조정(adjust)해 가면서 운영하기 때문이다.

나. 근사조정(approximate adjustment) 원칙

고도화되고 복잡한 사회기술 시스템에서 진행되는 모든 일이나 상황에 대한 감시는 어렵다. 더욱이 현장의 실제 작업을 고려하지 않은 설계, 작업 일정, 법 기준 등의 WAI(work as imagined)를 따라야 하는 사람들은 근사적인 조정이 불가피하다. 이러한 조정은 개인, 그룹 및 조직에 걸쳐 이루어지며, 특정 작업수행에서 여러 단계에 영향을 준다. 그림과 같이 시간, 사람, 정보 등이 부족하거나 제한된 상황에서 실제 작업을 수행하는 사람들은 직면한 조건에 맞게 상황을 조정해 가면서 업무를 수행한다. 이때, 근사조정으로 인해 안전하거나 불안전한 조건이 만들어진다. 작업을 위하여 사전에 수립한 계획에는 일정, 자원투입, 자재 사용 등 여러 변수를 검토한 내용이 포함된다. 하지만 현장의 상황은 변화가 있다. 이러한 사항을 반영하지 않은 채 작업을 수행하므로 사고가 발생한다. 따라서 근사조정 원칙을 사전에 검토하여 조정해야 한다.

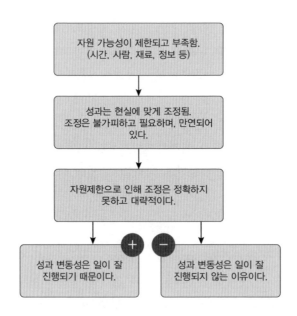

다. 발현적(창발적, emergence) 원칙

일반적으로 단순한 시스템을 감시하는 것은 어려운 일이 아니다. 예를 들어 교통사고가 발생하기까지 발생한 사건(event)을 검토해 보면 그림과 같이 원인에 의해 생기는 결과와 같이 기후조건으로 인한 폭풍우, 차량 정비와 관련이 있는 타이어 문제, 구멍난 도로, 운전자의 성향 등 여러 원인이 있다는 것을 알 수 있다.

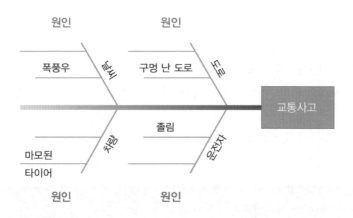

하지만 고도화되고 복잡한 사회기술 시스템 감시는 어렵다. 그림의 결과는 시스템 또는 그 부분의 안정적인 변화와 같이 1번 기능에서 12번 기능까지의 추론은 가능하지만, 각 기능에 대한 변동성(variability)을 찾기는 어렵다. 그 이유는 여러 기능의 변동성이 예기치 않은 방식으로 결합하여 결과가 불균형적으로 커져 비선형 효과를 나타내기 때문이다. 따라서 특정 구성요소나 부품의 오작동을 설명할 수 없는 경우를 창발적인 현상으로 간주할 수 있다.

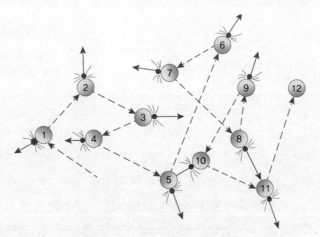

The outcome is a (relatively) stable change in the system or its parts.

라. 기능 공명(functional resonance) 원칙

공명(resonance)은 변동성의 상호작용으로 일어나는 긍정 혹은 부정의 결과이다. 공명은 세 가지 형태로 구분할 수 있다. 첫 번째 형태는 고전적인 공명으로 시소(swinging)와 기타

(guitar) 등과 같이 특정 주파수(frequency)에서 더 큰 진폭(amplitude)으로 진동을 일으키는 현상이다. 이런 주파수에서는 반복적인 작은 외력에도 불구하고 큰 진폭의 진동이 일어나 시스템을 심각하게 손상하거나 파괴할 수도 있다.

두 번째 형태는 확률적인 공명(stochastic resonance)으로 무작위 소음과 같다. 이 소음에 의한 공명은 비선형이며, 출력과 입력이 정비례하지 않는다. 그리고 시간이 지남에 따라 축적되는 고전적인 공명과는 달리 결과가 즉각적으로 나타날 수 있다. 세 번째 형태는 기능 공명(functional resonance)으로 복잡한 사회기술 시스템 환경에서 근사조정의 결과로 일어나는 변동성이다.

기능 공명은 기능 간 상호작용에서 나오는 감지가 가능한 결과나 신호이다. 기능 간의 상호작용에는 사람들의 행동 방식이 포함되어 있어 확률적인 공명에 비해 발견하기 쉽다. 기능 공명은 비 인과적(창발성) 및 비선형(불균형) 결과를 이해하는 방법을 제공한다. 아래 그림은 기능의 여섯 가지 측면이다.

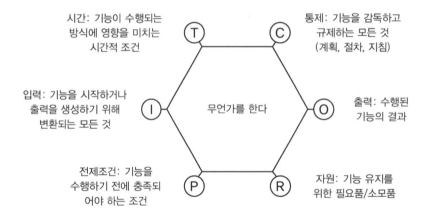

아래 그림은 A사, B사, C사, D사가 협력하여 공사를 시행하던 동안 발생한 사고의 기능을 파악하고 그 기능 간 변동성을 파악한 내용이다. 기능(function) 간 여섯 가지 측면이 상호 결합(coupling)하여 변동성(variability)을 일으키는 과정을 입체적으로 파악할 수 있다. 여러 기능 중 굵은 선으로 표기된 육각형이 변동성을 일으킨 기능으로 이에 대한 보호(protection), 촉진(facilitation), 제거(elimination), 감시(monitoring), 방지(prevention), 완화(dampening) 방식의 변동성 관리대책 수립이 필요하다.

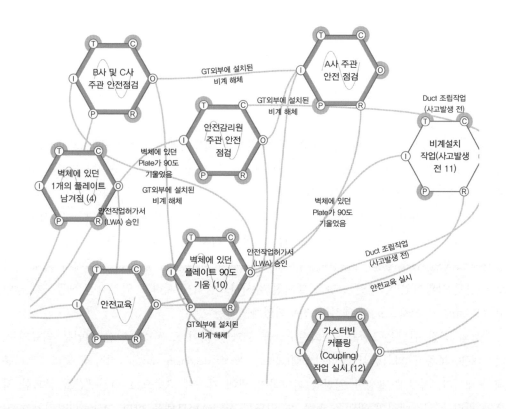

(2) AcciMap

사고는 주로 상위수준의 영향 요인으로 인해 하위수준에서 발생하므로 AcciMap(the map of accident) 모델을 적용할 경우, 상위수준과 관련한 사고 기여 요인과 관련한 제약사항(constraint)을 찾을 수 있다. AcciMap 체계가 사람의 행동부터 정부와 규제기관에 이르는 단계를 위험관리 모형으로 구체화하여 시스템 전체에 걸친 기여 요인을 확인할 수 있도록 지원한다.

AcciMap이 하부에 위치하는 사람의 행동, 물리적 절차, 기술적인 측면, 조직적인 측면, 정부와 규제기관 등 사고와 관련이 있는 요인을 네트워크 형태로 구성하여 사고에 대한 전체적인 측면을 볼 수 있다. AcciMap 체계가 복잡한 사회기술 시스템의 새로운 속성이라는 원칙에 기반을 둔다. 이러한 새로운 속성은 작업자뿐만이 아니라 시스템 내의 모든 이해관계자(정치인, 최고경영자, 관리자, 안전책임자 및 작업 계획자)의 결정과 행동으로 생성된다.

AcciMap은 시스템 기반 사고분석으로 다중의 수준을 포함하는 계층 구조로 되어 있다. AcciMap은 시스템 수준 전반에 걸친 다양한 행위자의 조건, 결정 및 조치가 서로 영향을 주는 요인을 묘사한다. 따라서 이 모델의 장점은 전체 시스템 전반에 걸친 기여 요인과 이들의 상호 관계를 통합하여 사고를 자세하게 표현할 수 있다. AcciMaps이 복잡한 사회 기술적 시스템에서 발생하는 사고와 관련된 인과 요인을 그래픽으로 나타내는 데 사용되는 사고분석 방법론이다. 이 모델은 사건의 인과관계 뒤에 있는 전제조건과 행동을 집중한다. AcciMap 모델을 활용하면 사고 기여 요인과 관련한 의사 결정자와 결정 지점을 식별하여 사고가 포함된 활동의 인과관계의 흐름을 확인할 수 있고 사고 예방을 위한 효과적인 개선 대책을 수립할 수 있다.

2003년 1월 31일 호주 주 철도국의 여객 열차가 시드니에서 포트켐블라로 향하고 있었다. 7시 14분경 열차가 Waterfall NSW에서 남쪽으로 약 2km 떨어진 곳에서 지주와 암석과 충돌하여 전복되는 사고가 발생하였다. 열차에는 승객 47명과 승무원 2명이 타고 있었고 사고로 인해 운전자와 동승자 6명이 숨졌다. 그리고 열차는 심각하게 손상되었다. 사고조사 결과 열차 운전자는 Waterfall 역(station)을 출발한 직후 건강 상태 악화로 인해 열차 제어 장치를 조작할 수 없었을 가능성이 제기되었다. 당시 열차는 통제 불능 상태에서 최대 속도로 운전된 상황이었다. 이런 상황을 대비한 감시시스템이 존재하고 있었지만 작동하지 않았고 117km/h의 고속으로 주행하여 전복되었다.

사고의 직접 원인은 고속으로 회전구간을 통과한 것이다. 시스템적인 원인은 의료기준, 비상대응, 조종자 의식상실 관리시스템(데드맨 시스템, deadman system) 미작동 등의 위험 통제 실패이다. 사고가 발생한 원인을 파악하기 위해 기차가 고속으로 회전구간을 통과한 사유와 관련한 시스템적인 원인을 찾을 수 있도록 AcciMap모델을 한다. Waterfall 기차 사고의 원인을 조사한 AcciMap 도표는 아래 그림 AcciMap 도표-Waterfall 기차 사고원인 조사와 같다.

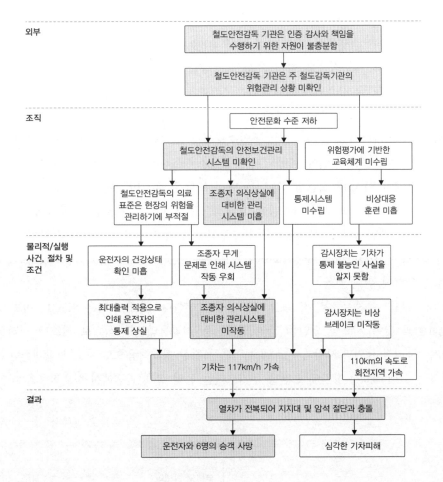

(3) STAMP[1]

시스템이론 사고모델 및 프로세스(system-theoretic accident model and processes, 이하 STAMP)가 사회기술 시스템 기반에서 시스템과 제어 이론을 효과적으로 활용하는 사고 모델이다. STAMP가 시스템 구성요소 간의 상호 작용으로 발생하는 사고를 효과적으로 조사할 수 있는 체계라고 하였다. 따라서 시스템 운영이나 조직이 사고와 관련해 어떤 영향을 주었는지 확인하기 위하여 제약 조건, 제어 루프, 프로세스 모델 및 제어 수준에 중점을 둔다. STAMP 모델이 시스템 제어를 담당하는 행위자와 관련된 조직을 식별하여 시스템 수준 간의 제어와 피드백 메커니즘을 확인하도록 구성되어 있다. 따라서 상위 계층의 제어에 따라 하위 계층의 실행을 상호 확인하여 효과적인 개선대책을 수립할 수 있다.

STAMP가 실패 예방에 집중하기보다는 행동을 통제할 수 있는 제약사항(constraints)을 집

---

1) STAMP에는 사고조사(CAST, causal analysis based on systems theory), 위험분석(STPA, system-theoretic process analysis), 사전 개념분석(STECA, system-theoretic early concept analysis) 등 여러 기법이 있다. 본 책 저자는 사고조사에 특화된 STAMP CAST를 활용하였고, STAMP로 통칭하여 표현하였다.

중한다고 하였다. 따라서 안전을 신뢰성의 문제(a reliability problem)로 보기보다는 제어 (control problem)의 측면에서 본다. 상위 요소(예: 사람, 조직, 엔지니어링 활동 등)는 제약 (constraints)을 통해 계층적으로 하위 요소에 영향을 준다.

STAMP가 사회기술 시스템에서 발생하는 사고에 대해 다양한 이해관계자 간의 정보 파악에 효과적이다. STAMP 모델을 적용할 경우, 사고조사자가 시스템 피드백의 역할을 이해하고 그에 대한 조치를 고려할 수 있다. 동일수준에서 조직적 제약, 기술적 제약 및 개인적 제약을 구조화한다. 근본 원인에 매몰되지 않고 시스템 전체의 안전성 향상을 찾을 수 있다. 이러한 맥락에서 STAMP 접근방식과 AcciMap 모델은 유사한 부분이 있다.

STAMP는 복잡한 사회기술 시스템에 효과적으로 사용되는 사고분석 방법으로 시스템이론을 기반으로 개발되었다. 시스템이론이 추구하는 원칙은 시스템을 부분의 합이 아니라 전체로 취급하는 것이고, 개별 구성 요소의 합보다는 구성 요소 간 상호작용(emergence, 창발적 속성)을 중요하게 판단한다.

안전과 관련한 문제는 창발적 속성으로 인해 발생한다. 아래 그림은 STAMP 창발적 속성 (시스템이론)과 같이 시스템 요인들 간의 상호작용과 맞물리는 방식으로 시스템이 작동된다. STAMP는 물리적 요인과 사람과 시스템 사이의 복잡한 상호작용으로 사고가 발생한다고 믿는다. 따라서 실패(failure) 방지에 초점을 두기보다는 동적 통제 관점에서 상호작용을 바라본다.

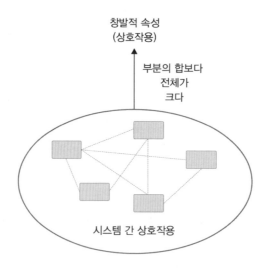

STAMP는 요인 간의 상호작용에 의한 발현적(창발적) 속성의 결과로 사고가 발생한다는 기준을 설정하므로 사고를 예방하기 위한 컨트롤러(controller)를 시스템에 추가할 것을 권장한다. 다음 그림은 STAMP 컨트롤러의 제약 활동 강화와 환류(controller enforce constraints on behavior)와 같이 컨트롤러는 시스템 요인별 상호작용에 대한 통제 활동을 제공하고 시스템 요인은 그 결과를 환류한다. 이러한 과정을 표준 환류 통제 고리(standard feedback control loop)라고 한다.

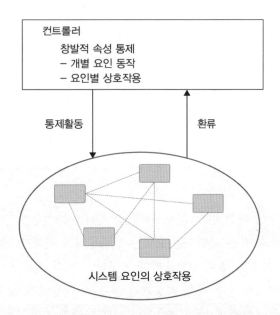

컨트롤러는 시스템을 안전하게 동작시키는 역할을 한다(이런 역할을 제약사항인 constraints로 표현하였다). 제약사항과 관련한 사례로는 '항공기는 안전거리를 두어야 한다', '압력용기는 안전한 수준으로 유지되어야 한다', '유해 화학물질이 누출되어서는 안 된다' 등이 있다. 통제의 일반적인 사례로는 방벽(barrier), 페일세이프(fail safe), 인터락(interlock) 적용 등의 기술적 통제와 교육훈련, 설비정비, 절차 보유 등 사람에 대한 통제 및 법규, 규제, 문화 등 사회적 통제가 있다.

다음 그림과 같이 STAMP 안전 통제구조의 기본 구역(the basic building block for a safety control system)과 같이 컨트롤러는 통제된 공정(controlled process)에 통제의 기능을 수행한다. 공학에서는 이러한 활동을 환류 통제 고리(feedback control loop)라고 한다. 컨트롤러의 사전 책임(responsibility)은 하부로 이동하여 권한(authority)으로 할당된다. 그리고 상부로 이동하여 사후 책임(accountability)으로 할당된다. 컨트롤러가 시스템 안전을 확보하기 위한 활동의 사례로는 비행 시 조종 익면(control surface) 통제를 위한 명령 수행 및 압력탱크의 수위 조절 통제 등의 명령 행위 등이다. 컨트롤러는 통제된 공정을 식별하고 어떤 유형의 통제가 추가로 필요할지 결정한다. 상위수준에 있는 컨트롤러의 한 예는 미국 비행안전국(federal aviation administration)이다.

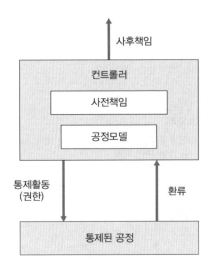

비행안전국은 교통부에 대한 안전 감독, 규정 및 절차준수 현황을 감시 등의 안전관리 책임이 있다. 비행안전국과 같은 상위수준에 있는 컨트롤러의 관리가 미흡할 경우 사고가 발생할 가능성이 크다. 사고는 주로 컨트롤러의 공정이 실제와 맞지 않을 때 발생한다.

그 사례로는 항공 관제사가 두 대의 항공기가 운항 중 충돌하지 않으리라고 판단하고 두 대의 항공기를 동시에 운항하게 하는 경우이다. 컨트롤러가 사용하는 공정과 실제 공정이 다른 또 다른 예는 항공기가 하강하고 있으나 소프트웨어는 상승하고 있다고 판단하여 잘못된 명령을 하는 경우이다. 또한, 조종사가 오판하여 미사일을 발사하는 경우이다. 이런 사고를 예방하기 위해서는 효과적인 통제구조 설계 시 실제상황에 맞는 공정(process) 컨트롤러를 설계하여야 한다.

OO 회사의 공장 건물에서 의약품 제조 반응기의 내벽에 붙어있는 의약품 중간생성물을 씻어내기 위하여 반응기 맨홀을 열고 플라스틱 바가지로 화학물질(DMF)을 내벽에 뿌리던 중 정전기에 의해 화재·폭발이 발생하여 2명이 화상을 입은 사고로 안전통제 구조 모형은 다음 그림과 같다. 사고에 기여한 정부 기관인 고용노동부, 안전보건공단, 회사의 경영자, 공장장, 안전부서, 생산부서, 정비보수부서, 생산 및 공사 작업자, 생산 공정과 설비 프로세스에 관계된 모든 사람과 프로세스를 열거하여 안전보건과 관련한 책임과 역할을 구분하고 통제 메커니즘을 확인할 수 있다.

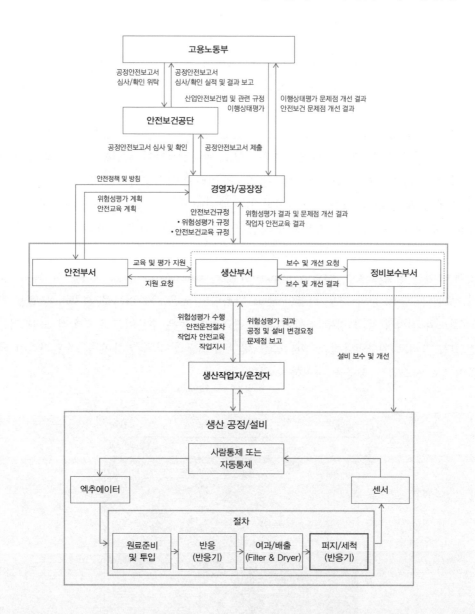

기본정보 수집, 안전 통제구조 설정, 요인별 손실분석, 통제구조 결함발견 및 개선대책 수립 과정으로 사고와 관련이 있는 모든 정부, 규제기관, 업체, 관련자 등의 역할과 책임을 입체적으로 확인하는 방법으로 근본원인(root cause)과 기여 요인(contributing factor)을 효과적으로 파악하는 방법이다.

4. 다양한 사고조사 기법 적용

시대 상황에 따라 많은 사고조사 모델과 방법이 세상에 존재하고 있지만, 어떤 산업에 어떤 모델이나 방법이 적합한가에 대한 논란은 상존한다. 하지만 무엇보다 중요한 것은 하인리히(1931)가 주장한 오래된 방식의 안전관리 방식은 요즘 시대에 맞지 않다는 것은 안전과 관련한 전문가들 사이에서 공론화된 지 오래되었다. 하지만 어떤 단순한 사고들에 대해서는 일부 활용의 여지가 있을 수 있다.

시스템이나 환경이 안전하지만, 근로자의 순간 방심으로 인해 발생하는 사고 그리고 회사의 안전문화가 열악하여 조직적인 영향이 크고 관리감독자가 책임을 다하지 않아 발생하는 사고 등 여러 상황이나 경우가 있을 수 있다. 이러한 산업군과 사고의 심각도 등을 고려하여 순차적 모델(sequential model), 역학적 모델(epidemical model), 시스템적 방법(systemic model)을 선택하여 적용하되, 혼용하여 사용한다면 재발 방지대책을 효과적으로 수립할 수 있을 것이다.

아래 그림은 산업이 갖는 결합(coupling)[2]과 관리력(manageability)을 고려한 사고분석 모델이다. 우체국, 탄광 등의 경우 결합이 낮고 관리력이 높은 수준이므로 순차적 모델을 적용하고 철도와 전력망 등의 경우 결합이 높고 관리력이 높은 수준이므로 역학적 모델 적용을 추천한다. 그리고 원자력발전소, 화학공장 및 우주개발의 경우 결합이 높고 관리력이 낮은 수준이므로 시스템적 방법을 추천하고 있다.

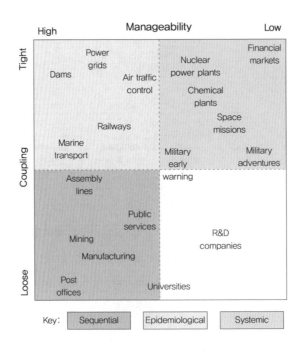

---

2) 기능 변동성 파급효과 분석기법(FRAM, functional resonance analysis method)에서 정의하는 통제, 출력, 자원, 전제조건, 입력, 시간 등의 여섯 가지 측면의 잠재적인 결합으로 인해 위험한 상황을 초래하는 상황

산업별로 사고가 일어나는 상황은 서로 달라 특정한 한 가지 모델을 적용하여 사고분석을 한다면, 자칫 편향된 재발 방지대책이 수립될 여지가 있다.

III. 가이드라인

미국 안전보건청이 작성한 사고(incident)조사 가이드라인의 장소 보존/문서화, 정보수집, 근본원인 결정, 재발 방지 조치 등의 4단계를 요약한 내용은 아래와 같다.

1. 장소 보존/문서화

(1) 장소 보존

사고와 관련한 중요한 증거가 제거되거나 변경되는 것을 방지하기 위해 장소를 보존한다. 사고조사자는 원뿔형 경고 봉, 테이프 또는 보호대를 사용할 수 있다.

(2) 문서화

사고조사 일자와 시간 등의 사실들을 문서화한다. 문서화에 반드시 포함해야 하는 사항으로는 재해자의 이름, 부상명, 사고 일자와 위치 등이다. 조사자는 비디오 녹화, 사진 촬영 및 스케치를 통해 장면을 기록할 수 있다.

2. 정보수집

사고정보는 인터뷰, 문서 검토 및 기타 방법에 따라 수집할 수 있다. 정보의 종류에는 설비와 장비 매뉴얼, 안전 지침 문서, 회사 정책, 유지보수 일정, 기록과 로그, 교육 기록(근로자와의 의사소통 포함), 감사 및 후속 보고서, 시행 정책 및 기록, 이전의 시정 조치와 권장 사항 등이 있다.

정보수집 과정에서 재해자, 목격자, 관리감독자, 도급업체 관계자, 응급처치자 및 비상대응 인력 등과의 인터뷰를 통해 사고에 대한 상세하고 유용한 정보를 얻을 수 있다. 사람의 기억은 시간이 지남에 따라 희미해지기 때문에 가능한 한 빨리 인터뷰를 시행하는 것이 효과적이다. 다만, 비상 상황에 대한 조치를 우선하여 취하고 난 뒤 인터뷰를 시행하는 것이 좋다.

재해자와 목격자를 인터뷰할 때 가능한 두려움과 불안을 줄이고 좋은 관계를 형성하는 것이 중요하다. 따라서 사고조사자는 다음 내용을 참조하여야 한다.

- 인터뷰 과정은 잘못을 찾는 것이 아니라 사실을 찾는 것이다.
- 인터뷰 과정은 미래의 사고를 예방하는 방법을 배우는 것이 목표임을 강조한다.
- 사고의 책임이 있는 사람을 찾는다는 인식을 주지 않는다.
- 가능한 경우 근로자에게 직원 대표(예: 노동 대표)를 동석할 수 있음을 알린다.
- 메모 또는 대화 내용을 녹취할 때 인터뷰 대상자에게서 허락을 받는다.
- 인터뷰 대상자가 참조용으로 사용할 수 있는 종이나 스케치북을 준비한다.
- 빠진 정보를 채우기 위해 명확한 질문을 한다.
- 사고를 예방할 수 있는 조치가 무엇이었는지 질문한다.

정보수집은 5W 1H 방식으로 아래 표와 같이 시행할 것을 추천한다.

Who?	Where?
☐ 누가 다쳤는가?	☐ 사고가 발생한 곳은 어딘가?
☐ 누가 그 사건을 보았는가?	☐ 당시 재해자는 어디에 있었는가?
☐ 누가 그 재해자와 함께 일했는가?	☐ 당시 관리감독자는 어디에 있었는가?
☐ 누가 직원을 지시/배정했는가?	☐ 당시 동료들은 어디에 있었는가?
☐ 또 누가 관련되었는가?	☐ 사고와 관련, 다른 사람은 어디 있었는가?
☐ 누가 재발 방지를 도울 수 있는가?	☐ 사건 발생 당시 목격자는 어디에 있었는가?
What?	**Why?**
☐ 어떤 사고인가?	☐ 재해자가 다친 이유는 무엇인가?
☐ 부상은 어느 정도인가?	☐ 재해자는 왜 그 일을 했는가?
☐ 재해자는 무엇을 하고 있었는가?	☐ 다른 사람들은 당시 무엇을 했는가?
☐ 재해자는 어떤 지시를 받았나?	☐ 보호 장비를 사용하지 않은 이유는 무엇인가?
☐ 재해자는 어떤 도구를 사용했는가?	☐ 재해자에게 구체적인 지시를 내리지 않은 이유는 무엇인가?
☐ 어떤 기계가 관련되었는가?	☐ 재해자가 그 자리에 있었던 이유는 무엇인가?
☐ 재해자는 어떤 작업을 했는가?	☐ 재해자가 도구나 기계를 사용하는 이유는 무엇인가?
☐ 어떤 예방조치가 필요했는가?	☐ 왜 재해자는 위험하다고 하면서 상사에게 이 사실을 보호하고 확인하지 않았는가?
☐ 재해자에게 어떤 예방조치가 취해졌는가?	☐ 재해자가 그 상황에서 계속 일하게 된 이유는 무엇인가?
☐ 어떤 보호 장비를 사용해야 했는가?	☐ 사고 당시 관리감독자는 왜 없었는가?
☐ 재해자는 어떤 보호 장비를 사용하고 있었는가?	
☐ 사고와 기여한 다른 사람들은 무엇을 했는가?	
☐ 사고가 발생했을 때 직원이나 목격자는 어떻게 했는가?	
☐ 참작할 수 있는 상황은 무엇인가?	
☐ 재발 방지를 위해 어떤 조처를 해야 하는가?	
☐ 어떤 안전 수칙을 위반하였는가?	
☐ 어떤 새로운 규칙이 필요한가?	

When?	How?
□ 언제 사건이 일어났는가? □ 재해자는 언제 그 일을 시작했는가? □ 재해자는 언제 업무에 배정되었습니까? □ 사고위험과 관련하여 언제 확인되었는가? □ 재해자의 상사가 마지막으로 업무 진행 상황을 확인한 시점은 언제인가? □ 재해자는 언제 처음으로 뭔가 잘못되었다고 느꼈는가?	□ 재해자는 어떻게 다쳤는가? □ 재해자는 어떻게 이 사고를 피할 수 있었는가? □ 동료들은 이 사고를 어떻게 피할 수 있었는가? □ 관리감독자가 어떻게 이 사고를 예방할 수 있었는가?

3. 근본원인 결정

근본 원인은 일반적으로 관리, 설계, 계획, 조직 또는 운영상의 결함을 반영한다. 근본 원인을 파악하는 것은 끊임없이 "왜"를 묻는 과정으로 사고가 재발하지 않도록 하는 효과적인 대책을 찾는 방법이다. 근본 원인을 찾는다는 것은 공정이나 작업 모든 과정을 검토하는 깊은 평가이다. 깊은 평가라는 것은 일반적으로 "왜"를 최소한 5번 이상 반복하여 기여 요인을 찾는 일을 관철할 수 있어야 한다.

Nancy G. Leveson(미국 MIT의 항공 및 우주학 교수)은 사고조사를 시행하면서 부딪치는 많은 오류는 근본 원인을 쉽게 찾고 싶은 유혹 그리고 원인 설명을 지나치게 단순화하는 경향이라고 하였다. 이러한 사례로는 사후확증 편향, 인적오류에 대한 표면적 논의, 사고를 일으킨 사람에 대한 비난에 초점을 맞추는 것, 현시대에 적합하지 않은 순차적 모델(sequential model)과 역학적 모델(epidemical model) 방법을 통한 사고분석 활용 등이 있다.

많은 사례 중 시설과 환경은 안전했지만 "근로자가 부주의했다", "직원이 안전 절차를 따르지 않았다"와 같은 결론은 사고의 근본 원인을 파악하지 못하게 할 뿐 아니라 회사의 안전문화 수준을 열악하게 하는 대표적인 사례이다.

따라서 사고조사자는 오해의 소지가 있는 결론을 피하기 위해 "왜?"라고 하는 질문을 해야 한다. "근로자가 안전 절차를 따르지 않은 이유는 무엇인가"라는 대답이 "근로자가 작업을 완료하기 위해 서두르고 안전 절차가 작업 속도를 늦추었다"라고 한다면 "근로자가 서두른 이유는 무엇인가?" 등으로 점점 더 깊어지는 "왜?" 질문을 하면 할수록 기여 요인이 더 많이 발견되고 조사자가 근본 원인에 더 가까워진다.

근로자가 절차나 안전 수칙을 따르지 않았다면, 그 절차나 규칙을 따르지 않은 이유는 무엇인가? 생산이나 작업에 많은 압박이 있었는가? 그렇다면 생산이나 작업에 압박이 있는 이유는 무엇인가? 안전을 위태롭게 하는 압박은 허용되는가? 절차가 구식이거나 안전교육이 적절했는가? 그렇다면 왜 문제가 이전에 확인되지 않았는가? 또는 확인되었다면 해결되지 않은 이유는 무엇인가? 등으로 확장한다.

효과적인 사고조사와 분석은 근본 원인을 찾는 것이다. 사람을 위주로 잘못이나 비난을 찾는 데 집중하면 유사한 사고를 멈추지 못할 것이다. 그리고 사고조사가 결함을 찾는 데 초점을 맞추면 근본 원인을 발견하지 못한 채 초기 사고에서 멈추므로 근본 원인을 발견하지 못한다. 사고조사의 목표는 항상 위험에 대한 물리적인 그리고 관리적인 장벽이 무너지거나 불충분한 것으로 입증된 방법과 이유를 이해하는 것이어야 하며 비난할 사람을 찾는 것이 아님을 명심한다.

아래 나열된 질문은 조사자가 근본 원인으로 이어질 수 있는 기여 요인을 식별하기 위한 질문의 예이다.

- 절차나 안전 수칙을 지키지 않았다면 그 절차나 규칙을 지키지 않은 이유는 무엇인가? 절차가 구식이거나 안전교육이 불충분했는가? 인센티브나 완료 속도 등 업무절차를 벗어나도록 하는 요소가 있는가? 그렇다면 이전에 문제가 식별되거나 해결되지 않은 이유는 무엇인가?
- 기계나 장비가 손상되었거나 제대로 작동하지 않았는가? 그렇다면 왜? 작동하지 않았는가?
- 위험한 상태가 사고를 일으킨 기여 요인이었는가? 그렇다면 그 위험은 왜 존재했는가? (예: 장비/도구/자재의 결함, 이전에 확인되었지만 수정되지 않은 불안전한 상태, 부적절한 장비 검사, 잘못된 장비 사용 또는 제공, 부적절한 대체 장비 사용, 작업환경 또는 장비의 열악한 설계 또는 품질)
- 장비/자재/작업자의 위치가 사고를 일으킨 기여 요인이었는가? 그렇다면 그 위치는 왜 존재하였는가?(예: 근로자가 그곳에 없어야 함, 작업공간 부족, "실수가 발생하기 쉬운" 절차 또는 작업공간 설계)
- 개인 보호 장비(PPE) 또는 비상 장비의 부족이 사고를 일으킨 기여 요인이었는가? 그렇다면 왜 그 상황이 존재하였는가?(예: 작업/작업에 대해 잘못 지정된 PPE, 부적절한 PPE, PPE가 전혀 사용되지 않거나 잘못 사용됨, 비상 장비가 지정되지 않았거나, 의도한 대로 작동하지 않음)
- 관리 프로그램 결함이 사고를 일으킨 기여 요인이었는가? 그렇다면 왜 그 프로그램이 존재하였는가?(예: 생산 목표를 유지하기 위한 즉흥적인 문화, 위험한 상태 또는 작업절차의 벗어남을 감지하거나 보고하는 감독자의 감독 미흡, 감독자의 책임이 이해되지 않음, 감독자 또는 작업자가 부적절하게 교육받거나 이전에 권장된 시정조치를 시작하지 않은 경우)

추가적인 질문 예시는 다음 표와 같다.

질문
1. 근로자가 따라야 하는 서면 절차나 확립된 절차가 있는가?
2. 작업절차 또는 표준이 작업수행의 잠재적 위험을 적절하게 식별하는가?
3. 사고에 기여할 수 있는 위험한 환경 조건이 있는가?
4. 작업 영역의 위험한 환경 조건을 근로자 또는 감독자가 인식하는가?
5. 환경 위험을 제거하거나 통제하기 위해 근로자, 감독자 또는 둘 다 취한 조치가 있는가?
6. 근로자는 발생할 수 있는 위험한 환경 조건에 대처하도록 교육받는가?
7. 작업을 수행하기 위해 충분한 공간이 제공되는가?
8. 작업과 관련하여 할당된 모든 작업을 적절하게 수행할 수 있는 적절한 조명이 있는가?
9. 근로자가 업무절차를 잘 알고 있는가?
10. 기존의 업무절차에서 벗어난 내용은 있는가?
11. 적절한 장비와 도구가 작업에 사용 가능하고 사용되었는가?
12. 정신적 또는 신체적 조건이 근로자가 직무를 적절하게 수행하는 데 방해가 되었는가?
13. 평소보다 더 까다롭거나 어렵다고 여겨지는 업무가 있었는가(예: 활동, 과도한 집중력 요구 등)?
14. 평소와 다른 점이나 특이한 점은 없었는가?(예: 다른 부품, 새 부품 또는 사용된 다른 화학물질, 최근 조정/유지보수/장비 청소)
15. 작업이나 작업에 적절한 개인 보호 장비가 지정되었는가?
16. 근로자는 개인 보호 장비의 적절한 사용에 대해 교육받는가?
17. 근로자는 규정된 개인 보호 장비를 사용했는가?
18. 개인 보호 장비가 손상되었거나 제대로 작동하지 않았는가?
19. 근로자는 특수 비상 장비의 사용을 포함하여 적절한 비상절차에 대해 교육받고 익숙하며 사용할 수 있었는가?
20. 사고 현장에서 장비 또는 재료의 오용 또는 남용의 징후가 있었는가?
21. 장비 고장 이력이 있는가? 모든 안전 경고 및 안전장치가 작동하고 장비가 제대로 작동했는가?
22. 모든 근로자의 인증 및 교육 기록이 최신 상태인가?(해당 시)
23. 사고 당일 인원 부족은 없었는가?
24. 감독자가 안전하지 않거나 위험한 상태를 감지, 예상 또는 보고했는가?
25. 감독자가 정상적인 업무절차에서 벗어난 것을 인식했는가?
26. 특히 드물게 수행되는 작업에 대해 감독자와 근로자가 작업검토했는가?
27. 감독자는 작업 영역과 근로자의 안전에 대한 책임을 인식하였는가?
28. 감독자는 사고 예방 원칙에 대해 적절하게 교육받았는가?
29. 인사 문제 또는 상사와 직원 간 또는 직원 간의 갈등 이력이 있는가?
30. 감독자는 직원과 정기적인 안전 회의를 시행했는가?
31. 안전 회의에서 논의된 주제와 조치가 회의록에 기록되었는가?
32. 작업이나 작업을 수행하는 데 필요한 적절한 자원(즉, 장비, 도구, 재료 등)이 즉시 사용 가능하고 적절한 상태에 있었는가?
33. 감독관은 근로자가 업무에 배정되기 전에 근로자가 교육받고 능숙한지 확인했는가?

4. 재발 방지 조치

사고의 근본 원인을 해결하는 재발 방지 조치/시정조치가 완료될 때까지 사고조사는 완료할 수 없다. 재발 방지 조치에는 회사 전반에 걸친 인사, 재무, 품질, 계약, 안전보건 등의 여러 프로그램이 동반하여 개선되므로 경영책임자의 확인과 지원을 받아야 한다.

IV. 실행사례

1. OLG 기업

OLG 기업은 전국에 공사 현장, 유지보수 현장 및 생산공장에 근로자를 두고, 공사는 주로 도급업체와의 계약을 통해 사업을 운영한다. 이 회사의 사고 보고와 사고조사 절차는 용어, 책임, 사고 보고와 조사, 재발 방지대책, 벌칙 등의 내용으로 구성되어 있어 이를 간략히 설명한다.

(1) 사고용어 정의

중대 사고는 사고 중 심각도가 큰 것으로 구분하는 사고로 사망사고 이외에도 중대한 복합골절, 실명 등의 사고를 포함하고 있다. 근로 손실사고는 업무와 관련한 사고로 인해 1일(24시간) 이상 근무하지 못하는 사고이다. 근로 미손실사고는 업무와 관련된 사고로 인해 근로 손실이 발생하지 않은 1일(24시간) 미만의 사고로 응급처치 이상의 치료가 필요한 상해 또는 질병이다. 응급처치 사고는 의학적 치료가 필요 없는 사소한 치료를 의미한다.

사고속보는 유선 또는 서면상으로 대표이사와 안전보건 담당 임원에게 통보되는 보고이다(중대사고는 1시간 이내 보고, 근로 손실사고는 12시간 이내 보고의 기준). 초기보고서는 사고의 개략적인 내용과 초기 대책이 수립된 이후의 보고서이다. 그리고 최종보고서는 사고조사가 완료되고 체계에 따라 보고가 완료된 이후의 보고서이다.

(2) 책임

CEO는 모든 사고 내용을 검토하고 중대사고 이상일 경우는 사고조사 활동에 직접 참여하고 개선사항을 검토한다. 그리고 중대 사고의 경우 필요시 아시아 태평양 지역 혹은 미국 본사의 사고조사 위원회에 사고조사 내용과 재발 방지대책을 보고한다.

안전보건 담당 임원은 모든 안전보건 사고 예방을 위한 지원, 지도 및 협조하고 필요시 사고조사에 참여한다. 동종 사고를 예방하기 위하여 분기 단위로 동향 분석을 시행하고 중대사고와 근로손실사고는 아시아 태평양 지역에 보고한다.

사업 부문장은 해당 부문의 모든 사고를 CEO에게 보고하고 안전보건 담당 임원에게 통보한다. 모든 사고조사와 해당 부문의 사고조사 위원회에 참가하여 사고원인을 파악하고 재발 방지대책 수립을 지원한다.

부서장은 사고 발생과 동시에 사업 부문장에게 보고하고 안전보건 담당 부서에 통보한다. 사고조사를 시행하고 사고조사 위원회에 참석하여 사고원인을 파악하고 개선 기간 내 방지대책을 완료한다.

관리감독자는 사고 발생과 동시에 부서장과 안전보건 담당 부서에 사고 내용을 통보한다. 재해자에 대한 응급조치를 취하고 사고 현장을 보존한다. 그리고 사고조사와 개선대책 수립에 참여하며 방지대책을 개선 기간 내 완료한다.

근로자는 사고를 목격하였거나 사고 발생의 우려가 있는 상황을 즉시 관리감독자, 부서장 또는 안전보건 담당 부서에 보고한다.

(3) 사고 보고

모든 기록가능한 인체사고, 비상대응이 필요한 사고 및 정부나 기관에 보고해야 하는 사고를 보고한다. 사고 보고의 종류에는 중대사고 보고, 근로손실 사고 보고 및 근로 미손실 사고 보고, 아차사고, 기타 자연재해, 누출, 재산상의 손실사고 등이 있다. 사고보고서는 최초 사고보고서와 최종 사고보고서로 구분하며, 중대사고는 최소 1시간 이내(아시아 태평양 지역 12시간 이내), 근로손실 사고는 최소 12시간(아시아 태평양 지역 48시간 이내) 이내, 근로 미손실 사고는 월간 보고서(아시아 태평양 지역 월간 보고)에 보고한다.

(4) 사고조사

모든 기록가능한 인체사고를 대상으로 사고조사가 시행되었다. CEO가 주관하는 전사 사고조사 위원회는 중대사고 이상의 사고가 발생하였을 때 구성된다. CEO가 위원장을 맡고 안전보건 담당 임원이 간사 역할을 맡는다. 위원회는 재발 방지대책 수립, 사고원인 조사, 피해 보상금 지급 검토, 언론 홍보 등의 업무를 수행한다.

이때 사업부 사고조사 위원회는 사고조사팀의 기능을 한다. 일반적으로 근로손실 사고 이상의 사고가 발생하면 사업부 사고조사 위원장의 판단하에 위원회가 구성된다. 그리고 근로손실 사고 이상의 사고는 근본원인조사(RCA, root cause analysis)를 시행하고 사고 유발요인을 확인하기 위한 사건 원인요인 차트 분석(event causal factor charting analysis)을 시행한다.

2003년 공사현장의 작업자는 설비 교체공사를 시행하던 중 17층 높이의 건물 출입구에서 추락하여 사망한 사례가 있었다. 사고조사와 분석 절차에 따라 관련부서가 현장에서 사고조사를 시행하고 보고체계에 따라 사고보고를 하였다. 그리고 유관기관인 경찰과 고용노동부 등의 조사에 응했다. 사고를 발생시킨 해당 팀장은 사고조사와 분석의 책임이 있었다. 이에 따라 해당 팀장은 사고조사와 분석을 시행하고, 본사나 해당 사업부문의 안전담당부서는 사고조사와 분석을 지원하였다.

본사 안전보건 담당은 절차에 따라 아시아 태평양 지역 본사에 사고보고와 미국 본사에 사고보고를 하였다. 아래 그림과 같이 사고조사와 분석은 근본원인분석(RCA, root cause analysis)방식으로 ECFA(event causal factor analysis)를 포함하여 분석하였다.

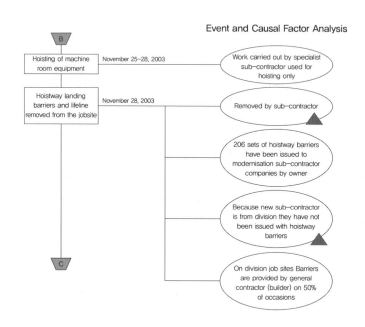

사고발생 부서장, 부문장, 본사 담당 임원과 팀장 등 최소 4차례 이상 사고조사와 분석 자료를 검토하고, 이에 대한 보고를 CEO에게 하였다. 이후 여러 수정 이후 아시아 태평양

본사에 사고조사, 분석 및 개선대책을 보고하였다. 그리고 미국 본사에 이와 관련한 보고를 하고 개선대책을 수립하여 보고하였다. 다음은 개선 대책의 일부 내용이다.

Corrective Actions (1)
• Management System Failure
  Corrective action for this known deficiency(no entrance barrier) not implemented.

Corrective Action	Responsible	Date Due	Status
• To establish sub-contractor approval system when a subcontractor is changed or newly enrolled during demolition and installation process	VP	30 Mar 04	
• Develop a formal safety check list procedure to use after demolition and before installation to follow up any issues.	Manager and EH&S	30 Jan 04	
• Conduct FPA auditor training for Mod team supervisors	E&S Director	30 Mar 04	
• Develop additional modernization sub-contractor capability	VP	30 Sep 04	

사고와 관련한 해당조직의 부문장, 임원, 팀장, 인력부문장, 재무부문장, 안전보건담당 임원 그리고 팀장, 해외 법인장 등이 참여하여 사고조사 위원회를 하였다. 이러한 사고조사와 분석 및 개선대책 수립 대상은 산업재해 이상의 근로손실사고에도 적용하여 개선 대책을 수립함과 동시에 사고로부터 배울 수 있는 '학습문화'를 구축하였다.

(5) 조사 절차

사고조사 위원장은 조사팀을 구성하고 조사를 시행하도록 명한다. 사고조사팀에는 사고와 관련이 있는 부서장과 부문장이 참여한다. 사고조사 시 사고 현장을 정확하게 확인하고 관련 자료수집, 재해자와의 인터뷰, 목격자와의 인터뷰를 포함한다. 사고조사팀은 현장의 사실에 기초하여 조사를 시행하고 위원회에 보고하고 위원회는 사고 원인분석과 대책을 위원장에게 보고한다.

(6) 후속 조치

동종 사고를 예방하기 위한 후속 조치로 사고조사 위원장은 사고조사가 완료 후 재발을 방지하기 위한 개선을 지시하고 일정 기간 이내에 조치한다. 위원장은 주기적으로 개선 활동을 확인하고 안전보건 담당 부서에 통보한다. 그리고 사고조사 위원장은 개선이 완료된 시점에서 7일 이내에 개선 완료 현황을 안전보건 담당 임원에게 통보한다.

안전보건 담당 임원은 개선 완료 보고서를 확인하고 그 결과를 통보하되 개선 결과가 미흡할 경우 추가 지시 및 보완을 요청할 수 있다. 중대재해의 경우, 안전보건 담당 임원은 최종 개선 완료 보고서를 접수하고 7일 이내에 현장을 방문하여 개선 완료 사항을 확인한다. 사고조사 위원장은 사고 경향을 분석하고 주기적으로 안전보건 담당 임원에게 통보한다.

2. ○○ 발전소

발전소에서 발생했던 사고를 조사하고 분석하기 위하여 미국 에너지부(DoE, department of energy, 2012)의 사고와 운영 안전 분석(accident and operational safety analysis) 핸드북 가이드라인을 참조하여 시스템적 사고조사 방법인 FRAM, AcciMap 그리고 STAMP CAST를 적용하고 개선대책을 수립하였다. 다만, 미국 에너지부의 사고와 운영 안전 분석 핸드북(2012) 가이드라인의 사건 및 원인요인 도표 및 분석(event and causal factors charting and analysis, 이하 ECFCA)만 사용하였다.3)

(1) 사고개요

A사 발전소 가스터빈 보수 공사작업 중에 가스터빈 인클로저(enclosure) 덕트를 연결하는 미고정 플레이트(plate, 길이 8미터, 약 190kg)가 약 4미터 상부에서 하부 B사 작업자 4명 방향으로 떨어지는 사고가 발생하였다. 미고정 플레이트는 외부 비계 작업자가 발판을 설치하는 과정에서 충격으로 떨어졌다. 사고로 인해 2명은 3일간의 치료, 1명은 3주 치료 그리고 1명은 1개월 치료 후 모두 건강을 회복하였다.

(2) 무슨 일이 있었는가?(what it happened)

A사는 발전소 운영과 유지보수를 위한 안전보건 정책, 안전보건관리규정, 절차를 갖추어 공사를 관리하고 있다. 공정안전관리(PSM. process safety management) 제도에 따라 변경관리, 안전작업허가(PTW, permit to work), 협력업체 관리(contractor management), 위험성 평가(risk assessment) 등 공정안전관리 12대 요소를 운영하고 있다. 그 결과 고용노동부의 정기 평가에서 양호 수준인 S등급을 유지하고 있다.

A사의 안전보건관리 규정, 작업절차, 협력업체 관리, 위험성 평가, 안전작업허가 등의 관

---

3) 미국 에너지부가 발간한(2012) 사고조사 핸드북에 따라 사고가 왜 일어났는지 확인하는 과정(Analyze Accident to Determine "Why" It Happened)에는 ECFCA(Event and Causal Factors Charting and Analysis), 방벽분석(Barrier analysis), 변경분석(Change analysis), 근본원인분석(Root Cause Analysis) 그리고 확인분석(Verification Analysis)을 추천하고 있다.

련 자료를 검토하였다. 그리고 사고와 관련된 A사 작업관리자, 작업허가자와 안전관리자, B 사 재해자와 현장소장, C사 목격자, 안전관리자, 현장소장 2명, 조장, 공무담당자, D사 비계 작업자 및 반장을 대상으로 인터뷰를 시행하였다.

A사와 B사 간 공사계약서, B사와 C사 간 공사계약서, A사와 B사 간 3개월 전 공사미팅 2회차 기록 및 1개월 전 공사미팅 기록, A사의 안전관리 계획서, B사의 안전관리계획, A사 가 발행한 안전작업허가서, 위험성평가 내용, A사가 실시한 안전교육 이력, 공사 전 안전교 육 이력(TBM, tool box meeting), A사의 안전점검 이력, A사가 고용한 안전감리의 점검 이력, B사의 위험성평가 내용 등의 서류를 접수하고 분석하였다.

(3) 공사관리의 역할과 책임

A사는 발전소를 소유한 회사로 B사와 가스터빈 정비 도급 계약을 맺었다. B사는 A사와 가스터빈 정비 도급 계약을 맺고 가스터빈 예방정비를 위해 C사와 가스터빈 정비 도급 계 약을 맺어 업무를 수행하는 회사이다. C사는 B사와 가스터빈 정비 도급 계약을 맺고 가스 터빈을 정비하는 회사이다. D사는 C사와 도급 계약을 맺고 기계설비 공사 지원과 비계를 설치하는 회사이다.

(4) 왜 일어났는가?(why it happened)

계약현황, 공사협의 내용, 안전 작업 계획서 작성 및 검토 내용, 안전작업허가서 검토 및 승인 내용, 안전교육 실시 내용, 안전 점검 시행 내용, 공사실시 경과, 사고 발생, 응급처치, 병원 후송 및 치료 단계로 구분하여 사고가 발생하기까지의 과정을 설명한다.

전술한 과정별 ECFCA 도표 일부를 본 책자에서 설명한다. 이와 관련한 정보를 추가로 알고자 하는 독자는 네이버 카페 새로운 안전관리론(https://cafe.naver.com/newsafetymanagem ent)에 방문하여 제10장 사고 조사·분석 그리고 대책수립에서 ECFCA 도표를 참조하기 바 란다.

가. 도급 계약 현황

A사와 B사는 가스터빈 정비를 위한 도급 계약을 맺었다. A사는 전력 수급 계획을 파악하 여 B사와 정비 일정을 확정하였다. B사는 A사와의 정비 일정을 확인한 이후 정비 협력업체 를 파악하여 C사와 가스터빈 정비 도급 계약을 체결하였다. 이때 A사와 B가 검토한 안전관 리 검토사항에는 플레이트 낙하와 관련한 위험요인은 없었다. C사는 B사와의 정비 도급 계 약에 따라 D사와 기술 협약을 체결하였다.

당시 C사는 D사와 기술 협약을 체결하였다. 기술 협약 내용으로는 공사 기간 설정, 투입 인원, 공사 자재 산출, 인력 단가 등의 기본적인 내용이 포함되어 있다. 협력내용으로는 가 스터빈 기계장치 업무 지원과 비계설치 및 해체와 관련한 내용이 포함되어 있다. 공사와 관런해 구체적인 안전관리계획이나 관리 감독과 관련한 내용은 없었다. 그리고 D업체는 비계 설치와 해체를 주로 하는 경험이 있다.

나. 공사협의

A, B, C사는 가스터빈 공사 시행 3개월 전, 1개월 전 및 공사 전 회의를 시행하였다. 회의의 주제는 공사 품질, 공사 기간, 자재 확보, 안전관리계획 등이었다. 공사협의 과정에서 안전관리를 포함한 공사와 관련한 다양한 의견을 공유하고 협의하였다. 아래 그림은 ECFCA 도표이다.

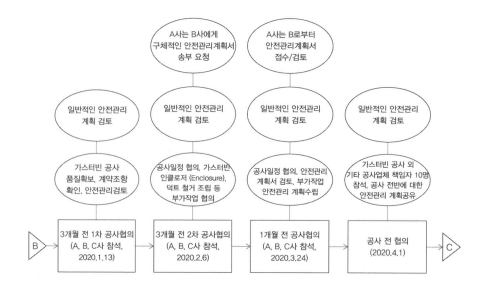

다. 안전관리계획서

A사는 B사에게 가스터빈 공사 안전관리를 위한 교육계획, 협력업체 관리, 위험성평가, 안전점검 실시, 안전관리 조직 구성 등의 내용을 포함하는 안전관리계획서 제출을 요청하였다. B사는 A사의 요청에 따라 안전관리계획서를 제출하였다. A사와 B사는 가스터빈과 연결된 덕트(외부 공기를 가스터빈에 전달하기 위한 통로이며, 덕트는 인클로저와 플레이트로 고정되어 있다) 해체로 인해 플레이트가 낙하할 수 있는 잠재적인 위험을 몰랐다.

라. 안전작업허가서(PTW, permit to work)

A사는 공정안전관리 대상 사업장으로 사고 예방을 위하여 작업위험성분석(JSA, job safety analysis)을 시행하고 있다. 가스터빈 정비 작업 이전 A사 작업감독자는 B사가 제출한 위험성 평가를 기반으로 안전작업허가서류를 작성하였다.

안전작업허가 서류에는 협력업체 정보, 공사현황, 작업 방법 등 위험성 평가 내용이 포함된다. 위험성 평가 단계에는 위험요인(hazard) 확인, 빈도(likelihood) 및 강도(severity) 등 위험성 추정(estimation), 위험성 감소 방안(risk reduction) 등이 포함된다. 그리고 작업과 관련한 도면, 중장비 취급, 고소작업, 밀폐공간, 에너지 통제, 록아웃/테그아웃(lock out and tag out), 유해 위험물질 목록, 기본안전수칙, 보호구 지급 확인서, 위험성 평가, 작업 지시서, 작업 전 교육 서명 일지, 차량 정보 등과 관련한 서류가 포함된다.

작업감독자가 작성한 안전작업허가서류는 정비 관련 책임자와 안전작업허가서 승인 책임자의 검토를 받고 승인된다. 안전작업허가서 내용은 현장 작업 전 회의에서 공유되고 검토된다. 아래 그림은 ECFCA 도표이다.

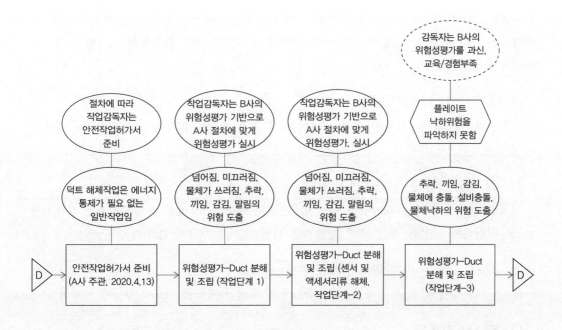

마. 안전교육 및 안전점검

A사의 안전담당자는 안전 절차에 따라 공사 업체 작업자를 대상으로 작업 전 안전교육을 실시하였다. 교육내용은 A사 발전소의 유해위험 요인, 비상대피소 안내, 유해위험 요인 보고체계, 안전점검 실시 및 비상연락 방법 등이다. A사의 안전점검은 현장 안전검증, 작업감독자 주관의 일상점검 및 안전담당자의 순회점검 등으로 시행되고 있다. A사는 잠재된 위험을 파악하고 개선하기 위하여 별도의 안전 전문 감리를 공사 기간에 고용하여 현장점검과 개선을 지원하였다. B사와 C사의 현장소장은 현장 순회 점검을 주기적으로 실시하였다.

B사와 C사의 안전관리자는 주기적으로 현장점검과 개선을 시행하였다. 다양한 사람들의

지속적인 안전 점검에도 불구하고 플레이트 낙하와 관련한 위험을 파악하지 못했다.

바. 공사

공사는 가스터빈 외부에 비계설치, 덕트 플레이트 볼트 해체, 가스터빈 인클로저 해체, 벽체에 있는 플레이트 남겨짐, 벽체에 있던 플레이트 제거 시도, 덕트 해체를 위해 가스터빈 내부에 비계설치, 덕트 해체(연결구 볼트 제거), 지면으로 덕트 이동, 가스터빈 외부에 설치된 비계 해체, 벽체에 있던 플레이트 90도 기움, 비계설치 작업, 가스터빈 커플링(coupling) 작업실시, 덕트 조립작업 순으로 공사가 시행되었다.

사. 플레이트 낙하사고 발생

미고정되었던 플레이트는 비계 작업자가 발판을 설치하는 동안 충격으로 인하여 하부로 떨어졌다. 그리고 하부에 커플링 작업을 수행하고 있던 4명 방향으로 떨어졌다. 다행히 플레이트는 기타 구조물(커플링 커버)에 먼저 떨어진 후 작업자들을 타격하여 심각한 부상으로 이어지지는 않았다.

아. 보건관리자 응급처치 시행

A사는 보건관리자를 상주할 의무가 없어 공사 기간 별도로 외부의 보건관리자를 채용하여 상주시켰다. 사고 당시 보건관리자는 소식을 듣고 급히 응급처치를 시행하였다.

자. 119 후송 및 인근 병원으로 이동

사고 재해자들에 대한 효과적인 응급처치가 이루어졌다. 그리고 작업감독자는 침착하게 119로 전화하여 적절한 시간 내에 재해자를 병원으로 후송할 수 있었다.

차. 재해자 자택 주변 병원에서 치료 완료

A사는 재해자들의 치료 경과를 매주 확인하고 적절한 치료를 하도록 B사에 요청하였다.

(5) FRAM 적용

ECFCA는 왜 일어났는가?(why it happened) 분석 결과를 참조하여 FRAM 분석을 시행한다. FRAM 모형화 지침과 적용사례를 참조하여 기능 그룹, 기능설명 및 여섯 가지 측면 검토 및 FMV(FRAM model visualizer) 작성, 기능 변동성 구분(technology, man, organization), 변동성(variability) 파악, 변동성 관리대책 수립 순으로 FRAM 분석을 설명한다.

가. 기능분류

플레이트 낙하사고를 38개 기능으로 분류하고, 이를 11개의 큰 기능인 계약, 공사협의, 안전작업계획서, 안전작업허가서, 안전교육, 안전 점검, 공사, 사고 발생, 응급처치, 병원 후송 및 치료 등 그룹으로 다음 표와 같이 분류하였다.

No	그룹	기능(Function)-38개
1	계약	A사와 B사 간 계약, B사와 C사 간 계약, C사와 D사 간 기술협약
2	공사협의	3개월 전 1차 공사협의, 3개월 전 2차 공사협의, 1개월 전 공사협의, 공사 전 협의
3	안전작업계획서	안전관리계획서 작성(B사), 안전관리계획서 접수(A사)
4	안전작업허가서	안전작업허가서 준비, 위험성평가-Duct 분해 및 조립(작업단계 1), 위험성평가-Duct 분해 및 조립(센서 및 액세서리류 치외 2), 위험성평가-Duct 분해(Duct 분해 3), 위험성평가-Duct 조립(Duct 조립 4), 위험성평가-센서 및 액세서리류 취부 (5), 안전작업허가서 승인, 작업전 회의(Tool Box Meeting 실시)
5	공사	가스터빈 외부에 비계설치 (1), 덕트 플레이트 볼트 해체 (2), 가스터빈 인클로저 해체 (3), 벽체에 있던 1개의 플레이트 남겨짐 (4), 벽체에 남겨진 플레이트 제거 시도 (5), 덕트 해체를 위해 가스터빈 내부에 비계설치 (6), 덕트 해체(연결구 볼트 제거) (7), 지면으로 덕트 이동 (8), 가스터빈 외부에 설치된 비계 해체 (9), 벽체에 있던 플레이트 90도 기움 (10), 비계설치 작업(사고발생 전 11), 가스터빈 커플링(Coupling) 작업 실시 (12), 덕트 조립작업(사고당시 13)
6	사고발생	플레이트 낙하사고 발생,
7	안전교육	A사 주관 안전교육
8	안전점검	A사 주관 안전점검, 안전감리원 주관 안전점검, B사 및 C사주관 안전점검
9	응급처치	보건관리자 응급처치 시행
10	병원후송	119 후송 및 인근병원으로 이동
11	치료	재해자 자택 주변 병원에서 치료

나. 기능별 측면 검토

FRAM 11개 그룹의 38개 기능별 측면 검토를 완료하였다. FMV를 이용하여 38개 기능을 묘사하였다. 다음 그림은 FMV 38개 기능 묘사이다. 굵은선으로 표기된 기능은 변동성 (variability)을 보여준다.

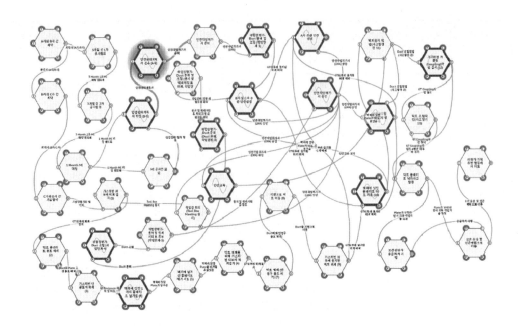

다. 기능 변동성 확인

FMV 작성을 통해 기능에 영향을 주는 변동성 요인을 아래 표와 같이 파악하였다.

그룹		기능(function)			
No	내용	No	내용	변동성 영향요인	변동성
1	계약	1	A사와 B사 간 계약		
		2	B사와 C사 간 계약		
		3	C사와 D사 간 기술협약		
2	공사협의	4	3개월 전 1차 공사협의		
		5	3개월 전 2차 공사협의		
		6	1개월 전 공사협의		
		7	공사 전 협의		
3	안전작업 계획서	8	안전관리계획서 작성(B사)	사람	시간(정시), 부정확
		9	안전관리계획서 접수(A사)	사람	시간(정시), 부정확
4	안전작업	10	안전작업허가서 준비		

		11	위험성평가-Duct 분해 및 조립 (작업단계 1)	사람	시간(정시), 부정확
	허가서	12	위험성평가-Duct 분해 및 조립(센서 및 액세서리류 치외 2)		
		13	위험성평가-Duct 분해(Duct 분해 3)	사람	시간(정시), 부정확
		14	위험성평가-Duct 조립(Duct 조립 4)	사람	시간(정시), 부정확
		15	위험성평가-센서 및 액세서리류 취부 (5)		
		16	안전작업허가서 승인	사람	시간(정시), 부정확
		17	작업전 회의(Tool Box Meeting 실시)		
5	공사	18	가스터빈 외부에 비계설치 (1)		
		19	덕트 플레이트 볼트 해체 (2)		
		20	가스터빈 인클로저 해체 (3)		
		21	벽체에 있던 1개의 플레이트 남겨짐 (4)	사람/기술/조직	시간(NA), 부정확
		22	벽체에 남겨진 플레이트 제거 시도 (5)		
		23	덕트 해체를 위해 가스터빈 내부에 비계설치 (6)		
		24	덕트 해체(연결구 볼트 제거) (7)		
		25	지면으로 덕트 이동 (8)		
		26	가스터빈 외부에 설치된 비계 해체 (9)		
		27	벽체에 있던 플레이트 90도 기움 (10)	사람/기술/조직	시간(NA), 부정확
		28	덕트 조립작업(사고발생 전 11)		
		29	가스터빈 커플링(Coupling)작업 실시 (12)	사람/기술/조직	시간(NA), 부정확
		30	덕트 조립작업(사고당시 13)		

6	사고발생	31	플레이트 낙하사고 발생		
7	안전교육	32	A사 주관 안전교육	사람	시간(정시), 부정확
8	안전점검	33	A사 주관 안전점검	사람	시간(정시), 부정확
		34	안전감리원 주관 안전점검	사람	시간(정시), 부정확
		35	B사 및 C사 주관 안전점검	사람	시간(정시), 부정확
9	응급처치	36	보건관리자 응급처치 시행		
10	병원후송	37	119 후송 및 인근 병원으로 이동		
11	치료	38	재해자 자택 주변 병원에서 치료		

기능 변동성을 보인 안전작업계획서, 위험성 평가와 안전작업허가서 승인으로 굵은선으로 표기된 기능들은 아래 그림과 같다.

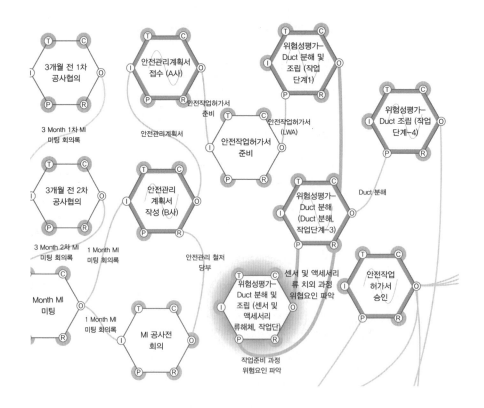

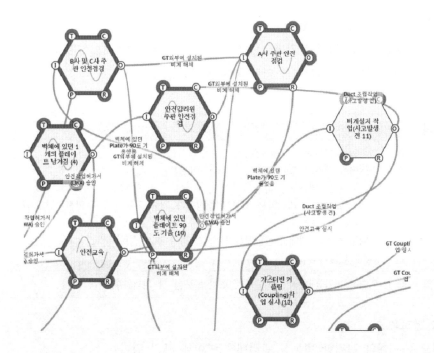

라. 기능 변동성 관리대책 수립

Hollnagel(2012)과 윤완철(2019)이 제안한 변동성 관리대책 수립은 보호(protection), 촉진(facilitation), 제거(elimination), 감시(monitoring), 방지(prevention), 완화(dampening) 방식으로 구분하여 검토하였다.

① 안전작업 계획서

B사가 작성하고 A사가 접수 및 검토한 안전관리계획서의 변동성 관리대책은 아래 표와 같다.

대책	내용
촉진	1. A사는 B가 제출한 작업단계별 상세 위험요인을 확인/보완 2. 단계별 작업 위험성평가서 및 안전대책(구조물 등 시설 위험 포함) 3. A사의 표준화된 안전작업계획서를 B사에 제공 4. JSA(job safety analysis) 방식의 세부적인 위험성평가 실시 5. B사의 안전작업계획서를 A사와 함께 검토/발표회 실시 6. 구매 시스템에 안전작업계획서 접수 반영 (내부 변동성의 조직적 측면)

② 안전작업허가서

B사가 작성한 위험성평가를 기반으로 A사가 검토 및 작성한 위험성평가와 관리책임자의 승인과 관련한 변동성 관리대책은 아래 표와 같다.

대책	내용
촉진	1. 기존의 위험성평가 내역 재검토 2. 가스터빈 구조에 대한 위험요인 추가하여 평가 3. 낙하물 관련 위험요인 파악 4. 작업감독자 및 관리책임자 대상 위험성평가 기술 고도화 교육(안전작업허가서 승인 자격 수준 고도화) 5. 고위험 작업에 대해 안전담당자가 위험성평가 추가 검토 　(내부 변동성의 조직적 측면)
완화	1. 위험성 평가 내용에 낙하물 안전조치 불포함 시 제재기준 적용

③ 안전교육

안전교육 체계와 관련한 변동성 관리대책은 아래 표와 같다.

대책	내용
촉진	1. A사 작업감독자 및 관리책임자 참석 워크숍 실시 2. 사고 원인조사 내용 기반으로 위험성평가 교육 3. 협력회사 관리감독 수준 고도화 교육 4. A사는 사고원인 조사 내용과 대책을 B사에 전달 5. B사는 C사 및 D사 대상으로 교육 실시 6. A사는 공사 당일 일반적인 안전교육 이외 구체적인 위험성 평가 내용 교육 　(내부 및 외부 변동성의 사람/조직적 측면)
완화	1. 작업 전 실시하는 안전교육(TBM, tool box meeting) 시 동시 작업요인 파악 2. 낙하물 등 잠재된 위험요인 확인 3. 위험요소 확인 이후 그 내용을 상호 확인 및 서명 4. 기존 TBM 서명지 양식 수정 5. A사 작업감독자는 작업 전 위험요인 확인 이후 작업승인 　(내부 및 외부 변동성의 사람/조직적 측면)

④ 안전점검

A사, B사 및 C사 주관의 안전점검과 관련한 변동성 관리대책은 다음 표와 같다.

대책	내용
촉진	1. 핵심 위험(critical hazard) 지정 2. 핵심 위험으로 지정된 작업에 대한 점검 강화 3. 점검 시 낙하물 위험요인 미조치 시 제재기준 적용 4. 낙하물 위험요인 발굴 및 보고 시상 제도 운영 5. 작업자는 언제든지 작업감독자 또는 관리책임자에게 보고 (내부 및 외부 변동성의 사람/조직적 측면)
감시	1. 안전작업허가서 내용과 실제 작업의 차이 점검 및 개선(WAI & WAD) 2. 작업감독자와 관리책임자 2인 1조로 점검 및 개선 3. 안전담당자는 수시로 점검 및 개선 (내부 변동성의 조직적/사람 측면 및 외부 변동성의 사람 측면)

⑤ 공사

벽체에 있던 1개의 플레이트 남겨짐, 벽체에 있던 플레이트가 90도 기움 및 가스터빈 커플링 작업 시행 등과 같은 공사의 변동성 관리대책은 아래 표와 같다.

대책	내용
방지	1. 덕트 플레이트 고정 방식 설계 검토 및 개선 2. 덕트를 제거하여도 플레이트가 고정될 수 있도록 개선 (외부 변동성의 기술적 측면)
촉진	1. 공사기한을 맞추기 위해 무리한 작업 환경 파악/개선 2. 플레이트 1개가 남겨진 이후 시간이나 비용이 추가 발생하여도 제거를 유도할 수 있는 분위기 조성 3. 안전작업을 수행할 수 있는 충분한 공사기간 확보 4. 남겨진 플레이트를 제거할 추가 장비 동원과 관련한 비용 지원 5. 위험요인을 수시로 공유할 수 있는 체계 마련(단체 톡, 제안서, 시상 등) 6. 위험감수성 고도화(위험을 심각하게 생각하고 느끼게 할 수 있는 프로그램 마련) 7. 상하동시 작업 금지(상부 비계작업 및 하부 커플링 작업) 8. 전력 관련 기관에게 전력수급 계획시 충분한 공사기간 확보 요청 (내부 및 외부 변동성의 사람/조직적 측면)

(6) AcciMap 적용

ECFCA 분석 결과를 참조하여 AcciMap 분석을 시행한다. Thoroman(2020)의 연구가 제안한 바와 같이 정부법규, 규제기관과 협회, 설계, 회사관리와 운영계획, 공사 및 결과를 분석하고 개선대책을 설명한다.

가. 정부법규

정부법규 문제로 인해 당사의 플레이트 사고가 발생했다는 직접적인 원인이 있다고 보기는 어렵다. 다만, 정부가 사고 예방에 관심을 두고 담당 부처에 적절한 예산지원, 전문가 양성 등을 통해 일반 기업체가 사고 예방을 효과적으로 한다면, 사고가 예방될 가능성이 있었다.

나. 규제기관

A사는 공정안전관리 대상 사업장으로 가스터빈 공사 시행 전이나 시행 중 사고의 원인이 되었던 플레이트 낙하와 관련한 위험요인을 사업주에게 알려주었다면, 사고를 예방하는 데 도움이 되었을 것으로 생각한다.

다. 조직

B사가 작성하고 A사가 접수 및 검토한 안전작업계획서는 일반적인 내용으로 구성되어 있고, 플레이트가 낙하하는 위험을 파악하지 못하였다. A사의 작업감독자는 B사로부터 접수한 위험성 평가 결과를 기반으로 위험성 평가를 작성하였으나, 플레이트 낙하와 관련한 위험을 발견하지 못하였다. 그리고 안전작업허가 승인권자인 관리책임자 또한 이러한 위험을 확인하지 못하였다.

플레이트 낙하와 관련한 구체적인 위험 내용을 기반으로 하는 안전교육이 이루어지지 못하였다. 그리고 A사, B사 및 C사가 시행했던 안전 점검은 플레이트 낙하와 관련한 위험을 발견하지 못하였다.

라. 공사

가스터빈 정비를 위해서는 인클로저와 덕트를 해체해야 하므로 가스터빈 외부에 비계를 설치하였다. C사 작업담당자는 덕트 4면 중 3면을 제거와 동시에 플레이트 3개를 천장 크레인으로 옮겼다. 당시 벽체에 남겨져 있던 플레이트 1개를 제거하기 위해 천장 크레인을 사용하려고 하였으나, 닿지 않자 그대로 남겨두었다.

이후 덕트 본체를 천장 크레인을 사용하여 지면으로 이동하였다. 그리고 전기작업을 위한 비계 철거요청을 받고 가스터빈 외부에 설치했던 비계를 철거하는 동안 벽체에 남겨져 있던 플레이트가 충격으로 인해 90도 기울게 되었다. 이때 D사 비계 반장은 이러한 상황을 목격하였으나, 별다른 위험이 없는 것으로 판단하고 별도 조치나 보고하지 않았다.

덕트 본체 조립을 위한 비계설치와 하부에서 커플링 작업이 동시에 이루어졌다. 상부 비계설치 작업자가 발판을 설치하는 동안 충격을 받은 미고정 플레이트는 하부 커플링 작업자 방향으로 떨어졌다.

마. 결과

플레이트는 하부 구조물로 먼저 떨어진 이후 커플링 작업자 4명을 타격하는 사고가 발생하였다. 아래 그림과 같이 완성된 플레이트 낙하사고에 대한 AcciMap 적용도표를 참조한다.

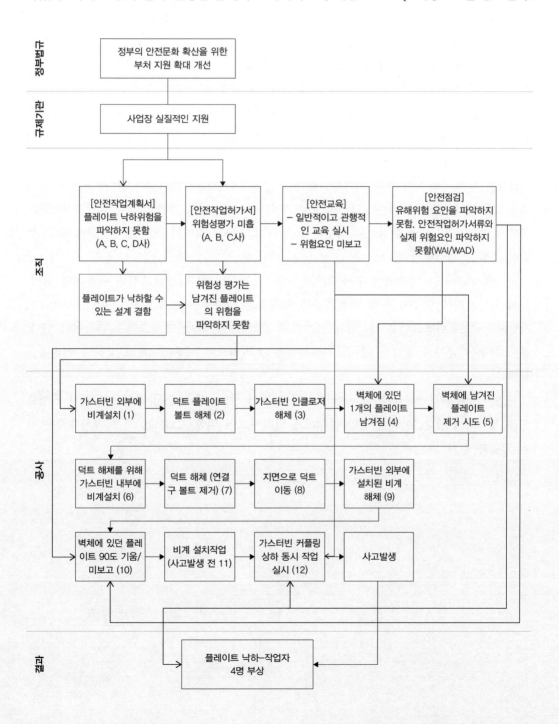

바. 개선대책

정부나 규제기관은 국가 차원의 안전문화를 구축하고 예산 증액을 통해 사업주의 안전보건 활동을 실질적으로 지원해야 한다.

조직은 안전보건관리시스템을 자율적으로 운영하여 관리 수준을 높여야 한다. 특히 공사 시행에 앞서 위험(hazard)요인 확인을 통해 위험(risk) 수준을 낮추어야 한다. A사는 관련 협력업체가 작성한 안전관리계획서 및 위험성 평가 내용을 전적으로 수용하지 말고 A사의 특정한 절차를 통해 위험을 다시 검증하여야 한다. 이를 통해 공사와 관련이 있는 작업자에게 실질적인 위험에 기반한 안전교육을 시행하여야 한다. B사는 C사가 제출한 안전관리계획과 위험성 평가 내용을 검토하고 개선해야 한다. C사는 D와의 기술 협약 외에 구체적인 안전관리계획을 검토하고 개선해야 한다.

D사는 소속 근로자가 유해 위험요인을 발견할 경우, 반드시 관리감독자에게 보고하는 기준을 수립하고 이행해야 한다. 그리고 이러한 활동을 기반으로 관련 회사는 점검을 하고 개선해야 한다. 일반적인 환경이나 작업자의 행동 이외에도 설비와 관련한 낙하물에 대한 특별한 위험을 점검해야 한다.

공사를 계획하는 단계에서 공사 일정, 품질, 안전관리 등의 필요조건을 파악해야 한다. 특히 공사기한에 맞추기 위해 안전관리를 빠뜨리는 상황을 만들지 않도록 한다. 무엇보다 작업자 스스로 위험요인을 자유롭게 예기하고 보고하도록 하는 프로그램을 만들어야 한다. 공사 시행에 추가로 필요한 장비나 도구 등을 효과적으로 사용하도록 권장하고 어려움을 살핀다.

작업자 상부에서 일어나는 유사한 작업을 사전에 살펴, 상하 동시 작업으로 인한 위험요인을 제거해야 한다. 이와 관련한 플레이트 낙하사고에 대한 AcciMap 적용 개선대책은 다음 그림과 같다.

정부법규	국가적인 안전문화 조성 (예산증액)		
규제기관	사업주에 대한 실질적인 지원		
설계	가스터빈 제조사는 가스터빈 인클로저와 덕트 연결 설계 구조변경	가스터빈 인클로저와 덕트를 해체하더라도 플레이트가 고정될 수 있는 구조 검토	

| 회사의 안전관리 | [안전작업계획서]
1. A사는 B가 제출한 작업 단계별 상세 위험요인을 확인/ 보완
2. 단계별 작업 위험성평가서 및 안전대책 (구조물 등 시설 위험 포함)
3. A사의 표준화된 안전작업 계획서를 B사에 제공
4. JSA (Job Safety Analysis) 방식의 세부적인 위험성평가 실시
5. B사의 안전작업계획서를 A사와 함께 검토/발표회 실시
6. 구매 시스템에 안전작업계 획서 접수 반영 | [안전작업허가서]
1. 기존의 위험성평가 내역 재검토
2. 가스터빈 구조에 대한 위험 요인 추가하여 평가
3. 낙하물 관련 위험요인 파악
4. 작업감독자 및 관리책임자 대상 위험성평가 기술 고도화 교육 (안전작업허 가서 승인 자격 수준 고도 화)
5. 고위험 작업에 대해 안전 담당자가 위험성평가 추가 검토
6. 위험성 평가 내용에 낙하물 안전조치 불포함 시 제재 기준 적용 | [안전교육]
1. A사 작업감독자 및 관리 책임자 참석 워크숍 실시
2. 사고 원인조사 내용 기반으로 위험성평가 교육
3. 협력회사 관리감독 수준 고도화 교육
4. A사는 사고 원인 조사 내용 과 대책을 B사에 전달
5. B사는 C사 및 D사 대상 으로 교육 실시
6. A사는 공사 당일 일반적인 안전교육 이외 구체적인 위험성 평가 내용 교육 | [안전점검]
1. 핵심위험(Critical hazard) 지정
2. 핵심위험으로 지정된 작업에 대한 점검 강화
3. 점검 시 낙하물 위험요인 미조치 시 제재기준 적용
4. 낙하물 위험요인 발굴 및 보고 시상제도 운영
5. 작업자는 언제든지 작업 감독자 또는 관리책임자에게 보고
6. 안전작업허가서 내용과 실제 작업의 차이 점검 및 개선 (WAI & WAD)
7. 작업감독자와 관리책임자 2 인 1조로 점검 및 개선
8. 안전담당자는 수시로 점검 및 개선 |

공사	1. 공사기한을 맞추기 위해 무리한 작업 환경 파악/개선 2. 플레이트 1개가 남겨진 이후 시간이나 비용이 추가 발생하여도 제거를 유도할 수 있는 분위기 조성 3. 안전작업을 수행할 수 있는 충분한 공사기간 확보 4. 남겨진 플레이트를 제거할 추가 장비 동원과 관련한 비용 지원 5. 위험요인을 수시로 공유할 수 있는 체계 마련 (단체 톡, 제안서, 시상 등) 6. 위험감수성 고도화 (위험을 심각하게 생각하고 느끼게 할 수 있는 프로그램 마련) 7. 상하동시 작업 금지 (상부 비계작업 및 하부 커플링 작업) 8. 전력 관련 기관에게 전력수급 계획 시 충분한 공사기간 확보 요청

(7) STAMP 적용

플레이트 낙하사고에 대한 STAMP 분석은 기본정보 수집, 안전통제구조 설정, 요인별 손실분석, 통제구조결함발견과 개선대책 수립단계로 설명한다. 플레이트 낙하사고 STAMP 분석 단계는 다음 그림과 같다.

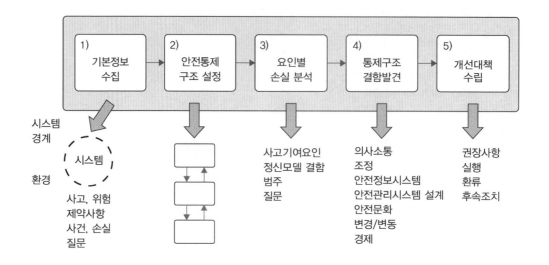

가. 기본정보 수집(assemble basic information)

ECFCA 분석 결과를 참조하여 STAMP분석을 시행한다

나. 안전통제 구조 설정(model safety control structure)

A사는 발전소를 소유한 회사로 B사와 가스터빈 정비 도급 계약을 맺었다. B사는 A사와 가스터빈 정비 도급 계약을 맺고 가스터빈 예방정비를 위해 C사와 가스터빈 정비 도급 계약을 맺어 업무를 수행하는 회사이다. C사는 B사와 가스터빈 정비 도급 계약을 맺고 가스터빈을 정비하는 회사이다. D사는 C사와 도급 계약을 맺고 기계설비 공사 지원 및 비계설치를 하는 회사이다.

통제구조(structure)를 설정하여 통제와 컨트롤러의 문제를 확인한다. 플레이트 낙하사고는 물리적인 통제 수단과 관계가 없어 STAMP 분석에 포함하지 않았다. 안전통제 관리적인 수단을 확인하기 위하여 관련 법령, 안전보건관리규정 및 절차 관련 조항을 요약하였다. 정부 법규의 경우 산업안전보건법과 중대재해 처벌 등에 관한 법률을 요약하였다.

정부법규와 규제기관의 경우 중대재해처벌법과 산업안전보건법 요건에 해당하는 내용을 요약하였다. A사의 경우 산업안전보건법, 중대재해처벌법 및 안전보건관리규정/절차 관련 조항을 요약하였다. B사와 C사의 경우 산업안전보건법과 중대재해처벌법을 요약하였고, 안전보건관리규정/절차 관련 정보가 없어 제외하였다. D사의 경우 산업안전보건법 관련 조항을 요약하였다. D사는 상시 근로자 50인 미만 사업장으로 중대재해 처벌 등에 관한 법률이 적용되지 않아 제외하였고, 안전보건관리규정/절차 관련 정보가 없어 제외하였다.

통제구조의 책임은 정부법규, 규제기관, A사 대표이사, A사 본사 안전보건팀, A사 사업소장, A사 사업소 안전담당, A사 공사팀장, A사 작업감독자, B사 대표이사, B사 본사 안전보건팀, B사 사업소장, B사 사업소 안전담당, B사 공사팀장, B사 작업감독자, B사 작업자, C사 대표이사, C사 사업소장, C사 사업소 안전담당, C사 작업감독자, C사 작업자, D사 대표이사, D사 비계반장 그리고 D사 작업자로 구분하였다. 아래는 B사의 안전통제 구조 설정 일부 예시를 설명하였다.

관계자	책임
B사 사업소장	1. 산업안전보건법 제15조 안전보건관리책임자로서 산업재해 예방계획의 수립, 안전보건관리규정의 작성 및 변경, 안전보건교육, 작업환경측정 등 작업환경의 점검 및 개선, 근로자의 건강진단 등 건강관리에 관한 사항, 산업재해의 원인조사 및 재발 방지대책 수립, 안전장치 및 보호구 구입 시 적격품 여부 확인, 그 밖에 근로자의 유해 · 위험 방지조치에 관한 사항 등을 관리한다. 안전관리자와 보건관리자에 대한 지휘와 감독을 한다.
B사 사업소 안전담당	1. 산업안전보건법 시행령 제18조 안전관리자의 업무 등에 따라 위험성평가에 관한 보좌 및 지도 · 조언, 안전인증 대상기계 등 구입 시 적격품의 선정에 관한 보좌 및 지도 · 조언, 안전교육계획의 수립 및 안전교육 실시에 관한 보좌 및 지도 · 조언, 사업장 순회점검, 지도 및 조치 건의, 산업재해 발생의 원인조사 · 분석 및 재발 방지를 위한 기술적 보좌 및 지도 · 조언, 산업재해에 관한 통계의 유지 · 관리 · 분석을 위한 보좌 및 지도 · 조언, 법 또는 법에 따른 명령으로 정한 안전에 관한 사항의 이행에 관한 보좌 및 지도 · 조언 등
B사 공사팀장	1. 산업안전보건법 시행령 제15조 관리감독자의 업무 등에 따라 기계 · 기구 또는 설비의 안전 · 보건 점검 및 이상 유무의 확인, 관리감독자에게 소속된 근로자의 작업복 · 보호구 및 방호장치의 점검과 그 착용 · 사용에 관한 교육 · 지도, 해당 작업에서 발생한 산업재해에 관한 보고 및 이에 대한 응급조치, 해당 작업의 작업장 정리 · 정돈 및 통로 확보에 관한 확인 · 감독, 유해 · 위험요인의 파악에 대한 참여, 개선조치 시행에 대한 참여 등을 한다.
B사 작업감독자	1. B사 공사팀장의 산업안전보건법 의무 실행
B사 작업자	1. 산업안전보건법 제6조 근로자의 의무에 따라 근로자는 법에 따른 명령으로 정하는 산업재해 예방을 위한 기준을 지켜야 하며, 사업주의 산업재해 예방에 관한 조치에 따라야 한다. 산업재해가 발생할 급박한 위험이 있을 때는 작업을 중지하고 대피할 수 있다. 유해위험 작업으로부터 보호받을 수 있도록 사업주가 제공한 보호구를 착용한다. 사업주가 제공하는 안전보건교육을 참여해야 한다. 근골격계 부담작업으로 인한 징후를 사업주에게 통지한다.

다음은 가스터빈 공사 안전 통제구조이다.

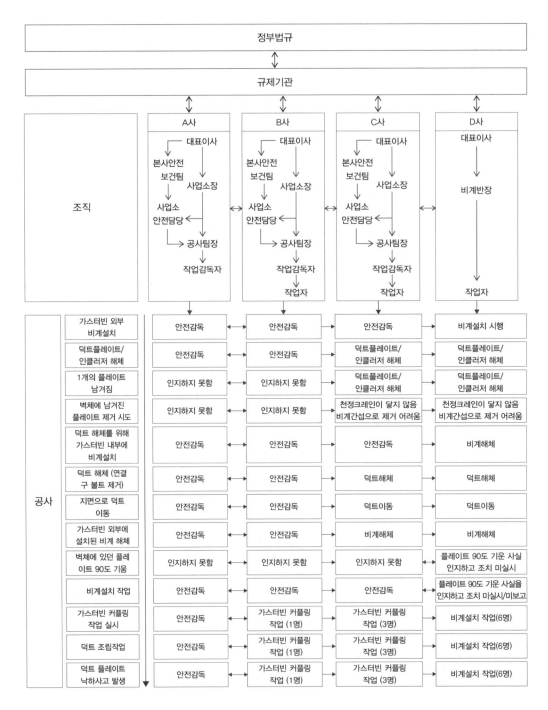

다. 요인별 손실분석(analyze each component in loss)

요인별 손실분석 단계에서는 공사관계자의 책임을 고려한다. 책임을 고려하는 과정에서 사후확신 편향(hindsight bias)이나 비판적인 용어를 사용하지 않는다. STAMP 요인별 손실분석은 정부법규, 규제기관, A사 대표이사, A사 본사 안전보건팀, A사 사업소장, A사 사업소 안전담당, A사 공사팀장, A사 작업감독자, B사 대표이사, B사 본사 안전보건팀, B사 사업소장, B사 사업소 안전담당, B사 공사팀장, B사 작업감독자, B사 작업자, C사 대표이사, C사 사업소장, C사 사업소 안전담당, C사 작업감독자, C사 작업자, D사 대표이사, D사 비계반장 그리고 D사 작업자를 대상으로 구분한다. 그리고 각 대상별로 책임을 이행하지 못한 사유, 제기된 질문 그리고 답변되지 않은 질문을 하면서 사고의 기여요인을 찾았다. 아래는 B사의 요인별 손실분석 일부 예시를 설명하였다. 이와 관련한 정보를 추가로 알고자 하는 독자는 네이버 카페 새로운 안전관리론(https://cafe.naver.com/newsafetymanagement)에 방문하여 제10장 사고 조사 · 분석 그리고 대책수립에서 STAMP 요인별 손실분석 자료를 참조하기 바란다.

구분	B사 사업소장
i) 책임을 이행하지 못한 사유	– 안전보건 의사소통 관리 미흡(위험성평가 관련) – 사업장 위험성평가 관리 미흡(안전작업허가서 관련) – 안전교육 및 훈련 효과 부족 – 협력회사 안전작업계획서 관리 미흡(안전작업계획서 관련) – 유해위험 요인 개선을 위한 안전점검 관리 미흡(안전점검 관련)
ii) 제기된 질문	– 사업장의 안전보건 관련한 위험요인을 어떻게 청취(A사, B사, C사, D사)하였는가? – 사업소장은 사업장 위험성평가 담당자가 플레이트 낙하 위험요인을 파악하게 하려면 어떻게 해야 하는가? – 사업소장은 사업장 위험성평가 승인권자(공사팀장)가 플레이트 낙하 위험요인을 파악하게 하려면 어떻게 해야 하는가? – 사업소장은 플레이트 낙하 위험요인을 파악할 수 있는 기술이나 교육을 받았는가? – 사업소장은 작업감독자와 공사팀장이 안전작업계획서 검토 시 플레이트 낙하 위험요인을 파악하게 하려면 어떻게 해야 하는가? – 사업소장은 B사, C사 점검자가 플레이트 낙하와 관련한 위험을 파악하게 하려면 어떻게 해야 하는가? – 사고 당일 상부 비계작업과 하부 가스터빈 커플링 작업을 동시에 시행하는 것을 승인한 이유는 무엇인가? – 위험한 상황을 발견했을 때 적절하게 보고하는 절차가 있는가?
iii) 답변되지 않은 질문	– 사업소장은 공사팀장과 감독자를 두고 안전담당의 지도조언을 받아 공사를 관리하는 위치에 있는 사람으로 플레이트 낙하위험을 효과적으로 파악하게 하려면 무엇을 해야 하는가? – A사, B사, C사, D사 공사관계자에게 벽체에 플레이트가 남겨져 있다는 사실을 들었는가?

구분	B사 작업감독자
i) 책임을 이행하지 못한 사유	- 안전보건 의사소통 실시 미흡(위험성평가 관련) - 사업장 위험성평가 실시 미흡(안전작업허가서 관련) - 안전교육 및 훈련 효과 부족 - 협력회사 안전작업계획서 검토 및 개선 미흡(안전작업계획서 관련) - 유해위험 요인 개선을 위한 안전점검 실시 미흡(안전점검 관련)
ii) 제기된 질문	- 사업장의 안전보건 관련한 위험요인을 어떻게 청취(A사, B사, C사, D사)하였는가? - 위험성평가 시행 시 낙하와 관련한 위험요인을 파악하지 못한 이유는 무엇인가(정신모델-Mental model)? - 감독자는 플레이트 낙하 위험요인을 파악할 수 있는 기술이나 교육받았는가(정신모델-Mental model)? - 작업 전 A사, B사, C사, D사와의 공사미팅(TBM) 시 플레이트 낙하와 관련한 위험요인을 상호 공유하지 못한 이유는 무엇인가? - 안전교육에 플레이트 낙하와 관련한 위험요인이 누락된 이유는 무엇인가? - 안전작업계획서 검토 시 플레이트 낙하 위험요인을 파악하려면 무엇을 해야 하는가? - 감독자는 A사, B사, C사 점검자가 플레이트 낙하와 관련한 위험을 파악하게 하려면 어떻게 해야 하는가? - 안전점검 시 플레이트 낙하와 관련한 위험을 파악하려면 어떻게 해야 하는가? - 사고 당일 상부 비계작업과 하부 가스터빈 커플링 작업을 동시에 시행한 이유는 무엇인가? - 위험한 상황을 발견했을 때 적절하게 보고하는 절차가 있는가?
iii) 답변되지 않은 질문	- 감독자는 B사, C사, D사 공사관계자의 안전보건 활동을 감독하는 위치에 있는 사람으로 관계자가 플레이트 낙하위험을 효과적으로 파악하게 하려면 무엇을 해야 하는가? - A사, B사, C사, D사 공사관계자에게 벽체에 플레이트가 남겨져 있다는 사실을 들었는가?

라. 통제구조 결함발견(identify control structure flaws)

기본정보수집, 안전통제 구조 설정, 요인별 손실분석은 개별 요인 간 통제에 초점을 두었다. 즉 컨트롤러가 적절하게 통제를 못한 사유를 확인한 것이다. 이제는 통제구조 결함발견(identify control structure flaws)을 통해 통제구조 전체를 바라보는 시각에서 통제의 비효율을 초래하는 사항을 확인한다. 시스템 전체를 바라보기 위해서는 의사소통, 조정, 안전 정보시스템, 안전관리시스템 설계, 안전문화, 변화와 변동, 경제적 측면 등의 요인들을 설명한다.

① 정부법규

중대재해처벌법과 산업안전보건법에 따라 정부가 사고 예방에 관심을 두고 담당 부처에 적절한 예산지원, 전문가 양성 등을 통해 A사의 사고 예방 활동 지원이 필요하다.

② 규제기관

고용노동부 장관은 사업주의 자율적인 산업안전 및 보건 경영체제 확립을 위하여 사업의 자율적인 안전보건 경영체제 운영 등의 기법에 관한 연구 및 보급과 사업의 안전관리 및 보건관리 수준 향상을 지원한다.

③ 의사소통 및 조정(communication and coordination)

사고가 발생하는 주요 원인은 안전통제 구조 요인 간 적절하지 않은 의사소통과 조정의 결과이다. 주로 안전작업계획서 작성과 검토 과정에서 A사, B사, C사, D사 간 미흡한 의사소통 및 조정이 있었다.

- B사의 공사팀장, 공사감독자와 안전담당자는 가스터빈 공사에 대한 위험요인을 파악하였다. 주로 추락, 감전, 넘어짐 등 일반적인 위험요인을 파악하였지만, 플레이트 낙하와 같은 잠재된 위험요인은 발견하지 못하였다.
- B사는 사고가 발생한 가스터빈이 설계와 시공을 동시에 시행했던 회사로서 가스터빈 공사 시 벽체에 플레이트가 남겨진다는 사실을 알고 있었던 것으로 파악되었다.
- A사, B사, C사, D사가 모여 안전작업 계획서에 관한 내용을 공유하였지만, 실질적인 위험을 파악하기 어려웠다.

④ 안전정보 시스템(safety information system)

C사 작업감독자는 벽체에 남겨진 플레이트가 있다는 사실을 C사 사업소장에게 보고하고, C사 사업소장은 B사나 A사 관계자에게 보고했다면 사고는 예방될 수 있었다. 그리고 D사 비계반장은 플레이트가 90도 기울었다는 사실을 보고했다면, 사고는 예방될 수 있었다. A사는 공사관계자에게 위험요인을 보고할 것을 교육하였으나, 결과적으로 공사관계자가 이를 중요하게 생각하지 않았다.

⑤ 안전관리시스템 설계(design of the safety management system)

안전관리시스템 체계는 STAMP 분석의 안전통제 구조와 유사하다. 안전관리시스템은 사고를 예방하기 위한 효과적인 체계로 주로 계획, 실행, 확인 및 개선하는 단계를 거치면서 성과를 개선하는 활동이다. 사고와 관련된 안전관리시스템 요인은 아래와 같이 안전작업허가서 작성, 안전교육, 안전점검 및 역할과 책임, 기본안전수칙을 검토한다.

- A사는 B사가 제출한 위험성 평가 내용을 기반으로 A사의 절차에 따라 위험성평가를 실시하였다. 하지만 벽체에 플레이트가 남는다는 사실을 알 수 없었다.
- A사와 B사는 위험성 평가 내용을 서면으로 검토하여 실질적인 위험성평가 검토가 될

수 없었다.

– 위험성 평가 내용(work as imagine)과 실제 작업 현장과의 괴리(work as done)가 있었다.

– A사와 B사 각각 위험성평가 담당자와 승인자 모두 플레이트 낙하와 관련한 위험을 알지 못하는 상황에서 작성, 검토 및 승인 과정이 이루어졌다.

– 안전교육 내용은 실질적인 위험요인을 발굴하고 보고하는 체계로 구성되어 있지 않다.

– A사 관리감독자 주관의 현장 안전 검증과 상시 안전 점검은 플레이트 낙하위험을 발견하지 못했다.

– A사 안전담당자의 상시 안전 점검은 플레이트 낙하위험을 발견하지 못했다.

– A사의 안전감리의 안전 점검은 플레이트 낙하위험을 발견하지 못했다.

– B사와 C사의 안전 점검은 플레이트 낙하위험을 발견하지 못했다.

– 가스터빈 설계자는 벽체에 플레이트가 남아도 떨어지지 않는 구조로 설계하지 않았다.

– A사, B사, C사, D사의 대표이사, 본사 안전보건팀, 사업소장, 사업소 안전 담당, 공사팀장, 작업감독자, 비계반장 및 작업자에게 부여된 안전보건 관련 책임은 설정되어 있다. 하지만 구체적이지 않고 이행 수준이 미흡하다. 그리고 권한 부여에 대한 정보가 제한적이다.

– A사의 기본안전수칙에 플레이트 낙하와 같은 잠재적인 위험요인을 포함하지 않았다. 만약 이러한 수칙을 포함하였다면 유해 위험요인을 파악할 가능성이 있었다.

⑥ 변화와 변동(change and dynamic)

C사 감독자는 천장 크레인을 사용하여 3개의 플레이트를 제거하였다. 이후 벽체에 남은 플레이트를 제거하려고 하였으나, 천장 크레인이 닿지 않았다. 이러한 과정에서 C사 감독자는 D사 비계 반장에게 플레이트 제거를 요청하였다. 하지만 C사 감독자는 플레이트가 제거되었는지 확인하지 않았고 보고도 하지 않았다. D사 비계 반장은 벽체에 남겨진 플레이트가 90도 기운 것을 목격하였지만, 별도 조치와 보고를 하지 않았다. 이러한 변화와 변동에 대한 사전 관리가 미흡하여 플레이트는 낙하하였다. 다음 그림과 같이 통제구조의 책임과 결함요인을 파악하였다.

정부
법규
	책임
	• 사업주의 자율적인 안전보건 경영체제 확립 지원
	• 산업안전 지원 및 지도 · 감독
	• 노무를 제공하는 사람의 안전건강 보호 및 증진
	• 중대재해 예방을 위한 기술 지원 및 지도
		부적절한 통제
		• 정부가 사고 예방에 관심을 두고 담당 부처에 적절한
		  예산지원, 전문가 양성 등을 통해 A사의 사고 예방
		  활동을 지원하였다면, 사고의 위험요인을 개선할
		  가능성이 있었다.

규제
기관
	책임
	• 고용노동부장관은 사업주의 자율적인 산업안전 및
	  보건 경영체제 확립 지원
	• 사업의 자율적인 안전보건 경영체제 운영 등의 기법에
	  관한 연구 및 보급
	• 사업의 안전관리 및 보건관리 수준을 향상
		부적절한 통제
		• 사업주에 대한 실질적인 지원

회사	A사	B사	C사	D사

대표 이사/ 경영 책임자	**책임** • 근로자의 안전과 건강 유지 · 증진 • 국가의 산업재해 예방정책 따름 • 사업장 총괄자에게 유해위험 예방조치 지시 • 안전보건 성과 검토/개선 • 종사자 의견 청취 등	**부적절한 통제** • 사업장이 플레이트 낙하위험을 찾도록 관리 • 현장의 위험요인에 관한 종사자 청취 • 도급인의 안전보건 관리 조치 • 경제관련 요인 • 안전관리시스템 설계, 안전문화 수준 증진
안전 관리 담당 (본사/ 사업소)	**책임** • 안전보건경영시스템 유지 • 유해위험요인 개선 • 안전보건 의사소통 기준 수립 • 안전점검 기준 수립 • 협력회사 안전보건 관리체계 수립 (작업계획서)	**부적절한 통제** • 의사소통 및 조정 • 안전정보 시스템 • 안전관리시스템 설계 • 변화와 변동 관리
관리 감독자	**책임** • 안전작업계획서 검토 • 위험성평가 실시 • 안전교육 • 안전점검 실시 • 안전작업허가서 승인 • 종사자 의견청취	**부적절한 통제** • 안전작업계획서의 플레이트 낙하 위험 미검토(A사, B사) • 위험성평가 시 플레이트 낙하위험 미검토 (A사, B사, C사) • 안전교육에 플레이트 낙하위험 누락 (A사, B사, C사, D사) • 안전점검 시 플레이트 낙하위험 미발견 (A사, B사, C사) • 벽체에 남겨진 플레이트 안전조치 미실시/미보고 (C사, D사) • 상하 동시작업 승인
작업자	**책임** • 유해위험요인 보고	**부적절한 통제** • 플레이트의 낙하위험 미보고, 상하동시 작업 실시

마. 개선대책 수립(create improvement program)

통제구조 결함을 개선하기 위하여 아래와 같은 대책을 수립한다.

① 정부법규

산업안전보건법에 따라 정부가 사고 예방에 관심을 두고 담당 부처에 적절한 예산지원, 전문가 양성 등을 통한 A사의 사고 예방 활동을 지원한다. 그리고 국가적인 안전문화 수준을 올려 대표이사와 관리감독자가 안전보건을 중요시하는 분위기를 조성한다.

② 규제기관

사업주에 대한 실질적인 지원

③ 의사소통 및 조정(communication and coordination)
- A사는 B가 제출한 작업단계별 상세 위험요인을 확인/보완한다.
- 단계별 작업 위험성 평가서 및 안전대책(구조물 등 시설 위험 포함)을 수립한다.
- A사의 표준화된 안전 작업 계획서를 B사에 제공한다.
- JSA(job safety analysis) 방식의 세부적인 위험성 평가를 시행한다.
- B사의 안전 작업 계획서를 A사와 함께 검토/발표회를 실시한다.

④ 안전정보 시스템(safety information system)
- 작업 전 실시하는 안전교육(TBM, tool box meeting) 시 동시 작업요인 파악한다.
- 낙하물 등 잠재된 위험요인을 확인한다.
- 위험 요소 확인 이후 그 내용을 상호 확인 및 서명한다.
- 기존 TBM 서명지 양식을 수정한다.
- A사 작업감독자는 작업 전 위험요인 확인 이후 작업을 승인한다.
- 안전보건 의견 청취회를 개최한다.
- 작업 중지 제도 수립 및 안내한다.

⑤ 안전관리시스템 설계(design of the Safety management system)
- 기존의 위험성 평가 내용을 재검토한다.
- 가스터빈 구조에 대한 위험요인을 추가하여 평가한다.
- 낙하물 관련 위험요인을 파악한다.
- 작업감독자와 관리책임자 대상 위험성 평가 기술 고도화 교육(안전작업허가서 승인 자격 수준 고도화)을 시행한다.
- 고위험 작업에 대해 안전담당자가 위험성 평가를 추가 검토한다.
- A사 작업감독자와 관리책임자가 참석하는 안전 워크숍을 실시한다.
- 사고 원인조사 내용 기반으로 위험성 평가를 교육한다.
- 협력회사 관리감독 수준 고도화 교육을 시행한다.

- A사는 사고원인 조사 내용과 대책을 B사에 전달한다.
- B사는 C사 및 D사 대상으로 교육을 시행한다.
- A사는 공사 당일 일반적인 안전교육 이외 구체적인 위험성 평가 내용을 교육한다.
- 핵심위험(Critical hazard)을 지정한다.
- 핵심위험으로 지정된 작업에 대한 점검을 강화한다.
- 점검 시 낙하물 위험요인 미조치 시 제재기준을 적용한다.
- 안전작업허가서 내용과 실제 작업의 차이를 점검 및 개선(WAI & WAD)한다.
- A사의 기본안전수칙에 플레이트 낙하위험을 포함한다.
- 덕트 플레이트 고정 방식 설계를 검토 및 개선한다.
- 덕트를 제거하여도 플레이트가 고정될 수 있도록 개선한다.

⑥ **변화와 변동(change and dynamic)**
- 낙하물 위험요인 발굴 및 보고 시상제도를 운용한다.
- 작업자는 언제든지 작업감독자 또는 관리책임자에게 보고한다.
- 위험요인을 수시로 공유할 수 있는 체계를 마련(단체 톡, 제안서, 시상 등)한다.
- 위험감수성 고도화(위험을 심각하게 생각하고 느끼게 할 수 있는 프로그램 마련)한다.

(8) 시스템적 사고조사 방법 적용의 의의

동일사고에 대해 시스템적 사고조사 방법인 FRAM, AcciMap 및 STAMP를 적용한 결과, 방법별 특성이 반영되어 사고조사를 효과적으로 시행할 수 있었고, 개선대책을 넓은 범위에서 효과적으로 수립할 수 있었다. 그리고 사고조사에 FRAM 방법을 먼저 적용한 결과, AcciMap과 STAMP 적용이 수월했다. 그 이유는 FRAM 방법을 먼저 적용하는 것은 어려웠지만, AcciMap과 STAMP보다 많은 요인에 대한 기능 변동성 확인과 시스템 전체 체계를 파악하는 데 유용했기 때문이다.

FRAM 기법의 장점은 사건과 기능을 확인하여 여섯 가지 측면 요인을 파악할 수 있다. FMV 사용하여 사고를 입체적 측면에서 바라볼 수 있다. 기능 변동성 관리대책을 제거, 예방, 완화 등으로 구분하여 재발 방지대책 수립이 쉽다. 기능적 그리고 구조적 측면에서 기여 요인을 파악할 수 있다. 단점은 사건과 기능을 확인하기까지 시간이 소요되고 숙련된 경험이 필요하다. 기능의 여섯 가지 측면을 세밀하게 분석해야 하므로 주관적인 판단이 반영된다. FMV 작성을 위한 지식이 필요하다.

AcciMap기법의 장점은 사고분석을 비교적 적은 시간 내 완료할 수 있다. 그리고 사고와 관련한 계층을 전체적으로 볼 수 있다. FRAM이나 STAMP 기법보다 사고분석이 수월하다. 단점은 주로 한 장에 사고와 관련한 계층 전체를 나타내므로 구체적인 사고 관련 요인이 빠질 여지가 있다. 따라서 사고분석 단계에서 구체적인 요인이 누락될 가능성이 있다.

STAMP 기법의 장점은 사고와 관련한 모든 관련자의 법적책임과 사내 안전보건관리규정 상의 책임 등을 세밀하게 검토할 수 있다. 그리고 책임을 이행하지 못한 사유를 객관적으로 질문할 수 있다. FRAM과 AcciMap보다 객관적인 사고분석, 신뢰성 확보와 다양하고 많은 개선대책 수립이 가능하다. 그리고 시스템적인 사고조사에 적합하다. 단점은 사고와 관련한 모든 계층 사람의 책임과 책임 불이행 확인 그리고 개선대책 수립이 필요하므로 사고분석 에 시간이 많이 소요된다.

참조 문헌과 링크

안전보건공단 (2020). 화학공장 화재·폭발 사고사례의 시스템적 원인분석에 관한 연구.

Allison, C. K., Revell, K. M., Sears, R., & Stanton, N. A. (2017). Systems Theoretic Accident Model and Process (STAMP) safety modelling applied to an aircraft rapid decompression event. *Safety science, 98*, 159-166.

Beach, P. M., Mills, R. F., Burfeind, B. C., Langhals, B. T., & Mailloux, L. O. (2018). A STAMP-based approach to developing quantifiable measures of resilience. In *Proceedings of the International Conference on Embedded Systems, Cyber-physical Systems and Applications, Las Vegas, NV, USA* (Vol. 30).

Benner Jr, L. (2019). Accident investigation data: Users' unrecognized challenges. Safety science,118, 309-315.

Branford, K., Hopkins, A., & Naikar, N. (2009). Guidelines for AcciMap analysis. In *Learning from high reliability organisations*. CCH Australia Ltd.

Cassano-Piche, A. L., Vicente, K. J., & Jamieson, G. A. (2009). A test of Rasmussen's risk management framework in the food safety domain: BSE in the UK. *Theoretical Issues in Ergonomics Science, 10*(4), 283-304.

Hollnagel, E. (2018). "Safety-I and safety-II-the past and future of safety management", CRC press. pp. 24-34.

Hollnagel, E., Hounsgaard, J., & Colligan, L. (2014). *FRAM-the Functional Resonance Analysis Method: a handbook for the practical use of the method*. Centre for Quality, Region of Southern Denmark.

Jenkins, D. P., Salmon, P. M., Stanton, N. A., & Walker, G. H. (2010). A systemic approach to accident analysis: a case study of the Stockwell shooting. *Ergonomics, 53*(1), 1-17.

Leveson, N. (2019). CAST Handbook: How to learn more from incidents and accidents. *Nancy G. Leveson http://sunnyday. mit. edu/CAST-Handbook. pdf accessed, 30*, 2021.

Li, W., Zhang, L., & Liang, W. (2017). An Accident Causation Analysis and Taxonomy (ACAT) model of complex industrial system from both system safety and control theory perspectives. *Safety science, 92*, 94-103.

Liu, S. Y., Chi, C. F., & Li, W. C. (2013, July). The application of human factors analysis and classification system (HFACS) to investigate human errors in helicopter accidents. In *International conference on engineering psychology and cognitive ergonomics* (pp. 85-94). Springer, Berlin, Heidelberg.

Leveson, N. (2019). CAST Handbook: How to learn more from incidents and accidents. N*ancy G. Leveson http://sunnyday. mit. edu/CAST-Handbook. pdf accessed*, 30.

Niskanen, T., Louhelainen, K., & Hirvonen, M. L. (2016). A systems thinking approach of occupational safety and health applied in the micro-, meso-and macro-levels: A Finnish survey. *Safety science, 82*, 212-227.

OSHA (2015). Incident(accident) investigations: A guide for employers, https://www.osha.gov/-sites/default/files/IncInvGuide4Empl_Dec2015.pdf

Qureshi, Z. H., Ashraf, M. A., & Amer, Y. (2007, December). Modeling industrial safety: A socio-technical systems perspective. In *2007 IEEE International Conference on Industrial Engineering and Engineering Management* (pp. 1883-1887). IEEE.

Salehi, V., Hanson, N., Smith, D., McCloskey, R., Jarrett, P., & Veitch, B. (2021). Modeling and analyzing hospital to home transition processes of frail older adults using the functional resonance analysis method (FRAM). *Applied Ergonomics, 93*, 103392.

Underwood, P., & Waterson, P. (2013). Accident analysis models and methods: guidance for safety professionals. *Loughborough University*

Waterson, P., Robertson, M. M., Cooke, N. J., Militello, L., Roth, E., & Stanton, N. A. (2015). Defining the methodological challenges and opportunities for an effective science of sociotechnical systems and safety. *Ergonomics, 58*(4), 565-599.

Xia, N., Zou, P. X., Liu, X., Wang, X., & Zhu, R. (2018). A hybrid BN-HFACS model for predicting safety performance in construction projects. *Safety science, 101*, 332-343.

제11장

안전보건관리 모니터링과 측정

제11장 안전보건관리 모니터링과 측정

I. 개요

1. 모니터링과 측정은 왜 필요한가?

모니터링과 측정은 PDCA의 계획-실행-점검-조치 관리 프로세스와 관련이 있는 과정이다. 안전보건과 관련한 모니터링과 측정을 하는 주요 목적은 안전보건을 위한 다양한 활동들이 효과적으로 시행되고 있는지 객관적으로 확인하고 개선하기 위한 목적이다. 일반적으로 경영층의 주요 관심사는 회사의 이익률, 투자 수익률 및 시장 점유율 등의 수치를 판단하여 회사 경영성과를 모니터링하고 수치를 측정하는 경우가 많이 있다.

이러한 수치들은 대체로 일반적으로 실패를 나타내는 부정적인 내용보다는 성취를 나타내는 긍정적인 내용을 갖는다. 한편, 경영층이 회사의 안전보건과 관련한 모니터링과 측정의 결과를 묻는다면, 일반적으로 유일한 측정 방법은 사고 또는 부상 통계일 가능성이 높다. 그 이유는 누가 보더라도 일반적이고, 공감하고 그런 일이 있다는 사실을 싫어하기 때문으로 판단한다. 하지만, 안전보건과 관련한 측정 수치는 수년간 사고나 질병 발생률이 낮다고 해서 위험이 통제되고 있으며 향후 사고가 발생하지 않을 것이라는 보장은 없다는 것이 현실적이다. 그리고 사고와 부상 및 질병과 관련한 수치를 단독으로 사용할 경우 아래표와 같은 문제가 발생할 수 있다.

> - 발생한 사고를 누락하거나 적게 보고할 가능성이 크다. 특히 무사고의 결과로 인한 성과 보상 시스템이 존재할 경우, 이런 문제가 더욱 가중될 수 있다.
> - 특정 사고 발생으로 인해 시스템 전체에 문제가 존재한다고 비칠 수 있다.
> - 특정 사고가 발생한 원인을 너무 넓은 범위로 확장하여 실제 사고원인과는 무관한 개선 대책을

마련해야 하는 부적절한 상황이 발생한다.
- 강요에 의한 어쩔 수 없는 실수가 사람을 비난하는 방식으로 전개된다.
- 사고가 발생하는 것만을 피하고자 했지만, 사고는 누구도 예상하지 못한 상황에서 발생한다.
- 사고나 부상은 원인이 아닌 결과만을 보여준다.
- 사고나 부상 수치를 사무실적인 분석 방식을 적용하여 현장 작업자의 실수를 비난한다.

전술한 문제점을 개선하기 위한 ILO 지침(ILO-OSH 2001)은 아래 표와 같다.

- 안전보건 성과를 정기적으로 모니터링, 측정 및 기록하는 절차를 개발, 확립하고 정기적으로 검토해야 한다. 관리 구조의 다양한 수준에서 모니터링을 위한 책임, 책무 및 권한이 할당되어야 한다.
- 성과 지표의 선택은 조직 활동의 규모와 성격 및 OSH 목표에 따라 이루어져야 한다.
- 조직의 요구에 적합한 정성적, 정량적 조치를 모두 고려한다. 조직이 식별한 위험 및 위험, OSH 정책의 약속 및 OSH 목표를 기반으로 한다.
- 성과 모니터링 및 측정에 있어, 안전보건 정책과 목표가 어느 정도 구현되고 위험이 통제되는지를 결정하는 수단으로 사용되어야 한다. 그리고 적극적 모니터링과 대응적 모니터링을 모두 포함해야 하며 업무 관련 부상, 질병, 질병 및 사고 통계에만 기반을 두어서는 안 된다.
- 모니터링은 안전보건 성과에 대한 피드백, 위험 및 위험식별, 예방 및 통제를 위한 일상적인 조치가 마련되어 있고 효과적으로 운영되고 있는지 확인하기 위한 정보 그리고 위험식별 및 위험 통제, 안전보건관리 시스템 개선에 대한 결정의 기초이다.
- 능동적 모니터링에는 사전 예방적 시스템을 갖추는 데 필요한 요소를 포함하고, 확립된 성과 기준 및 목표의 달성 모니터링, 작업 시스템, 사업장 및 장비에 대한 체계적인 검사, 작업 조직을 포함한 작업 환경 감시, 적절한 의학적 감시 및 관련법규 준수 등이 있다.
- 모니터링에는 업무 관련 부상, 질병(총체적인 질병 결근 기록 모니터링 포함), 질병 및 사고, 재산 피해 등 기타 손실, 안전보건관리 관리 시스템 미흡사항 그리고 근로자의 재활 및 건강 회복 프로그램 등이 포함된다.

---

2. 후행 지표(lagging indicator)

후행지표는 과거 사고 통계의 형태로 주로 사고를 측정한다. 여기에는 부상 빈도와 심각도, 보고 가능한 부상, 근로손실 일수, 사업주의 책임 보상 비용, 법규 위반 비용 등이 포함된다. 후행지표는 안전보건 관련 기준 준수 현황을 확인하는 전통적인 지표이다. 이것은 안전보건을 다루는 전반적인 효율성을 평가하는 최종 수단으로 활용된다. 이 지표는 얼마나 많은 사람이 부상을 입었고 얼마나 심각했는지는 알 수 있지만 회사가 사고와 사고를 얼마나 잘 예방하고 있는지는 알 수 없다는 단점이 있다. 예를 들어, 실제로 작업장에는 향후 부상을 유발할 수 있는 수많은 위험 요소가 존재함에도 불구하고, 관리자는 사고율이 낮다고 생각하면 현실에 안주하여 안전을 확보하는 노력을 하지 않을 수 있다.

3. 선행지표(leading indicator)

선행지표는 확립된 위험 통제 시스템의 적합성과 준수 정도를 확인하는 수단이다. 선행지표는 일반적으로 안전관리시스템의 결함을 식별하여 후속 개선 조치를 취하고 잠재적인 원인을 근절하여 사고를 예방하기 위한 활동을 구체화 한 것이다.

4. 경영층과 관리자의 역할

안전보건과 관련한 성과는 CEO, 경영층 및 관리자 수준에서 측정해야 한다. 관리자는 유해위험요인에 대한 올바른 조치가 마련되어 있고 올바르게 작동하는지 스스로 확인해야 한다. 능동적 모니터링과 대응적 모니터링 모두에 대한 책임이 명시되어야 하며 관리자는 계획과 목표가 충족되고 표준 준수가 달성되는지 확인하는 데 개인적으로 참여해야 한다. 감독자와 안전담당자는 자신이 관리하는 사업장의 안전보건 모니터링과 측정을 할 의무가 있다. 여기에는 교육, 점검, 개선 등 다양한 활동 등이 존재한다.

II. 안전보건경영시스템 평가 가이드라인

안전보건경영시스템 평가는 조직의 안전문화 수준을 확인할 수 있는 종합적인 접근방식이다. 이 평가를 통해 안전보건경영시스템 운영의 공백을 찾아가는 과정은 마치 해당 조직의 안전보건경영시스템을 거울 앞에 놓고 그 반사되는 상황을 보는 것과 같다. 조직이 갖는 특수성이나 유해 위험요인에 따라 여러 방식으로 안전보건경영시스템 평가를 할 수 있지만, 반드시 주기적으로 실시하여 조직의 안전보건경영시스템 운영 수준을 높여야 한다.

1. 일반적으로 추천할 수 있는 평가방식

안전보건경영시스템 평가는 시스템이 갖고 있는 요소(element)들이 유기적으로 운영되고 있는지 확인하는 과정으로 계획(plan), 실행(do), 확인(check) 그리고 조치(act)의 과정을 확인한다.

평가과정은 아래 그림과 같이 계획수립, 평가 체크리스트 구성, 자체평가 시행, 안전정책과 안전목표 확인, 시스템의 요소(element)별 확인, 감사결과 정리, 발견사항을 경영층에게 보고, 개선조치 항목 확인, 개선조치 항목 공유, 이행여부 확인 및 재평가 등으로 이루어진다.

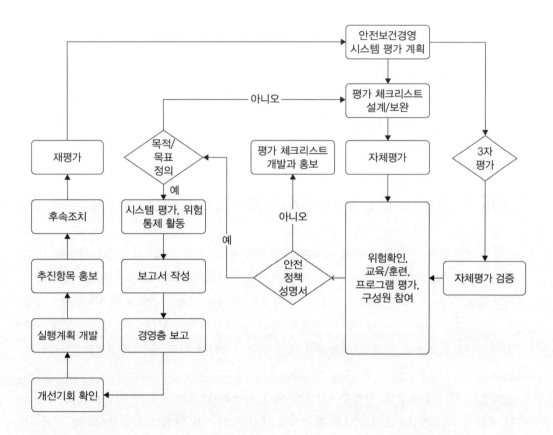

2. ISO 45001이 추천하는 평가방식

(1) 일반적인 요건

ISO 45001의 성과평가(performance evaluation)기준에 따라 조직은 모니터링, 측정, 분석 및 성과 평가를 위한 프로세스를 수립하고 유지한다.

프로세스를 결정하는 요인으로는 법적 요건, 확인된 위험, 위험개선과 관련한 활동, 조직의 안전보건 목표 달성 등이 있다. 그리고 모니터링, 측정, 분석과 성능 평가 방법, 안전보건 성과평가 기준, 모니터링 측정 시기, 모니터링 측정 결과 분석과 전달 등이 있다.

(2) 준수평가

준수평가 시기, 빈도 및 방법을 정의하고 안전보건과 관련한 법규 준수 여부를 확인하고 그 결과를 문서로 관리한다.

(3) 내부 감사

조직은 안전보건 정책과 안전보건 목표의 요구조건이 적절하게 이행되고 있는지 내부 감사를 통해 확인한다.

(4) 내부 감사프로그램

내부 감사프로그램 운영을 위해 감사 주기, 방법, 책임, 협의, 계획 등의 요건을 검토한다. 그리고 조직에 적합한 인력을 내부 감사자로 지정하여 감사를 시행하고 감사 결과를 관련 책임자에게 통보한다.

(5) 경영검토(management review)

CEO는 안건보건경영시스템 평가가 계획된 일정에 맞게 시행되도록 확인하고 시스템의 적합성, 적절성 및 효과성을 보장해야 한다.

경영검토 대상은 이전에 시행된 경영검토 결과의 후속 조치 상태, 시스템과 관련한 내부와 외부 문제(이해 당사자의 요구와 기대, 법적 요건 및 기타 요건, 위험과 기회 등) 그리고 안전보건 정책과 목표 달성 등의 내용이다. 그리고 경영검토 부적합 사항, 시정 조치 사항, 모니터링 결과, 법적 요구 사항, 근로자 참여, 위험과 기회, 효과적인 안전보건 경영시스템을 유지하기 위한 자원의 적절성, 이해 당사자와의 관련 커뮤니케이션 여부 등도 경영검토 대상에 포함한다.

경영검토 결과에 포함될 항목은 (1) 안전보건 목표를 달성하기 위한 안전보건 경영시스템의 적합성, 적절성 및 효과성, (2) 지속적인 개선 기회, (3) 안전보건 경영시스템 개선 검토, (4) 필요 자원 검토, (5) 조치사항, (6) 안전보건경영시스템과 다른 비즈니스 프로세스와의 통합 개선, (7) 조직의 전략적 방향 등이다.

CEO는 경영검토 결과를 근로자와 근로자 대표에게 전달해야 한다. 그리고 조직은 경영검토 결과를 문서로 관리한다.

(6) 개선(improvement)

조직은 안전보건경영시스템의 목표를 달성하기 위한 개선 조치를 한다.

가. 사고 또는 부적합 사항 개선

조직은 사고 또는 부적합 사항을 관리하고 개선하기 위한 조치를 취하기 위해 근로자와 관련 이해 관계자를 참여시킨다. 시정 조치를 하는 과정에서 새로운 위험이나 변경된 위험을 검토하고 관련 문서를 관리한다.

나. 지속적인 개선(continual improvement)

　조직은 사고, 부적합 사항, 개선 사항을 검토하여 개선하고 이와 관련한 안전보건경영시스템 요소를 지속적으로 개선한다.

III. 실행사례

1. 소개

　저자가 시행했던 여러 사례 중 2006년 중국 지역 OOO 기업의 본사와 사업장을 대상으로 하는 안전보건경영시스템 감사와 중대산업재해 예방 감사에 대한 소개를 한다. 감사는 8월 27일부터 9월 5일까지 10일간 시행되었다. 감사 지역은 OOO 기업이 관리하고 있는 지역 중 선정된 광주, 하이코우, 충칭, 항조, 셔먼, 상해, 베이징 그리고 텐진 지역의 공장, 건설 및 서비스 현장이었다. 감사팀 구성원은 홍콩의 OOO, 호주의 OOO 그리고 중국의 OOO 등이었다.

2. 안전보건경영시스템 감사

　안전보건경영시스템 감사에 사용된 체크리스트는 마이크로 소프트 엑셀 프로그램으로 만들어졌다. 체크리스트는 해당 요소(element)별 질문, 감사자 지침, 점수 부여기준 및 관련 증빙 기재로 구성되어 있다. 감사자는 피 감사 회사의 본사와 현장을 방문한 결과에 따라 체크리스트를 확인하고 점수(0점에서 4점)를 부여하였다. 본 책자는 여러 요소(element) 중 안전보건방침과 리더십, 책임 및 검사와 감사 요소를 선정하여 설명한다.

(1) 안전보건방침과 리더십

안전보건방침과 리더십 요소는 4개의 질문으로 구성되어 있다.

---

(1) 첫 번째 질문은 "조직은 안전보건경영시스템의 요구 사항에 따라 프로그램 문서를 정의하고 있다. 조직의 프로그램 문서가 안전보건을 관리하는 데 효과적인가?"이다.
이 질문에 대한 감사자 지침은 i) 안전보건경영시스템의 요구 사항이 포함된 문서를 확인한다. ii) 안전보건경영시스템 각 요소의 요구 사항 준수 방법을 문서들이 정의하고 있는지 확인한다. iii) 감사자는 프로그램 문서가 위험 감소 프로세스를 요약하는 데 포괄적인지 확인한다.
이 질문에 대한 점수 부여기준은 다음과 같다. a. 안전보건경영시스템 및 기타 표준의 요구 사항이 구현되는 방법을 정의하는 서면 프로그램 문서가 있다. b. 프로그램에는 작업과 관련된 위험을 포괄적으로 다루는 프로세스/절차가 포함되어 있다. c. 조직은 프로그램 문서에 기술된 바와 같이 행동한다.

점수 부여기준에 따라 4점에서 0점을 부여한다. 4점은 상기 요건들이 충분히 실행되고 있고 효과적인 경우이다. 3점은 상기의 요건 중 어느 한 가지라도 실행도 측면이나 효과성 측면에서 minor한 gap이 존재한다. 이 요건과 관련한 안전보건경영시스템상에 minor한 지적 사항이 있다. 상기 요건과 관련된 세부 발견사항(detail finding)의 위험(risk) 크기가 낮다. 2점은 상기의 요건 중 어느 한 가지라도 실행도 측면이나 효과성 측면에서 gap이 존재한다. 이 요건과 관련한 안전보건경영시스템상의 지적 사항이 있다. 상기 요건과 관련된 세부 발견사항(detail finding)의 위험(risk) 크기가 중간이다. 1점은 상기의 요건 중 어느 한 가지라도 실행도 측면이나 효과성 측면에서 major gap이 존재한다. 요건이 누락되었거나 이 요건과 관련한 안전보건경영시스템상에 major한 지적 사항이 있다. 상기 요건과 관련된 세부 발견사항(detail finding)의 위험(risk) 크기가 높다. 0점은 상기 요건에 대한 어떠한 증빙도 없는 경우이다.

(2) 두 번째 질문은 "경영층이 안전보건과 관련하여 모범을 보여주고, 관련 활동을 통해 자신의 헌신과 리더십을 가시적으로 보여주는가?"이다.

이 질문에 대한 감사자 지침은 경영층과의 인터뷰, 활동 검토, 안전보건 위원회 참여 등 안전보건 활동 근거를 확인한다.

이 질문에 대한 점수 부여기준은 다음과 같다. a. 안전보건이 사업의 의사 결정 절차에 통합된다. b. 경영층이 안전보건 활동에 직접 참여한다. c. 경영층은 구성원들이 현장과 가정에서 안전보건을 생각할 수 있도록 하는 활동을 제공한다. d. 경영층이 외부 커뮤니티나 협의체에 참여하여 조직의 안전보건 가치를 공유하는 등의 활동을 한다.

점수 부여기준에 따라 4점에서 0점을 부여한다. 4점은 상기 요건들이 충분히 실행되고 있고 효과적인 경우이다. 3점은 상기의 요건 중 어느 한 가지라도 실행도 측면이나 효과성 측면에서 minor한 gap이 존재한다. 이 요건과 관련한 안전보건경영시스템상에 minor한 지적 사항이 있다. 상기 요건과 관련된 세부 발견사항(detail finding)의 위험(risk) 크기가 낮다. 2점은 상기의 요건 중 어느 한 가지라도 실행도 측면이나 효과성 측면에서 gap이 존재한다. 이 요건과 관련한 안전보건경영시스템상의 지적 사항이 있다. 상기 요건과 관련된 세부 발견사항(detail finding)의 위험(risk) 크기가 중간이다. 1점은 상기의 요건 중 어느 한 가지라도 실행도 측면이나 효과성 측면에서 major gap이 존재한다. 요건이 누락되었거나 이 요건과 관련한 안전보건경영시스템상에 major한 지적 사항이 있다. 상기 요건과 관련된 세부 발견사항(detail finding)의 위험(risk) 크기가 높다. 0점은 상기 요건에 대한 어떠한 증빙도 없는 경우이다.

(3) 세 번째 질문은 "구성원과 경영층이 안전보건과 관련한 책임을 이해·지원하며 헌신하는가?"이다.

이 질문에 대한 감사자 지침은 i) 인터뷰와 현장 관찰을 통해 조직의 모든 활동과 기능에서 안전보건 리더십이 가시적으로 지원·입증되는지 확인한다. ii) 조직 구성원의 규칙과 절차 준수 여부 그리고 안전보건 관련 프로그램에 대한 경영층 참여 여부를 확인한다. iii) 안전보건 관련 지표에 있는 감사, 교육, 회의, 커뮤니티 활동, 위원회 운영 등에 대한 경영층의 점검 여부를 확인한다. 이 질문에 대한 점수 부여기준은 다음과 같다. a. 자신의 직무와 관련된 안전보건 책임에 대해 알고 있다. b. 안전보건 프로그램 이행에 대한 책임을 강조한다. c. 경영층이 감사, 교육 및 직원 회의 등에 참석하여 안전보건 프로그램의 중요성을 강조한다.

점수 부여기준에 따라 4점에서 0점을 부여한다. 4점은 상기 요건들이 충분히 실행되고 있고 효과적인 경우이다. 3점은 상기의 요건 중 어느 한 가지라도 실행도 측면이나 효과성 측면에서 minor한 gap이 존재한다. 이 요건과 관련한 안전보건경영시스템상에 minor한 지적 사항이 있다. 상기 요건과 관련된 세부 발견사항(detail finding)의 위험(risk) 크기가 낮다. 2점은 상기의 요건 중 어느 한 가지라도 실행도 측면이나 효과성 측면에서 gap이 존재한다. 이 요건과 관련한 안전보건경영시스템상의 지적 사항이 있다. 상기 요건과 관련된 세부 발견사항(detail finding)의 위험(risk) 크기가 중간이다. 1점은 상기의 요건 중 어느 한 가지라도 실행도 측면이나 효과성 측면에서 major gap이 존재한다. 요건이 누락되었거나 이 요건과 관련한 안전보건경영시스템상에 major한 지적 사항이 있다. 상기 요건과 관련된 세부 발견사항(detail finding)의 위험(risk) 크기가 높다. 0점은 상기 요건에 대한 어떠한 증빙도 없는 경우이다.

---

(4) 네 번째 질문은 "모든 안전보건 목적과 목표를 달성했거나 달성하는 방향으로 중요한 진전("significant progress")이 있는가?"이다.

이 질문에 대한 감사자 지침은 i) 중점 과제(key initiative) 달성을 위한 안전보건 목적과 목표의 적절성 여부를 확인한다. ii) 안전보건 목적과 목표에 따라 시행되는 활동을 확인하기 조치를 검토한다.

이 질문에 대한 점수 부여기준은 다음과 같다. a. 안전보건 목적과 목표가 관련 Media 기준으로 수립되었고 조직에 적절하게 수립되었다. b. 목적과 목표를 달성하기 위한 안전보건 활동이 연간 계획에 포함되어 있다 c. 안전보건 목적과 목표를 달성했거나 달성하는 방향으로 중요한 진전(significant progress)이 있다.

점수 부여기준에 따라 4점에서 0점을 부여한다. 4점은 상기 요건들이 충분히 실행되고 있고 효과적인 경우이다. 3점은 상기의 요건 중 어느 한 가지라도 실행도 측면이나 효과성 측면에서 minor한 gap이 존재한다. 이 요건과 관련한 안전보건경영시스템상에 minor한 지적 사항이 있다. 상기 요건과 관련된 세부 발견사항(detail finding)의 위험(risk) 크기가 낮다. 2점은 상기의 요건 중 어느 한 가지라도 실행도 측면이나 효과성 측면에서 gap이 존재한다. 이 요건과 관련한 안전보건경영시스템상의 지적 사항이 있다. 상기 요건과 관련된 세부 발견사항(detail finding)의 위험(risk) 크기가 중간이다. 1점은 상기의 요건 중 어느 한 가지라도 실행도 측면이나 효과성 측면에서 major gap이 존재한다. 요건이 누락되었거나 이 요건과 관련한 안전보건경영시스템상에 major한 지적 사항이 있다. 상기 요건과 관련된 세부 발견사항(detail finding)의 위험(risk) 크기가 높다. 0점은 상기 요건에 대한 어떠한 증빙도 없는 경우이다.

전술한 기준에 따라 피 감사회사인 중국 OOO 기업의 평가 결과는 다음과 같다.

안전보건방침과 리더십 관련한 첫 번째 질문에 대한 평가 결과는 4점이다. 이에 대한 근거는 'Evidence and Supporting Documentation'을 참조한다.

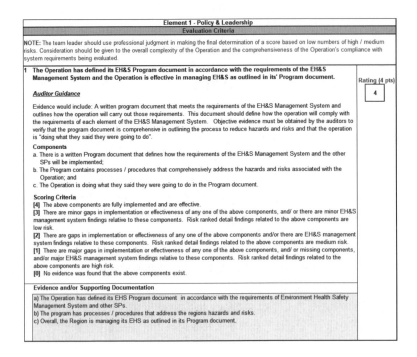

안전보건방침과 리더십 관련한 두 번째 질문에 대한 평가 결과는 4점이다. 이에 대한 근거는 'Evidence and Supporting Documentation'을 참조한다.

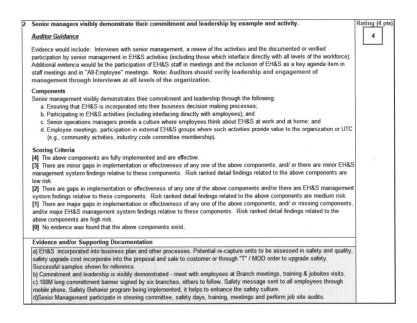

안전보건방침과 리더십 관련한 세 번째 질문에 대한 평가 결과는 2점이다. 이에 대한 근거는 'Evidence and Supporting Documentation'을 참조한다.

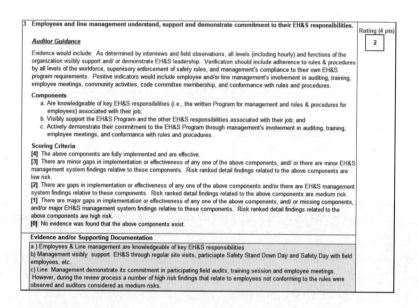

안전보건방침과 리더십 관련한 네 번째 질문에 대한 평가 결과는 4점이다. 이에 대한 근거는 'Evidence and Supporting Documentation'을 참조한다.

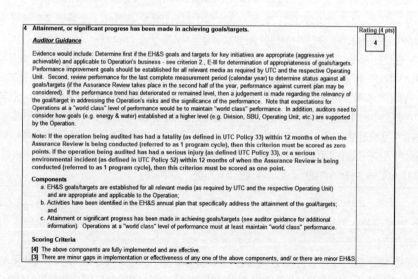

management system findings relative to these components. Risk ranked detail findings related to the above components are low risk.

[2] There are gaps in implementation or effectiveness of any one of the above components and/or there are EH&S management system findings relative to these components. Risk ranked detail findings related to the above components are medium risk.

[1] There are major gaps in implementation or effectiveness of any one of the above components, and/ or missing components, and/or major EH&S management system findings relative to these components. Risk ranked detail findings related to the above components are high risk.

[0] No evidence was found that the above components exist.

Evidence and/or Supporting Documentation

a) Goals are set for the year as listed below.

b) "North Zone EH&S Plan 2006" defines the actions / activities to improve the system completness and assist the achievement of safety goals / objectives

c) Can meet most of the parameters except the TRIR (YTD as at July 2006)

| | 2004 | 2005 | | 2006 | | Note:YTD Goals are not being met. Retrofit plan |
	Actual	Goal	Actual	Goal	YTD	for top of car stop switches & pit switches
TRIR	0	0.18	0.27	0.16	0.25	complete. Top of car sheave guard
LWIR	0	0.11	0.27	0.10	0	scheduled for completion at end of 2006.
SR	0	3.15	2.71	2.5	0	
No. of day Lost	0	15	10	9	0	
FPA Score	100%	100%	100%	100%	99.3%	
AR Score	N/A	70	N/A	72%	77	

(2) 책임

책임은 2개의 질문으로 구성되어 있다.

(1) 첫 번째 질문은 "조직은 모든 계층의 구성원에 대한 공식적인 책임시스템을 수립하여 실행하고 있는가?"이다.

이 질문에 대한 감사자 지침은 모든 계층의 구성원이 안전보건 활동을 수행해야 할 책임과 관련된 문서를 검토하고 여러 계층의 구성원을 대상으로 인터뷰 한다. 공식적인 책임시스템이 미흡하다는 것은 중요한 gap이 있다는 것이다.

이 질문에 대한 점수 부여기준은 다음과 같다. a. 조직의 공식적인 책임시스템은 모든 계층의 구성원에 대한 안전보건 책임사항을 적절히 할당하고 있다. b. 공식적인 책임시스템은 징계와 보상 형태로 구분되어 운영된다. c. 문서화된 징계조치 절차는 공식적인 책임시스템상 적절하다.

점수 부여기준에 따라 4점에서 0점을 부여한다. 4점은 상기 요건들이 충분히 실행되고 있고 효과적인 경우이다. 3점은 상기의 요건 중 어느 한 가지라도 실행도 측면이나 효과성 측면에서 minor한 gap이 존재한다. 이 요건과 관련한 안전보건경영시스템상에 minor한 지적 사항이 있다. 상기 요건과 관련된 세부 발견사항(detail finding)의 위험(risk) 크기가 낮다. 2점은 상기의 요건 중 어느 한 가지라도 실행도 측면이나 효과성 측면에서 gap이 존재한다. 이 요건과 관련한 안전보건경영시스템상의 지적 사항이 있다. 상기 요건과 관련된 세부 발견사항(detail finding)의 위험(risk) 크기가 중간이다. 1점은 상기의 요건 중 어느 한 가지라도 실행도 측면이나 효과성 측면에서 major gap이 존재한다. 요건이 누락되었거나 이 요건과 관련한 안전보건경영시스템상에 major한 지적 사항이 있다. 상기 요건과 관련된 세부 발견사항(detail finding)의 위험(risk) 크기가 높다. 0점은 상기 요건에 대한 어떠한 증빙도 없는 경우이다.

(2) 두 번째 질문은 "모든 계층의 구성원은 그들의 안전보건 역할과 의무를 수행할 책임을 가지고 있는가?."이다.

이 질문에 대한 감사자 지침은 모든 계층의 구성원에게 할당된 활동이 완료되는지 여부를 인터뷰를 통해 확인한다. 그리고 이와 관련한 정기적인 평가 시행 여부를 문서를 통해 확인한다.

이 질문에 대한 점수 부여기준은 다음과 같다. a. 모든 구성원은 안전보건 목적과 목표를 달성하기 위해 할당된 책임과 행동을 실행해야 할 책임을 갖고 있다. 그리고 안전보건 방침, 규칙과 절차 및 법규요건을 준수해야 할 책임을 갖고 있다. b. 해당 조직과 모든 부서의 책임자는 안전보건 목적과 목표, 연간 안전보건 계획을 지원하기 위한 활동에 대한 책임을 갖는다. c. 적절하고 지속적인 징계조치가 취해지고 있다.

점수 부여기준에 따라 4점에서 0점을 부여한다. 4점은 상기 요건들이 충분히 실행되고 있고 효과적인 경우이다. 3점은 상기의 요건 중 어느 한 가지라도 실행도 측면이나 효과성 측면에서 minor한 gap이 존재한다. 이 요건과 관련한 안전보건경영시스템상에 minor한 지적 사항이 있다. 상기 요건과 관련된 세부 발견사항(detail finding)의 위험(risk) 크기가 낮다. 2점은 상기의 요건 중 어느 한 가지라도 실행도 측면이나 효과성 측면에서 gap이 존재한다. 이 요건과 관련한 안전보건경영시스템상의 지적 사항이 있다. 상기 요건과 관련된 세부 발견사항(detail finding)의 위험(risk) 크기가 중간이다. 1점은 상기의 요건 중 어느 한 가지라도 실행도 측면이나 효과성 측면에서 major gap이 존재한다. 요건이 누락되었거나 이 요건과 관련한 안전보건경영시스템상에 major한 지적 사항이 있다. 상기 요건과 관련된 세부 발견사항(detail finding)의 위험(risk) 크기가 높다. 0점은 상기 요건에 대한 어떠한 증빙도 없는 경우이다.

책임과 관련한 첫 번째 질문에 대한 평가 결과는 4점이다. 이에 대한 근거는 'Evidence and Supporting Documentation'을 참조한다.

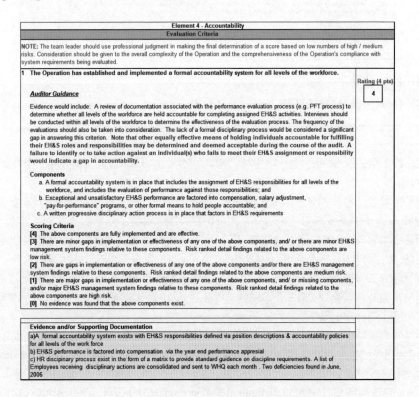

책임과 관련한 두 번째 질문에 대한 평가 결과는 4점이다. 이에 대한 근거는 'Evidence and Supporting Documentation'을 참조한다.

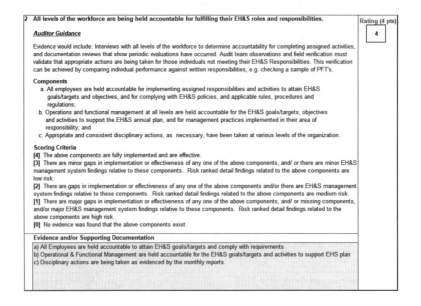

(3) 검사와 감사

검사와 감사는 다섯 개 질문으로 구성되어 있다.

(1) 첫 번째 질문은 "조직은 검사와 감사 그리고 개선활동 프로그램을 수립하여 운영하고 있는 가?"이다.

이 질문에 대한 감사자 지침은 검사와 감사를 시행하기 위한 문서화된 절차와 프로세스를 검토하는 것이다. 검토 내용에는 검사와 감사의 의미를 부여한 조직의 관련활동 평가 여부이다.

이 질문에 대한 점수 부여기준은 다음과 같다. a. 검사 프로세스, 일정, 범위 및 책임자가 정의되어 있다. b. 공식적인 프로토콜 또는 체크리스트를 사용하도록 요구하고 있다. c. 검사자와 감사자에 대한 필요 교육을 정의하고 있다. d. 검사와 감사 동향을 추적하고 분석하고 있다. e. 경영층에게 검사와 감사 결과를 보고하도록 요구하고 있다. f. 시기에 맞게 개선과 예방활동이 시행되도록 하는 방법이 정의되어 있다.

점수 부여기준에 따라 4점에서 0점을 부여한다. 4점은 상기 요건들이 충분히 실행되고 있고 효과적인 경우이다. 3점은 상기의 요건 중 어느 한 가지라도 실행도 측면이나 효과성 측면에서 minor한 gap이 존재한다. 이 요건과 관련한 안전보건경영시스템상에 minor한 지적 사항이 있다. 상기 요건과 관련된 세부 발견사항(detail finding)의 위험(risk) 크기가 낮다. 2점은 상기의 요건 중 어느 한 가지라도 실행도 측면이나 효과성 측면에서 gap이 존재한다. 이 요건과 관련한 안전보건경영시스템상의 지적 사항이 있다. 상기 요건과 관련된 세부 발견사항(detail finding)의 위험(risk) 크기가 중간이다. 1점은 상기의 요건 중 어느 한 가지라도 실행도 측면이나 효과성 측면에서 major gap이 존재한다. 요건이 누락되었거나 이 요건과 관련한 안전보건경영시스템상에 major한 지적 사항이 있다. 상기 요건과 관련된 세부 발견사항(detail finding)의 위험(risk) 크기가 높다. 0점은 상기 요건에 대한 어떠한 증빙도 없는 경우이다.

---

(2) 두 번째 질문은 "위험과 관련한 물리적 상황, 행동, 실수 등을 확인하고 개선하기 위한 검사가 효과적으로 시행되고 있는가?"이다.

이 질문에 대한 감사자 지침은 일정에 따라 검사가 완료되고 직무와 관련된 위험을 파악하고 있다는 현장 관찰과 관련한 문서를 검토하는 것이다. 검사 절차는 새로운 위험 또는 이전에 밝혀지지 않았던 위험을 파악하여야 한다.

이 질문에 대한 점수 부여기준은 다음과 같다. a. 조직은 바람직하지 못한 행동과 법적 요건에 대한 위반사항을 확인하는 검사 절차를 시행하고 있다. b. 조직의 검사 절차가 주기적으로 시행되고 있다. c. 검사는 위험한 물리적 주변상황을 확인하는데 효과적이다.

점수 부여기준에 따라 4점에서 0점을 부여한다. 4점은 상기 요건들이 충분히 실행되고 있고 효과적인 경우이다. 3점은 상기의 요건 중 어느 한 가지라도 실행도 측면이나 효과성 측면에서 minor한 gap이 존재한다. 이 요건과 관련한 안전보건경영시스템상에 minor한 지적 사항이 있다. 상기 요건과 관련된 세부 발견사항(detail finding)의 위험(risk) 크기가 낮다. 2점은 상기의 요건 중 어느 한 가지라도 실행도 측면이나 효과성 측면에서 gap이 존재한다. 이 요건과 관련한 안전보건경영시스템상의 지적 사항이 있다. 상기 요건과 관련된 세부 발견사항(detail finding)의 위험(risk) 크기가 중간이다. 1점은 상기의 요건 중 어느 한 가지라도 실행도 측면이나 효과성 측면에서 major gap이 존재한다. 요건이 누락되었거나 이 요건과 관련한 안전보건경영시스템상에 major한 지적 사항이 있다. 상기 요건과 관련된 세부 발견사항(detail finding)의 위험(risk) 크기가 높다. 0점은 상기 요건에 대한 어떠한 증빙도 없는 경우이다.

---

(3) 세 번째 질문은 "감사가 안전보건 관련 프로그램, 절차와 같은 내부 통제시스템을 효과적으로 평가하고 있는가?"이다.

이 질문에 대한 감사자 지침은 감사기준과 일정을 포함한 공식적인 감사 프로그램이 있는지 확인한다. 감사 결과에 따라 개선활동이 이루어지고 있는지 확인한다.

이 질문에 대한 점수 부여기준은 다음과 같다. a. 조직은 안전보건 관련 프로그램, 절차와 같은 내부 통제시스템을 감사하고 있다. b. 감사는 일정에 따라 실시되고 있고 그 결과는 안전보건 위원회에 의해 검토된다. c. 감사는 안전보건경영시스템의 결함을 확인한다.

점수 부여기준에 따라 4점에서 0점을 부여한다. 4점은 상기 요건들이 충분히 실행되고 있고 효과적인 경우이다. 3점은 상기의 요건 중 어느 한 가지라도 실행도 측면이나 효과성 측면에서 minor한 gap이 존재한다. 이 요건과 관련한 안전보건경영시스템상에 minor한 지적 사항이 있다. 상기 요건과 관련된 세부 발견사항(detail finding)의 위험(risk) 크기가 낮다. 2점은 상기의 요건 중 어느 한 가지라도 실행도 측면이나 효과성 측면에서 gap이 존재한다. 이 요건과 관련한 안전보건경영시스템상의 지적 사항이 있다. 상기 요건과 관련된 세부 발견사항(detail finding)의 위험(risk) 크기가 중간이다. 1점은 상기의 요건 중 어느 한 가지라도 실행도 측면이나 효과성 측면에서 major gap이 존재한다. 요건이 누락되었거나 이 요건과 관련한 안전보건경영시스템상에 major한 지적 사항이 있다. 상기 요건과 관련된 세부 발견사항(detail finding)의 위험(risk) 크기가 높다. 0점
은 상기 요건에 대한 어떠한 증빙도 없는 경우이다.

(4) 네 번째 질문은 "검사결과에 따른 개선여부와 개선 조치가 효과적으로 완료되었는가?"이다.
이 질문에 대한 감사자 지침은 검사에서 발견된 사안에 대한 개선조치가 이루어졌고 완료되었는
지 확인한다. 감사팀은 검사와 관련한 서류를 확인하고 평가한다.
이 질문에 대한 점수 부여기준은 다음과 같다. a. 검사 결과에 따라 임시조치 그리고 최종 개선
조치 여부를 확인한다. b. 개선 활동은 일정에 따라 실시되고 위험을 완화시키는데 효과적이다. c.
발견사항에 대한 효과적인 개선 조치가 이루어지고 있다.
점수 부여기준에 따라 4점에서 0점을 부여한다. 4점은 상기 요건들이 충분히 실행되고 있고 효과
적인 경우이다. 3점은 상기의 요건 중 어느 한 가지라도 실행도 측면이나 효과성 측면에서 minor
한 gap이 존재한다. 이 요건과 관련한 안전보건경영시스템상에 minor한 지적 사항이 있다. 상기
요건과 관련된 세부 발견사항(detail finding)의 위험(risk) 크기가 낮다. 2점은 상기의 요건 중 어
느 한 가지라도 실행도 측면이나 효과성 측면에서 gap이 존재한다. 이 요건과 관련한 안전보건경
영시스템상의 지적 사항이 있다. 상기 요건과 관련된 세부 발견사항(detail finding)의 위험(risk)
크기가 중간이다. 1점은 상기의 요건 중 어느 한 가지라도 실행도 측면이나 효과성 측면에서 ma-
jor gap이 존재한다. 요건이 누락되었거나 이 요건과 관련한 안전보건경영시스템상에 major한 지
적 사항이 있다. 상기 요건과 관련된 세부 발견사항(detail finding)의 위험(risk) 크기가 높다. 0점
은 상기 요건에 대한 어떠한 증빙도 없는 경우이다.

(5) 다섯 번째 질문은 "감사 결과에 따른 개선여부와 개선조치가 효과적으로 완료되었는지"이다.
이 질문에 대한 감사자 지침은 감사에서 발견된 사안에 대한 개선조치가 이루어지고 완료되었는
지 확인한다. 개선조치가 효과적이고 적기에 완료되었는지 확인한다. 감사팀은 감사와 관련한 서
류를 확인하고 평가한다.
이 질문에 대한 점수 부여기준은 다음과 같다. a. 감사 결과에 따라 적절한 개선활동 여부를 확인
한다. b. 개선 활동은 시스템적이고 근본적인 차원에서 이루어지고 있다. c. 개선 활동은 일정에
따라 실시되고 위험을 통제하는데 효과적이다.
점수 부여기준에 따라 4점에서 0점을 부여한다. 4점은 상기 요건들이 충분히 실행되고 있고 효과
적인 경우이다. 3점은 상기의 요건 중 어느 한 가지라도 실행도 측면이나 효과성 측면에서 minor
한 gap이 존재한다. 이 요건과 관련한 안전보건경영시스템상에 minor한 지적 사항이 있다. 상기
요건과 관련된 세부 발견사항(detail finding)의 위험(risk) 크기가 낮다. 2점은 상기의 요건 중 어
느 한 가지라도 실행도 측면이나 효과성 측면에서 gap이 존재한다. 이 요건과 관련한 안전보건경
영시스템상의 지적 사항이 있다. 상기 요건과 관련된 세부 발견사항(detail finding)의 위험(risk)
크기가 중간이다. 1점은 상기의 요건 중 어느 한 가지라도 실행도 측면이나 효과성 측면에서 ma-
jor gap이 존재한다. 요건이 누락되었거나 이 요건과 관련한 안전보건경영시스템상에 major한 지
적 사항이 있다. 상기 요건과 관련된 세부 발견사항(detail finding)의 위험(risk) 크기가 높다. 0점
은 상기 요건에 대한 어떠한 증빙도 없는 경우이다.

검사와 감사 관련한 첫 번째 질문에 대한 평가 결과는 4점이다. 이에 대한 근거는 'Evidence and Supporting Documentation'을 참조한다.

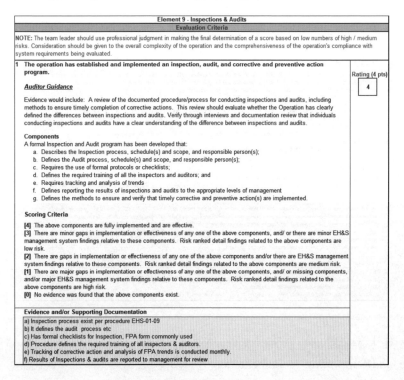

검사와 감사 관련한 두 번째 질문에 대한 평가 결과는 1점이다. 이에 대한 근거는 'Evidence and Supporting Documentation'을 참조한다.

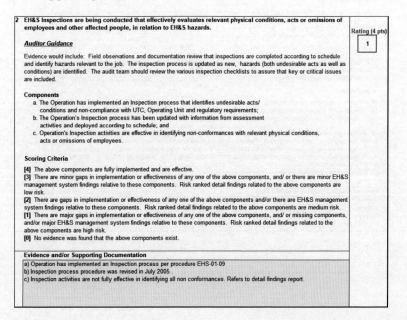

검사와 감사 관련한 세 번째 질문에 대한 평가 결과는 3점이다. 이에 대한 근거는 'Evidence and Supporting Documentation'을 참조한다.

3 EH&S Audits are being conducted that effectively evaluates the implementation of internal controls such as programs, procedures, and policies.	Rating (4 pts)

Auditor Guidance
 	
Evidence would include: A formal audit program that specifically identifies audit criteria and schedules. Review documentation to verify that audits are being conducted, corrective actions are implemented and tracked to completion, audit results are analyzed and trended, and results are reported to appropriate levels of management (e.g. Management committee).
 	
Components
  a. The Operation has implemented a written Audit program that evaluates the effectiveness of its internal controls such as programs, procedures, and policies. and specifically identifies audit criteria and schedules for each level of responsibility;
  b. Audits have been conducted in accordance with the schedule and the results are monitored by the EH&S Committee; and
  c. The Operation's audits consistently and accurately identify management system deficiencies.
 	
Scoring Criteria
[4] The above components are fully implemented and are effective.
[3] There are minor gaps in implementation or effectiveness of any one of the above components, and/ or there are minor EH&S management system findings relative to these components. Risk ranked detail findings related to the above components are low risk.
[2] There are gaps in implementation or effectiveness of any one of the above components and/or there are EH&S management system findings relative to these components. Risk ranked detail findings related to the above components are medium risk.
[1] There are major gaps in implementation or effectiveness of any one of the above components, and/ or missing components, and/or major EH&S management system findings relative to these components. Risk ranked detail findings related to the above components are high risk.
[0] No evidence was found that the above components exist.
	3

Evidence and/or Supporting Documentation	
a) Operation has implemented a written audit program per procedure EHS-01-09 b) Audits have been conducted per schedule and results reviewed by EH&S committee. The last sefl audit was conducted in July 2006 and to be reviewed by Branch management. c) Audit activities are not fully effective in identifying all non conformances. Refers to detail findings and system finding reports.	

검사와 감사 관련한 네 번째 질문에 대한 평가 결과는 1점이다. 이에 대한 근거는 'Evidence and Supporting Documentation'을 참조한다.

4 Corrective and preventive actions from inspections address root cause and are completed on a timely basis.	Rating (4 pts)

Auditor Guidance
 	
Evidence would include: Documentation that shows that the issues identified by inspections are closed with corrective actions that address root cause, are completed on a timely basis and are sustainable. The audit team should evaluate the effectiveness of the corrective actions. Note: If the response to criterion 2 of this element is "1" or "0", then the rating for this criterion must not be greater than the rating for criterion 2.
 	
Components
  a. Interim and final corrective actions are taken to control risks associated with inspection findings;
  b. Corrective actions have been implemented according to schedule and are effective in mitigating hazards; and
  c. Findings from inspections are reviewed and analyzed to determine breakdowns in management systems (root causes) and appropriate corrective action(s).
 	
Scoring Criteria
[4] The above components are fully implemented and are effective.
[3] There are minor gaps in implementation or effectiveness of any one of the above components, and/ or there are minor EH&S management system findings relative to these components. Risk ranked detail findings related to the above components are low risk.
[2] There are gaps in implementation or effectiveness of any one of the above components and/or there are EH&S management system findings relative to these components. Risk ranked detail findings related to the above components are medium risk.
[1] There are major gaps in implementation or effectiveness of any one of the above components, and/ or missing components, and/or major EH&S management system findings relative to these components. Risk ranked detail findings related to the above components are high risk.
[0] No evidence was found that the above components exist.
	1

Evidence and/or Supporting Documentation	
a) Intrim & final corrective actions are taken to control risks (refer consolidated monthly report) b) Corrective actions have been implemented to mitigate the hazards / risks c) Findings from Inspections & audits are analysed to determine breakdowns in management system (root causes) and corrective action taken. . Refer Criterion 2	

검사와 감사 관련한 다섯 번째 질문에 대한 평가 결과는 4점이다. 이에 대한 근거는
'Evidence and Supporting Documentation'을 참조한다.

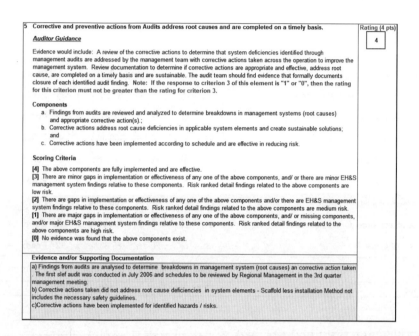

이와 관련한 정보를 추가로 알고자 하는 독자는 네이버 카페 새로운 안전관리론
(https://cafe.naver.com/newsafetymanagement)에 방문하여 제4장 안전보건경영시스템에서 안전
보건경영시스템－Rating Tool을 참조하기 바란다.

(4) 평가 점수부여 시스템

아래 그림과 같이 방침과 리더십, 조직, 계획, 책임, 평가와 예방통제, 교육과 훈련, 커뮤
니케이션, 규칙과 절차, 점검과 감사, 사고조사, 문서관리 및 프로그램 평가 12개 요소로 구
성된 안전보건경영시스템 평가가 완료되어 점수가 부여된 내용이다. 중국의 000 기업은 이
평가에서 77.41%를 획득하였다.

Rating System Summary										
Element	Criteria Attained				% (x 100)		Value			Points
I. Policy and Leadership	14	of	16	=	87.50%	x	6	Points =		5.25
II. Organization	11	of	12	=	91.67%	x	8	Points =		7.33
III. Planning	13	of	16	=	81.25%	x	10	Points =		8.13
IV. Accountability	8	of	8	=	100.00%	x	8	Points =		8.00
V. Assessment, Prevention and Control	27	of	40	=	67.50%	x	24	Points =		16.20
VI. Education and Training	8	of	12	=	66.67%	x	6	Points =		4.00
VII. Communications	8	of	8	=	100.00%	x	4	Points =		4.00
VIII.Rules and Procedures	7	of	12	=	58.33%	x	6	Points =		3.50
IX. Inspections and Audits	13	of	20	=	65.00%	x	8	Points =		5.20
X. Incident Investigations	12	of	12	=	100.00%	x	6	Points =		6.00
XI. Documents and Records Management	8	of	8	=	100.00%	x	2	Points =		2.00
XII. Program Evaluation	13	of	20	=	65.00%	x	12	Points =		7.80
								Total Points =		77.41
Overall Rating	77.41 Total Pts/				100		x 100 %		=	77.41%

아래 그림은 안전보건경영시스템 평가 결과를 바 차트로 구성한 것이다.

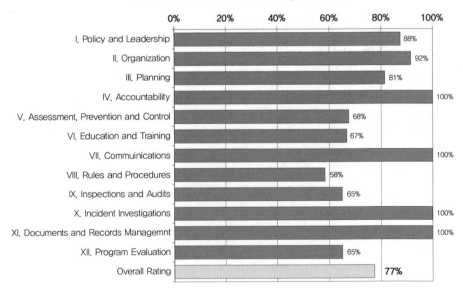

Assurance Review Score by Element

아래 그림은 이전에 시행된 안전보건경영시스템 평가와 최근에 시행된 평가 결과를 비교한 그림이다.

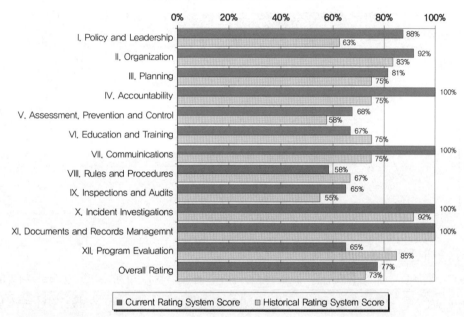

감사팀은 안전보건경영시스템 평가를 통해 중국 000 기업의 안전보건경영시스템 운영의 gap을 확인하고 강점과 단점을 파악할 수 있었고, 피 감사 회사는 이 평가를 통해 안전보건경영시스템 체계 전반을 재검토하는 기회가 되었다. 이 평가결과는 중국 000 기업 CEO의 인센티브 지급 평가에 영향을 주었기 때문에 CEO는 상당한 관심을 갖고 감사를 지원하였다.

아래 그림과 같이 미국 본사는 한 해 전 세계에 있는 회사들의 평가 결과를 tail chart 형식으로 공유한다. 평가 점수가 적정 수준 미만일 경우, 추가적인 개선 조치와 감사가 시행된다.

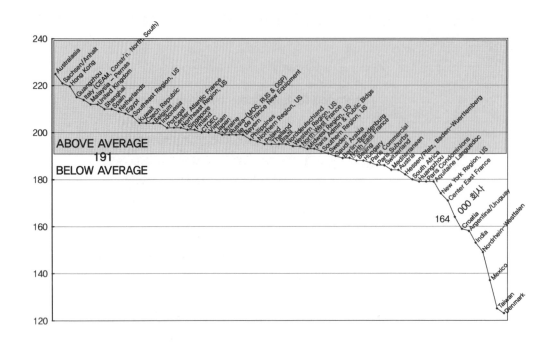

(5) 중대산업재해 예방감사

OLG 기업의 유해 위험요인은 주로 추락, 감전, 끼임, 낙하, 화재, 폭발 등으로 위험(risk) 수준이 높은 수준으로 중대산업재해 발생 빈도가 높았다. 이에 미국 본사는 지난 수십년간 전 세계에서 발생한 중대산업재해의 유형과 원인 분석을 대규모로 시행하였다.

중대산업재해 분석 결과, 추락, 카 통제, 위험에너지 통제, 양중, 비계 및 임시카 등에서 심각도가 높았던 것을 확인하였다. 이에 따라 관련 위험 9가지 항목(category)을 선정하고 각 항목별 사고 기여요인을 점검 항목 형태로 구성하였다. 점검표는 마이크로 소프트 엑셀 프로그램을 기반으로 만들어졌고, 전 세계 중대산업재해 감사자들에게 제공되고 사용되었다. 다음의 점검표와 같이 '추락방지'와 관련한 세부 확인 항목은 총 12가지로 이중 한 가지라도 확인되지 않으면 추락방지 항목 자체에 대한 점수를 얻을 수 없는 체계로 구성되었다.

저자는 매년 주기적으로 중대산업재해 예방 감사자로서 해외 국가 또는 해외 법인을 대상으로 감사를 시행하였다. 아래 점검표는 저자가 2002년 7월 21일부터 26일까지 대만에 있는 00 회사를 감사팀장으로서 감사한 점검표이다.

Area / Country:	**SAPA**	Job Type:	**Service**
City / Branch:	**Taipei**	Auditor(s):	**JM Yang, Arru**
Name of Site:		Supervisor:	**1**
Date:		Mechanic:	**1**

Instructions for use of the FPA Form

1. This form should only be used by personnel that have completed the FPA Training Program. The form can be used as an audit, or at the Company level, as a self-inspection form for supervisors. All audit team members must be certified when the results
2. The criteria used for assessment is to be based primarily on the method of work used to safeguard against each category of risk. To evaluate all work procedures, the mechanic must be asked to physically demonstrate the procedure. A verbal explanatio
3. For each risk category evaluated, a written explanation is required that defines the demonstration or physical fact used to answer OK or NO.
4. Wherever a deficiency is found, the appropriate tick box must be checked. If there is more than one tick box checked, a written explanation is required for each problem.

A. Fall Protection

Fall protection shall be provided for and used by any employee who is exposed a to fall hazard when working at an elevated level of 1.8 meters or more. When working on top of an elevator, running platform or scaffold, a fall hazard exists when there is a

OK	NO	N/A
X		

A	1	☐ Fall protection not used when exposed to a fall hazard (4.3)		A	7	☐	Lifelines not protected from sharp edges (4.7.C)
A	2	☐ Guardrails are not adequate and no fall protection used.		A	8	☐	Inadequate or unknown capacity of anchorage point for lifeline and/or lanyard (app.).
A	3	☐ Fall protection equipment not certified or does not conform to Otis requirements.		A	9	☐	Improper sequence of connecting and disconnecting lanyard (4.3)
A	4	☐ Inadequate barricades at hoistway openings (5.4A)		A	10	☐	Ladder not secured at elevations greater than 1.8 meters (4.3/5.3C)
A	5	☐ No fall protection while working on ladder at elevations greater than 1.8 meters (4.3)		A	11	☐	Riding car top with long lanyard w/o inspection mode by 2 independent means (App. A)
A	6	☐ More than one person tied off to the same lifeline (4.3.C)		A	12	☐	Other

Observations

Full, adequate car top barricade fitted

B. Control of Elevator/Escalator

Complete control of the unit must be maintained at all times when working in a hoistway. This requires that control be assured, tested and verified prior to entering the hoistway and not relinquished until the mechanic has exited the hoistway.

OK	NO	N/A	Access and Egress for Top of Car	OK	NO	N/A	Access and Egress for Pit/Escalator Truss
X				X			
B	1	☐ Improper verification of safety chain function (door, E-Stop) and Inspection Switch (5.2A)	B	7	☐ Improper verification of safety chain function (door, E-Stop) (5.3B) or Escalator control/stop switches
B	2	☐ Riding car top without top of car inspection fitted or used (5.2.C)	B	8	☐ Stop switch located too far from landing and no alternate safe procedur
B	3	☐ Riding the car top in Normal operation (5.2)	B	9	☐ Improper door blocking device (5.4)
B	4	☐ More than two people working in the hoistway without proper authorization (5.1D)	B	10	☐ More than two people working in the hoistway without proper authorization (5.1D)
B	5	☐ TOCI or stop switch located too far from landing and no alternate safe procedure used (App. A)	B	11	☐ No pit stop switch or equivalent form of protection (5.3.A)
B	6	☐ Other	B	12	☐ Mechanism (switches, ladder, releases, etc.) locations prevent use of standard procedure. No alternative safe procedure available or used
			B	13	☑ Other

Observations

Car top access and egress procedures carried out OK | **Mechanic did not fixed DBD when he verifing the E-stop**

OK	NO	N/A	False Car / Running Platform	OK	NO	N/A	Jumpers & Shunts
		X		X			
D	18	☐	Failure to use audio-visual alarms on false cars or running platforms (5.6D)	D	27	☐	Use of unauthorized jumpers (on site, on person, in tool box, etc) (4.9C)
D	19	☐	Improper construction of false car (5.6A)	D	28	☐	Non-retractable shunts used in swing or manual door locks (4.9A)
D	20	☐	Failure to inspect and maintain false car in good working condition (5.6A)	D	29	☐	Jumpers in place when mechanic departed jobsite (4.9D)
D	21	☐	Improper activation, construction and functioning of safeties (5.6G)	D	30	☐	Mechanics could not explain use of jumpers (4.9A)
D	22	☐	False car erected by untrained personnel w/o use of instructional guidelines (5.6A)	D	31	☐	No control log or process for multiple jumpers (4.9B)
D	23	☐	Inadequate guard rails (5.6B/5.6D)	D	32	☐	Elevator not put on inspection prior to installing jumpers (4.9D.2)
D	24	☐	Lack of automatically activated redundant safety mechanisms to prevent failure of false car or running platform (5.6.G)	D	33	☐	Other
D	25	☐	Employees not familiar with false car construction requirements (5.6A)				
D	26		Other				

Observations

Jumper use described and demonstrated (NBU4,3)

E. Management System Observations - Training, Rules and Procedures, Inspections and Audits
Every negative response requires an analysis of cause. The Management System must be reviewed to include any previous Assurance Report findings and recommendations.

Observations

	OK	NO	N/A	
Fall Protection	1	0	0	☑ Service
Control of Elevator				
Access to TOC	1	0	0	☐ Repair / Modernization
Access to Pit	0	1	0	
Control of Hazardous Energy				☐ Construction
Electrical	1	0	0	
Mechanical	0	0	1	
High Hazard Operations				
Hoisting & Rigging	0	0	1	**Name of Site**
Scaffolding	0	0	1	**Long-An**
False Cars / Running Platforms	0	0	1	
Jumpers / Shunts	1	0	0	
Totals:	4	1	4	80.0%

중대산업재해 감사와 관련한 정보를 추가로 알고자 하는 독자는 네이버 카페 새로운 안전관리론(https://cafe.naver.com/newsafetymanagement)에 방문하여 제9장 검사와 감사에서 중대산업재해 감사 체크리스트를 참조하기 바란다.

참조 문헌과 링크

Mohammadi, A., Beheshti, A. R., Kamali, K., Arghami, S., & Sazandeh, M. (2016). Introducing the evaluation tools for HSE management system performance using balanced score card model. *Journal of Human, Environment, and Health Promotion, 2*(1), 52.

Roughton, J., Crutchfield, N., & Waite, M. (2019). *Safety culture: An innovative leadership approach.* Butterworth-Heinemann.

Roughton, J., & Mercurio, J. (2002). Developing an effective safety culture: A leadership approach. Elsevier.

RRC International. (2023). NEBOSH International General Certificate in Occupational Health and Safety. Unit IG 1: Management of Health and Safety.

HSE. (2023). Objective 3: Management of health and safety. Retried from: URL: https://www.hse.gov.uk/waste/health-and-safety-management-system-checkilst.htm.

별첨

해외 안전보건 자격증 취득

별첨

해외 안전보건 자격증 취득

I. 개요

1. 자격증 취득의 중요성

(1) 학문의 이론과 실무에 대한 핵심 내용을 요약

학문의 이론을 배우고 그 내용을 사업장에 적용하는 일은 소중한 일이라고 생각한다. 그 이유는 사업장 업무는 이론을 기반으로 발전하고, 현장 상황의 변화에 따라 이론이 탄력적으로 발전하기 때문이다. 무엇보다 사람은 이론을 배우고, 그 지식을 현장에 적용해 가면서 보다 효과적인 대안을 찾고 효율성을 증가시킨다.

자격증은 무엇인가? 자격증은 전술한 이론과 실무를 가장 효과적으로 익힐 수 있도록 하는 조력자의 역할을 한다고 생각한다. 즉, 자격증 취득을 원하는 사람이 있다면, 그 사람은 어떠한 분야의 이론과 실무를 핵심으로 요약하고 실무에 직접 혹은 간접적인 적용을 통해 역량을 배가하기 때문이라고 생각한다. 그러한 사람은 자격증을 취득하는 과정에서 다양한 시험과목에 대한 선수학습을 통해 암기하고 사업장에 적용되어 온 사항을 조사하고 자신의 경험으로 쌓아간다. 결과적으로 자격증을 취득한다는 사실은 자격증이 요구하는 목적에 따라 이론과 실무를 요약하고 익히는 좋은 과정이라고 할 수 있다.

(2) 취업과 이직 시 장점

학교를 졸업하고 새로운 일자리를 찾거나, 기존의 회사에서 다른 회사로 이직을 할 경우, 자격증은 매우 좋은 장점이 될 수 있다. 저자의 경우 학부에서 산업안전기사를 취득하고 회사에 안전관리자로 취업할 수 있었다. 그리고 그 자격증을 기반으로 실무 경력을 쌓아 다른 회사에 이직을 할 수 있었다.

이론과 실무에 아무리 능통한 사람일지라도 자격증이 없을 경우, 그 능력이나 역량을 인정받는 것은 어렵다고 생각한다. 그리고 취업과 이직 기회에서 다른 경쟁자보다 우위에 서기 어려울 수 있다. 따라서 자격증 취득은 인생에 있어 중요한 취업과 이직의 필수 조건이라고 생각한다.

(3) 보상

미국 공인 안전 전문가 위원회(Board of Certified Safety Professionals)의 최근 연구에 따르면, 하나 이상의 안전 자격증을 보유한 사람은 그렇지 않은 사람보다 연간 최대 2천만원 이상을 더 받는 것으로 알려져 있다. 국내에서도 해당 자격증을 취득하고 선임되면, 해당 수당을 급여로 포함하여 받게 된다. 이러한 수당은 매월 급여 외에도 퇴직금에도 영향을 준다.

(4) 전문가로서의 삶

안전관련 자격 취득을 통해 전문가로서의 인생을 살 수 있다. 안전과 관련한 학문은 심리학, 법학, 인문학 등 사람을 대상으로 하는 관리와 각종 기계설비, 화학, 건설 등 다양한 공학분야를 다루고 있다. 그리고 기타 자격보다 학습범위와 시험범위가 넓으며, 융복합의 관점에서 이론과 실무를 다룬다.

안전관련 자격을 취득하고 해당 분야에 대한 깊은 지식을 쌓아가면서 보다 높은 자격 수준의 기술사, 국제 안전보건자격(NEBOSH IGC) 또는 미국 안전전문가(ASP) 자격을 취득할 경우 사회에서 존경받는 전문가로서의 삶을 살 수 있다. 또한 국내 대기업이 수행하는 해외 사업장에서 전문가로 근무할 기회가 주어질 수 있다.

2. 해외 안전보건 자격증 취득 시 본 책자를 기본 지침서로 활용

본 책자는 저자가 현장과 본사에서 28년 이상 경험한 내용과 안전공학 학부, 대학원 석사 및 박사 과정을 거치면서 학습한 내용을 담았다. 그리고 국제 안전보건자격과 미국 안전전문가자격을 취득하기 위해 공부했던 내용을 담았다. 따라서 본 책자는 국제 안전보건자격과 미국 안전전문가 자격을 취득하기 위해 필수적으로 봐야 할 지침서의 역할을 할 것으로 판단한다.

다음 표는 본 책자의 목차 내용과 국제 안전보건자격(NEBOSH IGC) 및 미국 안전전문가 자격(ASP) 시험과목을 비교한 내용이다. 독자 중 전술한 자격증을 취득하기 위한 준비를 한다면, 해당 자격증의 시험과목과 본 책자의 목차 내용을 참조하여 공부하기 바란다. 다만, 본 책자는 안전관리 전반에 대한 이론과 실무를 다루고 있으므로 자격증 시험과목의 내용을 전부 수용하는 데에는 한계가 있다. 그리고 시험과목 외의 안전보건 관련한 내용을 담고 있다. 따라서 다음 표와 같이 본 책자의 목차 내용과 자격증 시험과목 내용의 상관성을 상, 중, 하로 표기하였으니 참조하기 바란다.

책자내용			NEBOSH		CSP/ASP
			IG 1(E: Element)	IG 2(E: Element)	Domain(D: Domain)
제1장 안전의 정의	I. 선행연구				
	II. 국제적으로 통용되는 안전의 정의	1. 위험의 분류			D 2: Safety Management Systems (중)
		2. 소결			
제2장 안전이 중요한 이유	I. 도덕/윤리적 이유		E 1: Morale and Money (상)		D 2: Safety Management Systems (중)
	II. 법적/사회적인 이유	1. 법적인 이유	E 1: Morale and Money (상) E 1: Regulation Health and Safety (중)		D 2: Safety Management Systems (중)
		2. 국가별 산업안전보건법 체계	E 1: Morale and Money (상) E 1: Regulation Health and Safety (중)		D 2: Safety Management Systems (중)
	III. 경제적 이유		E 1: Morale and Money (상)		D 2: Safety Management Systems (중)
제3장 안전보건관리의 정의, 역사 및 이론	I. 관리	1. 사람적 측면			
		2. 기능적 측면			
		3. 관리원칙			
		4. 관리의 특징			
		5. 관리와 관련한 유명한 명언			
		6. 관리의 수준			

장	절	항목		
제4장 안전보건경영 시스템	II. 안전보건관리	1. 정의		D 2: Safety Management Systems (중)
		2. 안전보건관리의 역사		D 2: Safety Management Systems (중)
		3. 안전관련 학자들의 이론		D 2: Safety Management Systems (하)
	I. 시스템	1. 일반적인 시스템의 정의	E 2: Occupational Health and Safety Management Systems (중)	D 2: Safety Management Systems (중)
		2. 시스템 이론	E 2: Occupational Health and Safety Management Systems (중)	D 2: Safety Management Systems (하)
	II. 안전보건경영 시스템	1. 안전보건경영시스템의 정의	E 2: Occupational Health and Safety Management Systems (중)	D 2: Safety Management Systems (상)
		2. 안전보건경영시스템의 역사	E 2: Occupational Health and Safety Management Systems (중)	D 2: Safety Management Systems (하)
		3. 안전보건경영시스템의 종류와 개요	E 2: Occupational Health and Safety Management Systems (중)	D 2: Safety Management Systems (중)
		4. 작업안전 시스템(Safe System of Work)	E 3: Safe Systems of Work (상)	
	III. 안전보건경영 시스템의 PDCA	1. PDCA	E 2: Occupational Health and Safety Management Systems (상)	D 2: Safety Management Systems (상)

제5장 사람을 대상으로 하는 안전보건관리 I. 안전문화 및 DMAIC	2. DMAIC		E 2: Occupational Health and Safety Management Systems (중)
	1. 문화의 정의	E 3: Health and Safety Culture (중)	D 8: Training, Education, and Communication (중)
	2. 문화의 세 가지 수준	E 3: Health and Safety Culture (중)	D 8: Training, Education, and Communication (중)
	3. 조직문화	E 3: Health and Safety Culture (중)	D 8: Training, Education, and Communication (중)
	4. 안전문화	E 3: Health and Safety Culture (중)	D 8: Training, Education, and Communication (중)
	5. 안전문화의 중요성과 특징	E 3: Health and Safety Culture (중)	D 8: Training, Education, and Communication (중)
	6. 경영층의 리더십	E 1: Who Does What in Organizations (중) E 2: Making the Management System Work- The Health and Safety Policy (중)	D 8: Training, Education, and Communication (중)
	7. 근로자 참여	E 1: Who Does What in Organizations (중) E 3: Improving Health and Safety Culture (중)	D 8: Training, Education, and Communication (중)
	8. 안전문화 구축 방향설정		D 8: Training, Education, and Communication (중)

			D 8: Training, Education, and Communication (중)
	9. 조직	E 1: Who Does What in Organizations (중)	D 8: Training, Education, and Communication (중)
	10. 책임	E 1: Who Does What in Organizations (중)	
II. 인적오류	1. 개요	E 3: Human Factors which influence Safety-Related Behavior (중)	
	2. 가이드라인	E 3: Human Factors which influence Safety-Related Behavior (중)	
	3. 실행사례	E 3: Human Factors which influence Safety-Related Behavior (중)	
III. 행동기반안전관리	1. 개요	E 3: Human Factors which influence Safety-Related Behavior (중)	
	2. 가이드라인	E 3: Human Factors which influence Safety-Related Behavior (중)	
	3. 실행사례	E 3: Human Factors which influence Safety-Related Behavior (중)	
IV. 안전탄력성	1. 안전탄력성의 개요		
	2. 안전탄력성의 네 가지 능력		
	3. 안전탄력성 측정		

장	분류	항목	E 3	E 8	D 2
		4. 안전보건 수준 측정			
		5. 안전과 안전탄력성의 차이			
		6. 안전탄력성 측정			
		7. 안전탄력성 평가			
		8. 안전문화와 안전탄력성 개선 제언			
제6장 위험요인관리	I. 일반적인 위험	1. 고소작업		E 8: Working at Height (상)	D 2: Safety Management Systems (중)
		2. 밀폐공간		E 8: Working in Confined Spaces (상)	D 2: Safety Management Systems (중)
		3. 단독작업		E 8: Lone Working (상)	D 2: Safety Management Systems (중)
		4. 미끄러짐(slip)과 넘어짐(trip)		E 8: Slips and Trips (상)	D 2: Safety Management Systems (중)
		5. 차량		E 8: Safe Movement of People and Vehicles in the Workplace (상)	D 2: Safety Management Systems (중)
		6. 운전		E 8: Working-Related Driving (중)	D 2: Safety Management Systems (중)
		7. 사다리			D 2: Safety Management Systems (하)
		8. 안전작업허가	E 3: Permit-to-Work Systems (상)		D 2: Safety Management Systems (중)
		9. 변경관리	E 3: The Management of		

구분	항목			
II. 신체 및 건강위험	1. 소음	Change (상)	E 5: Noise (상)	D 3: Ergonomics (중) D 6: Industrial Hygiene and Occupational Health (중)
	2. 진동		E 5: Vibration (상)	D 3: Ergonomics (중) D 6: Industrial Hygiene and Occupational Health (중)
III. 화재위험	1. 화재원리		E 10: Fire Initiation, Classification and Spread (상)	D 4: Fire Prevention and Protection (상)
	2. 화재예방		E 10: Preventing Fire and Fire Spread (상)	D 4: Fire Prevention and Protection (상)
	3. 화재경보 시스템 및 소방 관리		E 10: Fire Alarm and Fire-Fighting (상)	D 4: Fire Prevention and Protection (상)
	4. 비상대피		E 3: Emergency Procedures and First Aid (중) E 10: Fire Evacuation (중)	D 5: Emergency Response Management (ERM) (상)
	5. 화재 위험성평가		E 10: Fire Initiation, Classification and Spread (상)	D 4: Fire Prevention and Protection (중)
IV. 전기위험	1. 소개		E 11: The Hazards and Risks of Electricity (상)	D 4: Fire Prevention and Protection (중)

구분	항목		
	2. 전기의 위험과 위험성	E 11: The Hazards and Risks of Electricity (상)	D 4: Fire Prevention and Protection (중)
	3. 통제방안	E 11: Control Measures (상)	D 4: Fire Prevention and Protection (중)
V. 작업장비 위험	1. 작업장비에 대한 일반적인 안전 요구사항	E 9: General Requirements for Work Equipment (상)	D 2: Safety Management Systems (중)
	2. 휴대용 공구의 위험요인 및 관리	E 9: Hand Tools and Portable Power Tools (상)	D 2: Safety Management Systems (중)
	3. 기계장비의 기계적 및 비기계적 위험	E 9: Machinery Hazards (중)	D 2: Safety Management Systems (중)
	4. 기계위험 감소조치	E 9: Control Measures for Machinery Hazards (상)	D 2: Safety Management Systems (중)
VI. 화학 및 생물학 위험	1. 유해물질의 형태, 분류 및 건강상의 위험	E 7: Forms of Classification of and Health Risks from Hazardous Substances (상) E 7: Assessment of Health Risks (상)	D 6: Industrial Hygiene and Occupational Health (중)
	2. 건강위험	E 7: Occupational Exposure Limits (하)	D 6: Industrial Hygiene and Occupational Health (중)

대분류	소분류		D 6: Industrial Hygiene and Occupational Health (중)
	3. 통제방안	E 7: Occupational Exposure Limits (중) / E 7: Control Measure	D 6: Industrial Hygiene and Occupational Health (중)
VII. 근골격계 위험	1. 소개	E 6: Work-Related Upper Limb Disorders (상)	D 3: Ergonomics (상)
	2. 인간공학의 원리와 범위	E 6: Work-Related Upper Limb Disorders (상)	D 3: Ergonomics (상)
	3. 작업관련 근골격계 질환	E 6: Work-Related Upper Limb Disorders (상)	D 3: Ergonomics (상)
	4. 수동물자 취급	E 6: Manual Handling (상)	D 3: Ergonomics (상)
	5. 유해요인 조사	E 6: Work-Related Upper Limb Disorders (상) / E 6: Manual Handling (상)	D 3: Ergonomics (상)
	6. 근골격계질환 위험 개선조치	E 6: Work-Related Upper Limb Disorders (상) / E 6: Manual Handling (상)	D 3: Ergonomics (상)

제7장 위험성 관리				
I. 위험의 분류	1. Hazard	E 3: Risk Assessment (상)		D 2: Safety Management Systems (상)
	2. Risk	E 3: Risk Assessment (상)		D 2: Safety Management Systems (상)
II. 위험분석 방법론	1. 시대적 위험분석 방법론			D 2: Safety Management Systems (하)
	2. 작업 위험분석 방법론			D 2: Safety Management Systems (중)
III. 위험성평가의 정의와 도입	1. 위험성평가의 정의	E 3: Risk Assessment (상)		D 2: Safety Management Systems (상)
	2. 위험성평가의 도입	E 3: Risk Assessment (상)		D 2: Safety Management Systems (상)
	3. 국내 위험성 평가 기준 및 검토사항			
IV. 위험성평가 절차	1. 위험 요소 확인	E 3: Risk Assessment (상)		D 2: Safety Management Systems (상)
	2. 위험성추정	E 3: Risk Assessment (상)		D 2: Safety Management Systems (상)
	3. 위험성결정	E 3: Risk Assessment (상)		D 2: Safety Management Systems (상)
	4. 위험성 감소조치	E 3: Risk Assessment (상)		D 2: Safety Management Systems (상)
V. 위험성평가 개선방안	1. 위험성평가의 현실			
	2. 위험성평가 개선 방안			

제8장 안전교육	I. 소개	1. 안전교육이 중요한 이유	E 3: Improving Health and Safety Culture (중)	D 8: Training, Education, and Communication (중)
		2. 교육프로그램의 정의	E 3: Improving Health and Safety Culture (중)	D 8: Training, Education, and Communication (중)
		3. 경영층의 공약과 근로자 참여	E 3: Improving Health and Safety Culture (중)	D 8: Training, Education, and Communication (중)
	II. 교육 요구사항 분석	1. 교육 요구사항 확인과 분석	E 3: Improving Health and Safety Culture (중)	D 8: Training, Education, and Communication (중)
	III. 교육프로그램 개발	1. 교육 시행 계획 수립	E 3: Improving Health and Safety Culture (중)	D 8: Training, Education, and Communication (중)
		2. 교육목표 설정	E 3: Improving Health and Safety Culture (중)	D 8: Training, Education, and Communication (중)
		3. 교육내용 개발	E 3: Improving Health and Safety Culture (중)	D 8: Training, Education, and Communication (중)
	IV. 교육 실시	1. 교육 실시방법	E 3: Improving Health and Safety Culture (중)	D 8: Training, Education, and Communication (중)
		2. 교육동기 부여와 교육참여 강화	E 3: Improving Health and Safety Culture (중)	D 8: Training, Education, and Communication (중)
		3. 실습과 교육	E 3: Improving Health and Safety Culture (중)	D 8: Training, Education, and Communication (중)
	V. 계층별 교육	1. 경영층 교육	E 3: Improving Health and Safety Culture (중)	D 8: Training, Education, and Communication (중)
		2. 관리감독자 교육	E 3: Improving Health and	D 8: Training, Education,

장	절	항목		
			Safety Culture (중)	and Communication (중)
		3. 신규채용자 교육	E 3: Improving Health and Safety Culture (중)	D 8: Training, Education, and Communication (중)
		4. 안전보건관리자 Skill-up	E 3: Improving Health and Safety Culture (하)	D 8: Training, Education, and Communication (하)
	VI. 교육 평가 및 기록관리	1. 교육 프로그램과 교육 평가	E 3: Improving Health and Safety Culture (중)	D 8: Training, Education, and Communication (중)
		2. 교육기록 관리	E 3: Improving Health and Safety Culture (중)	D 8: Training, Education, and Communication (중)
	VII. 실행사례	1. OLG 기법	E 3: Improving Health and Safety Culture (중)	D 8: Training, Education, and Communication (중)
제9장 감사와 감사	I. 감사와 감사의 정의	1. 일반적인 사례	E 4: Health and Safety Auditing (상)	D 2: Safety Management Systems (중)
		2. 사업장 사례	E 4: Health and Safety Auditing (상)	
	II. 감사와 감사의 특징	1. 감사의 특징	E 4: Health and Safety Auditing (상)	D 2: Safety Management Systems (중)
		2. 감사의 특징	E 4: Health and Safety Auditing (상)	D 2: Safety Management Systems (중)
	III. 실행사례	1. 감사자 양성교육	E 4: Health and Safety Auditing (중)	D 2: Safety Management Systems (하)
		2. 감사준비	E 4: Health and Safety Auditing (중)	

		3. 감사팀의 책임	E 4: Health and Safety Auditing (중)	
		4. 감사 프로토콜	E 4: Health and Safety Auditing (중)	
		5. 추적	E 4: Health and Safety Auditing (중)	
		6. 발견사항 보고	E 4: Health and Safety Auditing (중)	
		7. 점수부여	E 4: Health and Safety Auditing (중)	
		8. 종료미팅	E 4: Health and Safety Auditing (중)	
		9. 사후관리	E 4: Health and Safety Auditing (중)	
제10장 사고조사·분석 그리고 대책수립	I. 개요	1. 사고란 무엇인가?	E 4: Investigating, Recording and Reporting Incidents (상)	D 2: Safety Management Systems (상)
		2. 사고 조사와 분석은 무엇인가?	E 4: Investigating, Recording and Reporting Incidents (상)	D 2: Safety Management Systems (상)
		3. 사고 조사와 분석은 왜 하는가?	E 4: Investigating, Recording and Reporting Incidents (상)	D 2: Safety Management Systems (상)
	II. 재발	1. 순차적 모델		D 2: Safety Management

구분	항목		
			Systems (하)
방지대책 수립	2. 역학적 모델		D 2: Safety Management Systems (하)
	3. 시스템적 사고조사 방법		
	4. 다양한 사고조사 기법 적용	E 4: Investigating, Recording and Reporting Incidents (중)	D 2: Safety Management Systems (중)
III. 가이드라인	1. 장소 보존/문서화	E 4: Investigating, Recording and Reporting Incidents (중)	D 2: Safety Management Systems (중)
	2. 정보수집	E 4: Investigating, Recording and Reporting Incidents (중)	D 2: Safety Management Systems (중)
	3. 근본원인 결정	E 4: Investigating, Recording and Reporting Incidents (중)	D 2: Safety Management Systems (중)
	4. 재발 방지 조치	E 4: Investigating, Recording and Reporting Incidents (중)	D 2: Safety Management Systems (중)
IV. 실행사례	1. OLG 기법	E 4: Investigating, Recording and Reporting Incidents (중)	D 2: Safety Management Systems (중)
	2. ○○ 발전소		

제11장 안전보건관리 모니터링과 측정	I. 개요	1. 모니터링과 측정은 왜 필요한가?	E 4: Active and Reactive Monitoring (상) E 4: Reviewing Health and Safety Performance (중)		D 2: Safety Management Systems (중)
		2. 후행지표	E 4: Active and Reactive Monitoring (상)		D 2: Safety Management Systems (중)
		3. 선행지표	E 4: Active and Reactive Monitoring (상)		D 2: Safety Management Systems (중)
		4. 경영층과 관리자의 역할	E 4: Active and Reactive Monitoring (상)		D 2: Safety Management Systems (중)
	II. 안전보건경영시스템 평가 가이드라인	1. 일반적으로 추천할 수 있는 평가방식			D 2: Safety Management Systems (중)
		2. ISO 45001이 추천하는 평가방식			D 2: Safety Management Systems (중)
	III. 실행사례	1. 소개			D 2: Safety Management Systems (하)
		2. 안전보건경영시스템 감사			D 2: Safety Management Systems (하)
	본 책자가 자격증 시험과목을 포함하지 않는 내용			E 5: Radiation E 5: Mental Ill Health E 5: Work-Related Violence E 5: Substance Abuse at Work	D 1: Advanced Sciences and Math D 2: Safety Management Systems (Excavation, trenching and shoring) D 5: Emergency Response

Management (Workplace violence) D 6: Industrial Hygiene and Occupational Health (Radiation, Heat and Cold stress) D 7: Environmental Management D 9: Law and Ethics
E 6: Load-Handling Equipment E 7: Specific Agents E 8: Health Welfare and Work Environment Requirements

II. 국제 안전보건자격(NEBOSH IGC)

1. 자격증 개요

국제 안전보건자격(The National Examination Board in Occupational Safety and Health, 이하 NEBOSH)과정은 1979년 창립 이래 전 세계 400,000명이 넘는 사람들이 NEBOSH 자격증을 취득했다. 매년 수만 명이 130개 이상의 국가에서 제공하는 600개의 학습 파트너 네트워크를 통해 학습하고 있다. NEBOSH는 전 세계로부터 안전보건과 관련한 전문기간으로 인정을 받고 있다.

2. 자격증 취득의 필요성

NEBOSH는 시험을 통해 안전관련 분야에 종사하는 사람의 적절한 지식을 입증하고 IGC (International General Certificate) 자격을 수여한다. NEBOSH IGC 자격은 국내의 자격시험과는 다르게 안전보건 관리에 대한 철학, 원칙, 원리, 유해위험요인을 기반으로 하는 공학적 개선, 실무를 위주로 하는 판단 지식 등을 다루고 있다. 이에 따라 자격시험을 공부하면서 실무적 능력을 배양할 수 있다. 그리고 시험이 영어로 치러지게 되므로 영어 실력 또한 겸비할 수 있다.

NEBOSH 자격은 해외 프로젝트나 회사(Maersk, Shell, BP, Skanska, Nestle 등)를 입사하고자 하는 취업생이나 경력사원이 반드시 보유해야 하는 자격의 일종이다. NEBOSH 자격을 갖춘 사람은 전 세계 어느 사업장에서나 유해위험요인을 찾을 수 있고, 위험성 감소조치를 취할 수 있는 능력을 구비할 수 있다. 그리고 관련한 내용을 경영층이나 CEO에게 효과적으로 보고할 수 있는 능력을 구비할 수 있다.

3. 자격증 취득 요건

NEBOSH IGC 자격을 취득하기 위한 필수 조건은 없다. 다만, 시험과목은 모두 영어 구성되어 있으며, 시험 또한 영어로 치러야 하므로 적절한 영어 수준을 보유해야 한다. NEBOSH IG(International General) 1의 경우, 시험 종료 후 인터넷상으로 시험 감독관과 영어 인터뷰를 해야 하므로 영어 말하기 역량이 필요하다. NEBOSH는 수험생이 국제 영어 시험 시스템(IELTS)[1] 점수 6.0 이상에 상응하는 수준의 영어 수준을 보유할 것을 권장한다. IELTS

---

1) IELTS(International English Language Testing System)는 유학이나 이민, 취업을 목적으로 하는 전 세계적으로 가장 유명한 시험이며, 2018년 350만명이 넘는 사람들이 시험을 응시하였다. IELTS성적은 전 세계 140개국에서

6.0 수준은 TOEIC 시험의 약 700점 이상 수준으로 볼 수 있다.

4. 시험과목

(1) 2020년 8월 이전의 시험 과목과 응시 방법

2020년 8월 이전 NEBOSH IGC(International General Certificate) 자격 취득은 IGC 1 Management of international health and safety, IGC 2 Controlling workplace hazards 그리고 IGC 3 Health and safety practical application으로 구분되어 있었다. 아래 표는 IGC 1, 2, 3시험 과목이었다.

구분	Element	시험과목
IGC 1 Management of international health and safety	1	Health & Safety Foundations
	2	Health & Safety Management Systems –Policy
	3	Health & Safety Management Systems –Organizing
	4	Health & Safety Management Systems –Planning
	5	Health & Safety Management Systems –Measuring, audit and review

구분	Element	시험과목
IGC 2 Controlling Workplace hazards	1	Workplace Hazards & Risk Control
	2	Transport Hazards & Risk Control
	3	Musculoskeletal Hazards & Risk Control
	4	Work Equipment Hazards & Risk Control
	5	Electrical Safety
	6	Fire Safety
	7	Chemical & Biological Health Hazards & Risk Control
	8	Physical and Psychological Health Hazards & Risk Control

11,000여 개가 넘는 교육기관, 기업체, 정부기관 및 단체 등이 인정해 주고 있다. IELTS 시험내용은 국적, 배경, 성별, 라이프스타일 또는 지역에 상관없이 어느 응시자분들에게도 편파적이지 않도록 공정하게 유지하기 위해 국제적으로 전문가들이 광범위하게 연구하여 개발하고 있다.

IGC 3
• Practical Application • Carry out unaided a safety inspection of a workplace, identifying the more common hazards, assessing and suggesting remedial action • Prepare a report that persuasively urges management to take action, explaining why, with reference to breaches of legislation, with due consideration to reasonable practicability.

IGC 1, 2, 3 합격 점수는 IGC 1 45점 이상, IGC 2 45점 이상 그리고 IGC 3 60점 이상 받아야 했다. 그리고 IGC1 + IGC2 + IGC3 합산 점수에 따라 Distinction(탁월) 210+ (70%), Credit(준수) 180-209(60-69%) 및 Pass(합격) 150-179(50-59%)로 구분한 점수 등급을 받았다.

IGC 1 및 2 시험은 영국 NEBOSH 시험감독관의 감독하에 2시간 동안 치러졌다. IGC 3 은 Practical Application으로 응시자가 직접 현장에서 경험한 안전보건 관리 내용을 별도의 양식에 기재하여 NEBOSH 감독관에게 전자메일로 송부하고 평가 받는 방식이었다.

(2) 2020년 8월 이후 시험 응시 방법

전 세계적인 코로나 상황으로 인하여 NEBOSH는 심각한 결정을 한다. 그 결정은 인터넷 을 기반으로 하는 오픈 북 시험(집에서 시험을 보는)을 2020년 8월 6일 시행하는 것이었다. NEBOSH는 오픈 북 시험의 약점을 보완하기 위해 Turnitin 유형 시스템을 사용하였다. (Turnitin은 Advance Publications의 자회사인 Turnitin, LLC에서 운영하는 인터넷 기반 표절 탐지 서비스이 다) 또한 대리로 시험을 보는 것을 식별하기 위한 조치를 하기 위해 응시생과 별도의 인터 뷰를 하는 과정을 신설하였다.

기존 IGC 1 및 2 시험은 IG(International General) 1으로 변경되었고, IGC 3 시험은 IG (International General) 2로 변경되었다. IG 1 시험은 약 4시간 정도 소요되는데, 시험 시작부 터 24시간 이내에 제출해야 한다. IG 2 시험의 경우, 응시자가 시험을 치른 날 기준으로 10 일 이내 제출해야 한다. 응시생이 작성한 IG 2내용은 감독관에 의해 검토되고, 검토 결과에 따라 합격 여부가 결정된다(IG 2 불합격자는 추가적인 보완을 하고 다시 제출해야 한다).

IG 1은 필기 시험으로 시험과목은 다음 표와 같다.

시험과목	내용 (E: Element)
1. Why we should manage workplace health and safety 사업장 내 보건과 안전을 관리해야 하는 이유	E 1: Morale and Money E 1: Regulation Health and Safety E 1: Who Does What in Organizations
2. How health and safety management systems work and what they look like 안전보건경영시스템의 작동 방식과 모습	E 2: Occupational Health and Safety Management Systems E 2: Making the Management System Work- The Health and Safety Policy
3. Managing risk - understanding people and processes 위험 관리 - 사람과 프로세스 이해	E 3: Health and Safety Culture E 3: Improving Health and Safety Culture E 3: Human Factors which influence Safety-Related Behavior E 3: Risk Assessment E 3: The Management of Change E 3: Safe Systems of Work E 3: Permit-to-Work Systems E 3: Emergency Procedures and First Aid
4. Health and safety monitoring and measuring 건강 및 안전 모니터링 및 측정	E 4: Active and Reactive Monitoring E 4: Investigating, Recording and Reporting Incidents E 4: Health and Safety Auditing E 4: Reviewing Health and Safety Performance

IG 2는 실기 시험으로 시험과목은 아래 표와 같다.

시험과목 (위험 항목, Hazard Category)	위험요인(Hazard)
5. Physical and psychological health 신체적, 정신적 건강	E 5: Noise E 5: Vibration E 5: Radiation E 5: Mental Ill Health E 5: Work-Related Violence E 5: Substance Abuse at Work
6. Musculoskeletal health 근골격계 건강	E 6: Work-Related Upper Limb Disorders E 6: Manual Handling E 6: Load-Handling Equipment

7. Chemical and biological agents 화학적, 생물학적 작용제	E 7: Forms of Classification of and Health Risks from Hazardous Substances E 7: Assessment of Health Risks E 7: Occupational Exposure Limits E 7: Control Measure E 7: Specific Agents
8. General workplace issues 일반적인 직장 문제	E 8: Health Welfare and Work Environment Requirements E 8: Working at Height E 8: Working in Confined Spaces E 8: Lone Working E 8: Slips and Trips E 8: Safe Movement of People and Vehicles in the Workplace E 8: Working-Related Driving
9. Work equipment 작업 장비	E 9: General Requirement s for Work Equipment E 9: Hand Tools and Portable Power Tools E 9: Machinery Hazards E 9: Control Measures for Machinery Hazards
10. Fire 화재	E 10: Fire Initiation, Classification and Spread E 10: Preventing Fire and Fire Spread E 10: Fire Alarm and Fire-Fighting E 10: Fire Evacuation
11. Electricity 전기	E 11: The Hazards and Risks of Electricity E 11: Control Measures

5. 합격기준

NEBOSH IG 합격기준은 온라인 필기시험 10문제를 서술형태로 작성하고 45점 이상을 획득하면 된다. 그리고 IG 2 실기 시험 보고서를 제출하고, NEBOSH가 임명한 외부 심사관의 채점 결과에 따라 합격 여부가 결정된다. 필기시험과 실기시험을 동시에 합격해야 NEBOSH IG 자격증이 발급된다.

6. 시험 응시 방법

(1) 시험준비

시험을 준비하고자 하는 사람은 국내에 있는 NEBOSH 시험 준비 기관에서 자격을 취득할 지 혹은 온라인상으로 자격을 취득할지 결정해야 한다. 먼저 국내에 있는 NEBOSH 시험 준비 기관을 활용할 경우, 보통 5일 간의 대면 강의를 참석하고 시험을 치러야 한다. 이 경우 약 300만원 이상의 비용이 소요되는 것으로 알려져 있다. 온라인상으로 자격을 취득할 경우, 아래 그림과 같은 RRC International(https://www.rrc.co.uk/)에 방문하여 Distance/e−learning, live online 또는 face to face 강의를 선택해야 한다. NEBOSH IG 자격 시험을 치르기 위해서는 국내에 있는 NEBOSH 시험 준비 기관이 시행하는 강의를 듣 거나, RRC International 홈 페이지에서 온라인 강의를 수강해야 시험 자격이 부여된다.

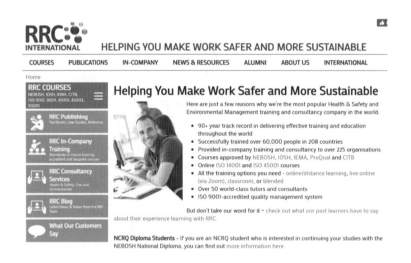

위 그림 좌측 최상단에 있는 RRC Course에서 NEBOSH Certificates를 클릭하면, 아래와 같은 화면이 나온다.

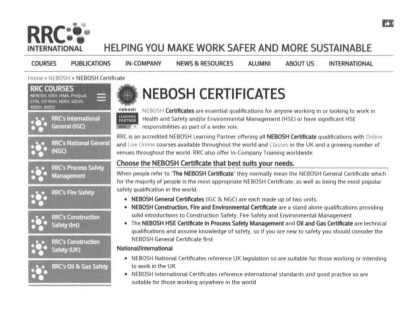

앞서 그림 좌측 최상단에 있는 RRS's International General(IGC)을 클릭하면, 아래 화면과 같이 ONLINE, LIVE ONLINE, CLASSROOM, REVISION GUIDES, TEXTBOOKS, IN-COMPANY, REVISION LIVE ONLINE 창이 나온다. 여기에서 자신이 원하는 과정을 선택하여 수강할 것을 추천한다(모든 과정은 영어로 되어 있다).

그리고 홈페이지 우측 상단에 있는 Enroll Now를 선택하고, Distance/e-learning 강의를 수강할 경우, 테스트 비용을 포함해서 약 100만원의 비용이 소요된다. Live online 강의를 수강할 경우, 테스트 비용을 포함해서 약 280만원의 비용이 소요된다. 그리고 face to face 강의의 경우 두바이나 사우디 등의 나라에서 시행되며, 그 소요 비용이 크다. 아래 그림은 Enroll Now를 클릭한 홈페이지 모습이다.

시험준비를 효과적으로 하기 위해서는 본 교재를 기본 지침서로 활용하면서 RRC International이 발간한 Study Text IG 1과 IG 2를 주문하여 공부할 것을 추천한다. 아래 그림은 RRC International이 발간한 IG 1과 IG 2 교재이다.

(2) 시험공부 방식

아래 내용은 추천할 수 있는 시험공부 방식이다.

구분	내용
1. 시험에 나올 만한 문제를 선별하여 준비한다.	자신이 공부한 내용에 대한 핵심 요약을 하고, 그 요약 내용을 시험에 잘 활용할 수 있도록 사전에 준비한다.
2. 모든 질문에 성실하게 답변한다.	응시생 입장에서 익숙하지 않은 문제 내용일지라도 가능한 한, 모든 질문에 성실하게 답변한다. 질문에 대해서 빈칸으로 두면, 어떤 점수도 얻지 못한다.
3. 시간을 계획한다.	시험 전체를 검토하고, 가장 많은 점수를 얻을 수 있는 부분을 기록해 둔다. 그리고 중요한 질문에 더 많은 시간을 할애한다.
4. 묘사하다, 개요를 잡다, 설명하다(Describe, outline, explain)	질문의 명령어를 잘 생각한다. 예를 들어, '설명(describe)' 및 '개요(outline)' 또는 '설명(explain)'에 대한 단어를 확인한다. 그리고 그에 상응하는 수준으로 답을 한다. NEBOSH시험 감독관은 전술한 세 가지 단어를 기반으로 응시자가 작성한 내용을 면밀하게 검토한다.

IG 1 시험을 종료하고 NEBOSH 감독관과 시험과 관련한 인터뷰가 시행된다. 이 인터뷰는 시험과 관련한 직접적인 평가가 아니고, 정직하게 오픈북 시험을 치렀다는 것을 입증하는 단계이다. 응시생은 본인임을 확인할 수 있는 여권, 운전면허증, 주민등록증을 준비한다. 그리고 면접 동안 다른 어떤 방해가 없도록 조용한 곳에서 시행할 것을 추천한다.

(3) 시험을 잘 볼 수 있는 기술

시험 질문과 관련한 답을 하고, 시나리오와 관련이 있는 내용을 기술하는 것이 중요하다. 질문의 시나리오를 충분히 이해하고 정답을 기술하기 위한 단계는 아래와 같다.

IG 1 시험은 NEBOSH가 설정한 시나리오를 읽어야 한다. 이 시나리오에는 특정 사업장의 안전관리 현황과 유해위험요인에 대한 관리방식을 서술하고 있다. 응시생은 시나리오를 읽고 해당 사업장의 안전관리자로서 해야 할 일을 기술하는 것이 중요하다.

첫 번째 단계는 주어진 문제와 관련한 시나리오를 주의 깊게 읽어야 하는데, 정답을 쓰기 위해 서두르다 보면 시나리오를 잘못 해석할 수 있으므로 주의해야 한다. 두 번째 단계는 질문을 충분히 이해하는 것이다. 해당 질문은 시나리오의 상황에서 나온 것이므로 이에 대한 충분히 이해가 필요하다. 세번째 단계는 해당 문제의 점수(mark)를 잘 살펴본다. 점수가 많이 부여된 문제의 경우보다 세심하게 살펴보는 것이 효과적일 수 있다. 네번째 단계는 시나리오와 작업 질문을 다시 한번 읽는 것이다. 즉, 시나리오와 문제를 제대로 이해했는지 다시 한번 확인하는 것이다. 그리고 마지막 단계는 미리 준비해 둔 요약내용이나 생각해둔 내용을 기재하는 것이다.

(4) 시험진행 과정

온라인 상으로 시험을 보는 경우 RRC International에 접속하여 Learning Partner에 등록을 해야 한다. 그리고 온라인 교육을 이수하고 시험을 신청한다(시험을 치기 2~3개월에 신청). 그리고 IG 1 시험을 치르고 IG 2 보고서를 제출한다.

(5) 시험결과 통보

시험 결과는 시험일로부터 50일 후에 발행된다.

7. IG 1 시험 문제 예시와 추천 답안

IG 1 시험 관련 시나리오와 모범 답안을 아래 표와 같이 설명한다. 응시생은 시나리오를 면밀히 검토하고 그에 상응하는 답변을 해야 한다.

You have recently moved to a new job. You are now responsible for health and safety at a large, busy retail store that is located on the outskirts of a large town served by good roads. The store sells do-it-yourself (DIY) and hardware goods, such as tools, equipment, and hazardous chemicals, to the local businesses and the general public. The organization that owns the store has 100 stores nationally and 10 in your area.

The main part of the store is open to customers to view and buy goods. At the back of the store, through an automatic-opening door, is a large warehouse, where stocks of goods are arranged on racks of shelving. Only store workers are allowed in the warehouse. Warehouse workers use forklift trucks (FLTs) to move goods from delivery trucks into the warehouse. When the store is closed to customers the goods are moved into the main part of the store to restock shelves.

You report to the overall Store and Warehouse Manager. The warehouse workforce consists of:
- 20 workers (including 2 shift supervisors) split equally between two 12-hour shifts (08:00 –20:00 and 20:00 – 08:00) on a rota basis of 4 days on, 4 days off.

Since you started your new job, you have seen a lot of examples of rule-breaking in the warehouse. For example, you have seen goods stacked in aisles and blocking designated walkways. Workers have to avoid many obstacles as they walk through the warehouse, causing them to step into vehicle routes. Workers have told you that there are frequent near misses between FLTs and workers, and collisions with products causing damage and spillages. There are no written records of any of these.

There have been many injuries recorded over the years. Most recently, a repeat of a more serious collision occurred involving a young FLT driver. The brakes were applied too late, as the driver was distracted by their mobile phone, the FLT skidded on an oil spillage and knocked goods over onto a passing worker.
On this occasion the worker's leg was broken, which required urgent hospital treatment. The hospital is 5 miles (approximately 8km) away from the store. The worker is expected to be off work for six weeks to recover from the injury. The injured worker is seeking legal advice in order to make a claim for compensation.
Worker absence and turnover is high in the warehouse. There are no health and safety worker representatives. Warehouse workers have told you that they have complained to management about working conditions many times. They rarely see management in the warehouse.

You cannot find any written records of complaints. You have tried to convince the overall Store and Warehouse Manager that something needs to be done to improve health and safety in the warehouse. You are told that there is no money for 'that kind of thing', and even if it were available, it would cause too much disruption to business.

As a result of the recent FLT collision, you were visited by a labor Inspector who has made a formal order that requires workplace changes to improve the health and safety of the workers. The Inspector thinks it is only a matter of time before workers are more seriously injured or even killed in the warehouse. The Inspector also observed that the written risk assessments are too general and do not reflect the actual risks in the warehouse.

The Inspector wants to see a more effective health and safety management system at their next visit. You have discussed with the Inspector possible improvements to health and safety in the warehouse. The proposed solution involves segregating FLTs and workers with barriers, pedestrian walkways, designated crossing places and separate entrances for workers and FLTs.

In addition, you tell the Inspector that you will review health and safety performance, internally and externally, in order to make comparisons.

당신은 최근에 새로운 직장으로 이직했다. 이제 당신은 도로가 잘 정비된 대도시 외곽에 위치한 크고 분주한 소매점에서 건강과 안전을 책임져야 한다. 이 매장에서는 DIY(Do-It-Yourself) 및 도구, 장비, 유해 화학물질 등 하드웨어 제품을 지역 기업과 일반 대중에게 판매한다. 매장을 소유한 조직은 전국적으로 100개가 있으며, 해당 지역에 10개의 매장을 보유하고 있다.

매장의 주요 부분은 고객이 상품을 보고 구매할 수 있도록 열려 있다. 매장 뒤편에는 자동으로 열리는 대형 창고가 있고, 선반 위에 재고품이 정리되어 있다. 창고에는 매장 직원만 출입할 수 있다. 창고 작업자는 지게차(FLT)를 사용하여 배송 트럭에서 창고로 상품을 옮긴다. 매장이 문을 닫으면 상품은 매장의 주요 부분으로 옮겨져 선반에 재입고된다.

당신은 전체 매장 및 창고 관리자에게 보고를 해야 한다. 창고 인력은 20명의 근로자(교대 감독자 2명 포함)가 4일 근무, 4일 휴무로 12시간씩 2교대(08:00~20:00 및 20:00~08:00)로 근무한다. 당신은 새로운 직장으로 옮겨 일을 시작하면서 창고에서 규칙을 어기는 사례를 많이 보았다. 예를 들어, 통로에 상품이 쌓여 있고 지정된 통로를 막고 있는 것을 보았다. 작업자는 창고를 통과할 때 많은 장애물을 피해야 하며, 이로 인해 차량 경로로 들어가게 된다. 지게차와 작업자 사이에서 아슬아슬한 상황이 자주 발생하고 제품과의 충돌로 인해 손상 및 유출이 발생하고 있음을 작업자가 주장하고 있다. 하지만 그러한 주장을 지지할 서면 기록은 없다.

수년 동안 많은 부상이 발생했다. 가장 최근에는 젊은 지게차 운전자와 관련된 더 심각한 충돌이 반복적으로 발생했다. 브레이크가 너무 늦게 작동되고, 지게차 운전자가 휴대폰 사용으로 주의가 산만해졌고, 지게차에서 유출된 기름으로 사람이 미끄러지거나 물건이 넘어지는 사고가 발생하고 있다.

근로자의 다리가 부러져 긴급 병원 치료가 필요했다. 병원은 매장에서 약 8km 정도 떨어져 있다. 해당 근로자는 부상 회복을 위해 6주간 결근할 예정이다. 그리고 부상당한 근로자는 보상 청구를 위해 법적 조치를 검토하고 있다. 창고는 부상당한 근로자의 부재와 이직률에 의한 피해가 속출하고 있다. 창고에는 보건 및 안전 근로자 대표가 없는 실정이다. 창고 직원들은 불편한 근무 조건을 경영진에 수차례 보고했다고 토로했다.

이러한 불만 사항에 대한 서면 기록을 찾을 수 없다. 당신은 창고의 건강과 안전을 개선하기 위해 조치가 필요하다는 점을 전체 매장 및 창고 관리자에게 설득하려고 노력했다. 하지만, 안전보건 관련한 관심이 부족하고 투자를 꺼리는 현상이 많았다.

최근 지게차 충돌 사고로 인해 근로 감독관이 건강과 안전을 개선하기 위한 조치를 취할 것을 명령했다. 감독관은 이러한 상태로는 근로자가 심각한 부상을 입거나 심지어 사망하는 것은 시간 문제일 것이라고 걱정했다. 감독관은 서면 위험성평가가 너무 일반적이며 창고의 실제 위험을 반영하지 않는다고 걱정을 하였다.

당신은 창고의 안전보건 수준을 높이기 위해 감독관과 협의를 했다. 제안된 개선 방안에는 지게차와 근로자를 보호할 수 있는 장벽, 보행자 통로, 지정된 교차점을 만드는 것이 포함된다. 그리고 근로자와 지게차를 별도로 분리하는 것을 포함한다. 또한 당신은 창고의 안전보건 관리 성과를 기타 사업장과 비교하여 더 좋은 방안을 마련하겠다고 감독관에게 말하였다.

시나리오에 기반한 추천 답안을 아래 표와 같이 설명한다. 전체 시험 과목 중 일부 과목을 선정하여 설명한다.

Task 1: Justifying health and safety improvements(안전보건 개선의 정당화)

• 상황

What financial arguments could you use to justify your proposed recommendations to segregate FLTs and the workers? (10) 지게차와 근로자를 분리하기 위해 제안된 권장 사항을 정당화하기 위해 어떤 재정적인 주장을 사용할 수 있는가? (10)

• 추천답안

이 질문에 대한 답변은 제안된 권장 사항을 정당화하기 위해 건전한 재정적 주장을 반영해야 한다. 좋은 답변에는 i) 사고발생은 조직의 평판에 영향을 미쳐 사업파탄으로 이어질 수 있다. ii) 결과적으로 DIY 매장은 기존의 사업을 접고 새로운 사업을 검토함에 따라 비용과 시간이 소요된다. 따라서 이에 대한 긍정적 답변은 안전한 작업장을 유지하는 것은 사업과 근로자의 안전보건 확보에 반드시 필요하다는 논리를 설명해야 한다. 일반적이고 모호한 답변보다는 안전관리가 중요한 사유를 도덕적, 법적, 재정적 논리로 설정하여 설명해야 한다. 특히 재정적 논리를 설정하는 경우, 사고로 인한 직접비용과 간접비용으로 인한 손실을 설명해야 한다. 이러한 답변은 10점을 받을 수 있다. 하지만, 답변이 적으면 적은 점수를 받을 수 있다.

Task 2: Checking management system effectiveness(안전보건경영시스템 효율성 점검)

• 상황

You email a report to the overall Store and Warehouse Manager, in a further attempt to convince them that safety needs improving. The report contains unsafe behavior that you have observed, unsafe behavior associated with historic incidents and unsafe behavior relayed to you from other workers. Also, the report contains voluntary feedback on safety given to you by workers and managers. (10) 당신은 안전을 개선을 위해 전체 매장 및 창고 관리자에게 이메일로 보내야 한다. 보고서에는 당신이 관찰한 불안전한 행동과 사고와 관련된 불안전한 행동 등이 포함되어 있다. 또한 보고서에는 근로자와 관리자가 안전에 관해 자발적으로 제공한 피드백 내용이 포함되어 있다. 시나리오에만 기초하여 (a) 보고서에는 어떤 불안전한 행동이 포함되어야 하는가? (6) 그리고 (b) 근로자와 관리자가 제공한 자발적인 피드백을 어떻게 보고서에 담을 것인가? (4)

• 추천답안

(a) 불안전한 행동

이 질문은 안전보건경영시스템의 효율성을 모니터링하는 과정을 나타내고 있다. 안전하지 않은 행동을 설명하는 과정이다. 예를 들면, i) 통로에 쌓인 물품, 지정된 통로를 막는 행동, ii) 창고를 통과할 때 많은 장애물을 피해야 하는 상황 존재, iii) 지게차 운전자가 휴대폰을 보는 행동, iv) 전술한 다양한 불안전한 행동은 회사의 안전보건경영시스템이 효과적으로 작동하고 있다고 보기 어렵다.

(b) 자발적인 피드백

i) 창고 근로자의 피드백에 따르면 지게차와 근로자들 간 다양한 위험요인이 존재함, ii) 지게차와 다양한 충돌 사고로 인해 다양한 손상이나 사고가 발생, iii) 근로자들은 근무 조건에 대해 여러 번 경영진에게 개선을 요구함 iv) 전술한 내용에 더해 다양한 근로자들의 안전 개선 피드백 내용이 있었으나, 회사가 이러한 요구를 개선하기 위한 노력을 하지 않은 점 등을 피력한다.

Task 3: Developing safe systems of work(SSOW)(안전한 작업 시스템(SSOW) 개발)

• 상황

Because of the recent incidents, you have decided to review the first-aid arrangements in the warehouse. What do you need to consider so that first-aid needs are realistic and proportionate for the warehouse workers? (10). 최근 사고로 인해 당신은 창고의 안전개선 긴급 조치를 검토하고 있다. 창고 근로자에게 도움이 될 긴급 조치가 현실적이고 적절하게 이루어지도록 하려면 무엇을 고려해야 하는가? (10)

• 추천답안

이 질문에 대해 응시생은 긴급 조치의 요구 사항이 무엇인지 고려해야 한다. 그리고 긴급 조치 내용은 현실적이고 균형을 이루는 요소가 되어야 한다. 안전한 작업시스템을 긴급 조치의 대안으로 하기 위해서는 아래와 같은 항목이 고려되어야 한다. i) 사람 관련으로 긴급 조치를 검토할 경우, 교대 근무의 특성을 검토해야 한다. ii) 장비 관련으로 긴급 조치를 검토할 경우, 작업장에 존재하는 것으로 확인된 위험을 공학적으로 개선할 항목 검토, 사고 발생시 사용할 응급 조치 장비, 화학물질 누출과 관련한 장비 등이 있다.

8. IG 2 시험 응시 요령 및 추천 답안

IG 2는 객관식이나 주관식 시험이 없다. 따라서 이 평가를 성공적으로 완료하려면 IG 2의 모든 정보를 읽고 이해해야 한다. IG 2 시험평가를 위하여 IG 1과 같은 방식으로 공부하는 것은 효과적이지 않다. 또한 IG 1과 같이 학습 보조자료나 요약자료를 활용하는 것도 효과가 크지 않다.

IG 2 시험을 효과적으로 치기 위해서는 실제로 광범위한 위험에 대한 위험성평가를 수행해야 한다. IG 2 시험은 IG 1과 달리 실기 평가의 각 부분에 대해 특정 백분율 점수가 부여되지 않고, 위험성평가의 적정성 여부에 따라 평가된다. IG 2 시험에 합격하지 못한 경우에는 재시험을 치러야 한다. 그리고 IG 1 시험에 합격한 후 5년 이내에 IG 2시험에 합격해야 한다. IG 1 시험 합격 후 5년이 경과한 경우에는 IG 2 시험을 볼 수 없다.

시험 양식은 Part 1 Background, Part 2 Risk Assessment, Part 3 Prioritize 3 actions with justification for the selection, Part 4 Review, communicate and check로 구성되어 있다. 아래 표의 내용은 IG 2 응시자가 반드시 알아야 할 유의사항이다.

Declaration: By submitting this assessment(Parts 1 – 4) for marking I declare that it is entirely my own work. I understand that falsely claiming that the work is my own is malpractice and can lead to NEBOSH imposing severe penalties(see the NEBOSH Malpractice Policy for further information). 선언: 표시를 위해 이 평가(파트 1~4)를 제출함으로써 이 평가가 전적으로 응시생의 작업임을 선언한다. 응시생 본인은 해당 보고서가 응시생의 본인의 것이라고 허위로 주장하는 것은 과실이며 NEBOSH가 심각한 처벌을 부과할 수 있음을 이해한다(자세한 내용은 NEBOSH 과실 정책 참조).

---

(1) Part 1 Background

Part 1은 150 – 200 단어로 완료하는 것을 목표로 해야 한다.

Topic	Comments
Name of organization*	
Site location*	
Number of workers	
General description of the organization	
Description of the area to be included in the risk assessment	
Any other relevant information	

* 기밀 유지가 걱정되는 경우 조직의 이름과 위치를 변경할 수 있지만, 제공되는 기타 모든 정보는 사실이어야 한다.

아래 표를 100~200 단어로 완료하는 것을 목표로 해야 한다. 참고: 이 부분은 위험성평가 시행 이후 완료할 수 있다.

| Outline how the risk assessment was carried out this should include:
    sources of information consulted;
    who you spoke to; and
    how you identified:
- the hazards;
- what is already being done; and
- any additional controls/actions that may be required. | |

(2) Part 2 Risk Assessment(위험성평가)

해당 조직 이름, 위험 평가 날짜 및 위험 평가 범위(평가가 수행된 위치)를 기재한다.

Organisation name:
Date of assessment:
Scope of risk assessment:

a. Hazard category and hazard	b. Who might be harmed and how?	c. What are you already doing?	d. What further controls/actions are required?	e. Timescales for further actions to be completed (within …)	f. Responsible person's job title

a. Hazard category and hazard(위험항목과 위험요인)

위험항목인 5. Physical and psychological health, 6. Musculoskeletal health, 7. Chemical and biological agents, 8. General workplace issues, 9. Work equipment, 10. Fire 및 11. Electricity 중 최소 5개를 선택한다. 그리고 선택된 위험항목에 대한 위험요인을 아래 표에서 찾아 기재해야 한다.

Radiation, Manual handling, Substance abuse, Fire, Load-handling, equipment, Working at height, Work-related upper limb disorders, Electricity, Movement of people and vehicles, Slips and trips, Work-related violence, Work equipment, Noise, Mental ill health, Hazardous substances, Health, welfare and work environment, Work-related driving, Vibration, Confined spaces, Lone working

b. Who might be harmed and how?(누가, 어떻게 피해를 입을 수 있는가?)

위험성평가 절차의 두 번째 단계는 확인된 각 특정 위험에서 피해를 입을 수 있는 사람과 방법을 확인하는 것이다. 근로자, 계약자, 방문객, 일반 대중 등 다양한 범주의 사람들을 확인한다. 신생아 및 임산부, 청소년, 단독 근로자, 장애인 등 피해에 더 취약할 수 있는 사람들 또는 그룹을 확인한다. 사람들이 어떻게 피해를 입을 수 있는지에 대한 간단한 설명을 한다. 위험 요소에 언제, 어떻게 노출되는지, 발생할 수 있는 피해 유형에 대한 정보가 포함되어야 한다.

c. What are you already doing? and d.What further controls/actions are required?(현재 어떤 위험조치 활동을 하고 있는가? 그리고 어떤 추가 통제와 조치가 필요한가?)

위험성평가 절차의 세 번째 단계는 각 위험요인으로 인해 발생하는 피해를 관리하기 위해 현재 시행하고 있는 통제 조치를 확인하고, 이러한 통제 조치가 부적절한 경우 위험을 관리하는 데 필요한 추가 통제 조치를 확인하는 것이다. 이 정보를 기록하는 두 개의 열(열 3과 4)이 있다. 이 두개의 열은 같이 작성한다. 특정 위험으로 인해 발생하는 심각한 위험을 관리하기 위한 현재의 조치가 없다면, 추가 통제와 조치가 필요하다. 특히, 4열에는 특정 위험으로 인해 발생하는 위험을 추가로 통제하기 위한 사유를 간략히 부가적으로 기재해야 한다.

d. Timescales for further actions to be completed(within ⋯) and f.Responsible person's job title(추가 조치를 완료해야 하는 기간 그리고 관련 책임자의 직위와 역할)

파트 2 위험성평가 양식을 작성하는 마지막 단계는 4열에 확인된 각 추가 통제 조치에 대한 기간과 해당 책임자를 할당하는 것이다. 기간을 작성할 때는 일주일, 한달, 3개월 또는 6개월 등으로 표기한다(가능한 빨리 또는 2023년 8월 9일 등으로 기재하지 않는다). 추가 조치 기간을 설정할 경우 위험의 현재 수준을 고려하여 추가 조치가 얼마나 긴급하게 필요한지 검토해야 한다.

필요한 각 추가 조치에 대한 책임을 할당할 때는 사람의 직무 역할이나 직함을 기준으로 할당해야 한다. 일부 작업은 하위 관리자에게 할당될 수 있고, 다른 작업은 중간 관리자에게 그리고 일부 작업은 고위 관리자에게 할당될 수 있다. 조치의 성격에 따라 조직 내에서 책임이 할당되는 수준이 결정된다.

(3) Part 3 Prioritize 3 actions with justification for the selection(선택에 대한 정당성과 함께 세 가지 작업의 우선순위를 지정한다)

Part 2 Risk Assessment (위험성평가)에서 확인한 위험요인 중 가장 중요한 우선순위가 있는 세 가지 작업을 선택한다. 그리고 선택된 세 가지에 대한 사유와 타당성을 입증해야 한다. i) Moral, general legal and financial arguments(도덕적, 법적, 재정적 이유)에 대한 내용을 300~350 단어로 기재한다.

Moral, general legal and financial arguments	

ii) Justification for action(정당성 주장)은 도덕적, 법적, 재정적 이유는 종합적으로 고려되어 작성해야 한다. 예를 들어 재정적 주장에 관해 글을 쓸 때 유사한 사고나 사고에 대해 부과되는 벌금, HSE 개입 비용, 부상자의 민사 청구 가능성 등의 예를 제공할 수 있다(NEBOSH는 300－350단어 수준으로 작성할 것을 추천).

Action(Taken from column 4 of risk assessment)	
Specific legal arguments	
Consideration of likelihood AND severity 　types of injury or ill health 　number of workers at risk 　how often the activity is carried out 　how widespread the risk is	
How effective the action is likely to be in controlling the risk. This should include: 　the intended impact of the action; 　justification for the timescale that you indicated in your risk assessment; and 　whether you think the action will fully control the risk	

현재 취하고 있는 각 위험요인에 대한 위험 수준(가능성과 심각도)을 고려한다. 그리고 각 조치의 효율성을 검토한다. 그리고 각 조치에 대한 정당성과 구체적인 법적 주장을 기재해야 한다(ILO의 협약, 권장사항 및 실천강령을 포함해야 하며, NEBOSH는 100－150단어 수준으로 작성할 것을 추천).

위험으로 인해 발생하는 신체적 부상의 범위, 건강에 해로운 영향의 범위, 각 위험에 노출된 근로자 수, 노출 기간 및 빈도 등 각 위험이 야기할 수 있는 예측 가능한 피해를 설명해야 한다. 사람이 위험에 노출될 수 있는 상황과 가능한 신체적 상해의 범위 및/또는 건강에 해로운 영향의 범위와 같이 각 위험으로 인해 발생할 수 있는 예측 가능한 피해에 대해서도 설명해야 한다(NEBOSH는 75−150단어 수준으로 작성할 것을 추천).

마지막으로 각 조치가 위험을 통제하는 데 얼마나 효과적인지 설명해야 한다. 각 조치가 미칠 수 있는 영향, 위험을 줄이는 데 얼마나 효과적일 것이라고 생각하는지, 조치 기간을 설정한 합당한 이유를 설명해야 한다(NEBOSH는 100−150단어 수준으로 작성할 것을 추천).

(4) Part 4 Review, communicate and check(검토, 커뮤니케이션 그리고 확인)

계획된 검토 날짜 또는 기간 및 이에 대한 이유를 50−100 단어로 요약하고, 위험성평가 결과를 커뮤니케이션 하는 방법을 100−150 단어로 요약한다. 그리고 위험성평가에 대한 후속 조치를 100−150 단어로 요약한다.

위험성평가 검토 일자를 기재하고, 해당 일자를 선택한 이유를 설명해야 한다(NEBOSH는 50−100단어 수준으로 작성할 것을 추천).

Planned review date/period with reasoning	
How the risk assessment findings will be communicated AND who you need to tell	
How you will follow up on the risk assessment to check that the actions have been carried out	

그리고 위험성평가 결과를 누구에게, 어떻게 전달할 것인지 설명해야 한다(NEBOSH는 100−150단어 수준으로 작성할 것을 추천).

마지막으로 확인된 모든 조치가 수행되었는지 확인하기 위해 위험성평가를 어떻게 추적할 것인지 설명해야 한다(NEBOSH는 100−150단어 수준으로 작성할 것을 추천).

IG 2 표준 시험 양식과 답안(Part 1 Background, Part 3 Risk Assessment, Prioritize 3 actions with justification for the selection, Part 4: Review, communicate and check)은 페이지 분량이 많은 관계로 네이버 카페 새로운 안전관리론(https://cafe.naver.com/newsafetymanagement)에 방문하여 국제 안전보건자격(NEBOSH IG)에서 IG 2 표준 시험 양식과 답안을 참조하기 바란다.

9. 자격증 샘플

저자는 2015년 7월 27일 NEBOSH IGC 1, 2, 3를 탁월한 성적으로 합격하였다. 아래 그림은 NEBOSH가 통보한 문서로 IGC 1 66 Mark, IGC 2 69 Mark, IGC 3 85 Mark로 총 220점을 획득하여 Distinction인 탁월한 수준을 받았다.

The National Examination
Board in Occupational
Safety and Health

Dominus Way
Meridian Business Park
Leicester LE19 1QW

www.nebosh.org.uk

Mr J M Yang
Lrqa
17th Floor
Sinsong Building
67 Yeouinaru-Ro
Korea, Republic of

27 July 2015

NEBOSH International General Certificate in Occupational Health and Safety

UNIT RESULT NOTIFICATION AND STATUS REPORT
Student number: **00285741**
First name/s (given name): **Jeong Mo**
Surname (family name): **Yang**
Full name: **# Jeong Mo Yang**

Course provider: **896 - Oak Tree Management & Training Ltd**

Unit	Description	Mark	Status	Exam Date	Course provider	Unit result	High valid mark
IGC1	Management of international health and safety	66	Pass	25/05/2015	896	Pass	66
GC2	Controlling workplace hazards	69	Pass	25/05/2015	896	Pass	69
GC3	Health and safety practical application	85	Pass	25/05/2015	896	Pass	85

Overall mark: **220**
Grade: **DISTINCTION**

*Notes

If you have achieved a Pass in any of the above units (≥45% for examinations and ≥60% for the practical), your unit certificate will be sent shortly, on which your name will appear as above (see overleaf).

If you have achieved a Pass or hold a valid exemption in all three units, then congratulations on your success and your qualification parchment will follow in due course, on which your name will appear as above (see overleaf).

You may, however, opt to re-sit a successful unit for the purpose of improving your overall qualification grade (see overleaf).

EXAMINATIONS ADMINISTRATION SECTION   00285741

아래 그림은 NEBOSH International General Certificate 자격이다.

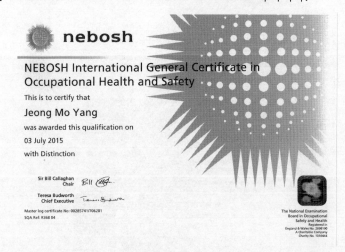

아래 그림은 IGC 1 Management of international Health and Safety 자격이다.

아래 그림은 IGC 2 Controlling workplace hazards 자격이다.

아래 그림은 IGC 3 Health and safety practical application 자격이다.

NEBOSH 자격증 취득과 관련한 정보를 공유하기 위하여 네이버 카페에 새로운 안전관리론(https://cafe.naver.com/newsafetymanagement)을 방문하여 국제 안전보건자격(NEBOSH IG) 폴더를 참고하기 바란다.

III. 미국 안전전문가 자격(CSP/ASP)

미국에 있는 인디애나주 인디애나폴리스에 본사를 둔 BCSP(Board OF Certified Safety Professional)는 안전, 보건 및 환경(SH&E) 전문가 자격을 부여하는 인정받는 비영리 기업이다. BCSP는 1969년 창립 이래 100,000개 이상의 BCSP 관련 자격증을 발급했다. BCSP의 모든 인증은 ISO/IEC 17024 표준에 대한 인증 프로그램에 따라 ANSI 국가 인증 위원회(ANSI National Accreditation Board, ANAB)의 인증을 받는다. BCSP가 발급하는 자격증의 종류는 아래 표와 같다.

구분	내용	심볼
CSP (Certified Safety Professional)	미국공인 안전전문가로서 광범위한 안전, 보건 및 환경(SH&E) 실무 분야를 포괄하는 안전 전문 분야 최고의 자격이다.	CSP® CERTIFIED SAFETY PROFESSIONAL®
ASP (Associate Safety Professional)	미국 공인 안전전문가로서 안전, 보건 및 환경 (SH&E) 실무에 대한 광범위한 지식을 입증하는 안전 전문분야 자격이다	ASP® Associate Safety Professional®
SMS (Safety Management Specialist)	안전보건경영시스템 운영 전문가의 지식을 입증하는 자격이다.	SMS™ Safety Management Specialist®
OHST (Occupational Hygiene and Safety Technician)	산업위생 및 안전기술자로서 실무자에게 필요한 산업위생 및 안전에 대한 지식을 입증하는 자격이다.	OHST® Occupational Hygiene and Safety Technician™
CHST (Construction Health and Safety Technician)	건설 안전보건 기술자로서 실무자에게 필요한 건설 보건안전에 대한 지식을 입증하는 자격이다.	CHST® Construction Health and Safety Technician®
STS (Safety Trained Supervisor)	안전훈련감독자로서 사업장의 유해위험요인을 파악하고, 안전한 작업을 수행할 수 있도록 감독할 수 있는 지식을 입증하는 자격이다.	STS® Safety Trained Supervisor®
STSC (Safety Trained Supervisor Construction)	근로자가 안전한 작업을 수행할 수 있도록 지원하는 지식을 입증하는 자격이다.	STSC® Safety Trained Supervisor Construction®
CIT (Certified Instructional Trainer)	안전보건 공인 교육 강사로서 안전보건 교육 자료 개발, 교육 설계 지식을 입증하는 자격이다.	CIT® Certified Instructional Trainer

1. 자격증 개요

본 책자에서는 미국공인 안전전문가 자격인 CSP(Certified Safety Professional, 이하 CSP)CSP와 ASP(Associate Safety Professional, 이하 ASP)에 대해서 소개한다. 이 자격증은 해외사업장이나 해외 기업 취업(Nike, Microsoft, 각종 컨설팅 업체 등) 시 응시자가 갖추어야 하는 조건이다.

2. 자격증 취득의 필요성

BCSP는 시험을 통해 안전관련 분야에 종사하는 사람의 적절한 지식을 입증하고 CSP 또는 ASP 자격을 수여한다. 안전관련 분야에 종사하는 사람이 성공적인 취직과 이직을 원한다면 CSP나 ASP 자격을 반드시 취득할 것을 추천한다.

CSP나 ASP 자격은 국내의 자격시험과는 다르게 안전보건 관리에 대한 철학, 원칙, 원리, 유해위험요인을 기반으로 하는 공학적 개선, 실무를 위주로 하는 판단 지식 등 실무적 관점의 이론과 실행사례를 주로 다루고 있다. 이에 따라 자격시험을 공부하면서 실무적 능력 배양과 함께 영어 실력 또한 겸비할 수 있다.

3. 자격 취득 요건

CSP	ASP
1. 학사 학위* 취득 이상 그리고 2. 4년 이상의 안전경력(50% 이상의 안전 업무)을 보유하고, 전문적 수준의 안전 역량을 갖춘 사람으로 아래에 열거된 자격 한 가지 이상을 보유하고 있어야 한다. 　- ASP, GSP, TSP, CIH, CMIOSH회원 　- 캐나다 안전전문가 CRSP 　- 미 육군 전투준비센터(ACRC) 안전 및 직업 보건 전문 자격 　- 중국(PRC) 산업안전국(SAWS)에서 관리하는 공인 안전 엔지니어(CSE) 　- 국제노동기구(ITC-ILO) 국제훈련센터 산업안전보건 석사 　- NEBOSH 산업 보건 및 안전 분야 국내 또는 국제 학위 　- 싱가포르 안전 책임자 협회(SISO) 전문 회원 　- 인도 정부의 주 정부 부처 기술 교육 위원회에서 발행한 산업 안전 학위/증명서 3. CSP 시험에 합격한 사람	1. 모든 분야의 학사 학위*를 보유하고 있거나 안전, 보건 또는 환경 관련 준학사 학위를 보유한 사람. 다만, 　- 준학사 학위에는 ASP 시험과목에서 다루는 안전, 보건 또는 환경 영역에서 최소 12학기 시간/18분기 시간의 학습이 포함된 최소 4개 과정이 포함되어야 한다. 그리고 2. 1년 이상의 안전경력(50% 이상의 안전 업무)을 보유하고, 안전 업무의 폭과 깊이를 갖춘 전문가 수준이어야 한다. 3. ASP 시험에 합격한 사람 4. 인증 조건을 유지하는 사람 　- 연간 갱신 수수료 　- 재인증 요구사항

5. 인증 조건을 유지하는 사람 　- 연간 갱신 수수료 　- 재인증 요구사항	

* 미국 이외 지역의 대학에서 학위를 취득하여 CSP/ASP를 신청하는 경우, 해당 학위는 미국과 동등하다고 평가될 수 있다. https://edperspective.org/bcsp/를 방문하면 BCSP가 인정하는 대학교를 검색할 수 있다.

4. 시험과목

(1) CSP

Domain 1 Advanced Sciences and Math • 9.95% 고급 과학과 수학
Knowledge of: 1. Core concepts in anatomy and physiology 2. Core concepts in chemistry(e.g., organic chemistry, general chemistry, and biochemistry) 3. Core concepts in physics(e.g., forms of energy, weights, forces, and stresses) 4. Mathematics(e.g., geometry, algebra, trigonometry, finance and accounting, engineering, and economics) 5. Statistics for interpreting data(e.g., mean, median, mode, confidence intervals, probabilities, and pareto analysis) 6. Core research methodology 7. Microbiology(e.g., nanotechnology, waterborne pathogens, and bloodborne pathogens) 다음에 대한 지식: 1. 해부학과 생리학의 핵심 개념 2. 화학의 핵심 개념(예: 유기화학, 일반화학, 생화학) 3. 물리학의 핵심 개념(예: 에너지의 형태, 무게, 힘, 응력) 4. 수학(예: 기하학, 대수학, 삼각법, 재무 및 회계, 공학, 경제학) 5. 데이터 해석을 위한 통계(예: 평균, 중앙값, 모드, 신뢰 구간, 확률 및 파레토 분석) 6. 핵심 연구 방법론 7. 미생물학(예: 나노기술, 수인성 병원체, 혈액매개 병원체)
Skill to: 1. Calculate required containment volumes and hazardous materials storage requirements 2. Calculate statistics from data sources 다음을 수행할 수 있는 기술: 1. 필요한 위험물질 보유량 및 위험 물질 보관 요구 사항을 계산 2. 데이터 소스에서 통계 계산

Domain 2
Management Systems • 13.34%
안전보건경영시스템

Knowledge of:
1. Benchmarks and performance standards/metrics
2. How to measure, analyze, and improve organizational culture
3. Incident investigation techniques and analysis(e.g., causal factors)
4. Management of change techniques(prior, during, and after)
5. System safety analysis techniques(e.g., fault tree analysis, failure modes and effect analysis [FMEA], Safety Case approach, and Risk Summation)
6. The elements of business continuity and contingency plans
7. Types of leading and lagging safety, health, environmental, and security performance indicators
8. Safety, health, and environmental management and audit systems(e.g., ISO 14000, 45001, 19011, ANSI Z10)
9. Applicable requirements for plans, systems, and policies(e.g., safety, health, environmental, fire, and emergency action)
10. Document retention or management principles(e.g., incident investigation, training records, exposure records, maintenance records, environmental management system, and audit results)
11. Budgeting, finance, and economic analysis techniques and principles(e.g., timelines, budget development, milestones, resourcing, financing risk management options, return on investment, cost/benefit analysis, and role in procurement process)
12. Management leadership techniques(e.g., management theories, leadership theories, motivation, discipline, and communication styles)
13. Project management concepts and techniques(e.g., RACI charts, project timelines, and budgets)

다음에 대한 지식:
1. 벤치마크 및 성능 표준/지표
2. 조직문화를 측정, 분석, 개선하는 방법
3. 사고 조사 기법 및 분석(예: 원인 요인)
4. 변경관리(이전, 도중, 이후)
5. 시스템 안전 분석 기술(예: 결함 트리 분석, 고장 모드 및 영향 분석[FMEA], 안전 사례)접근법 및 위험 요약)
6. 사업 연속성 및 비상 계획의 요소
7. 안전, 보건, 환경, 보안 성과 지표의 선행 및 후행 유형
8. 안전, 보건, 환경 관리 및 감사 시스템(예: ISO 14000, 45001, 19011, ANSI Z10)
9. 계획, 시스템 및 정책에 적용 가능한 요구 사항(예: 안전, 보건, 환경, 화재 및 비상 조치)
10. 문서 보존 또는 관리 원칙(예: 사고 조사, 교육 기록, 노출 기록, 유지관리기록, 환경경영시스템, 감사 결과 등)
11. 예산, 재정, 경제 분석 기술 및 원칙(예: 일정, 예산 개발, 이정표, 리소스 조달, 자금 조달 위험 관리 옵션, 투자 수익, 비용/이익 분석 및 조달 프로세스에서의 역할)

12. 관리 리더십 기술(예: 관리 이론, 리더십 이론, 동기 부여, 규율, 및 의사소통 스타일)

13. 프로젝트 관리 개념 및 기술(예: RACI 차트, 프로젝트 일정 및 예산)

Skill to:

1. Analyze and/or interpret data(e.g., exposure, release concentrations, and sampling data)
2. Apply management principles of authority, responsibility, and accountability
3. Compare management systems with benchmarks
4. Conduct causal factors analyses
5. Develop, implement, and sustain environmental, safety, and health management systems
6. Evaluate and analyze survey data
7. Perform gap analyses
8. Demonstrate business need via financial calculations(e.g., return on investment, engineering economy, and financial engineering)

다음을 수행할 수 있는 기술:

1. 데이터 분석 및/또는 해석(예: 노출, 방출 농도 및 샘플링 데이터)
2. 권한, 책임, 책임의 경영원칙을 적용
3. 경영시스템 벤치마크와 비교
4. 원인요인 분석 실시
5. 환경, 안전, 보건 관리 시스템을 개발, 실행 및 유지
6. 설문조사 데이터 평가 및 분석
7. 차이 분석 수행
8. 재무 계산(예: 투자 수익, 엔지니어링 경제, 금융공학)

Domain 3
Risk Management • 14.49%
위험관리

Knowledge of:

1. Hazard identification and analysis methods(e.g., job safety analysis, hazard analysis, human performance analysis, and audit and causal analysis)
2. Risk analysis
3. Risk evaluation(decision making)
4. The risk management process
5. The costs and benefits of risk assessment process
6. Insurance/risk transfer principles

다음에 대한 지식:

1. 위험 식별 및 분석 방법(예: 작업 안전 분석, 위험 분석, 인간 성과 분석, 감사 및 원인 분석)
2. 위험 분석
3. 위험성 평가(의사결정)
4. 리스크 관리 프로세스
5. 위험성평가 프로세스의 비용 및 이점
6. 보험/위험 Transfer 원칙

Skill to:

Apply risk-based decision-making tools for prioritizing risk management options

Calculate metrics for organizational risk

Conduct hazard analysis and risk assessment

Select risk treatment or controls using the hierarchy of controls

Explain risk management options and concepts to decision makers, stakeholders, and the public

다음을 수행할 수 있는 기술:

1. 위험 관리 옵션의 우선순위를 정하기 위해 위험 기반 의사결정 도구 적용
2. 조직 위험에 대한 지표 계산
3. 위험 분석 및 위험 평가 수행
4. 통제 계층을 사용하여 위험 처리 또는 통제를 선택
5. 의사결정자, 이해관계자 및 대중에게 위험 관리 옵션 및 개념을 설명

Domain 4
Advanced Application of Key Safety Concepts • 14.69%
주요 안전 개념의 고급 적용

Knowledge of:

1. Principles of safety through design and inherently safer designs(e.g., designing out hazards during design phase, avoidance, elimination, and substitution)
2. Engineering controls(e.g., ventilation, guarding, isolation, and active vs. passive)
3. Administrative controls(e.g., job rotation, training, procedures, and safety policies and practices)
4. Personal protective equipment
5. Chemical process safety management(e.g., pressure relief systems, chemical compatibility, management of change, materials of construction, and process flow diagrams)
6. Redundancy systems(e.g., energy isolation and ventilation)
7. Common workplace hazards(e.g., electrical, falls, same level falls, confined spaces, lockout/tagout, working around water, caught in, struck by, excavation, welding, hot work, cold and heat stress, combustibles, laser, and others)
8. Facility life safety features(e.g., public space safety, floor loading, and occupancy loads)
9. Fleet safety principles(e.g., driver and equipment safety, maintenance, surveillance equipment, GPS monitoring, telematics, hybrid vehicles, fuel systems, driving under the influence, and fatigue)
10. Transportation safety principles(e.g., air, rail, and marine)
11. Materials handling(e.g., forklifts, cranes, hand trucks, person lifts, hoists, rigging, manual, and drones)
12. Foreign material exclusion(FME) and foreign object damage (FOD)
13. Hazardous materials management(e.g., GHS labels, storage and handling, policy, and security)
14. Multi-employee worksite issues(e.g., contractors and temporary or seasonal employees)

15. Sources of information on hazards and risk management options(e.g., subject matter experts, relevant best practices, published literature, and SDS)
16. The safety design criteria for workplace facilities, machines, and practices(e.g., UL, NFPA, NIOSH, FM, and ISO)
17. Tools, machines, practices, and equipment safety(e.g., hand tools, ladders, grinders, hydraulics, and robotics)
18. Workplace hazards(e.g., nanoparticles, combustible dust, heat systems, high pressure, radiation, silica dust, powder and spray applications, blasting, and molten metals)
19. Human performance

다음에 대한 지식:
1. 본질적인 안전 설계를 통한 안전 원칙(예: 설계 단계에서 위험을 설계하고, 회피, 제거, 대체)
2. 공학적 관리(예: 환기, 보호, 격리, 능동 대 수동)
3. 행정적 관리(예: 직무 순환, 교육, 절차, 안전 정책 및 관행)
4. 개인보호장비
5. 화학 공정 안전 관리(예: 압력 방출 시스템, 화학 호환성, 변경 관리, 구성 재료 및 프로세스 흐름도)
6. 이중 안전 시스템(예: 에너지 격리 및 환기)
7. 일반적인 작업장 위험(예: 전기, 추락, 동일 높이 추락, 밀폐된 공간, 잠금/태그아웃, 주변 작업 물, 휘말림, 충격, 굴착, 용접, 화기 작업, 냉열 스트레스, 가연성 물질, 레이저 등)
8. 시설 생활 안전 기능(예: 공공 공간 안전, 바닥 하중, 점유 하중)
9. 차량 안전 원칙(예: 운전자 및 장비 안전, 유지 관리, 감시 장비, GPS 모니터링, 텔레매틱스, 하이브리드 차량, 연료 시스템, 음주 운전 및 피로)
10. 운송 안전 원칙(예: 항공, 철도, 해상)
11. 자재 취급(예: 지게차, 크레인, 핸드 트럭, 개인 리프트, 호이스트, 장비, 수동 및 드론)
12. 이물질 배제(FME) 및 이물질 손상(FOD)
13. 위험 물질 관리(예: GHS 라벨, 보관 및 취급, 정책, 보안)
14. 여러 직원이 근무하는 작업장 문제(예: 계약자, 임시 직원 또는 계절 직원)
15. 위험 및 위험 관리 옵션에 대한 정보 출처(예: 해당 분야 전문가, 관련 모범 사례, 출판된 문헌 및 SDS)
16. 작업장 시설, 기계 및 관행에 대한 안전 설계 기준(예: UL, NFPA, NIOSH, FM 및 ISO)
17. 도구, 기계, 실습 및 장비 안전(예: 수공구, 사다리, 연삭기, 유압 장치 및 로봇 공학)
18. 작업장 위험(예: 나노 입자, 가연성 먼지, 열 시스템, 고압, 방사선, 실리카 먼지, 분말 스프레이 응용 분야, 폭파 및 용융 금속)
19. 인적성과

Skill to:
1. Calibrate, use, and maintain data logging, monitoring, and measurement equipment
2. Identify relevant labels, signs, and warnings
3. Interpret plans, specifications, technical drawings, and process flow diagrams
다음을 수행할 수 있는 기술:
1. 데이터 로깅, 모니터링 및 측정 장비를 교정, 사용 및 유지 관리
2. 관련 라벨, 표시 및 경고를 식별
3. 계획, 사양, 기술 도면 및 프로세스 흐름도 해석

Domain 5
Emergency Preparedness, Fire Prevention, and Security • 10.59%
비상 대비, 화재 예방, 보안

Knowledge of:
1. Emergency/crisis/disaster response planning/business continuity(e.g., nuclear incidents, natural disasters, terrorist attacks, chemical spills, fires, active violent attacks, and public utilities)
2. Fire prevention, protection, and suppression systems
3. The transportation and security of hazardous materials
4. Workplace violence and prevention techniques(violence on employees)

다음에 대한 지식:
1. 비상/위기/재난 대응 계획/사업 연속성(예: 원자력 사고, 자연재해, 테러리스트) 공격, 화학 물질 유출, 화재, 적극적인 폭력 공격 및 공공 시설)
2. 화재 예방, 보호 및 진압 시스템
3. 위험물 운송 및 보안
4. 직장 내 폭력 및 예방 기술(직원에 대한 폭력)

Skill to:
1. Manage active incidents(e.g., emergency, crisis, disaster, and incident command system)

다음을 수행할 수 있는 기술:
1. 사고 관리(예: 비상, 위기, 재난, 사고지휘체계 등)

Domain 6
Occupational Health and Ergonomics • 12.05%
산업보건 및 인간공학

Knowledge of:
1. Advanced toxicology principles(e.g., symptoms of an exposure, LD50, mutagens, teratogens, and ototoxins)
2. Carcinogens
3. Ergonomics and human factors principles(e.g., visual acuity, body mechanics, lifting, vibration, anthropometrics,
and fatigue management)
4. How to recognize occupational exposures(e.g., hazardous chemicals, radiation, noise, biological agents, heat/cold, infectious diseases, nanoparticles, and indoor air quality)
5. How to evaluate occupational exposures(e.g., hazardous chemicals, radiation, noise, biological agents, heat/cold, infectious diseases, ventilation, nanoparticles, and indoor air quality), including techniques for measurement, sampling, and analysis
6. How to control occupational exposures(e.g., hazardous chemicals, radiation, noise, biological agents, heat/cold, ventilation, nanoparticles, infectious diseases, and indoor air quality)
7. Employee substance abuse
8. The fundamentals of epidemiology

9. Occupational exposure limits(e.g., hazardous chemicals, radiation, noise, biological agents, and heat)

다음에 대한 지식:

1. 고급 독성학 원리(예: 노출 증상, LD50, 돌연변이 유발 물질, 기형 유발 물질 및 이독소)
2. 발암물질
3. 인체공학 및 인적 요소 원리(예: 시력, 신체 역학, 리프팅, 진동, 인체 측정학, 및 피로관리)
4. 직업적 노출(예: 유해 화학물질, 방사선, 소음, 생물학적 작용제, 열/추위, 감염병, 나노입자, 실내공기질)
5. 직업적 노출(예: 유해 화학물질, 방사선, 소음, 생물학적 작용제, 열/추위, 측정, 샘플링 및 분석
6. 직업적 노출(예: 유해 화학물질, 방사선, 소음, 생물학적 작용제, 열/추위, 환기, 나노입자, 전염병, 실내공기질)
7. 직원의 약물 남용
8. 역학의 기초
9. 직업적 노출 한계(예: 유해 화학물질, 방사선, 소음, 생물학적 작용제, 열)

Skill to:

1. Conduct exposure evaluation(e.g., chemicals, SDS, ergonomic, ventilation, and environment [calibrations and calculations])
2. Use sampling equipment
3. Interpret data from exposure evaluations(e.g., adjusted shift calculations, use correct sampling method, and use correct analytical method)

다음을 수행할 수 있는 기술:

1. 노출 평가 수행(예: 화학물질, SDS, 인체공학, 환기 및 환경[보정 및 계산])
2. 샘플링 장비를 사용
3. 노출 평가의 데이터를 해석(예: 조정된 이동 계산, 올바른 샘플링 방법 사용 및 올바른 분석 방법)

Domain 7
Environmental Management Systems • 7.38%
환경관리 시스템

Knowledge of:

1. Environmental protection and pollution prevention methods(e.g., air, water, soil, containment, soil vapor intrusion, and waste streams)
2. How released hazardous materials migrate/interact through the air, surface water, soil, and water table
3. Sustainability principles
4. Waste water treatment plants, onsite waste water treatment plants, and public water systems
5. Registration, evaluation, authorization and restriction of chemicals (REACH) and restriction of hazardous substances (RoHS)

다음에 대한 지식:

1. 환경 보호 및 오염 방지 방법(예: 공기, 물, 토양, 봉쇄, 토양 증기 침입, 및 폐기물 흐름)
2. 배출된 유해물질이 공기, 지표수, 토양, 지하수면을 통해 어떻게 이동/상호작용하는지 확인
3. 지속가능성 원칙

4. 폐수 처리장, 현장 폐수 처리장 및 공공 용수 시스템

5. 화학물질의 등록, 평가, 승인 및 제한(REACH) 및 유해물질 제한(RoHS)

Skill to:

1. Use waste management practices(e.g., segregation and separation, containment, disposal, chain of custody, and policy)

2. Conduct hazardous waste operations(e.g., spill clean-up and remediation)

다음을 수행할 수 있는 기술:

1. 폐기물 관리 관행(예: 분리 및 분리, 봉쇄, 폐기, 관리 연속성 및 정책)을 사용

2. 유해 폐기물 작업 수행(예: 유출 청소 및 교정)

Domain 8
Training/Education • 10.18%
교육/훈련

Knowledge of:

1. Education and training methods and techniques(e.g., classroom, online, computer-based, AI, and on-the-job training)

2. Training, qualification, and competency requirements

3. Methods for determining the effectiveness of training programs(e.g., determine if trainees are applying training on the job)

4. Effective presentation techniques

다음에 대한 지식:

1. 교육 및 훈련 방법과 기술(예: 강의실, 온라인, 컴퓨터 기반, AI 및 현장 교육)

2. 교육, 자격 및 역량 요구 사항

3. 훈련 프로그램의 효과를 결정하는 방법(예: 훈련생이 직무에 대한 훈련을 적용하고 있는지 결정)

4. 효과적인 프레젠테이션 기법

Skill to:

1. Perform training needs assessments

2. Develop training programs(e.g., presentation skills and tools)

3. Develop training materials

4. Conduct training

5. Assess training competency

6. Develop training assessment instruments(e.g., written tests and skill assessments) to assess training competency

다음을 수행할 수 있는 기술:

1. 교육 필요성 평가 수행

2. 교육 프로그램 개발(예: 프레젠테이션 기술 및 도구)

3. 교육자료 개발

4. 교육 실시

5. 교육 역량 평가

6. 훈련 역량을 평가하기 위한 훈련 평가 도구(예: 필기 시험 및 기술 평가)를 개발

Domain 9
Law and Ethics • 7.33%
법과 윤리

Knowledge of:
1. Legal issues(e.g., tort, negligence, civil, criminal, contracts, and disability terminology)
2. Protection of confidential information(e.g., privacy, trade secrets, personally identifiable information, and General Data Protection Regulation [GDPR])
3. Standards development processes
4. The ethics related to conducting professional practice(e.g., audits, record keeping, sampling, and standard writing)
5. The relationship between labor and management
6. BCSP Code of Ethics
7. Workers' compensation(e.g., injured worker's compensation)

다음에 대한 지식:
1. 법적 문제(예: 불법 행위, 과실, 민사, 형사, 계약 및 장애 관련 용어)
2. 기밀 정보(예: 개인 정보 보호, 영업 비밀, 개인 식별 정보 및 일반 정보)의 보호 데이터 보호 규정
3. 표준 개발 프로세스
4. 전문 업무 수행과 관련된 윤리(예: 감사, 기록 보관, 샘플링 및 표준 작성)
5. 노사관계
6. BCSP 윤리강령
7. 근로자 보상(예: 상해 근로자 보상)

Skill to:
1.
Interpret laws, regulations, and consensus codes and standards
2.
Apply concepts of BCSP Code of Ethics
다음을 수행할 수 있는 기술:
1. 법률, 규정, 합의 코드 및 표준을 해석
2. BCSP 윤리강령 개념 적용

(2) ASP

Domain 1
Advanced Sciences and Math • 11.55%
고급 과학과 수학

Knowledge of:
1. General chemistry concepts(e.g., nomenclature, balancing chemical equations, chemical reactions, ideal gas law, and pH)
2. Electrical principles(e.g., Ohms law, power, impedance, energy, resistance, and circuits)
3. Principles of radioactivity(e.g., radioactive decay, half-life, source strength, concentration, and inverse square law)
4. Storage capacity calculations

5. Rigging and load calculations

6. Ventilation and system design

7. Noise hazards

8. Climate and environmental conditions(e.g., Wet-bulb Globe Temperature [WBGT], wind chill, and heat stress)

9. Fall protection calculations

10. General physics concepts(e.g., force, acceleration, velocity, momentum, and friction)

11. Financial principles(e.g., cost-benefit analysis, cost of risk, life cycle cost, return on investment, and effects of losses)

12. Descriptive statistics(e.g., central tendency, variability, and probability)

13. Lagging indicators(e.g., incidence rates, lost time, and direct costs of incidents)

14. Leading indicators(e.g., inspection frequency, safety interventions, employee performance evaluations, training frequency, near miss, near hit, and close-call reporting)

다음에 대한 지식:

1. 일반 화학 개념(예: 명명법, 균형 화학 방정식, 화학 반응, 이상 기체 법칙 및 pH)

2. 전기 원리(예: 옴의 법칙, 전력, 임피던스, 에너지, 저항 및 회로)

3. 방사능의 원리(예: 방사성붕괴, 반감기, 선원강도, 농도, 역제곱법칙)

4. 저장 용량 계산

5. 리깅 및 하중 계산

6. 환기 및 시스템 설계

7. 소음 위험

8. 기후 및 환경 조건(예: 습구흑구온도 지수[WBGT], 풍속 냉각 및 열 스트레스)

9. 추락 방지 계산

10. 일반 물리학 개념(예: 힘, 가속도, 속도, 운동량, 마찰)

11. 재무 원칙(예: 비용-편익 분석, 위험 비용, 수명주기 비용, 투자 수익 및 손실 효과)

12. 기술 통계(예: 중심 경향, 변동성, 확률)

13. 후행지표(예: 발생률, 손실 시간, 사고로 인한 직접 비용)

14. 주요 지표(예: 검사 빈도, 안전 개입, 직원 성과 평가, 훈련 빈도, 아차 사고 등)

Domain 2
Safety Management Systems • 17.22%
안전보건경영시스템

Knowledge of:

1. Hierarchy of hazard controls

2. Risk transfer(e.g., insurance and outsourcing - such as incident management or subcontracting)

3. Management of change

4. Hazard and risk analysis methods(e.g., preliminary hazard analysis, subsystem hazard analysis, hazard and operability analysis, failure mode and effects analysis, fault tree analysis, fishbone, what-if and checklist analysis, change analysis, energy trace and barrier [ETBS] analysis, and systematic cause analysis technique [SCAT])

5. Process safety management

6. Fleet safety principles(e.g., driver behavior, defensive driving, distracted driving, fatigue, and vehicle safety features)

7. Hazard Communication and Globally Harmonized System

8. Control of hazardous energy(e.g., lockout/tagout)

9. Excavation, trenching, and shoring

10. Confined space

11. Physical security

12. Fall protection

13. Machine guarding

14. Powered industrial vehicles(e.g., trucks, forklifts, and cranes)

15. Scaffolding

다음에 대한 지식:

1. 위험 통제 계층

2. 위험 이전(예: 보험 및 아웃소싱 - 사고 관리 또는 하도급 등)

3. 변화관리

4. 위험 및 위험 분석 방법(예: 예비 위험 분석, 하위 시스템 위험 분석, 위험 및 운영성 분석, 고장 모드 및 영향 분석, 결함 트리 분석, Fishbone, 가정 및 체크리스트 분석, 변경 분석, 에너지 추적장벽분석 [ETBS], 체계적 원인분석기법[SCAT])

5. 공정안전관리

6. 차량 안전 원칙(예: 운전자 행동, 방어 운전, 부주의한 운전, 피로, 차량 안전 기능)

7. 위험 정보 전달 및 세계 조화 시스템

8. 위험 에너지 제어(예: 잠금/태그아웃)

9. 굴착, 트렌칭 및 버팀목 설치

10. 밀폐된 공간

11. 물리적 보안

12. 추락 방지

13. 기계 보호

14. 동력 산업용 차량(예: 트럭, 지게차, 크레인)

15. 비계

Skill to:

1. Use hazard identification methods

2. Assess and analyze risks(e.g., probability and severity)

3. Provide financial justification of hazard controls

4. Implement hazard controls

5. Monitor and reevaluate hazard controls

6. Conduct incident investigation(e.g., root causes, causal factors, data collection, analysis, and chain of custody)

7. Conduct inspections and audits

8. Evaluate cost, schedule, performance, and project risk

다음을 수행할 수 있는 기술:

1. 위험 식별 방법을 사용

2. 위험 평가 및 분석(예: 확률 및 심각도)

3. 위험 통제에 대한 재정적 정당성을 제공

4. 위험 통제 구현
5. 위험 통제 모니터링 및 재평가
6. 사건 조사 수행(예: 근본 원인, 원인 요인, 데이터 수집, 분석 및 관리 연속성)
7. 검사 및 감사 실시
8. 비용, 일정, 성과 및 프로젝트 위험을 평가

Domain 3
Ergonomics • 9%
인간공학

Knowledge of:
1. Fitness for duty(e.g., fatigue and mental health)
2. Stressors(e.g., environmental, lights, noise, and other conditions)
3. Risk factors(e.g., repetition, force, posture, and vibration)
4. Work design
5. Material handling(e.g., manual, powered equipment, and lifting devices)
6. Work practice controls(e.g., job rotation, work hardening, and early symptom intervention)
다음에 대한 지식:
1. 직무에 대한 적합성(예: 피로, 정신건강)
2. 스트레스 요인(예: 환경, 조명, 소음 및 기타 조건)
3. 위험 요인(예: 반복, 힘, 자세, 진동)
4. 작품 디자인
5. 자재 취급(예: 수동, 전동 장비, 리프팅 장치)
6. 업무 관행 통제(예: 직무 순환, 업무 강화 및 조기 증상 중재)

Skill to:
1. Use qualitative and quantitative analysis methods(e.g., anthropometry and NIOSH lift equation)
다음을 수행할 수 있는 기술:
1. 정성적, 정량적 분석 방법(예: 인체 측정법 및 NIOSH 리프트 방정식)을 사용

Domain 4
Fire Prevention and Protection • 10.66%
화재방지 및 보고

Knowledge of:
1. Chemical(e.g., flash point and auto ignition)
2. Electrical(e.g., static electricity, surge, arc flash, ground fault circuit interrupter, and grounding and bonding)
3. Hot work(e.g., welding, cutting, and brazing)
4. Combustible dust
5. Fire science(e.g., fire pentagon, fire tetrahedron, upper and lower explosive limits)
6. Detection systems
7. Suppression systems, fire extinguishers, sprinkler types
8. Segregation and separation(e.g., flammable materials storage and ventilation)
9. Housekeeping
다음에 대한 지식:
1. 화학물질(예: 인화점 및 자동 발화)
2. 전기(예: 정전기, 서지, 아크 플래시, 누전 회로 차단기, 접지 및 본딩)
3. 열간 작업(용접, 절단, 브레이징 등)
4. 가연성 분진
5. 화재 과학(예: 화재 오각형, 화재 사면체, 폭발 상한 및 하한)
6. 탐지 시스템
7. 진압시스템, 소화기, 스프링클러 종류
8. 분리 및 분리(예: 인화성 물질 보관 및 환기)
9. 정리정돈

Domain 5
Emergency Response Management (ERM) • 9.57%
비상대응관리

Knowledge of:
1. Emergency, crisis, disaster response planning(e.g., drills)
2. Workplace violence(e.g., shooting, bomb threat, vandalism, and verbal threats
다음에 대한 지식:
1. 비상사태, 위기, 재난 대응 계획(예: 훈련)
2. 직장 내 폭력(예: 총격, 폭탄 위협, 기물 파손, 언어적 위협)

Domain 6
Industrial Hygiene and Occupational Health • 12.59%
산업위생과 산업보건

Knowledge of:
1. Sources of biological hazards(e.g., viral, bacterial, parasitic, fungus, and mold)
2. Protocol for bloodborne pathogen control
3. Mutagens, teratogens, and carcinogens
4. Chemical hazards(e.g., sources, assessment, control strategies, symptoms, and target organs)
5. Exposure limits(e.g., Threshold Limit Value [TLV], Short-term exposure limits [STEL], Time-Weighted Average [TWA], Ceiling Limit, Immediately Dangerous to Life and Health [IDLH], and Action Level [AL])
6. Routes of entry(e.g., inhalation, ingestion, absorption, and injection)
7. Acute and chronic exposures(e.g., additive effect, synergistic effect, antagonistic effect, and potentiation effect)
8. Noise
9. Radiation
10. Heat and cold stress
다음에 대한 지식:
1. 생물학적 위험의 원인(예: 바이러스, 박테리아, 기생충, 곰팡이, 곰팡이)
2. 혈액매개 병원체 관리 프로토콜
3. 돌연변이 유발 물질, 기형 유발 물질, 발암 물질
4. 화학적 위험(예: 출처, 평가, 통제 전략, 증상 및 표적 기관)
5. 노출 한계(예: 임계값 한계값[TLV], 단기 노출 한계[STEL], 시간 가중 평균[TWA], 상한 한도, 생명과 건강에 즉시 위험[IDLH] 및 조치 수준[AL])
6. 유입 경로(예: 흡입, 섭취, 흡수, 주사)
7. 급성 및 만성 노출(예: 상가 효과, 상승 효과, 길항 효과, 강화 효과)
8. 소음
9. 방사선
10. 더위와 추위 스트레스

Skill to:
1. Conduct exposure assessment
다음을 수행할 수 있는 기술:
1. 노출평가 실시

Domain 7
Environmental Management • 8.68%
환경관리

Knowledge of:
1. Environmental hazards awareness(e.g., biological [mold], chemical, waste, and vermin)
2. Water(e.g., storm, waste, and best practices)
3. Air(e.g., quality and best practices)
4. Land and conservation(e.g., solid waste, recycling, and sustainability)
5. Hierarchy of conservation(e.g., reuse, recycle, and reduce)
6. Environmental management system standards
7. Waste removal, treatment, and disposal
다음에 대한 지식:
1. 환경 위험 인식(예: 생물학적[곰팡이], 화학물질, 폐기물 및 해충)
2. 물(예: 폭풍, 폐기물 및 모범 사례)
3. 공기(예: 품질 및 모범 사례)
4. 토양 및 보존(예: 고형 폐기물, 재활용 및 지속 가능성)
5. 보존의 계층 구조(예: 재사용, 재활용, 감소)
6. 환경경영시스템 기준
7. 폐기물 제거, 처리 및 폐기

Domain 8
Training, Education, and Communication • 12.35%
교육, 훈련 및 커뮤니케이션

Knowledge of:
1. Adult learning theory and techniques
2. Presentation tools(e.g., computer-based and group meeting)
3. Safety culture/climate
4. Data collection, needs analysis, gap analysis, and feedback
5. Assessing competency
다음에 대한 지식:
1. 성인학습 이론 및 기법
2. 프레젠테이션 도구(예: 컴퓨터 기반 및 그룹 회의)
3. 안전문화/안전풍토
4. 데이터 수집, 요구사항 분석, 격차 분석 및 피드백
5. 역량 평가

Domain 9
Law and Ethics • 8.38%
법과 윤리

Knowledge of:

1. Legal liability
2. Ethical behavior(e.g., professional practice, audits, record keeping, sampling, standard writing, and BCSP Code of Ethics)
3. Protection of worker privacy(e.g., information)

다음에 대한 지식:
1. 법적 책임
2. 윤리적 행동(예: 전문 업무, 감사, 기록 보관, 샘플링, 표준 작성 및 BCSP 윤리 강령)
3. 근로자의 개인정보(정보 등) 보호

Skill to:
1. Deal with unethical situations(e.g., employee putting others at risk)
2. Read and interpret regulations
3. Determine appropriate actions based on knowledge limitations(e.g., know when to get help)

다음을 수행할 수 있는 기술:
1. 비윤리적인 상황에 대처(예: 직원이 다른 사람을 위험에 빠뜨리는 경우).
2. 규정을 읽고 해석
3. 지식 한계에 따라 적절한 조치 결정(예: 언제 도움을 받아야 하는지 파악)

5. 합격기준

시험 채점 방식은 시험의 난이도에 따라 채점자가 선정한 합격 수준에 따라 달라진다. 채점 방식은 수정된 Angoff 및 북마크 표준 설정 방법[2]을 기반으로 한다. BCSP는 보다 정확한 최소 합격 점수와 후보자에 대한 공정성을 최대한 보장하기 위해 두 가지 방법을 서로 확인하며, 시험 항목의 난이도를 반영하여 최소 합격 점수를 조정한다. 다만, 시험 합격 결정을 시험을 응시한 사람들의 점수를 상대 평가하는 방식은 아니다.

6. 시험 응시 방법

(1) 소개

BCSP.ORG(https://www.bcsp.org/)를 통해 My profile을 클릭하여 계정을 만들고 원하는 자격증을 선정한다. 이와 관련한 문의사항이 있을 경우, +1 317-593-4800으로 전화하거나 bcsp@bcsp.org 이메일로 문의할 수 있다.

(2) 자격 취득 과정

전술한 BCSP가 발급하는 자격증의 종류와 자격 취득요건을 검토하고 BCSP가 요청하는

---

2) Çetin, S., & Gelbal, S. (2013). A Comparison of Bookmark and Angoff Standard Setting Methods. Educational Sciences: Theory and Practice, 13(4), 2169-2175.

학력 또는 경력사항과 관련한 증빙을 제출(원본의 서류를 BCSP 미국 본사에 우편으로 발송)한다. 이후 BCSP는 시험 응시생의 서류를 검토하고 적격성을 심사한다. 응시생은 별도의 범죄이력이 없어야 하며, 경력 증명을 위한 검증에 협조해야 한다(응시생이 제출한 서류 중 약 5%가 감사 대상으로 선정된다). 시험을 치르기 위해서는 BCSP.ORG의 My profile이나 전화($+1$ 317−593−4800)로 시험비용을 지불할 수 있다. 시험비용을 지불한 날로부터 1년까지 시험 응시 기간이 부여된다. 수험생은 BCSP의 승인에 따라 Pearson VUE에서 시험을 볼 수 있다. Pearson VUE는 모든 BCSP 시험에 대한 공식 컴퓨터 기반 시험 제공업체이며, 자세한 사항은 https://korea.pearsonvue.com/를 참조한다. 아래 홈페이지 그림은 Pearson VUE Korea 웹 사이트이다. 웹 사이트를 방문하면 시험 응시자가 준수해야 하는 동영상이 있다. 한국에 있는 Pearson VUE 시험장은 서울시 종로구 중구 21, The Exchange Seoul (구 코오롱 빌딩) 6층에 있다.

시험은 전부 온라인 기반의 영어로 되어 있으며, 4지 선다형 시험이다. 그리고 1차나 2차

시험구분이 별도로 없으며, 당일 시험 종료 후 바로 합격 여부를 알 수 있다. 시험에 불합격할 경우, 약 6주 이후 재시험의 기회가 주어진다. 시험비용은 1회차에 약 160달러 정도이다. 시험시간은 CSP의 경우 약 5.5시간이 주어지며, ASP의 경우 약 5시간이 주어진다. 시험이 시작된 이후 쉬는 시간이 별도로 주어지지 않는다. 다만, 화장실을 가야 할 경우, 보안검사(가방 휴대 불가, 호주머니 확인 등)를 받아야 한다.

(3) 시험준비

시험과목별 세부내용을 참조하여 공부 계획을 수립한다. 시험은 1개의 정답과 3개의 오답만 있는 객관식 문항이 존재하므로 시험문제를 주의 깊게 읽는 것이 중요하다. 그리고 문제가 요구하는 사실을 명확히 이해해야 한다. 그리고 시험시간은 5시간으로 한정되어 있으므로 시험과목별 시간배분을 효과적으로 해야 한다.

시험과목 중 공학용 계산기(TI-30XS)를 사용해야 할 필요가 있다. 계산 수치는 일반적으로 반올림해야 한다는 것을 명심하고, 계산된 값에 가장 가까운 답을 선택해야 한다. 시험을 치르기 전 BCSP가 제공하는 온라인 자체평가(online self-assessment)를 시행할 것을 추천한다. 이 자체평가를 통해 실제 시험내용의 경향을 파악할 수 있고, 시험시간을 측정할 수 있다. 이와는 별도로 유튜브에 방문하여 BCSP ASP 또는 CSP를 검색하면 다양한 평가 관련 정보가 존재한다. 그리고 시험을 앞두고 Mometrix Test Preparation(https://www.mometrix.com/)가 제공하는 테스트 예제를 구입하여 공부하는 것도 추천할 수 있다.

(4) 시험결과 통보

　시험 특성상 시험을 마치고 그 결과를 바로 알 수 있는 장점이 있다. 시험을 마치고 출구로 나가기 전 데스크에 있는 직원에게 A4 용지로 시험결과지를 전달받는 과정이 있다. 이 때 데스크에 있는 직원은 시험결과를 구두로 알려주지 않고 종이로 전달하는 상황에서 응시생들은 미묘한 분위기에 휩싸이게 된다. 그 이유는 합격과 불합격을 구분하는 문장이 들어있는 용지의 면을 보이게 주는 것이 아니기 때문이다. 저자의 경우, 데스크 직원에게 종이를 그대로 받아 반을 접고, 시험결과를 보지 않은 채로 가방에 넣어 두었다. 굉장히 궁금했지만, 데스크에서 그 종이를 보고 싶은 마음은 없었기 때문이다. 시험을 치른 장소의 빌딩 1층에는 스타벅스 커피숍이 있어, 그 곳에서 천천히 결과를 보는 것으로 마음을 정했다. 나름 시험준비도 많이 했고 그렇게 나쁘게 시험을 본 것 같지는 않았기 때문이었다. 아래 그림은 저자가 2019년 10월 4일에 치른 ASP 자격시험 결과이다.

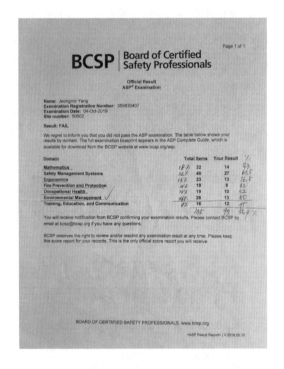

　아쉽게도 불합격이었다. 다만, 본 통보서에는 시험 과목별 세부 결과가 포함되어 있어, 재 시험을 준비하는 과정에서 유용하였다.

　2019년 12월 20일 2차 시험에 도전했다. 이번에도 시험을 마치고 데스크로 가서 직원에게 종이를 받았다. 그런데 이번에는 그 직원이 실수를 했는지는 모르겠지만, 시험결과가 나와있는 면을 보이게 저자에게 주었다. 그런데 그 종이에는 글씨가 많이 쓰여 있지 않은 것처럼 보였다. 어찌되었던 이번에도 종이의 반을 접어서 그 커피숍에서 천천히 살펴보았다. 역시 글씨가 많지 않았다. 그 이유는 1차 시험 불합격의 경우 각 시험 과목별 세부 정보를 알리기 위해 많은 글이 담겨 있었지만, 이번엔 시험에 합격했으므로 그러한 세부 정보를 기재할 필요가 없었기 때문이었다. 아래 그림은 저자가 ASP 자격을 취득한 통보서이다.

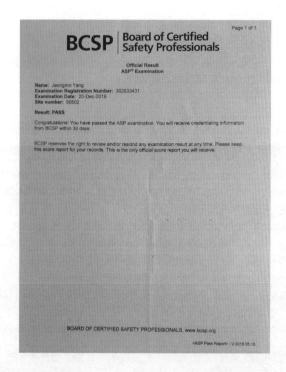

7. 시험 문제 예시와 추천 답안

아래 제시된 시험 문제 예시와 추천 답안을 설명한다. 사정으로 인해 전체 시험 과목 중 일부 과목을 선정하여 설명한다.

> 1. Which of the following is a TRUE statement regarding accident- prevention training in the workplace?(다음 중 직장 내 사고 예방 교육에 대한 가장 올바른 설명은 무엇인가?)
>
> a. It is fundamentally more important for experienced employees to receive requalification training than for new employees to receive initial training. (신입사원이 초기 교육을 받는 것보다 경력사원이 재자격 교육을 받는 것이 근본적으로 더 중요하다).
> b. Accidents are statistically prone to occur more frequently when workers have recently started a new job. (통계적으로 사고는 근로자가 최근에 새로운 일을 시작했을 때 더 자주 발생하

는 경향이 있다).
c. OSHA Standard 29 CFR 1910.38 requires that general safety-related training be conducted at regular annual intervals. (OSHA 표준 29 CFR 1910.38에서는 일반 안전 관련 교육을 매년 정기적으로 실시하도록 요구한다).
d. Accidents always increase directly after accident-prevention training (사고예방교육 직후에는 항상 사고가 증가한다)

추천답안: B
통계적으로 사고는 근로자가 새롭게 직장을 옮겼을 때 더 자주 발생하기 쉽다. 따라서 근로자가 업무를 시작하기 전 안전 교육을 실시하는 것이 가장 중요하다. 신입 근로자는 올바른 방식으로 업무를 수행하는 방법과 사고 발생 시 따라야 할 절차에 대해 효과적으로 교육을 받아야 한다.

2. Which of the following is generally NOT true with regard to worksite safety inspections? (다음 중 작업장 안전 점검과 관련하여 일반적으로 사실이 아닌 것은?)

a. Inspectors are typically independent entities that do not have a direct affiliation with the organization or entity undergoing inspection. (검사관은 일반적으로 검사를 받는 조직이나 단체와 직접적인 관련이 없는 독립적인 단체이다).
b. Inspections are usually conducted by personnel who have robust knowledge, training, and/or experience within the subject area undergoing inspection. (검사는 일반적으로 검사 대상 영역에 대한 지식, 훈련 및/또는 경험을 갖춘 인력에 의해 수행된다).
c. Inspections can either be scheduled or unscheduled. (검사는 예약되거나 예약되지 않을 수 있다).
d. Inspections, by design, should always be detail oriented in nature. (검사는 본질적으로 항상 세부 사항 중심으로 설계되어야 한다).

추천답안: D
작업장 안전 검사는 일반적으로 검사 대상 조직이나 단체와 직접적인 관련이 없는 독립적인 단체인 검사관에 의해 수행되며, 일반적으로 자체적으로 지식, 훈련 및/또는 경험을 보유한 인력에 의해 수행되기도 한다. 또한 검사는 예정되거나 예정되지 않을 수 있으며 본질적으로 세부 사항 중심이거나 일반화될 수 있다.

3. There exists a gaseous mixture of 20% hydrogen and 80% propane. What is the Lower Flammability Limit (LFL) of the mixture in air if the flammable range of hydrogen is 4% – 75% and the flammable range of propane is 2.2% – 9.5%? (20%의 수소와 80%의 프로판으로 구성된 기체 혼합물이 존재한다. 수소의 인화 범위가 4% – 75%이고 프로판의 인화 범위가 2.2%-9.5%인 경우 공기 중 혼합물의 인화성 하한계(LFL)는 얼마인가?)

a. 2.42%
b. 2.56%
c. 3.56%
d. 6.20%

추천답안: A
혼합물의 LFL은 아래 공식에 따라 계산된다.

$$LFL_{mix} = \cfrac{1}{\cfrac{f_1}{LFL_1} + \cfrac{f_2}{LFL_2} + \cdots + \cfrac{f_n}{LFL_n}}$$

LFLm = lower flammability limit of the mixture
fn = fractional concentration of component n
LFLn = lower flammability limit of component n

$$LFL_{mix} = \cfrac{1}{\cfrac{0.2}{0.04} + \cfrac{0.8}{0.022}} = 0.0242$$

4. In the circuit below, calculate the current I1?(아래 회로에서 전류 I1을 계산하시오).

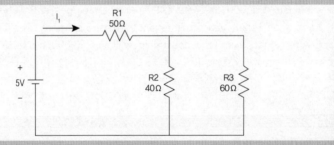

a. 68 mA
b. 100 mA
c. 192 mA
d. 14.8 A

추천답안: A
전류 I1을 찾으려면 회로의 등가 저항을 찾아야 한다. 저항 R2와 R3은 병렬로 연결되고 R1은 등가 저항과 직렬로 연결된다. 따라서 전체 회로의 등가 저항은 다음과 같이 계산할 수 있다.

$$Req = R1 + \frac{R2 \times R3}{R2 + R3} = 50\Omega + \frac{40\Omega \times 60\Omega}{40\Omega + 60\Omega} = 74\Omega$$

그런 다음 옴의 법칙을 사용하여 전류를 다음과 같이 계산할 수 있다.

$$I = \frac{V}{R} = \frac{5V}{74\Omega} = 0.068A = 68mA$$

5. The days away, restricted duty, or transfer(DART) rate is calculated via which of the following? (휴업 일수, 근무 제한 또는 환산(DART) 요율은 다음 중 무엇을 통해 계산되는가?

a. $\dfrac{\text{numer of subject cases}}{\text{total hours worked}}$

b. $\dfrac{\text{numer of subject cases} \div 200{,}000}{\text{total hours worked}}$

c. $\dfrac{\text{numer of subject cases} \times 200{,}000}{\text{total hours worked}}$

d. $\dfrac{\text{numer of subject cases} \times \text{total hours worked}}{200{,}000}$

추천답안: C

$$DART = \frac{\text{numer of subject cases} \times 200{,}000}{\text{total hours worked}}$$

---

6. A new car costs $12,000. It costs $400 per year for gas and $600 for maintenance the first year. Each subsequent year, maintenance costs $25 more. The car is expected to last eight years. After eight years, the dealership will pay $2,000 for it. What is the Life Cycle Cost of owning the car? (새 차의 가격은 12,000달러이다. 휘발유 비용은 연간 $400, 첫해 유지 관리 비용은 $600이다. 다음 해에는 유지 관리 비용이 25달러 더 든다. 이 차는 8년 동안 지속될 것으로 예상된다. 8년이 지나면 딜러는 그 대가로 2,000달러를 지불하게 된다. 자동차 소유의 수명주기 비용은 얼마인가?)

a. $10,000
b. $12,000
c. $17,525
d. $18,700

추천답안: D

수명주기 비용은 전체 수명 기간 동안 A 시스템 또는 구성 요소의 총 비용이다. 이를 계산하려면 총 비용에서 총 절감액을 뺀다. 이 문제에서 비용은 다음과 같이 계산할 수 있다.

$$Life\ Cycle\ Cost = \$12{,}000 + \$400 \times 8\text{yrs} \sum_{n=0}^{7} (\$600 + \$25 \times n) - \$2000 = \$18{,}700$$

---

7. Which of the following is generally NOT true with regard to proper workstation configurations? (다음 중 적절한 워크스테이션과 관련하여 일반적으로 사실이 아닌 것은 무엇인가?

a. An employee's chair and desk should be set at heights to enable the employee's legs to be bent within a range of 90-110 degrees (at the knees) while seated (사람의 의자와 책상은 앉아 있는 동안 다리가 90~110도(무릎 부분) 범위 내에서 구부러질 수 있는 높이로 설정되어야 한다).
b. The top of a workstation computer screen should be set at eye level (워크스테이션 컴퓨터 화면 상단은 눈높이에 맞춰야 한다).

c. Keyboards should be placed above the height of the elbows, with the wrists moderately bent upwards (키보드는 팔꿈치 높이보다 높게 위치해야 하며 손목은 위쪽으로 적당히 구부려야 한다).
d. Footrests should be used by shorter employees to help maintain proper leg-to-torso angles (발판은 다리에서 몸통까지의 적절한 각도를 유지하는 데 도움이 되도록 키가 작은 직원이 사용해야 한다).

추천답안: C
사람들이 가능한 최대의 인체공학적 이점을 정기적으로 유지할 수 있도록 작업 환경 내에서 절차적으로 구현해야 하는 몇 가지 적절한 워크스테이션 구성이 있다. 여기에는 대상 직원이 앉아 있는 동안 다리를 90~110도 각도로 구부릴 수 있도록 의자와 책상 높이를 높이 설정하는 것이 포함된다. 사람의 눈높이와 동일한 수준으로 워크스테이션 컴퓨터 화면을 설정한다. 그리고 키가 작은 직원이 앉은 동안 다리에서 몸통까지의 올바른 각도와 자세를 유지할 수 있도록 발판을 사용하도록 권장한다. 키보드는 항상 앉은 상태에서 손목을 편평하게 눕힌 상태에서 팔꿈치를 쭉 뻗은 위치와 비슷한 높이로 설정해야 한다.

8. Per EPA's 40 CFR 61, the term NESHAP refers to which of the following? (EPA의 40 CFR 61에 따라 NESHAP이라는 용어는 다음 중 무엇을 의미하는가?)

a. National Effluent Sampling and Hazard Abatement Plan
b. National Environmental Statistical Hazards Assessment Protocol
c. National Emission Standards for Hazardous Air Pollutants
d. National Environmental Stewardship Historical Annex Policy

추천답안: C
EPA의 40 CFR 61에 따라 NESHAP은 유해 대기 오염 물질에 대한 국가 배출 표준을 나타낸다. 이러한 표준에는 기본적으로 벤젠, PCB, 납, 크롬, VOC 및 수은을 포함한 다양한 물질 범주에 대해 시설에서 배출할 수 있는 연간 한도가 포함된다.

9. A(n) _____ is a regimented and methodical evaluation of a planned or existing undertaking or process in an attempt to identify and assess potential issues that may ultimately culminate in risks to workers, equipment, and/or operational efficiencies. (A(n) _____은 궁극적으로 직원, 장비 및/또는 운영 효율성에 대한 위험을 초래할 수 있는 잠재적인 문제를 식별하고 평가하기 위한 시도로 계획된 또는 기존 사업이나 프로세스에 대한 체계적이고 체계적인 평가이다).

a. hazard and operability study(HAZOP)
b. failure modes and effects analysis(FMEA)
c. job safety analysis(JSA)
d. fishbone analysis

추천답안: A
위험 및 운영 가능성 연구(HAZOP)는 잠재적인 문제를 식별하고 평가하기 위해 계획된 또는 기존 사업이나 프로세스에 대한 조직적이고 체계적인 평가이다. 궁극적으로 직원, 장비 및/또는 운영 효율성에 대한 위험이 발생할 수 있다.

10. Which of the following is NOT true with regard to the Comprehensive Environmental Response, Compensation, and Liability Act (CERCLA)? (다음 중 포괄적 환경 대응, 보상 및 책임법(CERCLA)과 관련하여 사실이 아닌 것은 무엇인가?).

a. CERCLA establishes prohibitions and requirements concerning closed and abandoned hazardous waste sites (CERCLA는 폐쇄 및 버려진 유해 폐기물 처리장에 관한 금지 사항 및 요구 사항을 설정한다).

b. CERCLA provides for liability of persons responsible for releases of hazardous material at closed and abandoned hazardous waste sites (CERCLA는 폐쇄되거나 버려진 유해 폐기물 처리장에서 유해 물질을 방출하는 책임자의 책임을 규정한다).

c. CERCLA has an established trust fund to provide for cleanup when no responsible party can be identified (CERCLA는 책임 있는 당사자를 확인할 수 없는 경우 청소를 제공하기 위해 신탁 기금을 마련한다).

d. CERCLA was amended by the Resource Conservation and Recovery Act (RCRA) in 2004 (CERCLA는 2004년 자원 보존 및 복구법(RCRA)에 의해 개정되었다).

추천답안: D
CERCLA(포괄적 환경 대응, 보상 및 책임법)의 공포 및 실행을 지원하는 몇 가지 관련 측면이 있으며, 그 중 가장 중요한 것은 이 법이 폐쇄 및 폐쇄와 관련된 금지 사항 및 요구 사항을 설정하는 것을 포함한다. 폐쇄되고 버려진 유해 폐기물 현장에서 유해 물질의 방출을 담당하는 사람의 책임을 규정한다. 그리고 책임 있는 당사자가 식별될 수 없는 경우 청소를 제공하기 위해 확립된 신탁 기금(일반적으로 슈퍼펀드로 알려짐)이 있다.

8. 참고서적

효과적인 시험공부를 하고 싶은 응시생은 아래 참고 서적을 참조한다.

1. Accident Prevention Manual for Business & Industry: Administration & Programs; 14th Edition (Hagan, P. E., Montgomery, J. F., et al. (2015). Itasca, IL: National Safety Council).

2. Accident Prevention Manual for Business & Industry: Engineering and Technology; 14th Edition (Hagan, P. E., Montgomery, J. F., et al. (2015). Itasca, IL: National Safety Council.

3. Accident Prevention Manual for Business & Industry: Environmental Management; 2nd Edition (Krieger, G. R. (2000). Itasca, IL: National Safety Council).

4. Advanced Safety Management: Focusing on Z10 & Serious Injury Prevention; 2nd Edition(Manuele, F. A. (2014). Hoboken, NJ: John Wiley & Sons, Inc).

5. Applied Mathematics for Safety Professionals: Tips, Tools, and Techniques to Solve Everyday Problems (Young, G. (2010). Des Plaines, IL: American Society of Safety Engineers).

6. Applied Statistics in Occupational Safety & Health)Janicak, C. A. (2004). Lanham, MD: Government Institutes).

7. BCSP Code of Ethics (Board of Certified Safety Professionals. (2020). Retrieved from http://www.bcsp.org/Portals/0/Assets/DocumentLibrary/BCSPcodeofethics.pdf).

8. Disaster Recovery Handbook, The: A Step-By-Step Plan to Ensure Business Continuity and Protect Vital Operations, Facilities, & Assets (Wallace, M. & Webber, L. (2004). New York, NY: American Management Association).

9. Emergency Incident Management Systems: Fundamentals and Applications (Stringfield, W. H. (2000). Rockville, MD: Government Institutes).

10. Employee Training & Development; 8th Edition (Noe, R. A. (2019). New York, NY: McGraw-Hill).

11. Fire Safety Management Handbook; 3rd Edition (Della-Giustina, D. E. (2014). Boca Raton, FL: Taylor & Francis Group, LLC).

12. Fundamentals of Industrial Hygiene; 6th Edition (Plog, B. A. & Quinlan, P. (2012). Itasca, IL: National Safety Council).

13. Fundamentals of Management; 8th Edition (Griffin, R. W. (2016). Mason, OH: Cengage Learning).

14. Fundamentals of Occupational Safety and Health; 7th Edition (Friend, M. A. & James P. K. (2018). Lanham, MD: Government Institutes).

15. Fundamentals of Wastewater Treatment and Engineering (Riffat, R. (2013). Boca Raton, FL: Taylor & Francis Group, LLC).

16. Guidelines for Risk Based Process Safety (American Institute of Chemical Engineers. (2007). New York, NY: Wiley-Interscience).

17. Hazardous Materials Management Desk Reference: Science and Technology, Volume 1; 3rd Edition (Snyder, D. J. & Arnofsky, A. H. (2013). Bethesda, MD: Alliance of Hazardous Materials Professionals).

18. Incidental Trainer: A Reference Guide for Training Design, Development and Delivery (Wan, M. (2014). Boca Raton, FL: Taylor & Francis Group, LLC).

19. Introduction to Fall Protection; 4th Edition (Ellis, J. N. (2011). Plaines, IL: American Society of Safety Engineers).

20. Job Hazard Analysis: A Guide to Identifying Risks in the Workplace (Swartz, G. (2001). Lanham, MD: Government Institutes).

21. Living with the Earth: Concepts in Environmental Health Science; 3rd Edition (Moore, G. S. (2007). Boca Raton, FL: Taylor & Francis Group, LLC).

22. Motor Fleet Safety and Security Management; 2nd Edition (Della-Giustina, D. E. (2012). Boca Raton, FL: CRC Press LLC).

23. Occupational Health and Safety Management: A Practical Approach; 3rd Edition (Reese, C. D. (2016). Boca Raton, FL: Taylor & Francis Group, LLC).

24. Occupational Safety and Health for Technologists, Engineers, & Managers; 8th Edition

(Goetsch, D. L. (2015). Upper Saddle River, NJ: Pearson Education, Inc).

25. Radiation Detection and Measurement; 4th Edition (Knoll, G. F. (2010). Hoboken, NJ: John Wiley & Sons, Inc).

26. Risk Assessment: A Practical Guide to Assessing Operational Risk (Popov, G., Lyon, B. K., et al. (2016). Hoboken, NJ: John Wiley & Sons, Inc).

27. Risk Management Tools for Safety Professionals (Lyon, B. K. & Popov, G. (2018). Park Ridge, IL: American Society of Safety Professionals).

28. Root Cause Analysis: Improving Performance for Bottom-Line Results; 4th Edition (Latino, R. J., Latino, K. C., et al. (2011). Boca Raton, FL: Taylor & Francis Group, LLC).

29. Safe Use of Chemicals: A Practical Guide (Dikshith, T. S. S. (2009). Boca Raton, FL: Taylor & Francis Group, LLC).

30. Safety and Health for Engineers; 3rd Edition (Brauer, R. L. (2016). Hoboken, NJ: John Wiley & Sons, Inc).

31. Safety Professionals Handbook, The: Management Applications; 2nd Edition (Haight, J. M. (2012). Des Plaines, IL: American Society of Safety Engineers).

32. Safety Professionals Handbook, The: Technical Applications; 2nd Edition (Haight, J. M. (2012). Des Plaines, IL: American Society of Safety Engineers).

33. Safety Professional's Reference & Study Guide; 3rd Edition (Yates, W. D. (2020). Boca Raton, FL: Taylor & Francis Group, LLC).

34. Safety Training Ninja, The (McMichael, R. (2019). Park Ridge, IL: American Society of Safety Professionals).

35. Supervisors' Safety Manual; 11th Edition (Martin, L. & Corcoran, D. (2018). Itasca, IL: National Safety Council).

36. System Safety Engineering: Design Based Safety (Ericson, C. A. (2015). Charleston, NC: CreateSpace, Inc).

9. 자격증 샘플

다음 그림은 BCSP 홈페이지에서 저자의 자격관련 이력을 조회한 그림이다.

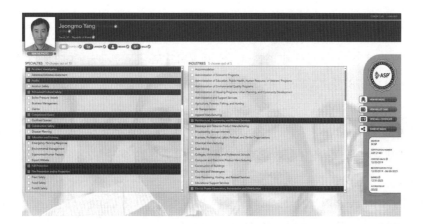

아래 그림은 ASP 자격 Wallet Card이다.

아래 그림은 ASP 자격 Wall Certificate이다.

Board of Certified Safety Professionals

upon the recommendation of the Board of Certified Safety Professionals,
by virtue of the authority vested in it, has conferred on

Jeongmo Yang

the credential of

Associate Safety Professional

and has granted the title as evidence of meeting the qualifications and passing
the required examination so long as this credential is not suspended or revoked
and is renewed annually and meets all recertification requirements.

Board President

Board Secretary

December 20, 2019
Date Issued

ASP-31461
Credential Number

The digital badge is the official documentation of the certificate.

10. 전 세계 자격현황

2021년 BCSP의 연간 보고서에 따르면, 전 세계적으로 유효한 CSP 자격을 보유하고 있는 사람은 2019년 19,787명, 2020년 20,634명, 2021년 21,747명이다. 그리고 ASP 자격을 보유하고 있는 사람은 2019년 6,071, 2020년 6,318명, 2021년 6,807명이다. 그리고 전 세계적으로 새로이 CSP 자격을 보유한 사람은 2019년 1,601명, 2020년 1,599명, 2021년 2,050명이다. 그리고 새로이 ASP 자격을 보유한 사람은 2019년 1,666명, 2020년 1,412명, 2021년 1,749명이다.

한국에서 CSP와 ASP 자격을 보유한 사람은 24명이다. 이중 CSP는 15명, ASP는 6명 그리고 3명은 CSP와 ASP를 동시에 보유한 사람이다.

ASP 자격증 취득과 관련한 정보를 공유하기 위하여 네이버 카페에 새로운 안전관리론 (https://cafe.naver.com/newsafetymanagement)에 방문하여 미국 안전전문가 자격(CSP/ASP) 폴더를 참조하기 바란다.

별첨.
해외 안전보건 자격증 취득 참조문헌과 링크

로이드인증원. (2023). NEBOSH IG과정.

NEBOSH. (2019). NEBOSH International General Certificate in Occupational Health and Safety (October 2018 specification) FAQs for Learners.

NEBOSH. (2020). NEBOSH Open Book Examinations: Learner Feedback.

NEBOSH. (2021). NEBOSH Open Book Examinations: Learner Guide-Guidance for preparing for an open book examination.

NEBOSH. (2023). International General Certificate in Occupational Health and Safety Qualification guide for learners.

NEBOSH. (2023). NEBOSH Scenario-based Assessments Guidance for learners.

RRC International. (2023). NEBOSH International General Certificate in Occupational Health and Safety. Unit IG 1: Management of Health and Safety.

RRC International. (2023). NEBOSH International General Certificate in Occupational Health and Safety. Unit IG 2: Risk Assessment.

https://www.rrc.co.uk/

https://www.mometrix.com/

https://www.rrc.co.uk/nebosh/nebosh-certificate/nebosh-international-certificate.aspx

https://www.nebosh.org.uk/our-news-and-events/our-news/nebosh-announces-first-open-book-examinations/

https://www.compassa.co.uk/has-the-nebosh-open-book-exam-reduced-the-standard-of-the-nebosh-general-certificate

https://www.nebosh.org.uk/qualifications/international-general-certificate/

https://www.nistglobal.com/NEBOSH_IGC.php

https://dgtcpune.com/nebosh-international-general-certificate/

색인

1996년 LG그룹에 입사하여 현장 안전보건 관리를 시작으로 안전분야에 입문하였다. 2000년 승강기 분야 글로벌 외국계 투자회사의 본사에서 안전문화 구축, 안전기획, 국내와 해외(일본, 말레이시아, 태국, 필리핀, 베트남, 중국, 인도, 싱가포르, 대만 등 아시아 태평양)사업장을 대상으로 안전보건경영시스템 운영과 중대산업재해 예방 감사 수행, 경영층과 관리자 대상 안전 리더십 교육 그리고 감독자를 대상으로 위험인식 수준 향상 교육을 시행하였다.

2008년 영국 BP의 JV회사 발전소 현장 안전보건 책임자로 근무하면서 선진적인 위험성평가, 사고조사, 행동기반안전보건관리(behavior based safety), 안전작업허가(permit to work) 그리고 공정안전보건관리(process safety management)를 하였다.

2013년부터 SK 계열회사에서 안전정책 수립, 안전보건경영시스템 구축, 안전기획, 중대재해처벌법 대응, 시스템적 사고조사 방법 적용, 행동기반안전관리 프로그램 운영, 인적 오류 저감 교육, 위험인식 교육 시행 등의 업무를 하고 있다.

관심분야

인적성과 개선(Human performance improvement), 인적오류(human error) 개선, 안전탄력성(resilience), 시스템적 사고조사, 행동기반안전(behavior based safety), 위험성평가(risk assessment) 등

학위 및 관련자격

- 공학박사(안전공학)
- 미국 안전전문가 자격 ASP (Associate Safety Professional, BCSP)
- 미국 화재폭발조사 자격 CFEI (Certified Fire and Explosion Investigator, NAFI)
- 국제 안전보건자격 NEBOSH IGC (National Examination Board of Safety and Health, NEBOSH)
- 산업안전기사 (한국산업 인력관리공단)

활동
- 인간공학연구회장(서울과학기술대학교, 2021~)
- 공공기관 안전등급 심사위원(기획재정부, 2021.1~7)
- 한국시스템안전학회 이사(2022~)

저서
- 새로운 안전문화(박영사, 2023)
- 새로운 안전관리론(박영사, 2024)

논문
- Yang, J., & Kwon, Y. (2022). Human factor analysis and classification system for the oil, gas, and process industry. *Process Safety Progress*.
- Yang, J., & Kwon, Y. (2022). The Application of a Behavior－Based Safety Program at Power Plant Sites: A Pre－Post Study.
- 양정모, & 권영국. (2018). 행동기반안전보건관리 프로그램이 안전행동, 안전 분위기 및 만족도에 미치는 영향. *Journal of the Korean Society of Safety, 33*(5), 109－119.
- 양정모. (2018). 행동기반안전보건관리 프로그램이 안전행동과 안전분위기 및 만족도에 미치는 영향. 서울과학기술대학교 석사학위 논문.
- 양정모. (2022). 산업재해 예방에 긍정적인 영향을 주는 안전풍토 수준 향상에 관한 연구, 행동기반안전보건관리프로그램, HFACS－OGAPI 및 시스템적 사고조사 기법 적용을 중심으로. 서울과학기술대학교 박사학위 논문.

새로운 안전관리론 – 이론과 실행사례

초판발행	2024년 2월 15일
지은이	양정모
펴낸이	안종만·안상준
편 집	배근하
기획/마케팅	최동인
표지디자인	BEN STORY
제 작	고철민·조영환
펴낸곳	㈜ **박영사**
	서울특별시 금천구 가산디지털2로 53, 210호(가산동, 한라시그마밸리)
	등록 1959. 3. 11. 제300-1959-1호(倫)
전 화	02)733-6771
f a x	02)736-4818
e-mail	pys@pybook.co.kr
homepage	www.pybook.co.kr
ISBN	979-11-303-1922-3 93530

정 가   58,000원